Bertl | Deutsch-Goldoni | Hirschler

Buchhaltungs- und Bilanzierungshandbuch

11., neu bearbeitete Auflage

Buchhaltungs- und Bilanzierungshandbuch

11., neu bearbeitete Auflage

von

o.Univ.-Prof. Mag. Dr. Romuald Bertl
Mag. Dr. Eva Deutsch-Goldoni
Univ.-Prof. MMag. Dr. Klaus Hirschler

LexisNexis

Bibliografische Information der Deutschen Nationalbibliothek
Die Deutsche Nationalbibliothek verzeichnet diese Publikation in der Deutschen Nationalbibliografie; detaillierte bibliografische Daten sind im Internet über https://dnb.de abrufbar.

ISBN 978-3-7007-7464-8

LexisNexis Verlag ARD Orac GmbH & Co KG, Wien
www.lexisnexis.at
Wien 2019 • Best.-Nr. 34.014.011

Foto Bertl: Anna Zora
Foto Deutsch-Goldoni: Silke Ebster
Foto Hirschler: Stephan Huger

Druckerei: Prime Rate GmbH, Budapest

Vorwort zur 11. Auflage

Das bewährte Konzept der ersten zehn Auflagen wurde beibehalten, allerdings waren wiederum nicht unwesentliche Überarbeitungen aufgrund von Änderungen der Rechtslage und Rechtsprechung erforderlich. Die Änderungen des Anti-Gold-Plating-Gesetzes 2019 sind ebenso eingearbeitet wie die steuerlichen Änderungen des Jahressteuergesetzes 2018 einschließlich des geplanten Steuerreformgesetzes 2020, Abgabenänderungsgesetzes 2020 und Finanz-Organisationsreformgesetzes. Diese Neubearbeitung wäre ohne die Unterstützung unserer Assistentinnen und Assistenten nicht in solch kurzer Zeit möglich gewesen.

Unser besonderer Dank gilt daher Herrn *Stefan Frank*, MSc, Frau *Sabine Weintögl*, MSc, Frau *Franziska Uedl*, MSc und Herrn *Kevin Wagner*, BSc, die uns bei der Bearbeitung der Neuauflage tatkräftig unterstützt haben.

Danken wollen wir an dieser Stelle auch all jenen, die uns auf Verbesserungspotential aufmerksam machen und damit zur steten Weiterentwicklung des Buches beitragen.

Wien, September 2019 — *Die Verfasser*

Inhaltsverzeichnis

Verzeichnis der verwendeten Literatur

Adler/Düring/Schmaltz, Rechnungslegung und Prüfung der Unternehmen, 6. Auflage, Stuttgart 1998–2001

Baetge, Jörg/Kirsch, Hans-Jürgen/Thiele, Stefan, Bilanzrecht, Loseblattsammlung, Bonn–Berlin

Renner, Bernhard/Strimitzer, Eugen/Vock, Martin (Hrsg), Die Körperschaftsteuer KStG 1988, Loseblattsammlung, Wien

Baumüller, Josef/Kreuzer, Christian, Bilanzanalyse, Wien 2014

Berger, Wolfgang/Bürgler, Christian/Kanduth-Kristen, Sabine/Wakounig, Marian R., UStG-ON Kommentar zum Umsatzsteuergesetz, 3. Auflage, Wien 2018

Bertl, Romuald/Fröhlich, Christoph/Mandl, Dieter (Hrsg), Handbuch Rechnungslegung, Wien 2018

Coenenberg, Adolf/Haller, Axel/Schultze, Wolfgang, Jahresabschluss und Jahresabschlussanalyse, 25. Auflage, Stuttgart 2018

Dokalik, Dietmar/Hirschler, Klaus, RÄG 2014, 2. Auflage, Wien 2016

Doralt, Werner/Kirchmayr, Sabine/Mayr, Gunter/Zorn, Nikolaus, Einkommensteuergesetz Kommentar, Loseblattsammlung, Wien

Doralt, Werner/Ruppe, Hans-Georg, Grundriss des österreichischen Steuerrechts, Band I, 12. Auflage, Wien 2019

Egger, Anton/Samer, Helmut/Bertl, Romuald, Der Jahresabschluss nach dem Unternehmensgesetzbuch, Band I, 17. Auflage, Wien 2018

Egger, Anton/Samer, Helmut/Bertl, Romuald, Der Jahresabschluss nach dem Unternehmensgesetzbuch, Band III, 2. Auflage, Wien 2019

Frick, Wilhelm, Bilanzierung nach der Rechnungslegungsreform, 7. Auflage, Wien 2004

Glade, Anton, Praxishandbuch der Rechnungslegung und Prüfung, 2. Auflage, Berlin 1995

Grottel, Bernd/Schmidt, Stefan/Schubert, Wolfgang J./Winkeljohann, Norbert (Hrsg), Beck'scher Bilanz-Kommentar, 11. Auflage, München 2018

Grünberger, Herbert, Praxis der Bilanzierung 2019/2020, 15. Auflage, Wien 2019

Hirschler, Klaus (Hrsg), Bilanzrecht Kommentar Einzelabschluss, 2. Auflage, Wien 2019

Hoffmann, Wolf-Dieter/Lüdenbach, Norbert (Hrsg), NWB Kommentar Bilanzierung: Handels- und Steuerrecht, 10. Auflage, Herne 2019

Jabornegg, Peter/Artmann, Eveline (Hrsg), Kommentar zum UGB, 2. Auflage, Wien 2010/2017

Jabornegg, Peter/Strasser, Rudolf, Kommentar zum Aktiengesetz, 5. Auflage, Wien 2011

Kalss, Susanne/Nowotny, Christian/Schauer, Martin, Österreichisches Gesellschafsrecht, 2. Auflage, Wien 2017

Kofler, Herbert/Nadvornik, Wolfgang/Pernsteiner, Helmut/Vodrazka, Karl (Hrsg), Handbuch Bilanz und Abschlußprüfung, 3. Auflage, Loseblattsammlung, Wien

Koppensteiner, Hans-Georg/Rüffler, Friedrich, GmbH-Gesetz Kommentar, 3. Auflage, Wien 2007

Küting, Karlheinz/Weber, Claus-Peter (Hrsg), Handbuch der Rechnungslegung, Loseblattsammlung, Stuttgart

Kutschera, Axel/Mayr, Mario, SWK-Spezial: Die neue elektronische Rechnung im Umsatzsteuerrecht und in der Praxis, 1. Auflage, Wien 2013

Lechner, Karl/Egger, Anton/Schauer, Reinbert, Einführung in die allgemeine Betriebswirtschaftslehre, 27. Auflage, Wien 2016

Melhardt, Stefan/Tumpel, Michael/Baumann, Susanne (Hrsg), UStG Kommentar, 2. Auflage, Wien 2015

Reich-Rohrwig, Johannes, Das Österreichische GmbH-Recht, 2. Auflage, Wien 1996

Ruppe, Hans Georg/Achatz, Markus (Hrsg), Umsatzsteuergesetz Kommentar, 5. Auflage, Wien 2018

Seicht, Gerhard, Buchführung, Jahresabschluß und Steuern, 12. Auflage, Wien 2003

Straube, Manfred/Ratka, Thomas/Rauter, Alexander (Hrsg), Wiener Kommentar – Rechnungslegung, 3. Auflage, Loseblattsammlung, Wien

Torggler, Ulrich (Hrsg), UGB Kommentar, 3. Auflage, Wien 2019

von Wysocki, Klaus/Schulze-Osterloh, Joachim (Hrsg), Handbuch des Jahresabschlusses in Einzeldarstellung, Loseblattsammlung, Köln

Wagenhofer, Alfred, Bilanzierung und Bilanzanalyse, 13. Auflage, Wien 2017

Zib, Christian/Dellinger, Markus (Hrsg), UGB Großkommentar, 1. Auflage, Wien 2015

1. Das betriebliche Rechnungswesen

1.1. Der Inhalt des betrieblichen Rechnungswesens

Das betriebliche Rechnungswesen beinhaltet alle Verfahren, mit denen die quantifizierbaren betrieblichen Vorgänge und die Beziehungen des Unternehmens zur Außenwelt zahlenmäßig erfasst, den gesetzlichen Bestimmungen und betriebsinternen Anforderungen entsprechend geordnet und dokumentiert werden. Das Rechnungswesen umfasst daher alle wertmäßigen und mengenmäßigen Informationen über das betriebliche Geschehen.

Die **Gliederung des Rechnungswesens** kann wie folgt erfolgen:

<table>
<tr><th colspan="5">BETRIEBLICHES RECHNUNGSWESEN</th></tr>
<tr><td colspan="2">Finanzrechnung</td><td colspan="2">Betriebsrechnung</td><td>Sonderrechnungen</td></tr>
<tr><td colspan="2">Buchhaltung
Gewinn- und Verlustrechnung
Bilanz</td><td colspan="2">Kostenrechnung
Leistungsrechnung</td><td rowspan="2">Planungsrechnung
betriebsw Statistik
Wirtschaftlichkeitsrechnungen
Rentabilitätsrechnungen
Sonderbilanzen etc</td></tr>
<tr><td>Bestandsrechnung</td><td>Erfolgsrechnung</td><td>Betriebsrechnung</td><td>Kalkulation</td></tr>
</table>

Hauptbestandteil des betrieblichen Rechnungswesens sind die **Betriebsrechnung** und die **Finanzrechnung**, welche noch durch Sonderrechnungen ergänzt werden.

Die **Finanzrechnung** ist eine Unternehmensrechnung mit pagatorischem Charakter und mündet im offiziellen Jahresabschluss, der für Zwecke der Gewinnfeststellung und -verteilung, der Steuerbemessung, der Information der Unternehmensführung und als Grundlage für Unternehmenskontrollen und Dispositionen benötigt wird.

In der **Betriebsrechnung**, die eine interne Rechnung mit kalkulatorischem Charakter darstellt, wird hingegen eine Erfassung und Erklärung der betrieblichen Vorgänge versucht. Die Betriebsrechnung zerfällt in die Kostenrechnung, die die Kosten erfasst und bestimmten Bezugsgrößen zurechnet, und in die (kurzfristige) Erfolgsrechnung (Betriebsergebnisrechnung), die Kosten und Leistungen gegenüberstellt und den Betriebserfolg ermittelt.

In der Finanzrechnung werden die Aufwendungen und Erträge (= externer Wertestrom, externe Verrechnung) dokumentiert und kontrolliert, während die Kosten und Leistungen (= interner Wertestrom, interne Verrechnung) der Betriebsrechnung zugrunde liegen.

Diese beiden verschiedenen Rechnungsarten, deren Unterschiedlichkeit sich in der Art der Bewertung (**Bewertungsunterschiede**), im Umfang der zulässigen Wertansätze (**Umfangsunterschiede**) und in der Zurechnung der Werte zu den einzelnen Abrechnungsperioden (**Periodenverschiedenheiten**) manifestiert, stehen trotz dieser Trennlinien ursächlich im Zusammenhang, da die Kostenrechnung direkt aus der Finanzrechnung abgeleitet wird. Die Aufwendungen der Finanzbuchhaltung müssen in Kosten umgewandelt werden. Diese Notwendigkeit verlangt einen entsprechenden organisatorischen Zusammenhang zwischen Finanzbuchhaltung und Betriebsbuchhaltung.

1.2. Die Aufgaben des betrieblichen Rechnungswesens

Die Aufgaben des betrieblichen Rechnungswesens bestehen vor allem in der Dokumentation des betrieblichen Geschehens sowie in der Bereitstellung von Informationen zur zielgerichteten Steuerung des Unternehmens und seiner Überwachung.

Die Finanzrechnung dient vornehmlich der externen Rechnungslegung und damit Dokumentationszwecken, während die Kosten- und Leistungsrechnung, die Kennzahlenrechnung sowie die Planungsrechnung als interne Unternehmensrechnungen Steuerungs- und Überwachungsaufgaben übernehmen.

1.3. Der Zweck des betrieblichen Rechnungswesens

Grundsätzlich gibt es zwei Beweggründe zur Installierung eines betrieblichen Rechnungswesens. Der erste Grund ist **rechtlicher Natur**, da aufgrund unternehmens- und steuerrechtlicher Bestimmungen die Mehrzahl der Unternehmer zur Führung von Aufzeichnungen oder Büchern verpflichtet ist, um den dem Eigentümer des Unternehmens auszahlbaren Gewinn zu bestimmen und um die Grundlage für die Steuerbemessung zu ermitteln. Der zweite Anlass ist **wirtschaftlicher Natur** und äußert sich in der Notwendigkeit einer rechnerischen Unterlage für die Planungs- und Überwachungsfunktion der unternehmerischen Tätigkeit.

Schließlich liegt der Zweck der Buchführung auch in einem zivilrechtlichen Bereich, der sich mit dem steuerrechtlichen überschneidet. Wird die Organisation der Aufbewahrung von Belegen oder Aufzeichnungen vernachlässigt, sodass Unterlagen abhandenkommen oder abhandenkommen können, ist nicht nur die steuerliche Anerkennung der diesen Belegen oder Aufzeichnungen zugrunde liegenden Tatbestände gefährdet, sondern auch im zivilrechtlichen Verfahren im Falle von Streitfällen ein Beweisnotstand gegeben. Dieser könnte zB beim Nachweis von Leistungsverpflichtungen, wie Zahlungen, oder bei Diebstählen von Angestellten, die nur bei ordnungsgemäßer Buchführung einwandfrei nachgewiesen werden können, auftreten.

Der **Wert der Buchführung** besteht daher für den Unternehmer in der Information über das Geschehen in seinem Unternehmen und der damit verbundenen Kontrollmöglichkeit. Weiters besteht der Wert der Buchführung darin, dass sie, wenn sie gemäß den Bestimmungen der Bundesabgabenordnung bzw des Umsatzsteuergesetzes (als maßgebliche Gesetzesquellen) geführt werden, auch die Vermutung materieller Ordnungsmäßigkeit beinhaltet. Dies bedeutet, dass bei ordnungsgemäßer Führung von Büchern die Beweiskraft für sachliche Unrichtigkeiten bei der Finanzbehörde liegt. Sind Bücher und Aufzeichnungen jedoch formell nicht in Ordnung, trifft die Beweislast den Steuerpflichtigen, der sich bei fehlenden und mangelnden Aufzeichnungen, wie zB nicht aufgezeichneten Einnahmen, in einem Beweisnotstand befindet.

1.4. Aufzeichnungs- und Dokumentationspflichten im Rechnungswesen

§ 190. (1) UGB

„Der Unternehmer hat *Bücher* zu führen und in diesen seine unternehmensbezogenen Geschäfte und die Lage seines Vermögens nach den Grundsätzen ordnungsmäßiger Buchführung ersichtlich zu machen. Die Buchführung muss so beschaffen sein, dass sie einem

sachverständigen Dritten innerhalb angemessener Zeit einen Überblick über die Geschäftsvorfälle und über die Lage des Unternehmens vermitteln kann. Die Geschäftsvorfälle müssen sich in ihrer Entstehung und Abwicklung verfolgen lassen."

Unter Büchern sind sämtliche nach den GoB erforderlichen Unterlagen der laufenden Buchführung zu verstehen. Im Sinne des § 190 Abs 1 UGB sind das jene Unterlagen, die sich auf die Entstehung und Abwicklung der unternehmensbezogenen Geschäfte beziehen. Auch urkundliche und nichturkundliche Informationsträger werden zu den Büchern gezählt, wenn sie dazu bestimmt und geeignet sind, die Geschäftsfälle des Unternehmens und die Lage seines Vermögens kenntlich zu machen. Aus Sicht des § 190 Abs 1 UGB treten keine Folgen ein, wenn kein Geschäft zustande kommt. Das Zustandekommen eines Geschäftes ist daher wesentlich.

§ 343. (2) UGB

„Unternehmensbezogene Geschäfte sind alle Geschäfte eines Unternehmers, die zum Betrieb seines Unternehmens gehören."

Als unternehmensbezogenes Geschäft iSd § 343 Abs 2 UGB wird jedes rechtserhebliche Verhalten mit einem ausreichenden Bezug zu einem Rechtsgeschäft (auch einseitig wie zB ein Angebot) gesehen.

§ 212. UGB

„(1) Der Unternehmer hat seine Bücher, Inventare, Eröffnungsbilanzen, Jahresabschlüsse samt den Lageberichten, Konzernabschlüsse samt den Konzernlageberichten, empfangene Geschäftsbriefe, Abschriften der abgesendeten Geschäftsbriefe und Belege für Buchungen in den von ihm gemäß § 190 zu führenden Büchern (Buchungsbelege) sieben Jahre lang geordnet aufzubewahren; darüber hinaus noch solange, als sie für ein anhängiges gerichtliches oder behördliches Verfahren, in dem der Unternehmer Parteistellung hat, von Bedeutung sind.

(2) Die Frist läuft vom Schluß des Kalenderjahrs an, für das die letzte Bucheintragung vorgenommen, das Inventar aufgestellt, die Eröffnungsbilanz und der Jahresabschluß festgestellt, der Konzernabschluß aufgestellt oder der Geschäftsbrief empfangen oder abgesendet worden ist."

§ 212 UGB regelt die Aufbewahrungspflicht und die Aufbewahrungsfrist von Unterlagen. Im UGB findet sich keine Legaldefinition des Begriffs „Geschäftsbriefe". Unter Geschäftsbriefen ist die papierene und elektronische Korrespondenz mit (zumindest potenziellen) Geschäftspartnern zu verstehen. Hierbei ist maßgeblich, ob ein Schriftstück einen buchungspflichtigen Geschäftsvorfall betrifft.

Das **Steuerrecht**, das grundsätzlich an die Vorschriften der unternehmensrechtlichen Rechnungslegung anknüpft, enthält zusätzliche Normen. Zur Optimierung der Überprüfungsmöglichkeiten und der Verhinderung von Steuerhinterziehungen wurden zahlreiche Änderungen, zB durch das Betrugsbekämpfungsgesetz 2006 oder die Registrierkassenpflicht, vorgenommen. Es erfolgte eine Ausweitung der steuerlichen Aufzeichnungs- und Dokumentationsvorschriften über das bisherige Verständnis des unternehmensrechtlichen Geschäftsvorfalles und der Losungsermittlung hinaus. Ein Geschäftsvorfall, der steuerlich zu dokumentieren ist, muss nicht zwingend durch eine Buchung abgeschlossen werden. Beim steuerlichen Geschäftsvorfall ist vom gesamten Lebenszyklus eines Geschäftsvorfalles einschließlich sämtlicher durch einen Geschäftsvorfall bedingten und nicht durch einen Geschäftsvorfall bedingten Geschäftsprozesse und Geschäftsereignisse in einem Unternehmen auszugehen.

2. Die Buchhaltung (Buchführung)

2.1. Die Aufgaben der Buchhaltung

Die Buchhaltung hat neben der Dokumentationsfunktion auch die Funktion der Erfolgsfeststellung, der Kontrolle und der Information zu erfüllen.

(1) Die Buchhaltung hat alle wertmäßigen Veränderungen des Vermögens und des Kapitals lückenlos aufzuzeichnen.

DOKUMENTATIONSFUNKTION

Das **Vermögen** gibt Auskunft darüber, wie die finanziellen Mittel im Unternehmen investiert (verwendet) wurden. Das Vermögen besteht ua aus Grundstücken, Gebäuden, Fahrzeugen, Schreibtischen, Waren aller Art, aber auch aus Bargeld, Bankguthaben und Wertpapieren.

Das **Kapital** hingegen zeigt die Finanzierungsquellen, dh woher das Geld stammt (aus Bankkrediten, von Lieferanten oder von Eigentümern des Unternehmens).

(2) Das Zahlenmaterial der Buchhaltung wird am Ende einer Rechnungsperiode zusammengefasst und ergibt aufbereitet die Bilanz und die Gewinn- und Verlustrechnung. Damit wird die Vermögens-, Finanz- und Ertragslage des Unternehmens dargestellt.

FUNKTION DER ERFOLGSFESTSTELLUNG

(3) Die Buchhaltung und der Jahresabschluss (Bilanz und Gewinn- und Verlustrechnung) bilden die Grundlage für Sonderrechnungen, die der

KONTROLL- UND DISPOSITIONSFUNKTION

dienen.

(4) Die Finanzrechnung erfüllt aber auch eine Informationsaufgabe, und zwar gegenüber

- den Eigentümern;
- der Unternehmensleitung;
- den Arbeitnehmern;
- den Gläubigern;
- den Lieferanten und Kunden;
- dem Finanzamt;
- dem Steuerberater etc.

INFORMATIONSFUNKTION

Die Buchhaltung dient dabei als Grundlage für die Besteuerung und als Beweismittel vor Gericht.

2.2. Grundlegende Begriffe

In der Buchhaltung werden Wertbewegungen zahlenmäßig abgebildet, wobei Begriffe verwendet werden, die im Gegensatz zum täglichen Sprachgebrauch exakt zu definieren und voneinander abzugrenzen sind. Dies sind insbesondere die Begriffspaare

Einzahlungen	Auszahlungen
Einnahmen	Ausgaben
Ertrag	Aufwand
Leistung	Kosten

Im Steuerrecht existiert weiters das Begriffspaar

Betriebseinnahmen	Betriebsausgaben

welches sich mit keinem der obigen Begriffspaare voll deckt.

Auszahlungen und Einzahlungen

Bei Auszahlungen handelt es sich um reine Zahlungsvorgänge in Form von Geldmittelabflüssen aus dem Unternehmen.

Einzahlungen sind Geldmitteleingänge, also ebenfalls reine Zahlungsvorgänge.

Die Zu- und Abgänge des „Geldes“ können entweder durch die Übergabe von Banknoten und Münzen oder in bargeldloser Form durch die Überweisung von Geldbeträgen von Guthaben bei Kreditinstituten erfolgen.

Ausgaben und Einnahmen

Ausgaben sind Auszahlungen + Schuldenzunahmen + Forderungsabnahmen.

Einnahmen sind Einzahlungen + Forderungszunahmen + Schuldenabnahmen.

Aufwendungen und Erträge

Unter Aufwand ist der in Geldeinheiten ausgedrückte Vermögenseinsatz einer bestimmten Periode (Abrechnungsperiode) zu verstehen. Der Vermögenseinsatz ist der gesamte Wertverbrauch des Unternehmens, ausgenommen dem privaten Zweck des Unternehmers dienende Wertänderungen. Aufwendungen können, müssen aber nicht in der betreffenden Periode Ausgaben sein. Es können sogar Aufwendungen entstehen, die zu keiner Zeit zu Ausgaben führen.

Umgekehrt gilt, dass nicht jede Ausgabe auch Aufwand sein muss; als Beispiel dienen der Ankauf von einem unbebauten Grundstück, das keiner Wertminderung unterliegt und damit keine Aufwendungen in Form von Abschreibungen hervorruft oder die Entnahme von Geldbeträgen durch den Unternehmer (= Vermögensverlagerung und nicht Wertverzehr).

Erträge sind sinngemäß die in Geld bewerteten Gegenleistungen für erbrachte Leistungen, dh die Erträge sind die einer bestimmten Periode zurechenbaren Einnahmen. Auch hier gilt, dass nicht jeder Ertrag zu einer Einnahme führt und dass nicht jede Einnahme einen Ertrag darstellt.

Kosten und Leistung

Die Kosten sind der Werteinsatz zur Leistungserstellung in einer Unternehmung, wobei die Wertkomponente vom Zielsystem der Unternehmung abgeleitet wird.

Die Leistung ist die Summe der im betrieblichen Produktionsprozess in Entsprechung des Betriebszweckes erstellten materiellen Güter und Dienstleistungen. Diese sind das bewertete Ergebnis der betrieblichen Tätigkeit und umfassen sowohl die für den Markt bestimmten als auch die für den Betrieb selbst bestimmten Leistungen.

Sonstige wesentliche Begriffe

Neben diesen für die Buchhaltung als Rechnung in Werten bedeutsamen Begriffen gibt es noch eine Reihe weiterer fachspezifischer Begriffe, die sich auf das Rechnungswesen beziehen bzw für dessen Verständnis benötigt werden, weshalb im Folgenden die wichtigsten kurz dargestellt werden:

Absatz

Der Absatz ist die Menge der in einer Periode verkauften Güter.

Anhang

Der Anhang ist die für Kapitalgesellschaften (ausgenommen Kleinstkapitalgesellschaften) verpflichtende verbale Erläuterung von Bilanz und Gewinn- und Verlustrechnung und Teil des Jahresabschlusses.

Beleg

Belege sind schriftliche Aufzeichnungen über tatsächliche oder geplante betriebliche Vorgänge, die im Rechnungswesen erfasst werden müssen.

Betrieb

Die Abgrenzung des Begriffes Betrieb erfolgt in der Betriebswirtschaftslehre sehr uneinheitlich. Meist wird unter Betrieb eine wirtschaftliche Leistungseinheit verstanden, die der Leistungserstellung (zB Produktion, Dienstleistung, Tausch) dient. Statt des Begriffes Betrieb wird manchmal auch der Begriff Unternehmung oder Unternehmen verwendet.

Bilanz

Mit Bilanz wird die wertmäßige Gegenüberstellung des Vermögens auf der sog Aktivseite und der Schulden und des Kapitals auf der sog Passivseite in Form eines Kontos verstanden. Die Bilanz ist Teil des Jahresabschlusses.

Erfolg

Der Erfolg ist die Differenz zwischen Erträgen und Aufwendungen.

Ergebnis

siehe Erfolg

Faktura

siehe Rechnung

Finanzierung

Die Finanzierung besteht in der Versorgung des Unternehmens mit Geldmitteln, die für die Erfüllung von Zahlungsverpflichtungen benötigt werden. Finanzierung kann auch als Mittelaufbringung bezeichnet werden.

Firma

Die Firma ist der Name des Unternehmens. (Unter diesem Namen betreibt der Unternehmer die Geschäfte, schließt die Verträge, erstellt Rechnungen.)

Gewinn

Der Gewinn ist der Überhang der Erträge über die Aufwendungen.

Gewinn- und Verlustrechnung

Unter Gewinn- und Verlustrechnung (GuV) wird die Gegenüberstellung von Erträgen und Aufwendungen einer Periode (vielfach in Staffelform) verstanden. Die Gewinn- und Verlustrechnung ist Teil des Jahresabschlusses.

Inventar

Eine Aufstellung des dem Unternehmen gewidmeten Vermögens.

Inventur

Mengen- und wertmäßige Erfassung des Inventars.

Investition

Als Investition wird die Verwendung von Geldmitteln zur Beschaffung von Vermögensgütern bezeichnet (zB Kauf einer Maschine).

Jahresabschluss

Der Jahresabschluss ist einmal jährlich vom Unternehmer aufzustellen und besteht aus Bilanz und GuV (bzw Anhang bei Kapitalgesellschaften).

Kapital

Das Kapital ist die Summe der Geldmittel und sonstigen Werte, die dem Unternehmen überlassen wurden. Es wird in das **Eigenkapital**, das dem Unternehmen durch die Eigentümer überlassen wurde, und in das **Fremdkapital** (= Schulden), das dem Unternehmen von Dritten (Gläubigern) zur Verfügung gestellt wurde, unterschieden.

Konto

Konten sind zweiseitige Rechenfelder, auf denen der Buchungsstoff (= Inhalt der Geschäftsvorfälle) erfasst wird; die linke Seite wird mit SOLL, die rechte Seite mit HABEN bezeichnet.

Rechnung

Als Rechnung bezeichnet man jedes Schriftstück, mit dem ein Unternehmen über eine Lieferung oder Leistung abrechnet.

Reinvermögen

Das Reinvermögen ist die Differenz zwischen Gesamtvermögen und Schulden (Fremdkapital).

Umsatz

Der Umsatz ist die mit den Verkaufspreisen bewertete Absatzmenge (= verkaufte Menge x Preis).

Unternehmen

Gemäß § 1 Abs 2 UGB ist ein Unternehmen jede auf Dauer angelegte Organisation selbständiger wirtschaftlicher Tätigkeit, mag sie auch nicht auf Gewinn gerichtet sein.

Verlust

Der Verlust ist der Mehrbetrag der Aufwendungen über die Erträge.

Vermögen

Das Vermögen ist die Gesamtheit aller im Eigentum eines Unternehmens stehenden Güter.

Das Gesamtvermögen unterteilt man in Anlage- und Umlaufvermögen. Das **Anlagevermögen** umfasst alle jene Güter, die dem Unternehmen langfristig zur Verfügung stehen (zB Grundstücke, Maschinen usw). Das **Umlaufvermögen** ist nur zur kurzfristigen Nutzung bestimmt (zB Warenvorräte, Geldbestand usw).

2.3. Die Rechtsgrundlagen der Buchführung

Für die Betriebsrechnung bestehen keine gesetzlichen Vorschriften.

Bei der **Finanzrechnung** (Buchhaltung) jedoch ist

- der Inhalt gesetzlich vorgeschrieben

sowie

- die Form gesetzlich geregelt.

Bestimmungen über die Aufzeichnungs- und Buchführungspflicht sind vor allem im

- Unternehmensgesetzbuch (Drittes Buch §§ 189–285 UGB/„Rechnungslegungsgesetz“)

und in der

- Bundesabgabenordnung (§§ 124–132b BAO)

  enthalten.

2.3.1. Die Rechnungslegungspflicht

Im Zuge der Reformierung des österreichischen Handelsrechts durch das Handelsrechts-Änderungsgesetz (HaRÄG; BGBl I 120/2005) im Jahr 2005 kam es unter anderem zu einer umfassenden Novellierung der Rechnungslegungspflicht. Durch das Rechnungslegungs-Änderungsgesetz 2010 (RÄG 2010; BGBl I 2009/140) wurden die in § 189 festgesetzten Schwellenwerte erhöht. Durch das Rechnungslegungs-Änderungsgesetz 2014 (RÄG 2014, BGBl I 22/2015) wurde der Wortlaut der Bestimmung zum Anwendungsbereich des dritten Buches des UGB stärker an die Richtlinie 2013/34/EU über den Jahresabschluss, den konsolidierten Abschluss und damit verbundene Berichte von Unternehmen bestimmter Rechtsformen und zur Änderung der Richtlinie 2006/43/EG des Europäischen Parlaments und des Rates und zur Aufhebung der Richtlinien 78/660/EWG und 83/349/EWG, ABl Nr L 182 vom 29. 6. 2013 S 19 (die sog „Bilanz-Richtlinie“) angelehnt.

Gem § 189 UGB ist das dritte Buch über die Rechnungslegung anzuwenden auf:

- Kapitalgesellschaften;
- eingetragene Personengesellschaften, bei denen
  a) alle unmittelbaren oder mittelbaren Gesellschafter mit ansonsten unbeschränkter Haftung tatsächlich nur beschränkt haftbar sind, weil sie entweder Kapitalgesellschaften im Sinn des Anhangs I der Richtlinie 2013/34/EU über den Jahresabschluss, den konsolidierten Abschluss und damit verbundene Berichte von Unternehmen bestimmter Rechtsformen und zur Änderung der Richtlinie 2006/43/EG des Europäischen Parlaments und des Rates und zur Aufhebung der Richtlinien 78/660/EWG und 83/349/EWG, ABl Nr L 182 vom 29. 6. 2013 S 19, in der Fassung der Richtlinie 2014/102/EU des Rates vom 7. 11. 2014, ABl Nr L 334 vom 21. 11. 2014, S 86, sind oder Gesellschaften sind, die nicht dem Recht eines Mitgliedstaats der Europäischen Union oder eines Vertragsstaats des Abkommens über den Europäischen Wirtschaftsraum unterliegen, aber über eine Rechtsform verfügen, die einer in Anhang I der Richtlinie 2013/34/EU genannten vergleichbar ist; als Kapitalgesellschaften im Sinn des Anhangs I der Bilanz-Richtlinie gelten auch solche, die mittels delegierter Rechtsakte der Kommission im Sinn des Art 1 Abs 2 dieser Richtlinie als solche erklärt werden; oder
  b) kein unbeschränkt haftender Gesellschafter eine natürliche Person oder eine Personengesellschaft mit einer natürlichen Person als unbeschränkt haftendem Gesellschafter ist oder bei denen sich die Verbindung von Gesellschaften in dieser Art fortsetzt, und die unternehmerisch tätig sind;
- alle anderen Unternehmer (mit Ausnahme von § 189 Abs 4 UGB), die mehr als € 700.000 Umsatzerlöse pro Jahr erzielen (Abs 1 Z 3).

Kapitalgesellschaften unterliegen daher nach wie vor, unabhängig von Größe und Tätigkeit, immer der Rechnungslegungspflicht. Auch eingetragene Personengesellschaften, bei denen alle unmittelbaren oder mittelbaren Gesellschafter mit ansonsten unbeschränkter Haftung tatsächlich nur beschränkt haftbar sind, weil sie Kapitalgesellschaften sind, oder eingetragene Personengesellschaften ohne natürliche Person als unbeschränkt haftenden Gesellschafter oder ohne Personengesellschaft mit einer natürlichen Person als unbeschränkt haftendem Gesellschafter, die eine unternehmerische Tätigkeit ausführen, sind rechnungslegungspflichtig. Bei diesen sog verdeckten Kapitalgesellschaften kommt vor allem der GmbH & Co KG eine besondere praktische Bedeutung zu. Für alle anderen Unternehmen, also Einzelunternehmer wie auch Personengesellschaften (die nicht unter § 189 Abs 1 Z 2 UGB fallen), stellt die Rechnungslegungspflicht auf das Überschreiten eines festgelegten Schwellenwerts für die Umsatzerlöse gemäß § 189a Z 5 UGB ab. Die Grenze bezieht sich dabei auf den Umsatz pro einzelnen einheitlichen Betrieb. Sind die Umsatzerlöse an den Abschlussstichtagen von zwei aufeinanderfolgenden Geschäftsjahren (Regelgeschäftsjahr von zwölf Monaten) größer als € 700.000, tritt grundsätzlich die Rechnungslegungspflicht ein. Die Rechnungslegungspflicht tritt jedoch nicht sofort, sondern erst ab dem der zweimaligen Überschreitung zweitfolgenden Geschäftsjahr ein. Werden also beispielsweise sowohl im Jahr X0 wie auch im Jahr X1 Umsatzerlöse über € 700.000 erzielt, tritt die Rechnungslegungspflicht ab dem Jahr X3 ein. Eine Ausnahme von dieser generellen Regelung stellt das sog qualifizierte Überschreiten des Schwellenwertes (um mindestens € 300.000 – dh ab € 1.000.000) dar. In diesem Fall tritt die Rechnungslegungspflicht bereits ab dem der einmaligen Überschreitung folgenden Geschäftsjahr ein, da davon ausgegangen werden kann, dass es in der Regel auch im Folgejahr zumindest zu einem Überschreiten der Grenze von € 700.000 kommen wird. Kommt es beispielsweise im Jahr X0 zu Umsatzerlösen von mehr als € 1.000.000, tritt die Rechnungslegungspflicht bereits ab dem Jahr X1 ein. Die qualifizierte Schwelle wurde insbesondere im Hinblick auf die Aufnahme einer unternehmerischen Tätigkeit mit einem sehr großen Betrieb und einem unter diesen Umständen nicht zu rechtfertigenden Eintritt der Rechnungslegungspflicht erst im vierten Jahr der Geschäftstätigkeit eingeführt. Darüber hinaus kommt es zu Besonderheiten im Zusammenhang mit Unternehmensübergängen.

Wird der Schwellenwert in zwei aufeinanderfolgenden Geschäftsjahren nicht überschritten, tritt der Entfall der Rechnungslegungspflicht in der Regel im unmittelbar darauffolgenden Geschäftsjahr ein.

Vom Anwendungsbereich der Rechnungslegungsvorschriften ausgenommen sind gem § 189 Abs 4 UGB:

- Angehörige der freien Berufe, die ihren Beruf als Einzelunternehmer oder im Rahmen einer offenen Personengesellschaft oder Kommanditgesellschaft ausüben,
- Land- und Forstwirte, die ihren Beruf als Einzelunternehmer oder im Rahmen einer offenen Personengesellschaft oder Kommanditgesellschaft ausüben, und
- Unternehmer, die ausschließlich außerbetriebliche Einkünfte erzielen, die gemäß § 2 Abs 4 Z 2 EStG durch den Überschuss der Einnahmen über die Werbungskosten ermittelt werden.

Angehörige der freien Berufe sowie Land- und Forstwirte und Unternehmer, die ausschließlich außerbetriebliche Einkünfte erzielen, die gemäß § 2 Abs 4 Z 2 EStG durch den Überschuss der Einnahmen über die Werbungskosten ermittelt werden, sind daher, sofern ihr Unternehmen nicht in der Rechtsform einer Kapitalgesellschaft bzw einer verdeckten Kapitalgesellschaft geführt wird, von der Rechnungslegungspflicht ausgenommen. Ein Überschreiten des Schwellenwertes ist, ebenso wie eine etwaige freiwillige Firmenbucheintragung, irrelevant. Darüber hinaus sind auch die sog „Überschussrechner" von der Rechnungslegungspflicht ausgenommen.

Die Rechnungslegungspflicht im Überblick

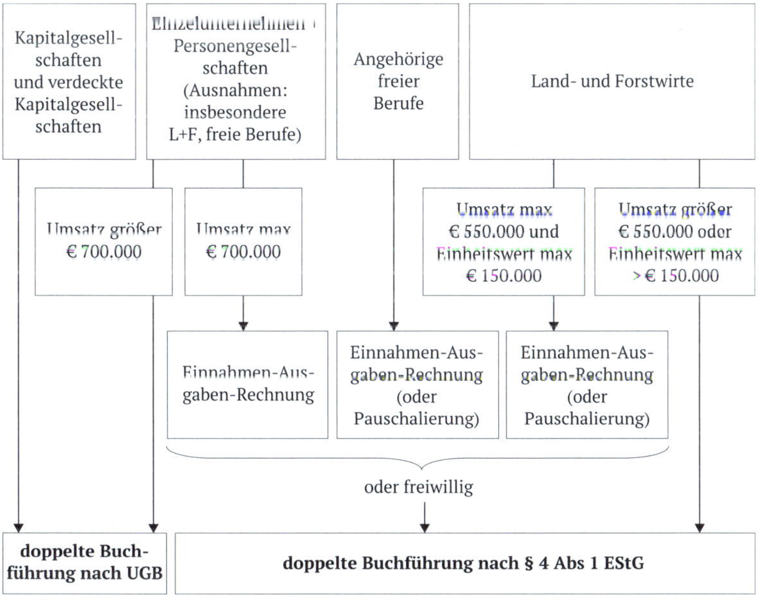

Aus steuerrechtlicher Sicht (**§ 124 BAO**) hat derjenige, der nach Unternehmensrecht oder anderen gesetzlichen Bestimmungen zur Führung von Büchern verpflichtet ist, diese Verpflichtung auch im Interesse der Abgabenerhebung zu erfüllen. Darüber hinaus müssen auch jene Unternehmer Bücher führen, die die in **§ 125 BAO** festgelegten Grenzen überschreiten. Hierbei ist anzumerken, dass zuletzt mit dem BudBG 2014 (BGBl I 2014/40) eine Anpassung dieser Schwellenwerte erfolgte.

Demnach betragen die Grenzen in der BAO:

	Buchführungspflicht gem § 125 BAO	
Betriebsart / Kriterium	wirtschaftlicher Geschäftsbetrieb (§ 31 BAO)	land- und forstwirtschaftliche Betriebe
Umsatz	mehr als € 550.000	mehr als € 550.000
Einheitswert	–	mehr als € 150.000

2.3.2. Die Grundsätze ordnungsmäßiger Buchführung

Damit ein Unternehmer den Vorschriften des Unternehmensrechtes bei seiner Aufzeichnungspflicht bzw Rechnungslegungspflicht entspricht, ist als Buchungssystem die doppelte Buchführung anzuwenden, deren gesetzliche Rahmenbedingung im Wesentlichen das Rechnungslegungsgesetz ist.

Weiters wird in § 190 Abs 1 UGB auf die Grundsätze ordnungsgemäßer Buchführung (GoB) verwiesen. Gemäß der einschlägigen Rechtsprechung ist die Ordnungsmäßigkeit der Buchführung nach jenen Kriterien zu beurteilen, die dem allgemeinen Bewusstsein der anständigen und ordentlichen Kaufmannschaft entspringen. In der Praxis gründen sich die Grundsätze ordnungsgemäßer Buchführung auf gesetzliche Bestimmungen und die diesbezüglichen Rechtsprechungen, auf die zum Gewohnheitsrecht gewordene allgemein anerkannte Übung der kaufmännischen Praxis und auf Gutachten, Richtlinien und Stellungnahmen der Kammer der Steuerberater und Wirtschaftsprüfer (KSW), Stellungnahmen des Austrian Financial Reporting and Auditing Committee (AFRAC), des Instituts Österreichischer Wirtschaftsprüfer (IWP) und der Vertreter der Unternehmer.

Eine Buchführung ist grundsätzlich dann als ordnungsgemäß anzusehen, wenn alle gesetzlichen und sonstigen Vorschriften beachtet worden sind und alle Geschäftsvorfälle

- vollständig
- wahr
- klar
- ordentlich und
- leicht nachprüfbar

erfasst sind.

Formelle Ordnungskriterien

- Die Buchführung ist in einer lebenden Sprache und in deren Schriftzeichen zu führen.
- Es dürfen keine leeren Zwischenräume an Stellen gelassen werden, die der Regel nach zu beschreiben sind.
- Es darf nicht radiert werden.
- Gemachte Eintragungen dürfen nicht unkenntlich gemacht werden.
- Die Eintragungen sollen der Zeitfolge nach geordnet, vollständig, richtig und zeitgerecht vorgenommen werden.
- Kasseneinnahmen und -ausgaben sollen mindestens täglich aufgezeichnet werden.
- Die Bezeichnung der Konten und Bücher soll erkennen lassen, welche Geschäftsvorgänge auf den betreffenden Konten verbucht werden.
- Konten, die den Verkehr mit Geschäftsfreunden verzeichnen, sollen Namen und Anschrift der Geschäftsfreunde aufweisen.
- Soweit Bücher gebunden werden, sollen sie Blatt für Blatt oder Seite für Seite fortlaufend nummeriert werden.

Werden Bücher oder Aufzeichnungen in loser Blattform geführt, so sollen diese Blätter in einem laufend geführten Verzeichnis (Kontenregister) festgehalten werden.

Die Verwendung von Datenträgern (elektronische Datenverarbeitung) ist erlaubt, wenn die inhaltsgleiche, vollständige und geordnete Wiedergabe aller Geschäftsvorfälle und die Einhaltung von Datensicherungs- und Datenschutzmaßnahmen jederzeit gewährleistet ist.

Bücher und Aufzeichnungen sind ebenso wie die Belege und sonstigen Unterlagen sieben Jahre hindurch aufzubewahren.

Materielle Ordnungskriterien

Die Grundsätze materieller Ordnungsmäßigkeit der Buchführung beinhalten folgende Verbote und Gebote:

- das Verbot der Aufzeichnung von Geschäftsvorfällen, die nicht stattgefunden haben;
- das Verbot der unrichtigen Aufzeichnung von Geschäftsvorfällen;
- das Gebot, alle stattgefundenen Geschäftsvorfälle aufzuzeichnen;
- das Gebot der vollständigen körperlichen Erfassung aller Vermögensgegenstände bei der Inventur;
- das Gebot der richtigen, dh dem Gesetz entsprechenden Bewertung.

Verstößt ein Unternehmer gegen die Grundsätze ordnungsgemäßer Buchführung, können damit verschiedene Folgen verbunden sein. Die Steuerbehörde kann dem Steuerpflichtigen die Anerkennung von Steuerbegünstigungen, wie zB Investitionsbegünstigungen, verweigern. Weiters ist die Finanzbehörde bei nicht ordnungsgemäßer Durchführung legitimiert, die Aussagekraft der Buchführung zu verwerfen und ebenso die darin ermittelte Bemessungsgrundlage für die Steuerberechnung (Gewinn). Die Bemessungsgrundlage kann in weiterer Folge daher **geschätzt** werden. Die Aberkennung der Beweiskraft für die Aufzeichnungen bzw Bücher ist auch im zivilrechtlichen Verfahren (zB bei Erbauseinandersetzungen oder Schadenersatzansprüchen) im Falle einer nicht ordnungsgemäßen Buchführung geschmälert bzw nicht gegeben. Schließlich kann die nicht ordnungsgemäße Buchführung auch Geldstrafen nach sich ziehen.

2.3.3. Der Jahresabschluss

Die doppelte Buchhaltung mündet am Ende des Geschäftsjahres in die Bilanz bzw in die Gewinn- und Verlustrechnung.

Die **Bilanz** ist die Gegenüberstellung der zum Bilanzstichtag vorhandenen Vermögens- und Kapitalteile, die nach bestimmten vom Bilanzerstellungszweck abhängigen Gliederungs- und Bewertungsgesichtspunkten ermittelt werden.

Die **Aktivseite** der Bilanz gibt eine Übersicht über die Art und die Werte der zum Bilanzstichtag vorhandenen Vermögensgegenstände. Neben den einzelnen Posten des Anlage- und Umlaufvermögens sind auf der Aktivseite auch Korrekturposten zur Passivseite und Posten zur periodengerechten Zuordnung von Vermögensänderungen auszuweisen.

Auf der Aktivseite ist zu ersehen, welche Vermögensgegenstände zum Bilanzstichtag vorhanden sind (**Mittelverwendung**).

Die **Passivseite** (Kapitalseite) der Bilanz zeigt die **Mittelherkunft**, die ersichtlich macht, welche in Geld ausgedrückten Mittelbeträge dem Unternehmen zur Verfügung gestellt wurden und in welcher rechtlichen Form dies geschah. Erfolgte die Mittelzufuhr von rechtlich am Unternehmen beteiligten Personen in der Absicht, es dem Unternehmen als Kapital zu widmen, so spricht man vom Eigenkapital. Handelt es sich bei den Mittelgebern um rechtlich nicht am Unternehmen beteiligte Personen oder um Gesellschafter, die die Mittel für eine bestimmte Zeit dem Unternehmen zur Verfügung stellen, so spricht man von Fremdkapital.

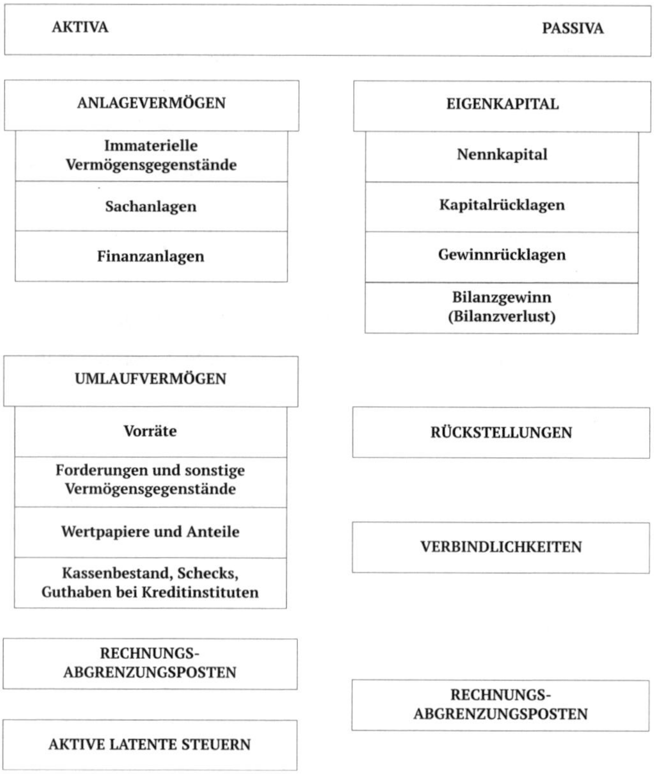

Die Gliederungsvorschriften des § 224 UGB sind nur für Kapitalgesellschaften verbindlich vorgesehen und sehen eine Kontoform als obligatorisch vor. In der Praxis wird das nachfolgend dargestellte Gliederungsschema des UGB auch von anderen Unternehmen angewandt.

Die **Gewinn- und Verlustrechnung** vervollständigt die Bilanz und bildet mit ihr gemeinsam den sog Jahresabschluss iSd § 193 Abs 3 UGB. Während die Bilanz eine zeitpunktbezogene Gegenüberstellung von Vermögens- und Kapitalwerten ist, stellt die Gewinn- und Verlustrechnung eine zeitraumbezogene Darstellung der im Geschäftsjahr angefallenen Aufwendungen und Erträge dar.

Für Kapitalgesellschaften und Kapitalgesellschaft & Co enthält § 231 UGB **zwingende Vorschriften** zur Gliederung der Gewinn- und Verlustrechnung, die idR auch von den übrigen rechnungslegungspflichtigen Unternehmen angewandt werden.

Die Staffelform ist obligatorisch. Sie bietet den Vorteil größerer Übersichtlichkeit und schafft die Möglichkeit zur Bildung von Zwischensummen mit dem Ziel einer Erfolgsspaltung bzw Erfolgsdarstellung nach den Erfolgsbereichen „Betriebsbereich" („**Betriebserfolg**") und „Finanzbereich" („**Finanzerfolg**").

<table>
<tr><td colspan="4">Erfolgsspaltung</td></tr>
<tr><td>Betriebsergebnis</td><td colspan="3">Finanzergebnis</td></tr>
<tr><td colspan="3">Jahresüberschuss</td><td>Steuern</td></tr>
<tr><td colspan="2">Bilanzgewinn</td><td>Gewinnverwendung</td><td></td></tr>
</table>

Grundsätzlich kann bei der Aufstellung der Gewinn- und Verlustrechnung zwischen dem **Gesamtkostenverfahren** und dem **Umsatzkostenverfahren** gewählt werden.

Das Gesamtkostenverfahren und das Umsatzkostenverfahren führen zum **gleichen** Jahresergebnis (Bilanzgewinn/Bilanzverlust). Durch die Verfahrenswahl kann es also zu keiner Beeinflussung des Jahresergebnisses kommen. Ein Abgehen von dem einmal gewählten Gliederungsschema kann nur in Ausnahmefällen erfolgen (zur Gliederung der Gewinn- und Verlustrechnung siehe 3.4.3.2.).

Gesamtkostenverfahren		Umsatzkostenverfahren	
Umsatzerlöse	+	Umsatzerlöse	+
Bestandsveränderungen	+/-	Herstellungskosten der erbrachten Leistungen	-
Aktivierte Eigenleistungen	+		
Sonstige betriebliche Erträge	+	Bruttoergebnis vom Umsatz	+/-
Aufwendungen für Material und sonstige bezogene Herstellungskosten	-	Vertriebskosten	-
Personalaufwand	-	allgemeine Verwaltungskosten	-
Abschreibungen	-	Sonstige betriebliche Erträge	+
Sonstige betriebliche Aufwendungen	-	Sonstige betriebliche Aufwendungen	-
Zwischensumme aus Z 1 bis 8 „Betriebserfolg“	+/-	Zwischensumme aus Z 1 bis 7 „Betriebserfolg“	+/-

2.4. Die steuerrechtlichen Gewinnermittlungsarten

Der im Unternehmen erzielte Erfolg, die „Einkünfte“ in der steuerrechtlichen Terminologie, ist der Besteuerung zu unterziehen. In Abhängigkeit von der Rechtsform des Unternehmens entsteht für das Unternehmen die Einkommensteuer- oder Körperschaftsteuerbelastung.

Das Steuerrecht kennt sieben Einkunftsarten. Für drei davon, die sog **betrieblichen Einkünfte**

- Einkünfte aus Land- und Forstwirtschaft
- Einkünfte aus selbständiger Tätigkeit
- Einkünfte aus Gewerbebetrieb,

ist als Einkunft der **Gewinn** anzusetzen.

Aus steuerrechtlicher Sicht ist gemäß § 4 Abs 1 EStG der **Gewinn** grundsätzlich der Unterschiedsbetrag zwischen dem Betriebsvermögen am Schluss des Wirtschaftsjahres und dem Betriebsvermögen am Schluss des vorangegangenen Wirtschaftsjahres.

Eine vereinfachte Gewinnermittlung ist durch die Ermittlung des Überschusses der Betriebseinnahmen über die Betriebsausgaben bzw durch die Ermittlung von Durchschnittssätzen möglich.

Das Steuerrecht kennt vier verschiedene **Gewinnermittlungsarten**, die auch die Ausgestaltung des Rechnungswesens bestimmen.

§ 4 Abs 1 EStG	§ 5 EStG	§ 4 Abs 3 EStG	§ 17 EStG
Allgemeine Gewinnermittlungsart	Abs 1 Zwingend für nach § 189 UGB rechnungslegungspflichtige Unternehmen mit EK aus Gewerbebetrieb	Überschuss der Betriebseinnahmen über die Betriebsausgaben	Besteuerung nach Durchschnittssätzen
	Abs 2 Freiwillig bei Wegfall Rechnungslegungspflicht nach Abs 1	WENN	
		Keine Buchführungspflicht besteht (§§ 124, 125 BAO) UND nicht freiwillig Bücher für einen Vermögensvergleich (§ 4 Abs 1) geführt werden	

2.4.1. Der Betriebsvermögensvergleich gemäß § 4 Abs 1 EStG

Gemäß § 4 Abs 1 EStG ist der Gewinn der Unterschiedsbetrag zwischen dem Betriebsvermögen am Schluss des Wirtschaftsjahres und dem Betriebsvermögen am Schluss des vorangegangenen Wirtschaftsjahres, vermehrt um den Wert der Entnahmen und vermindert um den Wert der Einlagen. Unter dem Betriebsvermögen wird dabei die Differenz zwischen Gesamtvermögen und Schulden (= Reinvermögen) verstanden. Für den Betriebsvermögensvergleich ist eine ordnungsgemäße Buchführung notwendig, die sowohl eine Vermögensübersicht als auch eine Erfolgsrechnung enthält.

Der Betriebsvermögensvergleich gemäß § 4 Abs 1 EStG ist für alle jene vorgeschrieben, die die Voraussetzungen des § 5 EStG nicht erfüllen, aber eine der Grenzen des § 125 BAO überschreiten oder die freiwillig Bücher führen.

Bis zum Inkrafttreten des 1. StabG 2012, BGBl I 2012/22 (mit 1. 4. 2012) waren Gewinne und Verluste aus der Veräußerung oder Entnahme und sonstige Wertänderungen aus Grund und Boden des Anlagevermögens bei der Gewinnermittlung nach § 4 Abs 1 EStG (siehe § 4 Abs 1 EStG letzter Satz idF vor dem 1. StabG 2012) nicht zu berücksichtigen. Nunmehr sind auch bei der Gewinnermittlung gemäß § 4 Abs 1 EStG Gewinne und Verluste aus der Veräußerung, Entnahme oder sonstige Wertänderungen von Grund und Boden stets zu berücksichtigen (unabhängig von einer Spekulationsfrist).

2.4.2. Die Gewinnermittlung durch den Überschuss der Einnahmen über die Ausgaben gemäß § 4 Abs 3 EStG

Bei der Gewinnermittlung gemäß § 4 Abs 3 EStG wird die Differenz zwischen den tatsächlichen zugeflossenen Betriebseinnahmen und den tatsächlich getätigten Betriebsausgaben ohne Berücksichtigung von privaten Entnahmen und Einlagen ermittelt. Die Betriebseinnahmen gelten als zugeflossen, wenn der Unternehmer über die Einnahmen die rechtliche und wirtschaftliche Verfügungsmacht erlangt hat. Die Überschussermittlung berücksichtigt somit alle baren und unbaren Transaktionen, die betrieblich verursacht sind.

Die Gewinnermittlung gemäß § 4 Abs 3 EStG ist für alle jene Unternehmer möglich, welche die Buchführungsgrenzen des § 125 BAO nicht überschreiten oder aus sonstigen Gründen nicht zur Buchführung verpflichtet sind und Bücher auch nicht freiwillig führen.

2.4.3. Der Betriebsvermögensvergleich gemäß § 5 EStG

Im Falle der Gewinnermittlung nach § 5 Abs 1 EStG wird, wie im Falle der Ermittlung nach § 4 Abs 1 EStG, das Betriebsvermögen am Beginn des Jahres mit jenem am Ende des Wirtschaftsjahres verglichen. Mit dem 1. StabG 2012 (BGBl I 2012/22) ist die Steuerhängigkeit des Grund und Bodens (welche bisher nur für § 5 Abs 1 EStG-Gewinnermittler galt), unabhängig vom Ablauf einer Spekulationsfrist (idR 10 Jahre, siehe § 30 EStG idF vor dem 1. StabG 2012), auf alle Gewinnermittlungsarten ausgedehnt worden.

Gewillkürtes Betriebsvermögen ist unverändert nur bei der Gewinnermittlung nach § 5 EStG möglich (durch das 1. StabG 2012 wurde dies nunmehr ausdrücklich im § 5 Abs 1 EStG verankert).

Unternehmer, die ihren Gewinn nach dem Betriebsvermögensvergleich des § 5 EStG ermitteln, können (wie buchführende Land- und Forstwirte) ein vom Kalenderjahr abweichendes Wirtschaftsjahr wählen. Alle übrigen Unternehmer müssen das Kalenderjahr als Wirtschaftsjahr heranziehen (vgl § 2 Abs 5 EStG).

Die Unterschiede zwischen § 4 Abs 1 EStG und § 5 Abs 1 EStG-Gewinnermittlern beschränken sich daher im Wesentlichen auf die Bildung von gewillkürtem Betriebsvermögen, die fehlende Verpflichtung zur Bildung von Rückstellungen und Rechnungsabgrenzungsposten bei § 4 Abs 1 EStG und auf die Möglichkeit einer Bilanzierung nach abweichendem Wirtschaftsjahr bei § 5 Abs 1 EStG.

Der Betriebsvermögensvergleich des § 5 EStG gilt ausschließlich für Gewerbetreibende, die der unternehmensrechtlichen Rechnungslegungspflicht unterliegen. Ob ein Steuerpflichtiger als Gewerbetreibender angesehen wird oder nicht, richtet sich nach dem EStG und damit ausschließlich nach den Merkmalen des § 23 EStG. Ob eine Tätigkeit unternehmensrechtlich oder gewerberechtlich als „gewerblich“ einzustufen ist, ist bedeutungslos. Um als Gewerbetreibender im Sinne des EStG zu gelten, muss man Einkünfte aus einer selbständigen, nachhaltigen Betätigung, die mit Gewinnabsicht unternommen wird und sich als Beteiligung im allgemeinen wirtschaftlichen Verkehr darstellt, erzielen, wobei es sich bei dieser Betätigung weder um Einkünfte aus Land- und Forstwirtschaft noch um Einkünfte aus selbständiger Arbeit handeln darf (§ 23 EStG). Aufgrund der für viele Unternehmer geltenden umsatzgrenzenabhängigen Rechnungslegungspflicht wurde mit § 5 Abs 2 EStG ein Wahlrecht zur Fortführung der Gewinnermittlung nach den Regeln des § 5 Abs 1 EStG geschaffen für den Fall des Wegfallens der Rechnungslegungspflicht nach § 189 UGB.

2.4.4. Die Gewinnermittlung nach Durchschnittssätzen gemäß § 17 EStG

Die Gewinnermittlung nach Durchschnittssätzen erfolgt grundsätzlich durch die

Betriebsausgabenpauschalierung

aufgrund des § 17 Abs 1–3 EStG. Bei der Ermittlung der Einkünfte aus selbständiger oder gewerblicher Tätigkeit (§§ 22, 23 EStG) können Betriebsausgaben pauschal mit 6 % bzw 12 % (maximal € 13.200 bzw € 26.400) des Umsatzes angesetzt werden (sog gesetzliche oder Basispauschalierung).

Neben den pauschalierten Betriebsausgaben dürfen weiters Ausgaben für Wareneingänge (einschließlich Roh- und Betriebsstoffe) sowie für Löhne (einschließlich Lohnnebenkosten), Fremdlöhne, soweit diese direkt in Leistungen eingehen, die den Betriebsgegenstand des Unternehmens bilden, und Pflichtbeiträge zu gesetzlichen Versicherungen und Vorsorgeeinrichtungen (§ 4 Abs 4 Z 1 EStG) abgesetzt werden.

Aufzeichnungen sind über den **Umsatz** und die **Wareneinkäufe** (Wareneingangsbuch gem § 127 BAO) ebenso wie **Lohnkonten** (§ 76 EStG) zu führen. Die Verpflichtung zur Aufzeichnung der übrigen Ausgaben oder zur Führung eines Anlagenverzeichnisses entfällt. Investitionsbegünstigungen können nicht in Anspruch genommen werden. Die Gewinnermittlung erfolgt nach § 4 Abs 3 EStG. Der steuerpflichtige Unternehmer kann sich im Nachhinein (spätestens bei der Abgabe der Steuererklärung) für die Betriebsausgabenpauschalierung entscheiden und kann wieder zur § 4 Abs 3 EStG-Gewinnermittlung zurückwechseln. Ein neuerlicher Wechsel zur Pauschalierung ist dann erst wieder nach Ablauf von 5 Jahren möglich.

Die Pauschalierung ist auf die Gewinnermittlung für Einkünfte aus Gewerbebetrieb und selbständiger Arbeit beschränkt, wobei die Umsätze des Wirtschaftsjahres vor der Pauschalierung **€ 220.000** nicht überschreiten dürfen.

Für folgende freiberufliche oder gewerbliche Aktivitäten beträgt das Betriebsausgabenpauschale seit 1997 lediglich 6 % des Umsatzes (höchstens jedoch € 13.200):

- kaufmännische und technische Beratung;
- Aufsichtsräte;
- Hausverwalter, Vermögensverwalter;
- Gesellschafterdienstnehmer;
- Schriftsteller;
- Vortragende;
- Wissenschaftler;
- unterrichtende und erzieherische Tätigkeit.

Durch das **Steuerreformgesetz 2020** (StRefG 2020) soll die bestehende Betriebsausgabenpauschalierung durch eine Pauschalierung für **Kleinunternehmer** iSd § 1 Abs 1 UStG im Rahmen der Einnahmen-Ausgaben-Rechnung erweitert werden. Die Regelung soll in § 17 Abs 3a EStG eingefügt werden und erstmalig bei der Veranlagung für das Kalenderjahr 2020 anzuwenden sein.

Die Pauschalierung soll Steuerpflichtigen zugänglich sein, die Einkünfte aus selbständiger oder gewerbliche Tätigkeit (§§ 22, 23 EStG) erzielen, sofern die Summe aller betrieblichen Umsätze die Höchstgrenze von **€ 35.000** („Kleinunternehmergrenze" iSd § 6 Abs 1 Z 27 UStG) nicht überschreitet. Gesellschafter-Geschäftsführer, Aufsichtsratsmitglieder oder Stiftungsvorstände sollen von der Bestimmung explizit ausgenommen sein. Ein geringfügiges Überschreiten der Umsatzgrenze bis höchstens € 40.000 soll möglich sein, wenn im Vorjahr der Höchstbetrag von € 35.000 nicht überschritten wurde. Nach einem Wechsel der Gewinnermittlungsart soll eine neuerliche Inanspruchnahme der Pauschalierung frühestens nach Ablauf von drei Wirtschaftsjahren zulässig sein (Z10).

Gemäß § 17 Abs 3a Z 3 EStG soll der pauschalierte Gewinn im Unterschiedsbetrag zwischen den Betriebseinnahmen und den pauschal ermittelten Betriebsausgaben bestehen. Daneben sind lediglich Betriebsausgaben iSd § 4 Abs 4 Z 1 EStG (insbesondere Beiträge zur Pflichtversicherung in der gesetzlichen Kranken-, Unfall- und Pensionsversicherung) zu berücksichtigen, zusätzlich steht der Grundfreibetrag nach § 10 Abs 1 Z 6 EStG zu.

Der Betriebsausgabenpauschalsatz soll **45 %** betragen, wobei für Dienstleistungsbetriebe ein reduzierter Satz von 20 % zur Anwendung kommt, da derartige Betriebe im Verhältnis zum Umsatz typischerweise eine geringere Kostenbelastung aufweisen.

Die Pauschalierung soll auch anwendbar sein, wenn eine selbständige oder gewerbliche Tätigkeit im Rahmen einer Personengesellschaft (Mitunternehmerschaft) ausgeführt wird (Z 7). Dabei soll durch eine einheitliche Anwendung auf die Mitunternehmerschaft eine möglichst einfache Handhabung gewährleistet werden. Des Weiteren soll die Verpflichtung zur Führung eines Wareneingangsbuchs sowie einer Anlagenkartei (§ 7 Abs 3 EStG) bei Inanspruchnahme der Pauschalierung entfallen (Z 8).

Neben der oben dargestellten **Basispauschalierung** kraft Gesetzes kann der Bundesminister für Finanzen durch **Verordnungen** für Gruppen von Steuerpflichtigen Durchschnittssätze für die Gewinnermittlung aufstellen (§ 17 Abs 4 ff EStG). Diese **Verordnungspauschalierung** ist nur bei betrieblichen Einkünften und bei Fehlen verpflichtend oder freiwillig geführter Bücher (bzw Aufzeichnungen gemäß § 4 Abs 3 EStG) möglich.

Pauschaliert werden entweder **Gewinn** oder **Betriebsausgaben**.

2.5. Die Buchhaltungssysteme

Das System der doppelten Buchhaltung und die Aufzeichnungen der Einnahmen-Ausgaben-Rechnung stellen die grundsätzlichen Möglichkeiten der Ausgestaltung der Finanzrechnung dar. Aus unternehmensrechtlicher Sicht ist kein bestimmtes Buchhaltungsverfahren verlangt, aus der Sicht des Steuerrechts ist jedoch je nach Qualifikation des Steuerpflichtigen ein bestimmtes Buchhaltungssystem anzuwenden. Die steuerrechtliche Verpflichtung zur Buchführung oder zur Aufzeichnung ist vor allem in den Regelungen der Bundesabgabenordnung, des Umsatzsteuer- und des Einkommensteuergesetzes normiert. Neben der doppelten Buchführung und der Einnahmen-Ausgaben-Rechnung besteht auch noch die sog einfache Buchhaltung. Diese ist eine Vorstufe zur doppelten Buchhaltung und wird in der Praxis wie auch in den folgenden Ausführungen vernachlässigt.

2.5.1. Die Einnahmen-Ausgaben-Rechnung

Die Einnahmen-Ausgaben-Rechnung ist eine vereinfachte Aufzeichnungsform. Sie ist durch die systematische Aufzeichnung aller Einnahmen und aller Ausgaben, die die unternehmerische Sphäre betreffen, gekennzeichnet. Die Gegenüberstellung dieser Einnahmen und Ausgaben ermöglicht am Ende einer Periode (am Jahresende) die Ermittlung des sog Überschusses der Einnahmen über die Ausgaben. Die Einnahmen-Ausgaben-Rechnung wird daher auch als Überschussrechnung bezeichnet. Die Aufzeichnungspflicht des Einnahmen-Ausgaben-Rechners beschränkt sich auf die Aufzeichnung aller Geldbewegungen, unabhängig davon, ob sie barer oder unbarer Natur sind. Für die Gewinnermittlung zu berücksichtigen und gesondert aufzuzeichnen sind jedoch auch private Warenentnahmen und der Werteverlust des betrieblich genutzten Anlagevermögens (die sog Abschreibungen). Weiters sind besondere Aufzeichnungen (Lohnkonten) zu führen, wenn Dienstnehmer beschäftigt werden.

Im Rahmen der Einnahmen-Ausgaben-Rechnung werden idR folgende Bücher geführt:

1. **Kassabuch, Bankbuch und/oder Spesenverteiler:**

   In diesen Büchern werden alle baren Zu- und Abflüsse und alle Einzahlungen auf das bzw vom Bankkonto erfasst. Im Spesenverteiler erfolgt zusätzlich eine systematische Aufteilung dieser Geldbewegungen.

2. **Wareneingangsbuch:**

   In diesem Buch sind alle Einkäufe von Handelswaren, Rohstoffen, Hilfsstoffen und Betriebsstoffen erfasst. Diese Aufzeichnungspflicht trifft die Kleingewerbetreibenden und in seltenen Fällen die freiberuflich Tätigen, die beide die Wahlmöglichkeit zwischen Einnahmen-Ausgaben-Rechnung und doppelter Buchhaltung haben.

3. **Anlagenverzeichnis:**

   Im Anlagenverzeichnis sind der Anschaffungszeitpunkt, der Anschaffungspreis und die Nutzungsdauer sämtlicher Anlagevermögensgüter sowie Abschreibungsbeträge und der Restbuchwert der einzelnen Vermögensgüter aufgezeichnet.

Als Hilfsbücher können ein Umsatzsteuerbuch und ein Vorsteuerbuch geführt werden sowie Aufzeichnungen über private Entnahmen und Einlagen. Die Umsatzsteuer und die Vorsteuer können jedoch statt im Umsatzsteuer(Vorsteuer)buch auch im Kassabuch bzw im Spesenverteiler erfasst werden.

Die vereinfachte Aufzeichnungsform der Einnahmen-Ausgaben-Rechnung kann von denjenigen Steuerpflichtigen verwendet werden, die nicht aufgrund gesetzlicher Vorschriften verpflichtet sind, Bücher (doppelte Buchhaltung) zu führen. Die Angehörigen der freien Berufe sind jedenfalls und ohne Einschränkung berechtigt, ausschließlich die Einnahmen-Ausgaben-Rechnung (Überschussrechnung) zu Aufzeichnungszwecken (ggf ergänzt um ein elektronisches Aufzeichnungssystem [„Registrierkasse“] nach § 131b BAO) heranzuziehen.

2.5.2. Die einfache Buchführung

Die einfache Buchführung beschränkt sich auf die Aufzeichnungen des Vermögens und der Schulden sowie der durch die Geschäftsfälle verursachten Veränderungen von Vermögen und Schulden.

Der Gewinn wird durch Gegenüberstellung des Kapitals (Reinvermögen) am Ende eines Kalenderjahres mit jenem zu Beginn des Kalenderjahres ermittelt. Die einfache Buchführung erfordert nicht zwingend die Führung bestimmter Bücher, doch werden idR alle Bestände (wie Kassaguthaben, Bankguthaben, Forderungen, Schulden etc) sowie die privaten Einlagen und Entnahmen aufgezeichnet.

Die praktische Bedeutung der einfachen Buchführung ist nicht groß, man findet sie nur noch bei einigen Kleingewerbetreibenden. Ein Grund für die schwindende Bedeutung der einfachen Buchführung liegt im Umsatzsteuergesetz 1972, das eine erschwerte Verrechnung der Umsatzsteuer und der Vorsteuer mit sich brachte.

2.5.3. Die doppelte Buchhaltung

Begriff der doppelten Buchhaltung

Den Namen erhielt dieses Buchhaltungssystem durch die **zweifache** (doppelte) **Erfassung** jedes Geschäftsfalles, jedes Betrages und des Periodenergebnisses.

Die **Merkmale der doppelten Buchhaltung** sind:

(1) Jeder Geschäftsfall wird sowohl chronologisch (der zeitlichen Reihenfolge nach) als auch systematisch, also **zweifach (= doppelt)** erfasst.

(2) Jeder Betrag wird auf einem Konto im Soll, auf einem anderen Konto im Haben gebucht. Somit wird jeder Betrag **doppelt** erfasst (Fundamentalprinzip).

Das Konto

Ein Konto ist ein zweiseitiges Verrechnungsfeld, auf dem der in Geldeinheiten ausgedrückte Inhalt der Geschäftsfälle erfasst wird. Die linke Seite eines Kontos wird mit SOLL, die rechte Seite mit HABEN bezeichnet.

Bucht man im SOLL eines Kontos, so spricht man von einer Sollbuchung oder von einer Belastung. Man sagt auch, das Konto wird belastet. Bucht man im HABEN eines Kontos, so liegt eine Habenbuchung oder eine Gutschrift vor.

Es gibt verschiedene Kontoformen:

- **das paginierte Konto**

Datum	Beleg	Text	Soll	Haben	Kto.Nr.

Das paginierte Konto findet man bei händischer und in ähnlicher Form bei datenverarbeitungsgestützter Buchführung.

- **das folierte Konto**

Datum	Beleg	Text	Betrag		Datum	Beleg	Text	Betrag

Diese Kontenform wird praktisch nicht mehr verwendet. Als die Buchhaltung noch aus gebundenen Büchern bestand, war die linke Buchseite die Sollseite, die rechte die Habenseite.

- **das T-Konto**

Soll	Haben

Das T-Konto stellt eine Vereinfachung des folierten Kontos dar und wird für systematische Darstellungszwecke, zB in der Lehre, verwendet. Das T-Konto gibt es in der Praxis (außer in der Bilanz, die in T-Konto-Form zu erstellen ist) nicht.

Beträge, die addiert werden sollen, werden auf einer Kontoseite verbucht, Beträge, die abgezogen werden sollen, auf der Gegenseite. Dadurch ist der Kontostand erst dann ersichtlich, wenn alle Sollbuchungen und alle Habenbuchungen addiert wurden und daraus die Differenz ermittelt wird. Diese Differenz bezeichnet man als **SALDO**. Der Saldo ist stets auf der wertmäßig kleineren Seite eines Kontos einzusetzen, wird aber nach der wertmäßig größeren Seite benannt.

Beispiel:

Soll	*Kassenkonto*		*Haben*
Anfangsbestand	*3.000*	*Auszahlung*	*3.800*
Zugang	*2.300*	*SALDO*	*1.500*
Steuerersparnis bzw Steuerbelastung	*5.300*		*5.300*

SOLLSALDO!

Da jeder Betrag sowohl im Soll als auch im Haben eines Kontos verbucht wird, muss die Summe aller Sollbuchungen gleich sein der Summe aus allen Habenbuchungen. Durch den Zwang zur Summengleichheit ist ein Kontrollmechanismus für die vollständige Erfassung aller Buchungssätze (im SOLL und im HABEN) gegeben.

(3) Der Gewinn wird ebenfalls auf **zweifache** Weise ermittelt:

(a) Vermögensvergleich = Verrechnungskreis I (vgl 2.6.1.)

(b) Veränderung des Eigenkapitals durch den Erfolg = Verrechnungskreis II (vgl 2.6.2.)

Der Gewinn aus beiden Rechnungen muss gleich groß sein (dies ist ein weiterer Kontrollmechanismus).

Die Aufzeichnungen in Form der doppelten Buchhaltung werden

- im Grundbuch,
- im Hauptbuch und
- in den Hilfs- und Nebenbüchern

geführt. Eine nähere Erläuterung dieser Bücher erfolgt im Abschn 2.7.2.

2.6. Das Verrechnungssystem der doppelten Buchhaltung

In der doppelten Buchhaltung wird der Erfolg zweifach errechnet:

- Einmal als Differenz zwischen Vermögen und Schulden zu Beginn der Periode und zu Ende der Periode

  = Verrechnungskreis der Bestände

  = Verrechnungskreis I
- Einmal werden die Veränderungen des Eigenkapitals durch die laufenden Geschäftsfälle erfasst

  = Verrechnungskreis des Eigenkapitals

  = Verrechnungskreis II

  Jeder Verrechnungskreis muss den gleichen Erfolg (Gewinn oder Verlust) ergeben.

2.6.1. Die Erfolgsermittlung aus dem Verrechnungskreis I

Im Verrechnungskreis I wird der Saldo zwischen Vermögen und Schulden (erfasst auf den sog aktiven und passiven Bestandskonten) zu Beginn der Periode und am Ende der Periode ermittelt und gegenübergestellt.

Da der Saldo aus Vermögen und Schulden als Betriebsvermögen oder Reinvermögen bezeichnet wird, nennt man diese Gewinnermittlungsart auch **Betriebsvermögensvergleich** oder Reinvermögensvergleich.

Betriebswirtschaftlich gesehen stellt die Differenz zwischen Vermögen und Schulden das Eigenkapital dar.

	Vermögen
–	Schulden
=	Eigenkapital (Betriebsvermögen, Reinvermögen)

	Eigenkapital zum 31. 12.
–	Eigenkapital zum 1. 1.
=	Gewinn (+) oder Verlust (–)

Bei dieser Gewinnermittlungsart werden zwei unabhängig ermittelte Größen verglichen, daher spricht man auch von **indirekter Gewinnermittlung**.

Beispiel:

Die Eröffnungsbilanz zum 1. 1. hat folgendes Aussehen:

Aktiva	1.1.		Passiva
Anlagevermögen	2.500.000	Eigenkapital	3.000.000
Umlaufvermögen	4.000.000	Fremdkapital	3.500.000
	6.500.000		6.500.000

Die Bilanz zum 31. 12.:

Aktiva	31.12.		Passiva
Anlagevermögen	2.250.000	Eigenkapital	3.850.000
Umlaufvermögen	4.750.000	Fremdkapital	3.150.000
	7.000.000		7.000.000

Wie groß ist der Erfolg?

Lösung:

Gesamtvermögen	31.12.	7.000.000	
– Fremdkapital	31.12.	– 3.150.000	
Reinvermögen	31.12.	3.850.000	3.850.000
Gesamtvermögen	1.1.	6.500.000	
– Fremdkapital	1.1.	– 3.500.000	
Reinvermögen	1.1.	3.000.000	– 3.000.000
Gewinn			850.000

2.6.2. Die Erfolgsermittlung aus dem Verrechnungskreis II

Die vielen verschiedenen Geschäftsvorfälle mindern oder mehren das Eigenkapital des Unternehmers. Diese laufenden Veränderungen könnten zB folgendermaßen dargestellt werden:

Beispiel:

Ein Unternehmer erstellt zum 1. 1. die folgende Eröffnungsbilanz:

Aktiva	1.1.		Passiva
Vermögen	400.000	Eigenkapital	100.000
		Fremdkapital	300.000
	400.000		400.000

In der Abrechnungsperiode ereignen sich folgende Geschäftsfälle:

(1) Bezahlung Steuerberater	10.000 (bar)
(2) Bezahlung Strom und Gas	50.000 (Erhöhung Bankkredit)
(3) Bezahlung Miete	20.000 (bar)
(4) Einnahmen aus Leistungen	120.000 (bar)
(5) Bezahlung Werbung	10.000 (bar)

Verbuchen Sie die Geschäftsvorfälle und ermitteln Sie den Gewinn.

Lösung:

Aktiva	*Eröffnungsbilanz*		*Passiva*
Vermögen	*400.000*	*Eigenkapital*	*100.000*
		Fremdkapital	*300.000*
	400.000		*400.000*

In welches Vermögen wurde investiert? Womit wurde die Investition finanziert?

Mittelverwendung **Mittelherkunft**

Aus den Bilanzgleichungen ergibt sich:

400 (Vermögen) = 100 (EK) + 300 (FK)
100 (EK) = 400 (Vermögen) – 300 (FK)

Verrechnungskreis II (Eigenkapital) — Verrechnungskreis I (Bestände)

Variante:

Vermögen	*400.000*	*Fremdkapital*	*300.000*
(1)	*- 10.000*	*(2)*	*+ 50.000*
(3)	*- 20.000*		*350.000*
(4)	*+ 120.000*		
(5)	*- 10.000*	*Eigenkapital*	*100.000*
		(1)	*- 10.000*
		(2)	*- 50.000*
		(3)	*- 20.000*
		(4)	*+ 120.000*
		(5)	*- 10.000*
			130.000
	480.000		*480.000*

Eigenkapital zum 31.12.	*130.000*
- Eigenkapital zum 1.1.	*- 100.000*
= Gewinn	*30.000*

Um die Übersichtlichkeit der Veränderungen des Eigenkapitals zu wahren, werden die einzelnen Veränderungen unter dem Geschäftsjahr auf eigene **Vorkonten** (= ERFOLGSKONTEN) gebucht.

Alle eigenkapitalmindernden Buchungen (= negativer Erfolg wie zB Lohnzahlung, Mietzahlung) werden auf den sog AUFWANDSKONTEN erfasst, alle eigenkapitalvermehrenden Buchungen (= positiver Erfolg, wie zB Zinseinnahmen) auf den sog ERTRAGSKONTEN.

Am Ende des Geschäftsjahres werden die Salden aller Aufwandskonten und aller Ertragskonten auf ein Sammelkonto (= GEWINN- UND VERLUSTKONTO oder GuV-Konto) übertragen. Der Saldo dieses Sammelkontos ist ein GEWINN, wenn die Erträge die Aufwendungen übersteigen, bzw ein VERLUST, wenn die Aufwendungen größer als die Erträge sind.

Ein Gewinn zeigt dann die während des Geschäftsjahres erzielte Vermehrung des Eigenkapitalkontos an, ein Verlust die Verminderung des Eigenkapitalkontos. Man spricht auch von **direkter Gewinnermittlung.**

Beispiel:

Soll		*Bestandsrechnung*	*Haben*
Vermögen	*400.000*	*Fremdkapital*	*300.000*
(1)	*- 10.000*	*(2)*	*50.000*
(3)	*- 20.000*		*350.000*
(4)	*+ 120.000*		
(5)	*- 10.000*	*Eigenkapital*	*100.000*
		Gewinn	*+ 30.000*
			130.000
	480.000		*480.000*

Soll		*Erfolgsrechnung*	*Haben*
Aufwand		*Ertrag*	
(1)	*10.000*	*(4)*	*120.000*
(2)	*50.000*		
(3)	*20.000*		
(5)	*10.000*		
	90.000		
Saldo = Gewinn	*30.000*		
	120.000		*120.000*

Die zweifache (doppelte) Gewinnermittlung, einmal über den Verrechnungskreis der Bestande, das andere Mal uber den Verrechnungskreis des Eigenkapitals, ist **das** wesentliche Merkmal der doppelten Buchhaltung.

2.6.3. Einlage und Entnahme privater Mittel

Die Einlage und Entnahme privater Mittel (= Eigenmittel) führt zu einer Veränderung des Eigenkapitals, ohne dass es zu einem Werteverzehr bzw zu einer Leistung kommt (dh ohne erfolgsmäßige Auswirkung).

Aus diesem Grund müssen die Entnahmen und Einlagen bei der Erfolgsermittlung (im Verrechnungskreis I) neutralisiert werden.

	Reinvermögen 31. 12.
–	Reinvermögen 1. 1.
=	vorläufiger Gewinn (+) oder Verlust (–)
+	Privatentnahmen
–	Einlagen
=	Gewinn (+) oder Verlust (–)

Beispiel:

Die Eröffnungsbilanz zum 1. 1. hat folgendes Aussehen:

Aktiva	*1.1.*		*Passiva*
Anlagevermögen	*2.500.000*	*Eigenkapital*	*3.000.000*
Umlaufvermögen	*4.000.000*	*Fremdkapital*	*3.500.000*
	6.500.000		*6.500.000*

Die Bilanz zum 31. 12.:

Aktiva	*31.12.*		*Passiva*
Anlagevermögen	*2.250.000*	*Eigenkapital*	*3.150.000*
Umlaufvermögen	*4.750.000*	*Fremdkapital*	*3.850.000*
	7.000.000		*7.000.000*

Die Einkommensteuervorauszahlung für das Jahr betrug 400.000, Barentnahmen wurden in der Höhe von 350.000 getätigt.

Zu errechnen ist der Gewinn oder Verlust für die betrachtete Periode.

Lösung:

Vermögen zum 1.1.	*6.500.000*
– Fremdkapital zum 1.1.	*– 3.500.000*
= Reinvermögen zum 1.1.	*3.000.000*

Vermögen zum 31.12.	*7.000.000*
– Fremdkapital zum 31.12.	*– 3.850.000*
= Reinvermögen zum 31.12.	*3.150.000*

Gewinnermittlung:

Reinvermögen zum 31.12.		*3.150.000*
– Reinvermögen zum 1.1.		*– 3.000.000*
= vorläufiger Gewinn		*150.000*
+ Privatentnahmen	*Einkommensteuer**	*400.000*
	Barentnahme	*350.000*
= (steuerpflichtiger)	*Gewinn*	*900.000*

**Die Einkommensteuer ist eine Personensteuer und keine Betriebsausgabe.*

2.7. Die Organisation der doppelten Buchhaltung

2.7.1. Die Grundzüge des Belegwesens

Belege sind schriftliche Aufzeichnungen über betriebliche Vorgänge, die im Rechnungswesen erfasst werden sollen (müssen). Jede Rechnung, jeder Kontoauszug etc stellt einen Beleg dar.

Für die Buchhaltung bildet der Beleg das Bindeglied zwischen dem Geschäftsfall und seiner Verbuchung.

Ein Geschäftsfall ist jeder Vorgang, der Auswirkungen auf das Vermögen und/oder das Kapital hat. Geschäftsfälle sind zB Kauf von Anlagen oder Waren, Warenverkäufe, Lohnzahlungen, Anzahlungen usw.

Die Belege werden unterteilt in

- externe Belege
- interne Belege
- Urbelege
- Ersatzbelege

Externe Belege sind Belege, die Beziehungen des Unternehmens mit Außenstehenden (Kunden, Lieferanten, Banken etc) widerspiegeln.

Dazu zählen ua

- Kontoauszüge
- Rechnungen
- Quittungen
- Erlagscheinabschnitte

Interne Belege weisen innerbetriebliche Vorgänge aus, wie zB Bargeldentnahme durch den Unternehmer.

Dazu zählen ua

- Materialentnahmescheine
- Inventuraufzeichnungen
- Buchungsanweisungen

Urbelege sind alle Belege, die im Rahmen der Abwicklung eines Geschäftsfalles ausgestellt werden, wie Eingangsrechnungen, Erlagscheinabschnitte usw.

Es kann aber vorkommen, dass Geld im Rahmen der unternehmerischen Tätigkeit ausgegeben wird, ohne dass dabei eine Rechnung, Quittung oder ein sonstiger Urbeleg ausgestellt wird. Ein Beispiel dafür sind Trinkgelder. Für die Verbuchung benötigt man jedoch einen Beleg (Grundsatz: **Keine Buchung ohne Beleg!**), sodass ein **Ersatzbeleg** ausgestellt werden muss.

Beleggrundsätze
(1) Keine Buchung ohne Beleg.
(2) Zur Vermeidung von Doppelbuchungen ist genau festzustellen, welcher Beleg als Buchungsunterlage herangezogen wird, da zu einem Geschäftsfall oft mehrere Belege gehoren.
(3) Belege sind wie Urkunden zu behandeln, dh sie dürfen ua nicht unleserlich gemacht werden.
(4) Auf den Belegen sind zweckmäßigerweise die Konten anzugeben, auf die gebucht werden soll (Vorkontierung).
(5) Nach erfolgter Verbuchung soll dies auf dem Beleg kenntlich gemacht werden.
(6) Die Belege sind geordnet und übersichtlich sieben Jahre hindurch aufzubewahren.

Die Belege sind Grundlage jeder Buchung. Die **Organisation des Belegwesens** ist somit ein wichtiges Anliegen im Rahmen der Organisation des Rechnungswesens.

Die Ordnung der Belege wird vor allem durch die Betriebsgröße bestimmt werden, unabhängig davon werden die Belege sinnvollerweise zu Beleggruppen zusammengefasst, innerhalb derer eine fortlaufende Nummerierung erfolgt.

Solche Beleggruppen sind zB

- Kassabelege;
- Bankbelege;
- Eingangsrechnungen;
- Ausgangsrechnungen;
- Buchungsanweisungen.

Ein Beleg durchläuft während seiner Verarbeitung folgende Stufen:

(1) **Beleganfall:** der Beleg wird mit einem Eingangsstempel versehen.

(2) **Formelle und materielle Prüfung** des Beleges auf seine Ordnungsmäßigkeit; darüber Kontrollvermerk am Beleg.

(3) **Zuordnung** des Beleges **zu einer Beleggruppe** sowie fortlaufende Nummerierung; Zusammenfassung zu Sammelbelegen.

(4) **Vorkontierung** des Beleges.

(5) **Verbuchung**.

(6) **Anmerkung** am Beleg über erfolgte Verbuchung.

(7) Systematische **Ablage** des Beleges.

Es ist zu beachten, dass aus jedem Beleg ersichtlich sein muss, **WANN**, **WO** und **WIE** er verbucht wurde und dass zu jeder Buchung der zugehörige Beleg in kurzer Zeit gefunden werden kann.

2.7.2. Die Bücher der doppelten Buchhaltung

In der doppelten Buchhaltung werden idR folgende Bücher geführt:

- Im **Grundbuch** (Journal) werden die Geschäftsfälle in der Reihenfolge ihres Anfalles (= chronologisch) aufgezeichnet. Aus dem Grundbuch kann man also entnehmen, welche und wie viele Geschäftsfälle an einem bestimmten Tag angefallen sind.
- Im **Hauptbuch** werden die Geschäftsfälle hinsichtlich ihres Inhaltes geordnet (= systematische Erfassung). Gleichartige Geschäftsfälle werden auf **einem** Konto zusammengefasst. Das Hauptbuch besteht aus einer Vielzahl von Konten und bildet das Kernstück der Doppik.
- Die **Nebenbücher** dienen der Ergänzung der chronologischen und systematischen Verbuchung, indem sie detailliert bestimmte Vorgänge im Bereich des Vermögens, der Schulden und des Erfolges erfassen.

  Beispiele:

  - *Anlagenkartei*
  - *Kunden- und Lieferantenkartei*

- *Lohn- und Gehaltsaufzeichnung*
- *Lagerbuchhaltung*

- Die **Hilfsbücher** erfüllen zusätzliche Aufgaben, die von den anderen Büchern nicht oder nicht ausreichend wahrgenommen werden. Welche Hilfsbücher geführt werden, hängt stark von der Branche und der Betriebsgröße des Unternehmens ab.

Beispiele:

- *Auftragsbuch der Vertreter*
- *Spesenverteiler*

Diese **Bücher** waren am Beginn der Entwicklung des modernen Rechnungswesens tatsächlich **gebundene Bücher**. Heute handelt es sich idR um Dateien in EDV-Software-Programmen, die diese Funktion erfüllen (vgl 2.7.3.). Die Begriffe sind jedoch erhalten geblieben.

2.7.3. Die Buchführungsverfahren

Übertragungsbuchführung

Zu Beginn dieses Jahrhunderts wurden alle Geschäftsvorfälle zuerst in das Grundbuch eingetragen und von dort in das Hauptbuch übertragen (Übertragungsbuchhaltung). Das Grundbuch hatte daher auch den Namen Primanota (erste Eintragung). Die Primanota wurde in vielen Fällen weiter unterteilt (Neuitalienische Form, Deutsche Form) und führte innerhalb der französischen und englischen Form zu Spezialjournalen.

Diese Form des Grundbuchs wurde durch die Erfindung der Durchschreibebuchhaltung von dieser abgelöst. Die Primanota wird jedoch auch heute noch als Hilfsmittel beim Abschluss der Konten zur Erfassung jenes Buchungsstoffes verwendet, der erst im Zuge des Abschlusses in die Konten eingetragen wird (Um- und Nachbuchungen, Abschlussbuchungen).

Amerikanische (tabellarische) Buchführung

Sie ist eine Vereinigung der chronologischen (Journal) und systematischen Verrechnung (Hauptbuch). Die Hauptbuchkonten werden im amerikanischen Journal nebeneinanderliegend tabellenförmig angeordnet, sodass in jeder Zeile sowohl die systematische als auch die chronologische Verbuchung für den einzelnen Geschäftsvorfall erfolgt.

Die Kontensummen werden idR monatlich in ein Hauptbuch übertragen (bei Kleinunternehmen kann diese Form des Grundbuches das Hauptbuch ersetzen und der Abschluss in der Tabelle erfolgen).

Durchschreibebuchführung

Die Durchschreibebuchführung war in der Mitte des 20. Jahrhunderts die gebräuchlichste Buchhaltungsmethode. Das Durchschreibeverfahren, bei welchem die systematische und chronologische Verbuchung zugleich erfolgt, kann entweder im Handdurchschreibeverfahren oder im maschinellen Durchschreibeverfahren mithilfe von Buchungsmaschinen mit Zähl- und Saldierwerken durchgeführt werden.

Die Durchschreibebuchhaltung als **Loseblatt-Buchhaltung** konnte die Ablauforganisation bezüglich der Buchungsarbeiten optimieren und hat sich schließlich allgemein durchgesetzt.

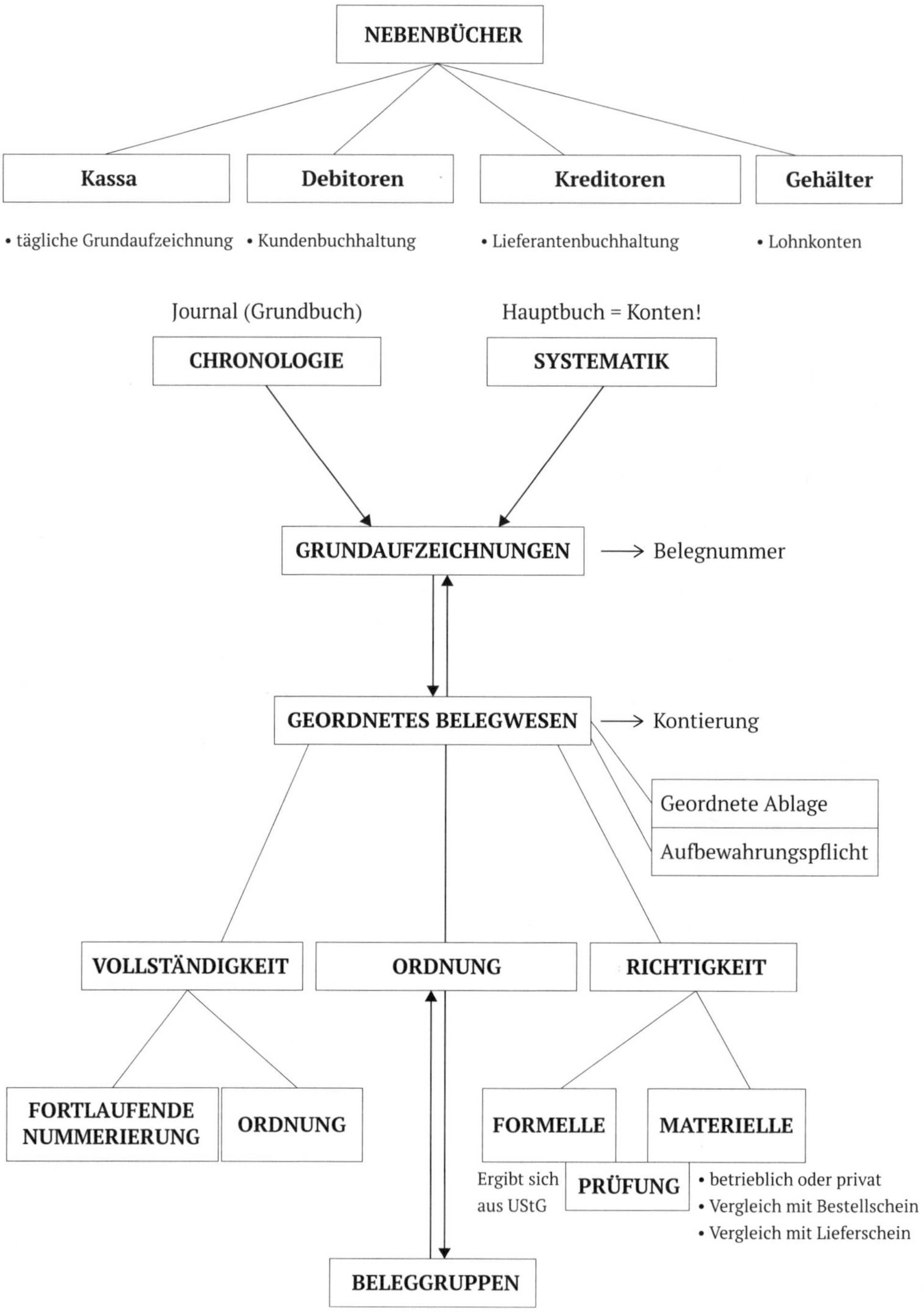
NEBENBÜCHER
Kassa
Debitoren
Kreditoren
Gehälter
• tägliche Grundaufzeichnung
• Kundenbuchhaltung
• Lieferantenbuchhaltung
• Lohnkonten
Journal (Grundbuch)
CHRONOLOGIE
Hauptbuch = Konten!
SYSTEMATIK
GRUNDAUFZEICHNUNGEN
Belegnummer
GEORDNETES BELEGWESEN
Kontierung
Geordnete Ablage
Aufbewahrungspflicht
VOLLSTÄNDIGKEIT
ORDNUNG
RICHTIGKEIT
FORTLAUFENDE NUMMERIERUNG
ORDNUNG
FORMELLE
MATERIELLE
Ergibt sich aus UStG
PRÜFUNG
• betrieblich oder privat
• Vergleich mit Bestellschein
• Vergleich mit Lieferschein
BELEGGRUPPEN

Buchführung mithilfe von Datenverarbeitungsanlagen

Die praktische Durchführung der Buchführung erfolgt heutzutage so gut wie ausschließlich unter Einsatz von Computerprogrammen am PC, früher übliche Großrechnerprogramme sind kaum mehr im Einsatz. Die Buchungsdaten können dabei entweder direkt am Bildschirm manuell erfasst oder aber von anderen Datenträgern übernommen (zB eingescannt) werden.

Die dabei verwendeten Systeme können nach folgenden Kriterien eingeteilt werden:

Standard- vs Individualsoftware

Während Individualsoftware vom Softwarehersteller speziell auf die Bedürfnisse eines konkreten Anwenders ausgelegt ist, wird Standardsoftware für den „anonymen Markt" erstellt, dh die potenziellen Anwender haben keine Möglichkeit zur unmittelbaren Einflussnahme auf die Programmgestaltung. Diese in Theorie und Literatur immer wieder zu findende Abgrenzung entbehrt in der Praxis allerdings in vielen Fällen jeglicher Grundlage, da Buchführungsprogramme kaum mehr individuell entwickelt werden und Standardapplikationen oftmals an die Bedürfnisse der User angepasst („parametrisiert") werden.

Einzelplatz- vs Netzwerklösung

Während bei Einzelplatzprogrammen immer nur ein Anwender an einem Rechner mit dem Programm arbeiten kann, ist es bei netzwerkfähigen Lösungen zB auch möglich, dass mehrere Mitarbeiter Buchungen an verschiedenen (vernetzten) Geräten in ein und dieselben Dateien eingeben. Um den Netzwerkeinsatz effizient zu gestalten, werden solche Programme heute in der Client-Server-Technologie erstellt, dh ein Datenverwaltungsprogramm (der Server) kommuniziert mit einem oder mehreren Eingabeprogrammen (den Clients), die auf anderen Rechnern im Netzwerk laufen.

Proprietäre Dateiverwaltung vs Datenbanklösung

Während die ersten Buchhaltungsprogramme jeweils eigene Dateiverwaltungsroutinen enthielten, werden neuere Programme praktisch nur noch unter Einsatz von Datenbanksystemen entwickelt. Ein Datenbanksystem ist eine Software, die den Aufbau und die Verwaltung von Datenbeständen übernimmt und über standardisierte Programmschnittstellen mit anderen Programmen bzw Programm-Modulen kommuniziert. Vorteile von Datenbanklösungen sind insbesondere

- geringere Fehleranfälligkeit

  Da Datenbanksysteme ausgereifte und spezialisierte Programme darstellen, sind Buchhaltungsprogramme, die auf Datenbanksystemen basieren, idR effizienter und sicherer als Programme mit eigens erstellten (proprietären) Dateiverwaltungssystemen.

- Plattformunabhängigkeit

  Praktisch alle heute verwendeten relationalen Datenbanksysteme sind für unterschiedliche Betriebssysteme (Windows, Unix etc) sowie verschiedene Hardwareplattformen verfügbar, sodass bei nachträglichem Systemwechsel (zB wegen gestiegener Anforderungen an die Verarbeitungskapazitäten) die Datenbestände und die Programme problemlos weiterverwendet werden können.

- Herstellerunabhängigkeit

  Da es sich bei Datenbanken um standardisierte Programmkomponenten handelt, können Anwender, die eine auf einer Datenbank basierende Finanzbuchhaltung einsetzen, betriebswirtschaftliche Auswertungen auch von anderen (zB freiberuflichen Programmierern oder eigenen Mitarbeitern) als dem ursprünglichen Hersteller des Buchhaltungsprogramms erstellen lassen. Über einfache Endbenutzerwerkzeuge (sog Report-Generatoren) können Endanwender über normierte Datenbankschnittstellen (wie etwa ODBC – Open DataBase Connectivity) schließlich sogar selbst spezielle betriebswirtschaftliche Auswertungen erstellen.

Standalone- (Insel-) vs integrierte Lösung

Bei einer Standalone-Lösung stellt das Finanzbuchhaltungssystem eine einzelne computergestützte Anwendung dar, während bei integrierten Lösungen einmal im Computersystem erfasste Daten auch noch für diverse andere Programme (zB Finanzbuchhaltung + Fakturierung + Mahnwesen + Anlagenbuchhaltung + Lagerbuchhaltung + Bilanzierungsmodul) zur Verfügung stehen. Vorteile dieser integrierten Enterprise-Resource-Planning (ERP) Programme (zB SAP, Oracle etc) sind insbesondere die Vermeidung von Doppelgleisigkeiten (Mehrfacherfassung) und Inkonsistenzen (etwa durch Eingabefehler).

PC-basierte vs Großrechner(Host-)lösung

Während früher die meisten Buchführungsprogramme auf Großrechnern zum Einsatz kamen, sind diese nur noch sehr vereinzelt im Einsatz. Ein wesentlicher Vorteil von PC-gestützten Buchführungssystemen ist in den benutzerfreundlichen Anwenderschnittstellen (zB grafische Oberflächen) sowie der einfachen Datenübernahme in Standardprogramme am PC (zB Textverarbeitung, Tabellenkalkulation) zu sehen.

Aufbau von Finanzbuchhaltungsprogrammen

Die von Buchhaltungsprogrammen verwalteten Daten können in Stamm- und Bewegungsdaten untergliedert werden. Während in den Bewegungsdaten die laufenden Bewegungen erfasst werden (zB Journaleinträge, Kontensalden), dienen die Stammdateien zur Aufnahme der jeweils für mehrere Verarbeitungsläufe gleich gelagerten Rahmenparameter (etwa Kontenrahmen, Kunden- und Lieferantendaten). Entsprechend gliedert sich auch der Aufbau von Buchhaltungssystemen in diese zwei großen Verwaltungsaufgaben – die Erfassung der laufenden Geschäftsfälle (Buchungen) und die Veränderung der Stammdaten (etwa Anlage neuer Konten, Änderungen im Kunden- oder Lieferantenstamm).

Ordnungsmäßigkeit von Finanzbuchhaltungssystemen (Grundsätze ordnungsmäßiger Datenverarbeitung – GoDV)

Die Grundsätze ordnungsmäßiger Datenverarbeitung stellen jene aus den GoB ableitbaren Regeln dar, die EDV-gestützte Systeme erfüllen müssen, um eine ordnungsmäßige Buchführung iSd GoB zu ermöglichen. Ihre Einhaltung ist im Rahmen der Jahresabschlussprüfung (Prüfung des internen Kontrollsystems) zu überprüfen und sie können in folgende Teilbereiche untergliedert werden:

- Technische Ordnungsmäßigkeit;
- Ordnungsmäßigkeit der Organisation;
- Ordnungsmäßigkeit der Dokumentation.

Zur technischen Ordnungsmäßigkeit gehört neben der prinzipiellen fehlerfreien Funktionsfähigkeit der Hard- und Software auch der Funktionsumfang der Buchhaltungssoftware: So können etwa Plausibilitätsprüfungen bereits in den Eingabemasken in vielen Fällen Eingabe-

und Bedienungsfehler weitgehend ausschließen (etwa Datums- und Betragsprüfungen, Verhinderung des Löschens bebuchter Konten etc). An Systemschnittstellen muss sichergestellt sein, dass die Daten vollständig und korrekt übernommen werden (zB durch Errechnen von Abstimmsummen).

Zur Ordnungsmäßigkeit der Organisation gehört insb die Einrichtung organisatorischer Kontrollen und Sicherungen überall dort, wo technische Sicherungen nicht eingerichtet wurden (werden konnten) – zB Zugriffssperren in Form versperrter PC- oder Terminalräume, falls kein Passwortschutz im System vorhanden ist. Auch die regelmäßige Datensicherung und (feuer- und löschwassersichere) Aufbewahrung der Datenbestände sowie der Verarbeitungsprogramme (in Deutschland über zehn, in Österreich über sieben Jahre) gehört zur ordnungsmäßigen EDV-Organisation. Der laufende Betrieb sollte auch nicht von einzelnen besonders kompetenten Mitarbeitern abhängig sein, dh auch die Schulung der Mitarbeiter ist Teil einer ordnungsmäßigen Organisation.

Die ordnungsmäßige Dokumentation beginnt bereits mit der Dokumentation der Programmbeschaffung (Pflichtenheft) und des Freigabeverfahrens. Die laufende Verarbeitung sollte ebenso dokumentiert werden wie kritische Verarbeitungsschritte (insbesondere programmgenerierte Buchungen) und die Dateien- und -ausgabeformate.

Zur konkreten Interpretation der GoDV dienen insbesondere die einschlägigen Fachgutachten der Standesvertretung der Wirtschaftsprüfer in Deutschland (**IDW RS FAIT 1** Grundsätze ordnungsmäßiger Buchführung bei Einsatz von Informationstechnologie, aus 2002) und der Wirtschaftstreuhänder in Österreich (Fachgutachten „Zur Ordnungsmäßigkeit von IT-Buchführungen", KFS/DV 1 aus 2011).

Die GoDV sollten sich in ihrer Formulierung grundsätzlich nicht auf den konkreten technischen Stand der momentanen Entwicklung beschränken, sondern nach Möglichkeit so allgemein gefasst sein, dass ihre analoge Anwendung auch auf künftige, vorhersehbare technische Entwicklungen ohne allzu gravierende inhaltliche Änderungen sinnvoll bleibt.

2.7.4. Der Kontenrahmen und der Kontenplan

Beim Vorkontieren der Belege muss das Konto, auf das gebucht werden soll, angegeben werden. Aus Rationalisierungsgründen und aus Gründen der Vereinheitlichung der Buchhaltungen sind die Konten

- in eine bestimmte Ordnung gebracht und
- mit bestimmten Nummern versehen worden.

Der **Kontenrahmen** stellt eine Empfehlung an die Unternehmen zur Ordnung und Nummerierung der Konten dar. Kein Unternehmen muss sich an diese Empfehlung halten, doch geschieht dies in den meisten Fällen.

Der **Kontenplan** stellt die in einem bestimmten Unternehmen verwendeten Konten dar und baut in der Vielzahl der Fälle auf einem Kontenrahmen auf. Eine geordnete Buchhaltung setzt jedenfalls das Vorliegen und Einhalten eines Kontenplans voraus.

Der österreichische Einheitskontenrahmen ist als KFS/BW 6 – Österreichischer Kontenrahmen (Mai 2017) veröffentlicht und sieht eine Gliederung in **10 Kontenklassen** vor:

<table>
<tr><th colspan="2">Kontenklasse</th><th></th><th></th></tr>
<tr><td>0</td><td>Anlagevermögen</td><td rowspan="3">aktive Bestandskonten</td><td rowspan="4">Bestandskonten</td></tr>
<tr><td>1</td><td>Vorräte</td></tr>
<tr><td>2</td><td>Sonstiges Umlaufvermögen, aktive Rechnungsabgrenzungsposten, aktive latente Steuern</td></tr>
<tr><td>3</td><td>Rückstellungen, Verbindlichkeiten, passive Rechnungsabgrenzungsposten</td><td>passive Bestandskonten</td></tr>
<tr><td>4</td><td>Betriebliche Erträge</td><td rowspan="5">Aufwandskonten und Ertragskonten</td><td rowspan="5">Erfolgskonten</td></tr>
<tr><td>5</td><td>Materialaufwand und sonstige bezogene Herstellungsleistungen</td></tr>
<tr><td>6</td><td>Personalaufwand</td></tr>
<tr><td>7</td><td>Abschreibungen und sonstige betriebliche Aufwendungen</td></tr>
<tr><td>8</td><td>Finanzerträge und Finanzaufwendungen, Steuern vom Einkommen und vom Ertrag, Rücklagenbewegung</td></tr>
<tr><td>9</td><td>Eigenkapital, Einlagen unechter stiller Gesellschafter, Abschluss- und Evidenzkonten</td><td></td><td></td></tr>
</table>

Weiters ist der Kontenrahmen nach Kontengruppen (zweistellig) sowie Konten (dreistellig) gegliedert. Die Kontenklassen und Kontengruppen sind in der folgenden tabellarischen Übersicht dargestellt.

Österreichischer Einheitskontenrahmen in der überarbeiteten Version KFS/BW 6, Mai 2017, „D. Anlage zum Kontenrahmen 2016“):

0 **Anlagevermögen**	**1** **Vorräte**	**2** **Sonstiges Umlaufvermögen, aktive Rechnungsabgrenzungsposten, aktive latente Steuern**	**3** **Rückstellungen, Verbindlichkeiten, passive Rechnungsabgrenzungsposten**	**4** **Betriebliche Erträge**
01 Immaterielle Vermögensgegenstände	10 Bezugsverrechnung 11 Rohstoffe	20 21 Forderungen aus Lieferungen und Leistungen	30 Rückstellungen 31 Anleihen, Verbindlichkeiten gegenüber Kreditinstituten	40 41 42 43 44 Umsatzerlöse und Erlösschmälerungen
02 03 Grundstücke, grundstücksgleiche Rechte und Bauten, einschließlich der Bauten auf fremdem Grund	12 Bezogene Teile	22 Forderungen gegenüber verbundenen Unternehmen und Unternehmen, mit denen ein Beteiligungsverhältnis besteht	32 Erhaltene Anzahlungen auf Bestellungen	
	13 Hilfsstoffe, Betriebsstoffe	23 24 Sonstige Forderungen und Vermögensgegenstände	33 Verbindlichkeiten aus Lieferungen und Leistungen, Verbindlichkeiten aus der Annahme gezogener und der Ausstellung eigener Wechsel	
04 05 Technische Anlagen und Maschinen	14 Unfertige Erzeugnisse		34 Verbindlichkeiten gegenüber verbundenen Unternehmen, gegenüber Unternehmen, mit denen ein Beteiligungsverhältnis besteht, und gegenüber Gesellschaftern	
	15 Fertige Erzeugnisse	25 Forderungen aus der Abgabenverrechnung	35 Verbindlichkeiten aus Steuern	45 Bestandsveränderungen und aktivierte Eigenleistungen
06 Andere Anlagen, Betriebs- und Geschäftsausstattung	16 Waren	26 Wertpapiere und Anteile	36 Verbindlichkeiten im Rahmen der sozialen Sicherheit	46 47 48 49 Sonstige betriebliche Erträge
07 Geleistete Anzahlungen und Anlagen in Bau	17 Noch nicht abrechenbare Leistungen	27 28 Kassenbestand, Schecks, Guthaben bei Kreditinstituten	37 38 Übrige sonstige Verbindlichkeiten	
08 09 Finanzanlagen	18 Geleistete Anzahlungen			
	19 Wertberichtigungen	29 Aktive Rechnungsabgrenzungsposten, aktive latente Steuern	39 Passive Rechnungsabgrenzungsposten	

5 **Materialaufwand und sonstige bezogene Herstellungsleistungen**	**6** **Personalaufwand**	**7** **Abschreibungen und sonstige betriebliche Aufwendungen**	**8** **Finanzerträge und Finanzaufwendungen, Steuern vom Einkommen und vom Ertrag, Rücklagenbewegung**	**9** **Eigenkapital, Einlagen unechter stiller Gesellschafter, Abschluss- und Evidenzkonten**
50 Wareneinsatz	60 61 Löhne	70 Abschreibungen	80 81 82 83 Finanzerträge und Finanzaufwendungen	90 91 Gezeichnetes bzw. gewidmetes Kapital, nicht eingeforderte ausstehende Einlagen
51 Verbrauch von Rohstoffen		71 Sonstige Steuern		
52 Verbrauch von bezogenen Teilen	62 63 Gehälter	72 Instandhaltung und Betriebskosten		92 Eigene Anteile
53 Verbrauch von Hilfsstoffen		73 Transport-, Reise- und Fahrtaufwand, Nachrichtenaufwand		93 Kapitalrücklagen
54 Verbrauch von Betriebsstoffen	64 Aufwendungen für Abfertigungen, Aufwendungen für Betriebliche Vorsorgekassen, Aufwendungen für Altersversorgung	74 Miet-, Pacht-, Leasing- und Lizenzaufwand	84 Steuern vom Einkommen und vom Ertrag	94 Gewinnrücklagen
55 Verbrauch von Werkzeugen und anderen Erzeugungshilfsmitteln	65 Gesetzlicher Sozialaufwand für Arbeiter und Angestellte	75 Aufwand für beigestelltes Personal, Provisionen an Dritte, Aufsichtsratsvergütungen, Geschäftsführerentgelte an Konzerngesellschaften/ Komplementär-GmbH	85 86 87 88 89 Rücklagenbewegung, Ergebnisüberrechnung	95 Rücklagen für Anteile an Mutterunternehmen und für eigene Anteile
56 Betriebskosten	66 Lohn- und gehaltsabhängige Abgaben und Pflichtbeiträge	76 Büro-, Werbe- und Repräsentationsaufwand		96 Privat- und Verrechnungskonten (bei Einzelunternehmen und Personengesellschaften)
57 Bezogene Herstellungsleistungen	67 68 Sonstige Sozialaufwendungen	77 78 Versicherungen, übrige Aufwendungen		97 Einlagen und Verrechnungskonten unechter stiller Gesellschafter
58 Skontoerträge auf Materialaufwand sowie auf bezogene Herstellungsleistungen, Fremdwährungskursdifferenzen				98 Eröffnungsbilanz, Gewinn- und Verlustvortrag, Jahresergebnis laut Gewinn- und Verlustrechnung
59 Aufwandsstellenrechnung	69 Aufwandsstellenrechnung	79 Konten für das Umsatzkostenverfahren		99 Evidenzkonten

2.8. Die Technik der Verbuchung

2.8.1. Die Bildung von Buchungssätzen

Um Belege kontenmäßig erfassen zu können, bedarf es ihrer Vorkontierung. Diese Vorkontierung erfolgt in Form eines Buchungssatzes. Ein Buchungssatz wird in der Weise gebildet, dass das Konto, auf dem die Sollbuchung erfolgt, an erster Stelle steht. Das Konto, auf dem die Habenbuchung erfolgt, steht an zweiter Stelle. Zwischen die beiden Konten wird das Wort „an" oder das Zeichen „/" gesetzt. Der Buchungssatz schließt mit dem Betrag.

Bei jeder Buchung wird sowohl auf der Sollseite als auch auf der Habenseite auf einem oder mehreren Konten gebucht, wobei die Summe der Sollseite und die Summe der Habenseite immer einen gleich hohen Betrag ausweisen muss.

Für die Bildung der Buchungssätze gibt es demnach folgende zentrale Regeln:

KEINE BUCHUNG OHNE GEGENBUCHUNG
BETRAG SOLLSEITE = BETRAG HABENSEITE

Die Sollbuchung stellt die Mittelverwendung dar, die Habenbuchung die Mittelherkunft.

Die Buchungen können einzeilig oder zweizeilig erfolgen.

Beispiel:

Barkauf von Handelswaren um Euro 5.000,–.

Einzeilige Buchungen:

(1) Handelswaren	*an*	*(2) Kassa*	*5.000*

oder

(1) Handelswaren	*/*	*(2) Kassa*	*5.000*

oder

(1)/(2)	*5.000*

Diese letzte Variante findet bei der Vorkontierung Anwendung.

Zweizeilige Buchungen:

	(1)	*Handelswaren*	*5.000*	
an	*(2)*	*Kassa*		*5.000*

2.8.2. Die Verbuchung auf Bestandskonten

Unter Bestandskonten versteht man die Konten, die zur Aufnahme der der Bilanzgliederung entsprechenden einzelnen Bilanzposten dienen und auf denen die Verrechnung der Bestände erfolgt.

Aktive Bestandskonten entstehen durch die Aufgliederung der Aktivseite der Bilanz (Vermögen), passive Bestandskonten durch Aufgliederung der Passivseite (Fremdkapital).

Aktive Bestandskonten

Die aktiven Bestandskonten geben Aufschluss über das vorhandene Vermögen (= Mittelverwendung). Jeder Vermögenszuwachs bzw -abgang während des Wirtschaftsjahres wird über das Bestandskonto verrechnet:

Soll	aktives Bestandskonto Haben
Anfangsbestand	Abgänge
Zugänge	
	Endbestand (Saldo)

Der Anfangsbestand steht im Soll. Diese Sollbuchung leitet sich aus der die Mittelverwendung darstellenden Sollseite der Bilanz her. Zugänge stellen ebenfalls eine Mittelverwendung dar und sind daher gleichfalls auf der Sollseite zu verbuchen. Abgänge stellen demgegenüber eine Mittelherkunft dar, da damit in der Regel eine Zuführung finanzieller Mittel in das Unternehmen verbunden ist. Abgänge werden daher auf der Habenseite verbucht. Der Endbestand (Saldo) stellt die Differenz zwischen Soll- und Habenseite dar und gewährleistet somit die Summengleichheit der beiden Kontenseiten. Der Saldo wird immer nach der größeren Kontoseite benannt (im obigen Beispiel liegt daher ein Soll-Saldo vor).

Zu den aktiven Bestandskonten zählen zB die Konten „Grundstücke", „Maschinen", „Rohstoffe", „Handelswaren", „Forderungen aus Lieferung und Leistung" oder „Kassa".

Passive Bestandskonten

Die passiven Bestandskonten geben Aufschluss über den Bestand an Schulden (Fremdkapital).

Soll	passives Bestandskonto Haben
Abgänge	Anfangsbestand
	Zugänge
Endbestand (Saldo)	

Der Anfangsbestand steht als Ausdruck der Mittelherkunft auf der Habenseite. Jede Erhöhung (Zugang) der Schulden ist ebenfalls als Mittelherkunft auf der Habenseite auszuweisen. Die Verringerung (Abgang) der Schulden stellt eine Mittelverwendung dar und ist demgemäß auf der Sollseite auszuweisen. Da die Habenseite größer ist, liegt im obigen Beispiel ein Haben-Saldo vor.

Zu den passiven Bestandskonten zählen zB die Konten „Verbindlichkeiten gegenüber Kreditinstituten" oder „Verbindlichkeiten aus Lieferungen und Leistungen".

Jede Buchung auf den Bestandskonten beeinflusst das Vermögen oder das Kapital oder beides. Jede Buchung beeinflusst in weiterer Folge die Bilanz. Soweit die Buchungen ausschließlich auf Bestandskonten erfolgen, hat der zugrunde liegende Geschäftsfall keine Auswirkung auf das Ergebnis des Unternehmens, der Geschäftsfall ist *erfolgsneutral*.

Die erfolgsneutralen Buchungen gibt es in vier Ausprägungen:

- *Bilanzverlängerung:*

  Eine Bilanzverlängerung tritt ein, wenn es zu einer Aktivamehrung und einer Passivamehrung kommt.

Beispiel:

Kauf von Handelsware auf Ziel

(1) Handelsware an (3) Verbindlichkeit aus L & L

- *Bilanzverkürzung:*

  Eine Bilanzverkürzung liegt vor, wenn es zu einer Passivaminderung und einer Aktivaminderung kommt.

  Beispiel:

  Bezahlung einer Lieferverbindlichkeit durch Überweisung vom Bankkonto

  (3) Verbindlichkeit aus L & L an (2) Bankguthaben

- *Aktivtausch:*

  Beim Aktivtausch wird nur auf der Vermögensseite der Bilanz gebucht. Beim Aktivtausch ändert sich somit lediglich die Zusammensetzung des Vermögens. Die Bilanzsumme bleibt hingegen unverändert.

  Beispiel:

  Barkauf von Handelswaren

  (1) Handelswaren an (2) Kassa

- *Passivtausch:*

  Beim Passivtausch wird nur auf der Passivseite der Bilanz gebucht, wodurch es zu einer Änderung in der Kapitalstruktur kommt. Auch beim Passivtausch bleibt die Bilanzsumme unverändert.

  Beispiel:

  Begleichung einer Lieferverbindlichkeit durch Aufnahme eines Bankkredits

  (3) Verbindlichkeit aus L & L an (3) Verbindlichkeit gegen Bank

Erfolgswirksame Buchungen entstehen nur dann, wenn gleichzeitig ein Bestandskonto und ein Vorkonto des Eigenkapitals (sog Erfolgskonto) bebucht werden.

2.8.3. Das Eigenkapitalkonto

Das Eigenkapitalkonto gehört nicht zu den Bestandskonten, die Buchungen erfolgen jedoch in der Regel wie auf einem passiven Bestandskonto.

Das Eigenkapitalkonto gibt an, welche Mittel vom Unternehmer zur Finanzierung des Vermögens zur Verfügung gestellt werden. Diese Mittel stammen zum einen aus dem Privatvermögen des Unternehmers (Einlage), andererseits aus dem Gewinn, den er mit dem Unternehmen erzielt und den er nicht durch Entnahmen ins Privatvermögen wieder dem Unternehmen entzieht.

Der Gewinn ergibt sich aus der betrieblichen Tätigkeit des Unternehmens, wobei der Gewinn die positive Differenz der betrieblichen Erträge (zB Erlöse aus dem Verkauf von Waren) und der betrieblichen Aufwendungen (zB der mit dem Warenverkauf verbundene Wareneinsatz) darstellt. Ein Verlust liegt vor, wenn die Aufwendungen größer sind als die Erträge. Ein Gewinn erhöht das Eigenkapital, ein Verlust vermindert das Eigenkapital.

Die durch die einzelnen Geschäftsfälle bewirkten erfolgswirksamen Buchungen scheinen allerdings nicht am Eigenkapitalkonto auf, sondern werden in einem eigenen Verrechnungskreis (Verrechnungskreis II, dazu vgl oben 2.6.2.) auf den einzelnen Erfolgskonten dargestellt. Auf das Eigenkapitalkonto wird nur der Saldo des GuV-Kontos übertragen.

Die Entwicklung des Eigenkapitalkontos kann daher folgendermaßen dargestellt werden:

Soll — Eigenkapitalkonto — Haben

Soll	Haben
Abgänge	Anfangsbestand
	Zugänge
Endbestand (Saldo)	

Der Anfangsbestand zeigt die dem Unternehmen vom Unternehmer gewidmeten Mittel und entspricht der Differenz von Vermögen und Schulden. Ein auf der Habenseite ausgewiesener Anfangsbestand weist somit einen Vermögensüberhang aus. Als Zugänge scheinen einerseits die Einlagen aus dem Privatbereich, andererseits der Gewinn aus dem Geschäftsjahr auf. Als Abgänge werden Entnahmen in den Privatbereich und der Verlust des Geschäftsjahres ausgewiesen.

Ein auf der Sollseite ausgewiesener Anfangsbestand weist darauf hin, dass am Beginn des Geschäftsjahres die Schulden höher waren als das Vermögen, dh es lag in diesem Fall ein Schuldenüberhang vor.

Soll — Eigenkapitalkonto — Haben

Soll	Haben
Anfangsbestand	
Abgänge	Zugänge
Endbestand (Saldo)	

Die Einlagen und Entnahmen werden ebenfalls nicht direkt auf das Eigenkapitalkonto gebucht, sondern auf einem Vorkonto – dem Privatkonto – erfasst. Lediglich der Saldo des Privatkontos wird auf das Eigenkapitalkonto übertragen.

Das Eigenkapitalkonto selbst ist aufgrund gesetzlicher Vorschriften (vgl insb § 224 Abs 3 UGB) vielfach in mehrere Konten gegliedert.

2.8.4. Die Verbuchung auf Erfolgskonten

Jede unternehmerische Leistungserstellung ist mit einem Ressourceneinsatz verbunden. Dieser Ressourceneinsatz kann in dem Verbrauch bzw in der Verwendung von bilanzierten Vermögenswerten bestehen, er kann aber auch nicht in der Bilanz ausgewiesene Güter umfassen (zB die für die menschliche Arbeitskraft bezahlten Löhne und Gehälter). Diesem betrieblichen Ressourceneinsatz stehen die für die Leistungserstellung erhaltenen Erträge gegenüber.

Ziel der Buchhaltung ist nun die betragsmäßige Darstellung des Aufwands und Ertrags auf den Erfolgskonten, wobei Aufwand der in Geld ausgedrückte Güter- und Werteinsatz des Geschäftsjahres und Ertrag die in Geld ausgedrückte Gegenleistung für die vom Unternehmen im Geschäftsjahr erbrachte Leistung ist.

Da Aufwand und Ertrag erfolgswirksame Buchungen verursachen, beeinflussen sie den Erfolg und damit das Eigenkapital des Unternehmens. Sollte aber eine Buchung sowohl auf der Soll- als auch auf der Habenseite auf einem Erfolgskonto erfolgen, liegt eine das Eigenkapital nicht verändernde erfolgsneutrale Buchung vor. Grundsätzlich gilt:

- Aufwendungen vermindern das Eigenkapital. Sie stellen eine Mittelverwendung dar und verursachen somit Sollbuchungen.
- Erträge erhöhen das Eigenkapital. Sie stellen in Form der dem Unternehmen zukommenden finanziellen Mittel eine Mittelherkunft dar und führen demgemäß zu Habenbuchungen.

Jeder dem Unternehmen zuzurechnende Aufwand führt auf dem entsprechenden Aufwandskonto (zB „Wareneinsatz", „Löhne", „Abschreibung") zu einer Sollbuchung, jeder dem Unternehmen zuzurechnende Ertrag führt auf dem entsprechenden Ertragskonto (zB „Umsatzerlöse", „Erlöse aus Anlagenverkauf", „Dividendenerträge") zu einer Habenbuchung.

Aufwendungen und Erträge werden während des Geschäftsjahres nicht saldiert, ihr Ausweis erfolgt vielmehr nach dem Bruttoprinzip. Auf einem Aufwandskonto wird daher grundsätzlich nur im Soll, auf einem Ertragskonto nur im Haben gebucht. Eine Ausnahme von diesem Grundsatz gibt es für Stornierungen, nachträgliche Aufwands- und Erlösschmälerungen sowie für das Konto „Bestandsveränderung", auf dem sowohl die Erhöhung als auch die Verminderung des Bestands von hergestellten Vermögensgegenständen zu erfassen ist.

Bildlich stellen sich die Erfolgskonten folgendermaßen dar:

Soll	Aufwandskonto	Haben
Aufwendungen		Saldo (an GuV)

Soll	Ertragskonto	Haben
Saldo (an GuV)		Erträge

Damit sich die Buchung auf einem Erfolgskonto auf das bilanzielle Ergebnis auswirkt, muss die Gegenbuchung die Bestandskonten berühren. Auch in diesem Fall lassen sich vier verschiedene Buchungen unterscheiden:

–	Aktives Bestandskonto	an	Ertragskonto
	zB (2) Forderung aus L & L	an	(4) Umsatzerlöse
–	Passives Bestandskonto	an	Ertragskonto
	zB (3) Verbindlichkeit aus L & L	an	(4) sonstiger Ertrag aus Schuldennachlass
–	Aufwandskonto	an	Passives Bestandskonto
	zB (6) Löhne	an	(3) sonstige Verbindlichkeit
–	Aufwandskonto	an	Aktives Bestandskonto
	zB (7) Mietaufwand	an	(2) Kassa

Zusammenfassend sei das Verbuchungsprinzip anhand der einzelnen Kontenklassen dargestellt:

Kontenklasse	SOLL Wofür wird das Geld verwendet? Mittelverwendung	HABEN Woher kommt das Geld? Mittelherkunft
0–2	Vermehrung des Vermögens	Verminderung des Vermögens
3	Verminderung der Schulden	Vermehrung der Schulden
4, 8	Ertragskorrekturen	Erträge
5–8	Aufwendungen	Aufwandskorrekturen
9	Verminderung des Eigenkapitals	Vermehrung des Eigenkapitals

2.8.5. Grundzüge der Verbuchung von Wareneinkauf und Warenverkauf (inklusive Buchungszeitpunkt)

Der Wareneinkauf stellt einen Tauschvorgang dar, der idR auf den Bestandskonten eine erfolgsneutrale Buchung in Form eines Aktivtausches oder einer Bilanzverlängerung auslöst (Buchung zB: Handelswaren an Kassa bzw Verbindlichkeit aus L & L).

Der Verkauf der Waren kann ebenfalls einen erfolgsneutralen Tauschvorgang darstellen, wenn sich Aufwand und Ertrag neutralisieren (zB: Kassa an Handelswaren). Sofern allerdings der Verkaufspreis vom Einkaufspreis abweicht, ergibt sich eine Erfolgswirksamkeit des Geschäfts. Der Vorgang des Warenverkaufs enthält somit regelmäßig sowohl Bestands- als auch Erfolgselemente. Soweit dieser Verkaufsvorgang auf dem gleichen Konto wie der Wareneinkauf erfasst wird, liegt ein sog „gemischtes Konto“ vor, da es entgegen der üblichen Trennung von Bestands- und Erfolgskonten beide Elemente in sich vereint.

Aufgrund der Unübersichtlichkeit dieses gemischten Kontos erfolgt jedoch eine Dreiteilung des gemischten Kontos in das

- Bestandskonto, auf dem ausschließlich der Anfangsbestand und die Zugänge an Waren erfasst werden;
- Ertragskonto, auf dem die Verkaufserlöse erfasst werden;
- Aufwandskonto, auf dem der Abgang der Waren aus dem Bestand erfasst wird (sog Wareneinsatz).

Unabhängig von der Vorgangsweise muss das Ergebnis sowohl auf dem gemischten Konto als auch auf den getrennten Konten letztlich das Gleiche sein.

Beispiel:

Ein Unternehmer hat am Anfang des Geschäftsjahres 2 Kleinbildkameras à 1.000,– auf Lager (zum Eröffnungsbilanzkonto siehe unter S. 42) und erwirbt während des Jahres 8 weitere Kleinbildkameras um je 1.000,–. Er verkauft während des Geschäftsjahres 6 Stück à 1.500,–. Sowohl der Ein- als auch der Verkauf sind Bargeschäfte.

Lösung:

Variante 1: „gemischtes Warenkonto“

Die Buchungssätze sehen zusammengefasst folgendermaßen aus:

(1) Handelswaren	*an*	*(9) EBK*	*2.000*
(1) Handelswaren	*an*	*(2) Kassa*	*8.000*
(2) Kassa	*an*	*(1) Handelswaren*	*9.000*

(1) Handelswaren

2 Stück Anfangsbestand	*2.000*	*6 Stück verkauft à 1.500*	*9.000*
8 Stück Zukauf	*8.000*		

Der Anfangsbestand und die Zukäufe werden mit den Einstandspreisen bewertet, die Verkäufe mit den Verkaufspreisen. Der Soll-Saldo des Warenkontos beträgt am Stichtag 1.000,–. Es liegen allerdings noch 4 Kameras im Wert von je 1.000,– (= 4.000,–) auf Lager. Der Einstandswert der verkauften Kameras beträgt 6.000,–. Dieser Einstandswert stellt den sog Wareneinsatz dar, der nach folgendem Schema indirekt ermittelt werden kann (zur Wareneinsatzermittlung vgl ausführlich unten 3.5.1.):

Anfangsbestand	*2.000*
+ *Zukäufe*	*+ 8.000*
– *Endbestand*	*– 4.000*
= *Wareneinsatz*	*= 6.000*

Die Differenz zwischen dem Verkaufserlös (9.000,–) und dem Wareneinsatz (6.000,–) stellt den Gewinn dar (= 3.000,–).

Verkaufserlös
– *Wareneinsatz*
= *(+) Gewinn/(–) Verlust*

Der Saldo auf dem Handelswarenkonto von 1.000,– setzt sich somit aus dem Endbestand von 4.000,– abzüglich dem Gewinn von 3.000,– zusammen.

Um dieses Ergebnis auch auszuweisen, bedarf es entsprechender Buchungen:

- *Der Endbestand ist im Haben als Saldogröße einzusetzen. Die Gegenbuchung dazu erfolgt im Soll des Schlussbilanzkontos. (SBK an Handelswaren)*
- *Der Gewinn ist im Soll auszuweisen. Die Gegenbuchung erfolgt im Haben des GuV-Kontos. (Gewinn an GuV)*

(1) Handelswaren

2 Stück Anfangsbestand	*2.000*	*6 Stück verkauft à 1.500*	*9.000*
8 Stück Zukauf	*8.000*	*Endbestand*	*4.000*
Gewinn	*3.000*		
	13.000		*13.000*

Allgemein stellt sich das gemischte Warenkonto folgendermaßen dar:

gemischtes Warenkonto

Anfangsbestand	*Verkauf*
Zukauf	
Gewinn	*Endbestand*

Variante 2: „dreigeteiltes Warenkonto“

(1) Handelswaren	*an*	*(9) EBK*	*2.000*
(1) Handelswaren	*an*	*(2) Kassa*	*8.000*
(2) Kassa	*an*	*(4) Umsatzerlöse*	*9.000*

Am Stichtag wird wiederum der Wareneinsatz nach oben dargestellter Methode ermittelt:

(5) Wareneinsatz	*an*	*(1) Handelswaren*	*6.000*

In Höhe der Differenz Verkaufserlöse abzüglich Wareneinsatz ergibt sich wiederum der Gewinn von 3.000,–.

(1) Handelswaren

AB 2.000	*Einsatz 6.000*
Zukauf 8.000	*EB 4.000*

(5) Wareneinsatz

6.000	*GuV 6.000*

(4) Umsatzerlöse

GuV 9.000	*9.000*

Allgemein lässt sich das dreigeteilte Warenkonto folgendermaßen darstellen:

(1) Handelswaren

Anfangsbestand	Wareneinsatz
Zukauf	Endbestand

(5) Wareneinsatz

Wareneinsatz	Saldo GuV

(4) Umsatzerlöse

Saldo GuV	Umsatzerlöse

Der Buchungszeitpunkt:

Als Buchungszeitpunkt ist bei Einkaufsgeschäften grundsätzlich jener Zeitpunkt anzunehmen, zu dem der Käufer das wirtschaftliche Eigentum an der Sache erhält. Solange ein Geschäft in Schwebe ist (der Zeitraum zwischen Vertragsabschluss und Erfüllung), gibt es grundsätzlich keine Buchungspflichten (zur Ausnahme bei drohenden Verlusten aus schwebenden Geschäften vgl unten 3.6.2.4.). Bei Bargeschäften erwirbt der Käufer mit der Übernahme der Sache sowohl juristisch als auch wirtschaftlich das Eigentum. Das wirtschaftliche Eigentum kann jedoch bereits vor dem Erwerb des juristischen Eigentums erlangt werden. Wird bspw eine Sache unter Eigentumsvorbehalt erworben, so ist trotz fehlenden zivilrechtlichen Eigentums der Käufer bereits wirtschaftlicher Eigentümer, da auf ihn regelmäßig sämtliche Nutzungsmöglichkeiten, aber auch Risiken übergegangen sind. Mit der Übergabe der Sache an den Käufer tritt bei diesem Buchungspflicht ein.

Korrespondierend ergibt sich für den Verkäufer die Pflicht zur Verbuchung des Verkaufs dann, wenn er seine Leistungsverpflichtung erfüllt hat. Dies ist regelmäßig mit Übergabe an den Käufer der Fall. Abweichend davon hat der Verkäufer beim Versendungskauf seine Verpflichtung mit Übergabe der Ware an den Transporteur erfüllt (ab diesem Zeitpunkt ist die Ware auf Risiko des Käufers unterwegs, was auch für den Käufer eine entsprechende Buchungspflicht auslöst). Zu diesem Zeitpunkt tritt auch beim Verkäufer die Buchungspflicht ein. Eine allgemeine Regelung des Zeitpunkts des Übergangs der Preisgefahr im internationalen Handel vom Verkäufer auf den Käufer (unter Übergang der Preisgefahr versteht man, dass der Käufer zahlen muss, auch wenn er die Ware nicht erhält) und damit der Verpflichtung zur buchmäßigen Erfassung des Kauf- bzw Verkaufsvorganges stellen die sog INCOTERMS dar.

Da der Zeitpunkt des Gefahrenüberganges relativ schwierig festzustellen ist, erfolgt in der Praxis die Buchung im Zeitpunkt der Rechnungslegung, da dies ein eindeutig bestimmbarer Zeitpunkt ist. Diese Vereinfachung durch Abstellen auf das Datum der Rechnungslegung kann jedoch nur während des Jahres erfolgen. Am und um den Bilanzstichtag ist hingegen genau zu prüfen, ob zum Ablauf des Bilanzstichtags das wirtschaftliche Eigentum übergegangen und damit ein die Buchungspflicht auslösendes Ereignis eingetreten ist.

2.8.6. Der Abschluss und die Eröffnung der Konten

Der Saldo der Bestandskonten, der sich am Jahresende ergibt, wird gegen das „Schlussbilanzkonto“ (SBK) abgeschlossen.

Buchungssatz:

(9) Schlussbilanzkonto	an	aktive Bestandskonten
passive Bestandskonten	an	(9) Schlussbilanzkonto

Da das Schlussbilanzkonto zum Ende des Bilanzstichtages erstellt wird, müssen sämtliche Vermögensgegenstände und Schulden am Beginn der nächsten Rechnungsperiode vorhanden sein. Dementsprechend sind sämtliche Bestandskonten mit den Werten der Schlussbilanz gegen das „Eröffnungsbilanzkonto“ (EBK) zu eröffnen. Es gilt der Grundsatz, dass das Schlussbilanzkonto das Spiegelbild des Eröffnungsbilanzkontos ist (Grundsatz der Bilanzidentität).

Buchungssatz:

aktive Bestandskonten	an	(9) Eröffnungsbilanzkonto
(9) Eröffnungsbilanzkonto	an	passive Bestandskonten

Die Salden der Erfolgskonten werden auf das „Gewinn- und Verlustkonto“ (GuV) übertragen. Der Saldo des GuV-Kontos gibt den Gewinn oder Verlust an, der in der Rechnungsperiode erwirtschaftet wurde.

Buchungssatz:

(9) GuV	an	Aufwandskonten
Ertragskonten	an	(9) GuV

Der Gewinn oder Verlust muss dem Saldo des Schlussbilanzkontos entsprechen und wird auf das Eigenkapitalkonto umgebucht.

Buchungssatz:

(9) GuV (Gewinn)	an	(9) Eigenkapital
oder		
(9) Eigenkapital	an	(9) GuV (Verlust)

Beispiel:

Der Abschluss der Konten aus dem Beispiel zu Kapitel 2.8.5. in der Variante des dreigeteilten Warenkontos sieht folgendermaßen aus:

(9) GuV	*an*	*(5) Wareneinsatz*	*6.000*
(4) Umsatzerlöse	*an*	*(9) GuV*	*9.000*
(9) SBK	*an*	*(1) Handelswaren*	*4.000*
(9) GuV	*an*	*(9) Eigenkapital*	*3.000*

Die Eröffnungsbuchung des Warenkontos hat folgendes Aussehen:

(1) Handelswaren	*an*	*(9) EBK*	*4.000*

2.8.7. Beispiel

Im folgenden Beispiel wird die Buchungstechnik ohne Umsatzsteuer gezeigt. Die diesbezügliche Erweiterung erfolgt im nächsten Abschnitt (2.9.).

Heinz Müller eröffnet am 3. 11. X1 ein Designer-Schmuck-Handelsgeschäft.

Er tätigt eine Bareinlage von 15.000,–; weiters bringt er Büroausstattung im Gesamtwert von 8.000,– in das Unternehmen ein. Die Novembermiete in Höhe von 2.000,– wird am gleichen Tag bar bezahlt.

Am 4. 11. X1 bestellt er 25 Designer-Uhren zu je 10.000,–. Diese werden am 14. 11. geliefert. Die Rechnung langt gleichfalls am 14. 11. ein. Die Bezahlung erfolgt am 2. 12. X1 mittels Banküberweisung.

Am 9. 11. erhält er die Ausstattung für den Verkaufsraum im Wert von 50.000,–. Die Schuld wird am 20. 11. durch Überweisung beglichen.

Am 10. 11. wird ihm ein Kredit in Höhe von 300.000,– bewilligt. Das Geld wird am 11. 11. auf sein neu eröffnetes Bankgirokonto überwiesen.

Am 15. 11. verkauft er 3 Uhren zu je 18.500,–. Eine Uhr wird bar bezahlt, die anderen beiden werden am 2. 12. mittels Banküberweisung bezahlt.

Am 20. 11. bestellt Heinz Müller 25 Armbänder für den Verkauf im Wert von 7.000,–. Die Armbänder werden samt Rechnung am 25. 11. zugestellt. Die Bezahlung erfolgt am 2. 12. bar.

Am 1. 12. bezahlt er die Dezember-Miete in Höhe von 2.000,– mittels Banküberweisung.

Am 4. 12. verkauft er 4 Uhren zu je 17.800,–. Die schuldbefreiende Zustellung erfolgt am 6. 12.; 2 Uhren werden sofort bar bezahlt, die anderen beiden erst im Jänner des Jahres X2.

Am 17. 12. verkauft er 15 Armbänder um 8.000,– bar.

Am 22. 12. bestellt er 5 Uhren zu je 9.500,–. Die Lieferung erfolgt erst am 4. 1. X2.

Am 23. 12. entnimmt er der Geschäftskassa für private Zwecke 6.000,–.

Am 27. 12. verkauft er 3 Uhren um je 18.000,–. Eine Uhr wird vom Käufer sogleich mitgenommen, die anderen beiden liefert Heinz Müller mit schuldbefreiender Wirkung erst Anfang Jänner X2. Die Bezahlung erfolgt gesammelt am 10. 1. X2.

An Zinsen für den Bankkredit fallen zum 31. 12. 6.400,– an. Die Zinsen werden direkt vom Bankgirokonto abgebucht.

Am 31. 12. befinden sich noch 17 Uhren und Armbänder im Wert von 2.800,– auf Lager.

Erstellen Sie die Eröffnungsbilanz und eröffnen Sie die Konten; nehmen Sie die Verbuchung der laufenden Geschäftsfälle vor und ermitteln Sie den Wareneinsatz; schließen Sie die Konten ab; stellen Sie sämtliche Konten in T-Kontenform dar und erstellen Sie die Bilanz zum 31. 12. X1.

Eröffnungsbilanz zum 3. 11. X1:

Eröffnungsbilanz

A. Anlagevermögen		*A. Eigenkapital*	*23.000*
1. Betriebs- u. Geschäftsausstattung	*8.000*		
B. Umlaufvermögen			
1. Kassa	*15.000*		
	23.000		*23.000*

Konteneröffnung:

	(0)	*Büroausstattung*	*8.000*	
an	*(9)*	*Eröffnungsbilanzkonto*		*8.000*

	(2)	*Kassa*	*15.000*	
an	*(9)*	*Eröffnungsbilanzkonto*		*15.000*

	(9)	*Eröffnungsbilanzkonto*	*23.000*	
an	*(9)*	*Eigenkapital*		*23.000*

Eröffnungsbilanzkonto

Eigenkapital	*23.000*	*Betriebs- u Geschäftsausstattung*	*8.000*
		Kassa	*15.000*
	23.000		*23.000*

Laufende Geschäftsfälle:

3. 11.

	(7)	*Miete*	*2.000*	
an	*(2)*	*Kassa*		*2.000*

9. 11.

	(0)	*Ausstattung Verkaufsraum*	*50.000*	
an	*(3)*	*Verbindlichkeit aus L & L*		*50.000*

11. 11.

	(2)	*Bank*	*300.000*	
an	*(3)*	*Verbindlichkeit gegenüber Kreditinstitut*		*300.000*

14. 11.

	(1)	*Handelswaren (Uhren)*	*250.000*	
an	*(3)*	*Verbindlichkeit aus L & L*		*250.000*

15. 11.

	(2)	*Kassa*	*18.500*	
	(2)	*Forderung aus L & L*	*37.000*	
an	*(4)*	*Umsatzerlöse (Uhren)*		*55.500*

20. 11.

	(3)	*Verbindlichkeit aus L & L*	*50.000*	
an	*(2)*	*Bank*		*50.000*

25. 11.

	(1)	*Handelsware (Armbänder)*	*7.000*	
an	*(3)*	*Verbindlichkeit aus L & L*		*7.000*

1. 12.

	(7)	*Miete*	*2.000*	
an	*(2)*	*Bank*		*2.000*

2. 12.

	(3)	*Verbindlichkeit aus L & L*	*257.000*	
an	*(2)*	*Bank*		*250.000*
	(2)	*Kassa*		*7.000*

	(2)	*Bank*	*37.000*	
an	*(2)*	*Forderung aus L & L*		*37.000*

6. 12.

	(2)	*Kassa*	*35.600*	
	(2)	*Forderung aus L & L*	*35.600*	
an	*(4)*	*Umsatzerlöse (Uhren)*		*71.200*

17. 12.

	(2)	*Kassa*	*8.000*	
an	*(4)*	*Umsatzerlöse (Armbänder)*		*8.000*

23. 12.

	(9)	*Privat*	*6.000*	
an	*(2)*	*Kassa*		*6.000*

27. 12.

	(2)	Forderung aus L & L	18.000	
an	(4)	Umsatzerlöse (Uhren)		18.000

31. 12.

	(8)	Zinsenaufwand	6.400	
an	(2)	Bank		6.400

Anmerkung:

- *Da die Lieferung der am 22. 12. bestellten Uhren erst im nächsten Jahr erfolgt, ist im Jahr X1 keine buchmäßige Erfassung möglich.*
- *Die Verbuchung des Verkaufs kann erst nach schuldbefreiender Lieferung erfolgen. Aus diesem Grund sind die beiden am 27. 12. verkauften, aber noch nicht gelieferten Uhren noch als Handelsware zu erfassen, weshalb auch diesbezüglich im Jahr X1 kein Umsatzerlös ausgewiesen werden darf.*

Ermittlung des Wareneinsatzes:

Uhren		Armbänder	
Zukauf 14. 11.		Zukauf 25. 11.	
(25 Stück à 10.000)	250.000	(25 Stück à 280)	7.000
– Endbestand		– Endbestand	
(17 Stück à 10.000)	170.000	(10 Stück à 280)	2.800
Wareneinsatz	80.000	Wareneinsatz	4.200

	(5)	Handelswareneinsatz (Uhren)	80.000	
an	(1)	Handelsware (Uhren)		80.000

	(5)	Handelswareneinsatz (Armbänder)	4.200	
an	(1)	Handelsware (Armbänder)		4.200

Darstellung der einzelnen T-Konten:

(0) Büroausstattung

3. 11.	8.000	SBK	8.000

(0) Verkaufsraumausstattung

9. 11.	50.000	SBK	50.000

(1) Handelsware (Uhren)

14. 11.	250.000	31. 12.	80.000
		SBK	170.000

(1) Handelsware (Armbänder)

25. 11.	7.000	31. 12.	4.200
		SBK	2.800

(2) Forderung aus L & L

15. 11.	37.000	2. 12.	37.000
6. 12.	35.600	SBK	53.600
27. 12.	18.000		

(2) Kassa

3. 11.	15.000	3. 11.	2.000
15. 11.	18.500	2. 12.	7.000
6. 12.	35.600	23. 12.	6.000
17. 12.	8.000	SBK	62.100

(2) Bank

11. 11.	300.000	20.11.	50.000
2. 12.	37.000	1.12.	2.000
		2.12.	250.000
		31. 12.	6.400
		SBK	28.600

(3) Verbindlichkeit gegenüber Kreditinstitut

SBK	300.000	11. 11.	300.000

(3) Verbindlichkeit aus L & L

20. 11.	50.000	9. 11.	50.000
2. 12.	257.000	14. 11.	250.000
SBK	0	25. 11.	7.000

(4) Umsatzerlöse (Uhren)

GuV	144.700	15. 11.	55.500
		6. 12.	71.200
		27. 12.	18.000

(4) Umsatzerlöse (Armbänder)

GuV	8.000	17. 12.	8.000

(5) HW-Einsatz (Uhren)

31. 12.	80.000	GuV	80.000

(5) HW-Einsatz (Armbänder)

31. 12.	4.200	GuV	4.200

(7) Miete

3. 11.	2.000	GuV	4.000
1. 12.	2.000		

(8) Zinsenaufwand

31. 12.	6.400	GuV	6.400

(9) Eigenkapital

Privat	6.000	3. 11.	23.000
SBK	75.100	Gewinn	58.100

(9) Privat

23. 12.	6.000	EK	6.000

(9) Gewinn- und Verlustrechnung

((5))	80.000	((4))	144.700
((5))	4.200	((4))	8.000
((7))	4.000		
((8))	6.400		
EK	58.100		

(9) Schlussbilanz

((0))	8.000	((3))	300.000
((0))	50.000	((9))	75.100
((1))	170.000		
((1))	2.800		
((2))	53.600		
((2))	62.100		
((2))	28.600		

Bilanz zum 31. 12. X1

A. Anlagevermögen		*A. Eigenkapital*	*75.100*
1. Betriebs- und Geschäfts-ausstattung	*58.000*		
		B. Verbindlichkeiten	
B. Umlaufvermögen		*1. Verbindlichkeit gegenüber*	
1. Handelswaren	*172.800*	*Kreditinstitut*	*300.000*
2. Forderung L & L	*53.600*		
3. Kassa, Bank	*90.700*		
	375.100		*375.100*

Anmerkung:

- *Die Gliederung der Bilanz erfolgt grundsätzlich nach dem Gliederungsschema des § 224 UGB.*

2.9. Die Umsatzsteuer

2.9.1. Das System der Umsatzsteuer

Die Umsatzsteuer ist als

Nettoallphasenumsatzsteuer mit Vorsteuerabzug

gestaltet.

- Die Umsatzsteuer wird auf allen Stufen des Wirtschaftsprozesses (Erzeugung, Großhandel, Einzelhandel) eingehoben – **Allphasenumsatzsteuer.**

  Dies deshalb, um nicht – wie dies bei der Einzelhandelsumsatzsteuer der Fall wäre – bei jedem Geschäftsfall prüfen zu müssen, ob an den Endabnehmer geliefert wird, sowie, um die Steuerhinterziehungsmöglichkeit einzuschränken.
- Als Bemessungsgrundlage für die Umsatzsteuer dient bei Lieferungen und sonstigen Leistungen (dazu siehe 2.9.2.3.) das Nettoentgelt (Preis ohne USt) – **Nettoumsatzsteuer.**
- Jeder Unternehmer kann die ihm vom Vorlieferanten in Rechnung gestellte Umsatzsteuer als Vorsteuer geltend machen – **Vorsteuerabzug.**

  Der Unternehmer hat nur die Differenz zwischen Umsatzsteuer und Vorsteuer (= **Zahllast**) an das Finanzamt abzuführen. Der Unternehmer führt nur die auf den Mehrwert entfallende Umsatzsteuer an das Finanzamt ab – **Mehrwertsteuer.**

Beispiel für die Wirkungsweise der Umsatzsteuer:

Wareneinkauf	*Unternehmer*	*Warenverkauf*
100		*180*
+ 20 (20 % USt)		*+ 36 (20 % USt)*
120		*216*
	36 (Umsatzsteuer)	
	– 20 (Vorsteuer)	
	16 (Zahllast)	
	180 (Nettoverkaufspreis)	
	– 100 (Nettoeinkaufspreis)	
	80 (Mehrwert)	

20 % USt von 80 (Mehrwert) = 16 (Zahllast)

Die Umsatzsteuer ist gesetzestechnisch eine **Verkehrsteuer**. Sie knüpft an einen Verkehrsvorgang (Lieferung, sonstige Leistung) an, ist aber ihrer Zielrichtung nach eine **Verbrauchsteuer**.

Der Umsatzsteuer soll nur der Letztverbrauch einer Leistung unterliegen (deshalb ist zB der Schwund oder das Verderben von Waren beim Unternehmer nicht umsatzsteuerpflichtig).

Weiteres Charakteristikum der Umsatzsteuer ist, dass sie eine indirekte Steuer darstellt:

- Steuerzahler bzw Steuerschuldner ist der leistende Unternehmer. Er führt die Umsatzsteuer an das Finanzamt ab.
- Steuerträger ist jedoch der Abnehmer der Leistung, da diesem die Umsatzsteuer vom Unternehmer in Rechnung gestellt wird.

2.9.2. Ausgewählte Kapitel des Umsatzsteuergesetzes

2.9.2.1. Der Steuergegenstand der Umsatzsteuer

Folgende Umsätze sind umsatzsteuerbar:

- *Lieferungen und sonstige Leistungen (Leistungen), die ein Unternehmer im Inland gegen Entgelt im Rahmen seines Unternehmens ausführt (§ 1 Abs 1 Z 1 UStG).*

  Unter Lieferung versteht man die Verschaffung der Verfügungsmacht über Gegenstände (durch Übergabe der Gegenstände oder durch Übergabe von Wertpapieren, aus denen das Recht auf Verfügung über die Sache folgt; vgl § 3 Abs 1 UStG), während sonstige Leistungen alle Leistungen sind, die nicht in einer Lieferung bestehen (Dienstleistung, Überlassung von Rechten, Dulden und Unterlassen; vgl § 3a Abs 1 UStG).

  Diese Leistungen müssen

  - durch einen Unternehmer (das ist, wer eine gewerbliche oder berufliche Tätigkeit selbständig ausübt; vgl § 2 UStG); gewerblich oder beruflich ist jede nachhaltige Tätigkeit zur Erzielung von Einnahmen);
  - im Inland (der Ort der Lieferung ist dort, wo sich der Gegenstand zur Zeit der Verschaffung der Verfügungsmacht befindet; vgl § 3 Abs 7), wobei bei Beförderungs- oder Versendungslieferungen die Lieferung mit Beginn der Beförderung oder Versendung als ausgeführt gilt (vgl § 3 Abs 8 UStG). Für die sonstige Leistung muss zur

Ortsbestimmung gemäß § 3a Abs 6 und 7 unterschieden werden, ob der Leistungsempfänger ein Unternehmer ist (B2B) oder nicht (B2C). Grundsätzlich werden Dienstleistungen an Unternehmer am Empfängerort, hingegen Dienstleistungen an Nichtunternehmer nach der Generalklausel am Unternehmerort bewirkt. Darüber hinaus enthält die RL 2008/8/EG aber noch eine Reihe von speziellen Leistungsortregelungen für gewisse Dienstleistungen (wie bspw: für sonstige Leistungen in Zusammenhang mit Grundstücken gemäß VO 282/2011/EU idF VO 2018/1912/EU ist Leistungsort der Belegenheitsort des Grundstücks; bei wissenschaftlichen, künstlerischen, unterrichtenden, unterhaltenden, sportlichen und ähnlichen Leistungen ist der Tätigkeitsort maßgeblich), die von der Generalklausel abweichen und mit denen eine Umsatzbesteuerung im Verbrauchsland zu erreichen versucht wird. In Österreich wurden diese Bestimmungen in § 3a Abs 8 bis 14 umgesetzt;

- gegen Entgelt (es muss eine Gegenleistung erbracht werden, die mit der Leistung des Unternehmers in einem inneren Zusammenhang steht – „do-ut-des-Prinzip");
- im Rahmen des Unternehmens (die Leistung muss für den Geschäftsbereich des Unternehmens erfolgen) erbracht werden.

Mangelt es bloß an einer dieser Voraussetzungen, so liegt kein steuerbarer Umsatz vor. Sind alle Voraussetzungen erfüllt, so liegt ein steuerbarer Umsatz vor. Über die konkrete Steuerpflicht ist damit allerdings noch nichts gesagt.

Beispiele für die Nichtsteuerbarkeit:

- kein Unternehmer (Computerverkauf durch Privatperson);
- Lieferung bzw Erstellung der sonstigen Leistung im Ausland;
- kein Entgelt (Schenkung, echter Schadenersatz, echter Mitgliedsbeitrag);
- kein Umsatz im Rahmen des Unternehmens (Unternehmer verkauft sein Privatauto).

Im Zusammenhang mit der Lieferung und sonstigen Leistung steht auch der Grundsatz der Einheitlichkeit der Leistung. Dieser Grundsatz besagt, dass eine Leistung nicht in ihre Teile zerlegt werden darf, soweit in wirtschaftlicher Betrachtungsweise eine Gesamtleistung vorliegt. Bilden mehrere nicht trennbare Teilleistungen die Gesamtleistung, so ergeben sich die umsatzsteuerlichen Konsequenzen aus der umsatzsteuerlichen Behandlung der Hauptleistung. Ist daher die Hauptleistung zB nicht steuerbar, so ist auch die damit zusammenhängende unselbständige Nebenleistung nicht steuerbar. Ob in einheitlicher Betrachtung eine Lieferung oder sonstige Leistung vorliegt, wird anhand der Verkehrsauffassung entschieden.

Auch folgende Vorgänge gelten als Lieferung bzw sonstige Leistung (§ 3 Abs 2 bzw § 3a Abs 1a UStG):

- Einer Lieferung gegen Entgelt gleichgestellt wird die Entnahme eines Gegenstandes durch einen Unternehmer aus seinem Unternehmen für Zwecke, die außerhalb des Unternehmens liegen, für den Bedarf seines Personals, soweit keine Aufmerksamkeiten vorliegen, oder für jede andere unentgeltliche Zuwendung, ausgenommen Geschenke von geringem Wert und Warenmuster für Zwecke des Unternehmens. Voraussetzung für die Steuerpflicht dieser Lieferung durch Entnahme ist, dass der vorangehende Erwerb des nunmehr entnommenen Gegenstands zum vollen oder teilweisen Vorsteuerabzug berechtigt hat.
- Einer sonstigen Leistung gegen Entgelt werden gleichgestellt die Verwendung eines dem Unternehmen zugeordneten Gegenstandes, der zum vollen oder teilweisen Vorsteuerabzug

berechtigt hat durch den Unternehmer für Zwecke, die außerhalb des Unternehmens liegen oder für den Bedarf seines Personals, soweit keine Aufmerksamkeiten vorliegen (dies gilt nicht für die Verwendung eines dem Unternehmen zugeordneten Grundstückes), sowie die unentgeltliche Erbringung von anderen sonstigen Leistungen durch den Unternehmer für Zwecke, die außerhalb des Unternehmens liegen oder für den Bedarf seines Personals, soweit keine Aufmerksamkeiten vorliegen.

Mit diesen Regelungen werden die bis dahin als Entnahmeeigenverbrauch und Verwendungseigenverbrauch geregelten Sachverhalte in den Anwendungsbereich des Leistungstatbestandes integriert, zum Teil kommt es zu einer Erweiterung des Eigenverbrauchstatbestandes, wenn nunmehr gesetzlich auch die unentgeltliche Zuwendung eines Gegenstandes (ausgenommen solche mit geringem Wert) für Zwecke des Unternehmens als umsatzsteuerpflichtige Lieferung behandelt wird. Entsprechend dieser Regelung würden somit auch Werbegeschenke, die aus unternehmerischen Gründen gewährt werden, umsatzsteuerpflichtig sein. Fraglich ist, ob damit auch Mengenrabatte als unentgeltliche und damit umsatzsteuerpflichtige Lieferung behandelt werden müssen – uE ist dies nicht der Fall, der Mengenrabatt stellt eine Form der Entgeltsminderung dar, sodass insoweit keine Umsatzsteuerpflicht besteht.

- *Der Eigenverbrauch (§ 1 Abs 1 Z 2 UStG)*

  Tätigt der Unternehmer Ausgaben, die Zwecken des Unternehmens dienen, die aber ertragsteuerlich nach § 20 Abs 1 Z 1–5 EStG bzw § 12 Abs 1 Z 1–5 KStG nicht abzugsfähig sind, so wird der Unternehmer diesbezüglich als Letztverbraucher behandelt und unterliegt grundsätzlich der USt (Näheres zum Eigenverbrauch: siehe unten 2.11.2.2.).

- *Die Einfuhr von Waren (§ 1 Abs 1 Z 3 UStG)*

  Da das Ziel der Umsatzsteuer die Besteuerung des Verbrauchs von Waren im Inland ist (**Bestimmungslandprinzip**), unterliegt die Einfuhr von Waren aus einem Staat, der nicht Mitglied der EU ist, ins Inland der Einfuhrumsatzsteuer (EUSt). Die Einfuhrumsatzsteuer ist sowohl von Privaten als auch von Unternehmern zu entrichten. Der Unternehmer hat die Möglichkeit, für die bezahlte Einfuhrumsatzsteuer den Vorsteuerabzug geltend zu machen.

  Soweit die Einfuhr von Waren aus dem Gemeinschaftsgebiet (aus einem Mitgliedstaat der EU) erfolgt, fällt keine EUSt an. Die steuerliche Behandlung dieser grenzüberschreitenden Leistung ergibt sich aus der EU-Binnenmarktregelung (vgl dazu unten 2.9.2.8.)

2.9.2.2. Steuerbefreite Umsätze

Steht fest, dass ein steuerbarer Umsatz gemäß § 1 UStG verwirklicht wurde, ist die Steuerpflicht des steuerbaren Umsatzes zu prüfen. Jeder steuerbare Umsatz ist umsatzsteuerpflichtig, soweit er nicht ausdrücklich umsatzsteuerbefreit ist.

Die steuerbefreiten Umsätze sind in § 6 UStG normiert. Man unterscheidet dabei zwischen den echten Steuerbefreiungen (§ 6 Abs 1 Z 1–6) und den unechten Steuerbefreiungen (§ 6 Abs 1 Z 7–28).

Die echte Steuerbefreiung

Diese zeichnet sich dadurch aus, dass der Unternehmer, der eine echt umsatzsteuerbefreite Leistung bewirkt, die an seine Lieferanten bezahlte Umsatzsteuer (= Vorsteuer) vom Finanzamt zurückerstattet erhält.

Bei echt steuerbefreiten Umsätzen findet somit eine vollständige Entlastung des Umsatzes von der Umsatzsteuer statt.

Grund für die echte Steuerbefreiung kann einerseits die Begünstigung des Letztverbrauchers sein (der Rechnungsbetrag vermindert sich um die nicht zu erhebende Umsatzsteuer), andererseits die Verwirklichung des Bestimmungslandprinzips (unterliegt die Einfuhr von Waren der Umsatzsteuer, so darf aus demselben Grund die Ausfuhr von Waren nicht der Umsatzsteuer unterliegen).

Dementsprechend kennt § 6 UStG insb. folgende echt steuerbefreite Umsätze:

- Ausfuhrlieferungen;
- Lohnveredelungen für ausländische Auftraggeber;
- grenzüberschreitende Güterbeförderung;
- grenzüberschreitende Personenbeförderung mit Schiffen und Flugzeugen;
- die Vermittlung der zuvor genannten Leistungen.

Wirksam ist die echte Steuerbefreiung innerhalb der Unternehmerkette nur, wenn kein steuerpflichtiger Umsatz nachfolgt.

Die unechte Steuerbefreiung

Auch für unecht steuerbefreite Umsätze ist keine Umsatzsteuer zu entrichten, jedoch verliert der Unternehmer zugleich die Möglichkeit des Vorsteuerabzuges für an ihn erbrachte Leistungen. Es bleiben somit die vorangegangenen Stufen des Umsatzprozesses endgültig mit der Umsatzsteuer belastet.

Die unechte Steuerbefreiung befreit nur den vom begünstigten Unternehmer erbrachten Mehrwert von der Umsatzsteuer.

Erfolgt die Leistungserbringung an den Letztverbraucher, so wird der Begünstigungszweck der unechten Steuerbefreiung erreicht.

Erfolgt die Leistungserbringung an einen Unternehmer, der dann einen steuerpflichtigen Umsatz an den Letztverbraucher bewirkt, kommt es hingegen zu einer Kumulierung der Umsatzsteuer.

Unecht umsatzsteuerbefreit sind nach § 6 UStG insbesondere folgende Umsätze:

- Leistungen insb. der Kreditinstitute (Kreditgewährung – Wahlrecht, Wertpapiergeschäft, Zahlungsverkehr, Einlagengeschäft);
- Umsätze von amtlichen inländischen Wertzeichen (Stempelmarken, Briefmarken);
- Umsätze und Vermittlung von Anteilen an Gesellschaften und anderen Vereinigungen;
- Umsätze von Grundstücken (Wahlrecht);
- Umsätze aus Versicherungsverhältnissen;
- Umsätze privater Schulen, allgemein- oder berufsbildender Einrichtungen, wenn eine den öffentlichen Schulen vergleichbare Zielsetzung verfolgt wird;
- Umsätze aus der Tätigkeit eines Bausparkassen- und Versicherungsvertreters;
- Umsätze von Pflege- oder Tagesmüttern;
- Umsätze von Ärzten, Zahntechnikern, diversen anderen Gesundheitsberufen;

- Vermietung und Verpachtung von Grundstücken (Wahlrecht; keine Befreiung allerdings insbesondere für Vermietung von Grundstücken für Wohnzwecke und kurzfristige Vermietung);
- Umsätze unter € 30.000,– netto pro Jahr, wobei ein einmaliges Überschreiten von 15 % innerhalb von fünf Kalenderjahren zulässig ist (Kleinunternehmer; Wahlrecht).

Ebenfalls unecht umsatzsteuerbefreit sind die Lieferungen im Zuge eines Reihengeschäfts an den letzten Abnehmer in der Reihe (vgl VO zu § 12 Abs 1 UStG BGBl II 584/2003) unter den folgenden Voraussetzungen:

- der erste Abnehmer in der Reihe hat weder Sitz, Wohnsitz, gewöhnlichen Aufenthalt noch eine Betriebsstätte im Inland und ist im Inland nicht zur Umsatzsteuer erfasst;
- der letzte Abnehmer in der Reihe wäre hinsichtlich einer für diese Lieferung in Rechnung gestellten Umsatzsteuer gem § 12 UStG zum vollen Vorsteuerabzug berechtigt;
- es darf keine Rechnung mit gesondertem Ausweis der Umsatzsteuer gestellt werden.

Es gilt weiters:

- der Vorsteuerabzug ist gem § 12 Abs 3 UStG ausgeschlossen;
- es besteht keine Aufzeichnungspflicht nach § 18 UStG;
- soweit von einem Unternehmer in einem Kalenderjahr nur steuerfreie Umsätze iR eines Reihengeschäfts bewirkt werden, ist dieser zur Abgabe einer Voranmeldung und einer Umsatzsteuererklärung nicht verpflichtet.
- Für die umsatzsteuerliche Beurteilung von Reihengeschäften bzw die Zuordnung der bewegten Lieferung soll mit dem StRefG 2020 in § 3 Abs 15 UStG eine einheitliche Regelung geschaffen werden.

Verpflichtung zur Entrichtung der Umsatzsteuer

Jeder steuerpflichtige Umsatz führt grundsätzlich auch zur Pflicht der Entrichtung der Umsatzsteuer.

Eine Ausnahme von diesem Grundsatz bildet die Bestimmung des § 6 Abs 1 Z 27 UStG. Danach besteht für den umsatzsteuerpflichtigen Unternehmer, der im Inland sein Unternehmen betreibt, letztlich ein Wahlrecht auf unechte Umsatzsteuerbefreiung, wenn sein Umsatz weniger als € 30.000,– netto pro Jahr beträgt, wobei eine einmalige Überschreitung dieser Grenze im Ausmaß von maximal 15 % innerhalb von fünf Kalenderjahren zulässig ist. Nimmt der Unternehmer dieses Wahlrecht in Anspruch, so darf er den Leistungsempfängern keine Umsatzsteuer in Rechnung stellen. Überschreitet der Unternehmer die Grenze des § 6 Abs 1 Z 27 UStG, so schuldet er die Umsatzsteuer von sämtlichen Geschäften. Da er jedoch vielfach keine Rechnungskorrektur in Höhe der nun zu zahlenden USt gegenüber seinen Kunden wird vornehmen können, kommt es in diesen Fällen zu einer endgültigen Belastung des Unternehmers mit der Umsatzsteuer. Die Umsatzsteuer stellt in diesem Fall keinen Durchlaufposten, sondern einen Aufwand des Unternehmers dar. Aus diesem Grund sollte jeder Unternehmer genau prüfen, ob er von der Bestimmung des § 6 Abs 1 Z 27 UStG Gebrauch machen will. Die Umsatzgrenze für die Anwendung der Kleinunternehmerbefreiung soll durch das StRefG 2020 auf den unionsrechtlich zulässigen Höchstbetrag von € 35.000,– ausgeweitet werden. Es ist vorgesehen, dass diese Grenze erstmals auf Voranmeldungszeiträume anzuwenden ist, die nach dem 31. Dezember 2019 beginnen.

Bei einzelnen Geschäften (insb Kreditgewährung, Grundstücksumsatz bzw Vermietung und Verpachtung von Grundstücken) besteht ebenfalls ein Wahlrecht, von der vorgesehenen unechten Umsatzsteuerbefreiung zur Umsatzsteuerpflicht mit damit verbundener Möglichkeit des Vorsteuerabzugs des Erwerbers zu optieren (§ 6 Abs 2 UStG). Hinsichtlich dieser Optionsmöglichkeit ist es im Zuge des 1. StabG 2012 für die Fälle der Vermietung und Verpachtung von Grundstücken (ausgenommen Vermietung und Verpachtung zu Wohnzwecken) sowie beim Wohnungseigentum zu Einschränkungen gekommen. Eine Option zur Steuerpflicht ist nach der Neuregelung nur dann möglich, „soweit der Leistungsempfänger das Grundstück oder einen baulich abgeschlossenen, selbstständigen Teil des Grundstücks nahezu ausschließlich für Umsätze verwendet, die den Vorsteuerabzug nicht ausschließen." Lt den Erläuterungen zur Regierungsvorlage ist eine nahezu ausschließliche Verwendung dann anzunehmen, wenn die auf den Mietzins für das Grundstück bzw für den Grundstücksteil entfallende Umsatzsteuer höchstens zu 5 % bzw einmal 7,5 % innerhalb von fünf Kalenderjahren vom Vorsteuerabzug ausgeschlossen wäre (= Bagatellgrenze). In die Berechnung fließen allerdings nur Umsätze ein, die sich auf das Gebäude beziehen.

Zusammenfassung

Zusammenfassend lässt sich die Prüfung der Pflicht zur Entrichtung der Umsatzsteuer wie folgt darstellen:

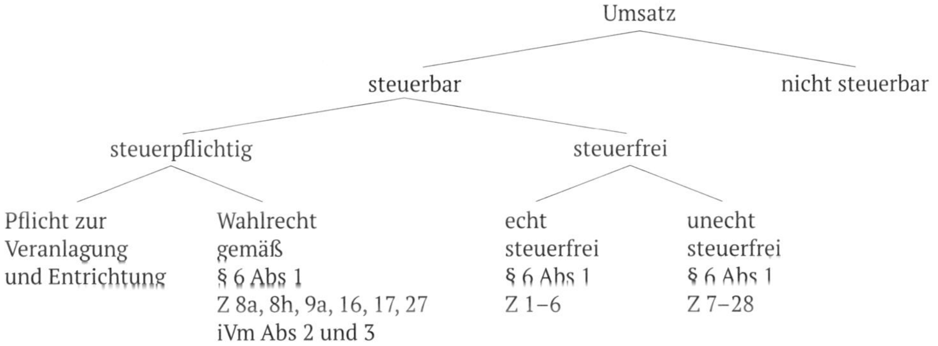

2.9.2.3. Die Bemessungsgrundlage der Umsatzsteuer

Die Bemessungsgrundlage für Lieferung und sonstige Leistung (§ 4 UStG)

Für diese Umsätze ist das Entgelt Bemessungsgrundlage. Entgelt ist alles, was der Empfänger einer Leistung aufzuwenden hat, um die Lieferung oder sonstige Leistung zu erhalten.

Zum Entgelt zählen neben dem vereinbarten Preis auch:

- Rechtsgeschäftsgebühren;
- sonstige Vertragserrichtungskosten;
- freiwillige Leistungen des Empfängers;
- Leistungen Dritter für den Empfänger.

Entgelt ist allerdings nur das, was in einem inneren Zusammenhang mit der erhaltenen Leistung des Unternehmers steht. Wird daher zB die freiwillige Leistung des Dritten im Interesse des Leistungsempfängers erbracht, so gehört sie zum Entgelt; wird sie allerdings im Interesse des leistenden Unternehmers erbracht, so gehört sie nicht zum Entgelt.

Nicht zum Entgelt gehören die Beträge, die der Unternehmer im Namen und für Rechnung eines anderen vereinnahmt und verausgabt (durchlaufende Posten). Das Gleiche gilt nach Auffassung des BMF für von Spediteuren, Frachtführern und Handelsvertretern verausgabte Beträge für Zoll, Einfuhrumsatzsteuer, sonstige Eingangs-, Ausgangs- und Verwaltungsabgaben für ihre Auftraggeber, obwohl diese Zahlungen regelmäßig im eigenen Namen erbracht werden. Nicht zum Entgelt für die erhaltene Leistung gehören Finanzierungskosten für längerfristig gestundete Kaufpreiszahlungen (Zinsen im Zusammenhang mit Ratenzahlungen, Finanzierungsleasing) sowie Verzugszinsen; diese stellen vielmehr eine selbständige zusätzliche Leistung dar, die gem § 6 Abs 1 Z 8 UStG unecht umsatzsteuerbefreit ist.

Ebenfalls nicht zum Entgelt gehört die zu bezahlende Umsatzsteuer (§ 4 Abs 10 UStG).

Die Bemessungsgrundlage für Entnahme, Verwendung für Zwecke außerhalb des Unternehmens und den Eigenverbrauch (§ 4 Abs 8 UStG)

Bemessungsgrundlage für die Entnahme-Lieferung sind der Einkaufspreis bzw die Selbstkosten der entnommenen oder unentgeltlich zugewendeten Gegenstände im Zeitpunkt des Umsatzes, die auf die Nutzung des Gegenstandes entfallenden Kosten, die auf die Ausführung der Leistung entfallenden Kosten oder die nichtabzugsfähigen Ausgaben (Aufwendungen).

Unter den auf die Nutzung entfallenden Kosten sind neben den variablen auch die anteiligen Fixkosten (zB AfA) zu verstehen.

Unter den nichtabzugsfähigen Aufwendungen versteht man die Aufwendungen, die ertragsteuerlich nicht abzugsfähig sind. Dazu zählen insbesondere die Repräsentationsaufwendungen und dem Grunde oder der Höhe nach unangemessene Betriebsausgaben (vgl § 20 EStG und § 12 KStG).

Der Betrag der ertragsteuerlich nichtabzugsfähigen Ausgaben (Aufwendungen) ist zugleich die Bemessungsgrundlage für den Eigenverbrauch.

Bemessungsgrundlage für die Einfuhr

Die Einfuhrumsatzsteuer wird vom sog Zollwert der eingeführten Gegenstände, der nicht dem Kaufpreis entsprechen muss, bemessen.

Unterliegt der Gegenstand keinem Wertzoll, so ist das geschuldete Entgelt Bemessungsgrundlage.

Für im Ausland durchgeführte Ausbesserungen oder Veredelungen ist das Entgelt, mangels eines solchen die eingetretene Wertsteigerung Bemessungsgrundlage.

Auch die auf den ausländischen Teil der Beförderung entfallenden Versicherungen und sonstigen Kosten sowie Zoll und andere Abgaben gehören zur Bemessungsgrundlage.

Die Einfuhrumsatzsteuer selbst gehört, wie die Umsatzsteuer, nicht zur Bemessungsgrundlage.

2.9.2.4. Der Steuersatz

Die Umsatzsteuer beträgt für jeden steuerpflichtigen Umsatz 20 % der Bemessungsgrundlage (Normalsteuersatz), soweit nicht das UStG einen anderen Steuersatz vorsieht.

Der ermäßigte Steuersatz von 10 % gilt ua für folgende Umsätze:

- Lieferung, Eigenverbrauch, Einfuhr von Lebensmitteln (Anlage 1 zum UStG);
- Vermietung von Grundstücken für Wohnzwecke (§ 10 Abs 2 Z 3 lit a) und die Beherbergung in eingerichteten Wohn- und Schlafräumen und die regelmäßig damit verbundenen Nebenleistungen einschließlich Beheizung (§ 10 Abs 2 Z 3 lit c);
- Personenbeförderung (§ 10 Abs 2 Z 6);
- Lieferung, Vermietung, Eigenverbrauch, Einfuhr von Büchern (Anlage 1 zum UStG);

Durch das SteRefG 2015 ist für einige Umsätze ab 1. 1. 2016 ein 13%iger Steuersatz vorgesehen. Beispiele hiefür sind:

- Umsätze für die Tätigkeit als Künstler (§ 10 Abs 3 Z 4);
- Leistungen, die regelmäßig mit dem Betrieb eines Theaters verbunden sind (§ 10 Abs 3 Z 6 lit a);
- Filmvorführungen (§ 10 Abs 3 Z 7);
- Lieferung von Wein aus frischen Weintrauben, die innerhalb eines landwirtschaftlichen Betriebes im Inland erzeugt wurden, soweit der Erzeuger die Getränke im Rahmen seines landwirtschaftlichen Betriebes liefert – ausgenommen: Lieferung von Getränken, die aus erworbenen Stoffen erzeugt wurden oder innerhalb der Betriebsräume, einschließlich der Gastgärten, ausgeschenkt werden; Buschenschank (§ 10 Abs 3 Z 11)
- elektronische Publikationen (§ 10 Abs 2 Z 9 idF StRefG 2020)

  Durch das SteRefG 2015 wird eine Anlage 2 eingefügt, die für bestimmte Produkte den 13%igen Steuersatz vorsieht.

Ein besonderer Steuersatz von 12 % galt für Lieferung und Eigenverbrauch von Wein im Rahmen des landwirtschaftlichen Erzeugungsbetriebes (Ab-Hof-Verkauf). Ab 1. 1. 2016 erhöht sich der Steuersatz in diesem Fall aufgrund des SteRefG 2015 auf 13 %.

Für die im österreichischen Zollausschlussgebiet von Jungholz und Mittelberg bewirkten Umsätze von Unternehmern, die dort ihren Sitz, Wohnsitz, gewöhnlichen Aufenthalt oder eine Betriebsstätte haben, beträgt der Normalsteuersatz 19 % (der ermäßigte Steuersatz beträgt 7 %).

2.9.2.5. Der Vorsteuerabzug

Zentraler Bestandteil des geltenden Umsatzsteuersystems ist die Möglichkeit, die für die Leistung oder Einfuhr entrichtete (Einfuhr-)Umsatzsteuer unter bestimmten Voraussetzungen als Vorsteuer abzuziehen und damit die Wettbewerbsneutralität der Umsatzbesteuerung zu bewirken.

Folgende Voraussetzungen müssen erfüllt sein, um vorsteuerabzugsberechtigt zu sein:

- *Unternehmereigenschaft des Leistungsempfängers*

  Der Leistungsempfänger muss ein Unternehmer sein. Auf Wohnsitz oder Sitz im Inland kommt es nicht an.
- *Unternehmereigenschaft des Leistenden*

  Nur die an einen Unternehmer entrichtete Umsatzsteuer ist als Vorsteuer abzugsfähig. Das Risiko, von einem Nichtunternehmer eine Leistung zu erhalten, geht zulasten des Leistungsempfängers.

- *Erbringung Lieferung oder sonstige Leistung im Inland*
- *Erhalt einer Rechnung*

  Nur die von einem anderen Unternehmer in einer Rechnung iSd § 11 UStG gesondert ausgewiesene Umsatzsteuer für Lieferungen und sonstige Leistungen, die für das Unternehmen des Leistungsempfängers ausgeführt worden sind, ist als Vorsteuer abzugsfähig.

  Die Rechnung iSd § 11 UStG muss folgende Merkmale aufweisen:

  - Name und Anschrift des liefernden oder leistenden Unternehmers;
  - Name und Anschrift des Abnehmers der Lieferung oder des Empfängers der sonstigen Leistung; sollte der Gesamtbetrag der Rechnung € 10.000,– übersteigen, ist auch die UID des Leistungsempfängers anzugeben, sofern der leistende Unternehmer Sitz, Wohnsitz, gewöhnlichen Aufenthalt oder Betriebsstätte im Inland hat und der Umsatz an einen anderen Unternehmer für dessen Unternehmen ausgeführt wird;
  - Menge und handelsübliche Bezeichnung der gelieferten Gegenstände oder Art und Umfang der sonstigen Leistung;
  - Tag der Lieferung oder sonstigen Leistung oder Zeitraum, über den sich die sonstige Leistung erstreckt;
  - Entgelt der Lieferung oder sonstigen Leistung;
  - den anzuwendenden Steuersatz sowie
  - den auf das Entgelt entfallenden Steuerbetrag.
  - das Ausstellungsdatum;
  - eine fortlaufende Nummer mit einer oder mehreren Zahlenreihen, die zur Identifizierung der Rechnung einmalig vergeben wird;
  - UID-Nummer des die Leistung erbringenden Unternehmers, für die das Recht auf Vorsteuerabzug besteht.

Für sog Kleinbetragsrechnungen (Gesamtrechnungsbetrag inkl Umsatzsteuer maximal € 400,–) ist die Angabe des Leistungsempfängers, die fortlaufende Nummer, UID-Nummer des Ausstellers sowie der getrennte Ausweis von Entgelt und Steuerbetrag entbehrlich. In diesem Fall genügt die Angabe des Steuersatzes neben dem Bruttobetrag.

Als Rechnung wird jedes Schriftstück bezeichnet, mit dem der Unternehmer über eine Lieferung oder sonstige Leistung abrechnet (Quittung, Frachtbrief, Abrechnung). Als Rechnung gilt auch eine elektronische Rechnung (E-Mail, Web-Download, PDF- oder Textdatei, eingescannte Papierrechnung oder Fax-Rechnung), sofern der Empfänger dieser Art der Rechnungsausstellung zustimmt (zur elektronischen Rechnung, siehe Punkt 2.9.5.).

- *Leistung für das Unternehmen des Empfängers*

  Die Leistung muss für Zwecke des Unternehmens des Empfängers ausgeführt worden sein. Dies ist nicht der Fall, wenn die Leistung weniger als 10 % für Zwecke des Unternehmens erfolgt. Ist die Leistung zumindest 10 % für Zwecke des Unternehmens erbracht worden, gilt sie als zur Gänze an das Unternehmen erbracht und berechtigt damit zum Vorsteuerabzug vom vollen Entgelt, allfällige private Anteile sind über den Eigenverbrauch (sonstige Leistung durch Verwendung für Zwecke außerhalb des Unternehmens) zu korrigieren.

Von dieser Regel gibt es folgende Ausnahmen:

- Der Unternehmer kann die an ihn erbrachte Leistung als nur insoweit an das Unternehmen erbracht behandeln, als sie tatsächlich unternehmerischen Zwecken dient, wobei der unternehmerische Zweck zumindest 10 % betragen muss.
- Leistungen in Zusammenhang mit der Anschaffung, Errichtung oder Erhaltung von Gebäuden: Der Eigenverbrauch für die private Verwendung von unternehmerisch genutzten Gebäuden wird (seit 1. 5. 2004) als nicht steuerpflichtig behandelt, was auch einen entsprechenden Ausschluss vom Vorsteuerabzug zur Folge hat.
- Nicht als für das Unternehmen ausgeführt gelten Leistungen,
  - deren Entgelte überwiegend, dh mehr als 50 %, nichtabzugsfähige Ausgaben (Aufwendungen) iSd § 20 Abs 1 Z 1–5 EStG oder § 8 Abs 2 und § 12 Abs 1 Z 1–5 KStG sind (vgl dazu 2.11.2.2.);
  - die im Zusammenhang mit Anschaffung (Herstellung), Miete oder Betrieb von PKW, Kombinationskraftwagen oder Krafträdern stehen, ausgenommen Fahrschulkraftfahrzeuge, Vorführwagen, zur gewerblichen Vermietung bestimmte Kraftfahrzeuge sowie Fahrzeuge, die zu mindestens 80 % der Personenbeförderung (Bsp: Taxi) oder der gewerblichen Vermietung dienen.

Soweit die Gegenstände der Lieferung, sonstigen Leistung oder Einfuhr zur Ausführung unecht steuerbefreiter Umsätze verwendet werden, verliert der Unternehmer die Vorsteuerabzugsberechtigung (vgl oben 2.9.2.2. und § 12 Abs 3 UStG).

Die Berichtigung der Vorsteuer

Ändern sich bei einem Gegenstand des Anlagevermögens, den der Unternehmer in seinem Unternehmen verwendet oder nutzt, in den auf die Anschaffung oder Herstellung folgenden vier Jahren (bei Grundstücken – Grund und Boden sowie Gebäude – in den folgenden neunzehn Jahren) die für den Vorsteuerabzug maßgebenden Verhältnisse, so ist eine Korrektur der Vorsteuer im Ausmaß von 1/5 (bei Grundstücken von 1/20) vorzunehmen.

Hinsichtlich der Umsätze von mit Vorsteuerberichtigung belasteten Grundstücken besteht folgendes Wahlrecht: Der Verkäufer hat ein Wahlrecht auf Umsatzsteuerpflicht des Grundstücksumsatzes (§ 6 Abs 2 UStG). Die Ausübung dieser Option führt dazu, dass der Verkauf der 20%igen USt unterliegt, allerdings die Berichtigung der Vorsteuer unterbleibt. Macht der Unternehmer von der Befreiungsoption nicht Gebrauch, so bleibt der Grundstücksumsatz unecht umsatzsteuerbefreit, es hat hingegen eine Vorsteuerberichtigung (Vorsteuerberichtigungszeitraum beträgt 20 Jahre) zu erfolgen, die dem Käufer nicht weiter als Umsatzsteuer in Rechnung gestellt werden kann. In eine Vorteilhaftigkeitsrechnung miteinzubeziehen ist, dass die verrechnete Umsatzsteuer die Bemessungsgrundlage für die Grunderwerbsteuer und die Grundbucheintragungsgebühr erhöht.

Die Vorsteuerpauschalierung

Anstelle der exakten Ermittlung der zustehenden Vorsteuerbeträge gibt es nach § 14 UStG die Möglichkeit der Vorsteuerpauschalierung. Unternehmer, deren Umsatz € 220.000,– (§ 14 UStG verweist auf § 17 Abs 2 Z 2 EStG) im Jahr nicht übersteigt, können wahlweise 1,8 % der Umsätze mit Ausnahme der Umsätze aus Hilfsgeschäften (maximal jedoch € 3.960,–) als Vorsteuer abziehen. Ab 1. 1. 2016 setzt die Anwendung des Durchschnittssatzes zusätzlich voraus, dass keine Buchführungspflicht besteht und auch nicht freiwillig Bücher geführt werden.

Zu diesem Durchschnittssatz können zusätzlich als Vorsteuer

- die in Rechnung gestellte Vorsteuer für angeschafftes abnutzbares Anlagevermögen mit Anschaffungskosten von mindestens € 1.100,–;
- die im Zuge der Herstellung von abnutzbarem Anlagevermögen angefallene Vorsteuer für sonstige Leistungen in Höhe von mindestens € 1.100,–;
- die für bezogene Vorräte und Fremdlöhne, soweit diese unmittelbar in Leistungen eingehen, die den Betriebsgegenstand bilden, bezahlte Umsatzsteuer geltend gemacht werden.

2.9.2.6. Die Änderung der Bemessungsgrundlage

Ändert sich die Bemessungsgrundlage für die Umsatzsteuer (zB aufgrund eines nachträglich gewährten Rabatts, einer Preisminderung), so ist in dem Veranlagungszeitraum, in dem die Entgeltsänderung eingetreten ist, eine Korrektur der Umsatzsteuer durch den leistenden und eine Korrektur der Vorsteuer durch den empfangenden Unternehmer vorzunehmen, wobei eine Rechnungskorrekturbei einer Minderung der Bemessungsgrundlage gem § 11 Abs 13 UStG nicht erforderlich ist. Diese Regelung gilt auch für uneinbringliche Forderungen (vgl näher unten 2.14.). Geht die Forderung später doch ein, so führt dies erneut zu einer Steuerkorrektur.

Da bei einer nachträglichen Erhöhung der Bemessungsgrundlage (zB durch Wertsicherungsklauseln, Wechseldiskont oder genossenschaftliche Rückvergütungen) der Abzug der zusätzlichen Vorsteuer für den Leistungsempfänger nur möglich ist, wenn der höhere Betrag in einer formgerechten Rechnung gem § 11 UStG ausgewiesen wird, hat der Leistungsempfänger auch Anspruch auf deren Ausstellung.

Für pauschale Entgeltsberichtigungen (zB Jahresboni oder andere Jahresrückvergütungen) ist ein Beleg erforderlich, aus dem ersichtlich ist, wie sich die Entgeltsänderungen auf die unterschiedlich besteuerten Umsätze verteilen. Eine Rechnungsberichtigung kann auch beim Wechseldiskont erforderlich sein (vgl dazu unten 2.11.4.2.).

2.9.2.7. Steuerschuldner, Steuerschuld, Veranlagung, Voranmeldung und Entrichtung der Umsatzsteuer

Der Steuerschuldner

Steuerschuldner ist in den Fällen der Lieferung und sonstigen Leistung bzw beim Eigenverbrauch grundsätzlich der Unternehmer, der die Leistung bzw den Eigenverbrauch erbringt; in Fällen des § 11 Abs 14 UStG (unberechtigte Rechnungslegung) der Aussteller der Rechnung. Bei sonstigen Leistungen und Werklieferungen wird allerdings die Umsatzsteuer vom Empfänger der Leistung geschuldet, wenn dieser Unternehmer im Sinne des § 3a Abs 5 Z 1 und Z 2 oder eine juristische Person des öffentlichen Rechts, die einen Nichtunternehmer im Sinne des § 3a Abs 5 Z 3 darstellt, ist, und der leistende Unternehmer im Inland weder sein Unternehmen betreibt noch eine an der Leistungserbringung beteiligte Betriebsstätte hat – sog Reverse-Charge-System (§ 19 Abs 1 UStG). Damit soll dem leistenden Unternehmer eine Umsatzsteuerveranlagung in Österreich erspart werden. Der leistende Unternehmer haftet allerdings bei Anwendung des Reverse-Charge-Systems für die vom Empfänger zu entrichtende Umsatzsteuer. Zu beachten ist, dass bei Anwendung des Reverse-Charge-Systems in der Rechnung des leistenden Unternehmers keine Umsatzsteuer ausgewiesen ist, da andernfalls die Umsatzsteuer aufgrund Rechnungslegung geschuldet würde (allerdings bei entsprechendem Antrag und Rechnungskorrektur rückerstattet wird). Das Reverse-Charge-System gilt allerdings nicht für Leistungen an Nichtunternehmer; in diesem Fall ist Umsatzsteuerschuldner in jedem Fall der ausländische Unternehmer; dieser muss nach den Regeln des § 27 Abs 7 UStG einen sog Fiskalvertreter bestellen.

Erbringt ein ausländischer Unternehmer (kein Wohnsitz (Sitz) oder gewöhnlicher Aufenthalt bzw keine Betriebsstätte im Inland) steuerpflichtige Leistungen im Inland an einen Unternehmer für sein Unternehmen oder eine juristische Person des öffentlichen Rechts, ist der Leistungsempfänger gem § 27 Abs 4 UStG zur Einbehaltung und Abfuhr der auf diese Leistung entfallende Umsatzsteuer verpflichtet. Kommt der Leistungsfempfänger dieser Verpflichtung nicht nach, haftet er für den dadurch entstehenden Steuerausfall. Da das Reverse-Charge-System Anwendungsvorrang vor der Haftung nach § 27 Abs 4 UStG hat, verbleibt als Hauptanwendungsfall für die Haftung die Lieferung von Waren durch ausländische Unternehmer in Österreich.

Eine Besonderheit des Reverse-Charge-Systems stellt die Bestimmung des § 19 Abs 1a UStG dar, wonach bei Bauleistungen (das sind Leistungen, die der Herstellung, Instandsetzung, Instandhaltung, Reinigung, Änderung oder Beseitigung von Bauwerken dienen) die Umsatzsteuer jedenfalls vom Empfänger der Leistung geschuldet wird, wenn dieser Unternehmer ist und seinerseits mit der Erbringung der Bauleistung beauftragt ist, worauf dieser im Rahmen des Vertragsabschlusses hinzuweisen hat. Ganz generell gilt das Reverse-Charge-System bei Bauleistungen an einen Unternehmer, der üblicherweise selbst Bauleistungen erbringt. Auf die Nichtansässigkeit in Österreich kommt es in diesem Fall nicht an. Ziel dieser Regelung ist eine Eindämmung des Vorsteuerbetrugs.

Weiters besteht das Reverse-Charge-System gem § 19 Abs 1b UStG bei der Lieferung sicherungsübereigneter Gegenstände durch den Sicherungsgeber an den Sicherungsnehmer, bei der Lieferung durch den Vorbehaltskäufer an den Vorbehaltseigentümer im Falle der vorangegangenen Übertragung des vorbehaltenen Eigentums sowie bei der Lieferung von Grundstücken im Zwangsversteigerungsverfahren durch den Verpflichteten an den Ersteher, wenn der Empfänger der Leistung Unternehmer oder eine juristische Person des öffentlichen Rechts ist.

Bei Lieferungen von Gas über das Erdgasverteilungsnetz oder von Elektrizität durch einen Unternehmer, der im Inland weder sein Unternehmen betreibt noch eine Betriebsstätte hat, an einen Abnehmer, der im Inland für Zwecke der Umsatzsteuer erfasst ist, ist der Leistungsempfänger der Steuerschuldner.

Überdies kann der Bundesminister für Finanzen zur Vermeidung von Steuerhinterziehungen oder -umgehungen durch Verordnung bestimmen, dass für bestimmte Umsätze die Steuer vom Leistungsempfänger geschuldet wird (sofern dieser Unternehmer ist) und diese Möglichkeit den Mitgliedstaaten in Titel XI Kapitel 1 Abschn 1 der RL 2006/112/EG über das gemeinsame Mehrwertsteuersystem angeführt ist oder dafür eine Ermächtigung gem Art 395 der selbigen Richtline vorliegt. Beispiele hierfür sind die Schrott-Umsatzsteuerverordnung (BGBl II Nr 2007/129 idF 2012/320) sowie die Umsatzsteuerbetrugsbekämpfungsverordnung (BGBl II Nr 2013/369 idF 2014/120).

Die Steuerschuld

Die Sollbesteuerung

Die Steuerschuld entsteht für Lieferungen und sonstige Leistungen mit Ablauf des Kalendermonats, in dem die Leistung erbracht worden ist (Sollbesteuerung).

Die Lieferung gilt mit der Erlangung der Verfügungsmacht über die Gegenstände durch den Empfänger als ausgeführt.

Für Dauerschuldverhältnisse in Form von Bestandsverträgen wird der einzelne Voranmeldezeitraum als „Teilerfüllungszeitraum" fingiert. Es kommt dabei für die Umsatzsteuerschuld allerdings nicht darauf an, ob das Entgelt monatlich, vierteljährlich oder in anderen Intervallen entrichtet wird.

Wird mit der Lieferung oder sonstigen Leistung nicht im gleichen Kalendermonat auch die Rechnung gelegt, so verschiebt sich der Zeitpunkt des Entstehens der Umsatzsteuerschuld um einen Monat (unabhängig davon, zu welchem Zeitpunkt die Rechnung tatsächlich gelegt wird). Ausgenommen davon bleibt der in § 19 Abs 1 Satz 2 UStG beschriebene Sachverhalt.

Ist eine Anzahlung zu leisten, so entsteht die Steuerpflicht mit Ablauf des Monats, in dem die Anzahlung vereinnahmt wurde.

Beim Eigenverbrauch entsteht die Steuerschuld mit Ablauf des Kalendermonats, in dem der Tatbestand (Nutzung, Entnahme) gesetzt wurde.

Im Falle des Reverse Charge Systems entsteht die Steuerschuld immer mit Ablauf des Kalendermonats, in dem die Leistung erbracht worden ist § 19 Abs 2 Z 1 lit b UStG.

Bei der Einfuhrumsatzsteuer entsteht die Steuerschuld mit der Zollanmeldung im Rahmen der Einfuhr ins Inland.

Die Istbesteuerung

Erfolgt die Umsatzbesteuerung nach vereinnahmten Entgelten (Istbesteuerung), so entsteht die Umsatzsteuerschuld mit Ablauf des Monats, in dem die Entgelte vereinnahmt worden sind.

Nach vereinnahmten Entgelten sind zu besteuern:

- Unternehmer die der Art nach eine Tätigkeit im Sinne des § 22 Z 1 EStG ausüben;
- Versorgungsunternehmen; bei diesen gilt allerdings das Entgelt mit der Rechnungslegung als vereinnahmt.

Voraussetzung ist, dass der Unternehmer,

- Einkünfte aus Land- und Forstwirtschaft oder Gewerbebetrieb im Sinne des EStG erzielt und nicht buchführungspflichtig ist, oder
- dass sein Gesamtumsatz aus anderen Einkünften als §§ 21, 23 EStG in einem der beiden vorangegangenen Kalenderjahre € 110.000,– nicht überschritten hat.

Allerdings kann ein Antrag beim zuständigen Finanzamt auf die Besteuerung nach vereinbarten Entgelten gestellt werden (Sollbesteuerung).

Veranlagung, Voranmeldung, Entrichtung

Der Veranlagungszeitraum ist das Kalenderjahr.

Durch Erklärung gegenüber dem Finanzamt kann der Veranlagungszeitraum dem einkommen- oder körperschaftsteuerlichen Gewinnermittlungszeitraum angepasst werden. Dies gilt nicht für die Umsatzsteuerermittlung nach vereinnahmten Entgelten, für Unternehmer mit vierteljährlicher Voranmeldung und für Unternehmen, deren Wirtschaftsjahr nicht mit Ablauf eines Kalendermonats endet.

Die Veranlagung erfolgt aufgrund der vom Unternehmer zu erstellenden Umsatzsteuererklärung, in der er die Umsatzsteuerschuld selbst ermitteln muss.

Für jedes Kalendermonat hat der Unternehmer bis zum fünfzehnten Tag des zweitfolgenden Kalendermonates seine Umsatzsteuerschuld selbst zu bemessen (bei Unternehmern, deren letztjähriger Umsatz € 100.000,– nicht überstiegen hat, ist das Kalendervierteljahr Voranmeldungszeitraum – allerdings kann der Unternehmer auch den Kalendermonat als Voranmeldungszeitraum wählen), eine Umsatzsteuervoranmeldung abzugeben und die Umsatzsteuerschuld zu entrichten.

Die Umsatzsteuerschuld ergibt sich aus folgender Rechnung:

	in Rechnung gestellte Umsatzsteuer
+	auf Eigenverbrauch entfallende Umsatzsteuer
–	in erhaltenen Rechnungen verrechnete Vorsteuer
–	in dem Voranmeldezeitraum entrichtete Einfuhrumsatzsteuer
+/–	Umsatzsteuerkorrektur
Umsatzsteuerschuld/-guthaben	

Ein Umsatzsteuerguthaben wird frühestens mit Ablauf des Voranmeldezeitraums wirksam.

Die Einfuhrumsatzsteuer kann grundsätzlich nur im Monat der Bezahlung abgezogen werden. In den unter § 26 Abs 3 Z 2 UStG fallenden Sachverhalten (das ist im Wesentlichen die Einfuhr von Gegenständen für das Unternehmen des die EUSt schuldenden Unternehmers, der in der Zollanmeldung erklärt, von der Regelung des § 26 Abs 3 Z 2 UStG Gebrauch zu machen) fällt die abziehbare EUSt in den Kalendermonat, der zwei Monate vor dem Monat liegt, in dem die EUSt-Schuld fällig ist; sie wird am Tag der EUSt-Schuld wirksam (vgl § 20 Abs 2 UStG). Für Unternehmer ist daher aus heutiger Sicht die EUSt nach den Regeln des § 20 Abs 2 iVm § 26 Abs 3 Z 2 UStG abziehbar.

2.9.2.8. Die Binnenmarktregelung

Mit dem Beitritt Österreichs zur EU kam es zu einer einschneidenden Veränderung im Bereich der Umsatzsteuer. Während es bis 1994 nur den Bereich Inland und Ausland gab, gliedert sich das Ausland seit 1995 in das „übrige Gemeinschaftsgebiet", das sämtliche Mitgliedstaaten der EU (außer Österreich) umfasst, und in das „Drittlandsgebiet", das alle Staaten außerhalb der EU umfasst.

Die Binnenmarktregelung orientiert sich grundsätzlich am Bestimmungslandprinzip, dh die Besteuerung erfolgt idR im Einfuhrstaat. Eine wesentliche Ausnahme davon gibt es insbesondere beim privaten Reiseverkehr, bei dem die umsatzsteuerliche Behandlung nach dem Ursprungslandprinzip (steuerliche Erfassung im Erwerbsland) erfolgt.

Folgende wesentliche Vorgänge fallen unter die Binnenmarktregelung:

Lieferung, sonstige Leistung zwischen Unternehmern

Gelangt ein Gegenstand bei einer Lieferung aus einem Mitgliedstaat der EU in einen anderen (durch Abholung, Beförderung oder Versendung), so liegt ein sog innergemeinschaftlicher Erwerb vor, wenn der Erwerber Unternehmer ist, der den Gegenstand für sein Unternehmen erworben hat (oder juristische Person ist, die nicht Unternehmer ist oder nicht für ihr Unternehmen erworben hat) und die Lieferung durch einen Unternehmer gegen Entgelt im Rahmen seines Unternehmens erfolgt (und der liefernde Unternehmer nicht Kleinunternehmer im Sinne § 6 Abs 1 Z 27 UStG ist).

Liegen die oben genannten Voraussetzungen vor, so stellt die Lieferung für den leistenden Unternehmer eine steuerfreie innergemeinschaftliche Lieferung und für den Erwerber einen umsatzsteuerpflichtigen innergemeinschaftlichen Erwerb dar, der zugleich zum Vorsteuerabzug berechtigt.

Der innergemeinschaftliche Erwerb wird dort bewirkt, wo sich der Gegenstand am Ende der Beförderung oder Versendung befindet. Sollte der Erwerber eine Umsatzsteuer-Identifikationsnummer (UID) eines anderen Mitgliedstaates verwenden, so ist der innergemeinschaftliche Erwerb so lange auch in diesem Staat bewirkt, als nicht der Nachweis der Besteuerung im Land der tatsächlichen Lieferung erbracht wird (Art 3 Abs 8). Die UID wird vom zuständigen Finanzamt an den Unternehmer vergeben.

Der leistende Unternehmer hat das Vorliegen der Voraussetzungen für eine steuerfreie innergemeinschaftliche Lieferung buchmäßig nachzuweisen, wozu insbesondere auch die Überprüfung der Gültigkeit der vom Erwerber verwendeten UID gehört. Bei Abhollieferungen ist zusätzlich die Identität des Abholenden festzuhalten (vgl BGBl 1996/401 idF 2010/172). In Rechnungen über steuerfreie innergemeinschaftliche Lieferungen oder sonstige Leistungen ist grundsätzlich sowohl die UID des leistenden Unternehmers als auch die des Leistungsempfängers anzugeben.

Als innergemeinschaftlicher Erwerb gilt auch die Verbringung von Gegenständen des Unternehmens aus dem übrigen Gemeinschaftsgebiet ins Inland durch den Unternehmer (im übrigen Gemeinschaftsgebiet ist die Verbringung als steuerfreie innergemeinschaftliche Lieferung zu behandeln), es sei denn, es handelt sich bloß um eine vorübergehende Verwendung. Mit dem StRefG 2020 soll darüber hinaus für die (grenzüberschreitende) umsatzsteuerliche Beurteilung von Konsignationslagern eine einheitliche Regelung in Art 1a UStG geschaffen werden.

Bei innergemeinschaftlichen Güterbeförderungen und deren Vermittlung (§ 3a Abs 10 UStG) bestimmt sich der Leistungsort nach der Generalklausel gem § 3a Abs 6 (ist der Empfänger ein Nichtunternehmer, gelten sie in dem Land ausgeführt, in dem die Beförderung beginnt).

Schwellenerwerber, Lieferschwelle, Versandhandel

Liefert (dh befördert oder versendet) ein Unternehmer an sog Schwellenerwerber, so liegt kein innergemeinschaftlicher Erwerb vor. Die Lieferung des Unternehmers ist daher auch nicht als steuerfreie innergemeinschaftliche Lieferung, sondern als steuerpflichtige Lieferung zu behandeln. Der Ort einer solchen steuerpflichtigen Lieferung richtet sich danach, ob der liefernde Unternehmer die sog „Lieferschwelle" überschritten hat. Bei Überschreitung der vom jeweiligen Mitgliedstaat als Ort der Beendigung der Beförderung oder Versendung festgelegten Lieferschwelle im vorangegangenen oder ab Überschreiten der Lieferschwelle im laufenden Jahr (für Österreich ist die Lieferschwelle € 35.000,–) oder bei Verzicht auf Anwendung der Lieferschwelle (schriftliche Verzichtsabgabe bis zur ersten Umsatzsteuervoranmeldung (UVA) eines Kalenderjahres mit mindestens zweijähriger Bindungswirkung) gilt die Lieferung im Mitgliedstaat der Beendigung der Lieferung als ausgeführt. Wird bei Unterschreiten der Lieferschwelle nicht auf deren Anwendung verzichtet, so ist die Lieferung im Ursprungsland umsatzsteuerpflichtig. Mit dem Abgabenänderungsgesetz 2020 (AbgÄG 2020) soll diese Lieferschwelle entfallen.

Schwellenerwerber sind

- Unternehmer, die nur unecht umsatzsteuerbefreite Umsätze ausführen,
- nach § 22 UStG pauschalierte Land- und Forstwirte,
- juristische Personen, die nicht Unternehmer sind (zB Gemeinden, Kammern, Vereine, etc) oder den Gegenstand nicht für ihr Unternehmen erwerben,

wenn der Gesamtbetrag der Entgelte für sonst als innergemeinschaftlicher Erwerb zu behandelnde Lieferungen weder im Vorjahr noch im laufenden Kalenderjahr bisher den Betrag von € 11.000,– überstiegen hat („Erwerbsschwelle“).

Übersteigt der Gesamtbetrag der Entgelte die Erwerbsschwelle oder verzichtet der Erwerber auf die Anwendung der Erwerbsschwelle (schriftlicher Verzicht bis zur ersten UVA eines Kalenderjahres mit mindestens zweijähriger Bindungswirkung), so sind die Erwerbsvorgänge als innergemeinschaftlicher Erwerb zu behandeln. Als Verzicht gilt auch die Verwendung einer UID-Nummer gegenüber dem Lieferer beim Erwerb von Gegenständen aus dem übrigen Unionsgebiet.

Ausgenommen von dieser Bestimmung ist der Erwerb neuer Fahrzeuge und verbrauchsteuerpflichtiger Waren, worunter Alkohol, alkoholische Getränke, Tabakwaren, Mineralöle und Energieerzeugnisse im Sinne der geltenden Gemeinschaftsvorschriften zu verstehen sind.

Private Erwerber, Versandhandel

Die Lieferung an private Erwerber führt zu keinem innergemeinschaftlichen Erwerb. Die Lieferung ist mit der Umsatzsteuer des Ursprungslands belastet. Wird jedoch der Gegenstand der Lieferung durch den Lieferer oder durch einen von diesem beauftragten Dritten von einem Mitgliedstaat in einen anderen befördert oder versendet, so gilt die Lieferung in dem Land als ausgeführt, in dem die Beförderung oder Versendung endet („Versandhandelsregelung“), wenn die Lieferschwelle vom liefernden Unternehmer überschritten wurde oder er auf deren Anwendung verzichtet hat. Diese Lieferschwelle soll mit dem AbgÄG 2020 entfallen. Wird bei Unterschreiten der Lieferschwelle nicht auf deren Anwendung verzichtet, so bleibt die Lieferung im Ursprungsland umsatzsteuerpflichtig.

Steuerschuldner des innergemeinschaftlichen Erwerbs ist der Erwerber. Die Steuerschuld entsteht mit Ausstellung der Rechnung, spätestens jedoch am 15. Tag des dem Erwerb folgenden Kalendermonats. Die Fälligkeit der Umsatzsteuer ergibt sich aus § 21 UStG, somit am 15. Tag des der Entstehung der Steuerschuld zweitfolgenden Monats. Die für den innergemeinschaftlichen Erwerb anfallende Steuer kann der Unternehmer als Vorsteuer aus innergemeinschaftlichem Erwerb abziehen. Abweichendes gilt für den innergemeinschaftlichen Erwerb von neuen Fahrzeugen (Art 12 und 19 UStG).

2.9.3. Die Verbuchung der Umsatzsteuer

§ 18 UStG verpflichtet den Unternehmer, zwecks Feststellung der Steuer folgende Aufzeichnungen zu führen:

- Entgelte für ausgeführte Lieferungen und Leistungen und die darauf entfallende Umsatzsteuer fortlaufend unter Angabe des Tages derart, dass zu ersehen ist, wie sich die Entgelte auf die verschiedenen Umsatzsteuersätze verteilen und welche Entgelte auf steuerfreie Umsätze entfallen;

- Bemessungsgrundlagen für den Eigenverbrauch und die für die Einfuhr entrichtete EUSt;
- Bemessungsgrundlagen für die Einfuhr von Waren;
- Entgelte für steuerpflichtige Lieferungen und Leistungen, die an den Unternehmer für dessen Unternehmen ausgeführt wurden und die darauf entfallende Umsatzsteuer (= Vorsteuer);
- Bemessungsgrundlagen für Lieferungen und sonstige Leistungen, für die die Umsatzsteuer entsprechend dem Reverse-Charge-System geschuldet wird;
- Bemessungsgrundlagen für den innergemeinschaftlichen Erwerb von Gegenständen.

Diese Aufzeichnungspflicht macht es zweckmäßig, insbesondere folgende Konten für die Erfassung der Umsatzsteuer und der Vorsteuer zu führen:

- Umsatzsteuer (für im Inland steuerpflichtige Leistungen);
- Umsatzsteuer im Inland für ausländische Unternehmer iSd § 27 Abs 4 UStG;
- Umsatzsteuer für im übrigen Gemeinschaftsgebiet steuerpflichtige Leistungen;
- Umsatzsteuer für in Drittstaaten steuerpflichtige Leistungen;
- noch nicht verrechenbare Umsatzsteuer;
- Umsatzsteuer aus innergemeinschaftlichem Erwerb;
- Einfuhrumsatzsteuer;
- Eigenverbrauch;
- noch nicht zu zahlende Umsatzsteuer;
- Vorsteuer (für im Inland bezogene Leistungen);
- entrichtete Einfuhrumsatzsteuer;
- noch nicht verrechenbare Vorsteuer;
- noch nicht entrichtete Einfuhrumsatzsteuer;
- Vorsteuer für im übrigen Gemeinschaftsgebiet erhaltene Leistungen;
- Vorsteuer aus innergemeinschaftlichem Erwerb.

Die Konten

- Umsatzsteuer (für im Inland steuerpflichtige Leistungen);
- Umsatzsteuer aus innergemeinschaftlichem Erwerb;
- Einfuhrumsatzsteuer;
- Eigenverbrauch;
- Vorsteuer (für im Inland bezogene Leistungen);
- entrichtete Einfuhrumsatzsteuer;
- Vorsteuer aus innergemeinschaftlichem Erwerb;

werden gegen das Konto Zahllast abgeschlossen.

Die Umsatzsteuer kann auf zwei Arten verbucht werden:

– *Die Nettomethode*

Das Nettoentgelt und die Umsatzsteuer werden bei **jedem** Geschäftsvorfall sofort getrennt.

Buchung zB:

Beim Leistungsempfänger:

		Vermögensgegenstand bzw sonstige Leistung
	(2)	Vorsteuer
an		Zahlungsmittelkonto

Beim Leistenden:

		Zahlungsmittelkonto
an		Erlöse
	(3)	USt

– Die Bruttomethode

Der Rechnungsbetrag wird zunächst ungeteilt (brutto) auf den entsprechenden Konten verbucht. Am Ende des Voranmeldezeitraums wird aus den Summen dieser verbuchten Bruttobeträge die Umsatzsteuer herausgerechnet und auf die entsprechenden Steuerkonten umgebucht.

Werden verschiedene Steuersätze verrechnet, so muss für jeden Steuersatz ein eigenes Konto geführt werden.

Buchung zB:

Beim Leistungsempfänger:

	Vermögensgegenstand bzw sonstige Leistung (inkl .. % USt)
an	Zahlungsmittelkonto

am Monatsletzten:

	(2)	Vorsteuer
an		Vermögensgegenstand bzw sonstige Leistung

Beim Leistenden:

	Zahlungsmittelkonto
an	Erlöse (inkl .. % USt)

am Monatsletzten:

		Erlöse
an	(3)	USt

Soweit der Unternehmer nur zu vierteljährlichen Vorauszahlungen der Umsatzsteuer verpflichtet ist, hat die Umbuchung jeweils am Quartalsende zu erfolgen.

Gemäß § 18 UStG ist bezüglich der Erlöse für jeden Steuersatz ein eigenes Erlöskonto zu führen, unabhängig davon, ob die Brutto- oder die Nettomethode Anwendung findet.

Beide Buchungsmethoden können auch nebeneinander verwendet werden, zB Aufzeichnung der Eingangsrechnungen nach der Nettomethode, der Ausgangsrechnungen nach der Bruttomethode.

Die Zahllast

Am Monatsende werden die Konten Umsatzsteuer (für im Inland steuerpflichtige Leistungen), Umsatzsteuer aus innergemeinschaftlichem Erwerb, Einfuhrumsatzsteuer, Eigenverbrauch, Vorsteuer (für im Inland bezogene Leistungen), entrichtete Einfuhrumsatzsteuer, Vorsteuer aus innergemeinschaftlichem Erwerb auf das Konto Zahllast umgebucht. Der Haben-Saldo dieses Kontos weist die am 15. des zweitfolgenden Monats zu bezahlende Umsatzsteuer aus, der Soll-Saldo gibt das entsprechende Umsatzsteuerguthaben an.

Buchungen zB:

	(3)	Zahllast
an	(2)	Vorsteuer
	(3)	USt
an	(3)	Zahllast

Noch nicht verrechenbare Umsatzsteuer

Soweit bei Dauerschuldverhältnissen in Form von Bestandsverträgen die Zahlungstermine nicht mit den Voranmeldezeiträumen übereinstimmen, kann eine noch nicht verrechenbare Vorsteuer oder eine noch nicht zu zahlende Umsatzsteuer vorliegen. Ein solcher Fall tritt ein, wenn zB die Miete für mehrere Monate im Nachhinein bezahlt wird und zugleich auch die Rechnungslegung erfolgt. In einem solchen Fall kann der Vorsteuerabzug erst zum Zeitpunkt der Rechnungslegung erfolgen. Die Umsatzsteuer ist dennoch monatlich, allerdings aufgrund der späteren Rechnungslegung um ein Monat zeitversetzt, vom Vermieter zu zahlen.

Sollte hingegen das Entgelt vor der Leistungserbringung erbracht worden sein (zB Vorauszahlung der Miete), so wird die Umsatzsteuer im Monat der Bezahlung geschuldet (Ist-Besteuerung). Ein Vorsteuerabzug ist wiederum nur mit Rechnungslegung möglich.

Buchungen bei Zahlung im Nachhinein:

Beim Leistungsempfänger im Zahlungszeitpunkt:

	(7)	Miete
	(2)	Vorsteuer
an		Zahlungsmittelkonto

Beim Leistenden:

am Monatsletzten laufend

	(2)	sonstige Forderung
an	(3)	USt

Bei Bezahlung:

		Zahlungsmittelkonto
an	(3)	USt (letzte Rate)
	(2)	sonstige Forderung
		Erlöse

Die gleichen Grundsätze gelten dann, wenn im Buchungszeitpunkt noch keine Rechnung gelegt wurde, was insbesondere bei Buchungen zum Bilanzstichtag durch Erstellen eines Eigenbelegs denkbar ist. Auch in diesem Fall ist die Vorsteuer mangels Rechnung als noch nicht verrechenbare Vorsteuer zu behandeln, während die Umsatzsteuerschuld spätestens am Ende des der Leistung folgenden Monats entsteht.

Buchung des Leistungsempfängers vor Rechnungserteilung:

		Vermögensgegenstand oder sonstige Leistung
	(2)	nicht verrechenbare Vorsteuer
an	(3)	Verbindlichkeit aus L & L

Buchung des Leistungsempfängers nach Rechnungserteilung:

	(2)	Vorsteuer
an	(2)	nicht verrechenbare Vorsteuer

Noch nicht verrechenbare EUSt

Soweit die EUSt erst im Monat ihrer Zahlung abziehbar ist, ist die bei Erhalt des Einfuhrabgabenbescheids vorgeschriebene EUSt zunächst auf das Konto „noch nicht verrechenbare EUSt“ zu buchen. Im Zeitpunkt der Zahlung erfolgt sodann die Umbuchung auf das Konto „EUSt“.

Buchung:

Bei Erhalt des Einfuhrabgabenbescheids:

	(2)	noch nicht verrechenbare EUSt
an	(3)	Verbindlichkeit EUSt

Bei Zahlung der Abgaben:

	(2)	EUSt
an	(2)	noch nicht verrechenbare EUSt

Sollte hingegen die EUSt unter die Regelung des § 26 Abs 3 Z 2 UStG fallen, kann sie direkt gegen Finanzamtsverbindlichkeit gebucht werden:

	(2)	EUSt
an	(3)	Verbindlichkeit Finanzamt EUSt

Der innergemeinschaftliche Erwerb

Im Zeitpunkt des Entstehens der Steuerschuld für den innergemeinschaftlichen Erwerb entsteht beim Erwerber sowohl die Steuerschuld für die Umsatzsteuer aus innergemeinschaftlichem Erwerb als auch die Vorsteuerabzugsberechtigung aus dem innergemeinschaftlichen Erwerb.

Buchung:

	(2)	Vorsteuer für innergemeinschaftlichen Erwerb
an	(3)	Umsatzsteuer für innergemeinschaftlichen Erwerb

2.9.4. Beispiele

Verbuchen Sie folgende Geschäftsfälle der „Müller-OG“!

Sofern nicht anders angegeben, erfolgt die Verbuchung nach der Nettomethode.

Beispiel 1:

Die „A-AG“ bestellt am 1. 4. drei Schreibtische zu je 1.200,– exklusive Umsatzsteuer.

Die Lieferung erfolgt am 25. 4., die Rechnung wird am 2. 5. gelegt.

2. 5.

	(2)	*Forderung aus L & L*	*4.320*	
an	*(4)*	*Umsatzerlöse (20 % USt)*		*3.600*
	(3)	*USt*		*720*

Die Umsatzsteuer ist am 15. 7. fällig!

Beispiel 2:

Kauf von Zucker zur Süßwarenherstellung am 20. 4. (Wert: 5.000,– netto). Der Zuckerproduzent führt den Transport, den er der „Müller-OG“ gesondert in Rechnung stellt, selbst durch (Kosten: 500,– netto). Die Ware langt am 15. 5. ein (Bruttomethode!).

15. 5.

	(1)	*Rohstoffe (10 % USt)*	*6.050*	
an	*(3)*	*Verbindlichkeit aus L & L*		*6.050*

Der Grundsatz der Einheitlichkeit der Leistung bewirkt, dass auch der nicht steuerbegünstigte Transport als Nebenleistung dem begünstigten Steuersatz unterliegt.

Am Monatsende hat folgende Buchung stattzufinden:

31. 5.

	(2)	*Vorsteuer*	*550*	
an	*(1)*	*Rohstoffe (10 % USt)*		*550*

Beispiel 3:

Variante zu Beispiel 2: Der Transport wird von der Firma „Spedi“, die vom Käufer dazu beauftragt wurde, durchgeführt.

15. 5.

	(1)	*Rohstoffe (10 % USt)*	*5.500*	
	(1)	*Rohstoffe (20 % USt)*	*600*	
an	*(3)*	*Verbindlichkeit aus L & L*		*6.100*

Da in diesem Fall zwei selbständige Hauptleistungen vorliegen, unterliegt der Transport dem Normalsteuersatz.

31. 5.

	(2)	*Vorsteuer*	*600*	
an	*(1)*	*Rohstoffe (10 % USt)*		*500*
	(1)	*Rohstoffe (20 % USt)*		*100*

Beispiel 4:

Ermitteln Sie aus den Beispielen 1 und 2 die Zahllast für den Monat Mai.

31. 5.

	(3)	*Zahllast*	*550*	
an	*(2)*	*Vorsteuer*		*550*

	(3)	*USt*	*720*	
an	*(3)*	*Zahllast*		*720*

Die Umsatzsteuerschuld für den Monat Mai beträgt 170,–.

Beispiel 5:

Verkauf von zwei Kleiderschränken um 4.000,– netto an die Firma „Älpli" in Zürich. Der Transport wird am 1. 6. selbst durchgeführt.

1. 6.

	(2)	*Forderung aus L & L (Ausland)*	*4.000*	
an	*(4)*	*steuerfreie Umsatzerlöse (Drittland)*		*4.000*

Die Ausfuhrlieferung ist echt umsatzsteuerbefreit.

Variante:

Verkauf von zwei Kleiderschränken um 4.000,– netto an die Firma „Bavaria-OG" in München.

Der Transport wird am 1. 6. selbst durchgeführt.

1. 6.

	(2)	*Forderung aus L & L (Ausland)*	*4.000*	
an	*(4)*	*Umsatzerlöse ig Lieferung*		*4.000*

Es liegt eine steuerfreie innergemeinschaftliche Lieferung vor, sofern die „Bavaria-OG" kein Schwellenerwerber im Sinne der Binnenmarktregelung ist.

Sollte die „Bavaria-OG" ein Schwellenerwerber sein, so ergibt sich für die „Müller-OG" bei Überschreiten der Lieferschwelle oder bei Verzicht auf deren Anwendung folgender Buchungssatz:

1. 6.

	(2)	*Forderung aus L & L (Ausland)*	*4.760*	
an	*(4)*	*Umsatzerlöse aus in anderem EU-Land steuerpflichtigen Exporten*		*4.000*
	(3)	*USt für im übrigen Gemeinschaftsgebiet steuerpflichtige Leistungen (Deutschland 19 %)*		*760*

Sollte die „Bavaria-OG“ ein Schwellenerwerber sein, so ergibt sich für die „Müller-OG“ bei Anwendung der Lieferschwelle folgender Buchungssatz:

1. 6.

	(2)	*Forderung aus L & L (Ausland)*	*4.800*	
an	*(4)*	*Umsatzerlöse aus im Inlandsteuerpflichtiger EU-Lieferung*		*4.000*
	(3)	*USt (20 %)*		*800*

Beispiel 6:

Barkauf eines Personalcomputers um 1.000,– netto in Zürich am 1. Juni. Der Transport nach Österreich erfolgt durch den Käufer.

In Österreich fällt Einfuhrumsatzsteuer an, die vom Zollwert zu bemessen ist;

Annahme: Zollwert = Kaufpreis. Die EUSt wird an der Grenze bar bezahlt.

1. 6.

	(0)	*EDV-Anlage*	*1.000*	
	(2)	*EUSt*	*200*	
an	*(2)*	*Kassa*		*1.200*

Variante:

Die EUSt wird nicht bar an der Grenze bezahlt, es wird von § 26 Abs 3 Z 2 UStG Gebrauch gemacht.

1. 6.

	(0)	*EDV-Anlage*	*1.000*	
an	*(2)*	*Kassa*		*1.000*

30. 6.

	(2)	*EUSt*	*200*	
an	*(3)*	*Verbindlichkeit Finanzamt EUSt*		*200*

Beispiel 7:

Barkauf eines Personalcomputers um 1.000,– netto in München am 1. Juni. Der Transport nach Österreich erfolgt durch den Käufer, der beim Kauf seine österreichische UID vorweist.

Die „Müller-OG“ tätigt einen innergemeinschaftlichen Erwerb in Österreich.

1. 6.

	(0)	*EDV-Anlage*	*1.000*	
an	*(2)*	*Kassa*		*1.000*
	(2)	*Vorsteuer für innergemeinschaftlichen Erwerb*	*200*	
an	*(3)*	*USt für innergemeinschaftlichen Erwerb*		*200*

Beispiel 8:

Die Miete für das Büro in Salzburg in Höhe von 10.000,– monatlich wird am 1. Juni für 3 Monate im Voraus bezahlt. Zu diesem Zeitpunkt erfolgt auch die Rechnungslegung. Es wird der volle Umsatzsteuersatz bezahlt.

1. 6.

	(7)	Mietaufwand	30.000	
	(2)	Vorsteuer	6.000	
an	(2)	Bank		36.000

Beispiel 9:

Das Mietentgelt in Höhe von 1.200,– monatlich für die Vermietung eines zum Betriebsvermögen gehörenden Ferienhauses geht für 3 Monate im Nachhinein am 30.9. ein. Zu diesem Zeitpunkt erfolgt auch die Rechnungslegung. Es wird der ermäßigte Umsatzsteuersatz in Rechnung gestellt.

31. 7.

Da die Rechnungslegung erst am 30.9. erfolgt, wird noch keine Umsatzsteuer geschuldet.

31. 8.

	(2)	sonstige Forderung	120	
an	(3)	USt		120

Unabhängig vom Zeitpunkt der Rechnungslegung tritt die Umsatzsteuerschuld spätestens im der Leistungserstellung folgenden Monat ein.

30. 9.

	(2)	Bank	3.960	
an	(4)	Mieterträge		3.600
	(3)	USt		240
	(2)	sonstige Forderung		120

Mit vollständiger Leistungserbringung und Rechnungslegung ist die restliche Umsatzsteuer zur Gänze fällig.

Beispiel 10:

Aufgrund einer Preisminderung (ein Schreibtisch aus Beispiel 1 war leicht beschädigt) verringert sich das Entgelt auf 3.200,– netto. Die Preiskorrektur erfolgt am 2. Juli.

2. 7.

	(4)	Erlösberichtigung	400	
	(3)	USt	80	
an	(2)	Forderung aus L & L		480

Beispiele zum Eigenverbrauch: siehe 2.11.2.3.

2.9.5. Exkurs: Die elektronische Rechnung

Eine elektronische Rechnung ist gem § 11 Abs 2 UStG eine Rechnung, die in einem elektronischen Format ausgestellt und empfangen wird. Ein Unternehmer, der elektronische Rechnungen übermitteln möchte, muss Folgendes beachten (vgl BGBl 2003/583 idF 2016/382):

- Die Echtheit der Herkunft, die Unversehrtheit des Inhaltes sowie die Lesbarkeit der elektronischen Rechnung müssen gewährleistet werden. Die Einhaltung dieser Obliegenheit trifft sowohl den Leistenden als auch den Leistungsempfänger. Als grundsätzliche Methode für die Erfüllung dieser Verpflichtung stehen folgende elektronische Verfahren zur Verfügung:
  - Innerbetriebliches Steuerungsverfahren, durch das ein verlässlicher Prüfpfad zwischen der Rechnung und der Leistung geschaffen wird
  - Ausstellung der Rechnung über PEPPOL (Pan-European Public Procurement Online) oder das Unternehmensserviceportal
  - Versehen der Rechnung mit einer qualifizierten elektronischen Signatur
  - Ausstellung der Rechnung im EDI-Verfahren
- Die elektronische Rechnung muss vom Rechnungsempfänger akzeptiert werden. Die Zustimmung des Empfängers bedarf keiner besonderen Form. Es genügt auch, dass die Beteiligten diese Verfahrensweise tatsächlich praktizieren und damit stillschweigend billigen.
- Die Vorschriften des UStG hinsichtlich aller Rechnungsbestandteile müssen eingehalten werden. Eine Berechtigung zum Vorsteuerabzug besteht nur dann, wenn alle Rechnungsmerkmale vorhanden sind.

Der Aufbau und der Ablauf des bei der elektronischen Ausstellung und Übermittlung von Rechnungen angewandten Verfahrens sollten leicht nachprüfbar sein. Zu Nachweiszwecken hat der Unternehmer das von ihm angewendete Verfahren seinen Verhältnissen entsprechend zu dokumentieren. Ist keine Verfahrensdokumentation vorhanden, so wird es für den Unternehmer schwierig, den Nachweis für das Vorliegen der materiellen Voraussetzungen des Vorsteuerabzugs nachzuweisen.

Diese Regelung ist erstmals auf Umsätze und sonstige Sachverhalte anzuwenden, die nach dem 31. Dezember 2012 ausgeführt werden.

Der Begriff der elektronischen Rechnung:

Die elektronische Rechnung ist technologieneutral und stellt daher nicht auf die Verwendung besonderer Methoden und Verfahren ab. Es ist daher eine Übermittlung als E-Mail, E-Mail-Anhang, Up- oder Download, in besonderen technischen Verfahren wie EDI, Telefax, aber auch auf Datenträgern (zB CD-ROM, DVD) möglich. Die Ausstellung der Rechnung hat also unter Zuhilfenahme elektronischer Mittel zu erfolgen.

Beispiel:

Der Unternehmer X stellt über eine erbrachte Dienstleistung an den Unternehmer Y eine Rechnung handschriftlich auf Papier aus. Er entschließt sich, die Rechnung nicht per Post, sondern sie einzuscannen und als PDF mittels E-Mail dem B zu senden.

X hat keine Papierrechnung, sondern eine elektronische Rechnung ausgestellt.

Empfangen wird eine elektronische Rechnung, wenn sie in den Verfügungsbereich des Empfängers gelangt (zB durch Einlangen auf dem Posteingangsserver).

Anforderungen an eine elektronische Rechnung

Die Echtheit der Herkunft, die Unversehrtheit des Inhalts und die Lesbarkeit der Rechnungen sind von ihrer Ausstellung bis zum Ende ihrer Aufbewahrungszeit sicherzustellen. Diese Obliegenheit trifft sowohl den Aussteller als auch den Empfänger der Rechnung. Es kann jeder Unternehmer selbst bestimmen, in welcher Weise er diese Anforderungen erfüllt.

Mit der Echtheit der Herkunft ist die Sicherheit der Identität des Leistungserbringers oder des Rechnungsausstellers gemeint, dh jene Person, die als Rechnungsaussteller aufscheint, hat die Rechnung auch tatsächlich erstellt. Unversehrtheit des Inhalts bedeutet, dass die nach dem UStG erforderlichen Angaben nicht geändert wurden, dh der Rechnungsinhalt der vom Rechnungsaussteller versendeten Datei stimmt mit dem Inhalt der vom Leistungsempfänger erhaltenen (und archivierten) Information überein. Weiters muss die Rechnung von Menschen lesbar sein, also mithilfe von vorhandener technischer Ausrüstung in angemessener Frist so dargestellt werden, dass sie vom Menschen inhaltlich erfasst und verstanden werden kann, ohne dass übermäßige Anstrengungen oder Auslegungen nötig sind. Die Lesbarkeit ist als erfüllt zu betrachten, wenn der Datenträger, auf dem die Rechnung gespeichert ist, auf Verlangen innerhalb einer angemessenen Frist beigebracht werden kann und unverzüglich auf einem Bildschirm dargestellt oder als Ausdruck in einer für Menschen lesbaren Form vorgelegt werden kann.

Innerbetriebliches Steuerungsverfahren

Das innerbetriebliche Steuerungsverfahren ist ein Verfahren, das von einem Unternehmer eingerichtet wird, um eine hinreichende Gewähr für die Identität des Lieferers oder Dienstleistungserbringers oder des Ausstellers der Rechnung, die Unversehrtheit des Inhaltes der Umsatzsteuerangaben und die Lesbarkeit der Rechnungen vom Zeitpunkt ihrer Ausstellung bis zum Ende ihrer Aufbewahrungsdauer zu bieten. In welcher Weise der Unternehmer das innerbetriebliche Steuerungsverfahren einrichtet, bleibt ihm selbst überlassen. Jedenfalls sollte es der Größe, Tätigkeit und Art des Unternehmers angemessen sein und Zahl und Wert der Umsätze sowie Zahl und Art der Leistenden und Kunden berücksichtigen.

Erforderlich ist auch, dass durch die Anwendung des innerbetrieblichen Steuerungsverfahrens ein verlässlicher Prüfpfad zwischen der Rechnung und der Leistung geschaffen wird. Unter einem Prüfpfad ist im betrieblichen Rechnungswesen ein dokumentierter Ablauf der Entstehung und Abwicklung eines Geschäftsvorfalls zu verstehen. Dieser beginnt mit dem Ausgangsdokument bis hin zu seinem Abschluss (zB Aufnahme in die Jahresabschlüsse). Mithilfe des Prüfpfads soll kontrolliert werden können, ob die abgerechnete Leistung in der ausgewiesenen Form tatsächlich erbracht worden ist. Zu einem Prüfpfad gehören die Ausgangsdokumente, die abgewickelten Umsätze sowie Verweise auf die Verbindung zwischen beiden.

Sonderfall: Mehrfachausstellung von Rechnungen

Bei Ausstellung mehrerer Rechnungen über denselben Umsatz führt die zweite und jede weitere Rechnung zu einer Steuerschuld aufgrund der übergebenen Rechnung. Der Vorsteuerabzug aus einer Rechnung, für die die Steuer nach § 11 Abs 12 bzw Abs 14 UStG geschuldet wird, steht dem Leistungsempfänger grundsätzlich nicht zu. Daher ist bei Ausstellung eines Rechnungsduplikats darauf zu achten, dass dieses eindeutig als Duplikat oder Kopie erkennbar ist. Eine Steuerschuld aufgrund der übergebenen Rechnung entsteht beispielsweise dann, wenn eine Papierrechnung eingescannt, die Scandatei elektronisch versendet und darüber hinaus auch die Papierrechnung ausgefolgt wird, da auch in diesem Fall mehrere Rechnungen über dieselbe Leistung ausgestellt werden.

Fortsetzung Beispiel:

X ist der Meinung, dass die eingescannte und an Y per E-Mail übermittelte elektronische Rechnung lediglich zur Information gedient hat. Daraufhin übermittelt X innerhalb weniger Tage dem Y die inhaltlich identische Rechnung in Papierform.

X löst durch die Ausstellung der Papierrechnung eine Umsatzsteuerschuld nach § 11 Abs 12 UStG aus. Dies hätte er vermeiden können, wenn er die Papierrechnung als Duplikat gekennzeichnet hätte.

Kommt es bei Ausstellung mehrerer Rechnungsexemplare zur Steuerschuld wegen Inrechnungstellung, so bleibt diese so lange bestehen, bis die unrichtig ausgestellten Rechnungen berichtigt werden.

2.10. Die Normverbrauchsabgabe (NoVA)

2.10.1. Das System der NoVA

Die Normverbrauchsabgabe ist eine **Nettoeinphasenumsatzsteuer**.

Bemessungsgrundlage der NoVA ist wie bei der Umsatzsteuer das Nettoentgelt. Die NoVA selbst zählt nicht zum Entgelt. NoVA wird nicht auf jeder Umsatzstufe erhoben. Nur die Lieferung, der Eigenimport von bisher im Inland noch nicht zum Verkehr zugelassenen Kraftfahrzeugen sowie die Änderung der begünstigten Nutzung bei bisher befreiten Fahrzeugen unterliegt (neben anderem) der NoVA.

Wie die Umsatzsteuer ist auch die NoVA eine indirekte Steuer:

- Steuerschuldner ist im Falle der Lieferung (§ 1 Z 1 NoVAG), des Eigenverbrauchs und der Nutzungsänderung (§ 1 Z 4 NoVAG) der leistende Unternehmer (§ 4 Z 1); im Fall des ig Erwerbs der Erwerber (§ 4 Z 1a); bei erstmaliger Zulassung iSd § 1 Z 3 lit a NoVAG der Zulassungsbesitzer (§ 4 Z 2). Im Falle der Verwendung im Inland iSd § 1 Z 3 lit b sind sowohl der Zulassungsbesitzer als auch der Verwender Gesamtschuldner (§ 4 Z 3).
- Steuerträger ist in jedem Fall der „Letztverbraucher", das ist jeder, dessen Unternehmen nicht die gewerbliche Weiterveräußerung von Kraftfahrzeugen zum Inhalt hat.

Auch die NoVA ist von der Konzeption eine Verkehrsteuer, von der Intention jedoch eine Verbrauchsteuer.

Steuerbar sind folgende Vorgänge (§ 1):

- die gewerbliche Lieferung von bisher im Inland noch nicht zum Verkehr zugelassenen Kraftfahrzeugen, die ein Unternehmer iSd § 2 UStG 1994 im Inland gegen Entgelt im Rahmen seines Unternehmens ausführt, ausgenommen die Lieferung an einen anderen Unternehmer zur gewerblichen Weiterveräußerung;
- der innergemeinschaftliche Erwerb iSd Art 1 UStG 1994 von Kraftfahrzeugen, ausgenommen der Erwerb durch befugte Fahrzeughändler zur Weiterlieferung;

- die erstmalige Zulassung von Kraftfahrzeugen zum Verkehr im Inland, wenn nicht bereits die Lieferung bzw der innergemeinschaftliche Erwerb NoVA-pflichtig war oder nach Eintritt der Steuerpflicht eine Vergütung nach § 12 oder § 12a erfolgt ist;
- der Eigenimport von neuen und gebrauchten Kraftfahrzeugen (entspricht der Einfuhrumsatzsteuer). Steuerschuldner ist in diesem Fall derjenige, für den das Kraftfahrzeug zugelassen wird;
- die Verwendung eines Fahrzeuges im Inland, wenn es nach dem KFG zugelassen wäre;
- die Nutzungsänderung von bisher NoVA-befreiten Kraftfahrzeugen (in Form der Veräußerung an Letztverbraucher, des Eigenverbrauchs im Sinne des UStG). Steuerschuldner ist der Unternehmer, der den Tatbestand setzt.

Analog den Regelungen über das Vorsteuerabzugsverbot von bestimmten Kraftfahrzeugen nach § 12 Abs 2 UStG (vgl 2.9.2.5.) kann auch die NoVA nicht als Betriebsausgabe geltend gemacht werden, sondern muss aktiviert und über die Nutzungsdauer des Kraftfahrzeuges abgeschrieben werden.

Steuerbefreit sind insbesondere folgende Vorgänge:

- Ausfuhrlieferungen im Sinne des UStG, wobei auch Lieferungen in EU-Länder für Zwecke der NoVA als Ausfuhrlieferung gelten.
- Vorgänge in Bezug auf mehrspurige Kleinkrafträder der Klasse L 2 und in Bezug auf elektrisch oder elektro-hydraulisch angetriebene Personenbeförderungskraftfahrzeuge.

In diesen beiden Fällen ist keine NoVA zu entrichten.

- Vorgänge in Bezug auf Vorführkraftfahrzeuge, Fahrschulkraftfahrzeuge, Miet-, Taxi- und Gästewagen, Kraftfahrzeuge für kurzfristige Vermietung sowie für ohne Gewinnabsicht unternommene Krankenbeförderung, Bestattungsfahrzeuge, Einsatzfahrzeuge der Feuerwehren, Begleitfahrzeuge für Sondertransporte und Kraftfahrzeuge für diplomatische Vertreter ausländischer Vertretungsbehörden.

  In diesem Fall ist die NoVA zu entrichten, jedoch besteht ein Vergütungsanspruch.

  Bemessungsgrundlage (§ 5):

Bemessungsgrundlage der NoVA ist

- bei Lieferungen und ig Erwerb das Entgelt im Sinne § 4 UStG. Zum Entgelt gehören auch Vertragserrichtungskosten und Gebühren. Die NoVA selbst gehört nicht zur Bemessungsgrundlage;
- bei Eigenimport, Eigenverbrauch und Nutzungsänderung der gemeine Wert des Kraftfahrzeuges iSd § 10 BewG zum Zeitpunkt des Entstehens der Steuerpflicht.

  Steuerschuld, Fälligkeit (§ 7):

Die Steuerschuld entsteht zum gleichen Zeitpunkt wie die Umsatzsteuerschuld, nämlich mit Ablauf des Monats, in dem der steuerbare Vorgang verwirklicht wurde.

Im Gegensatz zur Umsatzsteuer verschiebt eine spätere Rechnungslegung das Entstehen der Steuerschuld nicht.

Wie im Falle der Ermittlung der Umsatzsteuerschuld nach vereinnahmten Entgelten entsteht auch die Normverbrauchsabgabenschuld mit Ablauf des Monats, in dem das Entgelt vereinnahmt wird.

Auch die NoVA ist am fünfzehnten Tag des dem Monat des Entstehens der Steuerschuld zweitfolgenden Monats fällig.

Änderung der Bemessungsgrundlage (§ 7 Abs 3):

Wie bei der Umsatzsteuer führt eine Änderung der Bemessungsgrundlage (Kaufpreisminderung) zu einer Korrektur der NoVA im Zeitpunkt des Eintritts der Änderung. Gleiches gilt für eine Änderung des Durchschnittsverbrauchs.

Tarif (§ 6):

Bei der Bestimmung des Steuersatzes kommt es durch das StRefG 2020 einerseits bedingt durch einen EU-weiten Wechsel des Messverfahrens für Emissionswerte zu Änderungen. Andererseits soll die Abgabenbelastung insgesamt zwar nicht erhöht, gleichzeitig jedoch eine ökologischere Treffsicherheit im Rahmen der NoVA erzielt werden. Daher sollen auch Krafträder künftig auf Basis der CO_2-Emissionswerte besteuert werden. Die neue Rechtslage ist auf Vorgänge nach dem 31. 12. 2019 anzuwenden.

Für Kraftfahrzeuge – ausgenommen Krafträder – bestimmt sich der Steuersatz bis 31. 12. 2019 nach folgender Formel:

$$\frac{(CO_2 \text{ in g/km} - 90)}{5}$$

Der Höchststeuersatz beträgt 32 %. Sofern ein Fahrzeug einen höheren CO_2-Ausstoß als 250 g/km hat, erhöht sich die Steuer für den die Grenze von 250 g/km übersteigenden CO_2-Ausstoß um 20 € je Gramm CO_2 pro Kilometer.

Für den Abzugsposten gilt bis 31. 12. 2019 Folgendes: Für Fahrzeuge mit umweltfreundlichem Antriebsmotor (zB flüssiggasbetriebene Fahrzeuge oder Fahrzeuge mit Hybridantrieb) vermindert sich die Steuerschuld bis zum Ablauf des 31. 12. 2015 um höchstens 600 €, wobei die Berechnung zu keiner Steuergutschrift führen kann. Für Fahrzeuge mit Dieselmotor beträgt der Abzugsposten im Zeitraum zwischen 1. März 2014 und 31. 12. 2014 350 €, für Fahrzeuge mit anderen Kraftstoffen 450 €. Im Kalenderjahr 2015 beträgt der Abzugsposten für alle Fahrzeuge 400 € und ab dem 1. Jänner 2016 300 €. Die Berechnung kann zu keiner Steuergutschrift führen.

Der maßgebliche CO_2-Emissionswert ergibt sich bis 31. 12. 2019 aus dem CO_2-Emissionswert des kombinierten Verbrauchs laut Typen- bzw Einzelgenehmigung gem KFG 1967 oder der EG-Typengenehmigung. Bei Kraftfahrzeugen, für die kein Emissionswert vorliegt, gilt bis 31. 12. 2019 Folgendes:

- Liegt nur ein Kraftstoffverbrauch, aber kein CO_2-Emissionswert vor, dann gilt bei Fahrzeugen mit Benzinmotoren oder mit Motoren für andere Kraftstoffarten der Kraftstoffverbrauch in Liter pro 100 km vervielfacht mit 25, bzw bei Dieselmotoren vervielfacht mit 28 als CO_2-Emissionswert.
- Liegt weder ein CO_2-Emissionswert noch ein Kraftstoffverbrauchswert vor, wird der CO_2-Emissionswert mit dem Zweifachen der Nennleistung des Verbrennungsmotors in Kilowatt angenommen.
- Wird vom Antragsteller der entsprechende CO_2-Emissionswert oder Kraftstoffverbrauch nachgewiesen, ist dieser heranzuziehen.

Ab 1. 1. 2020 bestimmt sich der Steuersatz für Kraftfahrzeuge – ausgenommen Krafträder – nach folgender Formel:

$$\frac{(CO_2 \text{ in g/km} - 115)}{5}$$

Der Höchststeuersatz beträgt weiterhin 32 %. Sofern ein Fahrzeug einen höheren CO_2-Ausstoß als 275 g/km hat, erhöht sich die Steuer für den die Grenze von 275 g/km übersteigenden CO_2-Ausstoß um 40 € je Gramm CO_2 pro Kilometer. Die so errechnete Steuer ist um einen Abzugsposten in Höhe von 350 € zu vermindern. Die Berechnung kann zu keiner Steuergutschrift führen.

Der maßgebliche CO_2-Emissionswert ist ab 1. 1. 2020 der kombinierte WLTP-Wert der CO_2-Emissionen in g/km, bei extern aufladbaren Hybridfahrzeugen jedoch der gewichtet kombinierte WLTP-Wert der CO_2-Emissionen in g/km, jeweils ermittelt nach dem weltweit harmonisierten Prüfverfahren für leichte Nutzfahrzeuge (WLTP) laut Typenschein bzw Einzelgenehmigungsbescheid gem KFG 1967 oder der EG- bzw EU-Übereinstimmungsbescheinigung. Bei Kraftfahrzeugen, für die kein Emissionswert vorliegt, gilt Folgendes:

- der CO_2-Emissionswert wird mit dem zweifachen der Nennleistung des Verbrennungsmotors in Kilowatt angenommen.
- Wird vom Antragsteller der entsprechende CO_2-Emissionswert nachgewiesen, ist dieser heranzuziehen.

Für Krafträder bestimmt sich der Steuersatz noch bis 31. 12. 2019 nach der folgenden Formel:

$$(\text{Hubraum cm}^3 - 100) \text{ x } 0{,}02$$

Ab 1. 1. 2020 bestimmt sich der Steuersatz für Krafträder nach der folgenden Formel:

$$\frac{(CO_2 \text{ in g/km} - 55)}{4}$$

Sofern ein Fahrzeug einen höheren CO_2-Ausstoß als 150 g/km hat, erhöht sich die Steuer für den die Grenze von 150 g/km übersteigenden CO_2-Ausstoß um 20 € je Gramm CO_2 pro Kilometer.

Der maßgebliche CO_2-Emissionswert ist der WMTC-Wert der CO_2-Emissionen in g/km, ermittelt nach dem weltweit harmonisierten Emissions-Laborprüfzyklus (WMTC). Bei Krafträdern, für die kein Emissionswert vorliegt, gilt Folgendes:

- der Steuersatz berechnet sich in Prozent aus dem um 100 Kubikzentimeter verringerten Hubraum in Kubikzentimeter multipliziert mit 0,02. Der CO_2-Emissionswert wird mit dem zweifachen der Nennleistung des Verbrennungsmotors in Kilowatt angenommen.
- Wird vom Antragsteller der entsprechende CO_2-Emissionswert nachgewiesen, ist dieser heranzuziehen.

Für beide Rechtslagen gilt: Bei einem Hubraum von bis zu 125 cm^3 beträgt der Steuersatz 0 %. Der Höchststeuersatz beträgt bei Krafträdern 20 %.

Aufgrund EU-rechtlicher Vorgaben und technischer Veränderungen ist davon auszugehen, dass die CO_2-Emissionswerte in den kommenden Jahren laufend absinken werden. Daher wird beginnend ab 1. Jänner 2024 der Wert von 55 in der Formel zur Berechnung des Steuersatzes für Krafträder alle zwei Jahre um zwei und beginnend ab dem 1. 1. 2021 der Wert von 115 in der Formel zur Berechnung des Steuersatzes für alle anderen Kraftfahrzeuge jährlich um drei abgesenkt. Sollte sich erweisen, dass diese Anpassung der neuen Messsituation nicht adäquat Rechnung trägt, kann der Bundesminister für Finanzen im Verordnungsweg die Werte für die Absenkung sowie die sonstigen für die Steuerbemessung maßgebenden Werte anpassen. Dabei können im Interesse ökologischer und sozialer Zielsetzungen für unterschiedliche Kategorien von Kraftfahrzeugen abweichende Anpassungen vorgenommen werden (§ 6 Abs 5 NoVAG).

Bei Gebrauchtfahrzeugen, die unmittelbar aus dem übrigen Gemeinschaftsgebiet in das Inland gebracht werden, ist die Steuer in der Höhe zu bemessen, die im Zeitpunkt der erstmaligen Zulassung des Fahrzeuges in der EU im Inland anzuwenden gewesen wäre. Bei diesen Fahrzeugen ist die vor dem 1. März 2014 geltende Rechtslage anzuwenden, sofern die Voraussetzungen vorliegen.

Wenn beim unmittelbar folgenden Rechtsgeschäft die NoVA in die Bemessungsgrundlage der USt eingeht, dann ist dem Erwerber des Fahrzeugs ein Betrag von 16,67 % zu vergüten (§ 6 Abs 7 NoVAG). Ein typischer Anwendungsfall dieser Regelung sind Leasingfahrzeuge. Für den Leasingnehmer ist die NoVA ein Kostenfaktor. Diese NoVA wird beim Leasingunternehmen im Rahmen der Leasingraten der Umsatzbesteuerung unterzogen. Auch Fahrzeuge, die von einem Kfz-Händler als Tageszulassung angemeldet worden sind, fallen unter den Anwendungsbereich des § 6 Abs 7. Da beim Kfz-Händler NoVA gem § 1 Z 3 lit a entstanden ist, wird beim anschließenden Verkauf USt auf die NoVA-Komponente erhoben.

Die NoVA ist auf volle Prozentsätze auf- oder abzurunden. Die NoVA darf nicht in die Bemessungsgrundlage für die USt einbezogen werden (EuGH Rs C-433/09). Die neue Tarifbestimmung im NoVAG fördert den Erwerb von Fahrzeugen mit niedrigen Schadstoffemissionen und „bestraft" den Erwerb von Fahrzeugen mit höheren Schadstoffemissionen.

2.10.2. Die Verbuchung der NoVA

Die Verbuchung durch den Verkäufer

Für den Verkäufer besteht wie bei der Umsatzsteuer grundsätzlich die Wahlmöglichkeit zwischen der Bruttomethode und der Nettomethode.

Bruttomethode

Diese setzt eine genaue Aufzeichnung des Prozentsatzes der NoVA für jeden Geschäftsfall voraus – in der Form, dass für jeden möglichen NoVA-Prozentsatz ein eigenes Erlöskonto geführt wird, aus dem am Monatsende die NoVA-Steuerschuld herausgerechnet werden kann.

Die Bruttomethode eignet sich daher nur für Unternehmer, deren Kraftfahrzeuge sich in Bezug auf ihren Kraftstoffverbrauch in wenigen Klassen zusammenfassen lassen.

Buchung:

Bei Verkauf:

		Zahlungsmittelkonto
an	(4)	Umsatzerlöse (inkl .. % NoVA und USt)

am Monatsende:

	(4)	Korrekturkonto Umsatzerlöse-NoVA
an	(3)	NoVA

Dieses Korrekturkonto empfiehlt sich deshalb, da damit nach Abschluss gegen das Konto „Umsatzerlöse" die der Umsatzsteuer unterliegenden Umsätze in richtiger Höhe ausgewiesen sind.

	(4)	Umsatzerlöse
an	(3)	USt

Nettomethode

Bei dieser würde der Betrag der NoVA sofort bei Buchung des Geschäftsvorfalls offen ausgewiesen werden.

Dem Vorteil dieser Methode, dass nur ein Erlöskonto für diese Geschäfte notwendig ist, da die Umsatzsteuer für diese Kraftfahrzeuge einheitlich 20 % beträgt (neben diesem Erlöskonto besteht ein Erlöskonto für Ausfuhrlieferungen; eines für Geschäfte, die nicht NoVA-steuerbar sind; eines für NoVA-steuerbefreite Geschäfte, bei denen die NoVA nicht erhoben wird), steht erneut der Nachteil des für die Ermittlung bzw Kontrolle der Umsatzsteuer nicht unmitttelbar verwendbaren Kontos „Umsatzerlöse" gegenüber. Aus diesem Grund wird eine Nettoverbuchung der NoVA nicht infrage kommen. Lediglich die Umsatzsteuer kann netto verbucht werden.

Buchung:

Bei Verkauf:

		Zahlungsmittelkonto
an	(4)	Umsatzerlöse (inkl .. % NoVA)
	(3)	USt

am Monatsende:

	(4)	Korrekturkonto Umsatzerlöse-NoVA
an	(3)	NoVA

Verbuchung durch den Käufer

Für den Käufer ist die NoVA so wie die Umsatzsteuer Teil der Anschaffungskosten.

Buchung:

Bei Erwerb:

	(0)	PKW
an		Zahlungsmittelkonto

2.10.3. Beispiel für die NoVA

Verkauf eines im Inland noch nicht zugelassenen Personenkraftwagens (Benzinmotor) am 10.3.

Nettoentgelt: 20.000,–

Für den Käufer werden Sonderausstattungen im Wert von 2.000,– eingebaut; dadurch erfolgt die Lieferung des Autos erst am 4.4.

Der NoVA-Tarif ist aus folgenden Angaben zu ermitteln:

CO_2-Emissionswert 140 g/km

Die Rechnung wird am 5. 4. gelegt.

Lösung:

Nettoentgelt	20.000
Sonderausstattung	+ 2.000
Bemessungsgrundlage NoVA = Entgelt iSd § 4 UStG	22.000
10 % NoVA	+ 2.200
Abzugsposten gem § 6 Abs 3 (Kalenderjahr 2019)	– 300
20 % Umsatzsteuer	+ 4.400
Anschaffungskosten	28.300

Nebenrechnung für NoVA: CO_2-Emissionswert: 140 g/km

(140 g/km – 90) : 5 = 10 % NoVA Steuersatz gem § 6 Abs 2

USt 20 % von 22.000 = 4.400

Die NoVA ist vom Lieferanten am 15.6. an das Finanzamt abzuführen, ebenso die Umsatzsteuer.

Buchungen des Verkäufers:

Umsatzsteuer-Nettomethode:

5. 4.

	(2)	Forderung aus L & L	28.300	
an	(4)	Umsatzerlöse (inkl NoVA)		23.900
	(3)	USt		4.400

	(4)	Korrekturkonto Umsatzerlöse-NoVA	1.900	
an	(3)	NoVA		1.900

	(3)	NoVA	1.900	
an	(3)	Verbindlichkeit Finanzamt (NoVA)		1.900

Umsatzsteuer-Bruttomethode:

5. 4.

	(2)	Forderung aus L & L	28.300	
an	(4)	Umsatzerlöse (inkl NoVA und 20 % USt)		28.300

	(4)	Korrekturkonto Umsatzerlöse-NoVA	1.900	
an	(3)	NoVA		1.900

30. 4.

	(4)	Umsatzerlöse	4.400	
an	(3)	USt		4.400

Buchungen des Käufers:

5. 4.

	(0)	PKW	28.300	
an	(3)	Verbindlichkeit aus L & L		28.300

Variante: Was ändert sich, wenn die Rechnungslegung erst am 5.6. erfolgt?

Die NoVA ist vom Lieferanten am 15.6. an das Finanzamt abzuführen, die Umsatzsteuer erst am 15. 7.

Buchungen des Verkäufers:

30. 4.

	(2)	Sonstige Forderung	1.900	
an	(3)	NoVA		1.900

31. 5.

	(2)	sonstige Forderung	4.400	
an	(3)	USt		4.400

5. 6.

	(2)	Forderung aus L & L	22.000	
an	(4)	Umsatzerlöse		22.000

Buchungen des Käufers:

5. 6.

	(0)	PKW	28.300	
an	(3)	Verbindlichkeit aus L & L		28.300

2.11. Die Verbuchung laufender Geschäftsfälle

2.11.1. Wareneinkauf und Warenverkauf

Die allgemeine buchtechnische Behandlung des Wareneinkaufs bzw Warenverkaufs ist bereits im einführenden Beispiel oben (2.8.7.) dargestellt worden. Im folgenden Abschnitt werden mit diesem Geschäft zusammenhängende Fragestellungen, wie insbesondere Bezugskosten und Ausgangsfrachten, Preisnachlässe, Zahlungsbedingungen, Anzahlungen sowie Warenrücksendungen behandelt.

2.11.1.1. Die Verbuchung der Warengeschäfte

Grundsätzlich kann sowohl der Einkauf als auch der Verkauf von Waren nach dem Umsatzsteuergesetz sowohl brutto als auch netto verbucht werden. Da die Nettomethode die übersichtlichere Darstellung bietet, wird im Folgenden immer die Nettomethode angewendet.

Der Buchungszeitpunkt richtet sich beim Käufer nach dem Zeitpunkt der Erlangung der wirtschaftlichen Verfügungsmacht, beim Verkäufer nach dem Zeitpunkt, zu dem er seine vertraglichen Pflichten erfüllt hat. Aus Gründen der einfacheren Handhabung wird jedoch, abgesehen von den Geschäften um den Bilanzstichtag, der Zeitpunkt der Rechnungslegung als Buchungszeitpunkt gewählt (vgl dazu schon oben 2.8.5.).

Als aktivierungspflichtiger Betrag gilt der Anschaffungspreis der Ware, das ist der Rechnungsbetrag ohne Umsatzsteuer. Soweit kein Vorsteuerabzug möglich ist, ist der Rechnungsbetrag inklusive Umsatzsteuer der zu aktivierende Anschaffungspreis.

Buchungssatz des Käufers:

	(1)	Waren
	(2)	Vorsteuer
an	(2)	Kassa/(2) Bank/(3) Verbindlichkeit aus L & L

Dieser Buchungssatz gilt in gleicher Weise bei Anschaffung von anderen Vorräten (Roh-, Hilfs- oder Betriebsstoffe).

Der Verkäufer bucht im Zeitpunkt des Übergangs der wirtschaftlichen Verfügungsmacht, der idR mit dem Übergang des Kaufpreisrisikos an den Käufer zusammenfällt (bzw im Zeitpunkt der Rechnungslegung), den Erlös aus dem Verkauf, wobei als Erlös der dem Käufer in Rechnung gestellte Preis gilt. Dabei wird der Erlös, da es sich um den Verkauf von Produkten handelt, als Umsatzerlös verbucht.

Buchungssatz des Verkäufers:

	(2)	Forderung aus L & L/(2) Kassa/(2) Bank
an	(4)	Umsatzerlöse
	(3)	USt

2.11.1.2. Bezugskosten und Ausgangsfrachten

Unter Bezugskosten versteht man die Aufwendungen, die dem Käufer Dritten gegenüber entstehen, um in den Besitz der Ware zu kommen. Die Bezugskosten stellen sog Anschaffungsnebenkosten dar. Unter diesem Begriff sind all jene Aufwendungen zu verstehen, die anfallen, um den Vermögensgegenstand zu erwerben und in einen betriebsbereiten Zustand zu versetzen, soweit sie dem angeschafften Vermögensgegenstand einzeln zugerechnet werden können. Sie sind zusammen mit dem Anschaffungspreis zu aktivieren. Stellt daher zB der Verkäufer Bezugskosten in Rechnung, so sind diese der erworbenen Ware einzeln zurechenbare Aufwendungen, die zu aktivieren sind.

Der zu aktivierende Einstandswert der Ware setzt sich demnach aus dem Einkaufspreis und den Bezugskosten zusammen.

Die Güterbeförderung stellt einen grundsätzlich dem Normalsteuersatz unterliegenden umsatzsteuerpflichtigen Vorgang dar. Lediglich die Beförderung durch einen Universaldienstbetreiber iSd § 12 des Postmarktgesetzes und die grenzüberschreitende Güterbeförderung in Bezug zu Drittländern im Sinne des UStG sind echt bzw unecht umsatzsteuerbefreit (§ 6 Abs 1 Z 3 lit a und § 6 Abs 1 Z 10 lit b). Innergemeinschaftliche Güterbeförderungen sind hingegen am Abgangsort bzw dort, wo der leistungsempfangende Unternehmer sein Unternehmen betreibt, steuerpflichtig.

Der Buchungssatz für Bezugskosten lautet daher:

	(1)	Waren
	(2)	Vorsteuer
an	(2)	Zahlungsmittelkonto bzw (3) Verbindlichkeit aus L & L

Die Ausgangsfrachten stellen demgegenüber die mit der Lieferung an den Käufer beim Verkäufer anfallenden Aufwendungen Dritten gegenüber dar. Die Ausgangsfrachten sind keine Erlösschmälerung, sondern ein selbständiger Aufwand.

Der Buchungssatz für Ausgangsfrachten lautet daher:

	(7)	Transporte durch Dritte
	(2)	Vorsteuer
an	(2)	Zahlungsmittelkonto bzw (3) Verbindlichkeit aus L & L

Bezugskosten bzw Ausfuhrfrachten sind insbesondere:

- Verpackungskosten
- Frachtkosten (Bahn-, Schiff- und Flugfracht)
- Rollgeld (= Zustellungsgebühr vom Bahnhof/Flughafen ins Lager)
- Transportversicherungen
- Provisionen (zB Speditions- und Nachnahmeprovision)

Für die Frage, wer diese Aufwendungen zu tragen hat, kann einerseits der Kaufvertrag die Antwort geben. Sollte im Kaufvertrag darüber nichts gesagt sein, so gilt der Grundsatz, dass der Käufer die Ware beim Verkäufer abholen muss (Grundsatz der Holschuld). Vielfach regelt jedoch der Kaufvertrag die Frage der Übergabe und der damit im Zusammenhang stehenden Kosten. Grundsätzlich unterscheidet man dabei zwei Kategorien von Klauseln: Die „Frei"-Klausel und die „Ab"-Klausel.

- Frei-Klausel: Diese Klausel gibt an, bis zu welchem Ort der Verkäufer die Kosten insbesondere des Transports zu tragen hat. Die ab dem angegebenen Ort anfallenden Transportkosten trägt hingegen der Käufer. Dementsprechend besagt die Klausel „frei Haus" bzw „frei Lager", dass der Verkäufer die Kosten des Transports bis zum Haus bzw Lager des Käufers zu tragen hat. Mit Erfüllung der Lieferklausel durch den Verkäufer geht auch regelmäßig die Preisgefahr auf den Käufer über.
- Ab-Klausel: Diese Klausel besagt, ab welchem Ort die Transportkosten auf Rechnung des Käufers gehen. Die bis zu diesem Ort anfallenden Kosten hat hingegen der Verkäufer zu tragen. An diesem Ort geht auch wiederum regelmäßig die Preisgefahr auf den Käufer über. Die Klausel „ab Werk" besagt zB, dass der Verkäufer die Ware transportfertig in seinem Unternehmen bereitzustellen hat.

2.11.1.3. Preisnachlässe

Unter Preisnachlässen versteht man Rabatte, Boni und sonstige Nachlässe. Nicht zu den Preisnachlässen zählt hingegen der Skonto. Dieser stellt als Finanzierungsaufwand keinen Preisnachlass im hier verstandenen Sinn dar.

Rabatte sind Preisnachlässe, die ein Lieferant seinem Abnehmer für die Übernahme bestimmter, bei dem einzelnen Bezug feststellbarer Leistungen einräumt. Rabatte werden unabhängig vom Zahlungsmodus aus bestimmten Wettbewerbsgründen gewährt. Beispiele für Rabatte sind der Mengenrabatt für die Abnahme bestimmter Mengen, Großhandelsrabatte und Treuerabatte.

Rabatte stellen in der Terminologie des Gesetzes Anschaffungspreisminderungen dar. Sie verringern somit den zu aktivierenden Betrag. Bei sofort gewährten Rabatten wird bereits in der Rechnung der verminderte Anschaffungspreis ausgewiesen, der zugleich Bemessungsgrundlage für die Umsatzsteuer ist. Dementsprechend erfolgt auch die Aktivierung bereits zum verringerten Preis. Sofern die Rabatte erst zu einem späteren Zeitpunkt gewährt werden, bedarf es einer Korrektur der ursprünglichen Buchung. Dabei ist zu beachten, dass jeder Preisnachlass automatisch zu einer nachträglichen Änderung der Bemessungsgrundlage der Umsatzsteuer führt, sodass auch eine entsprechende Umsatz- bzw Vorsteuerkorrektur zu erfolgen hat. Sofern der Rabatt vor Bezahlung der Rechnung gewährt wird, erfolgt eine Korrektur des Forderungskontos beim Verkäufer bzw des Verbindlichkeitskontos beim Käufer. Erfolgt die Gewährung des Rabatts erst nach Bezahlung, so entsteht beim Käufer in diesem Ausmaß eine sonstige Forderung bzw dem Verkäufer eine sonstige Verbindlichkeit.

Buchungen des Käufers bei nachträglichem Preisnachlass:

	(3)	Verbindlichkeit aus L & L bzw (2) sonstige Forderung
an	(1)	Waren
	(2)	Vorsteuer

Da es sich um eine Korrektur der Anschaffungskosten und um keine Lieferung oder Leistung handelt, wäre die Verbuchung der Umsatzsteuerkorrektur auf dem Konto „(3) USt“ unrichtig.

Buchungen des Verkäufers bei nachträglichem Preisnachlass:

	(4)	Erlösberichtigung
	(3)	USt
an	(2)	Forderung aus L & L bzw (3) sonstige Verbindlichkeiten

Da es sich um eine Erlösberichtigung und um keine erhaltene Lieferung oder Leistung handelt, wäre der Ausweis der Umsatzsteuerkorrektur auf dem Konto „(2) Vorsteuer“ unrichtig.

Boni sind Preisnachlässe, die erst nach längerer Zeit, so zB nach Ablauf des Geschäftsjahres, vom Verkäufer gewährt werden. Boni gibt es insbesondere in Form der Umsatzboni, Mengenboni und Treueboni. Diese Boni werden vielfach in Form einer Gutschrift gewährt.

Boni sind aufgrund ihrer späten Gewährung in der Regel nicht mehr einem bestimmten Beschaffungsgeschäft zuordenbar. Mangels unmittelbarem Zusammenhang zwischen Bonus und einzelnem Anschaffungsgeschäft stellt der Bonus nach überwiegender Ansicht keine Anschaffungspreisminderung, sondern einen sonstigen betrieblichen Ertrag dar.

Nur dann, wenn bereits bei Anschaffung der einzelnen Vermögensgegenstände die spätere Höhe des Bonus exakt feststeht, ist der Bonus als Anschaffungspreisminderung zu behandeln. Er stellt dann allerdings seinem Wesen nach einen Rabatt dar, der für sich gesehen daher beim Empfänger zu einer Vorsteuerkorrektur führt.

Sonstige Preisnachlässe sind insbesondere die Preisminderungen aufgrund eines geltend gemachten Gewährleistungsanspruchs.

Zusammenfassend kann die Ermittlung des Einstandspreises (sog Anschaffungskosten) der Waren folgendermaßen dargestellt werden:

	Einkaufspreis (Anschaffungspreis)
+	Bezugskosten (Anschaffungsnebenkosten)
–	(nachträgliche) Preisnachlässe (Anschaffungspreisminderungen)
=	Einstandspreis (Anschaffungskosten)

2.11.1.4. Zahlungsbedingungen

Die Zahlungsbedingungen lassen sich in drei Gruppen einteilen:

Zahlung mit Skontoabzug:

Der Skonto stellt eine Abrede in der Form dar, dass der Käufer bei Sofortzahlung oder bei Zahlung innerhalb einer bestimmten Frist (in der Regel bis zu zehn Tage nach Rechnungserhalt) einen vereinbarten Skontobetrag vom Rechnungsbetrag abziehen darf (Näheres zum Skonto vgl unten 2.11. 1.5.). Skonti sind Zinsnachlässe für vorzeitige Zahlung, dh Skonti stellen einen durch frühere Zahlung ersparten Zinsaufwand dar (Zinsaufwandtheorie).

Nettozahlung:

Ist kein Skontoabzug vereinbart, so ist der Rechnungsbetrag je nach Vereinbarung sofort (Bar(ver)kauf) oder innerhalb einer bestimmten Frist (Ziel(ver)kauf) fällig.

Buchungen des Käufers bei Zielkauf:

	(1)	Waren
	(2)	Vorsteuer
an	(3)	Verbindlichkeit aus L & L

Bei Bezahlung:

	(3)	Verbindlichkeit aus L & L
an	(2)	Zahlungsmittelkonto

Buchungen des Verkäufers bei Zielverkauf:

	(2)	Forderung aus L & L
an	(4)	Umsatzerlöse
	(3)	USt

Bei Bezahlung:

	(2)	Zahlungsmittelkonto
an	(2)	Forderung aus L & L

Verzugszinsen:

Sofern das vereinbarte Zahlungsziel überschritten wurde, stehen dem Verkäufer die gesetzlichen oder die vereinbarten Verzugszinsen zu. Nach der Rechtsprechung des EuGH (C-222/81) stellt die Verrechnung von Verzugszinsen einen nicht umsatzsteuerbaren echten Schadenersatz dar. Buchungssatz für Verzugszinsen beim Käufer:

	(8)	Verzugszinsen
an	(2)	Zahlungsmittelkonto

Buchungssatz für Verzugszinsen beim Verkäufer:

	(2)	Zahlungsmittelkonto
an	(8)	Verzugszinsenertrag

Gemeinsam ist allen Zahlungsbedingungen, dass sie als dem Anschaffungsvorgang nachfolgende Finanzierungskomponenten keinen Einfluss auf die Anschaffungskosten der Waren haben (Verbot der Aktivierung nachträglicher Fremdkapitalkosten).

2.11.1.5. Die Verbuchung einer Zahlung mit Skontoabzug

Wie bereits oben festgehalten wurde, stellt der Skonto einen Zinsaufwand dar. Da Fremdkapitalzinsen in Zusammenhang mit Anschaffungen nicht aktiviert werden dürfen, ist unabhängig von der Inanspruchnahme des Skontos nur der um den Skonto verringerte Betrag als Anschaffungskosten zu aktivieren. Dies ergibt sich auch eindeutig daraus, dass wirtschaftlich betrachtet der Skonto die Zinskomponente eines Kreditkaufs mit der Vereinbarung ist, bei Bezahlung innerhalb einer vereinbarten Frist keine Zinsen in Rechnung zu stellen. Damit stellt der Skonto lediglich den Finanzierungsaufwand für die Zeit nach dem Anschaffungsvorgang dar. Im Ergebnis ist daher bei Lieferung der Barwert zu aktivieren und korrespondierend dazu eine Verbindlichkeit zu passivieren, da dies im Zeitpunkt der Lieferung der Erfüllungsbetrag gem § 211 (1) UGB ist und der Zinsaufwand (Skonto) wirtschaftlich noch nicht entstanden ist. Sollte der Skonto nachträglich nicht in Anspruch genommen werden, erhöht dieser als Zinsaufwand die bestehende Verbindlichkeit. Abhängig von der Wahrscheinlichkeit der Inanspruchnahme wird für am Bilanzstichtag offene Skonti eine Rückstellung zu bilden sein. Aufgrund dieser Finanzierungswirkung, die wirtschaftlich eine Kreditgewährung durch den Lieferanten darstellt, könnte in Anwendung der Rechtsprechung des EuGH umsatzsteuerlich von einer eigenen Hauptleistung in Form der unecht umsatzsteuerbefreiten Kreditgewährung bei Nichtinanspruchnahme des Skontos gesprochen werden. Folgt man dieser (nicht herrschenden) Auffassung, so wird die Umsatzsteuer beim Kauf unter Vereinbarung eines Skontos nur von den um den Skonto verringerten Anschaffungskosten zu erheben sein.

Dieser Zinsaufwandtheorie steht die Ansicht gegenüber, dass der Skonto eine Anschaffungspreisminderung darstellt (sog Anschaffungskostenminderungstheorie – so zB der BFH). Eine Reduzierung der Anschaffungskosten wäre in diesem Fall nur bei tatsächlicher Inanspruchnahme des Skontos möglich. Bei Nichtinanspruchnahme wäre hingegen keine Reduzierung der Anschaffungskosten möglich. Diese zweite Variante weist jedoch den Mangel auf, dass sie die Eigenschaft des Skontos als Zinsnachlass des Verkäufers ignoriert. Die Kalkulation des Verkäufers wird nämlich vielfach so aussehen, dass er auf einen Barverkaufspreis für die Zeit des Zahlungsziels Zinsen aufschlägt und diesen gesamten Betrag in Rechnung stellt. Sollte der Kunde früher zahlen, so stellt der dafür gewährte Skonto die Rückgängigmachung der zuvor auf den Barpreis aufgeschlagenen Zinsen dar. Bei Nichtinanspruchnahme des Skontos enthält der aktivierte Vermögensgegenstand somit nachträgliche Finanzierungskosten.

Eine dritte Variante der Verbuchung des Skontos ist, die Anschaffungskosten jedenfalls unverändert zu lassen und den in Anspruch genommenen Skonto beim Käufer als Ertrag auszuweisen (sog Praktiker-Methode). Da diese Ansicht neben dem bereits oben dargestellten Mangel den weiteren Mangel hat, einen tatsächlich nicht realisierten Gewinn auszuweisen (der „Skontoertrag" ist wirtschaftlich nichts anderes als die Neutralisierung des in Form des Skontos entstandenen Zinsaufwands), ist sie ebenfalls abzulehnen.

Buchungen entsprechend der Zinsaufwandtheorie:

Sofern ein Barskonto in Anspruch genommen wurde, sind sogleich der verringerte Betrag und die auf diesen verringerten Betrag entfallende Umsatzsteuer zu verbuchen. Sofern die Rechnungslegung unter Vereinbarung eines Zahlungsziels und eines Skontos für Zahlung innerhalb bestimmter Frist erfolgt, sehen die Buchungen wie folgt aus:

Buchungen des Käufers:

	(1)	Waren (jedenfalls um Skonto reduziert)
	(8)	nicht ausgenützte Lieferantenskonti
	(2)	Vorsteuer (nach herrschender Ansicht vom Betrag inklusive Lieferantenskonti)
an	(3)	Verbindlichkeit aus L & L

Anmerkung: Das Konto „nicht ausgenützte Lieferantenskonti" stellt den bei Nichtinanspruchnahme drohenden Zinsaufwand dar.

Bei Bezahlung ohne Inanspruchnahme des Skontos:

	(3)	Verbindlichkeit aus L & L
an	(2)	Zahlungsmittelkonto

Durch die Nichtinanspruchnahme des Skontos wurde aus dem drohenden Zinsaufwand ein realisierter Zinsaufwand.

Bei Bezahlung mit Inanspruchnahme des Skontos:

	(3)	Verbindlichkeit aus L & L
an	(8)	nicht ausgenützte Lieferantenskonti
	(2)	Vorsteuer (vom in Anspruch genommenen Skonto)
	(2)	Zahlungsmittelkonto (reduziert um Skonto)

Durch die Inanspruchnahme des Skontos wird der drohende Zinsaufwand neutralisiert. Die Verbuchung ergibt, auch umsatzsteuerlich, im Ergebnis nichts anderes, als wäre sofort zum Barkaufpreis gekauft worden.

Buchungen des Verkäufers:

	(2)	Forderung aus L & L
an	(4)	Umsatzerlöse (reduziert um Skonto-Zinsertrag)
	(8)	Skontoerträge (nicht ausgenützte Kundenskonti)
	(3)	USt (nach herrschender Ansicht vom Betrag inklusive Lieferantenskonti)

Diese Buchung entspricht der Zinsaufwandtheorie des Käufers. Sie stellt einen noch nicht realisierten Zinsertrag dar, der nicht unter dem Betriebserfolg, sondern unter dem Finanzerfolg auszuweisen ist. Aus diesem Grund ist der Ausweis als Umsatzerlös nicht zulässig.

Bei Bezahlung ohne Inanspruchnahme des Skontos:

	(2)	Zahlungsmittelkonto
an	(2)	Forderung aus L & L

Bei Bezahlung mit Inanspruchnahme des Skontos:

	(2)	Zahlungsmittelkonto
	(8)	Skontoerträge (nicht ausgenützte Kundenskonti)
	(3)	USt (bemessen vom Skonto)
an	(2)	Forderung aus L & L

Buchungssätze entsprechend der Anschaffungskostenminderungstheorie:

Buchungen des Käufers:

	(1)	Waren
	(2)	Vorsteuer
an	(3)	Verbindlichkeit aus L & L

Im Gegensatz zur Zinsaufwandtheorie wird man bei der Anschaffungskostenminderungstheorie von keiner Unterteilung in zwei umsatzsteuerliche Hauptgeschäfte ausgehen können; es liegt vielmehr bei Inanspruchnahme des Skontos eine Entgeltsminderung vor, die zu einer entsprechenden Umsatzsteuerkorrektur führt. Die Umsatz- bzw Vorsteuer ist daher zunächst vom Anschaffungspreis inklusive Skonto zu ermitteln.

Bei Bezahlung ohne Inanspruchnahme des Skontos:

	(3)	Verbindlichkeit aus L & L
an	(2)	Zahlungsmittelkonto

Bei Bezahlung mit Inanspruchnahme des Skontos:

	(3)	Verbindlichkeit aus L & L
an	(1)	Waren (im Ausmaß des Skontos)
	(2)	Vorsteuer (im Ausmaß des Anteils des Skontos am Gesamtentgelt)
	(2)	Zahlungsmittelkonto (reduziert um Skonto und anteilige Vorsteuer)

Buchungen des Verkäufers:

	(2)	Forderung aus L & L
an	(4)	Umsatzerlöse
	(3)	USt

Bezahlung durch Käufer ohne Inanspruchnahme des Skontos:

	(2)	Zahlungsmittelkonto
an	(2)	Forderung aus L & L

Bezahlung durch Käufer unter Inanspruchnahme des Skontos:

	(2)	Zahlungsmittelkonto
	(4)	Kundenskonti
	(3)	USt (anteilig vom Skonto)
an	(2)	Forderung aus L & L

Nach dieser Theorie wird der gewährte Skonto als Erlösschmälerung und nicht als realisierter Zinsertrag behandelt.

Buchungssätze entsprechend der Praktiker-Methode:

Buchungen des Käufers:

	(1)	Waren
	(2)	Vorsteuer
an	(3)	Verbindlichkeit aus L & L

Bei Bezahlung ohne Inanspruchnahme des Skontos:

	(3)	Verbindlichkeit aus L & L
an	(2)	Zahlungsmittelkonto

Bei Bezahlung mit Inanspruchnahme des Skontos:

	(3)	Verbindlichkeit aus L & L
an	(5)	Skontoertrag (im Ausmaß des Skontos)
	(2)	Vorsteuer (im Ausmaß des Anteils des Skontos am Gesamtentgelt)
	(2)	Zahlungsmittelkonto (reduziert um Skonto und anteilige Vorsteuer)

Buchungen des Verkäufers:

	(2)	Forderung aus L & L
an	(4)	Umsatzerlöse
	(3)	USt

Bezahlung durch Käufer ohne Inanspruchnahme des Skontos:

	(2)	Zahlungsmittelkonto
an	(2)	Forderung aus L & L

Bezahlung durch Käufer unter Inanspruchnahme des Skontos:

	(2)	Zahlungsmittelkonto
	(4)	Kundenskonti
	(3)	USt (anteilig vom Skonto)
an	(2)	Forderung aus L & L

Die drei Methoden der Behandlung des Skontos seien anhand eines einfachen Beispiels dargestellt:

Anschaffung mehrerer PC um 10.000,– (exkl 20 % USt). Der Kunde

a) zahlt bar unter Inanspruchnahme eines Kassaskontos von 3 %;

b) erhält ein Zahlungsziel von 30 Tagen. Sollte er innerhalb von 8 Tagen zahlen, erhält er ebenfalls 3 % Skonto.

a) Barzahlung:

Der Rechnungsbetrag lautet aufgrund des Barskontos	*10.000,–*
	– 300,– (3 % Skonto)
	= 9.700,–

Die Bemessungsgrundlage für die Umsatzsteuer beträgt 9.700,–.

Der Käufer bucht nach allen drei Methoden:

	(1)	*Waren*	*9.700*	
	(2)	*Vorsteuer*	*1.940*	
an	*(2)*	*Kassa*		*11.640*

Der Verkäufer bucht nach allen drei Methoden:

	(2)	*Kassa*	*11.640*	
an	*(4)*	*Umsatzerlöse*		*9.700*
	(3)	*USt*		*1.940*

b) Vereinbarung des Zahlungsziels und des Skontos:

Zinsaufwandtheorie:

Der Käufer bucht beim Erwerb:

	(1)	*Waren*	*9.700*	
	(2)	*Vorsteuer*	*1.940*	
an	*(3)*	*Verbindlichkeit aus L & L*		*11.640*

Der Verkäufer bucht beim Verkauf:

	(2)	*Forderung aus L & L*	*11.640*	
an	*(4)*	*Umsatzerlöse*		*9.700*
	(3)	*USt*		*1.940*

Der Käufer bucht bei Bezahlung ohne Skontoabzug:

	(8)	*Nicht ausgenützte Lieferantenskonti*	*300*	
	(2)	*Vorsteuer*	*60*	
an	*(3)*	*Verbindlichkeiten aus L & L*		*360*
	(3)	*Verbindlichkeit aus L & L*	*12.000*	
an	*(2)*	*Zahlungsmittelkonto*		*12.000*

Der Verkäufer bucht bei Bezahlung ohne Skontoabzug:

	(2)	*Forderung aus L & L*	*360*	
an	*(8)*	*Skontoerträge (nicht ausgenützte Kundenskonti)*		*300*
	(3)	*Umsatzsteuer*		*60*
	(2)	*Zahlungsmittelkonto*	*12.000*	
an	*(2)*	*Forderung aus L & L*		*12.000*

Der Käufer bucht bei Bezahlung mit Skontoabzug:

	(3)	Verbindlichkeit aus L & L	11.640	
	(2)	Zahlungsmittelkonto		11.640

Der Verkäufer bucht bei Bezahlung mit Skontoabzug:

	(2)	Zahlungsmittelkonto	11.640	
an	(2)	Forderung aus L & L		11.640

Anschaffungskostenminderungstheorie:

Der Käufer bucht beim Erwerb:

	(1)	Waren	10.000	
	(2)	Vorsteuer	2.000	
an	(3)	Verbindlichkeit aus L & L		12.000

Der Verkäufer bucht beim Verkauf:

	(2)	Forderung L & L	12.000	
an	(4)	Umsatzerlöse		10.000
	(3)	USt		2.000

Der Käufer bucht bei Bezahlung ohne Skontoabzug:

	(3)	Verbindlichkeit aus L & L	12.000	
an	(2)	Zahlungsmittelkonto		12.000

Der Verkäufer bucht bei Bezahlung ohne Skontoabzug:

	(2)	Zahlungsmittelkonto	12.000	
an	(2)	Forderung aus L & L		12.000

Der Käufer bucht bei Bezahlung mit Skontoabzug:

	(3)	Verbindlichkeit aus L & L	12.000	
an	(1)	Waren		300
	(2)	Vorsteuer		60
	(2)	Zahlungsmittelkonto		11.640

Der Verkäufer bucht bei Bezahlung mit Skontoabzug:

	(2)	Zahlungsmittelkonto	11.640	
	(4)	Kundenskonti	300	
	(3)	USt	60	
an	(2)	Forderung aus L & L		12.000

Praktiker-Methode:

Der Käufer bucht beim Erwerb:

	(1)	Waren	10.000	
	(2)	Vorsteuer	2.000	
an	(3)	Verbindlichkeit aus L & L		12.000

Der Verkäufer bucht beim Verkauf:

	(2)	Forderung L & L	12.000	
an	(4)	Umsatzerlöse		10.000
	(3)	USt		2.000

Der Käufer bucht bei Bezahlung ohne Skontoabzug:

	(3)	Verbindlichkeit aus L & L	12.000	
an	(2)	Zahlungsmittelkonto		12.000

Der Verkäufer bucht bei Bezahlung ohne Skontoabzug:

	(2)	Zahlungsmittelkonto	12.000	
an	(2)	Forderung aus L & L		12.000

Der Käufer bucht bei Bezahlung mit Skontoabzug:

	(3)	Verbindlichkeit aus L & L	12.000	
an	(5)	Skontoertrag		300
	(2)	Vorsteuer		60
	(2)	Zahlungsmittelkonto		11.640

Der Verkäufer bucht bei Bezahlung mit Skontoabzug:

	(2)	Zahlungsmittelkonto	11.640	
	(4)	Kundenskonti	300	
	(3)	USt	60	
an	(2)	Forderung aus L & L		12.000

2.11.1.6. Warenrücksendungen

Die Warenrücksendung stellt die Rückgängigmachung eines bereits getätigten Umsatzgeschäftes dar. Der Grund für die Rücksendung kann ua die Lieferung einer falschen oder mangelhaften Sache sein.

Für die Buchhaltung bedeutet die Warenrücksendung die gänzliche oder teilweise Rückgängigmachung (Stornierung) bereits vorgenommener Buchungen.

Beim Käufer kommt es zu einer Verringerung des Warenbestandes sowie zu einer entsprechenden Minderung der Lieferverbindlichkeit, weshalb auch die Vorsteuer entsprechend zu korrigieren ist. Sollte die Rechnung bereits bezahlt sein, so kann die dem Käufer entstandene sonstige Forderung entweder beglichen oder seinem Kundenkonto gutgeschrieben werden.

Buchungen des Käufers:

	(3)	Verbindlichkeit aus L & L bzw Zahlungsmittelkonto
an	(1)	Waren
	(2)	Vorsteuer

Beim Verkäufer wird entsprechend den Buchungen des Käufers eine Schmälerung der Umsatzerlöse (Stornobuchung) und USt-Korrektur im Soll gebucht, die Habenbuchung reduziert die ausstehende Lieferforderung. Sollte die Forderung bereits beglichen worden sein, so kann die entstandene sonstige Verbindlichkeit gleichfalls beglichen werden oder dem Kunden auf seinem Kundenkonto gutgeschrieben werden.

Buchungen des Verkäufers:

	(4)	Umsatzerlöse
	(3)	USt
an	(2)	Forderung aus L & L bzw Zahlungsmittelkonto

2.11.1.7. Anzahlungen

Unter Anzahlungen versteht man Vorleistungen, die der Leistungsempfänger (Käufer) dem Leistenden (Lieferanten/Verkäufer) gewährt. Aus Sicht des Anzahlenden handelt es sich bei der Vorauszahlung um eine gegebene Anzahlung, die ein Forderungsrecht auf den Leistungsgegenstand darstellt. Aus Sicht des Anzahlungsempfängers handelt es sich bei der Vorauszahlung um eine erhaltene Anzahlung, die eine Verbindlichkeit darstellt.

Seit 1. 1. 1995 fällt bei Anzahlungen für nach dem 31. 12. 1994 abgeschlossene Verträge auch bei der Sollbesteuerung USt an, wobei die Umsatzsteuerschuld in dem Monat der tatsächlichen Leistung der Anzahlung entsteht (Besteuerung nach vereinnahmten Entgelten). Wird über die Anzahlung eine Rechnung im Sinne des UStG gelegt, so kann der leistende Unternehmer die USt als Vorsteuer abziehen. Die Höhe der geschuldeten USt richtet sich jedoch nicht nach der vereinbarten Anzahlung, sondern nach der tatsächlich geleisteten Anzahlung, selbst wenn die Rechnung einen höheren Steuerbetrag ausweisen würde.

Die geleistete Anzahlung ist auf dem entsprechenden Lieferantenkonto (zB Verbindlichkeit aus L & L) im Soll zu verbuchen. Im Zeitpunkt der Leistungserbringung (der Rechnungslegung) wird die Lieferung mit dem vollen Rechnungsbetrag inklusive USt verbucht. Der Saldo aus geleisteter Anzahlung und Rechnungsbetrag stellt die noch offene Schuld dar. Als Vorsteuer kann nur noch der Saldo aus der USt für die Gesamtleistung und der bereits bezahlten USt für die geleistete Anzahlung geltend gemacht werden.

Die erhaltene Anzahlung ist spiegelbildlich auf dem entsprechenden Kundenkonto (zB Forderung aus L & L) im Haben auszuweisen. Bei Lieferung wird der volle Rechnungsbetrag inkl USt auf dem Forderungskonto verbucht, sodass der Saldo aus erhaltener Anzahlung und Rechnungsbetrag den noch offenen Forderungsbetrag ergibt. Die Umsatzsteuerschuld ergibt sich aus dem Saldo aus der USt für die Gesamtleistung und der aufgrund der erhaltenen Anzahlung bereits geschuldeten USt.

Im Zeitpunkt der tatsächlichen Leistungserbringung entsteht eine Forderung bzw Verbindlichkeit nur noch in um die Anzahlung verringerter Höhe. Auch die Umsatzsteuerschuld entsteht nur noch bezüglich des Differenzbetrages. In der Endrechnung ist auf die geleistete Anzahlung und die darauf entrichtete Umsatzsteuer in der Form hinzuweisen, dass die Anzahlung und entrichtete USt offen in der Endrechnung vom Gesamtentgelt und der darauf entfallenden USt abzusetzen sind oder dass Anzahlung und darauf geleistete USt gesondert in der Endrechnung oder in einem Anhang zur Endrechnung gesondert angegeben werden.

Buchungen des Käufers:

bei Anzahlung:

	(3)	Lieferantenkonto (Verbindlichkeit aus L & L)
	(2)	Vorsteuer aus Anzahlung
an	(2)	Bank
	(3)	Lieferantenkonto (Verbindlichkeit aus L & L)
an	(2)	VSt-Evidenzkonto

bei Erhalt der Lieferung:

	(1)	Handelswaren
	(2)	Vorsteuer
an	(3)	Lieferantenkonto (Verbindlichkeit aus L & L)
	(2)	VSt-Evidenzkonto
an	(2)	Vorsteuer

Bei Erhalt der Leistung wird diese mit den Anschaffungskosten und der darauf entfallenden vollen Vorsteuer aktiviert. Da dieser Vorsteuerbetrag aufgrund der bereits entrichteten Anzahlung dem Lieferanten nicht mehr als Umsatzsteuer geschuldet wird, kommt es zu einer Verringerung des Schuldbetrages um den Wert der nicht mehr geschuldeten Umsatzsteuer (dh Reduktion um den Wert der nicht mehr abziehbaren Vorsteuer).

Buchungen des Verkäufers:

bei Anzahlung:

	(2)	Bank
an	(2)	Kundenkonto (Forderung aus L & L)
	(3)	USt
	(3)	USt-Evidenzkonto
an	(2)	Kundenkonto (Forderung aus L & L)

bei Lieferung:

	(2)	Kundenkonto (Forderung aus L & L)
an	(4)	Umsatzerlöse
	(3)	USt
	(3)	USt
an	(3)	USt-Evidenzkonto

Eine Besonderheit gilt es zu beachten, wenn die Anzahlung vor dem Bilanzstichtag, die Leistung aber erst nach dem Bilanzstichtag erfolgt ist. In diesem Fall hat für bilanzielle Zwecke eine Umbuchung von den Lieferantenkonten auf das Konto „geleistete Anzahlung" zu erfolgen. Dabei gilt es zu beachten, für welche Art von Vermögensgegenstand die Anzahlung geleistet wurde, da es jeweils einen eigenen Bilanzposten für geleistete Anzahlungen für immaterielle Wirtschaftsgüter, für Sachanlagevermögen, für Finanzanlagevermögen und für Vorräte gibt. Die auf den Kundenkonten verbuchten Anzahlungen sind hingegen auf die Bilanzposition „erhaltene Anzahlungen auf Bestellungen“ im Bereich der Verbindlichkeiten umzubuchen.

Buchungssätze:

Buchungen des Käufers:

	(1)	geleistete Anzahlungen Vorräte
an	(3)	Verbindlichkeit aus L & L

Buchungen des Verkäufers:

	(2)	Forderung aus L & L
an	(3)	erhaltene Anzahlungen auf Bestellungen

2.11.1.8. Der Tausch

Im Gegensatz zum Erwerb einer Sache oder Leistung gegen Geld besteht das Wesen des Tausches darin, dass die Leistung des Erwerbers ebenfalls in einer Leistung besteht.

Veräußerungspreis der hingegebenen Leistung ist grundsätzlich der am Markt erzielbare Wert (das Einkommensteuergesetz spricht vom „gemeinen Wert“ der hingegebenen Sache). Dieser Veräußerungspreis zum „gemeinen Wert“ gilt steuerrechtlich als Anschaffungskosten der dafür erhaltenen Leistung. Soweit sich Leistung und Gegenleistung wertmäßig entsprechen, führt diese Auffassung zu keinen weiteren Schwierigkeiten. Soweit jedoch der Wert der erhaltenen Gegenleistung geringer ist als der Wert der hingegebenen Sache, wird eine Abwertung auf den beizulegenden Wert zu überlegen sein.

Umsatzsteuerlich gilt hingegen aufgrund des allgemeinen Grundsatzes, dass Entgelt all das ist, was der Erwerber aufzuwenden hat, dass die Bemessungsgrundlage des Tausches der Wert der erhaltenen Sache ist (Bemessungsgrundlage der Vorsteuer ist der Wert der hingegebenen Sache). Demgemäß ergibt sich, sofern nicht wertgleiche Gegenstände getauscht werden, nicht nur im tatsächlichen Wert ein Unterschied, sondern auch ein Unterschied in der Höhe der Bemessungsgrundlage. Umsatzsteuerlich ist bei dem Unternehmer, der die wertvollere Leistung abgibt, allerdings von einer Entgeltsminderung auszugehen, sodass letztlich die Bemessungsgrundlage für den erhaltenen Gegenstand nicht im Wert der hingegebenen Leistung, sondern im Wert der erhaltenen Leistung besteht. (Siehe dazu 2.11.1.9. Beispiel 6)

2.11.1.9. Beispiele

Beispiel 1:

Am 3. Juli werden von der „Lack KG“ Lacke und Farben im Wert von 50.000,– (exkl 20 % USt) an die „Müller GmbH“ geliefert, die von dieser zur Lackierung der erzeugten Fräsmaschinen benötigt werden. Für den Transport werden von der „Lack-KG“ 2.000,– (exkl 20 % USt) extra verlangt.

Es werden folgende Zahlungsbedingungen vereinbart:

- *Für die gelieferten Farben und Lacke wird ein Mengenrabatt von 3 % gewährt;*
- *bei Zahlung innerhalb einer Woche ab Lieferung wird ein Skonto von 2 % auf den gesamten Rechnungsbetrag gewährt; der Skonto wird entsprechend der Zinsaufwandtheorie gebucht, wobei umsatzsteuerlich nicht von einer Trennung Lieferung und Kreditgeschäft auszugehen ist;*

- *Zahlungsziel 2 Monate ab Lieferung;*
- *Verzugszinsen 12 % pa (Bemessungsgrundlage Nettoverbindlichkeit)*

Die „Müller GmbH“ bezahlt die Rechnung am 10. Juli.

Buchungen der „Müller GmbH“:

3.7.

	(1)	Hilfsstoffe	49.490	
	(8)	nicht ausgenützte Lieferantenskonti	1.010	
	(2)	Vorsteuer	10.100	
an	(3)	Verbindlichkeit aus L & L		60.600

Berechnung:

	50.000
	– 1.500 (3 % Rabatt)
	48.500
	+ 2.000 (Transport)
	50.500
	– 1.010 (2 % Skonto)
	49.490

10. 7.

	(3)	Verbindlichkeit aus L & L	60.600	
an	(8)	nicht ausgenützte Lieferantenskonti		1.010
	(2)	Vorsteuer		202
	(2)	Bank		59.388

Buchungen der „Lack KG“

3. 7.

	(2)	Forderung aus L & L	58.200	
	(2)	sonstige Forderung	2.400	
an	(4)	Umsatzerlöse		47.530
	(4)	Spesenersatz		1.960
	(8)	Skontoerträge (nicht ausgenützte Kundenskonti)		1.010
	(3)	USt		10.100

Hinweis:

Der Skonto verteilt sich aliquot auf die Umsatzerlöse und den Spesenersatz.

10. 7.

	(2)	Bank	59.388	
	(3)	USt	202	
	(8)	Skontoerträge	1.010	
an	(2)	Forderung aus L & L		58.200
	(2)	sonstige Forderung		2.400

Beispiel 2: (Variante zu Beispiel 1)

Die „Müller GmbH" kann aufgrund eines plötzlichen finanziellen Engpasses erst am 18. November zahlen.

Buchungen der „Müller GmbH":

Die Buchung vom 3. 7. bleibt gleich.

18. 11.

	(3)	Verbindlichkeit aus L & L	60.600	
	(8)	Verzugszinsen	1.262,50	
an	(2)	Bank		61.862,50

Berechnung der Verzugszinsen:

*50.500 (Nettoverbindlichkeit) * 2,5 % (Zahlungsverzug 2,5 Monate)*

Die Verzugszinsen stellen einen nicht umsatzsteuerbaren echten Schadenersatz dar.

Buchungen der „Lack KG":

3. 7.: Buchung bleibt gleich.

18. 11.

	(2)	Bank	61.862,50	
an	(2)	Forderung aus L & L		58.200
	(2)	sonstige Forderung		2.400
	(8)	Verzugszinsenertrag		1.262,50

Beispiel 3:

Die „Müller GmbH" erhält am 3. Juli von der „Lack KG" Lacke und Farben im Wert (laut Rechnung) von 50.000,– netto. Die Transportkosten in Höhe von 2.000,– netto trägt die „Lack KG" (einheitlich 20 % USt).

Am nächsten Tag wird festgestellt, dass falsche Farbe im Wert von 6.000,– netto geliefert wurde, die umgehend an die „Lack KG" zurückgesendet wird. Die Postpaketkosten in Höhe von 200,– netto trägt die „Müller GmbH".

Am 8. Juli erhält die „Müller GmbH" die um die Warenrücksendung korrigierte Rechnung über die Lieferung vom 3. Juli, die folgende am Vortag vereinbarte Zahlungsbedingungen vorsieht:

- *5 % Mengenrabatt auf die restliche Lieferung*
- *2 % Skonto bei Zahlung innerhalb von 3 Tagen.*

Die „Müller GmbH" zahlt am 10. Juli.

Buchungen der „Müller GmbH":

3. 7.

	(1)	*Hilfsstoffe*	*50.000*	
	(2)	*Vorsteuer*	*10.000*	
an	*(3)*	*Verbindlichkeit aus L & L*		*60.000*

4. 7.

	(3)	*Verbindlichkeit aus L & L*	*7.200*	
an	*(1)*	*Hilfsstoffe*		*6.000*
	(2)	*Vorsteuer*		*1.200*

	(7)	*Postgebühr*	*200*	
an	*(2)*	*Kassa*		*200*

(Postgebühr ist unecht umsatzsteuerbefreit)

8. 7.

	(3)	*Verbindlichkeit aus L & L*	*2.640*	
an	*(1)*	*Hilfsstoffe*		*2.200*
	(2)	*Vorsteuer*		*440*

	(8)	*nicht ausgenützte Lieferantenskonti*	*836*	
an	*(1)*	*Hilfsstoffe*		*836*

Berechnung der Korrekturen:

52.800	*(Verbindlichkeit vor 8.7.)*
– 2.200	*(5 % Rabatt netto)*
– 440	*(Vorsteuerkorrektur Rabatt)*
50.160	*(Verbindlichkeit ab 8.7.)*
– 836	*(2 % Skonto netto)*
– 167,2	*(Vorsteuerkorrektur Skonto)*
49.156,8	*(Zahlungsbetrag bei Inanspruchnahme des Skontos)*

10. 7.

	(3)	*Verbindlichkeit aus L & L*	*50.160*	
an	*(2)*	*Bank*		*49.156,80*
	(2)	*Vorsteuer*		*167,20*
	(8)	*nicht ausgenützte Lieferantenskonti*		*836*

Buchungen der „Lack KG“:

3. 7.

	(2)	Forderung aus L & L	60.000	
an	(4)	Umsatzerlöse		50.000
	(3)	USt		10.000

	(7)	Transport durch Dritte	2.000	
	(2)	Vorsteuer	400	
an	(2)	Kassa		2.400

4. 7.

	(4)	Umsatzerlöse	6.000	
	(3)	USt	1.200	
an	(2)	Forderung aus L & L		7.200

8. 7.

	(4)	Erlösberichtigung (Rabatt)	2.200	
	(3)	USt	440	
an	(2)	Forderung aus L & L		2.640

	(4)	Umsatzerlöse	836	
an	(8)	Skontoerträge	836	

10. 7.

	(2)	Bank	49.156,80	
	(8)	Skontoerträge	836	
	(3)	USt	167,20	
an	(2)	Forderung aus L & L		50.160

Beispiel 4:

Am 31. 12. erhält die „Müller GmbH“ von der „Lack KG“ erstmalig eine Gutschrift in Form eines Umsatzbonus von 2 % des Gesamtumsatzes des abgelaufenen Jahres in Höhe von 300.000,– netto (alle Umsätze unterliegen 20 % USt).

Lösung:

Da mit dem Umsatzbonus nicht zu rechnen war, stellt dieser keine Anschaffungskostenminderung, sondern einen sonstigen betrieblichen Ertrag dar.

Buchung der „Müller GmbH“:

31. 12.

	(2)	sonstige Forderung	7.200	
an	(4)	sonstige betriebliche Erträge		6.000
	(3)	Umsatzsteuer		1.200

Buchung der „Lack KG“:

31. 12.

	(4)	Erlösschmälerung	6.000	
	(3)	USt	1.200	
an	(3)	sonstige Verbindlichkeit		7.200

Beispiel 5:

Die „Müller GmbH“ bestellt bei der „Lack KG“ am 2. 12. X1 Farben im Wert von 100.000,–. Sie überweist am 4. 12. X1 eine Anzahlung in Höhe von 15.000,– inkl 20 % USt, für die sie am gleichen Tag eine Rechnung iS des UStG erhielt. Die Lieferung und Rechnungslegung erfolgt

a) am 23. 12. X1

b) am 5. 1. X2.

Der noch offene Betrag wird in beiden Varianten am 10. 1. X2 bezahlt.

Variante a):

Buchungen der „Müller GmbH“:

4. 12. X1

	(3)	Lieferantenkonto (Verbindlichkeit aus L & L)	12.500	
	(2)	Vorsteuer	2.500	
an	(2)	Bank		15.000

	(3)	Lieferantenkonto (Verbindlichkeit aus L & L)	2.500	
an	(2)	Vorsteuer-Evidenzkonto		2.500

23. 12. X1

	(1)	Hilfsstoffe	100.000	
	(2)	Vorsteuer	20.000	
an	(3)	Lieferantenkonto (Verbindlichkeit aus L & L)		120.000

	(2)	Vorsteuer-Evidenzkonto	2.500	
an	(2)	Vorsteuer		2.500

10. 1. X2

	(3)	Lieferantenkonto (Verbindlichkeit aus L & L)	105.000	
an	(2)	Bank		105.000

Buchungen der „Lack KG“:

4. 12. X1

	(2)	Bank	15.000	
an	(2)	Kundenkonto (Forderung aus L & L)		12.500
	(3)	USt		2.500

	(3)	USt-Evidenzkonto	2.500	
an	(2)	Kundenkonto (Forderung aus L & L)		2.500

23. 12. X1

	(2)	Kundenkonto (Forderung aus L & L)	120.000	
an	(4)	Umsatzerlöse		100.000
	(3)	USt		20.000

	(3)	USt	2.500	
an	(3)	USt-Evidenzkonto		2.500

10. 1. X2

	(2)	Bank	105.000	
an	(2)	Kundenkonto (Forderung aus L & L)		105.000

Variante b):

Buchungen der „Müller GmbH":

4. 12. X1

	(3)	Lieferantenkonto (Verbindlichkeit aus L & L)	12.500	
	(2)	Vorsteuer	2.500	
an	(2)	Bank		15.000

	(3)	Lieferantenkonto (Verbindlichkeit aus L & L)	2.500	
an	(2)	Vorsteuer-Evidenzkonto		2.500

31. 12. X1

	(1)	geleistete Anzahlungen Vorräte	15.000	
an	(3)	Lieferantenkonto (Verbindlichkeit aus L & L)		15.000

1. 1. X2

	(3)	Lieferantenkonto (Verbindlichkeit aus L & L)	15.000	
an	(1)	geleistete Anzahlungen Vorräte		15.000

5. 1. X2

	(1)	Hilfsstoffe	100.000	
	(2)	Vorsteuer	20.000	
an	(3)	Lieferantenkonto (Verbindlichkeit aus L & L)		120.000

	(2)	Vorsteuer-Evidenzkonto	2.500	
an	(2)	Vorsteuer		2.500

10. 1. X2

	(3)	Verbindlichkeit aus L & L	105.000	
an	(2)	Bank		105.000

Buchungen der „Lack KG“:

4. 12. X1

	(2)	Bank	15.000	
an	(2)	Kundenkonto (Forderung aus L & L)		12.500
	(3)	USt		2.500

	(3)	USt-Evidenzkonto	2.500	
an	(2)	Kundenkonto (Forderung aus L & L)		2.500

31. 12. X1

	(2)	Kundenkonto (Forderung aus L & L)	15.000	
an	(3)	erhaltene Anzahlungen auf Bestellungen		15.000

1. 1. X2

	(3)	erhaltene Anzahlungen auf Bestellungen	15.000	
an	(2)	Kundenkonto (Forderung aus L & L)		15.000

5. 1. X2

	(2)	Kundenkonto (Forderung aus L & L)	120.000	
an	(4)	Umsatzerlöse		100.000
	(3)	USt		20.000

	(3)	USt	2.500	
an	(3)	USt-Evidenzkonto		2.500

10. 1. X2

	(2)	Bank	105.000	
an	(2)	Kundenkonto (Forderung aus L & L)		105.000

Beispiel 6:

Die „Müller GmbH“ schließt im November 20X8 folgenden Vertrag mit der „Lack KG“ ab: Die „Müller GmbH“ erhält von der „Lack KG“ im Dezember 20X8 die neue Fertigungsanlage „Orpheus“ im Wert von 850.000,– (exkl USt). Als Gegenleistung erhält die „Lack KG“ „Amelia“ – eine von der „Müller GmbH“ nicht mehr benötigte Anlage eines alten Produktionsbereichs – mit einem Verkehrswert von 900.000,– (exkl USt). Im Dezember 20X8 liefert die „Lack KG“ vereinbarungsgemäß die neue Fertigungsanlage „Orpheus“ und transportiert eine Woche später auch die Maschine „Amelia“ in ihr eigenes Lager ab. Die „Müller GmbH“ nimmt die neue Fertigungsanlage „Orpheus“ noch im Dezember 20X8 in Betrieb (geschätzte Nutzungsdauer: 10 Jahre). Am 31. 12.20X8 beläuft sich der beizulegende Wert bzw Teilwert der Maschine „Orpheus“ auf 807.500,–.

Ein Auszug aus dem Anlagenverzeichnis zeigt bezüglich der alten Fertigungsanlage „Amelia" folgendes Bild:

Anschaffungskosten	*Anschaffungsdatum*	*Nutzungsdauer*	*Restbuchwert 31. 12. 20X7*
1,000.000	*15. 2. 20X6*	*10 Jahre*	*800.000*

Bisheriger Buchungsstand: Bisher wurden in diesem Zusammenhang noch keinerlei Buchungen vorgenommen.

Nehmen Sie aus Sicht der „Müller GmbH" – welche die Prämisse der Gewinnminimierung verfolgt – alle aufgrund dieses Sachverhalts im Jahr 20X8 erforderlichen Buchungen vor, wobei unter Variante a) die „Lack KG" eine Aufzahlung iHv 50.000,– bei Lieferung der Fertigungsanlage „Orpheus" leistet;

unter Variante b) die „Lack KG" keinerlei Aufzahlung leistet.

Lösung:

Variante a)

Im ersten Schritt ist für die alte Maschine „Amelia" noch die planmäßige Abschreibung für die vergangene Periode durchzuführen.

Anschaffungskosten	*1,000.000*
Nutzungsdauer in Jahren	*10*
planmäßige Abschreibung	*100.000*

	(7) planmäßige Abschreibung	*100.000*	
an	*(0) Technische Anlagen und Maschinen („Amelia")*		*100.000*

Da die Maschine „Amelia" aus dem Unternehmen ausscheidet, ist der Restbuchwert auszubuchen.

Anschaffungskosten 15. 2. 20X6	*1,000.000*
Kum Abschreibung (3 Jahre planm Abschreibung)	*300.000*
Restbuchwert	*700.000*

	(7) Buchwert abgegangener Anlagen	*700.000*	
an	*(0) Technische Anlagen und Maschinen („Amelia")*		*700.000*

Die neue Maschine ist zu aktivieren:

Das UGB definiert in § 203 Abs 2 Anschaffungskosten als jene Aufwendungen, die geleistet werden, um einen Vermögensgegenstand zu erwerben. Im Gegensatz zum Steuerrecht enthält das UGB jedoch keine lex specialis betreffend den Tausch von Wirtschaftsgütern. Vielfach wird ein Wahlrecht hinsichtlich der erfolgswirksamen Bilanzierung von Tauschgeschäften vertreten: Entweder ergebnis neutrale Behandlung durch Aufwertung im Umfang der zusätzlichen Ertragsteuerbelastung oder vollständige Gewinnrealisierung nach steuerlichem Vorbild in Höhe des gemeinen Wertes des hingegebenen Vermögensgegenstandes. Vergleicht man den Tauschvorgang mit anderen Erwerbsvorgängen, zeigt sich, dass jeder Tausch in getrennte Veräußerungs-/Anschaffungsgeschäfte zerlegt werden könnte, woraus als Grundsatz die vollständige Gewinnrealisierung als zutreffende Lösung des Tausches abgeleitet werden kann.

Demgegenüber bestimmt das EStG in § 6 Z 14 lit a, dass beim Tausch von Wirtschaftsgütern jeweils eine Anschaffung und eine Veräußerung vorliegt, wobei als Veräußerungspreis des hingegebenen Wirtschaftsgutes und als Anschaffungskosten des erworbenen Wirtschaftsgutes jeweils der gemeine Wert (= grundsätzlich der am Markt erzielbare Wert, vgl § 10 BewG) des hingegebenen Wirtschaftsgutes anzusetzen ist.

Im UStG gilt als Bemessungsgrundlage für die USt – entgegen der ertragsteuerlichen Beurteilung – der gemeine Wert des hereingenommenen Wirtschaftsgutes (§ 3 Abs 10 iVm § 4 Abs 6 UStG), dh die Bemessungsgrundlage beim Tausch ist aus der Sicht des Leistungsempfängers zu bestimmen.

Die „Müller GmbH" bucht wie folgt:

	(0)Technische Anlagen und Maschinen („Orpheus")	*850.000*	
	(2) Kassa/Bank	*50.000*	
	(2) VSt	*180.000*	
an	*(3) Verbindlichkeiten L & L („Lack KG")*		*1.080.000*

	(3) Verbindlichkeiten L & L („Lack KG")	*1.080.000*	
an	*(4) Erlöse aus dem Abgang von Anlagen*		*900.000*
an	*(3) USt*		*180.000*

	(4) Erlöse aus dem Abgang von Anlagen	*900.000*	
an	*(4) Erträge aus dem Abgang von Anlagen*		*900.000*

	(4) Erträge aus dem Abgang von Anlagen	*700.000*	
an	*(7) Buchwert abgegangener Anlagen*		*700.000*

Die neue Maschine „Orpheus" ist gem § 204 Abs 1 UGB planmäßig abzuschreiben. Die Inbetriebnahme erfolgt in der zweiten Jahreshälfte (Dezember 20X8). Es ist daher eine Halbjahresabschreibung vorzunehmen.

Anschaffungskosten	*850.000*
Nutzungsdauer in Jahren	*10*
planmäßige Abschreibung	*85.000*
½ planmäßige Abschreibung	*42.500*

	(7) planmäßige Abschreibung	*42.500*	
an	*(0) Technische Anlagen und Maschinen („Orpheus")*		*42.500*

Gemäß § 204 Abs 2 UGB sind Gegenstände des Anlagevermögens außerplanmäßig auf den niedrigeren Wert abzuschreiben, der ihnen am Abschlussstichtag unter Bedachtnahme auf die Nutzungsmöglichkeit im Unternehmen beizulegen ist. Am 31. 12. 2008 entspricht allerdings der Buchwert der Maschine „Orpheus" (807.500,–) dem beizulegenden Wert lt. Angabe (807.500,–), dementsprechend ist keine Buchung erforderlich.

Im EStG belaufen sich gem § 6 Z 14 lit a die Anschaffungskosten des erworbenen Wirtschaftsgutes (= Maschine „Orpheus") auf den gemeinen Wert des hingegebenen Wirtschaftsgutes (= Maschine „Amelia"), dh 900.000,–. Dieser Wert des hingegebenen Wirtschaftsgutes ist allerdings unmittelbar um die in Geld erhaltene Zuzahlung iHv 50.000,– zu kürzen, da die Zuzahlung keine Anschaffungs-

kosten der neu erworbenen Maschine „Orpheus" aus Sicht der „Müller GmbH" darstellen kann. Dementsprechend belaufen sich die steuerlichen Anschaffungskosten in Summe auf 850.000,–, wodurch kein Unterschied zum UGB besteht und keine MWR anfallen.

Variante b)

	(7) planmäßige Abschreibung	*100.000*	
an	*(0) Technische Anlagen und Maschinen („Amelia")*		*100.000*

Anschaffungskosten 15. 2. 20X6	*1,000.000*
Kum Abschreibung (3 Jahre planm Abschreibung)	*300.000*
Restbuchwert	*700.000*

	(7) Buchwert abgegangener Anlagen	*700.000*	
an	*(0) Technische Anlagen und Maschinen („Amelia")*		*700.000*

Die neue Maschine ist zu aktivieren:

Im UGB wird auch hier prinzipiell der gewinnrealisierenden Buchungsvariante (vgl Ausführungen zu Variante a) gefolgt. Nachdem die „Müller GmbH" als Gegenwert für die Maschine „Amelia" (mit einem Wert von 900.000,–) nur die betragsmäßig billigere Maschine „Orpheus" (mit einem Wert von 850.000,–) erhält, ist im UGB nur von einem Erlös iHv 850.000,– auszugehen.

Das EStG bestimmt in § 6 Z 14 lit a, dass beim Tausch von Wirtschaftsgütern jeweils eine Anschaffung und eine Veräußerung vorliegt, wobei als Veräußerungspreis des hingegebenen Wirtschaftsgutes und als Anschaffungskosten des erworbenen Wirtschaftsgutes jeweils der gemeine Wert des hingegebenen Wirtschaftsgutes anzusetzen ist. Hier ist der Wert des hingegebenen Wirtschaftsgutes 900.000,–, dh die steuerlichen Anschaffungskosten der Maschine „Orpheus" betragen 900.000,–, dementsprechend ergibt sich eine MWR iHv 50.000,–.

Im UStG gilt als Bemessungsgrundlage für die USt – entgegen der ertragsteuerlichen Beurteilung – der gemeine Wert des hereingenommenen Wirtschaftsgutes (§ 3 Abs 10 iVm § 4 Abs 6 UStG), dh die Bemessungsgrundlage beim Tausch ist aus der Sicht des Leistungsempfängers zu bestimmen.

Die „Müller GmbH" bucht wie folgt:

	(0) Technische Anlagen und Maschinen („Orpheus")	*850.000*	
	(2) VSt	*170.000*	
an	*(3) Verbindlichkeiten L & L („Lack KG")*		*1.020.000*

	(3) Verbindlichkeiten L & L („Lack KG")	*1.020.000*	
an	*(4) Erlöse aus dem Abgang von Anlagen*		*850.000*
an	*(3) USt*		*170.000*

MWR: + 50.000

	(4) Erlöse aus dem Abgang von Anlagen	*850.000*	
an	*(4) Erträge aus dem Abgang von Anlagen*		*850.000*

	(4) Erträge aus dem Abgang von Anlagen	*700.000*	
an	*(7) Buchwert abgegangener Anlagen*		*700.000*

Die neue Maschine „Orpheus" ist gem § 204 Abs 1 UGB planmäßig abzuschreiben. Die Inbetriebnahme erfolgt in der zweiten Jahreshälfte (Dezember 20X8). Es ist daher eine Halbjahresabschreibung vorzunehmen.

Anschaffungskosten	*850.000*
Nutzungsdauer in Jahren	*10*
planmäßige Abschreibung	*85.000*
½ planmäßige Abschreibung	*42.500*

	(7) planmäßige Abschreibung	*42.500*	
an	*(0) Technische Anlagen und Maschinen („Orpheus")*		*42.500*

Am 31. 12. 20X8 entspricht der Buchwert der Maschine „Orpheus" (807.500,–) dem beizulegenden Wert lt. Angabe (807.500,–), dementsprechend ist keine außerplanmäßige Abschreibung gem § 204 Abs 2 UGB vorzunehmen.

Im EStG belaufen sich jedoch gem § 6 Z 14 lit a EStG die Anschaffungskosten der Maschine „Orpheus" auf 900.000,–. Dementsprechend berechnet sich die Absetzung für Abnutzung für 2008 wie folgt:

Anschaffungskosten	*900.000*
Nutzungsdauer in Jahren	*10*
Absetzung für Abnutzung	*90.000*
½ Absetzung für Abnutzung	*45.000*

Gemäß § 6 Z 1 EStG kann bei abnutzbarem Anlagevermögen auf den niedrigeren Teilwert abgewertet werden. Vergleicht man den steuerlichen Buchwert nach Vornahme einer Halbjahresabsetzung für Abnutzung (855.000,–) mit dem Teilwert (807.500,–) am 31. 12. 20X8, dann ergibt sich daraus eine Wertminderung iHv 47.500,–, dementsprechend ist in Summe eine MWR iHv 50.000,– (2.500,– + 47.500,–) vorzunehmen.

MWR: – 50.000

2.11.2. Die Privatentnahmen

2.11.2.1. Privatentnahme und Eigenverbrauch

Privatentnahmen sind alle nicht betrieblich veranlassten Abgänge von Werten, wobei unter Werten Gegenstände, Geld, Leistungen und Nutzungen zu verstehen sind, zB die Entnahme von Bargeld zur Bezahlung des privaten Mittagessens.

Privatentnahmen sind nur bei den Unternehmen möglich, bei denen eine Privatsphäre denkbar ist. Da bei Kapitalgesellschaften eine Privatsphäre nicht denkbar ist, gibt es auch keine Privatentnahmen und kein Privatkonto. Eigenverbrauch ist demgegenüber bei sämtlichen Gesellschaftsformen möglich.

Voraussetzung für Privatentnahmen ist darüber hinaus das Bestehen einer Berechtigung, dem Unternehmen zugerechnete Werte für private Zwecke zu verwenden. Eine solche Berechtigung besteht ex lege nur für den Einzelunternehmer. Für die Gesellschafter einer OG und KG bedarf es grundsätzlich der Zustimmung der übrigen Gesellschafter (vgl § 122 Abs 2 UGB).

Für den Unternehmer und jeden Mitunternehmer wird ein eigenes „Privatkonto" geführt, das ein Vorkonto zum jeweiligen Eigenkapitalkonto darstellt. Am Privatkonto werden alle jene finanziellen Vorgänge erfasst, die nicht die betriebliche Sphäre betreffen (hiefür gibt es die in der Gewinn- und Verlustrechnung zusammengefassten Eigenkapitalvorkonten), sondern die Privatsphäre des Unternehmers. Am Ende des Wirtschaftsjahres ist das Privatkonto gegen das Eigenkapitalkonto abzuschließen.

Die Verbuchung des Erlöses aus Privatentnahmen erfolgt auf einem eigenen Erlöskonto, wobei für jeden Umsatzsteuersatz ein eigenes Erlöskonto zu führen sein wird.

Die Verbuchung der Entnahmen aus der Kassa bzw vom Bankkonto ist auf dem entsprechenden Zahlungsmittelkonto vorzunehmen.

Buchungssätze:

Bei Geldentnahmen bzw Bezahlung von privaten Rechnungen:

	(9)	Privat
an	(2)	Zahlungsmittelkonto

Bei Entnahme von Vermögensgegenständen und Nutzung betrieblichen Vermögens:

	(9)	Privat
an	(4)	Eigenverbrauch
	(3)	USt

Privatentnahmen sind gem § 202 Abs 1 UGB mit dem zum Zeitpunkt der Entnahme **beizulegenden Wert** anzusetzen. Dieser Wert ist unter Anwendung des „going-concern-Prinzips" (dazu unten 3.6.2.2.) zu ermitteln und wird in vielen Fällen mit dem steuerlichen Teilwert (dazu gleich unten) übereinstimmen.

Die steuerrechtliche Behandlung

Bedeutung erlangt die Behandlung der Privatentnahmen im Zusammenhang mit der Einkommensteuer und der Umsatzsteuer.

Einkommensteuer

Gemäß § 4 Abs 1 EStG ist der Gewinn der durch doppelte Buchhaltung zu ermittelnde Unterschiedsbetrag zwischen dem Betriebsvermögen am Schluss des Wirtschaftsjahres und dem Betriebsvermögen am Schluss des vorangegangenen Wirtschaftsjahres, wobei der Gewinn durch Entnahmen nicht gekürzt wird.

Da jede Verminderung des Eigenkapitals eine Betriebsvermögensverminderung darstellt, ist der Gewinn bei indirekter Ermittlung aus der Bilanz um den Wert des entnommenen Vermögensgegenstandes zu erhöhen.

Wie ermittelt man den Wert des Vermögensgegenstandes?

§ 6 Z 4 EStG bestimmt, dass Entnahmen grundsätzlich mit dem **Teilwert**, das ist jener Wert, den ein Erwerber des ganzen Betriebes im Rahmen des Gesamtkaufpreises für das einzelne Wirtschaftsgut ansetzen würde, zu bewerten sind.

Da die Teilwertermittlung oft schwierig ist, gibt es folgende Teilwertvermutungen:

- bei abnutzbarem Anlagevermögen entspricht der Teilwert den Anschaffungs- oder Herstellungskosten vermindert um die angefallene AfA;
- bei nicht abnutzbarem Anlagevermögen entspricht der Teilwert zumindest den seinerzeitigen Anschaffungs- oder Herstellungskosten;
- beim Umlaufvermögen entspricht der Teilwert dem Wiederbeschaffungspreis.

Von dem Grundsatz der Entnahme mit dem Teilwert sind seit 1. 4. 2012 (1. StabG 2012, BGBl I 2012/22 und AbgÄG 2012, BGBl I 2012/122) die Entnahmen von Grund und Boden ausgenommen. Diese sind mit dem Buchwert zum Zeitpunkt der Entnahme anzusetzen. In diesem Fall tritt der Entnahmewert für spätere Sachverhalte (wie Veräußerung, Einlage) an die Stelle der Anschaffungskosten. Die Entnahme von Grund und Boden zum Buchwert erfolgt aber nur, wenn keine Ausnahme vom besonderen Steuersatz (25 % bzw ab 1. 1. 2016 30 %) iSd § 30a Abs 3 EStG vorliegt.

Umsatzsteuer

Privatentnahmen lösen im Bereich der Umsatzsteuer den Tatbestand des Eigenverbrauchs (§ 1 Abs 1 Z 2 UStG) bzw einer Lieferung (§ 3 Abs 2 UStG) oder sonstigen Leistung (§ 3a Abs 1a UStG) aus.

Die Besteuerung der Privatentnahmen dient dazu, eine durch Widmungsänderung eines Vermögenswertes des Betriebes eintretende umsatzsteuerliche Besserstellung des Unternehmers zu unterbinden. Durch die Entnahme in den Privatbereich wird der Unternehmer bezüglich des entnommenen Wertes zum „Letztverbraucher", dh zum Träger der Umsatzsteuerschuld. Er ist in dieser Funktion genauso zu behandeln wie jeder andere Letztverbraucher: Der leistende Unternehmer stellt die Umsatzsteuer in Rechnung und der Letztverbraucher kann die bezahlte Umsatzsteuer mangels Unternehmereigenschaft nicht als Vorsteuer abziehen.

Die Entnahmetatbestände

Die Entnahmetatbestände gliedern sich nach herrschender Ansicht in folgende Bereiche:

- Verwendungstatbestand:

  Darunter versteht man die Verwendung (Entnahme oder Nutzung) von Gegenständen, die dem Unternehmen dienen, für Zwecke außerhalb des Unternehmens. Die Entnahme wird als Lieferung (§ 3 Abs 2 UStG), die Nutzung als sonstige Leistung (§ 3a Abs 1a UStG) behandelt.

  Die Entnahmebewertung erfolgt mit dem im Entnahmezeitpunkt geltenden Einkaufspreis der entnommenen Sache (mangels Einkaufspreis mit den Selbstkosten) bzw nach den auf die Ausführung dieser Leistungen entfallenen Kosten. Der Eigenverbrauch gem § 3 Abs 2 UStG ist beim Verwendungstatbestand allerdings nur insoweit umsatzsteuerbar, als der Gegenstand oder seine Bestandteile zu einem vollen oder teilweisen Vorsteuerabzug berechtigt haben.

- Aufwandstatbestand (eigentlicher Eigenverbrauch):
  - Dieser umfasst die Tätigung von Ausgaben (Aufwendungen), die mit der gewerblichen oder beruflichen Tätigkeit des Unternehmers in Zusammenhang stehen und nach § 20 Abs 1 EStG und § 12 Abs 1 KStG nicht abzugsfähig sind (zur Problematik des § 20 EStG siehe unten 2.11.2.2.), ausgenommen Geldzuwendungen.

    Der Umsatz bemisst sich in diesem Fall nach den nichtabzugsfähigen Ausgaben (Aufwendungen).

  Auch hier ist Voraussetzung für die Umsatzsteuerbarkeit des Eigenverbrauchs, dass der Gegenstand oder seine Bestandteile zu einem vollen oder teilweisen Vorsteuerabzug berechtigt haben.

- Unentgeltliche Erbringung von sonstigen Leistungen durch den Unternehmer:

  Darunter fallen insbesondere folgende Vorgänge:
  - Die Verwendung von Dienstnehmern für Zwecke außerhalb des Unternehmens. Dies setzt voraus, dass der Dienstnehmer überwiegend für das Unternehmen tätig ist. Da es an einer entsprechenden Bemessungsgrundlage für diesen Fall mangelt (Bemessungsgrundlage sind die auf die Ausführung dieser Leistungen entfallenden Kosten, nicht jedoch ein kalkulatorischer Unternehmerlohn), stellt die Tätigkeit des Unternehmers für den außerbetrieblichen Bereich keinen Eigenverbrauch dar.
  - Die Nutzung von dem Unternehmen eingeräumten Berechtigungen für sonstige Leistungen.

  Bei diesem Eigenverbrauchstatbestand kommt es, im Gegensatz zum Verwendungs- und Aufwandstatbestand, auf die frühere Möglichkeit des Vorsteuerabzuges nicht an.

Der Umsatzsteuersatz für den Eigenverbrauch richtet sich nach dem Satz, dem eine entsprechende Lieferung oder sonstige Leistung unterliegen würde. Das Gleiche gilt für die Entnahme bzw Nutzung von Gegenständen.

Der Normalwert ist allerdings die Bemessungsgrundlage für Lieferungen und sonstige Leistungen durch den Unternehmer für Zwecke, die außerhalb des Unternehmens liegen oder für den Bedarf seines Personals, sofern:

- das Entgelt niedriger als der Normalwert ist und der Empfänger der Lieferung oder sonstigen Leistung nicht oder nicht zum vollen Vorsteuerabzug berechtigt ist;
- das Entgelt niedriger als der Normalwert ist, der Unternehmer nicht oder nicht zum vollen Vorsteuerabzug berechtigt ist und der Umsatz gem § 6 Abs 1 Z 7 bis 26 oder Z 28 steuerfrei ist;
- das Entgelt höher als der Normalwert ist und der Unternehmer nicht oder nicht zum vollen Vorsteuerabzug berechtigt ist.

2.11.2.2. § 20 Abs 1 und 2 EStG 1988

Tatbestände des § 20 Abs 1 EStG

§ 20 EStG normiert die Aufwendungen und Ausgaben, die nicht bei den einzelnen Einkünften abgezogen werden dürfen, wie insbesondere

- Kosten der Lebenshaltung (Wohnen, Essen, Bekleidung).
- Aufwendungen der Lebensführung, selbst wenn sie die wirtschaftliche oder gesellschaftliche Stellung des Steuerpflichtigen mit sich bringt und sie der Förderung des Berufes dienen.

Diese Aufwendungen sind nach überwiegender Ansicht selbst dann unbeachtlich, wenn ein Teil beruflich veranlasst ist.

- Nach der Verkehrsauffassung unangemessen hohe betrieblich veranlasste Aufwendungen, die auch die Lebensführung berühren. Hier steht die berufliche Veranlassung außer Zweifel, es darf jedoch der Anschaffungswert bestimmter Vermögensgegenstände eine von der Verkehrsauffassung bestimmte Obergrenze nicht übersteigen.
- Repräsentationsaufwendungen: Bei diesen steht die betriebliche Veranlassung im Vordergrund, allerdings wird zugleich die gesellschaftliche Stellung gefördert. Keine Repräsentationsaufwendungen liegen vor, wenn der Steuerpflichtige nachweist, dass der Aufwand der Werbung dient und die betriebliche Veranlassung weitaus überwiegt. Soweit es sich um Bewirtungsaufwendungen handelt, ist der Aufwand zu 50 % abzugsfähig, der Vorsteuerabzug steht hingegen zur Gänze zu.
- Spenden: Spenden sind freigebige Zuwendungen an Dritte. Sie sind allerdings nur soweit nicht abzugsfähig, als damit keine betriebliche Werbung verbunden ist.
- Arbeitszimmer im Wohnungsverband, sofern dieses Arbeitszimmer nicht den Mittelpunkt der konkreten unternehmerischen Tätigkeit bildet.
- Aufwendungen und Ausgaben, auf die der besondere Steuersatz gem § 27a Abs 1 (Kapitalertragsteuer) oder § 30a Abs 1 EStG (Immobilienertragsteuer) anwendbar ist (§ 20 Abs 2 EStG).

§ 20 Abs 1 EStG und Eigenverbrauch

Die Eigenverbrauchsbestimmung kann in Zusammenhang mit § 20 Abs 1 EStG nur dann Anwendung finden, wenn überhaupt ein Zusammenhang mit der umsatzsteuerlichen Unternehmertätigkeit besteht (vgl § 1 Abs 1 Z 2 lit a iVm § 12 Abs 2 UStG).

Ein solcher Zusammenhang besteht nicht, wenn die Entgelte überwiegend (zu mehr als 50 %) nichtabzugsfähige Aufwendungen und Ausgaben nach § 20 Abs 1 EStG darstellen.

Sind die Entgelte überwiegend nicht abzugsfähig, so gelten diese Umsätze nicht als für das Unternehmen ausgeführt, weswegen auch der Eigenverbrauch ex lege (mit Ausnahme der Auslandsleistung) ausgeschlossen ist.

Nur soweit die Aufwendungen (Ausgaben) bei Tätigung des Aufwands überwiegend abzugsfähig sind oder wenn durch eine Widmungsänderung ein früherer betrieblicher Aufwand zu einem nichtabzugsfähigen Aufwand iSd § 20 EStG wird, ist die Eigenverbrauchsbesteuerung möglich.

2.11.2.3. Beispiele

Beispiel 1:

Bezahlung der privaten Lebensversicherungsprämie in Höhe von 3.000,–.

	(9)	*Privat*	*3.000*	
an	*(2)*	*Kassa*		*3.000*

Beispiel 2:

Entnahme von Handelswaren (Einkaufspreis im Zeitpunkt der Entnahme = Teilwert = 15.000,–; Buchwert = Anschaffungskosten = 11.000,–), 20 % USt.

	(9)	Privat	18.000	
an	(4)	Eigenverbrauch		15.000
	(3)	USt (Entnahme-Lieferung)		3.000

	(5)	Wareneinsatz	11.000	
an	(1)	Warenvorrat		11.000

Beispiel 3:

Ein Kfz-Mechaniker-Unternehmer lässt seinen Wagen von einem Angestellten reparieren (Arbeitsaufwand: 2 Stunden à 60,–).

	(9)	Privat	144	
an	(4)	Eigenverbrauch		120
	(3)	USt (unentgeltliche Erbringung – sonstige Leistung)		24

Beispiel 4:

Der Unternehmer selbst repariert seinen PKW (kalkulatorischer Unternehmerlohn 100,– pro Stunde).

Umsatzsteuerpflicht aufgrund sonstiger Leistung iSd § 3a Abs 1a UStG ist hier nicht möglich, da es an der Bemessungsgrundlage fehlt. Soweit bei der Reparatur Materialien des Unternehmens verwendet werden, kommt es zu einem Eigenverbrauch in Form des Verwendungstatbestandes.

Beispiel 5:

Nutzung des Firmen-PKW durch den Unternehmer am Wochenende für private Zwecke (anteilige Kosten 300,–).

	(9)	Privat	300	
an	(4)	Eigenverbrauch		300

Anmerkung: Da die Anschaffung des PKW nicht für das Unternehmen erfolgt (vgl § 12 Abs 2 Z 2 lit b UStG), ist auch eine Besteuerung der privaten Verwendung nicht möglich.

Beispiel 6:

Erwerb eines als Antiquität geltenden Schreibtisches 8.000,–. Angemessen wäre ein Betrag von 5.000, (20 % Umsatzsteuer).

	(0)	Büroausstattung	8.000	
	(2)	Vorsteuer	1.600	
an	(2)	Bank		9.600

	(9)	Privat	3.600	
an	(4)	Eigenverbrauch (20 %)		3.000
	(3)	USt (Eigenverbrauch)		600

	(4)	Eigenverbrauch	3.000	
an	(9)	Privat		3.000

Anmerkung: Da die Anschaffung als überwiegend betrieblich veranlasst gilt, ist die Differenz zur Gänze im Jahr der Anschaffung als Eigenverbrauch zu besteuern. Mangels unternehmensrechtlichen und steuerrechtlichen Aufwands ist jedoch die Erfolgswirksamkeit des Eigenverbrauchs fraglich, sodass eine Korrekturbuchung erforderlich ist. Eine Aktivierung der USt ist hingegen aufgrund § 12 Abs 2 UStG und § 20 Abs 1 Z 6 EStG nicht möglich. Die Finanzverwaltung sieht in den EStR 2000 Rz 4799 vor, dass bei Anschaffungskosten unter 7.300,– in der Regel keine Angemessenheitsprüfung der Höhe nach zu erfolgen hat.

Bemessungsgrundlage für einen später erfolgenden Eigenverbrauch durch Entnahme ist der dem steuerlich angemessenen Teil der Anschaffungskosten entsprechende Einkaufspreis im Zeitpunkt der Entnahme.

Beispiel 7:

Variante zu Beispiel 6: Erwerb des obigen Schreibtisches um 15.000,–.

	(0)	Büroausstattung	18.000	
an	(2)	Bank		18.000

Anmerkung: Der Schreibtisch gilt als nicht für das Unternehmen angeschafft. Da kein Vorsteuerabzug zusteht, ist auch eine Eigenverbrauchsbesteuerung nicht möglich. Die Vorsteuer in Höhe von 3.000,– stellt Anschaffungsnebenkosten dar.

Beispiel 8:

Anlässlich der Bewirtung von Geschäftsfreunden, die steuerlich als Repräsentationsaufwand gilt, wird folgende Rechnung beglichen:

Speisen, Getränke (10 %)	*2.000,–*
USt (10 %)	*200,–*
Getränke (20 %)	*600,–*
USt (20 %)	*120,–*
	2.920,–

	(7)	Bewirtungsaufwand (10 %)	2.000	
	(2)	Vorsteuer (10 %)	200	
	(7)	Bewirtungsaufwand (20 %)	600	
	(2)	Vorsteuer (20 %)	120	
an	(2)	Zahlungsmittelkonto		2.920

	(9)	Privat	1.300	
an	(4)	Eigenverbrauch für Bewirtung		1.300

Beispiel 9:

Anschaffung eines PC um 2.000,– netto, 20 % USt, am 1. 12. Der PC wird zu 25 % privat genutzt, die Abschreibung beträgt 250,–.

	(0)	B&G	2.000	
	(2)	Vorsteuer	400	
an	(2)	Zahlungsmittelkonto		2.400

	(7)	*Abschreibung PC*	*250*	
an	*(0)*	*PC*		*250*

	(9)	*Privat*	*75*	
an	*(4)*	*Eigenverbrauch (20 %)*		*62,5*
	(3)	*USt (Verwendung-sonstige Leistung)*		*12,5*

Bemessungsgrundlage für die USt ist der private Nutzungsanteil von 25 %, der von der laufenden Abschreibung ermittelt wird.

2.11.3. Die Steuern

2.11.3.1. Die Einkommensteuer

Die Einkommensteuer ist wie die Körperschaftsteuer als sog Personensteuer bei der steuerlichen Gewinnermittlung nicht abzugsfähig (vgl § 20 Abs 1 Z 6 EStG, § 12 Abs 1 Z 6 KStG).

Grund für die Nichtabzugsfähigkeit ist trotz der betrieblichen Veranlassung der Einkünfte das Wesensmerkmal der Personensteuern, nämlich die Berücksichtigung der persönlichen Verhältnisse zB in Form des synthetischen Prinzips sowie des objektiven und subjektiven Nettoprinzips bei Ermittlung des Einkommens.

Die unternehmensrechtliche Verbuchung der Personensteuern richtet sich nach der Rechtsform des Unternehmens:

- Bei Einzelunternehmern und Mitunternehmerschaften erfolgt die Verbuchung dieser Privatsteuern über das „Privatkonto".
- Bei juristischen Personen werden die Personensteuern als Aufwand verbucht, der jedoch für die steuerliche Gewinnermittlung zu neutralisieren ist (mittels der sog „Mehr-Weniger-Rechnung"). Während des Jahres kann auch eine erfolgsneutrale Verbuchung erfolgen.

Der Einkommensteuer liegt das Einkommen zugrunde, das der Steuerpflichtige innerhalb eines Kalender(Wirtschafts)jahres bezogen hat, wobei unter Einkommen die Summe der betrieblichen und nicht betrieblichen Einkünfte nach Ausgleich mit Verlusten aus einzelnen Einkunftsarten und nach Abzug va der Sonderausgaben und außergewöhnlichen Belastungen zu verstehen ist.

Genau dieser Definition kann man die Berücksichtigung der persönlichen Verhältnisse entnehmen.

Der Steuerpflichtige wird nach Ablauf des Kalenderjahres zur Einkommensteuer veranlagt. Während des Jahres hat er eine Vorauszahlung auf die Einkommensteuer nach Maßgabe der Einkommensteuerschuld des letztveranlagten Kalenderjahres (unter Abzug der im Abzugswege einbehaltenen KESt) zu leisten.

Die Vorauszahlung ist zu einem Viertel am 15. Februar, 15. Mai, 15. August und 15. November fällig.

Verbuchung der Einkommensteuer:

	(9)	Privat
an	(2)	Zahlungsmittelkonto

Exkurs: Die Kapitalertragsteuer

Eine Besonderheit besteht für inländische Kapitalerträge (Gewinnanteile aus Dividenden, GmbH-Anteilen, Genossenschaftsanteilen, Substanzgenussrechten, stiller Gesellschaft, Zuwendungen von Privatstiftungen, Geldeinlagen und andere Forderungen gegen Banken; mit dem BBG 2011, BGBl I 2010/111 sind auch realisierte Wertsteigerungen von Kapitalvermögen, somit die Substanz immer – unabhängig von einer Spekulationsfrist – steuerpflichtig) und im Inland bezogene Kapitalerträge aus Forderungswertpapieren.

Hier wird die Einkommensteuer durch Abzug vom Kapitalertrag erhoben. War die Kapitalertragsteuer (KESt) bis einschließlich 1992 lediglich eine Form der Vorauszahlung der Einkommensteuer, so steht die KESt seit 1993 grundsätzlich neben der Einkommensteuer, da viele Kapitalerträge mit der KESt als abgegolten gelten (sog Endbesteuerung). Soweit die KESt keine Endbesteuerung bewirkt, stellt sie nach wie vor eine Form der Einkommensteuervorauszahlung dar und wird bei der Ermittlung der Einkommensteuerschuld auf diese angerechnet.

Als Kapitalerträge iSd § 27 EStG gelten insbesondere:

- Gewinnanteile (Dividenden) und sonstige Bezüge aus Aktien, GmbH-Anteilen, Anteilen an Erwerbs- und Wirtschaftsgenossenschaften, Genussrechten und Partizipationsscheinen nach dem BWG und VAG;
- Gewinnanteile aus der Beteiligung als stiller Gesellschafter;
- Zinserträge aus Geldeinlagen bei Banken (Sparbücher) und andere Erträgnisse aus Kapitalforderungen jeder Art (zB Anleihen, (Teil-)Schuldverschreibungen, Pfandbriefe, Kommunalschuldverschreibungen, Schatzscheine, Wandel- und Gewinnschuldverschreibungen, Nullkuponanleihe, etc, ausgenommen Stückzinsen;
- Diskontbeträge von Wechseln und Anweisungen;
- Ausschüttungen und ausschüttungsgleiche Erträge aus Anteilscheinen an einem Kapitalanlagefonds iSd Investmentfondsgesetzes;
- Erträge aus Termingeschäften (bspw Optionen, Futures, Swaps) sowie sonstigen derivativen Finanzinstrumenten (zB Indexzertifikate, Währungen die in Paaren gehandelt werden [Foreign-Exchange Handel]) wie zB Differenzausgleich, Stillhalterprämie sowie Gewinne aus der Veräußerung des Derivats selbst.
- Einkünfte aus der Veräußerung von Kapitalvermögen („realisierte Wertsteigerungen").

Einkünfte aus Geldeinlagen und nicht verbrieften sonstigen Forderungen bei Kreditinstituten werden mit 25 % besteuert, alle anderen Einkünfte aus Kapitalvermögen (mit Ausnahme der in § 27a Abs 2 genannten Kapitalerträge) ab 1. 1. 2016 mit 27,5 %.

Als Endbesteuerung versteht man jene Fälle, in denen die Einkünfte nur dem 25%igen bzw dem 27,5%igem KESt-Abzug unterliegen und die Steuer damit abgegolten ist (§ 97 EStG). Endbesteuerte Kapitaleinkünfte bleiben daher bei der Veranlagung außer Ansatz, vorausgesetzt es liegt eine inländische depotführende Stelle oder eine inländische auszahlende Stelle vor. Für den Fall, dass ein KESt-Abzug nicht möglich ist (bspw bei Einkünften aus vergleichbaren ausländischen Steuerquellen), sind diese Einkünfte im Wege der Veranlagung zu deklarieren und dort dem Steuersatz iHv 25 % bzw 27,5 % zu unterwerfen. Die Endbesteuerungswirkung gilt im Bereich der Einkommensteuer unabhängig davon, ob sich die Kapitalanlageprodukte im Privat- oder Betriebsvermögen befinden. Für Betriebsvermögen gilt die Endbesteuerungswirkung jedoch nicht für Gewinne aus der Veräußerung von Kapitalvermögen.

Dem Normalsteuersatz (§ 33 EStG) unterliegen bspw folgende Erträge:

- Zinsen aus privaten Darlehen
- Verbriefte Forderungswertpapiere oder Anteilscheine an Immobilien-Investmentfonds, wenn sie keinem unbestimmten Personenkreis („public placement") angeboten werden
- Gewinnanteile des stillen Gesellschafters

Steuerschuldner der KESt ist der Empfänger der Kapitalerträge, abgeführt wird sie jedoch vom Schuldner oder der kuponauszahlenden Stelle. Der KESt-Abzug erfolgt somit an der Quelle („**Quellensteuer**").

Verbuchung der KESt:

	(2)	ZMK
	(9)	Privat (KESt)
an	(8)	Erträge aus Kapitalvermögen

Der betriebliche Ertrag entsteht unabhängig von der steuerlichen Wirkung der KESt jedenfalls im Ausmaß von 100 % des Kapitalertrags. Von diesem Kapitalertrag fließen jedoch dem Unternehmen nur 75 % zu, während die übrigen 25 % als vom Schuldner an das Finanzamt abgeführte KESt entweder endbesteuert oder als Vorauszahlung der Einkommensteuer zu behandeln sind.

2.11.3.2. Die Körperschaftsteuer

Auch im Anwendungsbereich des KStG ist das Einkommen Bemessungsgrundlage der Körperschaftsteuer.

Das Einkommen ist wie bei der Einkommensteuer als der Gesamtbetrag der Einkünfte nach Ausgleich mit Verlusten aus einzelnen Einkunftsarten und nach Abzug der Sonderausgaben definiert. Auch bei der Fiktion der Zurechnung aller Einkünfte zu denen aus Gewerbebetrieb (§ 7 Abs 3 KStG) ändert sich an der Verlustausgleichsmöglichkeit nichts. Sofern eine Körperschaft von § 7 Abs 3 KStG erfasst ist (das sind die nach unternehmensrechtlichen Vorschriften buchführungspflichtigen Körperschaften, also insbesondere die AG und GmbH), kann sie keine endbesteuerten Kapitalerträge beziehen.

Bezüglich Veranlagung, Vorauszahlung und Entrichtung gelten die Bestimmungen des EStG. Der lineare Körperschaftsteuersatz beträgt 25 %.

Verbuchung der Körperschaftsteuer:

Die Körperschaftsteuer wird im Endeffekt als Aufwand unter „Steuer vom Einkommen und Ertrag" verbucht. Da dieser Aufwand das steuerpflichtige Ergebnis jedoch nicht mindert, ist eine Mehr-Weniger-Rechnung vorzunehmen (vgl Kapitel 3.3.1.). Während des Jahres ist auch die erfolgsneutrale Verbuchung der Körperschaftsteuervorauszahlung möglich.

Erfolgswirksame Verbuchung:

	(8)	Körperschaftsteuer
an	(2)	Zahlungsmittelkonto

Erfolgsneutrale Verbuchung:

	(2)	Kontokorrentkonto Finanzamt (KSt)
an	(2)	Zahlungsmittelkonto

Am Jahresende wird das Kontokorrentkonto auf das Körperschaftsteueraufwandskonto umgebucht:

	(8)	Körperschaftsteuer
an	(2)	Kontokorrentkonto Finanzamt (KSt)

Die tatsächliche Körperschaftsteuerschuld ergibt sich aus der für das jeweilige Wirtschaftsjahr vorzunehmenden Berechnung der Körperschaftsteuer aufgrund des Einkommens der Körperschaft. Soweit die Vorauszahlungen niedriger waren als die errechnete Körperschaftsteuerschuld, ist die Differenz in einer Körperschaftsteuerrückstellung zu passivieren. Sollte mehr vorausbezahlt worden sein, als die errechnete Körperschaftsteuerschuld beträgt, so ist die Differenz als Forderung gegenüber dem Finanzamt zu behandeln.

Buchung bei zu geringer Vorauszahlung:

	(8)	Körperschaftsteuer
an	(3)	Körperschaftsteuerrückstellung

Buchung bei zu hoher (erfolgswirksam gebuchter) Vorauszahlung:

	(2)	Kontokorrentkonto Finanzamt (KSt)
an	(8)	Körperschaftsteuer

Neben den laufenden Körperschaftsteuervorauszahlungen können auch Körperschaftsteuernachzahlungen für vergangene Jahre anfallen. Soweit für diesen Fall eine Rückstellung gebildet wurde, ist diese zu verwenden. Die über diesen Betrag hinausgehende Nachzahlung ist wiederum aufwandswirksam zu verbuchen. Sollte die Rückstellung zu hoch gebildet worden sein, so ist sie insoweit erfolgswirksam aufzulösen. Sofern vom Finanzamt eine Körperschaftsteuergutschrift erteilt wird, entsteht dem Unternehmen eine Forderung, die mit späteren Verbindlichkeiten gegenüber dem Finanzamt verrechnet werden kann.

Verbuchung einer Nachzahlung (bei Bescheiderhalt):

bei höherer Steuerschuld als die Rückstellung:

	(3)	Körperschaftsteuerrückstellung
	(8)	Körperschaftsteuer
an	(3)	Verbindlichkeit Finanzamt (KSt)

bzw bei geringerer Steuerschuld als die Rückstellung:

	(3)	Körperschaftsteuerrückstellung
an	(8)	Ertrag aus Rückstellungsauflösung (KSt)
	(3)	Verbindlichkeit Finanzamt (KSt)

Bei Bezahlung:

	(3)	Verbindlichkeit Finanzamt (KSt)
an	(2)	Zahlungsmittelkonto

Verbuchung eines Guthabens (bei Bescheiderhalt):

soweit keine Forderung ausgewiesen ist:

	(2)	Forderung Finanzamt KSt
an	(8)	Körperschaftsteuer – Gutschrift

sowie falls zusätzlich eine Körperschaftsteuerrückstellung aufzulösen ist

	(3)	Körperschaftsteuerrückstellung
an	(8)	Ertrag aus Rückstellungsauflösung (KSt)

Für unbeschränkt steuerpflichtige GmbH gibt es eine Mindeststeuer von 1.750,– pro Jahr (5 % des gesetzlichen Mindeststammkapitals, das mit dem AbgÄG 2014 von 10.000 € wieder auf 35.000 € angehoben wurde), für unbeschränkt steuerpflichtige AG 3.500,– (für Kreditinstitute und Versicherungsunternehmen 5.452,–. Für GmbH in den ersten fünf Jahren ab Eintritt in die unbeschränkte Steuerpflicht beträgt die Mindeststeuer 500 €, in den folgenden fünf Jahren 1.000 €. Diese Regelung trat mit 1. 3. 2014 in Kraft und ist auf nach dem 30. 6. 2013 gegründete unbeschränkt steuerpflichtige GmbH anzuwenden (§ 26c Z 51 KStG). Soweit die Mindeststeuer die tatsächliche Körperschaftsteuerschuld übersteigt, kann sie als erfolgsneutrale Körperschaftsteuervorauszahlung (Forderung gegenüber Finanzamt) behandelt und in den folgenden Jahren gegen die die jeweilige Mindeststeuer übersteigende Körperschaftsteuerschuld verrechnet werden. Unter Beachtung des unternehmensrechtlichen Vorsichtsprinzips (dazu vgl unten 3.6.2.4.) ist jedoch eine sofortige aufwandswirksame Verbuchung jedenfalls dann geboten, wenn es nicht sicher erscheint, dass die Mindeststeuer auf spätere Körperschaftsteuerschulden angerechnet werden kann.

Besonderheiten des Körperschaftsteuergesetzes

Die Gruppenbesteuerung

Die Gruppenbesteuerung (§ 9 KStG) ermöglicht eine körperschaftsübergreifende Ergebnis- und damit insbesondere Verlustverrechnung.

Voraussetzungen für die Bildung einer Gruppe iSd § 9 KStG sind insbesondere die finanzielle Verbindung zwischen Gruppenträger und Gruppenmitglied. Diese finanzielle Verbindung liegt vor, wenn mittelbar oder unmittelbar der Gruppenträger die Mehrheit der Anteile und die Mehrheit der Stimmrechte am Gruppenmitglied besitzt. Darüber hinaus bedarf es auch eines Gruppenantrags, der durch die inländischen zur Gruppe zählenden Körperschaften unterzeichnet sein muss und der vor allem eine Steuerausgleichsvereinbarung beinhalten muss.

Gruppenträger können neben inländischen Kapitalgesellschaften, Erwerbs- und Wirtschaftsgenossenschaften, Versicherungsvereinen auf Gegenseitigkeit und Kreditinstituten auch vergleichbare ausländische Kapitalgesellschaften mit Sitz in der EU bzw dem EWR sein mit ihren im Firmenbuch eingetragenen Zweigniederlassungen, denen die Beteiligungen an den Gruppenmitgliedern zuzurechnen sind, sowie Beteiligungsgemeinschaften aus den eben genannten Steuerpflichtigen.

Gruppenmitglieder können neben inländischen Kapitalgesellschaften, Erwerbs- und Wirtschaftsgenossenschaften auch vergleichbare ausländische Körperschaften sein.

Die Gruppenbesteuerung ermöglicht eine Ergebnisverrechnung innerhalb einer Unternehmensgruppe von der jeweiligen Tochtergesellschaft an die Muttergesellschaft, somit einen Ausgleich der Gewinne und Verluste dieser Körperschaften. Bei Vorliegen der Voraussetzungen der

Gruppenbesteuerung erfolgt eine 100%ige Zurechnung der steuerlichen Ergebnisse der inländischen Gruppenmitglieder zum Gruppenträger. Neben der Verrechnung von insbesondere Verlusten inländischer Tochtergesellschaften beim Gruppenträger ermöglicht die Gruppenbesteuerung auch die Verrechnung von Verlusten von ausländischen Gruppenmitgliedern (allerdings nur im Ausmaß der unmittelbaren Beteiligung(en) am ausländischen Gruppenmitglied) beim Gruppenträger. Seit 2015 besteht aufgrund des 1. AbgÄG 2014 außerdem für Verluste ausländischer Gruppenmitglieder eine Verlustverrechnungsgrenze in Höhe von 75 % der Summe der Einkommen der unbeschränkt steuerpflichtigen Gruppenmitglieder sowie des Gruppenträgers (§ 9 Abs 6 Z 6 KStG). Nicht verrechenbare Verluste sind vorzutragen. Scheidet ein nicht unbeschränkt steuerpflichtiges ausländisches Gruppenmitglied aus der Unternehmensgruppe aus, ist im Jahr des Ausscheidens ein Betrag im Ausmaß aller zugerechneten im Ausland nicht verrechneten Verluste beim Gruppenmitglied bzw beim Gruppenträger als Gewinn zuzurechnen.

Die Beteiligungsertragsbefreiung

Von der Körperschaftsteuer sind Erträge aus folgenden Beteiligungen befreit, wobei der Begriff Beteiligung nicht dem des Unternehmensrechts entspricht:

- Beteiligungserträge aufgrund einer Beteiligung an einer inländischen Körperschaft.

  Unter Beteiligungserträgen sind gem § 10 KStG zu verstehen:

  - Gewinnanteile jeder Art aufgrund einer Beteiligung an Kapitalgesellschaften und Erwerbs- und Wirtschaftsgenossenschaften in Form von Gesellschafts- und Genossenschaftsanteilen;
  - Gewinnanteile jeder Art aufgrund einer Beteiligung an Körperschaften in Form von Genussrechten und sonstigen Finanzierungsinstrumenten gem § 8 Abs 3 Z 1 zweiter Teilstrich;
  - Gewinnanteile jeder Art aufgrund von Partizipationskapital gem § 8 Abs 3 Z 1 erster Teilstrich;
  - Rückvergütungen von inländischen Erwerbs- und Wirtschaftsgenossenschaften nach § 8 Abs 3 Z 2.

  Diese Erträge sind unabhängig von der Höhe der Beteiligung von der Körperschaftsteuer befreit.

  Trotz der Körperschaftsteuerbefreiung hat die ausschüttende Gesellschaft die KESt einzubehalten und an das Finanzamt abzuführen, außer die Beteiligung besteht in einer Höhe von mindestens 10 % (vgl § 94 Z 2 EStG).

- Beteiligungserträge aufgrund einer Beteiligung an einer ausländischen Körperschaft, die die in der Anlage 2 zum Einkommensteuergesetz vorgesehenen Voraussetzungen des Art 2 der RL 2011/96/EU über das gemeinsame Steuersystem der Mutter- und Tochtergesellschaften (Mutter-Tochter-Richtlinie) verschiedener Mitgliedstaaten in der jeweils geltenden Fassung erfüllt (= sog EU-Gesellschaften) und nicht unter das internationale Schachtelprivileg fällt (§ 10 Abs 1 Z 7 iVm Abs 2 KStG).

  Eine internationale Schachtelbeteiligung liegt vor, wenn die inländische Kapitalgesellschaft oder sonst unbeschränkt steuerpflichtige ausländische Körperschaft, die einem inländischen unter § 7 Abs 3 KStG fallenden Steuerpflichtigen vergleichbar ist, unmittelbar oder mittelbar zu mindestens 10 % an der ausländischen Gesellschaft beteiligt ist (unabhängig davon, ob es sich um eine EU/EWR-Gesellschaft oder eine Drittstaatengesellschaft handelt).

Von der Körperschaftsteuer befreit sind Gewinnanteile jeder Art aus der Beteiligung, wenn die Beteiligung während eines ununterbrochenen Zeitraums von einem Jahr besteht (§ 10 Abs 2 KStG). Die Befreiung gilt unabhängig davon, ob umfassende Amtshilfe besteht.

Die Beteiligungsertragsbefreiung ist auch auf Beteiligungserträge aus Drittstaatengesellschaften (wobei § 10 Abs 1 Z 6 KStG generell auf ausländische Körperschaften abstellt), die mit einer inländischen unter § 7 Abs 3 KStG fallenden Körperschaft vergleichbar sind, von unter 10 % Beteiligung (anderenfalls liegt eine internationale Schachtelbeteiligung vor) anzuwenden. Voraussetzung für die Befreiungswirkung der Beteiligungserträge aus Drittstaatengesellschaften ist das Vorliegen einer umfassenden Amtshilfe. Eine Auflistung der Staaten, mit denen umfassende Amtshilfe besteht, findet sich in der Information des BMF vom 7. 1. 2019, BMF-010221/0002-IV/8/2019. Außerdem trat das multilaterale OECD-Amtshilfeabkommen mit 1. 12. 2014 in Österreich in Kraft, das auf Besteuerungszeiträume ab 1. 1. 2015 anzuwenden ist. Für internationale Schachtelbeteiligungen ergibt sich eine Besonderheit. Denn nach § 10 Abs 3 KStG bleiben nicht nur die laufenden Gewinne (Dividenden), sondern auch Veräußerungsgewinne, -verluste und sonstige Wertänderungen der Beteiligungen (bspw Teilwertminderung) für Zwecke der Körperschaftsteuer unbeachtlich. Der Steuerpflichtige hat jedoch die Möglichkeit auf Steuerwirksamkeit der (internationalen Schachtel-)Beteiligung hinsichtlich der Veräußerung und sonstigen Wertänderung zu optieren. Diese Option ist im Rahmen der Steuererklärung für das Wirtschaftsjahr des Entstehens der internationalen Schachtelbeteiligung abzugeben. Veräußerungsgewinne wie auch Verluste aus der Veräußerung von Beteiligungen und sonstige Wertveränderungen sind sodann je nach Wahl entweder steuerpflichtig (steuerwirksam) oder steuerlich unbeachtlich.

Mit dem Jahressteuergesetz 2018 (JStG 2018, BGBl I Nr 2018/62 sowie die ergänzende VO BGBl 2019/21) erfuhr der Bereich der internationalen Beteiligungen mit der Einführung von § 10a KStG wichtige Änderungen. § 10a KStG enthält einerseits in den Abs 1-6 die Umsetzung einer Hinzurechnungsbesteuerung für ausländische beherrschte Körperschaften nach den Vorgaben der Anti-BEPS-Richtlinie (Art 7 und 8 der Anti Tax Avoidance Directive). Andererseits kommt für niedrigbesteuerte ausländische Körperschaften mit passivem Unternehmensschwerpunkt der Methodenwechsel für internationale Schachtelbeteiligungen gemäß § 10a Abs 7 KStG zur Anwendung.

Liegen die Voraussetzungen des § 10a Abs 4 KStG vor (unmittelbare oder über verbundene Unternehmen mittelbare Beherrschung der ausländischen Körperschaft; ausländische Körperschaft ist niedrigbesteuert und erzielt Passiveinkünfte, die mehr als ein Drittel ihrer gesamten Einkünfte betragen; die beherrschte Körperschaft übt keine wesentliche wirtschaftliche Tätigkeit aus – dh der Substanznachweis fehlt) werden die im Ausland niedrigbesteuerten Passiveinkünfte den Besteuerungsgrundlagen der beherrschenden österreichischen Gesellschaft hinzugerechnet und somit der österreichischen Körperschaftsteuer unterworfen. Auf Antrag wird die auf die hinzugerechneten Passiveinkünfte entfallende tatsächliche Steuerbelastung der beherrschten Körperschaft sowie eine auf diese entfallende vergleichbare ausländische vorgelagerte Hinzurechnungsbesteuerung angerechnet.

Der neue Methodenwechsel des § 10a Abs 7 KStG umfasst nunmehr Gewinnanteile aus internationalen Schachtelbeteiligungen iSd § 10 Abs 2 KStG und aus qualifizierten Portfoliobeteiligungen ab 5 % iSd § 10 Abs 1 Z 5 und 6 KStG, wenn der Unternehmensschwerpunkt der niedrigbesteuerten ausländischen Körperschaft in der Erzielung von Passiveinkünften liegt und die betroffenen Passiveinkünfte nicht bereits im Rahmen der neuen Hinzurechnungsbesteuerung zu erfassen waren (Vermeidung von Doppelbesteuerung). Im Gegensatz zur Hinzurechnungsbesteuerung führt der neue Methodenwechsel weiterhin nicht sofort bei Gewinnerzielung im Ausland sondern wie bisher erst im Zeitpunkt der Ausschüttung zu einem Wechsel von der Befreiungs- zur Anrechnungsmethode. Dafür unterliegt dem Methodenwechsel im Unterschied zur Hinzurechnungsbesteuerung, die ausschließlich Passiveinkünfte erfasst, die gesamte Ausschüttung des jeweiligen Jahres, dh sowohl die Aktiv- als auch auf die Passiveinkünfte. Weiters kommt bei internationalen Schachtelbeteiligungen, die dem Methodenwechsel unterliegen die Steuerneutralität der Veräußerungsgewinne und –verluste sowie der sonstigen Wertänderungen nicht zur Anwendung. Auf Antrag wird die auf die steuerpflichtigen Gewinnanteile entfallende tatsächliche Steuerbelastung angerechnet.

Übersteigt bei der Hinzurechnung gem § 10a Abs 5 KStG bzw beim Methodenwechsel gem § 10a Abs 7 KStG die anrechenbare ausländische Körperschaftsteuer die Steuerschuld (unter Außerachtlassung einer Mindeststeuer nach § 24 Abs 4 KStG), kann der Übersteigungsbetrag auf die Steuerschuld in folgenden Jahren auf Antrag angerechnet werden. Über die Höhe des Übersteigungsbetrages ist im Abgabenbescheid abzusprechen.

Die Hinzurechnungsbesteuerung sowie der neue Methodenwechsel sind erstmalig für Wirtschaftsjahre der beherrschenden und beherrschten Körperschaften anwendbar, die nach dem 31. 12. 2018 beginnen.

Die Verbuchung der KESt erfolgt wie die Vorauszahlung der Körperschaftsteuer erfolgswirksam oder erfolgsneutral.

2.11.3.3. Immobilienertragsteuer

Mit dem 1. StabG 2012 wurde die Besteuerung von Grundstücken grundlegend neu geregelt. Im außerbetrieblichen Bereich waren Grundstücksveräußerungen nur dann steuerpflichtig, wenn ein Spekulationsgeschäft iSd § 30 EStG vorlag. Die Spekulationsfrist betrug idR zehn Jahre (bzw 15 Jahre, sofern 1/15-Abschreibungen nach § 28 Abs 3 EStG vorgenommen wurden). Auch im betrieblichen Bereich waren nach § 4 Abs 1 und 3 EStG Wertänderungen des Grund und Bodens (nach Ablauf der Spekulationsfrist) nicht zu berücksichtigen. Lediglich für einen § 5 Abs 1-Gewinnermittler war der Grund und Boden stets steuerverfangen.

Nunmehr wurde ein einheitliches Konzept im EStG (§§ 30 ff EStG) verankert, welches betriebliche und außerbetriebliche Grundstücksveräußerungen gleichermaßen betrifft. Das Neukonzept brachte eine ewige Steuerhängigkeit von Immobilienveräußerungen mit sich (unabhängig von einer Spekulationsfrist). Als Grundsatz gilt, dass der Veräußerungsgewinn/-überschuss mit einer Flat-Tax iHv 30 % besteuert wird.

Der Begriff des Grundstücks wird in § 30 Abs 1 EStG definiert, wonach Grund und Boden, Gebäude und Rechte, die den Vorschriften des bürgerlichen Rechts über Grundstücke unterliegen (zB Wohnungseigentum iSd Wohnungseigentumsgesetzes), darunter zu subsumieren sind.

Die Erhebung der Immobilienertragsteuer ist grundsätzlich an die Abfuhr und Einhebung der Grunderwerbsteuer gekoppelt. Nach dieser Systematik nimmt der Parteienvertreter (Notare und Rechtsanwälte) die Selbstberechnung vor (§§ 30b und 30c EStG iVm §§ 10 und 11 GrEStG). Dieses System gilt sowohl für betriebliche als auch außerbetriebliche Grundstücksveräußerungen. Allerdings tritt eine Abgeltungswirkung nur für den Privatbereich ein (keine Aufnahme in die Steuererklärung). Dennoch bestehen zahlreiche Ausnahmen und Detailregelungen dieses komplexen Systems (zB § 30c Abs 4 EStG).

2.11.3.3.1. Grundstücksveräußerungen im privaten Bereich

Grundstücksveräußerungen, die sich im außerbetrieblichen Bereich abspielen, sind zunächst darauf hin zu differenzieren, ob es sich um die Veräußerung von sog „Alt-" oder „Neubestand" handelt, da sich dadurch unterschiedliche steuerliche Konsequenzen ergeben. Als Altvermögen gelten Grundstücke, die am 31. 3. 2012 nicht mehr iSd Spekulationsfrist (§ 30 EStG idF vor dem 1. StabG 2012) steuerverfangen waren (= Spekulationsfrist ist bereits abgelaufen). Dh die Anschaffung solcher Grundstücke erfolgte vor dem 31. 3. 2002 (bei 10-jähriger Spekulationsfrist). Als Neubestand werden Grundstücke definiert, die am 31. 3. 2012 (noch) steuerverfangen waren (dh die Spekulationsfrist für solche Grundstücke ist noch nicht abgelaufen) sowie alle Grundstücksanschaffungen ab dem 1. 4. 2012.

Neuimmobilien werden mit 30 % (bis 31. 12. 2015: 25 %), bezogen auf den Veräußerungsgewinn, besteuert. Der Veräußerungsgewinn ist die Differenz zwischen Verkaufspreis und Anschaffungs-/Herstellungskosten. Die Anschaffungs- und Herstellungskosten sind aber in weiterer Folge um gewisse Faktoren gem § 30 Abs 3 EStG zu adaptieren, soweit das betreffende Grundstück zur Erzielung von Einkünften im außerbetrieblichen Bereich genutzt wurde (bspw Abzug von bisher geltend gemachter Afa im außerbetrieblichen Bereich von den Anschaffungs- und Herstellungskosten, zB § 28 Abs 3 EStG).

Handelt es sich um Altvermögen, so kann der steuerpflichtige Gewinn (bzw Einnahmenüberschuss) gem § 30 Abs 4 EStG durch den Abzug fiktiver Anschaffungskosten ermittelt werden. Es können demnach 86 % des Veräußerungserlöses für das Grundstück als (fiktive) Anschaffungskosten angesetzt werden. Auf die Differenz zwischen Veräußerungserlös und den (fiktiven) Anschaffungskosten kommt der besondere Steuersatz gem § 30a EStG iHv 30 % (bis 31. 12. 2015: 25 %) zur Anwendung. Effektiv beträgt die Steuerlast somit 4,2 % (bis 31. 12. 2015: 3,5 %) des Erlöses. Im Falle, dass das Grundstück beim Veräußerer nach dem 31. 12. 1987 in Bauland umgewidmet worden ist, reduzieren sich die (fiktiven) Anschaffungskosten auf 40 % des Veräußerungserlöses. Der effektive Steuersatz beträgt dann 18 % (bis 31. 12. 2015: 15 %). Gem § 30 Abs 5 EStG steht dem Steuerpflichtigen aber die Möglichkeit zur Verfügung, einen Antrag für die Besteuerung nach den allgemeinen Vorschriften für neu angeschaffte (bzw spekulationsverfangene) Grundstücke zu stellen. Diese Option ist idR nur dann auszuüben, wenn die tatsächliche Wertsteigerung (= Veräußerungsgewinn) gering ist.

Als Werbungskosten können nur Aufwendungen auf die Mitteilung, Selbstberechnung und Entrichtung der Immobilienertragsteuer gem § 30c EStG einkünftemindernd berücksichtigt werden. Für alle anderen Aufwendungen besteht ein Abzugsverbot aufgrund § 20 Abs 2 EStG. Bei Ausübung der Regelbesteuerungsoption schließt § 20 Abs 2 idF StRefG 2015 den Abzug von Aufwendungen und Ausgaben nicht mehr aus, soweit diese mit Einkünften im unmittelbaren wirtschaftlichen Zusammenhang stehen. Bis 31. 12. 2015 bestand generell keine Abzugsfähigkeit.

Unter bestimmten Voraussetzungen sind private Grundstücksveräußerungen von der Besteuerung ausgenommen (§ 30 Abs 2 EStG). Es handelt sich dabei um

- Hauptwohnsitzbefreiung für Eigenheime und Eigentumswohnungen,
- Befreiung für selbst hergestellte Gebäude,
- Enteignungen sowie Wertminderungen im öffentlichen Interesse,
- Flurbereinigung und bessere Gestaltung von Bauland.

Verluste aus privaten Grundstücksverkäufen sind vorrangig mit Gewinnen aus privaten Grundstücksveräußerungen zu verrechnen. Bis 31. 12. 2015 konnte ein verbleibender Überhang kann nach § 30 EStG zur Hälfte mit (ausschließlich) Einkünften aus Vermietung und Verpachtung ausgeglichen werden. Für Veräußerungen nach dem 31. 12. 2015 gilt, dass ein verbleibender Überhang auf 60 % zu kürzen, gleichmäßig auf das Jahr der Verlustentstehung und die folgenden 14 Jahre zu verteilen und ausschließlich mit Einkünften aus Vermietung und Verpachtung auszugleichen ist. Auf Antrag kann der gekürzte Verlust im Entstehungsjahr in voller Höhe ausgeglichen werden.

2.11.3.3.2. Grundstücksveräußerungen im betrieblichen Bereich

Durch die nunmehr ewige Steuerhängigkeit der Immobilien (also auch für einen § 4 Abs 1- bzw § 4 Abs 3-Gewinnermittler) ist es zu vielfachen Anpassungen im Bereich des Betriebsvermögens gekommen. Die Grundsystematik (Besteuerung mit 30 %, bis 31. 12. 2015: 25 %) wurde dabei beibehalten. Demnach hat die Einführung der Immobilienertragsteuer für einen § 5 Abs 1-Gewinnermittler zu dem Vorteil geführt, dass ein Verkauf dem einheitlichen Steuersatz iHv 30 % (bis 31. 12. 2015: 25 %) unterworfen wird und nicht mehr dem progressiven Steuersatz (bis zu 50 %) unterliegt. Veräußerungen von Immobilien im Anlagevermögen werden grundsätzlich – wie im außerbetrieblichen Bereich – mit dem besonderen Steuersatz iHv 30 % (bis 31. 12. 2015: 25 %) besteuert; der Veräußerungsgewinn ist nach den allgemeinen Gewinnermittlungsvorschriften zu ermitteln. Eine Ausnahme von diesem Grundsatz erfolgt in den Fällen des § 30a Abs 3 EStG, wonach der besondere Steuersatz nicht zur Anwendung kommt:

- wenn das Grundstück dem Umlaufvermögen zuzurechnen ist,
- wenn der Schwerpunkt der betrieblichen Tätigkeit in der gewerblichen Überlassung und Veräußerung von Grundstücken (= gewerblicher Grundstückshändler) liegt,
- soweit eine Teilwertabschreibung vor dem 1. 4. 2012 vorgenommen wurde,
- soweit stille Reserven übertragen worden sind, die vor dem 1. April 2012 aufgedeckt wurden.

Anstelle des besonderen Steuersatzes iHv 30 % (bis 31. 12. 2015: 25 %) kommt hier der normale progressive Einkommensteuertarif (bis zu 50 %) zur Anwendung.

Zu einer Verschärfung ist es im Bereich des Abzuges von Betriebsausgaben gekommen, da diese – soweit sie im Zusammenhang mit der Veräußerung stehen (bspw Provisionszahlungen an den Immobilienmakler, Inseratkosten, Bewertungsgutachten etc) – bei Anwendung des besonderen Steuersatzes nicht geltend gemacht werden können. Eine Ausnahme besteht nur für die in § 4 Abs 3a Z 2 EStG aufgezählten Aufwendungen. Es handelt sich dabei um Aufwendungen, die im Zusammenhang mit der Mitteilung, Selbstberechnung und Entrichtung der Immobilienertragsteuer gem § 30c EStG anfallen oder sich Minderbeträge aus Vorsteuerberichtigungen ergeben.

Verluste aus im Betriebsvermögen befindlichen Grundstücken iSd § 30 Abs 1 EStG sind gem § 6 Z 2 lit d EStG vorrangig mit positiven Einkünften aus der Veräußerung oder Zuschreibung von Grundstücken desselben Betriebes zu verrechnen. Ein verbleibender negativer Überhang konnte bis 31. 12. 2015 nur zur Hälfte mit positiven anderen Einkünften ausgeglichen (bzw vorgetragen) werden. Seit 1. 1. 2016 kann ein verbleibender negativer Überhang zu 60 % ausgeglichen bzw vorgetragen werden (StRefG 2015).

Auch im Bereich der Einlagen und Entnahmebewertung ist es zu Anpassungen gekommen. Weiters ist es auch im Bereich der Übertragung von stillen Reserven (§ 12 EStG) zu Änderungen gekommen (siehe dazu das Kapitel 3.7.1.2.).

Das System der Immobilienertragsteuer gilt prinzipiell auch für Kapitalgesellschaften (Verweis von § 7 Abs 2 KStG auf das EStG). Eine pauschale Besteuerung kann aber nicht erfolgen, da das Immobilienvermögen idR stets zum Betriebsvermögen eines § 5 Abs 1-Gewinnermittlers gehört.

2.11.3.4. Die Kommunalsteuer

Der Kommunalsteuer unterliegen die Arbeitslöhne, die jeweils in einem Monat an die Dienstnehmer einer im Inland gelegenen Betriebsstätte (zur Betriebsstättendefinition vgl § 6 KommStG) gewährt werden. Als Dienstnehmer gelten alle Personen, die in einem Dienstverhältnis iSd § 47 EStG stehen. Dienstnehmer ist derjenige, der in der Betätigung seines geschäftlichen Willens unter der Leitung des Arbeitgebers steht oder an dessen Weisungen gebunden ist. Trotz mangelnder Weisungsbindung gilt allerdings auch ein nicht wesentlich an einer Kapitalgesellschaft beteiligter Gesellschafter-Geschäftsführer aufgrund ausdrücklicher gesetzlicher Normierung als Dienstnehmer. Freie Dienstnehmer iSd § 4 ASVG werden auch unter diesen Dienstnehmerbegriff subsumiert.

Zu den Dienstnehmern zählen aufgrund § 2 KommStG auch Gesellschafter-Geschäftsführer einer Kapitalgesellschaft, wenn sie zu mehr als 25 % beteiligt sind und ihre Beschäftigung die Merkmale eines Dienstverhältnisses aufweist.

Kommunalsteuerpflichtig sind alle Unternehmen im Sinne des Umsatzsteuergesetzes, unabhängig davon, ob es sich um eine gewerbliche, land- und forstwirtschaftliche, freiberufliche oder sonstige berufliche Tätigkeit handelt. Auch der Unternehmerbegriff des KommStG entspricht dem des UStG (vgl dazu oben 2.9.2.1.). Als Unternehmen und Unternehmer sind aber jedenfalls, unabhängig von oben genannten Voraussetzungen, Kapitalgesellschaften, Stiftungen, Mitunternehmerschaften und sonstige Personengesellschaften anzusehen.

Bemessungsgrundlage der Kommunalsteuer ist die Summe der Arbeitslöhne, die an die Dienstnehmer der in der Gemeinde gelegenen Betriebsstätte bezahlt werden. Die Kommunalsteuer kommt ausschließlich den Gemeinden zugute und soll die mit der Beschäftigung von Dienstnehmern verbundenen Lasten der Gemeinde abdecken. Nicht zur Bemessungsgrundlage zählen vom Unternehmen bezahlte Ruhe- und Versorgungsgelder, Abfertigungen, bestimmte steuerfreie geldwerte Vorteile des Dienstnehmers aus dem Dienstverhältnis (Benützung von Sportanlagen, verbilligte Mahlzeiten uÄ), Bezüge für die ehemalige Gesellschafter-Geschäftsführertätigkeit, wenn der Gesellschafter zu mehr als 25 % beteiligt war, und Bezüge von nach dem Behinderteneinstellungsgesetz Beschäftigten. Die Kommunalsteuer beträgt 3 % der Bemessungsgrundlage. Sollte der Unternehmer nur eine Betriebsstätte haben, so können von der Bemessungsgrundlage, soweit sie im Kalendermonat 1.460,– nicht übersteigt, 1.095,– abgezogen werden.

Erstreckt sich eine Betriebsstätte über mehrere Gemeinden, so ist die Bemessungsgrundlage vom Unternehmer auf die betroffenen Gemeinden unter Berücksichtigung der örtlichen Verhältnisse und der Belastungen der einzelnen Gemeinden zu zerlegen. Erfolgt keine Einigung der Gemeinden über das Aufteilungsverhältnis, so hat das Finanzamt auf Antrag einen sog Zerlegungsbescheid zu erlassen.

Die Steuerschuld entsteht mit Ablauf des Monats, in dem die Arbeitslöhne gewährt werden. Die Kommunalsteuer ist vom Unternehmer selbst zu berechnen und am 15. des darauffolgenden Monats an die Gemeinde zu entrichten. Werden aber laufende Bezüge für das vorangegangene Jahr erst im Zeitraum zwischen dem 16. Jänner und 15. Februar ausbezahlt, ist die Kommunalsteuer demnach bis zum 15. Februar abzuführen, damit die durch den Arbeitgeber vorgenommenen Nachrechnungen bezüglich des Vorjahres steuerlich auch diesem noch zugerechnet werden können. Mit dem Finanz-Organisationsreformgesetz (FORG) ist vorgesehen, dass für die Kommunalsteuer das für die Erhebung der Lohnsteuer zuständige Finanzamt verantwortlich ist. Die Änderungen sollen ab 1. Juli 2020 gelten.

Die Kommunalsteuer stellt wie die von ihr abgelöste Lohnsummensteuer einen Personalaufwand des Unternehmens dar.

Verbuchung:

am Monatsletzten:

	(6)	Kommunalsteuer (Löhne) bzw (6) Kommunalsteuer (Gehälter)
an	(3)	Verbindlichkeit Gemeinde- bzw Stadtkasse

am 15. des Folgemonats:

	(3)	Verbindlichkeit Gemeinde- bzw Stadtkasse
an	(2)	Zahlungsmittelkonto

2.11.3.5. Die Grunderwerbsteuer

Diese Steuer stellt Nebenkosten, das sind Aufwendungen, die mit der Anschaffung in unmittelbarem Zusammenhang stehen, dar und ist als Anschaffungs(neben)kosten des Grundstücks zu aktivieren.

Der Grunderwerbsteuer unterliegen insbesondere

- Rechtsvorgänge (vor allem Kauf, Schenkung und Tausch sowie sonstige Rechtsvorgänge, die einen Anspruch auf Übereignung begründen), soweit sie sich auf inländische Grundstücke beziehen;
- Erwerbsvorgänge über Gesellschaftsanteile, durch die es zu einer Vereinigung aller Anteile in einer Hand kommt und zum Gesellschaftsvermögen auch inländische Grundstücke zählen.

Unter „Grundstücken" sind Grundstücke im Sinne des bürgerlichen Rechts zu verstehen (Grund und Boden, Gebäude samt Zugehör – mit Ausnahme von Maschinen und sonstigen Vorrichtungen aller Art, die zu einer Betriebsanlage gehören, berggesetzliche Gewinnungsbewilligungen und Apothekengerechtigkeiten – sowie Superädifikate und Baurechte).

Bemessungsgrundlage der Grunderwerbsteuer ist der Wert der Gegenleistung, das ist grundsätzlich der Kaufpreis bzw beim Tausch der gemeine Wert der Tauschleistung des anderen. Ist eine Gegenleistung nicht vorhanden, kann sie nicht ermittelt werden oder ist die Gegenleistung geringer als der Wert des Grundstückes, ist der gemeine Wert des Grundstückes Bemessungsgrundlage. Ebenso ist bei Erwerb durch Erbanfall, durch Vermächtnis oder in Erfüllung eines Pflichtteilsanspruches die Steuer vom gemeinen Wert des Grundstückes zu berechnen.

Der Steuersatz beträgt bei Erwerb

- durch Ehegatten, Elternteil, Kind, Enkelkind, Stief-, Wahl-, Schwiegerkind, den eingetragenen Partner, den Lebensgefährten, sofern die Lebensgefährten einen gemeinsamen Hauptwohnsitz haben oder hatten (begünstigter Personenkreis gem § 7 Abs 1 Z 1 und Z 2 iVm § 26 GGG) oder bei Scheidung, Aufhebung, Nichtigerklärung der Ehe 2 % vom dreifachen Einheitswert – maximal aber 30 % des gemeinen Wertes;
- durch andere Personen 3,5 %, vom Wert der Gegenleistung

Die Steuer seit ab 1. 1. 2016 vom Wert der Gegenleistung, mindestens jedoch vom Grundstückswert zu berechnen. Der Grundstückswert kann folgendermaßen ermittelt werden:

- Summe des hochgerechneten (anteiligen) dreifachen Bodenwertes gem § 53 Abs 2 BewG und des anteiligen Wertes des Gebäudes,
- Höhe eines von einem geeigneten Immobilienpreisspiegel abgeleiteten Wertes
- Nachweis des geringeren gemeinen Wertes

Seit 1. 1. 2016 gilt ein Erwerb als:

- unentgeltlich, wenn die Gegenleistung nicht mehr als 30 %,
- teilentgeltlich, wenn die Gegenleistung mehr als 30 %, aber nicht mehr als 70 %,
- entgeltlich, wenn die Gegenleistung mehr als 70 %

des Grundstückswerts beträgt.

Dabei gilt ein Erwerb als unentgeltlich, wenn er durch Erbanfall, durch Vermächtnis, durch Erfüllung eines Pflichtteilsanspruchs, wenn die Leistung an Erfüllungs statt vor Beendigung des Verlassenschaftsverfahrens vereinbart wird, oder gem § 14 Abs 1 Z 1 WEG erfolgt.

Ein Erwerb unter Lebenden durch den in § 26a Abs 1 Z 1 GGG angeführten Personenkreis gilt ebenfalls als unentgeltlich (nunmehr fallen in den begünstigten Personenkreis also auch Geschwister, Nichten und Neffen).

Die Steuer beträgt beim unentgeltlichen Erwerb ab 1. 1. 2016

- für die ersten 250.000 € 0,5 %
- für die nächsten 150.000 € 2 %
- darüber hinaus 3,5 %

des Grundstückswertes.

Diese Steuersätze gelten auch für teilentgeltliche Erwerbe, insoweit keine Gegenleistung zu erbringen ist. Insoweit eine Gegenleistung zu erbringen ist, gilt ein Steuersatz von 3,5 %.

Weitere Steuersätze ergeben sich aus § 7 Abs 1 Z 2 lit b–d GrESt idF SteRefG 2015. In allen übrigen Fällen beträgt die Steuer 3,5 %.

Beim Erwerb von land- und forstwirtschaftlichen Grundstücken ist die GrESt vom Einheitswert zu berechnen, sofern das Grundstück an den begünstigten Personenkreis übertragen wird (ab 1. 1. 2016 an den Personenkreis des § 26 Abs 1 Z 1 GGG) oder bei Erwerb des Grundstücks durch den begünstigten Personenkreis (ab 1. 1. 2016 gem § 26 Abs 1 Z 1 GGG) durch Erbanfall, durch Vermächtnis oder in Erfüllung eines Pflichtteilsanspruchs, wenn die Leistung an Erfüllungs statt vor Beendigung des Verlassenschaftsverfahrens vereinbart wird. Ab 1. 1. 2016 ist die GrESt bei Erwerb eines land- und forstwirtschaftlichen Grundstücks aufgrund einer

Umgründung iSd UmgrStG ebenfalls vom Einheitswert zu berechnen, sowie in den Fällen des § 1 Abs 2a und 3 idF SteRefG 2015.

Die Grunderwerbsteuerschuld entsteht mit Verwirklichung des steuerpflichtigen Erwerbsvorganges; dieser Erwerbsvorgang ist dem Finanzamt bis zum 15. Tag des auf den Kalendermonat, in dem die Steuerschuld entstanden ist, zweitfolgenden Monats mit einer Abgabenerklärung anzuzeigen. Bei Schenkung auf den Todesfall entsteht die Grunderwerbsteuerschuld grundsätzlich erst mit dem Tod des Geschenkgebers.

Die Grunderwerbsteuer ist einen Monat nach Zustellung des Abgabenbescheides fällig (§ 210 Abs 1 BAO).

Die Abgabenerklärung ist durch einen Parteienvertreter iSd § 11 GrEStG vorzulegen und elektronisch zu übermitteln. In den Fällen des § 3 Abs 1 Z 4 und 5 GrEStG kann die Abgabenerklärung auch den in § 9 GrEStG genannten Personen vorgelegt und elektronisch übermittelt werden.

2.11.3.6. Kapitalverkehrsteuern

Aufgrund der Abschaffung der Gesellschaftsteuer mit 1. 1. 2016 (AbgÄG 2014) fallen derzeit keine Kapitalverkehrsteuern an.

2.11.3.7. Sonstige Steuern

2.11.3.7.1. Die Grundsteuer

Die Grundsteuer zählt zu den objektbezogenen Steuern. Anknüpfungspunkt ist allein die Tatsache des Grundbesitzes, persönliche Verhältnisse des Steuerschuldners werden nicht berücksichtigt. Steuerschuldner der Grundsteuer ist der Eigentümer des Grundstücks.

Für das Unternehmen ist nur jene Grundsteuer Aufwand, die für Betriebsgrundstücke bezahlt wird (für Privatgrundstücke bezahlte Grundsteuer stellt eine Privatentnahme dar).

Betriebsgrundstücke sind alle jene Grundstücke, die zu mehr als der Hälfte ihres Wertes dem Gewerbebetrieb dienen (§ 60 BewG); juristische Personen können nur Betriebsgrundstücke haben.

Bemessungsgrundlage der Grundsteuer ist der Einheitswert des Grundstücks. Die Steuermesszahl beträgt grundsätzlich 2 ‰, von den ersten 3.650,– des Einheitswertes 1 ‰ (sofern es sich um ein betrieblich genutztes Grundstück handelt). Die Gemeinden können darauf noch einen Hebesatz von max 500 % anwenden.

Die Grundsteuer ist zu je einem Viertel ihres Jahresbetrages am 15. Februar, 15. Mai, 15. August und 15. November fällig.

Die Grundsteuer ist unter den „sonstigen betrieblichen Aufwendungen – Steuern“ als Aufwand zu verbuchen.

Buchungssatz:

	(7)	Grundsteuer
an	(2)	Zahlungsmittelkonto

2.11.3.7.2. Gebühren

Einzelne Rechtsgeschäfte unterliegen einer Gebühr nach den Bestimmungen des GebG, insbesondere:

- Mietverträge;
- Zessionen;
- Wechsel.

Verbuchung:

	(7)	sonstiger Aufwand (Steuern)
an	(3)	Verbindlichkeit Finanzamt

2.11.3.8. Die Besteuerung der Kraftfahrzeuge

2.11.3.8.1. Die Einkommensteuer

Die Zugehörigkeit zum Betriebsvermögen:

Ob ein Kraftfahrzeug zum Betriebsvermögen gehört, entscheidet sich nach dem Überwiegen der Nutzung:

- Wird das Kraftfahrzeug überwiegend (zu mehr als 50 %) für betriebliche Zwecke genutzt, so stellt es Betriebsvermögen dar. Der Privatanteil der Nutzung ist als Entnahme zu berücksichtigen;
- Wird das Kraftfahrzeug überwiegend für private Zwecke genutzt, so stellt es Privatvermögen dar. Der Anteil der betrieblichen Nutzung ist allerdings als Aufwand zu berücksichtigen.

Die Anschaffungskosten:

Gemäß den EStR 2000 Rz 4771 gelten für PKW nur Anschaffungskosten bis 40.000,– (inkl Umsatzsteuer, NoVA und Sonderausstattungen) als angemessen.

Der darüber hinausgehende Teil der Anschaffungskosten gilt einkommensteuerrechtlich nicht als betrieblicher Aufwand (§ 20 EStG, vgl 2.11.2.2.).

Die AfA bemisst sich von den Anschaffungskosten, maximal jedoch von 40.000,–. Für PKW und Kombi gilt gem § 8 Abs 6 EStG eine Mindestnutzungsdauer von 8 Jahren.

Bezüglich der laufenden Kosten ist hingegen neuerlich zu prüfen, ob eine Überschreitung der angemessenen Kosten vorliegt.

2.11.3.8.2. Die Umsatzsteuer

Die im Zusammenhang mit der Anschaffung, Herstellung, Miete und dem laufenden Betrieb stehenden Lieferungen, sonstigen Leistungen oder Einfuhren gelten bezüglich PKW, Kombinationskraftwagen und Krafträdern mit Ausnahme von Fahrschulkraftfahrzeugen, Vorführkraftfahrzeugen, Kraftfahrzeugen zur gewerblichen Weiterveräußerung sowie Kraftfahrzeugen, die zu mindestens 80 % der gewerblichen Personenbeförderung oder der gewerblichen Vermietung dienen, nicht als für das Unternehmen ausgeführt (§ 12 Abs 2 Z 2 lit b UStG). Ein Vorsteuerabzug ist bezüglich dieser Kraftfahrzeuge daher grundsätzlich nicht möglich. Seit 1. 1. 2016 ist jedoch gem § 12 Abs 2 Z 2a UStG für Personenkraftwagen oder Kombinationskraftwagen mit einem CO_2-Emissionswert von 0 Gramm pro Kilometer (zB ausschließlich elektrischer oder elektrohydraulischer Antrieb) der Vorsteuerabzug erlaubt.

Die erstmalige Anschaffung der Kraftfahrzeuge im Inland unterliegt dem Normalsteuersatz von 20 %. Die NoVA steht nicht mit der Lieferung eines Kfz, sondern mit dessen Zulassung im unmittelbaren Zusammenhang und ist daher nicht in die Bemessungsgrundlage miteinzubeziehen (EuGH C-433/09).

Für LKW, Bus, Traktor sowie die unter den Anwendungsbereich der VO BGBl II 2002/193 fallenden Fahrzeuge (das sind Kleinlastwagen sowie Kleinbusse; Letztere sind Fahrzeuge mit einem kastenwagenförmigen Äußeren sowie Beförderungsmöglichkeiten für mehr als sechs Personen einschließlich des Fahrzeuglenkers) ist aufgrund des Umkehrschlusses aus § 12 Abs 2 Z 2 lit b UStG der Vorsteuerabzug möglich.

Verbuchung der Anschaffung eines PKW:

	(0)	PKW (inkl NoVA und USt)
an	(2)	Zahlungsmittelkonto

Verbuchung der Anschaffung eines LKW:

	(0)	LKW
	(2)	Vorsteuer
an	(2)	Zahlungsmittelkonto

2.11.3.8.3. Die Kraftfahrzeugsteuer

Am 1. Mai 1993 trat das neue Bundesgesetz über die Erhebung einer Kraftfahrzeugsteuer (KfzStG) in Kraft.

Gründe für die Neuregelung der Kraftfahrzeugsteuer waren:

- Vereinfachung der Einhebung der Steuer (vor allem durch die Einhebung als motorbezogene Versicherungssteuer – vgl unten);
- der Versuch der Schaffung einer mehr ökologische Aspekte berücksichtigenden Bemessungsgrundlage durch Abstellen auf die Motorleistung.

Seit 1. Mai 1993 (geändert 1996) gibt es eine Zweiteilung in der Form der Erhebung der Kraftfahrzeugsteuer:

- Für im Inland zugelassene Kraftfahrzeuge mit einem höchstzulässigen Gesamtgewicht bis 3,5 Tonnen (ausgenommen Zugmaschinen und Motorkarren), für die eine Haftpflichtversicherungspflicht besteht, wird die Kraftfahrzeugsteuer als Zuschlag zur Haftpflichtversicherung (motorbezogene Versicherungssteuer) eingehoben;
- Für im Inland zugelassene Kraftfahrzeuge mit einem höchstzulässigen Gesamtgewicht von mehr als 3,5 Tonnen, für die keine Haftpflichtversicherungspflicht besteht;

  für kraftfahrrechtlich genehmigte Zugmaschinen und Motorkarren;

  für im Ausland zugelassene Kraftfahrzeuge, die auf inländischen öffentlichen Straßen verwendet werden;

  für Kraftfahrzeuge, die ohne kraftfahrrechtliche Genehmigung im Inland verwendet werden;

für Anhänger mit einem höchstzulässigen Gesamtgewicht von mehr als 3,5 t, die als Überbestand zu werten sind, und

für alle anderen im Inland zugelassenen Kraftfahrzeuge (LKW, Bus etc)

ist die Kraftfahrzeugsteuer nach den Bestimmungen des neuen KfzStG einzuheben.

Der Steuersatz der motorbezogenen Versicherungssteuer beträgt pro Monat bei jährlicher Zahlung des Versicherungsentgelts

- für Krafträder je Kubikzentimeter Hubraum 0,025 €;
- für alle anderen Kraftfahrzeuge mit einem höchsten zulässigen Gesamtgewicht bis 3.500 Kilogramm – ausgenommen Zugmaschinen und Motorkarren – je Kilowatt der um 24 Kilowatt verringerten Leistung des Verbrennungsmotors 0,62 € für die ersten 66 Kilowatt, für die weiteren 20 Kilowatt 0,66 €, und für die darüber hinausgehenden Kilowatt 0,75 € (mindestens aber 6,20 € pro Monat); bei anderen Kraftfahrzeugen als PKW und Kombinationskraftwagen höchstens 72 € (§ 6 Abs 3 VersStG).

Der Steuersatz der nicht unter die motorbezogene Versicherungssteuer fallenden Kraftfahrzeuge beträgt gem § 5 Abs 1 KfzStG

- für alle Krafträder je Kubikzentimeter Hubraum 0,0275 €;
- für alle anderen Kraftfahrzeuge
  - mit einem höchsten zulässigen Gesamtgewicht bis 3.500 Kilogramm je Kilowatt der um 24 Kilowatt verringerten Leistung des Verbrennungsmotors 0,682 € für die ersten 66 Kilowatt. Für die weiteren 20 Kilowatt 0,726 € und für die darüber hinausgehenden Kilowatt 0,825 € (mindestens aber 6,82 €), bei anderen Kraftfahrzeugen als PKW und Kombinationskraftwagen höchstens 80 €;
  - mit einem höchsten zulässigen Gesamtgewicht über 3.500 bis zu 12.000 Kilogramm je angefangene Tonne 1,55 €, mindestens 15 €, bei Fahrzeugen mit höchstzulässigem Gesamtgewicht von mehr als 12 bis zu 18 Tonnen 1,70 €, bei Fahrzeugen mit höchstzulässigem Gesamtgewicht von mehr als 18 Tonnen 1,90 €, höchstens 80 €, bei Anhängern höchstens 66 €.

In Zukunft soll nicht nur beim Kauf (Normverbrauchsabgabe), sondern auch im Bereich der laufenden Besteuerung von Kraftfahrzeugen eine Lenkungswirkung im Umweltbereich implementiert werden. Konkret wird ab 2020 auch der CO_2-Ausstoß eines Kraftfahrzeugs im Steuersatz berücksichtigt. Durch das StRefG 2020 ergeben sich daher Änderungen bei den Steuersätzen, die ab dem 1. 10. 2020 für nach dem 30. 9. 2020 zugelassene Kraftfahrzeuge gültig sind:

Der Steuersatz für die motorbezogene Versicherungssteuer (§ 6 Abs 3 VersStG) beträgt zukünftig pro Monat bei jährlicher Zahlung des Versicherungsentgelts:

- für Krafträder 0,014 € je Kubikzentimeter des um 52 Kubikzentimeter verringerten Hubraums sowie 0,20 € je Gramm des um 52 verringerten Wertes der CO_2-Emissionen in Gramm pro Kilometer, mindestens aber 10 Gramm pro Kilometer;
- für Personenkraftwagen
  - für die der CO_2-Ausstoß nach der Worldwide harmonized Light vehicles Test Procedure (WLTP) ermittelt wird 0,72 € je Kilowatt der um 65 Kilowatt verringerten Leistung des Verbrennungsmotors sowie 0,72 € je Gramm des um 115 Gramm pro Kilometer

verringerten Wertes der CO_2-Emissionen in Gramm pro Kilometer; es sind aber mindestens 5 Kilowatt und mindestens 5 Gramm pro Kilometer anzusetzen;

  - für die der CO_2-Ausstoß nicht nach diesem Messverfahren ermittelt wird (zB bei Wohnmobilen) je Kilowatt der um 24 Kilowatt verringerten Leistung des Verbrennungsmotors 0,65 € für die ersten 66 Kilowatt, für die weiteren 20 Kilowatt 0,70 €, und für die darüber hinausgehenden Kilowatt 0,79 € (mindestens aber 6,50 € pro Monat);

- für alle anderen Kraftfahrzeuge mit einem höchsten zulässigen Gesamtgewicht bis 3.500 Kilogramm – ausgenommen Zugmaschinen und Motorkarren – je Kilowatt der um 24 Kilowatt verringerten Leistung des Verbrennungsmotors 0,65 € für die ersten 66 Kilowatt, für die weiteren 20 Kilowatt 0,70 €, und für die darüber hinausgehenden Kilowatt 0,79 € (mindestens aber 6,50 € pro Monat); höchstens jedoch 76 € (§ 6 Abs 3 Z 1 VersStG)

Der Steuersatz der nicht unter die motorbezogene Versicherungssteuer fallenden Kraftfahrzeuge beträgt zukünftig gem § 5 Abs 1 KfzStG:

- für alle Krafträder 0,014 € je Kubikzentimeter des um 52 Kubikzentimeter verringerten Hubraums sowie 0,20 € je Gramm des um 52 verringerten Wertes der CO_2-Emmission in Gramm pro Kilometer, mindestens jedoch 10 Gramm pro Kilometer
- für alle Personenkraftwagen mit einem höchsten zulässigen Gesamtgewicht bis 3,5 Tonnen
  - für die der CO_2-Ausstoß nach der Worldwide harmonized Light vehicles Test Procedure (WLTP) ermittelt wird 0,72 € je Kilowatt der um 65 Kilowatt verringerten Leistung des Verbrennungsmotors sowie 0,72 € je Gramm des um 115 Gramm pro Kilometer verringerten Wertes der CO_2-Emissionen in Gramm pro Kilometer; es sind aber mindestens 5 Kilowatt und mindestens 5 Gramm pro Kilometer anzusetzen;
  - für die der CO_2-Ausstoß nicht nach diesem Messverfahren ermittelt wird (zB bei Wohnmobilen) je Kilowatt der um 24 Kilowatt verringerten Leistung des Verbrennungsmotors 0,682 € für die ersten 66 Kilowatt, für die weiteren 20 Kilowatt 0,726 €, und für die darüber hinausgehenden Kilowatt 0,825 € (mindestens aber 6,82 € pro Monat);
- für alle anderen Kraftfahrzeuge mit einem höchsten zulässigen Gesamtgewicht bis 3,5 Tonnen je Kilowatt der um 24 Kilowatt verringerten Leistung des Verbrennungsmotors 0,682 € für die ersten 66 Kilowatt, für die weiteren 20 Kilowatt 0,726 €, und für die darüber hinausgehenden Kilowatt 0,825 € (mindestens aber 6,82 € pro Monat), höchstens aber 80 €;
- für alle anderen Kraftfahrzeuge mit einem höchsten zulässigen Gesamtgewicht über 3.500 bis zu 12.000 Kilogramm je angefangene Tonne 1,55 €, mindestens 15 €, bei Fahrzeugen mit höchstzulässigem Gesamtgewicht von mehr als 12 bis zu 18 Tonnen 1,70 €, bei Fahrzeugen mit höchstzulässigem Gesamtgewicht von mehr als 18 Tonnen 1,90 €, höchstens 80 €, bei Anhängern höchstens 66 €.

Sowohl bei den Steuersatzformeln für die motorbezogene Versicherungssteuer als auch bei jenen für die Kraftfahrzeugsteuer werden beginnend mit 1. 1. 2021 jährlich die Abzugsbeträge abgesenkt, um die Änderung der durchschnittlichen CO_2-Emissionen aufgrund der technischen Entwicklung und der regulatorischen Vorgaben zu berücksichtigen. Der angepasste Steuersatz soll für jene Kraftfahrzeuge gelten, die im jeweiligen Jahr der Anpassung das erste mal zugelassen werden und für diese Kraftfahrzeuge bis zum Ende ihrer Nutzung weiter angewendet werden. Das Jahr der erstmaligen Zulassung soll somit ein zusätzliches Kriterium für die Ermittlung des Steuersatzes sein.

Für alle vor dem 1. 10. 2020 zugelassenen Kraftfahrzeuge bleiben die Steuersätze unverändert.

Für die der motorbezogenen Versicherungssteuer unterliegenden Krafträder, PKW und Kombinationskraftwagen erhöht sich die Kraftfahrzeugsteuer bei

- halbjährlicher Bezahlung des Versicherungsentgelts um 6 %;
- vierteljährlicher Bezahlung um 8 %;
- monatlicher Bezahlung um 10 %.

Dieser Zuschlag entfällt in Zukunft für nach dem 29. 2. 2020 zugelassene Kraftfahrzeuge und wird stattdessen entsprechend in den neuen Steuersätzen berücksichtigt.

Für die dem KfzStG unterliegenden Kraftfahrzeuge gab es schon bisher keine Ermäßigung, da die Steuer als Selbstbemessungsabgabe für jedes Kalendervierteljahr bis zum 15. Tag des dem Kalendervierteljahr zweitfolgenden Kalendermonates zu entrichten ist.

Für diese Kraftfahrzeuge hat der Steuerpflichtige bis zum 31. März des darauffolgenden Kalenderjahres eine Steuererklärung (Formular Kr1) über die steuerpflichtigen Kraftfahrzeuge beim für die Umsatzsteuererhebung örtlich zuständigen Finanzamt abzugeben.

Entsteht oder endet die Steuerpflicht während eines Kalendermonates, so wird die Kraftfahrzeugsteuer für den vom vollen Monat abweichenden Zeitraum anteilig berechnet (ausgenommen ohne kraftfahrrechtliche Genehmigung benutzte Kraftfahrzeuge, für die die Steuer jeweils für den vollen Monat zu entrichten ist).

Seit 1. 1. 1995 erhöht sich die Kraftfahrzeugsteuer für PKW und Kombinationskraftwagen, die vor dem 1. 1. 1987 erstmals im Inland zum Verkehr zugelassen waren, ohne Katalysator um 20 %.

Verbuchung:

	(7)	Kfz-Aufwand
an	(2)	Zahlungsmittelkonto

2.11.3.9. Beispiele

Verbuchen Sie die folgenden Geschäftsfälle des Einzelunternehmers F. Mayer:

Beispiel 1:

Die Summe der Arbeitslöhne beträgt im Jänner 1.395,–. Ermitteln Sie die Kommunalsteuer für die einzige Angestellte.

31. 1.

	(6)	*Kommunalsteuer (Gehalt)*	*9*	
an	*(3)*	*Verbindlichkeit Gemeinde*		*9*

15. 2.

	(3)	*Verbindlichkeit Gemeinde*	*9*	
an	*(2)*	*Kassa*		*9*

Bemessungsgrundlage der KommSt sind 300,– (1.395,– abzüglich 1.095,– Freibetrag).

Beispiel 2:

Variante zu Beispiel 1: Die Summe der Arbeitslöhne für Jänner beträgt 200.000,– (Verhältnis Lohn: Gehalt = 3 : 1).

31. 1.

	(6)	*Kommunalsteuer (Lohn)*	*4.500*
	(6)	*Kommunalsteuer (Gehalt)*	*1.500*
an	*(3)*	*Verbindlichkeit Gemeinde*	*6.000*

15. 2.

	(3)	*Verbindlichkeit Gemeinde*	*6.000*
an	*(2)*	*Kassa*	*6.000*

Beispiel 3:

Die Grundsteuer für das zu 70 % seines Wertes betrieblich genutzte Grundstück (der Rest stellt Privatvermögen dar) wird am 15. Mai für das gesamte Grundstück in Höhe von 1.000,– bar aus der Unternehmenskasse bezahlt.

15. 5.

	(7)	*Grundsteuer*	*700*
	(9)	*Privat*	*300*
an	*(2)*	*Kassa*	*1.000*

Für den privat genutzten Grundanteil darf die Grundsteuer nicht als Aufwand geltend gemacht werden.

Beispiel 4:

Am 1. 7. erwirbt Hr. Mayer für sein Unternehmen 30 % der Anteile der neu gegründeten „Schmidt GmbH“ gegen eine Bareinlage von 200.000,–.

1.7. Mayer:

	(0)	*Beteiligung*	*200.000*	
an	*(2)*	*Kassa*		*200.000*

Schmidt GmbH:

Keine Buchung erforderlich.

Beispiel 5:

Bezahlung der Einkommensteuervorauszahlung für das erste Quartal in Höhe von 100.000,– und des entsprechenden Säumniszuschlages von 2 % am 25. Mai mittels Banküberweisung.

25.3.

	(9)	*Privat*	*102.000*	
an	*(2)*	*Bank*		*102.000*

Beispiel 6:

Am 12. 8. gehen Wertpapierzinsen in Höhe von 7.250,– nach Abzug der KESt (27,5 %) am Konto ein. Am 25. 8. wird die Dividende der „A-AG" in Höhe von 5.800,– (nach Abzug der KESt) am Konto gutgeschrieben.

12. 8.

	(2)	*Bank*	*7.250*	
	(9)	*Privat*	*2.750*	
an	*(8)*	*Zinserträge aus Wertpapieren*		*10.000*

25. 8.

	(2)	*Bank*	*5.800*	
	(9)	*Privat*	*2.200*	
an	*(8)*	*Dividendenerträge*		*8.000*

Verbuchen Sie folgende Geschäftsvorfälle der „Müller GmbH"!

Beispiel 1:

Am 15. Februar werden folgende Zahlungen unbar vorgenommen:

Bezahlung der Körperschaftsteuervorauszahlung in Höhe von 145.000,–.

10. 3.

	(8)	*Körperschaftsteuer*	*145.000*	
an	*(2)*	*Bank*		*145.000*

MWR + 145.000

oder

	(2)	*Kontokorrentkonto Finanzamt (KSt)*	*145.000*	
an	*(2)*	*Bank*		*145.000*

Beispiel 2:

Am 30. 8. wird der Körperschaftsteuerbescheid für das Vorjahr zugestellt. Die Körperschaftsteuernachzahlung wird mit 100.000,– festgesetzt. Die dafür gebildete Rückstellung beträgt 85.000,– (Variante 120.000,–).

30. 8.

	(3)	*Körperschaftsteuerrückstellung*	*85.000*	
	(8)	*Körperschaftsteuer*	*15.000*	
an	*(3)*	*Verbindlichkeit Finanzamt (KSt)*		*100.000*

MWR + 15.000

Variante

	(3)	*Körperschaftsteuerrückstellung*	*120.000*	
an	*(8)*	*Erträge aus Auflösung Rückstellung (KSt)*		*20.000*
	(3)	*Verbindlichkeit Finanzamt (KSt)*		*100.000*

MWR – 20.000

Anmerkung:

Die Buchung auf das Konto „Erträge aus Auflösung Rückstellung (KSt)" hat mit der Darstellung in der GuV nichts zu tun. Der GuV-Ausweis erfolgt im Rahmen der „Steuern vom Einkommen und Ertrag" (vgl 3.8.).

Beispiel 3:

Die „Müller GmbH" ist an der „Huber GmbH" mit Sitz in München seit 5 Jahren zu 30 % beteiligt und erhält am 10. 7. die Ausschüttung für das Vorjahr in Höhe von 150.000,–.

Ebenfalls am 10. 7. geht die Dividende der 90%igen Tochtergesellschaft „Maurer AG" in Höhe von 105.000,– ein, wobei die KESt (25 % gem § 93 Abs 1a EStG) versehentlich an das Finanzamt abgeführt wurde.

Am 12. 7. erfolgt eine Zinsengutschrift bezüglich der 8%igen Umweltanleihe 1989 (Nominale 100.000,–).

Am 19. 7. wird die Dividende in Höhe von 37.500,– aus der 20%igen Beteiligung an der „Maler AG" gutgeschrieben.

10. 7.

	(2)	*Bank*	*150.000*	
an	*(8)*	*Erträge aus Beteiligungen*		*150.000*

MWR – 150.000

Anmerkung:

Es liegt eine Schachtelertragsbefreiung nach § 10 Abs 2 KStG vor.

	(2)	*Bank*	*105.000*	
	(2)	*Forderung Finanzamt (KESt)*	*35.000*	
an	*(8)*	*Erträge aus Beteiligungen*		*140.000*

MWR – 140.000

Anmerkung:

Es liegt eine Beteiligungsertragsbefreiung nach § 10 Abs 1 KStG vor. Die irrtümlich abgeführte KESt stellt eine Forderung gegen das Finanzamt dar. Die KESt beträgt 25 %, da der Schuldner der Kapitalertragsteuer (§ 95 Abs 1 EStG) eine Körperschaft iSd § 1 Abs 1 KStG ist.

12. 7.

	(2)	Bank	6.000	
	(8)	Körperschaftsteuer (KöSt)	2.000	
an	(8)	Zinserträge aus Wertpapieren		8.000

MWR + 2.000

19. 7.

	(2)	Bank	37.500	
an	(8)	Erträge aus Beteiligungen		37.500

MWR – 37.500

Beispiel 4:

Am 10. 9. erwirbt die „Müller-GmbH" von der „Maurer-AG" zwei unbebaute Grundstücke mit einem Einheitswert von 300.000,– um 1.000.000,–.

10. 9.

	(0)	unbebaute Grundstücke	1.035.000	
an	(3)	Verbindlichkeit aus L & L		1.000.000
	(3)	Verbindlichkeit Finanzamt (GrESt)		35.000

Die Grunderwerbsteuer ist vom Kaufpreis der Grundstücke zu bemessen (§ 4 Abs 1 iVm § 5 Abs 1 Z 1 GrEStG).

Beispiel 5:

Die Anschaffungskosten eines PKW betragen inkl NoVA und Umsatzsteuer 50.000,–. Die Motorleistung des PKW beträgt 80 Kilowatt. Die Haftpflichtversicherung wird halbjährlich bar entrichtet (Versicherungsprämie halbjährlich ohne Kraftfahrzeugsteuer 500,–), erstmals am 1. 4. Der PKW wird am 20. 3. auf die „Müller-GmbH" zugelassen.

20. 3.

	(0)	PKW	50.000	
an	(3)	Verbindlichkeit aus L & L		50.000

Steuerlich betragen die Anschaffungskosten lediglich 40.000, sodass sich bei Ermittlung der jährlichen Abschreibung selbst bei gleicher Nutzungsdauer ein Unterschied ergibt.

1. 4.

	(7)	Kfz-Haftpflichtversicherung	500	
	(7)	Kfz-Aufwand (VfG-Steuer)	256,39	
an	(2)	Kassa		756,39

Berechnung der Kraftfahrzeugsteuer:

*Der Steuer unterliegen 56 Kilowatt (80 – 24); bei jährlicher Zahlung würde die Steuer 458,30 € betragen (56 * 0,682 * 12). Aufgrund der halbjährlichen Zahlung der Versicherungsprämie beträgt die Kraftfahrzeugsteuer um 6 % mehr, dh 242,90 € (458,30/2)*1,06.*

Dazu muss noch die Kraftfahrzeugsteuer für den Zeitraum vom 20.3.–31.3. (der Monat wird einheitlich zu 30 Tagen gerechnet) entrichtet werden.

242,9 Euro/6/3 = 13,49 Euro

2.11.4. Wechsel, Scheck und Kreditkarte

2.11.4.1. Grundzüge des Wechselrechts

Der Wechsel ist ein

- in einer bestimmten Form ausgestelltes,
- übertragbares Wertpapier,
- durch das ein besonderes Forderungsrecht begründet wird.

Das Wechselgesetz ermöglicht aufgrund seiner strengen Bestimmungen eine viel raschere Eintreibung der Forderungen als im Falle von nicht verbrieften Forderungen, die der Schuldner nicht begleicht.

Der Wechsel hat aufgrund seiner relativ einfachen Diskontier- und Verpfändungsmöglichkeit eine Kreditfunktion und durch die Hingabe an Zahlungs statt bzw zahlungshalber eine Zahlungsfunktion.

Nach der Form der Wechselausstellung unterscheidet man den gezogenen und den eigenen Wechsel.

Der gezogene Wechsel (sog Tratte bzw trassierter Wechsel) stellt die unbedingte Anweisung des Ausstellers an den Bezogenen dar, bei Fälligkeit an den durch den Wechsel legitimierten Inhaber zu bezahlen. Mit der Akzeptierung des Wechsels durch den Bezogenen (durch Setzen der Unterschrift) wird dieser zum Wechselschuldner.

Am gezogenen Wechsel sind somit drei Personen beteiligt:

- der Aussteller, der zur Zahlung auffordert;
- der Bezogene, der zur Zahlung aufgefordert wird;
- der Inhaber (Remittent bzw Indossatar), der die Zahlung erhalten soll.

Der eigene Wechsel (sog Solawechsel) stellt das unbedingte Versprechen des Ausstellers dar, bei Fälligkeit an den legitimierten Wechselinhaber zu zahlen.

Am Solawechsel sind somit lediglich zwei Personen beteiligt:

- der Aussteller, der die Zahlung verspricht;
- der Inhaber, der die Zahlung erhalten soll.

Der Wechsel muss, um als solcher anerkannt zu werden, folgende Merkmale aufweisen:

	gezogener Wechsel (Art 1 WechselG)	eigener Wechsel (Art 75 WechselG)
1.	Die Bezeichnung als Wechsel in der Urkunde, und zwar in der Sprache der Ausstellung der Urkunde;	Die Bezeichnung als Wechsel in der Urkunde, und zwar in der Sprache der Ausstellung der Urkunde;
2.	die unbedingte Anweisung, eine bestimmte Geldsumme zu zahlen;	das unbedingte Versprechen, eine bestimmte Geldsumme zu zahlen;
3.	den Namen des Bezogenen;	
4.	die Angabe der Verfallzeit (bspw „zahlen Sie am...“; „zahlbar bei Sicht“);	die Angabe der Verfallzeit;
5.	die Angabe des Zahlungsortes (zB der Wohnort, eine Zahlstelle);	die Angabe des Zahlungsortes;
6.	den Namen des Begünstigten;	den Namen des Begünstigten;
7.	die Angabe des Tages und des Ortes der Ausstellung;	die Angabe des Tages und des Ortes der Ausstellung;
8.	die Unterschrift des Ausstellers.	die Unterschrift des Ausstellers.

Der Wechsel kann ein sog Warenwechsel oder ein Finanzwechsel sein. Ein Warenwechsel liegt vor, wenn eine Warenlieferung verbrieft wird. Ein Finanzwechsel verbrieft hingegen eine Geldforderung. In der Folge wird nur der Warenwechsel behandelt.

Aus der Sicht des Begünstigten bezeichnet man den Wechsel als Besitzwechsel, aus Sicht des Bezogenen als Schuldwechsel (sog Tratte).

Erfolgt die Lieferung gegen einen Wechselakzept, so kann die Buchung sofort gegen Besitz- bzw Schuldwechsel erfolgen. Erfolgt der Wechselakzept erst nach vorgenommener Lieferung, so kann eine Umbuchung vom Forderungs- bzw Verbindlichkeitskonto auf Besitz- bzw Schuldwechsel erfolgen. Soweit dem Wechselgläubiger jedoch die Forderung aus dem der Wechselausstellung zugrunde liegenden Kausalgeschäft zusteht, ist eine Umbuchung der Forderung aus dem Grundgeschäft nicht erforderlich. Nach den Bestimmungen des § 225 Abs 4 UGB ist in diesem Fall die Forderung weiterhin als Forderung aus Lieferung und Leistung (oder als zB „sonstige Forderung“, wenn das Grundgeschäft keine Lieferung oder sonstige Leistung im Sinne des UGB ist) auszuweisen. Der Übersichtlichkeit halber kann jedoch innerhalb der Kontengruppe „Forderung aus Lieferung und Leistung“ ein eigenes Konto „Besitzwechsel“ angelegt werden.

Die mit der Wechselausstellung verbundenen Wechselzinsen (für das längere Zahlungsziel) und die mit der Ausstellung verbundenen Wechselspesen stellen einen nichtaktivierungsfähigen (Finanzierungs)aufwand dar und erhöhen das vom Leistungsempfänger zu zahlende Entgelt. Fraglich ist, ob Wechselzinsen und Wechselspesen auch die Bemessungsgrundlage für die Umsatzsteuer erhöhen, wobei der Umsatzsteuersatz sich nach dem Satz des zugrunde liegenden Warengeschäftes richten würde. Nach der Judikatur des EuGH müssten jedoch Wechselzinsen und -spesen unecht umsatzsteuerbefreite Entgelte für die Kreditgewährung darstellen (zumindest dann, wenn die Zinsen für die Kreditgewährung bereits vorweg bei Vertragsabschluss über die zugrunde liegende Leistung eigens vereinbart wurden). Die Wechselgebühr beträgt 0,125 % der Wechselsumme, die Wechselzinsen werden ebenfalls von der Wechselsumme ermittelt.

Berechnung der Wechselsumme (inkl USt)	(exkl USt für Kreditleistung)
Anschaffungspreis (A)	Anschaffungspreis (A)
+ Wechselzinsen (Wz)	+ Umsatzsteuer
+ Wechselgebühr (Wg)	Zwischensumme
Zwischensumme	+ Wechselzinsen (Wz)
+ Umsatzsteuer	+ Wechselgebühr (Wg)
= Wechselsumme	= Wechselsumme

Da die Wechselsumme somit eine Unbekannte für die Ermittlung der Wechselspesen darstellt, ist sie nach folgender Formel zu ermitteln (USt = 20 %):

Wechselsumme x = (A + Wz * x + Wg * x) * 1,2 (wenn gesamte Wechselsumme der USt unterliegt), bzw

Wechselsumme x = A * 1,2 + Wz * x + Wg * x (wenn umsatzsteuerfreie Kreditleistung angenommen wird).

Die Weitergabe des Wechsels

Jeder Wechsel kann grundsätzlich weitergegeben werden (sog Indossament). Jeder Indossant, das ist derjenige, der den Wechsel weitergibt, haftet dabei sämtlichen zukünftigen Wechselerwerbern (sog Indossatare) für die Einbringlichkeit des Wechsels. Der Indossant selbst hat gleichfalls ein Rückgriffsrecht auf seine Vormänner. Durch Anbringen der Rektaklausel („nicht an Order") kann der Aussteller die Indossierbarkeit des Wechsels jedoch verhindern.

Die Weitergabe kann zur Bezahlung von Schulden zahlungshalber oder an Zahlungs statt erfolgen, sie kann aber auch durch Diskontierung oder Verpfändung zur Beschaffung liquider Mittel verwendet werden.

Da die Weitergabe des Wechsels in der Regel vor Fälligkeit des Wechsels erfolgt, erhält der Wechselgläubiger nicht die volle Summe, sondern nur den nach Abzug der auf die Restlaufzeit entfallenden Zinsen verbleibenden Betrag. Diese Form der Weitergabe wird vor allem zur Begleichung einer Schuld an Zahlungs statt oder zahlungshalber erfolgen.

Da dem neuen Wechselgläubiger die der Wechselausstellung zugrunde liegende Forderung aus dem Grundgeschäft nicht zusteht, hat er den Besitzwechsel jedenfalls als sonstiges Wertpapier des Umlaufvermögens zu behandeln.

Der Wechseldiskont

Eine besondere Form der Weitergabe des Wechsels stellt der Wechseldiskont dar. Beim Wechseldiskont wird der Wechsel vor seiner Fälligkeit einer Bank verkauft. Auch in diesem Fall bekommt der Wechselgläubiger nicht die gesamte Wechselsumme, sondern nur den nach Abzug der Diskontzinsen, der Inkassoprovision und der Spesen verbleibenden Betrag ausbezahlt. Der Diskonterlös wird dem Bankkonto gutgeschrieben. Die Diskontzinsen stellen einen Zinsaufwand, die Inkassoprovision und die Wechselspesen einen sonstigen Aufwand (Spesen des Geldverkehrs) dar.

Mit dem Wechseldiskont können sich allerdings umsatzsteuerliche Konsequenzen ergeben, da es durch den Diskont zu einer Verminderung des Entgelts kommen kann. Die Entgeltsminderung durch die Verrechnung der Zinsen und der Wechselspesen ist umsatzsteuerlich allerdings unterschiedlich zu behandeln. Da die Diskontzinsen wirtschaftlich die Nichtrealisierung der dem

Kunden verrechneten Wechselzinsen darstellen, handelt es sich bei den Diskontzinsen um eine Entgeltsminderung iSd § 16 UStG, die grundsätzlich zu einer entsprechenden Umsatzsteuerkorrektur führt (sofern die Wechselzinsen überhaupt in die Bemessungsgrundlage der USt einbezogen wurden). Die Wechselspesen und Inkassogebühren stellen hingegen einen erst mit dem Diskont begründeten Aufwand dar. Sie sind daher keine Minderung des ursprünglichen Entgelts, weshalb für diese Spesen auch keine Umsatzsteuerkorrektur erfolgen kann.

Die Umsatzsteuerkorrektur ist jedoch nur zulässig, wenn der Lieferant (Wechsel-Begünstigte) seinem Kunden (dem Wechsel-Bezogenen) eine nach § 11 Abs 13 UStG korrigierte Rechnung übermittelt. Dies ist deshalb erforderlich, da mit der Entgeltsminderung auf Seite des Lieferanten auch eine Minderung der Vorsteuerbemessungsgrundlage auf Seite des Käufers verbunden ist. Die Rechnungskorrektur kann mit einer Gutschrift der zu viel entrichteten Umsatzsteuer verbunden sein (Weiterverrechnung der Umsatzsteuerkorrektur). In diesem Fall handelt es sich für den Käufer um einen erfolgsneutralen Vorgang. Soweit die Rechnungskorrektur jedoch nicht mit einer Gutschrift verbunden ist, sondern der Lieferant die Umsatzsteuerkorrektur für sich behält, hat der Kunde eine erfolgswirksame Verringerung der Vorsteuer vorzunehmen. Diese grundsätzlich zwingende Rechnungskorrektur kann jedoch unterbleiben, um den Lieferanten nicht zur Offenlegung der Diskontierung zu zwingen. Sollte die Rechnungskorrektur unterbleiben, so schuldet allerdings der Lieferant die Umsatzsteuer vom ursprünglichen Entgelt.

Eine Änderung der Umsatzsteuer tritt auch ein, wenn der Lieferant dem Kunden die Diskontzinsen und Diskontspesen weiterverrechnet. In diesem Fall erhöht sich die Bemessungsgrundlage der Umsatzsteuer um die Summe der Beträge. Da sich das Entgelt jedoch im Ausmaß der Diskontzinsen verringert, kommt es letztlich nur zu einer Umsatzsteuererhöhung (bzw Vorsteuererhöhung) im Ausmaß der weiterverrechneten Diskontspesen.

Die Diskontierung des Wechsels an die Bank ist hingegen als Wertpapierverkaufsgeschäft unecht umsatzsteuerbefreit (vgl § 6 Abs 1 Z 8 lit f UStG). Der von der Bank ihrem Kunden eingeräumte Diskontkredit ist ebenfalls unecht umsatzsteuerbefreit.

Zusammenfassend kann man die umsatzsteuerliche Behandlung des Wechseldiskonts wie folgt darstellen:

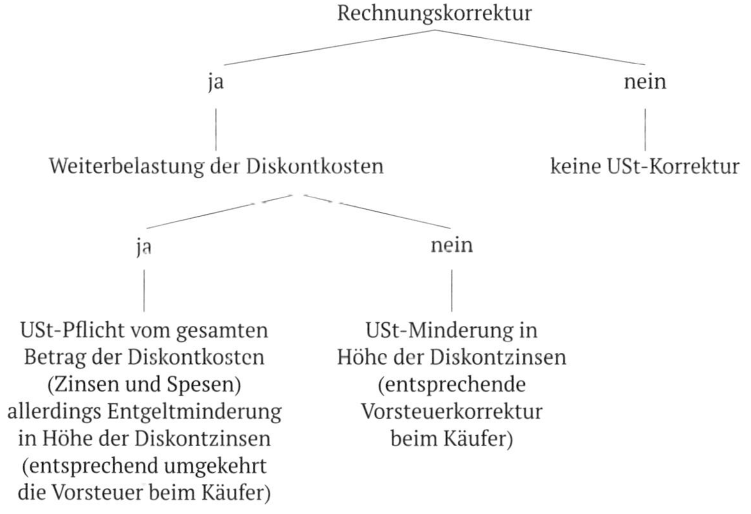

Die Wechselprolongation

Sollte der Wechsel am Fälligkeitstag vom Bezogenen nicht bezahlt werden, so können sich der Wechselgläubiger und der Bezogene auf eine Erstreckung der Zahlungsfrist einigen. Die für die Verlängerung der Fälligkeit zu entrichtenden Zinsen sind wie Verzugszinsen zu behandeln, weshalb die Wechselprolongation keinen umsatzsteuerpflichtigen Vorgang darstellt.

Anlässlich der Prolongation kann ein neuer Wechsel ausgestellt, aber auch der bereits vorhandene durch Anbringen des Verlängerungsvermerks beibehalten werden.

Sollte hingegen ein fälliger Wechsel nicht prolongiert werden, so kann der Wechselinhaber bei Gericht oder einem Notar den sog Wechselprotest erheben. Mit dem ausgefolgten protestierten Wechsel und der quittierten Rückrechnung kann der Wechselinhaber den Wechselregress erheben.

Der Wechselregress

Das Besondere des Wechsels ist, dass neben dem Bezogenen auch alle Indossanten, sofern sie nicht die sog Angstklausel beim Indossament angebracht haben, sowie der Aussteller selbst für die Einbringlichkeit des Wechsels haften. Ein Wechsel wird daher umso sicherer sein, je mehr kreditwürdige Vormänner er aufweist. Der letzte Wechselinhaber kann daher bei Nichteinlösung des Wechsels durch den Bezogenen gegen seine Vormänner den Wechselregress führen. Der Wechselregress muss dabei nicht gegen den unmittelbaren Vormann erhoben werden. Er kann vielmehr gegen jeden beliebigen Vormann erhoben werden. Der in Anspruch genommene Vormann seinerseits kann wiederum gegen jeden seiner Vormänner regressieren, bis letztlich der Wechsel vom Aussteller einzulösen ist, der nun den Regress gegen seinen Kunden, auf den er den Wechsel gezogen hat, führt. In der Indossantenkette Übersprungene können durch ihre Vormänner allerdings nicht in Anspruch genommen werden.

Der jeweilige Regressierende hat eine quittierte Rückrechnung zu legen. Diese umfasst neben der aushaftenden Wechselsumme und den durch den Protest angefallenen Rechts- und Beratungskosten und sonstigen Spesen max. 6 % Verzugszinsen seit dem Verfallstag und 1/3 % Provision von der Wechselsumme. Da all diese Kosten den Charakter von echten Schadenersatzzahlungen aufweisen und mit dem Grundgeschäft in keinem unmittelbaren Zusammenhang stehen, sind sie nicht umsatzsteuerbar.

2.11.4.2. Die Wechselverbuchung

Verbuchung der Wechselausstellung, wenn Zinsen und Gebühr sofort angelastet werden:

Beim Käufer:

	(1)	Waren
	(8)	Wechselzinsen
	(7)	Wechselgebühr
	(2)	Vorsteuer
an	(3)	Schuldwechsel

bzw im Falle der Umbuchung

	(3)	Verbindlichkeit aus L & L
	(8)	Wechselzinsen
	(7)	Wechselgebühr
	(2)	Vorsteuer
an	(3)	Schuldwechsel

Beim Verkäufer:

	(2)	Besitzwechsel
an	(4)	Umsatzerlöse
	(8)	Wechselzinserträge
	(4)	Wechselgebührenersatz
	(3)	USt

bzw im Falle der Umbuchung

	(2)	Besitzwechsel
an	(8)	Wechselzinserträge
	(4)	Wechselgebührenersatz
	(3)	USt
	(2)	Forderung aus L & L

Das Konto „(2) Besitzwechsel" ist bei Bilanzerstellung den „Forderungen aus Lieferung und Leistung" hinzuzurechnen, da dem Verkäufer die Forderung aus dem Grundgeschäft zusteht.

Verbuchung der Wechselweitergabe an Zahlungs statt:

Beim Weitergebenden:

	(3)	Verbindlichkeit aus L & L
an	(2)	Besitzwechsel

Beim Indossatar:

	(2)	Besitzwechsel
an	(2)	Forderung aus L & L

Da dem Indossatar die Forderung aus dem der Wechselausstellung zugrunde liegenden Geschäft nicht zusteht, hat er den Besitzwechsel gesondert unter den sonstigen Wertpapieren auszuweisen.

Verbuchung des Wechseldiskonts bei Rechnungskorrektur und Weiterverrechnung der Umsatzsteuer:

Beim Lieferanten:

	(2)	ZMK
	(8)	Wechselzinserträge bzw (8) Diskontzinsen, wenn keine Wechselzinserträge gebucht wurden
	(8)	Diskontzinsen (in Höhe der weiterverrechneten USt)
	(7)	Spesen des Geldverkehrs (Wechselspesen)
an	(2)	Besitzwechsel
	(3)	USt
an	(3)	sonstige Verbindlichkeit aus Wechseldiskont

Beim Bezogenen:

	(2)	sonstige Forderung aus Wechseldiskont
an	(2)	Vorsteuer

Beim Indossatar:

	(2)	Besitzwechsel
an	(2)	ZMK
	(8)	Wechselzinsertrag
	(4)	Wechselspesenertrag

Verbuchung des Wechseldiskonts bei Rechnungskorrektur ohne Weiterverrechnung der Umsatzsteuer:

Beim Lieferanten:

	(2)	ZMK
	(8)	Wechselzinserträge bzw (8) Diskontzinsen
	(7)	Spesen des Geldverkehrs (Wechselspesen)
	(3)	USt (für Wechselzinserträge bzw Diskontzinsen)
an	(2)	Besitzwechsel

Beim Bezogenen:

	(8)	Wechselzinsen
an	(2)	Vorsteuer

Beim Indossatar: vgl oben!

Verbuchung des Wechseldiskonts ohne Rechnungskorrektur:

Beim Lieferanten:

	(2)	ZMK
	(8)	Wechselzinserträge bzw (8) Diskontzinsen
	(7)	Spesen des Geldverkehrs (Wechselspesen)
an	(2)	Besitzwechsel

Beim Käufer: keine Buchung erforderlich!

Beim Indossatar: vgl oben!

Verbuchung des Wechseldiskonts bei Rechnungskorrektur und Weiterverrechnung sämtlicher Kosten:

Beim Lieferanten:

	(2)	ZMK
	(8)	Wechselzinserträge bzw (4) Erlösberichtigung, wenn kein Zinsertrag verbucht
	(3)	USt (für Wechselzinserträge)
	(7)	Spesen des Geldverkehrs (Wechselspesen)
an	(2)	Besitzwechsel
	(2)	sonstige Forderung aus Wechseldiskont
an	(8)	Wechselzinserträge
	(4)	Wechselspesenersatz
	(3)	USt

Beim Bezogenen:

	(8)	Wechselzinsaufwand
	(7)	Spesen des Geldverkehrs (Wechselspesen)
	(2)	Vorsteuer
an	(3)	sonstige Verbindlichkeit aus Wechseldiskont

Verbuchung des Wechselregresses:

Beim Regressierenden:

	(2)	ZMK bzw sonstige Forderung aus Wechselregress
an	(2)	Besitzwechsel
	(8)	Wechselzinserträge (Verzugszinsen)
	(4)	Wechselspesenersatz (weiterbelastete Rechtskosten und Provision)

Beim belangten Vormann:

	(2)	Besitzwechsel
	(8)	Wechselzinsaufwand (Verzugszinsen)
	(7)	sonstiger Aufwand
an	(2)	ZMK bzw (3) sonstige Verbindlichkeit aus Wechselregress

2.11.4.3. Die Grundzüge des Scheckrechts

Der Scheck ist ein

- in bestimmter Form ausgestelltes,
- übertragbares Wertpapier,
- das eine unbedingte Anweisung des Ausstellers an das genannte Kreditinstitut enthält, eine bestimmte Summe an eine bestimmte Person oder den Überbringer auszubezahlen.

Ein Scheck muss die folgenden Merkmale aufweisen (Art 1 SchG):

1. Die Bezeichnung als Scheck im Text der Urkunde, und zwar in der Sprache, in der der Scheck ausgestellt ist;
2. die unbedingte Anweisung, eine bestimmte Geldsumme zu zahlen;
3. den Namen dessen, der zahlen soll (Bezogener);
4. die Angabe des Zahlungsortes;
5. die Angabe des Tages und des Ortes der Ausstellung;
6. die Unterschrift des Ausstellers.

Da der Scheck ein Inhaberpapier ist, ist er relativ leicht übertragbar. Schecks werden vor allem an Stelle der Barzahlung eingesetzt, da sie in ihrer Wirkung einem Bargeschäft sehr nahekommen. Die Bedeutung des Schecks hat jedoch infolge der weiten Verbreitung bargeldloser Zahlungsmittel und -möglichkeiten (Kreditkarte, Bankomatkarte etc) in den letzten Jahren stark abgenommen.

Grundsätzlich hat bei jeder Scheckausstellung die Verbuchung als „gegebener Scheck“ zu erfolgen. In der Praxis wird jedoch insbesondere bei kleineren Unternehmen nur der tatsächliche Mittelabfluss gebucht. Eine Erfassung der Scheckausstellung hat jedoch jedenfalls dann zu erfolgen, wenn die Ausstellung vor, die Einlösung erst nach dem Bilanzstichtag erfolgt.

Grundsätzlich hat auch bei Barabhebungen mit Scheck eine Teilung des Vorgangs zu erfolgen. Für die Zeit zwischen Barabhebung und Zugang des Bankauszuges ist ein Konto „schwebendes Geldgeschäft" einzuschalten. In der Praxis wird vielfach eine direkte Verbuchung vorgenommen. Soweit aber die Abhebung vor, der Zugang des Bankauszuges nach dem Bilanzstichtag erfolgt, ist allerdings eine getrennte Buchung jedenfalls erforderlich. Für die Buchhaltung gilt es bei getrennter Erfassung der Vorgänge allerdings, um eine Doppelerfassung zu vermeiden, vorweg zu klären, ob die Verbuchung der Barabhebung im Zeitpunkt der tatsächlichen Abhebung oder bei Zugang des Bankauszuges vorgenommen wird.

Sollten mit der Scheckeinlösung durch die Bank Spesen verbunden sein, so stellen die vom Verkäufer an den Scheckaussteller weiterverrechneten Spesen einen Entgeltsbestandteil dar.

2.11.4.4. Die Verbuchung des Schecks

Verbuchung der Scheckhingabe, wenn vom Scheckempfänger die Einlösespesen der Bank weiterverrechnet werden:

Beim Scheckaussteller:

	zB Vermögensgegenstand	
	(7)	Spesen des Geldverkehrs
	(2)	Vorsteuer
an	(3)	Gegebene Schecks

Beim Scheckempfänger:

	(2)	Erhaltene Schecks
an	(4)	Umsatzerlöse
	(4)	Spesenersatz
	(3)	USt

Verbuchung der Scheckeinlösung:

Beim Scheckaussteller:

	(3)	Gegebene Schecks
an	(2)	Bank

Beim Scheckempfänger:

	(2)	Bank
	(7)	Spesen des Geldverkehrs
an	(2)	Erhaltene Schecks

Verbuchung der Barabhebung:

	(2)	Kassa
an	(2)	Schwebende Geldgeschäfte
	(2)	Schwebende Geldgeschäfte
an	(2)	Bank

2.11.4.5. Die Kreditkarte

Die Kreditkarte erfüllt eine ähnliche Funktion wie der Scheck. Im Unterschied zum Scheck ist jedoch in Form der Kreditkartenorganisation ein weiterer Partner an dem Zahlungsgeschäft beteiligt. Während beim Scheck nun vielfach von der Bank eine pauschale Einlösegebühr eingehoben wird, bestehen die Erlöse der Kreditkartenorganisation aus einer umsatzabhängigen Provision, mit der der Verkäufer belastet wird. Die Provision bemisst sich in der Regel vom Rechnungsbetrag, dh vom Erlös inkl USt.

Die Verbuchung der Zahlung mittels Kreditkarte entspricht bei Käufer und Verkäufer im Zeitpunkt des Kaufes der Zahlung mittels Scheck. Bei Einreichen des Kreditkartenbelegs durch den Verkäufer entsteht der Kreditkartenorganisation eine Forderung gegen den Käufer, der ein Provisionsanspruch und die Verbindlichkeit gegen den Verkäufer gegenüberstehen. Bei Zahlung des Rechnungsbetrages durch die Kreditkartenorganisation entsteht beim Verkäufer ein Aufwand in Höhe der Provision. Die Leistung der Kreditkartenorganisation kann als Übernahme einer „anderen Sicherheit" im Sinne § 6 Abs 1 Z 8 lit h UStG gedeutet werden (Übernahme der Zahlungsgarantie gegenüber ihren Vertragshändlern), mit der Folge der unechten Umsatzsteuerfreiheit dieser Leistung. Die Kreditkartenorganisation kann gem § 6 Abs 2 UStG einen Umsatz im Zusammenhang mit Kreditkarten, der steuerfrei ist, als steuerpflichtig behandeln.

Buchungen beim Kauf:

Buchung Käufer:

	zB (0)	Vermögensgegenstand
	(2)	Vorsteuer
an	(3)	Verbindlichkeit aus Kreditkarte

Buchung Verkäufer:

	(2)	Forderung aus Kreditkarte
an	(4)	Umsatzerlöse
	(3)	USt

Buchung der Kreditkartenorganisation bei Erhalt der Belege:

	(2)	Forderung aus Kreditkarte gegen Käufer
an	(4)	Provisionserlöse
	(3)	Verbindlichkeit aus Kreditkarte gegen Verkäufer

Bei Belastung der Konten:

Buchung Käufer:

	(3)	Verbindlichkeit aus Kreditkarte
an	(2)	Bank

Buchung Verkäufer:

	(2)	Bank
	(7)	Provisionen an Dritte
an	(2)	Forderung aus Kreditkarte

Buchung Kreditkartenorganisation:

	(3)	Verbindlichkeit aus Kreditkarte gegen Verkäufer
	(2)	Bank
an	(2)	Bank
	(2)	Forderung aus Kreditkarte gegen Käufer

2.11.4.6. Beispiele

Beispiel 1:

Am 12. 5. erhält die „Müller GmbH“ eine Warenlieferung im Wert von 100.000,– netto (20 % USt). Sie akzeptiert dafür einen vom Lieferanten, der „Huber OG“ ausgestellten Wechsel mit einer Laufzeit von 3 Monaten.

Die Wechselsumme ergibt sich aus folgender Abrechnung, wobei der Umsatzsteuer entsprechend der traditionellen Ansicht auch die Wechselspesen unterliegen:

Kaufpreis	*100.000*
Zinsen	*8 % pa*
Wechselgebühr	*1/8 %*

*Wechselsumme x = (100.000 + 0,08/4 * x + 0,00125 * x) * 1,2*

Wechselsumme = 123.140,–

Kaufpreis	*100.000,–*
Zinsen	*2.463,–*
Wechselgebühr	*154,–*
Zwischensumme	*102.617,–*
20 % USt	*20.523,–*
Wechselsumme	*123.140,–*

Buchungen der „Müller GmbH“:

12. 5.

	(1)	*Warenvorrat*	*100.000*	
	(8)	*Wechselzinsen*	*2.463*	
	(7)	*Wechselgebühr*	*154*	
	(2)	*Vorsteuer*	*20.523*	
an	*(3)*	*Schuldwechsel*		*123.140*

Buchungen der „Huber OG“:

12. 5.

	(2)	*Besitzwechsel aus Forderung L & L*	*123.140*	
an	*(4)*	*Umsatzerlöse*		*100.000*
	(8)	*Wechselzinsertrag*		*2.463*
	(4)	*Wechselgebührenersatz*		*154*
	(3)	*USt*		*20.523*

Am 1. Juni reicht die „Huber OG“ den Wechsel bei ihrer Hausbank zum Diskont ein, wobei die Bank an Diskontzinsen 2.000,– und an Spesen 150,– verrechnet.

Variante 1: Die „Huber OG“ berichtigt die Rechnung gegenüber der „Müller GmbH“ nicht.

Buchungen der „Huber OG“:

1. 6.

	(2)	Bank	120.990	
	(8)	Wechselzinsenertrag	2.000	
	(7)	Spesen des Geldverkehrs (Diskontspesen)	150	
an	(2)	Besitzwechsel aus Forderung L & L		123.140

Variante 2: Die „Huber OG“ berichtigt die Rechnung und verrechnet die Umsatzsteuerminderung der „Müller GmbH“ weiter.

Buchungen der „Huber OG“:

1. 6.

	(2)	Bank	120.990	
	(8)	Wechselzinsertrag	1.667	
	(8)	Diskontzinsen	333	
	(7)	Spesen des Geldverkehrs (Diskontspesen)	150	
an	(2)	Besitzwechsel		123.140

	(3)	USt	333	
an	(3)	sonstige Verbindlichkeit aus Wechseldiskont		333

Buchungen der „Müller GmbH“:

1. 6.

	(2)	sonstige Forderung aus Wechseldiskont	333	
an	(2)	Vorsteuer		333

Variante 3: Die Rechnung wird berichtigt, die Steuerminderung wird jedoch nicht weiterverrechnet.

Buchungen der „Huber OG“:

1. 6.

	(2)	Bank	120.990	
	(8)	Wechselzinsertrag	1.667	
	(7)	Spesen des Geldverkehrs (Diskontspesen)	150	
	(3)	USt	333	
an	(2)	Besitzwechsel		123.140

Buchungen der „Müller GmbH“:

1. 6.

	(8)	*Wechselzinsen*	*333*	
an	*(2)*	*Vorsteuer*		*333*

Buchung der Bank in allen drei Varianten:

1. 6.

	(2)	*Besitzwechsel*	*123.140*	
an	*(8)*	*Wechselzinsertrag*		*2.000*
	(4)	*Wechselprovision*		*150*
	(2)	*Bank*		*120.990*

Anmerkung:

Es liegt ein unecht umsatzsteuerbefreites Kreditgeschäft vor.

Am 12. August legt die Bank der „Müller GmbH“ den Wechsel zur Einlösung vor.

Variante 1: Die „Müller GmbH“ zahlt unbar.

Buchung der „Müller GmbH“:

12. 8.

	(3)	*Schuldwechsel*	*123.140*	
an	*(2)*	*Bank*		*123.140*

Buchung der Bank:

12. 8.

	(2)	*Bank*	*123.140*	
an	*(2)*	*Besitzwechsel*		*123.140*

Variante 2: Die „Müller GmbH“ erhält eine zweimonatige Prolongation des Wechsels zu folgenden Konditionen:

Zinsen	*3.813,–*
Spesen	*159,–*

Es wird ein neuer Wechsel über die gesamte Schuld ausgestellt.

Die Schuld wird am 12. 10. bar beglichen.

Buchungen der Bank:

12. 8.

	(2)	*Besitzwechsel*	*127.112*	
an	*(2)*	*Besitzwechsel*		*123.140*
	(8)	*Wechselzinsertrag*		*3.813*
	(4)	*Wechselspesenertrag*		*159*

Anmerkung:

Es liegt ein unecht umsatzsteuerbefreites Kreditgeschäft vor.

12. 10.

	(2)	Kassa	127.112	
an	(2)	Besitzwechsel		127.112

Buchungen der „Müller GmbH“:

12. 8.

	(3)	Schuldwechsel	123.140	
	(8)	Wechselzinsen	3.813	
	(7)	Wechselgebühren	159	
an	(3)	Schuldwechsel		127.112

12. 10.

	(3)	Schuldwechsel	127.112	
an	(2)	Kassa		127.112

Beispiel 2:

Die „Mayer AG“ erhält am 20. Juni eine Lieferung von Handelswaren in Höhe von 180.000,– (inkl 20 % USt).

Am 1. Juli akzeptiert sie einen vom Lieferanten, der „Müller GmbH“, auf sie gezogenen Wechsel in Höhe des Rechnungsbetrages (Laufzeit zwei Monate).

Buchungen der „Mayer AG“:

20. 6.

	(1)	Handelswaren	150.000	
	(2)	Vorsteuer	30.000	
an	(3)	Verbindlichkeit aus L & L		180.000

1. 7.

	(3)	Verbindlichkeit aus L & L	180.000	
an	(3)	Schuldwechsel		180.000

Buchungen der „Müller GmbH“:

20. 6.

	(2)	Forderung aus L & L	180.000	
an	(4)	Umsatzerlöse		150.000
	(3)	USt		30.000

1. 7.

	(2)	Besitzwechsel aus Forderung L & L	180.000	
an	(2)	Forderung aus L & L		180.000

Am 15. Juli gibt die „Müller GmbH" den Wechsel zahlungshalber für eine offene Verbindlichkeit aus L & L an die „Schmid KG" weiter. Die Diskontzinsen in Höhe von 2.100,– und die Diskontspesen in Höhe von 400,– rechnet sie in der korrigierten Rechnung der „Mayer AG" weiter.

Buchungen der „Müller GmbH":

15. 7.

	(3)	Verbindlichkeit aus L & L	177.500	
	(4)	Erlösberichtigung	1.750	
	(7)	Spesen des Geldverkehrs (Diskontspesen)	400	
	(3)	USt	350	
an	(2)	Besitzwechsel		180.000

	(2)	sonstige Forderung aus Wechseldiskont	2.580	
an	(8)	Wechselzinsertrag		1.750
	(4)	Spesenersatz		400
	(3)	USt		430

Buchungen „Mayer AG":

15. 7.

	(8)	Wechselzinsen	1.750	
	(7)	Spesen des Geldverkehrs (Diskontspesen)	400	
	(2)	Vorsteuer	430	
an	(3)	sonstige Verbindlichkeit aus Wechseldiskont		2.580

Am 1. 9. wird der Wechsel von der „Schmid KG" der „Mayer AG" präsentiert; da die „Mayer AG" nicht zahlt, erhebt die „Schmid KG" am 2. 9. Wechselprotest; die Kosten des Notars in Höhe von 900,– exkl 20 % USt werden bar bezahlt.

Am 6. 9. wird der Wechsel der vorher verständigten „Müller GmbH" vorgelegt, die die Wechselschuld bar begleicht.

Wechselschuld:

Schuldwechsel		180.000
Protestkosten	900	
1/3 % Provision	600	
Zinsen	177,5	
	1.677,5	
		1.667,50
		181.677,50

Buchungen der „Schmid KG“:

2. 9.

	(7)	*Rechtskosten*	*900*	
	(2)	*Vorsteuer*	*180*	
an	*(2)*	*Kassa*		*1.080*

6. 9.

	(2)	*Kassa*	*181.677,50*	
an	*(2)*	*Besitzwechsel*		*180.000*
	(8)	*Wechselzinsertrag*		*177,5*
	(4)	*Spesenersatz*		*1.500*

Buchungen der „Müller GmbH“:

6. 9.

	(2)	*Protestwechsel*	*180.000*	
	(8)	*Wechselzinsen*	*177,5*	
	(7)	*sonstiger betriebl. Aufwand*	*1.500*	
an	*(2)*	*Kassa*		*181.677,50*

Beispiel 3:

Die „Müller GmbH“ hebt am 20. 6. mittels Scheck 10.000,– ab. Der Bankauszug mit der Scheckbehebung wird am 22. 6. abgeholt.

Buchung der „Müller GmbH“:

20. 6.

	(2)	*Kassa*	*10.000*	
an	*(2)*	*schwebende Geldgeschäfte*		*10.000*

22. 6.

	(2)	*schwebende Geldgeschäfte*	*10.000*	
an	*(2)*	*Bank*		*10.000*

Beispiel 4:

Die „Müller GmbH“ erhält am 29. Dezember eine Lieferung Büromaterial im Wert von 3.000,– von der „Büro KG“ und bezahlt diese Lieferung mittels Kreditkarte, wobei von der Kreditkartenorganisation als Provision 4 % vom Rechnungsbetrag einbehalten werden. Die „Büro-KG“ leitet die Belege am 10. 1. an die Kreditkartenorganisation weiter. Die Belastung bzw Gutschrift der Konten erfolgt am 31. 1.

Buchungen der „Müller GmbH":

29. 12.

	(7)	Büromaterial	3.000	
	(2)	Vorsteuer	600	
an	(3)	Verbindlichkeit aus Kreditkarte		3.600

31. 1.

	(3)	Verbindlichkeit aus Kreditkarte	3.600	
an	(2)	Bank		3.600

Buchungen der „Büro KG":

29. 12.

	(2)	Forderung aus Kreditkarte	3.600	
an	(4)	Umsatzerlöse		3.000
	(3)	USt		600

31. 1.

	(2)	Bank	3.456	
	(7)	Provision an Dritte	144	
an	(2)	Forderung aus Kreditkarte		3.600

Buchungen der Kreditkartenorganisation:

10. 1.

	(2)	Forderung aus Kreditkarte	3.600	
an	(4)	Provisionserlöse		144
	(3)	Verbindlichkeit aus Kreditkarte		3.456

31. 1.

	(3)	Verbindlichkeit aus Kreditkarte	3.456	
	(2)	Bank	3.600	
an	(2)	Bank		3.456
	(2)	Forderung aus Kreditkarte		3.600

Anmerkung: Die Abschluss- und Eröffnungsbuchungen werden vernachlässigt. Von der Option zur Umsatzsteuerpflicht gem § 6 Abs 2 UStG wird nicht Gebrauch gemacht.

2.11.5. Löhne und Gehälter

Die Löhne und Gehälter bilden einen Teil des Personalaufwands des Unternehmens. Die Begriffe Löhne und Gehälter richten sich nach der Gruppe von Dienstnehmern, an die sie gezahlt werden. Lohnempfänger ist, wer dienstrechtlich als Arbeiter einzustufen ist, Gehaltsempfänger ist der Angestellte. Auch die an Lehrlinge zu bezahlende Lehrlingsentschädigung zählt zu den Löhnen und Gehältern. In der Folge wird allgemein von „Bezug“ gesprochen.

2.11.5.1. Brutto- und Nettobezug

Der Bruttobezug ist der Anspruch, den der Arbeitnehmer aus seiner Tätigkeit für das Unternehmen aufgrund des Arbeitsvertrages gegen den Arbeitgeber hat.

Der Nettobezug ist hingegen der Betrag, der vom Bruttobezug nach Abzug der Sozialversicherungsbeiträge und sonstiger Abgaben des Arbeitnehmers und der Lohnsteuer verbleibt.

	Bruttobezug
–	Arbeitnehmeranteil an der Sozialversicherung (ANA-SV)
–	Lohnsteuer
=	Nettobezug (= Auszahlungsbetrag)

Verbuchung der Lohn(Gehalts)abrechnung:

	(6)	Löhne bzw Gehälter
an	(3)	Verbindlichkeit Krankenkasse (Arbeitnehmeranteil an Sozialversicherung)
	(3)	Verbindlichkeit Finanzamt (Lohnsteuer, Dienstgeberbeitrag, Zuschlag zum Dienstgeberbeitrag)
	(3)	Verbindlichkeiten Löhne und Gehälter

Verbuchung der Lohn(Gehalts)auszahlung:

	(3)	Verbindlichkeiten Löhne und Gehälter
an	(2)	Zahlungsmittelkonto

Exkurs: Lohnsteuer und Lohnverrechnung

a) Steuerpflichtige Bezüge und Steuerabzug

Zu den steuerpflichtigen Bezügen zählen grundsätzlich all die Vorteile, die der Arbeitnehmer aus dem Dienstverhältnis bezieht. Dazu zählen neben dem vereinbarten Grundbezug insb Bonifikationen, Zulagen, Überstundenentgelte und Sachbezüge. Auch der 13. und 14. Monatsbezug, eine ausbezahlte Abfertigung und eine Urlaubsentschädigung bzw -abfindung gehören zu den steuerpflichtigen Bezügen. Während die Bewertung der Barbezüge keine Schwierigkeiten bereitet, ist für die steuerpflichtigen Sachbezüge stets eine Bewertung in Geld erforderlich. Das Gesetz gibt dabei eine Richtschnur vor, indem eine Bewertung der Vorteile mit den üblichen Endpreisen des Verbrauchsortes verlangt wird (vgl § 15 Abs 2 EStG sowie die Sachbezugswerteverordnung, BGBl 2001/416 idF 2018/237). Für PKW zB liegt der Sachbezugswert bei privater Nutzung durch den Dienstnehmer monatlich zwischen 0 % und 2 % der tatsächlichen Anschaffungskosten des PKW bis zu einem Höchstbetrag von 960,–.

Ab der Veranlagung für das Kalenderjahr 2016 bzw für Lohnzahlungszeiträume, die nach dem 31. 12. 2015 enden, sind geldwerte Vorteile mit den um übliche Preisnachlässe verminderten üblichen Endpreisen des Abgabeortes abzurechnen. Für PKW gilt ab 2016 ein maximaler Sachbezugswert von 2 %, maximal 960,–. Für PKW, deren CO_2-Emissionen unter 121 Gramm je Kilometer (ab 2020: 118 g/km) liegen, bleibt der Satz von 1,5 % des Kaufpreises, maximal 720,– als monatlicher Sachbezug gleich.

Der Steuerabzug erfolgt in Form der Lohnsteuer. Diese ist für jeden Steuerpflichtigen, an den Arbeitnehmer im Lohnzahlungszeitraum ausbezahlten Bezug einzubehalten und am 15. des darauffolgenden Monats an das Finanzamt abzuführen. Der Lohnzahlungszeitraum darf ein Monat nicht übersteigen.

Die Lohnsteuer ist die Erhebungsform der Einkommensteuer für Einkünfte aus nichtselbständiger Arbeit gem § 25 EStG. Steuerträger der Lohnsteuer ist der Arbeitnehmer, die Steuer wird jedoch vom Arbeitgeber berechnet, einbehalten und an das Finanzamt abgeführt. Aus diesem Grund haftet auch primär der Arbeitgeber für die einzubehaltende und abzuführende Lohnsteuer.

Die Lohnsteuer wird dabei durch die Anwendung des Einkommensteuertarifs auf das hochgerechnete Jahreseinkommen ermittelt. Das hochgerechnete Jahreseinkommen ergibt sich wiederum aus der Multiplikation des zum laufenden Tarif zu versteuernden Arbeitslohnes mit dem Kehrwert des Anteils des Lohnzahlungszeitraums am Kalenderjahr. Wird bspw der Bezug monatlich ausbezahlt und ist der Dienstnehmer vier Monate im Kalenderjahr beschäftigt, so ist der laufende Bezug durch 4 zu dividieren und mit 12 zu multiplizieren, um das hochgerechnete Jahreseinkommen zu ermitteln.

Vor Anwendung des Lohnsteuertarifs sind jedoch insbesondere die folgenden Beträge abzuziehen:

- der Werbungskosten-Pauschalbetrag von derzeit 132,– pa;
- der Sonderausgaben-Pauschalbetrag von derzeit max. 60,– pa (bis 2020);
- Pflichtbeiträge zu gesetzlichen Interessenvertretungen auf öffentlich-rechtlicher Grundlage (Arbeiterkammerumlage) und einbehaltene Beiträge für die freiwillige Mitgliedschaft bei Berufsverbänden und Interessenvertretungen (zB Gewerkschaftsbeiträge);
- die vom Arbeitgeber einbehaltenen Arbeitnehmer-Sozialversicherungsbeiträge (dazu unten 2.11.5.2.);
- der Wohnbauförderungsbeitrag, die Schlechtwetterentschädigung;
- das Pendlerpauschale;
- Freibeträge aufgrund eines Freibetragsbescheids: hier sind insbesondere Werbungskosten und Sonderausgaben des Steuerpflichtigen erfasst, die diesem im letztveranlagten Kalenderjahr entstanden sind und nicht bereits durch die oben genannten Pauschalbeträge berücksichtigt sind.

Weiters werden bei der Lohnsteuerermittlung auch die dem Arbeitnehmer zustehenden Absetzbeträge gem § 33 EStG berücksichtigt. Hierbei handelt es sich insbesondere um den allgemeinen Absetzbetrag, den Arbeitnehmerabsetzbetrag, den Verkehrsabsetzbetrag und den Alleinverdiener- bzw Alleinerhalterabsetzbetrag. Diese vermindern nicht die Lohnsteuerbemessungsgrundlage, sondern werden von der ermittelten Lohnsteuer direkt in Abzug gebracht.

In der Praxis erfolgt die Ermittlung der Lohnsteuer von den laufenden Bezügen durch Ablesen aus der Lohnsteuertabelle, in welcher die Absetzbeträge gem § 33 EStG, das Werbungs- und Sonderausgabenpauschale bereits berücksichtigt sind.

Neben dieser tariflichen Lohnsteuer gibt es auch noch die begünstigte Lohnsteuer von den sonstigen Bezügen. Zu diesen begünstigt besteuerten Bezügen zählen insbesondere das 13. und 14. Monatsgehalt. Für diese, aber auch für andere sonstige Bezüge (zB Bonifikationen) beträgt die Lohnsteuer, soweit die sonstigen Bezüge innerhalb eines Kalenderjahres 620,– übersteigen, 6 %. Die Besteuerung der sonstigen Bezüge mit dem Steuersatz von 6 % unterbleibt, wenn das Jahressechstel höchstens 2.100,– beträgt. Das Jahressechstel errechnet sich als auf das Kalenderjahr umgerechnetes Sechstel der laufenden Bezüge. Übersteigen die sonstigen Bezüge gem § 67 Abs 1 und 2 EStG die Freigrenze von 2.100,–, beträgt die Steuer 6 % des 620,– übersteigenden Betrages. Übersteigen sämtliche „Sonstige Bezüge" in Summe den Wert des ermittelten Jahressechstels, spricht man von einem Jahressechstelüberhang. Dieser Betrag (der Überhang) wird nicht mit 6 %, sondern mit dem normalen (höheren) Steuertarif versteuert. Innerhalb der Jahressechstel gibt es ebenfalls eine einkünfteabhängige Staffelung der Besteuerung:

- Für die ersten EUR 620 beträgt der Steuersatz 0 %,
- für die nächsten EUR 24.380 beträgt der Steuersatz 6 %,
- für die nächsten EUR 25.000 beträgt der Steuersatz 27 %,
- für die nächsten EUR 33.333 beträgt der Steuersatz 35,75 %,
- darüber hinausgehende Sonderzahlungen werden mit dem laufenden Tarif besteuert (höchstens 50 % – ab 2016: höchstens 55 %).

Das StRefG 2020 sieht vor, dass ausgenommen in Fällen von Elternkarenz der Arbeitgeber in einem Kalenderjahr nicht mehr als ein Sechstel der im Kalenderjahr zugeflossenen laufenden Bezüge als sonstige Bezüge mit den festen Steuersätzen gemäß § 67 Abs 1 EStG besteuern darf. Wurde im laufenden Kalenderjahr insgesamt mehr als ein Sechstel der zugeflossenen laufenden Bezüge mit den festen Steuersätzen gemäß § 67 Abs 1 versteuert, hat der Arbeitgeber bei Auszahlung des letzten laufenden Bezuges im Kalenderjahr die übersteigenden Beträge durch Aufrollen nach § 67 Abs 10 zu versteuern. Dies gilt nicht in Fällen von Elternkarenz.

Ebenfalls steuerbegünstigt ist die beim Ausscheiden aus dem Dienstverhältnis vom Arbeitgeber bezahlte gesetzliche bzw kollektivvertragliche Abfertigung, welche höchstens mit 6 % zu besteuern ist. Eine weitere Begünstigung besteht in den Grenzen des § 67 Abs 6 EStG für freiwillige Abfertigungen, Urlaubsentschädigung und -abfindung. Für diese Bezüge gilt der begünstigte Steuersatz von 6 %, soweit sie insgesamt ein Viertel der laufenden Bezüge der letzten zwölf Monate nicht übersteigen und der Betrag höchstens dem Neunfachen der monatlichen Höchstbeitragsgrundlage nach § 108 ASVG entspricht. Ebenfalls mit 6 % besteuert werden die Abfertigungszahlungen aus der Mitarbeitervorsorgekasse.

Begünstigt mit 6 % besteuert werden im Rahmen eines eigenen um 15 % erhöhten Jahressechstels Prämien für Verbesserungsvorschläge im Betrieb sowie Vergütungen an Arbeitnehmer für Diensterfindungen. Durch das StRefG 2015/16 wurde diese Begünstigung gestrichen.

Verbuchung der Lohnsteuer:

im Zeitpunkt der Bezugsabrechnung:

	(6)	Lohn bzw Gehaltsaufwand
an	(3)	Verbindlichkeit Finanzamt (Lohnsteuer, Dienstgeberbeitrag, Zuschlag zum Dienstgeberbeitrag)

am 15. des Folgemonats bei Bezahlung:

	(3)	Verbindlichkeit Finanzamt (Lohnsteuer, Dienstgeberbeitrag, Zuschlag zum Dienstgeberbeitrag)
an	(2)	Zahlungsmittelkonto

b) Steuerfreie Bezüge

Zu den steuerfreien Bezügen zählen:

- Schmutz-, Erschwernis- und Gefahrenzulagen sowie Zuschläge für Sonntags-, Feiertags- und Nachtarbeit und mit diesen Arbeiten zusammenhängende Überstundenzuschläge sind bis zu einem Betrag von 360,– monatlich (bei überwiegender Nachtarbeit 540,–) steuerfrei.
- Ebenso sind Zuschläge für die ersten zehn Überstunden im Monat im Ausmaß von höchstens 50 % des Grundlohnes, insgesamt höchstens jedoch 86 € monatlich, steuerfrei.
- Geldwerte Vorteile aus der Benützung von den Arbeitnehmern zur Verfügung gestellten Erholungseinrichtungen.
- Zuwendungen des Arbeitgebers für die Zukunftssicherung des Arbeitnehmers, soweit zumindest bestimmte Gruppen von Arbeitnehmern diese Zuwendungen erhalten und auf den einzelnen Arbeitnehmer höchstens 300,– jährlich entfallen.
- Der Vorteil aus der unentgeltlichen oder verbilligten Abgabe von Beteiligungen am Unternehmen des Arbeitnehmers bis zu einem Betrag von 3.000,– (bis zur Veranlagung für das Kalenderjahr 2015 bzw für Lohnzahlungszeiträume, die bis zum 31. 12. 2015 enden: 1.460,–) jährlich, soweit dieser Vorteil zumindest bestimmten Gruppen von Arbeitnehmern zukommt und die Wertpapiere bei einer Bank hinterlegt bzw einem Rechtsträger zur treuhändigen Verwaltung übergeben werden.
- Der Vorteil aus der Ausübung von nicht übertragbaren Optionen auf den verbilligten Erwerb von Kapitalanteilen am Unternehmen des Arbeitgebers, wenn der Vorteil zumindest bestimmten Gruppen von Arbeitnehmern gewährt wird, und ein bestimmter Zeitraum zur Optionsausübung vorgegeben wird. Der Vorteil ist nur insoweit steuerbegünstigt, als der Wert der Beteiligung im Zeitpunkt der Einräumung der Option den Betrag von 36.400,– nicht übersteigt; begünstigt ist der Vorteil nur maximal in Höhe der Differenz zwischen Wert der Beteiligung bei Einräumung der Option und Ausübung der Option in Höhe von 10 % für jedes abgelaufene Jahr ab Optionseinräumung, maximal 50 %. Diese Begünstigung gilt nur für vor dem 1. 4. 2009 eingeräumte Optionen.
- Freie bzw verbilligte Mahlzeiten, der Haustrunk.

  Diese steuerfreien Bezüge sind aus der Lohnsteuerbemessungsgrundlage auszuscheiden.

c) Jahresausgleich – Arbeitnehmerveranlagung

Der Arbeitgeber kann im laufenden Kalenderjahr von den zum laufenden Tarif zu versteuernden Bezügen durch Aufrollen der vergangenen Lohnzahlungszeiträume die Lohnsteuer neu berechnen. Erfolgt diese Aufrollung unter Berücksichtigung der Dezemberbezüge, so können vom Arbeitnehmer entrichtete Beiträge für die freiwillige Mitgliedschaft bei Berufsverbänden, Beiträge an gesetzlich anerkannten Kirchen und Religionsgesellschaften unter folgenden Voraussetzungen berücksichtigt werden:

- der Arbeitnehmer hat im Kalenderjahr ständig von diesem Arbeitgeber Arbeitslohn erhalten;
- der Arbeitgeber hat keine Freibeträge aufgrund eines Freibetragsbescheids berücksichtigt;
- der Arbeitnehmer hat die entsprechenden Belege vorgelegt und
- der Arbeitnehmer hat kein Krankengeld aus der gesetzlichen Krankenversicherung bezogen.

2.11.5.2. Lohnabhängige Aufwendungen

Zu den lohnabhängigen Aufwendungen zählen die vom Arbeitgeber zu tragenden Beiträge zur gesetzlichen Sozialversicherung und ähnliche Beiträge, der Dienstgeberbeitrag zum Familienlastenausgleichsfonds, der Dienstgeberzuschlag, die Kommunalsteuer und in Wien die U-Bahnabgabe.

Die Arbeitgeberbeiträge zur gesetzlichen Sozialversicherung (AGA-SV) umfassen folgende Abgaben:

- Krankenversicherung
- Arbeitslosenversicherung
- Pensionsversicherung
- Schlechtwetterentschädigung
- Wohnbauförderungsbeitrag

Das Besondere an diesen Beiträgen ist, dass sie sowohl vom Arbeitgeber als auch vom Arbeitnehmer zu tragen sind. Für den Arbeitgeber stellen sie einen Aufwand dar, der auf dem Konto „gesetzlicher Sozialaufwand" zu verbuchen ist. Die Arbeitnehmeranteile an der Sozialversicherung werden wie die Lohnsteuer vom Arbeitgeber einbehalten und gemeinsam mit den Arbeitgeberbeiträgen zur Sozialversicherung an die Krankenkasse überwiesen, die die weitere Aufteilung vornimmt. Die Beiträge müssen am 15. des Folgemonats am Konto der Gebietskrankenkasse sein, da es sonst zur Verrechnung von Säumniszuschlägen kommt.

Neben diesen sowohl von Arbeitgeber als auch Arbeitnehmer zu tragenden Aufwendungen sind einzelne weitere Sozialaufwendungen ausschließlich vom Arbeitgeber zu tragen:

- Unfallversicherung
- Zuschlag nach dem Insolvenzentgeltsicherungsgesetz
- Beitrag nach dem Entgeltfortzahlungsgesetz
- Beitrag nach dem Nachtschicht-Schwerarbeitsgesetz

Hingegen hat ausschließlich der Arbeitnehmer die Arbeiterkammerumlage zu tragen.

lohnabhängige Aufwendungen	**Dienstnehmer**	**Dienstgeber**	**gesamt**
Krankenversicherung	3,87 %	3,78 %	7,65 %
Arbeitslosenversicherung			
bis 1.681,–	0 %	3 %	3 %
von 1.681,01 bis 1.834,–	1 %	3 %	4 %
von 1.834,01 bis 1.987,–	2 %	3 %	5 %
ab 1.987,–	3 %	3 %	6 %
Pensionsversicherung	10,25 %	12,55 %	22,8 %
Schlechtwetterentschädigung[a)]	0,7 %	0,7 %	1,4 %
Wohnbauförderung	0,5 %	0,5 %	1 %
Unfallversicherung		1,2 %	1,2 %
Insolvenzentgeltsicherung		0,35 %	0,35 %
Nachtschichtschwerarbeit[b)]		3,4 %	3,4 %
Arbeiterkammerumlage	0,5 %		0,5 %

a) Nur für Arbeiter, für die die Schlechtwetterregelung im Baugewerbe gilt.

b) Nur für Dienstnehmer, auf die das Nachtschwerarbeitergesetz anzuwenden ist.

Für alle diese Beiträge gibt es eine Höchstbemessungsgrundlage von derzeit (2019) monatlich 5.220,–. Für den diesen Betrag übersteigenden laufenden Bruttobezug sind weder vom Arbeitgeber noch vom Arbeitnehmer Sozialversicherungsbeiträge zu entrichten. Für Sonderzahlungen (zB 13., 14. Monatsgehalt) beträgt die Höchstbemessungsgrundlage jährlich 10.440,–. Wohnbauförderungsbeiträge und Arbeiterkammerumlage sind von den Sonderzahlungen nicht zu entrichten.

Die Geringfügigkeitsgrenze liegt 2019 bei 446,81 monatlich.

Beitragsfrei sind insbesondere folgende Bezüge: Abfertigungen, Prämien für Diensterfindungen und Verbesserungsvorschläge, Aufwendungen für Zukunftssicherung bis 300,– jährlich pro Arbeitnehmer, Diäten im Ausmaß der Pauschalsätze des EStG.

Verbuchung der Sozialversicherung:

Verbuchung des Arbeitgeberanteils (AGA-SV):

im Zeitpunkt der Bezugsabrechnung:

	(6)	AGA-SV (Löhne) bzw AGA-SV (Gehälter)
an	(3)	Verbindlichkeit Krankenkasse

Verbuchung des Arbeitnehmeranteils (ANA-SV):

siehe oben 2.11.5.1.

Zahlung im Folgemonat:

	(3)	Verbindlichkeit Krankenkasse
an	(2)	Zahlungsmittelkonto

Die Zahlung muss bis zum 15. des Folgemonats am Konto der Gebietskrankenkasse sein.

Weitere lohnabhängige Aufwendungen sind der Dienstgeberbeitrag und der Zuschlag zum Dienstgeberbeitrag zum Familienbeihilfenausgleichsfonds. Sowohl der Dienstnehmerbegriff als auch die Bemessungsgrundlage und Ausnahmen davon entsprechen den diesbezüglichen Begriffen der Kommunalsteuer (vgl dazu oben 2.11.3.4.), mit Ausnahme von Personen, die älter als 60 sind – diese sind von Beiträgen zum FLAG befreit. Der Dienstgeberbeitrag beträgt 3,9 % (bis 31. 12. 2017 4,1 %) der Bemessungsgrundlage, der an die Wirtschaftskammer zu entrichtende Zuschlag beträgt 2019 in Oberösterreich 0,34 %, in Vorarlberg und Steiermark 0,37 %, Wien und Niederösterreich 0,38 %, Kärnten 0,39 %, Salzburg 0,4 %, Tirol 0,41 % und Burgenland 0,42 % der Bemessungsgrundlage des Dienstgeberbeitrags. Sowohl für den Dienstgeberbeitrag als auch den Dienstgeberzuschlag gibt es einen Freibetrag von 1.095,–, sofern die Freigrenze von 1.460,– nicht überschritten wird. Auch diese Regelung entspricht der der Kommunalsteuer. Für Personen über 60 Jahre ist kein Dienstgeberbeitrag zu entrichten.

Beide Abgaben sind jeweils am 15. des der Bezugsauszahlung folgenden Monats an das Finanzamt abzuführen.

Verbuchung des Dienstgeberbeitrags (DB) und des Dienstgeberzuschlags (DZ):

im Zeitpunkt der Bezugsabrechnung:

	(6)	DB zum Familienbeihilfenausgleichsfonds, DZ
an	(3)	Verbindlichkeit Finanzamt (DB, DZ)

am 15. des Folgemonats:

	(3)	Verbindlichkeit Finanzamt (DB, DZ)
an	(2)	Zahlungsmittelkonto

Verbuchung der Kommunalsteuer:

im Zeitpunkt der Bezugsabrechnung:

	(6)	Kommunalsteuer (Löhne) bzw Kommunalsteuer (Gehälter)
an	(3)	Verbindlichkeit Gemeinde- bzw Stadtkasse

Am 15. des Folgemonats:

	(3)	Verbindlichkeit Gemeinde- bzw Stadtkasse
an	(2)	Zahlungsmittelkonto

Hinweis: Zur Kommunalsteuer siehe ausführlich oben 2.11.3.4.

In Wien sind zusätzlich als Wiener Dienstgeber-Abgabe für jeden Dienstnehmer pro Woche € 2 an die Gemeinde abzuführen (U-Bahn-Steuer). Für Personen über 55 Jahre ist keine U-Bahn-Steuer zu entrichten.

Verbuchung der U-Bahn-Steuer:

im Zeitpunkt der Bezugsabrechnung:

	(6)	U-Bahn-Steuer
an	(3)	Verbindlichkeit Gemeinde

am 15. des Folgemonats

	(3)	Verbindlichkeit Gemeinde
an	(2)	Zahlungsmittelkonto

2.11.5.3. Familienbeihilfe, Kinderabsetzbetrag und Kinderfreibetrag

Anspruch auf Familienbeihilfe haben Personen, die in Österreich einen Wohnsitz oder gewöhnlichen Aufenthalt haben und zu deren Haushalt minderjährige Kinder sowie volljährige Kinder gehören, sofern diese sich in Berufsausbildung befinden und das 24. bzw in bestimmten Fällen das 25. Lebensjahr noch nicht vollendet haben.

Der Grundbetrag der Familienbeihilfe beträgt seit Jänner 2018 monatlich für jedes Kind 114,–. Ab dem Monat, in dem das Kind das 3. Lebensjahr vollendet, erhöht sich die Familienbeihilfe für jedes Kind monatlich um 7,90. Ab dem Monat, in dem das Kind das 10. Lebensjahr vollendet, erhöht sich die Familienbeihilfe monatlich für jedes Kind um 19,60. Sie erhöht sich weiters ab dem Monat, in dem das Kind das 19. Lebensjahr vollendet, monatlich um 23,60.

Der monatliche Gesamtbetrag an Familienbeihilfe erhöht sich dabei für zwei Kinder um 14,10, für drei Kinder um 52,20, für vier Kinder um 106,–, für fünf Kinder um 160,–, für sechs Kinder um 214,20 und für sieben und mehr Kinder um 52,– pro Kind.

Seit dem 1. 1. 2019 wir die Familienbeihilfe, die für Kinder mit Wohnsitz in einem anderen Mitgliedstaat der EU, des EWR oder der Schweiz gewährt wird, an die Kaufkraft des jeweiligen Landes angepasst. Die Europäische Kommission hat diesbezüglich ein Vertragsverletzungsverfahren gegen Österreich eingeleitet.

Der Zuschlag für jedes erheblich behinderte Kind beträgt monatlich 155,90.

Die Familienbeihilfe wird monatlich ausbezahlt. Im September wird jeweils ein Schulstartgeld von 100,– für jedes Kind zwischen 6 und 15 Jahren ausbezahlt.

Zusätzlich wird für jedes Kind ein Kinderabsetzbetrag gewährt. Der Kinderabsetzbetrag beträgt für jedes Kind pro Monat gem § 33 Abs 3 EStG 58,40.

Im Zuge des StReformG 2009 ist überdies der Kinderfreibetrag eingeführt worden. Dieser beträgt seit dem StRefG 2015 jährlich 440,– pro Steuerpflichtigem, verringert sich aber auf 300,–, wenn für dasselbe Kind von einem anderen Steuerpflichtigen ebenfalls der Kinderfreibetrag geltend gemacht wird. Mit dem JStG 2018 entfällt der Kinderfreibetrag und die Absetzbarkeit der Kinderbetreuungskosten.

Im Zuge des JStG 2018 wurde der „Familienbonus Plus" im § 33 Abs 3a eingeführt. Dieser ist als Absetzbetrag ausgestaltet und verringert dadurch die Steuerlast um 1.500 pro Kind und Jahr. Nach dem das Kind das 18. Lebensjahr vollendet hat, reduziert sich der „Familienbonus Plus" auf 500,– pro Kind und Jahr. Voraussetzung ist in beiden Fällen, dass für das Kind Familienbeihilfe bezogen wird.

Steuerpflichtigen, die für ein Kind gesetzlichen Unterhalt leisten, steht gem § 33 Abs 4 Z 3 EStG ein Unterhaltsabsetzbetrag von monatlich 29,20 zu.

2.11.5.4. Aufzeichnungen und Formulare

Der Dienstnehmer hat unter Verwendung eines eigenen Formulars und gegen Nachweis seiner Identität (durch Führerschein, Personalausweis, Reisepass) bei Dienstantritt folgende Daten bekannt zu geben:

- Name
- Sozialversicherungsnummer bzw Geburtsdatum
- Wohnsitz

Die Berücksichtigung des Alleinverdiener- bzw Alleinerzieherabsetzbetrages (AVAB bzw AEAB) sowie des "Familienbonus Plus" im Rahmen der laufenden Lohnverrechnung setzt die Abgabe einer entsprechenden Erklärung auf einem amtlichen Vordruck voraus (Formular E30). In diesem Formular sind für die Gewährung des AVAB Name und Versicherungsnummer des (Ehe)partners bzw für die Gewährung des AEAB und des „Familienbonus Plus" Name und Versicherungsnummer des jüngsten Kindes anzugeben. Das Formular ist dem Arbeitgeber zu übergeben, der dieses dem Lohnkonto hinzugibt. Hat ein Dienstnehmer mehrere Beschäftigungsverhältnisse, so darf er dieses Formular nur einem Arbeitgeber vorlegen. Das Wegfallen der Voraussetzungen des AVAB bzw AEAB ist binnen eines Monats zu melden.

Eine Neugestaltung hat aufgrund der Änderungen im Bereich der Besteuerung der sonstigen Bezüge und der Erstattung des Arbeitnehmerabsetzbetrages bei niedrigem Einkommen auch der Lohnzettel erfahren.

Dieser ist vom Arbeitgeber dem Finanzamt bis 31. 1. des Folgejahres zu übermitteln. Dies ist wegen des Wegfalls der Lohnsteuerkarte erforderlich, da nun nicht mehr ersichtlich ist, ob das vorliegende Beschäftigungsverhältnis des Dienstnehmers das einzige ist. Anstelle der händischen Übermittlung kann auch eine Datenübermittlung über elektronischen Datenaustausch erfolgen, wodurch das Ausdrucken der Lohnzettel vermieden werden kann. Die Frist verlängert sich dadurch bis Ende Februar des Folgejahres.

Dem Dienstnehmer ist bei Ausscheiden aus dem Unternehmen oder auf dessen Verlangen zwecks Erstellung der Einkommensteuererklärung ein dem amtlichen Vordruck des Lohnzettels entsprechender Lohnzettel auszustellen.

Auf dem Lohnzettel ist, falls ein AVAB, ein AEAB oder ein „Familienbonus Plus" berücksichtigt wurde, die Versicherungsnummer bzw das Geburtsdatum des (Ehe)partners oder des jüngsten Kindes einzutragen.

Lohnzettel für den Zeitraum

vom [T T M M] bis [T T M M] 2019

Gesetzeszitate ohne nähere Bezeichnung beziehen sich auf das Einkommensteuergesetz 1988 (EStG 1988) in der geltenden Fassung.

Ausfüllhinweise:
Dieses Formular wird maschinell gelesen, füllen Sie es daher nur mittels Tastatur und Bildschirm aus. ***Eine handschriftliche Befüllung ist unbedingt zu vermeiden.*** *Betragsangaben in EURO und Cent (rechtsbündig). Eintragungen* ***außerhalb der Eingabefelder*** *können maschinell nicht gelesen werden.*
Die stark hervorgehobenen Felder sind jedenfalls auszufüllen.

Bezugs/pensionsauszahlende Stelle:
Abgabenkontonummer (Finanzamts-/Steuernummer)

Soziale Stellung

10-stellige Sozialversicherungsnummer lt. e-card

Arbeitnehmerin/Arbeitnehmer:
Familien- oder Nachname

Vorname

Titel

Adresse

PLZ

Ort

weiblich | männlich | Vollzeit-beschäftigung | Teilzeit-beschäftigung

AVAB wurde berücksichtigt (J/N) | AEAB wurde berücksichtigt (J/N) | erhöhter PAB wurde berücksichtigt (J/N)

Wenn Kinderzuschläge berücksichtigt wurden:
Anzahl der Kinder gemäß § 106 Abs. 1

AVAB/erhöhter PAB:
Vers-Nr. der Partnerin/des Partners

erhöhter VAB wurde berücksichtigt (J/N)

Familienbonus Plus wurde berücksichtigt (J/N)

Anzahl der Kinder, für die ein Familienbonus Plus berücksichtigt wurde

Bruttobezüge gemäß § 25 (ohne § 26 und ohne § 3 Abs. 1 Z 16b) 210

Steuerfreie Bezüge gemäß § 68 .... 215 –

Bezüge gemäß § 67 Abs. 1 und 2 (innerhalb des Jahressechstels soweit nicht nach § 67 Abs. 10 versteuert) und gemäß § 67 Abs. 5 zweiter Teilstrich (innerhalb des Jahreszwölftels), vor Abzug der Sozialversicherungsbeiträge (SV-Beiträge) .... 220 –

Insgesamt für lohnsteuerpflichtige Einkünfte einbehaltene SV-Beiträge, Kammerumlage, Wohnbauförderung ....

Abzüglich einbehaltene SV-Beiträge:
für Bezüge gemäß Kennzahl 220 .... 225 –

für Bezüge gemäß § 67 Abs. 3 bis 8 (ausgen. § 67 Abs. 5 zweiter TS), soweit steuerfrei bzw. mit festem Steuersatz versteuert 226 –

} 230 –

Übrige Abzüge:
Auslandstätigkeit gemäß § 3 Abs. 1 Z 10 ....

Entwicklungshelfer/innen gemäß § 3 Abs. 1 Z 11 lit. b ....

Aushilfskräfte gemäß § 3 Abs. 1 Z 11 lit. a ....

Steuerfrei gemäß § 3 Abs. 1 Z 16c ....

Pendler-Pauschale gemäß § 16 Abs. 1 Z 6 ....

Werbungskostenpauschbetrag gemäß § 17 Abs. 6 für Expatriates ......

Einbehaltene freiwillige Beiträge gemäß § 16 Abs. 1 Z 3b ....

Steuerfreie bzw. mit festen Sätzen versteuerte Bezüge gemäß § 67 Abs. 3 bis 8 (ausgen. § 67 Abs. 5 zweiter TS), vor Abzug der SV-Beiträge .....

Sonstige steuerfreie Bezüge ....

Summe übrige Abzüge
} 243 –

Steuerpflichtige Bezüge
245 =

Insgesamt einbehaltene Lohnsteuer ....

Abzüglich Lohnsteuer mit festen Sätzen gemäß § 67 Abs. 3 bis 8 (ausgenommen § 67 Abs. 5 zweiter Teilstrich) .... –

Anrechenbare Lohnsteuer
} 260 =

L 16-PDF-2019 Bundesministerium für Finanzen

L 16, Seite 1, Version vom 08.10.2018

Datenschutzerklärung auf www.bmf.gv.at/datenschutz oder auf Papier in allen Finanz- und Zolldienststellen

www.sozialversicherung.at

www.bmf.gv.at

Bundesministerium Finanzen

Pendlereuro (§ 33 Abs. 5 Z 4)		Werkverkehr, Anzahl Kalendermonate (§ 26 Z 5)	M M
Höhe des Familienbonus Plus der tatsächlich steuermindernd gewirkt hat		Berücksichtigter Freibetrag gemäß § 63 oder § 103 Abs 1a	
Nach dem Tarif versteuerte sonstige Bezüge (§ 67 Abs. 2, 5 zweiter TS, 6, 10)		Bei der Aufrollung berücksichtigte ÖGB-Beiträge	
Nicht steuerbare Bezüge (§ 26 Z 4) und steuerfreie Bezüge (§ 3 Abs. 1 Z 16 b)		Eingezahlter Übertragungsbetrag an BV	
Arbeitgeberbeiträge an ausländische Pensionskassen (§ 26 Z 7)		Überlassung eines arbeitgebereigenen Kfz für Fahrten Wohnung – Arbeitsstätte, Anzahl Kalendermonate (§ 16 Abs. 1 Z 6 lit. b)	M M

Angaben zum Familienbonus Plus:
(Wurde für mehr als 5 Kinder der Familienbonus Plus berücksichtigt, ist ein weiteres Formular L 16 auszufüllen)

Kind 1

Familien- oder Nachname

Vorname

Wohnsitzstaat [1] zum 31.12.2019

☐ Wohnsitzstaat-Wechsel während des Jahres 2019

10-stellige Sozialversicherungsnummer laut e-card

Geburtsdatum (TTMMJJJJ)

☐

Beziehung der Arbeitnehmerin/des Arbeitnehmers zum Kind

☐ Familienbeihilfen-Bezieher ☐ Partner des Familienbeihilfen-Beziehers ☐ Unterhaltszahler

Der **ganze** Familienbonus Plus wurde berücksichtigt >> von (MM) bis (MM) 2019

Der **halbe** Familienbonus Plus wurde berücksichtigt >> von (MM) bis (MM) 2019

Kind 2

Familien- oder Nachname

Vorname

Wohnsitzstaat [1] zum 31.12.2019

☐ Wohnsitzstaat-Wechsel während des Jahres 2019

10-stellige Sozialversicherungsnummer laut e-card

Geburtsdatum (TTMMJJJJ)

Beziehung der Arbeitnehmerin/des Arbeitnehmers zum Kind

☐ Familienbeihilfen-Bezieher ☐ Partner des Familienbeihilfen-Beziehers ☐ Unterhaltszahler

[1] *Für den Wohnsitzstaat des Kindes das internationale Kfz-Kennzeichen angeben - z. B. für Österreich A*

L 16-PDF-2019

L 16, Seite 2, Version vom 08.10.2018

Der **ganze** Familienbonus Plus wurde berücksichtigt
>> von (MM) bis (MM) 2019

Der **halbe** Familienbonus Plus wurde berücksichtigt
>> von (MM) bis (MM) 2019

Kind 3

Familien- oder Nachname

Vorname

Wohnsitzstaat [1] zum 31.12.2019

☐ Wohnsitzstaat-Wechsel während des Jahres 2019

10-stellige Sozialversicherungsnummer laut e-card

Geburtsdatum (TTMMJJJJ)

Beziehung der Arbeitnehmerin/des Arbeitnehmers zum Kind

☐ Familienbeihilfen-Bezieher ☐ Partner des Familienbeihilfen-Beziehers ☐ Unterhaltszahler

Der **ganze** Familienbonus Plus wurde berücksichtigt
>> von (MM) bis (MM) 2019

Der **halbe** Familienbonus Plus wurde berücksichtigt
>> von (MM) bis (MM) 2019

Kind 4

Familien- oder Nachname

Vorname

Wohnsitzstaat [1] zum 31.12.2019

☐ Wohnsitzstaat-Wechsel während des Jahres 2019

10-stellige Sozialversicherungsnummer laut e-card

Geburtsdatum (TTMMJJJJ)

Beziehung der Arbeitnehmerin/des Arbeitnehmers zum Kind

☐ Familienbeihilfen-Bezieher ☐ Partner des Familienbeihilfen-Beziehers ☐ Unterhaltszahler

Der **ganze** Familienbonus Plus wurde berücksichtigt
>> von (MM) bis (MM) 2019

Der **halbe** Familienbonus Plus wurde berücksichtigt
>> von (MM) bis (MM) 2019

[1] *Für den Wohnsitzstaat des Kindes das internationale Kfz-Kennzeichen angeben - z. B. für Österreich A*

L 16-PDF-2019

L 16, Seite 3, Version vom 08.10.2018

Kind 5

Familien- oder Nachname

Vorname

Wohnsitzstaat [1] zum 31.12.2019

☐ Wohnsitzstaat-Wechsel während des Jahres 2019

10-stellige Sozialversicherungsnummer laut e-card

Geburtsdatum (TTMMJJJJ)

Beziehung der Arbeitnehmerin/des Arbeitnehmers zum Kind

☐ Familienbeihilfen-Bezieher ☐ Partner des Familienbeihilfen-Beziehers ☐ Unterhaltszahler

Der **ganze** Familienbonus Plus wurde berücksichtigt >> von (MM) bis (MM) 2019

Der **halbe** Familienbonus Plus wurde berücksichtigt >> von (MM) bis (MM) 2019

Dieser Teil ist nur von pensionsauszahlenden Stellen oder Körperschaften öffentlichen Rechts auszufüllen

Nicht zu erfassende Bezüge gem. § 25 Abs. 1 Z 2a u. 3a (75%) ......

Berücksichtigter Freibetrag gemäß § 35 ....

Pflegegeld

>> von bis

Berücksichtigter Freibetrag gemäß § 105 ....

Ausstellungsdatum (TTMMJJJJ)

Bezugs/Pensionsauszahlende Stelle

Die Richtigkeit und Vollständigkeit wird bestätigt:

Name und Anschrift, Telefonnummer und Klappe

Unterschrift

[1] *Für den Wohnsitzstaat des Kindes das internationale Kfz-Kennzeichen angeben - z. B. für Österreich A*

L 16-PDF-2019

L 16, Seite 4, Version vom 08.10.2018

2.11.5.5. Lohnkonto

Auf dem Lohnkonto sind sämtliche an den Dienstnehmer bezahlte Bezüge, und zwar getrennt nach mit dem Tarif (§ 66 EStG) und mit festen Sätzen (§ 67 EStG) versteuerten Bezügen festzuhalten. Der Sinn des Lohnkontos liegt darin, eine Grundlage für die Feststellung der Richtigkeit der einbehaltenen Lohnsteuer zu bieten. Auf dem Lohnkonto sind grundsätzlich auch die steuerfreien Bezüge anzugeben. Für jeden Bezug ist der Zahltag und der entsprechende Lohnzahlungszeitraum anzugeben.

Das Lohnkonto hat weiters folgende Angaben zu enthalten:

- die Sozialversicherungsnummer des Dienstnehmers
- seinen Wohnsitz
- den „Familienbonus Plus“, AVAB bzw AEAB laut Antrag des Dienstnehmers
- Name und Versicherungsnummer bzw Geburtsdatum des (Ehe)partners bzw jüngsten Kindes, die den Anspruch auf den „Familienbonus Plus“, AVAB bzw AEAB vermitteln
- Freibeträge aufgrund eines Freibetragsbescheids nach § 63 EStG
- das Pendlerpauschale oder die bezahlten Kosten für den Werksverkehr

2.11.5.6. Beispiele

Die Müller-OG erstellt bei Auszahlung am 30. 6. folgende Gehaltsabrechnung:

–	*Festgehalt*	*400.000,–*
–	*Überstundenpauschale*	*20.000,–*
–	*Arbeitnehmeranteil an der SV (17,12 %)*	*71.904,–*
–	*Lohnsteuer (Annahme: 50 % pauschal)*	*174.048,–*
–	*Arbeitgeberanteil an der SV (20,88 %)*	*87.696,–*
–	*Dienstgeberbeitrag zum Familienbeihilfenausgleichsfonds (inkl Zuschlagssatz; 4,28 %)*	*17.976,–*
–	*Kommunalsteuer (3 %)*	*12.600,–*

Beispiel 1:

Stellen Sie die mit dieser Gehaltsabrechnung verbundenen Buchungen auf.

Ermittlung des Auszahlungsbetrages:

	Gehalt	*400.000*
+	*Überstundenpauschale*	*20.000*
–	*ANA-SV*	*– 71.904*
–	*Lohnsteuer*	*– 174.048*
=	*Nettobezug*	*174.048*

30. 6.

	(6)	*Gehälter*	*400.000*	
	(6)	*Überstundenpauschale*	*20.000*	
an	*(3)*	*Verbindlichkeit Krankenkasse (ANA-SV)*		*71.904*
	(3)	*Verbindlichkeit Finanzamt (Lohnsteuer)*		*174.048*
	(3)	*Verbindlichkeit Löhne und Gehälter*		*174.048*

	(6)	*Arbeitgeberanteil zur SV*	*87.696*	
an	*(3)*	*Verbindlichkeit Krankenkasse (AGA-SV)*		*87.696*

	(6)	*DB, DZ zum Fam.lastenausgleichsfonds*	*17.976*	
an	*(3)*	*Verbindlichkeit Finanzamt (DB, DZ)*		*17.976*

	(6)	*Kommunalsteuer*	*12.600*	
an	*(3)*	*Verbindlichkeit Gemeinde*		*12.600*

Beispiel 2:

Stellen Sie die weitere Entwicklung der Gehaltsabrechnung aus Beispiel 1 dar.

30. 6.

	(3)	*Verbindlichkeit Löhne und Gehälter*	*174.048*	
an	*(2)*	*Bank*		*174.048*

Buchung so, dass am 15. 7. bei GKK

	(3)	*Verbindlichkeit Krankenkasse*	*159.873*	
an	*(2)*	*Bank*		*159.873*

15. 7.

	(3)	*Verbindlichkeit Finanzamt (Lohnsteuer, DB, DZ)*	*192.024*	
	(3)	*Verbindlichkeit Gemeinde (KommSt)*	*12.600*	
an	*(2)*	*Bank*		*204.624*

2.11.6. Reisekostenvergütungen

Während die unternehmensrechtliche Behandlung der Reisekosten grundsätzlich keine Schwierigkeiten bereitet, sind für die steuerliche Beurteilung mehrere Kriterien maßgeblich.

Die steuerliche Beurteilung hängt wesentlich davon ab, ob es sich bei der Reise um eine Dienstreise des Arbeitnehmers handelt. Eine solche Dienstreise liegt vor, wenn ein Arbeitnehmer über Auftrag des Arbeitgebers seinen Dienstort zur Durchführung von Dienstverrichtungen verlässt oder so weit weg von seinem ständigen Wohnort arbeitet, dass ihm eine tägliche Rückkehr an seinen ständigen Wohnort nicht zugemutet werden kann (§ 26 Z 4 EStG).

Liegt eine solche Dienstreise vor, so sind die Beträge, die als Reisewegvergütung in Form von Kilometergeld sowie Tages- und Nächtigungsgelder bezahlt werden, beim empfangenden Arbeitnehmer nicht steuerpflichtig, wenn folgende Voraussetzungen erfüllt sind:

- Kilometergeld: das vergütete Kilometergeld für die Benutzung des Privat-PKW des Dienstnehmers darf höchstens 0,42/km betragen. Werden weitere Personen dienstlich mitbefördert, so erhöht sich das Kilometergeld pro Person um 0,05/km.

  Vom Dienstnehmer ist ein Fahrtenbuch zu führen, in dem folgende Aufzeichnungen enthalten sein sollten:

  Datum;

  Anzahl der gefahrenen Kilometer;

  Kilometerstand bei Beginn und Ende der Reise;

  Ausgangs- und Zielpunkt;

Zweck der Dienstfahrt.

- Das Taggeld für Inlandsdienstreisen beträgt pro Tag höchstens 26,40. Dieser Betrag steht nur zu, wenn die Dienstreise länger als 12 Stunden dauert. Beträgt die Dienstreise weniger als 12 Stunden, zumindest aber 3 Stunden, so gebührt für jede angefangene Stunde ein Zwölftel von 26,40. Das volle Taggeld steht grundsätzlich für 24 Stunden zu, es sei denn, Kollektivvertrag oder Betriebsvereinbarung sehen eine günstigere Regelung (Taggeld für Kalendertag) vor. Wird ein Mittag- oder Abendessen zur Verfügung gestellt, ist das Taggeld um jeweils 13,20 zu kürzen. Zahlt der Arbeitgeber als Taggeld weniger als 26,40, so ist für die Kürzung bei bezahltem Arbeitsessen nicht vom halben tatsächlich bezahlten Taggeld auszugehen, sondern die Kürzung hat dennoch um 13,20 zu erfolgen. Eine Kürzung unter null ist nicht vorzunehmen.
- Das Taggeld für Auslandsdienstreisen beträgt höchstens den für das betreffende Land festgelegten Höchstsatz für Auslandsdienstreisesätze der Bundesbediensteten. Beträgt die Dienstreise weniger als 12 Stunden, zumindest aber 3 Stunden, so gebührt für jede angefangene Stunde ein Zwölftel. Das volle Taggeld steht grundsätzlich für 24 Stunden zu, es sei denn, es erfolgt eine Abrechnung des Taggeldes nach Kalendertagen. Trägt der Arbeitgeber die Kosten für zwei Geschäftsessen pro Tag oder übernimmt er die Kosten der vollen Verpflegung, steht nur ein Drittel des entsprechenden Auslandsreiseersatzes nicht steuerbar zu.
- Das Nächtigungsgeld darf einschließlich des Frühstücks bei Inlandsdienstreisen höchstens 15,– betragen, außer es werden die höheren Kosten nachgewiesen.
- Das Nächtigungsgeld darf einschließlich des Frühstücks bei Auslandsdienstreisen höchstens den für das betreffende Land festgelegten Höchstsatz für Auslandsdienstreisesätze der Bundesbediensteten betragen, außer es werden die höheren Kosten nachgewiesen.

  Über diese Sätze hinausgehende Vergütungen sind beim Arbeitnehmer lohnsteuerpflichtig.

Ein voller Kostenersatz steht jedoch für Reisewegvergütungen zu, wenn die Dienstreise mit öffentlichen Verkehrsmitteln, Taxi uÄ unternommen wurde sowie für sonst angefallene Aufwendungen (Telefon, Mautgebühren, Parkscheine etc).

Für den Arbeitgeber stellen die Reisekostenersätze, unabhängig von der steuerlichen Behandlung beim Arbeitnehmer, jedenfalls einen Aufwand dar.

Verbuchung:

	(7)	Reisekosten
an	(2)	ZMK

Eine Besonderheit gilt es im Bereich der Umsatzsteuer zu beachten. Während für Aufwendungen im Zusammenhang mit Fahrtkostenvergütungen für PKW aus der allgemeinen umsatzsteuerlichen Behandlung des PKW ein Vorsteuerabzug ausgeschlossen ist, ist für die umsatzsteuerliche Behandlung des Taggeldes und des Nächtigungsgeldes § 13 UStG zu beachten. Nach dieser Vorschrift darf für den Ersatz der Verpflegungsaufwendungen, auch wenn dieser höher ist als das pauschalierte Taggeld im Sinne § 26 Z 4 EStG, nur die Vorsteuer im Ausmaß des zustehenden pauschalierten Taggeldes abgezogen werden. Für das Nächtigungsgeld gilt, sofern es pauschaliert vergütet wird, das Gleiche. Sollte jedoch das tatsächliche, nachgewiesene Nächtigungsgeld vergütet werden, steht der Vorsteuerabzug vom gesamten Betrag zu. Der Vorsteuersatz beträgt für Taggeld und Nächtigungsgeld einheitlich 10 %, die in einer aus Hundert Rechnung ermittelt werden.

Tätigt der Unternehmer selbst eine betrieblich bedingte Reise, so gelten die oben angeführten Grundsätze betreffend Kilometergeld, Taggeld und Nächtigungsgeld entsprechend.

Beispiel:

Dienstnehmer A fährt am 4. 12. um 8.00 Uhr von seinem Dienstort Wien dienstlich nach Salzburg, von wo er am 7. 12. 17.00 Uhr zurück nach Wien kommt.

Er legt seinem Arbeitgeber folgende Abrechnung vor:

gefahrene Kilometer mit dem eigenen PKW:	*500 km à 0,42/km*
Garagierungskosten:	*54,– inkl 20 % USt*
Nächtigungskosten lt beigelegter Rechnung:	*200,– inkl 10 % USt*

Das vom Arbeitgeber refundierte Taggeld beträgt 30,– anstelle der 26,40 des § 26 Z 4 EStG. Die Berechnung des Ersatzes erfolgt nach den Bestimmungen des § 26 Z 4 EStG. Für diesen höheren Betrag gibt es keine kollektivvertragliche Grundlage.

Buchungen des Arbeitgebers:

	(7)	*Fahrtkostenvergütung*	*210,00*	
	(7)	*Garagierungskosten*	*54,00*	
	(7)	*Taggeld*	*103,50*	
	(7)	*Nächtigungsgeld*	*181,82*	
	(2)	*Vorsteuer*	*27,18*	
an	*(2)*	*ZMK*		*576,5*

Berechnung:

Fahrtkosten: 500 km x 0,42 = 210

Garagierungskosten: 54 Aufwand

Taggeld: 30 x 3 + 30 x 9/12 abzüglich der Vorsteuer aus 26,4 x 3 + 26,4 x 9/12 (Vorsteuer = 9)

Das volle Taggeld gebührt jeweils für 24 Stunden bzw einer Dienstreise von mehr als 12 Stunden. Dementsprechend gebührt von 4. 12. 8.00 Uhr bis 5.12. 8.00 Uhr, 5. 12. 8.00 Uhr bis 6. 12. 8.00 Uhr und 6. 12. 8.00 Uhr bis 7. 12. 8.00 Uhr jeweils 30,–. Für den Zeitraum 7. 12. 8.00 Uhr bis 7. 12. 17.00 Uhr gebühren 9/12 von 30,–.

Umsatzsteuerlich ist nur die von 26,40 Taggeld ermittelte Vorsteuer abzugsfähig. Die auf die Differenz von 3,60 entfallende Vorsteuer ist als Aufwand abzugsfähig.

Nächtigungsgeld: von den 200 können die in der Rechnung ausgewiesenen 10 % USt als Vorsteuer abgezogen werden (= 18,18).

Der Dienstnehmer hat folgende lohnsteuerpflichtige Einkünfte:

- *Taggeld: 3,6 x 3 + 3,6 x 9/12 = 13,5 (Differenz steuerfreies Taggeld 26,40 zu vereinbartem Taggeld)*

2.11.7. Geschäfte in fremder Währung

Import- und Exportgeschäfte führen zu buchtechnischen Besonderheiten, wenn die Rechnung nicht auf Euro, sondern auf eine Fremdwährung lautet.

Mit dieser und anderen Fragen im Zusammenhang mit Auslandsgeschäften beschäftigt sich das folgende Kapitel.

2.11.7.1. Grundbegriffe

Mit der Umrechnung von Fremdwährungen sind folgende Begriffe verbunden:

- Valuten: Valuten sind ausländische Zahlungsmittel (zB Banknoten).
- Devisen: Devisen sind Anweisungen auf ausländische Zahlungsmittel (zB Schecks in ausländischer Währung, Ansprüche auf Guthaben in ausländischer Währung), also Buchgeld.
- Kurs: Der Kurs stellt die Wertrelation Fremdwährung zu Euro dar.
  - Der höhere der beiden Werte ist der sog Ankaufskurs. Dieser gibt den Wert an, zu dem die Bank die ausländische Währung kauft;
  - der niedrigere der beiden Werte ist der sog Verkaufskurs. Dieser gibt den Wert an, zu dem die Bank die ausländische Währung verkauft.

2.11.7.2. Technik der Fremdwährungsverbuchung

Bei der Umrechnung ist daher, aufbauend auf die obigen Begriffe, folgendermaßen vorzugehen:

- Fremdwährungsforderungen sind mit dem Ankaufskurs zu bewerten, da dies der Wert ist, den der Unternehmer im Falle des Umtausches der Fremdwährung in Euro von der Bank erhalten würde.
- Fremdwährungsverbindlichkeiten sind hingegen immer mit dem Verkaufskurs zu bewerten, da dies der Wert ist, den der Unternehmer zum Erwerb der Fremdwährung zwecks Begleichung der Schuld aufwenden müsste.

Neben der Frage, welcher Kurs maßgeblich ist, ist auch noch die Frage zu beantworten, welche Auswirkung eine spätere Wechselkursschwankung auf das Import- bzw Exportgeschäft hat.

Beim Bargeschäft gegen Fremdwährung am Tag des Fremdwährungserwerbs kann es keine Auswirkungen geben. Der Wert der erworbenen Sache entspricht genau dem Wechselkurs.

Etwas anders sieht die Situation hingegen aus, wenn ein Vermögensgegenstand gegen eine Fremdwährungsforderung verkauft bzw gegen eine Fremdwährungsverbindlichkeit gekauft wird.

Die Behandlung des Importgeschäfts:

Der Anschaffungspreis des Vermögensgegenstandes ergibt sich aus dem vereinbarten Kaufpreis des Gegenstandes. Lautet der Kaufpreis auf eine Fremdwährung, so ist als Anschaffungspreis der dem vereinbarten Kaufpreis entsprechende in Euro umgerechnete Betrag anzusetzen. Als Tag der Anschaffung ist entsprechend der allgemeinen Regel jener Tag anzunehmen, zu dem das wirtschaftliche Eigentum auf den Käufer übergegangen ist. Bei Geschäften in Währungen mit relativ geringen Kursschwankungen kann wiederum auf den Tag der Rechnungslegung abgestellt werden. Bei stark schwankenden Währungen ist diese Vorgangsweise jedoch als GoB-widrig abzulehnen. Mit der Umrechnung auf den Tageskurs des Anschaffungstages ist der Anschaffungspreis des Vermögensgegenstandes fixiert. Nachträgliche Änderungen des Wechselkurses wirken sich keinesfalls auf den Anschaffungspreis, aber auch nicht auf die Anschaffungskosten insgesamt aus. Dies ergibt sich daraus, dass am Tag des Erwerbs eine Verbindlichkeit begründet wurde. Jede Wechselkursänderung wirkt sich nur noch als Änderung der Verbindlichkeit, nicht jedoch als Änderung der Anschaffungskosten des erworbenen Vermögensgegenstandes aus. Dies ändert allerdings nichts daran, dass Wechselkursschwankungen den Wert des Vermögensgegenstandes verändern können. Dies ist jedoch ein Bilanzierungsproblem und berührt in keiner Weise die buchhalterische Behandlung der Anschaffung gegen Fremdwährung.

Eine Wechselkursverminderung bedeutet daher, dass der Erwerber mehr für die Rückzahlung aufwenden muss. Dementsprechend ist der Mehraufwand als Kursverlust zu behandeln.

Eine Wechselkurserhöhung bedeutet hingegen, dass der Erwerber weniger für die Rückzahlung aufwenden muss. Der Minderaufwand stellt einen Kursgewinn dar. Die buchhalterische Erfassung dieser Vorgänge erfolgt bei tatsächlicher Bezahlung.

Die bei Erwerb der Fremdwährung anfallenden Bankspesen stellen einen sonstigen Aufwand in Form von Spesen des Geldverkehrs dar. Eine Aktivierung als Anschaffungsnebenkosten ist, da der Aufwand nicht zur Versetzung des Gegenstandes in einen betriebsbereiten Zustand dient, nicht zulässig.

Anschaffungsnebenkosten stellt allerdings neben den Transportkosten insbesondere auch der zu entrichtende Zoll dar.

Behandlung des Exportgeschäfts:

In gleicher Weise wie das Importgeschäft ist auch das Exportgeschäft zu beurteilen. Mit der Leistungserbringung entsteht beim Lieferanten ein Umsatzerlös, der zugleich eine Forderung gegen den Leistungsabnehmer begründet. Der Umsatzerlös ist am Tag der Leistungserbringung in Euro umzurechnen. Alle sich aus Wechselkursschwankungen ergebenden Mehr- oder Minderbeträge reduzieren nicht mehr die Umsatzerlöse, sondern beeinflussen als Kursschwankungen den letztlich erhaltenen Betrag. Kursminderungen führen beim Exporteur dazu, dass er mehr in Euro erhält, als der Betrag der Umsatzerlöse ausmacht. Die Differenz stellt, spiegelbildlich zum Erwerber, einen Kursgewinn dar. Kurserhöhungen führen hingegen dazu, dass der Verkäufer letztlich weniger Geld erhält, als es den Umsatzerlösen entsprechen würde. Die Differenz ist in diesem Fall als Kursverlust zu verbuchen. Buchungszeitpunkt für diese Vorgänge ist wiederum der Tag der tatsächlichen Bezahlung.

Die anfallenden Spesen der Fremdwährungsumwechslung sind als Spesen des Geldverkehrs zu erfassen.

Neben der Behandlung der Wechselkursdifferenzen ist als zweite Besonderheit von Auslandsgeschäften die Umsatzsteuer zu behandeln.

Die Umsatzsteuer bei Importen:

Bei Einfuhr von Vermögensgegenständen aus Drittstaaten (nicht EU-Staaten) ins Inland fällt die Einfuhrumsatzsteuer (EUSt) an. Die Bemessungsgrundlage der EUSt ergibt sich aus folgender Rechnung, insofern kein Veredelungsentgelt heranzuziehen ist (§ 5 UStG):

	Kaufpreis
+	Transport- und Versicherungskosten bis zur Zollgrenze
+	Kommissions- und Verpackungskosten
=	Bemessungsgrundlage für den Zoll (Zollwert)
+	Zoll
+	Verbrauchsteuern und Monopolabgaben
Bemessungsgrundlage für die EUSt	

Die Umrechnung des Kaufpreises und allfälliger in Fremdwährung geschlossener Transportverträge und Versicherungen zur Ermittlung des Zolls erfolgt zum Zollwertkurs, der nicht mit dem Tageskurs bei Überschreiten der Grenze übereinstimmen muss. Damit wird auch die EUSt letztlich nach dem Zollwert zuzüglich Zoll bemessen und nicht nach dem Einstandspreis des Vermögensgegenstandes.

Die Höhe der EUSt ergibt sich aus den Umsatzsteuersätzen des § 10 UStG.

Die Verbuchung der EUSt erfolgt grundsätzlich mit Zustellung des Einfuhrabgabenbescheids, da mit diesem auch der Zoll vorgeschrieben wird.

Die entrichtete EUSt kann unter den allgemeinen Voraussetzungen des Vorsteuerabzugs als solche abgezogen werden. Maßgeblich für den Monat der Geltendmachung ist grundsätzlich der Zeitpunkt der Zahlung, dh die EUSt kann nur für den Monat, in dem die Zahlung erfolgt ist, abgezogen werden (vgl § 20 Abs 2 Z 2 UStG). Fällt die Einfuhr aber in den Anwendungsbereich des § 26 Abs 3 Z 2 UStG, liegt die Abzugsfähigkeit zwei Monate vor der Fälligkeit.

Soweit der Import aus einem anderen EU-Staat erfolgt, sind die Bestimmungen der Binnenmarktregelung maßgeblich. Demnach liegt bei Erwerb von einem anderen Unternehmer ein sog „innergemeinschaftlicher Erwerb" vor, der im Bestimmungsland vom Erwerber der USt zu unterwerfen ist, dem dafür bei Vorliegen der Voraussetzungen der Vorsteuerabzug im Inland zusteht. Sollte der Erwerber Kleinunternehmer sein oder als Unternehmer sonst vom Vorsteuerabzug ausgeschlossen sein und die Erwerbsschwelle von 11.000,– weder im Vorjahr noch im laufenden Jahr überschreiten, so ist der Erwerb im Ursprungsland steuerbar, nicht jedoch im Bestimmungsland (ausgenommen Versandhandel). Das Gleiche gilt grundsätzlich auch für im privaten Reiseverkehr importierte Waren.

Die Vorsteuer aus dem innergemeinschaftlichen Erwerb ist im Veranlagungszeitraum des Monats der Rechnungslegung abzugsfähig, die Umsatzsteuerschuld aus dem ig Erwerb entsteht spätestens zum Ende des dem Erwerb folgenden Monats.

Die Umsatzsteuer bei Exporten:

Ausfuhrlieferungen und Leistungen für ausländische Auftraggeber sind echt umsatzsteuerbefreit (vgl §§ 7–9 UStG). Der Vorsteuerabzug bleibt dem Exporteur erhalten. Ebenfalls echt umsatzsteuerbefreit sind grenzüberschreitende Beförderungen (vgl § 6 Abs 1 Z 3 UStG). Dies gilt in dieser Form jedoch wiederum nur für Lieferungen in Drittstaaten. Soweit Leistungen an Unternehmer eines anderen EU-Staates erfolgen, gelten wiederum die Bestimmungen der Binnenmarktregelung.

Ohne auf die nähere Behandlung der einzelnen Methoden der Fremdwährungsverbuchung einzugehen, kann vorläufig folgende Verbuchung vorgestellt werden:

Buchungen des Importeurs:

Bei Erlangen der wirtschaftlichen Verfügungsmacht bzw bei Rechnungslegung:

Bei Erwerb aus Drittland:

		Vermögensgegenstand
an	(3)	Verbindlichkeit L & L (Ausland)

Bei Zustellung des Einfuhrabgabenbescheids:

		Vermögensgegenstand (Aktivierung des Zolls und sonst Einfuhrspesen)
	(2)	noch nicht entrichtete EUSt
an	(3)	Verbindlichkeit aus L & L (Ausland)

Bei innergemeinschaftlichem Erwerb aus EU-Staat mit Vorsteuerabzug:

	(2)	Vorsteuer aus innergemeinschaftlichem Erwerb
an	(3)	Umsatzsteuer aus ig Erwerb

Bei Bezahlung und Kursverlust:

	(3)	Verbindlichkeit aus L & L (Ausland)
	(7)	Kursverluste
an	(2)	Bank
	(2)	EUSt
an	(2)	noch nicht entrichtete EUSt

Bei Bezahlung und Kursgewinn:

	(3)	Verbindlichkeit aus L & L (Ausland)
an	(4)	Kursgewinne
	(2)	Bank
	(2)	EUSt
an	(2)	noch nicht entrichtete EUSt

Buchungen des Exporteurs:

Bei Lieferung:

	(2)	Forderung aus L & L (Ausland)
an	(4)	Umsatzerlöse (ig Lieferung)
	bzw (4)	Umsatzerlöse (Drittland)
	bzw (4)	Umsatzerlöse (aus in anderem EU-Land steuerpflichtigen Exporten)

In der Literatur wird auch die Auffassung vertreten, die Kursveränderungen als Zinsaufwand bzw -ertrag zu behandeln.

Soweit es sich bei der Lieferung in ein EU-Land um keine im Inland steuerfreie innergemeinschaftliche Lieferung handelt, kann im Inland (bei Unterschreiten der Lieferschwelle; bzw bei ausländischem Kleinunternehmer ohne Überschreitung der Erwerbsschwelle – Buchung auf Konto (3) USt) oder im Ausland (bei Überschreiten der Lieferschwelle oder Option auf Besteuerung im Ausland – Buchung auf Konto (3) USt für im übrigen Gemeinschaftsgebiet steuerpflichtige Leistungen) Umsatzsteuerpflicht entstehen. Soweit inländische USt anfällt, wird man das übliche Erlöskonto wählen, für ausländische USt empfiehlt sich ein eigenes Umsatzerlöskonto.

Bei Bezahlung und Kursgewinn:

	(2)	Bank
an	(4)	Kursgewinn
	(2)	Forderung aus L & L (Ausland)

Bei Bezahlung und Kursverluste:

	(2)	Bank
	(7)	Kursverluste
an	(2)	Forderung aus L & L (Ausland)

Anmerkung: Die Verbuchung auf eigenen Konten für Auslandsgeschäfte zeigt an, dass es sich um ein Import- bzw Exportgeschäft handelt. Die Verbuchung der Umsatzerlöse auf einem eigenen Konto ist erforderlich, um anzuzeigen, dass diese Erlöse echt umsatzsteuerbefreite Drittlandleistungen sind.

Die Verbuchung von in fremden Währungen verrechneten Geschäftsfällen kann nach den folgenden drei Methoden erfolgen:

- Verbuchung zu Tageskursen;
- Verbuchung zu Verrechnungskursen;
- valutarische Verbuchung.

2.11.7.3. Die Verbuchung zu Tageskursen

Am Tag des Entstehens der Fremdwährungsforderung bzw Fremdwährungsverbindlichkeit werden diese sofort mit dem aktuellen Tageskurs in Euro umgerechnet. Die Umrechnung der Anschaffungskosten und der Umsatzerlöse erfolgt jedenfalls am Tag des Wechsels der Verfügungsmacht.

Bis zur tatsächlichen Bezahlung der Schuld ist jedoch der Valutabetrag und der Kurs der Fremdwährung in einer Vorkolonne zu vermerken, um die eingetretene Kursschwankung ermitteln zu können.

Die Kursschwankungen selbst sind als Kursgewinne bzw Kursverluste zu verbuchen.

Verbuchung beim Importeur (die EUSt wird vernachlässigt):

		Vermögensgegenstand
an	(3)	Verbindlichkeit aus L & L

Zur Buchung bei Zahlung vgl oben 2.11.7.2.

Verbuchung beim Exporteur:

	(2)	Forderung L & L
an	(4)	Umsatzerlöse

Zur Buchung bei Zahlung vgl oben 2.11.7.2.

2.11.7.4. Die Verbuchung zu Verrechnungskursen

Bei dieser Umrechnungsmethode wird zur Umrechnung der Fremdwährung ein unternehmensinterner Umrechnungskurs verwendet. Mithilfe dieser Methode kann man sich die Evidenzhaltung der Fremdwährungsvalutabeträge und Kurse zu jedem einzelnen Geschäft ersparen. Diese Methode sollte jedoch nur dann angewendet werden, wenn der Verrechnungskurs nahe am Tageskurs liegt und dieser über eine längere Zeit konstant gehalten werden kann. Würde nämlich der Verrechnungskurs zu stark vom Tageskurs abweichen, dann wäre die Beibehaltung dieses dann realitätsfernen Verrechnungskurses wohl nicht mehr mit den GoB vereinbar, da dann beim Käufer dem Anschaffungskostenprinzip widersprochen würde und der Veräußerer Umsatzerlöse in unzutreffender Höhe ausweisen würde.

Verbuchung beim Importeur:

Buchung bei Erwerb:

		Vermögensgegenstände (bewertet mit Verrechnungskurs)
an	(3)	Verbindlichkeit aus L & L (bewertet mit Verrechnungskurs)

Buchung bei Zahlung und Kursgewinn:

	(3)	Verbindlichkeit aus L & L (Ausland)
an	(4)	Verrechnungsdifferenz Kursgewinn
	(4)	Verrechnungsdifferenz Kursgewinn
an	(2)	Bank
	(4)	Kursgewinn

Anmerkung: In Höhe der Differenz zwischen Konto „Verrechnungsdifferenz Kursgewinn“ und der tatsächlichen Zahlung ergibt sich der Kursgewinn.

Buchung bei Zahlung und Kursverlust:

	(3)	Verbindlichkeit aus L & L (Ausland)
an	(7)	Verrechnungsdifferenz Kursverluste
	(7)	Verrechnungsdifferenz Kursverluste
	(7)	Kursverluste
an	(2)	Bank

Anmerkung: In Höhe der Differenz zwischen dem Konto „Verrechnungsdifferenz Kursverluste“ und der tatsächlichen Zahlung ergibt sich der Kursverlust.

Buchungen des Exporteurs:

Buchung bei Verkauf:

	(2)	Forderungen aus L & L (bewertet zu Verrechnungskursen)
an	(4)	Umsatzerlöse (bewertet zu Verrechnungskursen)

Buchungen bei Bezahlung und Kursverlust:

	(7)	Verrechnungsdifferenz Kursverluste
an	(2)	Forderung aus L & L (Ausland)
	(2)	Bank
	(7)	Kursverluste
an	(7)	Verrechnungsdifferenz Kursverluste

Anmerkung: In Höhe der Differenz zwischen dem Verrechnungsdifferenzkonto und der tatsächlichen Zahlung besteht der Kursverlust. Bei Kursgewinnen ist entsprechend im Haben zu buchen.

Buchungen bei Bezahlung und Kursgewinn:

	(4)	Verrechnungsdifferenz Kursgewinne
an	(2)	Forderung aus L & L (Ausland)
	(2)	Bank
an	(4)	Verrechnungsdifferenz Kursgewinne
	(4)	Kursgewinn

2.11.7.5. Valutarische Verbuchung

Bei der valutarischen Verbuchung werden im Gegensatz zu den beiden anderen Methoden eigene Fremdwährungskonten geführt, auf denen ohne vorherige Umrechnung in der ausländischen Währung gebucht wird. Die Umrechnung in Euro erfolgt auf eigenen Konten. Der Umsatzerlös bzw die Anschaffungskosten werden hingegen wiederum am Stichtag zu Tageswerten umgerechnet, sodass dieses Verfahren die tatsächlichen Wertverhältnisse am Anschaffungs- bzw Verkaufsstichtag wiedergibt.

Der Übersichtlichkeit wegen wird für jede Währung ein eigenes Konto geführt. Die Evidenthaltung des Fremdwährungsbetrages und des Kurses in einer Vorspalte entfällt.

Verbuchung beim Importeur:

Buchung bei Erwerb:

		Vermögensgegenstand
an	(3)	Umrechnungskonto (in Euro)
	(3)	Umrechnungskonto (in Fremdwährung)
an	(3)	Verbindlichkeit aus L & L (in Fremdwährung)

Buchung bei Bezahlung und Kursverlust:

	(3)	Umrechnungskonto (in Euro)
	(7)	Kursverluste
an	(2)	Bank
	(3)	Verbindlichkeit aus L & L (in Fremdwährung)
an	(3)	Umrechnungskonto (in Fremdwährung)

Buchung bei Bezahlung mit Kursgewinn:

	(3)	Umrechnungskonto (in Euro)
an	(4)	Kursgewinne
	(2)	Bank
	(3)	Verbindlichkeit aus L & L (in Fremdwährung)
an	(3)	Umrechnungskonto (in Fremdwährung)

Verbuchung beim Exporteur:

Buchung bei Verkauf:

	(2)	Forderung aus L & L (in Fremdwährung)
an	(2)	Umrechnungskonto (in Fremdwährung)
	(2)	Umrechnungskonto (in Euro)
an	(4)	Umsatzerlöse

Buchung bei Bezahlung und Kursgewinn:

	(2)	Bank
an	(4)	Kursgewinne
	(2)	Umrechnungskonto (in Euro)
	(2)	Umrechnungskonto (in Fremdwährung)
an	(2)	Forderung aus L & L (in Fremdwährung)

Buchung bei Bezahlung und Kursverlust:

	(2)	Bank
	(7)	Kursverluste
an	(2)	Umrechnungskonto (in Euro)
	(2)	Umrechnungskonto (in Fremdwährung)
an	(2)	Forderung aus L & L (in Fremdwährung)

2.11.7.6. Beispiele

Beispiel 1:

Die „Müller GmbH" kauft am 4. Juni bei der deutschen „Bavaria AG" in München Maschinen ab Werk im Wert von 50.000 Schweizer Franken (CHF) (Kurs 1,493/1,449).

Die Maschinen werden am 30. Juni (Kurs 1,485/1,440) von der Wiener Spedition „Speedy" abgeholt (zugleich Tag der Rechnungslegung) und langen am 1. Juli bei der „Müller GmbH" ein (Kurs 1,493/ 1,449). An Transportkosten werden am 1. Juli 1.000 € (exkl USt) in Rechnung gestellt, wovon 300 € auf die Strecke von München zur österreichischen Grenze entfallen.

Der Spediteur wird am 20. Juli bar bezahlt.

Am 30. Juli überweist die „Müller GmbH" 50.000 CHF (Kurs 1,475/1,430). An Bankspesen fallen 30 € an.

Die Verbuchung erfolgt zu Tageskursen.

Vorbemerkung: Der vorliegende Fall der Selbstabholung ist, sofern der Erwerber seine UID bekannt gibt, nicht anders zu behandeln als die Lieferung durch den ausländischen Unternehmer. Unter der Voraussetzung der Unternehmereigenschaft des Erwerbers liegt auch hier auf Seite der „Müller GmbH" ein ig Erwerb vor.

Bezüglich der Güterbeförderung ist Folgendes zu beachten: Da die Güterbeförderung in Deutschland beginnt und in Österreich endet, liegt eine innergemeinschaftliche Güterbeförderung vor. Diese ist grundsätzlich zur Gänze im Empfängerort umsatzsteuerpflichtig, also wo der Leistungsempfänger sein Unternehmen betreibt.

Buchungen der „Müller GmbH“:

30. 6. (Kurs 1,485/1,440)

	(0)	Maschine	34.722,22	
an	(3)	Verbindlichkeit aus L & L		34.722,22

Anmerkung: Die Verfügungsmacht wurde am 30. 6. durch die Übergabe der Maschinen an den Wiener Spediteur verschafft.

	(2)	Vorsteuer für ig Erwerb	6.944,44	
an	(3)	USt für ig Erwerb		6.944,44

*Der innergemeinschaftliche Erwerb unterliegt der österreichischen USt. Berechnung der Vorsteuer für den ig Erwerb: Anschaffungskosten: 50.000 CHF/1,440 * 0,2*

1. 7.

	(0)	Maschine	1.000	
	(2)	Vorsteuer	200	
an	(3)	Verbindlichkeit aus L & L		1.200

Anmerkung: Die innergemeinschaftliche Güterbeförderung ist gem § 3a Abs 6 UStG in Österreich umsatzsteuerbar und -pflichtig.

20. 7.

	(3)	Verbindlichkeit aus L & L	1.200	
an	(2)	Kassa		1.200

30.7. (Kurs 1,475/1,430)

	(3)	Verbindlichkeit aus L & L	34.722,22	
	(7)	Kursverluste	242,81	
	(7)	Spesen des Geldverkehrs	30	
an	(2)	Bank		34.995,03

Berechnung des Kursverlustes:

bezahlt wurden zum Kurs von 1,440	34.722,22
Verbindlichkeit zum Kurs von 1,430	34.965,03
Kursverlust	242,81

Beispiel 2:

Variante zu Beispiel 1: Verkäufer ist die Schweizer „Gruezi AG“ in Genf. Der Kaufpreis ist ident mit dem des Beispiels 1. Der Transport erfolgt durch die Spedition „Speedy“. An Transportkosten werden am 1. Juli 1.000 € (exkl USt) in Rechnung gestellt, wovon 300 € auf die Strecke von Genf zur österreichischen Grenze entfallen. Der Einfuhrabgabenbescheid wird am 15. Juli zugestellt (Kaufpreis = Zollwert, es wird kein Zoll erhoben; Zollwertkurs 1,470/1,430).

Die Einfuhrumsatzsteuer und der Spediteur werden am 20. Juli bar bezahlt.

Die übrigen Angaben entsprechen dem Beispiel 1.

Buchungen der „Müller GmbH“:

30. 6. (Kurs 1,485/1,440)

	(0)	Maschine	34.722,22	
an	(3)	Verbindlichkeit aus L & L		34.722,22

1. 7.

	(0)	Maschine	1.000	
an	(3)	Verbindlichkeit aus L & L		1.000

Die grenzüberschreitende Güterbeförderung betreffend ein Drittland ist gem § 6 Abs 1 Z 3 UStG echt umsatzsteuerbefreit.

15. 7.

	(2)	noch nicht entrichtete EUSt	7.193,00	
an	(3)	sonstige Verbindlichkeit		7.193,00

Anmerkung: Berechnung der EUSt:

Kaufpreis zum Zollwertkurs		34.965,03
Transportkosten bis zum ersten Bestimmungsort in der EU (gem § 5 Abs 4 Z 3 UStG; hier Wien)	1.000	
		35.965,03
20 % EUSt		7.193,00

20. 7.

	(3)	Verbindlichkeit aus L & L	1.000	
an	(2)	Kassa		1.000

	(3)	sonstige Verbindlichkeit	7.193,00	
an	(2)	Kassa		7.193,00

	(2)	EUSt	7.193,00	
an	(2)	noch nicht entrichtete EUSt		7.193,00

Anmerkung: Die EUSt kann im Voranmeldezeitraum Juli (fällig am 15. September) als Vorsteuer abgezogen werden.

30. 7. (Kurs 1,475/1,430)

	(3)	Verbindlichkeit aus L & L	34.722,22	
	(7)	Kursverluste	242,81	
	(7)	Spesen des Geldverkehrs	30	
an	(2)	Bank		34.995,03

Beispiel 3:

Variante zu Beispiel 1: Stellen Sie das obige Beispiel als Exportgeschäft der „Müller GmbH" dar (Lieferung ab Werk).

Buchungen der „Müller GmbH":

30. 6. (Kurs 1,485/1,440)

	(2)	Forderung aus L & L (Ausland)	33.670,03	
an	(4)	Umsatzerlöse (ig Lieferung)		33.670,03

30. 7. (Kurs 1,475/1,430)

	(2)	Bank	33.898,31	
an	(2)	Forderung aus L & L (Ausland)		33.670,03
	(4)	Kursgewinne		228,28

	(7)	Spesen des Geldverkehrs	30	
an	(2)	Bank		30

Beispiel 4:

Die „Müller GmbH" schließt am 17. Mai mit einer russischen Firma einen Vertrag über die monatliche Lieferung von Steinkohle ab.

Die Lieferung erfolgt frei österreichische Grenze.

Die Fakturierung erfolgt in CHF.

Die erste Lieferung verlässt den russischen Partner am 30. Mai (Kurs 1,485/1,440) und erreicht am 1. Juni die österreichische Grenze (Kurs 1,493/1,449). Der Wert der Lieferung beträgt 30.000 CHF.

Am 2. Juni wird die Kohle in das Lager der „Müller GmbH" gebracht.

Am 4. Juni bezahlt die „Müller GmbH" die Transportkosten in Höhe von 600 € (exkl 20 % USt).

Am 5. Juni wird der Eingangsabgabenbescheid zugestellt (Zoll 500 €, EUSt 4.600 €). Die Abgabenschuld wird am 15. Juni durch Banküberweisung beglichen.

Die Kohlenrechnung wird am 20. Juni beglichen (Kurs 1,476/1,379); Bankspesen 30 €. Die „Müller GmbH" arbeitet mit folgenden Verrechnungskursen: (1,462/1,370).

Buchungen der „Müller GmbH":

1. 6. (Kurs 1,462/1,370).

	(1)	Betriebsstoffe	21.897,81	
an	(3)	Verbindlichkeit aus L & L		21.897,81

4. 6.

	(1)	Betriebsstoffe	600	
	(2)	Vorsteuer	120	
an	(2)	Kassa		720

Anmerkung: Da kein grenzüberschreitender Gütertransport iSd § 6 Abs 1 Z 3 UStG vorliegt, unterliegt der Transport ab der Grenze der österreichischen USt.

5. 6.

	(1)	Betriebsstoffe	500	
	(2)	noch nicht entrichtete EUSt	4.600	
an	(3)	sonstige Verbindlichkeit		5.100

15. 6.

	(3)	sonstige Verbindlichkeit	5.100	
an	(2)	Bank		5.100

	(2)	EUSt	4.600	
an	(2)	noch nicht entrichtete EUSt		4.600

20. 6. (Kurs 1,476/1,379)

	(3)	Verbindlichkeit aus L & L	21.897,81	
an	(4)	Verrechnungsdifferenz Kursgewinn		21.897,81

	(4)	Verrechnungsdifferenz Kursgewinn	21.897,81	
an	(2)	Bank		21.754,89
	(4)	Kursgewinn		142,92

	(7)	Spesen des Geldverkehrs	30	
an	(2)	Bank		30

Beispiel 5:

Verbuchen Sie Beispiel 4 nach der valutarischen Methode!

1. 6. (Kurs 1,493/1,449)

	(1)	Betriebsstoffe	20.703,93	
an	(3)	Umrechnungskonto		20.703,93

	(3)	Umrechnungskonto (CHF)	30.000	
an	(3)	CHF-Verbindlichkeit aus L & L		30.000

4. 6.

	(1)	Betriebsstoffe	600	
	(2)	Vorsteuer	120	
an	(2)	Kassa		720

5. 6.

	(1)	*Betriebsstoffe*	*500*	
	(2)	*noch nicht entrichtete EUSt*	*4.600*	
an	*(3)*	*sonstige Verbindlichkeit*		*5.100*

15. 6.

	(3)	*sonstige Verbindlichkeit*	*5.100*	
an	*(2)*	*Bank*		*5.100*

	(2)	*EUSt*	*4.600*	
an	*(2)*	*noch nicht entrichtete EUSt*		*4.600*

20. 6. (Kurs 1,476/1,379)

	(3)	*Umrechnungskonto*	*20.703,93*	
	(7)	*Kursverluste*		*1.050,96*
an	*(2)*	*Bank*		*21.754,89*

	(3)	*CHF-Verbindlichkeit aus L & L*	*30.000*	
an	*(3)*	*Umrechnungskonto (CHF)*		*30.000*

	(7)	*Spesen des Geldverkehrs*	*30*	
an	*(2)*	*Bank*		*30*

Beispiel 6:

Die „Müller GmbH“ verkauft frei Grenze am 3. Juli 2 Büroschreibtische an eine in München ansässige deutsche Firma, die als unecht steuerbefreiter Kleinunternehmer zu behandeln ist.

Der Verkaufspreis beträgt netto 5.000 CHF. Die Erwerbsschwelle und die Lieferschwelle wurden weder im Vorjahr noch im laufenden Jahr überschritten.

Der Transport erfolgt am 5. Juli (Kurs 1,493/1,449). Am 8. Juli erhält die „Müller GmbH“ die Rechnung des Spediteurs über 400 € (exkl USt), die am 15. Juli bar bezahlt wird.

Am 10. Juli geht auf dem Konto der „Müller GmbH“ der Rechnungsbetrag abzüglich der vereinbarten 2 % Skonto ein (Kurs 1,530/1,490); die Bankspesen betragen 400 €. Die Verbuchung erfolgt nach der valutarischen Methode!

Buchungen der „Müller GmbH“:

5. 7. (Kurs 1,493/1,449)

	(2)	*Umrechnungskonto*	*4.018,75*	
an	*(4)*	*Umsatzerlöse*		*3.281,98*
	(8)	*Skontoertrag*		*66,98*
	(3)	*USt*		*669,79*

Anmerkung: Da der Erwerber unter den Anwendungsbereich des Art 1 Abs 4 BMR fällt und die maßgeblichen Schwellen nicht überschritten werden (bzw auf deren Anwendung nicht verzichtet wird), liegt keine steuerfreie innergemeinschaftliche Lieferung, sondern ein in Österreich steuerpflichtiges Geschäft vor.

	(2)	CHF-Forderung aus L & L	6.000	
an	(2)	Umrechnungskonto (CHF)		6.000

8. 7.

	(7)	Transport durch Dritte	400	
	(2)	Vorsteuer	80	
an	(3)	Verbindlichkeit aus L & L		480

10. 7. (Kurs 1,530/1,490)

	(2)	Bank	3.843,14	
	(8)	Skontoertrag	66,98	
	(7)	Kursverluste	79,37	
	(3)	USt	29,27	
an	(2)	Umrechnungskonto		4.018,75

	(2)	Umrechnungskonto (CHF)	6.000	
an	(2)	CHF-Forderung aus L & L		6.000

	(7)	Spesen des Geldverkehrs	40	
an	(2)	Bank		40

15. 7.

	(3)	Verbindlichkeit aus L & L	480	
an	(2)	Kassa		480

Anmerkung: Der nach Abzug von 2 % Skonto geschuldete Betrag von brutto 5.880 CHF geht mit einem Kurs von 1,530 ein, sodass auf dem Bankkonto 3.843,14 € gutgeschrieben werden. Der Kursverlust von brutto 95,24 € führt zu einer Umsatzsteuerkorrektur von 15,87 € mit der Folge, dass die gesamte USt-Korrektur 29,27 € beträgt.

2.12. Die Verbuchung von Leasinggeschäften

2.12.1. Die wirtschaftliche Zurechnung des Leasinggutes

Das Leasing stellt eines jener Geschäfte dar, bei denen es zu einem Auseinanderfallen von zivilrechtlichem und wirtschaftlichem Eigentum kommen kann. Da den Vermögensgegenstand der wirtschaftliche Eigentümer zu aktivieren hat, ist stets eine Überprüfung des Leasinggeschäftes bezüglich der Feststellung des wirtschaftlichen Eigentums erforderlich.

Das Leasinggut wird dabei demjenigen zugerechnet, der die Rechte und Pflichten aus dem Leasinggut, der die Gewinnchance und das Verlustrisiko trägt.

Die Probleme bei der Zurechnung des Leasinggutes ergeben sich aus der oft nicht eindeutig möglichen rechtsgeschäftlichen Einordnung des Leasingvertrages:

Je nach Gestaltungsvariante überwiegen die Merkmale des Bestandvertrages (Miete) oder die Merkmale des Kaufvertrages. Überwiegen die Merkmale des Bestandvertrages, wird das Wirtschaftsgut dem Leasinggeber, überwiegen die Merkmale des Kaufvertrages, wird es dem Leasingnehmer wirtschaftlich zugerechnet.

Da für Zwecke der buchhalterischen und bilanziellen Behandlung des Leasinggutes eine Entscheidung zwischen Miete und Kauf (es gibt keine dritte Möglichkeit) zum Zeitpunkt der Übergabe getroffen werden muss, seien im Folgenden Kriterien angeführt, die für die Entscheidung zwischen Kauf und Miete relevant sind:

- Vertragsdauer im Verhältnis zur wirtschaftlichen Nutzungsdauer;
- Kündigungsmöglichkeiten;
- Risikotragung bei zufälligem Untergang;
- Höhe der Leasingraten;
- Verwendbarkeit des Leasinggutes durch Dritte;
- Kaufoption des Leasingnehmers sowie Höhe des Kaufpreises;
- Mietverlängerungsoption des Leasingnehmers;
- Gewinn- bzw Verlustverteilung bei Verkauf des Leasinggutes;
- Andienungsrecht des Leasinggebers.

Liegt nach dem Gesamtbild der Verhältnisse ein **Mietvertrag** vor, so besteht für den **Leasinggeber** bezüglich des Leasinggutes eine **Aktivierungspflicht**. Er kann für das Leasinggut sämtliche möglichen Investitionsbegünstigungen in Anspruch nehmen (und diese über die Leasingrate an den Leasingnehmer weiterleiten).

Der **Leasingnehmer** kann die Leasingraten als **Betriebsausgabe** geltend machen.

Um die zukünftige liquiditätsmäßige Belastung des Unternehmens durch Leasingraten aufzuzeigen, hat der Leasingnehmer im Anhang der Bilanz die Verpflichtungen aus der Nutzung von nicht in der Bilanz ausgewiesenen Sachanlagen anzugeben, und zwar sowohl die Verpflichtungen des folgenden Geschäftsjahres als auch den Gesamtbetrag der Verpflichtungen der folgenden fünf Jahre (§ 238 Abs 1 Z 14 UGB). Dies gilt für Gesellschaften, die nicht klein sind.

Liegt nach dem Gesamtbild der Verhältnisse ein **Kaufvertrag** vor, so hat der **Leasingnehmer** das Leasinggut wie jedes andere als wirtschaftliches Eigentum anzusehende Wirtschaftsgut zu **aktivieren** (Näheres siehe unten).

Im wirtschaftlichen Eigentum stehen jene Vermögenswerte, über die die Herrschaft, wie über im zivilrechtlichen Eigentum stehende Vermögenswerte, ausgeübt werden kann.

2.12.1.1. Die Leasingarten

Grundsätzlich kann man zwei Arten von Leasing unterscheiden:

Das Operating Leasing

Dieses besteht regelmäßig in der kurzfristigen Nutzung von Gütern und Dienstleistungen ohne Vereinbarung einer Grundmietzeit, während der der Leasingnehmer nicht kündigen kann.

Aufgrund dieser Konstruktion, die ein Investitionsrisiko für den Leasingnehmer ausschließt, ist das Operating Leasing als Mietvertrag zu behandeln.

Das Financial Leasing

Das Finanzierungsleasing ist die heute bedeutendste Form des Leasings. Dabei werden Vermögensgegenstände dem Leasingnehmer langfristig zur Verfügung gestellt, wobei wesentliches Augenmerk auch auf den Finanzierungsaspekt gerichtet wird.

Ein weiteres Charakteristikum des Finanzierungsleasings ist die Vereinbarung einer grundsätzlich unkündbaren Grundmietzeit und die Überwälzung des Risikos des zufälligen Untergangs oder der zufälligen Beschädigung des Leasinggutes auf den Leasingnehmer. Der Leasingnehmer muss in diesem Fall weiter die Leasingraten zahlen, obwohl er das Leasinggut (eine Zeit lang) nicht nützen kann.

Auch das Finanzierungsleasing ist grundsätzlich als Mietvertrag einzustufen (dh das Leasinggut wird dem Leasinggeber zugerechnet), außer es ergibt sich aufgrund des Vertrages, dessen Inhalt nach wirtschaftlichen Gesichtspunkten („wirtschaftliche Betrachtungsweise“) und nicht nach rein zivilrechtlichen Gesichtspunkten zu interpretieren ist, das Gegenteil.

2.12.1.2. Die Abgrenzung von Kauf und Miete

Im Folgenden werden für verschiedene Leasingvarianten die einkommensteuerlichen Abgrenzungskriterien, die grundsätzlich auch unternehmensrechtlich gelten, zwischen Kauf und Miete dargestellt.

Das Vollamortisationsleasing

Dieses liegt vor, wenn während der unkündbaren Laufzeit des Leasingvertrages („Grundmietzeit“) mit den Leasingraten sowohl die Investitionskosten als auch die Gewinnspanne des Leasinggebers abgedeckt wird.

Die Zurechnung zum Leasingnehmer erfolgt, wenn

- die Grundmietzeit und die betriebsgewöhnliche Nutzungsdauer des Leasinggutes annähernd (die Grundmietzeit beträgt zumindest 90 % der betriebsgewöhnlichen Nutzungsdauer) übereinstimmen.

  Begründung: Durch diese zeitliche Entsprechung von Grundmietzeit und betriebsgewöhnlicher Nutzungsdauer trifft den Leasinggeber für dieses Wirtschaftsgut kein Risiko. Er erhält unabhängig vom Schicksal des Wirtschaftsgutes sämtliche Kosten und die Gewinnspanne vom Leasingnehmer bezahlt. Andererseits hat der Leasinggeber für die der wirtschaftlichen Nutzungsdauer entsprechenden Laufzeit des Leasingvertrages auf die Nutzung des Gegenstandes durch den Leasingnehmer keinen Einfluss. Der Leasingnehmer kann über das Wirtschaftsgut während der Laufzeit des Vertrages (fast) wie über zivilrechtliches Eigentum verfügen.

- die Grundmietzeit geringer als 40 % der betriebsgewöhnlichen Nutzungsdauer ist.

  Begründung: Das Investitionsrisiko trägt wiederum der Leasingnehmer. Da der Leasingnehmer diesen hohen Aufwand innerhalb der relativ kurzen Grundmietzeit nur deshalb auf sich nimmt, weil er anschließend das Wirtschaftsgut zu einem unbedeutenden Entgelt ins zivilrechtliche Eigentum erwerben kann, wird das Leasinggut dem Leasingnehmer von Anfang an zugerechnet.

- die Grundmietzeit mehr als 40 %, aber weniger als 90 % der betriebsgewöhnlichen Nutzungsdauer beträgt und der Leasingnehmer nach Ablauf der Grundmietzeit eine Option hat, das Leasinggut gegen Leistung eines wirtschaftlich nicht angemessenen (für Vertragsabschlüsse bis 30. 4. 2007: nicht ausschlaggebenden) Betrags zu erwerben oder den Leasingvertrag zu verlängern.

  Begründung: Das Investitionsrisiko trägt der Leasingnehmer. Er kann weiters darüber entscheiden, ob er das Wirtschaftsgut zu einem wirtschaftlich nicht angemessenen Betrag erwirbt oder nicht. Der Leasingnehmer hat sämtliche Rechte und Chancen aus dem Leasingvertrag und ist deshalb als wirtschaftlicher Eigentümer anzusehen.

  Anmerkung: Der Preis ist nach den EStR Rz 3224 wirtschaftlich dann nicht angemessen, wenn er unter dem voraussichtlichen Verkehrswert zum Ende der Grundmietzeit liegt. Als voraussichtlicher Verkehrswert des Leasinggegenstandes ist der steuerliche Buchwert abzüglich eines Abschlages von 20 % zu verstehen; ein unter dem adaptierten Buchwert liegender voraussichtlicher Verkehrswert ist idS durch ein Gutachten nachzuweisen.

- das Leasinggut nach Ablauf der Grundmietzeit ohne weitere Zahlung ins Eigentum des Leasingnehmers übergeht.

  Begründung: Diese Konstruktion ist dem Ratenkauf unter Eigentumsvorbehalt gleichzusetzen, der wirtschaftliches Eigentum des Käufers begründet.

Das Teilamortisationsleasing

Bei dieser Variante erhält der Leasinggeber während der Grundmietzeit nicht die gesamten Anschaffungs- oder Herstellungskosten (inkl Nebenkosten) und die Gewinnspanne ersetzt. Der kalkulierte Restwert entspricht den während der Grundmietzeit nicht gedeckten Kosten und der Gewinnspanne und kann, muss aber nicht, dem zu erwartenden Verkehrswert entsprechen. Prinzipiell trägt der Leasinggeber einen Teil des Investitionsrisikos, sodass eine Zurechnung zum Leasingnehmer nur erfolgt, wenn

- die Grundmietzeit annähernd der betriebsgewöhnlichen Nutzungsdauer entspricht.

  Begründung: Der Leasinggeber kann über das Leasinggut praktisch während der gesamten Nutzungsdauer nicht verfügen. Der Leasingnehmer allein hat die Sachherrschaft.

- bei Nichtentsprechen von Grundmietzeit und betriebsgewöhnlicher Nutzungsdauer der Leasingnehmer aus dem Leasingvertrag sämtliche Chancen und Risiken trägt, da er in diesem Fall eine dem Eigentümer gleiche wirtschaftliche Position einnimmt.

  Dies ist der Fall, wenn den Leasingnehmer bei Veräußerung des Leasinggutes nach Ablauf der Grundmietzeit sämtliche mögliche Wertänderungen desselben treffen:

  Der Leasingnehmer muss zumindest 75 % des Veräußerungsgewinns erhalten, muss aber andererseits dem Leasinggeber einen Veräußerungsverlust abdecken. Der Veräußerungsgewinn bzw -verlust ergibt sich aus der Differenz von Veräußerungspreis und kalkuliertem Restwert.

Das Gleiche gilt, wenn eine Kauf- oder Verlängerungsoption des Leasingnehmers besteht und der Leasinggeber seinerseits vom Leasingnehmer den Kauf oder die Verlängerung des Vertrages verlangen kann (sog „Andienungsrecht"), da auch in diesem Fall sämtliche Chancen und Risiken beim Leasingnehmer liegen.

- der kalkulierte Restwert (für Vertragsabschlüsse bis 30. 4. 2007: erheblich niedriger) niedriger als der Verkehrswert ist, da die Leasingraten entsprechend hoch gewählt wurden.

  Begründung: Der Leasingnehmer wird nur dann mehr zahlen als es der zeitlichen Nutzungsdauer entspricht, wenn er das Leasinggut nach Ablauf der Grundmietzeit zu einem wirtschaftlich nicht angemessenen Preis erwerben kann.

- der Leasingnehmer zum Restwert kaufen und der Leasinggeber zum Restwert verkaufen muss.

  Begründung: Der Leasinggeber hat kein Investitionsrisiko zu tragen, sämtliche Wertveränderungen betreffen ausschließlich den Leasingnehmer.

Das Spezialleasing

Dieses kommt sowohl in Gestalt des Voll- als auch des Teilamortisationsleasings vor.

Spezialleasing liegt vor, wenn

- das Wirtschaftsgut speziell auf die Verhältnisse des Leasingnehmers zugeschnitten wurde und
- nach Ablauf der Vertragsdauer nur noch beim Leasingnehmer eine wirtschaftlich sinnvolle Verwendung findet.

Ein spezieller Zuschnitt liegt vor, wenn das Wirtschaftsgut den Bedürfnissen des Leasingnehmers angepasst wurde.

Wirtschaftlich sinnvoll ist die Verwendung nur beim Leasingnehmer, wenn eine anderweitige Verwendung aus rechtlichen (zB gesetzlich geschütztes Monopol des Leasingnehmers) oder aus tatsächlichen (der Abbau und Neuaufbau der Anlage ist nur zu unverhältnismäßigen Kosten durchführbar) Gründen nicht möglich ist.

Sind beide Voraussetzungen des Spezialleasings erfüllt, so ist das Leasinggut dem Leasingnehmer zuzurechnen.

Begründung: Da nur der Leasingnehmer wirtschaftlich gesehen eine Nutzungsmöglichkeit hat, erlangt er eine Sachherrschaft, die der des Eigentümers entspricht.

Das Immobilienleasing

Beim Immobilienleasing hat eine Trennung zwischen Grund und Boden einerseits sowie den Gebäuden andererseits zu erfolgen.

Für Grund und Boden erfolgt die Zurechnung nach dem zivilrechtlichen Eigentum.

Ausnahme: Der nicht im zivilrechtlichen Eigentum des Leasingnehmers stehende Grund und Boden wird diesem dann zugerechnet, wenn er eine Option auf den Erwerb desselben hat und ihm auch das darauf stehende Gebäude zugerechnet wird.

Das Gebäude wiederum wird nach den Regeln des Mobilienleasings (Vollamortisations-, Teilamortisations- und Spezialleasing) zugerechnet.

Dem Leasinggeber wird andererseits ein auf dem Grund des Leasingnehmers errichtetes Gebäude zugerechnet (Superädifikat), wenn neben den sonstigen Voraussetzungen des Teilamortisationsleasings folgende Bedingungen erfüllt sind:

- Das Nutzungsrecht für Grund und Boden muss wesentlich länger sein als die Grundmietzeit des Gebäudes,
- es liegt kein Vollamortisationsvertrag bzw nicht Spezialleasing vor und
- es muss dem Leasinggeber aufgrund rechtlicher Gestaltung möglich sein, das Gebäude nach Ablauf der Grundmietzeit an Dritte zu verkaufen bzw zu vermieten.

  Begründung: Nur diese Konstruktion bricht die vorhandene Sachherrschaft des Grundeigentümers (= Leasinggebers) über das Gebäude so nachhaltig, dass es ihm in wirtschaftlicher Betrachtungsweise nicht mehr zugerechnet werden kann.

  Der Vorteil dieser Konstruktion liegt für Nichtunternehmer im Bereich der Umsatzsteuer:

Für die Anmietung des Gebäudes bezahlt der Leasingnehmer 10 % USt, während er für den Kauf des Gebäudes die vom Leasinggeber in Rechnung gestellte Umsatzsteuer in Höhe von 20 % zu bezahlen hat, insofern dieser zur Steuerpflicht gem § 6 Abs 2 UStG optiert.

Sale and lease back

Die Zurechnung zum Leasingnehmer (= Verkäufer der Wirtschaftsgüter) erfolgt dann, wenn

- die Zurechnungsvoraussetzungen des Vollamortisations-, Teilamortisations- oder Spezialleasings erfüllt sind;
- der Kaufpreis erheblich vom gemeinen Wert der Wirtschaftsgüter abweicht.

  Begründung: Stark abweichende Preise sind ein Indiz dafür, dass der Wille nicht auf Übertragung der Verfügungsmacht gerichtet ist.
- ein Missbrauch nach § 22 BAO vorliegt. Dies ist dann der Fall, wenn eine wirtschaftlich ungewöhnliche Gestaltung nur deshalb gewählt wird, um bestimmte steuerliche Konsequenzen (hier des Darlehensvertrages) zu vermeiden.

Die Vorleistung

Die Erbringung einer auf die Leasingraten anrechenbaren Vorleistung bis zu 30 % der Anschaffungs- oder Herstellungskosten des Leasinggutes ändert nichts am Ergebnis der Zurechnung aufgrund der oben genannten Leasingvarianten.

Sollte die Vorleistung zusammen mit anderen Leistungen (zB Kautionen) 50 % (für Vertragsabschlüsse bis 30. 4. 2007: 75 %) der Netto-Herstellungskosten übersteigen, ist das Leasinggut laut EStR Rz 146 jedenfalls dem Leasingnehmer zuzurechnen.

2.12.2. Die Verbuchung bei Qualifikation des Leasingvertrages als Miete

Wird der Leasingvertrag als Mietvertrag ausgestaltet, so wird das Leasinggut dem Leasinggeber zugerechnet.

Die Folgen für den Leasinggeber sind:

- Er hat den Gegenstand in der Buchhaltung zu den Anschaffungs- oder Herstellungskosten als (abnutzbares) Anlagevermögen zu aktivieren.

- Er kann die Investitionsbegünstigungen und Abschreibungen in Anspruch nehmen.
- Die fällige Leasingrate ist als Erlös (Betriebseinnahme) zu verbuchen.

Die Folgen für den Leasingnehmer sind:

- Die Leasingrate stellt im gesamten Ausmaß einen Aufwand (Betriebsausgabe) dar.
- Keine Aktivierung des Leasinggutes, keine Passivierung der Verpflichtungen aus dem Leasingvertrag.

Fraglich ist die umsatzsteuerliche Behandlung des Leasings: Während bis zum EU-Beitritt sowohl vom Wert der Leistung als auch den Finanzierungskosten mit der Begründung der Einheitlichkeit der Leistung Umsatzsteuer erhoben wurde, gilt es für das Finanzierungsleasing (dazu gleich unten) aufgrund der Rechtsprechung des EuGH (C-183/13) zu beachten, dass lediglich das auf den Wert des Leasinggegenstands entfallende Entgelt umsatzsteuerpflichtig ist, während der auf die Finanzierungskosten entfallende Anteil unecht umsatzsteuerbefreit ist. Diese für einen Ratenkauf ergangene Entscheidung gilt jedoch nach überwiegender Ansicht nicht bei Vorliegen von Finanzierungsleistungen bei dem als Miete zu beurteilenden Leasing.

Konsequenz für den Leasinggeber:

- Umsatzsteuerbemessungsgrundlage ist das gesamte Mietentgelt.

Konsequenz für den Leasingnehmer:

- Die entrichtete Umsatzsteuer ist unter den Voraussetzungen des § 12 UStG als Vorsteuer abziehbar.

Verbuchung bei Leasinggeber:

	(2)	Zahlungsmittelkonto
an	(4)	Umsatzerlöse Leasing
	(3)	USt

Verbuchung bei Leasingnehmer:

	(7)	Leasing
	(2)	Vorsteuer
an	(2)	Zahlungsmittelkonto

2.12.3. Die Verbuchung bei Qualifikation des Leasingvertrages als Kauf

Wird der Leasingvertrag als Kaufvertrag ausgestaltet, so wird der Leasingnehmer als wirtschaftlicher Eigentümer behandelt.

Die Folgen für den Leasinggeber sind:

- keine Aktivierung des Leasinggutes. Mangels Aktivierung sind auch keine Investitionsbegünstigungen und Abschreibungen möglich.
- Aktivierung der Forderung in Höhe des Barwertes der Leasingraten, einer Vorauszahlung und dem Wert einer vereinbarten Kaufoption. In gleicher Höhe ist der Erlös aus dem Kauf (Leasing)vertrag zu verbuchen.

Der Barwert ist deshalb anzusetzen, da der Kreditkauf aus einem Tilgungs- und einem Zinsanteil besteht. Nur der Tilgungsanteil (Barkaufpreis) ist Gegenleistung für die Anschaffung des Leasinggutes. Der Zinssatz ist nach den Verhältnissen des Leasinggebers zu wählen und muss nicht dem Zinssatz des Leasingnehmers entsprechen.

- Die in den Leasingraten enthaltenen Zinsen sind als Zinserträge zu verbuchen.
- Die Forderung ist, wenn die Zahlung der Leasingrate zur Gänze gegen die Forderung verrechnet wird, in Höhe der in der Leasingrate enthaltenen Tilgungskomponente zu berichtigen.
- Umsatzsteuerlich liegt eine Lieferung vor. Die Umsatzsteuerschuld entsteht mit Verschaffung der Verfügungsmacht in Höhe des auf den Leasinggegenstand entfallenden Entgelts. Keinesfalls entsteht bei Vereinbarung von Finanzierungszinsen eine umsatzsteuerliche Belastung der Zinsen.

  Für die laufenden Ratenzahlungen ist in diesem Fall keine Umsatzsteuer zu entrichten.

Die Folgen für den Leasingnehmer sind:

- Aktivierung des Leasinggutes mit den Anschaffungskosten (inkl Nebenkosten) und Restkaufpreis, wobei nur der Barwert der Summe der Leasingraten aktiviert werden darf. (Verbot der Aktivierung von Finanzierungskosten!)
- Passivierung der Verbindlichkeit in Höhe der Anschaffungskosten.
- Die in der Leasingrate enthaltenen Zinsen sind als Zinsaufwand zu buchen und im Falle der Buchung gegen die Verbindlichkeit ist diese um die Zinskomponente zu korrigieren.
- Der Leasingnehmer kann für das Leasinggut Investitionsbegünstigungen und die Abschreibung in Anspruch nehmen.
- Der Leasingnehmer kann die in Rechnung gestellte Umsatzsteuer unter den Voraussetzungen des § 12 UStG als Vorsteuer geltend machen.

  Für die laufenden Ratenzahlungen fällt keine Umsatzsteuer an.

  Buchungen des Leasingnehmers:

  Bei Erwerb:

		Vermögensgegenstand
	(2)	Vorsteuer
an	(3)	Leasingverbindlichkeit

Bei Ratenzahlung:

	(3)	Leasingverbindlichkeit
	(8)	Zinsaufwand
an	(2)	Bank

Buchungen des Leasinggebers:

Bei Verkauf:

	(2)	Leasingforderung
an	(4)	Umsatzerlöse Leasing
	(3)	USt

2.12.4. Beispiele

Beispiel 1:

Die „Müller GmbH" least von der „Leasing AG" folgende Holzbearbeitungsmaschine:

Die Anschaffungskosten der vielseitig verwendbaren Holzbearbeitungsmaschine betragen 900.000,–. Die betriebsgewöhnliche Nutzungsdauer beträgt 4 Jahre, die vereinbarte Grundmietzeit 2 Jahre. Es wurde weder eine Kauf- noch eine Verlängerungsoption vereinbart, der Leasinggeber kann jedoch nach Ablauf der Grundmietzeit den Kauf der Maschine vom Leasingnehmer um 450.000,– verlangen.

Zum Zeitpunkt der Übergabe des Leasinggutes hat der Leasingnehmer eine Zahlung in Höhe von 200.000,– zu leisten.

Die Leasingraten betragen jährlich im Nachhinein 300.000,–. Zu diesem Zeitpunkt erfolgt auch die Rechnungslegung.

Die Übergabe findet am 1. März X1 statt.

Die angegebenen Beträge enthalten keine Umsatzsteuer (Umsatzsteuersatz 20 %).

Die Zurechnung:

Innerhalb der Grundmietzeit werden die Kosten des Leasinggebers nicht zur Gänze gedeckt, es liegt ein Teilamortisationsleasingvertrag vor.

Da der vereinbarte Restwert (Kaufpreis) dem linearen Buchwert (der vereinfachend auch als der Verkehrswert angesehen werden kann) zum Zeitpunkt der Andienung entspricht und der Leasingnehmer zwar das Risiko der Wertminderung trägt, jedoch keine Chance hat, von einer Wertsteigerung zu profitieren, wird das Leasinggut dem Leasinggeber zugerechnet.

Hinweis: Vernachlässigt werden in diesem Beispiel die Verbuchung von Investitionsbegünstigungen, planmäßiger und außerplanmäßiger Abschreibung und die periodengerechte Erlöszurechnung (gilt auch für Beispiel 2).

Buchungen des Leasinggebers:

1. 3. X1

	(0)	*Maschine*	*900.000*	
	(2)	*Vorsteuer*	*180.000*	
an	*(3)*	*Verbindlichkeit aus L & L*		*1.080.000*

1. 3. X1

	(2)	*Bank*	*240.000*	
an	*(4)*	*Leasingerlöse*		*200.000*
	(3)	*USt*		*40.000*

Mangels Information über Finanzierungskosten sind die gesamten Leasingkosten Bemessungsgrundlage für die Umsatzsteuer.

28. 2. X2

	(2)	Bank	360.000	
an	(4)	Leasingerlöse		300.000
	(3)	USt		60.000

Anmerkung: Mit der Rechnungslegung wird sowohl die USt für Jänner als auch für Februar fällig.

28. 2. X3

	(2)	Bank	360.000	
an	(4)	Leasingerlöse		300.000
	(3)	USt		60.000

1. 3. X1

*Verkauf der Maschine an die „Müller GmbH" um 450.000,–; der Restbuchwert beträgt 337.500,– (900.000 – 225.000 * 2,5).*

	(2)	Forderung aus L & L	540.000	
an	(4)	Erlöse aus Abgang Maschine		450.000
	(3)	USt		90.000

	(7)	Buchwert abgegangener Anlagen	337.500	
an	(0)	Maschine		337.500

Buchungen des Leasingnehmers:

1. 3. X1

	(7)	Leasing	200.000	
	(2)	Vorsteuer	40.000	
an	(2)	Bank		240.000

28. 2. X2

	(7)	Leasing	300.000	
	(2)	Vorsteuer	60.000	
an	(2)	Bank		360.000

28. 2. X3

	(7)	Leasing	300.000	
	(2)	Vorsteuer	60.000	
an	(2)	Bank		360.000

1. 3. X1

	(0)	Maschine	450.000	
	(2)	Vorsteuer	90.000	
an	(3)	Verbindlichkeit aus L & L		540.000

Beispiel 2:

Variante zu Beispiel 1:

Die „Müller GmbH" hat eine Kaufoption zu 480.000,– (die „Leasing AG" hat wieder das Andienungsrecht zu 450.000,–).

Der Refinanzierungszinssatz des Leasingnehmers beträgt 10 %. Der Leasinggeber kalkuliert mit demselben Zinssatz.

Zurechnung:

Da in dieser Variante Chancen und Risiken aus einer Wertänderung beim Leasingnehmer ihren Niederschlag finden, ist diesem das Leasinggut zuzurechnen.

Buchungen des Leasingnehmers:

1. 3. X1

	(0)	*Maschine*	*1.117.355*	
	(2)	*Vorsteuer*	*223.471*	
an	*(3)*	*Leasingverbindlichkeit*		*1.340.826*

Anmerkungen:

Ermittlung des Anschaffungswertes mithilfe der Barwertmethode:

*200.000 * 1 + 300.000 * $1{,}1^{-1}$ + 300.000 * $1{,}1^{-2}$ + 480.000 * $1{,}1^{-2}$ = 1.117.355,–.*

Die Umsatzsteuer ist gleichfalls von den Anschaffungskosten zu berechnen, sofern das Kreditgeschäft gesondert dargestellt wird. Andernfalls ist mangels Trennung die Umsatzsteuer von der Summe der nicht abgezinsten Leasingraten zuzüglich Option zu ermitteln:

*1.117.355 * 20 % = 223.471,–*

1. 3. X1

	(3)	*Leasingverbindlichkeit*	*423.471*	
an	*(2)*	*Bank*		*423.471*

28. 2. X2

	(3)	*Leasingverbindlichkeit*	*208.264*	
	(8)	*Zinsaufwand*	*91.736*	
an	*(2)*	*Bank*		*300.000*

28. 2. X3

	(3)	*Leasingverbindlichkeit*	*229.091*	
	(8)	*Zinsaufwand*	*70.909*	
an	*(2)*	*Bank*		*300.000*

Anmerkung zur Zinsenberechnung:

Basis für die Zinsenberechnung ist der Betrag der offenen Leasingverbindlichkeit abzüglich der bereits erfolgten Zahlungen.

	Zinsenberechnungsbasis	Zinsen	Rate	Tilgung
X2	917.355	91.736	300.000	208.264
X3	709.091	70.909	300.000	229.091

Am 1. 3. X1 nimmt der Leasingnehmer die Kaufoption wahr, da der Verkehrswert 500.000,– beträgt.

1. 3. X1

	(3)	Leasingverbindlichkeit	480.000	
an	(2)	Bank		480.000

Variante: Der Leasinggeber macht von seinem Andienungsrecht Gebrauch, da der Verkehrswert nur 400.000,– beträgt:

1. 3. X1

	(3)	Leasingverbindlichkeit	480.000	
an	(2)	Bank		450.000
	(0)	Maschine		24.793
	(8)	Zinsaufwand		5.207

Anmerkungen: Wäre zum Zeitpunkt des Erwerbes der Verkaufspreis des Leasinggebers zugrunde gelegt worden, hätten die Anschaffungskosten nur 1.092.562,– betragen, weshalb man diesen Vorgang als nachträgliche Anschaffungskostenminderung beurteilen kann. Für den verringerten Kaufpreis wäre der Gesamtzinsaufwand um 5.207,– geringer gewesen, weshalb eine entsprechende Zinsenkorrektur zu erfolgen hat.

Aufgrund der um 24.793,– geringeren umsatzsteuerlichen Bemessungsgrundlage ist bei entsprechender Rechnungsberichtigung eine Vorsteuerkorrektur um 4.958,6 vorzunehmen.

	(2)	sonstige Forderung	4.958,6	
an	(2)	Vorsteuer		4.958,6

Buchungen des Leasinggebers:

Umsatzsteuer sofort in Rechnung gestellt:

1. 3. X1

	(2)	Leasingforderung	1.340.826	
an	(4)	Umsatzerlöse		1.117.355
	(3)	Umsatzsteuer		223.471

1. 3. X1

	(2)	Bank	423.471	
an	(2)	Leasingforderung		423.471

28. 2. X2

	(2)	Bank	300.000	
an	(8)	Zinserträge		91.736
	(2)	Leasingforderung		208.264

28. 2. X3

	(2)	Bank	300.000	
an	(8)	Zinserträge		70.909
	(2)	Leasingforderung		229.091

1. 3. X1

	(2)	Bank	480.000	
an	(2)	Leasingforderung		480.000

Variante Andienungsrecht:

	(2)	Bank	450.000	
	(4)	Erlösberichtigung	24.793	
	(8)	(korrigierte) Zinserträge	5.207	
an	(2)	Leasingforderung		480.000

Es hat auch eine Umsatzsteuerkorrektur in Höhe von 4.958,6 zu erfolgen.

	(3)	USt	4.958,6	
an	(3)	sonstige Verbindlichkeit		4.958,6

2.13. Die Verbuchung von Kommissionsgeschäften

Ein Kommissionsgeschäft (vgl §§ 383 ff UGB) liegt vor, wenn ein Unternehmer Waren oder Wertpapiere im eigenen Namen, aber für fremde Rechnung kauft (= Einkaufskommission) oder verkauft (= Verkaufskommission). Derjenige, der das Kommissionsgeschäft im eigenen Namen durchführt, heißt Kommissionär, derjenige, auf dessen Rechnung das Geschäft durch geführt wird, heißt Kommittent.

Kommissionsgeschäfte kommen in der Regel derart zustande, dass der Kommittent dem Kommissionär den Auftrag erteilt, bis zu einem bestimmten Höchstbetrag einzukaufen bzw beim Verkauf einen bestimmten Mindesterlös zu erzielen. Kauft der Kommissionär billiger ein bzw verkauft er teurer, so kommt der erzielte Vorteil grundsätzlich dem Kommittenten zu. Anderslautende Vereinbarungen (zB Aufteilung des Vorteils im Verhältnis 1:1) zwischen Kommittent und Kommissionär sind jedoch möglich. Weicht der Kommissionär von den vom Kommittent gesetzten Grenzpreisen zu dessen Ungunsten ab, so muss der Kommittent unverzüglich erklären, dass er das Geschäft nicht gegen sich gelten lassen will, andernfalls gilt das Geschäft als genehmigt.

Der Kommissionär hat Anspruch auf die Provision, wenn das Geschäft zur Ausführung gekommen ist. Er hat auch Anspruch auf die Auslieferungsprovision, wenn das Geschäft nicht zustande gekommen ist, eine Provision jedoch ortsüblich ist. Die Provision bemisst sich in der Regel als Prozentsatz der Einkaufs- oder Verkaufssumme ohne Umsatzsteuer. Daneben hat der Kommissionär Anspruch auf alle die Aufwendungen, die im Zusammenhang mit der Durchführung des Kommissionsgeschäfts erforderlich waren. Dazu zählt auch die Benützung der Lagerräume und der Transportmittel des Kommissionärs.

Der Kommissionär ist weder bei der Einkaufs- noch bei der Verkaufskommission als wirtschaftlicher Eigentümer der Ware zu betrachten. Sämtliche Vorteile und Nachteile aus dem Geschäft treffen den Kommittenten. Daher ist bei der Bilanzierung die Kommissionsware ausschließlich beim Kommittenten zu erfassen. Der Kommissionär hat lediglich einen Forderungsanspruch auf Provision und Aufwandersatz gegen den Kommittenten. Zur Durchsetzung dieses Anspruchs steht ihm allerdings ein gesetzliches Pfandrecht an der Kommissionsware zu.

Umsatzsteuerlich besteht das Kommissionsgeschäft aus zwei Lieferungen:

- Lieferung Kommissionär an Kommittent bzw umgekehrt;
- Lieferung Kommissionär an Dritten bzw umgekehrt.

Bei der Verkaufskommission stellt sich hierbei allerdings das Problem, dass im Zeitpunkt der Lieferung dem Kommittenten das vom Kommissionär erzielte Veräußerungsentgelt noch nicht bekannt ist. Aus diesem Grund gilt die Lieferung an den Kommissionär erst im Zeitpunkt der Lieferung durch den Kommissionär an den Dritten als ausgeführt (vgl § 3 Abs 3 UStG). Umsatzsteuerpflicht des Kommissionsgeschäfts liegt allerdings nur bei Erfüllen sämtlicher Voraussetzungen des UStG vor. Sollte der Kommissionär zB im Ausland sein Unternehmen betreiben, so wäre die Lieferung an ihn ein echt umsatzsteuerbefreiter Vorgang.

Der Kommissionär ist an beiden Umsatzakten beteiligt. Da ihm jedoch der Vorsteuerabzug für die gekaufte oder zum Verkauf erhaltene Ware zusteht, beträgt die Umsatzsteuerzahllast die Differenz zwischen dem dem Kommittenten in Rechnung gestellten Betrag, der neben den Anschaffungskosten oder dem Verkaufserlös auch die Provision und die Aufwandsentschädigung enthält, und der Vorsteuerbemessungsgrundlage (Einkaufs- bzw Verkaufspreis).

2.13.1. Die Verbuchung der Einkaufskommission

Behandlung des Kommissionärs:

Der Kommissionär hat trotz fehlenden wirtschaftlichen Eigentums die Kommissionsware in seine Aufzeichnungen aufzunehmen. Er wird sie allerdings auf einem eigenen Warenkonto erfassen, um damit zum Bilanzstichtag eine relativ einfache Umbuchung durchführen zu können.

Der Kommissionär wird für die Kommissionsware ein dreigeteiltes Warenkonto verwenden. Der Wareneinkauf wird auf dem Konto Kommissionsware erfasst, die Erlöse aus der Weiterleitung an den Kommittenten am Konto Kommissionswarenerlöse und der Abgang der Kommissionsware an den Kommittenten am Konto Kommissionswareneinsatz. Zu den Kommissionswarenerlösen zählen der dem Kommittenten verrechnete Einkaufspreis, weitere Aufwendungen und die Provision. Fraglich ist allerdings, ob alle diese Erlöse Umsatzerlöse darstellen. Da beim Kommissionsgeschäft die Vermittlungsleistung im Vordergrund steht, erscheint es sachgerecht, lediglich die Provision unter den Umsatzerlösen auszuweisen.

Behandlung des Kommittenten:

Der Kommittent nimmt eine Buchung regelmäßig erst dann vor, wenn der Kommissionär die Ware an ihn liefert. Dieser Vorgang stellt buchhalterisch einen normalen Wareneinkauf dar. Sofern es sich um ein längerfristiges Kommissionsgeschäft handelt, erfolgt die Erfassung der einzelnen Lieferungen in der Praxis des Öfteren auch erst mit der Abrechnung des gesamten Kommissionsgeschäfts. Sofern allerdings Zwischenabrechnungen für einzelne Geschäfte gelegt werden, hat jeweils eine gesonderte Aktivierung zu erfolgen. Zum Bilanzstichtag ist allerdings jedenfalls der Wert der gelieferten und noch nicht abgerechneten Kommissionswaren sowie der noch im Lager des Kommissionärs befindlichen Waren zu ermitteln, da diese dem Kommittenten zuzurechnen sind. Für diese aktivierte Kommissionsware hat der Kommittent eine Verbindlichkeit gegenüber dem Kommissionär auszuweisen.

Verbuchung:

Buchungen des Kommissionärs:

Bei Einkauf:

	(1)	Kommissionsware
	(2)	Vorsteuer
an	(3)	Verbindlichkeit aus L & L

Bei Weiterleitung an Kommittent:

	(2)	Forderung aus L & L
an	(4)	Kommissionswarenerlöse
	(3)	USt

Variante:

	(2)	Forderung aus L & L
	(2)	sonstige Forderung
an	(4)	Provisionserlöse
	(4)	Kommissionswarenerlöse
	(4)	sonstige Erlöse (Aufwandersatz)
	(3)	USt
	(5)	Kommissionswareneinsatz
an	(1)	Kommissionsware

Bei Bezahlung durch Kommittent:

	(2)	Zahlungsmittelkonto
an	(2)	Forderung aus L & L
	(2)	sonstige Forderung

Buchungen des Kommittenten:

Bei Lieferung der Ware durch den Kommissionär:

	(1)	Waren
	(2)	Vorsteuer
an	(3)	Verbindlichkeit aus L & L

Bei Bezahlung des Kommissionärs:

	(3)	Verbindlichkeit aus L & L
an	(2)	Zahlungsmittelkonto

2.13.2. Die Verbuchung der Verkaufskommission

Behandlung des Kommissionärs:

Der Kommissionär erhält vom Kommittenten die zum Verkauf bestimmte Ware in der Regel gegen Lieferschein, da, wie bereits oben ausgeführt, eine Rechnung mangels Kenntnis des Verkaufspreises und der Umsatzsteuer nicht gelegt wird. Aus diesem Grund erfolgt zum Zeitpunkt der Lieferung an den Kommissionär noch keine Buchung. Eine buchmäßige Erfassung zum vereinbarten Limitpreis ist jedoch zulässig. Sollte der tatsächliche Verkaufspreis höher sein, so hätte eine entsprechende nachträgliche Anschaffungskostenerhöhung zu erfolgen. Sobald die Ware verkauft ist, hat allerdings die buchmäßige Erfassung mit dem Verkaufspreis jedenfalls zu erfolgen. Auch im Fall der Verkaufskommission bietet sich das dreigeteilte Warenkonto an. Auf dem Erlöskonto ist der Verkauf der Kommissionsware zu erfassen. Auf eigenen Erlöskonten sind die dem Kommissionär zustehende Provision und allfällige Aufwandsentschädigungen zu erfassen, die dem Kommittenten in Rechnung gestellt werden. Am Wareneinsatzkonto ist der Abgang der Kommissionsware zu erfassen. Auch hier ist als Umsatzerlös nur die Provision auszuweisen.

Eine Alternative zu dieser Vorgangsweise ist derart möglich, dass der Kommissionär die ihm zustehende Provision und Aufwandsentschädigung nicht direkt ausbezahlt erhält, sondern der Kommittent einen entsprechend niedrigeren Preis für die Kommissionsware in Rechnung stellt. Dem Kommissionär verbleibt somit die Differenz zwischen dem Verkaufspreis und dem von ihm an den Kommittenten zu zahlenden Preis.

Ein bilanzieller Ausweis von Kommissionswaren ist mangels wirtschaftlichen Eigentums nicht möglich.

Behandlung des Kommittenten:

Der Kommittent bleibt jedenfalls bis zum Verkauf durch den Kommissionär Eigentümer der Ware. Bei ihm erfolgt die Erlösbuchung jedenfalls erst nach dem Verkauf durch den Kommissionär, da erst zu diesem Zeitpunkt das wirtschaftliche Eigentum an einen Dritten übergegangen ist.

Verbuchung:

Buchungen des Kommissionärs:

Bei Verkauf der Kommissionsware:

	(2)	sonstige Forderung
an	(4)	Kommissionswarenerlöse
	(3)	USt

Bei Rechnungslegung durch den Kommittenten:

	(1)	Kommissionsware
	(2)	Vorsteuer
an	(3)	Verbindlichkeit aus L & L
	(5)	Kommissionswareneinsatz
an	(1)	Kommissionsware

Bei Rechnungslegung bzgl. Provision und Aufwandsentschädigung:

	(2)	Forderung aus L & L
	(2)	sonstige Forderung
an	(4)	Provisionserlöse
	(4)	sonstige Erlöse
	(3)	USt

Sollten Provision und Aufwandsentschädigung durch den Veräußerungserlös abgedeckt werden, so müsste das Konto Kommissionswarenerlöse entsprechend auf drei Erlöskonten aufgeteilt werden.

Buchungen beim Kommittenten:

Bei Rechnungslegung:

	(2)	Forderung aus L & L
an	(4)	Umsatzerlöse
	(3)	USt

Bei Rechnungslegung des Kommissionärs für Provision und Aufwandsentschädigung:

	(7)	Provisionen an Dritte
	(7)	sonstiger betrieblicher Aufwand
	(2)	Vorsteuer
an	(3)	Verbindlichkeit aus L & L

2.13.3. Beispiele

Beispiel 1:

Einkaufskommission

Die Firma „Inter Handel" tritt für die „Benzin GmbH" als Einkaufskommissionär für den Bezug von Spezial-Benzin auf.

Es werden folgende Nettokonditionen (20 % USt) vereinbart:

1 Liter....5,00 bei Barzahlung

1 Liter....5,30 bei 2 Monaten Zahlungsziel.

Die Provision der „Inter Handel" beträgt 2,5 % des Nettoeinkaufspreises und ist bei Übergabe der Ware fällig. Unterschreitet der Nettoeinkaufspreis das oben festgesetzte Preislimit, so erhöht sich die Provision um 20 % des Differenzbetrages.

Sämtliche Spesen gehen zulasten der „Benzin GmbH".

Am 25. Juni überweist die „Benzin GmbH" 100.000,– als Anzahlung (Rechnungserhalt ebenfalls 25.6.).

Am 1. Juli kauft die „Inter Handel" bar 10.000 Liter um netto 4,70 je Liter; an Transportkosten werden bar netto 1.500,– bezahlt.

Am 15. Juli kauft die „Inter Handel" 25.000 Liter um netto 5,30 (Zahlungsziel 2 Monate).

Beide Lieferungen werden der „Benzin GmbH" am 20. Juli zugestellt. An Transportkosten verrechnet die „Inter Handel" 5.000,– netto extra.

Die „Benzin GmbH" zahlt am 25. Juli.

Buchungen „Inter Handel":

25. 6.

	(2)	Bank	100.000	
an	(2)	sonstige Forderung		83.333
	(3)	USt		16.667

	(3)	USt-Evidenzkonto	16.667	
an	(2)	sonstige Forderung		16.667

1. 7.

	(1)	Kommissionsware	48.500	
	(2)	Vorsteuer	9.700	
an	(2)	Kassa		58.200

15. 7.

	(1)	Kommissionsware	132.500	
	(2)	Vorsteuer	26.500	
an	(3)	Verbindlichkeit aus L & L		159.000

20. 7.

	(2)	sonstige Forderung	217.200	
an	(4)	Kommissionswarenerlöse		181.000
	(3)	USt		36.200

	(3)	USt	16.667	
an	(3)	USt-Evidenzkonto		16.667

	(2)	Forderung aus L & L	6.150	
an	(4)	Provisionserlöse		5.125
	(3)	USt		1.025

Anmerkung: Ermittlung der Provision:

2,5 % vom Einkaufspreis:	2,5 % * 181.000 =	4.525
20 % vom Preisvorteil:	20 % * 10.000 * (5,00 – 4,7) =	600
		5.125

	(2)	sonstige Forderung	6.000	
an	(4)	sonstige Erlöse (Transport)		5.000
	(3)	USt		1.000

	(5)	Kommissionswareneinsatz	181.000	
an	(1)	Kommissionsware		181.000

25. 7.

	(2)	Bank	129.350	
an	(2)	Forderung aus L & L		6.150
	(2)	sonstige Forderung		123.200

Buchungen „Benzin GmbH“:

25. 6.

	(3)	Verbindlichkeit aus L & L	83.333	
	(2)	Vorsteuer	16.667	
an	(2)	Bank		100.000

	(2)	Verbindlichkeit aus L & L	16.667	
an	(3)	VSt-Evidenzkonto		16.667

20. 7.

	(1)	Ware	191.125	
	(2)	Vorsteuer	38.225	
an	(3)	Verbindlichkeit aus L & L		229.350

	(2)	VSt-Evidenzkonto	16.667	
an	(2)	Vorsteuer		16.667

25. 7.

	(3)	Verbindlichkeit aus L & L	129.350	
an	(2)	Bank		129.350

Beispiel 2:

Verkaufskommission

Die „Handels AG“ verkauft folgende Waren der „Kfz GmbH“ als Kommissionär:

PKW:	*Mindestpreis.......................*	*20.000,– bar*
		21.000,– Zahlungsziel 2 Monate
	(Herstellungskosten..............	*8.000,–)*
Motorräder:	*Mindestpreis.......................*	*4.000,– bar*
		4.300,– Zahlungsziel 2 Monate
	(Herstellungskosten..............	*2.000,–)*

Die Verkaufsprovision beträgt 10 % vom Nettoverkaufspreis.

Am 12. Juli erhält die „Handels AG“ 20 PKW und 30 Motorräder. Die Transportkosten in Höhe von 3.000,– (inkl 20 % USt) wurden von der „Kfz GmbH“ am 13. Juli bar bezahlt.

Am 20. Juli verkauft die „Handels AG“ vier PKW um je netto 22.000,– (Zahlungsziel 2 Monate) und vier Motorräder um je netto 4.500,– (Zahlungsziel 2 Monate).

Am 27. Juli verkauft die „Handels AG“ zwei PKW um je netto 20.500,– bar und vier Motorräder um je netto 4.000,– bar.

Am 31. Juli erstellt die „Handels AG“ die Kommissionsabrechnung und sendet diese der „Kfz GmbH“. Die „Kfz GmbH“ erstellt die Rechnung für die gelieferten Waren am 3. August.

Ermitteln Sie den Kommissionswareneinsatz.

Buchungen der „Handels AG“:

12. 7.

Keine Buchung erforderlich.

20. 7.

	(2)	sonstige Forderung	127.200	
an	(4)	Kommissionswarenerlöse		106.000
	(3)	USt		21.200

27. 7.

	(2)	Kassa	68.400	
an	(4)	Kommissionswarenerlöse		57.000
	(3)	USt		11.400

3. 8.

	(1)	Kommissionsware	146.700	
	(2)	Vorsteuer	29.340	
an	(3)	Verbindlichkeit aus L & L		176.040

	(5)	Kommissionswareneinsatz	146.700	
an	(1)	Kommissionsware		146.700

	(4)	Kommissionswarenerlöse	16.300	
an	(4)	Provisionserlöse		16.300

Anmerkung Abrechnung:

	Erlöse	163.000
–	Provision	– 16.300
	Einstandspreis (Nettoerlös)	146.700

Variante: Die Provision wird extra verrechnet. Die „Müller GmbH“ bezahlt die Provision am 10. August.

31. 7.

	(2)	Forderung aus L & L	19.560	
an	(4)	Provisionserlöse		16.300
	(3)	USt		3.260

3. 8.

	(1)	Kommissionsware	163.000	
	(2)	Vorsteuer	32.600	
an	(3)	Verbindlichkeit aus L & L		195.600

	(5)	Kommissionswareneinsatz	163.000	
an	(1)	Kommissionsware		163.000

10. 8.

	(2)	Bank	19.560	
an	(2)	Forderung aus L & L		19.560

Buchungen der „Kfz GmbH“:

13. 7.

	(7)	Transport durch Dritte	2.500	
	(2)	Vorsteuer	500	
an	(2)	Kassa		3.000

3. 8.

	(2)	Forderung aus L & L	176.040	
an	(4)	Umsatzerlöse		146.700
	(3)	USt		29.340

Variante: Provision extra in Rechnung gestellt.

31. 7.

	(7)	Provisionen an Dritte	16.300	
	(2)	Vorsteuer	3.260	
an	(3)	Verbindlichkeit aus L & L		19.560

3. 8.

	(2)	Forderung aus L & L	195.600	
an	(4)	Umsatzerlöse		163.000
	(3)	USt		32.600

10. 8.

	(3)	*Verbindlichkeit aus L & L*	*19.560*	
an	*(2)*	*Bank*		*19.560*

2.14. Die Verbuchung von Forderungsausfällen

2.14.1. Ursachen für Forderungsausfälle

Wirtschaftliche Ursachen

Hauptgründe für Forderungsausfälle sind die Insolvenz des Schuldners bzw die erfolglose Exekution in das Vermögen des Schuldners.

Den Insolvenztatbestand gibt es in zwei Erscheinungsformen:

- Zahlungsunfähigkeit: Diese liegt vor, wenn der Schuldner fällige Zahlungsverpflichtungen nicht erfüllen kann und dazu auch in näherer Zukunft nicht in der Lage sein wird; der Feststellung der Zahlungsunfähigkeit liegt eine zeitraumbezogene Betrachtung zugrunde.
- Überschuldung: Dieser nur für juristische Personen vorgesehene Tatbestand ist erfüllt, wenn der beizulegende Wert der Passiva höher ist als der beizulegende Wert der Aktiva und eine negative Fortbestehensprognose (vgl Leitfaden Fortbestehensprognose) vorliegt, wobei der Tatbestand der Zahlungsunfähigkeit nicht vorliegen muss.

Persönliche Ursachen

Auch in der Person des Schuldners kann ein Grund für einen Forderungsausfall liegen: Ist der Schuldner unbekannten Aufenthalts, kann mit seiner Rückkehr nicht gerechnet werden und ist kein bzw wenig Vermögen vorhanden, in das Exekution geführt werden könnte, so ist eine Berichtigung der Forderung vorzunehmen.

Sonstige Ursachen

Forderungen können auch aufgrund eines Gerichturteils ausfallen (zB aufgrund einer Preisminderung oder Wandlung). Auch durch gerichtlichen oder außergerichtlichen Vergleich kann es zu einer Berichtigung der Forderung kommen.

2.14.2. Steuerrechtliche Bewertung

Ertragsteuerliche Bewertung

Unternehmensrechtlich ist die Forderung aufgrund des für das Umlaufvermögen geltenden strengen Niederstwertprinzips auf den beizulegenden Wert abzuwerten (vgl § 207 UGB).

Für Unternehmen, die ihren steuerlichen Gewinn nach der Vorschrift des § 5 EStG ermitteln, gilt das strenge Niederstwertprinzip aufgrund des sog Maßgeblichkeitsprinzips auch steuerrechtlich: Das Maßgeblichkeitsprinzip besagt, dass die unternehmensrechtlichen Grundsätze ordnungsmäßiger Buchführung für die steuerliche Gewinnermittlung soweit maßgebend sind, als nicht zwingende steuerliche Vorschriften etwas anderes normieren (vgl dazu näher unten 3.1.).

Für Unternehmen, die ihren steuerlichen Gewinn nach § 4 Abs 1 EStG ermitteln, gilt gem § 6 Z 2 lit a EStG das so genannte gemilderte Niederstwertprinzip, dh die Forderung kann, muss aber nicht auf den niedrigeren Teilwert abgeschrieben werden. Etwas anderes gilt für uneinbringliche Forderungen: Diese sind gemäß dem Grundsatz der Bilanzwahrheit und aufgrund des Wirtschaftsgutbegriffes zwingend abzuwerten.

Ertragsteuerlich macht es auch keinen qualitativen Unterschied, ob eine Forderung gänzlich oder zum Teil uneinbringlich oder die Einbringlichkeit bloß zweifelhaft ist. Sowohl bei Uneinbringlichkeit als auch bei Dubiosität der Forderung hat bei § 5-Gewinnermittlern eine Teilwertabschreibung stattzufinden.

Die Höhe der Abschreibung richtet sich nach dem an objektiven Kriterien zu messenden subjektiven Empfinden des Gläubigers – solange die unternehmensrechtliche Bewertung der Forderung den Grundsätzen ordnungsmäßiger Buchführung entspricht, ist dieser Wertansatz auch steuerlich maßgeblich.

Für körperschaftsteuerpflichtige Unternehmen gelten die zu § 5 EStG ergangenen Ausführungen sinngemäß.

Umsatzsteuerliche Bewertung

Etwas anders ist die umsatzsteuerliche Behandlung von Forderungsausfällen.

Unter der Voraussetzung der Soll-Besteuerung (vgl dazu oben 2.9.2.7.) ist die Umsatzsteuer in der Regel am 15. Tag des auf den Monat der Rechnungslegung zweitfolgenden Kalendermonats fällig, unabhängig davon, ob der Leistungsempfänger das Entgelt entrichtet hat.

Da der Leistende aber nur Umsatzsteuerschuldner, nicht jedoch Träger der Umsatzsteuer sein soll (vgl oben 2.9.1.), muss es eine Möglichkeit der Entlastung von der bereits abgeführten Umsatzsteuer für den Fall geben, dass der leistende Unternehmer das vereinbarte Entgelt nicht (nicht in voller Höhe) erhält.

Diese Korrektur ist in § 16 UStG geregelt.

§ 16 Abs 3 Z 1 UStG bestimmt, dass die Umsatzsteuer erst dann korrigiert werden darf, wenn die Forderung uneinbringlich ist. Wann die Uneinbringlichkeit vorliegt, wird jedoch nicht näher gesagt.

Nach herrschender Auffassung ist eine Forderung uneinbringlich, wenn mit ihrer Begleichung aus tatsächlichen oder rechtlichen Gründen nicht mehr gerechnet werden kann. Eine Zweifelhaftigkeit der Forderung ist nicht ausreichend.

Dies ist zB dann der Fall, wenn der Schuldner unbekannten Aufenthalts ist und mehrmals erfolglos Exekution geführt worden ist oder die Forderung erfolgreich gerichtlich bestritten wurde. Der Grund für die Uneinbringlichkeit ist also nicht von Bedeutung.

Unterschiedliche Auffassungen gibt es zum Zeitpunkt der Uneinbringlichkeit einer Forderung im Falle des Konkurses:

Da Voraussetzung für die Eröffnung des Konkursverfahrens ua die Zahlungsunfähigkeit des Schuldners ist, wird daraus geschlossen, dass mit dem Zeitpunkt der Zahlungsunfähigkeit auch die Forderung uneinbringlich geworden ist. Eine Mindermeinung vertritt die Auffassung, dass die Uneinbringlichkeit erst mit der Feststellung der Konkursquote durch das Gericht feststeht. Dieser Auffassung ist jedoch entgegenzuhalten, dass in wirtschaftlicher Betrachtungsweise die Uneinbringlichkeit von zumindest einem Teil der Forderung bereits zum Zeitpunkt der Zahlungsunfähigkeit feststeht.

Steht die Uneinbringlichkeit dem Grunde nach im Zeitpunkt der Zahlungsunfähigkeit fest, so ist noch die Höhe der Uneinbringlichkeit zu bestimmen.

Aus Praktikabilitätsüberlegungen wird die Auffassung vertreten, die Forderung sei zur Gänze uneinbringlich. In Höhe der erzielten Konkursquote wird später eine erneute Berichtigung vorgenommen.

Richtiger ist jedoch die Schätzung des Ausmaßes der Uneinbringlichkeit im Einzelfall. Mangels näherer Informationen kann jedoch aufgrund der allgemeinen Erfahrung vielfach eine Forderungsabschreibung um 100 % vorgenommen werden.

Für das Ausgleichsverfahren gelten die dargestellten Grundsätze sinngemäß.

Liegt eine umsatzsteuerlich uneinbringliche Forderung vor, kann der Unternehmer die Umsatzsteuer, die er an das Finanzamt abgeführt hat, im Ausmaß der Uneinbringlichkeit zurückverlangen. Dadurch verringert sich auch die aufwandswirksame Forderungsabschreibung auf den Nettobetrag der Forderung.

Die Umsatzsteuerkorrektur ist spätestens im letzten Voranmeldungszeitraum vor Eröffnung des Insolvenzverfahrens zu berücksichtigen, da spätestens in diesem Zeitpunkt die Entgeltsänderung (Zahlungsunfähigkeit) eingetreten ist. Liegt der Eintritt der Zahlungsunfähigkeit schon länger zurück (zB zwei Monate), so hat die Umsatzsteuerkorrektur zu diesem Zeitpunkt zu erfolgen.

In Höhe der Umsatzsteuerkorrektur hat auf Seiten des Leistungsempfängers eine Vorsteuerkorrektur zu erfolgen. Im Falle des Konkurses geht die Umsatzsteuerkorrektur somit zulasten des Fiskus, da dieser bezüglich der zu korrigierenden Vorsteuer eine nicht bevorrechtete Konkursforderung hat (das Gleiche gilt im Übrigen auch für die Vorsteuerberichtigung nach § 12 Abs 10–12 UStG – vgl bzgl. Abs 10 OGH vom 27. 11. 1997, 8 Ob 2244/96z; Folge dieses Urteils ist die Möglichkeit für Umsatzsteueroption bei Grundstücksumsätzen gem § 6 Abs 2 UStG).

Eine Rechnungskorrektur durch den Leistenden ist nicht erforderlich.

Bestehen an der Einbringlichkeit der Forderung bloß Zweifel, die jedoch für die Annahme der – auch nur teilweisen – Uneinbringlichkeit (noch) nicht ausreichen, so ist umsatzsteuerlich noch keine Korrektur gem § 16 Abs 3 UStG vorzunehmen.

Auch in diesem Fall hat ertragsteuerlich nur eine Korrektur der Nettoforderung zu erfolgen, da es sonst zu einer aufwandswirksamen Umsatzsteuerberichtigung käme.

Verbuchung der Forderungsabschreibung:

Soweit es sich um eine zweifelhafte Forderung handelt, erfolgt eine indirekte Buchung. Solange die Forderung noch nicht endgültig uneinbringlich ist, bleibt sie in unveränderter Höhe ausgewiesen.

	(7)	Forderungsabschreibung
an	(2)	Einzelwertberichtigung zu Forderung

Soweit es sich um eine uneinbringliche Forderung handelt, wird die Abschreibung direkt gegen die entsprechende Forderung gebucht.

	(7)	Forderungsabschreibung
	(3)	USt
an	(2)	Forderung aus L & L

In der Bilanz ist jedenfalls der Nettowert der Forderungen auszuweisen, da Wertberichtigungen nicht bilanziert werden dürfen.

2.14.3. Beispiele

Beurteilen Sie folgende Forderungen der „Müller GmbH":

Beispiel 1:

Die „Streit AG" klagt die „Müller GmbH" am 1.4. auf Entgeltsminderung im Ausmaß von 25 % der Forderung aus der Lieferung von Büroeinrichtung. Die Forderung beträgt inkl 20 % USt 240.000,–. Nach Ansicht der „Müller GmbH" ist die Preisminderung höchstens im Ausmaß von 10 % gerechtfertigt.

Es liegt aus Sicht der „Müller GmbH" eine zweifelhafte Forderung in Höhe von 10 % vor.

*Begründung: Die Wertberichtigung ist nach dem an objektiven Kriterien zu messenden **subjektiven** Empfinden des Gläubigers vorzunehmen.*

Eine Umsatzsteuerkorrektur darf mangels feststehender Uneinbringlichkeit nicht erfolgen.

Die Nettoforderung beträgt 200.000,–.

1. 4. (indirekte Verbuchung)

	(7)	*Forderungsabschreibung*	*20.000*	
an	*(2)*	*Wertberichtigung zu Forderungen*		*20.000*

Beispiel 2:

Fortsetzung von Beispiel 1: Vier Monate später wird die „Müller GmbH" rechtskräftig zu einer Preisminderung von 20 % verurteilt.

Jetzt ist die Forderung im Ausmaß von 20 % uneinbringlich, weshalb im gleichen Ausmaß auch eine Umsatzsteuerkorrektur zu erfolgen hat.

1. 8.

	(7)	*Forderungsabschreibung*	*20.000*	
	(2)	*Wertberichtigung zu Forderungen*	*20.000*	
	(3)	*Umsatzsteuer*	*8.000*	
an	*(2)*	*Forderung aus L & L*		*48.000*

Die Umsatzsteuerkorrektur ist bei der Ermittlung der Umsatzsteuerschuld des Monats August zu berücksichtigen

Buchung der „Streit-AG":

	(3)	*Verbindlichkeit aus L & L*	*48.000*	
an	*(0)*	*Büroausstattung*		*40.000*
	(2)	*Vorsteuer*		*8.000*

Beispiel 3:

Die „Pleite GmbH" hat Verbindlichkeiten in Höhe von 300.000,– (inkl 20 % USt). Am 9. Juli erfährt die „Müller GmbH" von der Konkursverfahrenseröffnung (2. Juli) gegen die „Pleite GmbH" aufgrund Zahlungsunfähigkeit. Nach Einholung näherer Informationen befürchtet die „Müller GmbH" einen 95%igen Forderungsverlust.

Variante sofortige USt-Korrektur:

9.7.

	(7)	*Forderungsabschreibung*	*237.500*	
	(3)	*USt*	*47.500*	
an	*(2)*	*Forderung aus L & L*		*285.000*

Die Umsatzsteuerkorrektur ist für den Monat Juni vorzunehmen.

Variante USt-Korrektur bei Feststellung der Quote:

9. 7.

	(7)	*Forderungsabschreibung*	*237.500*	
an	*(2)*	*Wertberichtigung zu Forderungen*		*237.500*

Beispiel 4:

Fortsetzung von Beispiel 3: Aufgrund einer nicht erwarteten Beteiligung der „Reich AG" an der „Pleite GmbH" wird am 20. 8. eine Ausgleichsquote von 50 % vereinbart.

Variante sofortige USt-Korrektur:

20. 8.

	(2)	*Forderung aus L & L*	*135.000*	
an	*(4)*	*übrige betriebliche Erträge aus Zuschreibung zu Forderung aus L & L*		*112.500*
	(3)	*USt*		*22.500*

Variante USt-Korrektur bei Feststellung der Quote:

20. 8.

	(2)	*Wertberichtigung zu Forderungen*	*237.500*	
	(3)	*USt*	*25.000*	
an	*(4)*	*übrige betriebliche Erträge aus Zuschreibung zu Forderung aus L & L*		*112.500*
	(2)	*Forderung aus L & L*		*150.000*

2.15. Die Abtretung (Zession) von Forderungen (Factoring)

Die Forderungsabtretung gibt es in zwei grundsätzlichen Ausprägungen, dem echten und dem unechten Factoring.

2.15.1. Echtes Factoring

Unter dem echten Factoring versteht man nach vielfacher Ansicht jenen Fall, in dem der Factor (das ist der Übernehmer der Forderung) neben der Finanzierungs- und Dienstleistungsfunktion auch das Ausfallsrisiko aus der Forderung übernimmt. Aus Sicht der beteiligten Parteien liegt somit ein Forderungsverkauf vor. Die Forderung geht wirtschaftlich auf den Factor über, der bisherige Forderungsinhaber hat die Forderung in seinem Rechenwerk auszubuchen. Die Finanzierungsfunktion des Factorings besteht darin, dass der Factor dem Forderungsverkäufer den Betrag der offenen Forderung, abzüglich Diskontzinsen idR. unmittelbar nach Abschluss des Forderungsabtretungsvertrages überweist. Die Dienstleistungsfunktion besteht insbesondere in der weiteren Betreuung der offenen Forderung durch den Factor, dh er ist als Käufer verantwortlich für die Debitorenbuchhaltung, Mahnwesen und Inkasso. Auch für diese Leistungen kann ein Abschlag auf den Forderungsnennbetrag vorgenommen werden. Letztlich schlägt sich auch das Risiko der Forderungseinbringlichkeit im Kaufpreis der Forderung nieder. Einzig die Haftung für die Richtigkeit des der Forderung zugrunde liegenden Rechtsgeschäfts verbleibt regelmäßig beim Factoring-Kunden.

Umsatzsteuerlich ist das echte Factoring ebenfalls als Forderungsverkauf zu behandeln, dh als eigenständiges Geschäft neben dem der Forderung zugrunde liegenden Grundgeschäft. Dies hat für das Grundgeschäft zur Folge, dass das vereinbarte Entgelt auch weiterhin Bemessungsgrundlage für die Umsatzsteuer bleibt, eine Entgeltsminderung daher bei geringerem Forderungskaufpreis durch den Factor nicht vorliegt. Der Forderungsverkauf selbst ist unecht umsatzsteuerbefreit gem § 6 Abs 1 Z 8 lit c UStG. Diese Befreiung gilt allerdings seit dem EuGH-Urteil vom 26. 6. 2003, Rs C-305/01 (wenn überhaupt) nur für den Verkauf der eigentlichen Forderung, nicht aber für alle sonstigen Leistungen des Factors. Die eigentlichen Leistungen des Factors (Finanzierung, Dienstleistung und Risikoübernahme) stellen umsatzsteuerpflichtige Leistungen dar, wobei vom EuGH als wesentliche Leistung die Einziehung der Forderung angesehen wird. Daraus wird abgeleitet, dass die gesamten Leistungen des Factors inklusive der Finanzierungsleistung umsatzsteuerpflichtig sind, umgekehrt aber auch dem Forderungsverkäufer für diese Leistungen uneingeschränkt der Vorsteuerabzug zusteht.

Wird der Schuldner aus dem zugrunde liegenden Grundgeschäft von der Forderungsabtretung informiert, so kann dieser schuldbefreiend nur noch an den Factor leisten (offene Zession). Wird eine solche Information unterlassen (stille Zession), so kann der Schuldner sowohl an den als Inkassant auftretenden Factor als auch an den Factoring-Kunden mit schuldbefreiender Wirkung leisten. Im letzteren Fall muss dann der Factoring-Kunde den erhaltenen Betrag an den Factor herausgeben.

2.15.2. Unechtes Factoring

Beim unechten Factoring übernimmt der Factor nicht das Risiko der Einbringlichkeit der Forderung, sondern in der Regel die Finanzierungsfunktion und Dienstleistungsfunktion. Aufgrund der mangelnden Übernahme des Ausfallsrisikos sieht man vielfach im unechten Factoring keinen

Forderungsverkauf, sondern vielmehr eine Darlehensgewährung (Finanzierungsfunktion), wobei zur Sicherung des Darlehens die Forderung an den Factor abgetreten wird (sog Sicherungszession). Diese Auffassung ist aber nicht unumstritten, da die Nicht-Übernahme des Ausfallsrisikos als solches noch nicht zwingend den Übergang des wirtschaftlichen Eigentums verhindert. Folgt man der Ansicht, dass kein Forderungsverkauf vorliegt, sondern ein Darlehen, ist die Forderung weiterhin im Rechnungswesen des Factoring-Kunden auszuweisen. Es hat aber, soll die Sicherungszession wirksam sein, ein Vermerk der Zession auf dem Kundenkonto, aber auch auf der Offenen-Posten-Liste zu erfolgen. Übernimmt der Factor die weitere Betreuung der Forderung, insbesondere Mahnwesen und Inkasso, so erbringt er eine über die Finanzierung hinausgehende, eigenständige Dienstleistung.

Umsatzsteuerlich unterscheidet sich das unechte Factoring seit dem oben genannten EuGH-Urteil nicht mehr vom echten. Da kein Forderungsverkauf vorliegt, ist zwar der Tatbestand des § 6 Abs 1 Z 8 lit c UStG nicht erfüllt. Es liegt demgegenüber aber eine Darlehensgewährung vor, die gem § 6 Abs 1 Z 8 lit a UStG unecht umsatzsteuerbefreit ist. Sollte der Factor daneben noch Dienstleistungen erbringen, wie insbesondere Mahnwesen und Inkasso, so sind dies von der Kreditgewährung unabhängige (Haupt-)Leistungen, die als solche daher nicht unter die Befreiung des § 6 Abs 1 Z 8 lit a UStG fallen. Die für diese Leistungen in Rechnung gestellten Beträge (bzw in Abzug gebrachten Beträge im Rahmen der Kreditgewährung) sind daher ebenso wie beim echten Factoring umsatzsteuerpflichtig (ausdrücklich normiert für das Inkasso in § 6 Abs 1 Z 8 lit c UStG), wobei auch hier, im Licht der EuGH-Rechtsprechung, die gesamte Leistung des Factors (Kreditgewährung und Dienstleistung) umsatzsteuerpflichtig ist. Mangels Forderungsverkauf kann sich schon aus diesem Grund keine Änderung in der Umsatzsteuerbemessungsgrundlage aus dem Grundgeschäft beim Factoring-Kunden ergeben.

2.15.3. Beispiele

Beispiel 1:

Die „Müller GmbH“ besitzt eine Forderung in Höhe von 120.000,– (inkl 20 % USt) gegenüber der „Huber KG“. Da diese Forderung erst in drei Monaten fällig ist, zediert sie die Forderung am 22. 5. an die „Factor GmbH“. Diese bezahlt für die Forderung 108.000,–. Die Differenz teilt sich in Diskontzinsen in Höhe von 3.000,–, Kosten der Forderungsverwaltung von 2.000,– und einen Abschlag für die Übernahme des Ausfallsrisikos in Höhe von 5.000,– sowie die auf diese Leistungen einheitlich entfallende Umsatzsteuer in Höhe von 20 % (= 2.000).

Die Huber KG zahlt die Forderung am 22. 8. an die

a) „Müller GmbH“ (stille Zession); diese überweist das Geld am 23. 8. der „Factor GmbH“;

b) „Factor GmbH“ (offene Zession).

Buchungen „Müller GmbH“:

22.5.

	(2)	*Zahlungsmittelkonto*	*108.000*	
	(8)	*Diskontzinsen*	*3.000*	
	(7)	*sonstiger Aufwand*	*7.000*	
	(2)	*Vorsteuer*	*2.000*	
an	*(2)*	*Forderung aus L & L*		*120.000*

Anmerkung: Es liegt ein echtes Factoring vor, da auch das Ausfallsrisiko der Forderung vom Factor übernommen wird. Dementsprechend ist die Forderung beim Factoring-Kunden auszubuchen.

Variante a)

22. 8.

	(2)	*Zahlungsmittelkonto*	*120.000*	
an	*(3)*	*sonstige Verbindlichkeit*		*120.000*

23. 8.

	(3)	*sonstige Verbindlichkeit*	*120.000*	
an	*(2)*	*Zahlungsmittelkonto*		*120.000*

Variante b)

Keine weitere Buchung erforderlich.

Buchungen der „Factor GmbH":

22. 5.

	(2)	*Forderung aus Factoring*	*120.000*	
an	*(8)*	*Diskontzinsenertrag*		*3.000*
	(4)	*sonstiger Ertrag*		*7.000*
	(3)	*USt*		*2.000*
	(2)	*Zahlungsmittelkonto*		*108.000*

Variante a)

23. 8.

	(2)	*Zahlungsmittelkonto*	*120.000*	
an	*(2)*	*Forderung aus Factoring*		*120.000*

Variante b)

22. 8.

	(2)	*Zahlungsmittelkonto*	*120.000*	
an	*(2)*	*Forderung aus Factoring*		*120.000*

Buchung der „Huber KG":

22. 8.

	(3)	*Verbindlichkeit aus L & L*	*120.000*	
an	*(2)*	*Zahlungsmittelkonto*		*120.000*

Beispiel 2:

Variante zu Beispiel 1:

Die „Huber KG" kommt in Zahlungsschwierigkeiten und einigt sich mit der „Factor GmbH", lediglich 80.000,– zu leisten. Die Bezahlung erfolgt am 1. 10. Der Rest des offenen Betrages wird als uneinbringlich abgeschrieben.

Buchungen der „Müller GmbH“:

22. 5.

	(2)	*Zahlungsmittelkonto*	*108.000*	
	(8)	*Diskontzinsen*	*3.000*	
	(7)	*sonstiger Aufwand*	*7.000*	
	(2)	*Vorsteuer*	*2.000*	
an	*(2)*	*Forderung aus L & L*		*120.000*

1. 10.

	(3)	*USt*	*6.667*	
an	*(4)*	*sonstiger betrieblicher Ertrag*		*6.667*

Buchungen „Factor GmbH“:

22. 5.

	(2)	*Forderung aus Factoring*	*120.000*	
an	*(8)*	*Diskontzinsenertrag*		*3.000*
	(4)	*sonstiger Ertrag*		*7.000*
	(3)	*USt*		*2.000*
	(2)	*Zahlungsmittelkonto*		*108.000*

1. 10.

	(2)	*Zahlungsmittelkonto*	*80.000*	
	(7)	*Forderungsabschreibung*	*40.000*	
an	*(2)*	*Forderung aus Factoring*		*120.000*

Buchungen „Huber KG“:

1. 10.

	(3)	*Verbindlichkeit aus L & L*	*120.000*	
an	*(2)*	*Vorsteuer*		*6.667*
	(4)	*sonstige Erträge*		*33.333*
	(2)	*Zahlungsmittelkonto*		*80.000*

Anmerkung: Da das Entgelt für das Grundgeschäft letztlich netto nur 66.667,– beträgt, ist auch nur dieser Betrag der Umsatzsteuer zu unterziehen. Bei der „Huber KG“ hat dementsprechend eine Vorsteuerkorrektur zu erfolgen; die entsprechende Umsatzsteuerkorrektur erfolgt beim Partner des Grundgeschäfts, der „Müller GmbH“. Da die Nettoschuld der „Huber KG“ sich auf 66.667,– reduziert hat, ist die Differenz auf den Schuldbetrag von netto 100.000,– erfolgswirksam auszubuchen.

Beispiel 3:

Die „Müller GmbH“ besitzt eine Forderung in Höhe von 120.000,– (inkl 20 % USt) gegenüber der „Huber KG“. Da diese Forderung erst in drei Monaten fällig ist, zediert sie die Forderung am 22.5. an die „Factor GmbH“. Diese bezahlt für die Forderung 115.000,–. Die Differenz teilt sich in Dis-

kontzinsen in Höhe von 3.000,– sowie in Höhe des restlichen Betrages in Kosten der Forderungsverwaltung (Verwaltung, Inkasso inkl USt). Das Ausfallsrisiko wird allerdings nicht übernommen. Die Huber KG zahlt die Forderung am 22.8. an die „Factor GmbH" (Inkassant).

Buchungen der „Müller GmbH":

22. 5.

	(2)	Zahlungsmittelkonto	115.000	
	(8)	Diskontzinsen	3.000	
	(7)	sonstiger Aufwand	1.667	
	(2)	Vorsteuer	333	
an	(3)	sonstige Verbindlichkeit		120.000

Anmerkung: Im vorliegenden Fall handelt es sich um ein unechtes Factoring, da die „Factor GmbH" kein Ausfallsrisiko übernimmt. Dementsprechend handelt es sich bei dem Auszahlungsbetrag nach verbreiteter Ansicht um ein der „Müller GmbH" gewährtes Darlehen, das als sonstige Verbindlichkeit bzw wenn die „Factor GmbH" eine Bank ist, als Verbindlichkeit gegenüber Kreditinstituten auszuweisen ist. Bei den Dienstleistungen des Factors handelt es sich um selbständige und dementsprechend umsatzsteuerpflichtige Leistungen, wobei hier die Lösung dargestellt wird, wenn Kreditgewährung und sonstige Dienstleistung umsatzsteuerlich als zwei Hauptleistungen behandelt werden. Sollte demgegenüber die Leistung des Factors als einheitliche beurteilt werden, würde der Diskontzinsenbetrag von 3.000,– ebenfalls umsatzsteuerpflichtig werden, sodass sich der Auszahlungsbetrag um 600,– vermindern, die Vorsteuer um diesen Betrag erhöhen würde:

	(2)	Zahlungsmittelkonto	114.400	
	(8)	Diskontzinsen	3.000	
	(7)	sonstiger Aufwand	1.667	
	(2)	Vorsteuer	933	
an	(3)	sonstige Verbindlichkeit		120.000

22. 8.

	(3)	sonstige Verbindlichkeit	120.000	
an	(3)	Forderung aus L & L		120.000

Mit der Überweisung des offenen Betrages erlischt die Schuld der „Müller GmbH" gegenüber dem Factor.

Buchungen der „Factor GmbH":

22. 5.

	(2)	Darlehensforderung	120.000	
an	(8)	Diskontzinsenertrag		3.000
	(4)	sonstiger Ertrag		1.667
	(3)	USt		333
	(2)	Zahlungsmittelkonto		115.000

bzw

	(2)	Darlehensforderung	120.000	
an	(8)	Diskontzinsenertrag		3.000
	(4)	sonstiger Ertrag		1.667
	(3)	USt		933
	(2)	Zahlungsmittelkonto		114.400

22. 8.

	(2)	Zahlungsmittelkonto	120.000	
an	(2)	Darlehensforderung		120.000

Buchung der „Huber KG":

22. 8.

	(3)	Verbindlichkeit aus L & L	120.000	
an	(2)	Zahlungsmittelkonto		120.00

Beispiel 4:

Variante zu Beispiel 3:

Die „Huber KG" kommt in Zahlungsschwierigkeiten und einigt sich mit der „Müller GmbH", lediglich 80.000,– zu leisten. Die Bezahlung erfolgt am 22. 10. direkt an die „Factor GmbH". Der Rest des offenen Betrages wird als uneinbringlich abgeschrieben. Die „Factor GmbH" stundet der „Müller GmbH" die Begleichung der offenen Darlehensforderung von 115.000,– gegen Verzugszinsen in Höhe von 10 % pa Die offene Darlehensforderung wird von der „Müller GmbH" ebenfalls am 22. 10. beglichen. Buchungen der „Müller GmbH":

22. 5.

	(2)	Zahlungsmittelkonto	115.000	
	(8)	Diskontzinsen	3.000	
	(7)	sonstiger Aufwand	1.667	
	(2)	Vorsteuer	333	
an	(3)	sonstige Verbindlichkeit		120.000

bzw

	(2)	Zahlungsmittelkonto	114.400	
	(8)	Diskontzinsen	3.000	
	(7)	sonstiger Aufwand	1.667	
	(2)	Vorsteuer	933	
an	(3)	sonstige Verbindlichkeit		120.000

22. 10.

	(3)	sonstige Verbindlichkeit	120.000	
	(7)	Forderungsabschreibung	33.333	
	(3)	USt	6.667	
	(8)	Verzugszinsen	2.000	
an	(2)	Forderung aus L & L		120.000
	(2)	Zahlungsmittelkonto		42.000

Ermittlung Verzugszinsen:

offener Betrag ab 22. 8.: 120.000

davon 10 % Verzugszinsen pa für 2 Monate = 2.000

Buchungen „Factor GmbH“:

22. 5.

	(2)	Darlehensforderung	120.000	
an	(8)	Diskontzinsenertrag		3.000
	(4)	sonstiger Ertrag		1.667
	(3)	USt		333
	(2)	Zahlungsmittelkonto		115.000

bzw

	(2)	Darlehensforderung	120.000	
an	(8)	Diskontzinsenertrag		3.000
	(4)	sonstiger Ertrag		1.667
	(3)	USt		933
	(2)	Zahlungsmittelkonto		114.400

22. 10.

	(2)	Zahlungsmittelkonto	80.000	
an	(2)	Darlehensforderung		80.000

	(2)	Zahlungsmittelkonto	42.000	
an	(2)	Darlehensforderung		40.000
	(8)	Verzugszinsenertrag		2.000

Buchungen „Huber KG“:

22. 10.

	(3)	Verbindlichkeit aus L & L	120.000	
an	(2)	Vorsteuer		6.667
	(4)	sonstige Erträge		33.333
	(2)	Zahlungsmittelkonto		80.000

2.16. Die Verbuchung von Veränderungen im Anlagevermögen

2.16.1. Anschaffung, Herstellung, Instandsetzung, Instandhaltung

Für die Anschaffung von Anlagevermögen gelten die gleichen Grundsätze wie für die Anschaffung von Vorräten.

Die Anschaffungskosten sind daher nach dem Schema zu ermitteln:

	Anschaffungspreis
+	Anschaffungsnebenkosten
+	nachträgliche Anschaffungskosten
–	Anschaffungspreisminderungen
=	Anschaffungskosten

Die Anschaffungskosten sind auf dem entsprechenden Anlagekonto zu aktivieren. Mit der Anschaffung in Zusammenhang stehende Fremdkapitalzinsen dürfen grundsätzlich nicht aktiviert werden.

Neben den von außen angeschafften Vermögensgegenständen sind auch selbst hergestellte Vermögensgegenstände grundsätzlich zu aktivieren. Unter Herstellungskosten versteht man die Aufwendungen, die für die Herstellung, Erweiterung oder über den ursprünglichen Zustand hinausgehende wesentliche Verbesserung entstehen. Eine Herstellung liegt dabei vor, wenn ein nach der Verkehrsauffassung neuer Vermögensgegenstand entsteht, der von der ursprünglichen Verkehrsgängigkeit abweicht. Erweiterung bedeutet eine Substanzmehrung eines bereits vorhandenen Vermögensgegenstandes, ohne die bisherige Nutzung zu ändern. Ein Beispiel für eine Erweiterung stellen Gebäudean- bzw -ausbauten dar. Eine wesentliche Verbesserung liegt vor, wenn durch quantitative oder qualitative Maßnahmen das Nutzungspotenzial bzw das Wesen des Vermögensgegenstandes verbessert wird. Ein Beispiel dafür ist der nachträgliche Einbau einer Zentralheizung, der Einbau von Lärmschutzvorrichtungen uÄ.

Bei all diesen Aufwendungen ist jedoch stets auf die Abgrenzung zu den Erhaltungsaufwendungen zu achten. Soweit nämlich Maßnahmen nur der Wiederherstellung der ursprünglichen Nutzungsmöglichkeit dienen, ohne eine Erweiterung oder wesentliche Verbesserung darzustellen, liegt ein nicht aktivierungsfähiger Instandhaltungsaufwand bzw Instandsetzungsaufwand vor. Von Instandhaltung wird bei laufenden bzw unwesentlichen Aufwendungen gesprochen. Der Begriff Instandsetzung impliziert demgegenüber größere, in ihrer Häufigkeit eher seltenere, dafür umfangsmäßig wesentlichere Aufwendungen. Dabei spielt es keine Rolle, dass im Zuge der Erhaltungsarbeiten langlebigere oder qualitativ bessere Produkte verwendet werden. So stellt die Reparatur eines schadhaften Daches auch Erhaltungsaufwand dar, wenn statt des alten Schindeldaches ein Leichtmetalldach ohne Änderung des Dachstuhls und der tragenden Mauern erfolgt. Sollten in diesem Zusammenhang jedoch zusätzliche Stützmauern erforderlich sein, so liegt ein besonderes Abgrenzungsproblem vor: nämlich die Trennung von in einer baulichen Maßnahme anfallenden Erhaltungs- und Herstellungsaufwendungen.

Die Abgrenzung zwischen den beiden Aufwendungstypen erfolgt nach dem Kriterium, ob der Erhaltungsaufwand auch ohne die zusätzliche Herstellung erforderlich gewesen wäre und eine Trennung eindeutig möglich ist. Im obigen Beispiel wäre die Reparatur des Daches jedenfalls erforderlich gewesen, sodass der Aufwand des Neudeckens einen sofort aufwandswirksamen Erhaltungsaufwand darstellt. Die Herstellung der zusätzlichen Stützmauern ist hingegen ein davon trennbarer aktivierungspflichtiger Herstellungsaufwand.

Erhaltungsaufwendungen, die durch die Herstellung notwendig werden bzw davon nicht zu trennen sind, sind hingegen mit den Herstellungskosten zu aktivieren.

Die Unterscheidung des Erhaltungsaufwands in Instandhaltung und Instandsetzung ist unternehmensrechtlich nicht weiter bedeutsam. Beide Aufwendungen sind im Jahr ihres Anfalles voll abzugsfähig. Im Steuerrecht ist die Unterscheidung hingegen für die fünfzehnjährige (bis 2016 zehnjährige) Verteilungspflicht von Instandsetzungsaufwendungen für vermietete, dem Wohnzweck dienende Gebäude erforderlich (vgl § 4 Abs 7 und § 28 Abs 2 EStG). Als Instandsetzungskosten gelten dabei jene Aufwendungen, die keine Herstellungskosten sind, allerdings allein oder zusammen mit einem Herstellungsaufwand den Nutzungswert des Gebäudes wesentlich erhöhen oder seine Nutzungsdauer wesentlich verlängern.

Soweit ein Aufwand allerdings Herstellungsaufwand darstellt, ist er aktivierungspflichtig. Damit kommt es zu einer Neutralisierung der mit der Herstellung angefallenen Aufwendungen. Seit dem RÄG 2014 sind auch angemessene (fixe und variable) Teile der Material- und Fertigungsgemeinkosten zwingend zu aktivieren. Die aktivierungspflichtigen Herstellungsaufwendungen umfassen daher gemäß § 203 Abs 3 UGB:

	Materialeinzelkosten
+	Fertigungseinzelkosten
+	Sondereinzelkosten der Fertigung
+	angemessene Teile der Materialgemeinkosten
+	angemessene Teile der Fertigungsgemeinkosten
=	aktivierungspflichtige Herstellungsaufwendungen
	Zusätzlich dürfen aktiviert werden:
+	Sozialaufwendungen des Betriebs
+	Fremdkapitalzinsen für die Herstellung, soweit sie auf den Zeitraum der Herstellung entfallen
=	aktivierungsfähige Herstellungsaufwendungen

Unter den Materialeinzelkosten sind die verwendeten Rohstoffe sowie sonstige verwendete Vermögensgegenstände wie insbesondere Waren sowie Halb- und Fertigerzeugnisse (Fremdbauteile) zu verstehen. Ebenso gehören hierzu Aufwendungen aus Lohnveredelung durch Dritte.

Die Fertigungseinzelkosten umfassen die Löhne und Gehälter der mit der Fertigung befassten Mitarbeiter.

Sonderkosten der Fertigung sind zB eigens angefertigte Modelle, Spezialwerkzeuge und der für diese Fertigung angefallene Forschungs- und Planungsaufwand sowie Reisekosten und ähnliche Aufwendungen zur Auftragserlangung.

Die Materialgemeinkosten sind die über einen Zurechnungsschlüssel zugeteilten Kosten der Lagerverwaltung, des Einkaufs und der Warenübernahme und -prüfung zu verstehen.

Die Fertigungsgemeinkosten umfassen insbesondere die über einen Zurechnungsschlüssel zugeteilten Raum- und Energiekosten inklusive Grundsteuer, Abschreibungen auf die Fertigungsanlagen, Reparaturaufwendungen im Fertigungsbereich, aber auch alle jene Löhne und Gehälter, die mittelbar mit der Fertigung in Zusammenhang stehen (Fertigungsvorbereitung, Kontrolle der Fertigung, Nachbereitung der Anlagen).

Zu den Sozialaufwendungen zählen die betrieblichen Sozialeinrichtungen, freiwillige soziale Leistungen, Aufwendungen für die betriebliche Altersversorgung sowie Abfertigungen.

Nicht aktiviert werden dürfen die über den Zeitraum der Herstellung hinaus anfallenden Fremdkapitalzinsen sowie die Aufwendungen der allgemeinen Verwaltung und des Vertriebes. Der Zeitraum der Herstellung reicht vom Beginn der Vorbereitungsarbeiten, zB der Planung, bis zur Fertigstellung des Vermögensgegenstandes.

Die Aktivierung erfolgt auf dem Konto „Aktivierte Eigenleistung".

2.16.2. Die Verbuchung von Zu- und Abgängen

Anschaffungen:

Im Anschaffungszeitpunkt, das ist der Zeitpunkt des Erlangens des wirtschaftlichen Eigentums, hat die Aktivierung zu erfolgen.

Verbuchung des Zugangs:

	(0)	Anlagegegenstand
	(2)	Vorsteuer
an	(2)	Zahlungsmittelkonto bzw (3) Verbindlichkeit aus L & L

Herstellungen:

Die Aufwendungen werden laufend auf den entsprechenden Aufwandskonten (Materialaufwand, Personalaufwand ua) erfasst.

Soweit die Herstellung zur Gänze innerhalb eines Geschäftsjahres erfolgt, erfolgt die Aufwandsneutralisierung mittels folgender Buchung:

	(0)	Anlagegegenstand
an	(4)	Aktivierte Eigenleistung

Soweit sich die Herstellung über mehrere Geschäftsjahre verteilt, ist zur periodenrichtigen Erfolgsermittlung jährlich eine Aufwandsneutralisierung durchzuführen.

Buchung im Jahr des Herstellungsbeginns:

	(0)	Anlagen in Bau
an	(4)	Aktivierte Eigenleistung

Buchungen im Jahr der Fertigstellung:

	(0)	Anlagen in Bau
an	(4)	Aktivierte Eigenleistung

anschließend erfolgt die Umbuchung auf das eigentliche Anlagekonto:

	(0)	Anlagegegenstand
an	(0)	Anlagen in Bau

Die weitere buchmäßige Behandlung ist für angeschaffte und hergestellte abnutzbare Anlagegegenstände die gleiche:

Während der Nutzung des Anlagegegenstandes erfolgt die planmäßige Abschreibung:

	(7)	pAvA
an	(0)	kumulierte Abschreibung

Im Zeitpunkt des Abgangs erfolgt bei Veräußerung des Gegenstandes folgende Buchung:

	(2)	Zahlungsmittelkonto
an	(4)	Erlöse aus Anlagenveräußerung
	(3)	USt

Sollte anstelle des Veräußerungserlöses eine Versicherungsentschädigung wegen Untergangs des Gegenstandes treten, erfolgt folgende Buchung:

	(2)	Zahlungsmittelkonto
an	(4)	Versicherungsentschädigung für Anlagenuntergang

Am Jahresende erfolgen folgende Buchungen:

	(7)	pAvA (bzw zusätzlich (7) apAvA)
an	(0)	kumulierte Abschreibung
	(0)	kumulierte Abschreibung
an	(0)	Anlagegegenstand
	(7)	Buchwert abgegangener Anlagen
an	(0)	Anlagegegenstand

Sollte sich aus dem Vermögensabgang ein Gewinn ergeben, dh ist der Erlös höher als der Buchwertabgang, so stellt dies einen Ertrag aus dem Abgang von Anlagevermögen dar. In diesem Fall sind die Konten gegen das GuV-Konto „Ertrag aus Abgang von Anlagevermögen" abzuschließen. Sollte sich ein Verlust aus dem Vermögensabgang ergeben, so sind die Konten gegen das GuV-Konto „sonstiger betrieblicher Aufwand" abzuschließen.

2.16.3. Beispiele

Beispiel 1:

Die Kaiser-AG erwirbt am 2. 6. X0 eine Lackiermaschine (Nutzungsdauer 6 Jahre) im Wert von 250.000,–. Die Lieferung und Rechnungslegung erfolgt am 7. 6. Die Transportkosten in Höhe von 15.000,– werden der Kaiser-AG gesondert in Rechnung gestellt. Die Bezahlung der Maschine erfolgt am 10. 6. unter Inanspruchnahme von 2 % Skonto. Die Kosten des Transports werden bei Rechnungslegung am 20. 6. beglichen.

Die Montage der Maschine erfolgt am 12. und 13. 6. durch das eigene Werkstättenpersonal. Dabei fallen folgende Kosten an:

5 Fertigungsstunden zu je 625,–

Fertigungsstundenzuschlagssatz: 60 %

Die Inbetriebnahme der Maschine soll am 15. 6. erfolgen. Einen Tag vor Inbetriebnahme stellt sich heraus, dass notwendige elektrotechnische Installationen nicht durchgeführt wurden. Die Kosten dieser Installationen belaufen sich auf 50.000,–, die Rechnung wird am 5. 7. zugestellt und noch am selben Tag unbar beglichen. Die tatsächliche Inbetriebnahme erfolgt am 4. 7. Die planmäßige Abschreibung beträgt jährlich 62.500,–.

Die Geruchsbelästigung durch diese Maschine ist so stark, dass sich das Unternehmen im August X0 veranlasst sieht, für diese Maschine eine eigene Entlüftungsanlage um 60.000,– anzuschaffen. Die Lieferung und Montage erfolgt am 1. 9.

Sämtliche Angaben exkl 20 % USt.

Aufgabe: Ermitteln Sie die Anschaffungskosten der Maschine und verbuchen Sie die einzelnen Geschäftsfälle. Verbuchen Sie die Abschreibung und ermitteln Sie den Buchwert zum Bilanzstichtag 31. 12. X0.

7. 6.

	(0)	Maschine	245.000	
	(2)	Vorsteuer	50.000	
	(8)	nicht ausgenützte Lieferantenskonti	5.000	
an	(3)	Verbindlichkeit aus L & L		300.000

10. 6.

	(3)	Verbindlichkeit aus L & L	300.000	
an	(2)	Bank		294.000
	(2)	Vorsteuer		1.000
	(8)	nicht ausgenützte Lieferantenskonti		5.000

13. 6.

	(0)	Maschine	5.000	
an	(4)	aktivierte Eigenleistung		5.000

Anmerkung:

Kalkulation:

Fertigungseinzelkosten	3.125
Fertigungsgemeinkostenzuschlag	1.875
Aufwendungen	5.000

Es handelt sich hierbei um Anschaffungsnebenkosten (einzeln dem Anschaffungsvorgang zurechenbare Aufwendungen in der Art von Herstellungskosten). Sollte keine Zeitaufzeichnung erfolgen, wäre die Aktivierung nicht möglich, da dann kein dem Vermögensgegenstand einzeln zurechenbarer Aufwand vorliegen würde.

Hinweis:

Bei Anschaffungsvorgängen sind grundsätzlich nur die Einzelkosten zu aktivieren, da aber eine genaue Zeitaufzeichnung erfolgte, können die Fertigungsgemeinkosten (im Ausmaß des Montagezeitraumes von fünf Stunden) als „Quasi-Einzelkosten" – direkt der Maschine zurechenbar – betrachtet werden und sind im vorliegenden Fall ebenfalls zu aktivieren.

20. 6.

	(0)	*Maschine*	*15.000*	
	(2)	*Vorsteuer*	*3.000*	
an	*(2)*	*Bank*		*18.000*

5. 7.

	(0)	*Maschine*	*50.000*	
	(2)	*Vorsteuer*	*10.000*	
an	*(2)*	*Bank*		*60.000*

1. 9.

	(0)	*Maschine*	*60.000*	
	(2)	*Vorsteuer*	*12.000*	
an	*(3)*	*Verbindlichkeit aus L & L*		*72.000*

Anschaffungskosten:

Anschaffungspreis (exklusive Skonto)	*245.000*
Anschaffungsnebenkosten (Transport)	*15.000*
Anschaffungsnebenkosten (Montage)	*5.000*
Anschaffungsnebenkosten (Installation)	*50.000*
nachträgliche Anschaffungskosten (Entlüftung)	*60.000*
Anschaffungskosten	*375.000*

31. 12.

	(7)	*pAvA*	*31.250*	
an	*(0)*	*kumulierte Abschreibung (Maschine)*		*31.250*

Anmerkung: Es ist nur die Halbjahresabschreibung möglich, da die Inbetriebnahme erst im Juli erfolgte.

Der Buchwert zum 31. 12. X0 beträgt 343.750,–.

Beispiel 2:

Der Buchwert der oben genannten Maschine beträgt zum 1. 1. X3 218.750,–. Am 20. 9. X3 wird die Maschine um

a) 160.000,–

b) 125.000,– verkauft.

Die planmäßige Abschreibung für X3 beträgt 62.500,–. Legen Sie der Berechnung Anschaffungskosten in Höhe von 375.000,– zugrunde.

Alle Angaben ohne 20 % USt.

Aufgabe: Verbuchen Sie das Veräußerungsgeschäft und den Abgang der Maschine.

Variante a)

20. 9.

	(2)	*sonstige Forderung*	*192.000*	
an	*(4)*	*Erlöse aus Anlagenveräußerung*		*160.000*
	(3)	*USt*		*32.000*

31. 12.

	(7)	*pAvA*	*62.500*	
an	*(0)*	*kumulierte Abschreibung (Maschine)*		*62.500*

	(0)	*kumulierte Abschreibung (Maschine)*	*218.750*	
an	*(0)*	*Maschine*		*218.750*

Anmerkung: Da der Buchwert am 1. 1. X3 218.750,– betrug, muss auf dem Konto „kumulierte Abschreibung" zu diesem Zeitpunkt die Differenz auf die Anschaffungskosten in Höhe von 156.250,– ausgewiesen sein. Durch die Abschreibung X3 in Höhe von 62.500,– weist das Konto „kumulierte Abschreibung" am 31. 12. einen Stand von 218.750,– aus. Demgemäß beträgt der Restbuchwert der abgegangenen Maschine 156.250,–.

	(7)	*Buchwert abgegangener Anlagen*	*156.250*	
an	*(0)*	*Maschine*		*156.250*

Durch den Anlagenverkauf entsteht per Saldo ein Gewinn von 3.750,– (Erlös abzüglich Buchwertabgang).

Variante b)

20. 9.

	(2)	*sonstige Forderung*	*150.000*	
an	*(4)*	*Erlöse aus Anlagenveräußerung*		*125.000*
	(3)	*USt*		*25.000*

31. 12.

	(7)	*pAvA*	*62.500*	
an	*(0)*	*kumulierte Abschreibung (Maschine)*		*62.500*

	(0)	*kumulierte Abschreibung (Maschine)*	*218.750*	
an	*(0)*	*Maschine*		*218.750*

	(7)	*Buchwert abgegangener Anlagen*	*156.250*	
an	*(0)*	*Maschine*		*156.250*

Durch den Anlagenverkauf entsteht per Saldo ein Verlust von 31.250,–.

Beispiel 3:

Das Bürogebäude der Kaiser-AG muss umgebaut werden. Dabei werden folgende Tätigkeiten durchgeführt:

- *Es wird ein Anbau vorgenommen. Die Herstellungskosten belaufen sich auf 2.000.000,–.*
- *Im Zuge des Anbaus wird auch das seit einem Jahr schadhafte Dach des bereits bestehenden Gebäudes neu gedeckt. Die Kosten in Höhe von 250.000,– sind in den Herstellungskosten für den Gebäudeanbau enthalten.*
- *Im bereits bestehenden Teil des Gebäudes lässt die Kaiser AG die alten Holzfenster gegen neue Lärm- und Kälteschutzfenster auswechseln. Die Kosten dafür betragen 400.000,–.*

Die Arbeiten am Gebäude werden einheitlich am 30.10.X1 beendet. Die Umsatzsteuer beträgt 20 %.

Aufgabe: Verbuchen Sie die genannten Geschäftsfälle.

30. 10.

	(0)	*Bürogebäude*	*1.750.000*	
an	*(4)*	*aktivierte Eigenleistung*		*1.750.000*

	(7)	*Instandhaltung durch Dritte*	*400.000*	
	(2)	*Vorsteuer*	*80.000*	
an	*(3)*	*Verbindlichkeit aus L & L*		*480.000*

Anmerkung: Die Reparatur des Daches stellt einen Erhaltungsaufwand dar, der sofort im Jahr der Aufwandsentstehung als Aufwand geltend gemacht werden kann. Da der Erhaltungsaufwand der Dachrenovierung laufend gebucht wurde, ist eine eigene Aufwandsbuchung nicht mehr erforderlich. Auch der Austausch der alten Fenster stellt einen Erhaltungsaufwand dar, der sofort im Jahr der Durchführung abgeschrieben werden kann.

Beispiel 4 (Variante zu Beispiel 3):

Bei dem Gebäude handelt es sich um ein Mietwohnhaus für Personen, die nicht Arbeitnehmer der Kaiser-AG sind.

Lösung: Unternehmensrechtlich erfolgt keine Änderung. Steuerlich liegt ein Instandsetzungsaufwand nach § 4 Abs 7 EStG vor, weshalb der Aufwand gleichmäßig über fünfzehn Jahre zu verteilen ist.

X1:

Mehr-Weniger-Rechnung + 606.667,– (14/15 von 650.000,–)

Anmerkung: dem unternehmensrechtlichen Aufwand von 650.000,– entspricht für dieses Jahr ein steuerlicher Aufwand von lediglich 43.333,–. In Höhe der Differenz ist der steuerliche Gewinn mittels MWR von + 606.667,– zu erhöhen.

Ab dem Jahr X2 verringert sich der steuerliche Gewinn um je 43.333,–. Die letzte MWR aus diesem Geschäftsfall erfolgt im Jahr X15 in Höhe von – 43.333,–.

Beispiel 5 (Variante zu Beispiel 3):

Mit dem Anbau des Bürogebäudes wurde bereits X0 begonnen. An Herstellungskosten fielen damals 750.000,– an. Die Herstellungskosten von X1 betragen 1.000.000,–. Die Fertigstellung erfolgte am 30. 10. X1.

Aufgabe: Verbuchen Sie die Herstellung sowohl X0 als auch X1.

31. 12. X0

	(0)	*Anlage in Bau*	*750.000*	
an	*(4)*	*aktivierte Eigenleistung*		*750.000*

30. 10. X1

	(0)	*Anlage in Bau*	*1.000.000*	
an	*(4)*	*aktivierte Eigenleistung*		*1.000.000*

31. 12. X1

	(0)	*Bürogebäude*	*1.750.000*	
an	*(0)*	*Anlage in Bau*		*1.750.000*

Abschließender Hinweis zu den Beispielen 3–5: Mit der planmäßigen Abschreibung kann ab dem 30. 10. X1 begonnen werden.

2.17. Die Verbuchung von geringwertigen Vermögensgegenständen

Unter geringwertigen Vermögensgegenständen, die vielfach auch in der Rechnungslegung mit dem steuerlichen Begriff der Geringwertigen Wirtschaftsgüter (GWG) sprachlich gleichgesetzt werden, versteht man abnutzbares Anlagevermögen, dessen Anschaffungs- und Herstellungskosten einen bestimmten Wert nicht übersteigen. Soweit dieser Wert nicht überschritten wird, können die Anschaffungs- und Herstellungskosten im Jahr der Anschaffung zur Gänze als Aufwand abgeschrieben werden.

Bei dieser sofortigen Abschreibungsmöglichkeit der GWG handelt es sich entsprechend § 204 Abs 1a UGB um eine unternehmensrechtliche Abschreibungsmethode, für die die steuerrechtliche Betragsgrenze des § 13 EStG von € 400 exkl USt (€ 800 mit StRefG 2020 für Wirtschaftsjahre, die nach dem 31. Dezember 2019 beginnen) grundsätzlich nicht gilt. Dieser Betrag stellt vielmehr nur eine mögliche Orientierungshilfe dar. Zu beachten ist weiters, dass für Abschreibungsmethoden ein Stetigkeitsgebot besteht, sodass auch zukünftig GWG sofort abzuschreiben wären.

Zu beachten ist, dass als GWG nicht jeder einzelne Vermögensgegenstand für sich angesehen wird, sondern dass im Falle von Sachgesamtheiten diese als Einheit einen Vermögensgegenstand und somit ein GWG darstellen. Unter einer Sachgesamtheit sind Vermögensgegenstände zu verstehen, die nach ihrem wirtschaftlichen Zweck oder nach der Verkehrsauffassung eine Einheit bilden. So bildet zum Beispiel eine Sitzgruppe oder ein Werkzeugsatz eine Sachgesamtheit.

Für jede Kategorie von abnutzbaren Anlagevermögen besteht ein eigenes Konto „Geringwertige Wirtschaftsgüter“.

Mit der sofortigen Abschreibbarkeit von geringwertigen Wirtschaftsgütern kann jedoch eine Verzerrung der Darstellung der Vermögens- und Ertragslage verbunden sein, da es zu einer im Verhältnis zum tatsächlichen Wertverlust zu großen Abschreibung kommt. Sollte es zu einer derartigen Verzerrung der Vermögens- und Ertragslage kommen, dass der „true and fair view“ leidet, müssten die GWG aktiviert und über die Nutzungsdauer verteilt abgeschrieben werden. Da die Sofortabschreibung steuerrechtlich unabhängig von der unternehmensrechtlichen Aktivierung zulässig ist, müsste bei Kapitalgesellschaften im Rahmen der latenten Steuer vorgesorgt werden.

Hinsichtlich der Frage, ab welchem Ausmaß man von einer Beeinträchtigung des „true and fair view“ sprechen kann, ist davon auszugehen, dass dies mehr voraussetzt als das Vorliegen eines wesentlichen Umfangs an GWG. Die Vollabschreibung der GWG war nach herrschender Ansicht dann von wesentlichem Umfang, wenn die Vollabschreibungen 10 % der Gesamtabschreibung des abnutzbaren Anlagevermögens (oder einzelner Posten des Anlagevermögens) ausmachen, wobei aber auch qualitative Kriterien zu beachten sind sowie eine Betrachtung mehrerer Perioden erforderlich sein wird. Weiters wird auch die absolute Höhe der voll abzuschreibenden GWG für die Beurteilung des wesentlichen Umfangs eine Rolle spielen. Sieht man nunmehr eine höhere Schwelle als die Wesentlichkeit als Aktivierungsvoraussetzung, könnte ein Umfang von mehr als 20 % der Gesamtabschreibung des abnutzbaren Anlagevermögens ein Richtwert für die Aktivierung von GWG sein.

Sollte eine Vollabschreibung von GWG zulässig sein, sind folgende Varianten denkbar:

- Vollabschreibung und Abgang
- Vollabschreibung und Erfassung als kumulierte Abschreibung

nicht erheblicher Umfang < 20 % — als Abgang / als Abschreibung

erheblicher Umfang > 20 %

2.17.1. Die Verbuchung als Abgang

Vollabgeschriebene GWG sind, um einen diesbezüglichen Blick auf die Vermögenslage zu geben, jedenfalls im Jahr ihrer Anschaffung als Zugang in den Anlagenspiegel, der die Übersicht des Anlagevermögens darstellt, aufzunehmen. Die Vollabschreibung kann gem § 226 Abs 3 UGB als Abgang behandelt werden. Zugang und Abgang erfolgen somit im gleichen Jahr. Dies bedeutet, dass die GWG im Folgejahr nicht mehr im Anlagespiegel aufscheinen, obwohl sie noch im Betriebsvermögen gehalten werden. Durch die Behandlung als Abgang wird auch die kumulierte Abschreibung der GWG am Bilanzstichtag nicht mehr im Anlagespiegel ausgewiesen. In dieser Variante werden die GWG buchhaltungsmäßig praktisch nicht mehr geführt.

Die Verbuchung als Abgang stellt die Methode dar, die den Vereinfachungseffekt der Sofortabschreibung am besten zur Geltung bringt.

Verbuchung:

Erwerb:

	(0)	GWG
	(2)	Vorsteuer
an	(2)	Zahlungsmittelkonto

Abschreibung:

	(7)	Abschreibung GWG
an	(0)	kumulierte Abschreibung GWG
	(0)	kumulierte Abschreibung GWG
an	(0)	GWG

tatsächliche Veräußerung:

	(2)	Zahlungsmittelkonto
an	(4)	Erlös aus Anlagenveräußerung

2.17.2. Die Verbuchung als Abschreibung

Als Alternative zur Behandlung als Abgang stellt sich die Verbuchung als Abschreibung dar. Auch diese Methode kann nur angewendet werden, wenn die sofortige Vollabschreibung der GWG zulässig ist. Die Verbuchung als Abschreibung erfolgt in der Form, dass die voll abgeschriebenen GWG für die Dauer ihrer Unternehmenszugehörigkeit im Anlagevermögen ausgewiesen werden. Ihr Buchwert ist aufgrund der Vollabschreibung jedenfalls null. Bei dieser Variante wird daher die kumulierte Abschreibung bis zum Zeitpunkt des tatsächlichen Ausscheidens im Anlagespiegel fortgeführt.

Diese Variante erfordert erheblich mehr Verwaltungsaufwand, da immer zu überprüfen ist, ob die betreffenden GWG noch im Betriebsvermögen enthalten sind. Allfällige Veräußerungen, der Untergang und ähnliche Vorgänge sind daher erst im Jahr dieses Ereignisses als Abgang im Anlagespiegel zu erfassen.

Verbuchung:

Erwerb:

	(0)	GWG
	(2)	Vorsteuer
an	(2)	Zahlungsmittelkonto

Abschreibung:

	(7)	Abschreibung GWG
an	(0)	kumulierte Abschreibung GWG

Bei tatsächlichem Ausscheiden aus dem Unternehmen:

	(0)	kumulierte Abschreibung GWG
an	(0)	GWG
	(2)	Zahlungsmittelkonto
an	(4)	Erlöse aus Anlagenveräußerung

2.17.3. Beispiele

Beispiel 1:

Die „Anwalts GmbH“ erwirbt am 15. Mai von der „Müller GmbH“ für das Vorzimmer das Sitzensemble „Kurzweil“, bestehend aus einem Tisch und vier Stühlen um 500,– exkl USt (Wert des Tisches: 300,–, Wert eines Stuhles 50,–).

Die wirtschaftliche Nutzungsdauer beträgt vier Jahre.

Buchung der „Anwalts GmbH“:

15. 5.

	(0)	*Geschäftsausstattung*	*500*	
	(2)	*Vorsteuer*	*100*	
an	*(2)*	*Kassa*		*600*

Anmerkung: Obwohl jedes der gelieferten Güter für sich ein GWG darstellt, ist eine Behandlung des Sitzensembles als GWG steuerlich nicht möglich, da dieses Sitzensemble als Sachgesamtheit zu betrachten ist und der Wert der Sachgesamtheit 400,– nettoübersteigt. Unternehmensrechtlich ist die Behandlung als GWG möglich, wenn man die steuerliche Wertgrenze nicht als maßgeblich für das Unternehmensrecht ansieht. Da jedoch in der Praxis aus Vereinfachungsgründen regelmäßig die steuerliche Wertgrenze auch unternehmensrechtlich angewendet wird, wird in diesem Beispiel auch unternehmensrechtlich die Wertgrenze von 400,– als maßgeblich angesehen. Eine Sofortabschreibung ist daher auch unternehmensrechtlich nicht möglich.

Die Abschreibung des Sitzensembles hat entsprechend der wirtschaftlichen Nutzungsdauer zu erfolgen.

31. 12.

	(7)	*pAvA*	*125*	
an	*(0)*	*kumulierte Abschreibung B & G*		*125*

Beispiel 2:

Variante Beispiel 1: Da der Tisch eine Beschädigung aufweist, verlangt die „Anwalts GmbH“ bei Übergabe am 15. 5. eine Preisminderung in Höhe von 120,– (inklusive USt). Die „Müller GmbH“ erklärt sich damit einverstanden und übersendet am 20. 5. die korrigierte Rechnung, die am selben Tag bar bezahlt wird.

Das Sitzensemble soll sofort zur Gänze als GWG abgeschrieben werden.

Buchungen der „Anwalts GmbH“:

20. 5.

	(0)	*GWG (Geschäftsausstattung)*	*400*	
	(2)	*Vorsteuer*	*80*	
an	*(2)*	*Kassa*		*480*

Variante 1: Behandlung als Abgang

31. 12.

	(7)	*Abschreibung GWG*	*400*	
an	*(0)*	*kumulierte Abschreibung GWG*		*400*

	(0)	*kumulierte Abschreibung GWG*	*400*	
an	*(0)*	*GWG (Geschäftsausstattung)*		*400*

Darstellung im Anlagespiegel:

historische Anschaffungskosten 1. 1.	*Zugänge*	*Abgänge*	*Buchwert 31. 12.*	*kumulierte Abschreibung*	*Abschreibung des Geschäftsjahres*
–	*400*	*400*	–	–	*400*

Variante 2: Behandlung als kumulierte Abschreibung

31. 12.

	(7)	*Abschreibung GWG*	*400*	
an	*(0)*	*kumulierte GWG*		*400*

Darstellung im Anlagespiegel:

historische Anschaffungskosten 1. 1.	*Zugänge*	*Abgänge*	*Buchwert 31. 12.*	*kumulierte Abschreibung*	*Abschreibung des Geschäftsjahres*
–	*400*	–	*0*	*400*	*400*

Beispiel 3 (Variante zu Beispiel 2):

Die „Anwalts GmbH" erwirbt neben dem Sitzensemble andere GWG im Gesamtwert von 50.000,– netto. Dieser Betrag entspricht ca. 20 % der planmäßigen Abschreibung des Anlagevermögens.

Verbuchen Sie nur das Sitzensemble! Unterstellen Sie, dass steuerlich jedenfalls von § 13 EStG Gebrauch gemacht wird.

Buchungen der „Anwalts GmbH":

20. 5.

keine Änderung gegenüber Beispiel 2.

31. 12.

	(7)	*pAvA*	*100*	
an	*(0)*	*kumulierte Abschreibung GWG*		*100*

MWR: – 300

Da die Abschreibung der GWG von ganz erheblichem Umfang ist (20 % der pAvA des AV), muss zwingend eine Aktivierung und planmäßige Abschreibung vorgenommen werden.

Darstellung im Anlagespiegel (Auszug):

historische Anschaffungskosten 1. 1.	Zugänge	Abgänge	Buchwert 31. 12.	kumulierte Abschreibung	Abschreibung des Geschäftsjahres
–	400	–	300	100	100

Ergänzender Hinweis: Aufgrund der steuerlichen Sofortabschreibung liegt im Jahr der Anschaffung der GWG ein Sachverhalt vor, der bei der „Anwalts GmbH" im Lichte einer passiven latenten Steuer nach § 198 Abs 9 UGB zu würdigen ist.

Beispiel 4:

Das Sitzensemble wird 2 Jahre später am 30. 8. vorzeitig um 200,– netto bar veräußert.

Buchungen Variante Abgang:

30. 8.

	(2)	Kassa	240	
an	(4)	Erlöse aus Anlagenveräußerung		200
	(3)	USt		40

Buchungen Variante Vollabschreibung:

30. 8.

	(2)	Kassa	240	
an	(4)	Erlöse aus Anlagenveräußerung		200
	(3)	USt		40

31. 12.

	(0)	kumulierte Abschreibung GWG	400	
an	(0)	GWG (Geschäftsausstattung)		400

Darstellung im Anlagespiegel:

historische Anschaffungskosten 1. 1.	Zugänge	Abgänge	Buchwert 31. 12.	kumulierte Abschreibung	Abschreibung des Geschäftsjahres
400	–	400	–	–	–

Buchungen Variante Aktivierung und planmäßige Abschreibung

30. 8.

	(2)	Kassa	240	
an	(4)	Erlöse aus Anlagenveräußerung		200
	(3)	USt		40

31. 12.

	(7)	pAvA	100	
an	(0)	kumulierte Abschreibung GWG		100

	(0)	*kumulierte Abschreibung GWG*	*300*	
an	*(0)*	*GWG (Geschäftsausstattung)*		*300*

	(7)	*Buchwert abgegangener Anlagen*	*100*	
an	*(0)*	*GWG (Geschäftsausstattung)*		*100*

Darstellung im Anlagespiegel:

historische Anschaf-fungskosten 1. 1.	*Zugänge*	*Abgänge*	*Buchwert 31. 12.*	*kumulierte Ab-schreibung*	*Abschreibung des Geschäftsjahres*
400	–	*400*	–	–	*100*

Ergänzender Hinweis: Das Ausscheiden ist auch bei der Ermittlung der latenten Steuer nach § 198 Abs 9 UGB entsprechend zu berücksichtigen.

3. Die Bilanzierung (Jahresabschlusserstellung)

3.1. Wesen, Funktion und Arten von Bilanzen

3.1.1. Wesen der Bilanz

Die Bilanz stellt, ihrem Namen entsprechend (bilanx [lat] = Waage), die rechnerische Gegenüberstellung der Aktiva und Passiva eines Unternehmens zu einem bestimmten Stichtag dar. Unter den Aktiva sind vor allem die Vermögensgegenstände, unter den Passiva vor allem die Schulden (Fremdkapital) und als Differenz zwischen Schulden und Vermögensgegenständen das Eigenkapital des Unternehmens zu verstehen.

Bilanz zum 31. 12. 20x1

VERMÖGEN	EIGENKAPITAL
	SCHULDEN

Die Aktivseite der Bilanz zeigt die Verwendung des investierten Kapitals (sog Mittelverwendung), die Passivseite zeigt die Herkunft des investierten Kapitals (sog Mittelherkunft).

Es gilt stets die Bilanzgleichung

VERMÖGEN = EIGENKAPITAL + FREMDKAPITAL

In der Bilanz wird neben der stichtagsbezogenen Gegenüberstellung von Vermögensgegenständen und Schulden auch eine periodenbezogene Abgrenzung der Einnahmen bzw Ausgaben von den Erträgen bzw Aufwendungen in Form der aktiven und passiven Rechnungsabgrenzungsposten vorgenommen.

Bilanz zum 31. 12. 20x1

VERMÖGEN	EIGENKAPITAL
	SCHULDEN
AKTIVE RECHNUNGSABGRENZUNG	PASSIVE RECHNUNGSABGRENZUNG

VERMÖGEN + AKTIVE RECHNUNGSABGRENZUNG =

EIGENKAPITAL + FREMDKAPITAL + PASSIVE RECHNUNGSABGRENZUNG

3.1.2. Funktionen der Bilanz

Die Bilanz soll nach herrschender Ansicht folgende Funktionen erfüllen.

- die Dokumentationsfunktion
- die Gewinnermittlungsfunktion
- die Informationsfunktion
- Erhaltungsfunktion

3.1.2.1. Die Dokumentationsfunktion

Ziel der Dokumentation ist es, das Vorhandensein der Vermögensgegenstände und Schulden durch Aufzeichnung in den Büchern zu belegen. Ermöglicht wird diese Dokumentation über eine ordnungsmäßige Buchführung, worunter im Wesentlichen die vollständige, systematische und chronologische Erfassung aller Geschäftsfälle verstanden wird.

Die Bilanz gibt somit eine verbindliche Auskunft über das vorhandene Vermögen des Unternehmers. Durch das Festhalten des Vermögens in der Bilanz wird diese zu einer beweiskräftigen Urkunde über die vom Unternehmen getätigten Geschäfte. Die Bilanz stellt somit den formalen Abschluss der Buchhaltung dar.

3.1.2.2. Die Gewinnermittlungsfunktion

Eine weitere Funktion der Bilanz besteht in der Ermittlung des Periodengewinnes. Der Vergleich des Eigenkapitals am Beginn des Geschäftsjahres mit dem am Ende des Geschäftsjahres ergibt unter Berücksichtigung der Einlagen und Entnahmen den Gewinn/Verlust des Geschäftsjahres.

	Eigenkapital 31. 12.
–	Eigenkapital 1.1.
–	Einlage
+	Entnahme
+	Gewinn/–Verlust

Das Zustandekommen des Gewinnes/Verlustes wird über die dem Eigenkapitalkonto vorgelagerte Gewinn- und Verlustrechnung (GuV) detailliert nachgewiesen. Diese stellt sämtliche periodenbezogenen Aufwendungen und Erträge einander gegenüber, wobei die Darstellung der GuV in Kontoform oder in Staffelform erfolgen kann. Für Kapitalgesellschaften ist nur die Staffelform zulässig.

Kontoform:

Gewinn- und Verlustrechnung 20x1

AUFWENDUNGEN	ERTRÄGE
GEWINN (PERIODENERFOLG)	

Staffelform:

	Erträge
–	Aufwendungen
+	Gewinn/–Verlust

Die Ermittlung des Gewinns hat einerseits für die Anteilseigner Bedeutung, da der Gewinn die Grundlage für die Gewinnausschüttung darstellt bzw bei Personengesellschaften die Basis für die Zurechnung des Gewinns zu den Kapitalanteilen und für die Höhe möglicher Entnahmen bildet. Die Feststellung des Gewinns ist aber auch für die aus dem Gewinn zu bildenden Rücklagen zur Stärkung der Eigenfinanzierung erforderlich.

Aufgrund der Bedeutung, die die Gewinnausschüttung bei Unternehmen mit auf die Kapitaleinlage beschränkter Haftung hat, wird der Bilanz auch eine *Ausschüttungsregelungsfunktion* zugesprochen. Zu beachten ist vor allem die *Ausschüttungssperrfunktion*, die für eine Erhaltung des haftenden Kapitals sorgen soll (*Kapitalerhaltungsfunktion*). Erfüllt wird diese Aufgabe dadurch, dass nur der nach Bildung und Auflösung von Rücklagen verbleibende Betrag (sog Bilanzgewinn) ausschüttungsfähig ist. Für Aktiengesellschaften und für sog große GmbH (dazu unten 3.4.2.) besteht in diesem Zusammenhang die Pflicht zur Bildung einer den Haftungsrahmen erhöhenden gesetzlichen Rücklage (vgl § 229 Abs 4 UGB). Die Auflösung dieser gesetzlichen sowie anderer sog gebundener Rücklagen darf nur zum Ausgleich eines ansonsten auszuweisenden Bilanzverlusts erfolgen. Die Auflösung solcher Rücklagen zur Ermöglichung einer höheren Gewinnausschüttung ist unzulässig.

Es ist zu beachten, dass der im Jahresabschluss festgestellte Bilanzgewinn nicht immer zur Gänze ausgeschüttet werden darf. Im Bilanzgewinn enthaltene Beträge, die einer sog Ausschüttungssperre iSd § 235 UGB unterliegen, dürfen nicht an die Anteilseigener ausgeschüttet werden. Der Grund dafür liegt darin, dass den ausschüttungsgesperrten Beträgen besondere Sachverhalte zugrunde liegen, die nicht auf dem Vorliegen von am Markt realisierten Erträgen basieren.

Deutlich wird die vom Gesetzgeber vorgesehene Kapitalerhaltungsfunktion auch an einigen Grundsätzen ordnungsmäßiger Buchführung, wie insb dem Anschaffungskostenprinzip sowie dem Vorsichts-, Imparitäts- und Realisationsprinzip.

Die Gewinnfeststellung dient allerdings nicht nur den Gesellschaftern, sondern auch dem Fiskus, da dem unternehmensrechtlichen Gewinn über das Maßgeblichkeitsprinzip entscheidende Bedeutung bei Ermittlung des steuerpflichtigen Gewinns zukommt (= Steuerbemessungsfunktion).

3.1.2.3. Die Informationsfunktion

Die Informationsfunktion kann in die Selbstinformation und die Drittinformation unterteilt werden.

Die Selbstinformation ist im § 195 UGB ausdrücklich normiert. Entsprechend dieser Bestimmung hat der Jahresabschluss, der sich aus der Bilanz, der Gewinn- und Verlustrechnung sowie bei Kapitalgesellschaften zusätzlich aus dem Anhang zusammensetzt, dem Unternehmer ein möglichst getreues Bild der Vermögens- (Finanz-) und Ertragslage zu vermitteln. Der Unternehmer soll über die Verpflichtung zur Erstellung eines Jahresabschlusses Informationen über die Zusammensetzung und Entwicklung seines Vermögens (Vermögensgegenstände und Schulden) sowie über den wirtschaftlichen Erfolg seines Unternehmens erhalten. Mit dem Jahresabschluss legt der Unternehmer Rechenschaft über den wirtschaftlichen Erfolg des Geschäftsjahres, weshalb man auch von der *Rechenschaftsfunktion* der Bilanz spricht. Mithilfe der Bilanz kann der Unternehmer daher eine, wenn auch vergangenheitsorientierte, Kontrolle der Wirtschaftlichkeit seiner Unternehmensführung vornehmen.

Ziel der der Bilanz zugedachten Selbstinformation ist es, dem Unternehmer auf diesem Weg ein Instrument zur Steuerung des Unternehmens zu geben. Aus der Vermögens- und Ertragsentwicklung kann der Unternehmer die Entwicklung des Unternehmens (Rentabilität, Verschuldung, Vermögensstruktur) verfolgen und daraus Entscheidungen (Investitionspolitik, Finanzierungserfordernis, Gewinnverteilung) ableiten.

Die Bilanz soll jedoch nicht nur dem Unternehmer selbst als Informationsinstrument dienen, sondern darüber hinaus auch am Unternehmen interessierten Dritten. Interessierte Dritte in diesem Sinn sind, aufgrund ihrer unmittelbaren wirtschaftlichen Beziehung zum Unternehmen, die Gläubiger (Interesse an finanzieller Situation), Marktpartner in Form der Lieferanten und Abnehmer (Interesse an wirtschaftlicher Entwicklung des Unternehmens) sowie die Arbeitnehmer des Unternehmens (Interesse am Arbeitsplatz), der Staat (bezüglich der zu erhebenden Steuern und Abgaben), die Anteilseigner einer Gesellschaft (bezüglich der aktuellen und zukünftigen Entwicklung des Unternehmens, von der sie ihr weiteres wirtschaftliches Engagement in diesem Unternehmen abhängig machen). Neben diesen bereits aktuell betroffenen Dritten dient die Bilanz aber auch all jenen als Informationsinstrument, die eine Beziehung zu dem Unternehmen planen.

Für diese interessierten Dritten stellt die Bilanz ein Informationsinstrument bezüglich ihres zukünftigen Verhaltens gegenüber dem Unternehmen dar. Die Bilanz dient aus dieser Sicht dem Gläubigerschutz im weiteren Sinn, da alle diese Dritten ihre Beziehung zum Unternehmen von dessen zukünftiger Entwicklung abhängig machen werden.

Beiden Informationsadressaten dient die Bilanz neben der Auskunft über die Situation des Unternehmens am Bilanzstichtag als Prognoseinstrument für die zukünftige Entwicklung. Die Erstellung der Bilanz dient somit auch der Insolvenzprophylaxe, da negative Entwicklungen des Unternehmens frühzeitig erkannt und geeignete Strategien zur Vermeidung der tatsächlichen Insolvenz frühzeitig ergriffen werden können.

Da die Bilanz somit vielfach auch Grundlage für zukünftige Entscheidungen ist, kommt ihr eine aus der Informationsfunktion abgeleitete *Planungsfunktion* zu.

3.1.2.4. Die Erhaltungsfunktion

Ergänzt wird die Informationsfunktion durch die Erhaltungsfunktion. Sinn der Erhaltungsfunktion ist die Aufrechterhaltung des Unternehmensbestandes auf der einen Seite durch Verhinderung eines zu hohen Mittelabflusses an die Gesellschafter (Entnahmen, Ausschüttungen) und auf der anderen Seite die Vermeidung des Ausweises einer zu hohen Steuerbemessungsgrundlage. Diese Funktion findet Niederschlag insbesondere im imparitätischen Realisationsprinzip und dem Verbot der Unterbewertung.

3.1.3. Arten von Bilanzen

Abhängig von den verschiedenen Anforderungen und Aufgaben, die eine Bilanz zu erfüllen hat, können die nachfolgenden Arten von Bilanzen unterschieden werden.

Interne und externe Bilanzen

Nach dem Adressatenkreis der Bilanz unterscheidet man externe und interne Bilanzen. Externe Bilanzen richten sich grundsätzlich an außerhalb des Unternehmens stehende Adressaten, also zB Gläubiger, Gesellschafter und Finanzamt. Diese externen Bilanzen sind grundsätzlich nach den gesetzlichen Rechnungslegungsvorschriften zu erstellen.

Interne Bilanzen hingegen dienen der Geschäftsführung des Unternehmens als Planungs- und Kontrollinstrument und sind daher vielfach nicht nur nach den gesetzlichen Vorschriften, sondern auch nach betriebswirtschaftlichen Anforderungen, die keinen Niederschlag in den gesetzlichen Vorschriften fanden, erstellt.

Regelbilanzen und Sonderbilanzen

Nach dem zeitlichen Anfall der Bilanz unterscheidet man zwischen Regelbilanzen und Sonderbilanzen. Regelbilanzen zeichnen sich durch ihre zu einem bestimmten Stichtag laufend wiederholte Erstellung aus. Zu diesen Bilanzen zählen insbesondere die jährlich zum Bilanzstichtag zu erstellende UGB- und Steuerbilanz, aber auch laufende interne Bilanzen (zB Monatsbilanz). Seit dem 1. Jänner 2013 hat auch die öffentliche Verwaltung (Bund) jährlich eine Bilanz aufzustellen, wodurch das bisherige Konzept der Kameralistik (Gegenüberstellung der geplanten Ein- und Ausgaben zu den tatsächlich getätigten) abgelöst wurde.

Sonderbilanzen liegen vor, wenn die Bilanz nur aus einem bestimmten Anlass erstellt wird, wobei es nicht auf die Häufigkeit des Anlassfalles ankommt. Zu den Sonderbilanzen zählen ua die Gründungsbilanz, Umgründungsbilanzen, Überschuldungsbilanzen, Sanierungsbilanzen, Konkursbilanzen, Auseinandersetzungsbilanzen sowie Liquidationsbilanzen.

Normativ angeordnete und freiwillig erstellte Bilanzen

Nach dem Grund der Bilanzerstellung unterscheidet man zwischen einer normativ angeordneten und einer freiwilligen Bilanz. Normativ angeordnet sind zB die jährlich zu erstellende UGB-Bilanz, aber auch im Gesellschaftsvertrag (Satzung) vorgeschriebene Halbjahresbilanzen. Besondere Publizitätspflichten bestehen für börsennotierte Unternehmen, die beispielsweise gem § 125 BörseG einen Halbjahresfinanzbericht sowie einen Halbjahreslagebericht über die ersten sechs Monate des Geschäftsjahres zu veröffentlichen haben.

Innerhalb der normativ angeordneten Bilanzen ist vor allem die UGB-Bilanz von Bedeutung. Die Bedeutung der UGB-Bilanz erstreckt sich aber über ihren eigentlichen Anwendungsbereich hinaus auch auf das Steuerrecht. Sofern nämlich Unternehmer gem § 189 UGB eine UGB-Bilanz zu erstellen haben, ist diese gemäß § 5 EStG auch für die steuerliche Gewinnermittlung zu beachten, wenn die solcher Art buchführungspflichtigen Unternehmer Einkünfte aus Gewerbebetrieb erzielen. Die steuerliche Gewinnermittlung erfolgt derart, dass die unternehmensrechtlichen Grundsätze ordnungsmäßiger Bilanzierung maßgeblich sind, soweit nicht das Steuerrecht zwingend eine vom Unternehmensrecht abweichende Vorgangsweise vorsieht (sog Maßgeblichkeit des Unternehmensrechts für das Steuerrecht). Dabei ist von der unternehmensrechtlichen Bilanz und Gewinn- und Verlustrechnung auszugehen. Die Überleitung auf die zwingend abweichenden steuerlichen Werte erfolgt entweder nur durch Vornahme geeigneter Zusätze oder Anpassungen, worunter die sog Mehr-Weniger-Rechnung (MWR) zu verstehen ist, oder durch Erstellung einer ua die Ergebnisse der MWR berücksichtigenden eigenen Vermögensübersicht für steuerliche Zwecke, der sog „Steuerbilanz". Eine eigene Steuerbilanz wird man immer dann erstellen, wenn es sich nicht nur um ein einmaliges Abweichen der unternehmensrechtlichen von den steuerlichen Werten handelt, sondern wenn abweichende steuerliche Ansätze über mehrere Bilanzierungszeiträume zu berücksichtigen sind (insbes bei Vermögensgegenständen des Anlagevermögens mit unterschiedlichem Abschreibungsverlauf, da nur auf diese Weise die steuerlichen Buchwerte festgehalten werden können).

Näher zum Verhältnis UGB-Bilanz – „Steuerbilanz" vgl unten 3.3.1.

Freiwillig erstellt sind alle Bilanzen, die auf keiner rechtlichen bzw gesellschaftsvertraglichen Vorschrift beruhen.

Ist-Bilanz und Planbilanz

Nach dem Zeitbezug der Bilanz unterscheidet man zwischen der auf den tatsächlichen Zahlen des abgelaufenen Wirtschaftsjahres beruhenden Ist-Bilanz und der nach den gleichen Bilanzierungsgrundsätzen, allerdings mit zukünftigen Werten (Plandaten) ermittelten Plan-Bilanz.

Beständebilanz und Bewegungsbilanz

Nach der Bilanzgröße unterscheidet man Beständebilanzen und Bewegungsbilanzen. Beständebilanzen stellen die Zusammensetzung des Vermögens zu einem Stichtag dar, während Bewegungsbilanzen die Veränderung der Bestände innerhalb einer Bilanzperiode durch Gliederung der Veränderung in Mittelverwendung (Aktivamehrung, Passivaminderung) und Mittelherkunft (Aktivaminderung und Passivamehrung) darstellen.

Einzelbilanz, Sammelbilanz, Konzernbilanz

Nach der Zahl der in einer Bilanz zusammengeschlossenen Unternehmen unterscheidet man zwischen Einzelbilanzen, die ausschließlich aus dem Rechenwerk und den Zahlen eines Unternehmens stammen, Sammelbilanzen, die eine Addition verschiedener Einzelbilanzen darstellen, und konsolidierten Bilanzen (Konzernbilanz), bei denen die zwischen den konsolidierten Unternehmen durchgeführten Geschäfte eliminiert werden, sodass die konsolidierte Bilanz das Bild einer Einzelbilanz der vom Konsolidierungskreis erfassten Unternehmen darstellt.

Sozialbilanz, Ökobilanz, Wissensbilanz

Neben der klassischen UGB-Bilanz haben sich in den letzten Jahren zunehmend neue Bilanzarten entwickelt, die die Wechselwirkung des Unternehmens mit seiner Umwelt in Form von Sozialbilanzen (Nutzenstiftungen und Nutzenentzug bei Arbeitnehmern, Kommunen etc) sowie Ökobilanzen (Input in Form von Ressourcenverbrauch und Rohstoffeinsatz bei der Produktion; Output in Form der hergestellten Produkte und der bei der Herstellung verursachten Umweltverschmutzung) darzustellen versuchen. Eine Wissensbilanz dient der gezielten Darstellung und Entwicklung des intellektuellen Kapitals einer Organisation. Dabei werden die Zusammenhänge zwischen den Zielen der Organisation, den Geschäftsprozessen, dem intellektuellen Kapital und dem Geschäftserfolg einer Organisation beschrieben. Die Darstellung erfolgt teilweise bloß deskriptiv, teilweise erfolgt eine quantitative Gegenüberstellung.

3.2. Grundsätze ordnungsmäßiger Bilanzierung

3.2.1. Wesen der Grundsätze ordnungsmäßiger Bilanzierung

Von zentraler Bedeutung für die Erfüllung der einer Bilanz zugedachten Funktionen ist die Einhaltung bestimmter Regeln, nach denen eine Bilanz zu erstellen ist. So kann die Informationsfunktion als für die externen Bilanzadressaten wichtigster Zweck der Bilanzerstellung nur dann erfüllt werden, wenn den Bilanzlesern die bei der Bilanzerstellung zugrunde gelegten Regeln bekannt sind. Die wichtigsten und für jeden unternehmerischen Jahresabschluss zu beachtenden Regeln für die Bilanzierung stellen die sog Grundsätze ordnungsmäßiger Bilanzierung dar, worunter die Bilanzansatz-, Ausweis- und Bewertungsregeln zu verstehen sind, nach denen der Jahresabschluss zu erstellen ist.

Die Grundsätze ordnungsmäßiger Bilanzierung stehen in engem Zusammenhang mit den Grundsätzen ordnungsmäßiger Buchführung, da eine ordnungsmäßige Bilanzierung nur möglich ist, wenn die der Bilanzerstellung zugrunde liegende Buchführung gleichfalls ordnungsgemäß ist. Nicht zuletzt aus diesem Grund lautet die zentrale Bestimmung des § 195 UGB: „Der Jahresabschluss hat den Grundsätzen ordnungsmäßiger Buchführung zu entsprechen." Die von § 195 UGB angesprochenen Grundsätze ordnungsmäßiger Buchführung lassen sich in die Grundsätze ordnungsmäßiger Bilanzierung und die Grundsätze ordnungsmäßiger Buchführung ieS aufteilen.

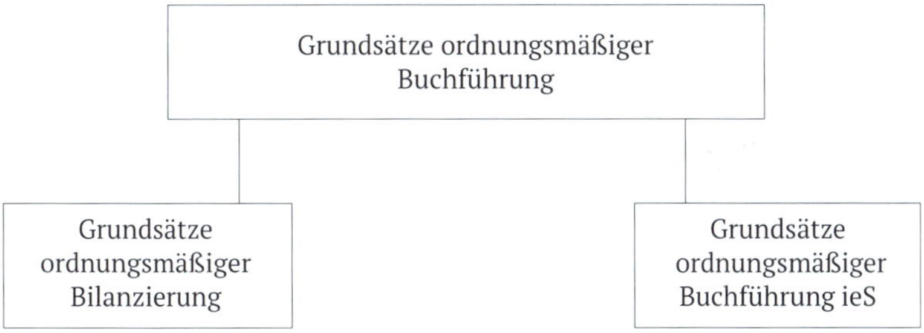

Die Grundsätze ordnungsmäßiger Buchführung ieS (formelle GoB) beschäftigen sich mit Organisations- und Formvorschriften der Buchhaltung. Danach sind die Geschäftsfälle einzeln und zeitgerecht in zeitlicher Reihenfolge zu verbuchen, wobei zeitgerecht mit Ausnahme der Bargeschäfte auch eine wöchentliche oder monatliche Erfassung der einzelnen Geschäftsfälle ist. Weiters darf eine Buchung niemals ohne Beleg erfolgen. Die verbuchten Belege sind gemäß § 212 Abs 1 UGB grundsätzlich über einen Zeitraum von sieben Jahren geordnet aufzubewahren. Der Fristenlauf startet mit Schluss des Kalenderjahres, für das die Verbuchung vorgenommen wurde bzw auf das sich der Beleg bezieht. Aufgrund gesetzlicher Sonderbestimmungen kann sich die Aufbewahrungsfrist verlängern (zB verlängert sich nach § 18 Abs 10 UStG die Aufbewahrungszeit für Unterlagen im Zusammenhang mit bestimmten Grundstücken auf 22 Jahre). Änderungen in bereits erfolgten Buchungen dürfen niemals in der Form vorgenommen werden, dass der ursprüngliche Inhalt nicht mehr feststellbar ist („Radierverbot").

Zu den Grundsätzen ordnungsmäßiger Buchführung zählen auch die Grundsätze ordnungsmäßiger Datenverarbeitung (GoDV), die im Folgenden kurz dargestellt werden:

Exkurs: Grundsätze ordnungsmäßiger Datenverarbeitung

Unter der Abkürzung „GoDV" (Grundsätze ordnungsmäßiger Datenverarbeitung) werden jene Teile der GoB verstanden, die sich auf die Ordnungsmäßigkeit der Buchführung unter Einsatz von EDV beziehen. Über den genauen Begriffsumfang und -inhalt besteht dabei kein allgemeiner Konsens. Wissenschaft und Lehre gehen heute jedoch übereinstimmend davon aus, dass, obwohl keine ausdrückliche gesetzliche Verpflichtung dazu besteht, im Rahmen der Jahresabschlussprüfung auch eine EDV-Prüfung durchzuführen ist.

Die wesentlichen (unternehmensrechtlichen) Rechtsgrundlagen für die Bestimmung der GoDV finden sich im § 190 Abs 5 UGB:

„§ 190. …

(5) Der Unternehmer kann zur ordnungsmäßigen Buchführung und zur Aufbewahrung seiner Geschäftsbriefe (§ 212 Abs 1) Datenträger benützen. Hierbei muss die inhaltsgleiche, vollständige und geordnete, hinsichtlich der in § 212 Abs 1 genannten Schriftstücke

auch die urschriftgetreue Wiedergabe bis zum Ablauf der gesetzlichen Aufbewahrungsfristen jederzeit gewährleistet sein. Werden solche Schriftstücke auf elektronischem Weg übertragen, so muss ihre Lesbarkeit in geeigneter Form gesichert sein. Soweit die Schriftstücke nur auf Datenträgern vorliegen, entfällt das Erfordernis der urschriftgetreuen Wiedergabe.“

Zu beachten ist allerdings, dass auch bei EDV-Buchführungssystemen die Generalnorm des § 190 Abs 1 UGB ihre Gültigkeit behält („Die Buchführung muss so beschaffen sein, dass sie einem sachverständigen Dritten innerhalb angemessener Zeit einen Überblick über die Geschäftsvorfälle und über die Lage des Unternehmens vermitteln kann.“). Aus diesem Grunde zählen insbes auch die Programmdokumentation sowie die Ergebnisse allfälliger Testabschlüsse mit einem neu eingeführten Buchführungsprogramm zu den aufbewahrungspflichtigen Unterlagen des § 190 UGB.

Im steuerrechtlichen Bereich werden die GoDV durch die §§ 131 bis 132b BAO umschrieben:

„§ 131. …

(2) Werden die Geschäftsvorfälle maschinell festgehalten, gelten die Bestimmungen des Abs 1 sinngemäß mit der Maßgabe, dass durch gegenseitige Verweisungen oder Buchungszeichen der Zusammenhang zwischen den einzelnen Buchungen sowie der Zusammenhang zwischen den Buchungen und den Belegen klar nachgewiesen werden sollen; durch entsprechende Einrichtungen soll der Nachweis der vollständigen und richtigen Erfassung aller Geschäftsvorfälle leicht und sicher geführt werden können und sollen Summenbildungen nachvollziehbar sein.

(3) Zur Führung von Büchern und Aufzeichnungen können Datenträger verwendet werden, wenn die inhaltsgleiche, vollständige und geordnete Wiedergabe bis zum Ablauf der gesetzlichen Aufbewahrungsfrist jederzeit gewährleistet ist; die vollständige und richtige Erfassung und Wiedergabe aller Geschäftsvorfälle soll durch entsprechende Einrichtungen gesichert werden. Wer Eintragungen in dieser Form vorgenommen hat, muss, soweit er zur Einsichtgewährung verpflichtet ist, auf seine Kosten innerhalb angemessener Frist diejenigen Hilfsmittel zur Verfügung stellen, die notwendig sind, um die Unterlagen lesbar zu machen, und, soweit erforderlich, ohne Hilfsmittel lesbare, dauerhafte Wiedergaben beibringen. Werden dauerhafte Wiedergaben erstellt, so sind diese auf Datenträgern zur Verfügung zu stellen.“

Zu beachten ist hier, dass das Erfordernis der chronologischen Ordnung im Falle der EDV-Buchführung durch eine (allgemeine, nicht näher umschriebene) Ordnung ersetzt wird. Da EDV-Buchführungen ohnehin die Buchungsdaten indiziert verwalten, liegt der erfasste Buchungsstoff nämlich idR sofort nach der Erfassung nach mehreren Kriterien (zB Belegdatum, Buchungsdatum, Hauptbuchkonto und Belegnummer) zugleich sortiert vor.

Unternehmens- wie steuerrechtlich notwendig ist die Sicherstellung der Vollständigkeit des erfassten Buchungsstoffes. Weder dürfen nachträglich Buchungen hinzugefügt noch entfernt werden können. Die Unmöglichkeit, dies zu vollbringen, muss vom System garantiert (und dokumentiert) sein (es sollte zB nicht möglich sein, nach abgeschlossenen Umsatzsteuervoranmeldungen den abgeschlossenen Voranmeldungszeitraum noch nachträglich zu bebuchen). Auch die Einstellung und Anwendung wichtiger Systemparameter (zB die mit einzelnen Konten automatisch verknüpften Umsatzsteuersätze oder die Zuordnung von Hauptbuchkonten zu Posten der Bilanz oder Gewinn- und Verlustrechnung) sollte gut dokumentiert sein, ihre Änderung nicht ohne Weiteres möglich sein (zB Passwortschutz, Zugriffsberechtigungen) und laufend protokolliert werden.

Aus technischer Sicht können EDV-Buchführungssysteme insb unter zwei verschiedenen Blickwinkeln gegliedert werden:

- Buchführung mit Vollausdruck vs Speicherbuchführung;
- Stapel- vs Dialogverarbeitung.

Während bei Buchführungssystemen mit Vollausdruck Bilanz, G&V und Kontensalden regelmäßig ausgedruckt und aufbewahrt werden, verbleiben diese Daten bei Speicherbuchführungssystemen im Computersystem bzw auf externen Datenträgern (Bänder, Disketten, Cloud etc). Aus diesem Grund sind die Ordnungsmäßigkeitsanforderungen gegenüber Speicherbuchführungssystemen auch deutlich höher (in jedem Falle Forderung nach Systemprüfung im Rahmen der Jahresabschlussprüfung).

In Österreich wurde eine Stellungnahme zu den Problemen der EDV-Buchführung im Fachgutachten KFS/DV1 veröffentlicht, worin einige grundlegende Voraussetzungen für die Ordnungsmäßigkeit von mit EDV geführten Buchhaltungen explizit aufgeführt werden:

„...

a) Pflicht zur Führung von Büchern und Aufzeichnungen (vgl § 190 Abs. 1 UGB)

b) Nachvollziehbarkeit (vgl. § 190 Abs. 1 UGB): Die (IT-)Buchführung muss so beschaffen sein, dass sie einem sachverständigen Dritten innerhalb angemessener Zeit einen Überblick über die erfassten Geschäftsvorfälle und über die Lage des Unternehmens vermitteln kann.

c) Vollständigkeit (vgl. § 190 Abs. 3 UGB): Alle buchführungsrelevanten Geschäftsvorfälle [müssen] lückenlos erfasst und dokumentiert werden.

d) Richtigkeit (vgl. § 190 Abs. 3 UGB): Die Geschäftsvorfälle in den Büchern [müssen] den Tatsachen entsprechend und in Übereinstimmung mit den rechtlichen Vorschriften abgebildet werden.

e) Zeitgerechtheit (vgl. § 190 Abs. 3 UGB): Die gesetzlichen Buchungsfristen [müssen] auch bei Nutzung einer IT-Buchführung eingehalten werden [...] und die zeitliche Reihenfolge der Buchungen [muss] nachvollziehbar [sein].

f) Ordnung (vgl. § 190 Abs. 3 UGB): Die logische Speicherung der Buchungssätze in der IT-Buchführung muss nicht nach einem bestimmten Ordnungskriterium erfolgen, sofern die IT-Buchführung Sortierfunktionen zur Verfügung stellt, mit deren Hilfe die erforderliche Ordnung jederzeit hergestellt werden kann.

g) Unveränderbarkeit (vgl. § 190 Abs. 4 UGB): Eine Buchung darf nicht in einer Weise verändert werden, dass der ursprüngliche Inhalt nicht mehr feststellbar ist.

h) Inhaltsgleiche, vollständige und geordnete Wiedergabe (vgl. § 190 Abs. 5 UGB): Die inhaltsgleiche, vollständige und geordnete Wiedergabe aller Geschäftsvorfälle muss bis zum Ablauf der gesetzlichen Aufbewahrungspflicht gewährleistet sein.“

Die wichtigsten Punkte des KFS/DV 1 betreffend die Funktion zur Erfüllung der Grundsätze ordnungsmäßiger Buchführung sind die

- **Belegfunktion:**

  Die Nachvollziehbarkeit der Buchführung verlangt, dass jeder einzelne Geschäftsvorfall von seinem Ursprung bis zur endgültigen Darstellung in den Büchern und umgekehrt nachverfolgt werden kann. Die Belegfunktion wird dadurch erfüllt, dass jede Buchung im Hauptbuch und ihre Veranlassung durch einen Beleg nachgewiesen wird und dessen Inhalt innerhalb der Aufbewahrungsfrist in lesbarer Form wiedergegeben werden kann. Bei Verwendung einer IT-Buchführung kann ein Beleg ausschließlich in elektronischer Form (entweder originär elektronisch oder digitalisierter Papierbeleg) vorliegen.

- **Journalfunktion:**

  Die Journalfunktion hat den Nachweis der tatsächlichen und zeitgerechten Verarbeitung der Geschäftsvorfälle zum Gegenstand. Im Journal sind die Geschäftsvorfälle mit allen für die Erfüllung der Belegfunktion erforderlichen Angaben nachzuweisen. Bei der Verwendung von IT-Buchführungen ist die Journalfunktion erfüllt, wenn die Wiedergabe der Buchungen – unabhängig von der Art der Speicherung – in ihrer ursprünglichen Reihenfolge sichergestellt ist. Vor dem technischen Buchungszeitpunkt liegende, noch korrigierbare Erfassungen gelten nicht als Journale.

- **Kontenfunktion:**

  Die Kontenfunktion ist eine Grundlage der doppelten Buchführung und verlangt, dass alle Geschäftsvorfälle in sachlicher Ordnung auf Konten abgebildet werden. Jedes Konto und jede Buchung auf einem Konto ist zu bezeichnen. Weiters sind bei jeder Buchung die Einzelbeträge sowie Summen und Salden nach Soll und Haben zu gliedern und das Buchungsdatum, das Belegdatum, das Gegenkonto, der Belegverweis und der Buchungstext zu erfassen. Bei Wiedergabe der Konten muss die Vollständigkeit der Buchungen je Konto nachweisbar sein (zB Seitennummer, Summenvorträge).

- **Dokumentation:**

  Zur Gewährleistung der Nachvollziehbarkeit der Buchführung durch einen sachverständigen Dritten ist bei Verwendung einer IT-Buchführung eine geeignete Dokumentation erforderlich. Dazu zählen die Anwenderdokumentation, die technische Systemdokumentation sowie die Betriebsdokumentation. Bei Einsatz von Standardsoftware ist die vom Produkthersteller gelieferte Dokumentation um die Beschreibung der unternehmensspezifischen Anpassungen zu ergänzen.

- **Aufbewahrung:**

  Bei Verwendung von IT-Buchführungen müssen die technischen Voraussetzungen für die Lesbarmachung dieser Aufzeichnungen innerhalb der gesetzlich geforderten Aufbewahrungsfristen gewährleistet sein. Die für die Nachvollziehbarkeit der Buchführung notwendige Verfahrensdokumentation fällt auch unter die gesetzlichen Aufbewahrungspflichten. Für abgabenrechtliche Zwecke müssen diese Aufzeichnungen gem § 132 Abs 3 BAO auch in elektronischer Form zur Verfügung gestellt werden, wenn sie elektronischen Ursprungs sind. Die zur Archivierung verwendete IT-Anwendung muss analog zur IT-Buchführung die Kriterien ordnungsmäßiger Buchführung erfüllen. Da ein bloßes Einscannen und Abspeichern als PDF-Dateien auf einer Festplatte nicht ausreicht, hat man ein Dokumentenablagesystem (DMS) zu verwenden, um den Ansprüchen eines revisionssicheren Archivs Rechnung zu tragen.

Ein weiterer wichtiger Aspekt betrifft die technische Definition des Buchungszeitpunkts:

Ab dem **technischen Buchungszeitpunkt** darf eine Buchung bei Verwendung der regulären Anwendungsfunktionalität nur mehr über eine Stornobuchung rückgängig gemacht werden. Änderungen vor dem technischen Buchungszeitpunkt sind hiervon nicht betroffen. Bei der Verwendung von IT-Buchführungen ist zu berücksichtigen, dass die Unveränderbarkeit und die Nachvollziehbarkeit allfälliger Änderungen nicht nur auf Ebene der IT-Anwendung, sondern auch auf anderen Ebenen (zB Datenbank) sicherzustellen sind. Rein mit technischen Mitteln ist das Kriterium der Unveränderbarkeit typischerweise nicht umzusetzen, daher bedarf es in der Regel zusätzlicher organisatorischer Maßnahmen. Ferner hat dieser Grundsatz ua zur Folge, dass Änderungen in buchführungsrelevanten Einstellungen oder die Parametrisierung der Software und Änderungen von Stammdaten zu protokollieren sind.

Die Prüfung der IT ist ein Teilbereich der Prüfung des internen Kontrollsystems und damit ein integrierender Bestandteil einer Abschlussprüfung. Im Fachgutachten KFS/DV 2 werden diesbezüglich Grundsätze festgelegt, die ein Abschlussprüfer im Rahmen der Abschlussprüfung zu beachten hat.

Die **Prüfung der Informationstechnik** (IT) ist ein Teilbereich der Prüfung des **internen Kontrollsystems** und damit ein **integrierender Bestandteil einer Abschlussprüfung**. Das Ziel der Prüfung des IT-Systems eines Unternehmens besteht hauptsächlich in der Beurteilung der Verlässlichkeit der mithilfe von programmgesteuerten Verarbeitungen ermittelten und im Rechnungswesen sowie im Rechnungsabschluss verwendeten Daten. Ein weiteres Ziel der Prüfung der Informationstechnik besteht in der Feststellung, ob aufgrund der mit dem Einsatz dieser Technik verbundenen Risiken eine Gefährdung des Fortbestands oder der Entwicklung des geprüften Unternehmens erkennbar ist und aufgrund dieses Umstands die Annahme der Fortführung des Unternehmens bei der Bewertung zulässig ist oder der Abschlussprüfer seine Redepflicht gemäß § 273 Abs 2 UGB auszuüben hat. Die Prüfung der IT umfasst die nachstehenden Tätigkeiten des Abschlussprüfers:

– Berücksichtigung der Prüfung der Informationstechnik bei der Prüfungsplanung:

Die zeitliche und sachliche Planung ist im Zuge der Prüfungsdurchführung zu berichtigen, wenn sich dabei geänderte Feststellungen über die aus dem Einsatz der Informationstechnik resultierenden Risiken und über die Maßnahmen des geprüften Unternehmens zur Beseitigung oder Verminderung dieser Risiken ergeben. Bei der personellen Planung ist darauf zu achten, dass für die Prüfung der Informationstechnik entsprechend ausgebildete und erfahrene Mitarbeiter eingesetzt oder geeignete externe Sachverständige herangezogen werden.

– Gewinnung eines Überblicks über die Informationstechnik des geprüften Unternehmens:

Zur Gewinnung eines Überblicks über die Informationstechnik des geprüften Unternehmens können Informationen über die **Organisation und der IT-Prozesse**, über die **Geräte, Programme und Anwendungen** sowie IT-Bezogene Anwendungskontrollen und Überwachungsmaßnahmen sinnvoll sein.

– Feststellung der wesentlichen aus dem Einsatz und der Anwendung der Informationstechnik resultierenden Risiken:

Aus dem Einsatz der Informationstechnik können sich für die Unternehmen Risikofaktoren ergeben. Die **Abhängigkeit der Unternehmen von der Infrastruktur** und den Anwendungen der Informationstechnik ist insbesondere bei Vernetzung mit anderen Geschäftspartnern und Behörden sehr hoch. Weiters können größere **Änderungen im Bereich der Informationstechnik** sich aufgrund der Einführung neuer Systeme und Technologien oder aufgrund von Restrukturierungen ergeben. Die Konzentration des **IT-spezifischen Fachwissens** bei einer Person bedeutet erhöhte Abhängigkeit, die nur durch Kommunikation des Fachwissens an mehrere Personen und insbesondere durch eine gute Dokumentation vermindert werden kann. Wesentlich für die Risikobegrenzung ist auch die Ausrichtung der Informationstechnik auf die **Geschäftsstrategie und die Prozessanforderungen** des Unternehmens. Weitere Risiken in Bezug auf die Richtigkeit von Daten ergeben sich aus der **Anwendung der Informationstechnik.**

– Feststellung der Maßnahmen des Unternehmens zur Beseitigung oder Verminderung dieser Risiken:

Die Unternehmen haben durch geeignete Kontrollen dafür zu sorgen, dass die Risiken, die sich aufgrund des Einsatzes und der Anwendung von Informationstechnik ergeben, nicht zu Fehlern führen. Die Kontrollen der Unternehmen beziehen sich sowohl auf Risiken, die den einzelnen Informationstechnik-Prozessen zuzuordnen sind (**anwendungsunabhängige Kontrollen**), als auch auf Risiken, die sich aus den mittels Informationstechnik automatisierten Geschäftsprozessen ergeben (**anwendungsabhängige Kontrollen**). Im Zuge der Prüfung des Informationstechnik-Systems ist festzustellen, ob bzw in welcher Weise das Unternehmen Maßnahmen zur Beseitigung oder Verminderung der für die Richtigkeit des geprüften Jahresabschlusses wesentlichen Risiken getroffen hat.

– Prüfungshandlungen des Abschlussprüfers im Einzelnen:

Bei der Auswahl der Prüfungshandlungen, die auf die Feststellung einer ausreichenden Kontrolle der **anwendungsunabhängigen Risiken** gerichtet sind, kann sich der Abschlussprüfer an den den einzelnen Prozessen zugeordneten Kontrollzielen orientieren. Die Prüfung kann sich auf jene Prozesse beschränken, bei denen aufgrund der Struktur des Informationstechnik-Systems des geprüften Unternehmens bei mangelhaftem Funktionieren der unternehmensinternen Kontrollen ein erhöhtes Fehlerrisiko erkennbar ist.

Anwendungsabhängige Kontrollen sind Kontrollen, durch die die Richtigkeit der Verarbeitungsergebnisse sichergestellt werden soll. Dazu gehören jedenfalls Kontrollen, die im Source Code der Programme enthalten sind, und durch Parameter und Tabellensteuerungen gesteuerte Kontrollen. Die anwendungsabhängigen Kontrollen können in Eingabe-, Verarbeitungs- und Ausgabekontrollen untergliedert werden. Der Umfang der Prüfung der anwendungsabhängigen Kontrollen hängt von den bei der Feststellung der Risiken und der Prüfung der anwendungsunabhängigen Kontrollen gewonnenen Erkenntnissen und von der Prüfungsstrategie ab.

Darüber hinaus ist vom Abschlussprüfer festzustellen, ob bei den Anwendungen die **anwendungsbezogenen Grundsätze ordnungsmäßiger Buchführung** (Funktionalität, Ordnungsmäßigkeit und Sicherheit) eingehalten werden.

– Dokumentation der Prüfungshandlungen und Berichterstattung über die Prüfungsfeststellungen:

Der Abschlussprüfer hat die gewonnenen Erkenntnisse über die wesentlichen Teile des IT-Systems und die von ihm vorgenommenen Prüfungshandlungen in den Arbeitspapieren zu dokumentieren. Die Ergebnisse der Prüfung der IT finden Eingang in die Ausführungen über die Rechnungslegung im Prüfungsbericht. Dabei ist zur Ordnungsmäßigkeit der Buchführung und der Datenverarbeitung und zu allfälligen Mängeln bei der Kontrolle der Informationstechnik Stellung zu nehmen. Darüber hinaus sind über Mängel der formellen Ordnungsmäßigkeit des IT-Systems und Mängel, die zu fehlerhaften Daten führen können, wenn sie wesentlich sind, die Aufsichtsorgane und die Geschäftsführung im Wege der Ausübung der Redepflicht des Abschlussprüfers zu unterrichten.

Für die technische Durchführung einer EDV-Prüfung bestehen prinzipiell drei verschiedene Möglichkeiten:

- Prüfung „um das EDV-System herum";
- Prüfung „durch das EDV-System hindurch";
- Prüfung „mit dem EDV-System".

– Prüfung „um das EDV-System herum"

Bei der Prüfung „um das EDV-System herum" wird das EDV-System selbst als „black box" von einer Prüfung weitestgehend ausgeschlossen – geprüft wird lediglich die existierende Organisation, dh die Rahmenbedingungen des EDV-Einsatzes. Diese, etwas ältere Methode bietet den Vorteil, dass für den Prüfer keine detaillierten technischen Kenntnisse erforderlich sind, ist jedoch heute nicht mehr zeitgemäß.

– Prüfung „durch das EDV-System hindurch"

Dieser Prüfungsansatz wird in der wissenschaftlichen Literatur überwiegend gefordert, da er das EDV-System selbst mit einbezieht. Im Bereich des EDV-Systems unterliegt dabei einerseits die Dokumentation, andererseits jedoch auch das Programm selbst der Prüfung. Interessant ist es jedoch festzustellen, dass eine rigorose Überprüfung der Hardware selbst von den Anhängern dieses Verfahrens niemals gefordert wird. Dass jedenfalls EDV-gestützte Buchführungssysteme eigene Fehlerarten generieren können, die mit konventionellen Prüfungstechniken kaum oder nur unvollständig aufgedeckt werden können, wurde inzwischen in Theorie wie Praxis nachgewiesen.

– Prüfung „mit dem EDV-System"

Bei dieser Technik wird das EDV-System selbst als Prüfungshilfsmittel eingesetzt (zB durch Einbau von Kontrollroutinen in die Buchführungssysteme, den Einsatz von Parallelprogrammen oder das sog Mini-Company-Konzept, bei dem ein fiktives Abrechnungssystem installiert wird, dessen, ebenfalls fiktive, (Test-)Geschäftsfälle zusammen mit den Echtbuchungen von ein und demselben Abrechnungsprogramm verarbeitet werden oder aber durch den Einsatz spezieller Prüfprogramme bzw Prüfsprachen). Durch diese Technik wird eine „Prüfung durch das EDV-System hindurch" idR erleichtert, in einigen Fällen überhaupt erst ermöglicht.

In weiterer Folge sollen nur die **Grundsätze ordnungsmäßiger Bilanzierung** besprochen werden.

Da es keine gesetzliche Definition des Inhalts der Grundsätze ordnungsmäßiger Bilanzierung (GoB) gibt, ist auf mehrere Quellen zur Findung dieser Grundsätze zurückzugreifen.

Ein Teil der GoB sind im Gesetz kodifiziert. So stellen zB die Bestimmungen des § 201 UGB die allgemeinen Bewertungsgrundsätze dar. Welche gesetzlichen Bestimmungen allerdings GoB darstellen, kann nicht immer eindeutig gesagt werden. Die Entscheidung dieser Frage ist insoweit von großer Bedeutung, als die GoB jedenfalls für alle Unternehmer maßgeblich sind, während dies für sonstige gesetzliche Bestimmungen nicht der Fall sein muss.

Die Entwicklung der GoB wurde und wird auch durch die Rechtsprechung beeinflusst. Dies gilt insbesondere für solche GoB, die noch nicht kodifiziert sind bzw waren.

In geringem Maße können GoB auch noch durch Gewohnheitsrecht begründet sein. Da GoB entsprechend ihrem Wesen als sich ständig weiterentwickelndes Regelgefüge letztlich nicht kodifizierbar sind, bestehen neben den gesetzlich festgeschriebenen GoB auch nicht kodifizierte GoB.

Die Ermittlung solcher nicht kodifizierter GoB erfolgt wie die Ermittlung von kodifizierten GoB nach nun herrschender Ansicht sowohl auf induktivem als auch auf deduktivem Weg. Unter induktiver Ermittlung der GoB versteht man die Ermittlung anhand der Übung eines ehrbaren und ordentlichen Unternehmers. Da die Ermittlung solchen Verhaltens oft nicht ausreichend möglich ist und es nicht auszuschließen ist, dass das Verhalten dieser Unternehmer den Gesetzeszwecken der Bilanzierung nicht entspricht, erfolgt daneben eine Ermittlung der GoB auf deduktivem Weg, das heißt durch Ableitung aus den Bilanzzwecken (vgl dazu oben 3.1.2.). Beide Verfahren greifen vielfach letztlich ineinander, da in die auf deduktivem Weg ermittelten GoB, die großteils von Wissenschaft und Stellungnahmen des AFRAC (Österreichischer Rechnungslegungsbeirat) oder Fachgutachten der Kammer der Steuerberater und Wirtschaftsprüfer erarbeitet werden, die von den Unternehmern angewendete Bilanzierungspraxis einfließen wird und diese Praxis eine Überprüfung auf ihre Entsprechung mit den gesetzlichen Bilanzzwecken erfährt.

Die GoB ergeben sich somit

- aus dem Gesetz selbst, soweit es sich um allgemein anerkannte Prinzipien der Bilanzierung handelt;
- aus der Rechtsprechung;
- aus den Stellungnahmen des AFRAC, soweit es keine gesetzliche Regelung gibt oder der Inhalt einer solchen Regelung nicht eindeutig ist bzw allenfalls auch aus den Fachgutachten der Kammer der Steuerberater und Wirtschaftsprüfer, soweit keine AFRAC-Stellungnahmen vorliegen.

Die Fortentwicklung der GoB ist jedoch immer an den vom Gesetz vorgegebenen Bilanzierungszwecken zu überprüfen. Die Entwicklung von Bilanzierungsgrundsätzen kann grundsätzlich nicht dazu führen, dass neue Regeln, die eindeutig gesetzlichen Bestimmungen widersprechen, als GoB anzuerkennen sind.

Ehe auf die einzelnen GoB näher eingegangen wird, sei noch kurz auf das Verhältnis der GoB zueinander eingegangen. Da die GoB letztlich kein einheitliches und homogenes Bild darstellen, sondern teilweise einander widersprechend gegenüberstehen, wird eine Rangordnung innerhalb der GoB nach herrschender Ansicht verneint, es wird vielmehr von einer Gleichwertigkeit der GoB ausgegangen. Die vorhandenen Widersprüche sind durch entsprechende Erläuterungen auszugleichen. In diesem Zusammenhang ist auch anzumerken, dass die in § 195 UGB normierte Generalklausel („Vermittlung eines möglichst getreuen Bildes der Vermögens- [Finanz-] und Ertragslage") nach traditioneller, aber nicht unbestrittener Ansicht keinen Vorrang gegenüber den GoB genießt. Die Generalklausel ist nach dieser Auffassung nur dann anwendbar, wenn vom Gesetz und den GoB Freiräume für die Weiterentwicklung von Bilanzierungsgrundsätzen gelassen wurden. Diese Freiräume können vom Bilanzierenden unter Beachtung der Generalklausel genutzt werden. Ebenso sind die vom Gesetz gewährten Ermessensspielräume innerhalb der kodifizierten Bilanzierungsgrundsätze nur unter Beachtung der Generalklausel nutzbar. Die Ausübung der vom Gesetz gewährten echten Wahlrechte unterliegt hingegen keiner Bindung durch die Generalklausel. Ob diese Sichtweise zur Generalklausel im Lichte der Bilanzrichtlinie und einzelner EuGH-Urteile aufrechterhalten werden kann, ist allerdings fraglich (Rs C-234/94; C-275/97; C-306/99).

3.2.2. Die Grundsätze ordnungsmäßiger Bilanzierung im Einzelnen

3.2.2.1. Bilanzwahrheit

Der Grundsatz der Bilanzwahrheit verlangt einen den tatsächlichen Verhältnissen entsprechenden Ausweis des Vermögens und der Schulden des Unternehmens. Da es keine wahre Bilanz gibt, sondern eine Bilanz nur den vom Gesetz vorgegebenen Bilanzierungszwecken entsprechen kann, ist der Grundsatz der Bilanzwahrheit erfüllt, wenn die Bilanzierung den Grundsätzen der Richtigkeit und Willkürfreiheit entspricht.

Der Grundsatz der Richtigkeit ist dann erfüllt, wenn die Darstellung der realen wirtschaftlichen Tatbestände im Jahresabschluss den diesbezüglich geltenden Grundsätzen und Regeln entspricht. In diesem Sinne liegt ein richtiger Jahresabschluss vor, wenn dieser intersubjektiv nachprüfbar ist, ein Dritter bei Kenntnis der Unterlagen und sonstigen Informationen des Unternehmers somit zum gleichen Ausweis und Wertansatz kommen würde.

Ein Jahresabschluss ist demnach richtig, wenn

- dieser aus richtigen Aufzeichnungen abgeleitet ist (Richtigkeit der Buchführung),
- die einzelnen Posten des Jahresabschlusses den erfassten Tatbeständen entsprechend bezeichnet sind (Richtigkeit der Darstellung),
- alle Vermögensgegenstände, Schulden und Geschäftsfälle ausgewiesen werden,
- die Bewertung der einzelnen Posten nach den für die Bewertung geltenden Vorschriften und GoB erfolgt,
- die Zusammenstellung zu einem richtigen Ausweis des Jahresergebnisses führt.

Aus dieser Auflistung erkennt man, dass der Grundsatz der Richtigkeit seine inhaltliche Ausgestaltung erst durch die Anwendung anderer Grundsätze ordnungsmäßiger Bilanzierung, wie zB das Vollständigkeitsgebot oder die Bewertungsvorschriften, erfährt. Ein Jahresabschluss kann daher nur soweit richtig sein, als die übrigen GoB richtig angewendet wurden.

Der Grundsatz der Willkürfreiheit fordert, dass der Bilanzierende selbst den von ihm vorgenommenen Bilanzausweis und Wertansatz für eine den tatsächlichen Gegebenheiten entsprechende Darstellung hält. Willkürfreiheit liegt demnach vor, wenn die Abbildung im Jahresabschluss mit der inneren Überzeugung von ihrer Richtigkeit übereinstimmt. Auch der

Grundsatz der Willkürfreiheit konkretisiert sich in der Anwendung der einzelnen GoB, insbesondere auch in der Ausübung von Bewertungswahlrechten.

3.2.2.2. Vollständigkeit (§ 196 Abs 1 UGB)

Eng verbunden mit dem Grundsatz der Bilanzwahrheit ist der Grundsatz der Vollständigkeit. Eine Bilanz, die nicht sämtliche Vermögensgegenstände (zur Frage, was ein Vermögensgegenstand ist und wer einen solchen gegebenenfalls zu bilanzieren hat, vgl unten 3.4.3.1.1.), Schulden und Rechnungsabgrenzungsposten, aber auch eine GuV, die nicht sämtliche Erträge und Aufwendungen abbildet, kann keinesfalls als richtig angesehen werden. Das Vollständigkeitsgebot und damit der Grundsatz der Richtigkeit sind jedoch nicht verletzt, soweit gesetzliche Ausnahmen bestehen. Solche Ausnahmen bestehen in Form der **Bilanzansatzwahlrechte**. Zu diesen Ansatzwahlrechten zählen zB die Rückstellungen von untergeordneter Bedeutung (§ 198 Abs 8 UGB). Der Nichtansatz dieser Posten stellt keinen Verstoß gegen das Vollständigkeitsgebot dar.

Auch die Nichtaktivierung selbsterstellter immaterieller Vermögensgegenstände des Anlagevermögens (§ 197 Abs 2 UGB) stellt, da eine solche Aktivierung verboten ist, keinen Verstoß gegen den Vollständigkeitsgrundsatz dar.

Ein derivativer Firmenwert (§ 203 Abs 5 UGB) ist trotz Aktivierungsgebots kein Vermögensgegenstand. Für Bilanzierungshilfen (zB Umgründungsmehrwert) gilt mangels Eigenschaft als Vermögensgegenstand das Vollständigkeitsgebot nicht.

Die Erfüllung des Vollständigkeitsgebots setzt eine Bestandsaufnahme aller Werte des Unternehmens im Rahmen einer Inventur voraus. Die Bestandsaufnahme erfolgt bei Vorräten durch besondere Inventurverfahren (dazu unten 3.5.2.), beim Sachanlagevermögen insb durch Kontrolle der Anlageverzeichnisse, bei Wertpapieren durch Kontrolle der Depotauszüge, bei Forderungen und Verbindlichkeiten durch Abwicklung der Geschäftsfälle oder durch Saldenbestätigungen. Daneben sind insbesondere laufende und abgewickelte Geschäfte auf vorhandene Risiken zu überprüfen, die die Bildung einer Rückstellung erforderlich machen.

Vom Vollständigkeitsgebot sind nur das dem Betrieb gewidmete Vermögen sowie die betrieblichen Schulden erfasst. Privatvermögen des Unternehmers darf nicht in der UGB-Bilanz ausgewiesen werden. Die Abgrenzung erfolgt anhand objektiver Kriterien nach dem Zweck und der tatsächlichen Verwendung des jeweiligen Gutes. Lediglich im Bereich des gewillkürten Betriebs(Privat)vermögens erfolgt die Abgrenzung mangels eindeutiger objektiver Kriterien aufgrund der vom Unternehmer vorgenommenen Widmung. Soweit Vermögensgegenstände sowohl betrieblich als auch privat genutzt werden, hat grundsätzlich eine vollständige Zuordnung entsprechend der überwiegenden Nutzung zu einem der beiden Bereiche zu erfolgen. Eine Ausnahme besteht nur für Grundstücke; hier kann eine Aufteilung erfolgen, wobei entsprechend der steuerrechtlichen Vorschriften die Aufteilung nicht mehr zu erfolgen hat, wenn die Nutzung zu mehr als 80 % für den privaten oder betrieblichen Bereich erfolgt.

Vom Grundsatz der Vollständigkeit ist auch das Verrechnungsverbot des § 196 Abs 2 UGB erfasst. Das Verrechnungsverbot besagt, dass Posten der Aktivseite nicht mit Posten der Passivseite, Erträge nicht mit Aufwendungen sowie Grundstücksrechte nicht mit Grundstückslasten verrechnet werden dürfen. Das Gesetz verlangt somit einen Bruttoausweis aller Posten, weshalb in diesem Zusammenhang auch von einer Ausweisvollständigkeit gesprochen werden kann. Der Bruttoausweis kann nur im Falle einer zivilrechtlich möglichen Aufrechnung oder in gesetzlich ausdrücklich geregelten Fällen durchbrochen werden. Eine Aufrechnung ist möglich, wenn Gläubiger- und Schuldneridentität vorliegt und die Forderung am Bilanzstichtag fällig und die Verbindlichkeit ebenfalls fällig oder zumindest erfüllbar ist bzw am Bilanzstichtag noch nicht fällige etwa gleich befristete Forderungen und Verbindlichkeiten bis zur Aufstellung der Bilanz erloschen sind oder mit ihrer tatsächlichen Aufrechnung zu rechnen ist.

Eine Durchbrechung aufgrund unternehmensrechtlicher Bestimmungen ist insbesondere durch Saldierung der Umsatzerlöse und der Erlösschmälerungen (§ 189a Z 5 UGB) sowie der Bestandserhöhungen und -verminderungen (§ 231 Abs 2 UGB) möglich.

3.2.2.3. Bilanzklarheit (§ 195 UGB)

Der Grundsatz der Bilanzklarheit verlangt eine klare und übersichtliche Gestaltung der Bilanz und der GuV. Das Gebot der Klarheit ist erfüllt, wenn die einzelnen Posten der Bilanz und GuV eindeutig und aussagekräftig bezeichnet werden. Die Bezeichnung richtet sich dabei nach dem allgemeinen Verständnis eines kundigen Bilanzlesers. Die einmal gewählte Bezeichnung ist, sofern keine wesentliche Änderung in der Zusammensetzung des Postens eintritt, beizubehalten.

Das Gebot der Klarheit verlangt weiters eine ausreichend detaillierte Gliederung des Jahresabschlusses, die auf die Besonderheiten des Unternehmens Rücksicht nimmt. Die Gliederung hat so zu erfolgen, dass unterschiedliche Sachverhalte nicht vermengt werden. Sie wird sich an der Gliederungstiefe der Bilanz und GuV für Kapitalgesellschaften (§§ 224, 231 UGB) orientieren. Sollte die für Kapitalgesellschaften gesetzlich vorgegebene Mindestgliederung des § 224 UGB nicht zur Vermittlung eines getreuen Bildes ausreichen, so sind entsprechend der Vorschrift des § 223 Abs 4 UGB zusätzliche Posten einzufügen. Ebenso kann eine Änderung der gesetzlichen Gliederung vorgenommen werden, soweit dies zur Aufstellung einer klaren und übersichtlichen Bilanz erforderlich ist (§ 223 Abs 8 UGB). Obwohl diese Vorschriften der §§ 223, 224 UGB ausdrücklich nur für Kapitalgesellschaften gelten, wird der dahinter stehende Zweck auch für Bilanzen anderer Unternehmer eine entsprechende Gliederung vielfach erforderlich machen. Auch die Gliederung der Bilanz unterliegt einer Beibehaltungspflicht, solange nicht neue Umstände ein Abweichen erforderlich machen.

Das Gebot der Klarheit verlangt auch eine sinnvolle Reihenfolge der Bilanzgliederung. Dies erfolgt durch eine an den Verwendungszwecken orientierte Zuordnung des Vermögens. Aktivseitig wird die Gliederung daher vom langfristigen zum kurzfristigen Vermögen erfolgen. Im Passivvermögen hat dementsprechend eine Trennung nach der Art der Kapitalbeschaffung zu erfolgen.

Vom Grundsatz der Klarheit ist auch die Übersichtlichkeit der Bilanz erfasst. Der Grundsatz der Übersichtlichkeit stellt eine sinnvolle Beschränkung des Grundsatzes der Klarheit dar, indem er eine zu weit gehende Aufgliederung der Bilanz unterbindet. Insbesondere ermöglicht es der Grundsatz der Übersichtlichkeit, zusätzliche Informationen in den Anhang zu verlagern und damit eine Informationsüberladung der Bilanz zu verhindern. Weiters können bestimmte Posten des gesetzlichen Gliederungsschemas zusammengefasst werden, wenn dadurch die Klarheit der Darstellung verbessert wird (vgl § 223 Abs 6 UGB).

Aus dem Gebot der Übersichtlichkeit ist abzuleiten, dass auch bei Nichtkapitalgesellschaften eine Bilanzgliederung vom langfristigen zum kurzfristigen Vermögen zu erfolgen hat. Für die GuV kann abgeleitet werden, dass die Staffelform durch die damit verbundene offene Erfolgsaufspaltung die übersichtlichere Darstellungsmethode darstellt.

3.2.2.4. Das Realisationsprinzip

Die Bestimmung des § 201 Abs 2 Z 4 lit a UGB umschreibt das sog Realisationsprinzip. Dieses Prinzip besagt, dass nur die am Abschlussstichtag tatsächlich verwirklichten Gewinne auszuweisen sind; die bloße Wahrscheinlichkeit des späteren Gewinneintritts genügt nicht. Der Zweck des Realisationsprinzips besteht darin, den Ausweis und die Ausschüttung noch nicht realisierter Gewinne zu verhindern und die Erfolgsneutralität der Anschaffungs- oder Herstellungsvorgänge zu gewährleisten.

Entscheidende Bedeutung kommt daher dem Realisationszeitpunkt zu, also dem Zeitpunkt, zu dem die Gewinnverwirklichung eingetreten ist. Nach ganz herrschender Ansicht ist Realisationszeitpunkt idR der Zeitpunkt, zu dem die Preisgefahr auf den Leistungserwerber übergeht. Dieser Zeitpunkt entspricht jenem, zu dem das wirtschaftliche Eigentum auf den Erwerber übergeht. Die Preisgefahr geht dabei grundsätzlich dann auf den Erwerber über, wenn der Leistungsersteller alles zur Erfüllung seiner Schuld Notwendige getan hat. Die Preisgefahr geht zB mit Übergabe der Sache an den Erwerber über, aber auch bereits bei Versendung an diesen, wenn die Versendung im Auftrag des Käufers erfolgt und die vereinbarte Versendungsart eingehalten wird. Regelungen über den Zeitpunkt des Gefahrenübergangs bzw des Übergangs der Preisgefahr enthalten auch die sog INCOTERMS, die vor allem im Exportgeschäft Anwendung finden. Die Klausel FOB (Free On Board) zB besagt, dass der Übergang der Gefahr im Zeitpunkt der Verladung an Bord erfolgt. Für Geschäfte rund um den Bilanzstichtag gilt es daher festzustellen, ob die Preisgefahr und somit das wirtschaftliche Eigentum mit Ablauf des Bilanzstichtages auf den Erwerber übergegangen ist.

Beispiel:

Der Verkäufer stellt die verkaufsfertige Ware am 30. 12. bereit. Die Abholung soll vertragsgemäß a) am 30. 12. b) am 3. 1. erfolgen. Die Ware wird tatsächlich erst am 7. 1. abgeholt. Bilanzstichtag ist der 31. 12.

a) Ist der 30. 12. der Abholtermin, so hat der Verkäufer am Bilanzstichtag alle ihn treffenden Verpflichtungen aus dem Geschäft erfüllt. Obwohl die Ware erst am 7. 1. tatsächlich abgeholt wird, ist die Erfolgsrealisation mit 31. 12. eingetreten.

b) Ist hingegen der 3. 1. der Abholtermin, so treffen den Verkäufer jedenfalls noch die Risiken des zufälligen Untergangs der Ware, weshalb eine Erfolgsrealisation frühestens am 3. 1. eintreten kann. Dementsprechend ist die Ware am Bilanzstichtag im Umlaufvermögen mit den Anschaffungs- oder Herstellungskosten auszuweisen.

Für die Erfolgsrealisation bei Leistungserbringung genügt es, dass die Leistung im Wesentlichen erbracht wurde. Allfällige Gewährleistungsverpflichtungen aus der abgewickelten Leistung sind als Verbindlichkeitsrückstellung zu berücksichtigen, ändern jedoch nichts an der Möglichkeit des Erfolgsausweises.

Bei Dauerschuldverhältnissen tritt die Gewinnrealisierung zeitanteilig ein.

Für Teilleistungen einer längerfristigen (mehr als zwölf Monate dauernden) Leistungserstellung wird man zwischen abrechenbaren und nicht abrechenbaren Teilleistungen unterscheiden müssen. Soweit abrechenbare Teilleistungen vorliegen und der Leistungsersteller deren Abnahme verlangen kann, kann ein Gewinn ab dem Zeitpunkt der vereinbarten Übernahme durch den Erwerber ausgewiesen werden, wenn keine Abnahmerisiken für die Teilleistung bestehen. Soweit eine abrechenbare Teilleistung vorliegt, wird der Ausweis eines Gewinns allerdings dann nicht zulässig sein, wenn aus der weiteren Auftragsabwicklung ein Verlust droht. Soweit keine abrechenbaren Teilleistungen vorliegen, stellt sich die Frage einer periodenbezogenen Abrechnung der Aufwendungen und der dem Herstellungsprozess entsprechenden Erträge. Die international vertretene Methode der Teilgewinnrealisierung entsprechend dem Fortgang der Auftragsabwicklung (Percentage of Completion Method) ist in Österreich aufgrund der Bestimmung des § 206 Abs 3 UGB nicht anwendbar (es gilt die sog Complete Contract Method), da diese Vorschrift unter den dort normierten Voraussetzungen lediglich eine Aktivierung der angemessenen Verwaltungs- und Vertriebskosten, jedoch keine über den Ansatz der Selbstkosten hinausgehende Gewinnrealisierung gestattet.

3.2.2.5. Wirtschaftlicher Gehalt, Wesentlichkeit

Der Grundsatz des wirtschaftlichen Gehalts ist in § 196a Abs 1 UGB normiert. Demzufolge sind die Posten des Jahresabschlusses unter Berücksichtigung des wirtschaftlichen Gehalts der betreffenden Geschäftsvorfälle oder der betreffenden Vereinbarungen (sog wirtschaftliche Betrachtungsweise) zu bilanzieren und darzustellen.

Der Grundsatz der Wesentlichkeit gemäß § 196a Abs 2 UGB bezieht sich auf Basis des RÄG 2014 nur auf die Darstellung und Offenlegung des Jahresabschlusses, wodurch die Frage aufgeworfen wird, ob die Anwendung dieses Grundsatzes auf diese beiden Bereiche beschränkt ist. Mit dem Anti-Gold-Plating-Gesetz 2019 wurde § 196a Abs 2 UGB ersatzlos gestrichen. Aus den Erläuterungen ist ersichtlich, dass die mit dem RÄG 2014 kodifizierte Einschränkung des Grundsatzes der Wesentlichkeit mehr Anwendungsfragen aufgeworfen hat, als vor dem RÄG 2014 bestanden. Demgemäß existiert keine legistische Einschränkung des Wesentlichkeitsgrundsatzes mehr, wodurch sich dieser künftig ensprechend Art 6 Abs 1 lit j der Bilanz-Richtlinie auf „Ansatz, Bewertung, Darstellung, Anhangangaben und Konsolidierung“ erstreckt.

Insbesondere dem Grundsatz der Vollständigkeit iSd § 196 Abs 1 UGB scheint auf den ersten Blick der Grundsatz der Wesentlichkeit hinsichtlich des Ansatzes entgegenzustehen wobei zu bedenken ist, dass es sich insoweit um gleichwertige GoB handelt. Zu beachten ist jedenfalls, dass sämtliche Geschäftsfälle nach § 190 Abs 3 UGB in den Büchern zu erfassen sind. Davon zu trennen ist der Ansatz im Jahresabschluss. Sollte daher der Nichtansatz nicht wesentlich sein, wäre der Jahresabschluss gesetzeskonform und damit richtig. Sofern der sich aus der Nichtbilanzierung ergebende Fehler allerdings wesentlich ist, wäre der Jahresabschluss wegen Verstoß gegen die Grundsätze ordnungsmäßiger Buchführung unrichtig. Außerdem kommt dem Grundsatz der Wesentlichkeit eine umfassende Bedeutung hinsichtlich der Bewertung von Vermögensgegenständen und Schulden zu, wodurch die Auswirkungen eines Abweichens von gesetzlichen Bewertungsregeln an der Bestimmung des § 189a Z 10 zu messen und beurteilen ist.

Die Abgrenzung der Wesentlichkeit von der Unwesentlichkeit erfolgt nach § 189a Z 10 UGB dabei sowohl nach qualitativen als auch nach quantitativen Kriterien, wobei Wesentlichkeit immer dann gegeben sein wird, wenn die Offenlegung des Sachverhalts die Entscheidungen der Bilanzadressaten beeinflussen kann. Soweit die Sachverhalte die Entscheidungen der Bilanzadressaten nicht beeinflussen, können sie als unwesentlich verschwiegen werden. Soweit allerdings mehrere unwesentliche Sachverhalte zusammen das Entscheidungsverhalten beeinflussen, ist eine Offenlegung erforderlich.

Bei qualitativen Kriterien ist auf das Gesamtbild der Verhältnisse abzustellen, wobei die spezifische Eigenschaft eines Postens sowie die Fehlerhaftigkeit einer Angabe maßgeblich sind. Bei quantitativen Kriterien ist aus dem Gesetz nicht ersichtlich, ob es sich bei der Größe des Postens um eine absolute oder relative Größe handelt und ob es sich um eine aus mehreren Kriterien zusammengesetzte Größe handelt. Die Praxis zeigt, dass zumeist eine prozentuelle Relation zwischen der betroffenen Position und einer Bezugsgröße, die die gleiche Position, die übergeordnete Position, aber auch die Bilanzsumme oder der Jahresüberschuss vor/nach Steuern sein kann, zur Beurteilung der Wesentlichkeit unerlässlich ist. Welcher Prozentsatz bei welcher Position letztlich als Abgrenzungskriterium dient, wird in der Literatur allerdings äußerst unterschiedlich beantwortet.

Letztlich steht der Grundsatz der Wesentlichkeit mit dem Grundsatz der Wirtschaftlichkeit, welcher als Grundsatz ordnungsmäßiger Bilanzierung anerkannt ist, in einem engen Zusammenhang. Nach dem Grundsatz der Wirtschaftlichkeit erfolgt eine Abwägung des mit einer zu gewinnenden Information einhergehenden Mehrwerts für den Nutzers mit dem damit verbundenen Aufwand der Informationsbereitstellung für das Unternehmen. Ist eine Information aus Sicht des Nutzers wesentlich, überwiegt dieses Interesse grundsätzlich den möglichen Aufwand für die Inofrmationsgewinnung.

3.2.2.6. Sonstige GoB

§ 201 sieht weitere GoB vor, die insbesondere im Zusammenhang mit der Bewertung von Vermögensgegenständen und Schulden stehen:

- Bilanzierungs- und Bewertungsstetigkeit
- Grundsatz der Unternehmensfortführung
- Einzelbewertung zum Abschlussstichtag
- Stichtagsprinzip/Werterhellung
- Vorsichtsprinzip
- Abgrenzungs(Periodisierungs)prinzip
- Bilanzidentität
- verlässliche Schätzung

Diese GoB werden in Kapitel 3.6.2. ausführlich dargestellt.

3.2.3. Bilanzberichtigung/Bilanzänderung

Bei der Bilanzberichtigung und Bilanzänderung geht es um die Bereinigung von Fehlern, die im Rahmen der Bilanzierung erfolgt sind. Bei der Korrektur von Bilanzierungsfehlern gehen das UGB und das Steuerrecht aber getrennte Wege.

Fehlerkorrektur im UGB

Die Korrektur eines Fehlers im unternehmensrechtlichen Jahresabschluss erfolgt grundsätzlich in jenem Jahresabschluss, anlässlich dessen Erstellung der Fehler entdeckt wird (also im „Entdeckungsjahr"); eine Berichtigung bis hin zum Ursprungsjahr des Fehlers erfolgt nicht (anders im Steuerrecht – siehe unten). Die Korrektur ist nicht nur erlaubt, sondern geboten. Dies ergibt sich aus der Informationsfunktion des Jahresabschlusses, anderenfalls müsste der Bilanzleser nicht nur den aktuellen Jahresabschluss lesen, sondern auch den Jahresabschluss des Fehlerjahres um ein möglichst getreues Bild der Vermögens-, Finanz- und Ertragslage des Unternehmens zu erhalten. Voraussetzung für diese Art der Fehlerkorrektur ist allerdings, dass der fehlerhafte Jahresabschluss rechtlich wirksam ist, dh der Fehler nicht derart gravierend ist, dass ein nichtiger (und damit rechtlich inexistenter) Jahresabschluss vorliegt.

Fehlerkorrektur im Steuerrecht

Im Steuerrecht erfolgt die Korrektur eines Fehlers nach Maßgabe von § 4 Abs 2 EStG. Ganz grundsätzlich kann der Steuerpflichtige die Bilanz bis zum Einreichen beim Finanzamt jederzeit ändern. Nach dem Einreichen beim Finanzamt muss für steuerliche Zwecke zwischen Bilanzänderung und Bilanzberichtigung unterschieden werden.

Bei einer **Bilanzänderung** werden Ansatz- und Bewertungswahlrechte anders ausgeübt; es wird ein richtiger Bilanzansatz durch einen anderen richtigen Bilanzansatz ersetzt. Eine Bilanzänderung ist nach dem Einreichen der Bilanz beim Finanzamt nur dann zulässig, wenn der Steuerpflichtige eine stichhaltige wirtschaftliche Begründung vorbringen kann. Die nachträgliche Änderung der UGB-Bilanz stellt einen Anwendungsfall der Bilanzänderung dar, wenn die Änderung die steuerliche Gewinnermittlung beeinflussen kann (zB Abschreibung von Finanzanlagevermögen bei nicht dauerhafter Wertminderung gemäß § 204 Abs 2 UGB). Die Bilanzänderung kann im Unterschied zur Bilanzberichtigung nicht rückwirkend auf die Vorjahre vorgenommen werden. Eine Bilanzänderung kann bis zur rechtskräftigen Veranlagung vorgenommen werden. Ist die Veranlagung bereits rechtskräftig, so kann eine Änderung nur mehr dann erfolgen, wenn das verfahrensrechtlich zulässig ist (zB Wiederaufnahme des Verfahrens nach § 303 BAO). Mangels Aufstellen einer Bilanz für einen § 4 Abs 3-Gewinnermittler kommt eine Bilanzänderung für diesen nicht infrage.

Im Gegensatz zur Bilanzänderung (Ersetzung eines zulässigen Bilanzansatzes durch einen anderen zulässigen Bilanzansatz) geht es bei der **Bilanzberichtigung** um die Korrektur eines Bilanzierungsfehlers (ein unrichtiger Bilanzansatz wird durch einen richtigen Bilanzansatz ersetzt). Dieser liegt idR dann vor, wenn die Bilanz allgemeinen Grundsätzen ordnungsmäßiger Buchführung oder zwingenden Normen des Einkommensteuerrechts widerspricht. Eine Bilanzberichtigung hat insbesondere zu erfolgen, wenn bspw Bilanzposten fehlen (zB notwendiges Betriebsvermögen), Bilanzposten unrichtig sind oder Bilanzposten zu Unrecht angesetzt wurden. Dem Bilanzierenden ist in solchen Fällen vorzuhalten, nicht mit der Sorgfalt eines ordentlichen Unternehmers bilanziert zu haben. Das Steuerrecht folgt dabei dem Grundsatz der richtigen Periodenbesteuerung, dh der Fehler ist bis zum „Ursprungsjahr" („Wurzel") des Fehlers zu korrigieren, selbst wenn der Fehler mehrere Besteuerungsperioden betrifft. Mit dem AbgÄG 2012 (BGBl I 2012/112) ist die ergebniswirksame Berichtigung des Fehlers auch auf bereits verjährte Jahre ausgedehnt worden (davor erfolgte die Bilanzberichtigung zwar auch an der Wurzel, was jedoch bei eingetretener Verjährung zu einer steuerneutralen Erfassung des damit verbundenen Aufwands bzw Ertrags führte). Bei der Bilanzberichtigung ist also insofern zu differenzieren, ob der Fehler ein bereits verjährtes oder ein nicht verjährtes, aber bereits veranlagtes Jahr betrifft. Ist eine Verjährung des Fehlerjahres noch nicht eingetreten, dann muss die Berichtigung im Wurzeljahr vorgenommen werden und die Bilanzansätze in den Folgejahren sind nachzuberichtigen (keine Zu- oder Abschläge!). Ist das Wurzeljahr bereits verjährt, dann ist die Korrektur durch den Ansatz von Zu- oder Abschlägen im ersten noch nicht verjährten Jahr vorzunehmen. Die Berichtigung erfolgt nur insoweit, als der Fehler noch steuerliche Auswirkungen in den nicht verjährten Veranlagungsjahren hat. § 4 Abs 2 Z 2 EStG fingiert die Nichtberücksichtigung als offensichtliche Unrichtigkeit, weshalb die Berücksichtigung der Zu- und Abschläge im Rahmen einer Bescheidberichtigung nach § 293b BAO erfolgt. Die Vornahme der Zu- oder Abschläge liegt im Ermessen der Abgabenbehörde und ist unter dem Aspekt der Billigkeit und Zweckmäßigkeit vorzunehmen. So erfolgt kein Zu- oder Abschlag, wenn sich durch die Berichtigung nur geringfügige steuerliche Auswirkungen im Verhältnis zum Totalgewinn ergeben. § 4 Abs 2 EStG idF AbgÄG 2012 ist erstmals auf „Fehler" anzuwenden, deren Fehlerursache in Wirtschaftsjahren ab 2003 bzw 2002/2003 liegt und damit ab der Veranlagung 2003. Dabei gilt eine Bilanz iSd Grundsätze ordnungsmäßiger Buchführung als richtig, insofern diese mit der Sorgfalt eines ordentlichen Unternehmers aufgestellt worden ist. Liegt lediglich ein dem Abgabepflichtigen nicht vorwerfbarer Informationsmangel dem Fehler zugrunde, führt dies zu keiner fehlerhaften Bilanz im Sinne des § 4 Abs 2 EStG (VwGH 27. 4. 2017, Ra 2015/15/0062).

Beispiel:

Im bereits verjährten Jahr -03 wurde Herstellungsaufwand für ein Wirtschaftsgut iHv 500.000,– EUR sofort als Betriebsausgabe angesetzt. Tatsächlich wäre das Wirtschaftsgut jedoch zu aktivieren gewesen (ND untrl = strl = 10 Jahre).

		Falsch/Korrektur	*Richtig*	
Jahr		*Aufwand*	*AfA*	*Buchwert*
-03	*Verjährt*	*– 500.000*	*50.000*	*450.000*
-02	*Verjährt*		*50.000*	*400.000*
-01	*Verjährt*		*50.000*	*350.000*
00	*Verjährt*		*50.000*	*300.000*
01	*BERICHTIGUNG*	*+ 300.000*	*50.000*	*250.000*
02			*50.000*	*200.000*
03			*50.000*	*150.000*
04			*50.000*	*100.000*
05			*50.000*	*50.000*
06			*50.000*	*0*

Steuerrechtlich erfordern die Grundsätze der Bilanzberichtigung erfordern zunächst eine Korrektur an der Wurzel (Jahr -03). Folglich ist der Herstellungsaufwand (fiktiv) im Jahr -03 zu aktivieren und die Fortentwicklung des aktivierten Herstellungsaufwandes (Absetzung für Abnutzung) bis ins erste noch nicht verjährte Jahr zu berücksichtigen. Im ersten noch nicht verjährten Jahr erfolgt die Fehlerkorrektur durch einen Zuschlag von 300.000 (= fiktiver Buchwert des Wirtschaftsgutes per 31. 12. 00 bzw 1. 1. 01). Die Absetzung für das erste noch nicht verjährte Jahr beträgt 50.000, der Buchwert in der Schlussbilanz per 31. 12. 01 folglich 250.000.

Es sei darauf hingewiesen, dass das Zu- und Abschlagssystem des § 4 Abs 2 Z 2 EStG auch für Einnahmen-Ausgaben-Rechner (§ 4 Abs 3 EStG) und für die Überschussermittlung aus Vermietung und Verpachtung (§ 28 Abs 7 EStG) sinngemäß anzuwenden ist.

3.3. Das Verhältnis von Unternehmensrecht und Steuerrecht, insbesondere im Bereich der steuerlichen Begünstigungen

3.3.1. Das Verhältnis von Unternehmens- und Steuerrecht

Das Verhältnis von Unternehmensrecht und Steuerrecht ist durch das sog Maßgeblichkeitsprinzip des § 5 EStG geprägt. Nach dieser Bestimmung sind für die steuerliche Gewinnermittlung jener Steuerpflichtigen, die gemäß § 189 UGB der Rechnungslegungspflicht unterliegen und die Einkünfte aus Gewerbebetrieb erzielen ebenso wie für jene Steuerpflichtigen, die von der Option des § 5 Abs 2 EStG Gebrauch machten, die unternehmensrechtlichen Grundsätze ordnungsmäßiger Buchführung maßgeblich, außer zwingende Vorschriften des EStG sehen abweichende Regelungen vor. Die herrschende Ansicht vertritt das Maßgeblichkeitsprinzip in Form der so genannten **formellen Maßgeblichkeit**, wonach neben dem Bilanzansatz auch die konkrete Bewertung in der UGB-Bilanz maßgeblich für die steuerliche Bewertung ist. Demgegenüber steht das **materielle Maßgeblichkeitsprinzip**, das nur den Bilanzansatz, nicht jedoch die konkrete Bewertung als maßgeblich für die Steuerbilanz ansieht. Folge der formellen Maßgeblichkeit ist, dass bereits in der UGB-Bilanz die Bewertung nach steuerlichen Gesichtspunkten erfolgen wird, um die gewünschte steuerliche Bewertung sicherzustellen. Man spricht in diesem Zusammenhang von einer faktischen umgekehrten Maßgeblichkeit.

Im Konkreten sieht das Verhältnis UGB-Bilanz – Steuerbilanz folgendermaßen aus:

- Treffen unternehmens- und steuerrechtliche Mussbestimmungen aufeinander, so ist in der UGB-Bilanz jedenfalls den unternehmensrechtlichen, in der Steuerbilanz den steuerrechtlichen Vorschriften zu folgen.
- Treffen unternehmensrechtliche Mussbestimmungen mit steuerrechtlichen Kannbestimmungen aufeinander, so ist sowohl in der UGB-Bilanz jedenfalls, aber aufgrund des Maßgeblichkeitsprinzips auch in der Steuerbilanz den unternehmensrechtlichen Vorschriften zu folgen.
- Treffen unternehmens- und steuerrechtliche Kannbestimmungen aufeinander, so folgt die Steuerbilanz aufgrund des Maßgeblichkeitsprinzips der in der UGB-Bilanz gewählten unternehmensrechtlichen Vorschrift.
- Treffen eine unternehmensrechtliche Kannbestimmung und eine steuerrechtliche Mussbestimmung aufeinander, so ist in der Steuerbilanz unabhängig von der unternehmensrechtlich gewählten Vorschrift jedenfalls der steuerrechtlichen Mussbestimmung zu folgen.

  Grafisch lässt sich das Maßgeblichkeitsprinzip folgendermaßen darstellen:

Unternehmensrechtl Vorschrift	Steuerrechtl Vorschrift	Maßgeblichkeit
MUSS	MUSS	NEIN
MUSS	KANN	JA
KANN	KANN	JA
KANN	MUSS	NEIN

Die Überleitung der UGB-Bilanz auf die Steuerbilanz anhand der MWR erfolgt derart, dass das unternehmensrechtliche Ergebnis bezüglich der steuerlich nicht anerkannten Aufwendungen und Erträge mittels Addition bzw Subtraktion außerbücherlich auf das steuerliche Ergebnis übergeleitet wird.

unternehmensrechtliches Ergebnis

+/– Mehr-Weniger-Rechnung

steuerliches Ergebnis

Exkurs: Merkregel für die MWR

	Vorzeichen der MWR
unternehmensrechtlicher Aufwand > steuerlicher Aufwand	+
unternehmensrechtlicher Ertrag < steuerlicher Ertrag	+
unternehmensrechtlicher Aufwand < steuerlicher Aufwand	–
unternehmensrechtlicher Ertrag > steuerlicher Ertrag	–

Die Überleitung der UGB-Bilanz auf die Steuerbilanz sei anhand des folgenden Beispiels erläutert:

Der unternehmensrechtliche Gewinn beträgt 1.000.000,–. Darin ist eine Abschreibung für einen angeschafften LKW (Anschaffungswert 700.000,–) enthalten. Die unternehmensrechtliche Abschreibung erfolgt nach der Zahl der gefahrenen Kilometer. Dafür wurde eine Abschreibung von 160.000,– verbucht. Steuerlich ist hingegen aufgrund § 7 Abs 1 EStG ***nur*** *die lineare Abschreibung zulässig. Aufgrund der geschätzten Nutzungsdauer von 7 Jahren beträgt die steuerliche AfA 100.000,–.*

MWR: Für die steuerliche Gewinnermittlung ist ausschließlich die AfA von 100.000,– maßgeblich. Die Differenz zum höheren unternehmensrechtlichen Aufwand ist rückgängig zu machen.

unternehmensrechtliches Ergebnis		*1.000.000*
MWR	+	*60.000*
steuerliches Ergebnis		*1.060.000*

Die Steuerbilanz weist daher für den LKW einen Buchwert von 600.000,– aus, während der unternehmensrechtliche Buchwert 540.000,– beträgt. Hinsichtlich des Unterschiedsbetrages zwischen dem steuerlichen und unternehmensrechtlichen Buchwert haben Kapitalgesellschaften nach Maßgabe von § 198 Abs 9 und 10 UGB eine latente Steuer zu bilanzieren.

3.3.2. Steuerliche Sonderabschreibungen

Steuerliche Sonderabschreibungen führen zu einem Unterschied zwischen dem unternehmensrechtlichen und steuerrechtlichen Buchwert des betreffenden Vermögensgegenstandes und sind bei Kapitalgesellschaften im Rahmen der Bilanzierung latenter Steuern zu berücksichtigen.

3.4. Der Jahresabschluss

3.4.1. Allgemeine Aufstellungsgrundsätze

Die allgemeinen Grundsätze über die Erstellung des Jahresabschlusses finden sich in § 193 UGB. Der Unternehmer bzw der verantwortliche Geschäftsleiter hat für den Schluss eines jeden Geschäftsjahres einen Jahresabschluss aufzustellen (vgl § 193 Abs 2 UGB).

Der Jahresabschluss setzt sich nach § 193 Abs 4 UGB aus der Bilanz und der GuV zusammen.

Zur Bilanz gehören auch die unterhalb der Bilanz auszuweisenden Haftungsverhältnisse (§ 199 UGB), weshalb auch diese Posten Teil des Jahresabschlusses sind.

Das erste Geschäftsjahr beginnt mit dem Stichtag der Eröffnungsbilanz.

Exkurs: Die Eröffnungsbilanz

Gemäß § 193 Abs 1 UGB hat der Unternehmer zu Beginn seines Unternehmens nach den Grundsätzen ordnungsmäßiger Buchführung eine Eröffnungsbilanz aufzustellen. Die Eröffnungsbilanz hat die Vermögenslage am Tag der Aufnahme der unternehmensrechtlichen Tätigkeit darzustellen. Die unternehmensrechtliche Tätigkeit wird unabhängig von der rechtlichen Existenz des Unternehmens aufgenommen, auf die nachfolgende Firmenbucheintragung kommt es somit für die Festlegung des Stichtages der Eröffnungsbilanz nicht an. Mit Abschluss des Gesellschaftsvertrages kann daher eine Bilanzerstellungspflicht eintreten, wenn die noch nicht ins Firmenbuch eingetragene Gesellschaft (sog Vorgesellschaft) bereits geschäftlich tätig ist. Für die Aufstellung der Eröffnungsbilanz gelten aufgrund der Anwendbarkeit der GoB grundsätzlich die gleichen Bestimmungen wie für die Aufstellung eines Regelabschlusses, sodass für eingebrachtes Vermögen die Bewertungs- und Bilanzansatzvorschriften des UGB uneingeschränkt gelten. Teilweise wird in der Literatur vertreten, dass die im Jahresabschluss nach § 197 Abs 1 UGB nicht aktivierbaren Gründungs- und Eigenkapitalbeschaffungskosten in der Eröffnungsbilanz aktiviert werden können, wobei der dafür gebildete Aktivposten bei Erstellung des ersten Jahresabschlusses aufwandswirksam aufzulösen ist. Es wird aber auch vertreten, dass der Wortlaut des § 197 Abs 1 UGB auch die Eröffnungsbilanz mitumfasst, weshalb eine Aktivierung von Gründungs- und Eigenkapitalbeschaffungskosten in der Eröffnungsbilanz nicht möglich ist.

Jedes weitere Geschäftsjahr beginnt mit Ablauf des vorangegangenen Geschäftsjahres. Das Geschäftsjahr endet jeweils um 24 Uhr des Bilanzstichtages.

Im Zusammenhang mit dem Geschäftsjahr sind zwei Fristen zu beachten:

- Die eine Frist betrifft die Dauer des Geschäftsjahres. Dieses darf nämlich gemäß § 193 Abs 3 UGB höchstens zwölf Monate betragen. Die Mindestdauer des Geschäftsjahres ist gesetzlich nicht festgelegt, es gilt jedoch der Grundsatz, dass das Geschäftsjahr grundsätzlich nicht weniger als zwölf Monate betragen darf. Kürzere Geschäftsjahre sind nur als sog Rumpfgeschäftsjahre bei Beginn bzw Beendigung der Geschäftstätigkeit oder im Falle eines Wechsels des Bilanzstichtages zulässig. Das Geschäftsjahr kann, muss aber nicht mit dem Kalenderjahr zusammenfallen. Das unternehmensrechtliche Geschäftsjahr ist im Übrigen grundsätzlich auch für den Zeitraum des steuerlichen Wirtschaftsjahres maßgeblich. Der Wechsel des unternehmensrechtlichen Stichtages ist daher auch steuerlich relevant, wenn er wirtschaftlich begründet ist und das Finanzamt vorher bescheidmäßig zugestimmt hat, wobei die Zustimmung bei wirtschaftlicher Begründung zwingend ist.

- Als weitere Frist sieht § 193 Abs 2 UGB vor, dass der Jahresabschluss spätestens neun Monate nach Ende des vorangegangenen Geschäftsjahres aufzustellen ist. Diese Neunmonatsfrist stellt eine Höchstfrist dar, die nur bei Vorliegen besonderer Umstände voll ausgenützt werden sollte, da das Aufstellen des Jahresabschlusses im Rahmen der Geschäftsführung vordringlich zu betreiben ist. Die Rechnungslegungsvorschriften sehen weder eine Sanktion für das Überschreiten der Neunmonatsfrist noch eine Verlängerung dieser Frist vor. Von der Fristverletzung unberührt bleiben hingegen die durch eine verspätete Konkursanmeldung ausgelösten strafrechtlichen Folgen, aber auch allfällige Schadenersatzansprüche der Gesellschafter gegen den säumigen Geschäftsführer. Zu beachten ist allerdings, dass die Neunmonatsfrist aufgrund der speziellen Regelungen des § 222 Abs 1 UGB nicht für Kapitalgesellschaften gilt (vgl Näheres unten 3.4.2.2.4.).

Die gesetzliche Frist zur Bilanzerstellung gilt mangels näherer Bestimmung auch für die Erstellung der Eröffnungsbilanz, wobei auch hierfür gilt, dass die Bilanz grundsätzlich innerhalb einer dem ordentlichen Geschäftsbetrieb entsprechenden Zeit zu erstellen ist.

Der Jahresabschluss ist in Euro aufzustellen (§ 193 Abs 4 UGB). In der Buchhaltung vorhandene Fremdwährungspositionen sind daher zum Stichtag in Euro umzurechnen, wobei das Gesetz keine Umrechnungsmethode vorschreibt. Für die einmal gewählte Umrechnungsmethode gilt jedoch das Stetigkeitsgebot des § 201 Abs 2 Z 1 UGB. Kapitalgesellschaften und kapitalistische Personengesellschaften haben die Grundlagen der Währungsumrechnung im Anhang anzugeben.

Der Jahresabschluss ist in deutscher Sprache aufzustellen, wobei die volksgruppensprachlichen Ausnahmen von der Erstellung in deutscher Sprache zu beachten sind (§ 193 Abs 4 UGB). Für die Führung der Bücher und des Inventars gibt es hingegen keine Einschränkung der verwendbaren Sprache.

Der Jahresabschluss ist vom Unternehmer unter Beifügung des Datums zu unterzeichnen. Mit der Unterschrift dokumentiert der Unternehmer den Abschluss der Erstellung, aber auch die Richtigkeit und Vollständigkeit des Jahresabschlusses. Die Unterschrift ist allerdings nicht auf den aufgestellten, sondern erst auf den festgestellten, dh genehmigten, Jahresabschluss zu leisten, sodass die Genehmigung zB des Aufsichtsrats nach § 96 Abs 4 bzw § 104 Abs 4 AktG abzuwarten ist, da ein noch nicht festgestellter Jahresabschluss noch in jede Richtung abänderbar ist. Soweit keine Feststellung des Jahresabschlusses zu erfolgen hat, ist die Unterschrift auf den aufgestellten Jahresabschluss zu leisten.

Die Unterschriftsleistung trifft den Unternehmer höchstpersönlich. Er kann sich dabei nicht rechtsgeschäftlich vertreten lassen. Bei Personengesellschaften haben sämtliche persönlich haftende Gesellschafter den Jahresabschluss persönlich zu unterzeichnen. Kommanditisten als bloß beschränkt haftende Gesellschafter sind nicht zur Unterzeichnung berufen. Bei Kapitalgesellschaften haben sämtliche Mitglieder des Vorstands bzw der Geschäftsführung den festgestellten Jahresabschluss persönlich zu unterzeichnen, wobei bei Gesellschaften die Unterschrift immer von der im maßgeblichen Zeitpunkt der Aufstellung bzw Feststellung des Jahresabschlusses als zuständigem Organwalter tätigen Person zu leisten ist. Die Unterschriftspflicht gilt im Übrigen auch für die Eröffnungsbilanz.

Als Datum ist der Tag des Aufstellens bzw Feststellens des Jahresabschlusses zu wählen, es sei denn, die tatsächliche Unterschriftsleistung erfolgt zu einem späteren Zeitpunkt.

3.4.2. Unterschiede der Jahresabschlüsse der Unternehmer und Kapitalgesellschaften

3.4.2.1. Die Kapitalgesellschaft im Sinne der Rechnungslegungsvorschriften

Ehe auf die speziellen Unterschiede zwischen den Jahresabschlüssen von Unternehmern und Kapitalgesellschaften eingegangen wird (der Begriff Unternehmer umfasst in der Folge alle nach den Bestimmungen des UGB Rechnungslegungspflichtigen mit Ausnahme der Kapitalgesellschaft), sei auf die Kapitalgesellschaft als solche eingegangen. Unter einer Kapitalgesellschaft ist nur eine Aktiengesellschaft, eine Gesellschaft mit beschränkter Haftung oder eine Societas Europaea (SE) zu verstehen. Daneben gilt auch eine Personengesellschaft als Kapitalgesellschaft im Sinne der Rechnungslegungsvorschriften, wenn keine natürliche Person unbeschränkt haftender Gesellschafter ist (vgl § 189 Abs 1 Z 2 und § 221 Abs 5 UGB). Folge der Qualifikation einer Gesellschaft als Kapitalgesellschaft ist, dass diese neben den Bestimmungen des Ersten Abschnitts des Dritten Buches des UGB (§§ 189–220 UGB) – den für alle Unternehmer geltenden Bestimmungen – auch die meisten Bestimmungen des Zweiten Abschnitts (§§ 222–243c) und des Vierten Abschnitts (§§ 268–285 UGB) anzuwenden haben.

Beispiel:

An der A-GmbH & Co KG sind die A-GmbH als Komplementär und Herr B als Kommanditist beteiligt. Da keine natürliche Person unbeschränkt haftender Gesellschafter ist, stellt die A-GmbH & Co KG eine Kapitalgesellschaft im Sinne des § 221 Abs 5 UGB dar.

Neben der Unterscheidung zwischen Unternehmer allgemein (darunter sind alle Unternehmer zu verstehen, die keine Kapitalgesellschaft sind) und Kapitalgesellschaften ist jedoch auch noch eine Unterscheidung innerhalb der Kapitalgesellschaften vorzunehmen. § 221 UGB unterscheidet nämlich zwischen sog großen, mittelgroßen und kleinen Kapitalgesellschaften. Seit dem RÄG 2014 werden kleine Kapitalgesellschaften noch einmal in kleine Kapitalgesellschaften iwS und in Kleinstkapitalgesellschaften unterteilt. Die Unterscheidung gilt sowohl für Kapitalgesellschaften im engeren Sinn als auch für die als Kapitalgesellschaft zu behandelnden Personengesellschaften. Bei diesen sogenannten kapitalistischen Personengesellschaften ist nur die Bilanz der Gesellschaft selbst relevant; allfällige steuerliche Ergänzungsbilanzen ihrer Gesellschafter haben auf die nachfolgenden Größenmerkmale keinen Einfluss.

Kleine Kapitalgesellschaften sind solche, die zwei der folgenden drei Merkmale nicht überschreiten (vgl § 221 Abs 1 UGB):

- 5 Millionen Euro Bilanzsumme. Die Bilanzsumme kann insbesondere durch die Ausübung von Bilanzansatz- und Bewertungswahlrechten beeinflusst werden (bspw durch den Nichtansatz eines entgeltlich erworbenen Firmenwerts), bei Personengesellschaften darüber hinaus durch vor dem Bilanzstichtag getätigte Entnahmen.
- 10 Millionen Euro Umsatzerlöse in den zwölf Monaten vor dem Abschlussstichtag. Die Umsatzerlöse sind dabei im Sinne des § 189a Z 5 UGB als die Beträge, die sich aus dem Verkauf von Produkten und der Erbringung von Dienstleistungen nach Abzug der Erlösschmälerungen und der Umsatzsteuer sowie von sonstigen direkt mit dem Umsatz verbundenen Steuern ergeben, zu verstehen. Die Erlöse des Abschlussstichtages zählen dabei,

entgegen der wörtlichen Interpretation „... *vor* dem Abschlussstichtag" auch zur Bemessungsgrundlage.

- Im Jahresdurchschnitt 50 Arbeitnehmer, wobei der Jahresdurchschnitt nach der Arbeitnehmerzahl an den jeweiligen Monatsletzten des vorangegangenen Kalenderjahres berechnet wird. Wer Arbeitnehmer ist, bestimmt sich nach den Bestimmungen des Arbeitsrechts. Dementsprechend zählen mit Ausnahme der Mitglieder des Vorstands/der Geschäftsführung und anderer freier Dienstnehmer sämtliche Beschäftigte des Unternehmens zu den Arbeitnehmern. Dabei kommt es nicht auf die Höhe der monatlichen Beschäftigung der einzelnen Arbeitnehmer an. Teilzeitbeschäftigte zählen genauso als *ein* Arbeitnehmer wie Vollbeschäftigte. Endet das Geschäftsjahr mit dem Kalenderjahr, so ist trotz anderslautendem Wortlaut die durchschnittliche Arbeitnehmerzahl des abgelaufenen Geschäftsjahres maßgeblich.

Kleinstkapitalgesellschaften sind Kapitalgesellschaften, die keine Investmentunternehmen oder Beteiligungsgesellschaften sind und mindestens zwei der drei nachstehenden Merkmale nicht überschreiten (§ 221 Abs 1a UGB):

- 350.000 € Bilanzsumme;
- 700.000 € Umsatzerlöse;
- im Jahresdurchschnitt 10 Arbeitnehmer.

Für mittelgroße Kapitalgesellschaften gelten folgende Grenzen (vgl § 221 Abs 2 UGB):

- 20 Millionen Euro Bilanzsumme;
- 40 Millionen Euro Umsatzerlöse;
- im Jahresdurchschnitt 250 Arbeitnehmer.

Werden hingegen zwei der für die mittelgroße (kleine) Kapitalgesellschaft genannten Merkmale überschritten, so handelt es sich bei der untersuchten Gesellschaft um eine große (mittelgroße) Kapitalgesellschaft.

Ein Unternehmen von öffentlichen Interessen iSd § 189a Z 1 gilt stets als große Kapitalgesellschaft. Darunter sind folgende Unternehmen zu verstehen:

- Unternehmen, deren übertragbare Wertpapiere zum Handel an einem geregelten Markt eines EU-/EWR-Mitgliedstaates zugelassen sind;
- Kreditinstitute;
- Versicherungsunternehmen;
- Unternehmen, die ungeachtet ihrer Rechtsform in einem Bundesgesetz als Unternehmen von öffentlichem Interesse bezeichnet werden.

Die mit der Qualifikation als große, mittelgroße oder kleine Kapitalgesellschaft verbundenen Rechtsfolgen werden in der folgenden Aufstellung der Unterschiede von Unternehmern und Kapitalgesellschaften berücksichtigt. Für kapitalistische Personengesellschaften richtet sich die maßgebliche Behandlung nach Feststellung der anzuwendenden Größenkategorie nach der Rechtsform des ihres unbeschränkt haftenden Gesellschafters. Ist dieser keine Kapitalgesellschaft, so gelten die Vorschriften für GmbH.

Der Wechsel von einer Größenklasse in die andere erfolgt, wenn die maßgeblichen Grenzen in zwei aufeinanderfolgenden Jahren über- oder unterschritten wurden, mit Beginn des folgenden Geschäftsjahres (§ 221 Abs 4 UGB). Im Falle der Neugründung und Umgründung (Verschmelzung, Umwandlung, Einbringung, Zusammenschluss, Realteilung oder Spaltung) treten die Rechtsfolgen bereits ein, wenn die Größenmerkmale am ersten Abschlussstichtag nach der Neugründung oder Umgründung vorliegen (davon ausgenommen ist jedoch die rechtsformwechselnde Umgründung). Das gilt auch bei der Aufgabe (Veräußerung) eines Betriebs oder Teilbetriebs, wenn die Größenmerkmale um mindestens die Hälfte unterschritten werden.

3.4.2.2. Die einzelnen Unterschiede zwischen Unternehmern und Kapitalgesellschaften

3.4.2.2.1. Umfang des Jahresabschlusses

Während für Unternehmer allgemein nur die Bilanz und die GuV den Jahresabschluss bilden, gibt es für Kapitalgesellschaften eine Erweiterung des Jahresabschlusses. Dieser umfasst neben den genannten Rechnungen auch noch den sog Anhang. Nur Kleinstkapitalgesellschaften müssen gemäß § 242 Abs 1 UGB, soweit die dort geforderten Angaben unter der Bilanz ausgewiesen werden, keinen Anhang aufstellen. Der Anhang stellt eine Ergänzung der Bilanz und der GuV in der Form dar, dass er diese zu erläutern hat, um ein möglichst getreues Bild der Vermögens-, Finanz- und Ertragslage des Unternehmens zu vermitteln. Der Anhang soll die der Bilanz oft anhaftenden Informationsdefizite verringern und zur Herstellung einer Vergleichbarkeit der einzelnen Jahresabschlüsse gewisse zusätzliche Informationen bieten. Dabei ist auch auf wesentliche Vorgänge, die nach dem Bilanzstichtag eingetreten sind, einzugehen (§ 238 Abs 1 Z 11 UGB). Sollte der erweiterte Jahresabschluss dieses Bild nicht vermitteln können, so wären weitere zusätzliche Angaben im Anhang erforderlich. Da der Anhang Teil des Jahresabschlusses ist, ist auch dieser von den unter 3.4.1. erfassten allgemeinen Vorschriften erfasst.

Der von Kapitalgesellschaften ebenfalls aufzustellende Lagebericht stellt im Gegensatz zum Anhang keinen Teil des Jahresabschlusses dar. Im Lagebericht sind insb der Geschäftsverlauf sowie die Lage und die voraussichtliche Entwicklung des Unternehmens nach Einschätzung der Gesellschaftsorgane darzustellen. Weiters ist auf den Bereich Forschung und Entwicklung und auf bestehende Zweigniederlassungen der Gesellschaft einzugehen. Auch der von börsenotierten Aktiengesellschaften aufzustellende Corporate-Governance-Bericht stellt keinen Teil des Jahresabschlusses dar. Zu den Unterschieden hinsichtlich des Umfangs des Anhangs innerhalb der Kapitalgesellschaften siehe Kapitel 3.4.4.

Da der Anhang ein taugliches Mittel zur Erläuterung der Bilanz und der GuV darstellt, bleibt abzuwarten, ob sich ein GoB herausbildet, der die Erstellung eines Anhangs auch bei anderen Unternehmern zwingend vorsieht. Wird von Unternehmern freiwillig ein Anhang erstellt, so unterliegt auch dieser den Vorschriften der §§ 193, 194 UGB (vgl dazu oben 3.4.1.).

3.4.2.2.2. Prüfung

Während die Jahresabschlüsse von Unternehmern keiner gesetzlichen Prüfungspflicht durch einen Abschlussprüfer unterliegen, gibt es für Kapitalgesellschaften eine Prüfungspflicht gemäß § 268 UGB. Bei der Prüfung einer Personengesellschaft entscheidet bei Konkurrenz die höherwertige Rechtsform des Komplementärs. Der Prüfung unterliegt sowohl der Jahresabschluss als auch der Lagebericht, wobei in die Prüfung des Jahresabschlusses auch die Buchführung zu integrieren ist. Der Lagebericht ist aber weniger umfassend und dahin gehend zu prüfen, ob dieser im Einklang mit dem Jahresabschluss steht („Einklangsprüfung“). Demgegenüber unterliegen der Corporate-Governance-Bericht, der nichtfinanzielle Bericht und der Bericht über Zahlungen an staatliche Stellen keiner inhaltlichen Prüfung. Diesbezüglich hat der Abschlussprüfer nur zu prüfen, ob der Bericht aufgestellt wurde. Nach § 268 Abs 4 UGB können nur Wirtschaftsprüfer oder Wirtschaftsprüfungsgesellschaften Abschlussprüfer sein.

Der Prüfungspflicht unterliegen:

- große, mittelgroße und kleine Aktiengesellschaften;
- große und mittelgroße Gesellschaften mit beschränkter Haftung;
- kleine Gesellschaften mit beschränkter Haftung, die aufgrund des Gesetzes einen Aufsichtsrat haben müssen;
- Personengesellschaften, an denen eine Aktiengesellschaft beteiligt ist;
- Personengesellschaften, an denen eine große oder mittelgroße Gesellschaft mit beschränkter Haftung beteiligt ist.

Kleine Gesellschaften mit beschränkter Haftung unterliegen somit nur dann einer Prüfungspflicht, wenn für sie ein Aufsichtsrat kraft Gesetzes zwingend vorgesehen ist.

Gesellschaften mit beschränkter Haftung müssen aufgrund des Gesetzes (vgl § 29 Abs 1 GmbHG) unter anderem einen Aufsichtsrat haben, wenn

- das Stammkapital 70.000 € übersteigt und mehr als fünfzig Gesellschafter vorhanden sind oder
- die Anzahl der Arbeitnehmer im Durchschnitt 300 übersteigt oder
- die GmbH Aktiengesellschaften, aufsichtsratspflichtige GmbH oder bestimmte andere GmbH im Sinne eines Konzerns einheitlich leitet oder aufgrund einer unmittelbaren Beteiligung von mehr als 50 % beherrscht und die Zahl der Arbeitnehmer aller dieser verbundenen Unternehmen 300 im Durchschnitt übersteigt oder
- die GmbH persönlich haftender Gesellschafter einer KG ist und die Summe der Arbeitnehmer im Durchschnitt 300 übersteigt,
- es sich um eine kapitalmarktorientierte GmbH iSd § 189a Z 1 lit a oder um eine Gesellschaft iSd § 189a Z 1 lit d UGB handelt,

wobei der Durchschnitt nach der Zahl der Arbeitnehmer am Monatsletzten des vorangegangenen Kalenderjahres zu berechnen ist (entspricht § 221 UGB).

Die Prüfungspflicht entsteht bei Wechsel kleiner zu mittelgroßer GmbH synchron mit dem Entstehen der mittelgroßen Kapitalgesellschaft, sodass die erstmalige Prüfung sich auch auf den ersten Jahresabschluss als mittelgroßer Kapitalgesellschaft bezieht. Für den Wegfall der Prüfungspflicht gilt das zum Entstehen Gesagte sinngemäß.

Ein nicht oder nicht von einem dazu befugten Abschlussprüfer geprüfter Jahresabschluss kann nicht festgestellt werden. Eine dennoch vorgenommene Feststellung ist wie ein darauf beruhender Gewinnverteilungsbeschluss nichtig. Führt hingegen ein ausgeschlossener oder befangener Abschlussprüfer die Abschlussprüfung durch, so hat dies gemäß § 268 Abs 1 UGB nicht die Nichtigkeit des Jahresabschlusses zur Folge.

1997 wurde das Unternehmensreorganisationsgesetz (URG) eingeführt. Das URG sieht zwei Kennzahlen vor, die **Eigenmittelquote** und die **fiktive Schuldentilgungsdauer**, mit deren Hilfe ein allfälliger Reorganisationsbedarf des Unternehmens ermittelt werden soll. Diese Kennzahlen sind vom Wirtschaftsprüfer im Rahmen von Jahresabschlussprüfungen seit 1. Oktober 1997

zwingend zu ermitteln. Die Bedeutung dieser Kennzahlen liegt darin, dass bei Unterschreiten der im Gesetz genannten 8%igen Eigenmittelquote (zur Definition vgl § 23 URG) **und bei gleichzeitigem** Überschreiten der 15-jährigen fiktiven Schuldentilgungsdauer (zur Definition vgl § 24 URG) eine gesetzliche Vermutung des Reorganisationsbedarfs besteht (§ 22 URG), an die unter bestimmten Voraussetzungen eine **Haftung der Organe der Gesellschaft** anknüpft.

Der Abschlussprüfer muss an allen Sitzungen, die sich mit der Vorbereitung, der Prüfung und der Feststellung des Jahresabschlusses beschäftigen, teilnehmen.

3.4.2.2.3. Publizität

3.4.2.2.3.1. Allgemeine Publizitätsvorschriften

Für Kapitalgesellschaften sehen die §§ 277–279 UGB die Publizitätsgrundsätze vor. Bei der Publizität unterscheidet man zwischen der Offenlegung des Jahresabschlusses durch Einreichen desselben beim Firmenbuch und der Veröffentlichung des Jahresabschlusses in den Bekanntmachungsblättern der Gesellschaft.

Große Aktiengesellschaften und Gesellschaften mit beschränkter Haftung

Gemäß § 277 Abs 1 UGB haben die gesetzlichen Vertreter von Kapitalgesellschaften den Jahresabschluss, den Lagebericht sowie gegebenenfalls den gesonderten nichtfinanziellen Bericht, den Corporate-Governance-Bericht und den Bericht über Zahlungen an staatliche Stellen nach seiner Behandlung in der Hauptversammlung (Generalversammlung), jedoch spätestens neun Monate nach dem Bilanzstichtag mit dem Bestätigungsvermerk oder dem Vermerk über dessen Versagung oder Einschränkung beim Firmenbuchgericht einzureichen.

Innerhalb derselben Frist sind weiters einzureichen:

- der Bericht des Aufsichtsrates,
- der Vorschlag über die Verwendung des Ergebnisses und
- der Beschluss über dessen Verwendung.

Werden dabei zur Wahrung dieser Frist der Jahresabschluss, der Lagebericht sowie gegebenenfalls der gesonderte nichtfinanzielle Bericht, der Corporate-Governance-Bericht und der Bericht über Zahlungen an staatliche Stellen ohne die anderen genannten Unterlagen eingereicht, so sind der Bericht und der Vorschlag nach ihrem Vorliegen, die Beschlüsse nach der Beschlussfassung und der Vermerk nach der Erteilung unverzüglich einzureichen. Wird der Jahresabschluss bei nachträglicher Prüfung oder Feststellung geändert, so ist auch diese Änderung einzureichen.

Der Vorstand einer großen Aktiengesellschaft hat gemäß § 277 Abs 2 UGB die Veröffentlichung des Jahresabschlusses unmittelbar nach seiner Behandlung in der Hauptversammlung, jedoch spätestens neun Monate nach dem Bilanzstichtag, mit dem entsprechenden Vermerk im Amtsblatt zur Wiener Zeitung zu veranlassen.

Der Nachweis über die Veranlassung dieser Veröffentlichung ist gleichzeitig mit den in Abs 1 bezeichneten Unterlagen beim Firmenbuchgericht einzureichen. Bei der Veröffentlichung sind das Firmenbuchgericht und die Firmenbuchnummer anzugeben. Dies gilt auch für allfällige Änderungen. Seitens des Firmenbuchgerichtes ist gemäß § 5 Z 3 des Firmenbuchgesetzes der Tag der Einreichung des Jahresabschlusses bekannt zu machen.

Die gesetzlichen Vertreter haben überdies spätestens mit den oben beschriebenen Einreichungen oder auf dem Jahresabschluss selbst anzugeben, in welche der Größenklassen des § 221 Abs 1 bis 3 UGB die Gesellschaft unter Bedachtnahme des Abs 4 im betreffenden Geschäftsjahr einzuordnen ist und ob die Kriterien für den nichtfinanziellen Bericht und den Corporate-Governance-Bericht erfüllt werden.

Jahresabschlüsse sind dabei elektronisch einzureichen und in der Urkundensammlung des Firmenbuches aufzunehmen und öffentlich zugänglich zu machen. Überschreiten deren Umsatzerlöse nicht die Grenzen von 70.000 € in den zwölf Monaten vor dem Abschlussstichtag des einzureichenden Jahresabschlusses, kann dieser Jahresabschluss auch in Papierform eingereicht werden (die Umsatzerlöse sind gleichzeitig mit der Einreichung bekannt zu geben), wobei auch der in Papierform eingereichte Jahresabschluss für die Aufnahme in die Datenbank geeignet sein muss.

Nach der Aufnahme des Jahresabschlusses in die Datenbank des Firmenbuchgerichtes muss das Gericht diese in elektronischer Form der Wirtschaftskammer Österreich, der Österreichischen Bundesarbeitskammer und der Präsidentenkonferenz der Landwirtschaftskammern Österreichs zur Verfügung stellen. Ausgenommen davon sind die Jahresabschlüsse von kleinen GmbH.

Der Österreichischen Nationalbank obliegt die Berechtigung, vom Bundesrechenzentrum die elektronische Übermittlung elektronisch eingereichter Jahresabschlüsse zu verlangen, sofern sie diese Daten zur Erfüllung der ihr gesetzlich oder unionsrechtlich zugewiesenen Aufgaben benötigt. Zudem hat sie die Erlaubnis, die Daten an die Bundesanstalt Statistik Österreich weiterzugeben, wenn diese wiederum die Daten zur Erfüllung der ihr gesetzlich oder gemeinschaftsrechtlich zugewiesenen Aufgaben braucht.

Die großen GmbH treffen dieselben Offenlegungspflichten wie große Aktiengesellschaften, mit der Ausnahme, dass die Veröffentlichung des Jahresabschlusses in den Bekanntmachungsblättern unterbleibt und durch die Bekanntgabe des Tages der Einreichung des Jahresabschlusses beim Firmenbuchgericht im „Amtsblatt zur Wiener Zeitung“ ersetzt wird (§ 5 Z 3 iVm § 10 UGB – Registerpublizität).

Kleine Gesellschaften mit beschränkter Haftung

Kleine Gesellschaften mit beschränkter Haftung trifft seit dem EU-GesRÄG 1996 eine eingeschränkte Offenlegungspflicht, und zwar unabhängig davon, ob sie prüfungspflichtig sind. Kleine Gesellschaften mit beschränkter Haftung haben nur Bilanz und Anhang einzureichen, wobei von der Bilanz nur die mit Buchstaben und römischen Zahlen versehenen Posten anzuführen sind. Der Anhang ist im vom Gesetz für kleine GmbH vorgesehenen erstellungspflichtigen Umfang, allerdings ohne die GuV betreffende Informationen offenzulegen. Ist die Gesellschaft gemäß § 268 Abs 1 UGB prüfungspflichtig, ist ferner ein entsprechender Vermerk einzureichen. Auch hier gilt die oben erläuterte Registerpublizität. Kleinstkapitalgesellschaften müssen hingegen nur die Bilanz einreichen.

Kleine und mittelgroße Aktiengesellschaften und mittelgroße Gesellschaften mit beschränkter Haftung

Kleine und mittelgroße Aktiengesellschaften sowie mittelgroße Gesellschaften mit beschränkter Haftung können nach § 279 UGB den beim Firmenbuch einzureichenden Jahresabschluss durch Einreichen einer weniger tief gegliederten Bilanz vereinfachen. So braucht nur eine Bilanz eingereicht zu werden, die grundsätzlich nur die mit Buchstaben und römischen Zahlen versehenen Posten umfasst, wobei aber kraft ausdrücklicher gesetzlicher Anordnung zusätzlich anzuführen sind: der Geschäfts(Firmen-)wert, die einzelnen Posten des Sachanlagevermögens, Anteile an verbundenen Unternehmen, Beteiligungen jeweils samt Ausleihungen, Forderungen gegen verbundene Unternehmen und solche, mit denen ein Beteiligungsverhältnis besteht, im Umlaufvermögen gehaltene Anteile an verbundenen Unternehmen, Abfertigungs- und Pensionsrückstellungen, Anleihen, Verbindlichkeiten gegenüber Kreditinstituten, Verbindlichkeiten gegenüber verbundenen Unternehmen und solchen, mit denen ein Beteiligungsverhältnis besteht. Zudem sind die Angaben nach § 229 UGB zu machen (eigene Anteile; eingeforderte ausstehende Einlage; Gründungsprivilegierung). Weiters kann in der GuV bei Anwendung des Gesamtkostenverfahrens eine Saldierung der Umsatzerlöse, Bestandsveränderungen, aktivierten Eigenleistungen, des Materialaufwands und Aufwands für bezogene Leistungen zum sog „Rohergebnis" vorgenommen werden (Analoges gilt für das Umsatzkostenverfahren durch Ausweis des sog „Bruttoergebnis vom Umsatz").

Weiters kann die Veröffentlichung des Jahresabschlusses in den Bekanntmachungsblättern unterbleiben. Diese Veröffentlichung wird wie bei kleinen Gesellschaften mit beschränkter Haftung durch die Bekanntgabe des Tages der Einreichung des Jahresabschlusses beim Firmenbuchgericht im „Amtsblatt zur Wiener Zeitung" ersetzt (veranlasst durch das Firmenbuchgericht – Registerpublizität).

Personengesellschaften

Kapitalistische Personengesellschaften iSd § 189 Abs 1 Z 2 UGB sind bezüglich der Offenlegungspflicht wie die an ihr beteiligten Kapitalgesellschaften zu behandeln.

3.4.2.2.3.2. Rahmenbedingungen der elektronischen Eingabe beim Firmenbuch

Die elektronische Übermittlung von Jahresabschlüssen ist in § 277 Abs 6 UGB normiert und ist für Kapitalgesellschaften verpflichtend, sofern der Jahresumsatz der einzelnen Unternehmen die Grenze von 70.000 € übersteigt.

Für die elektronische Einbringung des Jahresabschlusses bestehen folgende gesetzliche Bestimmungen iSd § 9 der Verordnung über den elektronischen Rechtsverkehr:

Der zur Einbringung des Jahresabschlusses Berechtigte muss im Datensatz der elektronisch übermittelten Unterlage Familiennamen, zumindest einen Vornamen (ausgeschrieben), Geburtsdatum sowie Personenkennung jener Personen nennen, die den Jahresabschluss im Original unterzeichnet haben. Wird die Einreichung dabei nicht von einem Rechtsanwalt, Notar, Wirtschaftstreuhänder, Bilanzbuchhalter oder Revisionsverband, sondern von einem vertretungsbefugten Organwalter vorgenommen, so hat dieser – falls erforderlich – eine Erklärung über eine ihm von den anderen gesetzlichen Vertretern erteilte Ermächtigung vorzuweisen; eine Verpflichtung von Unternehmungen, sich beim Einreichen vertreten zu lassen, wird idS aber nicht begründet.

Grundsätzlich bestehen zwei gesetzlich vorgeschriebene Alternativen für die elektronische Einbringung des Jahresabschlusses in strukturierter Form:

- die Einbringung im Wege der automationsunterstützten Datenübertragung der Finanz „FinanzOnline" im Direktverkehr oder
- die Einbringung im elektronischen Rechtsverkehr.

Im elektronischen Rechtsverkehr können die Unterlagen gem §§ 277 bis 281 UGB auch als PDF-Anhang nach § 5 Abs 1 erster Satz ERV oder im Weg eines Urkundenarchives einer Körperschaft öffentlichen Rechts nach § 8a Abs 2 ERV eingebracht werden.

Die soeben genannten Ausführungen gelten auch für die Einbringung von bereits geprüften Jahresabschlüssen. Der Bestätigungsvermerk wird dabei grundsätzlich als PDF im XML-Datensatz übermittelt; einzig bei der Benützung des elektronischen Formblatts ist der Wortlaut des Bestätigungsvermerks in das freie (vorgesehene) Textfeld einzutragen. Im Zuge der Veröffentlichung wird in § 9 Abs 2 ERV gesondert darauf hingewiesen, dass sich der Bestätigungsvermerk ausschließlich auf den vom Abschlussprüfer oder Revisionsverband geprüften und von sämtlichen gesetzlichen Vertretern unterzeichneten Jahresabschluss bezieht, und nicht auf den übermittelten Datensatz. Werden die Unterlagen zur Verbesserung zurückgestellt, so sind sie bei Wiedervorlage in verbesserter Form gänzlich neu einzureichen.

Die Offenlegung gemäß § 278 Abs 1 UGB (Offenlegungspflichten für kleine GmbH) – auch in Verbindung mit § 221 Abs 5 UGB – kann in elektronischer Form auch mit den auf der Website der Justiz „www.justiz.gv.at" zur Verfügung gestellten Online-Formularen in elektronischer Form erfolgen.

3.4.2.2.3.3. UGB-Formblattverordnung

Die UGB-Formblattverordnung regelt grundsätzlich die Verwendung von Formblättern für die offenzulegende Bilanz und den offenzulegenden Anhang von kleinen Gesellschaften mit beschränkter Haftung:

§ 1 der UGB-Formblatt-Verordnung normiert, dass bei Offenlegung der Bilanz und des Anhangs einer kleinen GmbH in Papierform die Verwendung der Formblätter Anlage 1 und 2 als ausreichend erscheint; Bei Kleinstkapitalgesellschaften in der Rechtsform der GmbH in der Papierform genügt die Verwendung von Formblatt Anlage 1. Für die in § 221 Abs 5 UGB bezeichneten unternehmerisch tätigen eingetragenen Personengesellschaften genügt die Verwendung der Formblätter 2 und 3.

Wenn aber aufgrund der in § 222 Abs 2 UGB normierten Zielsetzung der Vermittlung eines möglichst getreuen Bildes der Vermögens-, Finanz- und Ertragslage weitere Posten in der Bilanz berücksichtigt werden müssen, so sind sämtliche Formblätter – falls erforderlich – um diese Angaben zu ergänzen.

Wird die Offenlegung im Zuge der elektronischen Übermittlung von Jahresabschlüssen vollzogen, so gelten die entsprechenden Bestimmungen der ERV (siehe oben).

Ausgenommen von der gesetzlich vorgeschriebenen Verwendung der Formblätter ist die in Papierform vorgenommene Offenlegung der Bilanz und des Anhangs von Gesellschaften, deren Umsatzerlöse 70.000 € im Geschäftsjahr nicht übersteigen. Dabei muss aber sichergestellt sein, dass deren Inhalt in derselben Gliederung oder in der Gliederung des § 9 Abs 3 ERV 2006 enthalten und gedruckt, maschinenschriftlich oder sonst maschinell hergestellt ist.

An das
LG als Handelsgericht/HG ....

Firmenbuchnummer	Firmenbuchgericht	Beg. u. Ende d. Geschäftsjahres
Firma:		

Angabe der Einordnung (1)(2)

kleinst	klein	mittelgroß	groß

Bekanntgabe der Umsatzerlöse (3)

€ ....

Unterschrift der vertretungsbefugten Organe
in vertretungsbefugter Anzahl:

.............................., am ....

....

(1) Zutreffendes bitte ankreuzen
(2) siehe § 277 Abs. 4 UGB iVm § 221 Abs. 1 bis 3 UGB
(3) siehe § 277 Abs. 6 UGB

Anlage 1

BGBl. II - Ausgegeben am 15. Dezember 2015 - Nr. 412

1 von 1

Offenzulegender Auszug aus der Bilanz der kleinen GmbH[1]

Firmenbuchnummer	Firmenbuchgericht	Beginn und Ende des Geschäftsjahrs
Firma:		
Unterzeichner/in(nen) des Jahresabschlusses:		

Aktiva			Passiva		
	Geschäftsjahr[2]	vorangegangenes Geschäftsjahr[2]		Geschäftsjahr[2]	vorangegangenes Geschäftsjahr[2]
A. Anlagevermögen			**A. Eigenkapital/Negatives Eigenkapital**[3]		
I. Immaterielle Vermögensgegenstände			I. eingefordertes Stammkapital: Stammkapital		
II. Sachanlagen			abzüglich nach § 10b Abs. 4 GmbHG derzeit nicht einforderbare Einlagen[4]		
III. Finanzanlagen			abzüglich sonstige nicht eingeforderte ausstehende Einlagen		
B. Umlaufvermögen			davon eingezahlt		
I. Vorräte			II. Kapitalrücklagen		
II. Forderungen und sonstige Vermögensgegenstände			III. Gewinnrücklagen		
davon mit einer Restlaufzeit von mehr als einem Jahr			IV. Bilanzgewinn (Bilanzverlust), davon Gewinnvortrag/Verlustvortrag		
III. Wertpapiere und Anteile			**B. Rückstellungen**		
IV. Kassenbestand, Schecks, Guthaben bei Kreditinstituten			**C. Verbindlichkeiten**		
C. Rechnungsabgrenzungsposten			davon mit einer Restlaufzeit von mehr als einem Jahr		
D. Aktive latente Steuern[5]			**D. Rechnungsabgrenzungsposten**		
6)			6)		
Bilanzsumme			**Bilanzsumme**		

Die Richtigkeit dieses Auszugs wird bestätigt:[7]

1) **Achtung:** Besteht nach § 268 UGB Prüfungspflicht, so ist auch der Bestätigungsvermerk offenzulegen.
2) Angabe in vollen 1.000 Euro ausreichend (§§ 223 Abs. 2 und 277 Abs. 3 UGB).
3) Nicht Zutreffendes streichen.
4) Nur bei aufrechter Gründungsprivilegierung.
5) Dieser Posten ist nur fakultativ zu bilden; wenn er aber gebildet wird, so sind die unverrechneten Steuerbe- und entlastungen im Anhang aufzuschlüsseln.
6) Dieses Feld dient der Einfügung weiterer Posten (§ 1 Abs. 3 UGB-Formblatt-V). Dabei ist anzugeben, an welcher Stelle die Posten einzufügen sind; diese können auch gleich an dieser Stelle eingefügt werden.
7) Unterschrift der gesetzlichen Vertreter/innen in vertretungsbefugter Anzahl. Anzugeben sind auch Ort und Datum der Unterschrift.

www.ris.bka.gv.at

Anlage 3

BGBl. II - Ausgegeben am 15. Dezember 2015 - Nr. 412

1 von 1

Offenzulegender Auszug aus der Bilanz der kleinen GmbH & Co KG und sonstiger kleiner kapitalistischer Personengesellschaften (§ 189 Abs. 1 Z 2 UGB)[1]

Firmenbuchnummer	Firmenbuchgericht	Beginn und Ende des Geschäftsjahrs

Firma:
Unterzeichner/in(nen) des Jahresabschlusses:

Aktiva			Passiva		
	Geschäftsjahr[2]	vorangegangenes Geschäftsjahr[2]		Geschäftsjahr[2]	vorangegangenes Geschäftsjahr[2]
A. Anlagevermögen			**A. Eigenkapital / Negatives Eigenkapital**[3]		
I. Immaterielle Vermögensgegenstände			I. Eingefordertes Komplementärkapital / eingeforderte Einlage (OG)[3) 4) 5)]		
II. Sachanlagen			II. Kommanditkapital[4) 5)]		
III. Finanzanlagen			III. Kapitalrücklagen		
B. Umlaufvermögen			IV. Gewinnrücklagen		
I. Vorräte			V. Den Gesellschaftern zuzurechnender Gewinn / Verlust		
II. Forderungen und sonstige Vermögensgegenstände			davon Gewinnvortrag/Verlustvortrag		
davon mit einer Restlaufzeit von mehr als einem Jahr			**B. Rückstellungen**		
III. Wertpapiere und Anteile			**C. Verbindlichkeiten**		
IV. Kassenbestand, Schecks, Guthaben bei Kreditinstituten			davon mit einer Restlaufzeit von mehr als einem Jahr		
C. Rechnungsabgrenzungsposten			**D. Rechnungsabgrenzungsposten**		
6)			6)		
Bilanzsumme			**Bilanzsumme**		

Die Richtigkeit dieses Auszugs wird bestätigt: [7]

1) Achtung: Besteht nach § 268 UGB Prüfungspflicht, so ist auch der Bestätigungsvermerk offenzulegen.
2) Angabe in vollen 1.000 Euro ausreichend (§§ 223 Abs. 2 und 277 Abs. 3 UGB).
3) Nicht Zutreffendes streichen.
4) Bei offenen Gesellschaften ist die vereinbarte Einlage in Pkt. I anzugeben, Pkt. II ist zu streichen.
5) Gegebenenfalls nach Abzug der nicht eingeforderten ausstehenden Einlagen.
6) Dieses Feld dient der Einfügung weiterer Posten (§ 1 Abs. 3 UGB-Formblatt-V). Dabei ist anzugeben, an welcher Stelle die Posten einzufügen sind; diese können auch gleich an dieser Stelle eingefügt werden.
7) Unterschrift der gesetzlichen Vertreter/innen in vertretungsbefugter Anzahl. Anzugeben sind auch Ort und Datum der Unterschrift.

www.ris.bka.gv.at

Offenzulegender Anhang[1, 2]

Firmenbuchnummer	Firmenbuchgericht	Beginn und Ende des Geschäftsjahrs

Firmenwortlaut:
Umsatzerlöse in den zwölf Monaten vor dem Abschlussstichtag des einzureichenden Jahresabschlusses übersteigen nicht 70 000 €: Ja[3] ☐

1. Angabe, wenn die einmal gewählte Form der Darstellung, insbesondere der Gliederung der Bilanz, nicht beibehalten wurde (§ 223 Abs 1 UGB):
   - Begründung dafür:
2. Angabe und Erläuterung, wenn Vorjahresbeträge nicht vergleichbar sind oder der Vorjahresbetrag angepasst wurde (§ 223 Abs 2 UGB)
3. Zugehörigkeit eines Postens der Bilanz auch zu (einem) anderen Posten, falls dies zur Aufstellung eines klaren und übersichtlichen Jahresabschlusses erforderlich ist (§ 223 Abs 5 UGB)
4. Bei Ausweis eines „negativen Eigenkapitals“: Erläuterung, ob eine Überschuldung iSd Insolvenzrechts vorliegt (§ 225 Abs 1 UGB)
5. Angabe von Bilanzierungs- und Bewertungsmethoden (§ 237 Abs 1 Z 1 UGB):
   - Bewertungsgrundlagen für die verschiedenen Posten
   - Angaben zur Übereinstimmung der Bilanzierungs- und Bewertungsmethoden mit dem Konzept der Unternehmensfortführung
   - Wesentliche Änderungen der Bilanzierungs- und Bewertungsmethoden:
     - Begründungen dafür (§ 201 Abs 3 UGB)
     - Einfluss auf die Vermögens-, Finanz- und Ertragslage
   - Grundlagen für die Umrechnung von Posten, die auf fremde Währung lauten, in Euro
6. Erläuterungen des Zeitraums, über den der Geschäfts(Firmen)wert abgeschrieben wird (§ 203 Abs 5 UGB)
7. Angabe, ob Zinsen für Fremdkapital iSd § 206 Abs 4 aktiviert wurden
8. Angabe, ob Verwaltungs- und Vertriebskosten iSd § 206 Abs 3 UGB aktiviert wurden:
   - Begründung dafür
   - Einfluss auf die Vermögens-, Finanz- und Ertragslage
   - Betrag, der insgesamt über die Herstellungskosten hinausgeht

1 Achtung: a) Besteht nach § 268 UGB Prüfungspflicht, so ist auch der Bestätigungsvermerk offenzulegen. b) Reicht der Platz für die Angaben nicht aus, so ist eine Beilage anzuschließen.

2 Das Nichtanführen eines Punktes dieses Anhangs gilt als Erklärung, dass die entsprechenden Angaben für die Gesellschaft nicht zutreffen.

3 Der Jahresabschluss kann daher gemäß § 277 Abs 6 UGB in Papierform eingereicht werden.

9. Gesamtbetrag der Haftungsverhältnisse und sonstiger wesentlicher finanzieller Verpflichtungen, die nicht auf der Passivseite auszuweisen sind (§ 237 Abs 1 Z 2 UGB):
   - davon Pensionsverpflichtungen
   - davon Verpflichtungen gegenüber verbundenen oder assoziierten Unternehmen
   - Art und Form jeder gewährten dinglichen Sicherheit
10. Vorschüsse, Kredite und eingegangene Haftungsverhältnisse (§ 237 Abs 1 Z 3 UGB) an bzw für:
    - Geschäftsführer/-innen:
      - Betrag der Vorschüsse/Kredite
      - Zinsen dafür
      - Wesentliche Bedingungen
      - Im Geschäftsjahr zurückgezahlte/erlassene Beträge
      - Zugunsten der Geschäftsführer/innen eingegangene Haftungsverhältnisse
    - Aufsichtsratsmitglieder:
      - Betrag der Vorschüsse/Kredite
      - Zinsen dafür
      - Wesentliche Bedingungen
      - Im Geschäftsjahr zurückgezahlte/erlassene Beträge
      - Zugunsten der Aufsichtsratsmitglieder eingegangene Haftungsverhältnisse
11. Betrag und Wesensart der einzelnen Ertrags- oder Aufwandsposten von außerordentlicher Größenordnung oder von außerordentlicher Bedeutung (§ 237 Abs 1 Z 4 UGB)
12. Jeweils zusammengefasst für alle Posten der Verbindlichkeiten (§ 237 Abs 1 Z 5 UGB):
    - Gesamtbetrag der Verbindlichkeiten mit einer Restlaufzeit von mehr als fünf Jahren
    - Gesamtbetrag der Verbindlichkeiten, für die dingliche Sicherheiten bestellt sind
    - Art und Form dieser Sicherheiten
13. Durchschnittliche Zahl der Arbeitnehmer/-innen während des Geschäftsjahres (§ 237 Abs 1 Z 6 UGB)
14. Name und Sitz des Mutterunternehmens der Gesellschaft, das den Konzernabschluss für den kleinsten Kreis von Unternehmen aufstellt (§ 237 Abs 1 Z 7 UGB)
15. Darstellung der Entwicklung der Posten des Anlagevermögens (Anlagespiegel, § 226 Abs 1 UGB) (gegebenenfalls als Beilage anschließen)
16. Falls aktive latente Steuern gebildet werden: unverrechnete Be- und Entlastungen (§ 198 Abs 9 UGB)
17. Zusätzlich erforderliche Angaben zur Vermittlung eines möglichst getreuen Bildes der Vermögens-, Finanz- und Ertragslage des Unternehmens (§ 222 Abs 2 und § 236 erster Satz UGB; zu den zur Darstellung des Eigenkapitals bei einer Personengesellschaft iSd § 189 Abs 1 Z 2 UGB notwendigen Angaben siehe Punkt 18)

18. Zur Darstellung des Eigenkapitals erforderliche Informationen für Personengesellschaften iSd § 189 Abs 1 Z 2 UGB:
    - ob es einen reinen Arbeitsgesellschafter gibt und die damit verbundenen Vereinbarungen hinsichtlich der Teilnahme am Ergebnis sowie Abgeltung
    - die Haftsumme der Kommanditisten, wenn sie nicht mit der bedungenen Einlage übereinstimmt
    - ein im Posten V. der Gliederung ausgewiesener Verlust und dessen Aufteilung auf die einzelnen Gesellschafter

Unterschrift der gesetzlichen Vertreter/-innen in vertretungsbefugter Anzahl	................., am ....

3.4.2.2.4. Fristen

Während es für die Aufstellung des Jahresabschlusses von Unternehmern nur eine nicht erstreckbare Frist von neun Monaten gibt, sind bei Kapitalgesellschaften unterschiedliche Fristen zur Erstellung des Jahresabschlusses zu beachten.

Gemäß § 222 Abs 1 UGB haben die gesetzlichen Vertreter einer Kapitalgesellschaft (Vorstand bzw Geschäftsführer) den Jahresabschluss, den Lagebericht und gegebenenfalls den gesonderten nichtfinanziellen Bericht, den Corporate-Governance-Bericht und den Bericht über Zahlungen an staatliche Stellen innerhalb von fünf Monaten ab dem Bilanzstichtag aufzustellen und den Mitgliedern des Aufsichtsrats vorzulegen. Der Jahresabschluss, der Lagebericht sowie der gesonderte nichtfinanzielle Bericht, der Corporate-Governance-Bericht und der Bericht über Zahlungen an staatliche Stellen sind von sämtlichen gesetzlichen Vertretern zu unterzeichnen. Soweit bei der GmbH kein Aufsichtsrat besteht, ist der Jahresabschluss ausschließlich den Gesellschaftern der GmbH zu übermitteln.

- Im Falle einer AG hat der Aufsichtsrat selbst zwei Monate zur Erklärung über den Jahresabschluss Zeit (vgl § 96 Abs 1 AktG). Anschließend wird die Hauptversammlung mit dem Jahresabschluss der AG befasst. Die Hauptversammlung ist in den ersten acht Monaten des Geschäftsjahres abzuhalten. Diese Frist kann nicht verlängert werden (vgl § 104 AktG).

  Für die Einreichung des von der Hauptversammlung behandelten Jahresabschlusses durch den Vorstand beim Firmenbuch besteht eine Frist von neun Monaten ab dem Ende des Geschäftsjahres (§ 277 Abs 1 UGB). Während alle anderen Fristüberschreitungen grundsätzlich sanktionslos möglich sind, kann der Vorstand durch Verhängung einer Strafe nach § 283 UGB zur Einhaltung der Frist des § 277 Abs 1 UGB angehalten werden. Diese Frist von neun Monaten gilt jedoch nur für den unbestätigten Jahresabschluss und den Lagebericht sowie gegebenenfalls für den gesonderten nichtfinanziellen Bericht, den Corporate-Governance-Bericht und den Bericht über Zahlungen an staatliche Stellen. Der Bestätigungsvermerk und sämtliche Berichte und Vorschläge samt Beschlüsse sind allerdings ehebaldigst (dh bei Vorliegen) nachzureichen (§ 277 Abs 1 vorletzter Satz UGB).
- Bei der GmbH ist die Generalversammlung binnen der ersten acht Monate nach Ablauf des Geschäftsjahres abzuhalten. Wie bei der AG gibt es keine Möglichkeit einer Fristverlängerung (vgl § 35 Abs 1 Z 1 GmbHG).

Für die GmbH gilt die 9-Monats-Frist des § 277 UGB mit den Sanktionsmöglichkeiten des § 283 UGB und den Ausnahmen bezüglich der einzureichenden Unterlagen in gleicher Weise wie für die AG.

- Auch kapitalistische Personengesellschaften haben aufgrund § 222 Abs 1 UGB jedenfalls den Jahresabschluss innerhalb der ersten fünf Monate aufzustellen. Auch für die Personengesellschaft wird es keine Fristverlängerungsmöglichkeit geben, sodass auch die Personengesellschaft ihren festgestellten Jahresabschluss binnen neun Monaten beim Firmenbuch einzureichen hat.

3.4.2.2.5. Sonstige Pflichten von Vorstand und Aufsichtsrat

Der Vorstand (bzw der Geschäftsführer) hat dafür zu sorgen, dass ein Rechnungswesen **und** ein internes Kontrollsystem geführt werden, die den Anforderungen des Unternehmens entsprechen.

Der Vorstand (bzw der Geschäftsführer) hat die Möglichkeit bzw Verpflichtung, bei Reorganisationsbedarf ein **Reorganisationsverfahren** gemäß § 1 Abs 1 URG einzuleiten, andernfalls ihn eine Haftung im Insolvenzfall treffen kann. Die Haftung erstreckt sich auf die durch die Konkursmasse nicht gedeckten Verbindlichkeiten, betraglich allerdings begrenzt mit 100.000 € je Person, zeitlich begrenzt auf einen Zeitraum von zwei Jahren vor Konkurs- oder Ausgleichsantrag. Eine Haftung tritt insbesondere dann nicht ein, wenn ein Gutachten eines Wirtschaftsprüfers vorliegt (das kann insbesondere auch der Abschlussprüfer sein), dass kein Reorganisationsbedarf gegeben ist oder dass das einzelne Vorstands- bzw Geschäftsführungsmitglied bei Beschlussfassung über die Nicht-Einleitung eines Reorganisationsverfahrens überstimmt wurde.

Vorstand oder Geschäftsführer haften im Falle der Insolvenz aber auch dann, wenn ein Jahresabschluss nicht oder nicht rechtzeitig aufgestellt wurde oder nicht unverzüglich der Abschlussprüfer mit dessen Prüfung beauftragt wurde. Der Haftungsrahmen entspricht dem bei nicht gehöriger Einleitung eines Reorganisationsverfahrens.

Der Vorstand (bzw der Geschäftsführer) ist verpflichtet, dem Aufsichtsrat mindestens einmal jährlich über grundsätzliche Fragen der künftigen **Geschäftspolitik** des Unternehmens zu berichten sowie die künftige **Entwicklung der Vermögens-, Finanz- und Ertragslage** anhand einer Vorschaurechnung darzustellen (Jahresbericht). Ferner ist dem Aufsichtsrat regelmäßig, mindestens vierteljährlich, über den Gang der Geschäfte und die Lage des Unternehmens im Vergleich zur Vorschaurechnung unter Berücksichtigung der künftigen Entwicklung zu berichten (**Quartalsbericht**). Treten Umstände auf, die für die Rentabilität oder Liquidität der Gesellschaft von erheblicher Bedeutung sind, besteht die Verpflichtung, einen Sonderbericht zu erstellen.

Für kapitalmarktorientierte Unternehmen bzw für fünffach große Gesellschaften besteht die Verpflichtung, einen Ausschuss zur Prüfung und Vorbereitung der Feststellung des Jahresabschlusses (**Prüfungsausschuss** bzw Audit Committee) zu bestellen.

Der Aufsichtsrat ist verpflichtet, mindestens viermal im Geschäftsjahr eine Sitzung abzuhalten. Die Sitzungen haben vierteljährlich stattzufinden.

Wird ein Berichtsverlangen eines einzelnen Aufsichtsratsmitgliedes vom Vorstand abgelehnt, so kann der Bericht dann verlangt werden, wenn dieses Begehren von einem weiteren

Mitglied des Aufsichtsrates unterstützt wird bzw kann der Vorsitzende des Aufsichtsrates den Bericht sogar ohne Unterstützung eines weiteren Mitgliedes verlangen.

Besteht ein Aufsichtsrat, so hat dieser den Gesellschaftern einen Vorschlag für die Wahl des Abschlussprüfers zu erstatten.

3.4.3. Der Inhalt der Bilanz und der Gewinn- und Verlustrechnung

3.4.3.1. Der Inhalt der Bilanz

Die Bilanz hat entsprechend der Bestimmung des § 196 Abs 1 UGB sämtliche Vermögensgegenstände, Rückstellungen, Verbindlichkeiten und Rechnungsabgrenzungsposten zu enthalten, soweit nicht gesetzlich etwas anderes bestimmt ist.

Diese allgemeine Vorschrift über den Inhalt der Bilanz erfährt durch § 198 Abs 1 UGB eine inhaltliche Präzisierung. Entsprechend dieser Vorschrift sind das Anlage- und das Umlaufvermögen, das Eigenkapital, die Rückstellungen, die Verbindlichkeiten und die Rechnungsabgrenzungsposten gesondert auszuweisen und unter Bedachtnahme auf die Generalnorm der Vermittlung eines möglichst getreuen Bildes der Vermögens- und Ertragslage aufzugliedern. Da für Unternehmer, die keine Kapitalgesellschaften im Sinne des § 221 UGB sind, die Gliederungsvorschriften des § 224 UGB betreffend die Bilanz zumindest aufgrund ausdrücklicher gesetzlicher Anordnung nicht gelten, kommt der Anordnung der Beachtung der Generalnorm des § 195 UGB bei Aufstellung der Bilanz eine große Bedeutung zu. Zur Vermittlung eines möglichst getreuen Bildes der Vermögens- und Ertragslage wird es daher erforderlich sein, das vorhandene Vermögen je nach Art und Verwendung aufzugliedern bzw das Fremdkapital nach dem Risikograd und der entsprechenden Finanzierungsquelle aufzugliedern. Da eine solche Darstellung auch der grundsätzlichen Gliederung der Bilanz einer Kapitalgesellschaft entspricht, die Gliederungsvorschriften des § 224 UGB sind nämlich auch an der Generalnorm des § 195 UGB orientiert, kommt es über die Bestimmung des § 195 UGB zu einer Angleichung des Bilanzbildes der Unternehmer und der Kapitalgesellschaft. Auch für Unternehmer, die keine Kapitalgesellschaft sind, ergibt sich somit grundsätzlich die Notwendigkeit der weiteren inhaltlichen Aufgliederung der angeführten Hauptgruppen. Die in § 198 Abs 1 UGB angeführten Posten verstehen sich als Gliederungsrahmen, der durch die jeweiligen Gegebenheiten des Unternehmens auszufüllen ist. Die Grenze der weiteren Aufgliederung wird grundsätzlich in der für Kapitalgesellschaften vorgeschriebenen Bilanzgliederung des § 224 UGB liegen (vgl dazu auch den Grundsatz der Bilanzklarheit vgl oben 3.2.2.3.).

Die Bilanzgliederung gemäß § 224 UGB:

Das gesetzliche Gliederungsschema einer Kapitalgesellschaft hat nach § 224 UGB folgendes Aussehen:

§ 224

(1) In der Bilanz sind, unbeschadet einer weiteren Gliederung, die in den Abs 2 und 3 angeführten Posten gesondert und in der vorgeschriebenen Reihenfolge auszuweisen.

(2) Aktivseite:

A. Anlagevermögen:

I. Immaterielle Vermögensgegenstände:

1. Konzessionen, gewerbliche Schutzrechte und ähnliche Rechte und Vorteile sowie daraus abgeleitete Lizenzen;
2. Geschäfts(Firmen)wert;
3. geleistete Anzahlungen;

II. Sachanlagen:

1. Grundstücke, grundstücksgleiche Rechte und Bauten, einschließlich der Bauten auf fremdem Grund;
2. technische Anlagen und Maschinen;
3. andere Anlagen, Betriebs- und Geschäftsausstattung;
5. geleistete Anzahlungen und Anlagen in Bau;

III. Finanzanlagen:

1. Anteile an verbundenen Unternehmen;
2. Ausleihungen an verbundene Unternehmen;
3. Beteiligungen;
4. Ausleihungen an Unternehmen, mit denen ein Beteiligungsverhältnis besteht;
5. Wertpapiere (Wertrechte) des Anlagevermögens;
6. sonstige Ausleihungen.

B. Umlaufvermögen:

I. Vorräte:

1. Roh-, Hilfs- und Betriebsstoffe;
2. unfertige Erzeugnisse;
3. fertige Erzeugnisse und Waren;
4. noch nicht abrechenbare Leistungen;
5. geleistete Anzahlungen;

II. Forderungen und sonstige Vermögensgegenstände:

1. Forderungen aus Lieferungen und Leistungen;
2. Forderungen gegenüber verbundenen Unternehmen;
3. Forderungen gegenüber Unternehmen, mit denen ein Beteiligungsverhältnis besteht;
4. sonstige Forderungen und Vermögensgegenstände;

III. Wertpapiere und Anteile:

1. Anteile an verbundenen Unternehmen;
2. sonstige Wertpapiere und Anteile;

IV. Kassenbestand, Schecks, Guthaben bei Kreditinstituten.

C. Rechnungsabgrenzungsposten.

D. Aktive latente Steuern.

(3) Passivseite:

A. Eigenkapital:
   I. „eingefordertes“ Nennkapital (Grund-, Stammkapital);
   II. Kapitalrücklagen:
      1. gebundene;
      2. nicht gebundene;
   III. Gewinnrücklagen:
      1. gesetzliche Rücklage;
      2. satzungsmäßige Rücklagen;
      3. andere Rücklagen (freie Rücklagen);
   IV. Bilanzgewinn (Bilanzverlust), davon Gewinnvortrag/Verlustvortrag.

B. Rückstellungen:
   1. Rückstellungen für Abfertigungen;
   2. Rückstellungen für Pensionen;
   3. Steuerrückstellungen;
   4. sonstige Rückstellungen.

C. Verbindlichkeiten:
   1. Anleihen, davon konvertibel;
   2. Verbindlichkeiten gegenüber Kreditinstituten;
   3. erhaltene Anzahlungen auf Bestellungen;
   4. Verbindlichkeiten aus Lieferungen und Leistungen;
   5. Verbindlichkeiten aus der Annahme gezogener Wechsel und der Ausstellung eigener Wechsel;
   6. Verbindlichkeiten gegenüber verbundenen Unternehmen;
   7. Verbindlichkeiten gegenüber Unternehmen, mit denen ein Beteiligungsverhältnis besteht;
   8. sonstige Verbindlichkeiten,
      davon aus Steuern,
      davon im Rahmen der sozialen Sicherheit.

D. Rechnungsabgrenzungsposten.

Bei der Gliederung ist zu beachten, dass das einmal gewählte Gliederungsschema grundsätzlich nicht geändert werden darf (sog „formelle Bilanzkontinuität – Gliederungsstetigkeit“). Bedeutung hat diese Gliederungsstetigkeit insbesondere bei Zuordnungsschwierigkeiten und Ausweiswahlrechten. Die einmal gewählte Darstellungsform ist aus Gründen der zeitlichen und zwischenbetrieblichen Vergleichbarkeit der einzelnen Jahresabschlüsse beizubehalten. Ein Abweichen von der gewählten Gliederung ist nur zulässig, wenn durch die ursprüngliche Darstellung die Vermittlung eines möglichst getreuen Bildes der Vermögens-, Finanz- und Ertragslage nicht mehr gewährleistet ist. Dies wird insbesondere bei Unternehmensumstellungen der Fall sein.

Soweit es zur Vermittlung eines möglichst getreuen Bildes der Vermögens-, Finanz- und Ertragslage erforderlich ist, kann eine weitere Untergliederung von Posten sowie das Hinzufügen weiterer Posten vorgenommen werden (§ 223 Abs 4 UGB). Diese Erweiterungsvorschrift gilt sowohl für mit Zahlen versehene als auch für mit Buchstaben oder römischen Ziffern versehene Gliederungspunkte, da das UGB keine gesetzliche Definition des Begriffs „Posten“ kennt. Das Hinzufügen neuer Posten wird allerdings streng auf das Vorliegen der entsprechenden Voraussetzungen zu prüfen sein, da eine zu starke Aufgliederung gegen das Gebot der Klarheit und Übersichtlichkeit verstößt. Die Postenbezeichnungen sind auf die tatsächlichen Inhalte zu verkürzen.

Soweit ein Vermögensgegenstand oder eine Verbindlichkeit mehreren Bilanzposten zugeordnet werden kann, hat ein entsprechender Vermerk bei dem Posten, unter dem der Ausweis vorgenommen wurde, oder im Anhang zu erfolgen, wenn dies zur Aufstellung eines klaren und übersichtlichen Jahresabschlusses erforderlich ist (§ 223 Abs 5 UGB). Diese Vorschrift wurde in bestimmten Fällen bereits im Gesetz verwirklicht, so insbesondere im Verhältnis von gesellschaftsrechtlich miteinander verbundenen Unternehmen. So sind Forderungen oder Verbindlichkeiten gegen verbundene Unternehmen und solche Unternehmen, mit denen ein Beteiligungsverhältnis besteht, grundsätzlich gesondert auszuweisen. Soweit ein solcher gesonderter Ausweis nicht erfolgt, ist dies bei dem Posten, unter dem der Ausweis erfolgt, zu vermerken.

Die mit arabischen Zahlen versehenen Posten der Bilanz und die mit Buchstaben gekennzeichneten Posten der GuV können zusammengefasst werden, wenn sie nicht wesentlich sind oder dadurch die Klarheit der Darstellung verbessert wird (§ 223 Abs 6 UGB). Unwesentlichkeit wird jedenfalls vorliegen, wenn sowohl der einzelne Posten im Verhältnis zum Sammelposten als auch der Sammelposten im Verhältnis zur Bilanzsumme jeweils 5 % nicht übersteigt und nicht ausnahmsweise qualitative Kriterien für die Wesentlichkeit sprechen. Unabhängig von der Wesentlichkeit kann eine Zusammenfassung immer dann erfolgen, wenn dies der Klarheit der Darstellung dient, wobei die Zusammenfassungsmöglichkeit streng auszulegen ist. Die zusammengefassten Posten müssen jedoch im Anhang ausgewiesen werden.

Für die Bilanz gilt mit Ausnahme der oben in 3.2.2.4. angeführten Bestimmungen der Grundsatz des Saldierungsverbots.

Wertberichtigungen zu Forderungen dürfen in der Bilanz nicht als eigener Posten ausgewiesen werden. Sie sind vielmehr von den entsprechenden Aktivposten abzuziehen. Der Betrag einer pauschalen Wertberichtigung ist zusätzlich im Anhang anzugeben (vgl § 226 Abs 5 UGB).

Der Bilanzinhalt im Einzelnen:

3.4.3.1.1. Vermögensgegenstände

Der Begriff der Vermögensgegenstände wird nicht näher gesetzlich umschrieben. Nach herrschender Ansicht ist Voraussetzung für das Vorliegen eines Vermögensgegenstandes, dass er einen selbständigen Wert repräsentiert und selbständig verwertbar ist, wobei es nicht auf eine Einzelveräußerbarkeit ankommt. Soweit ein Gegenstand oder insb ein Recht außerhalb des Unternehmens in der Form verwertet werden kann, dass es zur Schuldendeckung des Unternehmens beiträgt, liegt ein Vermögensgegenstand vor. Verwertbarkeit liegt daher einerseits bei Veräußerung, andererseits bei Nutzungsüberlassung an Dritte vor, wobei die/das untersuchte Sache oder Recht selbständig Gegenstand des Rechtsverkehrs sein muss. Die bloße Übertragbarkeit in Zusammenhang mit anderen Vermögenswerten reicht für das Vorliegen eines Vermögensgegenstandes nach überwiegender Ansicht nicht aus. Aus diesem Grund stellt ein derivativ erworbener Firmenwert nach herrschender Ansicht trotz Bilanzierungspflicht mangels selbständiger Verwertbarkeit keinen Vermögensgegenstand, sondern eine Bilanzierungshilfe dar. Die Bewertungsmöglichkeit des Firmenwerts ändert daran nichts, da die Bewertung indirekt in Form einer Differenz des Kaufpreises abzüglich des übernommenen Reinvermögens erfolgt. Es liegt somit keine selbständige, sondern eine abgeleitete Bewertung vor, was ebenfalls gegen das Vorliegen eines selbständigen Wertes spricht.

Neben der Frage, was ein Vermögensgegenstand ist, ist weiters zu prüfen, wem dieser Gegenstand zuzurechnen ist. Bei der Zurechnung ist nicht auf den zivilrechtlichen Eigentumsbegriff abzustellen, es ist vielmehr eine wirtschaftliche Betrachtung vorzunehmen. Es kommt auf das *wirtschaftliche Eigentum* in Form der Verfügungsmöglichkeit über den Vermögensgegenstand an. Ein Vermögensgegenstand ist von demjenigen zu bilanzieren, der die tatsächliche Verfügungsmacht über diesen Gegenstand hat. Die Verfügungsmacht besitzt derjenige, der die wirtschaftliche Chance/Gefahr aus dem Vermögensgegenstand trägt und andere (selbst den zivilrechtlichen Eigentümer) von der Sachherrschaft ausschließen kann.

Aus diesen Überlegungen lassen sich folgende Zuordnungsregeln ableiten:

- Unter Eigentumsvorbehalt erworbene Vermögensgegenstände sind vom Käufer zu bilanzieren, da er die ausschließliche Sachherrschaft über den Gegenstand hat.
- Zur Sicherung verpfändete oder übereignete Vermögensgegenstände sind so lange vom Sicherungsgeber zu bilanzieren, als es zu keiner endgültigen Aufgabe des Eigentums kommt, da der Sicherungsnehmer keine wirtschaftliche oder rechtliche Verfügungsbefugnis besitzt. Sollte der Sicherungsnehmer eine über den Sicherungszweck hinausgehende Verfügungsbefugnis besitzen, kann dies im Einzelfall ebenfalls zu einer Bilanzierung beim Sicherungsnehmer führen.
- Vom Treuhänder erworbene oder an den Treuhänder übertragene Vermögensgegenstände sind beim Treugeber zu bilanzieren, da dieser aufgrund des Anspruchs auf das Treugut als wirtschaftlicher Eigentümer anzusehen ist.
- Bei Kommissionsgeschäften ist sowohl im Fall der Verkaufs- als auch im Fall der Einkaufskommission der Kommittent wirtschaftlicher Eigentümer der Sache, da er die Risiken trägt. Der Kommissionär seinerseits bilanziert die Forderungen bzw Verbindlichkeiten gegenüber dem Kommittenten – vgl ausführlich oben 2.13.
- Beim Leasing ist zwischen dem Operating Leasing und dem Financial Leasing zu unterscheiden. Während beim Operating Leasing die Zurechnung stets beim Leasinggeber erfolgt, hängt die Zurechnung beim Financial Leasing davon ab, wer die wirtschaftlichen Chancen und Risiken trägt. Zu den Zurechnungskriterien beim Financial Leasing vgl ausführlich oben 2.12.1.
- Im Falle eines echten Factorings scheiden die verkauften Forderungen aus dem Vermögen des Unternehmers aus und werden durch die Forderung gegen den Factor ersetzt – vgl ausführlich oben 2.15.

Die Vermögensgegenstände sind in Anlage- und Umlaufvermögen zu trennen. Anlagevermögen sind jene Gegenstände, die bestimmt sind, dauernd dem Geschäftsbetrieb zu dienen.

Die Bestimmung der Dauerhaftigkeit wird dabei sowohl anhand objektiver Kriterien, wie der konkreten betrieblichen Funktion, die der Gegenstand zu erfüllen hat, als auch anhand subjektiver Kriterien vorzunehmen sein, da letztlich nur der Unternehmer über die geplante Funktion des Gegenstandes Bescheid weiß. Bei betriebsnotwendigen Gegenständen wird die Abgrenzung von Anlage- und Umlaufvermögen bereits aufgrund der objektiven Umstände vielfach eindeutig möglich sein. Der Gegenstand stellt Anlagevermögen dar, wenn er zur wiederholten Nutzung, dh zum Gebrauch bestimmt ist. Der Gegenstand stellt hingegen Umlaufvermögen dar, wenn er zum Verbrauch bestimmt ist, dh im Fertigungsprozess untergeht oder zur Veräußerung bestimmt ist. Schwieriger ist die Abgrenzung beim nicht betriebsnotwendigen Vermögen, da diese oft nur unter Beachtung der subjektiven Kriterien möglich sein wird. Ausdruck des subjektiven Willens des Unternehmers ist dabei letztlich die Aufnahme des Vermögensgegenstandes in das Anlage- oder Umlaufvermögen. Die einmal vorgenommene Widmung ist zwar an jedem Bilanzstichtag neu zu überprüfen. Da es sich bei der Widmung zum Anlage- oder Umlaufvermögen jedoch um eine grundsätzliche Zweckwidmung handelt, ist diese Widmung im Sinne der Bilanzkontinuität nur bei Vorliegen besonderer Umstände zu ändern. Die bloße Absicht sowie Vorbereitungsarbeiten zur Veräußerung von Anlagevermögen begründen grundsätzlich keinen solchen eine Änderung rechtfertigenden Umstand, da bei der Anschaffung von Anlagevermögen regelmäßig von der Veräußerung desselben gegen Ende der Nutzungsdauer ausgegangen wird.

Bedeutung erlangt die Abgrenzung von Anlage- und Umlaufvermögen durch die unterschiedlichen Bewertungsvorschriften. Gegenstände des Anlagevermögens sind bei voraussichtlich dauernder Wertminderung außerplanmäßig abzuschreiben. Bei Finanzanlagen dürfen solche Abschreibungen auch vorgenommen werden, wenn die Wertminderung voraussichtlich nicht von Dauer ist (sog *gemildertes Niederstwertprinzip*). Umlaufvermögen ist hingegen zwingend auch dann abzuschreiben, wenn die Wertminderung voraussichtlich nicht von Dauer ist (sog *strenges Niederstwertprinzip*).

Innerhalb des Anlagevermögens wird aufgrund des unterschiedlichen Charakters und der unterschiedlichen Realisierbarkeit des Vermögens jedenfalls eine Aufgliederung nach immateriellem Anlagevermögen, Sach- und Finanzanlagevermögen vorzunehmen sein, wobei diese Gliederung gegebenenfalls noch weiter entsprechend der Gliederung des § 224 UGB zu verfeinern ist.

Das Umlaufvermögen ist entsprechend der Gliederung des § 224 UGB zumindest in die Bereiche Vorräte, Forderungen und sonstige Vermögensgegenstände, Wertpapiere und Anteile sowie Kassa/Bank aufzugliedern.

Anmerkungen zu den einzelnen Posten der Vermögensgegenstände:

- *Konzessionen, gewerbliche Schutzrechte und ähnliche Rechte und Vorteile* sowie daraus abgeleitete Lizenzen gelten als immaterielle Vermögensgegenstände und sind in die Bilanz aufzunehmen, wenn sie entgeltlich erworben wurden – siehe dazu ausführlich Kapitel 3.4.3.1.8.
- *Grundstücke*: Darunter sind sowohl unbebaute Grundstücke als auch Grundstücke zu verstehen, auf denen Fabriks-, Geschäfts- und Wohnbauten oder sonstige Baulichkeiten (Straßen, Parkplätze, Brücken, Untertagbauten uÄ) errichtet sind. Soweit solche Bauten auf fremdem Grund errichtet sind, sind sie ebenfalls unter diesem Posten auszuweisen. Bei den Grundstücken ist der Grundwert in der Bilanz oder im Anhang anzugeben, sofern die Gesellschaft nicht klein ist.

- *Technische Anlagen und Maschinen*: Unter diesem Posten sind die unmittelbar der Produktion dienenden Anlagen zu verstehen (Anlagen zur Energieerzeugung, zur Materialbe- bzw Materialverarbeitung).
- *Andere Anlagen, Betriebs- und Geschäftsausstattung*: Darunter sind jene dem Betrieb auf Dauer gewidmeten Gegenstände zu verstehen, die nicht unmittelbar der Produktion dienen. Zur Betriebsausstattung gehört insb die Werkstätteneinrichtung, der Fuhrpark und Transportbehälter, zur Geschäftsausstattung die Büroeinrichtung, EDV- sowie Kommunikationsanlagen.
- *Anzahlung*: Als geleistete Anzahlung sind getrennt nach immateriellen Vermögensgegenständen, Sach- und Finanzanlagen sowie Vorräte vom Unternehmer getätigte Vorleistungen für noch ausstehende Lieferungen und Leistungen auszuweisen. Erhaltene Anzahlungen sind demgegenüber eine Verbindlichkeit des Unternehmers, da die damit in Zusammenhang stehende Lieferung oder Leistung von ihm noch nicht erbracht wurde. Erhaltene Anzahlungen auf Bestellungen können von den Vorräten offen abgesetzt werden, soweit sie auf aktivierte, bereits angefallene Anschaffungs- oder Herstellungskosten entfallen.
- *Beteiligung*: Beteiligungen sind Anteile an einem anderen Unternehmen, die bestimmt sind, dem eigenen Geschäftsbetrieb durch Herstellung einer dauernden Verbindung zu diesem Unternehmen zu dienen (vgl § 189a Z 2 UGB). Voraussetzung für das Vorliegen einer Beteiligung ist der Besitz von Gesellschaftsanteilen, wobei es auf die Rechtsform des anderen Unternehmens nicht ankommt. Weiters muss eine dauernde Verbindung angestrebt werden. Wesentlich ist, dass der Gesellschaftsanteil dem eigenen Geschäftsbetrieb dienen muss, der über die reine Kapitalveranlagung hinausgeht. Eine Beteiligung wird daher regelmäßig dann vorliegen, wenn die beiden Unternehmen sich in ihren Tätigkeiten ergänzen bzw unterstützen.

  Soweit der Anteilsbesitz zumindest 20 % beträgt, gelten Anteile an Kapitalgesellschaften und Genossenschaften im Zweifel als Beteiligung, wobei diese Zweifelsregel die Behaltedauer und die Beteiligungsabsicht erfasst. Die Beteiligungsvermutung gilt unwiderleglich für die Stellung als unbeschränkt haftender Gesellschafter (Komplementär) einer Personengesellschaft.
- *Verbundene Unternehmen*: Seit dem RÄG 2014 werden als verbundene Unternehmen alle Unternehmen einer Gruppe angesehen (§ 189a Z 8 UGB). Die Gruppe selbst setzt sich aus dem Mutterunternehmen und allen ihren Tochterunternehmen zusammen, sodass alle dem Grunde nach vollkonsolidierten Unternehmen iSd § 244 UGB als verbundene Unternehmen gelten. Konsolidierungspflicht ist dem Grunde nach gegeben, wenn Unternehmen unter der einheitlichen Leitung eines Mutterunternehmens stehen oder wenn dem Mutterunternehmen gegenüber dem Tochterunternehmen bestimmte Kontrollbefugnisse (Mehrheit der Stimmrechte, Recht zur Organbestellung, Beherrschungsrecht, Stimmrechtsbindungsvertrag) zustehen. Ob tatsächlich alle Unternehmen der Gruppe auch in einem Konzernabschluss konsolidiert enthalten sind, spielt für das Vorliegen verbundener Unternehmen keine Rolle.
- *Ausleihungen*: Als Ausleihungen sind jedenfalls Forderungen mit einer Mindestlaufzeit von fünf Jahren auszuweisen (§ 227 UGB). Allgemein kann die Ausleihung als langfristige, dem Geschäftsbetrieb auf Dauer dienende Kapitalhingabe umschrieben werden, die mit keiner Gesellschafterstellung verbunden ist. Ausleihungen sind somit insb langfristige Darlehen als auch rückzahlbare Kautionen bei langfristigen Pacht- und Mietverhältnissen.

- *Wertpapiere (Wertrechte)*: Wertpapiere sind verbriefte festverzinsliche oder gewinnbeteiligte Vermögensrechte. Zu den Wertpapieren zählen insbesondere Aktien, Anleihen und Obligationen. Soweit keine Verbriefung vorliegt, handelt es sich um Wertrechte (zB GmbH-Anteile, Kommanditanteile, Sammelurkunden gem § 24 DepG). Soweit es sich um zur dauernden Anlage bestimmte Wertpapiere handelt, sind diese im Anlagevermögen, sonst im Umlaufvermögen auszuweisen.
- *Roh-, Hilfs- und Betriebsstoffe*: Unter Rohstoffen sind die in das Produkt als wesentliche Bestandteile eingehenden Vermögensgegenstände zu verstehen (zB Holz bei Möbelherstellung; Eisen bei Stahlerzeugung). Die Hilfsstoffe sind demgegenüber die unwesentlichen Bestandteile des Produkts (Nägel, Farben, Leim), während als Betriebsstoffe dem Herstellungsprozess dienende Vermögenswerte anzusehen sind (Schmiermittel, Reinigungsmaterial, Verpackungsmittel).
- *Unfertige Erzeugnisse*: Dies sind jene Produkte, mit deren Herstellung am Bilanzstichtag schon begonnen wurde, die aber noch nicht fertig hergestellt, dh auslieferungsfähig sind.
- *Fertige Erzeugnisse und Waren*: Fertige Erzeugnisse sind die am Bilanzstichtag hergestellten, auslieferungsfähigen Gegenstände. Waren sind Produkte, die zur Weiterveräußerung ohne wesentliche Be- oder Verarbeitung angeschafft wurden.
- *Noch nicht abrechenbare Leistungen*: Soweit Dienstleistungen noch nicht vollständig erbracht sind, hat für den bereits erbrachten, aber nicht selbständig abrechenbaren Teil der Dienstleistung eine Neutralisierung des Aufwands zu erfolgen.
- *Forderungen aus Lieferungen und Leistungen*: Unter diesem Posten sind die aus dem betrieblichen Kernleistungsbereich aufgrund erbrachter Lieferungen, Dienstleistungen uÄ entstandenen Entgeltsansprüche gegen den Leistungsempfänger auszuweisen. Der Ausweis der Forderung aus Lieferung und Leistung korrespondiert mit dem Ausweis der Umsatzerlöse.

  Vor dem RÄG 2014 bestand das Wahlrecht, Forderungen mit einer Restlaufzeit von mehr als einem Jahr bei jedem gesondert ausgewiesenen Posten in der Bilanz anzumerken oder im Anhang anzugeben. Nunmehr ist verpflichtend der Betrag der Forderungen mit einer Restlaufzeit von mehr als einem Jahr bei jedem gesondert ausgewiesenen Posten in der Bilanz anzumerken.
- *Forderungen gegen verbundene Unternehmen; Forderungen gegen Unternehmen, mit denen ein Beteiligungsverhältnis besteht*: Unter diesen beiden Posten sind sämtliche Forderungen gegen derartige Unternehmen, unabhängig von ihrer sonstigen Zugehörigkeit, auszuweisen. Mit diesem besonderen Ausweis soll auf die gesellschaftsrechtliche Verflechtung dieser Unternehmen hingewiesen werden. Dieser Ausweis hat in einem besonderen Posten oder aber durch Vermerk bei den anderen Posten zu erfolgen.

  Hinsichtlich des Ausweises jener Forderungen mit einer Restlaufzeit von mehr als einem Jahr siehe die Ausführungen zu Forderungen aus Lieferungen und Leistungen.
- *Sonstige Forderungen und Vermögensgegenstände*: Hierunter fallen die als sonstige betriebliche Erträge auszuweisenden Lieferungen und Leistungen (Veräußerung von Anlagevermögen), Schadenersatzansprüche, Steuerguthaben, Dividendenansprüche, kurzfristige Darlehen.

Hinsichtlich des Ausweises jener Forderungen mit einer Restlaufzeit von mehr als einem Jahr siehe die Ausführungen zu Forderungen aus Lieferungen und Leistungen.

- *Anteile an verbundenen Unternehmen*: Nur solche, die Umlaufvermögen darstellen.
- *Anteile an Mutterunternehmen*: Hierunter fallen die Anteile, die ein Tochterunternehmen am Mutterunternehmen hält. Diese Anteile sind entsprechend der Zweckwidmung im Anlage- oder im Umlaufvermögen in einem eigenen Posten auszuweisen.
- *Sonstige Wertpapiere und Anteile*: Unter diesem Posten sind die Wertpapiere und Anteile auszuweisen, die nicht bestimmt sind, dauernd dem Geschäftsbetrieb zu dienen.
- *Kassa, Schecks, Guthaben bei Kreditinstituten*: Diese auch als flüssige (liquide) Mittel bezeichneten Vermögensgegenstände umfassen das gesamte Bargeld, Briefmarken und andere Wertzeichen, nicht eingelöste Inhaber- und Orderschecks sowie alle jederzeit fälligen Guthaben bei Kreditinstituten (Kontokorrentguthaben, Taggelder).

3.4.3.1.2. Eigenkapital

Für die Darstellung des Eigenkapitals der Unternehmer gibt es ebenfalls keine Vorschriften.

Eigenkapital des Einzelunternehmers

Das Eigenkapital des Einzelunternehmers wird nach herrschender Ansicht als ein Posten dargestellt, mit dem sowohl die Entnahmen bzw Einlagen als auch die Gewinne bzw Verluste direkt verrechnet werden können. Daneben wird auch die Ansicht vertreten, es müsste aufgrund des Gebots der Vermittlung eines möglichst getreuen Bildes der Vermögens- und Ertragslage ein getrennter Ausweis des Jahresgewinnes bzw -verlustes in der Bilanz erfolgen. Da der Jahresgewinn bzw -verlust jedoch aus der GuV ersichtlich ist, wird ein solcher getrennter Ausweis nicht erforderlich sein.

Eigenkapital der Personengesellschaft

Schwieriger gestaltet sich die Gliederung des Eigenkapitals der Personengesellschaften, da zumindest der erste Abschnitt des dritten Buches des UGB (§§ 189–220) anders als der zweite Abschnitt für Kapitalgesellschaften ab § 221 UGB keine Gliederungsvorschriften für die Bilanz im Allgemeinen und damit für das Eigenkapital im Besonderen kennt. Zunächst ist festzuhalten, dass für jeden Gesellschafter ein eigenes Kapitalkonto zu führen ist, wobei eine Saldierung der Kapitalkonten nicht zulässig ist. Gem § 109 UGB bestimmt sich die Beteiligung der Gesellschafter an der Gesellschaft nach dem Verhältnis des Wertes der vereinbarten Einlagen (Kapitalanteil). Im Zweifel sind die Gesellschafter zu gleichen Teilen beteiligt. Für den Fall, dass keine abweichenden vertraglichen Regelungen bestehen, sind folgende Gesellschafterkonten zu führen, die grundsätzlich für Komplementäre und Kommanditisten in gleicher Weise zu führen sind:

- Kapitaleinlage: Das Kapitaleinlagekonto ist ein festes Kapitalkonto, das den Anteil des Gesellschafters an der Gesellschaft widerspiegelt. Eine Veränderung dieses Kontos geschieht nur im Fall der Veränderung der Beteiligungsverhältnisse. Begrifflich unterscheidet das UGB zwischen der „vereinbarten Einlage" des Komplementärs und der „bedungenen Einlage" des Kommanditisten. Für den Kommanditisten ist noch zu erwähnen, dass, sollte die Hafteinlage, also der Betrag, bis zu dem gegenüber den Gläubigern der Gesellschaft gehaftet wird, höher sein, dennoch die bedungene Einlage auszuweisen ist. Das Gleiche gilt auch, wenn die Hafteinlage kleiner als die bedungene Einlage ist.

Ergibt sich ein negatives Eigenkapital, so wird dieses entsprechend der Behandlung des Ausweises eines solchen bei Kapitalgesellschaften auf der Passivseite als „negatives Eigenkapital" auszuweisen sein. Ein Ausweis auf der Aktivseite wird demgegenüber aufgrund der erkennbaren Absicht des Gesetzgebers, das Eigenkapital jedenfalls in einem Posten auf der Passivseite zusammenzufassen, nicht zulässig sein.

Nicht eingeforderte ausstehende Einlagen sind offen vom Betrag der vereinbarten bzw bedungenen Einlage abzuziehen, sodass nur der Betrag, der tatsächlich eingezahlt oder eingefordert wurde, als Eigenkapital erfasst wird (*Beispiel: Bedungene Einlage 1.000, davon 500 einbezahlt, 200 eingefordert und 300 nicht eingefordert. In der Bilanz ist die bedungene Einlage von 1.000 um den Betrag der nicht eingeforderten Einlage in Höhe von 300 zu vermindern, sodass das Eigenkapital 700 beträgt*). Ausstehende Einlagen, die eingefordert wurden, sind als Forderung gegenüber dem Gesellschafter auszuweisen.

- Für sonstige Einlagen sollte jedenfalls ein eigenes, typischerweise variables Kapitalkonto genanntes Eigenkapitalkonto geführt werden, über das auch die genehmigten Entnahmen erfasst werden.
- Auch für im Eigenkapital auszuweisende Gewinnanteile empfiehlt sich ein eigenes, zusätzliches, variables Kapitalkonto.

Mit diesen beiden „variablen" Kapitalkonten kann die betriebswirtschaftlich empfehlenswerte Trennung von Außen- und Innenfinanzierung erreicht und gewahrt werden.

Da die Gesellschafter einer Personengesellschaft, insbesondere der Kommanditist, einen Anspruch auf Auszahlung des ihm zukommenden Gewinnanteils hat, ist dieser Anspruch grundsätzlich nicht als Eigenkapital, sondern als Verbindlichkeit der Gesellschaft zu behandeln. Verlustanteile sind insbesondere beim Kommanditisten offen von der bedungenen Einlage abzusetzen. In Höhe der durch Verluste geminderten Einlage können spätere Gewinne zur Auffüllung der herabgesetzten Einlage verwendet werden, sodass nur der die Verlustkompensation übersteigende Betrag an den Kommanditisten ausbezahlt werden kann.

Entnahmen sind gesetzlich nur für die zustehenden Gewinnanteile vorgesehen; alle übrigen Entnahmen bedürfen, soweit sie nicht gesellschaftsvertraglich vereinbart sind, der Zustimmung der übrigen Gesellschafter. Soweit daher Entnahmen nicht durch das Gesetz gedeckt sind, steht der Gesellschaft in Höhe der Entnahme ein Forderungsanspruch gegen den Gesellschafter zu. Fällige ausstehende Einlagen können mit dem dem Kommanditisten zustehenden Gewinnanteil verrechnet werden.

Die GmbH & Co KG unterliegt als verdeckte Kapitalgesellschaft gemäß § 221 Abs 5 UGB den Bilanzierungsvorschriften für Kapitalgesellschaften. Während in § 264c dHGB explizit ein gesonderter Ausweis der Kapitalanteile der Komplementäre und der Kommanditisten vorgesehen ist, fehlt im UGB eine entsprechende Anordnung. In Anbetracht des dominierenden Gläubigerschutzprinzips und der im Verhältnis zur GmbH divergierenden Haftungsstruktur ist im Eigenkapital GmbH & Co KG jedoch ein getrennter Ausweis des Komplementär- und des Kommanditkapitals vorzunehmen. Dies ergibt sich auch aus der Forderung der Generalklausel des

§ 222 Abs 2 UGB. Das AFRAC schlägt dabei folgende Gliederung des Eigenkapitals der GmbH & Co KG vor (siehe AFRAC 18):

	Bezeichnung
A.	Eigenkapital
I.	Komplementärkapital
1.	Vereinbarte Einlagen
2.	abzgl. nicht eingeforderte ausstehende Einlagen / genehmigte Entnahmen
3.	Verlustanteil aus Vorjahren
II.	Kommanditkapital
1.	Bedungene Einlagen
2.	abzgl. nicht eingeforderte ausstehende Einlagen / genehmigte Entnahmen
3.	Verlustanteil aus Vorjahren
III.	Kapitalrücklagen
IV.	Gewinnrücklagen
V.	Den Gesellschaftern zuzurechnender Gewinn / Verlust
	(davon Gewinnvortrag)

Als Kapitalanteil des Komplementärs ist die im Sinne des § 109 Abs 1 UGB vereinbarte Einlage auszuweisen. Dabei ist § 20 Abs 2 AktG zu beachten, der Folgendes anordnet: „Sacheinlagen oder Sachübernahmen können nur Vermögensgegenstände sein, deren wirtschaftlicher Wert feststellbar ist. Verpflichtungen zu Dienstleistungen können nicht Sacheinlagen oder Sachübernahmen sein.“ Es ist daher zu beachten, dass im Abschluss nur bilanziell darstellbare Sachverhalte zu berücksichtigen sind. Die bilanzielle Erfassung von Dienstleistungen – wie bspw der reinen Arbeitskraft – ist nicht möglich.

Nicht eingeforderte ausstehende Einlagen sind analog zu § 229 Abs 1 UGB vom Betrag der vereinbarten Einlagen offen abzusetzen. Eingeforderte ausstehende Einlagen sind analog zu § 229 Abs 1 UGB unter den Forderungen gesondert auszuweisen und entsprechend zu bezeichnen.

Ist der Komplementär reiner Arbeitsgesellschafter und leistet daher keine Vermögenseinlage, so ist in der Bilanz die Einlage mit null und dem Hinweis „Arbeitsgesellschafter“ anzugeben. Alternativ kann eine Erläuterung im Anhang erfolgen; die Einlage ist dennoch mit der Zahl null in der Bilanz auszuweisen.

Unter den Begriff der Entnahme sind alle Leistungen (zB Geld oder andere Vermögensgegenstände, Inanspruchnahme von Dienstleistungen) aus dem Gesellschaftsvermögen einzuordnen, die an den Gesellschafter ohne angemessene Gegenleistung erbracht werden. Demnach fallen darunter auch Gewinnauszahlungen sowie sonstige (Kapital-)Entnahmen. Nach dem Wortlaut des § 122 Abs 1 UGB unterliegt der Gewinnauszahlungsanspruch des unbeschränkt haftenden Gesellschafters besonderen Einschränkungen. Entnahmen, die über den Gewinnanteil hinausgehen, können nach Abs 2 leg cit grundsätzlich nur mit der Einwilligung der anderen Gesellschafter oder aufgrund einer Bestimmung des Gesellschaftsvertrages vorgenommen werden.

Demnach unterliegt das Gesellschaftsvermögen einer weitgehenden Dispositionsfreiheit der Gesellschafter, soweit eine Auszahlung nicht zum offenbaren Schaden der Gesellschaft gereicht.

Die Auszahlung des Gewinnanspruchs reduziert die Verbindlichkeit der Gesellschaft gegenüber dem Gesellschafter. Auszahlungen, die durch Gesetz, Gesellschaftsvertrag oder einen Gesellschafterbeschluss gerechtfertigt, aber durch Gewinngutschriften nicht gedeckt sind, sind als genehmigte Entnahmen auszuweisen. Davon sind die gesellschaftsvertraglich vereinbarte Herabsetzung der Vermögenseinlage, die zu einer Verminderung der vereinbarten Einlage führt, sowie vertragliche Darlehensgewährungen, die als Forderungen zu erfassen sind, abzugrenzen. Für nicht im Gesetz oder im Gesellschaftsvertrag gestattete Entnahmen besteht ein Rückzahlungsanspruch der Gesellschaft, der analog zur eingeforderten ausstehenden Einlage zu behandeln ist, dh dieser Betrag ist gesondert als Forderung gegenüber dem Komplementär auszuweisen.

Als Kapitalanteil des Kommanditisten ist in der Bilanz die bedungene Einlage (Pflichteinlage) auszuweisen. Die Haftsumme, die jenen Betrag bestimmt, mit dem der Kommanditist im Außenverhältnis gegenüber den Gesellschaftsgläubigern haftet, ist im Anhang anzugeben. Dies ist deshalb geboten, weil im Gesellschaftsvertrag von der Leistung einer bedungenen Einlage abgesehen werden kann und sich die Leistung des Kommanditisten sodann auf die Übernahme der Außenhaftung bis zur Höhe der Haftsumme beschränkt. Nicht eingeforderte ausstehende Einlagen sind analog zu § 229 Abs 1 UGB vom Betrag der bedungenen Einlagen offen abzusetzen. Eingeforderte ausstehende Einlagen sind analog zu § 229 Abs 1 UGB unter den Forderungen gesondert auszuweisen und entsprechend zu bezeichnen.

Für die Behandlung von Entnahmen beim Kommanditisten gelten die Ausführungen zum Komplementär.

Eine Kapitalrücklage ist in der Bilanz als Gesamtsumme auszuweisen, eine Aufgliederung nach Komplementär und Kommanditist ist nicht erforderlich. In der Kapitalrücklage ist ein laut dem Gesellschaftsvertrag von den Gesellschaftern zu leistendes Aufgeld zu erfassen. Weiters sind in der Kapitalrücklage in Analogie zu § 229 Abs 2 Z 5 UGB die von Gesellschaftern als Einlage gewidmeten Gewinne sowie sonstige Zuzahlungen zu erfassen. Die Widmung kann sich aus dem Gesellschaftsvertrag oder aus einer Beschlussfassung der Gesellschafter ergeben. Wird im Vertrag oder in einem Beschluss eine alineare Zuordnung bestimmt, so ist der Betrag dem einzelnen Gesellschafter entsprechend zuzuordnen. Die alineare Zuordnung ist im Anhang zu erläutern.

Eine Gewinnrücklage ist dann auszuweisen, wenn von den Gesellschaftern eine Thesaurierung des gesamten oder von Teilen des Gewinns beschlossen wurde oder dies im Gesellschaftsvertrag vorgesehen ist. Wird im Vertrag oder in einem Beschluss eine alineare Zuordnung bestimmt, so ist der Betrag dem einzelnen Gesellschafter entsprechend zuzuordnen. Der Ausweis erfolgt als Gewinnrücklage und die alineare Zuordnung ist im Anhang zu erläutern. In der Gewinnrücklage sind demnach Beträge zu erfassen, die aufgrund eines Thesaurierungsbeschlusses (ohne Widmung als Einlage) Eigenkapital der Gesellschaft darstellen. Eine Gewinnrücklage ist in der Bilanz als Gesamtsumme auszuweisen, eine Aufgliederung nach Komplementär und Kommanditist ist nicht erforderlich.

Der Gewinnausschüttungsanspruch sowohl des Komplementärs als auch des Kommanditisten entsteht mangels gesellschaftsvertraglicher Regelungen erst mit der Feststellung, ansonsten frühestens mit der Aufstellung des Jahresabschlusses. Da die Gewinnverwendung der Aufstellung des Jahresabschlusses nachgelagert ist, hat der Ausweis eines den Gesellschaftern zuzurechnenden Gewinns/Verlusts des laufenden Geschäftsjahres jedenfalls im Eigenkapital zu erfolgen. Der Berechnung des Gewinn-/Verlustanteils des einzelnen Gesellschafters ist der Gewinn/Verlust der Gesellschaft gemäß dem verbindlich auf- bzw festgestellten Jahresabschluss zugrunde zu legen.

Der Ausweis eines Gewinnvortrags bedarf eines konkreten Beschlusses oder einer Regelung im Gesellschaftsvertrag und hat gesondert als „Davon-Vermerk" zu erfolgen. Jahresverluste sind in der Bilanz wie Gewinne gesondert zu erfassen und nach Feststellung des Jahresabschlusses im Folgejahr aufgrund der unterschiedlich geregelten Pflichten zur Wiederauffüllung getrennt im Komplementärkapital und Kommanditkapital auszuweisen.

Die Eigenkapitalgliederung der GmbH & Co KG kann selbstverständlich auch bei jenen rechnungslegungspflichtigen Personengesellschaften verwendet werden, die nicht dem Anwendungsbereich des zweiten Abschnitts unterliegen.

Die Eigenkapitalgliederung von Kapitalgesellschaften

Das Eigenkapital gliedert sich – in dieser Reihenfolge – wie folgt:

1. „eingefordertes" Nennkapital (Grund-, Stammkapital)
2. Kapitalrücklagen
3. Gewinnrücklagen
4. Bilanzgewinn, -verlust

- *Nennkapital*: Das Nennkapital stellt den Nennbetrag des Grundkapitals (bei der AG) oder des Stammkapitals (bei der GmbH) dar. Unter dem Bilanzposten ist aber nur das eingeforderte Nennkapital abzuführen. Es sind aber ebenfalls das gezeichnete Kapital (= übernommene Einlage) und das einbezahlte Nennkapital anzugeben. Eingeforderte ausstehende Einlagen sind demgegenüber als sonstige Forderung auszuweisen. Mögliche Darstellung in der Bilanz:

A. Eigenkapital	
I. eingefordertes Nennkapital	17.500
gezeichnetes Nennkapital	35.000
eingezahltes Nennkapital	17.500

Eine besondere Anordnung der Darstellung der Inanspruchnahme von Gründungsprivilegierungen im Eigenkapital enthält § 229 Abs 1 UGB. Gem § 10b GmbHG sind Gesellschafter gründungsprivilegierter GmbH während der aufrechten Gründungsprivilegierung nur insoweit zu weiteren Einzahlungen auf die von ihnen übernommenen Stammeinlagen verpflichtet, als die bereits geleisteten Einzahlungen hinter den gründungsprivilegierten Stammeinlagen zurückbleiben. Gesellschaften, die eine Gründungsprivilegierung in Anspruch nehmen, haben in der Bilanz zusätzlich jenen Betrag auszuweisen, den die Gesellschafter nach § 10 Abs 4 GmbHG nicht zu leisten verpflichtet sind. Diese Beträge werden vom gesetzlichen Stammkapital offen abgesetzt.

Eingefordertes Stammkapital	5.000
Stammkapital	35.000
abzüglich nach § 10 Abs 4 GmbHG nicht einforderbare ausstehende Stammeinlagen	– 25.000
abzüglich sonstige nicht eingeforderte ausstehende Stammeinlagen	– 5.000
Davon eingezahlt	5.000

- *Eigene Anteile*: Eigene Anteile sind nach der Neuregelung des RÄG 2014 im Eigenkapital auszuweisen. Ein Ausweis auf der Aktivseite der Bilanz findet nicht statt.

  Der Nennbetrag bzw der rechnerische Wert der erworbenen eigenen Anteile ist in einer Vorspalte offen von dem Posten Nennkapital abzusetzen. Dieser vom Nennkapital abzusetzende Vorspaltenposten ist als „Nennbetrag eigener Aktien" und der verbleibende Betrag in der Hauptspalte als „ausgegebenes Grundkapital" bezeichnet. Der dem Nennbetrag bzw dem rechnerischen Wert der erworbenen eigenen Anteile entsprechende Betrag ist in die gebundenen Rücklagen einzustellen, wobei je nach Herkunft der dazu aufgelösten freien Rücklage diese gebundene Rücklage in den Kapitalrücklagen oder Gewinnrücklagen auszuweisen ist. Der Unterschiedsbetrag zwischen dem Nennbetrag bzw dem rechnerischen Wert dieser Anteile und ihren Anschaffungskosten ist mit den nicht gebundenen Kapitalrücklagen und den freien Gewinnrücklagen zu verrechnen. Übersteigen die Anschaffungskosten den Nennbetrag bzw rechnerischen Wert, so reduzieren sich die nicht gebundenen Kapitalrücklagen bzw freien Gewinnrücklagen. Liegen die Anschaffungskosten unter dem Nennbetrag bzw rechnerischen Wert, so erhöht sich insoweit die nicht gebundene Kapitalrücklage bzw freie Gewinnrücklage. Sind nach dem Erwerb der Anteile keine ausreichenden nicht gebundenen Kapitalrücklagen oder freien Gewinnrücklagen für eine Verrechnung des Unterschiedsbetrages verfügbar, führt dies zu einer Schmälerung des Bilanzgewinns.

  Nach der Veräußerung eigener Anteile entfällt der Ausweis des abzusetzenden Vorspaltenpostens. Werden sämtliche eigenen Anteile veräußert, ist das Nennkapital vorbehaltlich anderer Bestimmungen wieder in voller Höhe in der Hauptspalte auszuweisen. Ein den Nennbetrag oder den rechnerischen Wert der eigenen Anteile übersteigender Differenzbetrag aus dem Veräußerungserlös ist bis zur Höhe des mit den frei verfügbaren Rücklagen verrechneten Betrags in die jeweiligen Rücklagen einzustellen. Es ist daher der Anschaffungspreis der eigenen Anteile ohne Anschaffungsnebenkosten ebenso in der Buchhaltung evident zu halten wie die konkrete Auflösung der ungebundenen Kapitalrücklage bzw freien Gewinnrücklage, um in dieser Höhe wiederum eine Dotierung dieser Rücklage vornehmen zu können. Ein darüber hinausgehender Differenzbetrag ist in die (bei AG und großer GmbH gebundenen) Kapitalrücklage einzustellen. Dies ist dann der Fall, wenn der Verkaufserlös höher ist als der ursprüngliche Kaufpreis der eigenen Anteile. Dazu ist die nach § 229 Abs 1a vierter Satz UGB gebildete gebundene Kapitalrücklage aufzulösen. Das Gesetz lässt offen, ob der Verkauf der eigenen Anteile als Bestandteil der Ergebnisverwendung zu erfassen ist. Da der Erwerb eigener Anteile wie die Einziehung derselben als Ergebnisverwendung erfasst wird, spricht viel dafür, auch diesen Fall als Ergebnisverwendung zu erfassen. Sollte der Verkaufspreis der eigenen Anteile unter dem Anschaffungspreis liegen, wäre das Mindergebnis zulasten einer freien Rücklage zu verrechnen. Mangels ausdrücklicher gesetzlicher Regelung wird in der Literatur aber auch eine ergebniswirksame Verrechnung vertreten, was allerdings dem Wesen der Kapitalausgabe als erfolgsneutralem Vorgang widerspricht.

- *Kapitalrücklagen*: Als Kapitalrücklagen sind alle von außen dem Unternehmen zugeführten Mittel auszuweisen. Es darf Mittelzufuhr nicht Gegenstand eines unentziehbaren Forderungsrechts sein. Das UGB unterscheidet zwischen gebundenen und ungebundenen Kapitalrücklagen. Gebundene Kapitalrücklagen können nur zum Ausgleich eines sonst auszuweisenden Bilanzverlustes, nicht jedoch zu Ausschüttungen an die Gesellschafter verwendet werden.

Zu den gebundenen Kapitalrücklagen zählen

- der Betrag, der bei der Ausgabe der Anteile den Nennbetrag übersteigt (sog Agio);
- das Agio aus der Ausgabe von Wandlungs- und Optionsrechten;
- der Betrag, der von Gesellschaftern zur Erlangung eines Vorzugs bezahlt wird;
- der Betrag, der bei vereinfachten Kapitalherabsetzungen die zu beseitigenden Verluste übersteigt.

Ungebunden ist jene Kapitalrücklage, die aus sonstigen Zahlungen, die durch gesellschaftsrechtliche Verbindungen (unmittelbare bzw mittelbare Gesellschafter) veranlasst sind, gebildet wurde.

Gebundene Rücklagen sind gesetzlich nur bei Aktiengesellschaft und großer GmbH vorgesehen.

- *Gewinnrücklagen*: Gewinnrücklagen sind im Gegensatz zu Kapitalrücklagen innenfinanzierte Eigenmittel der Gesellschaft, die aus dem Jahresüberschuss gebildet werden. Die Gewinnrücklage gliedert sich in die gesetzliche, in satzungsmäßige und in andere (freie) Rücklagen. Die gesetzliche Rücklage ist eine gebundene Rücklage. Sie ist so lange jährlich mit mindestens 5 % des um einen Verlustvortrag gekürzten Jahresüberschusses zu bilden, bis die Summe der gebundenen Rücklagen 10 % oder einen in der Satzung bestimmten höheren Teil des Nennkapitals erreicht. Satzungsmäßige Rücklagen sind Rücklagen, die aufgrund des Gesellschaftsvertrages zwingend zu bilden sind. Wie weit satzungsmäßige Rücklagen gebunden sind, richtet sich nach dem Gesellschaftsvertrag. Freie Rücklagen sind solche, die keiner Beschränkung in der späteren Verwendung unterliegen. Die Bildung dieser Rücklage liegt im freien Ermessen des Vorstandes der AG oder der Gesellschafterversammlung der GmbH.
- *Bilanzgewinn, Bilanzverlust*: Der Bilanzgewinn ist der nach der Rücklagenbewegung verbleibende an die Gesellschafter ausschüttungsfähige Betrag. Der Bilanzverlust ist der nach der Rücklagenbewegung verbleibende Verlust der Gesellschaft.

3.4.3.1.3. Rückstellungen

Vgl zu den Rückstellungen – insbesondere auch zu steuerlichen Fragen – ausführlich unten 3.7.8.

Rückstellungen sind für ungewisse Verbindlichkeiten und für drohende Verluste aus schwebenden Geschäften zu bilden, die am Abschlussstichtag zumindest wahrscheinlich und ihrer Höhe nach unbestimmt sind. Rückstellungen dürfen weiters für ihrer Eigenart nach genau umschriebene, einem der Vergangenheit zuordenbaren Aufwand gebildet werden (sog Aufwandsrückstellung).

Unter *Aufwandsrückstellungen* versteht man Aufwendungen, die keine Verpflichtung Dritten gegenüber darstellen, mit deren Entstehen aber aufgrund der Fortführung des Unternehmens mit großer Wahrscheinlichkeit zu rechnen ist. Für diesen im abgelaufenen Geschäftsjahr verursachten Aufwand ist entsprechend einer periodenrichtigen Abgrenzung der Aufwendungen und Erträge vorzusorgen. Ein typischer Anwendungsfall einer Aufwandsrückstellung sind unterlassene Reparatur- und Instandhaltungsarbeiten wie zB die Nichtdurchführung einer fälligen Wartung einer Maschine im Geschäftsjahr. Die für diese Wartungsarbeiten anfallenden

Aufwendungen können im Jahresabschluss rückgestellt werden, da der Aufwand im abgelaufenen Geschäftsjahr wirtschaftlich begründet wurde.

Rückstellungen für ungewisse Verbindlichkeiten sind der Höhe und/oder dem Grunde nach nicht sicher feststehende Verbindlichkeiten. Eine Verbindlichkeit ist dem Grunde nach ungewiss, wenn nicht klar ist, ob aufgrund der Rechtslage überhaupt eine Verbindlichkeit des Unternehmers entstanden ist. Eine Verbindlichkeit ist der Höhe nach ungewiss, wenn nicht feststeht, in welchem Ausmaß die Verpflichtung besteht. Die Rückstellungsbildung hat immer dann zu erfolgen, wenn mit der Inanspruchnahme ernsthaft zu rechnen ist, wenn also mehr Gründe für als gegen die Inanspruchnahme sprechen. Entscheidend ist, dass die Verpflichtung dem Grunde nach wahrscheinlich ist und mit der Inanspruchnahme durch den Anspruchsberechtigten zu rechnen ist, wobei die konkrete Kenntnis vom Anspruch nicht Voraussetzung der Rückstellungsbildung ist. Eine Verbindlichkeitsrückstellung ist nicht nur für rechtlich durchsetzbare Ansprüche Dritter zu bilden, sondern auch für solche Ansprüche, denen sich der Unternehmer aus unternehmerischen Gründen nicht entziehen kann. Die Rückstellungen aus ungewissen Verbindlichkeiten können als ungewisser Erfüllungsrückstand bereits abgeschlossener und erfüllter Geschäfte interpretiert werden. Für Verbindlichkeiten, die endgültig erst in der Zukunft entstehen, sind Rückstellungen in der Form zu bilden, dass periodengerecht jeweils der in der einzelnen Periode verursachte Aufwand in die Rückstellung einzustellen ist.

Unter den ungewissen Verbindlichkeiten sind alle in der Vergangenheit begründeten Verpflichtungen gegenüber Dritten zu erfassen. Zu den ungewissen Verbindlichkeiten zählen insbesondere Abfertigungs-, Pensions-, Jubiläumsgeld-, Umweltschutz-, Produkthaftungs-, Kulanz-, Urlaubs- und Steuerrückstellungen. Auch so genannte Pauschalrückstellungen, das sind Rückstellungen, die das in einem Geschäft jeweils enthaltene Einzelrisiko insb für Gewährleistung bzw Schadenersatz nach statistischen Grundsätzen in pauschaler Form berücksichtigen, stellen unternehmensrechtlich eine zulässige Form von Rückstellungen für ungewisse Verbindlichkeiten dar. Auch für Umweltschutzverpflichtungen wird entgegen anderer Ansichten eine Rückstellungsbildung bereits dann erforderlich sein, wenn dem Unternehmer die drohende Inanspruchnahme erkennbar ist. Das Abstellen auf ein eingeleitetes Verfahren widerspricht dem auch in diesem Bereich geltenden Vorsichtsprinzip, wonach Verluste und Risken bereits zu dem Zeitpunkt zu berücksichtigen sind, zu dem sie erkennbar sind.

Rückstellungen für drohende Verluste aus schwebenden Geschäften sind im Gegensatz zu den Verbindlichkeitsrückstellungen für aus der zukünftigen Abwicklung des Geschäfts entstehende Verpflichtungen zu bilden, deren Ursache allerdings in der Vergangenheit liegt. Ein schwebendes Geschäft liegt immer dann vor, wenn eine vertragliche Beziehung zwischen dem Unternehmer und einem Dritten vorliegt, die im Geschäftsjahr abgeschlossen wurde und in der(n) Folgeperiode(n) zu erfüllen ist, dh von den Vertragsparteien am Bilanzstichtag noch nicht erfüllt wurde. Nach herrschender Ansicht liegt jedoch ein schwebendes Geschäft auch bereits dann vor, wenn der Abschluss eines Geschäfts zu bestimmten Bedingungen mit großer Wahrscheinlichkeit zu erwarten ist.

Grundsätzlich führen schwebende Geschäfte zu keiner bilanzmäßigen Erfassung. Soweit allerdings ein Missverhältnis zwischen Leistung und Gegenleistung vorliegt, ist dies durch Bildung einer Rückstellung für drohende Verluste aus schwebenden Geschäften zu berücksichtigen. Bei Ermittlung der Höhe der Drohverlustrückstellung ist somit eine Saldierung zwischen dem Wert der Leistung und dem der Gegenleistung bzw von Aufwand und Ertrag vorzunehmen. Die Rückstellung ist nach traditioneller Auffassung auch dann zu bilden, wenn bewusst ein „schlechtes" (verlustbringendes) Geschäft abgeschlossen worden ist.

Die Rückstellung für drohende Verluste aus schwebenden Geschäften gibt es in verschiedenen Ausprägungen. Gemeinsam ist allen Geschäften, dass eine bestehende vertragliche Verpflichtung noch nicht zu erfüllen ist und erkennbar ist, dass die eigene Leistungsverpflichtung höher ist als die zu erwartende Gegenleistung. Bei schwebenden Beschaffungsgeschäften ist auf den Unterschiedsbetrag zwischen den zu bezahlenden Anschaffungskosten und dem Wert der erhaltenen Leistung (Gegenleistung) abzustellen.

Für schwebende Absatzgeschäfte ist allgemein eine Rückstellung für drohende Verluste zu bilden, wenn m Fall der Herstellung der vereinbarte Verkaufspreis geringer ist als die Kosten der Herstellung und des Verkaufs dieses Gegenstandes, wobei die Bewertung der Herstellungskosten und des Verkaufs zu Vollkosten vorzunehmen ist.

Bei Dauerschuldverhältnissen ist jener Betrag als Rückstellung auszuweisen, um den die künftigen Aufwendungen die künftigen Erträge aus diesem Geschäft übersteigen, wobei in die Betrachtung nur die Restlaufzeit des Dauerschuldverhältnisses einzubeziehen ist. Dabei sind in die Erträge auch mittelbare Vorteile aus dem abgeschlossenen Geschäft einzubeziehen, soweit diese bewertbar sind und nicht dem Einzelbewertungsgebot widersprechen.

Weiters ist die Bildung einer Rückstellung für latente Steuern verpflichtend im Gesetz vorgesehen. Bestehen zwischen den unternehmensrechtlichen und den steuerrechtlichen Wertansätzen von Vermögensgegenständen, Rückstellungen, Verbindlichkeiten und Rechnungsabgrenzungsposten Differenzen, die sich in späteren Geschäftsjahren voraussichtlich abbauen, so ist bei einer sich daraus insgesamt ergebenden Steuerbelastung diese als Rückstellung für passive latente Steuern in der Bilanz anzusetzen.

Ein Anwendungsfall für die Bildung einer solchen Rückstellung könnte vorliegen, wenn im Jahr der Anschaffung/Herstellung die steuerliche Abschreibung aufgrund der Regelung des § 7 Abs 2 EStG (Halb-/Ganzjahres-AfA) höher ist als die zB monatsweise berechnete planmäßige Abschreibung oder wenn im Fall einer Umgründung unternehmensrechtlich der beizulegende Wert angesetzt wird, während steuerrechtlich der geringere Buchwert fortgeführt wird.

Die zweite wesentliche Bedeutung der Bestimmung des § 198 Abs 8 UGB liegt in der vorgenommenen Aufgliederung der Rückstellungsarten. Die aufgrund ihrer bewertungsrechtlichen Besonderheiten extra aufgezählten Abfertigungs- und Pensionsrückstellungen werden daher auch in der Bilanz des Unternehmers getrennt von den übrigen Verbindlichkeitsrückstellungen auszuweisen sein. Da sich die Rückstellungen für drohende Verluste aus schwebenden Geschäften inhaltlich von den Verbindlichkeitsrückstellungen unterscheiden, ist es vertretbar, diese in einem eigenen Posten auszuweisen. Gleiches gilt für die Aufwandsrückstellung.

Für Kapitalgesellschaften gilt die Gliederung der Rückstellungen nach § 224 UGB:

Die Rückstellungen sind getrennt nach Abfertigungs-, Pensions-, Steuer- und sonstigen Rückstellungen aufzugliedern. Der Posten sonstige Rückstellungen umfasst alle Rückstellungen aus ungewissen Verbindlichkeiten (ausgenommen Abfertigungs- und Pensionsrückstellung, somit insb Rückstellungen für Gewährleistung, Schadenersatz, Jubiläumsgelder, Urlaub), Rückstellungen für drohende Verluste aus schwebenden Geschäften sowie Aufwandsrückstellungen.

3.4.3.1.4. Verbindlichkeiten

Bei Verbindlichkeiten handelt es sich um dem Grunde und der Höhe nach sichere Verpflichtungen, wobei es auch bei den Verbindlichkeiten nicht auf die rechtliche Durchsetzungsmöglichkeit ankommt, soweit der Unternehmer aus sonstigen Gründen nicht die Erfüllung verweigern kann. Aufgrund der unterschiedlichen Verbindlichkeitsquellen und der verschiedenen Fristigkeiten werden die Verbindlichkeiten entsprechend der Bestimmung des § 224 UGB zumindest in solche aus Lieferung und Leistung, Bankverbindlichkeiten, Gesellschafterschulden, Anleihen, Wechseln, soweit das Grundgeschäft nicht in einer Lieferung bzw Leistung bestand, aufzugliedern sein.

Bei Verbindlichkeiten ist jeweils gesondert und für alle Posten insgesamt anzugeben, in welcher Höhe Verbindlichkeiten mit einer Restlaufzeit von bis zu einem Jahr und Verbindlichkeiten von mehr als einem Jahr enthalten sind (§ 225 Abs 6 UGB). Verbindlichkeiten mit einer Restlaufzeit von mehr als fünf Jahren sind im Anhang anzugeben (§ 237 Abs 1 Z 5 UGB).

Anmerkungen zu den einzelnen Verbindlichkeitsposten:

- *Anleihen*: Anleihen sind in festverzinslichen Wertpapieren verbriefte Verbindlichkeiten.
- *Verbindlichkeiten gegenüber Kreditinstituten*: Unter diesem Posten sind sämtliche Verbindlichkeiten gegenüber Banken, unabhängig von ihrer Laufzeit, auszuweisen.
- *Verbindlichkeiten aus Lieferungen und Leistungen*: Hierunter sind die Verpflichtungen aus den Liefer-, Werk- und Dienstleistungsverträgen auszuweisen, die vom Vertragspartner bereits erfüllt wurden.
- *Erhaltene Anzahlungen auf Bestellungen:* Darunter sind Zahlungen eines Dritten aufgrund bereits abgeschlossener Liefer- und Leistungsverträge zu verstehen, wobei die Lieferung oder Leistung aber noch ausständig ist.
- *Verbindlichkeiten aus der Annahme gezogener Wechsel und der Ausstellung eigener Wechsel*: Diese Position umfasst sowohl die sog Finanzierungswechsel, worunter Wechsel verstanden werden, denen kein anderes Geschäft zugrunde liegt, als auch Wechsel, denen ein anderes Geschäft (meistens eine Lieferung oder Leistung) zugrunde liegt.
- *Verbindlichkeiten gegen verbundene Unternehmen, Verbindlichkeiten gegenüber Unternehmen, mit denen ein Beteiligungsverhältnis besteht*: Wie bei den Forderungen ist unabhängig von ihrer sonstigen Einordnung ein besonderer Ausweis der aus Geschäftsbeziehungen mit verbundenen Unternehmen oder Unternehmen, mit denen ein Beteiligungsverhältnis besteht, resultierenden Verbindlichkeiten vorzunehmen. Dieser Ausweis hat in einem besonderen Posten oder aber durch Vermerk bei den anderen Posten zu erfolgen.
- *Sonstige Verbindlichkeiten*: Bei diesem Posten handelt es sich um einen Sammelposten, der sämtliche nicht einem bestimmten Verbindlichkeitsposten zuordenbare Verbindlichkeiten umfasst. Hierunter fallen insb nicht bezahlte Löhne, Sozialversicherungsabgaben, Steuern, Dividenden, Verbindlichkeiten gegenüber Gesellschaftern, Einlagen eines echten stillen Gesellschafters.

3.4.3.1.5. Rechnungsabgrenzungsposten

Unter den aktiven Rechnungsabgrenzungsposten (RAP) sind gemäß § 198 Abs 5 UGB Ausgaben vor dem Abschlussstichtag auszuweisen, soweit sie Aufwand für eine bestimmte Zeit nach diesem Tag sind. Unter den passiven RAP sind dagegen gemäß § 198 Abs 6 UGB Einnahmen vor dem Abschlussstichtag auszuweisen, soweit sie Ertrag für eine bestimmte Zeit nach diesem Tag sind. Mit dieser Definition der RAP soll ein periodenrichtiger Ausweis der Aufwendungen und Erträge erreicht werden. Als RAP sind somit die sog *Transitorien* auszuweisen, dh periodenunrichtig zugeordnete Aufwendungen und Erträge.

RAP können jedoch nicht für jeden periodenwidrigen Aufwand/Ertrag gebildet werden. Die Bildung ist vielmehr nur möglich, wenn die zeitliche Zuordnung objektiv nachvollziehbar ist, was grundsätzlich ein der Ausgabe/Einnahme eindeutig zurechenbares Dauerschuldverhältnis voraussetzt. Eine Verteilung der Ausgaben für Aufwendungen, die in Zukunft nach den Erwartungen des Unternehmers zu Erträgen führen soll (sog Transitorien im weiteren Sinn – zB Entwicklungsaufwendungen, Kosten einer Werbekampagne), erfüllt nicht die Bestimmtheitserfordernisse für die Bildung von RAP und ist daher nicht unter den aktiven RAP auszuweisen. Als RAP sind somit nur die Transitorien im engeren Sinn auszuweisen, wobei ein solcher RAP immer dann vorliegt, wenn die zeitliche Verteilung des Aufwands bestimmbar ist. Diese sich aus dem Vorsichtsprinzip ergebende strenge Auslegung für aktive RAP gilt in ähnlicher Weise für passive RAP, da aufgrund des Realisationsprinzips nur realisierte Erträge ausgewiesen werden dürfen. Soweit daher der Abgrenzungszeitraum aufgrund insb vertraglicher Hinweise einigermaßen bestimmbar ist, hat der Ansatz eines passiven RAP zu erfolgen.

Unzulässig ist auch der Ausweis sog Antizipationen unter den RAP. Dabei handelt es sich um Aufwendungen bzw Erträge des Geschäftsjahres, bei denen es erst in der Folgeperiode zu einer Fälligkeit der Geldforderung oder -schuld kommt. Diese Antizipationen sind demgemäß unter den sonstigen Forderungen bzw Verbindlichkeiten auszuweisen.

RAP sind nicht auf die Folgeperiode beschränkt, sondern können auch mehrjährige Aufwands- und Ertragsabgrenzungen enthalten. Bei langfristigen Vorauszahlungen wird jedoch im Einzelfall zu prüfen sein, ob nicht ein aktivierungspflichtiger Vermögensgegenstand erworben wurde. Voraussetzung dafür wird allerdings neben der Langfristigkeit auch das Vorliegen weiterer Umstände sein, wie zB über die bloße Eigennutzung hinausgehende Rechte bei Mietverhältnissen.

Gemäß § 198 Abs 7 ist auch das *Disagio* in den Rechnungsabgrenzungsposten auszuweisen. Soweit der Auszahlungsbetrag geringer ist als der später als Verbindlichkeit zurückzuzahlende Betrag, besteht seit dem RÄG 2014 die Verpflichtung zur Aktivierung dieses Unterschiedsbetrages. Umstritten ist, ob das Disagio ein zeitlich nicht näher abgrenzbares, zeitlaufunabhängiges pauschales Entgelt für die Kapitalgewährung darstellt oder dem Disagio ein laufzeitabhängiges Zinscharakteristikum eigen ist, insbesondere im Falle einer anteiligen Rückerstattung bei vorzeitiger Kredittilgung. Unabhängig von der Funktion des Disagios verpflichtet § 198 Abs 7 UGB im Jahr der Begründung der Verbindlichkeit dennoch zur Aktivierung. Der Unterschiedsbetrag ist durch planmäßige jährliche Abschreibung zu tilgen, wobei grundsätzlich entweder eine lineare Auflösung über die Laufzeit des Darlehens oder eine Auflösung mittels Effektivzinssatz erfolgen kann. Auch das AFRAC stellt in der Stellungnahme 14 („Finanzanlage- und Finanzumlaufvermögen") klar, dass die Effektivzinsmethode grundsätzlich durch die Grundsätze ordnungsmäßiger Bilanzierung gedeckt ist und aufgrund der akkuraten Abbildung des wirtschaftlichen Gehalts nicht zu beanstanden ist. Wird das Darlehen vorzeitig getilgt oder die Laufzeit gekürzt, so ist der RAP entsprechend außerplanmäßig aufzulösen.

Vom Disagio zu unterscheiden sind die Geldbeschaffungskosten. Geldbeschaffungskosten sind jene Aufwendungen, die mit der Begründung der Verbindlichkeit in unmittelbarem Zusammenhang stehen. Es handelt sich dabei insbesondere um Kreditvermittlungsprovisionen,

Verwaltungs- und Bearbeitungskosten und Rechtsgeschäftsgebühren. Soweit die Kosten von der Laufzeit unabhängig sind, sind sie nicht abgrenzbar, bei Laufzeitabhängigkeit hat eine Aktivierung als RAP zu erfolgen.

3.4.3.1.6. Aktive latente Steuern

Mittelgroße und große Kapitalgesellschaften sind verpflichtet, aktive Steuerlatenzen zu berücksichtigen. Aktive Steuerlatenzen sind Unterschiede zwischen den unternehmensrechtlichen und steuerrechtlichen Wertansätzen, die sich zu einem späteren Zeitpunkt ausgleichen und die mit einer Steuerentlastung in späteren Geschäftsjahren einhergehen. Die aktiven latenten Steuern sind mit den passiven Steuerlatenzen zu verrechnen, um die Bilanz nicht unnötig zu verlängern. Die unterschiedliche Fristigkeit schadet einer Saldierung dabei nicht (explizite Ausnahme vom Saldierungsverbot). Ein verbleibender Aktivüberhang ist im Posten „Aktive latente Steuern“ auszuweisen. Soweit überzeugende substanzielle Hinweise vorliegen, dass zukünftig ein ausreichendes zu versteuerndes Ergebnis vorliegt, können für künftige steuerliche Ansprüche aus steuerlichen Verlustvorträgen aktive latente Steuer angesetzt werden.

Für kleine Kapitalgesellschaften besteht ganz allgemein ein Wahlrecht zur Bilanzierung aktiver latenter Steuern.

3.4.3.1.7. Bilanzierungshilfen

Neben den ausdrücklich in § 198 Abs 1 UGB angeführten Bilanzposten gibt es auf der Aktivseite der Bilanz Posten, die weder einen Vermögensgegenstand noch einen RAP darstellen. Diese Posten könnten ohne entsprechende ausdrückliche gesetzliche Bestimmung nicht aktiviert werden und ihre Nichtaktivierung würde insbesondere auch keinen Verstoß gegen das Vollständigkeitsgebot darstellen. Es handelt sich bei diesen so genannten Bilanzierungshilfen neben dem bereits oben erläuterten Disagio insb um den „Umgründungsmehrwert“ sowie den „Geschäfts- und Firmenwert“.

Firmenwert (§ 203 Abs 5 UGB)

Eine besondere Stellung im System der Bilanzierung nimmt der Firmenwert ein, dessen Rechtsnatur strittig ist. Die herrschende Ansicht lehnt die Qualifikation des Firmenwerts als Vermögensgegenstand mangels selbständiger Veräußerbarkeit zu Recht ab. Da er aber zumindest in Zusammenhang mit anderen Vermögensgegenständen veräußerbar ist, wird der Firmenwert von manchen Autoren als Vermögensgegenstand angesehen, wofür nach dieser Ansicht auch der Ausweis des aktivierten Firmenwertes unter den Immateriellen Vermögensgegenständen des Anlagevermögens spricht (vgl § 224 Abs 2 UGB).

Als Firmenwert darf nach § 203 Abs 5 UGB jedenfalls nur der derivativ erworbene Firmenwert angesetzt werden. Ein vom Unternehmer selbst geschaffener (originärer) Firmenwert darf hingegen keinesfalls aktiviert werden. Voraussetzung für die Aktivierung eines Firmenwerts ist der Erwerb eines Betriebes oder Teilbetriebes (worunter auch ein sog Teilbetrieb iSd Steuerrechts zu verstehen ist) sowie, dass das zu bezahlende Entgelt den Wert der einzelnen Vermögensgegenstände abzüglich der Schulden übersteigt, wobei hinsichtlich des derivativen Firmenwerts Aktivierungspflicht besteht.

Der aktivierte Firmenwert ist planmäßig über die Geschäftsjahre, in denen er genutzt werden kann, abzuschreiben. Kann die Nutzungsdauer des Firmenwerts nicht verlässlich geschätzt werden, ist der Firmenwert über 10 Jahre gleichmäßig verteilt abzuschreiben. Im Anhang ist der Zeitraum zu erläutern, über den der Firmenwert abgeschrieben wird. Eine außerplanmäßige Abschreibung ist, wenn die Wertminderung dauerhaft ist, vorzunehmen, eine spätere Zuschreibung ist allerdings mangels Vorliegens eines Vermögensgegenstandes nicht möglich, was ausdrücklich in § 208 Abs 2 UGB normiert ist.

3.4.3.1.8. Bilanzierungsverbote

Nicht in der Bilanz ausgewiesen werden dürfen die nicht entgeltlich erworbenen immateriellen Gegenstände des Anlagevermögens und die Aufwendungen für die Gründung und Kapitalbeschaffung.

Zu den Gründungs- und Kapitalbeschaffungskosten zählen die in diesem Zusammenhang anfallenden Notar- und Gerichtskosten, sonstige Beratungskosten, die Gesellschaftsteuer, Gebühren nach dem GebG, Kosten der Aktienemission uÄ.

Immaterielle Vermögensgegenstände sind entsprechend der Aufzählung in § 224 Abs 2 UGB zB Konzessionen, Urheberrechte, gewerbliche Schutzrechte, Lizenzen. Es handelt sich bei den immateriellen Gegenständen um besonders geschützte Rechtspositionen, die selbständig, wenn auch nicht immer einzeln, verwertbar sind. Die Bindung dieser Rechte an ein körperliches Trägermedium (zB die CD-ROM bei der Software) ändert nichts an der Immaterialität. Da diese Rechtspositionen nur schwer bewertbar sind, soll eine Aktivierung nur bei entgeltlichem Erwerb möglich sein. Bei entgeltlichem Erwerb kommt es nämlich idR zu einer marktmäßigen, dh objektiven Bewertung der Leistungen.

Betroffen von der Nichtaktivierbarkeit als nicht entgeltlich erworbener bzw selbst geschaffener immaterieller Vermögensgegenstand des Anlagevermögens sind die Forschungs- und Entwicklungsaufwendungen selbst geschaffene Patente und ähnliche Schutzrechte sowie selbst erstellte Software.

Entgeltlichkeit liegt vor, wenn eine angemessene Gegenleistung für den immateriellen Vermögensgegenstand gewährt wird. Diese Gegenleistung kann auch in der Gewährung von Gesellschaftsrechten bestehen. Bei gemischten Schenkungen kommt es auf das Überwiegen an. Überwiegt der entgeltliche Teil, so ist eine Aktivierung vorzunehmen.

Ein Erwerb liegt vor, wenn das Recht bzw die Verfügungsmacht darüber auf das Unternehmen übergeht.

Problematisch kann das Vorliegen eines entgeltlichen Erwerbs bei verbundenen Unternehmen sein, da es hier möglicherweise an einer marktmäßigen Bewertung fehlt. Ein generelles Aktivierungsverbot bei verbundenen Unternehmen ist jedenfalls nicht vertretbar, da über den Kapitalerhaltungsgrundsatz und die damit verbundene Haftung der Unternehmensverantwortlichen eine zumindest marktähnliche Bewertung stattzufinden hat.

Für selbst geschaffene immaterielle Gegenstände des Umlaufvermögens besteht aufgrund ihrer Marktnähe eine Aktivierungspflicht, obwohl auch in diesem Fall zunächst Bewertungsschwierigkeiten bestehen können. Diese Schwierigkeiten werden idR durch die bald darauffolgende Realisation beseitigt. Im Falle einer Widmungsänderung von Umlaufvermögen zu Anlagevermögen sind die aktivierten Herstellungskosten aufwandswirksam auszuscheiden, bei der Widmungsänderung von Anlagevermögen in Umlaufvermögen hat eine Aktivierung zu erfolgen.

3.4.3.1.9. Haftungsverhältnisse

Soweit auf der Passivseite Verbindlichkeiten aus der Begebung und Übertragung von Wechseln, Bürgschaften, Garantien und sonstigen vertraglichen Haftungsverhältnissen nicht auszuweisen sind, hat ein Ausweis dieser Rechtsverhältnisse unter der Bilanz zu erfolgen (§ 199 UGB). Unter Garantien sind Verpflichtungen zu verstehen, die das Einstehen für Leistungen anderer zum Inhalt haben. Zu den Garantien und sonstigen Haftungsverhältnissen zählen insbesondere auch die sog Patronatserklärungen, deren Zweck darin liegt, die Kreditfähigkeit bzw Kreditwürdigkeit des Tochterunternehmens positiv zu beeinflussen. Eine Ausweispflicht solcher Patronatserklärungen unter der Bilanz besteht dann, wenn das Mutterunternehmen die jederzeitige Liquidität sowie eine bestimmte Kapitalausstattung garantiert.

Gemeinsam ist diesen Haftungsverhältnissen, dass dadurch keine Hauptschuld des Unternehmers begründet wird, sondern dass er eine sog *Eventualverpflichtung* begründet, dh dass er nur dann haftet, wenn der tatsächliche Hauptschuldner seine Schuld nicht erfüllt. Soweit der Unternehmer selbst der Hauptschuldner ist, entfällt eine Angabe unter der Bilanz, da die Verpflichtung selbst in der Bilanz angesetzt ist. Die Haftung wird dabei regelmäßig durch die Leistung des vereinbarten Geldbetrages erfüllt.

Ein Ausweis in der Bilanz hat nicht zu erfolgen, solange mit einer Inanspruchnahme nicht ernsthaft zu rechnen ist. Sobald eine Inanspruchnahme ernsthaft droht oder die Verpflichtung bereits feststeht, hat ein Ausweis in den Rückstellungen oder Verbindlichkeiten zu erfolgen.

Durch das Abstellen auf vertragliche Haftungsverhältnisse wird klargestellt, dass die aus dem Gesetz ableitbaren Haftungsverpflichtungen bei mangelnder Vertragserfüllung (zB Gewährleistung) von dieser Bestimmung ebenso wenig erfasst sind wie deliktische Haftungsverpflichtungen.

Beispiel:

Die „Müller-GmbH“ übernimmt am 10. 8. X1 die Bürgschaft für einen Kredit der „Maier-KG“ in Höhe von 10 Mio Euro. Im Laufe des Jahres X2 kommt die „Maier-KG“ in wirtschaftliche Schwierigkeiten, weshalb sie mehrere Male mit Ratenzahlungen in Verzug kommt. Die „Müller-GmbH“ rechnet Ende X2 damit, dass die Gläubigerbank in nächster Zukunft den gesamten Kredit fällig stellen wird und dass die „Maier-KG“ den aushaftenden Betrag von 8 Mio Euro nicht zurückzahlen kann. Im März X3 erhält die „Müller-GmbH“ die Aufforderung von der Gläubigerbank, binnen einem Monat die ausstehenden 8 Mio Euro zu bezahlen (die Bilanzerstellung der „Müller-GmbH“ war im Februar X3).

Die bilanzielle Darstellung dieses Geschäftsfalls sieht aus Sicht der „Müller-GmbH“ folgenderma ßen aus:

X1 hat ein Ausweis der übernommenen Bürgschaftsverpflichtung im Ausmaß von 10 Mio Euro unter der Bilanz im Rahmen der Position Haftungsverhältnisse zu erfolgen.

X2 treten bei der „Maier-KG“ wirtschaftliche Schwierigkeiten auf. Da aus Sicht der „Müller-GmbH“ mehr Gründe für eine Inanspruchnahme aus der Bürgschaft sprechen als dagegen, hat sie, da weder Grund und Höhe sicher sind, eine Rückstellung für den Fall der tatsächlichen Inanspruchnahme zu bilden.

Buchungssatz:

	(7)	*sonstiger Aufwand*		
		(Aufwand aus Inanspruchnahme aus einer Bürgschaft)	*8 Mio*	
an	*(3)*	*sonstige Rückstellung*		
		(Rückstellung für Bürgschaft)		*8 Mio*

X3 tritt die tatsächliche Inanspruchnahme aus der Bürgschaft ein. Die „Müller-GmbH" bucht daher:

	(3)	*sonstige Rückstellung*	*8 Mio*	
an	*(3)*	*sonstige Verbindlichkeit*		*8 Mio*

Im Zeitpunkt der Bezahlung der 8 Mio entsteht der „Müller-GmbH" eine Forderung auf Rückzahlung der 8 Mio gegen die „Maier-KG". Diese Forderung ist jedoch nur im Ausmaß ihrer tatsächlich erwarteten Einbringlichkeit in die Bilanz der „Müller-GmbH" aufzunehmen.

3.4.3.2. Der Inhalt der Gewinn- und Verlustrechnung

Auch in der Gewinn- und Verlustrechnung gibt es bezüglich der Gliederung eine formelle Unterscheidung zwischen der GuV für Unternehmer (§ 200 UGB) und der für Kapitalgesellschaften (§ 231 UGB). Während Kapitalgesellschaften zwingend die Gliederungsvorschrift des § 231 UGB und damit auch die Staffelmethode zur Ermittlung des Bilanzgewinns anzuwenden haben, hat die GuV bei Unternehmern die Erträge und Aufwendungen unter Bedachtnahme auf § 195 UGB aufzugliedern, wobei der Jahresüberschuss (-fehlbetrag) und der Bilanzgewinn (-verlust) gesondert auszuweisen sind.

Da der Zweck der GuV in der Ersichtlichmachung der Ursachen für das Jahresergebnis liegt, wird eine Erfolgsspaltung in Betriebsergebnis und Finanzergebnis von Unternehmern vorzunehmen sein, zumal nur eine derartige Erfolgsspaltung ein Bild der Ertragslage zeigen kann.

Nicht zwingend vorgeschrieben ist hingegen die Verwendung der Staffelform. Da die Vorteile der Staffelform, nämlich leichtere Vergleichbarkeit mit Vorjahreswerten, leichtere Durchführung einer Erfolgsanalyse sowie übersichtlichere Darstellung der Erfolgsspaltung die Vorteile der Kontoform, nämlich sofortiger Ausweis der Aufwands- und Ertragssumme, überwiegen, wird in der Regel der Ausweis der Staffelform aus Gründen der Vermittlung eines möglichst getreuen Bildes der Ertragslage erforderlich sein. Wegen der besseren Übersichtlichkeit kann im Einzelfall allerdings die Kontoform geeigneter sein. Dies wird insbesondere bei wenigen GuV-Posten der Fall sein, die einander in kontomäßiger Form gegenübergestellt werden. Der Unternehmer hat jedoch auch bei Anwendung der Kontoform auf eine entsprechende Erfolgsspaltung innerhalb der GuV zu achten. Insbesondere hat er auch bei Anwendung der Kontoform eine Unterscheidung zwischen dem Jahresüberschuss und dem Bilanzgewinn durch die Dotierung oder Auflösung von Rücklagen vorzunehmen.

Auch der Unternehmer kann zwischen dem Gesamtkosten- und dem Umsatzkostenverfahren wählen, wobei die im Anhang zum Umsatzkostenverfahren zu machenden Anmerkungen bei Unternehmern unter der GuV zu machen sind. Die für Kapitalgesellschaften geltenden Ausnahmen vom Bruttoprinzip (vgl dazu oben 3.2.2.2.) gelten in gleicher Weise auch für Unternehmer, was nichts am grundsätzlichen Saldierungsverbot ändert.

Die Gliederung der GuV hat daher bei Anwendung

des Gesamtkostenverfahrens	des Umsatzkostenverfahrens

bei Unternehmern jedenfalls folgende Posten zu enthalten:

Gesamtkostenverfahren	Umsatzkostenverfahren
• Umsatzerlöse	• Umsatzerlöse
• Bestandsveränderungen	• sonstige betriebliche Erträge
• aktivierte Eigenleistungen	• Herstellungskosten der zur Umsatzerzielung erbrachten Leistungen
• sonstige betriebliche Erträge	• Vertriebskosten
• Materialaufwand	• Verwaltungskosten
• Personalaufwand	• sonstiger betrieblicher Aufwand
• Abschreibungen auf Sachanlagen	• Finanzerträge
• sonstiger betrieblicher Aufwand	• Finanzaufwendungen
• Finanzerträge	• Steuern vom Ertrag
• Finanzaufwendungen	
• Steuern vom Ertrag	

Diese Gliederung zeigt, dass die GuV von Unternehmern sich umfangmäßig nicht sehr von der im Folgenden dargestellten gesetzlichen Gliederung der GuV von Kapitalgesellschaften unterscheidet.

Die Gliederung der Gewinn- & Verlustrechnung gemäß § 231 UGB

Das gesetzliche Gliederungsschema der GuV von Kapitalgesellschaften hat folgendes Aussehen (vgl § 231 UGB):

§ 231

(1) Die Gewinn- und Verlustrechnung ist in Staffelform nach dem Gesamtkostenverfahren oder dem Umsatzkostenverfahren aufzustellen. In ihr sind unbeschadet einer weiteren Gliederung die nachstehend bezeichneten Posten in der angegebenen Reihenfolge gesondert auszuweisen, sofern nicht eine abweichende Gliederung vorgeschrieben ist.

(2) Bei Anwendung des Gesamtkostenverfahrens sind auszuweisen:

1. **Umsatzerlöse;**
2. **Veränderung des Bestands an fertigen und unfertigen Erzeugnissen sowie an noch nicht abrechenbaren Leistungen;**
3. **andere aktivierte Eigenleistungen;**
4. **sonstige betriebliche Erträge, wobei Gesellschaften die nicht klein sind, folgende Beträge aufgliedern müssen:**
   a) **Erträge aus dem Abgang vom und der Zuschreibung zum Anlagevermögen mit Ausnahme der Finanzanlagen,**
   b) **Erträge aus der Auflösung von Rückstellungen,**
   c) **übrige;**

5. Aufwendungen für Material und sonstige bezogene Herstellungsleistungen:
   a) Materialaufwand,
   b) Aufwendungen für bezogene Leistungen;
6. Personalaufwand:
   a) Löhne und Gehälter, wobei Gesellschaften, die nicht klein sind, Löhne und Gehälter getrennt voneinander ausweisen müssen
   b) soziale Aufwendungen, davon Aufwendungen für Altersversorgung, wobei Gesellschaften, die nicht klein sind, folgende Beträge zusätzlich gesondert ausweisen müssen:
      aa) Aufwendungen für Abfertigungen und Leistungen an betriebliche Mitarbeitervorsorgekassen,
      bb) Aufwendungen für gesetzlich vorgeschriebene Sozialabgaben sowie vom Entgelt abhängige Abgaben und Pflichtbeiträge;
7. Abschreibungen:
   a) auf immaterielle Gegenstände des Anlagevermögens und Sachanlagen,
   b) auf Gegenstände des Umlaufvermögens, soweit diese die im Unternehmen üblichen Abschreibungen überschreiten;
8. sonstige betriebliche Aufwendungen, wobei Gesellschaften, die nicht klein sind, Steuern, soweit sie nicht unter Z 18 fallen, gesondert ausweisen müssen;
9. Zwischensumme aus Z 1 bis 8;
10. Erträge aus Beteiligungen, davon aus verbundenen Unternehmen;
11. Erträge aus anderen Wertpapieren und Ausleihungen des Finanzanlagevermögens, davon aus verbundenen Unternehmen;
12. sonstige Zinsen und ähnliche Erträge, davon aus verbundenen Unternehmen;
13. Erträge aus dem Abgang von und der Zuschreibung zu Finanzanlagen und Wertpapieren des Umlaufvermögens;
14. Aufwendungen aus Finanzanlagen und aus Wertpapieren des Umlaufvermögens, davon haben Gesellschaften, die nicht klein sind, gesondert auszuweisen:
    a) Abschreibungen
    b) Aufwendungen aus verbundenen Unternehmen;
15. Zinsen und ähnliche Aufwendungen, davon betreffend verbundene Unternehmen;
16. Zwischensumme aus Z 10 bis 15;
17. Ergebnis vor Steuern (Zwischensumme aus Z 9 und Z 16);
18. Steuern von Einkommen und vom Ertrag;
19. Ergebnis nach Steuern;
20. sonstige Steuern, soweit nicht unter den Posten 1 bis 19 enthalten;
21. Jahresüberschuss/Jahresfehlbetrag;
22. Auflösung von Kapitalrücklagen;
23. Auflösung von Gewinnrücklagen;

24. Zuweisung zu Gewinnrücklagen;
25. Gewinnvortrag/Verlustvortrag aus dem Vorjahr;
26. Bilanzgewinn/Bilanzverlust;

(3) Bei Anwendung des Umsatzkostenverfahrens sind auszuweisen:

1. Umsatzerlöse;
2. Herstellungskosten der zur Erzielung der Umsatzerlöse erbrachten Leistungen;
3. Bruttoergebnis vom Umsatz;
4. Vertriebskosten;
5. allgemeine Verwaltungskosten;
6. sonstige betriebliche Erträge, wobei Gesellschaften, die nicht klein sind, folgende Beträge aufgliedern müssen;
   a) Erträge aus dem Abgang vom und der Zuschreibung zum Anlagevermögen mit Ausnahme der Finanzanlagen,
   b) Erträge aus der Auflösung von Rückstellungen,
   c) übrige;
7. sonstige betriebliche Aufwendungen;
8. Zwischensumme aus Z 1 bis 7;
9. Erträge aus Beteiligungen,
   davon aus verbundenen Unternehmen;
10. Erträge aus anderen Wertpapieren und Ausleihungen des Finanzanlagevermögens,
    davon aus verbundenen Unternehmen;
11. sonstige Zinsen und ähnliche Erträge,
    davon aus verbundenen Unternehmen;
12. Erträge aus dem Abgang von und der Zuschreibung zu Finanzanlagen und Wertpapieren des Umlaufvermögens;
13. Aufwendungen aus Finanzanlagen und aus Wertpapieren des Umlaufvermögens, davon haben Gesellschaften, die nicht klein sind, gesondert auszuweisen:
    a) Abschreibungen
    b) Aufwendungen aus verbundenen Unternehmen;
14. Zinsen und ähnliche Aufwendungen, davon betreffend verbundene Unternehmen;
15. Zwischensumme aus Z 9 bis 14;
16. Ergebnis vor Steuern (Zwischensumme aus Z 8 und Z 15);
17. Steuern vom Einkommen und vom Ertrag;
18. Ergebnis nach Steuern;
19. sonstige Steuern, soweit nicht unter den Posten 1 bis 18 enthalten;
20. Jahresüberschuss/Jahresfehlbetrag;
21. Auflösung von Kapitalrücklagen;
22. Auflösung von Gewinnrücklagen;

23. Zuweisung zu Gewinnrücklagen;
24. Gewinnvortrag/Verlustvortrag aus dem Vorjahr;
25. Bilanzgewinn/Bilanzverlust;

(4) Die Bildung von Zwischensummen (mit Ausnahme jener nach Abs 2 Z 19 beziehungsweise Abs 3 Z 18) darf bei kleinen Gesellschaften unterbleiben.

(5) Alternativ zum Ausweis in der Gewinn- und Verlustrechnung können Veränderungen der Kapital- und Gewinnrücklagen auch im Anhang ausgewiesen werden. In diesem Fall endet die Gewinn- und Verlustrechnung mit dem Posten Jahresüberschuss/Jahresfehlbetrag.

Auch für die GuV gilt die Gliederungsstetigkeit. Eine weitere Untergliederung ist aufgrund der Bestimmung des § 231 Abs 1 UGB ebenfalls zulässig. Auch für die GuV gilt mit Ausnahme der oben (3.2.2.2.) erwähnten Bestimmungen der Grundsatz des Saldierungsverbotes.

3.4.3.2.1. Gesamtkostenverfahren

Bei Anwendung des Gesamtkostenverfahrens gliedert sich die GuV in folgende Posten:

Umsatzerlöse

Umsatzerlöse sind die Beträge, die sich aus dem Verkauf von Produkten und der Erbringung von Dienstleistungen nach Abzug von Erlösschmälerungen und der Umsatzsteuer sowie von sonstigen direkt mit dem Umsatz verbundenen Steuern ergeben (§ 189a Z 5 UGB).

Der genauen Erfassung dessen, was Umsatzerlöse sind, kommt nicht zuletzt wegen der mit der Höhe der Umsatzerlöse verbundenen Abgrenzungsfunktion zwischen kleinen, mittelgroßen und großen Kapitalgesellschaften eine wesentliche Bedeutung zu. Mit dem RÄG 2014 ist der Begriff des „Ergebnis der gewöhnlichen Geschäftstätigkeit“ (EGT) entfallen, sodass es auch keine außerordentlichen Erträge und Aufwendungen mehr gibt. Es bedarf jedoch weiterhin der Abgrenzung von Umsatzerlösen von sonstigen Erlösen.

Unter den Umsatzerlös fällt jeder Betrag, der sich aus dem Verkauf von Produkten und der Erbringung von Dienstleistungen ergibt. Somit fallen auch gelegentliche Erlöse aus Vermittlungsleistungen, Einkünfte aus betrieblichen Erholungsheimen sowie Patent- und Lizenzeinnahmen unter den Begriff der Umsatzerlöse. Mangels Vorliegens eines Produktes, dies sind Erzeugnisse und Handelswaren, stellen Erlöse aus dem Verkauf von Anlagevermögen keinen Umsatzerlös dar.

Zu den Umsatzerlösen zählen somit: Umsätze aus hergestellten Produkten, Erlöse aus der Veräußerung von bei der Produktion des Hauptprodukts anfallenden Abfall- und Nebenprodukten, Verkauf von Handelswaren, Miet- und Pachterlöse aus regel- und unregelmäßiger Vermietungs- und Verpachtungstätigkeit, einschließlich der Vermietung von Werkswohnungen.

Nicht zu den Umsatzerlösen zählen die Erlösschmälerungen und die Umsatzsteuer. Erlösschmälerungen stellen alle jene Beträge dar, die vom Abnehmer nicht eingefordert werden können. Die an Dritte zu zahlenden Provisionen, die wirtschaftlich den verbleibenden Erlös ebenfalls schmälern, sind hingegen keine Erlösschmälerung, sondern ein sonstiger Aufwand. Zu den Erlösschmälerungen zählen insbesondere dem Abnehmer gewährte oder von diesem in Anspruch genommene Rabatte, Bonifikationen und Preisminderungen infolge von Gewährleistungsansprüchen. Eine Besonderheit nimmt dabei der Skonto ein. Behandelt man den Skonto entsprechend der Zinsaufwandstheorie als Finanzierungskosten, so stellt der Skonto unabhängig von der tatsächlichen Inanspruchnahme keinen Bestandteil der Umsatzerlöse dar. Diese Sicht des Skontos entspricht den tatsächlichen wirtschaftlichen Verhältnissen. Die Kalkulation des Unternehmers erfolgt nämlich zum Barverkaufspreis, auf den ein Zinszuschlag vorgenommen wird, der vom Käufer bei Zahlung binnen der Skontofrist nicht zu bezahlen ist. Der Skonto stellt somit einen Zinsertrag des Unternehmers dar, der bei Inanspruchnahme des Skontos durch den Käufer zu neutralisieren ist. Nach der früher vertretenen Ansicht zum Skonto war dieser bei Inanspruchnahme als Erlösschmälerung zu behandeln, bei Nichtinanspruchnahme als Bestandteil des Umsatzerlöses.

Das Verbot des Ausweises der Umsatzsteuer als Umsatzerlös trägt dem Umstand Rechnung, dass die Umsatzsteuer kein Entgelt für die erbrachte Leistung des Unternehmers darstellt, sondern eine vom Erwerber zu tragende, aber vom Unternehmer einzuhebende und an das Finanzamt abzuführende Steuer.

Bestandsveränderungen

Unter Bestandsveränderungen sind die Erhöhungen und Verminderungen des Bestands an fertigen und unfertigen Erzeugnissen sowie an noch nicht abrechenbaren Leistungen zu verstehen (§ 231 Abs 2 Z 2 UGB). Aufgabe dieser Position ist die Neutralisierung von Aufwendungen, die zur Herstellung noch nicht am Markt abgesetzter oder abrechenbarer Produkte getätigt wurden (Bestandserhöhung), oder die Berücksichtigung des Absatzes von im letzten Geschäftsjahr auf Lager gelegenen oder noch nicht abrechenbar gewesenen Produkten (Bestandsverminderung). Der Posten der Bestandsveränderung ist als Saldogröße der Erhöhungen oder Verminderungen des Bestands an fertigen, unfertigen Erzeugnissen sowie nicht abrechenbaren Leistungen auszuweisen, was eine gesetzliche Ausnahme vom Verrechnungsverbot (Bruttoprinzip – vgl oben 3.2.2.2.) darstellt.

Soweit Roh-, Hilfs- und Betriebsstoffe selbst hergestellt werden, sind deren Bestandsveränderungen ebenfalls unter dieser Bestimmung zu erfassen.

Neben mengenmäßigen Änderungen sind in den Bestandsveränderungen auch wertmäßige Änderungen der erfassten Posten zu berücksichtigen. Sollte daher eine Abwertung des Bestands an (un)fertigen Erzeugnissen oder der noch nicht abrechenbaren Leistung entsprechend dem Gebot der verlustfreien Bewertung erforderlich sein, so ist diese Abschreibung nicht als sonstiger Aufwand, sondern als Bestandsminderung zu erfassen. Entsprechend sind Zuschreibungen als Bestandserhöhung und nicht als übrige betriebliche Erträge auszuweisen.

Aktivierte Eigenleistungen

Soweit Anlagevermögen selbst erstellt wird oder sonst aktivierungspflichtige Herstellungsaufwendungen (zB aktivierungspflichtige Großreparaturen) vorliegen, sind die damit zusammenhängenden Aufwendungen ebenfalls zu neutralisieren. Dies erfolgt mit der Position „andere aktivierte Eigenleistungen“ (§ 231 Abs 2 Z 3 UGB). Auch dieser Posten korrigiert die insoweit zu hoch ausgewiesenen Material-, Personal- und sonstigen Aufwendungen. Der aktivierte Betrag hat dem unter dieser GuV-Position ausgewiesenen Betrag zu entsprechen. Abschreibungen und Zuschreibungen sind im Gegensatz zu den Bestandsveränderungen nicht bei den aktivierten Eigenleistungen, sondern als Abschreibungen zu Sachanlage- oder Finanzanlagevermögen oder den entsprechenden Zuschreibungskonten zu erfassen.

Sonstige betriebliche Erträge

Der Posten sonstige betriebliche Erträge ist bei mittelgroßen und großen Gesellschaften zu untergliedern in:

– Erträge aus dem Abgang vom und der Zuschreibung zum Anlagevermögen mit Ausnahme der Finanzanlagen (§ 231 Abs 2 Z 4 lit a UGB)

Unter dem Ertrag aus dem Abgang ist nicht der Veräußerungserlös, sondern der Veräußerungsgewinn als Differenz Veräußerungserlös abzüglich Restbuchwert des Anlagevermögens im Zeitpunkt der Veräußerung zu verstehen. Sollte für einen untergegangenen Anlagevermögensgegenstand eine Versicherungsentschädigung geleistet worden sein, so ist die Differenz zwischen Versicherungsentschädigung und Buchwert des Anlagevermögens im Zeitpunkt des Versicherungsfalles als sonstiger übriger betrieblicher Ertrag (§ 231 Abs 2 Z 4 lit c UGB) auszuweisen.

Veräußerungsverluste (der Restbuchwert ist höher als der/die Veräußerungserlös/Versicherungsentschädigung) sind grundsätzlich unter den sonstigen Aufwendungen auszuweisen.

Neben diesen Erträgen aus Anlagenabgängen sind auch Zuschreibungen zum Anlagevermögen (§ 208 Abs 1 UGB) unter diesem Posten auszuweisen. Dieser GuV-Posten gilt für immaterielle Vermögensgegenstände sowie Sachanlagevermögen.

Die Erträge aus dem Abgang und der Zuschreibung zum Finanzanlagevermögen sind unter den gleichlautenden Posten des § 231 Abs 2 Z 13 UGB bei Geltung der gleichen Grundsätze wie für das übrige Anlagevermögen auszuweisen.

– Erträge aus der Auflösung von Rückstellungen (§ 231 Abs 2 Z 4 lit b UGB)

Soweit Rückstellungen in Vorperioden zu hoch gebildet wurden oder der Grund für deren Bildung überhaupt weggefallen ist, hat eine erfolgswirksame Auflösung der Rückstellungen zu erfolgen.

Dabei ist zu beachten, dass unter diesem Posten nur Auflösungserträge für solche Rückstellungen ausgewiesen werden, die im Rahmen des Ergebnisses vor Steuern gebildet wurden und für die es keinen spezielleren Posten gibt. Aus diesem Grund sind Ertragsteuerrückstellungen beim Posten „Steuern vom Einkommen und Ertrag", sowie die Verringerung der Abfertigungs- und Pensionsrückstellung bei den „Aufwendungen für Abfertigungen und Pensionen" zu erfassen.

Aufgrund des Bruttoprinzips kann eine Verrechnung des Auflösungsbetrages einer Rückstellung mit der Neubildung einer gleichartigen oder anderen Rückstellung nicht vorgenommen werden.

– übrige betriebliche Erträge (§ 231 Abs 2 Z 4 lit c UGB)

Unter diesem Posten sind all die betrieblichen Erträge zu erfassen, die unter keiner der anderen Ertragsposten auszuweisen sind. Es sind unter diesem Posten Erlöse aus Schadenersatzleistungen aus der Nicht- oder Schlechterfüllung von Verträgen, aber auch Wechselkursgewinne von Fremdwährungen und Zuschreibungen zum Umlaufvermögen, der Eingang abgeschriebener Forderungen sowie Versicherungsentschädigungen zu erfassen.

Materialaufwand und Aufwendungen für bezogene Leistungen

Unter dem Materialaufwand (§ 231 Abs 2 Z 5 UGB) ist jedenfalls der gesamte mit der betrieblichen Leistungserstellung verbundene Verbrauch an Roh-, Hilfs- und Betriebsstoffen, an

Handelswaren (sog Wareneinsatz), an Reparatur-, Reinigungs- und Verpackungsmaterial, der im Forschungs- und Entwicklungsbereich anfallende Materialverbrauch sowie Strom- und sonstige Energiekosten zu verstehen.

Daneben werden aber auch die Materialaufwendungen, die nicht im betrieblichen Leistungserstellungsbereich anfallen, oft unter dem Materialaufwand erfasst, wie zB das Büromaterial des Verwaltungs- und Vertriebsbereiches. Diese Gesamterfassung des Materialverbrauchs wird damit begründet, dass die Gliederung der GuV im Gesamtkostenverfahren nach Kostenarten erfolgt und nicht nach Kostenstellen. Zutreffenderweise sollte dieser Aufwand allerdings als sonstiger betrieblicher Aufwand erfasst werden.

Unter dem Materialaufwand ist allerdings nicht nur der tatsächliche mengenmäßige Verbrauch zu erfassen, sondern auch allfällige Differenzen der erfassten Materialien zwischen dem Soll- und dem Istbestand, die bei der Inventur festgestellt werden, sind hier zu erfassen.

Daneben sind auch aufgrund von Wertminderungen vorgenommene Abwertungen des vorhandenen Materials unter dem Materialaufwand auszuweisen.

Neben dem Materialaufwand sind auch die Aufwendungen für von Dritten bezogene Leistungen unter dieser Position auszuweisen, wobei eine Trennung innerhalb der Position erforderlich ist. Von Dritten bezogene Leistungen sind solche, die dem (eigenen) Materialverbrauch ähnlich sind. Darunter sind vor allem die Lohnbearbeitung, Lohnveredelung sowie die Kosten für in der Fertigung beschäftigte Leiharbeiter zu verstehen. Ein Ausweis der Strom- und Energiekosten unter den bezogenen Leistungen ist allerdings denkmöglich.

Personalaufwand

Der Personalaufwand umfasst die Aufwendungen für alle in einem zumindest freien Dienstverhältnis beschäftigten Personen (vgl § 231 Abs 2 Z 6 UGB):

– *Löhne und Gehälter*

Wer Lohnempfänger ist, richtet sich nach der dienstrechtlichen Einstufung der Tätigkeit. Unter diesem Posten sind alle dem Arbeitnehmer aus dem Dienstverhältnis gewährten Vorteile, soweit sie nicht unter die nachfolgenden Posten fallen, mit ihrem Bruttobetrag auszuweisen. Es sind daher neben dem Grundlohn auch Sonderzahlungen, Prämien (zB Bilanzgeld), Zulagen (zB Sonntagsarbeit), Jubiläumsgelder, Sachbezüge (zB Dienstauto) und sonstige Zuschüsse (zB Fahrtkosten) zu erfassen.

Auch die Qualifikation als Gehaltsempfänger richtet sich nach der dienstrechtlichen Einstufung. Jedenfalls ein Gehalt beziehen die angestellten Mitglieder des Vorstands bzw der Geschäftsführung. Der Umfang des hier zu erfassenden Aufwands entspricht dem des Lohnaufwands.

Gesellschaften, die nicht klein sind, haben Löhne und Gehälter getrennt voneinander auszuweisen

– *soziale Aufwendungen*

Unter soziale Aufwendungen fallen folgende Leistungen:

– *Aufwendungen für Abfertigungen und Leistungen an betriebliche Mitarbeitervorsorgekassen*

Unter diesem Posten sind die tatsächlich angefallenen Abfertigungszahlungen, die Zahlungen an die Mitarbeitervorsorgekassen sowie die Zuweisung zu den entsprechenden Rückstellungen nach Vornahme allfälliger Verrechnungen mit Erträgen aus der Auflösung der entsprechenden Rückstellung auszuweisen. Eine Unterscheidung nach Lohn- und Gehaltsempfängern kann dabei unterbleiben.

– *Aufwendungen für Altersversorgung*

Unter den Aufwendungen für Altersversorgung sind sowohl die reinen Pensionsaufwendungen als auch die mit der Altersversorgung der Mitarbeiter im Zusammenhang stehenden sonstigen Aufwendungen (wie bspw Abschluss von Lebens- und Rentenversicherungen für gewisse Mitarbeiter, Zahlungen an Pensionskassen) zu verstehen.

– *Aufwendungen für gesetzlich vorgeschriebene Sozialabgaben sowie vom Entgelt abhängige Abgaben und Pflichtbeiträge*

Unter diesen Posten fallen die Arbeitgeberbeiträge zur Sozialversicherung, der Dienstgeberbeitrag zum Familienlastenausgleichsfonds sowie der damit einzuhebende Dienstgeberzuschlag, die Kommunalsteuer, die U-Bahn-Steuer (in Wien), Beiträge nach dem Insolvenzentgeltsicherungs- und Entgeltfortzahlungsgesetz.

– *sonstige Sozialaufwendungen*

Hierunter fallen alle Aufwendungen, die nicht direkt einem einzelnen Arbeitnehmer zugewendet werden. Es sind dies Zuwendungen an den Betriebsratsfonds, an betriebliche Unterstützungskassen, an sonstige betriebliche Sozialeinrichtungen.

Die Aufwendungen für Altersvorsorge sind stets als „Davon-Vermerk" im Rahmen der Sozialaufwendungen anzugeben.

Gesellschaften, die nicht klein sind, haben zusätzlich Aufwendungen für Abfertigungen und Leistungen an betriebliche Mitarbeitervorsorgekassen sowie Aufwendungen für gesetzlich vorgeschriebene Sozialabgaben sowie vom Entgelt abhängige Abgaben und Pflichtbeiträge gesondert auszuweisen.

Für kleine Gesellschaften besteht die Erleichterung, Aufwendungen für Abfertigungen und Leistungen an betriebliche Mitarbeitervorsorgekassen und Aufwendungen für gesetzlich vorgeschriebene Sozialabgaben sowie vom Entgelt abhängige Abgaben und Pflichtbeiträge nicht aufgliedern zu müssen, sondern lediglich soziale Aufwendungen als Summe mit einem Davon-Vermerk über Aufwendungen für Altersversorgung anzugeben.

Abschreibungen

Unter dem Posten Abschreibungen sind die plan- und außerplanmäßigen Abschreibungen von immateriellen Vermögensgegenständen des Anlagevermögens sowie Sachanlagen zu erfassen, wobei die außerplanmäßigen Abschreibungen des Anlagevermögens gesondert auszuweisen sind (vgl § 232 Abs 5 UGB). Eine Saldierung mit Zuschreibungen ist ebenso unzulässig wie eine Berücksichtigung steuerlicher Sonderabschreibungen. Gesondert auszuweisen sind Abschreibungen auf Gegenstände des Umlaufvermögens, sofern diese unüblich hoch sind. Anwendungsfall ist zB der Ausfall von betraglich wesentlichen Forderungen.

Sonstige betriebliche Aufwendungen

Mittelgroße und große Gesellschaften haben folgende Aufgliederung vorzunehmen:

– *Steuern, soweit sie nicht unter die Steuern vom Einkommen und vom Ertrag fallen*

Zu diesen Steuern zählen die Grund- und Grunderwerbsteuer, die Verbrauchsteuern sowie die Gebühren nach dem Gebührengesetz, soweit keine Aktivierungspflicht besteht. Die Kommunalsteuer ist hingegen unter dem Personalaufwand zu erfassen.

– *übrige betriebliche Aufwendungen*

Unter diesem Sammelposten sind all die betrieblichen Aufwendungen zu erfassen, die keiner speziellen Aufwandsart zugeordnet werden können. Das Spektrum dieses Postens umfasst Verluste aus Anlagenabgängen, Wechselkursverschlechterungen von Forderungen und Verbindlichkeiten, Wertminderungen von Forderungen, Werbeaufwand, Rechts- und Beratungskosten, Mietaufwand, Geldverkehrspesen, Transportkosten, Telefonkosten, Aufsichtsratsvergütungen, Instandhaltungen durch Dritte, Weiterbildung, betriebliche Schadensfälle und außerordentlichen Aufwand, soweit dieser nicht einer speziellen Aufwandsart zuzurechnen ist.

Für die oben genannten Ertrags- und Aufwandsposten ist eine Zwischensumme zu bilden, die im Sinne der betriebswirtschaftlichen Erfolgsspaltung als *Betriebserfolg* des Unternehmens angesehen werden kann.

Erträge aus Beteiligungen, davon aus verbundenen Unternehmen

Zu den Beteiligungserträgen zählen die Bar- und Sachdividenden und sonstige Gewinnanteile aus einer Beteiligung an einer Kapitalgesellschaft bzw Genossenschaft sowie die Gewinnanteile an einer Personengesellschaft. Die Erträge sind unabhängig davon auszuweisen, ob es sich um eine offene oder verdeckte Gewinnausschüttung handelt.

Bei Gewinnanteilen aus Körperschaften entsteht der Ertrag grundsätzlich mit der Beschlussfassung über die Ausschüttung, eine sog phasengleiche Realisierung der Erträge (dh Realisierung bereits zum Bilanzstichtag) ist jedoch unter bestimmten Umständen zulässig bzw verpflichtend (Verpflichtung jedenfalls dann, wenn: 100 % Beteiligung oder anderes Mehrheitsverhältnis, das Beschlussfassung über Dividende gewährleistet; Bilanzstichtag Tochterunternehmen nicht später als der der Muttergesellschaft; Feststellung des Jahresabschlusses sowie Prüfung des Jahresabschlusses der Tochter vor dem der Mutter; entsprechender Hauptversammlungsbeschluss über Dividende). Bei Personengesellschaften entsteht der Ertrag stets mit Ablauf ihres Geschäftsjahres, soweit nicht ein gesonderter Beschluss über die Feststellung des Jahresabschlusses erfolgt.

Die Erträge sind jeweils brutto auszuweisen, eine allfällig einbehaltene KESt stellt eine Vorauszahlung auf die Einkommen- oder Körperschaftsteuer bzw eine Endbesteuerung des Einkommens natürlicher Personen dar.

Es ist eine Untergliederung zwischen Beteiligungserträgen und solchen aus verbundenen Unternehmen in Form eines sog „Davon-Vermerks" erforderlich.

Erträge aus anderen Wertpapieren und Ausleihungen des Finanzanlagevermögens, davon aus verbundenen Unternehmen

Zu den Wertpapiererträgen zählen neben den Erträgen aus festverzinslichen Wertpapieren auch Gewinnanteile an Unternehmen, die nicht unter die Beteiligungserträge fallen.

Soweit diese Erträge aus einer Beziehung zu einem verbundenen Unternehmen stammen, ist dies in der GuV durch einen „Davon-Vermerk" anzumerken.

Sonstige Zinsen und ähnliche Erträge, davon aus verbundenen Unternehmen

Unter Zinsenerträge ist das laufende Entgelt für die Gewährung von Fremdkapital zu verstehen. Zinsenerträge können somit alle Zinsen aus Bankguthaben, Darlehenszinsen, aber auch Verzugszinsen sein. Auch Zinsen aus Wechselforderungen, Aufzinsung von Forderungen und der Lieferantenskontoertrag stellen einen Zinsertrag dar. Zuletzt sind auch Erträge aus im Umlaufvermögen gehaltenen Unternehmensanteilen unter dieser Position auszuweisen. Unter den ähnlichen Erträgen sind solche zu verstehen, die im Zusammenhang mit der Kreditvergabe stehen, zB das Disagio.

Erträge aus dem Abgang von und der Zuschreibung zu Finanzanlagen und Wertpapieren des Umlaufvermögens

In diesem Posten sind die Erträge aus dem Abgang und der Zuschreibung zu Finanzanlagen nach den gleichen Grundsätzen wie das in § 231 Abs 2 Z 4 lit a UGB erfasste sonstige Anlagevermögen zu erfassen. Die entsprechenden Erträge des Finanzumlaufvermögens sind ebenfalls unter dieser Position zu erfassen.

Aufwendungen aus Finanzanlagen und aus Wertpapieren des Umlaufvermögens

Zu den Aufwendungen zählen sowohl die Aufwendungen aus verbundenen Unternehmen und Unternehmen, mit denen ein Beteiligungsverhältnis besteht, als auch Abschreibungen auf das gesamte Finanzanlage- und -umlaufvermögen. Zur Verdeutlichung haben mittelgroße und große Gesellschaften die Aufwendungen aus verbundenen Unternehmen sowie die Abschreibungen getrennt in der GuV darzustellen.

– *Abschreibungen*

Sämtliche Abschreibungen auf Finanzanlagen, soweit es sich nicht um Abschreibungen auf Anteile an verbundenen Unternehmen handelt, sowie die Abschreibung der Wertpapiere und Wertrechte des Umlaufvermögens sind gesondert auszuweisen, wobei innerhalb der Abschreibungen die außerplanmäßige Abschreibung des Finanzanlagevermögens gemäß § 232 Abs 5 UGB nochmals gesondert auszuweisen ist, sodass der nicht gesondert ausgewiesene Abschreibungsbetrag somit der Abschreibung des Umlaufvermögens nach § 207 Abs 1 UGB entspricht.

Unter diesem GuV-Posten sind weiters allfällige Verluste aus dem Abgang dieser Vermögensgegenstände des Finanzanlage- und -Umlaufvermögens auszuweisen.

Verlustanteile aus Personengesellschaften stellen als solche unternehmensrechtlich keinen Aufwand des Gesellschafters dar. Zu prüfen ist das Erfordernis einer außerplanmäßigen Abschreibung des Gesellschaftsanteils.

– *Aufwendungen aus verbundenen Unternehmen*

Unter die Aufwendungen aus verbundenen Unternehmen fallen Verlustübernahmen von verbundenen Unternehmen aus vertraglichen Ergebnisübernahmevereinbarungen, ergebniswirksame Zuschüsse zur Verlustabdeckung, Verluste aus dem Abgang der Anteile an verbundenen Unternehmen sowie außerplanmäßige Abschreibungen, die aufgrund § 232 Abs 5 UGB innerhalb der Aufwendungen aus verbundenen Unternehmen nochmals getrennt auszuweisen sind.

Zinsen und ähnliche Aufwendungen, davon betreffend verbundene Unternehmen

Unter diesem Posten sind die Zinsen als laufendes Entgelt für die Überlassung von Fremdkapital sowie den Zinsen ähnliche Aufwendungen aus der Überlassung von Fremdkapital zu erfassen. Dementsprechend sind insbesondere Zinsen für erhaltene Darlehen, Verzugszinsen aus

Lieferantenkrediten, Wertpapierzinsen, die erfolgswirksame Verrechnung eines Disagios bei Kreditaufnahme, die Abschreibung eines aktivierten Disagios, die Bereitstellungsprovision eines Kontokorrentkredites in dieser GuV-Position zu erfassen.

Der Saldo all dieser Finanzerträge und Finanzaufwendungen ist in einer eigenen Position auszuweisen und stellt das *Finanzergebnis* des Unternehmens dar.

Der Saldo des Betriebsergebnisses und des Finanzergebnisses stellt seinerseits das sog „**Ergebnis vor Steuern**" dar.

Steuern vom Einkommen und vom Ertrag

Unter diesem Posten sind die Steuerbeträge auszuweisen, die das Unternehmen als Steuerschuldner zu tragen hat. Neben der österreichischen Körperschaftsteuer sind unter diesem Posten von dem Unternehmen zu tragende ausländische Einkommen- und Ertragsteuern auszuweisen. Da die endgültige Steuerschuld nicht feststeht, ist dieser Betrag zu schätzen und dementsprechend in der Bilanz als Rückstellung auszuweisen. Mangels Steuerschuldnerschaft des Unternehmens sind die von ihm für Dritte abzuführende Lohnsteuer und KESt nicht unter den Steuern vom Einkommen und Ertrag auszuweisen.

Erträge aus der Auflösung von Steuerrückstellungen bzw Erträge aus Steuergutschriften sind mit den voraussichtlichen Steueraufwendungen zu saldieren, wobei ein gesonderter Ausweis der genannten Erträge erforderlich ist, soweit er nicht für die Beurteilung der Ertragslage von untergeordneter Bedeutung ist.

Der Saldo aus dem Ergebnis vor Steuern und den Steuern vom Einkommen und vom Ertrag ergibt das Ergebnis nach Steuern.

Sonstige Steuern, soweit nicht unter den Posten 1 bis 19 enthalten

Zu diesem Posten zählen all jene Steuern, die weder als Betriebssteuern unter Z 8 noch als Steuern vom Einkommen und Ertrag unter Z 17 ausgewiesen werden. Dabei ist allerdings fraglich, welche Steuern verbleiben, denkbar wäre zB die von der Gesellschaft getragene KESt des Gesellschafters.

Der Saldo aus dem Ergebnis nach Steuern und sonstigen Steuern ergibt den sog „**Jahresüberschuss bzw Jahresfehlbetrag**". Dieser Jahresüberschuss bzw -fehlbetrag ist das rechnerische Ergebnis der in den vorangegangenen Posten begründeten Gewinn- bzw Verlustentstehung.

Die restlichen Posten der GuV stellen hingegen die Gewinnverwendungsrechnung dar, die mit der Ermittlung des Bilanzgewinnes bzw -verlustes beendet wird.

Auflösung von Kapitalrücklagen

Gebundene Kapitalrücklagen können grundsätzlich nur zum Ausgleich eines ansonsten auszuweisenden Bilanzverlustes aufgelöst werden. Lediglich für die ungebundenen Kapitalrücklagen aus sonstigen Zuzahlungen iSd § 229 Abs 2 Z 5 UGB besteht grundsätzlich keine Auflösungsbeschränkung.

Eine Zuweisung zu Kapitalrücklagen erfolgt grundsätzlich über die Bestandskonten, weshalb ein eigener Posten in der GuV-Gliederung dafür nicht vorgesehen ist. Sollte sich allerdings binnen zwei Jahren nach Durchführung einer vereinfachten Kapitalherabsetzung herausstellen, dass die Kapitalherabsetzung im Verhältnis zu den angenommenen Verlusten zu hoch war, so ist der Unterschiedsbetrag über die GuV einer gebundenen Kapitalrücklage zuzuführen.

Auflösung von und Zuführung zu Gewinnrücklagen

Auch bei den Gewinnrücklagen gibt es gebundene und ungebundene. Für die Auflösung der gebundenen und ungebundenen Rücklage gilt das Gleiche wie für die entsprechende Kapitalrücklage. Bei Zuführung zu Gewinnrücklagen ist zunächst die gesetzliche Rücklage zu berücksichtigen. Dieser ist so lange zumindest 5 % des Jahresüberschusses abzüglich des Verlustvortrages zuzuführen, bis die Summe aller gebundenen Rücklagen 10 % des Nennkapitals erreicht. Sollte die Satzung einen höheren Betrag vorsehen, so ist dieser maßgeblich. Danach verbleibende Gewinne können einer freien, dh jederzeit wieder auflösbaren Gewinnrücklage zugeführt werden.

Der Gewinnrücklage kann maximal der Jahresüberschuss zugewiesen werden.

Gewinnvortrag, Verlustvortrag, Bilanzgewinn, Bilanzverlust

Der nach Durchführung der Rücklagenbewegung und Berücksichtigung des Gewinn- bzw Verlustvortrags ergebende Betrag stellt den Bilanzgewinn bzw Bilanzverlust dar. Der Gewinnvortrag ist idR die Differenz von Bilanzgewinn des Vorjahres und der darauf vorgenommenen Gewinnausschüttung. Der Verlustvortrag ist der Bilanzverlust des Vorjahres. Der Bilanzgewinn steht den Gesellschaftern zur Ausschüttung zur Verfügung. Der Betrag des Bilanzgewinns bzw -verlustes aus der GuV muss dem der Bilanz entsprechen.

3.4.3.2.2. Umsatzkostenverfahren

Die Besonderheit des Umsatzkostenverfahrens liegt darin, dass der Betriebserfolg nicht nach Kostenarten, sondern nach Kostenstellen ermittelt wird. Dementsprechend ergeben sich folgende Unterschiede zum Gesamtkostenverfahren:

Herstellungskosten der zur Erzielung der Umsatzerlöse erbrachten Leistungen

Das Umsatzkostenverfahren orientiert sich nicht an den Aufwendungen der insgesamt hergestellten Gegenstände, sondern an den Kosten der Herstellung zur Erzielung der Umsatzerlöse. Zu den Herstellungskosten zählen dabei die Materialkosten, Aufwendungen für bezogene Leistungen, der Personalaufwand, Abschreibungen, Reparatur-, Energieaufwand uÄm. Da das Umsatzkostenverfahren auf den Herstellungsaufwand der abgesetzten Leistungen und nicht auf den gesamten Herstellungsaufwand bezogen ist, bedarf es keiner Aufwandskorrektur durch die Posten Bestandsveränderung und aktivierte Eigenleistungen. Bestandserhöhungen und aktivierte Eigenleistungen sind mit den Herstellungskosten zu verrechnen. Im Falle der Bestandsverminderung ist der Absatz der in den Vorperioden erzeugten Vermögensgegenstände mit historischen Herstellungskosten und den noch angefallenen Kosten in der GuV zu berücksichtigen.

Der Begriff der Herstellungskosten entspricht dem des § 203 Abs 3 UGB. Fremdkapitalzinsen, Aufwendungen für bestimmte Sozialleistungen können daher auch in den Herstellungskosten erfasst werden. In einem eigenen Posten sind jedenfalls die allgemeinen Verwaltungs- und die Vertriebskosten zu erfassen, da sie mit Ausnahme der langfristigen Fertigung von Umlaufvermögen keinesfalls zu den aktivierbaren Herstellungskosten zählen. Dementsprechend weist die GuV beim Umsatzkostenverfahren auch eigene Posten für Verwaltung und Vertrieb aus.

Die Differenz von Umsatzerlösen und den Herstellungskosten der zur Umsatzerzielung erbrachten Leistungen wird in einem eigenen Posten als „**Bruttoergebnis vom Umsatz**“ bzw „**Rohergebnis**“ ausgewiesen.

Vertriebskosten

Als Vertriebskosten sind sämtliche in der Periode angefallenen Aufwendungen zu verstehen, die im Zusammenhang mit dem Absatz der Produkte entstanden sind. Darunter fallen neben den Vertriebsgemeinkosten in Form von Aufwendungen für Werbung, Marktforschung, Vertriebsnetz, Material und Personal des Vertriebsbereichs uÄm. auch die Versandkosten und die Sondereinzelkosten des Vertriebs (zB Provisionen, Transport).

Allgemeine Verwaltungskosten

Als Verwaltungskosten sind die nicht bei den Herstellungskosten erfassbaren Kosten der allgemeinen Verwaltung des Geschäftsjahres zu erfassen. Zu den allgemeinen Verwaltungskosten zählen die Aufwendungen für die Geschäftsführung, das betriebliche Rechnungswesen, Material und Personal, soweit es der Verwaltung zuzurechnen ist, uÄm.

Sonstige betriebliche Aufwendungen

Der Umfang dieser Position stimmt nicht mit dem des Gesamtkostenverfahrens überein. Da beim Umsatzkostenverfahren die Aufwendungen soweit wie möglich den Kostenstellen Herstellung, Verwaltung und Vertrieb zuzurechnen sind, können nur die diesen Kostenstellen nicht zurechenbaren Aufwendungen diesem Posten zugerechnet werden. Als sonstige betriebliche Aufwendungen sind daher insbesondere Verluste aus dem Abgang von Anlagevermögen, Aufwendungen für Grundlagenforschung, Konventionalstrafen und Verluste aus Schadensfällen, die keiner Kostenstelle eindeutig zurechenbar sind, auszuweisen.

Die übrigen Posten der GuV entsprechen inhaltlich und begrifflich denen der GuV nach dem Gesamtkostenverfahren.

3.4.3.2.3. Beispiel für die Ermittlung des Betriebsergebnisses nach dem Gesamtkosten- bzw dem Umsatzkostenverfahren

Aufwandsart	*Aufwandsstellen*			
	Material	*Fertigung*	*Verwaltung*	*Vertrieb*
Materialaufwand 1.850	1.500 (EK) 300 (GK)	50 (GK)		
Personalaufwand 2.340	40 (GK)	1.000 (EK) 950 (GK)	200 (GK)	150 (GK)
Abschreibung 310	60 (GK)	200 (GK)	40 (GK)	10 (GK)
sonstiger Aufwand 700	200 (GK)	300 (GK)	150 (GK)	50 (GK)
	2.100	2.500	390	210

EK = Einzelkosten GK = Gemeinkosten

Die Umsatzerlöse betrugen 7.000,–. Andere betriebliche Erträge fielen nicht an.

Am Bilanzstichtag liegen fertige Erzeugnisse mit Materialeinzelkosten von 100,– und Fertigungseinzelkosten von 80,– auf Lager. Am letzten Bilanzstichtag lagen Fertigerzeugnisse im Wert von 200,– auf Lager.

Gesamtkostenverfahren:

Kalkulation der Herstellungskosten:

Materialgemeinkosten: = 600

–> Materialgemeinkostenzuschlagssatz: 600/1.500 = 40 %

Fertigungsgemeinkosten: = 1.500

–> Fertigungsgemeinkostenzuschlagssatz: 1.500/1.000 = 150 %

Herstellungskosten fertige Erzeugnisse:

Mat.EK	*100*
Mat.GK	*40*
Fert.EK	*80*
Fert.GK	*120*
Herst.ko	*340*

Bestandsveränderung:

Herst.ko	*340*
– Lager Vorjahr	*200*
Bestandsveränd.	*140*

GuV:

Umsatzerlöse	*7.000*
Bestandsveränderung	*140*
Materialaufwand	*– 1.850*
Personalaufwand	*– 2.340*
Abschreibungen	*– 310*
sonstiger Aufwand	*– 700*
Betriebserfolg	*1.940*

Umsatzkostenverfahren:

Herstellungskosten der verkauften Produkte:

Materialstelle	*2.100*
Fertigung	*2.500*
– Bestandsveränderung	*– 140*
Herst.ko. verkaufte Prod.	*4.460*

GuV:	
Umsatzerlöse	*7.000*
Herst.ko. verkaufte Prod.	*- 4.460*
Verwaltungsaufwand	*- 390*
Vertriebsaufw.	*- 210*
Betriebserfolg	*1.940*

3.4.4. Der Inhalt des Anhangs

Die Aufgabe des Anhangs besteht darin, über die für Bilanz und GuV geforderten Angaben hinaus weitere Informationen zu geben, die zur Vermittlung eines möglichst getreuen Bildes der Vermögens-, Finanz- und Ertragslage erforderlich sind. Dementsprechend fordert § 236 UGB als Generalklausel für den Anhang eine Erläuterung der Bilanz und GuV sowie der darauf angewandten Bilanzierungs- und Bewertungsmethoden. Durch die Offenlegung sowie der Erläuterung bzw Begründung bestimmter Sachverhalte gewährleistet der Anhang die Vergleichbarkeit des aktuellen Jahresabschlusses mit vorangegangenen.

Bei Erstellung des Anhangs werden verschiedene gesetzliche Begriffe verwendet:

- Angeben: Die Angabe ist die bloße Nennung von Zahlen oder quantitative Beschreibung von Sachverhalten ohne weitere Kommentierung.
- Erläutern: Unter Erläuterung versteht man die verbale Kommentierung von Sachverhalten.
- Darstellen: Darunter ist eine Angabe mit zusätzlicher Erläuterung oder zusätzlicher Aufgliederung zu verstehen.
- Begründen: Dies stellt eine über die verbale Kommentierung hinausgehende Rechtfertigung für ein bestimmtes Vorgehen dar, das damit für Dritte nachvollziehbar wird.

Der Inhalt des Anhangs ergibt sich einerseits aus den Bestimmungen der §§ 236–242 UGB, zum anderen aus den Rechnungslegungsvorschriften selbst.

Die Bestimmungen vor dem RÄG 2014 folgten dem Top-down-Ansatz, bei welchem die Anhangangaben für große Unternehmen als Basis herangezogen wurden und größenabhängige Erleichterungen für kleine und mittelgroße Unternehmen festgelegt wurden. Mit dem RÄG 2014 wurde der **Bottom-up-Ansatz** für die Anhangangaben eingeführt, wonach als Ausgangspunkt grundsätzlich die Regelungen herangezogen werden, die für alle Unternehmen gelten. Diese umfassen § 236 UGB, der einer Generalnorm gleich die Erläuterung der Bilanz und der GuV zwecks Vermittlung eines möglichst getreuen Bildes der Vermögens-, Finanz- und Ertragslage vorsieht, und § 237 UGB, der den Inhalt des für alle Gesellschaften geltenden Anhangs normiert. Für mittelgroße und große Gesellschaften gelten zusätzliche Anhangangaben, die sich in den §§ 238 bis 241 UGB befinden. § 241 UGB bestimmt Anhangangaben für große und mittelgroße Aktiengesellschaften. § 242 UGB enthält die Bestimmungen zur Unterlassung von Angaben.

Erläuterung der Bilanz und der Gewinn- und Verlustrechnung (§ 236 UGB)

Neben der in Form der Generalklausel normierten Erläuterungspflicht der Bilanz und der GuV wird die Reihenfolge der Gliederung des Anhanges festgelegt, nämlich in der Reihenfolge der Darstellung der Posten in der Bilanz und in der GuV. Außerdem ergibt sich aus § 236 UGB insbesondere auch eine Erläuterungspflicht der Bilanzierungs- und Bewertungsmethoden. Unter der Bilanzierungsmethode versteht man die Ausübung der Bilanzansatzwahlrechte (vgl dazu oben 3.4.3.1.), unter der Bewertungsmethode die Vorgangsweise zur konkreten Wertermittlung. Von kleinen Unternehmen werden keine über das UGB hinausgehenden Anhangangaben verlangt. Davon ausgenommen sind Rechnungslegungsvorschriften, die für Unternehmen bestimmter Rechtsformen gemäß Rechtsvorschriften der Europäischen Union gelten (zB Kreditinstitute und Versicherungsunternehmen).

Inhalt des für alle Gesellschaften geltenden Anhangs (§ 237 UGB)

In diesem Paragrafen sind zusätzlich zu den bereits an anderer Stelle vorgesehenen Angaben des UGB (vgl dazu unten) Bestimmungen festgelegt, die für alle Gesellschaften gelten.

Die Angaben zu den Bilanzierungs- und Bewertungsmethoden umfassen insbesondere die Bewertungsgrundlagen der verschiedenen Posten, eine Angabe über die Übereinstimmung mit dem Konzept der Unternehmensfortführung und wesentliche Änderungen der Bilanzierungs- und Bewertungsmethoden (siehe auch § 201 Abs 3 UGB). Der Grund für diese umfassende, insbesondere auch zahlenmäßige Erläuterungspflicht liegt darin, dass durch die Änderung der Bewertungsmethode die interperiodische Vergleichbarkeit der Jahresabschlüsse nicht mehr gegeben ist. Außerdem enthalten die Angaben die Grundlagen für die Umrechnung in Euro, soweit den Posten Beträge zugrunde liegen, die auf eine andere Währung lauten oder ursprünglich gelautet haben.

Anstelle des Vermerks unter der Bilanz ist der Gesamtbetrag der Haftungsverhältnisse und der sonstigen wesentlichen finanziellen Verpflichtungen, die nicht auf der Passivseite auszuweisen sind, sowie Art und Form jeder gewährten dinglichen Sicherheit, im Anhang anzuführen. Pensionsverpflichtungen und Verpflichtungen gegenüber verbundenen oder assoziierten Unternehmen sind gesondert zu vermerken. Mittelgroße und große Gesellschaften haben gemäß § 238 Abs 1 Z 14 UGB die anzugebenden Haftungsverhältnisse außerdem aufzugliedern und zu erläutern.

Die Beträge der Vorschüsse und Kredite, die den Mitgliedern des Vorstands und des Aufsichtsrates gewährt wurden, sowie die zugunsten dieser Personen eingegangenen Haftungsverhältnisse sind mit Zusatzangaben anzugeben. Die Angaben sind zusammengefasst für jede dieser Personengruppen zu machen.

Des Weiteren sind Posten der GuV, die von außerordentlicher Größenordnung oder Bedeutung sind, mit Betrag und Wesensart anzugeben.

Verbindlichkeiten, die eine Restlaufzeit von mehr als fünf Jahren aufweisen (gemessen vom Bilanzstichtag), und Verbindlichkeiten, für die dingliche Sicherheiten (zB Hypotheken) bestellt wurden, sind anzugeben.

Außerdem haben alle Gesellschaften eine Angabe über die durchschnittliche Zahl der Arbeitnehmer während des Geschäftsjahres zu machen.

Der Name und Sitz des Mutterunternehmens, das den Konzernabschluss für den kleinsten Kreis von Unternehmen aufstellt, muss in den Anhangangaben enthalten sein.

Kleine Aktiengesellschaften haben im Anhang zusätzlich die Angabe gemäß § 238 Abs 1 Z 11 UGB über die Art und finanziellen Auswirkungen wesentlicher Ereignisse, die nach dem Abschlussstichtag eingetreten sind und weder in der GuV noch in der Bilanz berücksichtigt wurden, zu machen.

Anhangangaben für mittelgroße und große Gesellschaften (§ 238 UGB)

Die Bestimmungen des § 238 UGB enthalten Anhangangaben für mittelgroße und große Gesellschaften.

Im Anhang haben diese Gesellschaften für jede Kategorie derivativer Finanzinstrumente Art und Umfang sowie den beizulegenden Zeitwert anführen. Die Definition derivativer Finanzinstrumente ist in § 238 Abs 2 UGB zu finden. Außerdem sind für Finanzinstrumente des Finanzanlagevermögens, die über ihrem beizulegenden Zeitwert ausgewiesen sind, da eine Abschreibung nach § 204 Abs 2 UGB mangels Dauerhaftigkeit unterblieb, der Buchwert und der beizulegende Zeitwert der einzelnen Vermögensgegenstände oder angemessener Gruppierungen sowie die Gründe für das Unterlassen einer Abschreibung wegen nicht dauerhafter Wertminderung und die Anhaltspunkte, die auf eine nicht dauerhafte Wertminderung hindeuten, anzugeben.

In Bezug auf latente Steuern ist anzugeben, auf welchen Differenzen oder steuerlichen Verlustvorträgen diese beruhen, welche Steuersätze verwendet wurden und die Bewegungen latenter Steuersalden während des Geschäftsjahres.

Es sind Name und Sitz aller Unternehmen anzugeben, an denen die Gesellschaft unmittelbar, mittelbar oder über einen Treuhänder eine Beteiligung hält.

Des Weiteren sind auch die Zahl von Genussscheinen, Genussrechten, Wandelschuldverschreibungen, Optionsscheinen, Optionen, Besserungsscheinen und ähnlicher Wertpapiere und Rechte (deren gemeinsames Kennzeichen gewinnabhängige Gläubigeransprüche sind – zB partiarische Darlehen) anzugeben.

Darüber hinaus haben mittelgroße und große Gesellschaften im Anhang zusätzlich anzugeben:

- Name, Sitz und Rechtsform der Unternehmen, deren unbeschränkt haftender Gesellschafter die Gesellschaft ist;
- Name und Sitz des Mutterunternehmens der Gesellschaft, das den Konzernabschluss für den größten Kreis von Unternehmen aufstellt;
- im Fall der Offenlegung der von den Mutterunternehmen aufgestellten Konzernabschlüsse die Orte, wo diese erhältlich sind.

Außerdem haben die Anhangsangaben den Vorschlag zur Verwendung des Ergebnisses zu enthalten.

Im Anhang sind außerdem Angaben über Art und Zweck von außerbilanziellen Geschäften der Gesellschaft zu machen, sofern die Risiken und Chancen aus diesen Geschäften wesentlich sind und die Offenlegung für die Beurteilung der Finanzlage der Gesellschaft notwendig ist. Außerbilanzielle Geschäfte können alle Transaktionen oder Vereinbarungen sein, die zwischen Gesellschaften und anderen Unternehmen abgewickelt werden. Umfasst sind vor allem Geschäfte, die mit der Errichtung oder Nutzung von Zweckgesellschaften und mit Offshore-Geschäften verbunden sind.

Im Anhang sind auch Angaben über Art und finanzielle Auswirkungen wesentlicher Ereignisse nach dem Abschlussstichtag, die aufgrund des Stichtagsprinzips weder in der Bilanz noch in der GuV berücksichtigt sind, zu machen.

Im Anhang sind weiters Angaben über Geschäfte der Gesellschaft mit nahestehenden Unternehmen und Personen, einschließlich Angaben zu deren Wertumfang, zur Art der Beziehung sowie weitere Angaben zu den Geschäften, die für die Beurteilung der Finanzlage der Gesellschaft notwendig sind, anzuführen. Diese Angaben sind nur dann erforderlich, sofern die Geschäfte wesentlich und nicht unter marktüblichen Bedingungen abgeschlossen wurden. Angaben über Einzelgeschäfte können nach Geschäftsarten zusammengefasst werden, sofern dadurch die Aussagekraft nicht beeinträchtigt wird. Nicht anzugeben sind Geschäfte zwischen verbundenen Unternehmen, wenn die beteiligten Tochterunternehmen unmittelbar oder mittelbar in hundertprozentigem Anteilsbesitz des Mutterunternehmens stehen. Mittelgroße Gesellschaften dürfen diese Angaben beschränken (§ 238 Abs 3 UGB). Auf die Inanspruchnahme dieser Schutzklausel muss hingewiesen werden.

Bei Anwendung des Umsatzkostenverfahrens hat zur Erläuterung der wesentlichen Aufwandsposten eine zahlenmäßige Angabe des Materialaufwands und des Aufwands für bezogene Leistungen sowie eine Angabe des Personalaufwands nach der Gliederung des Gesamtkostenverfahrens zu erfolgen.

Die nach § 237 Abs 1 Z 2 UGB anzugebenden Haftungsverhältnisse sind aufzugliedern und zu erläutern. Außerdem hat gesondert eine Angabe für wesentliche Verpflichtungen aus der Nutzung von in der Bilanz nicht ausgewiesenen Sachanlagen für das nächste Jahr und als Gesamtbetrag für die folgenden fünf Jahre zu erfolgen. Der Betrag der Verpflichtung umfasst dabei auch alle Zinsen und Wertsicherungsbeträge. Anwendungsfälle dieser Bestimmung sind sämtliche Sachanlagen betreffende Miet- und Pachtverträge, insbesondere auch Leasingverträge, die zu keiner Aktivierung des Leasinggutes beim Bilanzierenden führen.

Soweit nicht gesondert in der Bilanz ausgewiesene Rückstellungen wesentlich sind, sind sie im Anhang anzugeben und zu erläutern. Es wird sich dabei im Wesentlichen um die unter den sonstigen Rückstellungen ausgewiesenen Urlaubs-, Jubiläumsgeld-, Gewährleistungs-, Garantie-, aber auch Aufwands- und Drohverlustrückstellungen handeln.

Sofern stille Einlagen nicht in der Bilanz als solche erkennbar ausgewiesen sind, ist deren Gesamtbetrag im Anhang anzugeben.

Überdies wird die Angabe wesentlicher Abweichungen zwischen der Bewertungsmethode nach § 209 Abs 2 UGB und dem Börse- bzw Marktpreis gefordert.

Des Weiteren sind Angaben über die auf das Geschäftsjahr entfallenden Aufwendungen für den Abschlussprüfer, aufgeschlüsselt nach den Aufwendungen für die Prüfung des Jahresabschlusses, für andere Bestätigungsleistungen, für Steuerberatungsleistungen und für sonstige Leistungen zu machen. Diese Angabe kann unterbleiben, sofern sie in einem Konzernabschluss enthalten ist, in welchen die Gesellschaft einbezogen ist.

Der Erwerb immaterieller Wirtschaftsgüter von verbundenen Unternehmen oder von Gesellschaftern mit einer Beteiligung ist anzuführen.

Auch Geschäftsbeziehungen und andere vertragliche Beziehungen inklusive Gewinnabführungs- und Ergebnisübernahmeverträge sind bei verbundenen Unternehmen angabepflichtig. Die Angabe von Einzelheiten kann gemäß § 242 Abs 3 UGB unterbleiben, wenn sie dem Unternehmen oder einem verbundenen Unternehmen einen erheblichen Nachteil zufügen würde.

Pflichtangaben über Organe und Arbeitnehmer (§ 239 UGB)

Hierunter fallen Angaben über Organe und Arbeitnehmer, die von mittelgroßen und großen Gesellschaften zu machen sind.

Die durchschnittliche Zahl der Arbeitnehmer, gegliedert nach Arbeitern, und Angestellten, ist anzugeben. Überdies muss die Höhe der Aufwendungen für vom Unternehmen zu tragende Abfertigungen bzw ein Hinweis, dass in der GuV nur mehr Aufwendungen an die Mitarbeitervorsorgekasse enthalten sind, angegeben sein. Getrennt nach Vorstandsmitgliedern, leitenden Angestellten und sonstigen Arbeitnehmern sind die Aufwendungen für Abfertigungen und Pensionen anzuführen. Weiters sind getrennt die Gesamtbezüge des Vorstands, Aufsichtsrats oder ähnlicher Einrichtungen anzugeben, wobei die Gesamtbezüge neben dem Gehalt auch Gewinnbeteiligungen, Aufwandsentschädigungen uÄ enthalten. Diese Angabepflicht gilt sowohl für die aktiven als auch für ehemalige Mitglieder sowie Hinterbliebene der genannten Organe. Außerdem sind die Anzahl und Aufteilung der im Geschäftsjahr und insgesamt eingeräumten Aktienoptionen samt Ausübungspreis sowie entsprechende Informationen über ausgeübte Optionen anzugeben.

Sämtliche im Geschäftsjahr tätige Mitglieder des Vorstands und des Aufsichtsrats sind namentlich zu nennen.

Anhangangaben für große Gesellschaften (§ 240 UGB)

Große Gesellschaften haben die Aufgliederung der Umsätze nach Tätigkeitsbereichen sowie nach geografisch bestimmten Märkten anzugeben, wenn sich diese Tätigkeitsbereiche und geografischen Märkte erheblich voneinander unterscheiden. Erheblich unterschiedliche Tätigkeitsbereiche liegen zB vor, wenn ein Unternehmen Ski und Flugzeugteile herstellt. Da auch die Verkaufsorganisation als Unterscheidungskriterium heranzuziehen ist, ist auch dann nach Tätigkeitsbereichen zu gliedern, wenn ähnliche bzw gleiche Produkte über unterschiedliche Vertriebskanäle veräußert werden. Soweit die Aufgliederung nicht durchführbar oder geeignet ist, dem Unternehmen einen erheblichen Nachteil zuzufügen, braucht eine Aufgliederung nicht vorgenommen zu werden. Auf die Inanspruchnahme dieser Schutzklausel muss hingewiesen werden.

Pflichtangaben bei Aktiengesellschaften (§ 241 UGB)

Große und mittelgroße Aktiengesellschaften haben zusätzlich den auf jede Aktiengattung (zB Stamm- oder Vorzugsaktie) entfallenden Betrag des Grundkapitals anzugeben bzw

- bei Nennbetragsaktien die Nennbeträge und Zahl der Aktien jedes Nennbetrags und
- bei Stückaktien deren Zahl sowie, wenn mehrere Gattungen bestehen, die Zahl der Aktien jeder Gattung.

Ebenso ist über den Bestand und den Zugang und die Verwertung von Vorratsaktien zu berichten. Vorratsaktien sind solche, die ein Aktionär für Rechnung der Gesellschaft oder eines verbundenen Unternehmens oder eines verbundenen Unternehmens als Gründer oder Zeichner oder in Ausübung eines Umtausch-/Bezugsrechts aus einer bedingten Kapitalerhöhung erworben hat. Sollten diese Aktien verwertet worden sein, muss darüber berichtet werden (Erlös und Verwendung). Daneben sind Angaben über Aktien, die aus einer bedingten Kapitalerhöhung oder einem genehmigten Kapital gezeichnet wurden, sowie der Umfang des genehmigten Kapitals anzugeben. Außerdem sind der unter den Verbindlichkeiten ausgewiesene Betrag an nachrangigem Kapital (worunter nicht in Aktien bestehendes Eigenkapital der Gesellschaft zu verstehen ist – zB Partizipationskapital) und das Bestehen von wechselseitigen Beteiligungen unter Nennung des beteiligten Unternehmens anzugeben.

Unterlassen von Angaben (§ 242 UGB)

Kleinstkapitalgesellschaften brauchen keinen Anhang aufzustellen, wenn sie die nach § 237 Abs 1 Z 2 UGB (Haftungsverhältnisse, sonstige wesentliche finanzielle Verpflichtungen, dingliche Sicherheiten) und Z 3 (Vorschüsse und Kredite an Vorstand/Aufsichtsrat) geforderten Angaben unter der Bilanz machen. Bei Kleinstkapitalgesellschaften wird davon ausgegangen, dass der erstellte Jahresabschluss ohne Anhang ein möglichst getreues Bild der Vermögens-, Finanz- und Ertragslage vermittelt.

Bei allen anderen Kapitalgesellschaften können die Angaben über Unternehmen, an denen das Unternehmen eine Beteiligung hält (§ 238 Abs 1 Z 4 UGB), unterbleiben, wenn sie

- nicht wesentlich sind oder
- geeignet sind, einem der beiden Unternehmen einen erheblichen Nachteil (zB Umsatzeinbußen, Rufschädigung) zuzufügen. Aus diesem Grund kann auch eine Angabe über vertragliche und geschäftliche Beziehungen zu verbundenen Unternehmen unterbleiben. Auf dieses Unterlassen der Angabe ist allerdings im Anhang hinzuweisen.

Sollte das Unternehmen, das andere Unternehmen nicht beherrschen, kann die Angabe des Eigenkapitals und des Jahresergebnisses desselben unterbleiben, wenn der Jahresabschluss des anderen Unternehmens nicht offenzulegen ist.

Weitere Anhangangaben, die nicht durch die §§ 236–242 UGB vorgeschrieben werden

Einige Angabepflichten sind nicht durch die §§ 236–242 UGB geregelt, sondern finden sich direkt bei den jeweiligen Bestimmungen.

Wenn kleine Gesellschaften aktive latente Steuern in der Bilanz ansetzen wollen, dürfen sie dies nur tun, soweit sie die unverrechneten Be- und Entlastungen im Anhang aufschlüsseln (§ 198 Abs 9 UGB). Sofern für künftige steuerliche Ansprüche aus steuerlichen Verlustvorträgen aktive latente Steuern in dem Ausmaß angesetzt werden, für das überzeugende substanzielle Hinweise vorliegen, dass ein ausreichendes zu versteuerndes Ergebnis in Zukunft zur Verfügung stehen wird, sieht § 198 Abs 9 UGB letzter Satz vor, dass diesfalls in die Angabe nach § 238 Abs 1 Z 3 auch die substanziellen Hinweise, die den Ansatz rechtfertigen, aufzunehmen sind.

Ein Abweichen von den allgemeinen Grundsätzen (§ 201 UGB) ist im Anhang anzugeben, zu begründen und der Einfluss auf die Vermögens-, Finanz- und Ertragslage darzulegen (§ 201 Abs 3 UGB). Wenn Zinsen für Fremdkapital im Rahmen der Herstellungskosten angesetzt werden, ist dies im Anhang anzugeben. Mittelgroße und große Gesellschaften haben den insgesamt aktivierten Betrag anzugeben (§ 203 Abs 4 UGB). Der Zeitraum, über den der Geschäfts (Firmen)wert abgeschrieben wird, ist im Anhang zu erläutern (§ 203 Abs 5 UGB).

Bezüglich Anhangangaben zu Verwaltungs- und Vertriebskosten bei Aufträgen, deren Ausführung sich über mehr als 12 Monaten erstreckt, ist § 206 Abs 3 UGB zu beachten: Führt in Ausnahmefällen das Verbot der Einbeziehung von Kosten der allgemeinen Verwaltung und des Vertriebs (§ 203 Abs 3 UGB letzter Satz) dazu, dass ein möglichst getreues Bild der Vermögens-, Finanz- und Ertragslage auch mit zusätzlichen Anhangangaben (§ 222 Abs 2 UGB) nicht vermittelt werden kann, so können bei Aufträgen, deren Ausführung sich über mehr als zwölf Monate erstreckt, angemessene Teile der Verwaltungs- und Vertriebskosten angesetzt werden, falls eine verlässliche Kostenrechnung vorliegt und soweit aus der weiteren Auftragsabwicklung keine Verluste drohen. Die Anwendung dieser Bestimmung ist im Anhang anzugeben und zu begründen und ihr Einfluss auf die Vermögens-, Finanz- und Ertragslage der Gesellschaft darzulegen; gleichzeitig ist der insgesamt über die Herstellungskosten hinaus angesetzte Betrag anzugeben.

Wenn aufgrund von besonderen Umständen der Jahresabschluss kein möglichst getreues Bild der Vermögens-, Finanz und Ertragslage vermittelt, sind die erforderlichen zusätzlichen Angaben im Anhang zu machen (§ 222 Abs 2 UGB). Eine Änderung der Gliederung der Bilanz oder GuV ist im Anhang anzugeben und zu begründen (§ 223 Abs 1 UGB). Weiters ist die Nichtvergleichbarkeit mit den Zahlen des Vorjahres und die Anpassung eines Vorjahresbetrages zu begründen und zu erläutern (§ 223 Abs 2 UGB). Erfolgt die Gliederung der Bilanz nach verschiedenen Gliederungsvorschriften, da das Unternehmen in mehreren Geschäftszweigen tätig ist, so ist dies anzugeben und zu begründen. Dies gilt nicht für kleine Unternehmen (§ 223 Abs 3 UGB). Wenn die Zugehörigkeit eines Vermögensgegenstandes oder einer Verbindlichkeit zu mehreren Posten der Bilanz nicht in der Bilanz vermerkt ist, aber der Klarheit und Übersichtlichkeit des Jahresabschlusses dient, ist diese im Anhang anzugeben (§ 223 Abs 5 UGB). Zusammengefasste Posten sind im Anhang auszuweisen (§ 223 Abs 6 UGB). Ebenso besteht im Anhang eine Erläuterungspflicht, ob bei Vorliegen eines „negativen Eigenkapitals" eine Überschuldung im Sinne des Insolvenzrechts besteht (§ 225 Abs 1 UGB). Die in den „sonstigen Forderungen und Vermögensgegenständen" enthaltenen wesentlichen Erträge bzw in den „sonstigen Verbindlichkeiten" enthaltenen wesentlichen Aufwendungen, die erst nach dem Abschlussstichtag zahlungswirksam werden, sind von Unternehmen, die nicht klein sind, im Anhang zu erläutern (§ 225 Abs 3 und 6 UGB). Die wechselmäßige Verbriefung von Forderungen ist im Anhang anzugeben. Eine Ausnahme besteht für kleine Gesellschaften (§ 225 Abs 4 UGB). Wenn bei Grundstücken der Grundwert nicht in der Bilanz angemerkt ist, so müssen Gesellschaften, die nicht klein sind, diesen im Anhang angeben (§ 225 Abs 7 UGB). Die Entwicklung der einzelnen Posten des Anlagevermögens ist im Anhang darzustellen (§ 226 Abs 1 UGB). Anzugeben sind ferner der Betrag einer Pauschalwertberichtigung zu Forderungen zu jedem einzelnen Bilanzposten und der Betrag für Ausleihungen mit einer Restlaufzeit bis zu einem Jahr. Diese Bestimmungen gelten nicht für kleine Gesellschaften (§ 226 Abs 5 und § 227 UGB). Alternativ zum Ausweis in der GuV können Veränderungen der Kapital- und Gewinnrücklagen auch im Anhang ausgewiesen werden (§ 231 Abs 5 UGB).

3.4.5. Der Inhalt des Lageberichts

Mit Ausnahme der kleinen GmbH müssen nach § 243 UGB Kapitalgesellschaften neben dem Jahresabschluss auch einen Lagebericht aufstellen. Der Lagebericht ist ein wesentliches Informationsinstrument, das ergänzend zum Jahresabschluss gefordert ist und das Ziel hat, den Geschäftsverlauf des abgelaufenen Geschäftsjahres einschließlich des Geschäftsergebnisses darzustellen und zu analysieren. Zu diesem Zweck sieht der Gesetzgeber die Darstellung von **Leistungsindikatoren** vor. Es sollen die gängigsten Kennzahlen der finanzwirtschaftlichen und erfolgswirtschaftlichen Analyse dargestellt werden. Die Auswahl der Kennzahlen richtet sich nach der Größe eines Unternehmens und der Komplexität des Geschäftsbetriebes. Der Fachsenat für Betriebswirtschaft der Kammer der Steuerberater und Wirtschaftsprüfer empfiehlt in seinem Fachgutachten KFS/BW 3 (27. 11. 2007, überarbeitet im Jänner 2016) finanzielle Leistungsindikatoren: Als Kennzahlen der Ertragslage werden die Umsatzerlöse, das Ergebnis vor Zinsen und Steuern (EBIT), die Umsatzrentabilität und die Eigenkapital- und Gesamtkapitalrentabilität genannt. Als Kennzahlen zur Vermögens- und Finanzlage sind die Nettoverschuldung, das Nettoumlaufvermögen, die Eigenkapitalquote sowie der Nettoverschuldungsgrad im Lagebericht auszuweisen (siehe dazu Kapitel 4). Darüber hinaus wird die Aufnahme einer vollständigen Geldflussrechnung im Lagebericht empfohlen. Entsprechend der AFRAC-Stellungnahme 9: Lageberichterstattung (UGB) ist es aber auch zulässig, Teilergebnisse der Geldflussrechnung oder daraus abgeleitete Cashflow-Kennzahlen nachvollziehbar in den Lagebericht aufzunehmen. Neben der Darstellung des bisherigen Geschäftsverlaufs ist andererseits auf die zukünftige Entwicklung und die wesentlichen Risiken, denen das Unternehmen ausgesetzt ist, einzugehen. Außerdem hat der Lagebericht unter anderem auch auf die Tätigkeiten im Bereich Forschung und Entwicklung, die Verwendung von Finanzinstrumenten (nur sofern dies für die Beurteilung der Vermögens-, Finanz- und Ertragslage wesentlich ist) sowie auf bestehende Zweigniederlassungen einzugehen.

Des Weiteren muss im Lagebericht der Bestand, der Erwerb und die Veräußerung eigener Anteile angegeben werden, die die Gesellschaft oder ein verbundenes Unternehmen erworben oder als Pfand erworben haben.

Für große Kapitalgesellschaften, die nicht der Pflicht zur Aufnahme einer nichtfinanziellen Erklärung in den Lagebericht nach § 243b UGB unterliegen, umfasst die Analyse des Geschäftsverlaufs, des Geschäftsergebnisses und der Lage des Unternehmens auch die wichtigsten **nichtfinanziellen Leistungsindikatoren**.

Für börsennotierte Aktiengesellschaften gelten darüber hinaus nach § 243a UGB spezielle Informationspflichten, die im Lagebericht offengelegt werden müssen. Es sind dies Angaben über die Zusammensetzung des Kapitals, insbesondere auch die verschiedenen Aktiengattungen sowie Besonderheiten betreffend Stimmrechte, Kontrollrechte und Entsendungsrechte in Vorstand bzw Aufsichtsrat. Weiters haben Gesellschaften gemäß § 189a Z 1 lit a UGB (Unternehmen, deren übertragbare Wertpapiere zum Handel an einem geregelten Markt eines Mitgliedstaates der EU oder eines Vertragsstaates des Europäischen Wirtschaftraumes zugelassen sind) im Lagebericht die wichtigsten Merkmale des internen Kontroll- und des Risikomanagementsystems im Hinblick auf den Rechnungslegungsprozess zu beschreiben.

3.4.6. Der Inhalt der nichtfinanziellen Erklärung

Mit dem Nachhaltigkeits- und Diversitätsverbesserungsgesetz (NaDiVeG; BGBl I 2017/20) wurden die Vorgaben der Richtlinie 2014/95/EU zur Änderung der Richtlinie 2013/34/EU im Hinblick auf die Angabe nichtfinanzieller und die Diversität betreffender Informationen durch bestimmte große Unternehmen und Gruppen in nationales Recht umgesetzt. In das UGB wurde ein neuer § 243b zur nichtfinanziellen Erklärung eingefügt.

Große Kapitalgesellschaften, die Unternehmen von öffentlichem Interesse iSd § 189a Z 1 UGB sind und zum Abschlussstichtag im Jahresdurchschnitt mehr als 500 Arbeitnehmer beschäftigen, haben in den Lagebericht eine nichtfinanzielle Erklärung aufzunehmen. Die nichtfinanzielle Erklärung ist anstelle der Darstellung der nichtfinanziellen Leistungsindikatoren gem § 243 Abs 5 UGB aufzunehmen. Wenn die Gesellschaft einen **gesonderten nichtfinanziellen Bericht** erstellt, der den Anforderungen der nichtfinanziellen Erklärung entspricht, entfällt die Pflicht zur Aufnahme einer nichtfinanziellen Erklärung in den Lagebericht.

Die nichtfinanzielle Berichterstattung hat diejenigen Angaben zu enthalten, die für das Verständnis des Geschäftsverlaufs, des Geschäftsergebnisses, der Lage der Gesellschaft sowie der Auswirkungen ihrer Tätigkeit erforderlich sind. Das Unternehmen hat sich dabei mindestens auf **Umwelt-, Sozial- und Arbeitnehmerbelange**, auf die **Achtung der Menschenrechte** und auf die **Bekämpfung von Korruption und Bestechung** zu beziehen. § 243b Abs 3 UGB enthält einen Katalog an Angaben, die von der nichtfinanziellen Erklärung zu umfassen sind. So sind ua das Geschäftsmodell, die verfolgten Konzepte in Bezug auf die genannten Belange und deren Ergebnisse, die angewandten Due-Diligence-Prozesse, die wesentlichen Risiken, die wahrscheinlich negative Auswirkungen auf die Belange haben werden, oder die wichtigsten nichtfinanziellen Leistungsindikatoren zu beschreiben bzw aufzunehmen. Wird iZm einem der angeführten Belange kein Konzept verfolgt, ist diesbezüglich eine klare Begründung zu geben. Das Unternehmen kann sich bei der Erstellung der nichtfinanziellen Erklärung auf nationale, unionsbasierte oder internationale Rahmenwerke stützen.

3.4.7. Der Inhalt des Corporate-Governance-Berichts

Aktiengesellschaften, deren Aktien zum Handel auf einem geregelten Markt zugelassen sind oder die ausschließlich andere Wertpapiere als Aktien auf einem solchen Markt emittieren und deren Aktien gleichzeitig mit Wissen der Gesellschaft über ein multilaterales Handelssystem gehandelt werden, müssen nach § 243c UGB einen eigenen Corporate-Governance-Bericht aufstellen. Börsenotierte Unternehmen sollen dadurch Informationen über die im Unternehmen angewendete Corporate Governance geben. Der Bericht hat zumindest folgende Angaben zu enthalten:

1. die Nennung eines in Österreich oder am jeweiligen Börseplatz allgemein anerkannten Corporate-Governance-Kodex;
2. die Angabe, wo dieser öffentlich zugänglich ist;
3. soweit die Aktiengesellschaft von diesem abweicht, eine Erklärung, in welchen Punkten und aus welchen Gründen diese Abweichung erfolgt;
4. wenn die Aktiengesellschaft beschließt, keinem Kodex im Sinn der Z 1 zu entsprechen, eine Begründung hiefür.

Im Bericht sind anzugeben:

- die Zusammensetzung und die Arbeitsweise des Vorstands und des Aufsichtsrats sowie seiner Ausschüsse;
- welche Maßnahmen zur Förderung von Frauen im Vorstand, im Aufsichtsrat und in leitenden Stellungen der Gesellschaft gesetzt wurden;
- die Gesamtbezüge der einzelnen Vorstandsmitglieder.

Durch das NaDiVeG wurde der Corporate-Governance-Bericht um Angaben zur Diversität erweitert. Der Bericht hat somit eine Beschreibung des **Diversitätskonzepts**, das im Zusammenhang mit der Besetzung des Vorstands und des Aufsichtsrats der Gesellschaft in Bezug auf Aspekte wie Alter, Geschlecht, Bildungs- und Berufshintergrund verfolgt wird, der Ziele dieses Diversitätskonzepts sowie der Art und Weise der Umsetzung dieses Konzepts und der Ergebnisse im Berichtszeitraum zu enthalten; wird kein derartiges Konzept angewendet, so ist dies zu begründen. Diese Bestimmung gilt für zur Aufstellung eines Corporate-Governance-Kodex verpflichtete Aktiengesellschaften, die auch ohne Anwendung des § 221 Abs 3 zweiter Satz UGB als große Aktiengesellschaften klassifiziert werden, dh kleine und mittlere Unternehmen von öffentlichem Interesse gem § 189a Z 1 UGB sind von dieser Bestimmung ausgenommen.

Die AFRAC-Stellungnahme 22: Corporate Governance-Bericht (UGB) beschäftigt sich mit Fragen zur Aufstellung und Prüfung des (konsolidierten) Corporate-Governance-Berichts.

3.4.8. Der Inhalt des Berichts über Zahlungen an staatliche Stellen

Mit dem RÄG 2014 wurde § 243d UGB und somit der Bericht über Zahlungen an staatliche Stellen eingeführt. Demnach müssen große Gesellschaften und Unternehmen von öffentlichem Interesse jährlich einen solchen Bericht erstellen, wenn sie in der mineralgewinnenden Industrie oder auf dem Gebiet des Holzeinschlags in Primärwäldern tätig sind. Dieser Paragraf enthält unter anderem die relevanten Definitionen, bestimmt, welche Angaben zu machen und aufzugliedern sind und wann Ausnahmeregelungen gelten. Der Bericht ist gleichzeitig mit dem Jahresabschluss für das vorangegangene Geschäftsjahr aufzustellen.

3.5. Die Durchführung des Jahresabschlusses

3.5.1. Die Wareneinsatzermittlung

Während des Geschäftsjahres werden auf den Vorratskonten idR nur die Zugänge erfasst. Der mengen- und wertmäßige Verbrauch (Einsatz) dieser Vorräte in der Produktion bzw im Verkauf wird erst am Ende des Geschäftsjahres festgestellt und verbucht. Bei den fertigen und unfertigen Erzeugnissen sowie noch nicht abrechenbaren Leistungen erfolgt während des Jahres überhaupt keine Buchung. Die Änderungen dieser Bestände werden ebenfalls erst am Jahresende erfasst.

3.5.1.1. Die mengenmäßige Einsatzermittlung

Die mengenmäßige Einsatzermittlung kann auf zwei Methoden erfolgen, nämlich durch direkte Einsatzermittlung oder durch indirekte Einsatzermittlung.

– *Direkte Einsatzermittlung*

Voraussetzung für die Durchführung der direkten Einsatzermittlung ist eine ordentliche Lagerbuchführung, da nur eine solche die erforderlichen Daten zur direkten Einsatzermittlung zur Verfügung stellen kann. Der Verbrauch ergibt sich in diesem Fall direkt aus den Materialentnahmescheinen der Lagerbuchhaltung, die jede Warenentnahme mittels Abfassungsschein erfasst. Durch Gegenüberstellung des Verbrauches laut Entnahmeschein und dem Ist-Endbestand laut Inventur (zur Inventur vgl unten 3.5.2.) können allfällige Inventurdifferenzen (zB Diebstahl, Verderben von Waren) festgestellt und in der Buchhaltung berücksichtigt werden.

Mithilfe des direkten Einsatzermittlungsverfahrens ist für interne Zwecke eine genaue Aufgliederung des Materialaufwands in jenen Materialaufwand, der auf betrieblich jedenfalls weiterverwendete Vermögensgegenstände entfällt, und den Materialaufwand, für den dies nicht mit Gewissheit gesagt werden kann (Schwund) oder der aus anderen Gründen nicht weiterverwendbar ist (verdorbene Vorräte), möglich.

Das Schema der direkten Einsatzermittlung hat folgendes Aussehen:

	Anfangsbestand	
+	Zukäufe	(ersichtlich auf dem Vorratskonto)
–	Retourwaren	
–	Abfassungen lt Entnahmescheinen (Einsatz – Materialaufwand)	
=	Sollendbestand	
–	Ist-Endbestand lt Inventur	
=	Inventurdifferenz (Schwund – Materialaufwand)	

– *Indirekte Einsatzermittlung*

Liegt keine ordentliche Lagerbuchführung vor, so kann der mengenmäßige Einsatz nur indirekt ermittelt werden. Der Verbrauch ergibt sich indirekt aus der Inventur durch Gegenüberstellung des Ist-Endbestandes mit dem Stand des Vorratskontos unter Berücksichtigung der Retourwaren.

Die indirekte Einsatzermittlung kann somit mangels Aufzeigen von Inventurdifferenzen keinen Schwund aufdecken. Es kann daher aus diesem Grund auch keine weitere interne Untergliederung des Materialaufwands wie bei der direkten Einsatzermittlung erfolgen.

Das Schema der indirekten Einsatzermittlung hat folgendes Aussehen:

	Anfangsbestand	
+	Zukäufe	(ersichtlich auf dem Vorratskonto)
–	Retourwaren	
–	Ist-Endbestand lt Inventur	
=	Einsatz (Materialverbrauch)	

Die Einsatzermittlung des hergestellten Umlaufvermögens erfolgt ebenfalls auf indirekte Weise. Dabei wird dem Ist-Endbestand der Anfangsbestand gegenübergestellt, die Differenz ergibt die Bestandsveränderung.

Schema der Ermittlung der mengenmäßigen Bestandsveränderung:

	Anfangsbestand
–	Ist-Endbestand lt Inventur
=	Bestandsveränderung

Soweit Vorräte noch nicht tatsächlich eingelangt, der mittelbare Besitz jedoch schon auf den Unternehmer übergegangen ist, sind auch diese noch nicht tatsächlich eingelangten Vorräte in die Inventur zum Stichtag aufzunehmen.

3.5.1.2. Die wertmäßige Einsatzermittlung

Im Anschluss an die mengenmäßige Einsatzermittlung ist der Verbrauch, der Schwund (soweit feststellbar) sowie das vorhandene Vermögen zu bewerten. In diesem Abschnitt soll nur die Bewertung der angeschafften Vorräte erläutert werden, die Bewertung der fertigen und unfertigen Erzeugnisse sowie der noch nicht abrechenbaren Leistungen erfolgt unter 3.6.3.2.4.

Für die Bewertung dieser Vermögensgegenstände gilt wie für alle anderen Vermögensgegenstände das Gebot der Einzelbewertung. Die Einhaltung des Einzelbewertungsgebotes hätte zur Folge, dass für jeden abgefassten Gegenstand bei der Einsatzermittlung die entsprechenden Anschaffungskosten zugrunde zu legen wären, was nur durch räumliche Trennung oder entsprechende Kennzeichnung der Vorräte und durch eine dementsprechende Organisation der Buchführung möglich wäre. Dieses sog Identitätspreisverfahren als Verwirklichung des Einzelbewertungsgebotes ist daher nur mit relativ großem Aufwand verwirklichbar, der insbesondere bei laufenden Preisschwankungen des eingesetzten Vermögens in keinem Verhältnis zur Erhöhung der Genauigkeit des Ergebnisses steht.

Aus diesem Grund gestattet das Gesetz in § 209 UGB auch ein Abgehen vom Einzelbewertungsgebot. § 209 Abs 2 UGB ermöglicht für gleichartige Gegenstände des Vorratsvermögens und andere gleichartige oder annähernd gleichwertige bewegliche Vermögensgegenstände eine Gruppenbewertung.

Gleichartigkeit bedeutet nicht völlige Gleichheit und ist dann gegeben, wenn es sich bei den Vermögensgegenständen um solche der gleichen Warengattung handelt (Artgleichheit) oder eine Gleichheit in der Verwendung bzw Funktion besteht (Funktionsgleichheit). Eine annähernde Preisgleichheit ist hingegen nicht notwendig.

Annähernde Gleichwertigkeit liegt bei annähernder Preisgleichheit vor. Eine solche ist gegeben, wenn die Einzelpreise der zusammengefassten Vermögensgegenstände nicht um mehr als 20 % voneinander abweichen und die Summe der Einzelpreise nicht wesentlich vom Bilanzwert der Gruppe abweicht. Liegt Gleichwertigkeit vor, so müssen diese beweglichen Vermögensgegenstände nicht auch gleichartig sein.

Die Bewertung der Vorräte kann nach zwei verschiedenen Verfahren erfolgen:

- den sog Realbewertungsverfahren oder
- den sog Kunstbewertungsverfahren.

3.5.1.2.1. Die Realbewertungsverfahren

Die Realbewertungsverfahren lassen sich in das Identitätsverfahren und das gleitende sowie das gewogene Durchschnittspreisverfahren unterteilen.

– *Das Identitätspreisverfahren*

Dieses Verfahren entspricht als einziges dem Grundsatz der Einzelbewertung unter Berücksichtigung des Anschaffungspreisprinzips. Die während des Geschäftsjahres eingesetzten Vorräte werden zu den Einstandspreisen (= Anschaffungskosten) bewertet. Dies erfordert, wie bereits erwähnt, eine exakte und aufwendige Lagerbuchhaltung sowie eine getrennte Lagerung oder Bezeichnung der einzelnen Zukäufe, um bei der Entnahme der Vorräte auch den für diese Vorräte bezahlten Einstandspreis feststellen zu können.

Die Bewertung des Endbestandes erfolgt derart, dass die Buchwerte der einzelnen angeschafften Vorräte mit dem Wert des Bilanzstichtages zu vergleichen sind. Ist der Wert am Bilanzstichtag niedriger, so ist eine Abschreibung auf diesen niedrigeren Wert zwingend vorzunehmen. Die Bewertung der Inventurdifferenz erfolgt mit dem Buchwert der verschwundenen Vorräte.

Können die Voraussetzungen für die Anwendung dieses Verfahrens mit vertretbarem Aufwand geschaffen werden (zB bei einer geringen Anzahl unterschiedlicher Waren oder einer entsprechenden EDV-Ausstattung), so ist dieses Verfahren anzuwenden.

– *Das gleitende Durchschnittspreisverfahren*

Das gleitende Durchschnittspreisverfahren erfolgt im Gegensatz zum Identitätspreisverfahren in Form einer Gruppenbewertung. Es kommt dann zur Anwendung, wenn das Identitätspreisverfahren aus organisatorischen Gründen (mangels getrennter Lagerung bzw getrennter Erfassung) nicht angewendet werden kann. Voraussetzung auch für dieses Verfahren ist eine ordnungsmäßige Lagerbuchführung, die die Zugänge und Abfassungen in zeitlich chronologischer Reihenfolge erfasst. Das gleitende Durchschnittspreisverfahren ist daher ebenfalls ein Verfahren zur direkten Einsatzermittlung.

Die Bewertung erfolgt derart, dass nach jedem Zukauf der Durchschnittspreis der Vorräte neu ermittelt wird. Aufgrund dieser bei jedem Zukauf erfolgenden Neubewertung spricht man vom „gleitenden" Durchschnittspreisverfahren. Die Abfassungen werden so lange zu diesem Durchschnittspreis bewertet, bis ein neuer Zukauf erfolgt.

Der nach dem letzten Zukauf ermittelte Durchschnittspreis wird der Bewertung des Endbestandes zugrunde gelegt. Soweit der Wert der Vorräte am Bilanzstichtag unter dem gleitenden Durchschnittspreis liegt, hat eine Abschreibung auf den Wert des Bilanzstichtages zu erfolgen.

– *Das gewogene Durchschnittspreisverfahren*

Sind die Reihenfolge und die Menge der Abfassungen aufgrund einer nicht ordnungsgemäßen oder mangels Lagerbuchführung nicht bekannt, so kann das gleitende Durchschnittspreisverfahren nicht angewendet werden. In diesem Fall kann die Einsatzermittlung nach dem gewogenen Durchschnittspreisverfahren erfolgen. Dieses ist dadurch gekennzeichnet, dass aus dem Anfangsbestand und den Zukäufen am Jahresende ein gewogener Durchschnittspreis ermittelt wird, mit dem der durch indirekte Ermittlung errechnete Verbrauch bewertet wird.

Der Endbestand wird gleichfalls mit diesem gewogenen Preis bewertet. Soweit der Wert am Bilanzstichtag unter dem gewogenen Preis liegt, hat eine Abschreibung des Vorratsbestandes zu erfolgen.

Mangels direkter Einsatzermittlung kann beim gewogenen Durchschnittspreisverfahren kein Schwund festgestellt werden.

3.5.1.2.2. Die Kunstbewertungsverfahren

Im Gegensatz zu den Realbewertungsverfahren, bei denen die Bewertung der tatsächlich vorhandenen Vermögensgegenstände erfolgt, ermitteln die Kunstbewertungsverfahren den Verbrauch nach einer von dem angewendeten Verfahren abhängenden Verbrauchsfolge, wobei die fingierte Verbrauchsfolge nach überwiegender Ansicht nicht mit der tatsächlichen Verbrauchsfolge übereinstimmen muss. Aus diesem Grund kann auch eine Bewertung von real nicht mehr vorhandenen Vermögensgegenständen erfolgen. Entsprechend § 209 Abs 2 UGB kann, soweit dies den GoB entspricht, für den Wertansatz gleichartiger Vermögensgegenstände des Vorratsvermögens unterstellt werden, dass die zuerst oder zuletzt angeschafften oder hergestellten Vermögensgegenstände zuerst oder in einer sonstigen bestimmten Folge verbraucht oder veräußert worden sind. Während die Realbewertungsverfahren für sämtliche in § 209 Abs 2 UGB genannten Gruppen von Vermögensgegenständen anwendbar sind, sind die Kunstbewertungsverfahren auf die Vorräte eingeschränkt.

Kennzeichen der Kunstbewertungsverfahren ist, dass auch sie grundsätzlich Verfahren zur indirekten Einsatzermittlung darstellen.

- *Das FIFO-Verfahren*

  Bei der FIFO-Methode (First-In-First-Out) wird unterstellt, dass die zuerst angeschafften Vorräte buchtechnisch zuerst verbraucht werden. Der Endbestand wird daher mit den Anschaffungskosten der zuletzt angeschafften Vorräte bewertet, sofern nicht der Vergleichswert der Vorräte am Bilanzstichtag unter den Anschaffungskosten liegt.

  Aus Sicht einer gewinnminimierenden und auf Substanzerhaltung gerichteten Bilanzpolitik ist dieses Verfahren bei sinkenden Preisen zweckmäßig, da in diesem Fall der Verbrauch mit den höheren Anschaffungskosten bewertet wird. Der Vorratsbestand ist entsprechend niedriger bewertet.

- *Das LIFO-Verfahren*

  Das LIFO-Verfahren (Last-In-First-Out) unterstellt, dass die zuletzt gekauften Vorräte als erste wieder verbraucht werden. War die Vorgangsweise beim FIFO-Verfahren noch relativ realitätsnah, so wird diese Realitätsnähe beim LIFO-Verfahren nur noch in wenigen Fällen gegeben sein. Der Endbestand setzt sich beim LIFO-Verfahren aus dem Anfangsbestand und den ersten Zukäufen zusammen, die mit den entsprechenden Anschaffungskosten bewertet werden.

  Aus Sicht einer gewinnminimierenden und auf Substanzerhaltung gerichteten Bilanzpolitik ist dieses Verfahren bei steigenden Preisen zweckmäßig, da in diesem Fall der Verbrauch mit den höheren Anschaffungskosten bewertet wird.

  Über einen längeren Zeitraum hindurch angewendet bewirkt das LIFO-Verfahren bei steigenden Preisen die Entstehung von stillen Reserven, da der Anschaffungspreis von bereits längst tatsächlich verbrauchten Waren für die Bewertung von Waren herangezogen wird. Das LIFO-Verfahren ist somit Ausdruck einer vorsichtigen Bilanzpolitik.

- *Das HIFO-Verfahren*

  Das HIFO-Verfahren (Highest-In-First-Out) geht davon aus, dass die Waren mit den höchsten Einstandspreisen zuerst verbraucht werden. Beim HIFO-Verfahren liegt somit praktisch kein Realitätsbezug vor. Da der Verbrauch nach den höchsten Einstandswerten erfolgt, werden für die Bewertung des Endbestandes die Vorräte mit den geringsten Anschaffungskosten herangezogen.

  Anwendung finden wird das HIFO-Verfahren bei schwankenden Preisen, da dadurch der Substanzerhaltung und der Gewinnminimierung am besten entsprochen wird. Sollte eine kontinuierliche Preissteigerung vorliegen, so führt das HIFO-Verfahren zu den gleichen Ergebnissen wie das LIFO-Verfahren.

- *Das LOFO-Verfahren*

  Das LOFO-Verfahren (Lowest-In-First-Out) stellt das Gegenteil zum HIFO-Verfahren dar. Es geht davon aus, dass die am billigsten angeschafften oder hergestellten Vorräte am schnellsten verbraucht werden. Demgemäß liegt ein relativ niedriger Materialaufwand vor, während der Bestand mit den höchsten Anschaffungswerten ausgewiesen wird. Da dieser hohe Bestandsausweis nach verbreiteter Ansicht gegen das Vorsichtsprinzip verstößt, wird dieses Verfahren als GoB-widrig abgelehnt.

Unabhängig von der Anwendung des Real- oder Kunstbewertungsverfahrens ist die Abschreibung der Vorräte auf den Wert am Bilanzstichtag so wie die Mengenänderung im Materialaufwand auszuweisen.

3.5.1.2.3. Die Reihenfolge in der Anwendung der Bewertungsverfahren

Die Reihenfolge in der Anwendung richtet sich grundsätzlich danach, mit welchem Verfahren ein möglichst getreues Bild der Vermögens- und Ertragslage vermittelt wird. Neben der Beachtung dieses Gebots wird auch die betriebswirtschaftlich notwendige Substanzerhaltung die Wahl des Verfahrens beeinflussen. Einen nicht zu vernachlässigenden Einflussfaktor auf die Wahl des Verfahrens stellt auch das Steuerrecht dar.

Steuerrechtlich sind die Realbewertungsverfahren ohne Einschränkung zulässig. Die Kunstbewertungsverfahren sind nur dann auch steuerlich anerkannt, wenn das unterstellte Verbrauchsfolgeverfahren eine Näherungsmethode zur tatsächlichen Einsatzermittlung darstellt. Erfolgt daher die tatsächliche Lagerhaltung nach den Grundsätzen des FIFO- oder LIFO-Verfahrens, so sind diese Verfahren auch steuerlich zur Einsatzermittlung anerkannt. Da das HIFO-, aber auch das LOFO-Verfahren sich nicht an der tatsächlichen Verbrauchsfolge, sondern an der Höhe der Anschaffungskosten orientieren, sind diese Verfahren steuerlich nicht anerkannt.

Die Reihenfolge in der Wahl der Methode zur Einsatzermittlung hat daher folgendes Aussehen:

Soweit das Identitätspreisverfahren aufgrund der Lagerbuchführung und Lagerhaltung möglich ist, oder aber die Verwirklichung einer ordentlichen Lagerbuchführung bei getrennter Aufbewahrung mit einem zumutbaren wirtschaftlichen Aufwand erfolgen kann, ist dieses Verfahren jedenfalls anzuwenden.

Soweit das Identitätspreisverfahren nicht anwendbar ist, hat der Unternehmer die Wahl zwischen den Realitäts- und Kunstbewertungsverfahren, die beide ein getreues Bild der Vermögens- und Ertragslage bieten.

Wählt der Unternehmer die Realitätsbewertungsverfahren, so hat er bei Vorliegen einer ordnungsmäßigen Lagerbuchführung jedenfalls das genauere Verfahren, nämlich die gleitende Durchschnittspreismethode anzuwenden.

Wählt der Unternehmer ein Kunstbewertungsverfahren, so wird seine Wahl von der steuerlichen Zulässigkeit des gewählten Verfahrens und der verfolgten Substanzerhaltung abhängen. Entsprechend der Einfachheit der Rechnung wird der Unternehmer vielfach ein Verfahren wählen, das auch steuerlich anerkannt ist, da er sonst zu einer nochmaligen Einsatzermittlung für steuerliche Zwecke verpflichtet wäre. Wieweit das gewählte Verfahren zur Substanzerhaltung beiträgt, hängt von der Preisentwicklung der Vorräte ab. Unterstellt man dabei inflationsbedingt steigende Preise, so wird das LIFO-Verfahren bzw allgemein das HIFO-Verfahren, das jedoch steuerlich nicht anerkannt ist, am ehesten zur Substanzerhaltung beitragen.

3.5.1.2.4. Beispiele

Angabe:

Der Anfangsbestand einer Ware am 1. 1. beträgt 50 Stück à 200,–. Am 4. 1. erfolgt eine Abfassung von 20 Stück, am 12. 1. erfolgt ein Zukauf von 30 Stück à 205,–. Am 17. 1. erfolgt eine Abfassung von 25 Stück vom Anfangsbestand, am 20. 1. erfolgt ein Zukauf von 25 Stück à 202,–. Am 22. 1. erfolgt eine Abfassung von 3 Stück vom Anfangsbestand und 25 Stück vom ersten Zukauf. Am 28. 1. erfolgt eine Abfassung von 4 Stück vom ersten Zukauf und 10 Stück vom zweiten Zukauf.

Der Endbestand am 31. 1. setzt sich folgendermaßen zusammen:

- *2 Stück vom Anfangsbestand, wovon eines aufgrund einer Beschädigung vollkommen unbrauchbar ist.*
- *0 Stück vom ersten Zukauf*
- *15 Stück vom zweiten Zukauf.*

Am 31. 1.ist eine Lieferung von 20 Stück à 195,– mit der Lieferklausel „frei ab Werk" unterwegs, die von der unternehmenseigenen Transportabteilung abgeholt wird. Die Lieferung langt vollständig und unbeschädigt am 1. 2. ein und wird zu diesem Zeitpunkt in der Buchhaltung erfasst.

Der Wert der Ware am Stichtag beträgt 200,– pro Stück.

Ermitteln Sie den Wareneinsatz, weitere Aufwendungen sowie den Endbestand zum 31. 1. nach dem

- *Identitätspreisverfahren*
- *gleitenden Durchschnittspreisverfahren*
- *gewogenen Durchschnittspreisverfahren*
- *FIFO-Verfahren*
- *LIFO-Verfahren*
- *HIFO-Verfahren.*

Identitätspreisverfahren:

Datum	*Warenbewegung*	*Menge*	*Anschaffungspreis*	*Summe*
1. 1.	*Anfangsbestand*	*50*	*200*	*10.000*
4. 1.	*Abfassung 1*	*20 (AB)*	*200*	*4.000*
12. 1.	*Zukauf 1*	*30*	*205*	*6.150*
17. 1.	*Abfassung 2*	*25 (AB)*	*200*	*5.000*
20. 1.	*Zukauf 2*	*25*	*202*	*5.050*
22. 1.	*Abfassung 3*	*3 (AB)*	*200*	*600*
		25 (ZK 1)	*205*	*5.125*
28. 1.	*Abfassung 4*	*4 (ZK 1)*	*205*	*820*
		10 (ZK 2)	*202*	*2.020*
31. 1.	*Zukauf 3*	*20*	*195*	*3.900*
31. 1.	*Soll-Bestand*	*2 (AB)*	*200*	*400*
		1 (ZK 1)	*205*	*205*
		15 (ZK 2)	*202*	*3.030*
		20 (ZK 3)	*195*	*3.900*

Datum	Warenbewegung	Menge	Anschaffungspreis	Summe
	Ist-Bestand	1 (AB)	200	200
		0 (ZK 1)	205	0
		15 (ZK 2)	202	3.030
		20 (ZK 3)	195	3.900
	Verdorben	1 (AB)	200	200
	Inventurdifferenz	1 (ZK 1)	205	205

Handelswareneinsatz: 17.565

	(5)	Materialaufwand	17.565	
an	(1)	Vorräte		17.565

Verderbt, Inventurdifferenz: 405

	(5)	Materialaufwand	405	
an	(1)	Vorräte		405

Abwertung:

Tageswert:	200	
Zukauf 2:	202	
Abwertung:	2	pro Stück (15 Stück auf Lager)

	(5)	Materialaufwand	30	
an	(1)	Vorräte		30

Die Lagerbuchhaltung hat am 1.2. daher folgendes Aussehen:

Datum	Warenbewegung	Menge	Anschaffungspreis	Summe
1. 2.	Anfangsbestand	1	200	200
	Zukauf 2 (Bestand)	15	200	3.000
	Zukauf 3 (Bestand)	20	195	3.900

Gleitendes Durchschnittspreisverfahren:

Datum	Warenbewegung	Menge	Anschaffungspreis	Summe
1. 1.	Anfangsbestand	50	200	10.000
4. 1.	Abfassung 1	20	200	4.000
12. 1.	Zukauf 1	30	205	6.150
	Bestand	60	202,5	12.150
17. 1.	Abfassung 2	25	202,5	5.062,5
20. 1.	Zukauf 2	25	202	5.050
	Bestand	60	202,29	12.137,5

Datum	*Warenbewegung*	*Menge*	*Anschaffungspreis*	*Summe*
22. 1.	*Abfassung 3*	*28*	*202,29*	*5.664,12*
28. 1.	*Abfassung 4*	*14*	*202,29*	*2.832,06*
31. 1.	*Zukauf 3*	*20*	*195*	*3.900*
31. 1.	*Soll-Bestand*	*38*	*198,46*	*7.541,48*
	Ist-Bestand	*36*	*198,46*	*7.144,56*
	Inventurdifferenz	*2*	*198,46*	*396,92*

Handelswareneinsatz: *17.558,68*

	(5)	*Materialaufwand*	*17.558,68*	
an	*(1)*	*Vorräte*		*17.558,68*

Inventurdifferenz: *396,92*

	(5)	*Materialaufwand*	*396,92*	
an	*(1)*	*Vorräte*		*396,92*

Abwertung:

Tageswert:	*200*
Durchschnittswert:	*198,46*
Abwertung:	*0*

Da der Tageswert über dem Durchschnittswert liegt, ist keine Abwertung erforderlich.

Die Lagerbuchhaltung hat am 1. 2. daher folgendes Aussehen:

Datum	*Warenbewegung*	*Menge*	*Anschaffungspreis*	*Summe*
1. 2.	*Anfangsbestand*	*36*	*198,46*	*7.144,56*

Gewogenes Durchschnittspreisverfahren:

Datum	*Warenbewegung*	*Menge*	*Anschaffungspreis*	*Summe*
1. 1.	*Anfangsbestand*	*50*	*200*	*10.000*
12. 1.	*Zukauf 1*	*30*	*205*	*6.150*
20. 1.	*Zukauf 2*	*25*	*202*	*5.050*
31. 1.	*Zukauf 3*	*20*	*195*	*3.900*
31. 1.		*125*	*200,8*	*25.100*
	Ist-Bestand	*36*	*200,8*	*7.228,8*
	Wareneinsatz	*89*	*200,8*	*17.871,2*

Handelswareneinsatz: *17.871,2*

	(5)	*Materialaufwand*	*17.871,2*	
an	*(1)*	*Vorräte*		*17.871,2*

Abwertung:

Tageswert:	*200*	
Durchschnittswert:	*200,8*	
Abwertung	*0,8*	*pro Stück (36 Stück)*

	(5)	*Materialaufwand*	*28,8*	
an	*(1)*	*Vorräte*		*28,8*

Die Lagerbuchhaltung hat am 1.2. daher folgendes Aussehen:

Datum	*Warenbewegung*	*Menge*	*Anschaffungspreis*	*Summe*
1. 2.	*Anfangsbestand*	*36*	*200*	*7.200*

FIFO-Verfahren:

Datum	*Warenbewegung*	*Menge*	*Anschaffungspreis*	*Summe*
1. 1.	*Anfangsbestand*	*50*	*200*	*10.000*
12. 1.	*Zukauf 1*	*30*	*205*	*6.150*
20. 1.	*Zukauf 2*	*25*	*202*	*5.050*
31. 1.	*Zukauf 3*	*20*	*195*	*3.900*
31. 1.		*125*		
	Ist-Bestand:	*36*		
	Zukauf 2	*16*	*202*	*3.232*
	Zukauf 3	*20*	*195*	*3.900*
	Wareneinsatz:	*89*		
	Anfangsbestand	*50*	*200*	*10.000*
	Zukauf 1	*30*	*205*	*6.150*
	Zukauf 2	*9*	*202*	*1.818*

Handelswareneinsatz: *17.968*

	(5)	*Materialaufwand*	*17.968*	
an	*(1)*	*Vorräte*		*17.968*

Abwertung:

Tageswert:	*200*	
Zukauf 2:	*202*	
Abwertung	*2*	*pro Stück (16 Stück)*

	(5)	*Materialaufwand*	*32*	
an	*(1)*	*Vorräte*		*32*

Die Lagerbuchhaltung hat am 1. 2. daher folgendes Aussehen:

Datum	*Warenbewegung*	*Menge*	*Anschaffungspreis*	*Summe*
1. 2.	*Zukauf 2 (Bestand)*	*16*	*200*	*3.200*
	Zukauf 3 (Bestand)	*20*	*195*	*3.900*

LIFO-Verfahren:

Datum	*Warenbewegung*	*Menge*	*Anschaffungspreis*	*Summe*
1. 1.	*Anfangsbestand*	*50*	*200*	*10.000*
12. 1.	*Zukauf 1*	*30*	*205*	*6.150*
20. 1.	*Zukauf 2*	*25*	*202*	*5.050*
31. 1.	*Zukauf 3*	*20*	*195*	*3.900*
31. 1.		*125*		
	Ist-Bestand:	*36*		
	Anfangsbestand	*36*	*200*	*7.200*
	Wareneinsatz:	*89*		
	Zukauf 3	*20*	*195*	*3.900*
	Zukauf 2	*25*	*202*	*5.050*
	Zukauf 1	*30*	*205*	*6.150*
	Anfangsbestand	*14*	*200*	*2.800*
Handelswareneinsatz:				*17.900*

	(5)	*Materialaufwand*	*17.900*	
an	*(1)*	*Vorräte*		*17.900*

Abwertung:

Tageswert:	*200*	
Anfangsbestand:	*200*	
Abwertung	*0*	*pro Stück (36 Stück)*

Die Lagerbuchhaltung hat am 1.2. daher folgendes Aussehen:

Datum	*Warenbewegung*	*Menge*	*Anschaffungspreis*	*Summe*
1.2.	*Anfangsbestand*	*36*	*200*	*7.200*

HIFO-Verfahren:

Datum	*Warenbewegung*	*Menge*	*Anschaffungspreis*	*Summe*
1. 1.	*Anfangsbestand*	*50*	*200*	*10.000*
12. 1.	*Zukauf 1*	*30*	*205*	*6.150*
20. 1.	*Zukauf 2*	*25*	*202*	*5.050*
31. 1.	*Zukauf 3*	*20*	*195*	*3.900*
31. 1.		*125*		
	Ist-Bestand:	*36*		
	Anfangsbestand	*16*	*200*	*3.200*
	Zukauf 3	*20*	*195*	*3.900*
	Wareneinsatz	*89*		
	Zukauf 1	*30*	*205*	*6.150*
	Zukauf 2	*25*	*202*	*5.050*
	Anfangsbestand	*34*	*200*	*6.800*
Handelswareneinsatz:				*18.000*

	(5)	*Materialaufwand*	*18.000*	
an	*(1)*	*Vorräte*		*18.000*

Abwertung:

Tageswert:	*200*	
Zukauf 3:	*195*	
Anfangsbestand:	*200*	
Abwertung	*0*	*pro Stück (36 Stück)*

Die Lagerbuchhaltung hat am 1.2. daher folgendes Aussehen:

Datum	*Warenbewegung*	*Menge*	*Anschaffungs-preis*	*Summe*
1. 2.	*Anfangsbestand*	*16*	*200*	*3.200*
	Zukauf 3 (Bestand)	*20*	*195*	*3.900*

3.5.2. Die Inventur

Unter der Inventur versteht man die körperliche, dh die art-, mengen- und wertmäßige Bestandsaufnahme aller Vermögensgegenstände und Schulden zu einem bestimmten Stichtag.

Die Durchführung der Inventur ist Voraussetzung für die Erstellung des Inventars. Das Inventar ist die art-, mengen- und wertmäßige Darstellung der dem Unternehmen gewidmeten Vermögensgegenstände und Schulden. Privatvermögen und Privatschulden des Unternehmers sind, da sie nicht dem Unternehmen gewidmet sind, nicht im Inventar zu erfassen.

Die Ergebnisse der Inventur gehen letztlich in die Bilanz und GuV ein, weshalb die Inventur als unentbehrliche Vorstufe zur Jahresabschlusserstellung anzusehen ist.

Die Erstellung der Inventur und des Inventars hat den GoB, insbesondere auch den Bewertungsvorschriften des § 201 UGB, in Form der Grundsätze ordnungsmäßiger Inventur zu entsprechen. Zu diesen Grundsätzen zählen insbesondere die Vollständigkeit, Richtigkeit, Genauigkeit und Nachprüfbarkeit.

3.5.2.1. Gesetzliche Bestimmungen über die Vornahme der Inventur

3.5.2.1.1. Unternehmensrechtliche Bestimmungen

Gemäß § 191 Abs 1 UGB hat der Unternehmer zu Beginn seines Unternehmens die diesem gewidmeten Vermögensgegenstände und Schulden genau zu verzeichnen und deren Wert anzugeben (Inventar).

Weiters hat der Unternehmer für den Schluss eines jeden Geschäftsjahres ein solches Inventar aufzustellen (vgl § 191 Abs 2 UGB). Da auch ein Rumpfgeschäftsjahr unter den Begriff Geschäftsjahr fällt, ist auch für den Schluss eines solchen Geschäftsjahres ein Inventar zu errichten. Als Schluss des Geschäftsjahres gilt 24 Uhr des Bilanzstichtages. Da ein Geschäftsjahr längstens zwölf Monate dauern darf (vgl § 193 Abs 3 UGB), ist grundsätzlich alle zwölf Monate ein Inventar zu erstellen. Eine Ausnahme von dieser jährlichen Inventurerstellung gibt es nur für die sog Festwerte nach § 209 UGB. Für diese hat eine körperliche Bestandsaufnahme lediglich alle fünf Jahre (Höchstgrenze, die verkürzt werden kann) zu erfolgen.

„Die Vermögensgegenstände sind im Regelfall im Wege einer körperlichen Bestandsaufnahme zu erfassen“ (vgl § 192 Abs 1 UGB).

Diese Bestimmung kann sich jedoch nur auf solches Vermögen beziehen, das körperlich erfassbar ist, wie insbesondere Vorräte. Buchvermögen, wie Forderungen und Schulden, können nicht körperlich, sondern nur buchmäßig erfasst werden. Für Vermögensgegenstände des Anlagevermögens ist ebenfalls eine Bestandsaufnahme in geeigneter Form erforderlich.

Die körperliche Inventur erfolgt regelmäßig durch Zählen, Wiegen und Messen der Vermögensgegenstände. Soweit eine körperliche Bestandsaufnahme zum Zeitpunkt der Vornahme der Inventur unmöglich ist (zB dem Unternehmer wirtschaftlich zuzurechnendes, aber noch auf dem Transport befindliches Vermögen), hat die Inventur zunächst aufgrund der Buchbelege zu erfolgen. Die körperliche Bestandsaufnahme ist nach Wegfall des Hindernisses nachzuholen.

Für die Vornahme der Inventur gibt es keine gesetzlich vorgeschriebene Frist. Da das Inventar für den Schluss des Geschäftsjahres aufzustellen ist, hat die Inventurerstellung möglichst zeitnah zum Bilanzstichtag zu erfolgen. Die neunmonatige Frist zur Bilanzerstellung kann grundsätzlich nicht als Frist zur ordnungsmäßigen Erstellung des Inventars angesehen werden.

3.5.2.1.2. Steuerrechtliche Bestimmungen

Für steuerpflichtige Unternehmer, die ihren Gewinn durch Betriebsvermögensvergleich (§ 4 Abs 1, § 5 EStG) ermitteln, ergibt sich aus den Gewinnermittlungsvorschriften und den Bestimmungen der BAO (§§ 124–132 BAO), dass auch sie zur jährlichen Bestandsaufnahme verpflichtet sind (EStR 2000 Rz 2101).

Auch im Steuerrecht ist eine körperliche Bestandsaufnahme als Erfassungsmethode der Vermögensgegenstände vorgeschrieben (EStR 2000 Rz 2104).

3.5.2.2. Die Aufgaben der Inventur

Die Inventur dient vor allem folgenden Zwecken:

- Mithilfe der Inventur kann der Verbrauch von Vermögensgegenständen festgestellt werden.
- Aufgrund der Inventur kommt es neben der Verbrauchsfeststellung auch zu einer Ermittlung des Vermögens im Rahmen der Bilanzerstellung.
- Auskunft über Abweichungen zwischen dem tatsächlichen Ist-Endbestand und dem Soll-Bestand.
- Auskunft über Inventurdifferenzen (Schwund), die in Form von Diebstählen, Vorräteverderb uÄ auftreten können.
- Mit der Ermittlung solcher Inventurdifferenzen ist auch eine Kontrolle der Zuverlässigkeit des Lagerpersonals verbunden.
- Im Zuge der Inventur kommt es auch zu einer Bewertung der vorhandenen Vermögensgegenstände und Schulden.
- Letztlich dient die Inventur auch der Aufdeckung von Organisations- und Dispositionsfehlern (zB Halten von Ladenhütern).

3.5.2.3. Die Formen der Inventur

Die Formen der Inventur sind nur für jene Vermögensgegenstände relevant, für die eine körperliche Bestandsaufnahme zu erfolgen hat.

3.5.2.3.1. Die Stichtagsinventur

Die Stichtagsinventur erfolgt durch Bestandsaufnahme zum Bilanzstichtag. Das Inventar muss allerdings nicht am Bilanzstichtag selbst erstellt werden. Gemäß EStR 2000 Rz 2112 muss die Stichtagsinventur allerdings möglichst zeitnah zum Bilanzstichtag erfolgen, worunter ein Zeitraum von etwa 10 Tagen vor bzw nach dem Bilanzstichtag verstanden wird. Allfällige Änderungen der Bestände bis zum Bilanzstichtag, die körperlich nicht erfasst werden können, sind anhand der vorhandenen Belege zu berücksichtigen.

Der Vorteil der Stichtagsinventur liegt in der zeitlichen Nähe zum Bilanzstichtag, die eine relativ exakte Bestandsermittlung am Stichtag ermöglicht.

3.5.2.3.2. Die permanente Inventur

Der Nachteil der Stichtagsinventur liegt, vor allem für Unternehmen mit umfangreichen Beständen, in dem großen, kurzfristig zu bewältigenden Arbeitsanfall, der zu Ungenauigkeiten bei Erhebung der Bestände und vor allem zu Betriebsstockungen bzw -unterbrechungen führen kann.

Zur Vermeidung dieser Nachteile kann die körperliche Bestandsaufnahme in Form der permanenten oder laufenden Inventur durchgeführt werden. Bei diesem Verfahren werden die Inventurarbeiten über das gesamte Geschäftsjahr verteilt durchgeführt. Der durch körperliche Bestandsaufnahme erfasste Ist-Bestand ist dem Soll-Bestand aufgrund der Lagerbuchführung gegenüberzustellen, womit allfällige Inventurdifferenzen erfasst werden. Vom Ist-Bestand ausgehend werden die Veränderungen der Bestände bis zum Bilanzstichtag mithilfe einer alle Zu- und Abgänge verzeichnenden Lagerbuchführung festgehalten, wodurch am Bilanzstichtag der Endbestand aus der Lagerbuchführung entnommen werden kann.

Die Vorteile der permanenten Inventur:

- Es erfolgt eine Aufteilung der Bestandsaufnahme über das gesamte Geschäftsjahr, wodurch es zu keiner Unterbrechung bzw Störung des Betriebsablaufes durch die Inventur kommt.
- Die Inventur kann durch eigens geschultes Personal durchgeführt werden, das nicht unter dem Zeitdruck der Wiederaufnahme ihrer eigentlichen Tätigkeit steht.
- Inventurdifferenzen lassen sich aufgrund des fehlenden Zeitdrucks sicherer aufdecken und erklären als bei der Stichtagsinventur.

Voraussetzungen für die Zulässigkeit der permanenten Inventur:

- Alle Bestände müssen mindestens einmal im Geschäftsjahr tatsächlich körperlich erfasst werden. Eine bloße Stichprobeninventur ist in diesem Fall keinesfalls zulässig.
- Die Lagerbuchführung ist bei festgestellten Inventurdifferenzen an den Ist-Bestand anzupassen. Die weitere Erfassung der Zu- und Abgänge muss durch eine entsprechend ordnungsmäßige Lagerbuchführung sichergestellt sein. Dementsprechend müssen alle Zu- und Abgänge hinsichtlich
  - Art der Waren,
  - der Mengen,
  - dem Zeitpunkt der Zukäufe und
  - dem Zeitpunkt der Abfassungen

  festgehalten werden.
- Dieses Inventurverfahren darf bei solchen Beständen nicht angewandt werden, bei denen durch Schwund, Verderb uÄ erfahrungsgemäß erhebliche Lagerverluste eintreten sowie bei besonders wertvollen Gütern.

Die permanente Inventur ist ebenso wie die Stichtagsinventur ein Verfahren zur körperlichen Bestandsaufnahme und keines zur rein rechnerischen Bestandsermittlung. Es wird lediglich der im Zeitpunkt der Inventur festgestellte Bestand rechnerisch mithilfe der Lagerbuchhaltung auf den Bilanzstichtag projiziert, weshalb man die permanente Inventur auch als „Buchinventur mit körperlicher Bestandsaufnahme“ für den Bilanzstichtag bezeichnet.

3.5.2.3.3. Die vor- oder nachgelagerte Stichtagsinventur

Anstelle der Erstellung der Inventur am bzw zeitlich nah am Bilanzstichtag gibt es die Möglichkeit, die Stichtagsinventur dadurch zu vereinfachen, dass nicht sämtliche Vermögensgegenstände in das Stichtagsinventar aufgenommen werden. Für die nicht aufgenommenen Vermögensgegenstände gibt es vielmehr die Möglichkeit, diese mittels körperlicher Bestandsaufnahme (auch in Form einer permanenten Inventur) in ein eigenes Inventar aufzunehmen, das innerhalb eines Zeitraums von drei Monaten vor bis zwei Monate nach dem Bilanzstichtag aufzustellen ist.

Voraussetzung für dieses Verfahren ist, dass durch ein den Grundsätzen ordnungsmäßiger Buchführung entsprechendes Fortschreibungs- und Rückrechnungsverfahren sichergestellt ist, dass der am Schluss des Geschäftsjahres vorhandene Bestand der Vermögensgegenstände für diesen Zeitpunkt bewertet werden kann.

	Wertfortschreibung		Wertrückrechnung
	Wert der Bestände am Inventurstichtag		Wert der Bestände am Inventurstichtag
+	Wert der Zugänge zwischen Inventurstichtag und Bilanzstichtag	–	Wert der Zugänge zwischen Bilanzstichtag und Inventurstichtag
–	Wert der Abgänge zwischen Inventurstichtag und Bilanzstichtag	+	Wert der Abgänge zwischen Bilanzstichtag und Inventurstichtag
	Wert der Bestände am Bilanzstichtag		Wert der Bestände am Bilanzstichtag

Der ermittelte Wert der Bestände am Bilanzstichtag ist jedenfalls noch mit dem entsprechenden tatsächlichen Wert am Bilanzstichtag zu vergleichen und gegebenenfalls abzuwerten.

Für besonders wertvolle Vermögensgegenstände und bei regelmäßig nicht kontrollierbaren Vermögensabgängen ist dieses Verfahren jedoch nicht anwendbar.

3.5.2.3.4. Die Stichprobeninventur

Eine weitere Inventurmethode stellt die Stichprobeninventur dar. Bei dieser wird auf eine vollständige körperliche Bestandsaufnahme verzichtet und auf den Lagerbestand mittels eines den GoB entsprechenden mathematisch-statistischen Verfahrens hochgerechnet. Zu den genau determinierten steuerlichen Voraussetzungen dieses Verfahrens vgl EStR 2000 Rz 2116 ff. Nach dieser Vorschrift ist die Stichprobeninventur insbesonders für sehr teure, schwer kontrollierbare Waren und Waren, die erfahrungsgemäß hohen Verderb oder Schwund aufweisen, nicht zulässig.

3.5.2.4. Die Durchführung der Inventur

- *Vorbereitung der Inventur*

  Die Inventurplanung gliedert sich in drei Hauptbereiche, nämlich die zeitliche Planung, die räumliche Planung und die Personalplanung.

  Die zeitliche Planung umfasst die Festlegung des Inventurstichtages und die Erstellung eines entsprechenden Terminplanes, der die einzelnen Inventurmaßnahmen koordiniert.

  Die räumliche Planung hat für eine Abgrenzung der einzelnen Aufnahmebereiche zu sorgen. Damit soll eine Doppelerfassung, aber auch eine Nichterfassung von Vermögensgegenständen verhindert werden.

  Die Personalplanung hat die Verfügbarkeit und den Einsatz des geeigneten Personals sicherzustellen. In diesem Zusammenhang ist der jeweilige Verantwortungsbereich der an der Inventur Beteiligten festzulegen. Dabei ist zu beachten, dass derjenige, der die Vermögensgegenstände verwaltet, nicht auch mit der Inventur beauftragt wird. Durch diese Maßnahme wird sichergestellt, dass allfällige Unregelmäßigkeiten eher aufgedeckt werden. Durch Mitwirkung von Mitarbeitern des jeweiligen Lagers ist aber sichergestellt, dass die

Inventur relativ rasch und reibungslos abläuft. Daneben soll ein Aufnahmeprüfer stichprobenartig die erhobenen Inventurbestände kontrollieren.

Weiters müssen die konkreten Verfahren (Zählen, Messen oder Wiegen) für die einzelnen Aufnahmebereiche festgelegt werden.

Das Formularwesen muss Inventurlisten ausgearbeitet haben.

- *Aufnahme der Vorräte und sonstigen Bestände sowie Auswertung der Inventurergebnisse*

  In die Inventurlisten werden die einzelnen Warenbestände unter Angabe des Lagerortes, der vorhandenen Menge, der genauen Bezeichnung des Gegenstandes und, wenn möglich, der Anschaffungskosten festgehalten. Eine stichprobenweise Überprüfung der Inventurlisten ist dabei zu empfehlen.

  Sofern eine direkte Einsatzermittlung erfolgt, werden die Ist-Bestände mit den Soll-Beständen verglichen, die allfälligen Inventurdifferenzen analysiert und ausgebucht.

  Als nächster Schritt erfolgt die Bewertung der Ist-Bestände unter Beachtung der Bewertungsgrundsätze des UGB.

  Die Ergebnisse der körperlichen Bestandsaufnahme sind in das Inventar einzutragen.

  Sämtliche Inventurlisten und sonstige Unterlagen sind über die gesetzliche Aufbewahrungsfrist von sieben Jahren aufzuheben.

3.5.2.5. Beispiel

Angabe:

Von einem Rohstoff liegen die folgenden Mengenbewegungen vor:

Datum	*Warenbewegung*	*Menge*	*Anschaffungspreis*
1. 1.	*Anfangsbestand*	*50*	*200*
4. 1.	*Abfassung 1*	*20*	
12. 1.	*Zukauf 1*	*30*	*205*
17. 1.	*Abfassung 2*	*25*	
20. 1.	*Zukauf 2*	*25*	*202*
22. 1.	*Abfassung 3*		*28*
28. 1.	*Abfassung 4*	*14*	
31. 1.	*Zukauf 3*	*20*	*195*

Am 21. 1. erfolgt die Inventur, wobei ein Bestand von 58 Stück festgestellt wird (Tageswert am 21. 1.: 198). Bilanzstichtag ist der 31. 1., an dem der Wert des Rohstoffs 197 beträgt.

Ermitteln Sie den Wert des Rohstoffs am Bilanzstichtag, wenn die Einsatzermittlung nach dem gleitenden Durchschnittspreisverfahren erfolgt und

- *die permanente Inventur*
- *die vorgelagerte Stichtagsinventur angewendet wird.*

Permanente Inventur:

Datum	*Warenbewegung*	*Menge*	*Anschaffungspreis*	*Summe*
1. 1.	*Anfangsbestand*	*50*	*200*	*10.000*
4. 1.	*Abfassung 1*	*20*	*200*	*4.000*
12. 1.	*Zukauf 1*	*30*	*205*	*6.150*
	Bestand	*60*	*202,5*	*12.150*
17. 1.	*Abfassung 2*	*25*	*202,5*	*5.062,5*
20. 1.	*Zukauf 2*	*25*	*202*	*5.050*
21. 1	*Soll-Bestand*	*60*	*202,29*	*12.137,5*
	Ist-Bestand	*58*	*202,29*	*11.732,82*
22. 1.	*Abfassung 3*	*28*	*202,29*	*5.664,12*
28. 1.	*Abfassung 4*	*14*	*202,29*	*2.832,06*
31. 1.	*Zukauf 3*	*20*	*195*	*3.900*
31. 1.	*Bestand*	*36*	*198,24*	*7.136,64*

Handelswareneinsatz: *17.558,68*

	(5)	*Materialaufwand*	*17.558,68*	
an	*(1)*	*Vorräte*		*17.558,68*

Inventurdifferenz: *2 Stk. à 202,29 = 404,58*

	(5)	*Materialaufwand*	*404,58*	
an	*(1)*	*Vorräte*		*404,58*

Abwertung:

Tageswert:	*197*	
Durchschnittswert:	*198,24*	
Abwertung:	*1,24*	*pro Stück (36 Stück)*

	(5)	*Materialaufwand*	*44,64*	
an	*(1)*	*Vorräte*		*44,64*

Die Lagerbuchhaltung hat am 1.2. daher folgendes Aussehen:

Datum	*Warenbewegung*	*Menge*	*Anschaffungspreis*	*Summe*
1. 2.	*Anfangsbestand*	*36*	*197*	*7.092*

Vorgelagerte Stichtagsinventur:

Datum	*Warenbewegung*	*Menge*	*Anschaffungspreis*	*Summe*
1. 1.	*Anfangsbestand*	*50*	*200*	*10.000*
4. 1.	*Abfassung 1*	*20*	*200*	*4.000*
12. 1.	*Zukauf 1*	*30*	*205*	*6.150*
	Bestand	*60*	*202,5*	*12.150*
17. 1.	*Abfassung 2*	*25*	*202,5*	*5.062,5*
20. 1.	*Zukauf 2*	*25*	*202*	*5.050*
21. 1.	*Soll-Bestand*	*60*	*202,29*	*12.137,5*
	Ist-Bestand	*58*	*202,29*	*11.732,82*
	Neubewertung	*58*	*198*	*11.484*
22. 1.	*Abfassung 3*	*28*	*198*	*5.544*
28. 1.	*Abfassung 4*	*14*	*198*	*2.772*
31. 1.	*Zukauf 3*	*20*	*195*	*3.900*
31. 1.	*Bestand*	*36*	*196,33*	*7.068*

Handelswareneinsatz: *17.378,5*

	(5)	*Materialaufwand*	*17.378,5*	
an	*(1)*	*Vorräte*		*17.378,5*

Inventurdifferenz: *2 Stk. à 202,29 = 404,58*

	(5)	*Materialaufwand*	*404,58*	
an	*(1)*	*Vorräte*		*404,58*

Abwertung am Inventurstichtag:

Tageswert:	*198*	
Durchschnittswert:	*202,29*	
Abwertung:		*4,29 pro Stück (58 Stück)*

Abwertung am Bilanzstichtag:

Tageswert:	*197*
Durchschnittswert:	*196,33*
Abwertung:	*0*

	(5)	*Materialaufwand*	*248,82*	
an	*(1)*	*Vorräte*		*248,82*

Die Lagerbuchhaltung hat am 1. 2. daher folgendes Aussehen:

Datum	*Warenbewegung*	*Menge*	*Anschaffungspreis*	*Summe*
1.2.	*Anfangsbestand*	*36*	*196,33*	*7.068*

3.5.3. Die Jahresabschlussübersicht

Um Korrekturen im Hauptbuch zu vermeiden, werden die Bilanz und die GuV nicht sofort durch Buchungen im Hauptbuch ermittelt, sondern in Form einer Probebilanz im Rahmen einer Jahresabschlussübersicht.

Die Korrekturerfordernisse können sich zum einen aus den aufwendigen und schwierigen Abschlussarbeiten, insb aber aus der Inanspruchnahme von Bilanzierungs- und Bewertungswahlrechten ergeben. Die teilweise unterschiedlichen unternehmens- und steuerrechtlichen Bilanzierungs- und Bewertungsbestimmungen erschweren die Jahresabschlussarbeiten, da viele Bilanzierungs- und Bewertungsmaßnahmen erst getroffen werden, wenn die Höhe des Geschäftserfolges feststeht und somit alle Buchungen im Zusammenhang mit der Jahresabschlusserstellung bereits vorgenommen sind. Eine nachträgliche Änderung der Bilanzansätze würde zu den erwähnten Korrekturbuchungen führen, die durch die Erstellung der Jahresabschlussübersicht vermieden werden können.

Die Erstellung der Jahresabschlussübersicht ist gesetzlich nicht vorgeschrieben. Sie unterliegt daher auch keinen Formvorschriften und Aufbewahrungspflichten. Mangels Formvorschriften können die Bilanzansätze unter Ausnutzung der entsprechenden Ansatz- und Bewertungsspielräume in der Jahresabschlussübersicht so oft geändert werden, bis das erwünschte Bild des Jahresabschlusses gänzlich oder annähernd erreicht ist.

Die Jahresabschlussübersicht ermöglicht es,

- eine zahlenmäßige Kontrolle der laufenden Buchungen durchzuführen (Soll-Haben-Gleichheit);
- alle Buchungen, die zum Bilanzstichtag erforderlich sind, aufzunehmen; und
- eine Probebilanz zu erstellen.

Mangels gesetzlicher Vorschriften gibt es auch kein einheitliches Bild einer Jahresabschlussübersicht. Dementsprechend gibt es 4 , 5 , 6 , 7 oder 8 spaltige Jahresabschlussübersichten.

In der Regel verwendet man eine fünfspaltige Abschlusstabelle.

Die fünf Spalten setzen sich aus der

- Summenbilanz
- Saldenbilanz
- Um- und Nachbuchungen
- Vermögensbilanz
- Gewinn- und Verlustrechnung zusammen.

Abschlusstabelle:

Nr.	Text	Summenbilanz		Saldenbilanz		Um- und Nachbuchung		Vermögensbilanz		GuV	
		Soll	Haben	Soll	Haben	Soll	Haben	Soll	Haben	Aufwand	Ertrag

Die Summenbilanz enthält die Summen aller Soll- und Habenbuchungen jedes Kontos, die sich nach Verbuchung aller Vorgänge des Geschäftsjahres ergeben. Die Konten sind in der Reihenfolge der Kontennummern zu ordnen. Die Soll- und Habenspalte der Summenbilanz müssen addiert dieselbe Summe ergeben (Soll-Haben-Gleichheit).

In der Saldenbilanz werden die Salden der einzelnen Konten, die sich aus der Summenbilanz ableiten lassen, eingetragen. Ein Sollsaldo wird im Soll, ein Habensaldo wird im Haben eingetragen.

Die Spalte der Um- und Nachbuchungen nimmt all jene Buchungsarbeiten auf, die sich im Zuge der Erstellung des Jahresabschlusses ergeben, das sind

- Umbuchung des Privatkontos;
- Umbuchung der Salden der Umsatzsteuerkonten auf das Zahllastkonto;
- Verbuchung des Wareneinsatzes;
- Verbuchung von Inventurdifferenzen;
- Verbuchung von Abschreibungen;
- Verbuchung von Rechnungsabgrenzungen;
- Verbuchung der Bildung von Rückstellungen;
- Buchungen im Zusammenhang mit Bilanzansatz und Bewertung;
- Gewinnverteilung;
- Korrekturbuchungen.

Dieser Katalog an notwendigen Um- und Nachbuchungen zeigt, dass das Schwergewicht der Jahresabschlussarbeit in diesem Bereich liegt.

Dabei ist Folgendes zu beachten:

Alle Berechnungen, die im Rahmen der Erstellung des Jahresabschlusses ausgeführt werden, sind der Abschlusstabelle als Anhang beizufügen. Im Regelfall erfolgt die Bewertung jeder Bilanzposition auf eigenen Formblättern.

Alle sich aufgrund von Berechnungen ergebenden Änderungen von Werten der Saldenbilanz sind als Buchungssätze zu formulieren und fortlaufend nummeriert in eine Um- und Nachbuchungsliste einzutragen, die entweder in die Abschlusstabelle integriert ist oder als gesondertes Formular besteht.

Die Vermögensbilanz zeigt den Bestand an Vermögensgegenständen und Schulden zum Bilanzstichtag nach Berücksichtigung aller Um- und Nachbuchungen.

Die Erfolgsbilanz entspricht dem GuV-Konto nach Berücksichtigung der Um- und Nachbuchungen. Wird die GuV in Staffelform erstellt, so entspricht die Erfolgsübersicht der GuV nach Berücksichtigung der Um- und Nachbuchungen.

3.5.4. Der formale Abschluss der Hauptbuchkonten

Die Ergebnisse der in der Abschlusstabelle zusammengestellten Jahresabschlussarbeiten müssen in die Hauptbuchkonten übertragen werden.

Entsprechend dem Grundsatz, dass keine Buchung ohne Beleg erfolgen darf, muss für die Übertragung der Ergebnisse der Abschlusstabelle ein interner Beleg als Buchungsanweisung erstellt werden. Die Um- und Nachbuchungsliste ist daher als Buchungsanweisung auszugestalten. Dies geschieht durch eine stichwortartige Erläuterung der einzelnen Um- und Nachbuchungen sowie durch die Unterschrift des Sachbearbeiters. Aufgrund dieses Beleges werden nun die in der Abschlusstabelle durchgeführten Buchungen einzeln auf die Hauptbuchkonten übertragen.

Nach Durchführung der Übertragung auf die einzelnen Hauptbuchkonten wird in diesen durch Aufsummieren der Soll- und Habenseite die Differenz zwischen Soll- und Habensumme an das Schlussbilanzkonto (SBK) bzw GuV-Konto ausgebucht.

Diese Buchungssätze haben folgendes Aussehen:

	SBK	oder		passives Bestandskonto
an	aktives Bestandskonto		an	SBK
	GuV	oder		Ertragskonto
an	Aufwandskonto		an	GuV

Als letzte Buchung erfolgt der Abschluss des GuV-Kontos gegen das/die Kapitalkonten.

Nach diesem formalen Kontenabschluss zeigt sich auf dem Schlussbilanzkonto die Vermögensbilanz zum Bilanzstichtag, während das GuV-Konto das Zustandekommen des Jahreserfolges darstellt.

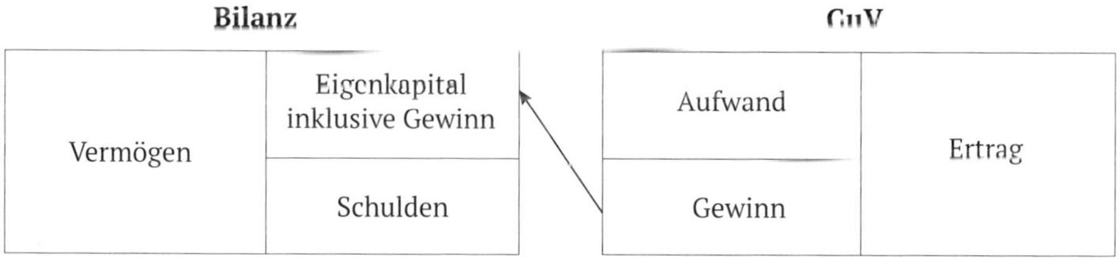

Der Ablauf der Erstellung eines Jahresabschlusses kann mit folgender Grafik zusammengefasst dargestellt werden:

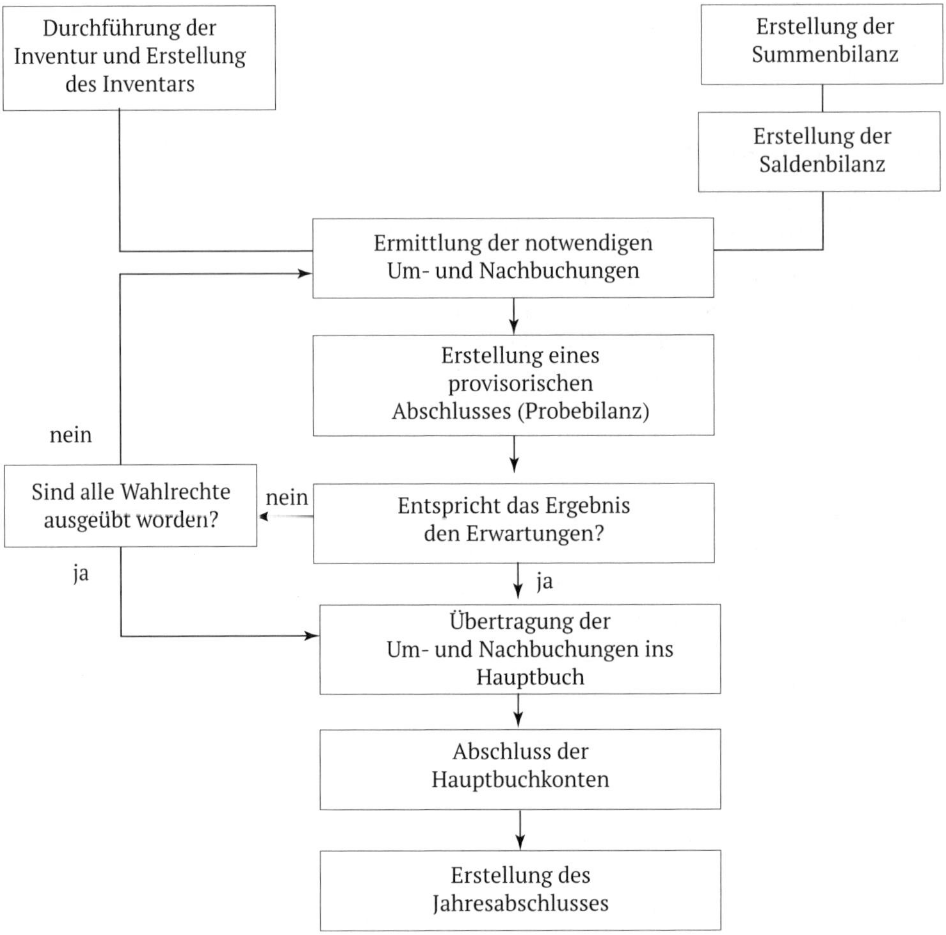

3.5.5. Praktische Durchführung der Bilanzerstellung anhand eines vereinfachten Beispiels

Das vereinfachte Hauptbuch zeigt folgendes Bild:

(0) Anlagevermögen

AB	*4.000*		
Zugang	*1.000*		

(1) Umlaufvermögen

AB	*5.000*	*Abgang*	*9.500*
Zugang	*12.000*		

(2) Vorsteuer

	300		

(3) Umsatzsteuer

Berichtigung	*30*		*700*

(3) Verbindlichkeiten

Abgang	*13.000*	*AB*	*6.000*
		Zugang	*10.000*

(4) Erträge

Berichtigung	*200*		*8.000*

(7) sonstige Aufwendungen

	2.000		

(9) Privat

	300		*100*

(9) Eigenkapital

			3.530

Führen Sie die notwendigen Um- und Nachbuchungen durch, wenn

- *Abschreibungen auf das Anlagevermögen in Höhe von 600 anfallen,*
- *der Wareneinsatz 3.000 beträgt.*

Schließen Sie sämtliche Konten ab, ermitteln Sie den vorläufigen Periodenerfolg und den Stand des Eigenkapitals zum Bilanzstichtag.

Nr.	Text	Summenbilanz		Saldenbilanz		Um- und Nachbuchung		Vermögensbilaben		Aufwand	Ertrag
1	(0) Anl.verm.	5.000		5.000				5.000			
2	(0) kumAbsch						(3) 600		600		
3	(1) Uml.verm.	17.000	9.500	7.500			(4) 3.000	4.500			
4	(2) Vorst.	300		300			(1) 300				
5	(3) Ums.st.	30	700		670	(2) 670					
6	(3) Zahllast					(1) 300	(2) 670		370		
7	(3) Verbindl.	13.000	16.000		3.000				3.000		
8	(4) Erträge	200	8.000		7.800						7.800
9	(5) Ma.aufw.					(4) 3.000				3.000	
10	(7) Abschr.					(3) 600				600	
11	(7) so. Aufw.	2.000		2.000						2.000	
12	(9) Privat	300	100	200			(5) 200				
13	(9) Eig.kap.		3.530		3.530	(5) 200	(6) 2.200		**5.530**		
14	(9) Gewinn					(6) 2.200				**2.200**	
	Summen	37.830	37.830	15.000	15.000	6.970	6.970	9.500	9.500	7.800	7.800

Anmerkung: Die in der Spalte „Vermögensbilanz" ausgewiesene kumulierte Abschreibung ist bei Erstellung der tatsächlichen Bilanz gegen das Anlagevermögen zu verrechnen.

Um- und Nachbuchungen:

Nr.	Buchungssatz, Text	Soll	Haben
(1)	(3) Zahllast an (2) Vorsteuer Umbuchung der Vorsteuer	300	 300
(2)	(3) Umsatzsteuer an (3) Zahllast Umbuchung der Umsatzsteuer	670	 670
(3)	(7) Abschreibung an (0) kumulierte Abschreibung Verbuchung der Abschreibung	600	 600
(4)	(5) Materialaufwand an (1) Umlaufvermögen Verbuchung des Wareneinsatzes	3.000	 3.000
(5)	(9) Eigenkapital an (9) Privat Umbuchung des Privatkontos	200	 200
(6)	(9) Gewinn an (9) Eigenkapital Umbuchung des Gewinns	2.200	 2.200

Bilanz zum 31. 12.

Anlagevermögen	4.400	Eigenkapital	5.530
Umlaufvermögen	4.500	Verbindlichkeiten (inklusive Zahllast)	3.370
	8.900		8.900

GuV zum 31. 12.

Erträge		7.800
Materialaufwand	3.000	
Abschreibungen	600	
sonstige Aufwendungen	2.000	
Jahresüberschuss		2.200
Bilanzgewinn		2.200

3.6. Bewertung

3.6.1. Vorgangsweise

Ist entschieden, ob ein reales Objekt oder ein bestimmter Vorgang dem Grunde nach in die Bilanz aufzunehmen ist, so stellt sich anschließend regelmäßig die **Frage nach der Höhe seines Wertansatzes**. Diese Bestimmung des „Wieviel“, diese Zuordnung von Geldeinheiten zu einem artmäßig bestimmten Bilanzobjekt, nennt man „**Bewertung**“.

In der Bilanz sind das zum Abschlussstichtag vorhandene Vermögen und Kapital auszuweisen.[4] Neben der mengenmäßigen Anpassung der Buchbestände an die Ergebnisse der Inventur hat **im Zuge der Jahresabschlussaufstellung auch eine wertmäßige Anpassung an die Verhältnisse zum Abschlussstichtag** zu erfolgen. Nicht in allen Fällen entsprechen die Salden (Werte) der Konten, die sich aus der laufenden Buchhaltung ergeben, den in der Bilanz auszuweisenden Werten zum Abschlussstichtag: So muss dies zwar für einen Kassenbestand in Eurowährung gelten, doch schon bei einer Fremdwährungskassa können seit dem Erwerb der Valuten eingetretene Wechselkursänderungen eine Wertdifferenz bei der Umrechnung in Euro verursacht haben. Beim Vorratsvermögen können bspw Marktpreisschwankungen zu unterschiedlichen Werten führen. Gleiches gilt für das Anlagevermögen, etwa bei Wertpapieren oder Grundstücken.

Solange ein Vermögensgegenstand oder eine Schuld dem Unternehmen eines Unternehmers gewidmet ist, hat **zu jedem Abschlussstichtag eine neuerliche Festlegung der Höhe des Bilanzansatzes** zu erfolgen.[5] Die Bewertung der Bilanzposten stellt damit eine der wesentlichsten Jahresabschlussarbeiten dar.

Der **Bewertungsvorgang unterliegt einer Vielzahl von Regeln**: Da sich die Bewertung unmittelbar auf den Jahreserfolg des Unternehmens auswirkt – so verursacht bspw die Reduktion eines Aktivpostens Aufwendungen (zB Abschreibungen), eine Erhöhung führt zu Erträgen (zB Zuschreibungen) – enthalten sowohl das Unternehmens- als auch das Steuerrecht eine Reihe von Bewertungsvorschriften. Einzelne Abweichungen zwischen den Bewertungsregeln erklären sich aus unterschiedlichen Zielvorstellungen dieser beiden Rechtsbereiche.

Die **Bewertung hat den Grundsätzen ordnungsmäßiger Buchführung zu entsprechen** (vgl § 201 Abs 1 UGB). Dabei sind neben den kodifizierten Vorschriften auch ungeschriebene Grundsätze zu beachten. Ein Abweichen von diesen Grundsätzen ist nur bei Vorliegen besonderer Umstände zulässig (vgl § 201 Abs 3 UGB). Insgesamt hat die Bewertung dergestalt zu erfolgen, dass sie die in den §§ 195 und 222 Abs 2 UGB geforderte Vermittlung eines möglichst getreuen Bildes der Vermögens- und Ertragslage bzw Vermögens-, Finanz- und Ertragslage des Unternehmens sicherstellt. So soll bspw der **Grundsatz der Einzelbewertung** (vgl § 201 Abs 2 Z 3 UGB) verhindern, dass Wertsteigerungen und -minderungen gegeneinander verrechnet werden, jener der **Bewertungsstetigkeit** (vgl § 201 Abs 2 Z 1 UGB) ausschließen, dass durch willkürliche Differenzierungen und Wechsel bei der Bewertung die Darstellung der Vermögens- und Ertragslage beeinflusst wird, der Grundsatz der **Vorsicht** (vgl § 201 Abs 2 Z 4 UGB) eine kritische Einschätzung von unsicheren Werten garantieren.

---

4 Vgl Kap 3.4.3.1.

5 Vgl zu den Ausnahmen Kap 3.6.2.3.

Die **ursprünglichen und grundlegenden Wertmaßstäbe für Anlage- und Umlaufvermögen** sind sowohl nach Unternehmens- als auch nach Steuerrecht (vgl § 203 Abs 1 und § 206 Abs 1 UGB bzw § 6 Z 1 und 2 EStG) jene der **Anschaffungs- bzw Herstellungskosten**. Das Gesetz stützt sich dabei offensichtlich auf die Vermutung, dass ein Vermögensgegenstand das wert ist, was für ihn aufgewendet werden musste und er zunächst mit diesem Wert in der Bilanz anzusetzen ist. Dadurch verursachen Anschaffungs- und Herstellungsvorgänge zunächst nur eine erfolgsneutrale Vermögensumschichtung. Zumindest bei Anschaffungen erfolgt die Verbuchung der Zugänge und damit der Anschaffungskosten naturgemäß laufend während des Geschäftsjahres, sodass ihre Ermittlung nicht als typische Jahresabschlussarbeit anzusehen ist. Doch ist auch in diesem Bereich die Bilanzierung Anlass für eine Überprüfung der Werte, zumal Anschaffungs- und Herstellungskosten die Ausgangsbasis für die Abschreibungen darstellen und die Wertobergrenze für den Fall von Zuschreibungen bilden.

Werden Vermögensgegenstände weder angeschafft noch hergestellt, sondern dem Unternehmen durch **Einlagen oder Zuwendungen** vom Eigentümer bzw von Gesellschaftern oder von dritter Seite zugeführt, entstehen dem Unternehmen dadurch naturgemäß keine Aufwendungen, die aktiviert werden könnten. Für diese Fälle enthalten das Unternehmens- und das Steuerrecht **spezielle Wertmaßstäbe** (vgl § 202 UGB bzw § 6 Z 5 EStG).

Die primären Werte der Vermögensgegenstände – ihre Anschaffungs- oder Herstellungskosten bzw ihre Einlage- oder Zuwendungswerte – müssen für den Ansatz in der Bilanz häufig adaptiert werden: **Differenzen zu den Ausgangswerten** – verursacht etwa durch die gebrauchsbedingte Abnutzung, durch Veränderung der Marktpreise oder durch Wertverluste infolge von Schadensfällen – müssen im Sinne der Vermittlung eines möglichst getreuen Bildes der Vermögenslage des Unternehmens (vgl § 195 bzw § 222 Abs 2 UGB) in der Bilanz Berücksichtigung finden. Die unternehmensrechtlichen Vorschriften sehen in diesem Zusammenhang den **Vergleich mit jenem Wert, der einem Vermögensgegenstand am Abschlussstichtag beizulegen ist**, vor (vgl § 204 Abs 2 bzw § 207 UGB). Das Steuerrecht nennt als Vergleichsmaßstab den **Teilwert** (vgl § 6 Z 1 und 2 EStG).

Auch bei Schulden können Wertschwankungen – etwa infolge von Wechselkursänderungen – Korrekturen der ursprünglich eingebuchten Beträge erforderlich machen. Für sie führt das Unternehmensrecht spezielle Wertmaßstäbe an: Verbindlichkeiten sind mit ihrem **Erfüllungsbetrag**, Rentenverpflichtungen zum **Barwert der zukünftigen Auszahlungen** anzusetzen (vgl § 211 Abs 1 UGB). Die Höhe von Rückstellungen bestimmt sich grundsätzlich nach dem **Erfüllungsbetrag, der bestmöglich zu schätzen ist** (vgl § 211 Abs 1 UGB).

Die **Bewertung eines Bilanzpostens ist von seiner Einordnung in eine der verschiedenen Gruppen von Aktiva und Passiva abhängig**. Das UGB enthält unterschiedliche Bewertungsregeln, die nach den einzelnen Vermögensgruppen bzw Schuldposten gegliedert sind:

- Anlagevermögen:
  - nicht abnutzbar,
  - abnutzbar;
- Umlaufvermögen;
- Schulden:
  - Verbindlichkeiten,
  - Rückstellungen.

Eine **vergleichbare Unterscheidung** sehen die steuerrechtlichen Bewertungsvorschriften des EStG vor.

3.6.2. Allgemeine Grundsätze

3.6.2.1. Grundsatz der Stetigkeit

Bei der Bewertung ist gemäß § 201 Abs 2 Z 1 UGB insbesondere der **Grundsatz der Stetigkeit** (= **der materiellen Bilanzkontinuität**) zu beachten:

§ 201 (2) 1 UGB

Die auf den vorhergehenden Jahresabschluss angewendeten Bilanzierungs- und Bewertungsmethoden sind beizubehalten.

Bilanzierungsmethoden beziehen sich auf den Bilanzansatz dem Grunde nach und betreffen Entscheidungen darüber, ob ein Vermögensgegenstand bzw sonstiger Aktivposten oder ein Schuldposten in der Bilanz angesetzt wird oder nicht; als **Bewertungsmethoden** sind grundsätzlich sämtliche Verfahren zur Wertermittlung der Bilanzposten anzusehen.

Die Anordnung einer stetigen, dh wiederholten gleichartigen Anwendung der Bilanzierungs- bzw Bewertungsmethode **erübrigt sich, wenn es für den Ansatz (die Bilanzierung) und die Bewertung ohnehin eindeutige Vorgaben gibt.** Der Stetigkeitsgrundsatz ist dann **anzuwenden, wenn (Bilanz-)Ansatz-(Bilanzierungs-) oder Bewertungswahlrechte bestehen.** Solche Methodenwahlrechte ergeben sich zum einen durch vom Gesetz ausdrücklich eingeräumte sog **echte Wahlrechte** (zB der Ansatz von Aufwandsrückstellungen gemäß § 198 Abs 8 Z 2 UGB oder der Nichtansatz von betragsmäßig unwesentlichen Rückstellungen gemäß Z 3 leg cit; der Umfang der Herstellungskosten gemäß § 203 Abs 3 UGB oder die Möglichkeit, bei der Bewertung gemäß § 209 UGB Bewertungsvereinfachungsverfahren anzuwenden). Zum anderen entstehen sie dadurch, dass nicht stets umfassende Normen existieren, sondern unbestimmte Rechtsbegriffe, unvollkommene Informationen und Ungewissheit über die Zukunft bestehen, sodass Spielräume verbleiben (sog **„unechte Wahlrechte"** wie zB die zum Ansatz einer Rückstellung erforderliche Einschätzung der grundsätzlichen Inanspruchnahme für eine Verpflichtung; die Schätzung der Nutzungsdauer eines Gegenstandes des abnutzbaren Anlagevermögens oder die Verwendung verschiedener Abschreibungsmethoden). Stetig vorzugehen ist demzufolge grundsätzlich auch bei lediglich innerbetrieblich festgelegten bzw freiwillig regelmäßig praktizierten Bilanzierungs- oder Bewertungsmethoden: Wurden zB in einem Unternehmen infolge einer entsprechenden Richtlinie bzw nach faktischer bisheriger Übung geringwertige Vermögensgegenstände stets bereits im Zugangsjahr voll abgeschrieben, so unterliegt diese Vorgangsweise dem Stetigkeitsgrundsatz.

Der Grundsatz der Stetigkeit bezieht sich nicht nur auf die Behandlung eines konkreten (identen) Vermögens- oder Schuldpostens im **Zeitablauf**, sondern auch auf die **Gleichbehandlung gleichartiger Bilanzposten.** Die Vergleichbarkeit richtet sich dabei nach den Bestimmungen der Gruppenbewertung;[6] sie ist insb dann gegeben, wenn Funktionsgleichheit vorliegt und auch die anderen ökonomischen und sonstigen Rahmenbedingungen vergleichbar sind.

---

6 Vgl Kap 3.6.2.3.

Beispiel:

Der LKW-Fuhrpark eines Unternehmens besteht aus LKW, die ausschließlich für Speditionsfahrten verwendet werden, und solchen, die ausschließlich auf Baustellen zum Transport des Aushubmaterials eingesetzt werden.

Aufgrund mangelnder Funktionsgleichheit können für die beiden Gruppen von LKW unterschiedliche Abschreibungsmethoden angewendet werden. Innerhalb der beiden Gruppen gilt allerdings das Stetigkeitsgebot, sodass ein Wechsel der angewendeten Methode grundsätzlich nicht möglich ist.

Der Stetigkeitsgrundsatz soll **Differenzierungen und Wechsel aus bilanzpolitischen Gründen verhindern** und sicherstellen, dass die **Jahresabschlüsse objektiv und vergleichbar** sind. Er gilt **nicht nur im Bezug auf das unmittelbar vorangegangene Geschäftsjahr**; auch wenn es bereits mehrere Jahre her ist, dass gleichartige Aktiv- oder Passivposten letztmals bilanziert wurden oder zu bewerten waren, sind grundsätzlich die damals angewandten Methoden stetig beizubehalten, sprich diese auch Jahre später gleichartig anzuwenden.

Um jedoch eine Anpassung an geänderte Rahmenbedingungen zu ermöglichen, ist **ausnahmsweise vom Stetigkeitsgrundsatz abzuweichen**:[7] Beispielhaft lassen sich als derartige besondere Umstände etwa die Änderung von Gesetzen und der Rechtsprechung, Veränderungen des Rechnungswesens, vor allem der Kostenrechnung, oder Änderungen der Unternehmensstruktur oder der Managementkonzeption anführen.

Inwieweit der Stetigkeitsgrundsatz anzuwenden ist, wenn für den Bilanzansatz mehrere Werte zur Auswahl stehen, wie bei wahlweise möglichen Abschreibungen (vgl § 204 Abs 2 letzter Satz UGB), ob somit auch sog **Wertansatzwahlrechte unter den Begriff der Bewertungsmethoden fallen, ist strittig**: Zumindest bei identen Bewertungsobjekten wird jedoch idR von der Beibehaltung des einmal gewählten Wertes ausgegangen, wenn sich die Verhältnisse im Vergleich zum letzten Bewertungsstichtag nicht geändert haben (sog **Wertstetigkeit**).

Beispiel:

Ein Unternehmen besitzt von zwei unterschiedlichen AG Aktienpakete, die es jeweils um 100 angeschafft hat und die bei ihm beide als „Wertpapiere des Anlagevermögens" einzustufen sind.

Zum Abschlussstichtag des Jahres 1 betrugen die beizulegenden Werte der Wertpapiere:

Wertpapierpaket A	*Wertpapierpaket B*
90	*100*

Da die Wertminderung des Wertpapierpakets A als voraussichtlich nicht dauerhaft angesehen wird, erfolgte keine Abschreibung, sodass im Abschluss des Jahres 1 beide Wertpapierpakete mit 100 angesetzt sind.

Zum Abschlussstichtag des Jahres 2 sind den Wertpapieren folgende Werte beizulegen:

Wertpapierpaket A	*Wertpapierpaket B*
90	*90*

7 Vgl § 201 Abs 3 UGB sowie Kap 3.6.2.8.

Die Wertminderung des Wertpapierpakets A ist nach wie vor als voraussichtlich nicht dauerhaft anzusehen; dies gilt auch für jene des Wertpapierpakets B.

Besteht die Möglichkeit, im Jahr 2 Abschreibungen auf die Wertpapiere vorzunehmen?

Lösung:

a) Wird davon ausgegangen, dass das für Finanzanlagen gemäß § 204 Abs 2 letzter Satz UGB geltende Abschreibungswahlrecht bei einer voraussichtlich nicht dauerhaften Wertminderung keine Bewertungsmethode darstellt und demzufolge der Stetigkeitsgrundsatz dafür nicht gilt, können beide Wertpapierpakete im Jahr 2 auf 90 abgeschrieben werden, und ist es damit möglich, beim Wertpapierpaket A das Wertansatzwahlrecht – in Abweichung von der Vorgangsweise im Jahr 1 – neu auszuüben und dieses beim Wertpapierpaket B – ohne Beachtung der ursprünglichen Nichtausübung beim anderen Wertpapierpaket – in Anspruch zu nehmen.

b) Wird davon ausgegangen, dass für das idente Bewertungsobjekt die Wertstetigkeit gilt, kann die bereits im Jahr 1 getroffene Bewertungsentscheidung bezüglich des Wertpapierpakets A nicht revidiert und dieses erst jetzt abgeschrieben werden; es ist weiterhin mit 100 anzusetzen (solange sich die Wertminderung nicht als eine voraussichtlich dauernde herausstellt).

Beim Wertpapierpaket B kann die Bewertungsentscheidung hingegen unabhängig getroffen werden und eine Abschreibung auf 90 erfolgen.

c) Wird davon ausgegangen, dass auch Wertansatzwahlrechte eine stetig anzuwendende Bewertungsmethode darstellen, darf weder die Abschreibung des Wertpapierpakets A erst jetzt nachgeholt werden, noch ist – sofern die beiden Wertpapierpakete nach ihrer Art und Funktion als gleichartig anzusehen sind – beim Wertpapierpaket B eine Abschreibung in abweichender Ausnutzung des Abschreibungswahlrechts gemäß § 204 Abs 2 letzter Satz UGB zulässig.

3.6.2.2. Grundsatz der Unternehmensfortführung

Der **Grundsatz der Unternehmensfortführung (= das Going-Concern-Prinzip)** sieht gemäß § 201 Abs 2 Z 2 UGB vor:

§ 201 (2) 2 UGB

Bei der Bewertung ist von der Fortführung des Unternehmens auszugehen, solange dem nicht tatsächliche oder rechtliche Gründe entgegenstehen.

Gemäß diesem Grundsatz sind bei der Bewertung idR nicht die Zerschlagungswerte der einzelnen Bilanzposten maßgeblich, sondern ihr **Wert im Hinblick auf die normale Unternehmenstätigkeit** und damit bei Vermögensgegenständen entsprechend ihrer planmäßigen bzw bestimmungsgemäßen Verwendung innerhalb des Unternehmens bzw bei Schulden gemäß ihrer beabsichtigten Bedienung im Rahmen des gewöhnlichen Geschäftsbetriebs. Dies konkretisiert sich auch in einer Reihe von Einzelvorschriften, wie etwa der Abschreibung der Gegenstände des Anlagevermögens auf den Zeitraum ihrer voraussichtlichen Nutzung oder der Nichtvornahme von außerplanmäßigen Abschreibungen auf Gegenstände des Anlagevermögens, wenn die Wertminderung voraussichtlich nicht dauernd ist.

Doch nicht nur die Bewertung, sondern **auch der Bilanzansatz hat unter der Prämisse einer fortgesetzten Unternehmenstätigkeit zu erfolgen**, was etwa im Ansatz von Rechnungsabgrenzungsposten deutlich wird.

Werden **lediglich einzelne Betriebsteile beendet, bedingt dies für das Gesamtunternehmen kein Abgehen von der Fortführungsprämisse**. Diesfalls sind nur die davon betroffenen Vermögensgegenstände entsprechend umzuwerten (zB mit Veräußerungspreisen anstelle der [fortgeschriebenen] Anschaffungs- bzw Herstellungskosten) und allenfalls sonstige Aktivposten auszubuchen (zB nicht rückzuerstattende Vorauszahlungen) sowie damit in Verbindung stehende Passivposten anzusetzen bzw betraglich zu erhöhen (zB für Liquidationskosten oder für Sozialpläne oder Abfertigungen); auch Umgliederungen können sich aus diesem Grund ergeben (zB vom Anlage- ins Umlaufvermögen).

Ein **Abgehen vom Grundsatz der Unternehmensfortführung** ist erforderlich, wenn tatsächliche oder rechtliche Gründe gegen den Fortbestand des (Gesamt-)Unternehmens sprechen. Dies ist bspw der Fall bei Abweisung eines Insolvenzantrages mangels kostendeckenden Vermögens bzw bei Einleitung eines Konkursverfahrens oder auch bei freiwilliger Auflösung und Liquidation des Unternehmens (zB nach einem entsprechenden Gesellschafterbeschluss oder bei einer Vertragsklausel mit Befristung der Gesellschaft) sowie etwa bei Konzessionsverlust oder behördlicher Betriebseinstellung. Doch auch schon gravierende wirtschaftliche Schwierigkeiten wie etwa infolge des Ausfalls wesentlicher Kreditgeber, Lieferanten oder Kunden oder der Unfinanzierbarkeit erforderlicher Investitionen sind – wenn sie den Bestand des Unternehmens ernsthaft gefährden – Gründe dafür. Bei Auftreten von Krisensymptomen – wie insb fortwährenden Verlusten, ungenügender Eigenkapitalausstattung bzw Überschuldung, Auftreten verdrängender Konkurrenz etc – muss eine Fortführungsprognose erstellt werden. Auf der Basis einer Unternehmensplanung unter Einbeziehung geplanter Sanierungsmaßnahmen ist dabei die zukünftige Entwicklung des Unternehmens zu beurteilen und hat ein Abwägen aller Indizien, die für oder gegen die Fortführung sprechen, zu erfolgen, um die Einhaltung des § 201 Abs 2 Z 2 UGB zu gewährleisten.

3.6.2.3. Grundsatz der Einzelbewertung zum Abschlussstichtag

Bei der Bewertung sind gemäß § 201 Abs 2 Z 3 UGB der **Grundsatz der Einzelbewertung** sowie das **Stichtagsprinzip** zu beachten:

§ 201 (2) 3 UGB

Die Vermögensgegenstände und Schulden sind zum Abschlussstichtag einzeln zu bewerten.

Jeder Aktiv- und jeder Passivposten ist demnach gesondert zu bewerten, dh **für jedes einzeln abgegrenzte Bewertungsobjekt ist ein eigenständiger Wert zu ermitteln**. Damit wird die Saldierung von Wertsteigerungen und Wertminderungen vermieden. Eine solche würde dem imparitätischen Realisationsprinzip[8] widersprechen: Durch die Verrechnung mit Wertsteigerungen würden nicht verwirklichte Gewinne ausgewiesen und erkennbare Risiken und drohende Verluste infolge von Wertminderungen nur unvollständig berücksichtigt werden.

Einzeln zu bewerten sind all jene Vermögensgegenstände oder Schulden, **die nach der Verkehrsauffassung eine solche Selbständigkeit aufweisen, dass für sie im Rahmen eines Gesamtkaufpreises ein besonderes Entgelt angesetzt werden würde**. Bei Beurteilung dieser Selbständigkeit ist auf den betrieblichen Nutzungs- und Funktionszusammenhang zu achten.

8 Vgl Kap 3.6.2.4.

Soweit Vermögensgegenstände durch ihre wirtschaftliche Verbindung als Einheit anzusehen sind, sind sie auch einheitlich zu bewerten. So stellt der Anbau an ein bestehendes Gebäude keinen selbständigen Vermögensgegenstand dar, wenn die Verbindung mit dem bestehenden Gebäude derart eng ist, dass eine Trennung nur durch neuerliche Bauaufwendungen möglich ist. Ebenso stellen bestimmte nachträgliche Installationen (zB Zentralheizungen) trotz unterschiedlicher Nutzungsdauer keinen vom Gebäude trennbaren, selbständig bewertbaren Vermögensgegenstand dar.

Manchmal ist jedoch die Einzelbewertung nicht möglich bzw aus Kostengründen untunlich. Unter bestimmten Voraussetzungen gestattet deshalb § 209 UGB die Zusammenfassung artgleicher Bewertungsobjekte und sieht **als Bewertungsvereinfachungsverfahren die Bildung von Festwerten, die Gruppenbewertung sowie die Verwendung von Verbrauchsfolgeverfahren** vor:

§ 209 (1) UGB

Gegenstände des Sachanlagevermögens sowie Roh-, Hilfs- und Betriebsstoffe können, wenn sie regelmäßig ersetzt werden und ihr Gesamtwert nicht wesentlich ist, mit einem gleich bleibenden Wert angesetzt werden, sofern ihr Bestand voraussichtlich in seiner Größe, seinem Wert und seiner Zusammensetzung nur geringen Veränderungen unterliegt. Jedoch ist mindestens alle fünf Jahre eine Bestandsaufnahme durchzuführen. Ergibt sich dabei eine wesentliche Änderung des mengenmäßigen Bestandes, so ist insoweit der Wert anzupassen.

(2) Gleichartige Gegenstände des Finanzanlage- und des Vorratsvermögens, Wertpapiere (Wertrechte) sowie andere gleichartige oder annähernd gleichwertige bewegliche Vermögensgegenstände können jeweils zu einer Gruppe zusammengefasst und mit dem gewogenen Durchschnittswert angesetzt werden. Soweit es den Grundsätzen ordnungsmäßiger Buchführung entspricht, kann für den Wertansatz gleichartiger Vermögensgegenstände des Vorratsvermögens unterstellt werden, dass die zuerst oder zuletzt angeschafften oder hergestellten Vermögensgegenstände zuerst oder in einer sonstigen bestimmten Folge verbraucht oder veräußert worden sind.

Für die **Anwendung der Bewertungsvereinfachungsverfahren** ergibt sich dabei im Einzelnen Folgendes:

- Bei diversen Gegenständen des Sachanlagevermögens bzw bei einzelnen Roh-, Hilfs- und Betriebsstoffen entsprechen die jährlichen Zukäufe etwa dem gebrauchsbedingten Verschleiß und Abgang bzw dem Verbrauch; der vorhandene Bestand bleibt demzufolge weitgehend konstant. § 209 Abs 1 UGB räumt für diese Fälle das Wahlrecht der **Festbewertung** ein: Unter den angeführten Voraussetzungen kann auf die jährliche Inventarisierung und Bewertung der vorhandenen Bestände verzichtet werden. Aufgrund einer einmaligen Bestandsaufnahme wird für die Gegenstände ein sog Festwert ermittelt, der in der Folge gleich bleibend in den Bilanzen ausgewiesen wird, solange keine wesentlichen Änderungen des mengenmäßigen Bestandes eintreten. Zukäufe werden unmittelbar aufwandswirksam verbucht. Häufige Anwendung findet die Festbewertung bspw bei Wäsche und Geschirr im Gastgewerbe, bei Gerüstteilen im Baugewerbe sowie bei Leergebinden, Kleinmaterialien oder Montagesätzen.
- Die Möglichkeit der **Gruppenbewertung mit dem gewogenen Durchschnittswert** besteht gemäß § 209 Abs 2 Satz 1 UGB bei gleichartigen oder annähernd gleichwertigen beweg-

lichen Vermögensgegenständen. Als Anwendungsbeispiele lassen sich insbesondere Vorräte und Wertpapiere, aber auch Gegenstände der Betriebs- und Geschäftsausstattung nennen. Derartige Vermögensgegenstände werden dann nicht einzeln bewertet; vielmehr wird für die gesamte Gruppe ein Durchschnittswert errechnet,[9] zu dem der aufgrund der Inventur ermittelte Endbestand bewertet und in der Bilanz ausgewiesen wird.

- Für gleichartige Vermögensgegenstände des Vorratsvermögens gestattet § 209 Abs 2 Satz 2 UGB die Bewertung entsprechend verschiedener **Verbrauchsfolgeverfahren**: In Abweichung vom Grundsatz der Einzelbewertung kann der gesamte zum Abschlussstichtag vorhandene Endbestand zu den chronologisch ersten oder letzten Anschaffungs- bzw Herstellungskosten bewertet werden oder eine sonstige Reihenfolge des Verbrauchs bzw der Veräußerung unterstellt werden.[10]

Abgesehen von der speziellen Vorschrift des § 209 UGB ist ein **Abweichen vom Einzelbewertungsgrundsatz auf Basis des § 201 Abs 3 UGB**[11] möglich. Dies ist – bei Erfüllung der Voraussetzungen dieser Ausnahmebestimmung – dann als zulässig anzusehen, wenn die Bewertung von Vermögensgegenständen oder Schulden im Einzelnen faktisch undurchführbar oder nur mit unverhältnismäßigem Zeit- oder Kostenaufwand machbar ist. Damit lässt sich die Bildung pauschaler Wertberichtigungen für Forderungen oder auch für Vorräte (zB Gängigkeitsabschläge) sowie von Pauschalrückstellungen rechtfertigen.

Als eine weitere auf Basis des § 201 Abs 3 UGB mögliche Abweichung vom Einzelbewertungsgebot ist die **Bildung von sog geschlossenen Positionen** zu sehen. Dabei werden Aktiv- und Passivpositionen zu Bewertungseinheiten zusammengefasst. Als Beispiele lassen sich etwa die kompensierende Bewertung von Forderungen und Verbindlichkeiten derselben Fremdwährung und mit identer Fristigkeit anführen: Durch die Abstimmung und Steuerung derartiger Geschäftsfälle in Bezug auf den Betrag, die Währung und die Fälligkeit lassen sich negative Wertentwicklungen (Kursverluste) ausgleichen, sodass eine iSd imparitätischen Realisationsprinzips gebotene getrennte Betrachtung der negativen Wertänderungen einerseits und der gegenläufigen positiven Effekte andererseits die Vermögens- und Ertragslage unangemessen abbildet. Die Bildung von geschlossenen Positionen zu einer zusammengefassten Bewertung ist jedoch generell nur zulässig, wenn zwischen den Aktiv- und Passivposten eine nachvollziehbare sachliche und kausale Verknüpfung besteht, sodass eine Wertminderung des Aktivpostens durch die Passivposition abgesichert ist und es demzufolge keiner weiteren Risikovorsorge iSd Imparitätsprinzips bedarf, so bspw auch bei einer Absicherung durch Sicherungsgeschäfte wie bei Devisentermingeschäften.

Die Vermögensgegenstände und Schulden sind gemäß § 201 Abs 2 Z 3 UGB einzeln zum Abschlussstichtag zu bewerten. Dem damit normierten **Stichtagsprinzip entspricht es, bei der Bewertung lediglich die zum Abschlussstichtag bereits bestehenden Wertverhältnisse zu berücksichtigen**, nicht jedoch nachträgliche Veränderungen (sog „wertbeeinflussende Umstände“) einfließen zu lassen.

9 Vgl dazu bereits Kap 3.5.1.2.
10 Vgl dazu bereits Kap 3.5.1.2.
11 Vgl Kap 3.6.2.8.

Beispiel:

Ein Unternehmen besitzt einen LKW, der für Transportfahrten in den asiatischen Raum verwendet wird.

Welche Auswirkungen ergeben sich auf den Jahresabschluss zum 31. 12. , wenn der LKW

a) am 30. 12. des Abschlussjahres,

b) am 2. 1. des nachfolgenden Jahres

in der Mandschurei einen Unfall mit Totalschaden hatte?

Lösung:

a) Der am 30. 12. des Abschlussjahres stattgefundene Unfall ist im Jahresabschluss zum 31. 12. zu berücksichtigen: Der LKW ist auszubuchen.

b) Der erst am 2. 1. des nachfolgenden Jahres eingetretene Schadensfall ist als wertbeeinflussender Umstand im Jahresabschluss zum 31. 12. nicht zu berücksichtigen.

Zu beachten ist, dass die Bewertung zum Abschlussstichtag **nicht bedeutet, dass mit dem Wissen des Abschlussstichtages zu bewerten ist.** Bei der Berücksichtigung der zum Abschlussstichtag bestehenden Wertverhältnisse ist der **Grundsatz der Berücksichtigung werterhellender (wertaufhellender) Umstände**[12] zu beachten: Sämtliche bis zur Aufstellung des Jahresabschlusses bekannt gewordenen Informationen, die das abzuschließende Geschäftsjahr betreffen bzw Rückschlüsse auf die Verhältnisse zum Abschlussstichtag ermöglichen, sind bei der Aufstellung des Jahresabschlusses zu beachten. Dies gilt selbst dann, wenn die Erlangung dieser Kenntnis erst nach dem Abschlussstichtag erfolgt. Dieser Grundsatz erstreckt sich sowohl auf negative als auch auf positive Ereignisse.

Beispiel:

Ein Unternehmen hat zum Abschlussstichtag 31. 12. eine langfristige Darlehensforderung offen. Über ihren Schuldner wird im Rahmen der Jahresabschlussaufstellung in Erfahrung gebracht, dass über sein Vermögen im Februar nach dem Abschlussstichtag das Konkursverfahren eröffnet wurde.

Welche Auswirkungen hat diese Information auf den Jahresabschluss zum 31. 12.?

Lösung:

ISd Berücksichtigung werterhellender Umstände muss auch die erst im neuen Jahr erfolgte Konkurseröffnung berücksichtigt und die Forderung entsprechend vermindert angesetzt werden. Es ist dabei davon auszugehen, dass die betreffende Forderung schon zum Abschlussstichtag gefährdet war. (Lediglich wenn feststeht, dass erst nach dem Abschlussstichtag eingetretene Umstände den Konkurs des Schuldners auslösten, ist der Konkurs als wertbeeinflussender Umstand zu qualifizieren und nicht zu berücksichtigen.)

Die **werterhellenden Umstände müssen allerdings bis zum Tag der Aufstellung des Jahresabschlusses bekannt geworden sein.** Ein späteres Hervorkommen der Umstände kann erst im nächsten Jahresabschluss berücksichtigt werden. Der Tag der Aufstellung des Jahresabschlusses ist grundsätzlich jener, an dem der Unternehmer bzw der verantwortliche Geschäftsleiter

12 Vgl dazu auch § 201 Abs 2 Z 4 lit b UGB sowie das folgende Kap 3.6.2.4.

(das ist bei der GmbH der Geschäftsführer, bei der AG der Vorstand) mit seiner Unterschrift die Beendigung der Jahresabschlussarbeiten bestätigt.

Beispiel – Fortsetzung:

Bei Einbringung des Konkursantrages wurde mit einer Konkursquote von 10 % gerechnet. Wider Erwarten übernimmt dann allerdings im März ein Konkurrent des Schuldners dessen Unternehmen und einigt sich mit den Gläubigern auf eine Ausgleichsquote von 40 %.

Mit welchem Wert ist die Forderung zu bilanzieren, wenn die Übernahme des Unternehmens des Schuldners und die Vereinbarung der Ausgleichsquote

a) vor Beendigung der Jahresabschlussaufstellung erfolgt;

b) nach Beendigung der Jahresabschlussaufstellung erfolgt?

Lösung:

Variante a): Da man zunächst mit einer 10%igen Konkursquote rechnet, hat eine Berichtigung auf diesen Betrag zu erfolgen. Auch wenn die Vereinbarung des 40%igen Ausgleichs noch vor der Beendigung der Arbeiten zur Jahresabschlussaufstellung erfolgt, ist dieser Umstand als wertbeeinflussendes Ereignis des Folgejahres bei der Bilanzaufstellung nicht zu berücksichtigen.

Variante b): Wird der Ausgleich erst nach der Beendigung der Jahresabschlussaufstellung vereinbart, so kann mangels anderen Wissens in der Vorjahresbilanz die Forderung nur mit 10 % des ursprünglichen Nennwertes angesetzt werden.

Die Zuschreibung auf die 40%ige Ausgleichsquote wird somit in beiden Varianten erst in der neuen Periode ertragswirksam.

3.6.2.4. Grundsatz der Vorsicht

Als weiteren allgemeinen Grundsatz des Ansatzes und der Bewertung führt § 201 Abs 2 Z 4 UGB den **Grundsatz der Vorsicht** an.

§ 201 (2) 4 UGB

Der Grundsatz der Vorsicht ist einzuhalten, insbesondere sind

a) nur die am Abschlussstichtag verwirklichten Gewinne auszuweisen,

b) erkennbare Risken und drohende Verluste, die in dem Geschäftsjahr oder einem früheren Geschäftsjahr entstanden sind, zu berücksichtigen, selbst wenn die Umstände erst zwischen dem Abschlussstichtag und dem Tag der Aufstellung des Jahresabschlusses bekannt geworden sind,

c) Wertminderungen unabhängig davon zu berücksichtigen, ob das Geschäftsjahr mit einem Gewinn oder einem Verlust abschließt.

Der Grundsatz der Bilanzvorsicht manifestiert sich insbesondere in den beiden vom Gesetz in lit a und b angeführten Prinzipien:

a) Das **Realisationsprinzip** sieht vor, dass nur solche Gewinne Berücksichtigung finden, die bis zum Bilanzstichtag tatsächlich verwirklicht (realisiert), dh vom Markt durch einen Umsatzakt bestätigt sind.

b) Das **Imparitätsprinzip** hingegen gebietet die Erfassung sämtlicher Risken und Verluste, die in einem abgelaufenen Geschäftsjahr verursacht wurden, bereits zu dem Zeitpunkt, zu dem sie vorhersehbar sind. Eine Bestätigung durch den Markt ist hiezu nicht erforderlich.

Beispiel:

Die RISK-GmbH besitzt Aktien der KIPOS-AG im Nominale von 10.000,–. Diese Aktien wurden zu einem Kurs von 125 gekauft. Sie sollen nicht dauernd behalten, sondern bereits im nächsten Geschäftsjahr wieder verkauft werden.

Zum Abschlussstichtag notiert die Aktie der KIPOS-AG an der Börse

a) mit einem Kurs von 180,

b) mit einem Kurs von 105.

Wie sind die beiden Varianten im Jahresabschluss der RISK-GmbH zu berücksichtigen?

Lösung:

a) Das bloße Ansteigen des Aktienkurses darf zu keiner Buchung führen; der Gewinn ist erst bei einem tatsächlichen Verkauf verwirklicht.

b) Der drohende Verlust aufgrund des Sinkens des Aktienkurses ist hingegen zu berücksichtigen. Dazu ist das (dem Umlaufvermögen zuzuordnende) Aktienpaket in der Bilanz der RISK-GmbH auf den Stichtagskurs von 105 abzuwerten.

Während **Gewinne somit so spät wie möglich** auszuweisen sind, nämlich im Zeitpunkt ihrer Realisierung,[13] sind **Verluste so früh wie möglich**, nämlich mit ihrer Erkennbarkeit, zu berücksichtigen. Verluste und Risken (Aufwendungen) sind in der Periode zu berücksichtigen, in der sie wirtschaftlich entstanden (verursacht) sind. Dabei spielt es im Sinne der **Werterhellungstheorie** keine Rolle, ob die drohenden Verluste bzw Risken vor dem Bilanzstichtag oder erst zwischen diesem und dem Tag der Beendigung der Aufstellung des Jahresabschlusses bekannt geworden sind. Entscheidend ist lediglich, dass der Grund für Verlust bzw Risiko vor dem Abschlussstichtag verwirklicht wurde. Dabei sind alle die Wertentwicklung beeinflussenden Umstände zu berücksichtigen. Umstände, die nach Aufstellung des Jahresabschlusses bekannt werden, sind allerdings grundsätzlich nicht mehr zu berücksichtigen. Das Werterhellungsgebot gilt jedoch nicht nur für Risiken und Verluste, sondern genauso für die Erfassung von Gewinnen, auch wenn dies in Verbindung mit dem Realisationsprinzip nicht ausdrücklich angeordnet ist. Die nach dem Bilanzstichtag bekannt gewordene Realisierung eines Gewinns vor dem Bilanzstichtag verpflichtet somit ebenfalls zum Gewinnausweis im abgelaufenen Jahr.

Der Grundsatz der Bilanzvorsicht setzt den grundsätzlichen gesetzgeberischen Leitgedanken um, das Aktivvermögen eher niedriger, die Schulden hingegen eher höher zu bewerten, und findet in folgenden grundlegenden Bewertungsprinzipien für die Bilanzposten seine **Ausprägung**:

- Das **Anschaffungswertprinzip** verbietet einen über die Anschaffungskosten (bzw Herstellungskosten) hinausgehenden Ansatz der Vermögensgegenstände bzw eine unter diese sinkende Bewertung der Schulden.

13 Vgl dazu Kap 3.2.2.4.

- Das **Niederstwertprinzip** verlangt für Posten der Aktivseite im Zweifelsfall den Ansatz des niedrigeren Wertes.
- Das **Höchstwertprinzip** schreibt umgekehrt für Schulden den Ansatz des gestiegenen Betrags zwingend vor.

Die Bestimmung des § 201 Abs 2 Z 4 lit c UGB stellt klar, dass **auf Abschreibungen nicht aufgrund bilanzpolitischer Überlegungen verzichtet** werden darf.

Der Grundsatz der Vorsicht ist nicht nur für die Bewertung der Vermögensgegenstände und Schulden, sondern **für die gesamte Jahresabschlussaufstellung von Bedeutung**. Sie hat aufgrund dieser Vorschrift unter der Maxime zu erfolgen, dass **der Unternehmer sich im Zweifel ärmer zu machen habe, niemals aber reicher**. Dies ist stets dann zu berücksichtigen, wenn aufgrund von unvollkommenen Informationen oder ungewissen zukünftigen Entwicklungen Spielräume bestehen. Damit sollen die Entstehung und Ausschüttung zu hoher – allenfalls nur erwarteter, erhoffter – Gewinne vermieden werden und dem Gläubigerschutz gedient sowie eine kritische Selbstinformation des Unternehmers erreicht werden.

Beispiel:

Die IDEE-AG verwertete während des abgelaufenen Jahres Werke iSd Urheberrechtsgesetzes und ist deshalb in einen urheberrechtlichen Prozess verwickelt.

Aufgrund des bisherigen Prozessablaufs ist bei Bilanzerstellung zu vermuten, dass

a) die IDEE-AG den Prozess gewinnt und an sie Schadenersatzzahlungen in Höhe von etwa 20.000,– geleistet werden müssen;

b) die IDEE-AG den Prozess verliert und ihr Kosten in Höhe von 50.000,– erwachsen werden.

Wie sind die beiden Varianten im Jahresabschluss der IDEE-AG zu berücksichtigen?

Lösung:

a) Die bloße Vermutung von Schadenersatzzahlungen darf noch zu keiner Buchung führen. Dieser „Gewinn“ wäre erst bei abgeschlossenem Prozess verwirklicht.

b) Ist hingegen erkennbar, dass der IDEE-AG Kosten erwachsen werden, sind diese „drohenden Verluste“ (Aufwendungen) zu berücksichtigen. Sie sind bereits aufgrund der Verwertung der urheberrechtlich geschützten Werke entstanden; einer Bestätigung durch einen Schuldspruch bedarf es diesfalls nicht.[14]

Die **Grenze des Vorsichtsprinzips** liegt dort, wo gegen die Generalnorm des § 195 UGB verstoßen wird, da eine willkürliche Unterbewertung der Aktiven ebenso wie eine Überbewertung der Schulden gegen diesen Grundsatz des möglichst getreuen Bildes der Vermögens- und Ertragslage verstoßen würde. Als Bewertungsregel galt nach verbreiteter Ansicht, dass „bei mehreren Schätzungsalternativen stets eine etwas pessimistischere als die wahrscheinlichste Alternative zu wählen sei“. Zumindest für Rückstellungen sieht das UGB seit dem RÄG 2014 aber ausdrücklich den bestmöglichen Schätzwert des Erfüllungsbetrages als Bewertungsmaßstab vor.[15]

14 Die buchhalterische Erfassung dieses Sachverhalts hat durch die Einbuchung einer Rückstellung zu erfolgen. Vgl zum Begriff bereits Kap 3.4.3.1.3 sowie im Einzelnen Kap 3.7.8.

15 Vgl dazu § 211 Abs 1 UGB sowie Kap 3.7.8.3.

3.6.2.5. Grundsatz der Periodenabgrenzung

§ 201 Abs 2 Z 5 UGB enthält den **Grundsatz der Periodenabgrenzung:**

§ 201 (2) 5 UGB

Aufwendungen und Erträge des Geschäftsjahrs sind unabhängig vom Zeitpunkt der entsprechenden Zahlungen im Jahresabschluss zu berücksichtigen.

Gemäß dieser Vorschrift ist für die Berücksichtigung von Aufwendungen und Erträgen der **Zahlungszeitpunkt unerheblich.** Maßgeblich ist vielmehr, ob die Ursache der Aufwendungen im abgelaufenen Geschäftsjahr liegt bzw die Erträge in ihm realisiert wurden.

Beispiel:

Die ZIMMER KG mietete ab Anfang November des Geschäftsjahres erstmals Geschäftsräume an und bezahlt dafür quartalsweise die Miete

a) am 1. 11. für ein Quartal im Voraus;

b) am 31. 1.des folgenden Geschäftsjahres für ein Quartal im Nachhinein.

Ein Teil der Räumlichkeiten wird ab Anfang Dezember untervermietet. Die ZIMMER KG vereinbarte dafür eine halbjährliche Miete, die zu leisten ist

a) am 1. 12. für das kommende Halbjahr;

b) am 31. 5. des folgenden Geschäftsjahres für das vergangene Halbjahr.

Wie sind diese Sachverhalte im Jahresabschluss der ZIMMER KG zum 31. 12. zu berücksichtigen?

Lösung:[16]

Hinsichtlich der von der ZIMMER KG zu bezahlenden Miete gilt:

a) Von der am 1. 11. im Voraus erfolgenden Zahlung ist nur die Miete für zwei Monate als Aufwand des Geschäftsjahres zu erfassen.

b) Bei nachträglicher Leistung der Zahlung am 31. 1.des folgenden Jahres ist die das Abschlussjahr betreffende Miete für November und Dezember dennoch als Aufwand des Geschäftsjahres zu erfassen.

Hinsichtlich der von der ZIMMER KG weiterverrechneten (Unter-)Miete gilt:

a) Von der am 1. 12. im Voraus erhaltenen Zahlung ist nur die Miete für einen Monat als Ertrag des Geschäftsjahres zu erfassen.

b) Bei nachträglichem Erhalt der Zahlung am 31. 5. des folgenden Jahres ist die das Abschlussjahr betreffende Miete für Dezember dennoch als Ertrag des Abschlussjahres zu erfassen.

16 Vgl dazu im Einzelnen Kap 3.7.5.

3.6.2.6. Grundsatz der Bilanzidentität

Gleichermaßen für den Bilanzansatz wie für die Bewertung und zudem für die Zuordnung iSd Gliederung gilt der in § 201 Abs 2 Z 6 UGB angeführte **Grundsatz der Bilanzidentität** (= **der formellen Bilanzkontinuität**):

§ 201 (2) 6 UGB

Die Eröffnungsbilanz des Geschäftsjahrs muss mit der Schlussbilanz des vorhergehenden Geschäftsjahrs übereinstimmen.

Durch die Bestimmung ist **sichergestellt, dass sämtliche Geschäftsfälle erfasst werden** und die Summe aller Periodenrechnungen durch die Jahresabschlüsse eine Totalrechnung für die gesamte Lebensdauer des Unternehmens ergibt.

Unter Beachtung dieses Grundsatzes ist es **insbesondere auch unzulässig**, Ergebnisverwendungen dadurch zu erfassen, dass im Rahmen der Eröffnungsbuchungen bereits von den Vorjahresbeständen abweichende Salden eingebucht werden. Vielmehr sind auch von diesen Bestandskonten wie insbesondere vom Bilanzgewinn bzw Bilanzverlust sowie von den Gewinnrücklagen die Saldenvorträge identisch vom vorangegangenen in das neue Geschäftsjahr zu übernehmen und hat die Verteilung des Bilanzergebnisses nicht gewissermaßen „zwischen den Geschäftsjahren", sondern im Rahmen der Buchungen eines Geschäftsjahres zu erfolgen.

Auch eine **steuerrechtlich bedingte Bilanzberichtigung gestattet keine Durchbrechung** des Grundsatzes der Bilanzidentität.

3.6.2.7. Grundsatz der verlässlichen Schätzung

Als letzten gesetzlich geregelten allgemeinen Grundsatz führt § 201 Abs 2 Z 7 UGB den **Grundsatz der verlässlichen Schätzung** an:

§ 201 (2) 7 UGB

Ist die Bestimmung eines Wertes nur auf Basis von Schätzungen möglich, so müssen diese auf einer umsichtigen Beurteilung beruhen. Liegen statistisch ermittelbare Erfahrungswerte aus gleich gelagerten Sachverhalten vor, so sind diese zu berücksichtigen.

Mit dieser Bestimmung wird kodifiziert, dass **auf Schätzungen beruhende Wertbestimmungen vernünftig und bestmöglich sowie methodisch abgeleitet** zu erfolgen haben. Als Objektivierungskriterien sind vor allem betriebsindividuelle Erfahrungswerte oder Branchenerkenntnisse heranzuziehen.

3.6.2.8. Ausnahmeregelung

Durch § 201 Abs 3 UGB wird in bestimmten Fällen ein **Abgehen von den kodifizierten Ansatz- und Bewertungsgrundsätzen** ermöglicht:

§ 201 (3) UGB

Ein Abweichen von diesen Grundsätzen ist nur bei Vorliegen besonderer Umstände und unter Beachtung der in § 195 dritter Satz beschriebenen Zielsetzung, bei Gesellschaften im Sinn des § 189 Abs 1 Z 1 und 2 nur unter Beachtung der in § 222 Abs 2 erster Satz umschriebenen Zielsetzung zulässig. Die angeführten Gesellschaften haben die Abweichung

im Anhang anzugeben, zu begründen und ihren Einfluss auf die Vermögens-, Finanz- und Ertragslage des Unternehmens darzulegen.

Bei **Vorliegen besonderer Umstände** – wie etwa bei einer Veränderung der externen Rahmenbedingungen oder der internen Gegebenheiten (vgl dazu bereits bei den einzelnen Grundsätzen) – ist ein Abweichen von den Grundsätzen des § 201 Abs 2 UGB möglich bzw allenfalls sogar geboten. Dies darf jedoch **stets nur unter Beachtung der auf den Jahresabschluss anwendbaren Generalklausel** – der zum Zweck der Selbstinformation des Unternehmers geforderten Vermittlung eines möglichst getreuen Bildes der Vermögens- und Ertragslage des Unternehmens (§ 195 UGB) bzw der auch zur externen Information verlangten Vermittlung eines möglichst getreuen Bildes der Vermögens-, Finanz- und Ertragslage des Unternehmens (§ 222 Abs 2 UGB) – erfolgen.

Bei Kapitalgesellschaften und ihnen hinsichtlich der Rechnungslegung gleichgestellten Personengesellschaften[17] macht ein Abweichen von den kodifizierten Ansatz- und Bewertungsgrundsätzen diverse **Anhangangaben** erforderlich. Sonstige Personengesellschaften und Einzelunternehmer brauchen – da sie ja auch keinen Anhang zu erstellen haben – keine zusätzlichen Angaben zu machen.

3.6.2.9. Nicht kodifizierte Bewertungsgrundsätze

Bei Ansatz und Bewertung des Vermögens und der Schulden im Zuge der Jahresabschlussaufstellung sind nicht nur die demonstrativ aufgezählten Grundsätze des § 201 Abs 2 UGB zu beachten. Vielmehr wird in Abs 1 dieser Gesetzesvorschrift dazu **generell auf die Grundsätze ordnungsmäßiger Buchführung verwiesen.**

Als nicht kodifizierte Bewertungsgrundsätze lassen sich insbesondere anführen:

Grundsatz der Methodenbestimmtheit

Sofern für die Wertermittlung eines Bilanzpostens unterschiedliche Methoden zulässig sind (zB bei der Berechnung der Herstellungskosten oder infolge der verschiedenen Verbrauchsfolgeverfahren) und sich dabei für ein bestimmtes Bewertungsobjekt unterschiedliche Werte ergeben, ist es unzulässig, einen Zwischenwert anzusetzen. Vielmehr ist der **Wertansatz aufgrund einer bestimmten Bewertungsmethode zu ermitteln.**

Grundsatz der Willkürfreiheit

Besteht für den Bilanzierenden beim Bewerten ein Ermessensspielraum, soll die **Wahl des Wertansatzes begründbar und intersubjektiv nachprüfbar** erfolgen. Sie hat frei von sachfremden Überlegungen, wie etwa den Auswirkungen auf die Kreditwürdigkeit oder die Bemessung gewinnabhängiger Zahlungen zu sein.

Grundsatz der Wesentlichkeit

Nach dem Wesentlichkeitsgrundsatz sind **im Jahresabschluss alle Tatbestände zu berücksichtigen bzw anzugeben, die bedeutsam für seine Adressaten sind**; im Umkehrschluss **dürfen Sachverhalte von unwesentlicher Bedeutung vernachlässigt werden. Im Gesetz finden sich nur einzelfallbezogene Möglichkeiten** der Anwendung des Wesentlichkeitsgrundsatzes

---

17 Vgl dazu Kap 2.3.1.

(zB in § 198 Abs 8 Z 3 UGB betreffend den Verzicht auf den Ansatz von Rückstellungen, soweit es sich um nicht wesentliche Beträge handelt,[18] oder in § 209 Abs 1 UGB betreffend die Festbewertung von Gegenständen des Sachanlagevermögens sowie der Roh-, Hilfs- und Betriebsstoffe[19]). Die darüber hinausgehende Anwendung des Grundsatzes sowohl im Bereich des Ansatzes und der Bewertung sowie des Ausweises als auch bei den Anhangangaben vollzieht sich durch außergesetzliche Entwicklung des Grundsatzes.[20]

3.6.2.10. Maßgeblichkeit für die steuerliche Gewinnermittlung

Wie die anderen unternehmensrechtlichen Grundsätze ordnungsmäßiger Buchführung sind auch die **allgemeinen Ansatz- und Bewertungsgrundsätze des § 201 UGB für die steuerliche Gewinnermittlung gemäß § 5 EStG maßgeblich**. Das EStG enthält diesbezüglich keine zwingenden Vorschriften, die abweichende Regelungen treffen. Zum Teil finden sich vielmehr die Bewertungsgrundsätze auch in den steuerrechtlichen Bestimmungen (vgl § 6 Satz 1 EStG zum Einzelbewertungsgrundsatz oder § 6 Z 1 Satz 4 EStG zum Grundsatz der Unternehmensfortführung). Auch die Verwendung von Bewertungsvereinfachungsverfahren wird von der Verwaltungspraxis steuerlich als zulässig angesehen.

3.6.3. Primäre Wertmaßstäbe für Vermögensgegenstände

3.6.3.1. Anschaffungskosten

3.6.3.1.1. Anschaffungsvorgang

Von einem Unternehmen angeschaffte Vermögensgegenstände des Anlage- oder des Umlaufvermögens sind zunächst mit ihren Anschaffungskosten anzusetzen (vgl § 203 Abs 1 und § 206 Abs 1 UGB sowie § 6 Z 1 und 2 EStG). Grundsätzlich liegt eine Anschaffung vor, **wenn ein Vermögensgegenstand von einem Dritten erworben wird und nach der Verkehrsauffassung unverändert bleibt.** Entsteht hingegen im Unternehmen ein neuer Vermögensgegenstand mit einer anderen, von der ursprünglichen abweichenden Verkehrsgängigkeit, so ist eine Herstellung gegeben. Die Differenzierung ist wesentlich, da sich die Berechnung der Anschaffungskosten von jener der Herstellungskosten[21] unterscheidet.

3.6.3.1.2. Bestandteile

Eine **Umschreibung der Anschaffungskosten**, die gleichermaßen für das Anlage- wie für das Umlaufvermögen (vgl § 206 Abs 2 UGB) gilt, findet sich in § 203 Abs 2 UGB:

§ 203 (2) UGB

Anschaffungskosten sind die Aufwendungen, die geleistet werden, um einen Vermögensgegenstand zu erwerben und ihn in einen betriebsbereiten Zustand zu versetzen, soweit sie dem Vermögensgegenstand einzeln zugeordnet werden können. Zu den Anschaffungskosten

---

18 Vgl dazu Kap 3.7.8.1.

19 Vgl dazu Kap 3.6.2.3.

20 Vgl dazu Kap 3.2.2.5. Derzeit ist etwa eine AFRAC-Stellungnahme „Wesentlichkeit bei der Aufstellung von UGB-Abschlüssen“ in Ausarbeitung.

21 Vgl dazu Kap 3.6.3.2.

gehören auch die Nebenkosten sowie die nachträglichen Anschaffungskosten. Anschaffungspreisminderungen sind abzusetzen.

Mittels dieser Definition werden sämtliche Beträge erfasst, die bei einem Unternehmen für den Erwerb und die erstmalige Nutzbarmachung eines Vermögensgegenstandes anfallen. **Voraussetzungen** sind zum einen, dass es sich dabei um **Aufwendungen und damit um pagatorische Werte** und nicht – wie der Begriff Anschaffungs„kosten" vermuten lassen könnte – um kalkulatorische Größen der Kostenrechnung handelt. Zum anderen müssen die geleisteten **Beträge dem angeschafften Vermögensgegenstand einzeln zuzuordnen** sein. Anders als bei der Ermittlung der Herstellungskosten dürfen damit in die Anschaffungskosten ausschließlich Einzel- und nicht auch Gemeinkosten eingerechnet werden. Zudem bestehen bei der Berechnung der Anschaffungskosten nicht wie bei jener der Herstellungskosten Wahlrechte; vielmehr schreibt § 203 Abs 2 UGB einen **Fixwert** vor. Durch den Anschaffungsvorgang als solchen ist daher keine Ergebnisbeeinflussung möglich, sondern es findet lediglich eine erfolgsneutrale Vermögensumschichtung statt.

Obwohl der Anschaffungsvorgang selbst zeitpunktbezogen ist – die Anschaffung erfolgt dabei durch den Übergang der wirtschaftlichen Verfügungsmacht[22] – erfasst die Umschreibung der Anschaffungskosten **auch Aufwendungen, die vor oder nach diesem Anschaffungszeitpunkt anfallen**: Schon Vorbereitungshandlungen zum Erwerb eines Vermögensgegenstandes können diesem einzeln zuordenbare Aufwendungen verursachen, wie etwa Vermittlungsprovisionen. Beendet ist die Anschaffung erst dann, wenn der Gegenstand betriebsbereit ist, sodass bspw auch gesondert verrechnete Installations- und Einstellungsarbeiten einer Maschine zu deren Anschaffungskosten gehören. Ebenso sind auch zu einem späteren Zeitpunkt anfallende Aufwendungen im Zusammenhang mit der Anschaffung zu berücksichtigen.

Die **einzelnen Bestandteile bei Ermittlung der Anschaffungskosten** lassen sich wie folgt zusammenfassen:

	Anschaffungspreis
+	Anschaffungsnebenkosten
+	nachträgliche Anschaffungskosten
–	Anschaffungspreisminderungen
=	Anschaffungskosten

Als **Anschaffungspreis** eines Vermögensgegenstandes gilt der vom Verkäufer für ihn **in Rechnung gestellte Kaufpreis**. Auf seine Angemessenheit kommt es dabei nicht an. Auch die Art der Bezahlung ist irrelevant: Werden Schulden übernommen – zB eine Hypothek beim Kauf eines Grundstücks – dann sind sie zu den Anschaffungskosten zu rechnen.

Eine Hinzurechnung zum geldmäßig bezahlten Betrag erfolgt auch, wenn im Rahmen eines Kaufes ein anderer Gegenstand in Zahlung gegeben wird, gewissermaßen dafür eingetauscht wird. Bei einem derartigen **Tauschgeschäft**, bei welchem der vom Lieferanten zurückgenommene Gegenstand mit seinem Wert auf den Kaufpreis des Neuerwerbes angerechnet wird und somit (allenfalls) lediglich eine Aufzahlung zum Wertausgleich zu erfolgen hat, liegen eigentlich zwei Vorgänge vor – ein Verkauf und ein Einkauf – die zweckmäßigerweise buchhalterisch auch gesondert erfasst werden.

22 Vgl dazu Kap 2.8.5.

Beispiel:

Beim Kauf eines neuen Kopiergerätes nimmt der Lieferant ein gebrauchtes Gerät zurück und stellt dafür folgende Rechnung:

Kopiergerät Type ABC 3000	*EUR*	*1.740,–*
zuzüglich 20 % USt	*EUR*	*348,–*
	EUR	*2.088,–*
Rücknahme Altgerät	*EUR*	*480,–*
Aufzahlung	*EUR*	*1.608,–*

Welche Buchungen sind beim Käufer des Kopiergerätes der Type ABC 3000 erforderlich?

Lösung:

Zerlegt in einen Einkauf und einen Verkauf, ist wie folgt zu buchen:

	(0)	*Betriebs- und Geschäftsausstattung*	*1.740*	
	(2)	*Vorsteuer*	*348*	
an	*(3)*	*Verbindlichkeiten aus Lieferungen und Leistungen*		*2.088*

	(2)	*sonstige Forderungen*[23]	*480*	
an	*(4)*	*Erlöse aus dem Verkauf von Anlagevermögen*		*400*
an	*(3)*	*Umsatzsteuer*		*80*

Nach einer Saldierung der Forderung mit der Verbindlichkeit:

	(3)	*Verbindlichkeiten aus Lieferungen und Leistungen*	*480*	
an	*(2)*	*sonstige Forderungen*		*480*

verbleibt als Restverbindlichkeit genau die noch zu leistende (Bar-)Aufzahlung in der Höhe von EUR 1.608,–.

Nicht zum Anschaffungspreis gehört idR die vom Unternehmen bezahlte Umsatzsteuer: Sie stellt üblicherweise keinen Kostenbestandteil dar, sondern einen durchlaufenden Posten, da sie als Vorsteuer vom Finanzamt rückerstattet wird. Ist jedoch der Vorsteuerabzug ausgeschlossen, so gilt der Bruttobetrag inklusive der Umsatzsteuer als Anschaffungspreis. Ein Beispiel dafür stellt die Anschaffung von Personenkraftwagen, Kombinationskraftwagen oder Krafträdern dar: Die dabei anfallenden Vorsteuern sind idR nicht abzugsfähig (vgl § 12 Abs 2 Z 2 lit b UStG) und sind deshalb zu aktivieren. Ausnahmen bestehen nur für Fahrschulautos, Taxis udgl sowie seit 2016 für Autos mit einem CO_2-Emmissionswert von 0 Gramm pro Kilometer (zB Elektroautos) (vgl § 12 Abs 2 Z 2a UStG).

23 Wenn es das Buchhaltungsprogramm zulässt, ist auch eine unmittelbare – sollseitige – Verbuchung des Geräteeintausches in der Lieferanten-Verbindlichkeit möglich; diesfalls ist eine nachfolgende Saldierungsbuchung nicht mehr erforderlich.

Neben dem Anschaffungspreis gehören zu den aktivierungspflichtigen Anschaffungskosten sämtliche **Nebenkosten**, die geleistet werden, um den Vermögensgegenstand zu erwerben und betrieblich nutzbar zu machen. Als Beispiele dafür seien genannt:

- Porti,
- Lagergelder, Zwischenlagerungskosten,
- Abfuhr- und Abladekosten,
- Sachverständigenhonorare,
- Maklergebühren, Provisionen,
- Kommissions- und Speditionskosten,
- Zölle, Steuern und Abgaben,
- Montage- und Fundamentierungskosten, Einrichtungskosten (auch wenn sie von eigenen Arbeitskräften ausgeführt werden),
- Kosten für notwendige Zubehörteile, für Veränderungen an anderen Maschinen und Anlagen

etc.

Auch dabei ist grundsätzlich der **Rechnungsbetrag ohne Umsatzsteuer** maßgeblich.

Gleichfalls aktivierungspflichtig sind **nachträgliche Anschaffungskosten**, unabhängig davon, ob sie den Anschaffungspreis oder die Nebenkosten betreffen. Als Beispiele lassen sich etwa eine gerichtliche Erhöhung des ursprünglichen Kaufpreises oder die Vorschreibung einer zunächst nicht berücksichtigten Abgabe anführen.

Nicht nur **Anschaffungspreisminderungen**, sondern auch Minderungen der Nebenkosten sowie der nachträglichen Anschaffungskosten sind von den aktivierbaren Anschaffungskosten abzusetzen, selbst wenn sie erst nachträglich gewährt werden. Typische Beispiele dafür sind etwa Rabatte und ähnliche Preisnachlässe, gleichgültig aus welchen Gründen sie gewährt werden. Wesentlich dafür ist allerdings ein unmittelbarer Zusammenhang mit der Anschaffung des Vermögensgegenstandes.

Beispiel:

Ein Unternehmen erwirbt ein Grundstück mit darauf befindlicher Fabrikshalle um 1,000.000,– (keine USt gem § 6 Abs 1 Z 9 lit a UStG), wobei dieser Gesamtpreis im Verhältnis 3 : 7 auf Grund und Gebäude aufzuteilen ist.[24]

Die dabei entstehende Grunderwerbsteuer wird vom Finanzamt mit 3,5 % des Kaufpreises, somit 35.000,– festgesetzt. Für die Eintragung in das Grundbuch fallen insgesamt Kosten in der Höhe von 11.200,– (keine USt) an.

24 Ist einem Kaufvertrag bzw einer Rechnung für mehrere Vermögensgegenstände keine Aufteilung des Gesamtbetrages auf die einzelnen Gegenstände zu entnehmen, hat diese im Verhältnis der Zeitwerte, dh entsprechend möglichst objektiver Markt- bzw Verkehrswerte, im Zeitpunkt des Erwerbs zu erfolgen. Die Notwendigkeit einer Aufteilung des Gesamtkaufpreises ergibt sich aus dem Grundsatz der Einzelbewertung.

Der mit der Vermittlung befasste Makler legt folgende Abrechnung:

Maklergebühr und Provision	*30.000,–*
zuzüglich 20 % USt	*6.000,–*
Rechnungsbetrag	*36.000,–*

Nach längeren Verhandlungen ist der Makler jedoch bereit, seine Honorarnote um 5.000,– (netto, 20 % USt) zu reduzieren und übersendet eine entsprechende Gutschrift.

Welche Buchungen sind beim Käufer des Grundstücks erforderlich, wenn sämtliche Beträge bis auf die Maklerabrechnung umgehend mittels Banküberweisung bezahlt werden?

Lösung:

Der Anschaffungspreis für das bebaute Grundstück ist im angegebenen Wertverhältnis auf zwei Konten aufzuteilen:

	(0)	*Grundstücke*	*300.000*	
	(0)	*Bauten*	*700.000*	
an	*(2)*	*Bank*		*1,000.000*

Die Anschaffungsnebenkosten (Grunderwerbsteuer, Eintragungsgebühren und -spesen, Maklerkosten (netto) sind gleichfalls zu aktivieren und – da sie gleichermaßen Grund wie Gebäude betreffen – im entsprechenden Wertverhältnis aufzuteilen:

	(0)	*Grundstücke*	*10.500*	
	(0)	*Bauten*	*24.500*	
an	*(2)*	*Bank*		*35.000*

	(0)	*Grundstücke*	*3.360*	
	(0)	*Bauten*	*7.840*	
an	*(2)*	*Bank*		*11.200*

	(0)	*Grundstücke*	*9.000*	
	(0)	*Bauten*	*21.000*	
	(2)	*Vorsteuer*	*6.000*	
an	*(3)*	*Verbindlichkeiten aus L & L*		*36.000*

Die nachträgliche Reduktion der Maklerrechnung erfordert eine entsprechende Korrektur der Anschaffungskosten (sowie der Vorsteuer):

	(3)	*Verbindlichkeiten aus L & L*	*6.000*	
an	*(2)*	*Vorsteuer*		*1.000*
an	*(0)*	*Grundstücke*		*1.500*
an	*(0)*	*Bauten*		*3.500*

Damit sind für die erworbene Liegenschaft folgende Anschaffungskosten auf den Konten erfasst:

		Grundstücke	Bauten
	Anschaffungspreis	*300.000*	*700.000*
+	*Anschaffungsnebenkosten:*		
	Grunderwerbsteuer	*10.500*	*24.500*
	Eintragungsgebühr/-spesen	*3.360*	*7.840*
	Maklerkosten	*9.000*	*21.000*
–	*Anschaffungskostenminderung*	*<1.500>*	*<3.500>*
=	*Anschaffungskosten*	*321.360*	*749.840*

Auch **nicht rückzahlbare Zuschüsse oder Subventionen**, die von der öffentlichen Hand oder von privater Seite zur Förderung einer Investition gewährt werden, können als Anschaffungskostenminderung verstanden und entsprechend vom Bestandskonto der geförderten Anschaffung abgesetzt werden. Eine verbesserte Darstellung des beim Unternehmen vorhandenen Vermögens lässt sich in diesen Fällen dadurch erreichen, dass keine unmittelbare Reduktion des Aktivkontos vorgenommen wird, sondern die Zuwendung als gesonderter Passivposten ausgewiesen wird. Dann gehen die Abschreibungen des Vermögensgegenstandes von den ungekürzten Anschaffungskosten aus; der Passivposten für die erhaltene Zuwendung wird ratierlich ertragswirksam aufgelöst.

Beispiel:

Ein Lebensmittelhändler, der in einem kleinen Ort einen Laden eröffnet, erhält von der Gemeinde für die Anschaffung seiner Geschäftsausstattung einen nicht rückzahlbaren Zuschuss in der Höhe von 2.000,– überwiesen.

Welche Buchungen sind beim Lebensmittelhändler erforderlich, wenn für die Geschäftsausstattung Anschaffungskosten von insgesamt 15.000,– (netto) anfielen und dafür von einer achtjährigen Nutzungsdauer auszugehen ist?

Lösung:

Soll eine unsaldierte Erfassung des Zuschusses vorgenommen werden, ist er auf ein gesondertes Konto – das in der Klasse 9 geführt wird – zu buchen:

	(2)	*Bank*	*2.000*	
an	*(9)*	*Sonderposten für Investitionszuschüsse zum Anlagevermögen (Betriebs- und Geschäftsausstattung)*		*2.000*

Bei dieser Form der Verbuchung bleibt das Anlagenkonto ungekürzt und auch die folgenden Abschreibungen des Anlagengegenstandes werden in ihrer Höhe nicht vom erhaltenen Zuschuss beeinflusst:

	(7)	*planmäßige Abschreibungen*	*1.875*	
an	*(0)*	*Betriebs- und Geschäftsausstattung*		*1.875*

Gegengleich zur Abschreibung erfolgt – über die Nutzungsdauer des zugehörigen Anlagengegenstandes – die Auflösung des „Sonderpostens für Investitionszuschüsse“:

	(9)	*Sonderposten für Investitionszuschüsse zum Anlagevermögen (Betriebs- und Geschäftsausstattung)*	*250*	
an	*(4)*	*sonstige betriebliche Erträge*		*250*

(Insgesamt gesehen wird ein Betrag in der Höhe von 1.625 (= 1.875 Abschreibung abzüglich 250 Ertrag) erfolgswirksam. Dies entspricht der Höhe jener Abschreibung, die sich ergeben hätte, wenn der Zuschuss unmittelbar kürzend in das Anlagenkonto eingebucht worden wäre und die Abschreibung ausgehend von dem verringerten Wert (= 15.000 Anschaffungskosten abzüglich 2.000 Zuschuss) ermittelt worden wäre.)

Jedenfalls vom Aktivkonto der Anschaffung abzusetzen sind **in Anspruch genommene Skonti**: Wird von dem für die vorzeitige Zahlung eines Zielpreises gewährten Preisnachlass Gebrauch gemacht, stellt dies eine Anschaffungskostenminderung und keinen Ertrag dar.[25]

Beispiel:

Die Eingangsrechnung für eine aus der Schweiz importierte und in Inlandswährung fakturierte Maschine wurde wie folgt verbucht:

	(0)	*technische Anlagen und Maschinen*	*15.000*	
an	*(3)*	*Verbindlichkeiten aus L & L*		*15.000*

Welche Buchung ist erforderlich, wenn die Rechnung innerhalb einer vorgesehenen Skontofrist mit einem 3%igen Skontoabzug, dh durch eine Banküberweisung in Höhe von 14.550,– bezahlt wird?

Lösung:

Die Begleichung der Rechnung unter Inanspruchnahme des Skontoabzuges ist wie folgt zu verbuchen:

	(3)	*Verbindlichkeiten aus L & L*	*15.000*	
an	*(2)*	*Bank*		*14.550*
an	*(0)*	*technische Anlagen und Maschinen*		*450*

Im Steuerrecht findet sich für die Anschaffungskosten keine Definition. Lediglich für steuerfreie Subventionen aus öffentlichen Mitteln ist ausdrücklich bestimmt, dass sie die Anschaffungs- (bzw Herstellungs-)kosten kürzen (vgl § 6 Z 10 EStG). Hinsichtlich der Anschaffungsnebenkosten und der Anschaffungskostenminderungen folgt die steuerrechtliche Ermittlung der Anschaffungskosten den dargestellten Grundsätzen.

25 Vgl zur Behandlung des Skontos als Fremdkapitalkosten jedoch auch das folgende Kap 3.6.3.1.3. sowie bereits Kap. 2.11.1.5.

3.6.3.1.3. Berücksichtigung von Fremdkapitalkosten

Fremdkapitalkosten gehören grundsätzlich nicht zu den Anschaffungskosten eines Vermögensgegenstandes. Die Anschaffung eines Gegenstandes selbst und die Finanzierung – etwa über die Aufnahme eines Kredites – sind nach unternehmerischer Übung getrennte Vorgänge. Dadurch, dass ein Gegenstand mit Fremdmitteln finanziert wird, wird er nicht mehr wert. Der zu aktivierende Anschaffungspreis ist somit jener, der bei Barzahlung (Zug-um-Zug-Geschäft) zu entrichten ist.

Daraus ergibt sich die **spezifische Behandlung** von

- Skonti,
- Zielkäufen und
- Kursschwankungen bei Fremdwährungen.

Skonti

Skonti sind Nachlässe für sofortige Barzahlung bzw vorzeitige Zahlung. Diese Nachlässe wird der Verkäufer zunächst in seiner Preiskalkulation als **Zinskomponente für die Gewährung des Zahlungsziels** inkludieren:

	Selbstkosten
+	Gewinnzuschlag
+	Skonto
=	Verkaufspreis (netto)

Zahlt ein Kunde dann bar bzw früher als üblich, wird der Verkäufer bereit sein, den Preis um den entsprechenden Teil der bereits einkalkulierten Zinsen wieder zu reduzieren. Diesfalls kommt es – wie bereits dargestellt – beim Käufer zu einer entsprechenden Minderung der Anschaffungskosten. Doch auch wenn die Zahlung erst nach Ablauf des Skontorespiros geleistet wird, **stellt der Skontobetrag als Differenz zwischen Kassapreis und Zielpreis einen Zinsaufwand dar, der nicht aktiviert werden darf.** Unter dieser Interpretation lässt sich folgende Art der Skontoverbuchung – häufig als Kassapreis-Methode bezeichnet – ableiten:

Beispiel:

Folgende – in Inlandswährung fakturierte – Eingangsrechnung für eine aus der Schweiz importierte Maschine ist zum 1. 2. zu verbuchen:

Maschine XYZ	*15.000,–*
zahlbar innerhalb von 8 Tagen mit 3 % Skonto oder innerhalb von 30 Tagen netto Kassa.	

Welche Buchungen sind erforderlich, wenn

a) die Zahlung am 4. 2. ***mit*** *Skontoabzug erfolgt,*

b) die Zahlung am 15. 2. ***ohne*** *Skontoabzug erfolgt?*

Lösung:

1. 2. Die Maschine wird jedenfalls mit dem Barkaufpreis, dh ohne Skonto aktiviert. Da Zahlungstermin und -betrag noch ungewiss sind, wird bei Einbuchung der Eingangsrechnung der volle Verbindlichkeitsbetrag erfasst:

	(0)	*technische Anlagen und Maschinen*	*14.550*	
	(8)	*nicht ausgenützte Lieferantenskonti*	*450*	
an	*(3)*	*Verbindlichkeiten aus Lieferungen und Leistungen*		*15.000*

a) Zahlung am 4. 2. innerhalb der Skontofrist:

	(3)	*Verbindlichkeiten aus Lieferungen und Leistungen*	*15.000*	
an	*(2)*	*Bank*		*14.550*
an	*(8)*	*nicht ausgenützte Lieferantenskonti*		*450*

b) Zahlung am 15. 2. nach Ablauf der Skontofrist:

	(3)	*Verbindlichkeiten aus Lieferungen und Leistungen*	*15.000*	
an	*(2)*	*Bank*		*15.000*

Der nicht ausgenützte Lieferantenskonto bleibt mit 450,– zu Buche stehen und wird in der Gewinn- und Verlustrechnung unter den Zinsaufwendungen ausgewiesen.

Zielkäufe (Ratenkäufe, Teilzahlungsgeschäfte)

Stundet der Verkäufer dem Käufer eines Vermögensgegenstandes den Rechnungsbetrag oder erfolgt die Zahlung dieses Betrags über Raten, so wird der Verkäufer in diesen Preis **Zinsen für dieses Zahlungsziel einkalkulieren**. Der gestundete Kaufpreis bzw die Summe der zu leistenden Kaufpreisraten beinhaltet somit einen Finanzierungskostenbestandteil, der nicht aktiviert werden darf.

Beispiel:

Lieferung einer aus der Schweiz importierten – in Inlandswährung fakturierten – Maschine am 1. 1. X1 mit folgenden Zahlungsbedingungen: Nach Leistung einer Anzahlung in Höhe von 180.000,– am 1. 1. X1 sollen zwei weitere Raten in Höhe von jeweils 441.000,– am 31. 12. X1 und 31. 12. X2 geleistet werden. Der Verkäufer kalkuliert mit einem Zinssatz von 5 % pa.

Welche Buchungen hat der Käufer vorzunehmen?

Lösung:

Der Käufer hat die Maschine bei Übergang des wirtschaftlichen Eigentums im Zeitpunkt der Lieferung (1. 1. X1) zu aktivieren.

Während die Anzahlung als sofortige Zahlung keinen Zinsenanteil enthält, sind in den beiden folgenden Raten Zinsen für ein Jahr bzw zwei Jahre für diesen Lieferantenkredit inkludiert, die über Abzinsung auf den 1. 1. X1 (= Zeitpunkt der Einbuchung der Maschine) herauszurechnen sind:

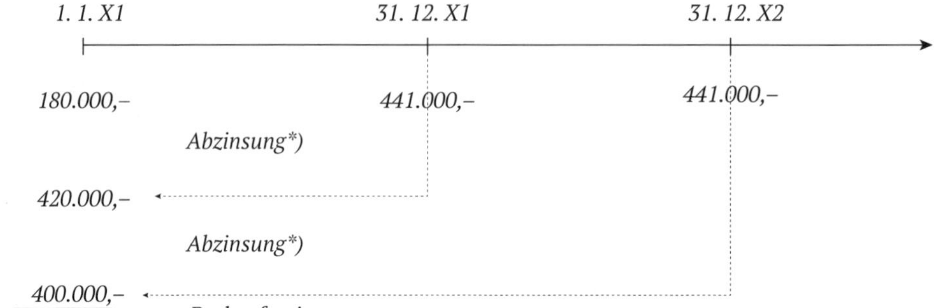

1,000.000,– = *Barkaufpreis*
(Dieser müsste dem Angebot des Lieferanten bei sofortiger Zahlung entsprechen!)

**) Die Abzinsung ist über den Abzinsungsfaktor*

$$\frac{1}{(1+i)^t} \quad \text{wobei gilt:} \quad i = \frac{\text{Zinssatz}}{100}$$

t = Anzahl der Perioden

zu berechnen:

Rate vom 31. 12. X1: $441.000 \times \frac{1}{(1+0{,}05)} = 420.000{,}–$

Rate vom 31. 12. X2: $441.000 \times \frac{1}{(1+0{,}05)^2} = 400.000{,}–$

Die Buchung am 1. 1. X1 hat zu lauten:

	(0)	technische Anlagen und Maschinen	1.000.000	
an	(2)	Bank		180.000
an	(3)	Verbindlichkeiten aus L & L		820.000

Bei Zahlung der Raten sind diese jeweils zu trennen in die Zins- sowie Tilgungskomponente:

31. 12. X1:

Zinsen...= Verbindlichkeit iHv 820.000 x 5 % = 41.000

Tilgung...= Rest auf 441.000 = 400.000

Rate... 441.000

	(8)	Zinsaufwand	41.000	
	(3)	Verbindlichkeiten aus L & L	400.000	
an	(2)	Bank		441.000

31. 12. X2:

Zinsen.................................= Verbindlichkeit iHv (820.000 – 400.000) x 5 % = 21.000

Tilgung...= Rest auf 441.000 = 420.000

Rate...441.000

	(8)	*Zinsaufwand*	*21.000*	
	(3)	*Verbindlichkeiten aus L & L*	*420.000*	
an	*(2)*	*Bank*		*441.000*

Kursschwankungen

Da der Jahresabschluss in Euro aufzustellen ist (vgl § 193 Abs 4 UGB), ist **ein auf ausländische Währung lautender Anschaffungspreis umzurechnen.** Dabei ist korrekterweise der Umrechnungskurs des Liefertages zugrunde zu legen (= Zeitpunkt des Überganges des wirtschaftlichen Eigentums). Spätere Kursschwankungen bis zum Zahlungszeitpunkt stellen Finanzierungskosten dar, die die Anschaffungskosten nicht betreffen.

Beispiel:

Am 7. Jänner werden bei einem ausländischen Produzenten Waren zur Lieferung EXW (Ex Works/ ab Werk) bestellt, wobei sich der Warenwert auf 3.890,– Fremdwährung beläuft. Am 2. Februar meldet ein Vertriebsmitarbeiter des Produzenten die Bereitstellung der Produkte. Am 4. Februar holt der beauftragte österreichische Spediteur die Waren im Ausland ab; am 9. Februar erreichen sie das Lager des Käufers. Die Zahlung des Rechnungsbetrags erfolgt am 17. Februar durch Banküberweisung.

Kursentwicklung der Fremdwährung (Devisen):

	Ankauf	*Verkauf*
7. 1.	*1,5898*	*1,5570*
2. 2.	*1,5887*	*1,5560*
4. 2.	*1,5930*	*1,5599*
9. 2.	*1,5998*	*1,5670*
17. 2.	*1,6023*	*1,5698*

Welche Buchungen hat der Käufer vorzunehmen?

Lösung:

Die Lieferung ab Werk gilt mit Bereitstellung der Waren beim ausländischen Lieferanten als bewirkt. Dementsprechend hat der österreichische Importeur am 2. Februar umgerechnet mit dem dann gültigen Devisenverkaufskurs – jenem Kurs, zu dem die ausländische Währung zur Begleichung der Verbindlichkeiten angeschafft werden müsste (= Fremdwährungsbetrag iHv 3.890 : 1,5560 = 2.500 EUR) – zu buchen:

	(1)	*Waren*	*2.500,00*	
an	*(3)*	*Verbindlichkeiten aus L & L*		*2.500,00*

Die Umrechnung bei Zahlung am 17. 2. ergibt einen Betrag iHv 2.478,02 EUR (= 3.890 : 1,5698) und der Importeur wird buchen:

	(3)	*Verbindlichkeiten aus L & L*	*2.500,00*	
an	*(2)*	*Bank*		*2.478,02*
an	*(5,8)*	*Kursgewinne*[26]		*21,98*

Die dargestellte Umrechnung mit dem Kurs im Zeitpunkt der erbrachten Lieferung ist die grundsätzlich korrekte. In der Praxis erfolgt die **Umrechnung häufig erst bei Einbuchung der Eingangsrechnung bzw zu intern festgesetzten Verrechnungskursen**, was – sofern nicht wesentliche Kursschwankungen vorliegen – aus Vereinfachungsgründen als zulässig anzusehen ist.

Zinsen für anzahlungsfinanzierte langfristige Anschaffungen

Eine Besonderheit bei der Behandlung von Fremdkapitalkosten ergibt sich im Zusammenhang mit kreditfinanzierten An- und Vorauszahlungen: Mit der Überlegung, dass es für den Anschaffungswert eines Vermögensgegenstandes unbeachtlich sein muss, ob die während seiner Erstellung anfallenden Zinsen vom Lieferanten getragen und in der Folge durch einen entsprechend höheren Verkaufspreis weitergegeben werden, oder ob der Empfänger des Vermögensgegenstandes eine Anzahlung leistet, dafür einen Kredit aufnimmt und damit die Zinsen selbst trägt und ihm in der Folge für den Gegenstand ein entsprechend geringerer Preis in Rechnung gestellt wird, sind derartige **Zinsen aktivierbar.**

Voraussetzungen für die Aktivierung der Zinsen sind ihr enger Zusammenhang mit der geleisteten Anzahlung sowie ihr Anfall vor der eigentlichen Anschaffung des Vermögensgegenstandes iSd Überganges des wirtschaftlichen Eigentums. Eine bestimmte Mindestdauer zwischen Anzahlungsleistung und eigentlichem Erwerb ist nicht zu fordern, doch wird sich diese schon deshalb über einen gewissen Zeitraum erstrecken müssen, damit in dieser Phase auch Zinsen anfallen.

In analoger Anwendung des Einrechnungswahlrechts des § 203 Abs 4 UGB für Fremdkapitalzinsen im Rahmen der Herstellungskosten kann für diese Zinsen von einem **Einrechnungswahlrecht** ausgegangen werden; im Hinblick darauf, dass im Bereich der Anschaffungskosten grundsätzlich keine Wahlrechte bestehen, lässt sich jedoch auch ein Aktivierungsgebot ableiten.

Die dargestellte Ermittlung der Anschaffungskosten ist gleichermaßen für das Anlagevermögen (vgl § 203 Abs 1 f UGB) wie für das Umlaufvermögen (vgl § 206 Abs 1 f UGB) maßgeblich. Grundsätzlich hat dabei – entsprechend dem Gebot der Einzelbewertung – die **Wertfeststellung für jeden einzelnen Vermögensgegenstand gesondert** zu erfolgen. Es sind jedoch auch die **Bewertungsvereinfachungsverfahren** gemäß § 209 UGB anwendbar. Besonders im Bereich des Vorratsvermögens ist es zudem vielfach notwendig, vereinfachend eine **Pauschalierung der Anschaffungsnebenkosten** vorzunehmen.

---

26 Im Hinblick auf ihren Finanzierungscharakter erscheint eine Zuordnung der Kursgewinne und Kursverluste zum Finanzbereich der Gewinn- und Verlustrechnung sachgerecht (Klasse 8). Der Einheitskontenrahmen führt beim Materialaufwand und den sonstigen bezogenen Herstellungsleistungen (Klasse 5) „Fremdwährungskursdifferenzen (soweit Kontenklasse 5 eindeutig zuordenbar)" und bei den Finanzerträgen und Finanzaufwendungen (Klasse 8) „Kursänderungen bei Fremdwährungsforderungen/-verbindlichkeiten" an.

3.6.3.1.4. „Anschaffungskosten" von Forderungen

Soweit möglich, ist der bereits erläuterte Bewertungsmaßstab der Anschaffungskosten auch auf die Bilanzposten der **Forderungen** zu übertragen. Forderungen gelten dabei als **„angeschafft", sobald durch die einseitige Erfüllung der Vertragsverpflichtung** (durch den Absatzakt, die Erbringung der Leistung etc) das Rechtsgeschäft als realisiert zu betrachten ist. Der Zeitpunkt der Rechnungslegung selbst spielt dabei grundsätzlich keine Rolle: So wäre bei Fremdwährungsforderungen der Eurobetrag auf Grundlage des im Zeitpunkt ihres Entstehens gültigen Kurses – maßgeblich ist der Devisenankaufskurs – zu errechnen und zu verbuchen. In der Praxis erfolgen jedoch Umrechnung und Verbuchung zumeist bei Rechnungslegung; bei starken Kursschwankungen und bei Buchungen um den Bilanzstichtag ist allerdings auf den Realisationszeitpunkt abzustellen.

Beispiel:

Am 20. 11. wurden Ausrüstungsteile für eine Meerwasserentsalzungsanlage nach Triest (Italien) transportiert, die von dort am 28. 11. an Bord der „Iola" nach Santos (Brasilien) verschifft wurden. Die Vertragsbedingungen sehen eine Lieferung FOB (Free on Board/Frei an Bord) der „Iola" in Triest vor. Die zum 4. 12. datierte Ausgangsrechnung lautet auf einen Fremdwährungsbetrag von 9.730,–.

Laut Agenturmeldungen vom 6. 12. war am 30. 11. der Funkkontakt mit der „Iola" abgebrochen. Am 8. 12. sichteten Suchhubschrauber Wrackteile, deren Identifikation allerdings im Zeitpunkt der Jahresabschlussaufstellung noch nicht abgeschlossen ist. Ein Schiffsunglück kann nicht ausgeschlossen werden.

Kurse der maßgeblichen Fremdwährung:

20. 11.	*1,1118/1,1018*
28. 11.	*1,1120/1,1020*
30. 11.	*1,1125/1,1027*
4. 12.	*1,1140/1,1038*
6. 12.	*1,1140/1,1038*
8. 12.	*1,1135/1,1032*

Welche Buchungen ergeben sich aus der Sicht des Verkäufers?

Lösung:

Aufgrund der vereinbarten Lieferklausel gilt die Leistung des Exporteurs mit Lieferung der Teile an Bord des benannten Schiffs als realisiert (28. 11.), zu diesem Zeitpunkt ist die Forderung umgerechnet zum Ankaufskurs (1,1120) einzubuchen:

	(2)	*Forderungen aus L & L*	*8.750*	
an	*(4)*	*Umsatzerlöse*		*8.750*

Die folgenden Angaben sind, da das Risiko für den Untergang der Ware auf den Käufer übergegangen ist, für den Exporteur irrelevant.

Die **„Anschaffungskosten" von Forderungen aus Lieferungen und Leistungen entsprechen grundsätzlich dem Nennbetrag**, wie er in der erstellten Rechnung aufscheint.

Lediglich in Fällen, in welchen aufgrund einer längerfristigen Stundung des Rechnungsbetrages der **Nennbetrag der Forderung Zinsen für dieses Zahlungsziel enthält,** bildet nur der Barwert den Anschaffungswert der Forderung. Die Abzinsung der Forderung auf den Barwert und damit auf den fiktiven Barverkaufspreis ist infolge des Realisationsprinzips notwendig: Im Zeitpunkt der „Anschaffung" und damit der Einbuchung der Forderung ist nur der Erlös aus dem (Bar-)Verkaufsgeschäft realisiert; der Zinsertrag für die Stundung des Kaufpreises wird erst durch Ablauf der Zeit verwirklicht. Entsprechend ist die Forderung während der Laufzeit aufzuzinsen.

Beispiel:

Am 1. 11. werden Waren im Wert von 20.000,– verkauft. Der Verkäufer gewährt ein Zahlungsziel von sechs Monaten und stellt die Ausgangsrechnung auf 21.200,– (inkl 12 % Zinsen pa) aus.

Welche Buchungen sind vom Verkäufer

a) am 1. 11.,

b) am 31. 12. (Abschlussstichtag),

c) am 30. 4. (Zahlungszeitpunkt; mittels Banküberweisung) vorzunehmen?

Lösung:

a) Am 1. 11. hat der Verkäufer nur den Barwert der Forderung (= 21.200 x 1/1,06 = Barverkaufspreis) einzubuchen:

	(2)	*Forderungen aus L & L*	*20.000*	
an	*(4)*	*Umsatzerlöse*		*20.000*

b) Am 31. 12. sind die anteiligen Zinsansprüche (= 20.000 x 12 % x 2/12) zu erfassen, um die in der Abschlussperiode realisierten Erträge zu berücksichtigen:

	(2)	*sonstige Forderungen*	*400*	
an	*(8)*	*Zinserträge*		*400*

c) Mit der Zahlung (30. 4.) wird auch der in das zweite Geschäftsjahr fallende Zinsertrag realisiert:

	(2)	*Bank*	*21.200*	
an	*(2)*	*Forderungen aus L & L*		*20.000*
an	*(2)*	*sonstige Forderungen*		*400*
an	*(8)*	*Zinserträge*		*800*

Ein möglicher **Skontoabzug durch den Kunden** wird üblicherweise erst bei der tatsächlichen Ausnützung durch den Kunden verbucht. Im Hinblick auf den Zinsencharakter des Skontos sollte dieser jedoch beim Verkäufer von den Umsatzerlösen getrennt verbucht werden. Bei Zahlung mit Skontoabzug wird der Kundenskonto wieder ausgebucht; bei Zahlung nach Ablauf der Skontofrist bleibt der nicht ausgenützte Kundenskonto zu Buche stehen und ist den Zinserträgen zuzurechnen.

Beispiel:

Welche Buchungen sind von Seiten des Verkäufers bei einem Verkauf von Waren um 10.000,– (netto, keine USt) zahlbar innerhalb von 8 Tagen mit 2 % Skonto vorzunehmen?

Lösung:

Der Verkäufer bucht nach erbrachter Lieferung der Waren:

	(2)	*Forderungen aus Lieferungen und Leistungen*	*10.000*	
an	*(4)*	*Umsatzerlöse*		*9.800*
an	*(8)*	*nicht ausgenützte Kundenskonti*		*200*

Bei Zahlung innerhalb der Skontofrist:

	(2)	*Bank*	*9.800*	
	(8)	*nicht ausgenützte Kundenskonti*	*200*	
an	*(2)*	*Forderungen aus Lieferungen und Leistungen*		*10.000*

Bei Zahlung nach Ablauf der Skontofrist:

	(2)	*Bank*	*10.000*	
an	*(2)*	*Forderungen aus Lieferungen und Leistungen*		*10.000*

Nachträglich gewährte **Preisnachlässe und Rabatte reduzieren den bereits eingebuchten Forderungsbetrag**. Da es sich dabei gewissermaßen um nachträgliche Anschaffungswertminderungen handelt, ist diese Korrektur bei Fremdwährungsforderungen mit dem ursprünglichen Umrechnungskurs vorzunehmen.

Bei Forderungen aus Darlehenshingaben bildet idR der Auszahlungsbetrag den Anschaffungswert.

3.6.3.2. Herstellungskosten

3.6.3.2.1. Herstellungsvorgang

Vermögensgegenstände – sowohl solche des Anlage- als auch des Umlaufvermögens – können nicht nur fremdbezogen sein, sondern auch durch das Unternehmen selbst erstellt werden. Eine Herstellung liegt dabei stets dann vor, **wenn im Unternehmen ein neuer Vermögensgegenstand mit anderer, von der ursprünglichen abweichender Verkehrsgängigkeit entsteht**. Üblicherweise wird eine Be- oder Verarbeitung diese Änderung der Verkehrsgängigkeit bewirken (zB Bretter werden zu einem Tisch verarbeitet). Doch auch ein bloßer Lagerungsprozess – wie etwa bei Holz oder Wein – zur Erreichung einer anderen Produktqualität genügt.

Neben dem Grundtatbestand der Herstellung – iSd Schaffung eines bisher nicht existierenden Vermögensgegenstandes – sind gemäß § 203 Abs 3 UGB noch **zwei weitere Vorgänge unter dem Begriff der Herstellung zu subsumieren:**

§ 203 (3) UGB

Herstellungskosten sind die Aufwendungen, die für die Herstellung eines Vermögensgegenstandes, seine Erweiterung oder für eine über seinen ursprünglichen Zustand hinausgehende wesentliche Verbesserung entstehen. ...

Auch bei einem bereits vorhandenen – angeschafften oder hergestellten – Vermögensgegenstand können demnach sog **nachträgliche Herstellungskosten** anfallen: Eine **Erweiterung** liegt bei einer Substanzmehrung des bisherigen Gegenstandes vor, wie typischerweise bei Gebäudean- oder -aufbauten. Eine **wesentliche Verbesserung des ursprünglichen Zustandes** eines Vermögensgegenstandes erfolgt durch Maßnahmen, die zwar keine Substanzmehrung ieS bedingen, die allerdings seine künftige Verwendungsmöglichkeit umfassend verändern. Als Beispiele dafür lassen sich etwa der Umbau einer Lagerhalle in ein Verwaltungsgebäude oder die Umstellung einer Produktionsmaschine auf einen anderen, qualitativ besseren oder wesentlich größeren Output anführen. **Keine Herstellungsvorgänge** – und damit auch keine aktivierungspflichtigen Herstellungskosten, sondern Erhaltungsaufwand – verursachen hingegen Reparaturarbeiten, um die Funktionsfähigkeit eines Vermögensgegenstandes aufrechtzuerhalten, sowie Modernisierungsmaßnahmen, die zwar seine Ausstattung und Funktion an gestiegene Anforderungen und den technischen Fortschritt anpassen, jedoch zu keiner wesentlichen Veränderung seiner Verwendbarkeit führen.

3.6.3.2.2. Besonderheit der Erfassung

Im Unternehmen hergestelltes Anlage- und Umlaufvermögen ist zunächst mit seinen Herstellungskosten anzusetzen (vgl § 203 Abs 1 und § 206 Abs 1 UGB sowie § 6 Z 1 und 2 EStG). In Analogie zu den Anschaffungskosten **können unter Herstellungskosten all jene Beträge verstanden werden, die anfallen, um einen Gegenstand herzustellen.**[27] Ein Herstellungsvorgang soll grundsätzlich wie eine Anschaffung eine bloße Vermögensumschichtung bedingen und als solche keine Erfolgsauswirkung haben.

Eine **Besonderheit des Herstellungsprozesses** liegt nun jedoch darin, dass er **während des Herstellungszeitraumes zunächst Aufwendungen verursacht**, wie bspw die Löhne für die mit der Produktion befassten Arbeiter oder die Energie für die Fertigungsmaschinen. Um die geforderte Erfolgsneutralität des Herstellungsvorgangs zu erreichen, muss bei Fertigstellung des Vermögensgegenstandes bzw zum Jahresabschlussstichtag eine Zusammenfassung der bei der Herstellung verbrauchten Werte vorgenommen werden und ihre Erfassung auf einem entsprechenden Aktivkonto erfolgen. Den buchungstechnischen Zusammenhang möge folgendes ***Beispiel*** verdeutlichen:

27 Vgl dazu genauer Kap 3.6.3.2.3.

Ein Unternehmen beschließt zu Beginn einer Periode keine anderen Aktivitäten zu setzen, als durch eigene Arbeitskräfte eine spezielle technische Produktionsanlage zu erstellen. Die Bilanz zu Beginn der Periode hat folgendes Aussehen:

Kassa	*100.000*	*Kapital*	*100.000*

Während der Periode fallen Arbeitslöhne, Ausgaben für Materialien, Mietzahlungen für gemietetes Werkzeug und Energierechnungen an, die alle bar bezahlt werden.

Am Periodenende zeigen Bestands- und Erfolgsverrechnungskreis des Unternehmens folgendes Bild:

Bestände

Kassa	*25.000*	

Aufwendungen

Löhne	*35.000*	
Materialaufwand	*25.000*	
Mietaufwand	*10.000*	
Energie	*5.000*	

Gleichzeitig kann die Fertigstellung der Produktionsanlage gemeldet werden.

Die Herstellung der Produktionsanlage hat insgesamt 75.000,– (= sämtliche für ihren Bau angefallenen Beträge) gekostet. Die Anlage ist in der Bilanz des Unternehmens zu aktivieren. Anstatt jedes Aufwandskonto für sich anzusprechen, zu neutralisieren und auf ein Bestandskonto „Produktionsanlage" umzubuchen, wird die fertiggestellte Anlage mit folgendem Buchungssatz aktiviert:

	(0)	*Technische Anlagen*	*75.000*	
an	*(4)*	*aktivierte Eigenleistungen*		*75.000*

Somit haben Bilanz und Gewinn- und Verlustrechnung zum Ende der Periode folgendes Aussehen:

Bilanz

Technische Anlagen	*75.000*	*Kapital*	*100.000*
Kassa	*25.000*		
	100.000		*100.000*

G & V

Diverse Aufwendungen	*75.000*	*aktivierte Eigenleistungen*	*75.000*
	75.000		*75.000*

Letztlich entstand somit in der untersuchten Periode weder ein Gewinn noch ein Verlust; es fand lediglich ein sog Aktivtausch statt: Ausgaben wurden für die Erstellung einer Anlage getätigt. Das Ergebnis ist kein anderes als bei Kauf einer Anlage.

Eine **Besonderheit des Herstellungsprozesses** im Vergleich zu einem Anschaffungsvorgang ist darin zu sehen, dass eine derart **eindeutige Zurechnung der Aufwendungen auf hergestellte Vermögensgegenstände**, wie die eben geschilderte, in der Praxis **nur in den wenigsten Fällen möglich** ist. Zur Feststellung der zu aktivierenden Beträge ist deshalb in der Regel **auf das Datenmaterial der betrieblichen Kostenrechnung zurückzugreifen**, die im Rahmen der sog Kostenträgerrechnung eine Zuordnung der bei der Leistungserstellung anfallenden Kosten auf die Leistungseinheiten (= Kostenträger wie die erzeugten Produkte) vornimmt.

Die Kostenrechnung verwendet für jene **Kosten, die sich unmittelbar einem erzeugten Produkt zuordnen lassen**, den Begriff der **Einzelkosten**. Das sind üblicherweise:

- Materialeinzelkosten: alle unmittelbar für die Herstellung verbrauchten Werkstoffe, wie Rohstoffe, Halb- und Teilerzeugnisse etc;
- Fertigungseinzelkosten: insbesondere die bei der Fertigung anfallenden Fertigungslöhne.

Daneben fallen allerdings Kosten an, deren direkte Zurechenbarkeit auf den erstellten Gegenstand nicht möglich ist, die aber zweifelsohne **in mittelbarem Zusammenhang mit der Produktion** stehen. Diese sog **Gemeinkosten** umfassen bspw:

- Kosten der Arbeitsvorbereitung,
- Abnutzung der Fertigungsmaschinen,
- Kosten der Lagerhaltung der Fertigungsmaterialien,

bis hin zu

- Kosten des Lohnbüros,
- Kosten der Unfallverhütung und Sicherheit,

aber auch

- Kosten der allgemeinen Verwaltung wie der Geschäftsführung, des Rechnungswesens, des Nachrichtenwesens.

Entsprechend ist eine Kostenträgerrechnung eines Fertigungsbetriebes ausgestattet. Im Wesentlichen zeigt das **Kalkulationsschema der Selbstkosten** folgenden Aufbau:

	Materialeinzelkosten
+	Fertigungseinzelkosten
+	Sonderkosten der Fertigung
=	EINZELKOSTEN
+	Materialgemeinkosten
+	Fertigungsgemeinkosten
=	HERSTELLKOSTEN
+	Verwaltungsgemeinkosten
+	Vertriebsgemeinkosten
+	Sonderkosten des Vertriebs
=	SELBSTKOSTEN

Dabei sind:

Materialeinzelkosten die eingesetzte Menge an Roh- und Hilfsstoffen, an Halb- und Teilerzeugnissen, die dem einzelnen Erzeugnis direkt zurechenbar ist;

Fertigungseinzelkosten die bei der Fertigung anfallenden Löhne inklusive der Zuschläge sowie Gehälter für zB Techniker, Werkmeister etc, soweit sie unmittelbar dem einzelnen Erzeugnis zugerechnet werden können;

Sonderkosten der Fertigung Kosten für Modelle, spezielle Werkzeuge, Lizenzen, Rezepturen sowie sonstige Entwicklungs-, Entwurfs-, Versuchs- und Konstruktionskosten, sofern sie direkt zurechenbar sind;

Materialgemeinkosten die Aufwendungen für die Annahme und Prüfung des Materials, für dessen Lagerung und Verwaltung uÄm;

Fertigungsgemeinkosten zB nicht direkt zurechenbare Hilfs- und Betriebsstoffe, Energiekosten, Anlagenabschreibung auf Fertigungsanlagen, Prämien für Sachversicherungen auf

Fertigungsanlagen, Steuern auf die Fertigungsanlagen (Grundsteuer), laufende Instandhaltungsaufwendungen für Betriebsbauten und -einrichtungen sowie Maschinen, Aufwendungen für Werkstättenverwaltung, Meister, Arbeitsvorbereitung, Qualitätssicherung und Fertigungskontrolle;

Verwaltungsgemeinkosten die Gehälter und Löhne des Verwaltungsbereiches, die entsprechenden Abschreibungen für in der Verwaltung eingesetzte Anlagen, Porti, Telefon- und Internetgebühren etc;

Vertriebsgemeinkosten, Sonderkosten des Vertriebs all jene Kosten, die die Bereiche nach der Produktion betreffen: Kosten des Fertiglagers, des Vertriebslagers, der gesamten Verkaufsabteilung, aber auch Werbungskosten wie Inserate, Reklamefeldzüge, Messe- und Ausstellungskosten oder Verkaufsprovisionen etc.

Die **Gemeinkosten** lassen sich dabei nicht unmittelbar auf die erzeugten Vermögensgegenstände zurechnen. Sie werden vielmehr mit Schlüsseln auf die Einzelkosten umgelegt, indem etwa **über eine Zuschlagskalkulation bestimmte Gemeinkostenzuschlagssätze errechnet** werden.

Beispiel:

An direkt zurechenbarem Rohstoff wurde in einer Periode 250.000,– verbraucht. In der Kostenstelle Material fielen Gemeinkosten (Löhne der Materialverwaltung, Energie, Abschreibungen etc) in Höhe von insgesamt 30.000,– an.

Der Materialgemeinkostenzuschlag auf Basis des Rohstoffverbrauchs beträgt somit:

30.000/250.000 x 100 = 12 %

Wird nun bspw ein Produkt erzeugt, das Rohstoffe im Wert von 200,– verbraucht, werden seine gesamten Materialkosten wie folgt ermittelt:

	Materialeinzelkosten (= Rohstoff)	*200*
+	*12 % Materialgemeinkosten*	*24*
=	*Materialkosten*	*224*

3.6.3.2.3. Bestandteile

Für den Ansatz selbsterstellter Vermögensgegenstände des Anlagevermögens in der Bilanz enthalten § 203 Abs 3 und 4 UGB eine **Umschreibung der Herstellungskosten**,[28] die gleichermaßen für das Umlaufvermögen gilt (vgl § 206 Abs 2 UGB[29]):

28 Zum Übergangsrecht iZm der durch das RÄG 2014 neu gefassten Umschreibung der Herstellungskosten vgl am Ende dieses Kapitels.

29 Vgl jedoch auch § 206 Abs 3 UGB bzw Kap 3.6.3.2.4.

§ 203 (3) UGB

Herstellungskosten sind die Aufwendungen, die für die Herstellung eines Vermögensgegenstandes, seine Erweiterung oder für eine über seinen ursprünglichen Zustand hinausgehende wesentliche Verbesserung entstehen. Bei der Berechnung der Herstellungskosten sind auch angemessene Teile dem einzelnen Erzeugnis nur mittelbar zurechenbarer fixer und variabler Gemeinkosten in dem Ausmaß, wie sie auf den Zeitraum der Herstellung entfallen, einzurechnen. Sind die Gemeinkosten durch offenbare Unterbeschäftigung überhöht, so dürfen nur die einer durchschnittlichen Beschäftigung entsprechenden Teile dieser Kosten eingerechnet werden. Aufwendungen für Sozialeinrichtungen des Betriebes, für freiwillige Sozialleistungen, für betriebliche Altersversorgung und Abfertigungen dürfen eingerechnet werden. Kosten der allgemeinen Verwaltung und des Vertriebes dürfen nicht in die Herstellungskosten einbezogen werden.

(4) Zinsen für Fremdkapital, das zur Finanzierung der Herstellung von Gegenständen des Anlage- oder des Umlaufvermögens verwendet wird, dürfen im Rahmen der Herstellungskosten angesetzt werden, soweit sie auf den Zeitraum der Herstellung entfallen. Die Anwendung dieses Wahlrechts ist im Anhang anzugeben; mittelgroße und große Gesellschaften (§ 221 Abs 2 und 3) haben außerdem im Anhang den insgesamt nach dieser Bestimmung im Geschäftsjahr aktivierten Betrag anzugeben.

Obwohl auch das UGB von Herstellungs„kosten“ spricht, sind damit **Aufwendungen** gemeint, dh tatsächlich angefallene (pagatorische) Größen, nicht jedoch kalkulatorische Größen, wie etwa ein kalkulatorischer Unternehmerlohn oder eine kalkulatorische Abschreibung von Wiederbeschaffungswerten, die in der Kostenrechnung verwendet werden. Die **Ermittlung der in der UGB-Bilanz zu aktivierenden Herstellungskosten kann somit nicht stets auf Basis der Daten der Kostenrechnung erfolgen**, sondern muss jene rein kalkulatorischen Kosten ausscheiden, welchen keine Aufwendungen entsprechen (= Zusatzkosten). Die Notwendigkeit dieser Korrektur auf sog **aufwandsgleiche Kosten** ergibt sich auch aus der geforderten Erfolgsneutralität des Herstellungsvorgangs: Über die ertragsseitige Verbuchung der „aktivierten Eigenleistungen“ darf nur jener Wert neutralisiert werden, der als tatsächlicher Aufwand verbucht wurde.

Gleichfalls nicht in die Herstellungskosten einzubeziehen sind betriebsfremde oder außergewöhnliche Aufwendungen. Dies folgt aus der Bestimmung des § 203 Abs 3 UGB, wonach **lediglich angemessene Teile der Gemeinkosten eingerechnet** werden dürfen. Die unternehmensrechtlichen Herstellungskosten umfassen somit auch nur sog **kostengleiche Aufwendungen**, nicht jedoch Aufwendungen, welchen keine Kosten entsprechen (= neutrale Aufwendungen).

Beispiel:

Die Kostenrechnungsabteilung legt für die Kostenstelle „Material“ folgende Aufstellung der Gemeinkosten vor:

nicht direkt zurechenbare Hilfsstoffe	*5,000.000,–*
Energiekosten	*280.000,–*
Versicherungen	*170.000,–*
Gehälter und gehaltsabhängige Kosten	*380.000,–*
kalkulatorische Abschreibungen	*90.000,–*
kalkulatorische Wagnisse	*80.000,–*
	6,000.000,–

Die kalkulatorischen Abschreibungen basieren auf Wiederbeschaffungskosten; die pagatorischen Abschreibungen von jenen Anlagen, die der Materiallagerung dienen, betragen 75.000,–.

Die kalkulatorischen Wagnisse resultieren aus dem üblichen Schwund und Ausschuss bei den Hilfsstoffen. In der Buchhaltung ist für Schadensfälle im Bereich der Materialstelle ein Betrag von 370.000,– verbucht; die ungewöhnliche Höhe ergibt sich daraus, dass ein großer Posten der Hilfsstoffe durch falsche Lagerung unbrauchbar geworden war.

Die restlichen Beträge in der Kostenaufstellung stimmen mit den Aufwendungen in der Buchhaltung überein.

In welcher Höhe sind die Gemeinkosten der Kostenstelle „Material“ bei der Ermittlung der Herstellungskosten gemäß § 203 Abs 3 UGB zu berücksichtigen?

Lösung:

Zur Überleitung der Aufstellung der Kostenrechnung sind die kalkulatorischen Kosten auszuscheiden und durch die Aufwendungen zu ersetzen, wobei diese jedoch maximal in Höhe der kalkulatorischen Kosten hinzuzurechnen sind. So kann der ungewöhnlich hohe Betrag der Schadensfälle, der durch die falsche Lagerung der Hilfsstoffe verursacht wurde, als unangemessener Teil der Gemeinkosten nicht berücksichtigt werden.

Insgesamt ergibt sich folgende Berechnung:

	Summe der Gemeinkosten lt Kostenrechnung		*6,000.000*
–	*kalkulatorische Kosten:*		
	kalkulatorische Abschreibungen	*90.000*	
	kalkulatorische Wagnisse	*80.000*	*<170.000>*
+	*kostengleiche Aufwendungen:*		
	Abschreibungen	*75.000*	
	Schadensfälle	*80.000*	*155.000*
=	*Summe der Gemeinkosten für Zwecke der Ermittlung der unternehmensrechtlichen Herstellungskosten*		*5,985.000*

Die bei der Herstellung, Erweiterung oder wesentlichen Verbesserung eines Vermögensgegenstandes anfallenden Einzel- und Gemeinkosten sind jedenfalls als zu aktivierende Herstellungskosten anzusehen. Darüber hinaus führt § 203 UGB einige Bestandteile an, die in die Herstellungskosten eingerechnet bzw einbezogen werden „dürfen“. Ausgehend von der bereits dargestellten Zuschlagskalkulation ergibt sich aufgrund dieser Vorschrift folgender Umfang der unternehmensrechtlichen Herstellungskosten:

Einbeziehungspflicht	Materialeinzelkosten + Fertigungseinzelkosten + Sonderkosten der Fertigung + angemessene Teile der fixen und variablen (Material- und Fertigungs-)Gemeinkosten	
	= MINDESTANSATZ	Bandbreite des unternehmensrechtlichen Bewertungswahlrechts
Einbeziehungswahlrecht	+ Aufwendungen für Sozialeinrichtungen des Betriebes, für freiwillige Sozialleistungen, für betriebliche Altersversorgung und Abfertigungen + Zinsen für Fremdkapital	
	= HÖCHSTANSATZ	

Nach § 203 Abs 3 UGB dürfen **keine allgemeinen Verwaltungs- sowie Vertriebskosten** in die Herstellungskosten eingerechnet werden.

Anders als beim Bewertungsmaßstab der Anschaffungskosten, der eine exakt vorgegebene Wertgröße darstellt, bestehen für die Ermittlung der Herstellungskosten sog **Bewertungswahlrechte**: Es bleibt dem Bilanzierenden überlassen, bestimmte Aufwendungen in die Herstellungskostenberechnung einzubeziehen oder nicht.

Die **jedenfalls in die Herstellungskosten einzurechnenden und damit aktivierungspflichtigen Aufwendungen** umfassen neben den Einzelkosten auch die Material- und Fertigungsgemeinkosten der Produktion, und zwar gleichermaßen deren variablen wie deren fixe Bestandteile (sog Vollkosten). Bei den Gemeinkosten ist jedoch darauf zu achten, dass **bei durch offenbare Unterbeschäftigung überhöhten Gemeinkosten**, nur die einer durchschnittlichen Beschäftigung entsprechenden Teile der Kosten eingerechnet werden dürfen. Mit dieser Einschränkung wird verhindert, dass in Zeiten schlechter Kapazitätsauslastung die gesamten Fixkosten auf die geringere Anzahl der erzeugten Produkte verteilt und damit deren Herstellungskosten unverhältnismäßig hoch werden. Entsprechend ist bei offenbarer Unterbeschäftigung – etwa bei Kurzarbeit oder bei teilweiser Stilllegung von Anlagen infolge mangelnder Aufträge – der Fixkostenanteil, der auf die nicht genutzte Kapazität entfällt (= Leerkosten), auszuscheiden und sind die in die Herstellungskosten einzubeziehenden Gemeinkosten auf der Basis der normalen Beschäftigung zu errechnen.

Zu den wahlweise in die Herstellungskosten einrechenbaren **Aufwendungen für Sozialeinrichtungen des Betriebes** gehören etwa jene für eine Werksküche, für Sportanlagen oder Ferienheime. **Freiwillige Sozialleistungen** sind bspw Beihilfen oder Weihnachtsgeschenke. Die **Aufwendungen für betriebliche Altersversorgung und Abfertigung** umfassen vor allem zugesicherte Firmenpensionen sowie sowohl gesetzlich zustehende als auch freiwillig zugestandene Abfertigungen.

Als **Zinsen für Fremdkapital**, die unter der Voraussetzung, dass sie auf den Zeitraum der Herstellung des Vermögensgegenstandes entfallen und das Fremdkapital zur Finanzierung der Herstellung verwendet wird, aktiviert werden dürfen, gelten sowohl Kredit- und sonstige Darlehenszinsen als auch Wertsicherungsbeträge. Infolge einer durch das RÄG 2014 erfolgten, vom Gesetzgeber selbst nicht weiter erläuterten Änderung des Wortlautes des § 203 Abs 4 UGB – „Zinsen für Fremdkapital, das zur Finanzierung der *Herstellung von Gegenständen des Anlage- oder des Umlaufvermögens* verwendet wird", anstatt wie bis dahin „Zinsen für Fremdkapital, das zur Finanzierung der *Herstellung eines Vermögensgegenstandes* verwendet wird" – wird in der Literatur davon ausgegangen, dass eine Verknüpfung zwischen der Inanspruchnahme des Fremdkapitals und dem Vermögensgegenstand, dessen Herstellungskosten die Fremdkapitalzinsen zugerechnet werden, nicht (mehr) erforderlich ist: Im Gegensatz zum bislang für die Aktivierung der Zinsen vorausgesetzten Zusammenhang, dass zB der Kredit unter Bezugnahme auf den hergestellten Vermögensgegenstand aufgenommen, weiter ausgenutzt bzw seine anderenfalls mögliche Rückzahlung deswegen hinausgeschoben wurde, soll es nunmehr ausreichend sein, dass das die Zinsen verursachende Fremdkapital der allgemeinen Produktionsfinanzierung des Unternehmens dient. Sofern Fremdkapital nicht nur ausschließlich diesem Bereich zuzuordnen ist, sondern – wie wohl im Regelfall gegeben – zur Finanzierung des Unternehmens insgesamt besteht, wird es als zulässig angesehen, die Ermittlung der aktivierbaren Fremdkapitalzinsen unter Heranziehung von Zurechnungsschlüsseln auf der Basis von betriebswirtschaftlich vertretbaren Finanzierungsannahmen vorzunehmen. Dabei keinesfalls einrechenbar sind jedoch rein kalkulatorische Zinsen, so etwa durch Heranziehung eines entsprechenden Zinssatzes oder die Mitberücksichtigung von Eigenkapitalzinsen.

Bei Kapitalgesellschaften und ihnen hinsichtlich der Rechnungslegung gleichgestellten Personengesellschaften[30] macht die Anwendung des Aktivierungswahlrechts diverse **Anhangangaben** erforderlich, wobei nach der Größe der Gesellschaft differenziert wird. Sonstige Personengesellschaften und Einzelunternehmer brauchen – da sie ja auch keinen Anhang zu erstellen haben – keine zusätzlichen Angaben zu machen; Entsprechendes gilt für Kleinstkapital- und diesen gleichzusetzende Personengesellschaften. Ist ein **Anlagenspiegel** iSd § 226 UGB zu erstellen, sind auch in diesem die im Laufe des Geschäftsjahres aktivierten Zinsen gesondert anzugeben.

Für den Bilanzierenden eröffnet sich mit den Bewertungswahlrechten des § 203 Abs 3 und 4 UGB ein **bilanzpolitischer Spielraum**:[31] Je nach beabsichtigtem Ergebnisausweis im Jahresabschluss wird er den Mindestwert oder den Höchstansatz der Herstellungskosten wählen und aktivieren. Zu beachten ist dabei, dass ja sämtliche Beträge angefallen und damit als Aufwendungen verbucht sind. Über die Wahl des Mindest- oder Höchstansatzes werden nur weniger oder mehr dieser Aufwendungen wieder neutralisiert.

Beispiel:

Zu Beginn des Jahres wurde von einem betriebseigenen Bautrupp mit der Errichtung einer Fabrikshalle begonnen. Bis 31. 12. (Abschlussstichtag) ist der Rohbau fertig. Für die Kalkulation der bis dahin angefallenen Kosten (= Aufwendungen) stehen folgende Daten zur Verfügung:

Fertigungsmaterial	*157.000,–*	
Fertigungslöhne	*87.800,–*	
Materialgemeinkosten	*10 %*	
Fertigungsgemeinkosten	*150 %*	
Verwaltungsgemeinkosten	*20 %*	*(der Herstellungskosten ohne freiwillige Sozialaufwendungen und Fremdkapitalzinsen)*

In dieser Auflistung nicht berücksichtigt ist, dass den Herstellungskosten zurechenbare freiwillige Sozialaufwendungen in Höhe von 15.000,– und Zinsen für Fremdkapital in Höhe von 8.000,– anfielen.

Mit welchem Wertansatz ist die Fabrikshalle in der Bilanz zu aktivieren,[32] wenn im Jahresabschluss

a) ein möglichst geringes Ergebnis bzw

b) ein möglichst hohes Ergebnis

ausgewiesen werden soll?

30 Vgl dazu Kap 2.3.1.

31 Vgl jedoch auch den Grundsatz der Bewertungsstetigkeit (§ 201 Abs 2 Z 1 UGB); siehe dazu Kap 3.6.2.1.

32 Natürlich sind auch solche Vermögensgegenstände zu aktivieren, die am Bilanzstichtag noch nicht fertiggestellt sind. Grundlage sind dabei die bis dahin angefallenen „**Teilherstellungskosten**"; auszuweisen sind diese Anlagen als „**Anlagen in Bau**".

Lösung:

a) Im Falle der gewünschten ergebnisminimierenden Aktivierung ist die mindestens ansatzpflichtige Wertuntergrenze der Herstellungskosten zu wählen:

	Fertigungsmaterial	157.000
+	Fertigungslöhne	87.800
=	EINZELKOSTEN	244.800
+	Materialgemeinkosten (=10 % des Fertigungsmaterials)	15.700
+	Fertigungsgemeinkosten (=150 % des Fertigungslöhnes)	131.700
=	MINDESTANSATZ DER HERSTELLUNGSKOSTEN	392.200

	(0)	Anlagen in Bau	392.200	
an	(4)	aktivierte Eigenleistungen		392.200

Damit verbleiben die freiwilligen Sozialaufwendungen sowie die Fremdkapitalzinsen, aber auch die Verwaltungsgemeinkosten – nicht neutralisiert – im Aufwand, was auch folgende Gegenüberstellung der Aufwendungen[33] und Erträge verdeutlicht:

Fertigungsmaterial	157.000		
Fertigungslöhne	87.800	aktivierte	
Materialgemeinkosten	15.700	Eigenleistungen	392.200
Fertigungsgemeinkosten	131.700		
freiwillige Sozialaufwendungen	15.000		
Zinsaufwendungen	8.000		
Verwaltungsgemeinkosten	78.440		
Summe	493.640	Summe	392.200

b) Bei ergebnismaximierender Aktivierung ist die Wertobergrenze der Herstellungskosten anzusetzen:

	Mindestansatz	392.200
+	freiwillige Sozialaufwendungen	15.000
	Herstellungskosten gem § 203 (3) UGB	407.200
+	Fremdkapitalzinsen	8.000
		415.200

	(0)	Anlagen in Bau	415.200	
an	(4)	aktivierte Eigenleistungen (HStKo gem § 203 (3))		407.200
an	(4,8)	aktivierte Eigenleistungen (Zinsen gem § 203 (4))		8.000

(Im Hinblick darauf, dass die Zinsaufwendungen im Finanzbereich der Gewinn- und Verlustrechnung erfasst sind, ist auch die Ausbuchung über diesen Bereich sachgerecht (Klasse 8). Bei Erstel-

33 Die angeführten Aufwendungen scheinen in der Gewinn- und Verlustrechnung nicht unter den hier verwendeten Begriffen auf. Die aktivierbaren Herstellungskostenbestandteile setzen sich wie bereits erläutert aus den verschiedensten Aufwendungen zusammen. Die gewählte Darstellung soll nur der Verdeutlichung der Erfolgsauswirkung bei Aktivierung der unterschiedlichen Wertansätze der Herstellungskosten dienen.

lung der Gewinn- und Verlustrechnung nach dem Gesamtkostenverfahren wird die Erfassung aber auch über den Betriebsbereich vorgenommen (Klasse 4).)

Damit verbleiben nur mehr die Verwaltungsgemeinkosten ohne ertragsseitige Neutralisation im Aufwand. Diese dürfen jedoch gemäß § 203 Abs 3 UGB nicht in die Herstellungskosten und damit nicht in die aktivierten Eigenleistungen eingerechnet werden.

Die dargestellten Vorschriften für die Kalkulation der Herstellungskosten gelten gleichermaßen für das Anlagevermögen (vgl § 203 Abs 1 UGB) wie für das Umlaufvermögen (vgl § 206 Abs 2 UGB). Es ist der **Grundsatz der Einzelbewertung** zu berücksichtigen; die **Bewertungsvereinfachungsverfahren** sind unter den gesetzlichen Bedingungen anwendbar.

Das **Steuerrecht** führt in den Bewertungsbestimmungen des § 6 EStG gleichfalls den Begriff der Herstellungskosten an. In § 6 Z 2 lit a EStG findet sich folgende Vorschrift zur Ermittlung ihrer Höhe:

§ 6 Z 2 lit a) EStG

... Zu den Herstellungskosten gehören auch angemessene Teile der Materialgemeinkosten und der Fertigungsgemeinkosten. ...

Damit kann davon ausgegangen werden, dass sich **der Umfang der aktivierungspflichtigen Herstellungskosten unternehmens- und steuerrechtlich deckt**. Bezüglich der nach § 203 Abs 3 und 4 UGB bestehenden Aktivierungswahlrechte gibt es keine steuerrechtlichen Gesetzesvorschriften; der bei der UGB-Bilanzierung gewählten **Ausnutzung der unternehmensrechtlichen Bewertungswahlrechte ist – auf Basis des Maßgeblichkeitsprinzips – steuerlich zu folgen.**

Obwohl die Gesetzespassage zum Umfang der Herstellungskosten bei jener Bestimmung zu finden ist, die lediglich das nicht abnutzbare Anlagevermögen und das Umlaufvermögen betrifft, wird in der Literatur zumeist – und auch von der Finanzverwaltung – davon ausgegangen, dass die Bestimmung eine **allgemeingültige Definition** darstellt und auch für das abnutzbare Anlagevermögen zur Anwendung gelangt.

Exkurs: Übergangsvorschriften des RÄG 2014

Die durch das RÄG 2014 neu gefasste Umschreibung der Herstellungskosten **findet erstmals auf Herstellungsvorgänge Anwendung, die in Geschäftsjahren begonnen wurden, die nach dem 31. Dezember 2015 beginnen**; auf Herstellungsvorgänge, die vor dem 1. Jänner 2016 begonnen wurden, ist die vormals geltende Fassung des § 203 Abs 3 UGB anzuwenden, die für angemessene Teile der Material- und Fertigungsgemeinkosten ein Aktivierungswahlrecht vorsah (vgl § 906 Abs 30 UGB).

3.6.3.2.4. Besonderheiten beim Umlaufvermögen

Als **Vorratsvermögensgegenstände, die im Unternehmen hergestellt werden**, lassen sich folgende Bilanzposten anführen:

- **Fertige Erzeugnisse** sind jene selbsterzeugten Produkte des Unternehmens, die **zum Abschlussstichtag bereits verkaufsfertig** sind. (Das Adjektiv „fertig“ ist dabei auf den jeweiligen Betrieb zu beziehen und bedeutet den Abschluss des Fertigungsprozesses in diesem Betrieb.)

- **Unfertige Erzeugnisse** sind solche Teile der selbsterzeugten Vorräte, die sich **am Abschlussstichtag in der Verarbeitung** befinden: Es sind bereits Aufwendungen für ihre Bearbeitung angefallen, die Produkte sind jedoch noch nicht auslieferungsfähig.
- **Noch nicht abrechenbare Leistungen** stellen noch nicht abrechenbare **Dienstleistungen** dar (zB Gutachten, Werbekonzepte, Bauleistungen).

In den vorangegangenen Kapiteln wurde die Verbuchung selbsterstellter Vermögensgegenstände ausschließlich im Bereich des Anlagevermögens dargestellt. **Für hergestelltes Umlaufvermögen ergibt sich aus der buchmäßigen Erfassung eine Besonderheit:** Wie beim Vorratsvermögen – aus Praktikabilitätsgründen – generell üblich, wird auch bei Eigenerzeugnissen der Verbrauch gewöhnlich nicht laufend während des Jahres verbucht, sondern erst am Jahresende über die Ermittlung und Verbuchung des Inventurwertes indirekt festgestellt und berücksichtigt.[34] Bei selbst gefertigten Fabrikaten wird während des Jahres zudem auch produziert, ohne dass dies einen Niederschlag auf ihren buchhalterischen Konten findet. Wenn in einer Periode erzeugte und verkaufte Menge gleich sind, stehen einander in der Gewinn- und Verlustrechnung dieser Periode vergleichbare Größen gegenüber: die durch die Produktion verursachten Aufwendungen sowie die entsprechenden Erlöse. Wurde hingegen während des Jahres „auf Lager produziert" oder „vom Lager verkauft", bedarf es am Jahresende einer Korrekturbuchung. Folgendes einfache ***Beispiel*** möge dies verdeutlichen:

Ein Unternehmen beginnt im Jahr 1 mit der Produktion von Motoren. Folgende Daten liegen für das Jahr 1 bzw das Jahr 2 vor:

	Jahr 1	*Jahr 2*
Produktionsmenge in Stück	*2.000*	*900*
Verkaufsmenge in Stück	*1.500*	*1.400*
Endbestand laut Inventur in Stück	*500*	*0*

Die Herstellungskosten (= Herstellungsaufwendungen) bleiben während der beiden Jahre unverändert und betragen 100,– pro Stück.[35] *Auch die Verkaufspreise sind konstant mit 120,– (netto) pro Stück anzunehmen.*

In der Gewinn- und Verlustrechnung des Jahres 1 stehen einander zunächst folgende Werte gegenüber:

Diverse Aufwendungen für die Herstellung (2.000 Stück x 100,–)	*200.000*	*Umsatzerlöse (1.500 Stück x 120,–)*	*180.000*

Gleichzeitig liegen allerdings zum Bilanzstichtag 500 Motoren mit einem Wert von insgesamt 50.000 (500 x Herstellungskosten von 100,– pro Stück) auf Lager. Dieser Vorrat ist in der Bilanz unter dem Posten „Fertige Erzeugnisse" auszuweisen.

34 Vgl Kap 3.5.1.

35 Bewertungswahlrechte bleiben bei diesem einfachen Beispiel unberücksichtigt.

Um die vorrätigen Motoren zu aktivieren und gleichzeitig die nach dem Gesamtkostenverfahren verbuchten Aufwendungen für sämtliche produzierten Stück zu korrigieren, wird folgende Buchung durchgeführt:

	(1)	*Fertige Erzeugnisse*	*50.000*	
an	*(4)*	*Bestandsveränderung*[36]		*50.000*

In der endgültigen Gewinn- und Verlustrechnung des Jahres 1 scheinen nunmehr folgende Beträge auf:

Diverse Aufwendungen für die Herstellung der gesamten Jahresproduktion (2.000 Stück x 100,–)	*200.000*	*Umsatzerlöse (1.500 Stück x 120,–)*	*180.000*
		Bestandsveränderung (500 Stück x 100,–)	*50.000*

Die „Bestandsveränderung" stellt gewissermaßen eine Korrektur der Aufwendungen für die Herstellung dar: Diese werden reduziert um jene Herstellungsaufwendungen, die auf die auf Lager liegenden Vorräte entfallen. Somit stehen nur mehr die Herstellungsaufwendungen der tatsächlich abgesetzten Stück den ihnen entsprechenden Umsatzerlösen gegenüber.

*Im **Jahr** 2 wird weniger produziert als verkauft; die Inventur ergibt einen Endbestand von 0. Der aufgrund der Eröffnungsbilanz übernommene Wert des Kontos „Fertige Erzeugnisse" ist auszuscheiden. Dieser Lagerabbau stellt eine „negative Bestandsveränderung" dar und wird wie folgt verbucht:*

	(4)	*Bestandsveränderung*	*50.000*	
an	*(1)*	*Fertige Erzeugnisse*		*50.000*

Die Gewinn- und Verlustrechnung des Jahres 2 enthält folgende Werte:

Diverse Aufwendungen der Herstellung im Jahr 2 (900 Stück x 100,–)	*90.000*	*Umsatzerlöse (1.100 Stück x 120,–)*	*168.000*
Bestandsveränderung (500 Stück)	*50.000*		

Infolge des Lagerabbaus des zweiten Jahres fungiert die „Bestandsveränderung" gewissermaßen als Ergänzung der Aufwendungen: Sie fügt den diesjährigen Herstellungskosten jene der vom Lager verkauften Vorräte hinzu, sodass insgesamt wieder die Herstellungsaufwendungen der abgesetzten Stück den ihnen entsprechenden Umsatzerlösen gegenüberstehen.

36 Der vollständige Name des Postens lt Gliederung der Gewinn- und Verlustrechnung gemäß § 231 Abs 2 UGB lautet „Veränderung des Bestands an fertigen und unfertigen Erzeugnissen sowie an noch nicht abrechenbaren Leistungen". Der hier verwendete Begriff entspricht der üblichen Kurzbezeichnung.

Zusammenfassend lässt sich folgendes Schema zur **Ermittlung der Bestandsveränderung** aufstellen:

	Endbestand (aufgrund der Inventur)	
–	Anfangsbestand (= Wert laut Eröffnungsbilanz)	
=	Bestandsveränderung	(= Veränderung des Bestands an fertigen und unfertigen Erzeugnissen sowie an noch nicht abrechenbaren Leistungen)

Die Bestandsveränderung kann sowohl einen Soll- als auch einen Habensaldo aufweisen, je nachdem, ob es sich um eine Bestandsverminderung (Lagerabbau) oder um eine Bestandserhöhung (Lageraufbau) handelt.

Wie bereits angeführt, sind die Herstellungskosten für Gegenstände des Umlaufvermögens so zu ermitteln wie jene für Gegenstände des Anlagevermögens. Lediglich **für langfristige Aufträge enthält § 206 Abs 3 UGB eine besondere Regelung:**

§ 206 (3) UGB

Führt in Ausnahmefällen das Verbot der Einbeziehung von Kosten der allgemeinen Verwaltung und des Vertriebs (§ 203 Abs 3 letzter Satz) dazu, dass ein möglichst getreues Bild der Vermögens-, Finanz- und Ertragslage auch mit zusätzlichen Anhangangaben (§ 222 Abs 2) nicht vermittelt werden kann, so können bei Aufträgen, deren Ausführung sich über mehr als zwölf Monate erstreckt, angemessene Teile der Verwaltungs- und Vertriebskosten angesetzt werden, falls eine verlässliche Kostenrechnung vorliegt und soweit aus der weiteren Auftragsabwicklung keine Verluste drohen. Die Anwendung dieser Bestimmung ist im Anhang anzugeben und zu begründen und ihr Einfluss auf die Vermögens-, Finanz- und Ertragslage der Gesellschaft darzulegen; gleichzeitig ist der insgesamt über die Herstellungskosten hinaus angesetzte Betrag anzugeben.

Damit wird für die Bewertung von unfertigen und fertigen Erzeugnissen bzw noch nicht abrechenbaren Leistungen, deren Produktions- bzw Ausführungsdauer länger als ein Jahr ist, neben den üblichen Wahlrechten ein zusätzliches Wahlrecht im Rahmen der Ermittlung der Herstellungskosten eingeräumt.[37] Bei derartigen Aufträgen **dürfen die während der Herstellung anfallenden Selbstkosten der Kostenstellen Verwaltung und Vertrieb aktiviert werden.** Damit kann vermieden werden, dass die bei längerfristigen Aufträgen anfallenden Kosten dieser Stellen während der Fertigung bzw Leistungserstellung das Jahresergebnis negativ beeinflussen und es bei der Abrechnung des Auftrags zu einer schlagartigen Realisierung von in mehreren Jahren erwirtschafteten positiven Erfolgsbeiträgen kommt.

Beispiel:

Ein Anlagenbauunternehmen wird im März mit dem Bau einer Fertigungshalle auf dem Grund eines Bauherrn betraut. Für die Bauausführung wird ein Zeitraum von 18 Monaten veranschlagt.

Von März bis Dezember des ersten Jahres fallen für diesen Auftrag Herstellungskosten (= -aufwendungen) iSd § 206 Abs 2 iVm § 203 Abs 3 UGB in der Höhe von 1,250.000,– an, von Jänner bis August des zweiten Jahres sind es weitere 940.000,–.

37 Vgl jedoch auch den Grundsatz der Bewertungsstetigkeit (§ 201 Abs 2 Z 1 UGB); siehe dazu Kap 3.6.2.1.

Im September des zweiten Jahres wird der Bau mit einer Gesamtsumme von 3,100.000,– (netto) abgerechnet.

Das Bauunternehmen rechnet aufgrund der Kostenrechnung mit folgenden Zuschlagssätzen auf Basis der Herstellungskosten:

Verwaltung	*10 %*
Vertrieb	*8 %*

Welche Buchungen sind in den beiden Jahren durchzuführen, wenn davon ausgegangen werden kann, dass alle Voraussetzungen zur Anwendung des § 206 Abs 3 UGB gegeben sind (vgl dazu im Einzelnen im Anschluss an die Lösung des Beispiels), und das Bauunternehmen insbesondere zur Vermeidung drohender Progressionssprünge einen möglichst ausgeglichenen Ergebnisausweis beabsichtigt?

Wie hoch sind die aufgrund obiger Angaben resultierenden Erfolgsbeiträge der beiden Jahre?

Lösung:

Wenn die Voraussetzungen des § 206 Abs 3 UGB erfüllt sind, ist im Hinblick auf den gewünschten ausgeglichenen Ergebnisausweis vom Wahlrecht der Aktivierung angemessener Teile der Verwaltungs- und Vertriebskosten Gebrauch zu machen.

Die aktivierbaren Herstellungskosten des ersten Jahres betragen:

Herstellungskosten gem § 203 Abs 3 UGB	*1,250.000*
Verwaltungskosten (10 %)	*125.000*
Vertriebskosten (8 %)	*100.000*
Herstellungskosten gem § 206 Abs 3 UGB	*1,475.000*

	(1)	*Noch nicht abrechenbare Leistungen*	*1,475.000*	
an	*(4)*	*Bestandsveränderung (HStKo gem § 203 (3))*		*1,250.000*
an	*(4)*	*Bestandsveränderung (Verwaltungskosten gem § 206 (3))*		*125.000*
an	*(4)*	*Bestandsveränderung (Vertriebskosten gem § 206 (3))*		*100.000*

Der Erfolgsbeitrag dieses Projektes für das erste Jahr ist damit 0: die entstandenen Aufwendungen werden zur Gänze neutralisiert.

Im zweiten Jahr ist nach Abrechnung der Bauleistung das Vorratskonto „Noch nicht abrechenbare Leistungen" auf null zu stellen:

	(4)	*Bestandsveränderung (HStKo gem § 203 (3))*	*1,250.000*	
	(4)	*Bestandsveränderung (Verwaltungskosten gem § 206 (3))*	*125.000*	
	(4)	*Bestandsveränderung (Vertriebskosten gem § 206 (3))*	*100.000*	
an	*(1)*	*Noch nicht abrechenbare Leistungen*		*1,475.000*

Der Erfolgsbeitrag des Projektes für das Jahr 2 lässt sich wie folgt errechnen:

Aufwendungen			*Erträge*
Bestandsveränderung (gesamt)	*1,475.000*	*Umsatzerlös*	*3,100.000*
Herstellungskosten im Jahr 2	*940.000*		
Verwaltungskosten (10 %)	*94.000*		
Vertriebskosten (8 %)	*75.200*		
Erfolgsbeitrag	*515.800*		
	3,100.000		*3,100.000*

Die Erfolgsbeiträge der beiden Jahre bei Nicht-Aktivierung der Verwaltungs- und Vertriebskosten würden wie folgt lauten:

Jahr 1: – 225.000	*(= Verwaltungs- und Vertriebskosten, da nur 1,250.000 aktiviert werden)*
Jahr 2: + 740.800	*(= um 225.000 mehr, da – bei sonst gleich bleibenden Beträgen – die Bestandsveränderung nur 1,250.000 beträgt)*
Gesamt: + 515.800	*(das Gesamtergebnis ist ident; es kommt lediglich zu einer Verschiebung zwischen den einzelnen Perioden)*

Das – lediglich im Bereich des Umlaufvermögens bestehende – Aktivierungswahlrecht des § 206 Abs 3 UGB ist **nur unter folgenden Voraussetzungen anwendbar:**

- Es muss ein **von einem Dritten erteilter Auftrag** vorliegen, der sich vom Zeitpunkt der Auftragserteilung (einschließlich der vor der eigentlichen Herstellungsphase anfallenden Vorbereitungstätigkeiten wie zB Planungsarbeiten) bis zur Fertigstellung – iS der möglichen Abnahme durch den Auftraggeber – **über eine Dauer von zumindest zwölf Monate erstreckt.**
- Es muss eine **verlässliche Kostenrechnung** existieren, mittels welcher die für den Auftrag anfallenden Kosten korrekt (vor-)kalkuliert werden können.
- Es muss sichergestellt sein, dass **aus der weiteren Auftragsabwicklung keine Verluste drohen**, was einen Vergleich der vereinbarten oder auch nur vorsichtig geschätzten zu erwartenden Erlöse des Auftrages mit den für ihn anfallenden Kosten unter Einrechnung aller möglichen Kostensteigerungen und Risiken erfordert.
- Ein **Ansatz der Herstellungskosten ohne Verwaltungs- und Vertriebskosten würde dazu führen, dass der Jahresabschluss kein möglichst getreues Bild der Vermögens-, Finanz- und Ertragslage des Unternehmens zu vermitteln vermag** und dies auch durch zusätzliche Anhangangaben nicht korrigiert werden kann.

Bei Kapitalgesellschaften und ihnen hinsichtlich der Rechnungslegung gleichgestellten Personengesellschaften[38] macht die Anwendung des Aktivierungswahlrechts diverse **Anhangangaben** erforderlich. Sonstige Personengesellschaften und Einzelunternehmer brauchen – da sie ja auch keinen Anhang zu erstellen haben – keine zusätzlichen Angaben zu machen; Entsprechendes gilt für Kleinstkapital- und diesen gleichzusetzende Personengesellschaften.

Das **Steuerrecht** enthält keine besondere Regelung zur Bewertung bei langfristigen Aufträgen: Zumeist wird davon ausgegangen, dass – aufgrund des Maßgeblichkeitsprinzips – der Umfang der unternehmensrechtlich aktivierten Herstellungskosten auch steuerlich gilt. Zum

38 Vgl dazu Kap 2.3.1.

Teil wird jedoch auch – mit der Begründung der anderslautenden steuerrechtlichen Definition der Herstellungskosten – eine Aktivierung der Verwaltungs- und Vertriebskosten im Rahmen der steuerlichen Erfolgsermittlung abgelehnt, sodass bei entsprechender Vorgangsweise in der UGB-Bilanz steuerliche Mehr-Weniger-Rechnungen erforderlich sind.

Beispiel – Fortsetzung:

Das Anlagenbauunternehmen setzt im Jahr 1 bei der Aktivierung der „noch nicht abrechenbaren Leistungen" die für den Bauauftrag der Fertigungshalle angefallenen Verwaltungs- und Vertriebskosten von insgesamt 225.000,– mit an, sodass die dafür (ertragsmäßig erfasste) Bestandsveränderung gesamt 1,475.000,– beträgt.

Wie ist diesbezüglich nach folgender Auffassung der Finanzverwaltung (EStR 2000 Rz 2199) vorzugehen:

> *... Da der steuerliche Herstellungskostenbegriff Verwaltungs- und Vertriebskosten nicht umfasst, besteht zum Unterschied vom Unternehmensrecht (§ 206 Abs 3 UGB) für langfristige Aufträge steuerlich keine Möglichkeit zur Aktivierung von Verwaltungs- und Vertriebskosten bzw. zum Ausweis der Selbstkosten.*

Welche Auswirkungen ergeben sich daraus nach Abrechnung der Bauleistung im Jahr 2?

Lösung:

Im Jahr 1 ist der auf die Verwaltungs- und Vertriebskosten entfallende Anteil des Aktivierungsbetrages aus der Bestandsveränderung herauszurechnen und mittels einer negativen Mehr-Weniger-Rechnung zu korrigieren:

MWR – 225.000

Im Jahr 2 ist für die mit Abrechnung der Bauleistung vorzunehmende Ausbuchung der „noch nicht abrechenbaren Leistung" über die – nunmehr als Aufwand zu erfassende – Bestandsveränderung von unternehmensrechtlich insgesamt 1,475.000,– eine positive Mehr-Weniger-Rechnung erforderlich:

MWR + 225.000

3.6.3.3. Wert für Einlagen und Zuwendungen

Werden Vermögensgegenstände des Anlage- oder Umlaufvermögens von den Eigentümern in das Unternehmen eingelegt oder erhält sie das Unternehmen unentgeltlich zugewendet, sind die Bewertungsmaßstäbe der Anschaffungs- bzw Herstellungskosten nicht anwendbar. § 202 Abs 1 UGB enthält deshalb eine **spezielle Bewertungsregel für Einlagen und Zuwendungen**:[39,40]

§ 202 (1) UGB

Einlagen und Zuwendungen ... sind mit dem Wert anzusetzen, der ihnen im Zeitpunkt ihrer Leistung beizulegen ist, soweit sich nicht aus der Nutzungsmöglichkeit im Unternehmen ein geringerer Wert ergibt. ...

39 Zur Einlage oder Zuwendung von Betrieben oder Teilbetrieben vgl Kap 3.7.2.5.

40 Auf § 202 Abs 2 UGB, der besondere Bewertungsvorschriften für Umgründungen (Verschmelzungen, Umwandlungen, Einbringungen, Zusammenschlüsse, Realteilungen und Spaltungen) enthält, soll hier nicht näher eingegangen werden.

Einlagen liegen vor, wenn Einzelunternehmer oder Gesellschafter dem Unternehmen im Rahmen ihres Gesellschaftsverhältnisses Geld- oder Sachwerte zuführen. Bei **Zuwendungen** erhält das Unternehmen Vermögensgegenstände, ohne Gegenleistungen erbringen zu müssen, wie etwa infolge von Schenkungen oder Erbschaften.

Die eingelegten oder zugewendeten Vermögensgegenstände sind **mit jenem Wert anzusetzen, der ihnen im Zeitpunkt der Einlage bzw Zuwendung beizulegen ist.** Im Katalog der allgemeinen Begriffsbestimmungen des § 189a UGB findet sich dazu in Z 3 folgende Definition:

§ 189a UGB

3. **beizulegender Wert: der Betrag, den ein Erwerber des gesamten Unternehmens im Rahmen des Gesamtkaufpreises für den betreffenden Vermögensgegenstand oder die betreffende Schuld ansetzen würde; dabei ist davon auszugehen, dass der Erwerber das Unternehmen fortführt**

Der beizulegende Wert[41] stellt einen aktuellen Tageswert dar und orientiert sich insbesondere an fiktiven (Wieder-)Beschaffungskosten für einen Gegenstand in gleichem Alter und Zustand. Von einem abstrakten („objektiven") Verkehrswert unterscheidet er sich dadurch, dass die konkrete Einsetzbarkeit und Verwendungsmöglichkeit im fortgeführten Unternehmen zu berücksichtigen ist. Aufgrund der gesetzlichen Einschränkung kann sich **aus der Nutzungsmöglichkeit im Unternehmen ein geringerer Wert ergeben**; vor allem Ertragswertberechnungen können dabei Abschläge auf den nicht unternehmensbezogenen Verkehrswert verursachen. Umgekehrt können zB spezielle unternehmensimmanente Synergieeffekte Wertzuschläge bedingen.

Die **Gegenbuchung** für eingelegte oder zugewendete Vermögensgegenstände kann **erfolgsneutral oder erfolgswirksam** sein.

Bei Personenhandelsgesellschaften sind von Gesellschaftern zur Erhöhung ihres Eigenkapitalanteils geleistete Beiträge **erfolgsneutral auf ihren Eigenkapital- bzw Privatkonten zu erfassen.** Von ihnen darüber hinaus geleistete Zuwendungen sowie Zuwendungen von Dritten stellen hingegen **Erträge** dar. Stellen die Zuwendungen Anschaffungskostenminderungen iSv Investitionszuschüssen zu Anschaffungen bzw Herstellungen dar, sind sie vom entsprechenden Bestandskonto in Abzug zu bringen bzw als gesonderter Passivposten auszuweisen.[42]

Bei Kapitalgesellschaften können Einlagen in die Gesellschaft **mit einer Erhöhung des Nennkapitals verbunden** sein; entsprechend erfolgt die bilanzielle Erfassung passivseitig auf dem Grund- oder Stammkapital. Für Einlagen bzw Zuwendungen, die **über eine Nennkapitalerhöhung hinausgehen bzw unabhängig von einer solchen erfolgen**, ist § 229 Abs 2 UGB zu berücksichtigen:

§ 229 (2) UGB

Als Kapitalrücklage sind auszuweisen:

1. **der Betrag, der bei der ersten oder einer späteren Ausgabe von Anteilen für einen höheren als den Nennbetrag oder den dem anteiligen Betrag des Grundkapitals entsprechenden Betrag über diesen hinaus erzielt wird;**

:

41 Vgl dazu auch Kap 3.6.4.1.

42 Vgl Kap 3.6.3.1.2.

3. **der Betrag von Zuzahlungen, die Gesellschafter gegen Gewährung eines Vorzugs für ihre Anteile leisten;**

:

5. **der Betrag von sonstigen Zuzahlungen, die durch gesellschaftsrechtliche Verbindungen veranlasst sind.**

Ein Aufgeld, das im Rahmen der Ausgabe von Anteilen über den Nennbetrag hinaus in die Gesellschaft eingebracht wird, wird somit bei Kapitalgesellschaften **erfolgsneutral über die Kapitalrücklagen eingebucht**. Gleiches gilt für ohne Kapitalerhöhungen geleistete Geld- und Sachzuwendungen, die gleichermaßen unter dem Begriff der Zuzahlungen zu subsumieren sind, wenn sie von Gesellschaftern gegen Gewährung von Vorzügen wie etwa einer Vorzugsdividende oder einem Vorzug bei der Verteilung des Gesellschaftsvermögens bei der Liquidation der Gesellschaft geleistet werden, oder wenn sie durch gesellschaftsrechtliche Verbindungen veranlasst sind, wie dies etwa bei Leistungen innerhalb eines Konzerns – bspw von der Mutter- zur Enkelgesellschaft oder zwischen Schwestergesellschaften – gegeben ist.[43] Zuzahlungen Dritter ohne wirtschaftliches Äquivalent und ohne gesellschaftsrechtlichen Hintergrund sind **als Erträge** zu erfassen bzw stellen gegebenenfalls Investitionszuschüsse dar.[44]

Im Rahmen der **steuerrechtlichen Erfolgsermittlung** sind Einlagen und bestimmte Zuwendungen erfolgsneutral zu behandeln. Die allgemeine Gewinndefinition des § 4 Abs 1 EStG bestimmt, dass der Gewinn durch Einlagen nicht erhöht wird, wobei unter diesen Einlagenbegriff auch Zuwendungen von dritter Seite fallen, sofern für sie eine private Veranlassung vorliegt, wie etwa bei einem nahen Verwandtschaftsverhältnis zum Empfänger (vgl § 6 Z 9 lit b EStG). Zuwendungen, die ohne private Motive und aus rein betrieblichem Anlass erfolgen, wie bspw Geschenke von Geschäftspartnern, erhöhen hingegen den steuerpflichtigen Gewinn. Für Körperschaften bestimmt § 8 Abs 1 KStG, dass bei der Ermittlung des Einkommens Einlagen und Beiträge jeder Art insoweit außer Ansatz bleiben, als sie von Personen in ihrer Eigenschaft als Gesellschafter, Mitglieder oder in ähnlicher Eigenschaft geleistet werden. Bei nicht von Gesellschaftern geleisteten Zuwendungen ist die Steuerneutralität davon abhängig, ob die Zuwendung von einer dem Anteilseigner nahestehenden Person geleistet wird. Es wird dann gewissermaßen eine Zuwendung an den Anteilseigner und in der Folge eine Einlage in die Gesellschaft unterstellt. Ein Naheverhältnis zum leistenden Dritten wird dabei insbesondere auch durch beteiligungsmäßige Verflechtungen begründet und ist entsprechend bei Gesellschaften innerhalb eines Konzerns gegeben.

Die **steuerrechtlichen Bewertungsvorschriften** des § 6 EStG für Einlagen und den unentgeltlichen Erwerb entsprechen grundsätzlich den unternehmensrechtlichen Bestimmungen: Der dafür maßgebliche „Teilwert im Zeitpunkt der Zuführung" ist im Wesentlichen ident mit dem im Einlagezeitpunkt beizulegenden Wert iSd UGB.[45] Besonderheiten bezüglich der Einlagenbewertung bestehen jedoch für Kapitalvermögen und Derivate sowie für Grundstücke einschließlich Gebäude sowie grundstücksgleiche Rechte (zB Baurechte); für Einzelunternehmer und Mitunternehmerschaften wird durch die steuerliche Einlagenbewertung dieser Gegenstän-

43 IVm § 229 Abs 5 UGB sind dabei das Aufgeld gemäß § 229 Abs 2 Z 1 UGB und die Zuzahlungen gemäß § 229 Abs 2 Z 3 UGB in die gebundene Kapitalrücklage einzustellen.

44 Vgl Kap 3.6.3.1.2.

45 Vgl Kap 3.6.4.3. sowie Kap 3.6.4.1.

de (vgl § 6 Z 5 EStG) eine allgemeine Steuerhängigkeit erreicht: Bei diesen Gegenständen hat die steuerliche Bewertung im Falle einer Einlage nur ausnahmsweise mit dem Teilwert bzw beizulegenden Wert im Zeitpunkt der Einlage zu erfolgen; häufig sind dabei die ursprünglichen Anschaffungs- oder Herstellungskosten anzusetzen. Bei Abweichungen sind erfolgswirksame Differenzen mittels Mehr-Weniger-Rechnungen auszugleichen.

Beispiel:

Ein Einzelunternehmer legt eine bisher in seinem Privatvermögen befindliche Beteiligung an einer GmbH in sein Unternehmen ein. Der Wert der Beteiligung im Zeitpunkt der Einlage beträgt 200.000,–.

Welche Buchungen sind im Zusammenhang mit dieser Einlage erforderlich, wenn zu berücksichtigen ist, dass der steuerrechtliche Einlagewert gemäß § 6 Z 5 lit a EStG (iVm EStR 2000 Rz 801) 160.000,– (= ursprüngliche Anschaffungskosten) beträgt?

Welche Auswirkungen hätte ein nach der Einlage stattfindender Verkauf der Beteiligung um 200.000,–?

Lösung:

Die Einlage ist wie folgt zu verbuchen:

	(0)	*Beteiligung*	*200.000*	
an	*(9)*	*Privat*		*200.000*

Der geringere steuerliche Wert hat bei dieser – erfolgsneutralen – Buchung keine Auswirkung. Der steuerlich maßgebliche Wert ist jedoch vorzumerken: Er wäre zB Basis für eine steuerlich anerkannte Abschreibung und kann demzufolge diesbezüglich Differenzen zu einer unternehmensrechtlich vorgenommenen Abschreibung verursachen. Im Beispielfall entstehen im Zeitpunkt der Veräußerung Unterschiede.

So ist dann in der Buchhaltung die Beteiligung mit ihrem Wert in Höhe von 200.000,– auszuscheiden:

	(8)	*Buchwert abgegangener Finanzanlagen*	*200.000*	
an	*(0)*	*Beteiligung*		*200.000*

Für Zwecke der steuerlichen Erfolgsauswirkung beträgt der Buchwert der Beteiligung allerdings nur 160.000,– und ist mit diesem Wert auszuscheiden, was eine Mehr-Weniger-Rechnung verursacht:

MWR + 40.000

3.6.4. Vergleichswertmaßstäbe für Vermögensgegenstände

3.6.4.1. Beizulegender Wert

Die **ursprünglichen Wertansätze der Vermögensgegenstände** – ihre Anschaffungs- oder Herstellungskosten bzw ihre Einlage- oder Zuwendungswerte – sind **im Zuge der Jahresabschlussaufstellung auf ihre Angemessenheit hin zu überprüfen** und es sind **allenfalls Wertkorrekturen vorzunehmen.**

Sowohl bei der anlässlich der Jahresabschlussaufstellung vorzunehmenden **Bewertung des Anlage- als auch jener des Umlaufvermögens** ist dafür der **den Vermögensgegenständen am Abschlussstichtag „beizulegende Wert"** heranzuziehen (vgl § 204 Abs 2 sowie § 207 UGB).

Für den **beizulegenden Wert** findet sich in § 189a Z 3 UGB folgende Umschreibung:

§ 189a UGB

3. **beizulegender Wert: der Betrag, den ein Erwerber des gesamten Unternehmens im Rahmen des Gesamtkaufpreises für den betreffenden Vermögensgegenstand oder die betreffende Schuld ansetzen würde; dabei ist davon auszugehen, dass der Erwerber das Unternehmen fortführt**

Wesentlich für die Bestimmung des beizulegenden Wertes iSd § 189a Z 3 UGB ist, dass er keinen „objektiven" Wert iS eines reinen Börsenkurses oder Marktpreises darstellt, sondern es sich dabei um einen **„subjektiven" betriebsbezogenen Wert** handelt. Es sind die konkrete Einsetzbarkeit und Verwendungsmöglichkeit im fortgeführten Unternehmen zu berücksichtigen, die gleichermaßen Zuschläge wie auch Abschläge bei den Werten bedingen können. So kann etwa der „beizulegende Wert" einer Beteiligung infolge der damit verbundenen Synergieeffekte für das bilanzierende Unternehmen höher liegen als ihr aus dem Börsenkurs abgeleitete Wert. Umgekehrt kann bspw der nach § 189a Z 3 UGB „beizulegende Wert" eines Grundstückes unter dessen Marktpreis liegen, wenn die spezifische unabänderbare Nutzung im jeweiligen Unternehmen dies verursacht. Ein und derselbe Vermögensgegenstand kann somit – je nachdem in welchem Unternehmen er eingesetzt wird – unterschiedliche „beizulegende Werte" haben.

Die Umschreibung des § 189a Z 3 UGB **entspricht** – bis auf die gesetzestypischen begrifflichen Unterschiedlichkeiten – der **Definition des steuerlichen Teilwertes** in § 6 Z 1 EStG.[46] Diese Anlehnung erfolgte bei der unternehmensrechtlichen Kodifizierung bewusst, um einen Gleichlauf zwischen UGB- und Steuerbilanz herzustellen.

Zur Ableitung des beizulegenden Wertes kommen – abgesehen von bestehenden Börsen- oder Marktpreisen[47] – **verschiedene Hilfswerte** infrage, wie insbesondere der Wiederbeschaffungs- bzw Reproduktionswert, der um noch anfallende Aufwendungen geminderte Veräußerungspreis oder der Ertragswert.[48]

Der **Wiederbeschaffungswert** unterstellt eine Anschaffung zum Abschlussstichtag, der **Reproduktionswert** eine Herstellung auf der Grundlage der dann geltenden Kosten. Diese aktuellen Anschaffungs- bzw Herstellungskosten sind nach den allgemeinen Berechnungsschemata zu ermitteln. Es sind dabei sowohl gesunkene als auch gestiegene Preis- bzw Kostenelemente zu berücksichtigen und aus ihrer Kombination der Vergleichswert zum Abschlussstichtag zu errechnen. Ist der Vergleichswert für nicht mehr neuwertige Vermögensgegenstände festzustellen, muss die Kalkulation von den Kosten eines Gegenstandes in vergleichbarem Zustand ausgehen. Existieren dafür keine Märkte und Preise, sind korrigierte Neuwerte maßgeblich: Beim Anlagevermögen sind dabei insbesondere Abschläge für den gebrauchsbedingten Wertverlust, aber auch bspw für eine technische Überalterung zu machen. Bei Vorräten sind etwa

46 Vgl dazu Kap 3.6.4.3.
47 Vgl dazu Kap 3.6.4.2.
48 Zur Maßgeblichkeit der verschiedenen Werte bei den einzelnen Bilanzposten vgl Kap 3.7.

Abschläge für Beschädigungen, für beschränkte Verwendbarkeit infolge geänderter Produktionsverfahren oder für mangelnde Verkäuflichkeit aufgrund von Modeeinflüssen vorzunehmen.

Beispiel:

Ein zum Abschlussstichtag noch originalverpackt vorhandenes Spezialwerkzeug wurde aus dem Ausland bezogen. Seine Anschaffungskosten errechnen sich – ausgehend von dem dafür fakturierten Fremdwährungsbetrag in der Höhe von 3.350,– und dem im Zeitpunkt der Anschaffung geltenden Umrechnungskurs von 1,34 – wie folgt:

	Preis zum Anschaffungskurs: 3.350 : 1,34 =	*2.500,–*
+	*Anschaffungsnebenkosten (in Inlandswährung)*	*100,–*
		2.600,–

Zum Abschlussstichtag liegt der Preis für dieses Spezialwerkzeug bei einem Fremdwährungsbetrag von 3.337,00; der Umrechnungskurs beträgt 1,48/1,42. Aufgrund von Preissteigerungen für Transport und Versicherung sind die Anschaffungsnebenkosten zu diesem Zeitpunkt auf 120,– gestiegen.

Eine im Unternehmen mittlerweile vorgenommene Umstrukturierung schränkt die Verwendbarkeit des Werkzeuges partiell ein, was einen Wertabschlag von 10 % bedingt.

Wie hoch ist der dem Spezialwerkzeug beizulegende Wert zum Abschlussstichtag?

Lösung:

Der Vergleichswert ist folgendermaßen zu berechnen:

	Preis zum Anschaffungskurs: 3.337,00 : 1,42 =	*2.350,–*
+	*Nebenkosten*	*120,–*
		2.470,–
–	*Wertabschlag (10 %)*	*<247,–>*
=	*beizulegender Wert (pro Stück)*	*2.223,–*

Wird der Vergleichswert zur Bewertung des Vermögens **auf Grundlage des Veräußerungspreises** ermittelt, sind von diesem – allenfalls vorsichtig geschätzten – Betrag alle bis zum Verkauf beim Unternehmen **noch anfallenden Aufwendungen abzuziehen**, um eine verlustfreie Bewertung zu gewährleisten:

	(vorsichtig geschätzter) Verkaufserlös (netto)
–	Erlösschmälerungen (zB: Skonti, Rabatte)
–	noch anfallende Aufwendungen
=	beizulegender Wert

Als **noch anfallende Aufwendungen** lassen sich bei zur Veräußerung gelangenden Anlagevermögensgegenständen bspw Demontage- oder Maklerkosten anführen. Bei verkaufsfertigen Vorräten (Waren, fertigen Erzeugnissen) sind es die Vertriebskosten. Bei unfertigen Erzeugnissen sind bei einer Ermittlung des Vergleichswerts ausgehend vom Verkaufspreis für das fertige Produkt neben den Vertriebskosten auch noch die Kosten der Fertigstellung rückzurechnen. Daraus ergibt sich für sie folgendes Schema einer retrograden Bewertung:

	Verkaufserlös für das fertige Produkt
–	Erlösschmälerungen
–	Vertriebskosten
–	noch anfallende Materialkosten (Einzel- und Gemeinkosten)
–	noch anfallende Fertigungskosten (Einzel- und Gemeinkosten)
–	noch anfallende Verwaltungsgemeinkosten
=	beizulegender Wert für das unfertige Erzeugnis

Beispiel:

Zum Abschlussstichtag liegen unfertige Erzeugnisse auf Lager, für die folgende Herstellungskosten pro Stück angefallen sind (Kosten = Aufwendungen):

	Materialeinzelkosten	*100,–*
+	*20 % Materialgemeinkosten*	*20,–*
+	*Fertigungseinzelkosten*	*180,–*
+	*100 % Fertigungsgemeinkosten*	*180,–*
=	*Herstellungskosten für das unfertige Produkt*	*480,–*

Bis zur Fertigstellung des Erzeugnisses werden weitere Fertigungseinzelkosten in Höhe von 40,– anfallen; Materialkosten entstehen nicht mehr.

Für die Verwaltung ist mit einem Gemeinkostenzuschlagssatz von 10 % der anfallenden Herstellungskosten zu rechnen. Für den Vertrieb ist ein Betrag von 56,– pro Stück zu veranschlagen, wobei dieser Betrag zur Gänze im Jahr der Veräußerung der Erzeugnisse anfällt.

Wie hoch ist der Wert, der einem Stück des unfertigen Erzeugnisses am Abschlussstichtag beizulegen ist, wenn es für das unfertige Erzeugnis keinen Markt gibt und der voraussichtliche Absatzpreis für das fertige Erzeugnis 620,– (netto) pro Stück beträgt, und davon auszugehen ist, dass die angegebenen Gemeinkostenzuschlagssätze unverändert bleiben?

Lösung:

Bei einer retrograden Vergleichswertermittlung sind vom Verkaufspreis für das fertige Erzeugnis die noch anfallenden Fertigungseinzel- und Fertigungsgemeinkosten sowie die darauf zuzurechnenden Verwaltungsgemeinkosten abzuziehen. Weiters ist der Verkaufserlös um die Vertriebskosten zu kürzen:

	Verkaufserlös des fertigen Erzeugnisses	*620*
–	*noch anfallende Fertigungseinzelkosten*	*<40>*
–	*100 % Fertigungsgemeinkosten*	*<40>*
–	*10 % Verwaltungsgemeinkosten (der noch anfallenden Fertigungskosten: 40 + 40 = 80)*	*<8>*
–	*Vertriebskosten*	*<56>*
=	*beizulegender Wert für das unfertige Erzeugnis (pro Stück)*	*476*

Nach einer Abwertung des unfertigen Erzeugnisses auf diesen beizulegenden Wert ist eine verlustfreie Bewertung gewährleistet. Dies möge folgende Gegenüberstellung der Aufwendungen und Erträge des Absatzjahres verdeutlichen:

Aufwendungen[49] (pro Stück)			*Erträge (pro Stück)*
Bestandsveränderung	*476*	*Umsatzerlös*	*620*
Fertigungseinzelkosten	*40*		
Fertigungsgemeinkosten	*40*		
Verwaltungsgemeinkosten	*8*		
Vertriebskosten	*56*	*Erfolgsbeitrag =*	*0*
	620		*620*

Insbesondere dann, wenn für Vermögensgegenstände keine Wiederbeschaffungs-, Reproduktionskosten- oder Veräußerungswerte vorliegen, ist der **Ertragswert** als Vergleichswert für ihre Bewertung heranzuziehen. Als Beispiele dafür lassen sich etwa Beteiligungen, vermietetes Vermögen sowie Patente oder Lizenzen anführen. Die Berechnung des Ertragswerts geht in erster Linie von geschätzten, zukünftigen Einnahmenüberschüssen, die aus dem zu bewertenden Vermögensgegenstand zu erwarten sind, aus und diskontiert diese auf den Abschlussstichtag.

Auch bei **Forderungen** ist im Rahmen der Jahresabschlussaufstellung ein Vergleich der Anschaffungswerte mit den ihnen am Abschlussstichtag beizulegenden Werten vorzunehmen. Der Vergleichswert bestimmt sich durch jenen **Betrag, der nach vernünftiger unternehmerischer Beurteilung wahrscheinlich eingehen wird**; alle bis zum Abschlussstichtag entstandenen wertbestimmenden Faktoren sind dabei zu berücksichtigen: Gründe, die Abschläge vom ursprünglichen Forderungswert verursachen, können sich insbesondere aus der Person des Schuldners ergeben, wie etwa infolge seiner Zahlungsunfähigkeit bzw -einstellung. Sie können jedoch auch daraus resultieren, dass die Forderung vom Schuldner als solche oder in ihrer Höhe bestritten wird, oder sie bereits verjährt ist. Unabhängig von der Bonität des Schuldners und der Anerkenntnis der Forderung existieren Ausfallsrisiken etwa aufgrund politischer Besonderheiten oder Devisentransferbeschränkungen.

Bei **Fremdwährungsforderungen** bestimmt sich der Vergleichswert für die Bewertung im Rahmen der Jahresabschlussaufstellung durch **Umrechnung mit dem Devisenankaufskurs zum Abschlussstichtag**.

Beispiel:

Über den ausländischen Schuldner einer Forderung aus Lieferungen und Leistungen in Höhe eines Fremdwährungsbetrages von 76.143,– wird im Rahmen der Jahresabschlussarbeiten in Erfahrung gebracht, dass er einen Ausgleichsantrag eingebracht hat. Man rechnet mit einer Quote von 40 %.

Der Devisenkurs zum Abschlussstichtag für die entsprechende Fremdwährung lautet 7,4650/7,4147.

Wie hoch ist der Wert, der der Forderung am Abschlussstichtag beizulegen ist?

49 Die angeführten Aufwendungen scheinen nicht alle unter den hier verwendeten Bezeichnungen in der Gewinn- und Verlustrechnung auf. Die gewählte Darstellung soll lediglich die Erfolgsauswirkung besser erkennbar machen.

Lösung:

Der Vergleichswert der Forderung zum Abschlussstichtag bestimmt sich durch den wahrscheinlich zufließenden Betrag, umgerechnet zum Stichtagskurs:

76.143 x 40 % : 7,4650 = 4.080

Bei unverzinslichen und unterverzinslichen Forderungen entspricht der Vergleichswert zum Abschlussstichtag dem auf diesen Zeitpunkt abgezinsten **Barwert**; nur dieser Wert stellt den aktuellen Stichtagswert dar.

Beispiel:

Eine Darlehensforderung mit einem Auszahlungsbetrag in Höhe von 6.724,– ist erst in zwei Jahren fällig. Es wurden keine Zinsen vereinbart.

Wie hoch ist der der Darlehensforderung am Abschlussstichtag beizulegende Wert, wenn der Abzinsung ein Zinssatz von 2,5 % pa zugrunde zu legen ist?

Wie hoch ist der beizulegende Wert ein Jahr später?

Lösung:

Der Vergleichswert für die Darlehensforderung mit zweijähriger Restlaufzeit ist mittels Abzinsung zu errechnen:

$$6.724 \text{ x } \frac{1}{(1 + 0{,}025)^2} = \underline{\underline{6.400}}$$

Ein Jahr später ist nur mehr für eine weitere Restlaufzeit von einem Jahr abzuzinsen:

$$6.724 \text{ x } \frac{1}{1 + 0{,}025} = \underline{\underline{6.560}}$$

(Zum gleichen Ergebnis gelangt man durch Aufzinsung des Vorjahresbetrags: 6.400 + (6.400 x 2,5 %) = 6.560.)

Grundsätzlich hat auch die Ermittlung des Wertes, der den Vermögensgegenständen am Abschlussstichtag beizulegen ist, nach dem **Grundsatz der Einzelbewertung** zu erfolgen. **Pauschale Bewertungen** sind jedoch im Bereich des Vorratsvermögens durch die Vornahme sog **Gängigkeitsabschreibungen** zulässig: Dabei werden die Vorräte in Abhängigkeit von ihrer Umschlagshäufigkeit zu Klassen zusammengefasst und klassenweise einer Bewertung unterzogen. Bei Forderungen können verschiedene Ausfallsrisiken, wie Delkredererisiken oder Länderrisiken, durch **Pauschalwertberichtigungen** aufgrund von Erfahrungswerten berücksichtigt werden.

3.6.4.2. Beizulegender Zeitwert: Börsenkurs, Marktpreis

Für Gegenstände des Umlaufvermögens ist im Rahmen der Jahresabschlussbewertung insbesondere der Wert, „der sich aus dem niedrigeren Börsenkurs oder Marktpreis am Abschlussstichtag ergibt", von Bedeutung (vgl § 207 UGB). Derartige Kurse oder Preise können jedoch **auch für Gegenstände des Anlagevermögens** existieren und dann ebenfalls bei Ermittlung der ihnen am Abschlussstichtag beizulegenden Werte einfließen.[50]

50 Zur Maßgeblichkeit der verschiedenen Werte bei den einzelnen Bilanzposten vgl Kap 3.7.

Börsenkurs und Marktpreis werden in § 189a UGB unter der Bezeichnung „**beizulegender Zeitwert**" zusammengefasst und dessen Ermittlung für Finanzinstrumente näher umschrieben:

§ 189a UGB

4. **beizulegender Zeitwert: der Börsenkurs oder Marktpreis; im Fall von Finanzinstrumenten, deren Marktpreis sich als Ganzes nicht ohne weiteres ermitteln lässt, der aus den Marktpreisen der einzelnen Bestandteile des Finanzinstruments oder dem Marktpreis für ein gleichartiges Finanzinstrument abgeleitete Wert; falls sich bei Finanzinstrumenten ein verlässlicher Markt nicht ohne weiteres ermitteln lässt, der mit Hilfe allgemein anerkannter Bewertungsmodelle und -methoden bestimmte Wert, sofern diese Modelle und Methoden eine angemessene Annäherung an den Marktpreis gewährleisten**

Der beizulegende Zeitwert wird somit **generell als Börsenkurs oder Marktpreis definiert**:

- **Börsenkurse** sind jene Preise, mit welchen Wertpapiere oder Waren an einer amtlich anerkannten Börse oder im Freiverkehr notieren. Primär ist der Kurs der inländischen Börse maßgeblich; Kurse von Auslandsbörsen sind jedoch dann zu berücksichtigen, wenn die zu bewertenden Vermögensgegenstände vom Unternehmen regelmäßig dort gekauft bzw verkauft werden.
- **Marktpreise** sind die an einem bestimmten Handelsplatz zu einem bestimmten Zeitpunkt oder innerhalb eines solchen Zeitraums für Waren einer bestimmten Gattung von durchschnittlicher Qualität gültigen Durchschnittspreise. Bei der Bewertung der Vermögensgegenstände sind die Preisverhältnisse jener Märkte zu beachten, an welchen das Unternehmen auftritt.

Die – ohne Berücksichtigung des Einsatzes bzw der Nutzungsmöglichkeit eines Vermögensgegenstandes im konkreten Unternehmen existierenden – Verkehrswerte „Börsenkurs" oder „Marktpreis" als solche stellen jedoch nicht unmittelbar die Vergleichsmaßstäbe zur Bewertung der Vermögensgegenstände dar. Vielmehr sind die maßgeblichen **Vergleichswerte erst aus dem Börsenkurs bzw Marktpreis am Abschlussstichtag** abzuleiten (vgl dazu auch die entsprechende Formulierung in § 207 UGB: „*Wert ..., der sich aus dem ... Börsenkurs oder Marktpreis am Abschlussstichtag ergibt*"). Dies wird bspw auch dadurch deutlich, dass auch die zu aktivierenden Anschaffungskosten nicht nur aus dem für den Vermögensgegenstand bezahlten Börsenkurs oder Marktpreis bestehen, sondern zudem noch Anschaffungsnebenkosten umfassen.

Auf Beschaffungsmärkten gültige Börsenkurse oder Marktpreise sind um darauf üblicherweise gewährte Preisminderungen zu kürzen sowie um allfällige Anschaffungsnebenkosten zu erhöhen. Der **beschaffungsmarktorientierte Vergleichswert entspricht den Wiederbeschaffungskosten zum Abschlussstichtag** und errechnet sich nach dem Schema der Anschaffungskostenermittlung:[51]

	Börsenkurs/Marktpreis des Beschaffungsmarktes zum Abschlussstichtag
–	Anschaffungskostenminderungen
+	Anschaffungsnebenkosten
=	beschaffungsmarktbezogener Vergleichswert

51 Vgl Kap 3.6.3.1.2.

Beispiel:

Ein Rohstoff XY wird ausschließlich aus dem Ausland bezogen. Aufgrund der großen Abnahmemengen gewährt der Hauptlieferant regelmäßig 5 % Preisnachlass auf den aktuellen Marktpreis. Die für Transport und Versicherung – in Inlandswährung – anfallenden Anschaffungsnebenkosten betragen 80,– pro importierter Tonne des Rohstoffes; dieser Betrag ist auch zum Abschlussstichtag gültig.

Zum Abschlussstichtag beträgt der – in Fremdwährung notierende – Marktpreis des Rohstoffes pro Tonne 3.890,–; der Kurs 1,5898/1,5560.

Wie hoch ist der für die Bewertung einer Tonne des Rohstoffes XY maßgebliche Vergleichswert, der sich aus dem Marktpreis des Beschaffungsmarktes ergibt?

Lösung:

Der beschaffungsmarktbezogene Vergleichswert errechnet sich aus den Wiederbeschaffungskosten zum Abschlussstichtag:

	Marktpreis (3.890 : 1,5560)	*2.500*
–	*5 % Preisnachlass*	*<125>*
+	*Anschaffungsnebenkosten*	*80*
=	*Vergleichswert (pro Tonne)*	*2.455*

Werden zur Bewertung des Umlaufvermögens Börsenkurse oder Marktpreise herangezogen, die auf Absatzmärkten gelten, sind auch diese zunächst um Preisnachlässe zu reduzieren, die üblicherweise gewährt werden. Weitere Korrekturen sind notwendig, wenn bis zum oder beim Verkauf des Umlaufvermögens noch Spesen anfallen, die vom Unternehmen zu tragen sind. Damit soll im Sinne des Vorsichtsprinzips eine verlustfreie Bewertung sichergestellt werden: Die Vermögensgegenstände sollen so weit abgewertet werden, dass aus dem Verkauf keine Verluste mehr entstehen, sondern der erzielbare Veräußerungserlös auch die noch anfallenden Aufwendungen deckt. Der **absatzmarktorientierte Vergleichswert**[52] **errechnet sich somit aus dem Verkaufspreis abzüglich Erlösschmälerungen sowie noch anfallender Verkaufskosten (-aufwendungen)** wie Verpackungs- oder Frachtkosten oder sonstiger Vertriebskosten wie zB Verkaufsprovisionen:

	Börsenkurs/Marktpreis des Absatzmarktes zum Abschlussstichtag
–	Erlösschmälerungen
–	noch anfallende Verkaufskosten
=	absatzmarktbezogener Vergleichswert

Beispiel:

Zum Abschlussstichtag liegt eine Ware ABC auf Lager. Der dafür in der Saldenliste ausgewiesene Wert beträgt 1.250,– pro Einheit; der am Absatzmarkt erzielbare Preis beträgt am Abschlussstichtag 1.400,– pro Einheit.

Wie hoch ist der für die Bewertung einer Einheit der Ware ABC maßgebliche Vergleichswert, der sich aus dem Marktpreis des Absatzmarktes ergibt, wenn zu berücksichtigen ist, dass beim verkau-

52 Zur Maßgeblichkeit des Beschaffungsmarktes oder des Absatzmarktes bei der Bewertung vgl Kap 3.7.4.3.

fenden Unternehmen im Rahmen der Veräußerung noch Kosten in der Höhe von ca 200,– pro Einheit anfallen?

Welche Auswirkungen hat die verlustfreie Bewertung auf den Erfolg jener Periode, in welcher die Ware verkauft wird?

Lösung:

Der absatzmarktbezogene Vergleichswert errechnet sich wie folgt:

	Marktpreis	*1.400*
–	*noch anfallende Verkaufskosten*	*<200>*
=	*Vergleichswert (pro Einheit)*	*1.200*

Die Ware ist auf diesen Vergleichswert abzuwerten.[53]

Wird die Ware in der Folge tatsächlich um 1.400,– und unter Anfall von Verkaufskosten in Höhe von 200,– veräußert, entsteht in der Periode des Absatzes kein Verlust mehr. Vielmehr ermöglicht diese Vorgangsweise dann ein ausgeglichenes Ergebnis, was folgender Auszug aus der Gewinn- und Verlustrechnung verdeutlicht:

Aufwendungen pro Einheit			*Erträge pro Einheit*
Warenverbrauch	*1.200*	*Umsatzerlös*	*1.400*
diverse Verkaufsaufwendungen	*200*	*Ergebnis*	*0*

Für **Finanzinstrumente** enthält § 189a Z 4 UGB ergänzend **spezielle Regeln zur Ermittlung des ihnen beizulegenden Zeitwertes**. Unter Finanzinstrumente fallen grundsätzlich alle Vermögenswerte und Schulden, die auf vertraglicher Basis zu Geldzahlungen oder zum Zu- oder Abgang von anderen Finanzinstrumenten führen. Sie umfassen somit neben Forderungen (Ausleihungen) und Verbindlichkeiten sowie Anteilen (Beteiligungen) an anderen Unternehmen (sog originären Finanzinstrumenten) bspw auch Optionen, Futures und Swaps (sog derivative Finanzinstrumente). Für Finanzinstrumente präzisiert das Gesetz die Bestimmung des ihnen beizulegenden Zeitwertes:

- Lässt sich in ihrem Fall ein Marktpreis als Ganzes nicht ohne Weiteres ermitteln, ist der Zeitwert aus dem Marktpreis der einzelnen Bestandteile des Finanzinstruments oder dem Marktpreis für ein gleichartiges Finanzinstrument abzuleiten.
- Da Börsenkurse oder Marktpreise stets nur von sog verlässlichen Märkten iS eines aktiven Marktes, der öffentlich zugänglich ist und auf welchem regelmäßig Markttransaktionen zwischen unabhängigen Käufern und Verkäufern stattfinden, herangezogen werden dürfen, ist für den Fall, dass sich ein verlässlicher Markt nicht ohne Weiteres ermitteln lässt, der Zeitwert dadurch zu bestimmen, dass mithilfe allgemein anerkannter Bewertungsmodelle und -methoden eine angemessene Annäherung an den Marktpreis erfolgt.

3.6.4.3. Teilwert

Die **steuerrechtlichen Bewertungsvorschriften für Anlage- und Umlaufvermögen** nennen im Zusammenhang mit deren Bewertung in der Bilanz den Teilwert (vgl § 6 Z 1 und 2 EStG).

53 Vgl dazu auch Kap 3.7.4.2.

Der **Teilwert** wird in § 6 Z 1 EStG definiert:

§ 6 Z 1 EStG

... Teilwert ist der Betrag, den der Erwerber des ganzen Betriebes im Rahmen des Gesamtkaufpreises für das einzelne Wirtschaftsgut ansetzen würde; dabei ist davon auszugehen, dass der Erwerber den Betrieb fortführt. ...

Gemäß § 6 Z 1 EStG wird bei der Teilwertermittlung **die Betriebsfortführung durch einen gedachten Erwerber unterstellt**. Damit sind für die steuerliche Bewertung nicht die Liquidationswerte iSv Einzelveräußerungspreisen ohne Zusammenhang mit dem Betrieb maßgeblich, sondern jene Werte, die das Anlage- und Umlaufvermögen für den Betrieb haben.

Aus der gesetzlichen Umschreibung des Teilwerts werden verschiedene **Wertvermutungen** abgeleitet:

- Der Teilwert im Zeitpunkt der Anschaffung oder Herstellung entspricht den tatsächlichen Anschaffungs- bzw Herstellungskosten.
- Beim Anlagevermögen, das durch den Gebrauch bzw im Zeitablauf keiner Abnutzung unterliegt, entspricht auch der spätere Teilwert zumindest den seinerzeitigen Anschaffungs bzw Herstellungskosten, es sei denn, die Wiederbeschaffungskosten sind mittlerweile gesunken oder die Investition hat sich als Fehlmaßnahme herausgestellt.
- Beim abnutzbaren Anlagevermögen entspricht der spätere Teilwert grundsätzlich den um die Abnutzung korrigierten Anschaffungs- bzw Herstellungskosten. Auch hier können jedoch Fehlmaßnahmen oder gesunkene Wiederbeschaffungskosten zu einem geringeren Teilwert führen.
- Beim Umlaufvermögen entspricht der Teilwert den Wiederbeschaffungskosten. Ein geringerer Wert kann sich jedoch durch das Sinken der Verkaufspreise auf dem Absatzmarkt ergeben.

Nach vorherrschender Meinung in der Literatur ist der **steuerrechtliche Teilwert weit gehend mit den unternehmensrechtlichen Werten zum Abschlussstichtag gleichzusetzen**, die gemäß § 204 Abs 2 bzw § 207 UGB für die Bewertung der Vermögensgegenstände im Jahresabschluss heranzuziehen sind.[54] Dies **gilt insbesondere im Hinblick auf den in § 189a Z 3 UGB kodifizierten Bewertungsmaßstab des „beizulegenden Wertes“**, dessen Umschreibung – bis auf die gesetzestypischen begrifflichen Unterschiedlichkeiten – der gesetzlichen Definition des steuerlichen Teilwertes entspricht.[55]

3.6.5. Wertmaßstäbe für Schulden

3.6.5.1. Erfüllungsbetrag

Verbindlichkeiten sind zu ihrem Erfüllungsbetrag anzusetzen (vgl § 211 Abs 1 UGB). Dieser Wertmaßstab gilt **sowohl für den Zeitpunkt ihrer erstmaligen Einbuchung („Anschaffung“) als auch für ihren späteren Ansatz in den Jahresabschlüssen.**

54 Vgl Kap 3.6.4.1. und 3.6.4.2.
55 Vgl Kap 3.6.4.1.

Der Erfüllungsbetrag ist jener **Betrag, der aufgebracht werden muss, um eine Verbindlichkeit zu tilgen.** Bei Geldleistungsverpflichtungen ist dieser sog „Wegschaffungsbetrag“ der Rückzahlungsbetrag, dh der Betrag der Zahlungsmittel (Geld), der zur Tilgung aufzubringen ist. Bei Sachleistungs- oder Sachwertverpflichtungen ist der Erfüllungsbetrag als jene Belastung zu interpretieren, die für das Unternehmen entsteht, um die von ihm zu erbringende Sach- oder Dienstleistung zu bewirken. Nicht zum Erfüllungsbetrag zählen jedoch Kosten, die im Zusammenhang mit der Begleichung der Verbindlichkeit entstehen, wie bspw Überweisungsspesen; sie werden erst im Zeitpunkt des Anfallens als Aufwand verbucht.

Der Erfüllungsbetrag einer Verbindlichkeit muss auch im Zeitpunkt ihrer Begründung **nicht unbedingt jenem Betrag entsprechen, der dem Unternehmen zufließt.** Dieser Verfügungs- oder Ausgabebetrag kann sowohl niedriger (infolge eines Disagios oder Damnums) als auch höher (infolge eines Agios) sein. Für den Ansatz der Verbindlichkeit ist jedenfalls die Höhe des vereinbarten Erfüllungs- bzw Rückzahlungsbetrags maßgeblich.[56]

Beispiel:

Ein Unternehmen nimmt ein Darlehen in Höhe von 200.000,– mit 80%iger Auszahlung auf, dh es erhält nur 160.000,– gutgeschrieben, hat jedoch jedenfalls 200.000,– zurückzuzahlen.

Wie hoch ist der Erfüllungsbetrag der Verbindlichkeit?

Lösung:

Der Erfüllungs- bzw – im vorliegenden Fall infolge der erforderlichen Tilgung mittels Geld – der Rückzahlungsbetrag der Verbindlichkeit beträgt bereits bei ihrer Begründung 200.000,–.

Der Erfüllungsbetrag **ergibt sich zumeist aufgrund einer Eingangsrechnung oder eines Vertrages.**

Bei der Bestimmung des für die Verbindlichkeit anzusetzenden Erfüllungsbetrags ist **insbesondere das für die Bewertung maßgebliche Stichtagsprinzip[57] zu berücksichtigen.** Nicht jener Betrag, der letztlich zur Begleichung der Verbindlichkeit aufzuwenden ist, stellt den zu passivierenden Erfüllungsbetrag dar, sondern die aus der Sicht des Bewertungsstichtags dafür notwendige Summe. Es ist gewissermaßen jener Erfüllungsbetrag maßgeblich, der zum Aufnahmezeitpunkt bzw später zum Abschlussstichtag aufgewendet werden müsste.

Aus diesem Grundsatz ist bspw abzuleiten, inwieweit Zinsen bei der Ermittlung des zu passivierenden Erfüllungsbetrags Beachtung finden: Auch dann, wenn für eine Verbindlichkeit keine laufenden Zinszahlungen erfolgen, sondern die gesamte Zinsschuld erst am Ende der Laufzeit gemeinsam mit der Kapitalschuld zurückgezahlt wird (zB bei Null-Kupon-Anleihen (Zerobonds)), entspricht dieser gesamte Begleichungsbetrag nicht vorweg dem anzusetzenden Erfüllungsbetrag. In ihn sind vielmehr **lediglich die bis zum Bewertungsstichtag aufgelaufenen Zinsen einzurechnen**, sodass der endgültige Begleichungsbetrag erst allmählich erreicht wird. Damit wird zum einen der Ansatz der Verbindlichkeit in Höhe der fiktiven Erfüllung bzw Rückzahlung zum Abschlussstichtag, zum anderen eine periodenrichtige Verteilung des Zinsaufwands sichergestellt.

---

56 Zur Behandlung der daraus resultierenden Differenzen vgl Kap 3.7.5.3.

57 Vgl Kap 3.6.2.3.

Beispiel:

Für ein am 1. 1. X1 aufgenommenes Darlehen in Höhe von 1,000.000,– werden folgende Konditionen vereinbart:

- *4 % Zinsen pa mit jährlicher Zinsanlastung auf dem Kapital und daraus folgendem 4%igen Zinseszins,*
- *Rückzahlung der Kapital- und der Zinsschuld nach zwei Jahren (am 1. 1. X3).*

Wie hoch ist der zu passivierende Erfüllungs- bzw Rückzahlungsbetrag?

a) zum Zeitpunkt der Darlehensaufnahme (1. 1. X1)

b) zum Abschlussstichtag (31. 12.) des Jahres X1

c) zum Abschlussstichtag (31. 12.) des Jahres X2

Lösung:

a) Erfüllungs- bzw Rückzahlungsbetrag im Zeitpunkt der Darlehensaufnahme (1. 1. X1):

1,000.000	*(mangels aufgelaufener Zinsen entspricht der Betrag dem Ausgabebetrag)*

b) (fiktiver) Erfüllungs- bzw Rückzahlungsbetrag zum Abschlussstichtag 31. 12. X1:

1,000.000	
+ 40.000	*(= 4 % Zinsen für ein Jahr)*
1,040.000	

c) (fiktiver) Erfüllungs- bzw Rückzahlungsbetrag zum Abschlussstichtag 31. 12. X2:

1,040.000	
+ 41.600	*(= 4 % Zinsen für ein weiteres Jahr (inkl Zinseszinsen))*
1,081.600	

Aus dem dargestellten Prinzip der anteiligen Zinspassivierung ergibt sich auch, dass **bei längerfristig gestundeten Kaufpreisverbindlichkeiten sowie Ratenschulden enthaltene verdeckte Zinsen auszuscheiden** sind. Bei diesen Verbindlichkeiten entspricht der Erfüllungsbetrag zunächst dem Barwert des gestundeten Preises bzw der Raten.[58] Während der Laufzeit hat dann eine Aufzinsung zu erfolgen.

58 Damit entspricht der zu passivierende Erfüllungs- bzw Rückzahlungsbetrag für die Verbindlichkeit jenem Betrag, der als Anschaffungskosten für den erworbenen Vermögensgegenstand aktiviert werden darf (vgl Kap 3.6.3.1.3.). Lediglich für kurzfristige Verbindlichkeiten (bis zu einem Jahr) wird es zum Teil als zulässig angesehen, eine Passivierung in Höhe der (unabgezinsten) späteren Zahlungen vorzunehmen und in Differenz zwischen diesem Wert und dem Barwert des damit gekauften Vermögensgegenstandes einen aktiven Rechnungsabgrenzungsposten einzustellen, der dann während der Laufzeit – entsprechend dem Zinsanfall – aufgelöst wird.

Beispiel:[59]

Am 1. 12. wird ein Grundstück gekauft. Ein Teil des Kaufpreises wird auf ein halbes Jahr gestundet: Man vereinbart, dass am 31. 5. des Folgejahres 360.500,– (inkl 3 % Zinsen für das halbe Jahr) zu zahlen sind.

Wie hoch ist der Erfüllungsbetrag der aus diesem Grundstückskauf resultierenden Verbindlichkeit?

a) am 1. 12.

b) am 31. 12.

Lösung:

a) Zur Ermittlung des Erfüllungs- bzw Rückzahlungsbetrags ist die gestundete Kaufpreisrate auf den 1. 12. abzuzinsen:

$$360.500 \times \frac{1}{1+0{,}03} = 350.000$$

b) Zum 31. 12. ergibt sich der Erfüllungs- bzw Rückzahlungsbetrag unter Hinzurechnung der mittlerweile aufgelaufenen Zinsen (für einen Monat):

	ursprünglicher Barwert	*350.000*
+	*350.000 x 3 % x 1/6 =*	*1.750*
		351.750

Unter der Interpretation des Skontos als Zins entspricht der **Erfüllungsbetrag einer Verbindlichkeit, für welche die Möglichkeit eines Skontoabzugs besteht, gleichfalls dem reduzierten Barpreis**. Erst nach Ablauf der Skontofrist ist der Erfüllungsbetrag mit dem Zielpreis gleichzusetzen. Aus Vereinfachungsgründen ist auch eine pauschale Korrektur um mögliche Lieferantenskonti zulässig.[60]

Auch **bei Wechselverbindlichkeiten**, deren Wechselsumme einen Diskont (Zinsen) enthält, führt die Außerachtlassung noch nicht aufgelaufener Zinsen dazu, dass **zunächst nur der Barwert** den Erfüllungsbetrag darstellt und erst durch eine **ratierliche Aufzinsung bis zum Fälligkeitstag** die Wechselsumme zu erreichen ist.

Bei unverzinslichen oder niedrig verzinslichen Verbindlichkeiten ist der Erfüllungsbetrag nicht durch eine Abzinsung zu reduzieren: Das Realisationsprinzip verbietet die vorherige Berücksichtigung der positiven Erfolgsbeiträge, die infolge der fehlenden oder niedrigen Zinsbelastung in der Zukunft verwirklicht werden.

Bei manchen Verbindlichkeiten ist der **endgültige Erfüllungsbetrag vorweg nicht eindeutig bestimmbar**: So kann bspw die vorzeitige Kündigung einer Anleihe ein Aufgeld verursachen, das den Erfüllungsbetrag erhöht. Bei Fremdwährungsverbindlichkeiten beeinflussen ihn zukünftige Wechselkursänderungen. Bei Verbindlichkeiten mit Wertsicherungsklauseln führen Schwankungen bestimmter Indizes (zB Lebenshaltungskostenindex) zu einer automatischen

---

59 Vgl zum Bsp eines Ratenkaufs mit laufender Trennung der Raten in die Tilgungs- und die Zinskomponente Kap 3.6.3.1.3.

60 Sie ist bei Verbuchung des Skontos nach der bereits dargestellten „Kassapreis"-Methode (vgl Kap 3.6.3.1.3.) über das Konto „nicht ausgenutzte Lieferantenskonti" vorzunehmen.

Veränderung des geschuldeten Betrags im selben Ausmaß. Auch in derartigen Fällen gilt der Grundsatz, dass bei der Bestimmung des zu passivierenden Erfüllungsbetrags **die Verhältnisse im Bewertungszeitpunkt zugrunde zu legen** sind.

Im Zusammenhang mit Zu- oder Abschlägen auf den Erfüllungsbetrag ist **grundsätzlich eine normale Abwicklung der Verbindlichkeit zu unterstellen**: Ein Aufgeld ist erst dann zu berücksichtigen, wenn mit dem Eintritt der es auslösenden Umstände ernstlich gerechnet werden muss; ein Abgeld bzw ein Schuldenerlass reduziert den Erfüllungsbetrag entsprechend dem Grundsatz der Vorsicht erst in dem Zeitpunkt, in dem die Bedingungen dafür tatsächlich eingetreten sind.

Bei Fremdwährungsverbindlichkeiten bestimmt sich der Erfüllungsbetrag grundsätzlich durch jenen Eurobetrag, der am Bewertungsstichtag zum Ankauf der zur Tilgung der Verbindlichkeit erforderlichen Devisen notwendig wäre. Maßgeblich ist damit **der jeweils gültige Devisenverkaufskurs**.

Beispiel:

Am 26. 11. X1 wird ein langfristiges Auslandsdarlehen in Höhe eines Fremdwährungsbetrages von 390.000,– aufgenommen. (Zinsen werden gesondert in Rechnung gestellt.)

Wie hoch ist der Erfüllungsbetrag des Darlehens, wenn zu einzelnen Stichtagen folgende Kurse für die Fremdwährung gelten:

a)	*26. 11. X1 (Aufnahme):*	*3,1300/3,1200;*
b)	*31. 12. X1:*	*3,0941/3,0842;*
c)	*31. 12. X2:*	*3,1196/3,1096?*

Lösung:

Der Erfüllungs- bzw Rückzahlungsbetrag ergibt sich durch Umrechnung mit dem Verkaufskurs zum jeweiligen Stichtag:

a) bei Aufnahme am 26. 11. X1 mit 3,1200:	*125.000,00*
b) am 31. 12. X1 mit 3,0842:	*126.450,94*
c) am 31. 12. X2 mit 3,1096:	*125.418,06*

Der Erfüllungsbetrag einer **Verbindlichkeit mit einer Wertsicherungsklausel** ist in Anpassung an die zum Bewertungsstichtag **eingetretene Veränderung des relevanten Index** zu berechnen. Solange sich der Index nicht verändert, bleibt die Vereinbarung einer Wertsicherungsklausel bei der Ermittlung des Erfüllungsbetrags unberücksichtigt. Erst der Eintritt der Wertsicherungsbedingung beeinflusst den Erfüllungsbetrag in entsprechendem Umfang.

Beispiel:

Am 12. November X1 wird ein langfristiges Darlehen in der Höhe von 1,000.000,– aufgenommen. Laut Vertrag ist der Rückzahlungsbetrag mit dem Verbraucherpreisindex wertgesichert.

Wie hoch ist der Rückzahlungs(Erfüllungs)betrag des Darlehens zu einzelnen Stichtagen, wenn folgende Indizes verlautbart werden:

a)	*12. 11. X1:*	*110,4;*
b)	*31. 12. X1:*	*110,4;*
c)	*31. 12. X2:*	*113,8;*
d)	*31. 12. X3:*	*119,4?*

Lösung:

Der Rückzahlungs(Erfüllungs)betrag zu den einzelnen Stichtagen beträgt:

a) am 12.11.X1:	*1,000.000*	
b) am 31.12.X1:	*1,000.000*	*(da noch keine Indexsteigerung eingetreten ist)*
c) am 31.12.X2:	*1,030.800*	*(die Indexsteigerung um 3,08 % (von 110,4 auf 113,8) verursacht eine entsprechende Erhöhung des Rückzahlungsbetrags)*
d) am 31.12.X3:	*1,081.500*	*(der Rückzahlungsbetrag ist an die nunmehrige Indexsteigerung in Höhe von 8,15 % (von 110,4 auf 119,4) anzupassen)*

Häufig ist im Rahmen der Wertsicherungsvereinbarung vorgesehen, dass der **Wertsicherungsfall erst bei einer Indexveränderung um ein bestimmtes Mindestmaß** (zB ab 5 % oder 10 %) eintritt. Der zu passivierende **Erfüllungsbetrag ist dann gleichfalls erst ab diesem Zeitpunkt anzupassen.**

Beispiel:

Für das wertgesicherte Darlehen des vorangegangenen Beispiels ist – in Abänderung der bisherigen Angaben – vereinbart, dass Indexschwankungen erst ab einem Ausmaß von 5 % zu berücksichtigen sind.

Inwieweit ändern sich durch diese Vereinbarung die Rückzahlungs(Erfüllungs)beträge der Verbindlichkeit zu den einzelnen Stichtagen?

Lösung:

Am 31. 12. X2 beträgt der Rückzahlungs(Erfüllungs)betrag 1,000.000; die – zu geringe – Indexsteigerung (3,08 %) ist dabei außer Acht zu lassen.[61]

Erst zum 31. 12. X3 ist die vorgesehene Mindestgrenze überschritten (8,15 %), sodass erst dann der Rückzahlungs(Erfüllungs)betrag auf 1,081.500 anzuheben ist.

Besteht für ein Unternehmen die Verpflichtung, Schulden nicht in Geld, sondern in Sachwerten (zB bestimmte Waren) zu begleichen (= **Sachwertverbindlichkeiten**), und sind die dafür **erforderlichen Vermögensgegenstände bereits vorhanden, ist für den Erfüllungsbetrag der Sachwertverbindlichkeit deren Wertansatz maßgeblich.** Sind die **erforderlichen Vermögensgegenstände erst zu beschaffen bzw herzustellen**, bestimmt sich der Erfüllungsbetrag dieser Verbindlichkeiten **nach den Beschaffungskosten der Gegenstände.** Dem Stich-

61 Die bis zum 31. 12. X2 eingetretene Indexsteigerung macht jedoch die Bildung einer Rückstellung für ungewisse Verbindlichkeiten (vgl dazu Kap 3.7.8.2.1.) in entsprechender Höhe erforderlich.

tagsprinzip entspricht es, dabei nicht auf die Verhältnisse eines späteren Fälligkeitszeitpunkt der Verbindlichkeit abzustellen, sondern von einer fiktiven Erfüllung der Sachleistungsverpflichtung zum jeweiligen Bewertungsstichtag auszugehen und den Wert der dafür zu passivierenden Verbindlichkeit auf der Basis der Preise und Kosten zu ermitteln, die zu diesem Zeitpunkt gelten. Nachfolgende Veränderungen der Preis- und Kostenverhältnisse beeinflussen den Erfüllungsbetrag somit erst im Zeitablauf, wenn bei der Bewertung einer längerfristigen Sachwertverbindlichkeit zu einem späteren Abschlussstichtag erneut der auf den aktuellen Stichtag bezogene fiktive Erfüllungsbetrag festzustellen ist.[62]

Das **Steuerrecht** führt im Zusammenhang mit der Bewertung von Verbindlichkeiten den Rückzahlungsbetrag an (vgl § 6 Z 3 EStG). Bei seiner Ermittlung wird entsprechend den dargestellten Grundsätzen vorgegangen.

3.6.5.2. Barwert der zukünftigen Auszahlungen

Rentenverpflichtungen sind mit dem Barwert der zukünftigen Auszahlungen anzusetzen (vgl § 211 Abs 1 UGB). Rentenverpflichtungen entstehen durch die Einräumung eines Rentenstammrechts, durch die Verpflichtung, periodisch wiederkehrende gleichmäßige Geld- oder Sachleistungen zu erbringen. Sie können sich auf die Lebenszeit eines Menschen (Leibrente) oder auf einen bestimmten Zeitraum (Zeitrente) erstrecken.

Steht für eine Rentenverpflichtung eine **Ablösesumme** fest, bildet dieser Betrag auch ihren Barwert. Anderenfalls ist der Barwert der Rentenverpflichtung **nach versicherungsmathematischen Grundsätzen** zu ermitteln.

Das **Steuerrecht** schreibt für die bilanzielle Bewertung von Rentenverpflichtungen keinen speziellen Wertmaßstab vor. Auch hier wird grundsätzlich der versicherungsmathematisch errechnete Rentenbarwert herangezogen.

3.6.5.3. Bestmöglich geschätzter Erfüllungsbetrag

Rückstellungen sind grundsätzlich mit dem Erfüllungsbetrag anzusetzen, der bestmöglich zu schätzen ist (vgl § 211 Abs 1 UGB).[63]

Obzwar Rückstellungen idR gerade dadurch gekennzeichnet sind, dass ihre Höhe ungewiss ist und der für sie zu passivierende Betrag zumeist nur durch Schätzungen ermittelt werden kann, ist für ihre Bewertung **damit ein bestimmter Wertmaßstab vorgeschrieben.**

Durch die Formulierung „bestmöglich zu schätzender Erfüllungsbetrag“ wird ein Schatzmaßstab vorgegeben. Die Rückstellungshöhe ist **unter Berücksichtigung aller vorhandenen Informationen** zu ermitteln; ungünstige und günstige Entwicklungsmöglichkeiten sind gleicherma-

62 Ob es diesbezüglich infolge der durch das RÄG 2014 erfolgten Einführung des Begriffes „Erfüllungsbetrag“ anstatt des bisherigen Begriffes „Rückzahlungsbetrag“ zu einer – allenfalls auch nur die Sachwertverpflichtungen betreffenden – Änderung kommt, wie es die EB zu § 211 der RV zum RÄG 2014, 367 BlgNR XXV. GP ausführen („Mit dem Begriff soll ... klargestellt werden, dass in die Betrachtung – unter Einschränkung des Stichtagsprinzips – künftige Preis- und Kostensteigerungen einzubeziehen sind.“), bleibt abzuwarten. Eine derartige zukunftsbezogene Wertbestimmung entspricht eher dem Charakter von Rückstellungen (vgl dazu Kap 3.6.5.3.).

63 Für einige spezielle Rückstellungen enthält das UGB weitere Bewertungsbestimmungen (vgl dazu Kap 3.7.8.4.).

ßen einzubeziehen. Insofern finden bei der Bewertung von Rückstellungen auch zukünftige Wertverhältnisse Berücksichtigung. Nicht der im ungünstigsten Fall zu erwartende Betrag ergibt die notwendige Höhe der Rückstellung, sondern jener Betrag, der **mit der höchsten Wahrscheinlichkeit** erforderlich ist; lediglich wenn verschiedene Beträge mit gleichen Wahrscheinlichkeiten zu erwarten sind, ist der höchste Wert für die Bewertung der Rückstellung maßgeblich. Zwar entspricht es dem besonderen Charakter der Rückstellungen, dass ihre Höhe geschätzt werden muss, doch ist – unter Beachtung des § 201 Abs 2 Z 7 UGB – diese **Betragsschätzung willkürfrei und unter objektiven Gesichtspunkten sowie schlüssig und von Dritten nachvollziehbar** vorzunehmen. Soweit vorhanden, ist auf Erfahrungswerte aus der Vergangenheit zurückzugreifen (zB bei Garantierückstellungen); nicht nur betriebsindividuelle Werte können dabei eine Rolle spielen, auch branchenübliche Erfahrungssätze sind gegebenenfalls heranzuziehen.

Im Wesentlichen gelten für die verschiedenen Rückstellungen folgende Wertmaßstäbe:[64]

- **Rückstellungen für ungewisse Verbindlichkeiten** wie bspw Ertragsteuerrückstellungen oder Gewährleistungsrückstellungen sind **mit jenem Betrag anzusetzen, mit dem bei der Erfüllung der Verbindlichkeit zu rechnen ist.** In Analogie zu den Verbindlichkeiten selbst ist ihre Bewertung somit am Zahlungsbetrag bzw „Wegschaffungsbetrag"[65] auszurichten. Bei Rückstellungen für Abfertigungsverpflichtungen, Pensionen, Jubiläumsgeldzusagen oder vergleichbaren langfristig fälligen Verpflichtungen ist der Betrag **nach versicherungsmathematischen Grundsätzen** zu ermitteln (vgl § 211 Abs 1 letzter Satz UGB).
- **Rückstellungen für drohende Verluste aus schwebenden Geschäften** sind grundsätzlich **in der Höhe des erwarteten Verpflichtungsüberhangs anzusetzen**, dh mit jenem Betrag, um welchen der Wert der zu erbringenden eigenen Leistung wahrscheinlich jenen der Gegenleistung übersteigen wird.

Beispiel:

Da ein Unternehmen zu Beginn des nächsten Jahres die Überweisung einer hohen Anzahlung in einer Fremdwährung erwartet, schließt es mit der Hausbank ein Devisentermingeschäft ab: Der einlangende Fremdwährungsbetrag in Höhe von 198.000,– soll von der Bank mit einem Kurs von 1,6061 umgerechnet werden.

Unvorhergesehenerweise verändert sich nach Abschluss des Devisentermingeschäfts der Kurs der entsprechenden Fremdwährung auf 1,5840/1,5240.

Wie hoch ist die in diesem Zusammenhang im Jahresabschluss des Unternehmens zu passivierende Rückstellung für drohende Verluste aus schwebenden Geschäften?

Lösung:

Der aufgrund dieses Devisentermingeschäfts drohende Verlust, der als Rückstellung einzubuchen ist, errechnet sich wie folgt:

Wert der eigenen Leistung (= Wert der Fremdwährung zum tatsächlichen Kurs)	*198.000 : 1,5840*	=	*125.000*
Wert der Gegenleistung (= Wert der Fremdwährung zum vereinbarten Kurs)	*198.000 : 1,6061*	=	*123.280*
			1.720

64 Vgl dazu im Einzelnen Kap 3.7.8.3.

65 Vgl dazu Kap 3.6.5.1.

- **Aufwandsrückstellungen**, wie bspw solche für unterlassene Reparaturen, dienen der periodenrichtigen Abgrenzung von Aufwendungen. Ihre Höhe ergibt sich demnach durch eine **Schätzung der in der Abschlussperiode oder in einer früheren Periode wirtschaftlich verursachten Aufwendungen für zukünftige Maßnahmen oder Leistungen**

Beispiel:

Für die besonders aufwendig gestaltete Weihnachtsbeleuchtung eines Unternehmen ist erfahrungsgemäß alle zwei Jahre eine Generalüberholung notwendig, die voraussichtlich rund 1.200,– kostet und grundsätzlich kurz nach dem Bilanzstichtag (= 31. 12.) durchgeführt wird.

Wie hoch ist die aus dieser Angabe resultierende Aufwandsrückstellung nach einem einjährigen Betrieb der Beleuchtungsanlage bzw nach ihrem zweijährigen Betrieb?

Lösung:

Geht man davon aus, dass die Generalüberholung verursachungsgemäß den einzelnen Jahren der Nutzung der Beleuchtungsanlage zwischen den notwendigen Generalüberholungen zuzuordnen ist, ist der voraussichtliche Aufwand dafür auf diese Jahre zu verteilen:

1.200 : 2 = 600 verursachter Aufwand pa

Daraus ergibt sich folgende Höhe der Aufwandsrückstellung:

nach einjährigem Betrieb:	*600*
nach zweijährigem Betrieb:	*1.200*

Für Rückstellungen ist vorgesehen, dass sie ab einer Restlaufzeit von mehr als einem Jahr abzuzinsen sind (vgl § 211 Abs 2 UGB).[66] Somit ist bei derartigen Rückstellungen nicht der schlussendliche vermutliche Erfüllungsbetrag zu passivieren, sondern der **auf den jeweiligen Abschlussstichtag hin abgezinste bestmöglich geschätzte Erfüllungsbetrag**. Zur Abzinsung ist dabei grundsätzlich ein marktüblicher Zinssatz heranzuziehen.

Beispiel:

Einem Unternehmen wird eine Patentrechtsverletzung vorgeworfen. Die ihm daraus möglicherweise erwachsenden Schadenersatzleistungen werden mit 5,000.000 beziffert.

Wie hoch ist die aus dieser Angabe resultierende Rückstellung, wenn anzunehmen ist, dass bis zu einer rechtskräftigen Entscheidung drei Jahre vergehen werden?

Lösung:

Wird bspw von einem ungefähr gleich bleibenden Marktzinssatz von 3 % pa ausgegangen, ergeben sich unter Berücksichtigung der jeweiligen (Rest-)Laufzeiten der Rückstellung zu den einzelnen Abschlussstichtagen folgende Rückstellungsbeträge iSd § 211 Abs 2 UGB:

Ende Jahr 1:	*Laufzeit: bis Ende Jahr 4 => drei Jahre*	*5,000.000 : $1{,}03^3$ =*	*4,575.708*
Ende Jahr 2:	*(Rest-)Laufzeit: bis Ende Jahr 4 => zwei Jahre*	*5,000.000. $1{,}03^2$ =*	*4,712.980*
Ende Jahr 3:	*(Rest-)Laufzeit: bis Ende Jahr 4 => ein Jahr*	*Abzinsung nicht mehr erforderlich*	*5,000.000*

66 Zur Übergangsvorschrift für diese durch das RÄG 2014 eingeführte Vorschrift zur Rückstellungsabzinsung vgl Kap 3.7.8.3.3.

Auch für die Ermittlung der Höhe von Rückstellungen gilt der **Grundsatz der Einzelbewertung**. Für verschiedene Rückstellungen erweist sich dies in der Praxis jedoch als undurchführbar, sodass bei gleichartigen Sachverhalten auch **Sammelbewertungen** zulässig sind, wie insbesondere bei Garantierückstellungen.

Das **Steuerrecht** enthält keine allgemein gültige Vorschrift zur Bewertung von Rückstellungen; besondere Bestimmungen bestehen für Rückstellungen für die Vorsorge für Abfertigungen und Pensionen sowie Jubiläumsgelder (vgl § 14 EStG).[67] Bei den steuerrechtlich anerkannten Rückstellungen für sonstige ungewisse Verbindlichkeiten sowie für drohende Verluste aus schwebenden Geschäften folgt die Berechnung im Wesentlichen den unternehmensrechtlichen Grundsätzen. Hinsichtlich der Höhe des steuerlich zulässigen Ansatzes bestehen jedoch Einschränkungen und ist insbesondere auch die pauschale Bildung von Rückstellungen unzulässig (vgl § 9 Abs 3 EStG) bzw sind Abzinsungen zwingend mit einem Zinssatz von 3,5 % pa vorzunehmen (vgl § 9 Abs 5 EStG).[68]

3.7. Jahresabschlussarbeiten bei den einzelnen Bilanzposten

3.7.1. Nicht abnutzbares Anlagevermögen

3.7.1.1. Begriff

Zum nicht abnutzbaren Anlagevermögen gehören Gegenstände, die **bestimmt sind, dauernd dem Geschäftsbetrieb zu dienen** (vgl § 198 Abs 2 UGB) und deren **Nutzung nicht zeitlich begrenzt** ist, die somit weder durch den Gebrauch einer Abnutzung unterliegen, noch eine gesetzlich oder vertraglich begrenzte Nutzungsdauer haben.

Darunter fallen im Wesentlichen:

- unbebaute Grundstücke und der Bodenwert von bebauten Grundstücken,
- Anlagen in Bau,
- Finanzanlagen (zB Anteile von bzw Beteiligungen an anderen Unternehmen, Wertpapiere des Anlagevermögens),
- geleistete Anzahlungen auf Anlagen.

3.7.1.2. Bewertung

Die **unternehmensrechtlichen Bewertungsvorschriften** für das nicht abnutzbare Anlagevermögen finden sich in § 203 Abs 1 sowie § 204 Abs 2 und § 208 Abs 1 UGB:[69]

§ 203 (1) UGB

Gegenstände des Anlagevermögens sind mit den Anschaffungs- oder Herstellungskosten, vermindert um Abschreibungen gemäß § 204, anzusetzen.

---

67 Vgl dazu Kap 3.7.8.4.

68 Vgl dazu Kap 3.7.8.3.

69 Zum Übergangsrecht iZm dem durch das RÄG 2014 neu formulierten Zuschreibungsgebot des § 208 UGB vgl am Ende dieses Kapitels.

§ 204 (2) UGB

Gegenstände des Anlagevermögens sind bei voraussichtlich dauernder Wertminderung ohne Rücksicht darauf, ob ihre Nutzung zeitlich begrenzt ist, außerplanmäßig auf den niedrigeren am Abschlussstichtag beizulegenden Wert abzuschreiben. Bei Finanzanlagen dürfen solche Abschreibungen auch vorgenommen werden, wenn die Wertminderung voraussichtlich nicht von Dauer ist.

§ 208 (1) UGB

Wird bei einem Vermögensgegenstand eine Abschreibung gemäß § 204 Abs 2 ... vorgenommen und stellt sich in einem späteren Geschäftsjahr heraus, dass die Gründe dafür nicht mehr bestehen, so ist der Betrag dieser Abschreibung im Umfang der Werterhöhung unter Berücksichtigung der Abschreibungen, die inzwischen vorzunehmen gewesen wären, zuzuschreiben.

Daraus ergibt sich im Überblick folgende **unternehmensrechtliche Bewertungskonzeption** für das nicht abnutzbare Anlagevermögen:

Ausgangswert:	**Anschaffungs- oder Herstellungskosten** (allenfalls auch der Einlage- bzw Zuwendungswert).
Abschreibungen:	**müssen** (und dürfen nur) vorgenommen werden, wenn der Wert zum Abschlussstichtag **niedriger** ist **und** dieser Wertverlust voraussichtlich **dauerhaft** ist. AUSNAHME: Bei **Finanzanlagen dürfen** Abschreibungen auch vorgenommen werden, wenn der Wertverlust voraussichtlich nur **vorübergehend** ist.
Zuschreibungen:	**müssen** vorgenommen werden, wenn der Wert wieder höher wird (Wertaufholungsgebot). Jedoch dürfen dabei die Anschaffungs- bzw Herstellungskosten nicht überschritten werden.

Im Rahmen der Jahresabschlussaufstellung ist für Gegenstände des nicht abnutzbaren Anlagevermögens **in einem ersten Schritt ein Vergleichswert festzustellen**: Dies ist **der ihnen am Abschlussstichtag beizulegende Wert** iSd § 189a Z 3 UGB und damit der Betrag, den ein Erwerber des gesamten Unternehmens im Rahmen des Gesamtkaufpreises für den betreffenden Vermögensgegenstand ansetzen würde, unter der Annahme, dass er das Unternehmen fortführt.[70] Dabei ist insbesondere ihr Wiederbeschaffungs- bzw Reproduktionswert maßgeblich, bei Beteiligungen idR der Ertragswert, wobei auch Paketzuschläge oder -abschläge zu berücksichtigen sind. Da Anlagevermögen im Normalfall nicht veräußert werden soll, ist der Veräußerungspreis hingegen nur in seltenen Fällen heranzuziehen; in Betracht kommt er etwa für nicht weiter zur Nutzung vorgesehene Anlagen sowie für zur Veräußerung vorgesehene Reserveanlagen. Sofern ein solcher für einen nicht abnutzbaren Anlagevermögensgegenstand existiert, ist bei der Vergleichswertermittlung auch der ihm am Abschlussstichtag beizulegende Zeitwert iSd § 189a Z 4 UGB und damit grundsätzlich sein Börsenkurs oder Marktpreis[71] zu beachten. Da derartige Werte aber nur die tagesaktuelle unternehmensexterne Situation abbil-

70 Vgl dazu bereits Kap 3.6.4.1.
71 Vgl dazu bereits Kap 3.6.4.2.

den, die Stellung bzw Bedeutung des betreffenden Vermögensgegenstandes in dem bzw für das konkrete Unternehmen darin aber nicht zum Ausdruck kommt, haben sie jedoch zumeist nur eine Hilfsfunktion bei der Vergleichswertermittlung: So kann etwa der für ein Finanzanlagevermögen notierende Börsenkurs zur Verprobung seines zB mittels einer Ertragswertberechnung ermittelten beizulegenden Wertes dienen oder hat ein seit längerem gesunkener Börsenkurs Indizwirkung für das Vorliegen einer dauerhaften Wertminderung.

Ist der ermittelte **Vergleichswert am Abschlussstichtag niedriger** als der für den Anlagevermögensgegenstand angesetzte Buchwert, ist **in einem zweiten Schritt festzustellen, ob die eingetretene Wertminderung voraussichtlich dauerhaft ist**: Ist ein nachhaltiger Wertverlust eingetreten, dh ist keine spätere Werterhöhung zu erwarten, muss im Jahresabschluss eine Abwertung durchgeführt werden. Handelt es sich hingegen lediglich um ein vorübergehendes Absinken des Wertes, dh ist eine zukünftige Werterhöhung absehbar bzw im Zeitpunkt der Jahresabschlussaufstellung vielleicht sogar schon eingetreten, darf eine Abschreibung grundsätzlich nicht vorgenommen werden.

Eine **Ausnahme vom Abschreibungsverbot bei nur vorübergehenden Wertminderungen besteht für das Finanzanlagevermögen.** Hierfür sieht das Gesetz ein **Abschreibungswahlrecht** vor. Für den Bilanzierenden wird es damit möglich, das im Jahresabschluss ausgewiesene Ergebnis zu beeinflussen: Derartige Abschreibungen werden vorgenommen, wenn ein möglichst geringes Ergebnis ausgewiesen werden soll. Auf Abschreibungen infolge nicht dauernder Wertminderungen wird verzichtet, wenn der Gewinn hoch sein oder der Verlust verringert werden soll.

Beispiel:

Das Portefeuille eines Unternehmens umfasst zum Bilanzstichtag folgende Wertpapiere:

	Nominale/Nennwert	*Buchwert lt Konto „Wertpapiere des Anlagevermögens“*	*beizulegender Wert am Bilanzstichtag*
Aktien der A-AG	*20.000*	*30.000*	*22.000*
XY-Anleihe	*25.000*	*24.000*	*23.750*
		54.000	

Sowohl bei den Aktien als auch bei den Anleihen handelt es sich um längerfristige Finanzanlagen.

Bezüglich der beizulegenden Werte am Bilanzstichtag liegen folgende Informationen vor:

- *Der Wertverlust der A-AG-Aktien ist auf nachhaltige Bilanzverluste bei der A-AG zurückzuführen; eine Änderung der Verlustsituation ist nicht abzusehen.*
- *Der Wert der XY-Anleihe ist aufgrund von Schwankungen im allgemeinen Zinsniveau kurzfristig gesunken.*

Welche Buchungen sind erforderlich, wenn

a) ein möglichst niedriges Jahresergebnis,

b) ein möglichst hohes Jahresergebnis

ausgewiesen werden soll?

Lösung:

a) Zur Erzielung eines möglichst niedrigen Jahresergebnisses werden Abschreibungen stets vorgenommen, wenn der Wert am Abschlussstichtag niedriger ist; auf die Dauerhaftigkeit des Wertverlustes wird dabei nicht Bedacht genommen:

	Buchwert	*Vergleichswert zum Bilanzstichtag*	*Bilanzansatz*	*Veränderung*	*Erläuterung*
Aktien A-AG	*30.000*	*22.000*	*22.000*	*– 8.000*	*Abwertung zwingend, da die Wertminderung voraussichtlich von Dauer ist*
XY-Anleihe	*24.000*	*23.750*	*23.750*	*– 250*	*Abwertung zwar nicht zwingend (da nicht dauerhaft), aber erwünscht*
	54.000		*45.750*		

	(8)	*Abschreibungen auf Finanzanlagen*	*8.250*	
an	*(0)*	*Wertpapiere des Anlagevermögens*		*8.250*

b) Zur Erzielung eines möglichst hohen Jahresergebnisses werden Abschreibungen nur vorgenommen, sofern sie zwingend sind (bei voraussichtlich dauerhaftem Wertverlust):

	Buchwert	*Vergleichswert zum Bilanzstichtag*	*Bilanzansatz*	*Veränderung*	*Erläuterung*
Aktien A-AG	*30.000*	*22.000*	*22.000*	*– 8.000*	*Abwertung zwingend, da die Wertminderung voraussichtlich von Dauer ist*
XY-Anleihe	*24.000*	*23.750*	*24.000*	*–*	*Abwertung weder zwingend (da nicht dauerhaft) noch erwünscht*
	54.000		*46.000*		

	(8)	*Abschreibungen auf Finanzanlagen*	*8.000*	
an	*(0)*	*Wertpapiere des Anlagevermögens*		*8.000*

Bei der **buchmäßigen Erfassung der Abschreibungen** ist zu unterscheiden, ob sie Sachanlagen bzw immaterielle Vermögensgegenstände oder ob sie Finanzanlagen betreffen: Abschreibungen auf Sachanlagen bzw immaterielle Vermögenswerte – wie zB auf Grundstücke oder Rechte – sind in der Gewinn- und Verlustrechnung dem sog „Betriebsergebnis" zuzurechnen (Erfassung in der Klasse 7 des Einheitskontenrahmens), Abschreibungen auf Finanzanlagen – wie zB auf Wertpapiere – betreffen das sog „Finanzergebnis" (Erfassung in der Klasse 8 des Einheitskontenrahmens).

Aus den Gesetzesvorschriften des UGB ist nicht abzuleiten, ob hinsichtlich der wahlweisen Vornahme von Abschreibungen auf Finanzanlagen auch in zeitlicher Hinsicht ein Wahlrecht besteht. Wird dieses Wahlrecht jedoch unter den Begriff der Bewertungsmethoden subsumiert, gilt für sie das in § 201 Abs 2 Z 1 UGB normierte Stetigkeitsgebot,[72] sodass **einmal unterlassene Abschreibungen in späteren Geschäftsjahren nicht nachgeholt werden können**, sofern nicht besondere Umstände ein Abweichen vom Stetigkeitsgrundsatz erlauben.

Ist der für einen Anlagevermögensgegenstand ermittelte **Vergleichswert am Abschlussstichtag höher** als der für ihn angesetzte Buchwert, darf dies zu keiner Zuschreibung führen, wenn der Buchwert noch den Anschaffungs- bzw Herstellungskosten entspricht: Entsprechend dem Realisationsprinzip[73] verbietet das **Anschaffungswertprinzip** den Ausweis von am Abschlussstichtag noch nicht verwirklichten Gewinnen; die Anschaffungs- bzw Herstellungskosten stellen damit die Wertobergrenze für die Bewertung im Jahresabschluss dar. Lediglich in Fällen, in welchen sich nach der Vornahme einer Abschreibung herausstellt, dass die Gründe dafür nicht mehr bestehen, dh **bei späterem Anstieg eines einmal gesunkenen und abgeschriebenen Wertes, kommt eine Aufwertung als Wertaufholung infrage**. Gemäß § 208 Abs 1 UGB besteht **ein Zuschreibungsgebot**. Der Umfang der möglichen Zuschreibung entspricht dabei jedoch nicht stets der einmal vorgenommenen Abschreibung, sondern ist **unter Beachtung allfälliger zwischenzeitiger Abschreibungsnotwendigkeiten** – gegebenenfalls aus anderen Gründen – zu bestimmen. Grundsätzlich unzulässig ist es, das Ausmaß der Zuschreibung geringer als möglich zu wählen, indem nicht der maßgebliche Vergleichswert, sondern ein beliebiger Zwischenwert angesetzt wird.

Beispiel:

Ein Unternehmen besitzt ein unbebautes Grundstück, auf dem einmal ein neues Fabriksgebäude errichtet werden soll.

Das Grundstück wurde um 1,500.000,– erworben. In den Vorjahren diskutierte Pläne, wonach das Grundstück für Zwecke der Rückführung einer Flussregulierung verwendet werden sollte, gefährdeten nicht nur das ursprüngliche Vorhaben mit dem Grundstück, sondern hatten auch einen Wertverfall des Grundstücks verursacht. Entsprechend war in den Vorjahren eine Abschreibung auf den niedrigeren Vergleichswert von 800.000,– vorgenommen worden.

Im Abschlussjahr stellt sich heraus, dass die Flussregulierung nicht wie ursprünglich geplant zur Ausführung gelangen soll.

Für das gesamte Gebiet wurden jedoch gleichzeitig umfassende Baubeschränkungen erlassen. Der Grundstückswert stieg infolgedessen nur auf 1,000.000,–.

Auf welchen Wert ist das unbebaute Grundstück im Jahresabschluss maximal zuzuschreiben? Welche Buchungen sind dazu erforderlich?

Lösung:

Es ist eine Zuschreibung auf einen Wert von 1,000.000 möglich und wie folgt zu buchen:

	(0)	*Unbebaute Grundstücke*	*200.000*	
an	*(4)*	*Erträge aus der Zuschreibung zum Anlagevermögen*		*200.000*

Die **steuerrechtliche Bewertungsvorschrift** für das nicht abnutzbare Anlagevermögen findet sich in § 6 Z 2 lit a EStG: Danach ist es gleichfalls mit den Anschaffungs- oder Herstel-

72 Vgl Kap 3.6.2.1.
73 Vgl Kap 3.6.2.4.

lungskosten anzusetzen. Für den Fall, dass der Teilwert niedriger ist, ist zwar ein grundsätzliches Abwertungswahlrecht – durch Vornahme einer sog Teilwertabschreibung – vorgesehen, dieses wird jedoch durch das Maßgeblichkeitsprinzip eingeschränkt, sodass steuerlich der unternehmensrechtlichen Vorgangsweise zu folgen ist und eine vorgenommene Abschreibung grundsätzlich auch steuerliche Wirkung hat. Lediglich bei bestimmten Finanzanlagen sowie bei Grundstücken sind Abschreibungen auf den niedrigeren Teilwert steuerlich teilweise nur eingeschränkt zu berücksichtigen (vgl etwa § 6 Z 2 lit c und d EStG oder § 12 Abs 3 KStG); diesfalls bedarf es der Korrektur durch Mehr-Weniger-Rechnungen. Für Zuschreibungen enthält § 6 Z 2 li a EStG gleichfalls ein Wahlrecht; § 6 Z 13 EStG verweist jedoch diesbezüglich auf das Maßgeblichkeitsprinzip, sodass bei Vornahme unternehmensrechtlicher Zuschreibungen diese auch für den steuerlichen Wertansatz maßgebend sind und den steuerlichen Gewinn des Zuschreibungsjahres erhöhen.

Bezüglich der **steuerlichen Sonderabschreibungen** (derzeit im Zusammenhang mit nicht abnutzbarem Anlagevermögen: § 12 Abs 1 und 8 EStG „Übertragung stiller Reserven, Übertragungsrücklage") erfolgte durch das RÄG 2014 eine Entkoppelung von der unternehmensrechtlichen Rechnungslegung:[74] Die steuerliche Geltendmachung derartiger Sonderabschreibungen erfolgt **unabhängig von der Vornahme entsprechender Buchungen im unternehmensrechtlichen Jahresabschluss** und ist somit lediglich über Mehr-Weniger-Rechnungen zu führen.[75]

Beispiel:

Ein nach UGB bilanzierungspflichtiger Einzelunternehmer verkauft ein Betriebsgrundstück und erfasst diese Veräußerung bzw den Abgang wie folgt:

	(2)	*Forderungen*	*140.000*	
an	*(4)*	*Erlöse aus dem Abgang vom Anlagevermögen*		*140.000*

	(7)	*Buchwert abgegangener Anlagen*	*100.000*	
an	*(0)*	*unbebaute Grundstücke*		*100.000*

Für den aus dieser Veräußerung resultierenden Unterschiedsbetrag zwischen dem Veräußerungserlös und dem Buchwert (= 40.000) soll die Möglichkeit einer Übertragung stiller Reserven gemäß § 12 EStG in Anspruch genommen werden. Die stille Reserve soll dabei von den Anschaffungskosten eines im selben Jahr angeschafften anderen Grundstücks abgesetzt werden, die wie folgt erfasst wurden:

	(0)	*unbebaute Grundstücke*	*165.000*	
an	*(3)*	*Bank*		*165.000*

74 Zum Übergangsrecht iZm der durch das RÄG 2014 erfolgten Streichung der sog „unversteuerten Rücklagen", über welche bis dahin steuerliche Sonderabschreibungen unternehmensrechtlich geführt wurden, vgl am Ende dieses Kapitels.

75 Ergänzend ist eine spezielle steuerliche Evidenzhaltung vorgeschrieben: § 12 Abs 1 (Ausweis der Übertragung stiller Reserven im Anlageverzeichnis) bzw Abs 8 EStG (Verzeichnis für Übertragungsrücklagen).

Wie ist im Jahr der Übertragung der stillen Reserve vorzugehen?

Wie ist vorzugehen, wenn auch das Grundstück, auf welches die stille Reserve übertragen wurde, in einem späteren Jahr veräußert wird (ohne dass es zwischenzeitige Veränderungen seiner Anschaffungskosten bzw seines Buchwertes gab)?

Lösung:

Zur Geltendmachung der Übertragung stiller Reserven ist keine Buchung erforderlich. Die steuerliche Sonderabschreibung von dem neu erworbenen Grundstück ist lediglich außerbücherlich zu führen; es wird für das Jahr der Übertragung eine negative Mehr-Weniger-Rechnung vorgemerkt:

MWR – 40.000

Wird dieses Grundstück in einem nachfolgenden Jahr verkauft, ist es wie folgt auszubuchen:

	(7)	*Buchwert abgegangener Anlagen*	*165.000*	
an	*(0)*	*unbebaute Grundstücke*		*165.000*

Aus steuerlicher Sicht ist zu beachten, dass bei Übertragung stiller Reserven die um diese übertragenen stillen Reserven gekürzten Beträge als Anschaffungskosten gelten (vgl § 12 Abs 6 EStG). Das sind im vorliegenden Beispielfall somit 125.000 (= 165.000 – 40.000). Nur dieser Wert ist somit aus steuerlicher Sicht als Buchwertabgang zu berücksichtigen, was nunmehr eine positive Mehr-Weniger-Rechnung erfordert:

MWR + 40.000

Exkurs: Übergangsvorschriften des RÄG 2014

– betreffend Zuschreibungsgebot

Das generelle **Zuschreibungsgebot**, das sich durch das RÄG 2014 ergibt, ist **für Geschäftsjahre anzuwenden, die nach dem 31. Dezember 2015 beginnen** (vgl § 906 Abs 28 UGB). Werterhöhungen, die ab dem 1. Jänner 2016 eintreten, machen somit jedenfalls mit Ende des Geschäftsjahres, in welchem die Werterhöhung eintritt, eine Zuschreibung erforderlich, solange damit die Anschaffungs- bzw Herstellungskosten des Vermögensgegenstandes nicht überschritten werden. Die Zuschreibung ist auch steuerlich relevant, dh sie erhöht auch den zu versteuernden Gewinn des jeweiligen Jahres.

Für **bereits vor dem 1. Jänner 2016 eingetretene Werterhöhungen**, bei welchen auf der Basis der Rechtslage vor dem RÄG 2014 **Zuschreibungen unterlassen** wurden, ergeben sich aufgrund der Übergangsvorschriften des RÄG 2014 (vgl § 906 Abs 32 UGB sowie § 124b Z 270 EStG) folgende Möglichkeiten, wobei für jeden Vermögensgegenstand bzw jedes Wirtschaftsgut gesondert entschieden werden kann:

Variante 1: Die Zuschreibung, von der bisher abgesehen wurde, wird in dem Geschäftsjahr, das nach dem 31. Dezember 2015 beginnt, unternehmensrechtlich vorgenommen. Diese Zuschreibung ist auch für steuerliche Zwecke maßgeblich und steuerwirksam.

Variante 2: Die Zuschreibung, von der bisher abgesehen wurde, wird in dem Geschäftsjahr, das nach dem 31. Dezember 2015 beginnt, unternehmensrechtlich vorgenommen.

Für den Zuschreibungsbetrag wird in der Steuererklärung für das betreffende Jahr der Antrag gestellt, ihn einer „Zuschreibungsrücklage zuzuführen“,[76] wodurch der Zuschreibungsbetrag zunächst steuerlich unbeachtlich bleibt. Eine steuerwirksame „Auflösung der Zuschreibungsrücklage“ hat erst dann zu erfolgen, wenn in der Folge auf das jeweilige Gut Abschreibungen unter jenen Teilwert vorgenommen werden, der für die Bildung der Zuschreibungsrücklage maßgeblich war, bzw spätestens beim Ausscheiden des Gutes.
Unternehmensrechtlich kann bei steuerlicher „Bildung einer Zuschreibungsrücklage“ der in dieser Rücklage erfasste Betrag gesondert unter den passiven Rechnungsabgrenzungsposten ausgewiesen werden und dieser Posten in der Folge entsprechend der steuerlichen Behandlung aufgelöst werden.

Beispiel:

Ein Unternehmen besitzt ein unbebautes Grundstück, das vor Jahren um 1,500.000,– erworben wurde.

Dieses Grundstück war einmal – auch steuerlich anerkannt – auf den niedrigeren Vergleichswert von 800.000,– abgeschrieben worden. Für nachfolgend wieder eingetretene Wertsteigerungen waren bis zur Bilanz zum 31. 12. 2015 keine Zuschreibungen vorgenommen worden, obwohl das Grundstück zum 31. 12. 2015 einen Wert von 1,000.000,– hatte.

Zum 31. 12. 2016 betrug der dem Grundstück beizulegende Wert 1,300.000,–, sodass im Jahr 2016 wie folgt gebucht wurde:

- *zur erforderlichen Nachholung der bislang unterlassenen Zuschreibung der vor dem 1. Jänner 2016 eingetretenen Wertsteigerung von 800.000 auf 1,000.000:*

	(0)	*Unbebaute Grundstücke*	*200.000*	
an	*(4)*	*Erträge aus der Nachholung unterlassener Zuschreibungen zum Anlagevermögen*		*200.000*

- *für die – gleichfalls zwingend vorzunehmende – Zuschreibung der seit dem 1. Jänner 2016 eingetretenen Wertsteigerung von 1,000.000 auf 1,300.000:*

	(0)	*Unbebaute Grundstücke*	*300.000*	
an	*(4)*	*Erträge aus der Zuschreibung zum Anlagevermögen*		*300.000*

Zudem wurde im Jahr 2016 betreffend die nachgeholte Zuschreibung:

Variante 1: *kein Antrag auf steuerliche Bildung eine Zuschreibungsrücklage gestellt, sodass der Zuschreibungsbetrag von 200.000 sofort steuerwirksam war;*

76 Gemäß § 124b Z 270 lit b EStG bedarf es bei Bildung einer Zuschreibungsrücklage zudem eines Verzeichnisses: In diesem sind die Wirtschaftsgüter auszuweisen, für die eine Zuschreibungsrücklage gebildet wurde, und der steuerliche Bilanzansatz des betreffenden Wirtschaftsgutes sowie die Zuschreibungsrücklage bis zum Ausscheiden des Wirtschaftsgutes aus dem Betriebsvermögen jährlich evident zu halten.

Variante 2: *ein Antrag auf steuerliche Bildung eine Zuschreibungsrücklage gestellt und dazu:*

a) unternehmensrechtlich keine weitere Buchung vorgenommen, sondern zur „Bildung der Zuschreibungsrücklage" lediglich außerbücherlich eine negative Mehr-Weniger-Rechnung iHv 200.000 berücksichtigt;

b) wie folgt gebucht:

	(4)	*Korrektur der Erträge aus der Nachholung unterlassener Zuschreibungen zum Anlagevermögen*	*200.000*	
an	*(3)*	*Passive Rechnungsabgrenzungsposten (gemäß § 906 Abs 32 UGB)*		*200.000*

(Diesfalls war keine Mehr-Weniger-Rechnung erforderlich, da der Zuschreibungsertrag auch buchmäßig neutralisiert wurde.)

Was ist in den Jahren ab 2017 zu machen und wie ist vorzugehen, wenn

- *im Jahr 2020 der dem Grundstück beizulegende Wert (= Teilwert) – voraussichtlich dauerhaft – auf 850.000,– sinkt;*
- *im Jahr 2022 der Wert des Grundstücks völlig überraschend auf 1,100.000,– steigt;*
- *im Jahr 2023 das Grundstück um 1,120.000,– verkauft wird.*

Lösung:

In den Jahren ab 2017 sind keine Buchungen bzw MWR erforderlich, sofern es bei dem Grundstück keine weiteren Wertveränderungen gibt oder der Verkauf erfolgt. Eine freiwillige Auflösung der Zuschreibungsrücklage wäre allerdings möglich (zur diesfalls notwendigen Buchung bzw MWR vgl die folgenden Jahre).

Im Jahr 2020 ist der eingetretene Wertverlust von 1,300.000 auf 850.000 durch eine Abschreibung zu berücksichtigen:

	(7)	*außerplanmäßige Abschreibungen*	*450.000*	
an	*(0)*	*Unbebaute Grundstücke*		*450.000*

Je nach der im Jahr 2016 gewählten Variante ist zudem wie folgt vorzugehen:

Variante 1: *Wurde steuerlich keine Zuschreibungsrücklage beantragt, ist die nunmehrige Abschreibung auch zur Gänze steuerwirksam.*

Variante 2: *Wurde der nachgeholte Zuschreibungsbetrag von 200.000 in eine steuerliche Zuschreibungsrücklage eingestellt, ist hinsichtlich einer in späteren Jahren vorgenommenen Abschreibung zu differenzieren, ob sie dazu führt, dass der Teilwert, der für die Bildung der Zuschreibungsrücklage maßgeblich war – im vorliegenden Beispielfall ist dies der Wert von 1,000.000 – unterschritten wird oder nicht (vgl § 124b Z 270a EStG):*

- *Soweit der für die Bildung der Zuschreibungsrücklage maßgebende Teilwert durch die Abschreibung nicht unterschritten wird, ist sie auch steuerlich maßgebend. Somit bedarf es im Beispielfall für 300.000 (= die Abschreibung von 1,300.000 auf 1,000.000) der verbuchten Abschreibung keiner Korrektur.*

- *Soweit durch die Abschreibung der für die Bildung der Zuschreibungsrücklage maßgebliche Teilwert unterschritten wird, ist die „Zuschreibungsrücklage steuerwirksam aufzulösen". Somit bedarf es im Beispielfall für 150.000 (= die Abschreibung von 1,000.000 auf 850.000) der verbuchten Abschreibung folgender Korrektur:*

a) Wurde unternehmensrechtlich kein passiver Rechnungsabgrenzungsposten eingestellt, erfolgt die „Auflösung der Zuschreibungsrücklage" lediglich außerbücherlich über eine positive Mehr-Weniger-Rechnung:

MWR + 150.000

b) Wurde unternehmensrechtlich ein passiver Rechnungsabgrenzungsposten gebildet, ist dieser nunmehr entsprechend den steuerlichen Vorgaben aufzulösen (vgl § 906 Abs 32 UGB) und wie folgt zu buchen:

	(3)	Passive Rechnungsabgrenzungsposten (gemäß § 906 Abs 32 UGB)	150.000	
an	(4)	Erträge aus der Nachholung unterlassener Zuschreibungen zum Anlagevermögen		150.000

(Diesfalls ist keine Mehr-Weniger-Rechnung erforderlich, da die Abschreibung auch buchmäßig neutralisiert wird.)

Im Jahr 2022 ist in Höhe der eingetretenen Wertsteigerung (= von 850.000 auf 1,100.000) eine Zuschreibung vorzunehmen:

	(0)	Unbebaute Grundstücke	250.000	
an	(4)	Erträge aus der Zuschreibung zum Anlagevermögen		250.000

Diese Zuschreibung ist auch steuerlich zwingend erforderlich und erhöht auch den steuerpflichtigen Gewinn.

Die noch vorhandene steuerliche Zuschreibungsrücklage (= 50.000) bleibt unverändert (weitere Zuschreibungen als jene unmittelbar nach dem Übergang auf das RÄG 2014 dürfen nicht mehr in sie eingestellt werden). Sollte unternehmensrechtlich ein passiver Rechnungsabgrenzungsposten gebildet worden sein, ist auch dieser nicht zu verändern.

Bei einem Verkauf des Grundstücks im Jahr 2023 ist – abgesehen von der Erfassung des Verkaufserlöses – zunächst das Grundstück auszubuchen:

	(7)	Buchwert abgegangener Anlagen	1,100.000	
an	(0)	Unbebaute Grundstücke		1,100.000

Je nach der im Jahr 2016 gewählten Variante ist zudem wie folgt vorzugehen:

Variante 1: *Wurde steuerlich keine Zuschreibungsrücklage beantragt, ist der nunmehrige Buchwertabgang auch zur Gänze steuerwirksam.*

Variante 2: *Wurde für den nachgeholten Zuschreibungsbetrag eine steuerliche Zuschreibungsrücklage gebildet, ist der davon noch vorhandene Betrag – im Beispielfall nach erfolgter Auflösung im Jahr 2020 noch ein Betrag von 50.000 – spätestens im Jahr des Ausscheidens des Wirtschaftsgutes aus dem Betriebsvermögen steuerwirksam aufzulösen (vgl § 124b Z 270a EStG):*

a) Wurde unternehmensrechtlich kein passiver Rechnungsabgrenzungsposten eingestellt, erfolgt die „Auflösung der Zuschreibungsrücklage" lediglich außerbücherlich über eine positive Mehr-Weniger-Rechnung:

MWR + 50.000

b) Wurde unternehmensrechtlich ein passiver Rechnungsabgrenzungsposten gebildet, ist dieser nunmehr entsprechend den steuerlichen Vorgaben aufzulösen (vgl § 906 Abs 32 UGB) und wie folgt zu buchen:

	(3)	*Passive Rechnungsabgrenzungsposten (gemäß § 906 Abs 32 UGB)*	*50.000*	
an	*(4)*	*Erträge aus der Nachholung unterlassener Zuschreibungen zum Anlagevermögen*		*50.000*

(Diesfalls ist keine Mehr-Weniger-Rechnung erforderlich.)

Eine **freiwillige vorzeitige Auflösung der steuerlichen Zuschreibungsrücklage** – mit entsprechender vorgezogener steuererhöhenden Wirksamkeit – ist zulässig.[77] Wurde für die steuerliche Zuschreibungsrücklage unternehmensrechtlich ein passiver Rechnungsabgrenzungsposten gebildet, ist dieser zeitgleich aufzulösen. Die damit eigentlich willkürlich mögliche zeitliche Positionierung der Zuschreibungserträge wird jedoch erläuternde Anhangangaben erfordern.

– betreffend steuerliche Sonderabschreibungen und unversteuerte Rücklagen

Die durch das RÄG 2014 aufgehobene **Verpflichtung zur unternehmensrechtlichen Abbildung steuerlicher Sonderabschreibungen entfällt erstmals für Wirtschaftsjahre, die nach dem 31. Dezember 2015 beginnen** (vgl § 124b Z 271 erster Satz EStG). Entsprechend erfolgte durch das RÄG 2014 eine **Streichung des dafür bislang erforderlichen Bilanzpostens der unversteuerten Rücklagen samt der zugehörigen Zuweisungen und Auflösungen in der Gewinn- und Verlustrechnung**; auch diese hat Wirkung ab Geschäftsjahren, die nach dem 31. Dezember 2015 beginnen (vgl § 906 Abs 30 UGB).

Die **infolge von Bildungen vor dem 1. Jänner 2016 bestehenden unversteuerten Rücklagen** sind aufgrund der Übergangsvorschrift des RÄG 2014 in dem Geschäftsjahr, das nach dem 31. Dezember 2015 beginnt, unmittelbar in die Gewinnrücklagen einzustellen, soweit die darin enthaltenen passiven latenten Steuern nicht den Rückstellungen zuzuführen sind (vgl § 906 Abs 31 UGB).[78] Steuerlich hat diese Umgliederung keine Auswirkungen; für steuerliche Belange sind die Posten unabhängig vom unternehmensrechtlichen Jahresabschluss weiterzuführen und erst dann – außerbücherlich – steuerwirksam aufzulösen, wenn es sich aus den betreffenden Vorschriften ergibt (vgl § 124b Z 271 EStG).

---

77 Vgl EB zu Art 8 (Änderungen des EStG) der RV zum RÄG 2014, 367 BlgNR XXV. GP.

78 Einzelunternehmen und Personengesellschaften können – da bei ihnen die Ertragsteuern nicht im unternehmensrechtlichen Jahresabschluss zu erfassen sind (vgl dazu Kap 3.8.1. sowie Kap 3.8.3.2.1.) – die bestehenden unversteuerten Rücklagen ohne Abzug von passiven latenten Steuern in das Eigenkapital umgliedern.

Beispiel:

Eine AG übertrug – als dies bei Kapitalgesellschaften noch zulässig war – eine stille Reserve gemäß § 12 EStG auf ein um 165.000 angeschafftes Betriebsgrundstücke und wies dafür bis zum 31. 12. 2015 unverändert einen Betrag von 40.000 als „Unversteuerte Rücklagen: Bewertungsreserve aufgrund von Sonderabschreibungen (§ 12 EStG) zu unbebauten Grundstücken" aus.

Bei der Aufstellung des Abschlusses für das Jahr 2016 wurde – unter Anwendung eines Körperschaftsteuersatzes von 25 % – davon ausgegangen, dass die unversteuerte Rücklage passive latente Steuern in der Höhe von 10.000[79] enthält. Entsprechend wurde sie – in die Bestandteile „passive latente Steuern" und „Gewinnrücklage" aufgeteilt – wie folgt direkt dorthin umgebucht (die Buchungen sind nicht über die Gewinn- und Verlustrechnung zu führen, zumal ab dem RÄG 2014 die G&V-Position „Auflösung unversteuerter Rücklagen" nicht mehr vorgesehen ist):

	(9)	*Unversteuerte Rücklagen: Bewertungsreserve aufgrund von Sonderabschreibungen (§ 12 EStG) zu unbebauten Grundstücken*	*40.000*	
an	*(3)*	*Rückstellung für passive latente Steuern*		*10.000*
an	*(9)*	*(andere bzw freie) Gewinnrücklagen*		*30.000*

Wie ist vorzugehen, wenn das Grundstück, zu dem die unversteuerte Rücklage (= übertragene stille Reserve gemäß § 12 EStG) gehört, in einem späteren Jahr veräußert wird (ohne dass es zwischenzeitige Veränderungen seines Buchwertes von 165.000 oder der übertragenen stillen Reserve gab)?

Lösung:

Die im Jahr 2016 vorgenommene Buchung hatte im Jahr 2016 keine steuerliche Auswirkung. Die Tatsache, dass es bei dem Grundstück eine übertragene stille Reserve gibt, ist jedoch evident zu halten (insb durch einen entsprechenden Vermerk im Anlagenverzeichnis; vgl § 12 Abs 1 EStG).

Wird das Grundstück in einem nachfolgenden Jahr verkauft, ist es wie folgt auszubuchen:

	(7)	*Buchwert abgegangener Anlagen*	*165.000*	
an	*(0)*	*unbebaute Grundstücke*		*165.000*

Aus steuerlicher Sicht ist zu beachten, dass bei Übertragung stiller Reserven die um diese übertragenen stillen Reserven gekürzten Beträge als Anschaffungskosten gelten (vgl § 12 Abs 6 EStG). Das sind im vorliegenden Beispielfall somit 125.000 (= 165.000 – 40.000). Nur dieser Wert ist somit aus steuerlicher Sicht als Buchwertabgang zu berücksichtigen, was nunmehr eine positive Mehr-Weniger-Rechnung erfordert:

MWR + 40.000

Die nunmehrige steuerliche Erfassung führt zu einer steuerlichen Belastung, die bei einem (gleichgebliebenen) Körperschaftsteuersatz von 25 % einen Betrag von 10.000 ausmacht, sodass in diesem

79 Zur grundsätzlichen Konzeption sowie zur Berechnung der latenten Steuern vgl Kap 3.8.3.

Jahr die Rückstellung für passive latente Steuern bestimmungsgemäß in Anspruch genommen wird und entsprechend zu buchen ist:[80]

	(3)	*Rückstellung für passive latente Steuern*	*10.000*	
an	*(8)*	*Steueraufwand (latent)*		*10.000*

3.7.1.3. Indirekte Verbuchung von Abschreibungen

Abschreibungen müssen nicht direkt durch eine habenseitige Ausbuchung vom jeweiligen Anlagevermögenskonto durchgeführt werden. Es ist auch zulässig, die **Abschreibungen in der Buchhaltung indirekt über ein gesondertes Korrekturkonto** zu führen. Dafür sieht der Kontenrahmen zu jeder Gruppe des Anlagevermögens ein Konto **„Kumulierte Abschreibungen"**[81] vor.

Entsprechend erfolgen die **Verbuchung von Abschreibungen** als:

		Abschreibungen[82]
an	(0)	Kumulierte Abschreibungen zu ... (Anlagevermögensposten)

und die **Verbuchung von Zuschreibungen** als:

	(0)	Kumulierte Abschreibungen zu ... (Anlagevermögensposten)
an		Erträge aus der Zuschreibung zum Anlagevermögen[83]

Diese Variante der Verbuchung hat den Vorteil, dass **auf den Konten des Anlagevermögens stets die Anschaffungs- bzw Herstellungskosten ersichtlich sind.**

Beim Ausscheiden eines Anlagegegenstandes sind auch seine zugehörigen kumulierten Abschreibungen auszubuchen. Dies geschieht zweckmäßigerweise durch das Stürzen der kumulierten Abschreibungen in das Anlagevermögenskonto, sodass dann von dort nur mehr der verbleibende Restbuchwert auszubuchen ist.

Beispiel:

Bezüglich eines unbebauten Grundstücks sind der Saldenliste folgende Buchwerte zu entnehmen:

	Soll	*Haben*
Unbebaute Grundstücke	*600.000*	
Kumulierte Abschreibungen zu unbebauten Grundstücken		*200.000*

Das Grundstück wurde während des Jahres um 1,000.000,– verkauft, was zu folgender Buchung führte:

	(2)	*Bank*	*1,000.000*	
an	*(4)*	*Erlöse aus dem Abgang von Anlagen*		*1,000.000*

80 Zur grundsätzlichen Konzeption sowie zur Verbuchung der latenten Steuern vgl Kap 3.8.3.
81 Entspricht dem vormaligen Konto „Wertberichtigungen zu ...".
82 Klasse (8), wenn es sich um Finanzanlagen handelt, Klasse (7) bei sonstigem Anlagevermögen.
83 Klasse (8), wenn es sich um Finanzanlagen handelt, Klasse (4) bei sonstigen Anlagen.

Welche Buchungen sind im Zusammenhang mit dem Ausscheiden des Grundstücks noch erforderlich?

Lösung:

	(0)	*Kumulierte Abschreibungen zu unbebauten Grundstücken*	*200.000*	
an	*(0)*	*Unbebaute Grundstücke*		*200.000*

	(7)	*Buchwert abgegangener Anlagen*	*400.000*	
an	*(0)*	*Unbebaute Grundstücke*		*400.000*

Obwohl in der Buchhaltung die Anschaffungs- bzw Herstellungskosten sowie die kumulierten Abschreibungen auf unterschiedlichen Konten erfasst werden können, sind die **Beträge in der Bilanz saldiert auszuweisen.** Dies ergibt sich für Unternehmen, die unter die ergänzenden Vorschriften für Kapitalgesellschaften fallen, aus den Bilanzgliederungsvorschriften der §§ 224 ff UGB. Für andere Unternehmen lässt es sich daraus ableiten, dass die Auflistung der verschiedenen Bilanzposten in § 198 UGB keine derartigen Korrekturposten enthält. Da jedoch Unternehmen, die unter die ergänzenden Vorschriften für Kapitalgesellschaften fallen, auch die Anschaffungs- bzw Herstellungskosten der Gegenstände des Anlagevermögens anzugeben haben,[84] empfiehlt sich zumindest für sie, in der Buchhaltung die Abschreibungen indirekt vorzunehmen, sofern sich diese nicht unmittelbar aus der Anlagenbuchhaltung ableiten lassen.

3.7.1.4. Einzelne Posten

Grundstücke

Unter das nicht abnutzbare Anlagevermögen fallen **sowohl unbebaute Grundstücke als auch der Grundwert von bebauten Grundstücken.**[85]

Wird ein **Grundstück mit darauf befindlichem Gebäude** erworben, bedarf es deshalb einer Aufteilung des Gesamtkaufpreises sowie der gemeinsamen Anschaffungsnebenkosten. In der Folge sind Grundstück und Gebäude gesondert der Bewertung zu unterziehen.

Die ergänzenden Vorschriften für Kapitalgesellschaften enthalten in § 225 Abs 7 UGB eine besondere Ausweisvorschrift:

§ 225 (7) UGB

Gesellschaften, die nicht klein sind, haben bei Grundstücken den Grundwert in der Bilanz anzumerken oder im Anhang anzugeben.

Anlagen in Bau

Anlagen in Bau fallen unter das nicht abnutzbare Anlagevermögen, da für sie **mangels Nutzung noch keine planmäßigen Abschreibungen** vorzunehmen sind.[86] Außerplanmäßige Abschreibungen können jedoch im Hinblick darauf erforderlich werden, dass auch noch nicht

84 Vgl dazu Kap 3.7.3.

85 Lediglich Grundstücke, die abgebaut (zB Steinbrüche) oder deren Bodenschätze ausgebeutet werden, sind nur zeitlich begrenzt nutzbar.

86 Vgl dazu Kap 3.7.2.2.

fertiggestellte Anlagen einem Verschleiß unterliegen, der sowohl technisch (zB Verrostung) als auch wirtschaftlich bedingt sein kann.

Anteile an anderen Unternehmen, Beteiligungen

Bei der Bewertung von Anteilen an anderen Unternehmen bzw Beteiligungen wird **vielfach danach differenziert, ob es sich um Anteile an Kapitalgesellschaften oder an Personengesellschaften handelt:**

- Bei **Anteilen an Kapitalgesellschaften** finden die von ihnen erwirtschafteten **Verluste und Gewinne bei der Bestimmung des Bilanzansatzes keine unmittelbare Berücksichtigung:**[87] Entstandene Verluste reduzieren den Bilanzansatz nicht automatisch; mittelbar schlagen sie sich allenfalls dadurch nieder, dass infolge ihres Auftretens die Voraussetzungen für eine Abschreibung iSd § 204 Abs 2 UGB gegeben sein können. Einbehaltene Gewinne der Beteiligungsgesellschaft – insbesondere Gewinnthesaurierungen durch Rücklagenbildung – können zwar ein Grund für die Wertsteigerung ihrer Anteile sein und damit mittelbar die Ursache für eine bilanzielle Zuschreibung nach einer vorgenommenen Abschreibung darstellen. Sie sind jedoch nicht mehr zu berücksichtigen, wenn es dadurch zu einem Überschreiten der Anschaffungskosten der Anteile käme. Zur Ausschüttung gelangende Gewinne verursachen gleichfalls keine Zuschreibung zum Bilanzansatz; sie sind mit Ausschüttungsbeschluss bzw bei Ergebnisabführungsverträgen oder unter den Voraussetzungen der phasengleichen Dividendenrealisation zum Abschlussstichtag der Beteiligungsgesellschaft in der Bilanz des Besitzunternehmens als Forderungen, in seiner Gewinn- und Verlustrechnung als Erträge des Finanzergebnisses zu erfassen.
- Die bilanzielle Bewertung von **Anteilen an Personengesellschaften** erfolgt nicht ausschließlich nach diesen Grundsätzen. Möglich ist für sie – in Anlehnung an die steuerrechtliche Erfassung der Ergebnisanteile von Personengesellschaften – **auch die Bewertung nach der sog Spiegelbildmethode**: Dem Kapitalkonto des Gesellschafters gutgebuchte und nicht entnommene[88] Gewinne erhöhen den Bilanzansatz, anteilige Verluste mindern ihn; die Erfassung der Ergebnisanteile – die in der Gewinn- und Verlustrechnung entweder als Erträge oder als Aufwendungen des Finanzergebnisses auszuweisen sind – erfolgt dabei mit Ablauf des Geschäftsjahres des Beteiligungsunternehmens. Durch diese Vorgangsweise – auch Entnahmen und Einlagen auf den Kapitalanteil des Besitzunternehmens verändern den Beteiligungsansatz unmittelbar – werden das Anteilskonto beim Besitzunternehmen und das entsprechende Kapitalkonto[89] beim Beteiligungsunternehmen gewissermaßen spiegelbildlich geführt. Nach einer weniger strengen Auslegung der Spiegelbildmethode werden Verlustanteile jedoch nicht jedenfalls, sondern nur dann erfasst, wenn sie eine Wertminderung der Beteiligung bedingen und damit die Voraussetzung für eine Abschreibung iSd § 204 Abs 2 UGB erfüllt ist. Die Zubuchung von entstandenen Gewinnen auf den Bilanzansatz für die Anteile wird nicht als Zuschreibung und damit nicht im Widerspruch zum Anschaffungswertprinzip gesehen, wenn der Gesellschafter ihm zuerkannte Gewinne zur Erhöhung seines Kapitalanteils in der

87 Die vorwiegend im angelsächsischen Raum gebräuchliche Equity-Methode zur Bewertung von Anteilen, bei welcher sich die Ergebnisse des Beteiligungsunternehmens unmittelbar auf die Höhe des Anteilsansatzes auswirken, ist nach österreichischem Recht nicht zulässig.

88 Zur Entnahme vorgesehene Gewinne sind im Hinblick auf ihren mangelnden Anlagevermögenscharakter als Forderungen auszuweisen.

89 Vgl zu dessen Führung Kap 3.9.3.1.

Personengesellschaft belässt. Es fallen damit eigentlich neuerlich Anschaffungskosten auf die Beteiligung an.

Beispiel:

Ein Unternehmen ist mit einer Kapitaleinlage in Höhe von 85.000,– an einer OG beteiligt. Mit diesem Wert ist die Beteiligung auch in den Büchern des Besitzunternehmens ausgewiesen.

Während des Jahres entnimmt das Besitzunternehmen 5.000,– zulasten seines Kapitalanteils der Kassa der OG.

Mit Ablauf des Geschäftsjahres der OG erhält dieses Besitzunternehmen einen Gewinnanteil in Höhe von 7.000,– zugerechnet; der Betrag soll nicht entnommen, sondern zur Erhöhung des Kapitalanteils in der OG belassen werden.

Welche Buchungen sind beim Besitzunternehmen im Zusammenhang mit der Beteiligung an der OG erforderlich, wenn diese nach der Spiegelbildmethode bewertet wird?

Lösung:

Die Entnahme während des Jahres ist wie folgt zu verbuchen:

	(2)	*Kassa*	*5.000*	
an	*(0)*	*Beteiligungen*		*5.000*

Der Gewinnanteil wird folgendermaßen erfasst:

	(0)	*Beteiligungen*	*7.000*	
an	*(8)*	*Erträge aus Beteiligungen*		*7.000*

Im Zusammenhang mit der Bewertung von Anteilen an anderen Unternehmen bzw Beteiligungen sind **eine Reihe von steuerrechtlichen Bestimmungen zu berücksichtigen**, die Abweichungen zwischen dem unternehmensrechtlichen und dem steuerlichen Ansatz bedingen können (vgl etwa § 4 Abs 12 EStG, § 12 Abs 3 KStG).

Ausleihungen

Als **dem Anlagevermögen zuzuordnende Forderungen** sind Ausleihungen gemäß § 204 UGB zu bewerten.

Bei der **Ermittlung des für die Bilanzbewertung maßgeblichen Vergleichswertes am Abschlussstichtag ist wie bei anderen Forderungen vorzugehen:**[90] Delkredere- oder sonstige Ausfallsrisiken sowie Wechselkursänderungen bei Ausleihungen in fremder Währung können den Vergleichswert beeinflussen. Die Notwendigkeit einer Abschreibung besteht nur dann, wenn der Wertverlust voraussichtlich von Dauer ist; als Finanzanlagen dürfen Ausleihungen darüber hinaus jedoch auch bei nur vorübergehenden Wertminderungen abgeschrieben werden. Zuschreibungen sind bis zum ursprünglichen Einbuchungswert (Anschaffungswert) der Ausleihung zulässig.

90 Vgl Kap 3.7.4.2.

3.7.2. Abnutzbares Anlagevermögen

3.7.2.1. Begriff

Unter das abnutzbare Anlagevermögen fallen Gegenstände, die **bestimmt sind, dauernd dem Geschäftsbetrieb zu dienen** (vgl § 198 Abs 2 UGB) und deren **Nutzung zeitlich begrenzt** ist. Ihr Nutzenpotenzial reduziert sich technisch oder wirtschaftlich durch den Gebrauch (zB bei Maschinen oder Gebäuden), infolge einer Ausbeutung (zB bei Bodenschätzen) oder auch nur durch den Zeitablauf (zB bei befristeten Rechten, aber auch bei unbefristeten Rechten, die einer allmählichen wirtschaftlichen Entwertung unterliegen).

Unter das abnutzbare Anlagevermögen fallen insbesondere:

- Bauten,
- technische Anlagen und Maschinen,
- Betriebs- und Geschäftsausstattung,
- immaterielle Vermögensgegenstände wie bspw Konzessionen, gewerbliche Schutzrechte, Lizenzen.

3.7.2.2. Planmäßige Abschreibungen

Für das abnutzbare Anlagevermögen ist eine **zwingende Verteilung der Anschaffungs- bzw Herstellungskosten auf die voraussichtliche Dauer der Nutzung vorgesehen, auf die lediglich bei geringwertigen Vermögensgegenständen verzichtet werden darf:**

§ 204 UGB

(1) Die Anschaffungs- oder Herstellungskosten sind bei den Gegenständen des Anlagevermögens, deren Nutzung zeitlich begrenzt ist, um planmäßige Abschreibungen zu vermindern. Der Plan muss die Anschaffungs- oder Herstellungskosten auf die Geschäftsjahre verteilen, in denen der Vermögensgegenstand voraussichtlich wirtschaftlich genutzt werden kann.

(1a) Anschaffungs- oder Herstellungskosten geringwertiger Vermögensgegenstände des abnutzbaren Anlagevermögens dürfen im Jahr ihrer Anschaffung oder Herstellung voll abgeschrieben werden.

Zwar lässt sich die Vornahme der planmäßigen Abschreibung auch als eine **Maßnahme im Rahmen der Bewertung** des abnutzbaren Anlagevermögens interpretieren,[91] in erster Linie dient sie jedoch iSd dynamischen Bilanzauffassung einer **periodenrichtigen Aufwandsverteilung**: Die für eine abnutzbare Anlage entstandenen Anschaffungs- bzw Herstellungskosten werden auf die gesamte Nutzungsdauer dieser Anlage verteilt, um eine sachgerechte Gewinnermittlung zu ermöglichen. Werden bspw auf einer Maschine fünf Jahre lang Produkte erzeugt, sind den daraus resultierenden Erlösen in den einzelnen Perioden die anteiligen Anschaffungskosten der Maschine als Aufwendungen gegenüberzustellen.

91 Vgl Kap 3.7.2.3.

Beispiel:

Eine zu Beginn eines Abschlussjahres erworbene und in Betrieb genommene Maschine mit Anschaffungskosten in Höhe von 100.000,– soll fünf Jahre lang genutzt werden.

Welche Buchungen sind während der Nutzungsdauer der Maschine erforderlich? Welche Erfolgsauswirkungen entstehen während der einzelnen Jahre?

Lösung:

Die Anschaffung der Maschine ist zunächst erfolgsneutral zu erfassen:

	(0)	*technische Anlagen und Maschinen*	*100.000*	
an	*(3)*	*Verbindlichkeiten aus Lieferungen und Leistungen*		*100.000*

Wird eine gleichmäßige Abnutzung der Maschine unterstellt,[92] werden ihre Anschaffungskosten in Jahresraten von je 20.000 aufwandsmäßig auf die einzelnen Jahre der Nutzungsdauer verteilt, indem jährlich folgende Buchung durchgeführt wird:

	(7)	*planmäßige Abschreibungen*	*20.000*	
an	*(0)*	*technische Anlagen und Maschinen*		*20.000*

Damit ergeben sich während der einzelnen Jahre folgende Auswirkungen:

Jahr	*erfolgsneutraler Anlagenzugang*	*aufwandswirksame planmäßige Abschreibung = Erfolgsauswirkung*	*Buchwert der Anlage*
1	*100.000*	*20.000*	*80.000*
2		*20.000*	*60.000*
3		*20.000*	*40.000*
4		*20.000*	*20.000*
5		*20.000*	*0*

Auch beim abnutzbaren Anlagevermögen ist es zulässig, die **Abschreibungen indirekt über ein Konto „Kumulierte Abschreibungen" vorzunehmen.** In der Bilanz sind jedoch das Anlagekonto und das Konto „Kumulierte Abschreibungen" saldiert auszuweisen.[93]

Ausgangswert für die planmäßigen Abschreibungen sind die **Anschaffungs- bzw Herstellungskosten** der Anlage, allenfalls auch ihre Einlage- bzw Zuwendungswerte. Es ist jedoch auch zulässig, keine Vollabschreibung vorzunehmen, sondern einen nach Ablauf der Nutzungsdauer erzielbaren **Veräußerungserlös abzüglich anfallender Verkaufsaufwendungen zu berücksichtigen.** Die Basis für die Abschreibung ist dann um diesen erwarteten Restwert zu vermindern.

Beispiel:

Bei einer Maschine mit Anschaffungskosten von 100.000,– und einer fünfjährigen Nutzungsdauer (gleichmäßige Abnutzung) ist mit einem Schrotterlös in Höhe von 6.000,– zu rechnen, wobei noch Demontagekosten von voraussichtlich 1.000,– anfallen werden.

---

92 Vgl dazu die folgenden Abhandlungen.

93 Vgl dazu bereits Kap 3.7.1.3.

Wie ist der erzielbare Schrotterlös nach Ablauf der Nutzungsdauer im Rahmen der planmäßigen Abschreibung der Maschine zu berücksichtigen?

Lösung:

Die Abschreibungsbasis wird um den Restwert (= Schrotterlös abzüglich Demontagekosten) gekürzt (100.000 – 5.000 = 95.000), sodass sich ein jährlicher Abschreibungsbetrag von 19.000 ergibt.

Jahr	*erfolgsneutraler Anlagenzugang*	*planmäßige Abschreibung*	*Buchwert der Anlage*
1	*100.000*	*19.000*	*81.000*
2		*19.000*	*62.000*
3		*19.000*	*43.000*
4		*19.000*	*24.000*
5		*19.000*	*5.000*

Der **Restwert einer Anlage** ist bei der Bemessung der planmäßigen Abschreibung dann zu berücksichtigen, wenn mit ihm in erheblicher Höhe und mit ausreichender Sicherheit gerechnet werden kann. Er ist insbesondere auch einzubeziehen, wenn eine Anlage nicht bis zum Ablauf der technischen Nutzungsdauer behalten, sondern vorzeitig zum dann gültigen Zeitwert verkauft werden soll. In den meisten Fällen kann der Restwert einer Anlage jedoch unberücksichtigt bleiben. Häufig bleibt aber bei Anlagen, die auch nach Ablauf der Nutzungsdauer im Unternehmen verbleiben, ein **Erinnerungswert** in Höhe von 1,– angesetzt, indem die letztjährige Abschreibung entsprechend geringer vorgenommen wird.[94]

Die planmäßige Abschreibung des abnutzbaren Anlagevermögens hat **von der voraussichtlichen wirtschaftlichen Nutzungsdauer auszugehen**. Bei Sachanlagen ist deshalb nicht allein die technische Leistungsfähigkeit maßgeblich, sondern die geplante – allenfalls kürzere – betriebsindividuelle Nutzungsdauer: Bei ihrer Festlegung sind der abnutzungsbedingte Verschleiß, die Überholung infolge des technischen Fortschritts, aber auch bspw die Wertigkeit im Hinblick auf die Gängigkeit der erzeugten Produkte zu berücksichtigen. Liegen Anlagen still – bspw Reserveanlagen –, sind sie gleichermaßen abzuschreiben; bei der Bemessung ihrer Nutzungsdauer sind neben dem sog Ruheverschleiß infolge von Verrostung etc auch die technische Überalterung sowie die voraussichtliche Ersatzbeschaffungsfrist zu beachten. Bei immateriellen Vermögensgegenständen wie zB Konzessionen, Patenten, Lizenzen oder Markenrechten ist nicht zwingend die vertragliche oder gesetzliche Laufzeit Basis für die Bemessung der Abschreibung; die wirtschaftliche Nutzungsdauer wird vielmehr auch durch Veränderungen der Marktverhältnisse infolge von Nachfrageverschiebungen oder des Auftretens neuer Produkte begrenzt.

Mit der planmäßigen Abschreibung ist **im Zeitpunkt der Inbetriebnahme der abnutzbaren Anlage zu beginnen**. Im Hinblick darauf, dass auch stillliegende Anlagen einer – zumindest wirtschaftlichen – Abnutzung unterliegen, entspricht dieser Zeitpunkt grundsätzlich jenem, zu dem die Anlage fertiggestellt und betriebsbereit[95] ist; dies auch dann, wenn die tat-

94 Bei Vornahme der Abschreibungen in indirekter Form bleibt idR kein Erinnerungswert angesetzt, vielmehr werden das Anlagekonto sowie das Konto „Kumulierte Abschreibungen" so lange beibehalten, solange die Anlage im Unternehmen verbleibt (vgl dazu auch Kap 3.7.3.1.).

95 Zu diesem Zeitpunkt hat auch eine Umbuchung von den Konten „Geleistete Anzahlungen" bzw „Anlagen in Bau" zu erfolgen.

sächliche Inbetriebnahme erst später erfolgt. Der geringeren Abnutzung während der Stillstandszeit kann jedoch durch einen geringeren Abschreibungsbetrag Rechnung getragen werden.

Bei unterjähriger Inbetriebnahme einer Anlage ist der **Abschreibungsbetrag grundsätzlich zeitanteilig (pro rata temporis) zu ermitteln.** Aus Vereinfachungsgründen wird in der Praxis jedoch im Zugangsjahr zumeist eine **Ganzjahresabschreibung** vorgenommen, wenn die Inbetriebnahme in der ersten Hälfte des Abschlussjahres erfolgt, eine **Halbjahresabschreibung**, wenn sie in der zweiten Jahreshälfte geschieht. Entsprechend wird bei einem Ausscheiden der Anlage vor Ablauf ihrer Nutzungsdauer vorgegangen: Scheidet ein abnutzbares Anlagegut während der ersten Jahreshälfte aus, wird eine Halbjahresabschreibung vorgenommen, bei Ausscheiden in der zweiten Jahreshälfte eine Ganzjahresabschreibung. Zumindest bei hochpreisigen Anlagen bzw bei hohen Abschreibungsbeträgen ist der pro rata temporis-Abschreibung jedoch zweifelsfrei der Vorzug zu geben.

Beispiel:

Eine Maschine mit Anschaffungskosten in Höhe von 300.000,– wird Anfang Mai gekauft und in Betrieb genommen. Es ist eine Nutzungsdauer von fünf Jahren bei gleichmäßiger Abnutzung anzunehmen.

Welche Buchungen sind im Jahr des Zugangs der Maschine erforderlich (indirekte Verbuchung der Abschreibung) (Abschlussstichtag: 31. 12.)?

Welche Buchungen sind im Folgejahr erforderlich, wenn die Maschine Ende März dieses Jahres aus dem Unternehmen ausscheidet?

Lösung:

Soll die Abschreibung pro rata temporis vorgenommen werden, sind folgende Buchungen erforderlich:

Im Jahr des Zuganges ist bei Inbetriebnahme Anfang Mai eine Abschreibung für acht Monate (= 300.000 : 5 : 12 x 8 = 40.000) zu berücksichtigen:

	(7)	*planmäßige Abschreibungen*	*40.000*	
an	*(0)*	*Kumulierte Abschreibungen zu technischen Anlagen und Maschinen*		*40.000*

Im Abgangsjahr ist eine Abschreibung für den Zeitraum Jänner bis März und damit für drei Monate (= 300.000 : 5 : 12 x 3 = 15.000) notwendig:

	(7)	*planmäßige Abschreibungen*	*15.000*	
an	*(0)*	*Kumulierte Abschreibungen zu technischen Anlagen und Maschinen*		*15.000*

Anschließend ist das Konto „Kumulierte Abschreibungen“ in das Anlagenkonto umzubuchen und der danach verbleibende Restbetrag als Buchwertabgang auszuscheiden:

	(0)	*Kumulierte Abschreibungen zu technischen Anlagen und Maschinen*	*55.000*	
	(7)	*Buchwert abgegangener Anlagen*	*245.000*	
an	*(0)*	*technische Anlagen und Maschinen*		*300.000*

Wird von der Möglichkeit der Hochrechnung auf Halbjahres- bzw Ganzjahresabschreibungen Gebrauch gemacht, ergeben sich folgende Buchungen:

Bei Inbetriebnahme im Mai kann im Zugangsjahr der Maschine vereinfachend eine Ganzjahresabschreibung vorgenommen werden:

	(7)	*planmäßige Abschreibungen*	*60.000*	
an	*(0)*	*Kumulierte Abschreibungen zu technischen Anlagen und Maschinen*		*60.000*

Im Jahr des Abgangs der Anlage ist infolge des Ausscheidens in der ersten Jahreshälfte eine Halbjahresabschreibung zu berücksichtigen:

	(7)	*planmäßige Abschreibungen*	*30.000*	
an	*(0)*	*Kumulierte Abschreibungen zu technischen Anlagen und Maschinen*		*30.000*

Das Konto „Kumulierte Abschreibungen" und das Anlagekonto sind sodann gegeneinander zu stürzen; der verbleibende Differenzbetrag ist als Buchwertabgang zu erfassen:

	(0)	*Kumulierte Abschreibungen zu technischen Anlagen und Maschinen*	*90.000*	
	(7)	*Buchwert abgegangener Anlagen*	*210.000*	
an	*(0)*	*technische Anlagen und Maschinen*		*300.000*

Die Bemessung der planmäßigen Abschreibung kann **nach verschiedenen Abschreibungsmethoden** erfolgen. Grundsätzlich lassen sich folgende Methoden anführen:

- zeitabhängige Abschreibung: linear, degressiv, progressiv;
- leistungsabhängige Abschreibung.

Die – am häufigsten verwendete – **lineare Abschreibung** unterstellt einen kontinuierlichen Entwertungsverlauf der Anlage. Die Abschreibung erfolgt in gleich bleibenden Jahresraten:

Abschreibungsausgangswert/Nutzungsdauer = planmäßige Abschreibung pa

Die **degressive Abschreibung** geht davon aus, dass die Leistungsfähigkeit, aber auch die Entwertung einer Anlage in den ersten Jahren am größten ist. Entsprechend sind die Abschreibungsbeträge im ersten Jahr der Nutzung am höchsten und werden im Zeitablauf geringer:

- Bei der sog **geometrisch-degressiven oder Buchwertabschreibung** wird dazu der Buchwert der Anlage jährlich um einen bestimmten, gleich bleibenden Prozentsatz verringert:

$$\left(1 - \sqrt[\text{Nutzungsdauer}]{\frac{\text{Restwert nach Ablauf der Nutzungsdauer}}{\text{Abschreibungsausgangswert}}}\right) \times 100 = \text{Abschreibungssatz}$$

- Bei der sog **digitalen Abschreibung** (arithmetisch-degressive Abschreibung) sinkt der Abschreibungsbetrag jährlich um einen konstanten Betrag, den sog Degressionsbetrag:

$$\frac{\text{Abschreibungsausgangswert}}{\text{Summe der Nutzungsjahre}^{96}} = \text{Degressionsbetrag}$$

Die **progressive Abschreibung** entspricht dem Entwertungsverlauf von Anlagen, bei welchen erst allmählich eine volle Nutzung erfolgt (zB Großkraftwerke oder EDV-Großanlagen, deren Kapazitäten zunächst nur teilweise genutzt werden). In den Anfangsjahren der Nutzung werden geringere Abschreibungsbeträge verrechnet als gegen Ende; ihre Ermittlung erfolgt geometrisch oder arithmetisch.

Bei der **Leistungsabschreibung** wird der jährliche Abschreibungsbetrag nach Maßgabe der erfolgten Leistungsabgabe ermittelt. Dazu ist vorweg die voraussichtliche Gesamtkapazität der Anlage (zB Zahl der Maschinenstunden, der Outputeinheiten, der Kilometer) zu bestimmen und ein Abschreibungsbetrag pro Leistungseinheit zu errechnen:

Abschreibungsausgangswert/Gesamtleistungskapazität = planmäßige Abschreibung pro Leistungseinheit

Als eine Sonderform der leistungsabhängigen Abschreibung ist die **Abschreibung nach der Substanzverringerung** anzusehen. Sie wird bspw für Rohstoffvorkommen (zB Steinbrüche, Bergbau) verwendet, indem der Abschreibungsbetrag entsprechend der abgebauten Menge ermittelt wird.

Beispiel:

Eine Maschine mit Anschaffungskosten in Höhe von 300.000,– ist wie folgt planmäßig abzuschreiben:

a) linear auf eine Nutzungsdauer von fünf Jahren;

b) geometrisch-degressiv auf eine Nutzungsdauer von fünf Jahren und mit Abschreibungsbeträgen in Höhe von 50 % des jeweiligen Buchwerts;

c) digital auf eine Nutzungsdauer von fünf Jahren;

d) progressiv auf eine Nutzungsdauer von fünf Jahren mit konstant steigenden Abschreibungsbeträgen;

e) auf Grundlage einer voraussichtlichen (geschätzten) Gesamtleistung von 8.000 Maschinenstunden, wobei dann tatsächlich in den einzelnen Jahren Maschinenstunden in folgendem Ausmaß geleistet werden:

Jahr 1:	*1.000,*	
Jahr 2:	*2.600,*	
Jahr 3:	*3.000,*	
Jahr 4:	*1.000,*	
Jahr 5:	*300*	*(danach wird die Maschine ausgeschieden).*

96 Bei einer Nutzungsdauer von bspw vier Jahren ist folgende Berechnung vorzunehmen: 1 + 2 + 3 + 4 = 10.

Wie stellt sich der Abschreibungsverlauf für diese Maschine dar, wenn nach Ablauf der Nutzungsdauer kein Restwert mehr anzunehmen ist?

Lösung:

	Abschreibungsbeträge				
	a)	*b)*	*c)*	*d)*	*e)*
Jahr	*linear*	*geometrisch degressiv*	*digital*	*progressiv (arithmetisch)*	*leistungsabhängig*
1	*60.000*	*150.000*	*100.000*	*20.000*	*37.500*
2	*60.000*	*75.000*	*80.000*	*40.000*	*97.500*
3	*60.000*	*37.500*	*60.000*	*60.000*	*112.500*
4	*60.000*	*18.750*	*40.000*	*80.000*	*37.500*
5	*60.000*	*18.750*	*20.000*	*100.000*	*15.000*

ad a) Abschreibung pa = 300.000/5 = 60.000

ad b)	*Jahr 1:*	*300.000 x 50 %*	*=*	*150.000*	*(Buchwert*	*=*	*150.000)*
	Jahr 2:	*150.000 x 50 %*	*=*	*75.000*	*(Buchwert*	*=*	*75.000)*
	Jahr 3:	*75.000 x 50 %*	*=*	*37.500*	*(Buchwert*	*=*	*37.500)*
	Jahr 4:	*37.500 x 50 %*	*=*	*18.750*	*(Buchwert*	*=*	*18.750)*

Jahr 5: Bei konsequenter Fortsetzung der geometrisch-degressiven Abschreibung würde niemals eine Vollabschreibung erreicht werden. Am Ende der Nutzungsdauer ist deshalb der Restbuchwert abzuschreiben.

ad c) Degressionsbetrag $= \frac{300.000}{(1+2+3+4+5=)\ 15} = 20.000$

Jahr 1:	*5 x 20.000*	*=*	*100.000*
Jahr 2:	*4 x 20.000*	*=*	*80.000*
Jahr 3:	*3 x 20.000*	*=*	*60.000*
Jahr 4:	*2 x 20.000*	*=*	*40.000*
Jahr 5:	*1 x 20.000*	*=*	*20.000*

ad d) Die Abschreibungsbeträge ergeben sich aus der Umkehrung der digitalen Abschreibung.

ad e) Abschreibung pro Leistungseinheit aufgrund der geschätzten Gesamtleistung = 300.000/8.000 = 37,50

Jahr 1:	*37,50 x 1.000*	*=*	*37.500*
Jahr 2:	*37,50 x 2.600*	*=*	*97.500*
Jahr 3:	*37,50 x 3.000*	*=*	*112.500*
Jahr 4:	*37,50 x 1.000*	*=*	*37.500*

Jahr 5: Wenn die geschätzte Gesamtkapazität nicht den tatsächlichen Leistungen entspricht, ist am Ende der Nutzung der Restbuchwert abzuschreiben.

Die gewählte Abschreibungsmethode – auch Kombinationen der angeführten Methoden sind zulässig – hat **grundsätzlich den tatsächlichen Gegebenheiten zu entsprechen** und dem voraussichtlichen Nutzungsverlauf bzw Entwertungsverlauf der Anlage Rechnung zu tragen.

Der in § 204 Abs 1 UGB geforderten Planmäßigkeit der Abschreibung entspricht es, bei Gegenständen des abnutzbaren Anlagevermögens einen sog **Abschreibungsplan zu erstellen** und darin vorweg festzulegen,

- welcher Ausgangswert,
- welche Nutzungsdauer und
- welche Abschreibungsmethode die planmäßigen Abschreibungen bestimmen.

Entsprechend der Bewertungsstetigkeit ist der **aufgestellte Abschreibungsplan grundsätzlich beizubehalten.** Veränderungen der ihn bestimmenden drei Komponenten können – und müssen – jedoch **zu nachträglichen Korrekturen führen**:

- Nachträgliche Anschaffungs- oder Herstellungskostenveränderungen (zB nachträglich gewährte Preisnachlässe) sowie aktivierungspflichtige Erweiterungs- oder Verbesserungsaufwendungen verursachen eine **Veränderung der Abschreibungsbasis** und machen eine Korrektur der Abschreibungsbeträge notwendig. Gleiches gilt bei Vornahme außerplanmäßiger Abschreibungen bzw in Fällen danach erfolgender Zuschreibungen. Grundsätzlich ist dann der Abschreibungsplan unter Zugrundelegung des veränderten Restbuchwertes und der noch verbleibenden Restnutzungsdauer zu korrigieren.

  Beispiel:

  Eine Maschine mit Anschaffungskosten von 100.000,–, einer Nutzungsdauer von fünf Jahren und einer linearen Abschreibung von 20.000,– pa (Inbetriebnahme erste Jahreshälfte) wird zum Ende des zweiten Jahres – nach Vornahme der planmäßigen Abschreibung – außerplanmäßig auf einen Wert von 30.000,– abgeschrieben.

  Wie ändert sich dadurch die planmäßige Abschreibung der Maschine in den Folgejahren?

  Lösung:

  Um die nunmehrige planmäßige Abschreibung zu ermitteln, ist der nach der außerplanmäßigen Abschreibung verbleibende Restbuchwert der Maschine auf die Restnutzungsdauer zu verteilen:

  Restbuchwert/Restnutzungsdauer = 30.000/3 = 10.000 planmäßige Abschreibung

- Durch eine veränderte Verwendung von Anlagen (zB Einsatz im Freien statt wie beabsichtigt in Gebäuden, vorübergehende Stilllegung, Umstellung vom Einschicht- zum Mehrschichtbetrieb oder umgekehrt) oder durch Fehleinschätzungen bei der ursprünglichen Festlegung der voraussichtlichen Nutzungsdauer können **Korrekturen des Abschreibungsplans hinsichtlich der Nutzungsdauer** erforderlich werden. Auch dabei ist der im Zeitpunkt der Nutzungsdauerveränderung vorhandene Restbuchwert auf die neu eingeschätzte Restnutzungsdauer zu verteilen. Wurde die Nutzungsdauer ursprünglich zu lange geschätzt, kann es in diesem Zusammenhang jedoch auch notwendig sein, eine außerplanmäßige Abschreibung vorzunehmen.[97] Bei Fehleinschätzungen der Nutzungsdauer ist im Falle von erwarteten Nutzungsdauerverkürzungen jedenfalls eine Abschreibungsplanänderung vorzunehmen.

97 Vgl dazu Kap 3.7.2.3.

Stellt sich hingegen heraus, dass die Nutzungsdauer länger sein wird als ursprünglich unterstellt, wird zumeist keine zwingende Planänderung verlangt, es sei denn, die Beibehaltung des bisherigen Abschreibungsplans gefährdet die Vermittlung eines möglichst getreuen Bildes der Lage des Unternehmens durch den Jahresabschluss. Keinesfalls zulässig ist es, zu hoch vorgenommene planmäßige Abschreibungen durch eine nachfolgende Zuschreibung zu korrigieren.

- Stellt sich im Laufe der Nutzung eines abnutzbaren Anlagevermögensgegenstandes heraus, dass die **gewählte Abschreibungsmethode nicht dem tatsächlichen Nutzungsverlauf der Anlage entspricht** (zB es wurde eine progressive Abschreibung gewählt, die Anlage nutzt sich jedoch bereits in den ersten Jahren mehr als vorausgesehen ab), so bedingt auch dies eine Änderung des ursprünglichen Abschreibungsplans, indem der dann verbleibende Restbuchwert neu verteilt wird. Auch in diesen Fällen ist zudem zu prüfen, ob nicht eine eingetretene dauerhafte Wertminderung eine außerplanmäßige Abschreibung[98] erfordert.

Die Bemessung der planmäßigen Abschreibung hat idR entsprechend dem **Grundsatz der Einzelbewertung** zu erfolgen. **Bewertungsvereinfachungsverfahren** wie die Gruppen- oder die Festbewertung können jedoch auch beim abnutzbaren Anlagevermögen angewendet werden.

Die **für geringwertige Vermögensgegenstände bestehende besondere Vereinfachungsmöglichkeit des § 204 Abs 1a UGB** erlaubt, sie – auch unabhängig von der entsprechenden steuerrechtlichen Vorschrift[99] – im Jahr des Zugangs sofort voll abzuschreiben. Voraussetzung dafür ist die Geringwertigkeit der Anschaffungs- bzw Herstellungskosten des einzelnen Vermögensgegenstandes, die aus Vereinfachungsgründen iSd Vorschrift des EStG – was derzeit bei einem Betrag von bis zu 400 € (mit dem StRefG 2020 erhöht auf 800 €) gegeben ist – verstanden wird.

Beispiel:

Ein Unternehmen erwarb im Laufe des Geschäftsjahres verschiedene Gegenstände der Betriebs- und Geschäftsausstattung (Lampen, Rechenmaschinen etc), die Anschaffungskosten von jeweils unter der Geringfügigkeitsgrenze verursachten.

Die entsprechenden Zugänge in der Gesamthöhe von 15.000,– wurden während des Jahres auf dem Konto „Betriebs- und Geschäftsausstattung“ erfasst.

Welche Buchung ist erforderlich, wenn eine Vollabschreibung dieser geringwertigen Vermögensgegenstände vorgenommen werden soll?

Lösung:

Unabhängig vom Inbetriebnahmezeitpunkt und der Nutzungsdauer erfolgt eine Sofortabschreibung der geringwertigen Betriebs- und Geschäftsausstattung:

	(7)	*planmäßige Abschreibungen*	*15.000*	
an	*(0)*	*(kumulierte Abschreibungen zu) Betriebs- und Geschäftsausstattung*		*15.000*

Zur **Bestimmung der Geringwertigkeit der Anschaffungs- oder Herstellungskosten** ist auf den einzelnen Vermögensgegenstand abzustellen, wobei eine nach dem wirtschaftlichen

98 Vgl dazu Kap 3.7.2.3.

99 Vgl § 13 EStG sowie dazu am Ende dieses Kapitels.

Zweck oder nach der Verkehrsauffassung bestehende Einheit nicht in ihre Einzelbestandteile zerlegt werden darf (zB ein Kraftfahrzeug besteht aus ...). Kommt hingegen den einzelnen Bestandteilen mehrerer im Verbund genutzter Vermögensteile jeweils eine funktionale Selbständigkeit zu, sind unterschiedliche Vermögensgegenstände anzunehmen (zB eine EDV-Anlage bestehend aus PC, Monitor, Modem, Drucker etc).

Die sofortige Vollabschreibung geringwertiger Vermögensgegenstände ist **grundsätzlich auch dann zulässig, wenn sie insgesamt gesehen einen wesentlichen Betrag ausmacht.** Erst für den Fall, dass, dadurch bedingt, die Vermittlung eines möglichst getreuen Bildes der Vermögens- bzw Ertragslage durch den Jahresabschluss gefährdet ist, muss – zumindest teilweise – auf die Anwendung des § 204 Abs 1a UGB verzichtet werden.

Grundsätzlich ist die **Sofortabschreibung geringwertiger Vermögensgegenstände wie eine planmäßige Abschreibung zu verbuchen.** Dies kann entweder im Rahmen der laufenden Buchhaltung erfolgen, indem jeder entsprechende Zugang sofort als „planmäßige Abschreibung" bzw auf einem gesonderten Ergänzungskonto mit entsprechender Bezeichnung – nach dem Einheitskontenrahmen in der Klasse 7 – erfasst wird. Oder aber es erfolgt zunächst eine Aktivierung im Anlagevermögen und die vollständige Abschreibung wird erst im Zuge der Aufstellung des Jahresabschlusses vorgenommen.

Unabhängig von der Verbuchung ist jedoch zu beachten, dass die Zugänge bei den geringwertigen Vermögensgegenständen – auch bei sofortiger Vollabschreibung – im sog **Anlagenspiegel,**[100] den Unternehmen, die unter die ergänzenden Vorschriften für Kapitalgesellschaften fallen, als Bestandteil des Jahresabschlusses erstellen müssen, zu erfassen sind, und zwar – je nach ihrer Zuordnung – bei dem korrekten Anlagevermögensposten: Geringwertige Maschinen sind folglich im Posten „technische Anlagen und Maschinen" auszuweisen, geringwertige Betriebs- und Geschäftsausstattung im Posten „andere Anlagen, Betriebs- und Geschäftsausstattung" usw. Auf diese Trennung sollte deshalb bereits bei der Verbuchung der Anschaffungen bzw Herstellungen Rücksicht genommen werden, indem gesonderte Konten geführt werden (zB (0) „geringwertige Maschinen" oder (7) „Abschreibung geringwertiger Maschinen" bzw (0) „geringwertige Betriebs- und Geschäftsausstattung" oder (7) „Abschreibung geringwertiger Betriebs- und Geschäftsausstattung").

Das **Steuerrecht** sieht für abnutzbares Anlagevermögen vor, dass die Anschaffungs- oder Herstellungskosten im Rahmen der sog **Absetzung für Abnutzung** gleichmäßig verteilt auf die betriebsgewöhnliche Nutzungsdauer abzusetzen sind (vgl § 7 Abs 1 EStG). Die steuerliche Absetzung für Abnutzung kann **in verschiedener Hinsicht Unterschiede zur unternehmensrechtlichen planmäßigen Abschreibung** aufweisen:

- Unterschiede entstehen durch **unterschiedliche Abschreibungsausgangswerte**: Sind etwa eingelegte Vermögensgegenstände steuerrechtlich nicht mit den gleichen Werten anzusetzen wie in der UGB-Bilanz,[101] ist auch bei der steuerlichen Absetzung für Abnutzung von diesen anderen Werten auszugehen und sind Differenzen zur unternehmensrechtlichen Abschreibung durch Mehr-Weniger-Rechnungen zu berücksichtigen. Gleiches ergibt sich infolge der steuerrechtlichen Bestimmung zur Angemessenheit von Aufwendungen im Zusammenhang mit Personen- und Kombinationskraftwagen, Personenluftfahrzeugen, Sport-

100 Vgl dazu Kap 3.7.3.2.
101 Vgl Kap 3.6.3.3.

und Luxusbooten, Jagden, geknüpften Teppichen, Tapisserien und Antiquitäten nach § 20 Abs 1 Z 2 lit b EStG.[102]

Beispiel:

Ein Unternehmen erwarb für einen Außendienstmitarbeiter einen fabriksneuen (benzinbetriebenen) Personenkraftwagen um Anschaffungskosten in der Höhe von 46.000,– (inklusive Umsatzsteuer und aller Anschaffungsnebenkosten). Nach den EStR 2000 (Rz 4771 f) sind Aufwendungen bzw Ausgaben im Zusammenhang mit der Anschaffung eines Personen- oder Kombinationskraftwagens nur insoweit angemessen, als die Anschaffungskosten 40.000,– nicht übersteigen, und höhere Anschaffungskosten im Regelfall nicht abzugsfähig.

Welche Buchungen und Mehr-Weniger-Rechnungen sind im Zusammenhang mit der Aktivierung des Personenkraftwagens sowie mit seiner Abschreibung erforderlich, wenn für ihn eine Nutzungsdauer von acht Jahren bei linearer Abschreibung anzunehmen ist und die Inbetriebnahme in der ersten Jahreshälfte erfolgt?

Lösung:

Die Aktivierung des neuen Personenkraftwagens erfolgt – unabhängig von den Einschränkungen des Steuerrechts – mit den Anschaffungskosten von 46.000,–:

	(0)	*Fuhrpark*	*46.000*	
an		*Verbindlichkeiten bzw Zahlungsmittelkonto*		*46.000*

In der Folge ist für die steuerrechtliche Absetzung für Abnutzung von dem niedrigeren steuerlich anerkannten Wertansatz (= 40.000,–) auszugehen, was bei einer achtjährigen Nutzungsdauer eine jährliche Absetzung für Abnutzung im Ausmaß von 5.000,– ergibt.

Die gebuchte unternehmensrechtliche planmäßige Abschreibung – die vom aktivierten Betrag in der Höhe von 46.000,– ausgeht – ist während der Nutzungsdauer des PKW durch positive Mehr-Weniger-Rechnungen zu ergänzen:

	(7)	*planmäßige Abschreibungen*	*5.750*	
an	*(0)*	*Fuhrpark*		*5.750*

MWR + 750

- In Einzelfällen können Differenzen zwischen der unternehmens- und der steuerrechtlichen Abschreibung auf die **Zugrundelegung unterschiedlicher Nutzungsdauern** zurückzuführen sein: Während bei der Festlegung der voraussichtlichen Nutzungsdauer gemäß § 204 Abs 1 UGB auch die subjektiven Verwendungsabsichten des Unternehmers zu beachten sind und die Berücksichtigung des Vorsichtsgrundsatzes zu einer eher kürzeren Nutzungsdauer führt, bemisst sich die Absetzung für Abnutzung gemäß § 7 Abs 1 EStG nach der betriebsgewöhnlichen Nutzungsdauer iSd objektiven Verwendungs- bzw Nutzungsmöglichkeit im Betrieb. Abweichungen können insbesondere auch bei der Abschreibung von Gebäuden und bestimmten Kraftfahrzeugen entstehen: Ihre steuerrechtliche Absetzung für Abnutzung hat grundsätzlich nach bestimmten in § 8 EStG festgelegten pauschalen Abschreibungssät-

102 Vgl dazu auch EStR 2000 Rz 4761 ff.

zen bzw auf der Basis einer vorgeschriebenen Mindestnutzungsdauer zu erfolgen. Auftretende Differenzen sind mittels Mehr-Weniger-Rechnungen zu korrigieren. Zu beachten ist dabei, dass, unabhängig von der unterschiedlichen Nutzungsdauer, letztlich sowohl unternehmensrechtlich als auch steuerlich die gesamten Anschaffungs- oder Herstellungskosten im Wege einer planmäßigen Abschreibung bzw einer Absetzung für Abnutzung aufwandsmäßig verrechnet werden müssen. Durch die steuerlichen Korrekturen kommt es somit nur zu einer zeitlichen Verlagerung der Ergebnisse (die Summe der Mehr-Weniger-Rechnungen ergibt null).

Beispiel:

Ein Unternehmen beabsichtigt, einen neuen Personenkraftwagen mit Anschaffungskosten von 20.000,– fünf Jahre lang zu nutzen und – da infolge der voraussichtlich übermäßigen Beanspruchung ein Restwert nicht mit ausreichender Sicherheit angenommen werden kann – bis dahin auf null abzuschreiben. Der PKW, der ausgehend von seinen Anschaffungskosten als insgesamt angemessen zu qualifizieren ist, fällt unter die Bestimmung des § 8 Abs 6 EStG, sodass bei der Bemessung seiner Absetzung für Abnutzung eine Nutzungsdauer von mindestens acht Jahren zugrunde zu legen ist.

Mit welchen Beträgen hat die planmäßige Abschreibung bzw die Absetzung für Abnutzung zu erfolgen (Inbetriebnahme erste Jahreshälfte, lineare Abschreibung, direkte Verbuchung)?

Wie ist der Unterschied zwischen dem unternehmens- und steuerlichen Abschreibungsplan in den Folgejahren zu berücksichtigen, wenn

a) der PKW entgegen dem ursprünglichen Plan auch noch in den Jahren sechs bis acht genutzt werden kann,

b) der PKW zum Ende des fünften Jahres tatsächlich auszuscheiden ist?

Lösung:

Der unternehmensrechtlichen planmäßigen Abschreibung ist die Nutzungsdauer von fünf Jahren zugrunde zu legen und zu buchen:

	(7)	*planmäßige Abschreibungen*	*4.000*	
an	*(0)*	*Fuhrpark*		*4.000*

Die steuerrechtliche Absetzung für Abnutzung beträgt – bei achtjähriger Nutzungsdauer – 2.500,– pa. Der Differenzbetrag zwischen diesem steuerlich anerkannten Betrag und der unternehmensrechtlich verbuchten planmäßigen Abschreibung ist als Mehr-Weniger-Rechnung zu berücksichtigen:

MWR + 1.500

Diese Buchung und Mehr-Weniger-Rechnung sind unabhängig von Variante a) und b) – während der fünfjährigen Nutzung jährlich vorzunehmen.

a) Bei dieser Variante ist im sechsten, siebten und achten Jahr zwar keine unternehmensrechtliche planmäßige Abschreibung mehr vorzunehmen (Der PKW ist bereits zur Gänze abgeschrieben!).

Mit steuerlicher Wirkung ist jedoch mit der Absetzung für Abnutzung fortzufahren und diese über eine jährliche Mehr-Weniger-Rechnung zu berücksichtigen:

MWR – 2.500

(Summe der gesamten MWR damit: 5 x (+ 1.500) + 3 x (– 2.500) = 0)

b) *Bei dieser Variante ist der PKW mit Ablauf des fünften Jahres aus den Büchern auszuscheiden. Nach Vornahme der letzten planmäßigen Abschreibung ist der PKW unternehmensrechtlich ausgebucht, sodass kein Buchwert mehr auszuscheiden ist.*

Steuerlich ist jedoch nach Vornahme der fünften Absetzung für Abnutzung ein noch nicht abgeschriebener Wert von 7.500,– vorhanden:

Anschaffungskosten	*20.000*
abzüglich AfA: 5 x 2.500	*– 12.500*
„steuerlicher Restbuchwert"	*7.500*

Dieser ist nunmehr – auch ohne entsprechender unternehmensrechtlicher Buchung – mit steuerlicher Wirkung auszuscheiden (vgl auch § 8 Abs 6 EStG):

MWR – 7.500

(Summe der gesamten MWR damit: 5 x (+ 1.500) + 1 x (– 7.500) = 0)

- Unterschiede zwischen der unternehmensrechtlichen planmäßigen Abschreibung und der steuerlichen Absetzung für Abnutzung entstehen des Weiteren dadurch, dass § 7 Abs 1 EStG eine „gleichmäßige" Verteilung der Anschaffungs- oder Herstellungskosten auf die betriebsgewöhnliche Nutzungsdauer vorschreibt und deshalb **mit steuerlicher Wirkung nur die lineare Abschreibungsmethode zulässig** ist.[103] Wird die planmäßige Abschreibung degressiv, progressiv oder nach der Leistung berechnet, macht dies steuerliche Mehr-Weniger-Rechnungen notwendig. Auch in diesen Fällen ist zu beachten, dass letztendlich auch steuerlich die gesamten Anschaffungs- oder Herstellungskosten abzusetzen sind.

Beispiel:

Eine Maschine mit Anschaffungskosten von 100.000,– wird unternehmensrechtlich geometrisch degressiv auf eine Nutzungsdauer von vier Jahren (mit einer jährlichen Abschreibung von 50 % des jeweiligen Restbuchwerts) abgeschrieben.

Welche planmäßigen Abschreibungen bzw welche Mehr-Weniger-Rechnungen ergeben sich für die gesamte Nutzungsdauer, wenn auch die steuerliche Absetzung für Abnutzung von einer vierjährigen Nutzungsdauer ausgeht (Inbetriebnahme erste Jahreshälfte)?

Lösung:

Eine Zusammenstellung für alle vier Jahre zeigt folgende Werte:

Jahr	*planmäßige Abschreibung (Berechnung)*	*Absetzung für Abnutzung (Berechnung)*	*MWR*
1	*50.000 (100.000 x 50 %)*	*25.000 (100.000 : 4)*	*+ 25.000*
2	*25.000 (50.000 x 50 %)*	*25.000*	*–*
3	*12.500 (25.000 x 50 %)*	*25.000*	*– 12.500*

103 Lediglich bei Bergbauunternehmen, Steinbrüchen und anderen Betrieben, die einen Verbrauch der Substanz mit sich bringen, sind Absetzungen für Substanzverringerung vorzunehmen (vgl § 8 Abs 5 EStG).

Jahr	*planmäßige Abschreibung (Berechnung)*	*Absetzung für Abnutzung (Berechnung)*	*MWR*
4	*12.500 (Rest)*	*25.000*	*- 12.500*
Summen	*100.000*	*100.000*	*0*

Die MWR ergibt sich als Differenz zwischen der planmäßigen Abschreibung und der Absetzung für Abnutzung.

Die Tabelle zeigt, dass sowohl durch die planmäßige Abschreibung als auch durch die Absetzung für Abnutzung insgesamt die Anschaffungskosten von 100.000,– abgeschrieben werden, und dass die Summe der MWR null ist.

- Differenzen zwischen der planmäßigen Abschreibung und der Absetzung für Abnutzung können des Weiteren dadurch entstehen, dass bei unterjähriger Inbetriebnahme **steuerlich keine zeitanteilige Abschreibung zulässig** ist. Vielmehr ist bei einer Nutzung von mehr als sechs Monaten stets eine Ganzjahresabsetzung vorzunehmen, anderenfalls eine Halbjahresabschreibung (vgl § 7 Abs 2 EStG).
- Die planmäßige Abschreibung kann sich von der Absetzung für Abnutzung schließlich dadurch unterscheiden, dass nach steuerlicher Verwaltungspraxis **bei der Bemessung der Absetzung für Abnutzung auch beim Ansatz eines Restwertes von den vollen Anschaffungs- oder Herstellungskosten auszugehen** ist (vgl EStR 2000 Rz 3111). Es werden dabei nicht wie bei der planmäßigen Abschreibung sämtliche Jahresabschreibungsbeträge reduziert,[104] sondern der Schrottwert kürzt nur die letzte Absetzung für Abnutzung.

Steuerlichen Sonderabschreibungen sind ab Gültigkeit des RÄG 2014 nicht mehr in der unternehmensrechtlichen Rechnungslegung abzubilden:[105] Die steuerliche Geltendmachung derartiger Sonderabschreibungen erfolgt **unabhängig von der Vornahme entsprechender Buchungen im unternehmensrechtlichen Jahresabschluss** und ist somit lediglich über Mehr-Weniger-Rechnungen zu führen.[106] Dies gilt für folgende derzeit bestehende Sonderabschreibungen:

- § 8 Abs 2 EStG: Zehnjahresabschreibung für Anschaffungs- oder Herstellungskosten, die für denkmalgeschützte Betriebsgebäude im Interesse der Denkmalpflege aufgewendet werden;
- § 12 EStG: Übertragung stiller Reserven sowie Übertragungsrücklage;
- § 13 EStG: Absetzung der Anschaffungs- oder Herstellungskosten von geringwertigen Wirtschaftsgütern des abnutzbaren Anlagevermögens.

104 Vgl dazu oben.

105 Zum Übergangsrecht iZm der durch das RÄG 2014 erfolgten Streichung der sog „unversteuerten Rücklagen", über welche bis dahin steuerliche Sonderabschreibungen unternehmensrechtlich geführt wurden, vgl am Ende dieses Kapitels.

106 Ergänzend ist eine spezielle steuerliche Evidenzhaltung vorgeschrieben: § 8 Abs 2, § 12 Abs 1 sowie § 13 EStG (Ausweis im Anlageverzeichnis) bzw § 12 Abs 8 EStG (Verzeichnis für Übertragungsrücklagen).

Beispiel:

Ein Unternehmen erwarb zu Beginn des Geschäftsjahres verschiedene Gegenstände der Betriebs- und Geschäftsausstattung (Lampen, Rechenmaschinen etc), deren jeweilige Anschaffungskosten als geringfügig anzusehen sind und die auch unter die Geringfügigkeitsgrenze des § 13 EStG fallen.

Die entsprechenden Zugänge in der Gesamthöhe von 15.000,– wurden während des Jahres auf dem Konto „Betriebs- und Geschäftsausstattung" erfasst.

Unternehmensrechtlich soll für die Gegenstände eine planmäßige Abschreibung gemäß § 204 Abs 1 UGB vorgenommen werden, wofür bereits folgender Abschreibungsplan erstellt wurde (Jahr 1 = Geschäftsjahr der Anschaffung):

Jahr	*planmäßige Abschreibung*
1	*3.750*
2	*3.750*
3	*3.750*
4	*3.750*

Wie ist vorzugehen, wenn für steuerliche Zwecke eine Vollabschreibung dieser geringwertigen Wirtschaftsgüter (§ 13 EStG) vorgenommen werden soll?

Lösung:

Unternehmensrechtlich ist in den Jahren 1 bis 4 jeweils zu buchen:[107]

	(7)	*planmäßige Abschreibungen*	*3.750*	
an	*(0)*	*(kumulierte Abschreibungen zu) Betriebs- und Geschäftsausstattung*		*3.750*

Die steuerliche Vollabschreibung gemäß § 13 EStG kann unabhängig von der Behandlung im unternehmensrechtlichen Jahresabschluss erfolgen. Dazu sind die jährlichen steuerlichen Absetzbeträge zu ermitteln und mit den unternehmensrechtlich verbuchten Aufwendungen zu vergleichen; in Differenz ergeben sich die außerbücherlich zu berücksichtigenden Mehr-Weniger-Rechnungen der einzelnen Jahre:

Jahr	*planmäßige Abschreibung*	*steuerlicher Absetzbetrag*	*MWR*
1	*3.750*	*15.000*	*– 11.250*
2	*3.750*	*–*	*+ 3.750*
3	*3.750*	*–*	*+ 3.750*
4	*3.750*	*–*	*+ 3.750*
Summen	*15.000*	*15.000*	*0*

Exkurs: Übergangsvorschriften des RÄG 2014

Bezüglich des Entfalls der unternehmensrechtlichen Erfassung der steuerlichen Sonderabschreibungen über die unversteuerten Rücklagen ab dem RÄG 2014 sind beim abnutzbaren

107 Sollten die Gegenstände nach Ablauf der vierjährigen Nutzungsdauer aus dem Unternehmen ausscheiden, ist – bei indirekter Verbuchung der Abschreibungen – im Jahr 4 zudem noch die kumulierte Abschreibung in das Anlagenkonto zu stürzen.

Anlagenvermögen **die auch für das nicht abnutzbare Anlagevermögen geltenden Übergangsbestimmungen zu beachten.**[108] Beim abnutzbaren Anlagevermögen ist dabei darauf zu achten, dass die mit steuerlicher Wirkung erforderliche Gegenrechnung der vorgenommenen Sonderabschreibungen nicht wie beim nicht abnutzbaren Anlagevermögen erst bei einer außerplanmäßigen Abschreibung der betreffenden Anlage oder spätestens bei ihrem Ausscheiden aus dem Unternehmen erfolgt, sondern idR rascher vorzunehmen ist. So geschieht sie etwa bei einer vorgenommenen Übertragung stiller Reserven gemäß § 12 EStG ratierlich über die Restnutzungsdauer verteilt oder bei einer vorgenommenen vorzeitigen Abschreibung gemäß § 7a bzw §§ 10a und 10c EStG[109] in den letzten Jahren der Nutzung.

Beispiel:

Eine AG übertrug – als dies bei Kapitalgesellschaften noch zulässig war – eine stille Reserve gemäß § 12 EStG in der Höhe von 18.360,– auf eine in ihrer Fertigungsabteilung befindliche Hubarbeitsbühne und bildete dafür eine unversteuerte Rücklage.

Für die Hebebühne lag dann folgender Abschreibungsplan bzw für die zugehörige Bewertungsreserve aufgrund von Sonderabschreibungen (§ 12 EStG) der nebenstehende Auflösungsplan vor:

		Hubarbeitsbühne Anschaffungskosten:	*33.480*	*Bewertungsreserve § 12 EStG Übertragungswert*	*18.360*
Jahr		*planmäßige Abschreibung*	*Buchwert zum 31. 12.*	*Auflösungsbetrag*	*Stand zum 31. 12.*
1	*2004*	*1.860*	*31.620*	*1.020*	*17.340*
2	*2005*	*1.860*	*29.760*	*1.020*	*16.320*
3	*2006*	*1.860*	*27.900*	*1.020*	*15.300*
4	*2007*	*1.860*	*26.040*	*1.020*	*14.280*
5	*2008*	*1.860*	*24.180*	*1.020*	*13.260*
6	*2009*	*1.860*	*22.320*	*1.020*	*12.240*
7	*2010*	*1.860*	*20.160*	*1.020*	*11.220*
8	*2011*	*1.860*	*18.600*	*1.020*	*10.200*
9	*2012*	*1.860*	*16.740*	*1.020*	*9.180*
10	*2013*	*1.860*	*14.880*	*1.020*	*8.160*
11	*2014*	*1.860*	*13.020*	*1.020*	*7.140*
12	*2015*	*1.860*	*11.160*	*1.020*	*6.120*
13	*2016*	*1.860*	*9.300*	*1.020*	*5.100*
14	*2017*	*1.860*	*7.440*	*1.020*	*4.080*
15	*2018*	*1.860*	*5.580*	*1.020*	*3.060*
16	*2019*	*1.860*	*3.720*	*1.020*	*2.040*
17	*2020*	*1.860*	*1.860*	*1.020*	*1.020*
18	*2021*	*1.860*	*0*	*1.020*	*0*

108 Vgl dazu Kap 3.7.1.2.

109 Vgl dazu die 8. Auflage Kap 3.7.4.3. und 3.7.4.5.

Bei der Aufstellung des Jahresabschlusses zum 31. 12. 2016 wurde für die zum 1. 1. 2016 noch vorhandene unversteuerte Rücklage – unter Anwendung eines Körperschaftsteuersatzes von 25 % – davon ausgegangen, dass in ihr passive latente Steuern in der Höhe von 1.530[110] enthalten sind, und sie durch eine direkte Umbuchung dorthin, wie folgt in die Bestandteile „passive latente Steuern" und „Gewinnrücklage" aufgeteilt (die Buchungen sind nicht über die Gewinn- und Verlustrechnung zu führen, zumal ab dem RÄG 2014 die G&V-Position „Auflösung unversteuerter Rücklagen" nicht mehr vorgesehen ist):

	(9)	*Unversteuerte Rücklagen: Bewertungsreserve aufgrund von Sonderabschreibungen (§ 12 EStG) zu technischen Anlagen und Maschinen*	*6.120*	
an	*(3)*	*Rückstellung für passive latente Steuern*		*1.530*
an	*(9)*	*(andere bzw freie) Gewinnrücklagen*		*4.590*

Wie ist in den folgenden Jahren vorzugehen, wenn es bei der Hubarbeitsbühne weder außerplanmäßige Veränderungen ihres Wertes noch der übertragenen stillen Reserve gibt und

- *sie bis zum Ablauf ihrer Nutzungsdauer im Unternehmen verbleibt;*
- *sie Ende des Jahres 2019 vorzeitig abgebaut und ausgeschieden wird?*

Lösung:

Die im Jahr 2016 erfolgte Umbuchung der unversteuerten Rücklage hatte im Jahr 2016 keine steuerliche Auswirkung. Die Tatsache, dass es bei der Anlage eine übertragene stille Reserve gibt, ist jedoch evident zu halten (insb durch einen entsprechenden Vermerk im Anlagenverzeichnis; vgl § 12 Abs 1 EStG).

Beginnend ab dem Jahr 2016 ist – bei Verbleib der Maschine im Unternehmen – bis zum Ende der Nutzungsdauer jährlich zu buchen:

	(7)	*planmäßige Abschreibungen*	*1.860*	
an	*(0)*	*technische Anlagen und Maschinen*		*1.860*

Aus steuerlicher Sicht ist zu beachten, dass bei Übertragung stiller Reserven, die um diese übertragenen stillen Reserven gekürzten Beträge als Anschaffungskosten gelten (vgl § 12 Abs 6 EStG). Das sind im vorliegenden Beispielfall somit 15.120 (= 33.480 – 18.360). Nur dieser Wert ist somit als Basis für die steuerliche Absetzung für Abnutzung zu berücksichtigen, was bei einer Nutzungsdauer von 18 Jahren einen Jahresbetrag iHv 840 ergibt. In Differenz zu der unternehmensrechtlich verbuchten Abschreibung waren bis zum Jahr 2015 ertragswirksame Auflösungen der Bewertungsreserve erforderlich; ab 2016 erfolgt die Korrektur über eine jährliche positive Mehr-Weniger-Rechnung:

MWR + 1.020

Diese jährliche steuerliche Erfassung führt zu einer steuerlichen Belastung, die bei einem (gleichgebliebenen) Körperschaftsteuersatz von 25 % im Jahr 255 ausmacht, sodass die Rückstellung für

110 Zur grundsätzlichen Konzeption sowie zur Berechnung der latenten Steuern vgl Kap 3.8.3.

passive latente Steuern ratierlich bestimmungsgemäß in Anspruch genommen wird und entsprechend jährlich abzubauen ist:[111]

	(3)	Rückstellung für passive latente Steuern	255	
an	(8)	Steueraufwand (latent)		255

Scheidet die Hubarbeitsbühne Ende des Jahres 2019 vorzeitig aus, ist nach der Vornahme der planmäßigen Abschreibung auch ihr Restbuchwert auszubuchen:

	(7)	planmäßige Abschreibungen	1.860	
an	(0)	technische Anlagen und Maschinen		1.860

	(7)	Buchwert abgegangener Anlagen	3.720	
an	(0)	technische Anlagen und Maschinen		3.720

Zusätzlich bedarf es einer Mehr-Weniger-Rechnung in Höhe der gesamten noch vorhandenen übertragenen stillen Reserve (= Wert zum Ende des Jahres 2018 lt dem in der Beispielangabe dargestellten Auflösungsplan):

MWR + 3.060

Die zugehörige Rückstellung für passive latente Steuern ist entsprechend (bei Annahme eines unveränderten Steuersatzes) um 25 % dieses nachzuversteuernden Betrages zu reduzieren:

	(3)	Rückstellung für passive latente Steuern	765	
an	(8)	Steueraufwand (latent)		765

3.7.2.3. Bewertung

Die **unternehmensrechtlichen Bewertungsvorschriften** für das abnutzbare Anlagevermögen finden sich in § 203 Abs 1 sowie §§ 204 und 208 UGB:

§ 203 (1) UGB

Gegenstände des Anlagevermögens sind mit den Anschaffungs- oder Herstellungskosten, vermindert um Abschreibungen gemäß § 204, anzusetzen.

§ 204 UGB

(1) Die Anschaffungs- oder Herstellungskosten sind bei den Gegenständen des Anlagevermögens, deren Nutzung zeitlich begrenzt ist, um planmäßige Abschreibungen zu vermindern. Der Plan muss die Anschaffungs- oder Herstellungskosten auf die Geschäftsjahre verteilen, in denen der Vermögensgegenstand voraussichtlich wirtschaftlich genutzt werden kann.

111 Zur grundsätzlichen Konzeption sowie zur Verbuchung der latenten Steuern vgl Kap 3.8.3.

(1a) Anschaffungs- oder Herstellungskosten geringwertiger Vermögensgegenstände des abnutzbaren Anlagevermögens dürfen im Jahr ihrer Anschaffung oder Herstellung voll abgeschrieben werden.

(2) Gegenstände des Anlagevermögens sind bei voraussichtlich dauernder Wertminderung ohne Rücksicht darauf, ob ihre Nutzung zeitlich begrenzt ist, außerplanmäßig auf den niedrigeren am Abschlussstichtag beizulegenden Wert abzuschreiben. ...

§ 208 UGB

(1) Wird bei einem Vermögensgegenstand eine Abschreibung gemäß § 204 Abs 2 ... vorgenommen und stellt sich in einem späteren Geschäftsjahr heraus, dass die Gründe dafür nicht mehr bestehen, so ist der Betrag dieser Abschreibung im Umfang der Werterhöhung unter Berücksichtigung der Abschreibungen, die inzwischen vorzunehmen gewesen wären, zuzuschreiben.

(2) Abs 1 gilt nicht bei Abschreibungen des Geschäfts(Firmen)werts.

Daraus ergibt sich zusammengefasst folgende **unternehmensrechtliche Bewertungskonzeption** für das abnutzbare Anlagevermögen:

Ausgangswert:	**Anschaffungs- oder Herstellungskosten** (allenfalls auch der Einlage- bzw Zuwendungswert).
planmäßige Abschreibungen:	**müssen** vorgenommen werden: Verteilung der Anschaffungs- oder Herstellungskosten auf die voraussichtliche wirtschaftliche Nutzungsdauer. AUSNAHME: Bei **geringwertigen Vermögensgegenständen ist eine sofortige Vollabschreibung zulässig.**
außerplanmäßige Abschreibungen:	**müssen** (und dürfen nur) vorgenommen werden, wenn der beizulegende Wert zum Abschlussstichtag **niedriger** ist **und** dieser Wertverlust voraussichtlich **dauerhaft** ist.
Zuschreibungen:	**müssen** vorgenommen werden, wenn der Wert wieder höher wird (Wertaufholungsgebot). Jedoch dürfen dabei die um die zwischenzeitig vorzunehmenden planmäßigen Abschreibungen gekürzten Anschaffungs- bzw Herstellungskosten (sog „fortgeschriebene Anschaffungs- bzw Herstellungskosten") – allenfalls noch vermindert um zwischenzeitig notwendige außerplanmäßige Abschreibungen – nicht überschritten werden. AUSNAHME: Bei einem **Geschäfts(Firmen)wert**[112] **ist eine Zuschreibung unzulässig.**

Zwar dient die **planmäßige Abschreibung** in erster Linie der periodenrichtigen Erfolgsermittlung,[113] sie lässt sich im Sinne einer statischen Interpretation des Jahresabschlusses jedoch auch als eine Maßnahme zur sachgerechten Bewertung des abnutzbaren Anlagevermögens verstehen: Durch ihre Vornahme wird grundsätzlich der Wertminderung der Anlage, die durch die Nutzung bzw den Zeitablauf eintritt, Rechnung getragen. Der nur **eingeschränk-**

112 Vgl dazu Kap 3.7.2.5.
113 Vgl Kap 3.7.2.2.

te Bewertungscharakter der planmäßigen Abschreibung wird aber bspw dadurch deutlich, dass sie auch dann zwingend vorzunehmen ist, wenn der Wert der Anlage trotz Verwendung – etwa infolge der Inflation – gegenläufig ansteigt.

Der **Vergleichswert**, der den Maßstab für allfällige außerplanmäßige Abschreibungen bzw Zuschreibungen darstellt, ist beim abnutzbaren Anlagevermögen **der dem Vermögensgegenstand am Abschlussstichtag beizulegende Wert** iSd § 189a Z 3 UGB und damit der Betrag, den ein Erwerber des gesamten Unternehmens im Rahmen des Gesamtkaufpreises für den betreffenden Vermögensgegenstand ansetzen würde, unter der Annahme, dass er das Unternehmen fortführt.[114] Bei der Wertfindung ist beim abnutzbaren Anlagevermögen naturgemäß auf den gebrauchs- bzw nutzungsbedingten Wertverlust Bedacht zu nehmen: Maßgeblich sind demnach insbesondere Preise für Gebrauchsgüter bzw um technisch bzw wirtschaftlich bedingte Abschläge korrigierte Neuwerte. IdR ist für die Vergleichswertermittlung der Beschaffungsmarkt heranzuziehen. Lediglich für stillgelegte Anlagen, die nicht wieder in Betrieb genommen werden sollen, ist ausnahmsweise der Einzelveräußerungspreis (eventuell auch der Schrottpreis) abzüglich noch anfallender Kosten (zB Demontagekosten, Verkaufskosten) relevant. Ertragswerte sind vor allem für die Bewertung des immateriellen Anlagevermögens von Bedeutung. Stets hat die Bewertung gewissermaßen subjektiv und aus der Sicht der Verwendung im weiter fortgeführten Unternehmen zu erfolgen.

Hinsichtlich der **Vornahme von außerplanmäßigen Abschreibungen infolge dauernder Wertminderungen** ist beim abnutzbaren Anlagevermögen **nach jenen Grundsätzen vorzugehen, die auch für das nicht abnutzbare Anlagevermögen gelten.**[115] Anders als beim nicht abnutzbaren Anlagevermögen, bei welchem diese Möglichkeit für Finanzanlagen besteht, gibt es beim abnutzbaren Anlagevermögen jedoch **keine Vermögensgruppe, welche wahlweise auch bei nur vorübergehenden Wertminderungen außerplanmäßig abgeschrieben werden darf.**

Außerplanmäßige Abschreibungen sind beim abnutzbaren Anlagevermögen notwendig, wenn bspw infolge von Katastrophen, wie Brand oder Maschinenbruch, von technischer Überalterung oder Nachfrageveränderungen, eine voraussichtlich dauerhafte Wertminderung eintritt. Der **Begriff der Dauerhaftigkeit hat sich beim abnutzbaren Anlagevermögen jedoch an ihrer Nutzungsdauer zu orientieren**: Eine dauerhafte Wertminderung liegt demnach vor, wenn der beizulegende Wert voraussichtlich während eines erheblichen Teils der Nutzungsdauer der Anlage unter dem planmäßig abgeschriebenen Wert liegt.[116] Ist hingegen abzusehen, dass auch die planmäßige Abschreibung innerhalb kurzer Zeit – als Maßstäbe lassen sich maximal die halbe Restnutzungsdauer bzw ein Zeitraum von fünf Jahren anführen – eine Anpassung an den niedrigeren Vergleichswert erreicht, ist keine außerplanmäßige Abschreibung vorzunehmen.

Bei der **buchmäßigen Erfassung der Abschreibungen** ist zu beachten, dass planmäßige und außerplanmäßige Abschreibungen auf immaterielle Vermögensgegenstände und Sachanlagen zwar in der Gewinn- und Verlustrechnung unter einem gemeinsamen Posten zusammengefasst werden – die Postenbezeichnung lautet lediglich „Abschreibungen" (vgl § 231 Abs 2 Z 7 UGB) –,

---

114 Vgl dazu bereits Kap 3.6.4.1.

115 Vgl Kap 3.7.1.2.

116 Ohne diese Interpretation wäre beim abnutzbaren Anlagevermögen keine Wertminderung dauerhaft, da ihre Werte jedenfalls einmal zur Gänze abgeschrieben werden, sodass ein Wertunterschied zwischen dem Buchwert und dem Vergleichswert stets nur vorübergehend ist.

doch sind gemäß § 232 Abs 5 UGB außerplanmäßige Abschreibungen gesondert auszuweisen, etwa durch einen sog „Davon"-Vermerk oder in einer Vorspalte.

Werden außerplanmäßige Abschreibungen vorgenommen, ist zu beachten, dass dies regelmäßig auch eine **Veränderung des Abschreibungsplans für die planmäßige Abschreibung** bedingt:[117] Die verringerte Abschreibungsbasis ist auf die verbleibende Restnutzungsdauer zu verteilen, wobei sich auch diese in Verbindung mit einem Wertverlust verringern kann.

Beispiel:

Bezüglich einer Spezialfertigungsmaschine sind der Anlagenkartei bzw der Buchhaltung folgende Daten zu entnehmen:

Anschaffungskosten	*Inbetriebnahme*	*Nutzungsdauer*	*Abschreibungsmethode*	*Buchwert lt EBK*
50.000	*1. Jahreshälfte*	*10 Jahre*	*linear*	*40.000*

Da aufgrund einer unbefristeten gesetzlichen Änderung der Auflagen das auf dieser Maschine erzeugte Produkt nur mehr sehr eingeschränkt abgesetzt werden kann, beträgt der ihr zum Ende des Geschäftsjahres (= drittes Jahr der Nutzung) beizulegende Wert nur mehr 7.000,–.

Welche Buchungen sind in diesem dritten Jahr der Nutzung erforderlich?

Welche Veränderungen erfährt der Abschreibungsplan dieser Maschine, wenn die Restnutzungsdauer von dieser Wertminderung unbeeinflusst bleibt?

Lösung:

Zunächst ist die planmäßige Abschreibung im üblichen Ausmaß vorzunehmen:

	(7)	*planmäßige Abschreibungen*	*5.000*	
an	*(0)*	*technische Anlagen und Maschinen*		*5.000*

Aufgrund des Wissensstandes zum Abschlussstichtag ist von einem unabänderlichen Wertverlust der Maschine auszugehen; die Wertminderung ist als dauerhaft zu qualifizieren: Ausgehend vom niedrigeren Vergleichswert liegt der Buchwert der Maschine über Jahre unter dem Wert, den sie ohne außerplanmäßige Abschreibung hätte:

Jahr	*o h n e Vornahme einer außerplanmäßigen Abschreibung*	*m i t Vornahme einer außerplanmäßigen Abschreibung (bei gleichbleibender Restnutzungsdauer von 7 Jahren)*
3	*35.000*	*7.000*
4	*30.000*	*6.000*
5	*25.000*	*5.000*
6	*20.000*	*4.000*
7	*15.000*	*3.000*
8	*10.000*	*2.000*
...		

117 Vgl Kap 3.7.2.2.

Demnach muss dem Wertverfall durch eine außerplanmäßige Abschreibung – von 35.000,– auf 7.000,– – Rechnung getragen werden:

	(7)	*außerplanmäßige Abschreibungen*	*28.000*	
an	*(0)*	*technische Anlagen und Maschinen*		*28.000*

Der Abschreibungsplan (für die planmäßigen Abschreibungen der folgenden Jahre) ist wie folgt zu verändern:

$$\frac{\textit{Restbuchwert nach Vornahme der außerplanmäßigen Abschreibung}}{\textit{Restnutzungsdauer}} = \frac{7.000}{7} = \underline{\underline{1.000}} \quad \textit{(nunmehrige planmäßige Abschreibung pa)}$$

Fallen die Gründe einer außerplanmäßigen Abschreibung wieder weg – etwa infolge einer Trendumkehr auf den Märkten –, besteht für das abnutzbare Anlagevermögen – wie beim nicht abnutzbaren Anlagevermögen[118] – **die Verpflichtung, die vorgenommenen außerplanmäßigen Abschreibungen wieder durch Zuschreibungen rückgängig zu machen.**

Der **mögliche Zuschreibungsbetrag** wird beim abnutzbaren Anlagevermögen zum einen begrenzt durch den Umfang der eingetretenen Werterhöhung. Zum anderen bilden die sog fortgeschriebenen Anschaffungs- bzw Herstellungskosten eine Obergrenze: Diese sind unter Abzug jener planmäßigen Abschreibungen, die ohne außerplanmäßige Abschreibung vorzunehmen gewesen wären, somit gewissermaßen in einer fiktiven Fortsetzung des ursprünglichen Abschreibungsplans zu errechnen. Wird zugeschrieben, ist zu beachten, dass **neuerlich eine Veränderung des Abschreibungsplans** eintritt.

Beispiel – Fortsetzung:

Zwei Jahre nach Vornahme der außerplanmäßigen Abschreibung (= Ende des fünften Jahres der Nutzung) stellt sich für die obige Maschine heraus, dass es infolge der Entwicklung einer neuen Technologie nunmehr möglich ist, das auf der Maschine erzeugte Produkt nach geringfügigen Adaptierungen weiter uneingeschränkt abzusetzen. Da vergleichbare Fertigungsmaschinen kaum noch zu finden sind, ist der Wert, der der Maschine am Abschlussstichtag beizulegen ist, auf 27.000,– gestiegen.

Welche Buchungen sind für diese Maschine in diesem fünften Jahr der Nutzung erforderlich?

Welche Veränderungen erfährt der Abschreibungsplan dieser Maschine,

- *wenn die Restnutzungsdauer von dieser Wertveränderung unbeeinflusst bleibt bzw*
- *wenn davon ausgegangen werden kann, dass infolge einer Umstellung des Verfahrens die Maschine voraussichtlich noch weitere acht Jahre zu nutzen sein wird?*

(Die Maschine scheint mit einem Eröffnungsbilanzwert von 6.000,– (= 7.000 abzüglich einer Abschreibung von 1.000) auf.)

118 Vgl Kap 3.7.1.2.

Lösung:

Zunächst ist die planmäßige Abschreibung – entsprechend dem geltenden Abschreibungsplan – zu erfassen:

	(7)	*planmäßige Abschreibungen*	*1.000*	
an	*(0)*	*technische Anlagen und Maschinen*		*1.000*

Damit ergibt sich für die Maschine ein Buchwert iHv 5.000,–, dem zum Abschlussstichtag ein Vergleichswert von 27.000,– gegenübersteht. Bei Bemessung des Zuschreibungsbetrages ist jedoch darauf zu achten, dass die sog fortgeschriebenen Anschaffungs- bzw Herstellungskosten, die ohne Vornahme einer außerplanmäßigen Abschreibung lediglich aufgrund der planmäßigen Abschreibungen mittlerweile erreicht wären, die Obergrenze für die Zuschreibung darstellen:

Jahr	*o h n e Vornahme einer außerplanmäßigen Abschreibung*
	Anschaffungskosten: 50.000 Nutzungsdauer: 10 Jahre
1	*45.000*
2	*40.000*
3	*35.000*
4	*30.000*
5	*25.000 = Obergrenze*

Die Zuschreibung – von 5.000,– auf 25.000,– – ist zwingend vorzunehmen (vgl § 208 Abs 1 UGB):

	(0)	*technische Anlagen und Maschinen*	*20.000*	
an	*(4)*	*Erträge aus der Zuschreibung zum Anlagevermögen*		*20.000*

Durch die Zuschreibung ändert sich für die Folgejahre neuerlich die Abschreibungsbasis bzw der Abschreibungsplan der Maschine:

Abschreibungsbasis ab Ende des Jahres 5: 25.000

bei unveränderter Restnutzungsdauer:	*bei veränderter Restnutzungsdauer:*
= noch 5 Jahre	*= noch 8 Jahre*
(bei einer Gesamtnutzungsdauer von 10 Jahren)	*(laut Angabe)*
5.000 pa	*3.125 pa*
Hinweis: Bei unveränderter Restnutzungsdauer entspricht die nunmehrige Abschreibung wieder der ursprünglichen Höhe.	

Eine praktische **Problematik der Zuschreibung liegt in ihrer zeitlichen Positionierung**: Fraglich ist dabei, ob zunächst zu- und dann planmäßig abgeschrieben werden soll oder umgekehrt. Zwar muss sich stets derselbe Restbuchwert ergeben, doch unterscheiden sich die Abschreibungs- und Zuschreibungsbeträge in ihrer Höhe.

Beispiel – Fortsetzung:

Welche Veränderungen ergeben sich für obiges Beispiel, wenn die Zuschreibung mit Wirkung für den Beginn des Jahres, in welchem der Grund für die außerplanmäßige Abschreibung wegfällt

(= Beginn des fünften Jahres der Nutzung), vorgenommen wird? (Der Vergleichswert für die Maschine in diesem Zeitpunkt beträgt 32.000,–; ihre Restnutzungsdauer bleibt von der Wertveränderung unbeeinflusst.)

Lösung:

Soll die Zuschreibung bereits zu Beginn des Jahres 5 vorgenommen werden, betragen die fortgeschriebenen Anschaffungskosten, welche die Obergrenze für die Zuschreibung darstellen, 30.000,– (= Wert zum Ende des Jahres 4 laut vorstehender Tabelle).

Verglichen mit dem Buchwert der Maschine zu Beginn des Jahres (= 6.000,–) ergibt sich eine Zuschreibung in Höhe von 24.000,–:

	(0)	*technische Anlagen und Maschinen*	*24.000*	
an	*(4)*	*Erträge aus der Zuschreibung zum Anlagevermögen*		*24.000*

Der neue Buchwert (= 30.000,–) ist beginnend mit dieser Periode auf seine Restnutzungsdauer (= 6 Jahre) zu verteilen, sodass folgende planmäßige Abschreibung vorzunehmen ist.

	(7)	*planmäßige Abschreibungen*	*5.000*	
an	*(0)*	*technische Anlagen und Maschinen*		*5.000*

Zum Ende des Jahres 5 beträgt damit der Buchwert der Maschine 25.000,–.

Grundsätzlich ist die **Zuschreibung mit Wirkung für den Zeitpunkt vorzunehmen, zu dem die Gründe für die außerplanmäßige Abschreibung wegfallen**. Geschieht dies unterjährig, sind bis dahin zeitanteilige planmäßige Abschreibungen auf Grundlage des Abschreibungsplans vor Zuschreibung vorzunehmen; danach zeitanteilige planmäßige Abschreibungen ausgehend von der um die Zuschreibung erhöhten Abschreibungsbasis. Aus Vereinfachungsgründen bzw dann, wenn sich der Zeitpunkt der Werterhöhung nicht exakt bestimmen lässt, ist es jedoch **auch zulässig, die Zuschreibung für den Beginn oder für das Ende des Abschlussjahres durchzuführen** und eine einheitliche Ganzjahresabschreibung vorzunehmen. Eine Analogie zur Vornahme von außerplanmäßigen Abschreibungen gemäß § 204 Abs 2 UGB spricht für eine Vergleichswertermittlung zum Abschlussstichtag.

Das **Steuerrecht** enthält für das abnutzbare Anlagevermögen – abgesehen von der Absetzung für Abnutzung[119] – ein Abwertungswahlrecht (vgl § 6 Z 1 EStG): Ist der Teilwert niedriger, so kann dieser angesetzt werden, indem eine sog Teilwertabschreibung vorgenommen wird; auch zulässig sind Absetzungen für außergewöhnliche technische oder wirtschaftliche Abnutzung (vgl § 8 Abs 4 EStG). Aufgrund des Maßgeblichkeitsprinzips ist jedoch der unternehmensrechtlichen außerplanmäßigen Abschreibung und dem gemilderten Niederstwertprinzip zu folgen; Einschränkungen gibt es allerdings hinsichtlich der steuerlichen Anerkennung von Teilwertabschreibungen und Absetzungen für außergewöhnliche technische oder wirtschaftliche Abnutzung auf bestimmte Gebäude (vgl § 6 Z 2 lit d EStG). Eine Besonderheit besteht auch darin, dass eine steuerliche Teilwertabschreibung eine Absetzung für Abnutzung im selben Jahr ausschließt; der gesamte Wertverlust konsumiert gewissermaßen die Absetzung für Abnutzung. Werden somit in einem Jahr – wie unternehmensrechtlich auch korrekt – sowohl

119 Vgl Kap 3.7.2.2.

eine planmäßige Abschreibung als auch eine außerplanmäßige Abschreibung vorgenommen, fallen nach dem steuerlichen Verständnis beide unter den Begriff der Teilwertabschreibung (eine betragsmäßige Differenz resultiert daraus nicht!). Den im unternehmensrechtlichen Jahresabschluss vorgenommenen Zuschreibungen ist steuerlich gemäß § 6 Z 13 EStG zu folgen.

Exkurs: Übergangsvorschriften des RÄG 2014

Das generelle **Zuschreibungsgebot**, das sich durch das RÄG 2014 ergibt, ist **für Geschäftsjahre anzuwenden, die nach dem 31. Dezember 2015 beginnen** (vgl § 906 Abs 28 UGB). Werterhöhungen, die ab dem 1. Jänner 2016 eintreten, machen somit jedenfalls in dem Geschäftsjahr, in welchem sie eintreten, eine Zuschreibung erforderlich, solange damit die fortgeschriebenen Anschaffungs- bzw Herstellungskosten des Gegenstandes des abnutzbaren Anlagevermögens nicht überschritten werden. Die Zuschreibung ist auch steuerlich relevant, dh sie erhöht auch den zu versteuernden Gewinn des jeweiligen Jahres.

Für **bereits vor dem 1. Jänner 2016 eingetretene Werterhöhungen**, bei welchen auf der Basis der Rechtslage vor dem RÄG 2014 **Zuschreibungen unterlassen** wurden, bestehen aufgrund der Übergangsvorschriften des RÄG 2014 (vgl § 906 Abs 32 UGB sowie § 124b Z 270 EStG) mehrere Möglichkeiten[120]). Dabei ist beim abnutzbaren Anlagevermögen darauf zu achten, dass bei diesem – anders als beim nicht abnutzbaren Anlagevermögen – eine steuerliche Zuschreibungsrücklage nicht nur und erst dann steuerwirksam aufzulösen ist, wenn der betreffende Gegenstand außerplanmäßig (auf den Teilwert) abgeschrieben wird oder aus dem Unternehmen ausscheidet, sondern dass es hier bereits im Zusammenhang mit den planmäßigen Abschreibungen bzw Absetzungen für Abnutzung Korrekturen bedarf.

Beispiel:

Ein Unternehmen besitzt seit dem Jahr 2011 eine Fertigungsmaschine, für welche nach einer – auch steuerlich anerkannten – außerplanmäßigen Abschreibung im Jahr 2013 bis einschließlich 2015 folgender Abschreibungsplan galt:

Fertigungs-maschine		*Anschaffungskosten: 50.000* *Nutzungsdauer in Jahren: 10/Abschreibung: linear*		
Jahr		*planmäßige Abschreibung*	*außerplanmäßige Abschreibung*	*Buchwert zum 31. 12.*
1	*2011*	*5.000*		*45.000*
2	*2012*	*5.000*		*40.000*
3	*2013*	*5.000*	*28.000*	*7.000*
4	*2014*	*1.000*		*6.000*
5	*2015*	*1.000*		*5.000*
6	*2016*	*1.000*		*4.000*
7	*2017*	*1.000*		*3.000*
8	*2018*	*1.000*		*2.000*
9	*2019*	*1.000*		*1.000*
10	*2020*	*1.000*		*0*

120 Vgl dazu bereits Kap 3.7.1.2.

Da der Grund für die außerplanmäßige Abschreibung mittlerweile weggefallen und der Fertigungsmaschine zum 31. 12. 2015 ein Wert von 27.000,– beizulegen war, wurde im Jahr 2016 die im Rahmen des Übergangs auf das RÄG 2014 notwendige Zuschreibung vorgenommen, sodass seit dem Jahr 2016 für diese Maschine folgender neuer Abschreibungsplan gilt:

Fertigungs-maschine		Anschaffungskosten: 50.000 Nutzungsdauer in Jahren: 10/Abschreibung: linear		
Jahr		Zuschreibung gemäß § 906 Abs 32 UGB	planmäßige Abschreibung	Buchwert zum 31. 12.
6	2016	20.000*)	5.000	20.000
7	2017		5.000	15.000
8	2018		5.000	10.000
9	2019		5.000	5.000
10	2020		5.000	0

**) Die fortgeschriebenen Anschaffungskosten ohne Vornahme einer außerplanmäßigen Abschreibung wären zum 31. 12. 2015 bei 25.000 gelegen (= 50.000 abzüglich fünf planmäßiger Abschreibungen von jeweils 5.000). Auf diesen Wert war im Jahr 2016 die Maschine unter Einbuchung über den Posten „Erträge aus der Nachholung unterlassener Zuschreibungen zum Anlagevermögen" maximal zu erhöhen.*

Zudem wurde betreffend die Zuschreibung im Jahr 2016:

Variante 1: *kein Antrag auf steuerliche Bildung einer Zuschreibungsrücklage gestellt;*

Variante 2: *ein Antrag auf steuerliche Bildung einer Zuschreibungsrücklage gestellt und*

a) in der Steuererklärung dafür eine negative Mehr-Weniger-Rechnung berücksichtigt;

b) dafür gemäß § 906 Abs 32 UGB ein Rechnungsabgrenzungsposten eingestellt.

Wie ist in den Folgejahren vorzugehen, wenn die Maschine bis zum Ende ihrer Nutzungsdauer im Unternehmen verbleibt und keine außerplanmäßigen Wertverluste eintreten?

Lösung:

In den Jahren ab 2017 ist – wie auch schon im Jahr 2016 – für die Maschine die jährliche planmäßige Abschreibung (auf Basis des neuen Abschreibungsplans) vorzunehmen:

	(7)	planmäßige Abschreibungen	5.000	
an	(0)	technische Anlagen und Maschinen		5.000

Je nach der für die unterlassene Zuschreibung gewählten Variante ist zudem wie folgt vorzugehen:

Variante 1: *Wurde im Jahr 2016 steuerlich keine Zuschreibungsrücklage beantragt, war der gesamte Zuschreibungsbetrag von 20.000 sofort steuerwirksam. Entsprechend ist die in der Folge gebuchte planmäßige Abschreibung – und sind ebenso allfällige außerplanmäßige Abschreibungen (Teilwertabschreibungen) – auch zur Gänze steuerwirksam.*

Variante 2: *Wurde der nachgeholte Zuschreibungsbetrag von 20.000 im Jahr 2016 in eine steuerliche Zuschreibungsrücklage eingestellt, ist diese in der Folge insoweit aufzulösen, als eine Absetzung für Abnutzung im Sinne der §§ 7 und 8 EStG vorgenommen wird (vgl § 124b Z 270a EStG). Es bedarf somit grundsätzlich – außer es erfolgen außerplanmäßige Abschreibungen (Teilwertabschreibungen) oder die Anlage scheidet aus oder es wird eine vorzeitige Auflösung der Zuschreibungsrücklage vorgenommen – einer ratierlichen Auflösung über die Restnutzungsdauer des abnutzbaren Anlagegutes. Im vorliegenden Beispielfall sind dies 4.000 pa (= 20.000 : 5), wobei wie folgt zu differenzieren ist:*

a) Wurde im Jahr 2016 unternehmensrechtlich kein passiver Rechnungsabgrenzungsposten eingestellt, erfolgt die „Auflösung der Zuschreibungsrücklage" lediglich außerbücherlich über eine jährliche positive Mehr-Weniger-Rechnung:

MWR + 4.000

(Damit wird insgesamt ein Betrag von 1.000 (= planmäßige Abschreibung von 5.000 korrigiert um die MWR + 4.000) steuerwirksam, was jenem Aufwand bzw jener Betriebsausgabe pro Jahr entspricht, wie es sich ohne der Vornahme eine Zuschreibung ergeben hätte; vgl dazu den ursprünglichen Abschreibungsplan lt Angabe des Beispiels.)

b) Wurde unternehmensrechtlich ein passiver Rechnungsabgrenzungsposten gebildet, ist dieser nunmehr entsprechend den steuerlichen Vorgaben aufzulösen (vgl § 906 Abs 32 UGB) und jährlich wie folgt zu buchen:

	(3)	*Passive Rechnungsabgrenzungsposten (gemäß § 906 Abs 32 UGB)*	*4.000*	
an	*(4)*	*Erträge aus der Nachholung unterlassener Zuschreibungen zum Anlagevermögen*		*4.000*

(Diesfalls ist keine Mehr-Weniger-Rechnung erforderlich, da die Abschreibung auch buchmäßig neutralisiert wird.)

3.7.2.4. Einzelne Posten

Konzessionen, gewerbliche Schutzrechte und ähnliche Rechte und Vorteile sowie daraus abgeleitete Lizenzen

Immaterielle Vermögensgegenstände dürfen im Anlagevermögen nur dann angesetzt werden, **wenn sie entgeltlich erworben wurden.** Im Unternehmen **selbst geschaffene Immaterialgüter des Anlagevermögens fallen unter das Aktivierungsverbot** des § 197 Abs 2 UGB:

§ 197 (2) UGB

Für immaterielle Gegenstände des Anlagevermögens, die nicht entgeltlich erworben wurden, darf ein Aktivposten nicht angesetzt werden.

Konzessionen, gewerbliche Schutzrechte (zB Marken-, Urheber-, Verlagsrechte) und ähnliche Rechte (zB Belieferungsrechte, Bezugsrecht, Nutzungsrechte) und Vorteile (zB Knowhow, Rezepturen, Kundenkarteien) sowie daraus abgeleitete Lizenzen können somit nur nach erfolgten Anschaffungsvorgängen im Anlagevermögen aktiviert werden, nicht jedoch bei Herstellungen im Unternehmen. **Die primären Wertmaßstäbe für sie sind somit stets Anschaffungskosten bzw** – da auch eine Sacheinlage gegen Gewährung von Gesellschaftsrechten als entgeltlicher Erwerb zu verstehen ist – **Einlagewerte** gemäß § 202 Abs 1 UGB.

Immaterielle Vermögensgegenstände sind **nicht abnutzbar**, wenn ihre Nutzung zeitlich unbegrenzt ist, so etwa bei auf unbestimmte Zeit zustehenden unkündbaren Rechten. Neben der rein rechtlichen Dauer ist jedoch auch zu berücksichtigen, ob durch den Zeitablauf allenfalls eine mehr oder weniger kontinuierliche wirtschaftliche Wertminderung eintritt. Diesfalls sind auch unbefristet und unkündbar bestehende Rechte als abnutzbar einzustufen (zB Software).

Abnutzbare immaterielle Vermögensgegenstände liegen vor, wenn ihre Nutzung zeitlich begrenzt ist, so etwa bei befristeten oder zwar unbefristeten, aber kündbaren Rechten sowie bei Rechten, die sich im Laufe der Zeit wirtschaftlich abnutzen. Für sie sind planmäßige Abschreibungen vorzunehmen (vgl § 204 Abs 1 UGB). Bei der Bemessung der Nutzungsdauer ist dabei nicht nur auf die gesetzlichen oder vertraglichen Fristen des Rechtsbestands abzustellen, sondern es müssen vor allem die wirtschaftliche Nutzbarkeit und die geplante betriebsindividuelle Nutzung berücksichtigt werden. Insbesondere bei Beachtung der sich verändernden Marktverhältnisse bzw des technischen Fortschrittes kann sich dabei eine wesentlich kürzere Abschreibungsdauer ergeben.

Außerplanmäßige Abschreibungen können bei Konzessionen, gewerblichen Schutzrechten und ähnlichen Rechten und Vorteilen sowie daraus abgeleiteten Lizenzen erforderlich werden, sobald der Wert, der ihnen am Abschlussstichtag unter Bedachtnahme auf die Nutzungsmöglichkeit im Unternehmen beizulegen ist, voraussichtlich dauernd gesunken ist (vgl § 204 Abs 2 iVm § 189a Z 3 UGB). Als Anlassfälle für die Vornahme von außerplanmäßigen Abschreibungen lassen sich bspw betriebliche Umstellungen, die eine weitere Nutzung des Immaterialwertes nicht erfordern, oder das Auftreten neuerer und besserer Produkte am Markt nennen.

Fallen die Gründe, die eine außerplanmäßige Abschreibung verursacht haben, in einem späteren Geschäftsjahr wieder weg, haben **zwingend Zuschreibungen** zu erfolgen (vgl § 208 Abs 1 UGB), wobei zur Bemessung des möglichen Zuschreibungsbetrages darauf zu achten ist, ob das betreffende immaterielle Anlagegut dem nicht abnutzbaren oder dem abnutzbaren Anlagevermögen zuzuordnen ist.[121]

Im **Steuerrecht** sind Patente, Lizenzen, Marken-, Urheber- und Verlagsrechte, Konzessionen, Warenzeichen, Erfindungen, Rezepturen, Know-how, Nutzungs- und Optionsrechte sowie EDV-Programme den sog unkörperlichen Wirtschaftsgütern zuzuordnen. Gemäß § 4 Abs 1 EStG darf für unkörperliche Wirtschaftsgüter des Anlagevermögens ein Aktivposten nur angesetzt werden, wenn sie entgeltlich erworben worden sind. Nicht aktivierbar sind demzufolge unkörperliche Wirtschaftsgüter, die der Steuerpflichtige herstellt oder herstellen lässt oder die er unentgeltlich – durch Schenkung oder Erbschaft – von einem Dritten erhält. Der Ansatz unkörperlicher Wirtschaftsgüter bei einer Einlage ist umstritten. Unbefristete Rechte und Konzessionen werden idR dem nicht abnutzbaren Anlagevermögen zugeordnet. Die Vornahme einer Absetzung für Abnutzung ist für sie nicht zulässig. Teilwertabschreibungen sind jedoch in Übereinstimmung mit § 6 Abs 2 lit a EStG vorzunehmen; sie können bspw infrage kommen, wenn im örtlichen Nahbereich weitere Konzessionen erteilt werden und dies zu Umsatzrückgängen führt. Verlieren immaterielle Wirtschaftsgüter durch Zeitablauf an Wert, zählen sie zum abnutzbaren Anlagevermögen und ist für sie eine Absetzung für Abnutzung vorzunehmen. Teilwertabschreibungen kommen auch für sie in Betracht.

121 Vgl dazu Kap 3.7.1.2. bzw Kap 3.7.2.3.

3.7.2.5. Geschäfts(Firmen)wert

Als ein **Posten des Anlagevermögens – konkret unter den immateriellen Vermögensgegenständen** – findet sich in der Bilanz der Geschäfts(Firmen)wert.[122]

Für ihn ergibt sich aus § 203 Abs 5 UGB eine **Aktivierungspflicht**:[123]

§ 203 (5) UGB

Als Geschäfts(Firmen)wert ist der Unterschiedsbetrag anzusetzen, um den die Gegenleistung für die Übernahme eines Betriebes die Werte der einzelnen Vermögensgegenstände abzüglich der Schulden im Zeitpunkt der Übernahme übersteigt. ...

Anzusetzen ist **ausschließlich ein entgeltlich erworbener (derivativer) Geschäfts(Firmen)wert**: Die Aktivierung eines selbst geschaffenen (originären) Firmenwerts ist unzulässig, da § 203 Abs 5 UGB dafür die Übernahme eines Betriebes voraussetzt. Zudem kann sich ein Geschäfts(Firmen)wert **bei Einlage oder Zuwendungen von Betrieben oder Teilbetrieben** ergeben (vgl § 202 Abs 1 Satz 2 UGB):[124]

§ 202 (1) UGB

... Werden Betriebe oder Teilbetriebe eingelegt oder zugewendet, so gilt § 203 Abs 5 sinngemäß.

Der Geschäfts(Firmen)wert stellt nach seiner Umschreibung in § 203 Abs 5 UGB einen **Differenzbetrag** dar und entsteht, sobald bei einem sog Asset Deal (= Übergang eines Unternehmens als Sachgesamtheit, dh durch Übertragung seiner Vermögenswerte (und Verpflichtungen) im Einzelnen) die Gegenleistung (der Kaufpreis) für die Übernahme des Betriebes[125] größer ist als die Werte der einzelnen übernommenen Vermögensgegenstände abzüglich der Schulden im Zeitpunkt der Übernahme (= Zeitwerte).

Beispiel:

Für das Einzelunternehmen Friedrich PENSIO liegt folgende Bilanz vor.

Anlagevermögen	*470.000,–*	*Eigenkapital*	*40.000,–*
Umlaufvermögen	*180.000,–*	*Verbindlichkeiten*	*610.000,–*
	650.000,–		*650.000,–*

Die ABC-GmbH kauft das Einzelunternehmen Friedrich PENSIO um 190.000,– (Banküberweisung). Sie übernimmt dabei alle Vermögensgegenstände und Schulden, wobei diesen im Zeitpunkt der Übernahme folgende Werte beizulegen sind:

diverses Anlagevermögen	*500.000,–*
diverses Umlaufvermögen	*200.000,–*
diverse Verbindlichkeiten	*600.000,–*

122 Vgl § 224 Abs 2 UGB.

123 Durch das RÄG 2010 wurde mit Gültigkeit ab 1. Jänner 2010 das bis dahin bestehende Aktivierungswahlrecht für den Geschäfts(Firmen)wert durch eine Aktivierungsverpflichtung ersetzt.

124 Als Alternative ist die in § 202 Abs 2 UGB für Umgründungen vorgesehene Vorgangsweise möglich.

125 Als Betriebe iS dieser Vorschrift gelten nicht nur selbständige Unternehmen wie ganze Einzelunternehmen oder Personenhandelsgesellschaften, sondern auch nur organisatorische Einheiten wie Werke, Betriebsstätten oder -abteilungen (sog Teilbetriebe).

Wie hoch ist der aus dieser Betriebsübernahme resultierende Geschäfts(Firmen)wert? Wie erfolgt seine Aktivierung bei der ABC-GmbH?

Lösung:

Der Geschäfts(Firmen)wert errechnet sich wie folgt:

Gegenleistung für die Übernahme des Betriebes			*190.000*
verglichen mit:	*Wert der einzelnen Vermögensgegenstände (zu Zeitwerten)*		
	(500.000 + 200.000)	*700.000*	
	abzüglich Schulden (zu Zeitwerten)	*600.000*	*100.000*
= Unterschiedsbetrag = Geschäfts(Firmen)wert			*90.000*

Die Aktivierung des Geschäfts(Firmen)wertes ergibt sich im Zusammenhang mit der Einbuchung des Unternehmenskaufs: Die ABC-GmbH hat die übernommenen Vermögensgegenstände zu aktivieren und die übernommenen Schulden zu passivieren, wobei diese mit den ihnen im Zeitpunkt der Übernahme beizulegenden – und allenfalls von den Buchwerten des Verkäufers abweichenden – Werten anzusetzen sind, sowie den zu leistenden Kaufpreis zu verbuchen. Ein dabei verbleibender Sollsaldo stellt den Geschäfts(Firmen)wert dar:

	(0)	*Diverses Anlagevermögen*	*500.000*	
	(1, 2)	*Diverses Umlaufvermögen*	*200.000*	
an	*(3)*	*Diverse Verbindlichkeiten*		*600.000*
an	*(2)*	*Bank*		*190.000*
	(0)	*Geschäfts(Firmen)wert*	*90.000*	

Der **Geschäfts(Firmen)wert ergibt sich als Differenzgröße**. Ein über den Wert der einzelnen Vermögensgegenstände abzüglich der Schulden (sog Substanzwert) hinausgehender Kaufpreis für einen Betrieb und folglich ein damit entstehender **Unterschiedsbetrag kann verschiedene Ursachen haben**: IdR finden darin im Einzelnen nicht messbare – und somit nicht aktivierbare[126] –, aber den Gesamtwert des (Teil-)Betriebes beeinflussende Faktoren wie seine Organisation, seine Fertigungs- und Verfahrenstechniken, sein Vertriebsnetz, seine Marktmacht und Standortvorteile, die Kundenbeziehungen, seine Werbungskraft und sein Bekanntheitsgrad, sein Ruf, sein human capital, seine Zukunftsaussichten etc ihren Niederschlag. Der Mehrbetrag kann jedoch auch in Kauf genommen werden, um bspw einen lästigen Gesellschafter auszuzahlen oder einen Konkurrenten aufzukaufen (sog „à fonds perdu").

Mit der Aktivierungsregel des § 203 Abs 5 UGB wird ermöglicht, diese Ausgaben – die anderenfalls sofort als Aufwand zu verrechnen wären – **über mehrere Perioden verteilt aufwandswirksam** werden zu lassen; häufig wird der Geschäfts(Firmen)wert auch als Bilanzierungshilfe bezeichnet. Der zunächst aktivierte Posten ist in der Folge abzuschreiben.

126 Als eigene Bilanzposten zu aktivieren sind hingegen selbständig bewertbare immaterielle Vermögensgegenstände wie bspw Rechte und Vorteile. Das Aktivierungsverbot des § 197 Abs 2 UGB für selbst geschaffene immaterielle Gegenstände des Anlagevermögens greift hier nicht mehr, da durch den Kauf des Betriebes auch für sie ein entgeltlicher Erwerb stattgefunden hat.

§ 203 Abs 5 UGB sieht dafür eine **zwei Alternativen der Abschreibung** vor:

§ 203 (5) UGB

... Die Abschreibung des Geschäfts(Firmen)werts ist planmäßig auf die Geschäftsjahre, in denen er voraussichtlich genutzt wird, zu verteilen. In Fällen, in denen die Nutzungsdauer des Geschäfts(Firmen)werts nicht verlässlich geschätzt werden kann, ist der Geschäfts(Firmen)wert über 10 Jahre gleichmäßig verteilt abzuschreiben. Im Anhang ist der Zeitraum zu erläutern, über den der Geschäfts(Firmen)wert abgeschrieben wird.

Die **Form der planmäßigen Abschreibung über die voraussichtliche Nutzungsdauer** setzt voraus, dass sich für den als Geschäfts(Firmen)wert aktivierten Unterschiedsbetrag eine Nutzungsdauer feststellen lässt. Unter Berücksichtigung dieser[127] und seines wahrscheinlichen Entwertungsverlaufs ist dann wie für das abnutzbare Anlagevermögen ein Abschreibungsplan[128] zu erstellen.

Der besondere Charakter des als Geschäfts(Firmen)wert aktivierbaren Unterschiedsbetrags liegt jedoch in seiner heterogenen Zusammensetzung: IdR sind seine Verursachungsfaktoren nicht einzeln bestimmbar und häufig lässt sich für ihn nicht mit ausreichender Sicherheit ein Zeitraum festlegen, in welchem er voraussichtlich genutzt wird. Für den Fall, dass sich die Nutzungsdauer des Geschäfts(Firmen)wertes nicht verlässlich schätzen lässt, ist er **durch pauschale Abschreibungen zu tilgen.** Der Gesetzeswortlaut zur Pauschalabschreibung lässt dabei die zwingende Zugrundelegung eines Zeitraums von zehn Jahren annehmen; die Erläuterungen zur Regierungsvorlage sprechen jedoch diesbezüglich von einem „höchstzulässigen Zeitraum“.[129] Auch die Beachtung des Vorsichtsprinzips wird dazu führen, den pauschalen Abschreibungszeitraum eher kürzer zu bemessen. Da die pauschale Abschreibung mittels einer gleichmäßigen Verteilung zu erfolgen hat, ist sie in konstanten Jahresbeträgen vorzunehmen: Weder progressive oder degressive Abschreibungsverläufe noch eine Form der Halb- oder einer sonstigen Teiljahresabschreibung bei unterjähriger Betriebsübernahme sind demzufolge zulässig.

Da der als Geschäfts(Firmen)wert aktivierte Unterschiedsbetrag nicht selbständig bewertungsfähig ist, ist für ihn auch keine Vergleichswertermittlung zum Abschlussstichtag möglich. Außerplanmäßige Abschreibungen auf den niedrigeren beizulegenden Wert, wie sie § 204 Abs 2 UGB für das Anlagevermögen vorsieht, sind somit für den Geschäfts(Firmen)wert nicht denkbar. **Über die jährlichen Abschreibungen hinausgehende Abschreibungen** auf den Unterschiedsbetrag sind jedoch notwendig, wenn sich die ursprünglichen Annahmen über die Existenz bzw die Nutzungsdauer der ihn verursachenden Faktoren als falsch erweisen bzw sich herausstellt, dass er ausschließlich auf unzureichendes Verhandlungsgeschick des Käufers zurückzuführen ist, sodass dem Aktivposten keine künftigen Erträge mehr entsprechen. Allenfalls ist es denkbar, dass der Geschäfts(Firmen)wert bereits im Jahr seiner Entstehung zur Gänze abzuschreiben ist.

Infolge seines mangelnden Charakters eines Vermögensgegenstandes und der Unmöglichkeit seiner selbständigen Bewertbarkeit sowie aufgrund dessen, dass dies im Ergebnis der (unzulässigen) Aktivierung eines originären Geschäfts(Firmen)wertes gleichkommt, kann es für einen Geschäfts(Firmen)wert **keine Zuschreibung** geben. § 208 Abs 2 UGB enthält eine entsprechende

---

127 Eine automatische Übernahme der steuerrechtlichen Abschreibungsdauer (vgl dazu die folgenden Abhandlungen) als Nutzungsdauer für die unternehmensrechtliche Abschreibung ist unzulässig.

128 Vgl Kap 3.7.2.2.

129 Vgl EB zur Änderung des § 203 Abs 5 UGB der RV zum RÄG 2014, 367 BlgNR XXV. GP.

Klarstellung, dass die im Abs 1 normierte Verpflichtung, nach erfolgten Abschreibungen bei Wertsteigerungen Zuschreibungen vorzunehmen, für einen Geschäfts(Firmen)wert nicht besteht:

§ 208 (2) UGB

(2) Abs 1 gilt nicht bei Abschreibungen des Geschäfts(Firmen)werts.

Für das **Steuerrecht** gilt der Firmenwert bei Gewerbetreibenden als abnutzbares Anlagevermögen (vgl § 6 Z 1 zweiter Satz EStG). Seine Anschaffungskosten sind bei ihnen grundsätzlich gleichmäßig verteilt auf fünfzehn Jahre abzusetzen (vgl § 8 Abs 3 EStG); eine Abschreibung in der Form einer Teilwertabschreibung ist jedoch ausnahmsweise zulässig. Differenzen zu der unternehmensrechtlichen Vorgangsweise sind mittels Mehr-Weniger-Rechnung auszugleichen.

Beispiel – Fortsetzung:

Welche Buchungen bzw welche Mehr-Weniger-Rechnungen sind erforderlich, wenn ausgehend von den obigen Beispielangaben der als Geschäfts(Firmen)wert aktivierte Unterschiedsbetrag (= 90.000) über fünf Jahre verteilt abgeschrieben werden soll?

Lösung:

Nach erfolgter Aktivierung (vgl Buchungssatz lt vorheriger Beispiellösung) ist für den Geschäfts(Firmen)wert wie folgt zu buchen:

	(7)	*Abschreibung Geschäfts(Firmen)wert*	*18.000*	
an	*(0)*	*Geschäfts(Firmen)wert*[130]		*18.000*

Für Zwecke der steuerlichen Gewinnermittlung ist der Firmenwert auf 15 Jahre verteilt abzusetzen, was in diesem Fall eine steuerlich anerkannte Abschreibung von 6.000 pa ergibt. Die Differenz zur unternehmensrechtlich verbuchten Abschreibung ist mittels einer Mehr-Weniger-Rechnung zu korrigieren:

MWR + 12.000

Die gleiche Buchung und Mehr-Weniger-Rechnung sind auch in den folgenden vier Jahren erforderlich; danach ist lediglich mit der steuerlich wirksamen Absetzung des Firmenwerts fortzufahren und noch zehn Jahre lang eine Mehr-Weniger-Rechnung in Höhe von – 6.000 pa zu berücksichtigen.

Exkurs: Übergangsvorschriften des RÄG 2014

Die durch das RÄG 2014 neu eingeführte Form der **Pauschalabschreibung des Geschäfts(Firmen)wertes ist auf Geschäfts(Firmen)werte anzuwenden, die nach dem 31. Dezember 2015 gebildet werden** (vgl § 906 Abs 30 UGB).

130 Auch eine indirekte Verbuchung der Abschreibungen über ein Konto „Kumulierte Abschreibungen zu Geschäfts(Firmen)wert" ist zulässig (vgl Kap 3.7.1.3.).

3.7.3. Darstellung der Entwicklung des Anlagevermögens

3.7.3.1. Aufbau von Anlagen- und Abschreibungsspiegel

Abgesehen von Kleinstkapitalgesellschaften haben **Unternehmen, die unter die ergänzenden Vorschriften für Kapitalgesellschaften fallen**, gemäß § 226 Abs 1 UGB das Anlagevermögen und seine Entwicklung während des Geschäftsjahrs umfassend abzubilden:

§ 226 (1) UGB

Im Anhang ist die Entwicklung der einzelnen Posten des Anlagevermögens darzustellen. Dabei sind für die verschiedenen Posten des Anlagevermögens jeweils gesondert anzugeben:

1. **die Anschaffungs- oder Herstellungskosten zum Beginn und Ende des Geschäftsjahrs;**
2. **die Zu- und Abgänge sowie Umbuchungen im Laufe des Geschäftsjahrs;**
3. **die kumulierten Abschreibungen zu Beginn und Ende des Geschäftsjahrs;**
4. **die Ab- und Zuschreibungen des Geschäftsjahrs;**
5. **die Bewegungen in Abschreibungen im Zusammenhang mit Zu- und Abgängen sowie Umbuchungen im Laufe des Geschäftsjahrs und**
6. **der im Laufe des Geschäftsjahrs aktivierte Betrag, wenn Zinsen gemäß § 203 Abs 4 aktiviert werden.**

Die **in den Anhang aufzunehmende Darstellung** der Entwicklung des Anlagevermögens hat für die einzelnen Posten des Anlagevermögens[131] **zumindest folgende Stände bzw Bewegungen zu enthalten:**

- Anschaffungs- und Herstellungskosten zu Beginn und zum Ende des Geschäftsjahrs

  (= die ungekürzten (historischen) Anschaffungs- bzw Herstellungskosten [allenfalls auch die Einlage- bzw Zuwendungswerte] der zu diesen Zeitpunkten im Unternehmen vorhandenen Anlagevermögensgegenstände, auch wenn sie bereits zur Gänze abgeschrieben sind;[132]
- Zugänge des Geschäftsjahrs zu Anschaffungs- bzw Herstellungskosten

  (= Anschaffungen und Herstellungen – auch infolge aktivierungspflichtiger Erweiterungen – [sowie Einlagen und Zuwendungen] im Anlagevermögen während dieses Zeitraums);
- Abgänge des Geschäftsjahrs zu Anschaffungs- bzw Herstellungskosten

  (= Ausscheiden von Anlagevermögen während dieses Zeitraums);
- Umbuchungen des Geschäftsjahrs zu Anschaffungs- bzw Herstellungskosten

  (= Verschiebungen zwischen den einzelnen Anlagevermögensposten, etwa von „Anlagen in Bau" auf „technische Anlagen und Maschinen");
- kumulierte Abschreibungen bis zum Beginn und bis zum Ende des Geschäftsjahrs

  (= Summen der bei den jeweils vorhandenen Vermögensgegenständen in den vorangegangenen Geschäftsjahren (= Wert zu Jahresbeginn) und in den vorangegangenen Geschäftsjahren

---

131 Vgl dazu die entsprechende Bilanzgliederung in § 224 Abs 2 UGB.

132 Vgl zur besonderen Behandlung von geringwertigen Vermögensgegenständen Kap 3.7.3.2.

und im letzten Geschäftsjahr (= Wert zu Jahresende) angefallenen planmäßigen und außerplanmäßigen Abschreibungen abzüglich der vorgenommenen Zuschreibungen;[133]

- Abschreibungen des Geschäftsjahrs

  (= Wertminderungen iSd § 204 Abs 1 UGB (planmäßige Abschreibungen) sowie Abs 2 leg cit (außerplanmäßige Abschreibungen);
- Zuschreibungen des Geschäftsjahrs

  (= Werterhöhungen iSd § 208 Abs 1 UGB);
- Bewegungen in Abschreibungen im Zusammenhang mit Zu- und Abgängen sowie Umbuchungen im Laufe des Geschäftsjahrs

  (= im Geschäftsjahr erfolgte Veränderungen der kumulierten Abschreibungen durch die im jeweiligen Geschäftsjahre vorgenommenen Abschreibungen und das im Geschäftsjahr erfolgte Abscheiden von Anlagen sowie infolge von im Geschäftsjahr stattgefundenen Umgliederungen zwischen den einzelnen Anlagevermögensposten, etwa von „Anlagen in Bau" auf „technische Anlagen und Maschinen");
- Betrag der im Laufe des Geschäftsjahrs aktivierten Zinsen gemäß § 203 Abs 4 UGB;[134] Bilanzwert zum Ende des Geschäftsjahrs

  (als Ergebnis der darzustellenden Entwicklung).

Bei Zusammenfassung aller in § 226 Abs 1 UGB geforderten Daten in einer einzigen Darstellung ist es zweifelsohne schwierig, den Grundsatz der Klarheit und Übersichtlichkeit (vgl § 195 UGB) zu wahren. Es ist deshalb **zu empfehlen, zwei Tableaus – jeweils gegliedert nach den einzelnen Posten des Anlagevermögens (vertikale Gliederung) – aufzustellen:**

- **einen Anlagenspiegel und**
- **einen Abschreibungsspiegel.**

Der sog Anlagenspiegel (Anlagengitter) nach der direkten Bruttomethode kann hinsichtlich der Anordnung der Spalten (horizontale Gliederung) beliebig aufgebaut werden; vom Gesetz ist keine bestimmte Abfolge vorgeschrieben. Als **Reihenfolge** bietet sich insbesondere jene an, die eine schlüssige Fortrechnung bis zum Buchwert zum Ende des Geschäftsjahrs ermöglicht:

	Anschaffungs- und Herstellungskosten zu Beginn des Geschäftsjahrs
+	Zugänge des Geschäftsjahrs (zu Anschaffungs- bzw Herstellungskosten)
	(davon im Geschäftsjahr aktivierte Zinsen gemäß § 203 Abs 4 UGB)
–	Abgänge des Geschäftsjahrs (zu Anschaffungs- bzw Herstellungskosten)
+/–	Umbuchungen des Geschäftsjahrs (zu Anschaffungs- bzw Herstellungskosten)
=	Anschaffungs- und Herstellungskosten zum Ende des Geschäftsjahrs
–	kumulierte Abschreibungen zum Endes des Geschäftsjahrs
=	Buchwert zum Ende des Geschäftsjahrs

Die sonstigen nach § 226 Abs 1 UGB erforderliche Daten wie die kumulierten Abschreibungen zu Beginn des Geschäftsjahrs sowie die Abschreibungen und Zuschreibungen des Geschäftsjahrs werden als weitere Spalten daran angereiht. Zudem ist es zweckmäßig, als **zusätz-**

133 Damit entspricht dieser Wert dem Betrag, der bei indirekter Verbuchung der Abschreibungen auf den Konten „kumulierte Abschreibungen zu ..." ausgewiesen ist (vgl Kap 3.7.1.3.).

134 Vgl dazu Kap 3.6.3.2.3.

liche Spalten jene der Buchwerte zu Beginn des Geschäftsjahrs (vgl § 223 Abs 2 UGB) in den Anlagenspiegel aufzunehmen.

Der **Abschreibungsspiegel** hat die Entwicklung der kumulierten Abschreibungen darzustellen und wird dazu zweckmäßigerweise mit folgender **Reihenfolge der Spalten (horizontale Gliederung)** aufgebaut:[135]

	kumulierte Abschreibungen zu Beginn des Geschäftsjahrs
+	Zugänge (= Abschreibungen) des Geschäftsjahrs
+/–	Umbuchungen (= kumulierte Abschreibungen, die auf Anlagenumbuchungen entfallen) des Geschäftsjahrs
–	Abgänge (= kumulierte Abschreibungen, die auf Abgänge entfallen) des Geschäftsjahrs
+	Zuschreibungen des Geschäftsjahrs
=	kumulierte Abschreibungen zum Ende des Geschäftsjahrs

Beispiel:

Im Zusammenhang mit einer Maschine liegen für einzelne, aufeinanderfolgende Geschäftsjahre folgende Daten vor:

Jahr 0:

Es wird mit dem Bau einer Fertigungsmaschine begonnen. Die bis zum Abschlussstichtag angefallenen Teilherstellungskosten, die aktivierte Zinsen gemäß § 203 Abs 4 UGB in der Höhe von 5.000 beinhalten, werden wie folgt erfasst:

	(0)	*Anlagen in Bau*	*520.000*	
an	*(4)*	*aktivierte Eigenleistungen (HStKo gem § 203 (3))*		*515.000*
an	*(4,8)*	*aktivierte Eigenleistungen (Zinsen gem § 203 (4))*		*5.000*

Bestandskontensalden:

Anlagen in Bau	*520.000*

Jahr 1:

Die Fertigungsmaschine wird zu Beginn des Jahres mit weiteren Teilherstellungskosten in Höhe von 80.000 (inkl aktivierte Zinsen gemäß § 203 Abs 4 UGB in der Höhe von 1.000) fertiggestellt:

	(0)	*Anlagen in Bau*	*80.000*	
an	*(4)*	*aktivierte Eigenleistungen (HStKo gem § 203 (3))*		*79.000*
an	*(4,8)*	*aktivierte Eigenleistungen (Zinsen gem § 203 (4))*		*1.000*

135 Die hier gewählte Reihung folgt gewissermaßen der Chronologie der zugrunde liegenden Ereignisse: Zugänge (= Abschreibungen) erfolgen noch vor den Abgängen der Anlagen, ebenso die Umbuchungen. Die Zuschreibungen sind mit der Überlegung, dass sie – außer man nimmt sie unterjährig vor (vgl zur Problematik der zeitlichen Positionierung von Zuschreibungen Kap 3.7.2.3.) – nur zum Abschlussstichtag noch vorhandene Anlagen betreffen, letztgereiht. Bei unterjähriger Vornahme von Zuschreibungen müsste die Spalte vor den Zugängen eingereiht werden, da Zuschreibungen jedenfalls nur solche (außerplanmäßige) Abschreibungen korrigieren können, die vor Beginn des Geschäftsjahres erfolgten, und die unterjährige Durchführung der Zuschreibung auch Auswirkungen auf die (planmäßigen) Abschreibungen des Geschäftsjahres hat.

und auf das Konto „technische Anlagen und Maschinen" umgebucht:

	(0)	technische Anlagen und Maschinen	600.000	
an	(0)	Anlagen in Bau		600.000

Auf Basis einer Nutzungsdauer von 6 Jahren bei linearer Abschreibung wird folgende planmäßige Abschreibung gebucht:

	(7)	planmäßige Abschreibungen	100.000	
an	(0)	kumulierte Abschreibungen zu technischen Anlagen und Maschinen		100.000

Bestandskontensalden:

Anlagen in Bau	–	
technische Anlagen und Maschinen	600.000	
kumulierte Abschreibungen zu technischen Anlagen und Maschinen		100.000

Jahr 2:

Die Maschine wird planmäßig abgeschrieben:

	(7)	planmäßige Abschreibungen	100.000	
an	(0)	kumulierte Abschreibungen zu technischen Anlagen und Maschinen		100.000

Bestandskontensalden:

technische Anlagen und Maschinen	600.000	
kumulierte Abschreibungen zu technischen Anlagen und Maschinen		200.000

Jahr 3:

Die Maschine wird planmäßig abgeschrieben:

	(7)	planmäßige Abschreibungen	100.000	
an	(0)	kumulierte Abschreibungen zu technischen Anlagen und Maschinen		100.000

Einem zum Abschlussstichtag gesunkenen Vergleichswert wird zudem durch eine außerplanmäßige Abschreibung Rechnung getragen:

	(7)	außerplanmäßige Abschreibungen	180.000	
an	(0)	kumulierte Abschreibungen zu technischen Anlagen und Maschinen		180.000

Bestandskontensalden:

technische Anlagen und Maschinen	600.000	
kumulierte Abschreibungen zu technischen Anlagen und Maschinen		480.000

Jahr 4:

Der Restbuchwert der Maschine (600.000 – 480.000 = 120.000) wird auf Basis der nach Vornahme der außerplanmäßigen Abschreibung verbleibenden Restnutzungsdauer (= 3 Jahre) planmäßig abgeschrieben:

	(7)	*planmäßige Abschreibungen*	*40.000*	
an	*(0)*	*kumulierte Abschreibungen zu technischen Anlagen und Maschinen*		*40.000*

Da die Gründe für die außerplanmäßige Abschreibung zum Ende des Jahres nicht mehr bestehen, wird eine Zuschreibung vorgenommen:

	(0)	*kumulierte Abschreibungen zu technischen Anlagen und Maschinen*	*120.000*	
an	*(4)*	*Erträge aus der Zuschreibung zum Anlagevermögen*		*120.000*

Bestandskontensalden:

technische Anlagen und Maschinen	*600.000*	
kumulierte Abschreibungen zu technischen Anlagen und Maschinen		*400.000*

Jahr 5:

Die Maschine wird planmäßig abgeschrieben:

	(7)	*planmäßige Abschreibungen*	*100.000*	
an	*(0)*	*kumulierte Abschreibungen zu technischen Anlagen und Maschinen*		*100.000*

Bestandskontensalden:

technische Anlagen und Maschinen	*600.000*	
kumulierte Abschreibungen zu technischen Anlagen und Maschinen		*500.000*

Lösung:

Der Anlagenspiegel hat für die einzelnen Jahre folgendes Aussehen:[136]

Jahr	Anlagevermögensposten	Anschaffungs-, Herstellungskosten 1. 1.	Zugänge	davon aktivierte Zinsen (§ 203 (4))	Abgänge	Umbuchungen	Anschaffungs-, Herstellungskosten 31. 12.	kumulierte Abschreibungen 31. 12.	Buchwert 31. 12.	kumulierte Abschreibungen 1.1.	Buchwert 1. 1.	Abschreibungen des Geschäftsjahrs	Zuschreibungen des Geschäftsjahrs
0	Anlagen in Bau	–	520.000	5.000	–	–	520.000	–	520.000	–	–	–	–
1	technische Anlagen und Maschinen	–	–	–	–	600.000	600.000	100.000	500.000	–	–	100.000	–
	Anlagen in Bau	520.000	80.000	1.000	–	(600.000)	–	–	–	–	520.000	–	–
2	technische Anlagen und Maschinen	600.000	–	–	–	–	600.000	200.000	400.000	100.000	500.000	100.000	–
3	– " –	600.000	–	–	–	–	600.000	480.000	120.000	200.000	400.000	280.000	–
4	– " –	600.000	–	–	–	–	600.000	400.000	200.000	480.000	120.000	40.000	120.000
5	– " –	600.000	–	–	–	–	600.000	500.000	100.000	400.000	200.000	100.000	–
6	– " –	600.000	–	–	–	–	600.000	600.000	–	500.000	100.000	100.000	–
7	– " –	600.000	–	–	–	–	600.000	600.000	–	600.000	–	–	–
8	– " –	600.000	–	–	600.000	–	–	–	–	600.000	–	–	–

136 Leer bleibende Spalten können in den einzelnen Jahren weggelassen werden.

Jahr 6:

Die Maschine wird planmäßig abgeschrieben:

	(7)	planmäßige Abschreibungen	100.000	
an	(0)	kumulierte Abschreibungen zu technischen Anlagen und Maschinen		100.000

Die Fertigungsmaschine verbleibt weiterhin im Unternehmen.

Bestandskontensalden:

technische Anlagen und Maschinen	600.000	
kumulierte Abschreibungen zu technischen Anlagen und Maschinen		600.000

Jahr 7:

Die Maschine ist noch immer vorhanden.

Bestandskontensalden:

technische Anlagen und Maschinen	600.000	
kumulierte Abschreibungen zu technischen Anlagen und Maschinen		600.000

Jahr 8:

Die Maschine wird verschrottet und wie folgt ausgebucht:

	(0)	kumulierte Abschreibungen zu technischen Anlagen und Maschinen	600.000	
an	(0)	technische Anlagen und Maschinen		600.000

Wie sind diese Angaben im Zusammenhang mit der Fertigungsmaschine in den einzelnen Jahren im Anlagenspiegel und im Abschreibungsspiegel darzustellen?

Lösung:

Siehe Tabelle auf der vorherigen Seite.

Der Abschreibungsspiegel für die Maschine hat für die einzelnen Jahre folgendes Aussehen:

Jahr	kumulierte Abschreibungen 1. 1.	Zugänge	Umbuchungen[137]	Abgänge	Zuschreibungen	kumulierte Abschreibungen 31. 12.
1	–	100.000	–	–	–	100.000
2	100.000	100.000	–	–	–	200.000
3	200.000	280.000	–	–	–	480.000
4	480.000	40.000	–	–	120.000	400.000

137 Umbuchungen resultieren daraus, dass Anlagen, für die bereits Abschreibungen bzw Zuschreibungen verbucht wurden, umgegliedert werden (zB eine Anlage in Bau, die außerplanmäßig abgeschrieben wurde, wird nach ihrer Fertigstellung umgegliedert).

Jahr	*kumulierte Abschreibungen 1. 1.*	*Zugänge*	*Umbuchungen*	*Abgänge*	*Zuschreibungen*	*kumulierte Abschreibungen 31. 12.*
5	*400.000*	*100.000*	–	–	–	*500.000*
6	*500.000*	*100.000*	–	–	–	*600.000*
7	*600.000*	–	–	–	–	*600.000*
8	*600.000*	–		*600.000*	–	–

3.7.3.2. Geringwertige Vermögensgegenstände

Grundsätzlich sind auch Vermögensgegenstände, die vollständig abgeschrieben sind, so lange im Anlagen- bzw Abschreibungsspiegel auszuweisen, so lange sie im Unternehmen vorhanden sind. Dann stehen für sie im Anlagenspiegel die Anschaffungs- bzw Herstellungskosten und die kumulierten Abschreibungen in gleicher Höhe gegenüber.

Für vollabgeschriebene geringwertige Vermögensgegenstände enthält § 226 Abs 3 UGB eine Ausnahmeregelung:

§ 226 (3) UGB

Werden Vermögensgegenstände des Anlagevermögens im Hinblick auf ihre Geringwertigkeit im Jahre ihrer Anschaffung oder Herstellung vollständig abgeschrieben, dann dürfen diese Vermögensgegenstände als Abgang behandelt werden.

Wahlweise sind somit derartige Vermögensgegenstände entweder während ihres gesamten Verbleibens im Anlagenspiegel zu führen oder es wird **bereits im Jahr der Vollabschreibung ein Abgang fingiert.**

Beispiel:

Ein Overheadprojektor mit Anschaffungskosten in einer geringfügigen Höhe von 300,– und einer voraussichtlichen Nutzungsdauer von 5 Jahren wird im Jahr des Zugangs (= Jahr 1) vollständig abgeschrieben.

Wie ist dieser Overheadprojektor (= Bestandteil der Betriebs- und Geschäftsausstattung) im Anlagenspiegel und im Abschreibungsspiegel darzustellen, wenn er

a) während seines gesamten Verbleibens im Unternehmen (= 5 Jahre) dort ausgewiesen werden soll,

b) bereits im Jahr der Vollabschreibung als Abgang behandelt werden soll?

Lösung:

a) Bei Ausweis während des gesamten Verbleibens scheint der Overheadprojektor fünf Jahre lang im Anlagenspiegel[138] *auf.*

138 Spalten, die in allen gezeigten Jahren leer bleiben, wurden weggelassen.

Jahr	*Anlagevermögensposten*	*Anschaffungs-, Herstellungskosten 1. 1.*	*Zugänge*	*Abgänge*	*Anschaffungs-, Herstellungskosten 31. 12.*	*kumulierte Abschreibungen 31. 12.*	*Buchwert 31.12.*	*kumulierte Abschreibungen 1. 1.*	*Buchwert 1. 1.*	*Abschreibungen des Geschäftsjahrs*
1	*Betriebs- und Geschäftsausstattung*[139]	–	*300*	–	*300*	*300*	–	–	–	*300*
2	– " –	*300*	–	–	*300*	*300*	–	*300*	–	–
3	– " –	*300*	–	–	*300*	*300*	–	*300*	–	–
4	– " –	*300*	–	–	*300*	*300*	–	*300*	–	–
5	– " –	*300*	–	*300*	–	–	–	*300*	–	–

Der Abschreibungsspiegel hat diesfalls folgendes Aussehen:

Jahr	*kumulierte Abschreibungen 1. 1.*	*Zugänge*	*Umbuchungen*	*Abgänge*	*Zuschreibungen*	*kumulierte Abschreibungen 31. 12.*
1	–	*300*	–	–	–	*300*
2	*300*	–	–	–	–	*300*
3	*300*	–	–	–	–	*300*
4	*300*	–	–	–	–	*300*
5	*300*	–	–	*300*	–	–

b) Wird für den Overheadprojektor vom Wahlrecht des § 226 Abs 3 UGB Gebrauch gemacht, scheint er ausschließlich im Jahr 1 im Anlagenspiegel auf:

Jahr	*Anlagevermögensposten*	*Anschaffungs-, Herstellungskosten 1. 1.*	*Zugänge*	*Abgänge*	*Anschaffungs-, Herstellungskosten 31. 12.*	*kumulierte Abschreibungen 31. 12.*	*Buchwert 31. 12.*	*kumulierte Abschreibungen 1. 1.*	*Buchwert 1. 1.*	*Abschreibungen des Geschäftsjahrs*
1	*Betriebs- und Geschäftsausstattung*	–	*300*	*300*	–	–	–	–	–	*300*

139 Die vollabgeschriebenen geringwertigen Vermögensgegenstände sind grundsätzlich auf die einzelnen Anlagevermögensposten gemäß § 224 Abs 2 UGB aufzuteilen und dort einzurechnen. In der Praxis wird jedoch auch die Vertikalgliederung des Anlagevermögens um eine eigene Zeile „geringwertige Vermögensgegenstände" ergänzt, in welcher dann sämtliche vollabgeschriebenen geringwertigen Vermögensgegenstände erfasst sind.

Der Abschreibungsspiegel hat diesfalls folgendes Aussehen:

Jahr	*kumulierte Abschreibungen 1. 1.*	*Zugänge*	*Umbuchungen*	*Abgänge*	*Zuschreibungen*	*kumulierte Abschreibungen 31. 12.*
1	–	*300*	–	*300*	–	–

3.7.3.3. Geschäfts(Firmen)wert

§ 226 Abs 4 UGB bringt **für die Darstellung des Geschäfts(Firmen)werts eine Klarstellung:**

§ 226 (4) UGB

Ein Geschäfts(Firmen)wert ist in die Darstellung der Entwicklung des Anlagevermögens aufzunehmen. Ein voll abgeschriebener Geschäfts(Firmen-) wert ist als Abgang zu behandeln.

Ein Geschäfts(Firmen)wert[140] ist demzufolge zwar **in die Anlagendarstellungen einzugliedern**, aber für ihn wird – in Abweichung von der üblichen Vorgangsweise – **mit der Vornahme der letzten Abschreibung stets ein Abgang fingiert:** Es ist somit nicht notwendig, für ihn festzustellen, ob er danach weiterhin im Unternehmen „verbleibt“.

Beispiel:

Beim Erwerb eines Unternehmens (im Jahr 1) übersteigt die Gegenleistung den Wert der einzelnen übernommenen Vermögensgegenstände abzüglich der Schulden um einen Unterschiedsbetrag (= Geschäfts(Firmen)wert iSd § 203 Abs 5 UGB) in Höhe von 100.000,–.

Welche Auswirkungen hat es auf den Anlagen- und den Abschreibungsspiegel, wenn der Aktivposten für den Geschäfts(Firmen)wert auf 4 Jahre abgeschrieben wird und am Ende des 4. Jahres festgestellt werden kann, dass die den Geschäfts(Firmen)wert insbesondere ausmachenden Faktoren wie die hervorragenden Kundenbeziehungen des erworbenen Unternehmens sowie die besondere Fachkompetenz der übernommenen Mitarbeiter noch immer vorhanden bzw weiterhin von Bestand sind?

Lösung:

Der Geschäfts(Firmen)wert ist während der vierjährigen Abschreibungsdauer wie folgt im Anlagenspiegel abzubilden:

Jahr	*Anlagevermögensposten*	*Anschaffungs-, Herstellungskosten 1. 1.*	*Zugänge*	*Abgänge*	*Anschaffungs-, Herstellungskosten 31. 12.*	*kumulierte Abschreibungen 31. 12.*	*Buchwert 31. 12.*	*kumulierte Abschreibungen 1. 1.*	*Buchwert 1. 1.*	*Abschreibungen des Geschäftsjahrs*
1	*Geschäfts (Firmen) wert*	–	*100.000*	–	*100.000*	*25.000*	*75.000*	–	–	*25.000*
2	– “ –	*100.000*	–	–	*100.000*	*50.000*	*50.000*	*25.000*	*75.000*	*25.000*

140 Vgl dazu Kap 3.7.2.5.

Jahr	*Anlagevermögensposten*	*Anschaffungs-, Herstellungskosten 1. 1.*	*Zugänge*	*Abgänge*	*Anschaffungs-, Herstellungskosten 31. 12.*	*kumulierte Abschreibungen 31. 12.*	*Buchwert 31. 12.*	*kumulierte Abschreibungen 1. 1.*	*Buchwert 1. 1.*	*Abschreibungen des Geschäftsjahrs*
3	*– " –*	*100.000*	*–*	*–*	*100.000*	*75.000*	*25.000*	*50.000*	*50.000*	*25.000*
4	*– " –*	*100.000*	*–*	*100.000*	*–*	*–*	*–*	*75.000*	*25.000*	*25.000*

Infolge der Abgangsfiktion gemäß § 226 Abs 4 Satz 2 UGB ist der Geschäfts(Firmen)wert mit Ablauf seiner Abschreibungsdauer jedenfalls – und trotz eines allfälligen weiteren „Bestandes" danach – aus dem Anlagenspiegel auszuscheiden.

Der Abschreibungsspiegel enthält für den Geschäfts(Firmen)wert folgende Daten:

Jahr	*kumulierte Abschreibungen 1. 1.*	*Zugänge*	*Umbuchungen*	*Abgänge*	*Zuschreibungen*	*kumulierte Abschreibungen 31. 12.*
1	*–*	*25.000*	*–*	*–*	*–*	*25.000*
2	*25.000*	*25.000*	*–*	*–*	*–*	*50.000*
3	*50.000*	*25.000*	*–*	*–*	*–*	*75.000*
4	*75.000*	*25.000*	*–*	*100.000*	*–*	*–*

3.7.4. Umlaufvermögen

3.7.4.1. Begriff

Das Umlaufvermögen umfasst solche Gegenstände, die **nicht bestimmt sind, dauernd dem Geschäftsbetrieb zu dienen** (vgl § 198 Abs 4 UGB).

Als **Beispiele sind etwa** anzuführen:

- Vorräte an Roh-, Hilfs- und Betriebsstoffen,
  an fertigen und unfertigen Erzeugnissen,
  an noch nicht abrechenbaren Leistungen und
  an Waren,
- Forderungen,
- Wertpapiere, die nicht auf Dauer behalten werden sollen,
- Kassenbestände,
- Guthaben bei Kreditinstituten.

3.7.4.2. Bewertung

Die **unternehmensrechtlichen Bewertungsvorschriften** für das Umlaufvermögen finden sich in den §§ 206 und 207 sowie 208 Abs 1 UGB: Gemäß § 206 UGB sind Gegenstände des Umlaufvermögens zunächst mit ihren Anschaffungs- bzw Herstellungskosten anzusetzen, wobei bei der Berechnung der Herstellungskosten das besondere Wahlrecht für langfristige Aufträge in

Anspruch genommen werden kann.[141] Die Bewertung im Rahmen der Jahresabschlussaufstellung ist in den §§ 207 und 208 Abs 1 UGB geregelt:

§ 207 UGB

Bei Gegenständen des Umlaufvermögens sind Abschreibungen vorzunehmen, um sie mit dem Wert anzusetzen, der sich aus dem niedrigeren Börsenkurs oder Marktpreis am Abschlussstichtag ergibt. Ist ein Börsenkurs oder Marktpreis nicht festzustellen und übersteigen die Anschaffungs- oder Herstellungskosten den beizulegenden Wert, so ist der Vermögensgegenstand auf diesen Wert abzuschreiben.

§ 208 (1) UGB

Wird bei einem Vermögensgegenstand eine Abschreibung gemäß ... § 207 vorgenommen und stellt sich in einem späteren Geschäftsjahr heraus, dass die Gründe dafür nicht mehr bestehen, so ist der Betrag dieser Abschreibung im Umfang der Werterhöhung unter Berücksichtigung der Abschreibungen, die inzwischen vorzunehmen gewesen wären, zuzuschreiben.

Damit ergibt sich insgesamt folgende **unternehmensrechtliche Bewertungskonzeption** für das Umlaufvermögen:

Ausgangswert:	**Anschaffungs- oder Herstellungskosten** (allenfalls auch der Einlage- bzw Zuwendungswert).
Abschreibungen:	**müssen** vorgenommen werden, **wenn der beizulegende – primär aus dem Börsenkurs oder Marktpreis abzuleitende – Wert am Abschlussstichtag niedriger ist** („strenges Niederstwertprinzip“).
Zuschreibungen:	**müssen** vorgenommen werden, wenn der Wert wieder höher wird (Wertaufholungsgebot). Jedoch dürfen die Anschaffungs- bzw Herstellungskosten nicht überschritten werden.

Im Rahmen der Jahresabschlussaufstellung ist für Gegenstände des Umlaufvermögens als Bewertungsmaßstab **primär der Zeitwert iSd § 189a Z 4 UGB und damit der Börsenkurs oder Marktpreis am Abschlussstichtag maßgeblich**. Lässt sich ein Börsenkurs oder Marktpreis nicht feststellen, ist **subsidiär der am Abschlussstichtag beizulegende Wert iSd § 189a Z 3 UGB** und damit der Wert relevant, der für den betreffenden Vermögensgegenstand von einem (fiktiven) Erwerber des gesamten Unternehmens im Rahmen des Gesamtkaufpreises unter der Prämisse angesetzt werden würde, dass er das Unternehmen fortführt.[142]

Ist der **Vergleichswert am Abschlussstichtag niedriger** als der ausgewiesene Buchwert, **muss bei Umlaufvermögensgegenständen stets eine Abschreibung vorgenommen werden.** Auf die Dauerhaftigkeit der Wertminderung kommt es dabei – anders als bei der Bewertung des Anlagevermögens[143] – nicht an; auch ein vorübergehendes Sinken des Wertes ist zu erfassen. Das aus dem Imparitätsprinzip[144] abzuleitende strenge Niederstwertprinzip führt somit dazu,

141 Vgl dazu Kap 3.6.3.2.4.
142 Vgl zur Ermittlung dieser Werte Kap 3.6.4.1. und 3.6.4.2. bzw für einzelne Umlaufvermögensposten 3.7.4.3.
143 Vgl Kap 3.7.1.2. und 3.7.2.3.
144 Vgl § 201 Abs 2 Z 4 lit b UGB sowie Kap 3.6.2.4.

dass infolge des Sinkens der Werte des Umlaufvermögens bis zum Abschlussstichtag entstandene Verluste[145] jedenfalls im Jahresabschluss Berücksichtigung finden: Die Vermögensgegenstände werden abgewertet, die Abschreibungen vermindern das Ergebnis der Abrechnungsperiode.

Beispiel:

Ein Unternehmen besitzt Wertpapiere, die mit ihren Anschaffungskosten in Höhe von 10.000,– zu Buche stehen. Die Wertpapiere sind dem Umlaufvermögen zuzuordnen; es ist beabsichtigt, sie in den ersten Monaten des Folgejahres zu verkaufen.

Welche unternehmensrechtlichen Abschreibungen müssen auf diese Wertpapiere vorgenommen werden, wenn

a) ihnen am Abschlussstichtag (31. 12.) ein Wert von 9.700,– beizulegen ist, dieser jedoch bereits in den ersten Monaten des Folgejahres wieder auf 11.000,– steigt;

b) ihnen am Abschlussstichtag (31. 12.) ein Wert von 9.700,– beizulegen ist und der Wert in den ersten Monaten des Folgejahres sogar auf 9.000,– sinkt;

c) ihnen am Abschlussstichtag (31. 12.) ein Wert von 10.500,– beizulegen ist, in den ersten Monaten des Folgejahres jedoch ein Wertverfall auf 9.000,– eintritt.

Lösung:

a) Entsprechend dem strengen Niederstwertprinzip gemäß § 207 UGB muss eine Abschreibung auf den gesunkenen Wert zum Abschlussstichtag (9.700) vorgenommen werden:

	(8)	*Abschreibungen auf Wertpapiere des Umlaufvermögens*	*300*	
an	*(2)*	*Wertpapiere des Umlaufvermögens*		*300*

Der Wertanstieg nach dem Abschlussstichtag (auf 11.000) ist bei der Bewertung im Jahresabschluss zum 31. 12. nicht zu berücksichtigen; der Gewinn daraus wird erst bei der tatsächlichen Veräußerung der Wertpapiere realisiert.

b) Die Abschreibung auf den gesunkenen Wert zum Abschlussstichtag (9.700) muss wieder vorgenommen werden:

	(8)	*Abschreibungen auf Wertpapiere des Umlaufvermögens*	*300*	
an	*(2)*	*Wertpapiere des Umlaufvermögens*		*300*

Der im Folgejahr eintretende weitere Wertverfall (auf 9.000) darf im Jahresabschluss zum 31. 12. nicht berücksichtigt werden; dieser Verlust wird erst bei der tatsächlichen Veräußerung der Wertpapiere realisiert.

c) Ist der Wert zum Abschlussstichtag (hier: 10.500) höher als der Buchwert, kann keine Abschreibung gemäß § 207 UGB vorgenommen werden. Der erst im Folgejahr eintretende Wert-

145 Die Möglichkeit, erst nach dem Abschlussstichtag eintretende Wertminderungen durch Abschreibungen zu berücksichtigen (sog erweitertes Niederstwertprinzip gemäß § 207 Abs 2 UGB idF vor dem RÄG 2010) wurde mit Wirkung ab dem 1. 1. 2010 gestrichen (vgl RÄG 2010, BGBl I 2009/140).

verfall (auf 9.000) darf im Jahresabschluss zum 31. 12. nicht berücksichtigt werden; dieser Verlust wird erst bei der tatsächlichen Veräußerung der Wertpapiere realisiert.

Bei der **Erfassung von Abschreibungen auf das Umlaufvermögen gemäß § 207 UGB** ist nicht nur nach der Art des abgeschriebenen Vermögenspostens zu differenzieren, sondern auch der Ausweis der Abschreibungen in die Gewinn- und Verlustrechnung zu beachten. Es gelten grundsätzlich folgende Ausweisvorschriften:

	übliche Abschreibungen	unübliche Abschreibungen
Vorräte	Ausweis unter den Posten „Materialaufwand“[146] oder „Veränderung des Bestands an fertigen und unfertigen Erzeugnissen sowie an noch nicht abrechenbaren Leistungen“ (Bestandsveränderung)	Ausweis unter dem Posten „Abschreibungen auf Gegenstände des Umlaufvermögens, soweit diese die im Unternehmen üblichen Abschreibungen überschreiten“[147]
Forderungen	Ausweis unter dem Posten „sonstige betriebliche Aufwendungen“	Ausweis unter dem Posten „Abschreibungen auf Gegenstände des Umlaufvermögens, soweit diese die im Unternehmen üblichen Abschreibungen überschreiten“
Wertpapiere und Anteile	Ausweis unter dem Posten „Aufwendungen aus Finanzanlagen und aus Wertpapieren des Umlaufvermögens“, wobei Gesellschaften, die nicht klein sind, „Abschreibungen“ gesondert auszuweisen haben	

Es empfiehlt sich somit, die **Abschreibungen auf Vorräte und Forderungen zunächst stets auf gesonderten Aufwandskonten zu verbuchen** – und nicht etwa sofort mit dem Materialaufwand oder der Bestandsveränderung zusammenzufassen – und die Eingliederung entsprechend der Üblichkeit bzw Unüblichkeit – erst bei Fertigstellung der Gewinn- und Verlustrechnung vorzunehmen.

Bestandsmäßig können Abschreibungen auf das Umlaufvermögen **auch indirekt** vorgenommen werden; der Einheitskontenrahmen enthält dazu für die einzelnen Gruppen des Umlaufvermögens jeweils Wertberichtigungskonten. Vor allem im Bereich der Forderungen ist die Erfassung auf ergänzenden Wertberichtigungskonten zweckmäßig. Diese Korrekturposten sind jedoch lediglich buchmäßig zu führen; in der Bilanz sind die saldierten Werte auszuweisen.[148]

Ist der für einen Umlaufvermögensgegenstand ermittelte **Vergleichswert am Abschlussstichtag höher** als der ausgewiesene Buchwert, darf dies entsprechend dem **Anschaffungswert-**

146 Der Posten „Materialaufwand und Aufwendungen für bezogene Leistungen“ gemäß § 231 Abs 2 Z 5 UGB ist von mittelgroßen und großen Gesellschaften auch bei Anwendung des Umsatzkostenverfahrens im Anhang anzugeben (vgl § 238 Abs 1 Z 13 UGB).

147 Dieser Ausweis sollte auch für die unüblichen Abschreibungen auf im Unternehmen hergestellte Vorräte gelten. Nach dem Wortlaut des § 232 Abs 2 UGB sind Wertveränderungen zwar gleichfalls als Bestandsveränderungen auszuweisen, doch wurde hier offenbar keine Anpassung an den durch das EU-GesRÄG 1996 neu eingefügten Aufwandsposten für unübliche Abschreibungen auf Gegenstände des Umlaufvermögens vorgenommen.

148 Vgl dazu auch Kap 3.7.1.3.

prinzip[149] zu keiner Zuschreibung führen, wenn dieser Buchwert noch den Anschaffungs- bzw Herstellungskosten entspricht. Für vormals bereits gemäß § 207 UGB abgeschriebene Werte besteht gemäß § 208 Abs 1 UGB im Rahmen der folgenden Jahresabschlüsse **ein Wertaufholungsgebot**: Bestehen die Gründe für einen niedrigeren Wertansatz nicht mehr, müssen Zuschreibungen vorgenommen werden, sofern damit nicht die Anschaffungs- bzw Herstellungskosten des Umlaufvermögensgegenstandes überschritten werden. Der Zuschreibungsbetrag muss dabei jedoch nicht jedenfalls identisch mit dem seinerzeitigen Abschreibungsbetrag sein. Vielmehr ist zu überprüfen, ob der Wegfall des Abschreibungsgrundes bzw der Abschreibungsgründe einen Wertanstieg auf das ursprüngliche Niveau oder nur auf einen noch immer darunter liegenden Wert bedingt hat sowie ob nicht zwischenzeitig Wertminderungen infolge anderer Gründe eingetreten sind. Eine mögliche Zuschreibung hat allerdings stets im maximal zulässigen Ausmaß zu erfolgen; unzulässig ist es, lediglich auf einen beliebigen Zwischenwert zuzuschreiben.

Beispiel:

Ein Unternehmen hat zum Abschlussstichtag eine Forderung offen, die auf einen Fremdwährungsbetrag von 73.500,– lautet und mit einem Anschaffungskurs von 2,40 umgerechnet wurde, sodass für sie ursprünglich ein Wert von EUR 30.625,– erfasst wurde.

Welche Buchung ist für diese Forderung notwendig, wenn die betreffende Fremdwährung zum Abschlussstichtag einen Umrechnungskurs von 2,50 hat?

Welche Buchungen sind zum Abschlussstichtag des Folgejahres erforderlich, wenn die Forderung dann noch im gesamten Betrag aushaftet und

a) der Umrechnungskurs der Fremdwährung an diesem Abschlussstichtag 2,35 beträgt;

b) der Umrechnungskurs der Fremdwährung zu diesem Abschlussstichtag 2,45 beträgt;

c) der Umrechnungskurs der Fremdwährung zu diesem Abschlussstichtag 2,45 beträgt und zu diesem Stichtag auch bekannt ist, dass infolge einer mittlerweile eingetretenen Insolvenz des Schuldners der Forderung nur mit einem Forderungseingang im Ausmaß von 40 % zu rechnen ist.

Lösung:

Da zum Abschlussstichtag der Wert der Forderung von EUR 30.625 auf EUR 29.400 (= 73.500 : 2,50) gesunken ist, ist eine Abschreibung vorzunehmen:

	(8)	*Kursverluste*[150]	*1.225*	
an	*(2)*	*Forderungen*		*1.225*

Im Folgejahr ist bei den einzelnen Varianten wie folgt vorzugehen:

a) Der mit dem aktuellen Umrechnungskurs ermittelte Vergleichswert der Forderung von EUR 31.276,60 (= 73.500 : 2,35) darf nicht angesetzt werden, da er über ihrem Anschaffungswert von EUR 30.625 liegt; zuzuschreiben ist maximal bis zu diesem Anschaffungswert:

	(2)	*Forderungen*	*1.225*	
an	*(8)*	*Kursgewinne*		*1.225*

149 Vgl Kap 3.6.2.4.

150 Zur Erfassung von Gewinnen bzw Verlusten infolge von Kursschwankungen vgl bereits Kap 3.6.3.1.3.

b) *Da der mit dem aktuellen Umrechnungskurs ermittelte Vergleichswert der Forderung von EUR 30.000 (= 73.500 : 2,45) noch unterhalb ihres Anschaffungswertes von EUR 30.625 liegt, hat eine Zuschreibung von EUR 29.400 auf EUR 30.000 zu erfolgen:*

	(2)	*Forderungen*	*600*	
an	*(8)*	*Kursgewinne*		*600*

c) *In diesem Fall ist zwar der Grund für die Abschreibung des Vorjahres weggefallen, weil sich der Umrechnungskurs auf 2,45 geändert hat und damit der aktuelle Gesamtwert der Forderung bei EUR 30.000 (= 73.500 : 2,45) liegt, doch ist nunmehr ein anderer Grund eingetreten, der einen Wertverlust der Forderung mit sich bringt: Der Forderung ist damit am Abschlussstichtag ein Wert von EUR 12.000 (= 73.500 x 40 % : 2,45) beizulegen und auf diesen Wert ist sie – ausgehend vom aus dem Vorjahr übernommenen Buchwert von EUR 29.400 – abzuschreiben:*

	(7)	*Abschreibungen auf Forderungen*	*17.400*	
an	*(2)*	*Forderungen*		*17.400*

Getrennt nach ihren Ursachen, wären die Wertveränderungen der Forderung wie folgt zu erfassen:

– *zunächst die Währungsdifferenz von EUR 29.400 auf EUR 30.000 (= 73.500 : 2,45):*

	(2)	*Forderungen*	*600*	
an	*(8)*	*Kursgewinne*		*600*

– *und anschließend der insolvenzbedingte Ausfall von EUR 30.000 auf EUR 12.000 (= 73.500 x 40 % : 2,45):*

	(7)	*Abschreibungen auf Forderungen*	*18.000*	
an	*(2)*	*Forderungen*		*18.000*

Bei der **Erfassung von Zuschreibungen auf das Umlaufvermögen gemäß § 208 Abs 1 UGB** ist nach der Art des zugeschriebenen Vermögenspostens zu differenzieren und sind die Zuschreibungen grundsätzlich wie folgt auszuweisen:

Vorräte	• Ausweis unter dem Posten „übrige sonstige betriebliche Erträge" • Ausweis unter dem Posten „Veränderung des Bestands an fertigen und unfertigen Erzeugnissen sowie an noch nicht abrechenbaren Leistungen" (Bestandsveränderung) bei Zuschreibungen auf selbsterstellte Vorräte, sofern damit nicht eine unübliche Abschreibung, die unter den entsprechenden „Abschreibungen auf Gegenstände des Umlaufvermögens" ausgewiesen wurde,[151] rückgängig gemacht wird
Forderungen	Ausweis unter dem Posten „übrige sonstige betriebliche Erträge"
Wertpapiere und Anteile	Ausweis unter dem Posten „Erträge aus ... der Zuschreibung zu ... Wertpapieren des Umlaufvermögens"

151 Vgl dazu oben betreffend die Erfassung von Abschreibungen auf das Umlaufvermögen.

Die **steuerliche Bewertungsvorschrift** für das Umlaufvermögen findet sich in § 6 Z 2 lit a EStG: Danach ist das Umlaufvermögen mit den Anschaffungs- oder Herstellungskosten anzusetzen. Einem am Abschlussstichtag niedrigeren Teilwert kann durch eine Teilwertabschreibung Rechnung getragen werden;[152] höhere Teilwerte in den Folgejahren dürfen angesetzt werden, wenn damit nicht die Anschaffungs- bzw Herstellungskosten überschritten werden. Das steuerrechtliche Abwertungswahlrecht wird jedoch durch das unternehmensrechtliche strenge Niederstwertprinzip unmöglich gemacht, sodass diesbezüglich der unternehmensrechtlichen Bewertung des Umlaufvermögens zu folgen ist. Auch hinsichtlich der Zuschreibungen ist davon auszugehen, dass durch das Maßgeblichkeitsprinzip das nach dem Wortlaut des Steuerrechts für Umlaufvermögen bestehende Aufwertungswahlrecht ausgehebelt wird und eine unternehmensrechtlich durchgeführte Zuschreibung auch steuerlich relevant ist.

Exkurs: Übergangsvorschriften des RÄG 2014

Das generelle **Zuschreibungsgebot**, das sich durch das RÄG 2014 ergibt, ist **für Geschäftsjahre anzuwenden, die nach dem 31. Dezember 2015 beginnen** (vgl § 906 Abs 28 UGB). Werterhöhungen, die ab dem 1. Jänner 2016 eintreten, machen somit jedenfalls in dem Geschäftsjahr, in welchem sie eintreten, eine Zuschreibung erforderlich, solange damit die Anschaffungs- bzw Herstellungskosten des Umlaufvermögensgegenstandes nicht überschritten werden. Die Zuschreibung ist auch steuerlich relevant, dh sie erhöht auch den zu versteuernden Gewinn des jeweiligen Jahres.

Für **bereits vor dem 1. Jänner 2016 eingetretene Werterhöhungen**, bei welchen auf der Basis der Rechtslage vor dem RÄG 2014 **Zuschreibungen unterlassen** wurden, bestehen aufgrund der Übergangsvorschriften des RÄG 2014 (vgl § 906 Abs 32 UGB sowie § 124b Z 270 EStG) mehrere Möglichkeiten.[153] Speziell beim Umlaufvermögen, das idR nur für kürzere Zeiträume im Unternehmen verbleibt, gibt es aber vermutlich weniger Anwendungsfälle für die Übergangsvorschrift, muss der betreffende Gegenstand dann doch zumindest drei Geschäftsjahre lang dem Unternehmen zugehören: Am ersten Abschlussstichtag muss eine Abschreibung erfolgt sein und an einem zweiten Abschlussstichtag eine mögliche Zuschreibung nicht vorgenommen worden sein; erst dann ist bei der Aufstellung des Jahresabschlusses für das Geschäftsjahr, das nach dem 31. Dezember 2015 beginnt, eine Zuschreibung nachzuholen, sofern der Gegenstand zu diesem – nunmehr zumindest dritten – Abschlussstichtag noch immer vorhanden ist.

3.7.4.3. Einzelne Posten

Vorräte

Bei den Vorräten (Roh-, Hilfs- und Betriebsstoffe, unfertige und fertige Erzeugnisse, Waren, noch nicht abrechenbare Leistungen) ist die Aufstellung des Jahresabschlusses zunächst vielfach Anlass dafür, den **mengenmäßigen Verbrauch bzw die Lagerbestandsveränderung**

---

152 Für pauschale Wertberichtigungen für Forderungen enthält § 6 Z 2 lit a EStG allerdings eine Einschränkung; vgl dazu Kap 3.7.4.3.

153 Vgl dazu bereits Kap 3.7.1.2.

während des abgelaufenen Jahres buchmäßig zu erfassen:[154] Die Abfassungen bzw der Verbrauch der Vorräte werden dazu mittels der Inventur „indirekt" ermittelt:

bei	Roh-, Hilfs- und Betriebsstoffen sowie Waren:	bei	unfertigen und fertigen Erzeugnissen sowie noch nicht abrechenbaren Leistungen:
	Anfangsbestand + Zukäufe (lt Konto)		Endbestand (lt Inventur)
–	Endbestand (lt Inventur)	–	Anfangsbestand (lt Konto)
=	Verbrauch von	=	Bestandsveränderung

Die **Verbuchung** erfolgt über verschiedene Materialaufwands- bzw Verbrauchskonten (Verbrauch von Rohstoffen, von bezogenen Fertig- und Einbauteilen, von Waren etc) bzw über das Konto „Veränderung des Bestands an fertigen und unfertigen Erzeugnissen sowie an noch nicht abrechenbaren Leistungen" (abgekürzt: „Bestandsveränderung").

Existiert eine Lagerbuchhaltung bzw werden zumindest laufend Abfassungsscheine ausgestellt, lässt sich auch ein allfälliger **Schwund** von Vorräten etwa infolge von Diebstählen oder Vernichtung ermitteln:

	Anfangsbestand + Zukäufe bzw Zugänge
–	Abfassungen lt Abfassungsscheinen
=	SOLL-Endbestand
–	IST-Endbestand lt Inventur
=	Schwund

Für die Ermittlung des Verbrauchs bzw der Bestandsveränderung sowie des Schwunds sind grundsätzlich die **Anschaffungskosten (inklusive Nebenkosten) bzw Herstellungskosten maßgeblich**.

Bei wechselnden Anschaffungs- oder Herstellungskosten ist es beim Vorratsvermögen vielfach schwierig bzw unmöglich, die tatsächlichen Kosten des Verbrauchs bzw des Endbestands festzustellen: Die Anwendung des sog Identitätspreisverfahrens bei gleichartigen Gegenständen setzt eine gesonderte Lagerung und Abfassung der verschiedenen neuen Zugänge voraus. Deshalb erfolgt die Ermittlung des Vorratsverbrauchs bzw der Bestandsveränderung sowie der Anschaffungs- bzw Herstellungskosten des Lagerendbestands häufig mithilfe von

- Gruppenbewertungsverfahren (gleitender bzw gewogener Durchschnittswert) oder
- Einsatzermittlungsverfahren (insb „Fifo" [= First in – first out], oder „Lifo" [= Last in – first out]).[155]

154 Vgl dazu bereits Kap 3.5.1. sowie im Zusammenhang mit den Bestandsveränderungen Kap 3.6.3.2.

155 Die Verwendung dieser Verfahren ist gemäß § 209 Abs 2 UGB (vgl Kap 3.5.1.2. und 3.6.2.3.) unternehmensrechtlich zulässig. Steuerrechtlich sind sie gleichfalls zulässig (vgl EStR 2000 Rz 2137). Für Roh-, Hilfs- und Betriebsstoffe besteht gemäß § 209 Abs 1 UGB zudem die Möglichkeit der Festbewertung (vgl Kap 3.6.2.3.), die auch steuerrechtlich anerkannt wird (vgl EStR 2000 Rz 2137). Unter bestimmten Voraussetzungen wird dabei der Bilanzwert für den Bestand gleichgehalten und werden die laufenden Zugänge als Aufwand verbucht. Zur Anwendung gelangt diese Methode etwa bei Füll- und Schüttgütern wie Kleinteilen, Schmiermitteln, Antriebsstoffen, Brennmaterialien etc.

Bei der Auswahl des Verfahrens ist – im Hinblick auf eine sachgerechte Darstellung der Vermögens- und Ertragslage des Unternehmens – darauf zu achten, dass das **gewählte Verfahren weitgehend den tatsächlichen Verhältnissen entspricht.**

Beispiel:

In der Saldenliste ist für die Ware XY auf dem Vorratskonto ein Wert von 85.000,– ausgewiesen. Dieser umfasst den Anfangsbestand und die Zukäufe des Jahres.

Der Lagerbuchhaltung sind für die Ware XY folgende Daten zu entnehmen:

Anfangsbestand	*100 Stück*
Zukäufe	*1.600 Stück*
Abfassungen	*1.598 Stück*

Die Inventur ergab einen Endbestand von 101 Stück der Ware XY.

Welche Buchungen sind erforderlich, wenn die Ermittlung des Warenverbrauchs nach dem gewogenen Durchschnittspreisverfahren erfolgen soll?

Lösung:

Der gewogene Durchschnittspreis errechnet sich als:

$$\frac{\textit{wertmäßiger Artfangsbestand + wertmäßige Zukäufe}}{\textit{mengenmäßiger Anfangsbestand + mengenmäßige Zukäufe}} = \frac{85.000}{1.700} = 50{,}\text{–}\ \textit{pro Stück}$$

Der Warenverbrauch ergibt sich aufgrund der Abfassungen lt Lagerbuchhaltung zum errechneten Durchschnittspreis:

1.598 Stück zu 50,–/Stück = 79.900

Der Schwund errechnet sich als:

		Menge	
	Anfangsbestand + Zukäufe	*1.700*	
–	*Abfassungen*	*<1.598>*	
=	*SOLL-Endbestand*	*102*	
–	*IST-Endbestand (lt Inventur)*	*<101>*	
=	*Schwund*	*1*	*Stück zu 50,– = 50*

Zur mengenmäßigen Anpassung des Warenkontos für den Jahresabschluss ist zu buchen:

	(5)	*Warenverbrauch*	*79.900*	
an	*(1)*	*Waren*		*79.900*

	(5)	*Schwund*	*50*	
an	*(1)*	*Waren*		*50*

Erst nach der Erfassung des mengenmäßigen Verbrauchs bzw der Veränderung des Vorratsbestandes erfolgt die **Bewertung des Endbestandes unter Berücksichtigung der maßgeblichen Vergleichswerte zum Abschlussstichtag.**[156]

Beispiel – Fortsetzung:

Nach Erfassung des Verbrauchs bzw des Schwunds scheint für den Lagerendbestand der Ware XY von 101 Stück mit einem Durchschnittspreis von 50,– pro Stück in der Saldenliste ein Wert von 5.050,– auf.

Welche Buchungen sind erforderlich, wenn der Vergleichswert der Ware XY zum Abschlussstichtag 48,– pro Stück beträgt?

Lösung:

Der Warenbestand ist auf den niedrigeren Vergleichswert von 48,–/Stück abzuschreiben:

101 Stück zu 2,–/Stück = 202

	(5)	*Abschreibungen auf Vorräte*	*202*	
an	*(1)*	*Waren*		*202*

Damit ist auf dem Konto „Waren" für die Ware XY ein Wert von 4.848,– (= 101 Stück zu 48,–/ Stück) ausgewiesen.

Eine **Trennung der mengenmäßigen Veränderung des Vorratsvermögens und der Bewertung des Endbestands** ist im Hinblick auf den allenfalls erforderlichen gesonderten Ausweis der Abschreibungen in der Gewinn- und Verlustrechnung[157] grundsätzlich notwendig. Es kann lediglich dann darauf verzichtet werden, wenn von vorneherein feststeht, dass die Abschreibungen das im Unternehmen übliche Ausmaß nicht überschreiten. Diesfalls sind sowohl Mengenveränderungen als auch Wertunterschiede in den Erfolgsposten des „Materialaufwands" bzw der „Bestandsveränderung"[158] einzurechnen, sodass schon eine entsprechend zusammengefasste Verbuchung erfolgen kann. Sicherzustellen ist dabei jedoch, dass es dadurch zu keiner Bewertung der Endbestände über die Anschaffungs- bzw Herstellungskosten kommt.

Beispiel:

Das Konto „Fertige Erzeugnisse" eines Produktionsunternehmens weist einen Saldo in der Höhe von 54.000,– aus. Dieser Wert entspricht noch jenem laut Eröffnungsbilanz und ergab sich aufgrund des vorjährigen Inventurbestandes von 1.000 Stück zu Herstellungskosten von 54,– pro Stück.

---

156 Vgl zu deren Ermittlung weiter unten bzw Kap 3.6.4.

157 Vgl Kap 3.7.4.2.

158 Für den G & V-Posten **„Veränderung des Bestands an fertigen und unfertigen Erzeugnissen sowie an noch nicht abrechenbaren Leistungen"** ist diese Verrechnung sogar explizit im Gesetz vorgesehen: **§ 232 Abs 2 UGB. Als Bestandsveränderungen sind außer Änderungen der Menge auch solche des Wertes zu berücksichtigen.**

Zwar enthält diese Vorschrift keinen Hinweis auf eine allfällige Notwendigkeit des gesonderten Ausweises von Abschreibungen auf Gegenstände des Umlaufvermögens, die das im Unternehmen übliche Ausmaß überschreiten, doch wurde hier vermutlich nicht bewusst eine diesbezügliche Ausnahme geschaffen, sondern vielmehr nur keine Anpassung an den durch das EU-GesRÄG 1996 neu eingefügten Aufwandsposten für unübliche Abschreibungen vorgenommen.

Die Inventur des Abschlussjahres ergab einen Endbestand an fertigen Erzeugnissen von 960 Stück. Die Abfassungen vom Fertigfabrikatelager erfolgen nach dem FIFO-Verfahren. Die Herstellungskosten des Abschlussjahres betrugen 56,– pro Stück.

Welche Buchungen sind erforderlich, wenn der für das fertige Erzeugnis relevante Marktpreis zum Abschlussstichtag

a) mit 55,50 pro Stück

b) mit 58,– pro Stück

anzusetzen ist und davon auszugehen ist, dass allenfalls erforderliche Abschreibungen auf diesen Vorratsposten keine unüblichen Abschreibungen darstellen?

Lösung:

a) Anstatt den Endbestand zunächst mit den – in Anwendung des FIFO-Verfahrens maßgebenden – Herstellungskosten von 56,–/Stück anzusetzen und in einem zweiten Schritt seine Abwertung auf den Wert zum Abschlussstichtag in der Höhe von 55,50/Stück vorzunehmen, ist auch folgende – vereinfachende – Berechnung und Verbuchung möglich:

960 Stück zu 55,50/Stück = 53.280

Die Bestandsveränderung ergibt sich als Differenz zwischen

	Endbestand	*53.280*
–	*Anfangsbestand (laut Konto)*	*54.000*
=	*Bestandsveränderung*	*– 720*

	(4)	*Bestandsveränderung*	*720*	
an	*(1)*	*Fertige Erzeugnisse*		*720*

Diese Bestandsveränderung enthält somit sowohl die mengenmäßige Veränderung:[159]

Endbestand: 960 Stück zu 56,–/Stück =	*53.760*	
verglichen mit dem Anfangsbestand (laut Konto)	*54.000*	*240*

als auch die wertmäßige Veränderung aufgrund der notwendigen Abwertung:

von 56,– auf 55,50/Stück: 960 Stück zu 0,50/Stück =	*480*
	720

(Natürlich wäre auch eine gesonderte Buchung der beiden Beträge zulässig.)

b) Ist jedoch der Wert zum Abschlussstichtag (hier: 58,–/Stück) höher als die – in Anwendung des FIFO-Verfahrens maßgebenden – Herstellungskosten von 56,–/Stück, dürfen höchstens die Herstellungskosten zur Bewertung des Endbestandes herangezogen werden:

960 Stück zu 56,–/Stück = 53.760

159 Beachte: Auch in diese Veränderung fließt eine wertmäßige Veränderung dadurch ein, dass sich die Herstellungskosten verändert haben.

Die Bestandsveränderung ergibt sich als Differenz zwischen

	Endbestand	*53.760*
–	*Anfangsbestand (laut Konto)*	*54.000*
=	*Bestandsveränderung*	*– 240*

	(4)	*Bestandsveränderung*	*240*	
an	*(1)*	*Fertige Erzeugnisse*		*240*

Der **Vergleichswert**, der für die Bewertung der Gegenstände des Vorratsvermögens zum Abschlussstichtag heranzuziehen ist, kann sich **vom Beschaffungsmarkt oder/und vom Absatzmarkt** ableiten:

- Der Beschaffungsmarkt ist bei der Bewertung der Roh-, Hilfs- und Betriebsstoffe sowie jener unfertigen und fertigen Erzeugnisse heranzuziehen, für welche auch ein Fremdbezug möglich wäre;
- der Absatzmarkt ist für Bestände an unfertigen und fertigen Erzeugnissen und für Überbestände an Roh-, Hilfs- und Betriebsstoffen maßgeblich;
- bei Handelswaren und bei Überbeständen an unfertigen und fertigen Erzeugnissen sind sowohl die Verhältnisse des Beschaffungsmarktes als auch jene des Absatzmarktes zu berücksichtigen und der niedrigere der beiden Werte ist anzusetzen (sog doppelte Maßgeblichkeit).

Die **Ermittlung der Vergleichswerte**[160] hat primär von den Börsenkursen oder Marktpreisen der Vorräte am Abschlussstichtag auszugehen; ersatzweise sind für die Bewertung die den Vermögensgegenständen am Abschlussstichtag beizulegenden Werte relevant (vgl § 207 iVm § 189a Z 3 und 4 UGB). Bei einer Ableitung aus dem Beschaffungsmarkt sind allfällige Anschaffungsnebenkosten einzurechnen bzw Anschaffungspreisminderungen abzuziehen, um die für die Bewertung maßgeblichen Wiederbeschaffungskosten zum Abschlussstichtag zu ermitteln. Wird der Vergleichswert ausgehend vom Absatzmarkt ermittelt, sind vom Verkaufserlös im Rahmen der retrograden Bewertung regelmäßig gewährte Preisnachlässe (zB Skonti oder Rabatte) sowie bis zum bzw beim Verkauf noch anfallende Aufwendungen abzuziehen, um eine verlustfreie Bewertung sicherzustellen. Bei fertigen Erzeugnissen und Waren handelt es sich bei den noch anfallenden Aufwendungen idR um Verpackungskosten und Ausgangsfrachten sowie sonstige Vertriebskosten wie bspw Aufstellungs- und Montagekosten oder Provisionen. Möglich ist es zudem, dass bis zum Verkauf noch weitere Lagerkosten oder Abrechnungskosten anfallen sowie dass die Lagerung Fremdkapitalkosten (-zinsen) verursacht; auch diese künftigen Aufwendungen sind – sofern ein Zusammenhang mit dem Bewertungsobjekt gegeben ist – bei der Ermittlung des retrograden Vergleichswertes zu berücksichtigen.

Beispiel:

Im Vorratsvermögen eines Unternehmens befinden sich 1.000 Stück einer Ware XY.

Diese Ware wurde um 500,– pro Stück EXW (Ex Works/ab Werk) des Lieferanten angeschafft. Die angefallenen Anschaffungsnebenkosten betrugen 15,– pro Stück.

160 Vgl dazu auch Kap 3.6.4.1. und 3.6.4.2.

Zum Abschlussstichtag beträgt der Lieferpreis ab Werk 490,– pro Stück; die Anschaffungsnebenkosten sind unverändert mit 15,– pro Stück anzusetzen. Der Verkaufspreis der Ware am Abschlussstichtag beträgt 530,– pro Stück (netto, 20 % USt; 2 % Skonto; Lieferung: frei Haus). An Vertriebskosten (Transportkosten zum Kunden etc) fallen voraussichtlich noch 10,– pro Stück an; die Lagerung bis zum Verkauf verursacht noch etwa 5,– pro Stück.

Mit welchem Wert (pro Stück) ist die Ware in der Bilanz anzusetzen? Welche Buchungen sind vorzunehmen?

Lösung:

Die Anschaffungskosten pro Stück betragen:

500 + 15 = 515

Als Vergleichswerte (pro Stück) zum Abschlussstichtag sind maßgeblich:

– Beschaffungsmarkt:		*Anschaffungspreis zum Abschlussstichtag*	*490,–*	
	+	*Anschaffungsnebenkosten*	*15,–*	*505,–*
– Absatzmarkt:		*Verkaufserlös zum Abschlussstichtag*	*530,–*	
	–	*Erlösschmälerung (2 % Skonto)*	*<10,60>*	
	–	*Vertriebskosten*	*<10,–>*	
	–	*noch anfallende Lagerkosten*	*<5,–>*	*504,40*

Unter Berücksichtigung der doppelten Maßgeblichkeit darf die Ware nur mit dem niedrigsten der Werte, somit nur mit 504,40 pro Stück angesetzt werden. Es ist ausgehend von den Anschaffungskosten (515,–/Stück) eine Abschreibung von 10,60 pro Stück vorzunehmen, sodass – nach Verbuchung des Warenverbrauchs – zu buchen ist:

	(5,7)	*Abschreibungen auf Vorräte*	*10.600*	
an	*(1)*	*Waren*		*10.600*

Zu beachten ist, dass bei der Berechnung des retrograden Vergleichswerts **lediglich die noch anfallenden Aufwendungen abzuziehen sind**. Das sind **bei fertigen Erzeugnissen nur die Vertriebskosten**. Die Verwaltungskosten hingegen sind bereits angefallen, auch wenn sie im Rahmen der Herstellungskosten nicht aktiviert werden dürfen[161] und die Bestandsveränderung nur die Material- und Fertigungskosten (Einzel- und allenfalls Gemeinkosten) der auf Lager liegenden Erzeugnisse neutralisieren soll.

161 Vgl Kap 3.6.3.2.3.

Beispiel:

Am Abschlussstichtag liegt ein Stück eines fertigen Erzeugnisses auf Lager.

Für die Bewertung liefert die Betriebsbuchhaltung folgende Informationen pro Stück:

Materialeinzelkosten	*600,–*	
Fertigungseinzelkosten	*200,–*	
Materialgemeinkosten	*10 %*	
Fertigungsgemeinkosten	*40 %*	
Verwaltungsgemeinkosten	*5 %*	
Vertriebskosten	*47,–*	*(fallen zur Gänze im Jahr der Veräußerung an)*

Zum Jahresende ist von einem erzielbaren Nettoverkaufspreis von 950,– pro Stück auszugehen.

Mit der Produktion dieses Erzeugnisses wurde erst in diesem Jahr begonnen; der Wert des Kontos „Fertige Erzeugnisse" entspricht noch jenem der Eröffnungsbilanz und beträgt 0.

Welche Buchungen sind im Zusammenhang mit dem fertigen Erzeugnis vorzunehmen, wenn das Unternehmen einen möglichst hohen Gewinn ausweisen möchte?

Lösung:

Kalkulation der Herstellungskosten:

	Materialeinzelkosten	*600*
+	*Fertigungseinzelkosten*	*200*
+	*Materialgemeinkosten*	*60*
+	*Fertigungsgemeinkosten*	*80*
=	*Herstellungskosten*	*940*

Kalkulation des retrograden Vergleichswerts:

	erzielbarer Verkaufspreis	*950*
–	*Vertriebsgemeinkosten*	*47*
=	*retrograder Vergleichswert*	*903*

Das fertige Erzeugnis ist höchstens mit dem retrograden Vergleichswert anzusetzen, was folgende Buchungen – allenfalls ist auch eine Zusammenfassung der beiden Buchungen und nur eine Erfassung unter den „Bestandsveränderungen" möglich – erforderlich macht:

	(1)	*Fertige Erzeugnisse*	*940*	
an	*(4)*	*Bestandsveränderung*		*940*

	(4,7)	*Abschreibungen auf fertige Erzeugnisse*		
	oder		*37*	
	(4)	*Bestandsveränderung*		
an	*(1)*	*Fertige Erzeugnisse*		*37*

Die Berücksichtigung der noch anfallenden Aufwendungen bei der Bestandsveränderung bzw der Bewertung der Vorräte soll – wie bereits angeführt – **verhindern, dass im Zuge ihrer Veräußerung Verluste entstehen.**

Beispiel – Fortsetzung:

Im Folgejahr wird das fertige Erzeugnis (Wert laut Eröffnungsbilanz: 903,–) tatsächlich um 950,– verkauft. Die dabei anfallenden Vertriebskosten betragen – wie vorher berechnet – 47,–.

Welche Jahresabschlussbuchungen sind im Zusammenhang mit dem fertigen Erzeugnis erforderlich?

Lösung:

Wenn kein fertiges Erzeugnis mehr vorhanden ist, ist folgende Buchung vorzunehmen:

	(4)	*Bestandsveränderung*	*903*	
an	*(1)*	*Fertige Erzeugnisse*		*903*

Dieses Jahr entsteht somit aus dem Verkauf des Erzeugnisses kein Verlust, der Erfolgsbeitrag ist aufgrund der im Vorjahr korrigierten Bestandsveränderung null, was folgender Auszug aus der G & V verdeutlichen möge:

G & V

Bestandsveränderung	*903*	*Erlös*	*950*
Vertriebskosten	*47*	*Ergebnis =*	*0*

Als noch anfallende Aufwendungen sind bei fertigen Erzeugnissen und Waren somit lediglich die Vertriebskosten zu berücksichtigen. Existiert für **unfertige Erzeugnisse** nur ein voraussichtlicher **Verkaufspreis für das fertige Produkt, ist dieser noch weiter gehend zu adaptieren**: Es sind auch die bis zur Fertigstellung noch anfallenden Herstellungskosten (Material- und Fertigungseinzel- und -gemeinkosten) sowie die darauf entfallenden Verwaltungsgemeinkosten abzuziehen.

Für den Fall, dass Vorräte länger als nur über einen Abschlussstichtag auf Lager liegen, kann sich die **Notwendigkeit von Zuschreibungen ergeben**: Wurden sie anlässlich einer Bilanzierung abgeschrieben und stellt sich in einem späteren Geschäftsjahr heraus, dass der Grund bzw die Gründe dafür nicht mehr bestehen, greift das in § 208 Abs 1 UGB normierte Wertaufholungsgebot bis zum gestiegenen aktuellen Vergleichswert, maximal bis zu den Anschaffungs- oder Herstellungskosten.

Auch für das Vorratsvermögen gilt grundsätzlich das **Gebot der Einzelbewertung**. Pauschale Wertkorrekturen sind jedoch in der Form sog **Gängigkeitsabschreibungen** gebräuchlich: Dazu werden die Vorräte idR in Abhängigkeit von ihrer Umschlagshäufigkeit zu Klassen zusammengefasst und klassenweise einer Bewertung unterzogen. In die pauschalen Abschläge fließen insbesondere Wertminderungen infolge zu langer Lagerung, aufgrund eines Modewandels oder Änderungen der Produktionsverfahren, welche die weitere Verwendbarkeit der Vorräte beeinflussen, ein.

Forderungen

Ausgehend von den „Anschaffungskosten“[162] sind entsprechend dem strengen Niederstwertprinzip auch bei Forderungen **stets Abschreibungen vorzunehmen, wenn ihr Wert am Abschlussstichtag niedriger ist.**

Gründe für einen niedrigeren beizulegenden Wert von Forderungen sind insbesondere:

- feststehende oder vermutete Uneinbringlichkeit,
- Kursverluste bei Fremdwährungsforderungen,
- Unverzinslichkeit bzw niedrige Verzinslichkeit.

Die – gänzliche oder teilweise – **Uneinbringlichkeit einer Forderung steht vor allem dann fest**, wenn der Schuldner bereits erfolglos gepfändet wurde, wenn im Rahmen eines Insolvenzverfahrens (Sanierungs- oder Konkursverfahrens) eine Quote festgesetzt wurde oder die Aufhebung des Insolvenzverfahrens mangels vorhandenen Vermögens erfolgte, wenn Verjährung eingetreten ist oder wenn der Gläubiger auf die Forderung zur Gänze oder teilweise verzichtet. Diesfalls ist der **betreffende Forderungsbetrag auszubuchen.**

Enthält die auszubuchende Forderung Umsatzsteuer, umfasst der für den Gläubiger entstehende Schadensfall aus der Abschreibung der Forderung ausschließlich den Betrag der Forderung ohne Umsatzsteuer. Unter der Voraussetzung, dass das Entgelt für eine umsatzsteuerpflichtige Lieferung oder sonstigen Leistung uneinbringlich geworden ist, hat auch eine **Berichtigung der Umsatzsteuer** zu erfolgen (vgl § 16 Abs 3 UStG), da dann der vom Unternehmer bei Besteuerung nach vereinbarten Entgelten (Sollbesteuerung) bereits vor Vereinnahmung der Forderung geschuldete und abgeführte Steuerbetrag vom Finanzamt rückerstattet wird. Insgesamt ergibt sich somit folgende Buchung:

	(7)	Abschreibungen auf Forderungen	(Nettobetrag)	
	(3)	Umsatzsteuer	(darauf entfallende USt)	
an	(2)	Forderungen		(Bruttobetrag)

Forderungen sind entsprechend dem strengen Niederstwertprinzip nicht nur bei feststehendem Ausfall auszubuchen, sondern **bereits dann abzuschreiben, wenn ihre Einbringlichkeit zweifelhaft ist.** Solche dubiosen Forderungen liegen bspw schon dann vor, wenn ein üblicherweise pünktlich zahlender Schuldner sein Zahlungsziel überschreitet, wenn er erfolglos gemahnt wurde, er seine Zahlungen eingestellt hat oder er die Forderung nicht anerkennt. Gründe für die Zweifelhaftigkeit von Forderungen können neben der mangelnden Bonität des Schuldners auch in rechtlichen oder tatsächlichen Gegebenheiten liegen, wie bspw bei Auslandsforderungen infolge von Devisenbestimmungen oder politischen Risiken. Zweifelhafte Forderungen sind mit jenem Wert anzusetzen, der unter vorsichtiger Einschätzung und unter Beachtung aller erkennbarer Risiken und drohender Verluste wahrscheinlich einbringlich sein wird. Bei dieser Wertermittlung sind bestehende Sicherheiten wie Bürgschaften, Eigentumsvorbehalt oder Sicherungsübereignung sowie Aufrechnungsmöglichkeiten mit eigenen Verbindlichkeiten zu berücksichtigen. Im Rahmen der Forderungseintreibung noch entstehende Aufwendungen wie Mahn- oder Inkassospesen werden idR nicht in Abzug gebracht.[163]

162 Vgl dazu Kap 3.6.3.1.4.
163 Für sie sind allenfalls Rückstellungen einzubuchen (vgl dazu Kap 3.7.10.).

Da bei zweifelhaften Forderungen die Uneinbringlichkeit lediglich vermutet wird, sollte die Forderung noch nicht ausgebucht, sondern die **Abschreibung indirekt über ein Wertberichtigungskonto** verbucht werden:

	(7)	Abschreibungen auf Forderungen	(Nettobetrag)	
an	(2)	Einzelwertberichtigungen zu Forderungen		(Nettobetrag)

Betreffend die Umsatzsteuer ist zu beachten, dass Uneinbringlichkeit iSd Umsatzsteuerrechts, die gemäß § 16 Abs 3 Z 1 UStG zu einer Berichtigung des Steuerbetrages berechtigt, mehr erfordert als den bloßen Zweifel an der Realisierbarkeit einer Forderung. Es muss vielmehr feststehen, dass mit dem Eingang der Forderung bei vernünftiger unternehmerischer Beurteilung, nach den Erfahrungen des Wirtschaftslebens in absehbarer Zeit nicht mehr gerechnet werden kann. Demnach darf die Umsatzsteuer nicht schon dann korrigiert werden, wenn ein Forderungsausfall erst vermutet wird; andererseits ist es aber auch nicht erforderlich, dass die Uneinbringlichkeit mit absoluter Sicherheit feststeht. So berechtigt zwar die Eröffnung eines Insolvenzverfahrens nicht als solche zur Annahme der vollständigen Uneinbringlichkeit einer Forderung, doch wird wirtschaftlich gesehen mit Eröffnung eines Sanierungs- oder Konkursverfahrens ein vermuteter Forderungsausfall derart zur Gewissheit, dass zumindest teilweise der Tatbestand der Uneinbringlichkeit erfüllt sein wird. Entsprechende Mitteilungen des Kreditschutzverbandes oder des Sanierungs- oder Masseverwalters sind dabei zu berücksichtigen.

Geht die **Abschreibung einer dubiosen Forderung mit einer Umsatzsteuerberichtigung** einher, ist folgende Buchung vorzunehmen:

	(7)	Abschreibungen auf Forderungen	(Nettobetrag)	
	(3)	Umsatzsteuer	(darauf entfallende USt)	
an	(2)	Einzelwertberichtigungen zu Forderungen		(Bruttobetrag)

Um eine **korrekte Erstellung der Umsatzsteuerberechnungen** zu ermöglichen, ist es wichtig, unterschiedliche Konten anzusprechen, je nachdem, ob die Forderungsabschreibung ohne oder mit Umsatzsteuerberichtigung erfolgt bzw mit welchem Umsatzsteuersatz sie vorzunehmen ist. Entsprechend empfiehlt sich die Erfassung über verschiedene Konten etwa mit den Bezeichnungen „Abschreibungen auf Forderungen (ohne USt)“ sowie „Abschreibungen auf Forderungen (0 % USt)“ bzw „Abschreibungen auf Forderungen (10 % USt)“ oder „Abschreibungen auf Forderungen (20 % USt)“.

Obwohl in der Buchhaltung gesondert erfasst, sind diese **Wertberichtigungen für den Bilanzausweis von den entsprechenden Forderungen abzusetzen** und nicht als solche auszuweisen. Dies ergibt sich für Unternehmen, welche unter die ergänzenden Vorschriften für Kapitalgesellschaften fallen, explizit aus § 226 Abs 5 UGB; für Unternehmen anderer Rechtsformen lässt es sich daraus ableiten, dass die Aufzählung der Bilanzposten in § 198 Abs 1 UGB keine Wertberichtigungen enthält. Um eine Zuordnung zu den verschiedenen Forderungsposten zu ermöglichen, sind entsprechend bezeichnete Wertberichtigungskonten zu führen (zB Wertberichtigungen zu Forderungen aus Lieferungen und Leistungen, Wertberichtigungen zu sonstigen Forderungen).

Wird eine zweifelhafte und im Rahmen der Jahresabschlussaufstellung **wertberichtigte Forderung im nächsten Jahr tatsächlich uneinbringlich**, ist die dann vorzunehmende Forderungsabschreibung um die bereits eingebuchte Wertberichtigung geringer. Erfolgte zunächst keine Umsatzsteuerberichtigung, ist sie mit Feststehen der Uneinbringlichkeit vorzunehmen. Damit die Umsatzsteuerberechnungen korrekt durchgeführt werden können, sollte dabei keine Differenzbuchung nur in Höhe der die Wertberichtigung übersteigenden Abschreibung vorgenommen werden, sondern einerseits die Forderungsabschreibung zur Gänze erneut und nunmehr verbunden mit einer Umsatzsteuerberichtigung erfasst werden und andererseits die bereits vorhandene Wertberichtigung ausgebucht werden. Diese Ausbuchung der Wertberichtigung hat dabei über ein Zusatzkonto im Aufwandsbereich zu erfolgen, nicht aber als Ertrag, da dies den falschen Eindruck einer unnötig gewesenen Wertkorrektur vermitteln würde.

Beispiel:

Jahr 1: *Eine Forderung aus Lieferungen und Leistungen in der Höhe von 6.000,– (inkl 20 % USt) erscheint dubios und soll deshalb mit 25 % wertberichtigt werden.*

Jahr 2: *Im Rahmen eines außergerichtlichen Vergleichs werden 40 % der oben angeführten Forderung nachgelassen.*

Welche Buchungen sind im Zusammenhang mit dieser Forderung in den beiden Jahren vorzunehmen?

Lösung:

Im Jahr 1 ist die Forderung über ein Wertberichtigungskonto abzuschreiben; Umsatzsteuerberichtigung ist noch keine vorzunehmen:

	(7)	*Abschreibungen auf Forderungen (ohne USt)*	*1.250*	
an	*(2)*	*Einzelwertberichtigungen zu Forderungen aus L & L*		*1.250*

Im Jahr 2 ist ein Teil der Forderung als uneinbringlich auszubuchen, wobei – infolge der bereits vorhandenen Wertberichtigung – nur mehr der übersteigende Betrag das diesjährige Ergebnis belastet; die Berichtigung der Umsatzsteuer ist jedoch erst jetzt zur Gänze vorzunehmen. Aufgrund dieser Differenzierung zwischen Aufwand einerseits und Umsatzsteuer andererseits sollte wie folgt gebucht werden:

	(7)	*Abschreibungen auf Forderungen (20 % USt)*	*2.000*	
	(3)	*Umsatzsteuer*	*400*	
an	*(2)*	*Forderungen aus L & L*		*2.400*

	(2)	*Einzelwertberichtigungen zu Forderungen aus L & L*	*1.250*	
an	*(7)*	*Korrektur zu Abschreibungen auf Forderungen (ohne USt)*		*1.250*

Stellt sich für eine wertberichtigte Forderung in einem späteren Jahr heraus, dass **der oder die Abschreibungsgründe weggefallen** sind und kann infolgedessen angenommen werden, dass ein höherer Betrag eingehen wird als zunächst vermutet, ist – zum Zwecke der damit gebotenen Zuschreibung der Forderung – die Einzelwertberichtigung im Zuge der Jahresabschlussaufstellung zu adaptieren und der überschüssige Betrag über die sonstigen betrieblichen Erträge auszubuchen.

Geht eine bereits wertberichtigte Forderung in den Folgejahren ein, ist die Einzelwertberichtigung gleichfalls über die sonstigen betrieblichen Erträge aufzulösen. Wurde eine Berichtigung der Umsatzsteuer vorgenommen, ist auch dies zu korrigieren und die Umsatzsteuer – mit dem ursprünglichen Steuersatz berechnet – wieder einzubuchen.

Entsprechend dem Grundsatz der Einzelbewertung sind Einbringlichkeit bzw Abschreibungsnotwendigkeit für jede Forderung gesondert festzustellen. Um für dabei nicht erfassbare Ausfallsrisiken (wie etwa Forderungsausfälle durch nicht absehbare Insolvenzen der Debitoren, Skontoabzüge, Zinsenverluste durch den verspäteten Zahlungseingang, Warenretouren, Preisnachlässe aufgrund von Mängelrügen udgl) Vorsorge zu treffen und dem strengen Niederstwertprinzip Rechnung zu tragen, sind allenfalls **neben Einzelwertberichtigungen Pauschalwertberichtigungen** vorzunehmen.[164] Dazu werden Forderungen in Abhängigkeit von dem ihnen anhaftenden Dubiosenrisiko zu Gruppen zusammengefasst (zB nach verschiedenen Ländern oder Abnehmergruppen bzw nach erreichter Mahnstufe) und gruppenweise durch Pauschalabschläge abgewertet. Die Höhe dieser Pauschalwertberichtigungen ergibt sich aufgrund von Erfahrungswerten über Forderungsausfälle in der Vergangenheit; erkennbare neue Risiken können Modifikationen notwendig machen. Zumeist wird die Pauschalwertberichtigung als ein bestimmter Prozentsatz der zum Abschlussstichtag aushaftenden Forderung errechnet; Berechnungsgrundlage ist der Nettobetrag der Forderungen, da auch hierbei noch **keine Umsatzsteuerberichtigung** vorzunehmen ist. Um das gleiche Ausfallsrisiko nicht mehrfach zu berücksichtigen, ist es nicht zulässig, für eine Forderung sowohl eine Einzel- als auch eine Pauschalwertberichtigung wegen Uneinbringlichkeit vorzunehmen. Die Pauschalwertberichtigung wird wie die Einzelwertberichtigungen **indirekt verbucht**:

	(7)	Abschreibungen auf Forderungen
an	(2)	Pauschalwertberichtigung zu Forderungen

Auch Pauschalwertberichtigungen sind **für den Bilanzausweis von den entsprechenden Forderungen abzuziehen.**

Die gebildete Pauschalwertberichtigung wird idR nicht in Abhängigkeit von den folgenden Forderungseingängen verrechnet bzw aufgelöst. Sie bleibt vielmehr während des gesamten Folgejahres unverändert. Der **Stand der Pauschalwertberichtigung wird im Rahmen der jährlichen Abschlussarbeiten lediglich angepasst**: Entweder wird eine Erhöhung über die Einbuchung weiterer Abschreibungen auf Forderungen vorgenommen oder es erfolgt eine Herabsetzung über eine Auflösung.

Beispiel:

Ein Unternehmen weist in der Saldenbilanz zum 31. 12. Forderungen aus Lieferungen und Leistungen in Höhe von 150.000,– (alle inkl 20 % USt) aus.

164 Zur steuerlichen Zulässigkeit von Pauschalwertberichtigungen vgl weiter unten.

Davon ist eine Forderung gegen den Einzelunternehmer A in Höhe von 12.000,– teilweise uneinbringlich. Bereits im November des Abschlussjahres wurde der Ausgleich des Schuldners A mit einer Quote von 40 % angenommen und gerichtlich bestätigt.

Ein weiterer Schuldner B (ausgewiesene Forderung: 18.000,–) wurde im Laufe des Abschlussjahres bereits mehrfach erfolglos gemahnt. Unter Abschätzung seiner finanziellen Situation ist lediglich der Eingang der Hälfte der Forderung zu erwarten.

Über die Einbringlichkeit der restlichen Forderungen liegen bis zur Abschlussaufstellung keine negativen Informationen vor. Aufgrund der Erfahrungen über die Forderungsausfälle der Vergangenheit ist jedoch eine pauschale Abschreibung in Höhe von 3 % dieser Forderungen vorzunehmen. Der Stand des Kontos „Pauschalwertberichtigungen zu Forderungen aus Lieferungen und Leistungen" entspricht noch jenem laut Eröffnungsbilanz und beträgt 2.000,–.

Welche Buchungen sind im Zusammenhang mit diesen Forderungen vorzunehmen?

Lösung:

Die als uneinbringlich zu qualifizierende Forderung gegen A ist in Höhe des Ausfalls (60 %) auszubuchen. Da der Forderungsausfall feststeht, ist eine Korrektur der Umsatzsteuer zulässig.

	(7)	*Abschreibungen auf Forderungen (20 % USt)*	*6.000*	
	(3)	*Umsatzsteuer*	*1.200*	
an	*(2)*	*Forderungen aus Lieferungen und Leistungen (Personenkonto „A")*		*7.200*

Für die als zweifelhaft einzustufende Forderung gegen B ist eine Wertberichtigung in Höhe des erwarteten Ausfalls (50 %) zu bilden. Basis dafür ist der Nettobetrag der Forderung (15.000):

	(7)	*Abschreibungen auf Forderungen (ohne USt)*	*7.500*	
an	*(2)*	*Einzelwertberichtigung zu Forderungen aus Lieferungen und Leistungen*		*7.500*

Für die restlichen Forderungen (150.000 – 12.000 – 18.000 = 120.000) ist eine Pauschalwertberichtigung zu ermitteln:

Restbetrag der Forderungen (brutto)	*120.000*
abzüglich 20 % USt = Nettoforderungen	*100.000*
davon 3 % = diesjährige Pauschalwertberichtigung	*3.000*
Verglichen mit dem Stand der vorjährigen Pauschalwertberichtigung lt Konto	*2.000*
ergibt sich die notwendige Zuführung in Höhe von	*1.000*

	(7)	*Abschreibungen auf Forderungen (ohne USt)*	*1.000*	
an	*(2)*	*Pauschalwertberichtigung zu Forderungen aus Lieferungen und Leistungen*		*1.000*

Für Zwecke der **steuerlichen Erfolgsermittlung** ist gemäß § 6 Z 2 lit a EStG eine **pauschale Wertberichtigung für Forderungen nicht zulässig**. Der **Umfang der steuerlich nicht anerkannten „pauschalen Wertberichtigungen"** ist nun jedoch nicht mit den sog „Pauschalwert-

berichtigungen" gleichzusetzen: Steuerlich unzulässig sind nur jene Wertberichtigungen, die undifferenziert dem allgemeinen Forderungsrisiko – wie etwa aufgrund einer allgemeinen Konjunkturschwäche oder einer allgemeinen schlechten Schuldnerbonität – Rechnung tragen; bei ihrer Bildung in der UGB-Bilanz bedarf es Korrekturen durch Mehr-Weniger-Rechnungen. Finden hingegen in Wertberichtigungen konkrete Forderungsrisiken Berücksichtigung – etwa indem spezifische Indikatoren herangezogen werden (zB nach dem Zahlungsverzug oder nach Risikoländern) –, sind diese steuerlich auch dann anerkannt, wenn Forderungen dabei gruppenweise zusammengefasst und auf der Basis von Schätzungen aufgrund von Erfahrungswerten aus der Vergangenheit abgeschrieben werden; die EStR sprechen in diesem Zusammenhang von „pauschalen Einzelwertberichtigungen" bzw „Einzelwertberichtigungen in pauschaler Form" (vgl EStR 2000 Rz 2372 ff).

Bei **Fremdwährungsforderungen** (Valutaforderungen) ist neben einer Abschreibung aufgrund von Zweifelhaftigkeit bzw Uneinbringlichkeit eine **Abschreibung bei Kursverlusten** vorzunehmen. Die „Anschaffungskosten" dieser Forderungen resultieren aus der Umrechnung zum Devisenkurs am Tag der Forderungsentstehung.[165] Entsprechend dem strengen Niederstwertprinzip ist ein allfälliger niedrigerer Vergleichswert am Bilanzstichtag (abgeleitet aus dem dann geltenden Devisenkurs) zwingend anzusetzen. Nachfolgende positive Kursschwankungen sind gleichfalls zwingend zu berücksichtigen, soweit dies kein Überschreiten des Anschaffungswertes bedeutet.

Beispiel:

Jahr 1:

Einem ausländischen Geschäftspartner wurde ein kurzfristiges Darlehen in der Höhe eines Fremdwährungsbetrages von 61.200,– gewährt, wobei die Überweisung mit einem Umrechnungskurs von 5,00 erfolgte und der Kurs zum Abschlussstichtag 5,10/4,95 betrug.

Jahr 2:

Während des Jahres wurde die Hälfte des Darlehens zurückgezahlt, wobei von der Bank ein Umrechnungskurs von 4,96 zugrunde gelegt (= EUR 6.169,35) und Spesen in der Höhe von EUR 4,35 verrechnet wurden; der Gutschriftsbetrag lautete demzufolge auf EUR 6.165,–

Zum Abschlussstichtag des Jahres 2 notierte die betreffende Fremdwährung mit

a) 4,80/4,65;

b) 5,15/5,00.

Jahr 3:

Der noch aushaftende Darlehensbetrag ging umgerechnet zu einem Kurs von 5,20 (= EUR 5.884,62) und unter Abzug von Spesen in der Höhe von EUR 4,62 ein; der Gutschriftsbetrag lautete demzufolge auf EUR 5.880,–.

Welche Buchungen sind im Zusammenhang mit diesem Darlehen während der drei Jahre vorzunehmen?

165 Vgl Kap 3.6.3.1.4.

Lösung:

Die Einbuchung des Darlehens im Jahr 1 lautet wie folgt (= 61.200 : 5,00 = EUR 12.240):

	(2)	Sonstige Forderungen	12.240	
an	(2)	Bank		12.240

Am Abschlussstichtag des Jahres 1 ist auf den gesunkenen Stichtagswert von EUR 12.000 (= 61.200 : 5,10) abzuschreiben:

	(8)	Kursverluste[166]	240	
an	(2)	Sonstige Forderungen		240

Im Jahr 2 ist bei Begleichung des halben Darlehensbetrages (= 61.200 : 2 = 30.600) darauf zu achten, dass die Ausbuchung vom Forderungskonto basierend auf jenem Kurs erfolgt, zu dem der zu diesem Zeitpunkt ausgewiesene Buchwert umgerechnet wurde (hier: 5,10 => 30.600 : 5,10 = EUR 6.000):

	(2)	Bank	6.165,00	
an	(2)	Sonstige Forderungen		6.000,00
an	(8)	Kursgewinne		169,35
	(7)	Spesen des Geldverkehrs	4,35	

Beträgt der maßgebliche Kurs zum Abschlussstichtag des Jahres 2:

a) 4,80, darf dieser nicht zur Bewertung des Bilanzwertes der Forderung herangezogen werden; es ist als Wertobergrenze der Anschaffungskurs (hier: 5,00) zu beachten, sodass die noch offene Forderung mit maximal EUR 6.120 (= 30.600 : 5,00) angesetzt werden darf. Die Zuschreibungsbuchung lautet somit wie folgt:

	(2)	Sonstige Forderungen	120	
an	(8)	Kursgewinne		120

b) 5,15, ist die noch offene Forderung auf den gesunkenen Stichtagswert von EUR 5.941,75 (= 30.600 : 5,15) abzuschreiben:

	(8)	Kursverluste	58,25	
an	(2)	Sonstige Forderungen		58,25

Im Jahr 3 ist nach den beiden Varianten im Jahr 2 zu differenzieren:

a) Ist das Darlehen mit EUR 6.120 angesetzt, ist seine Begleichung wie folgt zu erfassen:

	(2)	Bank	5.880,00	
an	(2)	Sonstige Forderungen		6.120,00
	(8)	Kursverluste	235,38	
	(7)	Spesen des Geldverkehrs	4,62	

166 Zur Erfassung von Gewinnen bzw Verlusten infolge von Kursschwankungen vgl bereits Kap 3.6.3.1.3.

b) Ist das Darlehen mit EUR 5.941,75 angesetzt, ist seine Begleichung wie folgt zu erfassen:

	(2)	*Bank*	*5.880,00*	
an	*(2)*	*Sonstige Forderungen*		*5.941,75*
	(8)	*Kursverluste*	*57,13*	
	(7)	*Spesen des Geldverkehrs*	*4,62*	

Un- bzw unterverzinsliche Forderungen sind mit ihrem Barwert zum Abschlussstichtag anzusetzen.[167] Demzufolge sind derartige Forderungen **abzuzinsen** und ist eine entsprechende Abschreibung vorzunehmen. Dabei ist grundsätzlich der bei entsprechender Laufzeit übliche Marktzinssatz zugrunde zu legen; heranzuziehen sind insbesondere auch der für Wechseldiskontierungen bzw bei Factoring maßgebliche Zinsfuß. Eine Abzinsung wird zumeist erst bei Forderungen mit einer Restlaufzeit von über drei Monaten als notwendig angesehen; bei kürzerfristigen Forderungen darf sie aus Vereinfachungsgründen nach hM unterbleiben.

Zur korrekten Erfassung der Abzinsung **ist in die folgenden zwei Forderungskategorien zu unterscheiden**:

- **Forderungen, die erfolgswirksam eingebucht wurden**, wie insbesondere Forderungen aus Lieferungen und Leistungen oder Forderungen aus der Veräußerung von Anlagen oder sonstigen Vermögensgegenständen:

  Werden derartige Forderungen un- oder unterverzinslich längerfristig gestundet, kann davon ausgegangen werden, dass eigentlich zwei Geschäfte und damit zwei Forderungen vorliegen: Zum einen erfolgt ein Veräußerungsvorgang, zum anderen eine Kreditgewährung. Dem Verkäufer kann dabei grundsätzlich unterstellt werden, dass er die Stundung des Kaufpreises sehr wohl – wenn auch nicht offen ausgewiesen – in den Forderungsbetrag einkalkuliert hat. Die vollständige Aktivierung des Forderungsbetrages – in der Höhe ihres Nennbetrages – würde auch die erst in Zukunft realisierten Zinsen zum Ausweis bringen und damit gegen das Realisationsprinzip verstoßen. Entsprechend ist **bei Forderungseinbuchung nur der Barwert der Forderung als „Umsatzerlös" oder „sonstiger betrieblicher Ertrag" zu erfassen**; dieser Betrag stellt den Anschaffungswert der Kaufpreisforderung dar.[168] Wird diesen Überlegungen nicht bereits bei der Forderungseinbuchung Rechnung getragen, sind die Abzinsungen im Zuge der Jahresabschlusserstellung vorzunehmen. Der Abzinsungsbetrag ist diesfalls kürzend in die „Umsatzerlöse" bzw in die „sonstigen betrieblichen Erträge" einzurechnen, eventuell auch als „Erlösberichtigung" zu erfassen. Erst durch den Zeitablauf entsteht die Zinsforderung: **Durch eine Aufzinsung des Barwertes der Kaufpreisforderung wird zeitanteilig der „Zinsertrag" realisiert**, in der Gewinn- und Verlustrechnung erfolgt der Ausweis unter den „Zinsen und ähnlichen Erträgen".

Beispiel:

Unmittelbar vor dem Abschlussstichtag des Jahres X1 wird ein nicht mehr benötigtes unbebautes Grundstück um 750.000,– (0 % USt) veräußert. Der Käufer erbat dabei die Stundung eines Drittels des Kaufpreises auf zwei Jahre (bis Ende des Jahres X3) und leistet zunächst nur eine Zahlung in Höhe von 500.000,–. Hinsichtlich einer Verzinsung wurden keine Vereinbarungen getroffen.

167 Vgl dazu bereits Kap 3.6.4.1.

168 Vgl Kap 3.6.3.1.4.

Wie ist der Grundstücksverkauf zu erfassen, wenn der übliche Marktzinssatz bei entsprechender Laufzeit 3 % pa beträgt? Welche Buchungen sind bis zur Begleichung des Restkaufpreises erforderlich?

Lösung:

Es ist davon auszugehen, dass in den Kaufpreis für die Stundung Zinsen eingerechnet wurden; der für das Grundstück erzielte Ertrag umfasst demzufolge nur folgende Beträge:

Barzahlung des Käufers		*500.000*	
abgezinster gestundeter Restbetrag			
	$250.000/(1 + 0{,}03)^2$ =	*235.650*	*(gerundet)*
		735.650	

Zunächst ist nur die Veräußerung des Grundstückes zu erfassen:

	(2)	*Bank*	*500.000*	
	(2)	*Sonstige Forderungen*	*235.650*	
an	*(4)*	*Erlöse aus dem Abgang vom Anlagevermögen*		*735.650*

Die Zinsen werden erst im Zeitablauf realisiert und sind demzufolge erst allmählich zu erfassen:

Im Jahr X1 ist dabei noch keine Veränderung der noch offenen Kaufpreisforderung vorzunehmen, wenn der Grundstücksverkauf unmittelbar vor dem Abschlussstichtag erfolgte.

Erst im folgenden Jahr X2 ist die Forderung zum Abschlussstichtag aufzuzinsen:

235.650 x 3 % = 7.070 (gerundet)

	(2)	*Sonstige Forderungen*	*7.070*	
an	*(8)*	*Zinserträge*		*7.070*

Der in der Bilanz X2 ausgewiesene Forderungsbetrag iHv 242.720 entspricht dem auf die noch verbleibende Restlaufzeit von einem Jahr abgezinsten Nominalbetrag der Forderung:

$250.000/(1 + 0{,}03)^1 = 242.720$ *(gerundet)*

Im Laufe des Jahres X3 werden im Zeitablauf wieder Zinsen realisiert; bis zum Jahresende und somit bis zum Zahlungstermin macht dies folgenden Betrag aus:

242.720 x 3 % = 7.280 (gerundet)

Die Buchung bei Zahlungseingang am Ende des Jahres X3 ist wie folgt vorzunehmen:

	(2)	*Bank*	*250.000*	
an	*(2)*	*Sonstige Forderungen*		*242.720*
an	*(8)*	*Zinserträge*		*7.280*

- **Forderungen, die erfolgsneutral eingebucht wurden**, wie Darlehensforderungen:

  Diese Forderungen sind **bei ihrer Einbuchung mit dem Auszahlungsbetrag zu erfassen**; ihr Anschaffungswert entspricht somit dem Nennbetrag der Forderung. Wird die Forderung nicht oder zu niedrig verzinst, erfordert dies eine **Abzinsung auf den Barwert im Sinne einer Abschreibung auf den niedrigeren beizulegenden Wert.** Obwohl sachlich dem Finanzbereich zuzuordnen, sind derartige Abschreibungen infolge der Abzinsung von Forderungen des Umlaufvermögens nach hM grundsätzlich unter den „sonstigen betrieblichen Aufwendungen" auszuweisen; nur soweit sie die im Unternehmen üblichen Abschreibungen überschreiten, erfolgt ein Ausweis unter den „Abschreibungen auf Gegenstände des Umlaufvermögens".[169] Die spätere Erhöhung der Forderung durch ihre Aufzinsung wird unter den „Zinsen und ähnlichen Erträgen" erfasst. Unter dem Blickwinkel der Abzinsung als Abschreibung lässt sich **die spätere Aufzinsung der Forderung als Wertaufholung iSd § 208 Abs 1 UGB interpretieren,** sodass in der Folge entsprechende Zuschreibungen vorzunehmen sind. Der Zinsertrag wird damit zeitanteilig berücksichtigt, die Forderung in der Bilanz stets mit ihrem auf den jeweiligen Abschlussstichtag diskontierten Wert ausgewiesen.

Beispiel:

Einem Geschäftspartner wurde zu Beginn des Jahres X1 ein Darlehen in Höhe von 500.000,– mit einer Laufzeit von drei Jahren gewährt. Es wurde keine Verzinsung vereinbart; der übliche Marktzinssatz bei entsprechender Laufzeit beträgt 5 % pa.

Wie ist dieses Darlehen in den Bilanzen der einzelnen Jahre bis zu seiner Begleichung (zu Beginn des Jahres X4) auszuweisen?

Lösung:

Das Darlehen ist zunächst in der Höhe des Auszahlungsbetrages zu erfassen:

	(2)	*Sonstige Forderungen*	*500.000*	
an	*(2)*	*Bank*		*500.000*

Des Weiteren hat zunächst – zu Beginn des Jahres X1 – keine Buchung zu erfolgen.

Erst im Rahmen der Jahresabschlussarbeiten am Ende des Jahres X1 ist die Tatsache der Unverzinslichkeit bei der Bewertung der Forderung zu berücksichtigen: Der Vergleichswert der Forderung ermittelt sich durch Abzinsung auf den entsprechenden Abschlussstichtag, wobei zu beachten ist, dass die noch verbleibende Restlaufzeit zum Ende des Jahres X1 nur mehr zwei Jahre beträgt:

$500.000/(1 + 0{,}05)^2 = 453.515$ (gerundet)

Die Darlehensforderung ist auf den derart ermittelten Barwert abzuschreiben:

	(7,8)	*Forderungsabzinsung*	*46.485*	
an	*(2)*	*Sonstige Forderungen*		*46.485*

Zum Abschlussstichtag des Folgejahres X2 wird die Forderung wieder aufgezinst:

453.515 x 5 % = 22.675 (gerundet)

	(2)	*Sonstige Forderungen*	*22.675*	
an	*(8)*	*Zinserträge*		*22.675*

169 Werden Abzinsungen auf langfristige Forderungen – sog Ausleihungen, die den Finanzanlagen zuzuordnen sind – oder auf Wechsel als Wertpapiere des Umlaufvermögens vorgenommen, sind diese Beträge im Finanzergebnis unter den „Aufwendungen aus Finanzanlagen und aus Wertpapieren des Umlaufvermögens" auszuweisen.

Der in der Bilanz X2 ausgewiesene Forderungsbetrag iHv 476.190 entspricht dem auf die noch verbleibende Restlaufzeit von noch einem Jahr abgezinsten Nominalbetrag der Forderung:

500.000/(1 + 0,05)^1 = 476.190 (gerundet)

Zum Abschlussstichtag des Jahres X3 wird die Forderung erneut aufgezinst:

476.190 x 5 % = 23.810 (gerundet)

	(2)	*Sonstige Forderungen*	*23.810*	
an	*(8)*	*Zinserträge*		*23.810*

Der in der Bilanz X3 ausgewiesene Forderungsbetrag erreicht damit den zu Beginn des Jahres X4 zu leistenden Nominalbetrag iHv 500.000.

Im Zusammenhang mit Darlehen findet sich oftmals die Vereinbarung, dass zwar keine oder nur sehr geringe laufende Zinsen zu zahlen sind, dass jedoch der letztlich zu leistende Rückzahlungsbetrag der Forderung über ihrem Auszahlungsbetrag liegt.[170] In diesem Unterschiedsbetrag – dem sog **Disagio oder Damnum** – sind grundsätzlich Zinsen für die Kapitalüberlassung zu erblicken. Ergibt sich unter Berücksichtigung des Disagios insgesamt eine angemessene Verzinsung der Forderung, bedarf es keiner zusätzlichen Forderungsabzinsung.

Wird ein **Darlehen mit einem Disagio oder Damnum** gewährt, ist die **Forderung zunächst mit ihrem Auszahlungsbetrag – ohne Disagio – anzusetzen.** Dieser Betrag stellt den Anschaffungswert der Forderung dar. Im Zeitablauf sind die realisierten Zinserträge durch Aufstockung der Forderung zu berücksichtigen – die Beträge stellen gewissermaßen zusätzliche bzw nachträgliche Anschaffungskosten der Forderung dar – bis am Ende der Laufzeit der Rückzahlungsbetrag inklusive Disagio erreicht ist. Im Hinblick auf den Zinscharakter des Disagios ist dabei eine kapitalproportionale – dh eine auf die jeweilige Restforderung bezogene – Forderungserhöhung vorzunehmen. Dazu ist die **Forderung über die Laufzeit aufzuzinsen.**

Ein unter dem Rückzahlungsbetrag liegender Auszahlungsbetrag kann auch als Zinsvorauszahlung des Schuldners interpretiert und **das Disagio entsprechend als passiver Rechnungsabgrenzungsposten angesetzt** werden,[171] während die **Forderung sofort mit dem Rückzahlungsbetrag aktiviert** wird. Diesfalls ist der passive Rechnungsabgrenzungsposten über die Laufzeit der Forderung insoweit aufzulösen, als dem jeweiligen Geschäftsjahr Zinserträge zuzurechnen sind. Insgesamt führt diese Form der „Brutto-Verbuchung" (Ansatz der Forderung zum Rückzahlungsbetrag mit Passivierung eines Rechnungsabgrenzungspostens, der ratierlich aufgelöst wird) zum gleichen Ergebnis wie die bereits dargestellte Form der „Netto-Verbuchung" (Ansatz der Forderung zum Auszahlungsbetrag und allmähliche Aufstockung um die realisierten Zinsen). **Das passivierte Disagio ist dabei nach der sog Zinsstaffelmethode aufzulösen:**

$$\text{jährlicher Auflösungsbetrag} = \frac{\text{Jahreskreditbetrag}}{\text{Summe der Jahreskreditbeträge}} \text{ x Disagio}$$

170 Derartige Vereinbarungen kommen zumeist bei längerfristigen Finanzgeschäften vor, ihre Behandlung soll hier jedoch aufgrund des Zusammenhangs mit der Abzinsung von Forderungen dargestellt werden.

171 Vgl zum Begriff des Rechnungsabgrenzungspostens im Einzelnen § 198 Abs 6 UGB sowie Kap 3.7.5.1.

Werden für die Forderung gesondert Zinsen verrechnet, kann die Berechnung **der Auflösungsbeträge für das Disagio auch entsprechend der zusätzlichen Zinsen** erfolgen:

$$\text{jährlicher Auflösungsbetrag} = \frac{\text{Jahreszinsen}}{\text{Summe der Jahreszinsen}} \times \text{Disagio}$$

Beispiel:

Ein Unternehmen gewährt am 1. 1. X1 ein Darlehen mit folgenden Konditionen:

Nennbetrag	*417.605,–*
Auszahlungsbetrag	*327.680,–*
Laufzeit	*bis 31. 12. X4*
	Tilgung durch Einmalzahlung des gesamten Betrages

Die Differenz zwischen dem Aus- und dem Rückzahlungsbetrag entspricht einer Verzinsung von 6,25 % pa.

Wie ist dieses Darlehen in den Jahren X1 bis X4 zu behandeln, wenn davon auszugehen ist, dass infolge des höheren Rückzahlungsbetrages eine marktkonforme Verzinsung gegeben ist?

Lösung:

Bei „Netto-Verbuchung“ ist das Darlehen zunächst mit dem Auszahlungsbetrag von 327.680,– anzusetzen und in der Folge jährlich um die realisierten Zinsen zu erhöhen, indem es aufgezinst wird. Die Beträge stellen sich während der Laufzeit wie folgt dar:

Abschlussstichtag	*Zinsertrag des Jahres*	*Bilanzwert der Darlehensforderung*
31. 12. X1	*327.680 x 6,25 % = 20.480*	*348.160*
31. 12. X2	*348.160 x 6,25 % = 21.760*	*369.920*
31. 12. X3	*369.920 x 6,25 % = 23.120*	*393.040*
31. 12. X4	*393.040 x 6,25 % = 24.565*	*–*
		(Zahlung: 417.605)

Die Zinsen werden jährlich zugebucht; so zB Ende des Jahres X1:

	(2)	*Darlehensforderung*	*20.480*	
an	*(8)*	*Zinserträge*		*20.480*

Bei „Brutto-Verbuchung“ ist das Darlehen bei der Auszahlung wie folgt zu erfassen:

	(2)	*Darlehensforderung*	*417.605*	
an	*(2)*	*Zahlungsmittelkonto*		*327.680*
an	*(3)*	*Passive Rechnungsabgrenzungsposten*		*89.925*

Das Darlehen bleibt während der Laufzeit unverändert. Der Rechnungsabgrenzungsposten entwickelt sich bei jährlicher Auflösung nach der Zinsstaffelmethode[172] *wie folgt:*

Abschlussstichtag	*Auflösung des Jahres*	*Bilanzwert der Rechnungsabgrenzung*
31. 12. X1	*20.480*	*69.445*
31. 12. X2	*21.760*	*47.685*
31. 12. X3	*23.120*	*24.565*
31. 12. X4	*24.565*	–

Bei Darlehensgewährungen kann es auch vorkommen, dass der Darlehensgeber zwar auf eine (angemessene) Verzinsung verzichtet, **an die Stelle der Zinsen allerdings andere wirtschaftliche Vorteile treten:** So kann bspw für den Empfänger des Darlehens die Verpflichtung bestehen, Güter des Darlehensgebers abzunehmen (zB Bierbezugsverpflichtung). Erwirbt der Darlehensgeber mit Auszahlung des Darlehensbetrages ein aktivierbares Recht, ist dieses gesondert unter den immateriellen Vermögensgegenständen anzusetzen: Die Forderung ist diesfalls nur in Höhe des Barwerts zu aktivieren, die Differenz zum Auszahlungsbetrag stellt die Anschaffungskosten für den immateriellen Vermögensgegenstand dar. Dieser ist in der Folge unabhängig von der Darlehensforderung fortzuschreiben, indem Abschreibungen und nötigenfalls Ausbuchungen vorgenommen werden. Die Darlehensforderung selbst ist um die im Zeitablauf realisierten Zinsen zu erhöhen, bis im Fälligkeitszeitpunkt der Rückzahlungsbetrag erreicht ist.

Unter der Interpretation des Skontos als Zinsen **müssten Forderungen, die inklusive des möglichen Skontoabzugs aktiviert werden, gleichfalls abgezinst werden**, wenn sich die Skontofrist über den Abschlussstichtag erstreckt. Auf eine entsprechende Wertkorrektur wird jedoch idR aus Vereinfachungsgründen verzichtet bzw sie wird nur in pauschaler Form vorgenommen.

Abzinsungen infolge von Zinslosigkeit oder einer unter dem üblichen Zinsfuß liegenden Verzinsung sind **grundsätzlich auch ertragsteuerrechtlich anerkannt**; sie rechtfertigen eine Teilwertabschreibung auf die un- oder niedrig verzinsliche Forderung (vgl § 6 Z 2 lit a EStG). Nach der Rechtsprechung des VwGH kann eine Abzinsung von Forderungen aus Warenlieferungen mit einer Laufzeit von durchschnittlich zwei bis drei Monaten oder mehr vorgenommen werden; Gleiches wird für sonstige Veräußerungsgeschäfte angenommen. Bei Darlehensforderungen wird ein Zahlungsziel von mehr als einem Jahr vorausgesetzt. Vor allem in der Rechtsprechung des deutschen BFH wird im Zusammenhang mit un- oder minderverzinslichen Darlehen darauf geachtet, ob nicht andere Gegenleistungen des Darlehensempfängers die fehlende oder unterdurchschnittliche Verzinsung ausgleichen (sog verdeckte Verzinsung): Besteht bspw für den Darlehensempfänger die Verpflichtung zur Abnahme von Gütern des Darlehensgebers (zB Bier- oder Zeitschriftenbezugsverpflichtung), wird davon ausgegangen, dass der Teilwert der Darlehensforderung nicht unter ihrem Nennwert liegt und wird folglich eine Abzinsung nicht bzw nur insoweit zugelassen, als der Wert dieser Gegenleistung den Zinsverlust nicht ausgleicht.

172 Der Auflösungsbetrag für das erste Jahr errechnet sich bspw wie folgt:

$$\frac{\text{Jahreskreditbetrag}}{\text{Summe der Jahreskreditbeträge}} \times \text{Disagio} = \frac{327.680}{(327.680 + 348.160 + 369.920 + 393.040)} \times 89.925 = 20.480$$

Kassenbestand, Guthaben bei Kreditinstituten

Bei diesen liquiden Mitteln treten **idR keine Bewertungsfragen** auf: Ihr Bilanzwert ergibt sich aufgrund der letzten laufenden Buchungen und muss dem Endsaldo des Kassabuchs bzw der Bankauszüge entsprechen. Umbuchungen im Rahmen der Jahresabschlussaufstellung können sich bei diesen Bilanzposten nur dann ergeben, wenn sie auf ausländische Währungen lauten bzw Zweifel an der Bonität des Kreditinstituts bestehen.

3.7.5. Rechnungsabgrenzungsposten

3.7.5.1. Begriff

Bei der Jahresabschlussaufstellung ist insbesondere auch der **Grundsatz der Periodenabgrenzung** zu beachten: Gemäß § 201 Abs 2 Z 5 UGB sind Aufwendungen und Erträge des Geschäftsjahres unabhängig vom Zeitpunkt der entsprechenden Zahlungen im Jahresabschluss zu berücksichtigen.[173] Im Sinne der dynamischen Bilanztheorie hat der Jahresabschluss eine periodengerechte Gewinnermittlung zu ermöglichen und sind in der Gewinn- und Verlustrechnung jene Aufwendungen und Erträge auszuweisen, die das Abschlussjahr betreffen.

Nicht immer findet jedoch der Zahlungsvorgang in jener Abrechnungsperiode statt, in welcher der Geschäftsvorfall als Aufwand bzw Ertrag berücksichtigt werden soll. Grundsätzlich lassen sich vier **mögliche Fälle des Auseinanderfallens von Zahlungsvorgang und Erfolgswirksamkeit**[174] unterscheiden:

<table>
<tr><td colspan="2">Transitorien („Vorauszahlungen“)</td><td colspan="2">Antizipationen („Rückstände“)</td></tr>
<tr><td colspan="2">In der abgelaufenen Periode erfolgte Zahlungsvorgänge stellen Aufwendungen bzw Erträge einer zukünftigen Abrechnungsperiode dar.</td><td colspan="2">Es hat zwar noch kein Zahlungsvorgang stattgefunden, wirtschaftlich ist jedoch für die abgelaufene Periode ein Aufwand bzw Ertrag entstanden.</td></tr>
<tr><td>eigene „Vorauszahlungen“</td><td>fremde „Vorauszahlungen“</td><td>eigene „Rückstände“</td><td>fremde „Rückstände“</td></tr>
<tr><td>Eine erfolgte Ausgabe ist erst in einer Folgeperiode Aufwand.</td><td>Eine erhaltene Einnahme ist erst in einer Folgeperiode Ertrag.</td><td>Ein entstandener Aufwand ist erst in einer Folgeperiode Ausgabe.</td><td>Ein entstandener Ertrag ist erst in einer Folgeperiode Einnahme.</td></tr>
</table>

Beispiel:

Es wird ein Mietvertrag über eine Lagerhalle beginnend mit 1. 11. X1 für die Dauer eines halben Jahres geschlossen.

Die Zahlung des Mietzinses erfolgt

a) am 1. 11. X1 für die gesamte Mietdauer im Voraus;

b) am 30. 4. X2 (= Ablauf des Bestandsverhältnisses) für die gesamte Mietdauer im Nachhinein.

---

173 Vgl Kap 3.6.2.5.

174 Für diese vier Möglichkeiten findet sich auch die Bezeichnung „Rechnungsabgrenzungsposten im weiteren Sinn“.

Welche Auswirkungen haben die beiden Varianten bei Mieter und Vermieter der Lagerhalle, wenn ihre Abschlussperioden jeweils vom 1. 1. bis 31. 12. X1 laufen?

Lösung:

a) *Erfolgt die Zahlung am 1. 11. X1 im Voraus stellt dies* ***beim Mieter nur*** *für zwei Monate (November und Dezember) einen Aufwand der Abschlussperiode X1 dar. Im Ausmaß der weiteren vier Monatsmieten für die Periode X2 liegt eine* ***eigene Vorauszahlung*** *vor.*

   Die im Voraus erhaltene Miete betrifft ***beim Vermieter*** *nur im Ausmaß von zwei Sechstel die Abschlussperiode X1, sodass nur dieser Anteil einen Ertrag dieser Abschlussperiode darstellt. Die Zahlung für die ersten vier Monate der Folgeperiode X2 ist eine* ***fremde Vorauszahlung.***

b) *Erfolgt die Zahlung der Miete am 30. 4. X2 für sechs Monate im Nachhinein, ist dennoch* ***beim Mieter*** *für das Abschlussjahr X1 ein Aufwand entstanden. Für die Monate November und Dezember X1 stellt die erst in der Folgeperiode X2 zu leistende Zahlung einen* ***eigenen Rückstand*** *dar.*

   Auch wenn die Miete erst am 30. 4. X2 für ein halbes Jahr im Nachhinein eingeht, ist ***beim Vermieter*** *für die Monate November und Dezember X1 der Ertrag bereits in der Abschlussperiode X1 zu berücksichtigen und stellt damit einen* ***fremden Rückstand*** *dar.*

Um eine „periodenrichtige" Gewinn- und Verlustrechnung zu erstellen, dürfen einerseits nicht sämtliche Ausgaben und Einnahmen in ihr aufscheinen, andererseits sind auch noch nicht ausgaben- und einnahmenwirksame Aufwendungen und Erträge vorwegzunehmen.[175] Dazu werden **Korrekturen über die Bilanz** notwendig.

Für Ausgaben, die noch nicht Aufwendungen, bzw Einnahmen, die noch nicht Erträge sind, somit **für Vorauszahlungen (Transitorien)** finden sich in § 198 UGB Bilanzansatzvorschriften:

§ 198 UGB

(5) Als Rechnungsabgrenzungsposten sind auf der Aktivseite Ausgaben vor dem Abschlussstichtag auszuweisen, soweit sie Aufwand für eine bestimmte Zeit nach diesem Tag sind.

(6) Als Rechnungsabgrenzungsposten sind auf der Passivseite Einnahmen vor dem Abschlussstichtag auszuweisen, soweit sie Ertrag für eine bestimmte Zeit nach diesem Tag sind.

Diese Umschreibungen stellen klar, dass **in der Bilanz ausschließlich Transitorien („Vorauszahlungen") als „Rechnungsabgrenzungsposten"** ausgewiesen werden dürfen:

a) auf der Aktivseite eigene „Vorauszahlungen" (gebräuchlich ist dafür auch der Begriff „Aktive Rechnungsabgrenzungsposten", abgekürzt: ARA)
b) auf der Passivseite fremde „Vorauszahlungen" (gebräuchlich ist dafür auch der Begriff „Passive Rechnungsabgrenzungsposten", abgekürzt: PRA)

Antizipationen (= eigene und fremde Rückstände) sind nicht als Rechnungsabgrenzungsposten auszuweisen. Bei zukünftigen Einnahmen bzw Ausgaben, deren erfolgsmäßige Konsequenzen – als Ertrag bzw Aufwand – vorwegzunehmen (zu antizipieren) sind, handelt

175 Aufwendungen werden häufig auch als „periodisierte Ausgaben" umschrieben, Erträge als „periodisierte Einnahmen".

es sich um Forderungen bzw Schulden, die in der Bilanz als „Forderungen“ bzw „Verbindlichkeiten“ oder allenfalls als Rückstellungen auszuweisen sind.[176]

Beispiel – Fortsetzung:

Welche Bilanzposten sind im Zusammenhang mit dem oben erläuterten Bestandsvertrag in den Jahresabschlüssen zum 31. 12. X1 von Mieter und Vermieter auszuweisen?

Lösung:

a) Bei einer am 1. 11. X1 für die halbjährliche Mietdauer vorausbezahlten Miete ist in Höhe der die Folgeperiode X2 betreffenden Miete

- ***beim Mieter ein aktiver Rechnungsabgrenzungsposten** (die Ausgabe vor dem Abschlussstichtag ist Aufwand für eine bestimmte Zeit danach),*
- ***beim Vermieter ein passiver Rechnungsabgrenzungsposten** (die Einnahme vor dem Abschlussstichtag ist Ertrag für eine bestimmte Zeit danach)*

auszuweisen.

b) Bei einer erst am 30. 4. X2 erfolgenden nachträglichen Bezahlung der Miete für ein halbes Jahr

- *hat **der Mieter** den die Abschlussperiode X1 betreffenden Aufwand (= Miete für zwei Monate) zu berücksichtigen und eine **Verbindlichkeit** auszuweisen,*
- *hat **der Vermieter** den die Abschlussperiode X1 betreffenden Ertrag zu berücksichtigen und dafür eine **Forderung** auszuweisen.*

Für Rechnungsabgrenzungsposten besteht **Bilanzierungspflicht**; lediglich für betragsmäßig unwesentliche Posten kann aus Vereinfachungsgründen auf einen Ansatz verzichtet werden.

Der Ansatz von Rechnungsabgrenzungsposten ist entsprechend ihrer Definition in § 198 UGB an folgende **Voraussetzungen** geknüpft:

- **Es muss sich um Ausgaben bzw Einnahmen vor dem Abschlussstichtag handeln:** Unter Ausgaben und Einnahmen, die allenfalls als Rechnungsabgrenzungsposten zu erfassen sind, sind dabei nicht nur der Ab- oder Zufluss von Zahlungsmitteln (Kassa, Bank, Schecks) zu verstehen. Auch im Zusammenhang mit der Einbuchung von Verbindlichkeiten und Forderungen können Abgrenzungen notwendig werden. Dies stets dann, wenn die Verbindlichkeit bzw Forderung als solche bereits entstanden ist, die Beträge aber nicht bzw nicht zur Gänze Aufwand bzw Ertrag der Abschlussperiode darstellen. Zwar verlangen § 198 Abs 5 bzw 6 UGB eine Ausgabe bzw Einnahme *vor* dem Abschlussstichtag, doch ist diese Formulierung so zu verstehen, dass bis zum Ende des Abschlussstichtages (bis 24.00 Uhr) stattfindende Ausgaben bzw Einnahmen zu berücksichtigen sind.
- Die Ausgaben bzw Einnahmen müssen Aufwand **bzw Ertrag nach dem Abschlussstichtag darstellen:** Die erfolgswirksame Zuordnung hat sich dabei an den üblichen Realisierungsgrundsätzen[177] zu orientieren. Wesentlich ist in diesem Zusammenhang insbesondere, dass der wirtschaftliche Grund der Ausgaben bzw Einnahmen, ihre wirtschaftliche Verursachung in der Zukunft liegt, dass die dafür zu erhaltende oder zu erbringende Gegenleistung erst nach dem Abschlussstichtag erfolgt. Die Erfolgswirksamkeit kann sich auf eine oder mehrere

176 Vgl dazu im Einzelnen Kap 3.7.5.4.
177 Vgl Kap 3.2.2.4.

Folgeperioden beziehen; auch eine nur teilweise zukünftige Aufwands- bzw Ertragswirksamkeit erfolgter Ausgaben bzw Einnahmen ist möglich. Umgekehrt ist es auch nicht erforderlich, dass die vorweg verausgabten bzw vereinnahmten Beträge dem Gesamtentgelt für die zukünftige Gegenleistung entsprechen.

- **Die Erfolgswirksamkeit muss für eine bestimmte Zeit nach dem Abschlussstichtag gegeben sein:** Dieser – kalendermäßig bestimmte bzw bestimmbare – Zeitraum nach dem Abschlussstichtag muss sich dabei unmittelbar aus dem zugrunde liegenden Sachverhalt ergeben, indem den bereits erbrachten Leistungen bestimmte zukünftige Gegenleistungen zugerechnet werden können. Erfüllt wird diese Anforderung nur von sog „Transitorien im engeren Sinn", wie Schuldverhältnissen (gegenseitige Verträge) oder ähnlichen Rechtsbeziehungen (zB auf Grundlage des öffentlichen Rechts) mit Dritten über zeitbezogene Leistungen, bei welchen Leistung und Gegenleistung zeitlich auseinanderfallen (zB ein Mietvertrag bzw ein Versicherungsvertrag sehen die Leistung des Zinses bzw der Prämie im Vorhinein vor und bestimmen exakt die Dauer des Bestandsverhältnisses bzw des Versicherungsschutzes und damit den Zeitraum der Gegenleistung). Lässt sich hingegen der Zeitraum der zukünftigen Erfolgswirksamkeit nicht durch eine zuordenbare noch ausstehende Gegenleistung bestimmen, ist der Ansatz eines Rechnungsabgrenzungspostens unzulässig. Aus diesem Grund dürfen sog „Transitorien im weiteren Sinn" wie bspw Reklamekosten oder Forschungs- und Entwicklungskosten nicht als Rechnungsabgrenzungsposten aktiviert werden.[178] Der Zeitraum der Erfolgswirksamkeit abgrenzbarer Ausgaben bzw Einnahmen ergibt sich vor allem aus den der Leistung zugrunde liegenden Verträgen bzw – wenn sie ihre Grundlage im öffentlichen Recht haben – aus öffentlich-rechtlichen Regelungen oder Vereinbarungen. Um dem Grundsatz der Bilanzvorsicht Rechnung zu tragen, ist besonders bei aktiven Rechnungsabgrenzungsposten auf einen exakten und eindeutigen Zeitbezug zu achten und im Zweifel eine Aktivierung zu unterlassen. Um hingegen eine zu frühe Ertragsrealisation zu vermeiden, ist bei passiven Rechnungsabgrenzungsposten die Voraussetzung der Zeitbestimmtheit auch auf der Basis einer vorsichtigen Schätzung (zB auf Grundlage der statistischen Lebenserwartung eines Menschen oder der betriebsgewöhnlichen Nutzungsdauer einer Anlage) gegeben und eine Passivierung damit auch dann geboten.

Als **Beispiele für aktive Rechnungsabgrenzungen** lassen sich etwa anführen: vorausbezahlte Lizenzen, Mieten, Mitgliedsbeiträge, Versicherungsprämien, Wechseldiskontspesen, Zinsen sowie Zuschüsse für ein bestimmtes Verhalten innerhalb einer gewissen Zeit. **Passive Rechnungsabgrenzungsposten** sind bspw zu bilden für: voraus erhaltene Lizenzeinnahmen, Mietzinse etc sowie Entschädigungen und Subventionen im Zusammenhang mit der Verpflichtung in einem bestimmten Zeitraum, ein gewisses Verhalten zu setzen, zu unterlassen oder zu dulden (zB Abnahmeverpflichtungen, Wettbewerbsunterlassung).

Das **Steuerrecht** enthält keine Vorschriften zu Rechnungsabgrenzungsposten. Die Verteilungspflicht von Vorauszahlungen besteht jedoch auch für die steuerrechtliche Gewinnermittlung, sodass diesbezüglich dem unternehmensrechtlichen Ansatz gefolgt wird.

178 Damit wird deutlich, dass der Grundsatz der Periodenabgrenzung bei der Bilanzierung nicht uneingeschränkt gilt: Durch die Voraussetzung der Zeitbestimmtheit ist es grundsätzlich unzulässig, einmalige größere Ausgaben, welche nicht zu Vermögensgegenständen führen und die erst irgendwann in der Zukunft – und das nicht mit Sicherheit – zu Erträgen führen, auf mehrere Rechnungsperioden zu verteilen. Damit wird dem Grundsatz der Vorsicht vor jenem der Periodenabgrenzung Rechnung getragen.

3.7.5.2. Berechnung

Bei Rechnungsabgrenzungsposten geht es darum, in welcher Abschlussperiode Ausgaben bzw Einnahmen erfolgswirksam werden: Fällt die Gegenleistung zeitsynchron an, ist kein Ansatz von Rechnungsabgrenzungsposten erforderlich; ihre Notwendigkeit ergibt sich daraus, dass die Gegenleistung bzw Teile davon erst in Zukunft erfolgen. Entsprechend bestimmt sich ihre **Höhe danach, in welchem Ausmaß für die getätigten Ausgaben bzw erhaltenen Einnahmen noch Gegenleistungen ausständig sind.** Maßgeblich ist dabei das Wertverhältnis der ausstehenden Leistung zur Gesamtleistung, nicht jedoch die Höhe der zukünftigen Kosten, die notwendig sind, um die Leistung zu bewirken.

Oftmals wird schon **bei der laufenden Buchhaltung** darauf geachtet, inwieweit erfolgte Ausgaben Aufwand bzw erhaltene Einnahmen Erträge dieser oder einer zukünftigen Abschlussperiode darstellen. Nötige Abgrenzungen werden dann sofort vorgenommen, indem eine Aufteilung erfolgt:[179]

	(6, 7, 8)	Aufwandskonto
	(2)	Aktive Rechnungsabgrenzungsposten
an		Zahlungsmittel (bzw Verbindlichkeiten)
bzw		
		Zahlungsmittel (bzw Forderungen)
an	(4, 8)	Ertragskonto
an	(3)	Passive Rechnungsabgrenzungsposten

Beispiel:

Am 30. 10. wird die Prämie für die Brandschadenversicherung in Höhe von 1.800,– für den Zeitraum 2. 11. dieses Jahres bis 31. 10. des Folgejahres bezahlt (Banküberweisung).

Welche Buchung ist im Zusammenhang mit der Zahlung vorzunehmen, wenn der Abschlussstichtag der 31. 12. ist?

Lösung:

Nur 2/12 der Zahlung betreffen das Abschlussjahr. 10/12 der Zahlung sind erst Aufwand für das Folgejahr; entsprechend ist in dieser Höhe eine aktive Rechnungsabgrenzung erforderlich:

	(7)	*Versicherungsaufwand*		*300*
	(2)	*Aktive Rechnungsabgrenzungsposten*	*1.500*	
an	*(2)*	*Bank*		*1.800*

Haben sich Transitorien (eigene Vorauszahlungen) **während des Geschäftsjahres in Aufwands- bzw Ertragsbuchungen niedergeschlagen**, hat die **Umbuchung** des Betrages, der das nächste bzw die nächsten Geschäftsjahre betrifft, spätestens im Zuge der Jahresabschlussaufstellung zu erfolgen.

Mittels der Bilanzposten „Aktive Rechnungsabgrenzungsposten" und „Passive Rechnungsabgrenzungsposten" werden die Transitorien in jene Periode(n) übertragen, für welche sie Auf-

179 Zur Erfassung der Umsatzsteuer siehe weiter unten.

wendungen bzw Erträge darstellen. Dann sind sie **gegen die entsprechenden Aufwands- bzw Ertragskonten auszubuchen.**

Beispiel:

Die A-OHG gewährte einem anderen Unternehmen am 1. 10. ein Darlehen in Höhe von 100.000,–, für das 3 % pa Zinsen zu zahlen sind. Die Zinsen sind jeweils am 1. 10. im Voraus für das gesamte Jahr fällig.

Welche Buchung ergibt sich daraus bei der A-OHG am Bilanzstichtag, dem 31. 12. , wenn bei Erhalt der Zinszahlung der gesamte Betrag (3.000,–) auf das Konto „Zinserträge" gebucht wurde? Welche Buchung ist im Folgejahr durchzuführen?

Lösung:

9/12 der Zahlung betreffen das neue Jahr, deshalb ist spätestens bei der Jahresabschlussaufstellung zu buchen:

	(8)	*Zinserträge*	*2.250*	
an	*(3)*	*Passive Rechnungsabgrenzungsposten*		*2.250*

Nach Eröffnung der Konten wird im Folgejahr gebucht:

	(3)	*Passive Rechnungsabgrenzungsposten*	*2.250*	
an	*(8)*	*Zinserträge*		*2.250*

Die **Höhe der erforderlichen Auflösung** von Rechnungsabgrenzungsposten bestimmt sich danach, inwieweit der Aufwand bzw der Ertrag der nunmehrigen Abschlussperiode zuzurechnen ist. Bei Leistungsaustauschverhältnissen bemisst sie sich nach der Verminderung der ursprünglich ausstehenden Gegenleistung. Eine gleichmäßige oder fortlaufende Auflösung ist damit nicht zwingend. Rechnungsabgrenzungsposten sind auch dann beizubehalten (bzw anzusetzen) und ratierlich aufzulösen, wenn die noch ausstehenden Gegenleistungen für den Empfänger wertlos sind (zB ein Mietobjekt, für das der Mietzins vorweg geleistet wurde, wird nicht [mehr] genutzt) und auch kein Anspruch auf Rückvergütung der Vorleistung besteht.[180]

In die Rechnungsabgrenzungsposten sind **grundsätzlich nur die Nettobeträge der Ausgaben bzw Einnahmen ohne Umsatzsteuer** einzustellen. Lediglich wenn der Vorsteuerabzug nicht zusteht (zB bei Lieferungen oder sonstigen Leistungen iSd § 12 Abs 2 Z 2 UStG wie etwa jenen im Zusammenhang mit den meisten Personenkraftwagen), ist der Bruttobetrag als Rechnungsabgrenzungsposten abzugrenzen.

Die **Vorsteuer- bzw Umsatzsteuerbeträge** sind über die üblichen Abgabenverrechnungskonten zu buchen. Im Zusammenhang mit der Verbuchung von Transitorien ist aus umsatzsteuerlicher Sicht insbesondere die **Besteuerung von Anzahlungen** zu beachten:[181]

- In der überwiegenden Zahl der Fälle wird die **Umsatzsteuer** von den vereinbarten Entgelten eingehoben (Sollbesteuerung). Dabei entsteht die Umsatzsteuerschuld grundsätzlich

180 Dem aus diesem Leistungsverhältnis drohenden Verlust ist jedoch durch die Bildung einer Rückstellung für drohende Verluste aus schwebenden Geschäften Rechnung zu tragen (vgl dazu Kap 3.7.8.2.2.).

181 Vgl dazu insb § 19 Abs 2 Z 1 lit a) sowie § 12 Abs 1 Z 1 UStG, in welchen die erfolgende Besteuerung von Anzahlungen sowie der damit korrespondierende Vorsteuerabzug geregelt sind.

mit Ablauf des Kalendermonats, in dem die Lieferung oder sonstige Leistung ausgeführt wurde. Ohne Lieferung oder sonstige Leistung entsteht grundsätzlich auch keine Steuerschuld. Wird das Entgelt oder ein Teil des Entgeltes vereinnahmt, bevor die Leistung ausgeführt worden ist („erhaltene Anzahlung"), so entsteht – abweichend vom Grundsatz der Sollbesteuerung – insoweit die Steuerschuld mit Ablauf des Voranmeldungszeitraumes, in dem das Entgelt vereinnahmt worden ist. Dabei richten sich Steuerpflicht bzw Steuersatz nach der nachfolgenden Leistung.

- Für den **Vorsteuerabzug** ist es unter anderem einerseits notwendig, eine den Formvorschriften entsprechende Rechnung zu haben, andererseits muss die dafür zu erbringende Lieferung oder sonstige Leistung grundsätzlich auch tatsächlich bereits ausgeführt sein. Analog zur Besteuerung von erhaltenen Anzahlungen ist jedoch abweichend von diesem Grundsatz ein Vorsteuerabzug bereits möglich, soweit eine den Formvorschriften entsprechende Rechnung vorliegt und die Anzahlung geleistet worden ist.

Sollte zwar eine Vorauszahlung erfolgt sein, jedoch **noch keine entsprechende Rechnung vorliegen**, kommt es zu einer zeitlichen Verschiebung der Vorsteuerabzugsmöglichkeit.[182] Diesfalls ist der Steuerbetrag über ein eigenes Konto „noch nicht verrechenbare Vorsteuer" zu buchen. Für die Entstehung der Umsatzsteuerschuld ist bei erhaltenen Anzahlungen hingegen grundsätzlich unerheblich, ob eine Rechnung gelegt wurde oder nicht.[183]

3.7.5.3. Unterschiedsbetrag zwischen Ausgabe- und Rückzahlungsbetrag einer Verbindlichkeit

Einen besonderen Posten, der gesondert unter den aktiven Rechnungsabgrenzungsposten auszuweisen ist, stellt der aktivierte Unterschiedsbetrag zwischen dem Ausgabe- und dem höheren Rückzahlungsbetrag einer Verbindlichkeit zum Zeitpunkt der Begründung dar:[184]

§ 198 UGB

(7) Ist der Rückzahlungsbetrag einer Verbindlichkeit zum Zeitpunkt ihrer Begründung höher als der Ausgabebetrag, so ist der Unterschiedsbetrag in den Rechnungsabgrenzungsposten auf der Aktivseite aufzunehmen und gesondert auszuweisen. ...

Beispiele:

a) Ein Unternehmen nimmt ein Darlehen in Höhe von EUR 2,000.000,– mit 98%iger Auszahlung auf:

Bankgutschrift: 1,960.000 € <=> *Verbindlichkeit: 2,000.000 €*

b) Ein Unternehmen nimmt ein Darlehen in Höhe von EUR 2,000.000,– mit 100%iger Auszahlung und 103%iger Rückzahlung auf.

Bankgutschrift: 2,000.000 € <=> *Verbindlichkeit: 2,060.000 €*

---

182 Vgl zur zeitlichen Berücksichtigung der Vorsteuerbeträge § 12 Abs 1 Z 1 UStG.

183 Vgl zur zeitlichen Berücksichtigung der Umsatzsteuerbeträge § 19 Abs 2 UStG.

184 Das Aktivierungswahlrecht für die mit der Begründung einer derartigen Verbindlichkeit unmittelbar zusammenhängenden Geldbeschaffungskosten wurde durch das Eu-GesRÄG 1996 aufgehoben. Die Übergangsbestimmungen zum Eu-GesRÄG enthalten dazu die Regelung, dass zum 1. Jänner 1998 bestehende Bilanzansätze für aktivierte Geldbeschaffungskosten bis zum Ende des jeweiligen Abschreibungszeitraums beibehalten werden können.

Ein solcher – bereits im Zeitpunkt der Begründung einer Verbindlichkeit existenter – **Unterschiedsbetrag zwischen dem Ausgabe- und dem Rückzahlungsbetrag einer Verbindlichkeit** kann entweder durch einen unter dem Nennwert (Nominale) einer Verbindlichkeit liegenden Auszahlungsbetrag (Emissionsbetrag) oder einem über dem Auszahlungsbetrag liegenden Rückzahlungsbetrag (Tilgungsbetrag) liegen (allenfalls wird auch beides kombiniert):

	Kurs	Betrag zB	Bezeichnungen
Rückzahlungsbetrag	103 %	2,060.000	(Rückzahlungs-)Agio bzw Aufgeld[185]
Nennwert	100 %	2,000.000	
Auszahlungsbetrag	98 %	1,960.000	(Begebungs-)Disagio bzw Abgeld[186]

Ein Disagio – bei Anleihen auch als Abgeld bzw bei Hypotheken als Damnum bezeichnet – sowie ein Agio – bei Anleihen auch als Aufgeld bezeichnet – können **zum einen zinsähnlichen Charakter haben**: Der Gläubiger erhält eine höhere Rückzahlung als den Nennwert bzw den Auszahlungsbetrag, dafür aber während der Laufzeit der Verbindlichkeit keine oder zumindest niedrigere als die üblichen Zinsen. Zum anderen können sich in diesem Differenzbetrag auch **Nebenkosten der Darlehensgewährung niederschlagen**, wie Bearbeitungs- oder Abschlussgebühren des Darlehensgebers (sog Geldbeschaffungskosten ieS).

Da Verbindlichkeiten gemäß § 211 Abs 1 UGB mit ihrem Erfüllungs- bzw Rückzahlungsbetrag – ihr Nennwert hat insofern keine Bedeutung – anzusetzen sind,[187] der Ausgabebetrag und damit der Aktivzugang (zB Kassazugang oder Bankgutschrift) beim Darlehensnehmer bei Vorliegen eines Disagios oder Agios jedoch darunter liegt, entsteht bei ihm **buchhalterisch zwangsläufig ein – sollseitiger – Unterschiedsbetrag.**

Nach § 198 Abs 7 UGB besteht für den sollseitigen Unterschiedsbetrag **Aktivierungspflicht.**

Beispiele – Fortsetzung:

a) Bei der Aufnahme eines Darlehens in Höhe von EUR 2,000.000,– mit 98%iger Auszahlung ist folgende Buchung vorzunehmen:

	(2)	*Bank*	*1,960.000*	
	(2)	*Disagio*	*40.000*	
an	*(3)*	*Darlehensverbindlichkeit*		*2,000.000*

185 Bei einer Rückzahlung über dem Nominale spricht man – speziell bei Anleihen – auch von einer Ausgabe „über pari".

186 Bei einer Auszahlung unter dem Nominale spricht man auch von einer Ausgabe „unter pari". (Eine Auszahlung zum Nominale wird auch als „al pari" bezeichnet.)

187 Vgl dazu Kap 3.6.5.1. bzw 3.7.6.2.

b) Bei der Aufnahme eines Darlehens in Höhe von EUR 2,000.000,– mit 100%iger Auszahlung und 103%iger Rückzahlung bedarf es folgender Buchung:

	(2)	*Bank*	*2,000.000*	
	(2)	*Agio*	*60.000*	
an	*(3)*	*Darlehensverbindlichkeit*		*2,060.000*

Die **Aktivierungspflicht des § 198 Abs 7 UGB besteht nur für die Differenz zwischen Auszahlungs- und Rückzahlungsbetrag im engsten Sinne**, wobei es dann aber unerheblich ist, ob und inwieweit sie ihre Ursache in vorweg geleisteten Zinsen oder von der Laufzeit der Verbindlichkeit abhängigen Verwaltungs- und Bearbeitungsgebühren oder aber in einmaligen und zeitlich nicht näher abgrenzbaren Entgelten für die Darlehensgewährung hat. **Nicht unter die Bestimmung fallen unabhängig von einem Disagio oder Agio verrechnete Geldbeschaffungskosten,**[188] selbst wenn sie in unmittelbarer zeitlicher Nähe mit der Begründung der Verbindlichkeit anfallen und vom Gläubiger allenfalls auch gleich vom Auszahlungsbetrag zurückbehalten werden. Für derartige Geldbeschaffungskosten ist gesondert festzustellen, ob sie die Kriterien für einen Rechnungsabgrenzungsposten gemäß § 198 Abs 5 UGB erfüllen – was bspw bei vorausbezahlten laufzeitabhängigen Verwaltungsgebühren der Fall ist –, dann sind sie als reguläre Rechnungsabgrenzungsposten zu aktivieren.[189] Stellen derartige Geldbeschaffungskosten hingegen einmalige und nicht laufzeitbezogene Kosten dar – wie zB Vermittlungsprovisionen oder Kreditbesicherungskosten –, sind sie nicht aktivierbar, sondern sofort aufwandswirksam zu erfassen.

Die Vorschrift des § 198 Abs 7 UGB **gilt für alle Verbindlichkeiten** und unabhängig von deren Laufzeit; ein häufiger Anwendungsfall sind Anleihen, möglich ist das Auftreten von Disagio und/oder Agio aber auch bei anderen Verbindlichkeiten. **Voraussetzungen** für die Aktivierung ist jedenfalls, dass der Unterschiedsbetrag bereits im Zeitpunkt der Begründung der Verbindlichkeit vorliegt; bei einer späterer Erhöhung des Rückzahlungsbetrages über den ursprünglichen Ausgabebetrag (etwa bei im Nachhinein verrechneten Zinsen oder zB bei Steigerungen der Verbindlichkeit infolge von Wechselkursänderungen) darf keine Aktivierung mehr erfolgen.

Gemäß § 198 Abs 7 UGB ist der **aktivierte Unterschiedsbetrag in der Folge „abzuschreiben"**:

§ 198 (7) UGB

... Der eingesetzte Betrag ist durch planmäßige jährliche Abschreibung zu tilgen.

Die **Ausbuchung des Aktivpostens hat basierend auf einem vorweg erstellten Abschreibungsplan zu erfolgen.** Das Gesetz sieht keinen Zeitraum für die Abschreibungsdauer vor; zweifelsfrei darf sie nur längstens bis zum – vereinbarten bzw voraussichtlichen – Ende der Laufzeit der Verbindlichkeit sein. Die Höhe der jährlichen Abschreibung darf nicht willkürlich festgesetzt werden: Dem zum Großteil gegebenen Wesen des Aktivpostens als vorweggenommene Zinsen entspricht eine Auflösung entsprechend den Zinsen. Bei einem sog Fälligkeitsdarlehen (= gesamter Betrag ist zu einem bestimmten Zeitpunkt zurückzuzahlen) ergibt sich – ohne Berücksichtigung von Zinseszinsen – eine lineare Abschreibung auf die Laufzeit. Bei einem Tilgungsdarlehen (= gleichmäßige Rückzahlung der Verbindlichkeit) sowie einem An-

188 Zur steuerlichen Behandlung derartiger Kosten siehe später.
189 Vgl zu den Rechnungsabgrenzungsposten im eigentlichen Sinn Kap 3.7.5.1.

nuitätendarlehen (= steigende Rückzahlung der Verbindlichkeit) entsteht ein degressiver Abschreibungsverlauf. Die Höhe der zinsproportionalen Abschreibung lässt sich dabei mithilfe des Tilgungs- und Zinsplans für die betreffende Verbindlichkeit feststellen. Grundsätzlich errechnet sich die **zinsproportionale bzw kapitalproportionale Prozentzahl** für die Disagio-/Agioabschreibung dabei wie folgt:[190]

$$\frac{\text{Jahreszinsaufwand}}{\text{Gesamtzinsaufwand}} = \% \text{ bzw } \frac{\text{Jahreskapitalbetrag}}{\text{Summe der Jahreskapitalbeträge}} = \%$$

(Diese Berechnungsmethode ist vor allem dann heranzuziehen, wenn keine Zinsen oder flexible Zinsen vereinbart wurden.)

Beispiel – Fortsetzung:

Für das oben angeführte Darlehen der Variante a) wird anlässlich der am 1. 4. X1 erfolgenden Darlehensaufnahme wie folgt gebucht:

	(2)	*Bank*	*1,960.000*	
	(2)	*Disagio*	*40.000*	
an	*(3)*	*Darlehensverbindlichkeit*		*2,000.000*

Wie wäre das aktivierte Disagio zins- bzw kapitalproportional abzuschreiben, wenn

a) das Darlehen nach Ablauf von vier Jahren (= zum 31. 3. X5) auf einmal zurückbezahlt wird und pro Jahr Zinsen in der Höhe von 4 % (vom Nominale) verrechnet werden, die jährlich am Jahresende zu bezahlen sind;

b) das Darlehen beginnend mit 1. 4. X2 mit vier gleich hohen Jahresraten zu 500.000,– zurückbezahlt wird und pro Jahr Zinsen in der Höhe von 3,75 % (vom Nominale) verrechnet werden, die jährlich am Jahresende zu bezahlen sind?

Abschlussstichtag ist jeweils der 31. 12.

Lösung:

a) Bei Vorliegen eines Fälligkeitsdarlehens fallen während der vierjährigen Laufzeit jährlich Zinsen in gleicher Höhe an, und zwar pro Jahr 80.000 (= 2,000.000 x 4 %); entsprechend ist das Disagio – und wäre gleichermaßen ein Agio – mit gleichbleibenden Jahresbeträgen über einen Zeitraum von vier Jahren abzuschreiben, somit mit jährlich 10.000 (= 40.000 : 4).

Wie für die Zinsen ist jedoch auch für die Disagioabschreibung die zeitanteilige Abgrenzung für den Jahresabschluss zum 31. 12. zu beachten, sodass im Jahr X1 Zinsen und Disagioabschreibung für 9 Monate (in der Höhe von 9/12) zu berücksichtigen sind:

	(8)	*Zinsaufwendungen*	*60.000*	
an	*(2)*	*Bank*		*60.000*

	(8)	*Abschreibung Disagio*	*7.500*	
an	*(2)*	*Disagio*		*7.500*

190 Neben den hier dargestellten – generell anwendbaren – Methoden gibt es zur Ermittlung der Abschreibungshöhe für ein Disagio bzw Agio noch verschiedene mathematische Formeln; diese sind jedoch je nach Art des Darlehens – Tilgungsdarlehen, Annuitätendarlehen etc – unterschiedlich.

In den Jahren X2 bis X4 ist jährlich zu buchen:

	(8)	*Zinsaufwendungen*	*80.000*	
an	*(2)*	*Bank*		*80.000*

	(8)	*Abschreibung Disagio*	*10.000*	
an	*(2)*	*Disagio*		*10.000*

Im Jahr X5 sind Zinsen und Disagioabschreibung für noch drei Monate (mit 3/12) zu erfassen:

	(8)	*Zinsaufwendungen*	*20.000*	
an	*(2)*	*Bank*		*20.000*

	(8)	*Abschreibung Disagio*	*2.500*	
an	*(2)*	*Disagio*		*2.500*

Nach Ablauf der vier Jahre ist – gleichzeitig mit Ende der Laufzeit des Darlehens – das Disagio zur Gänze getilgt.

b) Bei Vorliegen eines Tilgungsdarlehens reduzieren sich die jährlich anfallenden Zinsen infolge der laufenden Rückzahlungen. Zweckmäßigerweise wird gleich vorweg für die gesamte Laufzeit des Darlehens basierend auf dem jeweiligen Tilgungs- bzw Zinsplan ein Plan für die Entwicklung des Disagio-/Agiobetrages erstellt:

- *Bei Verwendung der zinsproportionalen Prozentzahl (möglich, wenn fixe Zinsen vereinbart wurden) ergibt sich unter Berücksichtigung der Jahresabschlussstichtage folgendes Tableau:*

		Tilgungs- und Zinsplan			*Berechnungen für Disagio/Agio*		
Jahr	*Zeitraum*	*Nominal-Kapital*	*Nominal-Tilgung*	*anteilige Zinsen*[191]	*Jahreszinsen*	*Jahreszinsen / Gesamtzinsen*	*Abschreibung Disagio/Agio*
X1	*1. 4 – 31. 12.*	*2,000.000*		*56.250,00*	*56.250,00*	*30,0 %*	*12.000*
X2	*1. 1. – 31. 3.*	*2,000.000*	*500.000*	*18.750,00*			
	1. 4. – 31. 12.	*1,500.000*		*42.187,50*	*60.937,50*	*32,5 %*	*13.000*
X3	*1. 1. – 31. 3.*	*1,500.000*	*500.000*	*14.062,50*			
	1. 4. – 31. 12.	*1,000.000*		*28.125,00*	*42.187,50*	*22,5 %*	*9.000*
X4	*1. 1. – 31. 3.*	*1,000.000*	*500.000*	*9.375,00*			
	1. 4. – 31. 12.	*500.000*		*14.062,50*	*23.437,50*	*12,5 %*	*5.000*
X5	*1. 1. – 31. 3.*	*500.000*	*500.000*	*4.687,50*			
	1. 4. – 31. 12.	*0*		*–*	*4.687,50*	*2,5 %*	*1.000*
Summen			*2,000.000*	*187.500*[192]	*187.500*	*100 %*	*40.000*

191 Unter Zugrundelegung des angegebenen Zinssatzes von 3,75 % pa und entsprechend dem jeweiligen Zeitraum: so zB für das Jahr X1: 2,000.000 x 3,75 % x 9/12 = 56.250.

192 Der Gesamtzinsaufwand lässt sich – abgesehen von der Ermittlung auf Basis eines Tilgungsplans – vereinfacht auch bspw wie folgt ermitteln:
– für ein Tilgungsdarlehen: mithilfe des durchschnittlich gebundenen Kapitals: (zinswirksames Anfangskapital + zinswirksames Endkapital)/2 zB für das obige Bsp: (2,000.000 + 500.000)/2 = 1,250.000 1,250.000 x 3,75 % Zinsen für 4 Jahre = 187.500

- *Bei Verwendung der kapitalproportionalen Prozentzahl (sinnvoll, wenn – zusätzlich zum Disagio bzw Agio – keine Zinsen oder flexible Zinsen vereinbart wurden) ergibt sich unter Berücksichtigung der Jahresabschlussstichtage folgendes Tableau:*[193]

		Tilgungsplan		Berechnungen für Disagio/Agio			
Jahr	Zeitraum	Nominal-Kapital	Nominal-Tilgung	Kapital-bindung	Jahres-kapital[194]	Jahreskapital / Jahres-kapitalien	Abschreibung Disagio/Agio
X1	1. 4 – 31. 12.	2,000.000		9/12	1,500.000	30,0 %	12.000
X2	1. 1. – 31. 3.	2,000.000	500.000	3/12	500.000		
	1. 4. – 31. 12.	1,500.000		9/12	1,125.000	32,5 %	13.000
X3	1. 1. – 31. 3.	1,500.000	500.000	3/12	375.000		
	1. 4. – 31. 12.	1,000.000		9/12	750.000	22,5 %	9.000
X4	1. 1. – 31. 3.	1,000.000	500.000	3/12	250.000		
	1. 4. – 31. 12.	500.000		9/12	375.000	12,5 %	5.000
X5	1. 1. – 31. 3.	500.000	500.000	3/12	125.000		
	1. 4. – 31. 12.	0			–	2,5 %	1.000
Summen			2,000.000	48/12	5,000.000	100 %	40.000

Demzufolge wären bspw für das Jahr X1 im Zusammenhang mit dem Darlehen folgende Buchungen vorzunehmen:

	(8)	Zinsaufwendungen	56.250	
an	(2)	Bank		56.250

	(8)	Abschreibung Disagio	12.000	
an	(2)	Disagio		12.000

Nach Ablauf der vier Jahre ist – gleichzeitig mit Ende der Laufzeit des Darlehens – das Disagio zur Gänze getilgt.

Änderungen der ihn bestimmenden Daten erfordern eine **Änderung des Abschreibungsplans**. Wird die zugehörige Verbindlichkeit vorzeitig ganz oder teilweise getilgt oder wird die Laufzeit verkürzt, sind **über den ursprünglichen Plan hinausgehende zusätzliche Abschreibungen** vorzunehmen.

Das **Steuerrecht** sieht vor, dass sowohl für einen Unterschiedsbetrag zwischen dem Rückzahlungsbetrag und dem aufgenommenen Betrag einer Verbindlichkeit als auch in Höhe der mit der Verbindlichkeit unmittelbar zusammenhängenden Geldbeschaffungskosten im Jahr der Verbindlichkeitsaufnahme jedenfalls Aktivposten anzusetzen sind (§ 6 Z 3 EStG). Die nachfolgende Verteilung des Aktivpostens kann gleichmäßig oder entsprechend abweichenden unternehmensrechtlichen Grundsätzen ordnungsmäßiger Buchführung vorgenommen werden, wobei er

– für ein Annuitätendarlehen: Summe der Annuitäten abzüglich Nominalbetrag der Verbindlichkeit (= Kapital zu Beginn).

193 Diese Berechnung führt selbstverständlich zum selben Ergebnis wie eine auf den Zinsen basierende, da ja auch die Zinsen kapitalabhängig sind.

194 Unter Berücksichtigung des jeweiligen Zeitraums der Kapitalbindung: so zB für das Jahr X1: 2,000.000 x 9/12 = 1,500.000.

zwingend auf die gesamte Laufzeit der Verbindlichkeit zu verteilen ist (§ 6 Z 3 EStG). **Hinsichtlich des Disagios bzw Agios kann der unternehmensrechtlichen Vorgangsweise gefolgt werden**. Bezüglich der **Geldbeschaffungskosten**, die die Ansatzvoraussetzungen für aktive Rechnungsabgrenzungsposten iSd § 198 Abs 5 UGB nicht erfüllen und deshalb unternehmensrechtlich nicht aktivierbar sind, bedarf es allerdings Korrekturen durch Mehr-Weniger-Rechnungen.

Beispiel:

Für ein am 1. 4. X1 aufgenommenes Darlehen, für das eine Laufzeit von vier Jahren – somit bis 31. 3. X5 – vereinbart wurde, wurden bei Darlehensaufnahme einmalige Geldbeschaffungskosten in der Höhe von 4.320 verrechnet.

Die Geldbeschaffungskosten waren unternehmensrechtlich sofort aufwandswirksam zu verbuchen:

	(7)	*Spesen des Geldverkehrs*	*4.320*	
an	*(2)*	*Bank*		*4.320*

Welche steuerlichen Korrekturrechnungen sind in diesem Zusammenhang während der vierjährigen Laufzeit des Darlehens erforderlich (Abschlussstichtag ist jeweils der 31. 12.)?

Lösung:

Jahr X1: Die sofortige Aufwandsverrechnung der Geldbeschaffungskosten ist steuerlich unzulässig und deshalb zu korrigieren: Für Zwecke der Ermittlung des steuerlichen Gewinns ist eine Aktivierung der Geldbeschaffungskosten zu unterstellen und der Posten auf die Laufzeit der Verbindlichkeit zu verteilen. Bei der Laufzeit von 4 Jahren ergibt sich ein Abschreibungsbetrag in der Höhe von monatlich 90 (= 4.320 : 48 Monate).

Die im Jahr X1 steuerlich anerkannte Abschreibung beträgt 810 (= 90 x 9 Monate); in Differenz zu dem unternehmensrechtlich verbuchten Aufwand von 4.320 erfordert dies eine Mehr-Weniger-Rechnung von:

MWR + 3.510

Jahre X2–X4: Die Abschreibung der Geldbeschaffungskosten ist mit steuerlicher Wirkung fortzusetzen, sodass jährlich eine Mehr-Weniger-Rechnung in folgender Höhe (= 90 x 12 Monate) anfällt:

MWR – 1.080

Jahr X5: Mit dem Ende der Laufzeit des Darlehens ist der letzte Teil des Aktivpostens der Geldbeschaffungskosten (= 90 x 3 Monate) wieder mittels einer Mehr-Weniger-Rechnung abzuschreiben:

MWR – 270

Die Finanzverwaltung akzeptiert **im Zusammenhang mit den Geldbeschaffungskosten insofern eine Freigrenze**, als für Geldbeschaffungskosten dann kein Aktivposten angesetzt werden muss, wenn bei der Aufnahme einer Verbindlichkeit nicht gleichzeitig ein zu aktivierendes Abgeld entsteht und die Geldbeschaffungskosten den Betrag von EUR 900,– nicht übersteigen (vgl EStR 2000 Rz 2464).

Exkurs: Übergangsvorschriften des RÄG 2014

Das durch das RÄG 2014 neu eingeführte Aktivierungsgebot ist auf jene Unterschiedsbeträge zwischen Ausgabe- und Rückzahlungsbetrag von Verbindlichkeiten anzuwenden, die nach dem 31. Dezember 2015 entstehen. Der Ansatz eines vor Inkrafttreten des RÄG 2014 nicht aktivierten Disagios bzw Agios muss nicht nachgeholt werden (vgl § 906 Abs 30 UGB).

3.7.5.4. Exkurs: Die Verbuchung von Antizipationen

Antizipationen (= eigene und fremde Rückstände) sind **nicht als Rechnungsabgrenzungsposten auszuweisen.** Bei zukünftigen Einnahmen bzw Ausgaben, deren erfolgsmäßige Konsequenzen – als Ertrag bzw als Aufwand – vorwegzunehmen (zu antizipieren) sind, handelt es sich um Ansprüche bzw Schulden, die **in der Bilanz als Forderungen bzw Verbindlichkeiten oder allenfalls als Rückstellung auszuweisen** sind.

Hinsichtlich der **Erfassung** ergeben sich bei den Antizipationen größere Probleme als bei den Transitorien. Bei Letzteren fallen die Geschäftsvorfälle automatisch in der Buchhaltung an, weil die Zahlung im Abschlussjahr liegt; entsprechende Vorkehrungen bei der Kontierung der Zahlungsbelege gewährleisten eine korrekte Erfassung. Für die Antizipationen müssen die infrage kommenden Ertrags-/Aufwandsarten genau kontrolliert werden, damit in das abgelaufene Jahr gehörende eigene oder fremde Rückstände buchmäßige Berücksichtigung finden.

Steuerrechtlich ist auch bei Antizipationen der unternehmensrechtlichen Vorgangsweise zu folgen.

In der Folgeperiode zu erhaltende Einnahmen, die jedoch wirtschaftlich als **Ertrag der Abschlussperiode** zuzurechnen sind, sind **als Forderungen zu erfassen.**

Beispiel:

Im Besitz eines Unternehmens befindet sich eine 4%ige Investitionsanleihe (Nominale 30.000,–). Die Zinsen werden jeweils am 2. 11. für ein Jahr im Nachhinein auf dem Bankkonto gutgeschrieben.

Welche Buchungen sind zum Abschlussstichtag 31. 12. erforderlich? Welche Buchungen sind im Folgejahr vorzunehmen?

Lösung:

Die Zinsen für die Monate November und Dezember (2/12) sind auf den Bilanzstichtag vorzuziehen (30.000 x 4 % x 2/12):

	(2)	*Sonstige Forderungen*	*200*	
an	*(8)*	*Zinserträge*		*200*

Bei Erhalt der Zahlung im Folgejahr ist zu buchen:

	(2)	*Bank*	*1.200*	
an	*(2)*	*Sonstige Forderungen*		*200*
an	*(8)*	*Zinserträge*		*1.000*

Bei der Einbuchung der fremden Rückstände ist zu beachten, dass die daraus resultierenden **Forderungen in der Bilanz unter dem jeweils zutreffenden Posten auszuweisen**[195] sind, so bspw

- bei den „**Forderungen aus Lieferungen und Leistungen**", wenn die fremden Rückstände Umsatzerlöse des leistenden Unternehmens betreffen (auf die erst nachträgliche Rechnungsausstellung kommt es bei Zuordnung zu diesem Bilanzposten nicht an);
- bei den „**Guthaben bei Kreditinstituten**", wenn etwa Zinsen, die das Abschlussjahr betreffen, aber erst nach dem Bilanzstichtag gutgeschrieben werden, periodenrichtig erfasst werden;
- bei den „**sonstigen Forderungen**" als Restposten, unter dem jene Beträge zum Ausweis gelangen, die nicht anderen Posten zuzuordnen sind, so bspw wenn es sich bei den fremden Rückständen um im Nachhinein gutgeschriebene Wertpapierzinsen oder um im Nachhinein zu verrechnende sonstige betriebliche Erträge des Unternehmens handelt, wie zB aus einer als Nebenleistung zu qualifizierenden Vermietung.

Da vor allem die Debitorenkonten sowie die Bankkonten häufig im Rahmen der reinen Jahresabschlussbuchungen nicht mehr angesprochen werden können (bzw dürfen), empfiehlt es sich, zur Verbuchung von nachträglich zu erfassenden fremden Rückständen **verschiedene Ergänzungskonten** einzurichten, die dann für die Bilanz bei den jeweiligen Posten – „Forderungen aus Lieferungen und Leistungen" bzw „Guthaben bei Kreditinstituten" – dazugerechnet werden.

Im Zusammenhang mit fremden Rückständen kann sich die Notwendigkeit der Erfassung von damit verbundenen **Umsatzsteuern** ergeben. Soweit für diese die Steuerschuld noch nicht entstanden ist[196] – was idR infolge der nachträglichen Rechnungsausstellung gegeben sein wird –, ist dabei ein Konto „noch nicht fällige Umsatzsteuer" zu verwenden.

In der Folgeperiode zu leistende Ausgaben, die jedoch wirtschaftlich **als Aufwand der Abschlussperiode** zuzurechnen sind, sind **als Verbindlichkeiten – oder allenfalls als Rückstellungen – zu erfassen.**

Beispiel:

Für ein bei einem Geschäftspartner aufgenommenes Darlehen in Höhe von 120.000,– werden pro Halbjahr 3 % Zinsen verrechnet. Die Zinsen werden halbjährlich am 1. 3. und 1. 9. mittels Banküberweisung im Nachhinein beglichen.

Welche Buchungen sind beim Darlehensnehmer zum Abschlussstichtag 31. 12. erforderlich? Welche Buchungen sind im Folgejahr vorzunehmen?

Lösung:

Die Zinsen für die Monate September bis Dezember (4/6) sind auf den Bilanzstichtag vorzuziehen (120.000 x 3 % x 4/6):

	(8)	*Zinsaufwand*	*2.400*	
an	*(3)*	*Sonstige Verbindlichkeiten*		*2.400*

195 Vgl zur Bilanzgliederung § 224 UGB.
196 Vgl dazu § 19 Abs 2 UStG.

Bei Zinszahlung im Folgejahr ist zu buchen:

	(3)	*Sonstige Verbindlichkeiten*	*2.400*	
	(8)	*Zinsaufwand*	*1.200*	
an	*(2)*	*Bank*		*3.600*

Auch bei der Einbuchung der eigenen Rückstände ist zu beachten, dass die daraus resultierenden **Verbindlichkeiten in der Bilanz unter dem jeweils zutreffenden Posten auszuweisen**[197] sind, so bspw

- bei den „**Verbindlichkeiten aus Lieferungen und Leistungen**", wenn die eigenen Rückstände erhaltene Lieferungen oder Leistungen betreffen, da der Ausweis unter diesem Posten jenem unter den sonstigen Verbindlichkeiten vorgeht und der Begriff in seinem Umfang insofern weit zu fassen ist, als er auch Verbindlichkeiten aus Miete oder Pacht, aus Beratungsleistungen oder der Nachrichtenübermittlung uÄ erfasst (auf die erst nachträgliche Inrechnungstellung kommt es bei Zuordnung zu diesem Bilanzposten nicht an);
- bei den „**Verbindlichkeiten gegenüber Kreditinstituten**", wenn etwa Zinsen und Spesen, die das Abschlussjahr betreffen, aber erst nach dem Bilanzstichtag angelastet werden, periodenrichtig erfasst werden;
- bei den „**sonstigen Verbindlichkeiten**" als Restposten, unter dem jene Beträge zum Ausweis gelangen, die nicht anderen Posten zuzuordnen sind, so bspw wenn es sich bei den Rückständen um rückständige Löhne und Gehälter, um Gratifikationen oder Verbindlichkeiten aus gewinnabhängigen Ansprüchen wie zB aus Tantiemen, die an Mitglieder der Geschäftsführung oder des Aufsichtsrats zu leisten sind, handelt.

Da vor allem die Kreditorenkonten sowie die Bankkonten häufig im Rahmen der reinen Jahresabschlussbuchungen nicht mehr angesprochen werden können (bzw dürfen), empfiehlt es sich, zur Verbuchung von nachträglich zu erfassenden eigenen Rückständen **verschiedene Ergänzungskonten** einzurichten, die dann für die Bilanz bei den jeweiligen Posten – „Verbindlichkeiten aus Lieferungen und Leistungen" bzw „Verbindlichkeiten gegenüber Kreditinstituten" – dazugerechnet werden.

Im Zusammenhang mit eigenen Rückständen kann sich die Notwendigkeit der Erfassung von damit verbundenen **Vorsteuern** ergeben. Soweit für diese der Vorsteuerabzug noch nicht zulässig ist[198] – was idR infolge der nachträglichen Rechnungsausstellung gegeben sein wird –, ist dabei ein Konto „noch nicht verrechenbare Vorsteuer" zu verwenden.

Sind die **eigenen Rückstände zum Zeitpunkt der Jahresabschlussaufstellung hinsichtlich ihrer Höhe noch ungewiss** – vor allem, wenn bis dahin noch keine Eingangsrechnungen eingegangen sind –, sind die daraus resultierenden Schulden **als Rückstellungen**[199] zu erfassen. Dabei ist zu beachten, dass ein Ausweis als Rückstellung nur dann zu erfolgen hat, wenn die Ungewissheit bis zur Aufstellung des Jahresabschlusses noch immer nicht beseitigt ist; geht die das Abschlussjahr betreffende Eingangsrechnung zwar erst nach dem Abschlussstichtag, aber noch vor Beendigung der Abschlussarbeiten ein – das Rechnungsdatum ist diesbezüglich irrelevant –, ist nicht eine Rückstellung, sondern eine Verbindlichkeit auszuweisen.

197 Vgl zur Bilanzgliederung § 224 UGB.
198 Vgl dazu § 12 Abs 1 UStG.
199 Vgl dazu Kap 3.7.8.

3.7.6. Verbindlichkeiten

3.7.6.1. Begriff

Verbindlichkeiten sind **der Höhe nach feststehende Verpflichtungen (Schulden)** eines Unternehmens. Sie können in der Erbringung einer Geld- oder Sachleistung bestehen.

Darunter fallen im Wesentlichen:

- Verbindlichkeiten gegenüber Kreditinstituten,
- Verbindlichkeiten gegenüber Lieferanten (aus Lieferungen und Leistungen),
- Verbindlichkeiten gegenüber der öffentlichen Hand (zB aus Steuern),
- Verbindlichkeiten gegenüber Arbeitnehmern,
- Verbindlichkeiten gegenüber Kunden (erhaltene Anzahlungen auf Bestellungen).

Hinsichtlich des **Zeitpunkts der Entstehung einer Verbindlichkeit** ist darauf abzustellen, ab wann der Schuldner zur Erbringung einer Leistung verpflichtet ist. Dabei kommt es nicht darauf an, ob diese einklagbar ist (Verbindlichkeiten im rechtlichen Sinn) oder ob sich der Schuldner aus anderen Gründen verpflichtet sieht, diese zu erfüllen (Verbindlichkeiten im faktischen Sinn). Wesentlich für den Ausweis einer Schuld als Verbindlichkeit ist, dass sie **sowohl hinsichtlich ihres Bestandes als auch ihrer Höhe nach feststeht.** Ungewisse Verpflichtungen (zB Verpflichtungen, die aufschiebend bedingt sind, dh vom Eintritt einer Bedingung – etwa der Erreichung eines bestimmten Umsatzes – abhängen) bzw zwar dem Grunde nach entstandene, aber in ihrer Höhe noch nicht genau quantifizierbare Verpflichtungen (zB Schadenersatzverpflichtungen) sind nicht als Verbindlichkeiten, sondern allenfalls als Rückstellungen anzusetzen.[200] Bestand und Höhe der Verpflichtungen müssen dabei nicht bereits am Abschlussstichtag selbst feststehen; der Ausweis als Verbindlichkeit hat auch dann zu erfolgen, wenn die Konkretisierung erst danach – spätestens bis zur Fertigstellung des Jahresabschlusses – geschieht, so bspw durch nachträglich eingehende Prozessabschlüsse über erforderliche Schadenersatzzahlungen.

Der **Wegfall einer Verbindlichkeit ergibt sich vor allem durch ihre Erfüllung – idR durch ihre Bezahlung.** Dabei ist im Rahmen der Jahresabschlussaufstellung bei speziellen Verbindlichkeiten insbesondere auch **zu kontrollieren, ob die laufende buchmäßige Erfassung der Erfüllung – im Sinne ihrer Bezahlung – korrekt ist.** Dies betrifft vor allem Verbindlichkeiten, für die eine Rückzahlung über Annuitäten erfolgt, so etwa bei entsprechenden Annuitätendarlehen, aber auch bei Ratenschulden:[201] Die gleich hohen Rückzahlungsbeträge (= Annuitäten) inkludieren nämlich sowohl einen Zinsanteil als auch einen Tilgungsanteil. Nur Letzterer schmälert die Restverbindlichkeit, während die Zinsen aufwandsmäßig zu erfassen sind. Lediglich bei Annuitätendarlehen, bei welchen die Zinsen durch periodische Abrechnungen immer wieder dem Darlehensbetrag hinzugerechnet werden – so üblich etwa bei entsprechenden Bankverbindlichkeiten –, können die laufenden Ratenzahlungen zur Gänze als Tilgung erfasst werden, wenn die vom Gläubiger verrechneten Zinsen dann – gewissermaßen korrigierend – der Verbindlichkeit wieder zugebucht werden.

---

200 Vgl dazu Kap 3.7.8.

201 Vgl zu den Ratenschulden im Einzelnen bereits Kap 3.6.5.1.

Beispiel:

Für ein am 1. 9. X1 des Abschlussjahres aufgenommenes Darlehen in der Höhe von 27.000,– liegt folgender Tilgungsplan – basierend auf einer Verzinsung in der Höhe von 4,5 % pa und einer Annuitätenzahlung von 1.554,– pro Monat – vor:

Nr	Monat	Kapital Beginn	Rate: 1.554,00		Kapital Ende
			Zinsen	Tilgung	
1	09/X1	27.000,00	101,25	1.452,75	25.547,25
2	10/X1	25.547,25	95,80	1.458,20	24.089,05
3	11/X1	24.089,05	90,33	1.463,67	22.625,38
4	12/X1	22.625,38	84,85	1.469,15	21.156,23
5	01/X2	21.156,23	79,34	1.474,66	19.681,57
6	02/X2	19.681,57	73,81	1.480,19	18.201,38
7	03/X2	18.201,38	68,26	1.485,74	16.715,64
8	04/X2	16.715,64	62,68	1.491,32	15.224,32
9	05/X2	15.224,32	57,09	1.496,91	13.727,41
10	06/X2	13.727,41	51,48	1.502,52	12.224,89
11	07/X2	12.224,89	45,84	1.508,16	10.716,73
12	08/X2	10.716,73	40,19	1.513,81	9.202,92
13	09/X2	9.202,92	34,51	1.519,49	7.683,43
14	10/X2	7.683,43	28,81	1.525,19	6.158,24
15	11/X2	6.158,24	23,09	1.530,91	4.627,33
16	12/X2	4.627,33	17,35	1.536,65	3.090,68
17	01/X3	3.090,68	11,59	1.542,41	1.548,27
18	02/X3	1.548,27	5,73	1.548,27	0,00
Summen			972,00	27.000,00	

Das Kontoblatt für dieses Darlehen aufgrund der laufenden Buchungen im Jahr X1 hat folgendes Aussehen:

Datum	Text	Soll	Haben	Gegenkonto
1. 9.	Darlehensaufnahme		27.000,00	Bank
30. 9.	Rate 09	1.554,00		Bank
31. 10.	Rate 10	1.554,00		Bank
30. 11.	Rate 11	1.554,00		Bank
31. 12.	Rate 12	1.554,00		Bank
Saldo per 31. 12. X1			20.784,00	(Haben)

Welche Buchungen sind im Zusammenhang mit diesem Darlehen für den Abschluss per 31. 12. X1 erforderlich?

Wie würden die Kontoauszüge des Jahres X1 einer Bank für ein solches Darlehen aussehen? Welche Buchungen wären dann erforderlich?

Lösung:

Es ist zu berücksichtigen, dass die Annuitäten nicht zur Gänze eine Rückzahlung der Verbindlichkeit darstellen, sondern auch eine Zinskomponente enthalten. Für die vier im Abschlussjahr X1 geleisteten Zahlungen ist entsprechend dem vorliegenden Tilgungsplan wie folgt zu unterscheiden:

			Rate: 1.554,00		
Nr	Monat	Kapital Beginn	Zinsen	Tilgung	Kapital Ende
1	09/X1	27.000,00	101,25	1.452,75	25.547,25
2	10/X1	25.547,25	95,80	1.458,20	24.089,05
3	11/X1	24.089,05	90,33	1.463,67	22.625,38
4	12/X1	22.625,38	84,85	1.469,15	21.156,23
		Summen	372,23	5.843,77	

Wenn die Annuitätenzahlungen laufend zur Gänze in die Verbindlichkeit eingebucht wurden, bedarf es der korrigierenden Ausbuchung der darin enthaltenen Zinsen:

	(8)	Zinsaufwendungen	372,23	
an	(3)	Darlehensverbindlichkeit		372,23

Damit entspricht der Buchwert des Annuitätendarlehens mit 21.156,26 dem Wert laut Tilgungsplan zum Ende des Monats 12/X1.

Die Bankauszüge für ein solches Annuitätendarlehen hätten (in etwa) folgendes Aussehen:

Kontonummer XX.XXX.XXX		Auszug 1/01
Alter Kontostand		0,00
Zuzählung	1. 9.	27.000,00-
Rate	30. 9.	1.554,00
Sollzinsen	30. 9.	101,25-
	Neuer Kontostand	
	SOLL	**25.547,25-**

Kontonummer XX.XXX.XXX		Auszug 2/01
Alter Kontostand		25.547,25-
Rate	31. 10.	1.554,00
Rate	30. 11.	1.554,00
Rate	31. 12.	1.554,00
Sollzinsen	31. 12.	270,98-
	Neuer Kontostand	
	SOLL	**21.156,23-**

Hier erfolgt die Korrektur um die in den Annuitäten enthaltenen Zinsen durch die periodische Belastung des Kontos mit den entsprechenden Sollzinsen.

Werden in der Buchhaltung des Darlehensschuldners die Annuitätenzahlungen laufend zur Gänze in das Konto der Darlehensverbindlichkeit eingebucht, sind ergänzend dazu die dem Konto angelasteten Zinsen zu erfassen:

	(8)	*Zinsaufwendungen*	*101,25*	
an	*(3)*	*Darlehensverbindlichkeit*		*101,25*

	(8)	*Zinsaufwendungen*	*270,98*	
an	*(3)*	*Darlehensverbindlichkeit*		*270,98*

Damit entspricht der Buchwert des Annuitätendarlehens mit 21.156,26 dem Wert laut Kontoauszug zum 31. 12.

Ein **Wegfall einer Verbindlichkeit kann sich ausnahmsweise auch aus anderen Gründen** als ihrer Bezahlung, insbesondere durch einen Nachlass bzw infolge der Verjährung ergeben: An die Ausbuchung von Verbindlichkeiten sind infolge des Vorsichtsprinzips strenge Maßstäbe anzulegen. Sie darf nur dann erfolgen, wenn etwa der Gläubiger die Schuld rechtsverbindlich ganz oder teilweise erlässt. Die Eröffnung eines Insolvenzverfahrens bedingt noch keine Korrektur der Verbindlichkeiten; bei einem Ausgleich sind die Verbindlichkeiten erst dann auszubuchen, wenn feststeht, dass es zu keinem Erfüllungsverzug kommt, der ein Wiederaufleben der Verbindlichkeiten verursacht. Verjährte Verbindlichkeiten sind erst und nur dann auszubuchen, wenn einerseits ausreichende Gewissheit über den Eintritt der Verjährung besteht – so insbesondere etwa erst dann, wenn sicher ist, dass der Gläubiger keine die Verjährung unterbrechende Handlungen gesetzt hat – und wenn andererseits vom Schuldner auch tatsächlich von der Verjährungseinrede Gebrauch gemacht werden soll; keine Ausbuchung ist demzufolge vorzunehmen, wenn beabsichtigt wird, die Verbindlichkeit – etwa aus Imagegründen oder zur Aufrechterhaltung der Leistungsbeziehungen – trotz eingetretener Verjährung zu begleichen.

3.7.6.2. Bewertung

Die unternehmensrechtliche Bewertungsvorschrift für Verbindlichkeiten findet sich in § 211 Abs 1 UGB:

§ 211 UGB

(1) Verbindlichkeiten sind zu ihrem Erfüllungsbetrag ... anzusetzen. ...

Zwar sind demnach Verbindlichkeiten grundsätzlich mit ihrem Erfüllungsbetrag anzusetzen, doch kommt bei der Bewertung von Verbindlichkeiten dem in § 201 Abs 2 Z 4 UGB normierten Grundsatz der Vorsicht wesentliche – und einschränkende – Bedeutung zu: Seine Berücksichtigung führt dazu, dass es **durch den Ansatz des Erfüllungsbetrages zu keinem Ausweis nicht realisierter Gewinne** kommen kann.[202] Somit kann die Bewertung zum Erfüllungsbetrag nur dann erfolgen, wenn dieser nicht geringer ist als der ursprüngliche Einbuchungswert („Anschaffungswert") der Verbindlichkeit.

202 Vgl zu diesem grundsätzlichen Vorsichtsprinzip bereits Kap 3.6.2.4.

Daraus ergibt sich im Überblick folgende **unternehmensrechtliche Bewertungskonzeption** für Verbindlichkeiten:

Ausgangswert:	**„Anschaffungswert“** (= Erfüllungsbetrag, zu dem die Verbindlichkeit unter Beachtung des Realisationsprinzips[203] erstmals in die Buchhaltung aufzunehmen war).
Werterhöhungen:	**müssen** vorgenommen werden, **wenn der Erfüllungsbetrag am Abschlussstichtag höher ist** („strenges Höchstwertprinzip“).
Wertverringerungen:	**müssen** vorgenommen werden, **wenn der Erfüllungsbetrag am Abschlussstichtag niedriger ist.** Jedoch darf dabei der **„Anschaffungswert“ nicht unterschritten** werden.

Im Rahmen der Jahresabschlussaufstellung ist für Verbindlichkeiten der (fiktive) **Erfüllungsbetrag zum Abschlussstichtag zu ermitteln**, gewissermaßen jener Betrag, der zu diesem Zeitpunkt aufzubringen wäre, um die Verbindlichkeit zu tilgen.[204]

Beispiel:

Aufgrund von Liquiditätsschwierigkeiten war ein Unternehmen monatelang nicht in der Lage, eine am 31. 8. X1 entstandene und am 30. 9. X1 fällig gewesene Kaufpreisverbindlichkeit in der Höhe die von 72.000,– zu begleichen.

Laut den Lieferbedingungen verrechnet der Lieferant bei Nichteinhaltung des Zahlungsziels grundsätzlich Verzugszinsen in Höhe von 8 % pa (keine USt), sodass die schlussendlich am 16. 3. X2 erfolgende Bezahlung der Verbindlichkeit mit 74.640,– (= zuzüglich 2.640,– Zinsen für $5^1/_2$ Monate seit 1. 10. X1) geschah.

Welche Buchung ist am Abschlussstichtag 31. 12. X1 erforderlich?

Lösung:

Von den Verzugszinsen, die in den tatsächlich zu leistenden Erfüllungs- bzw – im vorliegenden Fall infolge der erforderlichen Tilgung mittels Geld – Rückzahlungsbetrag eingerechnet wurden, sind bei der Bewertung der Verbindlichkeit zum Abschlussstichtag 31. 12. X1 nur die bis dahin angefallenen im Ausmaß von 1.440 (= 72.000 x 8 % x 3/12) zu berücksichtigen. Der („fiktive“) Erfüllungs- bzw Rückzahlungsbetrag der Verbindlichkeit zum 31. 12. X1 beträgt somit 73.440 und es ist eine entsprechende Erhöhung der Verbindlichkeit vorzunehmen:

	(8)	*Zinsaufwand*	*1.440*	
an	*(3)*	*Verbindlichkeiten aus L & L*		*1.440*

(Damit ist gleichzeitig auch eine periodenrichtige Zuordnung der Zinsen erreicht.)

Dieses bei der Ermittlung des Erfüllungsbetrages einer Verbindlichkeit zu beachtende **Stichtagsprinzip hat nicht nur Bedeutung im Zusammenhang mit der Berücksichtigung von Zinsen**, sondern es ist **gleichermaßen bei der Bewertung von Fremdwährungsverbindlichkeiten sowie Verbindlichkeiten mit Wertsicherungsklauseln** zu beachten: Auch bei ihnen bestimmt

203 Vgl dazu Kap 3.2.2.4.
204 Vgl Kap 3.6.5.1.

sich der als Vergleichswert für die Jahresabschlussbewertung maßgebliche Erfüllungsbetrag zum Abschlussstichtag nach den Verhältnissen im jeweiligen Zeitpunkt.[205]

Wertunterschiede zwischen dem ursprünglichen Einbuchungsbetrag („Anschaffungswert") einer Verbindlichkeit und ihrem (fiktiven) Erfüllungsbetrag am Abschlussstichtag können sich – abgesehen von der notwendigen Erhöhung um anteilige Zinsen – insbesondere bei Fremdwährungsverbindlichkeiten (durch Änderung der Wechselkurse), bei Verbindlichkeiten mit Wertsicherungsklauseln (durch Veränderung des maßgeblichen Index, allenfalls erst ab einem bestimmten Mindestmaß) sowie bei Sachwertverbindlichkeiten (durch Änderung der Beschaffungskosten der Vermögensgegenstände, wenn diese zur Erfüllung der Verbindlichkeit noch beschafft bzw hergestellt werden müssen) ergeben.

Ist der **Erfüllungsbetrag am Abschlussstichtag höher als der Buchwert, muss stets eine Aufwertung der Verbindlichkeit vorgenommen werden.** Auf der Grundlage des uneingeschränkt zu beachtenden Imparitätsprinzips kommt es dabei weder auf die Höhe oder die Dauerhaftigkeit der Wertdifferenz, noch auf die Laufzeit der Verbindlichkeit, ihren Entstehungsgrund oder allenfalls bestehende Sicherheiten an. Eine Aufwertung hat infolge des Stichtagsprinzips auch dann zu erfolgen, wenn im Zeitpunkt der Jahresabschlussaufstellung bekannt ist, dass die Verbindlichkeit bereits mit einem geringeren Betrag getilgt ist.

Ist der für eine Verbindlichkeit **zum Abschlussstichtag ermittelte Erfüllungsbetrag niedriger als ihr Buchwert, darf dies zu keiner Reduktion der Verbindlichkeit führen, wenn der Buchwert noch ihrem „Anschaffungswert" entspricht.** Dies ergibt sich zwingend aus dem Vorsichtsgrundsatz und dem daraus abgeleiteten Realisationsprinzip bzw dem Anschaffungswertprinzip: Wenn unter Beachtung dieser Grundsätze auf der Aktivseite die Anschaffungs- bzw Herstellungskosten die Wertobergrenze darstellen, ist für die Passivseite mit dem Anschaffungswert – iS des ursprünglichen Einbuchungswertes – die Wertuntergrenze für eine Verbindlichkeit fixiert.

Wurde eine Verbindlichkeit bereits einmal über ihren „Anschaffungswert" hinausgehend aufgewertet und liegt der für sie **zu einem nachfolgenden Abschlussstichtag aktuell ermittelte Erfüllungsbetrag unter diesem über dem „Anschaffungswert" liegenden höheren Wertansatz**, verbietet der in § 211 Abs 1 UGB vorgesehene grundsätzliche Ansatz mit dem Erfüllungsbetrag die Beibehaltung des aus aktueller Sicht zu hohen Buchwertes. Der Reduktion des Erfüllungsbetrages ist deshalb auch buchmäßig Rechnung zu tragen, indem die seinerzeit vorgenommene **Werterhöhung – zumindest teilweise – wieder rückgängig gemacht** und die Verbindlichkeit – unter Einhaltung des Vorsichtsprinzips maximal bis zur Wertuntergrenze des (allenfalls um effektive Verbindlichkeitsreduktionen wie Tilgungen oder Nachlässe verminderten) „Anschaffungswertes" – entsprechend ermäßigt wird.

Beispiel:

Eine Ende September entstandene Fremdwährungsverbindlichkeit in Höhe eines Fremdwährungsbetrages von 254.800,– (Umrechnungskurs zum Zeitpunkt der Entstehung: 5,0) wurde bis zum Abschlussstichtag erst zu 50 % beglichen, sodass sie noch mit einem Buchwert in Höhe von umgerechnet 25.480,– aufscheint.

205 Vgl dazu im Einzelnen bereits Kap 3.6.5.1.

In welcher Höhe ist die Restschuld in der Bilanz auszuweisen, wenn der Umrechnungskurs am Abschlussstichtag 5,1/4,9 beträgt?

Welche Buchungen sind für den Jahresabschluss des Folgejahres vorzunehmen, wenn zu diesem Abschlussstichtag noch immer ein Fremdwährungsbetrag von 12.740,– offen ist und der Umrechnungskurs zum Abschlussstichtag 5,4/5,2 beträgt?

Lösung:

Zum Ende des ersten Jahres ist die noch offene Fremdwährungsverbindlichkeit mit dem Kurs zum Abschlussstichtag (= 127.400 : 4,9 = 26.000) anzusetzen und der Buchwert (= 25.480) entsprechend zu erhöhen:

	(5, 8)	*Kursverluste*[206]	*520*	
an	*(3)*	*Verbindlichkeiten*		*520*

Nach erfolgter Teilzahlung sind zum Ende des Folgejahres für die Verbindlichkeit noch umgerechnet 2.600,– (= 12.740 zum Vorjahreskurs von 4,9) offen. Der neuerlichen Veränderung des Wechselkurses ist durch eine Korrektur der Verbindlichkeit Rechnung zu tragen, wobei jedoch der Anschaffungskurs von 5,00 nicht überschritten werden darf. Die noch offene Verbindlichkeit ist somit lediglich auf 2.548 (= 12.740 : 5,0) zu reduzieren.

	(3)	*Verbindlichkeiten*	*52*	
an	*(5,8)*	*Kursgewinne*		*52*

Auch bei Verbindlichkeiten ist **grundsätzlich das Prinzip der Einzelbewertung zu beachten** und der „Anschaffungswert" sowie der „Vergleichswert" zum Abschlussstichtag für jede Verbindlichkeit gesondert festzustellen. Aus Praktikabilitätsgründen ist es jedoch anerkannt, bei der Bewertung von kurzfristigen Fremdwährungsverbindlichkeiten Vereinfachungsverfahren zu verwenden, indem bspw nicht auf den Wechselkurs im Zeitpunkt der Einbuchung abgestellt wird, sondern die Einbuchungskurse längere Zeit konstant gehalten werden (zB durchschnittliche Monatskurse) und sodann die Abschlussbewertung durch Schichtungen erfolgt. Bei der Bewertung von Fremdwährungsverbindlichkeiten ist es zudem zulässig, deren Kursverluste mit Kursgewinnen von Fremdwährungsforderungen zu kompensieren: Dazu werden Forderungen und Verbindlichkeiten derselben Währung sowie annähernd derselben Fristigkeit, soweit sie betragsgleich sind, zu sog geschlossenen Positionen zusammengefasst und als Einheit einer Bewertung unterzogen.

Das **Steuerrecht** sieht für Verbindlichkeiten eine Bewertung unter sinngemäßer Anwendung der Vorschriften zum nicht abnutzbaren Anlagevermögen und Umlaufvermögen vor (vgl § 6 Z 3 iVm § 6 Z 2 lit a EStG): Demnach sind Verbindlichkeiten mit den „Anschaffungskosten" anzusetzen; ein höherer Teilwert kann angesetzt werden. Dieses Wahlrecht wird jedoch vom strengen Höchstwertprinzip des Unternehmensrechts eingeschränkt, sodass unternehmensrechtlich und steuerlich diesbezüglich keine Unterschiede bestehen. In analoger Anwendung des steuerlichen Zuschreibungswahlrechts für nicht abnutzbares Anlagevermögen und Umlaufvermögen ist für Verbindlichkeiten steuerrechtlich ein Abwertungswahlrecht anzunehmen, wenn der Teilwert der Verbindlichkeit unter ihren Wertansatz sinkt; der Anschaffungs-

206 Zur Erfassung von Verlusten bzw Gewinnen infolge von Kursschwankungen vgl bereits Kap 3.6.3.1.3.

wert darf dabei aber – ebenso wie im unternehmensrechtlichen Jahresabschluss – nicht unterschritten werden. Dieses Wahlrecht, trotz eines gesunkenen Teilwertes einen in einem Vorjahr angehobenen Wert der Verbindlichkeit beizubehalten, wird jedoch infolge des Maßgeblichkeitsprinzips durch die unternehmensrechtliche Verpflichtung zur Wertreduktion außer Kraft gesetzt.

3.7.7. Rentenverpflichtungen

Rentenverpflichtungen basieren auf einem sog Rentenstammrecht und verpflichten zur periodisch wiederkehrenden Leistung bestimmter gleichmäßiger Geld- oder Sachwerte. Die Rentenleistungen erstrecken sich entweder auf einen bestimmten Zeitraum (Zeitrente) oder auf die Lebenszeit eines Menschen (Leibrente). Sie können bei Unternehmen insbesondere auf Kaufvorgängen beruhen (zB ein Grundstück bzw ein ganzes Unternehmen wird gegen Rente erworben).[207]

Die **Bewertung** von Rentenverpflichtungen ist in § 211 Abs 1 UGB geregelt. Demnach sind

§ 211 UGB

(1) ... **Rentenverpflichtungen zum Barwert der zukünftigen Auszahlungen anzusetzen.** ...

Für bestehende Rentenverpflichtungen ist jährlich der – versicherungsmathematische – Barwert der zukünftigen Auszahlungen[208] zu ermitteln. Bei der bilanziellen Bewertung sind – wie bei Verbindlichkeiten[209] das **Höchstwertprinzip und das Anschaffungswertprinzip zu beachten**: Der aktuell ermittelte Barwert ist anzusetzen, sobald er sich gegenüber dem anteiligen (um die Zahlungen reduzierten) ursprünglichen Einbuchungswert („Anschaffungswert“) der Rentenverpflichtung erhöht hat. Zu berücksichtigende Änderungen ergeben sich dabei durch ein Sinken des Marktzinssatzes (die Abzinsung verursacht dann eine Erhöhung des Barwerts) bzw – wenn eine Wertsicherungsklausel vereinbart wurde – durch den Anstieg des maßgeblichen Index (dann muss der Nominalzinssatz entsprechend um die Inflationsrate bereinigt (auf den Realzinssatz reduziert) werden). Dem umgekehrten Fall (steigender Zinssatz) ist bei der bilanziellen Bewertung der Rentenverpflichtung nur dann Rechnung zu tragen, wenn es dadurch zu keinem Überschreiten des ursprünglich verwendeten Prozentsatzes und damit zu keinem Sinken unter die Wertuntergrenze des – anteiligen – „Anschaffungswertes“ kommt.

Das **Steuerrecht** enthält für Rentenverpflichtungen keine ertragsteuerlichen Bewertungsvorschriften; bei auch steuerrechtlich zu passivierenden[210] Rentenverpflichtungen ist der Vorgangsweise im unternehmensrechtlichen Jahresabschluss zu folgen.

---

207 Auch Pensionszahlungen an frühere Arbeitnehmer stellen Renten dar, werden jedoch unter den Rückstellungen ausgewiesen (vgl Kap 3.7.8.4.).

208 Vgl dazu bereits Kap 3.6.5.2.

209 Vgl Kap 3.7.6.2.

210 Nicht zum steuerlichen Betriebsvermögen gehören sog Versorgungsrenten, bei welchen eine persönliche Bindung zwischen Rentenberechtigten und -verpflichteten anzunehmen ist.

3.7.8. Rückstellungen

3.7.8.1. Begriff

Nach dem Grundsatz der Vorsicht des § 201 Abs 2 Z 4 lit b UGB sind insbesondere

erkennbare Risken und drohende Verluste, die in dem Geschäftsjahr oder einem früheren Geschäftsjahr entstanden sind, zu berücksichtigen ...

Das Vorsichtsprinzip führt insbesondere dazu, dass in den Jahresabschlüssen sog **Rückstellungen zu passivieren** sind, sobald während der Abschlussperiode (oder allenfalls davor) Aufwendungen verursacht wurden bzw am Abschlussstichtag erkennbar ist, dass der Eintritt von Verlusten ernsthaft droht bzw dass mit der Inanspruchnahme für Verpflichtungen zu rechnen ist. Einer derart strengen Realisationsvoraussetzung – etwa im Sinne einer gesetzlichen oder vertraglichen Absicherung – wie für Erträge erforderlich, bedarf es zur Einbuchung von Rückstellungen nicht.

Beispiel:

Während des Jahres produzierte und verkaufte Produkte der A-GmbH verursachten bei Gebrauch Sachschäden.

Zum Abschlussstichtag ist deshalb aufgrund des Produkthaftungsgesetzes ein Verfahren gegen die A-GmbH im Gange, in dem festgestellt werden soll, ob das Produkt tatsächlich fehlerhaft ist, oder ob von Seiten der Konsumenten ein Fehlgebrauch vorlag. Für den Fall, dass den Hersteller das Verschulden trifft, ist mit Ersatzleistungen an die Geschädigten in Höhe von rund 40.000,– zu rechnen.

Welche Buchungen sind in diesem Zusammenhang bei der A-GmbH erforderlich, wenn aufgrund des bisherigen Prozessverlaufs damit zu rechnen ist, dass sie zur Schadenersatzleistung herangezogen wird?

Lösung:

Droht die Inanspruchnahme, so ist die absehbare Verpflichtung als Rückstellung zu passivieren und der Aufwand in Höhe der vermutlich entstehenden Ersatzleistungen einzubuchen; einer Konkretisierung durch eine Verurteilung bedarf es hierzu nicht:

	(7)	*Aufwand aus Produkthaftung*	*40.000*	
an	*(3)*	*Rückstellung für Produkthaftung*		*40.000*

IdR erfolgt die **Einbuchung von Rückstellungen über die sie betreffenden konkreten Aufwandskonten**[211] (Steueraufwand für Steuerrückstellungen, Pensionsaufwand für Pensionsrückstellungen etc):

	(5, 6, 7, 8)	Aufwandskonto
an	(3)	Rückstellung für ...

211 In Ausnahmefällen kann die Einbuchung von Rückstellungen auch erfolgsneutral erfolgen. So etwa dann wenn ein Vermögensgegenstand angeschafft wird, dessen genauer Kaufpreis noch unbekannt ist.

In bilanztheoretischer Sicht erfüllen **Rückstellungen grundsätzlich zwei Aufgaben**:

Einerseits werden damit **Aufwendungen, die in der abgelaufenen Periode verursacht wurden, auch in dieser Periode berücksichtigt**, und zwar auch dann, wenn die dafür tatsächlich anfallenden Ausgaben noch nicht genau feststehen. In der Periode der Ausgabe kann diese dann erfolgsneutral verbucht werden, indem die Rückstellung „verwendet“ wird:

	(3)	Rückstellung für ...
an	(2, 3)	Kassa, Bank bzw Verbindlichkeit

Damit werden mittels der Bildung von Rückstellungen eine periodenrichtige Aufwandsabgrenzung und eine vergleichbare Erfolgsermittlung **iSd dynamischen Bilanzauffassung** erreicht.

Beispiel – Fortsetzung:

Im folgenden Geschäftsjahr stellt sich heraus, dass die A-GmbH zu Schadenersatzleistungen in der Gesamthöhe von

a) 40.000,–

b) 41.000,–

c) 38.000,–

verpflichtet wird.

Welche Buchungen sind bei Feststehen dieser Tatsache erforderlich, wenn die A-GmbH für diese Schadenersatzleistungen im Vorjahr eine Rückstellung in der Höhe von 40.000,– gebildet hat?

Lösung:

Im Zeitpunkt des Feststehens der Verpflichtung liegt eine Verbindlichkeit vor, sodass von der Rückstellung entsprechend umzubuchen ist. Bei Differenzen (Varianten b und c) bedarf es erfolgswirksamer Korrekturen.[212]

Im Einzelnen bedarf es für die drei Varianten folgender Buchungen:

a)

	(3)	*Rückstellung für Produkthaftung*	*40.000*	
an	*(3)*	*Sonstige Verbindlichkeiten*		*40.000*

b)

	(3)	*Rückstellung für Produkthaftung*	*40.000*	
	(7)	*Aufwand aus Produkthaftung*	*1.000*	
an	*(3)*	*Sonstige Verbindlichkeiten*		*41.000*

212 Vgl zu deren Ausweis genauer Kap 3.7.8.3.

c)

	(3)	*Rückstellung für Produkthaftung*	*40.000*	
an	*(3)*	*Sonstige Verbindlichkeiten*		*38.000*
an	*(4)*	*Erträge aus der Auflösung von Rückstellungen*		*2.000*

Andererseits dienen Rückstellungen dazu, **in der Bilanz auch jene am Abschlussstichtag bestehenden Schulden auszuweisen, über deren tatsächlichen Bestand und/oder über deren Ausmaß noch Ungewissheit besteht** – sodass sie noch nicht als Verbindlichkeit anzusetzen sind – deren Vorliegen bei vorsichtiger Bilanzierung jedoch anzunehmen ist. **ISd statischen Bilanzauffassung** wird damit ein vollständiger Schuldenausweis gewährleistet.

Beispiele:

- *Ertragsteuerrückstellung: Der Steueraufwand ist in jener Periode verursacht, in welcher der zu versteuernde Gewinn entstanden ist (dynamische Sicht); zum Abschlussstichtag besteht gegenüber dem Finanzamt eine – mangels Veranlagung und Bescheid noch nicht genau quantifizierbare – Verpflichtung zur Begleichung der Steuerschuld (statische Sicht).*
- *Gewährleistungsrückstellung: Der Aufwand für den Abnehmer kostenlose Reparaturen oder Ersatzlieferungen sowie Preisminderungen oder Schadenersatzleistungen für fehlerhafte Lieferungen oder Leistungen ist in jener Periode verursacht, in welcher die entsprechenden Lieferungen oder Leistungen erbracht wurden, dies auch dann, wenn die Abnehmer bis zum Abschlussstichtag noch keine Gewährleistungsansprüche geltend gemacht haben, die Gewährleistungsfristen jedoch noch laufen (dynamische Sicht); zum Abschlussstichtag besteht in diesem Zusammenhang gegenüber den Abnehmern eine – wenn auch nicht genau bestimmbare – Verpflichtung (statische Sicht).*
- *Pensionsrückstellung: Erhält ein Arbeitnehmer nach Ausscheiden aus dem Unternehmen eine Firmenpension, so stellt diese grundsätzlich ein Entgelt für seine Tätigkeit im Unternehmen dar, entsprechend ist der Aufwand dafür bereits den Perioden der Aktivzeit des Pensionsanwärters zuzurechnen (dynamische Sicht); mit Pensionszusage besteht gegenüber dem Pensionsanwärter eine – wenn auch noch unsichere und in ihrer Höhe ungewisse – Verpflichtung (statische Sicht).*

Viele Rückstellungen erfüllen die Anforderungen sowohl der statischen als auch der dynamischen Bilanztheorie. Der **Rückstellungsbegriff nach der dynamischen Bilanzauffassung geht jedoch weiter als der statische Rückstellungsbegriff: Er erfasst auch sog Aufwandsrückstellungen.** Diese erfüllen zwar die Voraussetzung der bereits verursachten Aufwendungen, es fehlt ihnen jedoch der Schuldcharakter, sie stellen keine Verpflichtung gegenüber anderen dar.

Beispiel:

Ein Unternehmensgrundstück, auf welchem große und schwere Betonteile gelagert werden, soll nach einer mehrjährigen Nutzung wieder rekultiviert (Bodenlockerung, Begrünung, Aufforstung etc) werden.

Die Ausgaben dafür fallen zwar erst in der Zukunft an, verursacht werden sie jedoch bereits durch die vorherige Nutzung des Grundstücks. Die Aufwendungen für die Rekultivierung sind folglich bereits den Perioden vor ihrer Durchführung zuzurechnen. Entsprechend wäre in diesen Perioden aufwandswirksam eine Rückstellung zu passivieren, sodass die Ausgabe nicht erst bei Vornahme der entsprechenden Maßnahmen aufwandswirksam wird, sondern sie dann durch die Rückstellung abgedeckt ist.[213]

Ist das Unternehmen weder durch einen privatrechtlichen Vertrag, noch durch Gesetz oder aufgrund einer behördlichen Auflage zur Rekultivierung verpflichtet, fehlt dieser Rückstellung der Schuldcharakter.[214] *Das gilt auch dann, wenn sich das Unternehmen selbst – etwa aufgrund unternehmensinterner Vorschriften – zur Rekultivierung verpflichtet.*

In den unternehmensrechtlichen Gesetzesvorschriften findet sich keine allgemeine Definition des Rückstellungsbegriffes. § 198 Abs 8 UGB enthält folgende **Vorschrift zur Bildung von Rückstellungen:**

§ 198 UGB

(8) Für Rückstellungen gilt folgendes:

1. Rückstellungen sind für ungewisse Verbindlichkeiten und für drohende Verluste aus schwebenden Geschäften zu bilden, die am Abschlussstichtag wahrscheinlich oder sicher, aber hinsichtlich ihrer Höhe oder des Zeitpunkts ihres Eintritts unbestimmt sind.
2. Rückstellungen dürfen außerdem für ihrer Eigenart nach genau umschriebene, dem Geschäftsjahr oder einem früheren Geschäftsjahr zuzuordnende Aufwendungen gebildet werden, die am Abschlussstichtag wahrscheinlich oder sicher, aber hinsichtlich ihrer Höhe oder des Zeitpunkts ihres Eintritts unbestimmt sind. Derartige Rückstellungen sind zu bilden, soweit dies den Grundsätzen ordnungsmäßiger Buchführung entspricht.
3. Andere Rückstellungen als die gesetzlich vorgesehenen dürfen nicht gebildet werden. Eine Verpflichtung zur Rückstellungsbildung besteht nicht, soweit es sich um nicht wesentliche Beträge handelt.
4. Rückstellungen sind insbesondere zu bilden für
   a) Anwartschaften auf Abfertigungen,
   b) laufende Pensionen und Anwartschaften auf Pensionen,
   c) Kulanzen, nicht konsumierten Urlaub, Jubiläumsgelder, Heimfallasten und Produkthaftungsrisken,
   d) auf Gesetz oder Verordnung beruhende Verpflichtungen zur Rücknahme und Verwertung von Erzeugnissen.

Aus § 198 Abs 8 UGB lassen sich folgende **Grundsätze zur Rückstellungsbildung** ableiten:

- Eine **Ansatzpflicht** besteht für **Rückstellungen für ungewisse Verbindlichkeiten** wie etwa für Anwartschaften auf Abfertigungen, laufende Pensionen und Anwartschaften auf Pensionen, nicht konsumierten Urlaub oder Jubiläumsgelder sowie für **Rückstellungen für drohende Verluste aus schwebenden Geschäften** (§ 198 Abs 8 Z 1 iVm Z 4 UGB). Des Weiteren bildungspflichtig sind sog **Aufwandsrückstellungen, soweit dies den Grundsätzen ordnungsmäßiger Buchführung entspricht** (§ 198 Abs 8 Z 2 UGB).

---

213 Vgl zur Verbuchung bei Verwendung von Rückstellungen bereits oben.

214 Beachte: Solange von demjenigen, der die Rekultivierung durchführt, keine Leistungen erbracht wurden, besteht auch ihm gegenüber keine Schuld.

Bei diesen Rückstellungen besteht nur dann **keine Ansatzpflicht, soweit es sich um unwesentliche Beträge handelt** (§ 198 Abs 8 Z 3 UGB).[215]

- Ein **Ansatzwahlrecht** besteht für **Aufwandsrückstellungen,** soweit sie nicht entsprechend den Grundsätzen ordnungsmäßiger Buchführung bildungspflichtig sind (§ 198 Abs 8 Z 2 UGB).
- Ein **Ansatzverbot** besteht **für andere als die gesetzlich angeführten Rückstellungen** (§ 198 Abs 8 Z 3 UGB).

Das **Steuerrecht** enthält in § 9 EStG eine eigene Vorschrift zu Rückstellungen:

- Gebildet werden können demzufolge **ausschließlich Rückstellungen für Anwartschaften auf Abfertigungen, für laufende Pensionen und Anwartschaften auf Pensionen, für bestimmte Jubiläumsgelder, für sonstige ungewisse Verbindlichkeiten und für drohende Verluste aus schwebenden Geschäften;** ein ausdrückliches **Bildungsverbot** besteht dabei jedoch für Rückstellungen für die Verpflichtung zu einer Zuwendung anlässlich eines Firmenjubiläums.[216] Für Rückstellungen für die Vorsorge für Abfertigungen, für Pensionen und für Jubiläumsgelder sind zudem **besondere steuerrechtliche Bestimmungen hinsichtlich Ansatz und Bewertung** zu beachten.[217] Rückstellungen für sonstige ungewisse Verbindlichkeiten und drohende Verluste aus schwebenden Geschäften dürfen **nicht pauschal** gebildet werden[218] und sind nur dann zulässig, wenn konkrete Umstände nachgewiesen werden können, nach denen im jeweiligen Einzelfall mit dem Vorliegen oder dem Entstehen einer Verbindlichkeit bzw eines Verlustes ernsthaft zu rechnen ist.
- Da sie in der taxativen Aufzählung des § 9 Abs 1 EStG nicht enthalten sind, wird die Bildung von reinen **Aufwandsrückstellungen steuerlich nicht anerkannt.**[219]

3.7.8.2. Arten

3.7.8.2.1. Rückstellungen für ungewisse Verbindlichkeiten

Für Rückstellungen für ungewisse Verbindlichkeiten besteht unternehmensrechtlich eine **Bildungspflicht**, soweit es sich nicht um unwesentliche Beträge handelt (vgl § 198 Abs 8 Z 1 iVm Z 3 letzter Satz UGB).

Sie sind **für Verpflichtungen gegenüber Dritten anzusetzen, über deren Bestehen und/ oder über deren Höhe am Abschlussstichtag noch Ungewissheit herrscht.** Dem Vorsichtsprinzip sowie dem Vollständigkeitsprinzip[220] folgend, sind in der Bilanz auch solche Schulden auszuweisen, die sich in ihrem Bestehen und/oder in ihrer Höhe noch nicht soweit konkretisiert haben, dass sie als Verbindlichkeiten[221] anzusetzen sind.

215 Vgl zur Definition des Begriffs „wesentlich" § 189a Z 10 UGB sowie Kap 3.2.2.5.

216 Zulässig ist lediglich die Bildung von Rückstellungen für Zuwendungen anlässlich eines Dienstjubiläums (vgl § 14 Abs 12 und 13 EStG).

217 Vgl dazu Kap. 3.7.8.4.

218 Vgl dazu Kap. 3.7.8.3.

219 Vgl dazu Kap. 3.7.8.2.3.

220 Vgl Kap 3.2.2.2.

221 Diese Ungewissheit unterscheidet auch Rückstellungen von Verbindlichkeiten: Letztere sind dem Bestehen und der Höhe nach sicher; Ungewissheit kann bei ihnen lediglich hinsichtlich der Fälligkeit oder allenfalls hinsichtlich der Person des Gläubigers bestehen.

Voraussetzungen für den Ansatz als Rückstellungen für ungewisse Verbindlichkeiten sind die folgenden:

- Es **müssen Verpflichtungen gegenüber Dritten vorliegen**: Wesentlich für derartige Rückstellungen ist somit ihr Schuldcharakter. Bloße „Innenverpflichtungen", die sich das Unternehmen selbst auferlegt, ohne dass dabei Verpflichtungen gegenüber anderen (sog „Außenverpflichtungen") entstehen, rechtfertigen keinen Ansatz von Rückstellungen für ungewisse Verbindlichkeiten.[222] **Unerheblich ist jedoch die Person des Gläubigers**, sie kann allenfalls auch noch unbekannt sein (zB bei Verpflichtungen aus Produzentenhaftung oder aus der Verletzung fremder Schutzrechte). Auch ist es möglich, dass der Dritte seine Ansprüche noch gar nicht kennt. Die rückzustellende Verpflichtung kann in **jeder Art von Leistung** – sowohl in einer Geld- als auch in einer Sach- oder Dienstleistung – bestehen. **Unerheblich ist, aufgrund welcher Basis sich die Verpflichtung ergibt**: Sie kann auf privatrechtlicher Grundlage beruhen und dabei entweder auf einen Vertrag zurückzuführen sein (zB aufgrund eines Kaufvertrages oder Gesellschaftsvertrages) oder außervertraglich bestehen (zB die Haftung nach dem Produkthaftungsgesetz). Sie kann sich auch aus öffentlich-rechtlichen Verpflichtungen ergeben und dabei auf einem entsprechenden Vertrag oder auf einem Verwaltungsakt basieren oder sich auch nur unmittelbar aus dem Gesetz ableiten lassen, indem dieses an die Realisierung bestimmter Sachverhalte Vorschreibungen knüpft (zB Grunderwerbsteuer beim Grundstückskauf, Ertragsteuern bei Gewinn) oder ein bestimmtes Verhalten verlangt und allenfalls Sanktionen vorsieht (zB die Verpflichtung zur Aufstellung, Prüfung und Veröffentlichung des Jahresabschlusses). Die **Einklagbarkeit der Verpflichtung ist für eine Rückstellungsbildung nicht erforderlich**: Auch rechtlich nicht erzwingbare Leistungen sind zu passivieren, wenn sich das Unternehmen ihnen aus geschäftlichen, moralischen oder sittlichen Gründen nicht entziehen kann oder will und sich damit sog faktische Verpflichtungen ergeben (zB verjährte Verpflichtungen oder solche aufgrund nichtiger Verträge, welche das Unternehmen dennoch erfüllt, oder sogar die Zusage, Schmiergeld zu zahlen).
- Die als Rückstellung zu passivierende **Verpflichtung muss entweder dem Grunde oder der Höhe oder sowohl dem Grunde als auch der Höhe nach ungewiss sein**,[223] wobei in zeitlicher Hinsicht nicht darauf abzustellen ist, ob die Unsicherheit zum Abschlussstichtag selber bestanden hat, sondern darauf, ob sie bis zur Aufstellung des Jahresabschlusses immer noch besteht:[224] Bei dem Grunde nach ungewissen Verbindlichkeiten ist fraglich, ob die Verpflichtung überhaupt besteht oder entstehen wird: Sie sind im Zeitpunkt der Jahresabschlussaufstellung aufgrund der bestehenden Rechtslage zweifelhaft bzw noch streitig (zB weil unklar ist, ob ein Gewährleistungsfall vorliegt oder nicht). Es ist auch möglich, dass ihr Entstehen von künftigen Ereignissen abhängt (sog aufschiebend bedingte Verpflichtungen wie zB Pensionsverpflichtungen, die vom Ausscheidedatum des Pensions-

222 Vgl jedoch zu den Aufwandsrückstellungen Kap 3.7.8.2.3.

223 Dem Grunde und der Höhe nach feststehende Verpflichtungen sind als Verbindlichkeiten auszuweisen; ein bloß unbestimmter Zeitpunkt des Eintritts macht sie nicht zu Rückstellungen. Ist nur ein Teil der Verpflichtung ungewiss, ist lediglich dieser Teil als Rückstellung anzusetzen, der sichere Teil hingegen als Verbindlichkeit auszuweisen.

224 Geht zB eine Eingangsrechnung erst zwischen dem Abschlussstichtag und dem Zeitraum der Jahresabschlussaufstellung ein oder wird zB erst dann ein Schadenersatzprozess rechtskräftig beendet, so sind für daraus resultierende Verpflichtungen keine Rückstellungen, sondern Verbindlichkeiten zu passivieren.

anwärters abhängen). Der Höhe nach ungewisse Verbindlichkeiten resultieren aus fehlenden Eingangsrechnungen oder bspw daraus, dass lediglich der Umfang einer Verpflichtung umstritten ist, dass die genaue Höhe erst noch errechnet werden muss oder aber auch von zukünftigen Ereignissen abhängt (zB die Pensionsverpflichtung von der Lebenserwartung des Begünstigten). Trotz des Charaktermerkmals der Ungewissheit ist für den Ansatz einer Rückstellung jedoch nicht jede abstrakte Möglichkeit des Be- oder Entstehens einer Verbindlichkeit ausreichend. Vielmehr **muss eine Inanspruchnahme ernsthaft drohen**, sie muss wahrscheinlich sein.

Beispiel:

Die A-KG übernimmt für einen Bankkredit des Einzelunternehmers B eine Ausfallsbürgschaft; diese wurde von der Bank verlangt obwohl die Bonitätsprüfung von B keinerlei Beanstandungen ergab.

Für aufeinander folgende Abschlussstichtage liegen diesbezüglich folgende Informationen vor:

Jahr 1: *B erfüllt alle seine Verpflichtungen zeitgerecht und in voller Höhe.*

Jahr 2: *B ist zahlungsunfähig geworden. Zwar wurde von der Bank noch keine Exekution durchgeführt, doch ist anzunehmen, dass diese aufgrund der Vermögenslosigkeit von B erfolglos bleibt.*

Jahr 3: *Die Exekution blieb tatsächlich erfolglos; die Bank tritt zur Erfüllung der Schuld an die A-KG heran.*

Wie ist der zu den einzelnen Abschlussstichtagen jeweils vorhandene Wissensstand im Jahresabschluss der A-KG zu berücksichtigen?

Lösung:

Jahr 1: *Solange aufgrund der Bonität des Hauptschuldners mit keiner Inanspruchnahme zu rechnen ist, ist keine Rückstellung zu passivieren. Erforderlich ist jedoch der Vermerk des Bürgschaftsverhältnisses als sog Eventualverbindlichkeit unter der Bilanz.*[225]

Jahr 2: *Sobald damit zu rechnen ist, dass der Bürge haftbar gemacht wird, ist bei ihm der Ansatz einer Rückstellung geboten.*

Jahr 3: *Hat sich die Verpflichtung hinsichtlich ihres Bestehens als auch hinsichtlich der Höhe konkretisiert, ist eine Verbindlichkeit anzusetzen.*

Bei Beurteilung der drohenden Inanspruchnahme hat die **Wahrscheinlichkeitseinschätzung auf der Basis objektiver und nachvollziehbarer Anhaltspunkte zu erfolgen**; ausschließlich subjektive und willkürliche Annahmen sind unzulässig. Zu berücksichtigen sind sämtliche am Abschlussstichtag vorliegenden und spätestens bis zur Jahresabschlussaufstellung bekannt gewordenen Tatsachen.[226] Rückstellungen sind aber auch für solche Verpflichtungen zu bilden, die zwar noch nicht bekannt geworden sind, mit welchen jedoch aufgrund betriebsindividueller oder branchenmäßiger Erfahrungen zu rechnen ist[227] (zB Gewährleistungsinanspruchnahmen).

225 Vgl dazu § 199 UGB bzw Kap 3.4.3.1.9. Eventualverbindlichkeiten unterscheiden sich von Rückstellungen somit dadurch, dass bei ihnen die Inanspruchnahme noch unwahrscheinlich ist.

226 Vgl dazu auch Kap 3.6.2.3.

227 Vgl zu den sog Pauschalrückstellungen auch Kap 3.7.8.3.

- Der bilanzielle Ansatz einer Rückstellung für eine ungewisse Verbindlichkeit setzt voraus, dass die **Schuld am Abschlussstichtag bereits rechtlich besteht oder wirtschaftlich verursacht** ist. Rechtlich voll entstanden ist eine Verpflichtung in dem Zeitpunkt, in dem all jene Tatbestandselemente erfüllt sind, an die die Verpflichtung laut Gesetz oder Vertrag geknüpft ist. Unerheblich ist dabei, ob die Verpflichtung bereits fällig ist, ob der Dritte seine Ansprüche bereits geltend gemacht hat oder sie überhaupt kennt. Rechtlich noch nicht (voll) entstandene Verpflichtungen sind dann zu passivieren, wenn sie im abgelaufenen (oder allenfalls schon in einem früheren) Geschäftsjahr wirtschaftlich verursacht wurden. Abzustellen ist dabei grundsätzlich darauf, wann jene Ereignisse eingetreten sind, die zum Entstehen der Verpflichtung führen; als maßgeblicher Bilanzierungszeitpunkt kann auch jener angesehen werden, zu dem sich das Unternehmen der Verpflichtung aus rechtlichen oder wirtschaftlichen Gründen nicht mehr entziehen kann. Folglich ist eine rechtlich noch nicht entstandene Verpflichtung dann zu passivieren, wenn zur Erfüllung des Tatbestands nur mehr das Zeitmoment aussteht (zB sind die Kosten für den Jahresabschluss und seine Prüfung mit Ablauf des maßgeblichen Geschäftsjahres rückzustellen, obwohl sie erst im folgenden Geschäftsjahr durchzuführen sind). Bei zeitlaufbezogenen Verpflichtungen, bei welchen sich die Tatbestände nach und nach verwirklichen und die endgültige Entstehung erst in der Zukunft liegt, ist die wirtschaftliche Verursachung dementsprechend daraus abzuleiten, dass in der abgelaufenen Periode bereits kontinuierlich die Voraussetzungen geschaffen bzw allenfalls auch betreffende Erträge realisiert wurden. Folglich werden insbesondere bei Dauerschuldverhältnissen die Rückstellungen im Zeitablauf sukzessive aufgebaut, indem das verpflichtete Unternehmen den Erfüllungsrückstand passiviert, der daraus resultiert, dass für bereits in Anspruch genommene oder von dem Vertragspartner erbrachte Leistungen keine entsprechenden Gegenleistungen erbracht wurden (so bspw bei Pensions- und Abfertigungsrückstellungen[228] oder Entfernungs-, Rekultivierungs- und ähnlichen Rückstellungen).

Beispiele:

a) Einem Mitarbeiter eines Unternehmens wurde im Dienstvertrag eine Firmenpension zugesagt.

b) Ein Unternehmen ist dazu verpflichtet, eine auf fremdem Grund errichtete Anlage nach Ablauf des Vertrags wieder zu entfernen.

Wie sind diese Sachverhalte von Seiten des verpflichteten Unternehmens zu beurteilen?

Lösung:

a) Eine Firmenpension ist als Entgelt für die bis dahin erbrachten Arbeitsleistungen des Mitarbeiters anzusehen, die Aufwendungen dafür sind in jenen Jahren wirtschaftlich verursacht, in welchen der Dienstnehmer seine Arbeitsleistung erbringt. Für den Dienstgeber besteht damit ein Erfüllungsrückstand, der die Passivierung einer Pensionsrückstellung gebietet.

b) Die Entfernungsverpflichtung entsteht ursächlich durch den Betrieb der betreffenden Anlage; den dadurch realisierten Erträgen sind dementsprechend auch die erst künftigen Ausgaben der Entfernung aufwandsmäßig gegenüberzustellen. Entsprechend ist während der Nutzung der Anlage eine Rückstellung anzusammeln.

228 Vgl dazu im einzelnen Kap 3.7.8.4.

Die wirtschaftliche Verursachung einer Verpflichtung kann **nicht allein dadurch verneint werden, dass für das Unternehmen die Möglichkeit besteht, sich ihr durch entsprechende Sachverhaltsgestaltungen noch zu entziehen.** Ist – insbesondere auch unter Berücksichtigung des Grundsatzes der Unternehmensfortführung[229] – davon auszugehen, dass die auch rechtliche Entstehung der Verpflichtung nicht verhindert wird, muss sie passiviert werden. Für faktische Verpflichtungen leitet sich daraus – auch ohne jemalige rechtliche Begründung – die Ansatzpflicht aus der wirtschaftlichen Verursachung ab.

Die Voraussetzungen für ihren Ansatz verdeutlichen, dass **Rückstellungen für ungewisse Verbindlichkeiten sowohl aus der statischen als auch der dynamischen Bilanzauffassung heraus zu interpretieren** sind: Sie dienen gleichermaßen dem vollständigen Schuldenausweis zum Abschlussstichtag wie der periodenrichtigen Berücksichtigung der in der Abschlussperiode verursachten Aufwendungen.

Die **demonstrative Aufzählung der Rückstellungen des § 198 Abs 8 Z 4 UGB** nennt folgende Rückstellungen für ungewisse Verbindlichkeiten:[230]

- Anwartschaften auf Abfertigungen;
- laufende Pensionen und Anwartschaften auf Pensionen;
- Kulanzen (sie betreffen Verpflichtungen für Mängelbeseitigung uÄ an gelieferten Produkten oder erbrachten Leistungen, für welche zwar keine rechtlichen Grundlagen bestehen, welchen sich das Unternehmen jedoch aus faktischen Gründen nicht entziehen kann);[231]
- nicht konsumierten Urlaub (sie betreffen den Erfüllungsrückstand, der entsteht, wenn Arbeitnehmern am Abschlussstichtag noch Urlaubstage unter Fortzahlung des Entgelts zustehen; der zustehende Urlaub muss dann in der [den] Folgeperiode[n] nachgewährt bzw abgegolten werden);
- Jubiläumsgelder (sie betreffen zugesagte Zuwendungen, die etwa dafür an Arbeitnehmer geleistet werden sollen, dass sie eine bestimmte Dauer der Betriebszugehörigkeit erreichen);
- Heimfalllasten (sie entstehen etwa durch die Verpflichtung zur entschädigungslosen Übereignung von Vermögensgegenständen nach Ablauf eines Pachtvertrages);
- Produkthaftungsrisiken (sie betreffen Verpflichtungen im Zusammenhang mit ausgelieferten Produkten und erbrachten Leistungen);
- Rücknahme und Verwertungsverpflichtungen im Zusammenhang mit Erzeugnissen (sie entstehen insbesondere aufgrund der sog Altfahrzeugverordnung, welche die Hersteller oder Importeure zur unentgeltlichen Rücknahme und anschließenden Entsorgung von alten Kraftfahrzeugen, die sie in Verkehr gesetzt haben, verpflichtet.

Als **weitere Beispiele** für Rückstellungen für ungewisse Verbindlichkeiten lassen sich insbesondere die folgenden anführen:

- in der Abschlussperiode erhaltene Lieferungen oder Leistungen, für die bis zur Abschlussaufstellung noch keine Rechnung eingegangen ist;

229 Vgl § 201 Abs 2 Z 2 UGB bzw Kap 3.6.2.2.

230 Vgl zu einzelnen dieser Rückstellungen Kap 3.7.8.4.

231 Vgl dazu jedoch auch Kap 3.7.8.2.3.

- Steuern und Abgaben für in der Abschlussperiode verwirklichte Steuertatbestände, für die noch kein Bescheid vorliegt (insbesondere Ertragsteuern wie die Körperschaftsteuer, allenfalls jedoch auch Grunderwerbsteuer oder Gesellschaftsteuer);
- Kosten für die Aufstellung, Prüfung und Veröffentlichung des Jahresabschlusses (und gegebenenfalls des Lageberichts) sowie Kosten für die Erstellung der betrieblichen Steuererklärungen der Abschlussperiode;
- Gratifikationen, Tantiemen und sonstige gewinnabhängige Vergütungen bzw Erfolgsbeteiligungen, die Arbeitnehmern für bereits erbrachte Leistungen zugesagt wurden;
- drohende Haftungen aufgrund von übernommenen Bürgschaften und ähnlichen Verpflichtungen sowie infolge des Wechselobligos;
- Rückvergütungen wie Boni und Rabatte, die Kunden in Abhängigkeit von bereits getätigten Umsätzen gewährt werden;
- Gewährleistungen bzw Garantien für ausgelieferte Produkte bzw erbrachte Leistungen sowie sonstige Schadenersatzverpflichtungen;
- Prozesskosten für am Abschlussstichtag anhängige bzw drohende Prozesse;
- Instandhaltungs-, Erneuerungs- oder Wiederherstellungsverpflichtungen, die dem Bestandnehmer im Rahmen eines Miet- oder Pachtvertrags auferlegt werden;
- vertragliche oder öffentlich-rechtliche Verpflichtungen zum Abbruch von Gebäuden oder sonstigen betrieblichen Anlagen auf fremdem Grund, zur Abraumbeseitigung, zur Beseitigung von Bergschäden und Auffüllung von durch Abbau entstandenen Hohlräumen, zur Rekultivierung und Wiederaufforstung, zur Entsorgung von Abfällen, zur Altlastensanierung und Beseitigung von Umweltschäden;
- Gleitzeitüberhänge;
- eingenommene Pfandgelder für Leergut, Leihemballagen uÄm, die bei Rückgabe der Gebinde zurückzuzahlen sind;
- latente Steuern.[232]

3.7.8.2.2. Rückstellungen für drohende Verluste aus schwebenden Geschäften

Neben Rückstellungen für ungewisse Verbindlichkeiten nennt § 198 Abs 8 Z 1 UGB als weitere **ansatzpflichtige Rückstellungen** solche für drohende Verluste aus schwebenden Geschäften. Auch bei diesen Rückstellungen besteht nur dann keine Verpflichtung zur Bildung, soweit es sich um unwesentliche Beträge handelt (vgl § 198 Abs 8 Z 3 UGB).

Grundsätzlich werden schwebende Geschäfte, dh abgeschlossene Verträge aus Lieferungen oder Leistungen, bei welchen von beiden Seiten noch keine Leistungen erbracht wurden,[233] zwar nicht gebucht.[234] Droht jedoch infolge des Vertragsabschlusses ein Verlust, weil sich die daraus abzuleitenden Ansprüche und Verpflichtungen nicht gleichwertig gegenüberstehen, gebietet das Imparitätsprinzip die **Antizipation der noch nicht realisierten, jedoch vorherseh-**

232 Vgl dazu im Einzelnen Kap 3.8.3.

233 Die Leistung von Anzahlungen hat dabei keinen Einfluss auf den Schwebezustand.

234 Nach dem Realisationsprinzip hat die Buchung erst dann zu erfolgen, wenn der zur Lieferung oder Leistung Verpflichtete erfüllt hat (vgl Kap 3.2.2.4.).

baren Verluste.[235] Zu diesem Zweck werden Rückstellungen für drohende Verluste aus schwebenden Geschäften gebildet.

Beispiel:

Ein Autohandelsunternehmen schloss am 10. 12. X1 einen Vorvertrag über den Kauf eines Oldtimers um einen garantierten Kaufpreis in der Höhe von 44.000,–. Als Kaufzeitpunkt wurde der 14. 1. X2 vereinbart. Das Autohandelsunternehmen hatte für dieses Auto einen potentiellen Käufer, der bereit war, für den Wagen einen wesentlich höheren Preis zu bezahlen.

Ende Dezember trat dieser potentielle Käufer jedoch von seinem – unverbindlich abgegebenen – Kaufangebot zurück. Der Verkäufer des Oldtimers besteht jedoch aufgrund des verbindlichen Vorvertrags auf den Abschluss des Kaufvertrags.

Welche Buchungen sind im Zusammenhang mit diesem Sachverhalt für den Jahresabschluss zum 31. 12. X1 des Autohandelsunternehmens erforderlich, wenn dabei in Erfahrung gebracht wird, dass der vom ursprünglichen Kaufinteressenten gebotene Preis einen reinen Liebhaberpreis darstellte und der Wagen um nicht mehr als 40.000,– weiterzuverkaufen ist?

Lösung:

Der Autokauf selbst ist bis 31. 12. X1 noch nicht durchgeführt und deshalb auch noch nicht zu buchen. Aufgrund des schwebenden Geschäfts droht für das Autohandelsunternehmen jedoch ein Verlust:

voraussichtlicher Verkaufspreis des Oldtimers	*40.000*
aufgrund des Vorvertrags zugesagter Einkaufspreis des Oldtimers	*44.000*
drohender Verlust	*4.000*

Dafür ist eine Rückstellung zu passivieren:

	(7)	*drohende Verluste aus schwebenden Geschäften*	*4.000*	
an	*(3)*	*Rückstellung für drohende Verluste aus schwebenden Geschäften*		*4.000*

Mittels der Einbuchung dieser Rückstellung wird der Verlust bereits in jener Abschlussperiode erfasst, in welcher er durch den (Vor-)Vertragsabschluss verursacht wurde bzw erkennbar ist. Realisieren sich die Geschäfte in der nächsten Periode wie vorhergesehen, ist die Rückstellung zur Abdeckung des dann auftretenden Verlustes heranzuziehen, sodass es in dieser Periode zu keinem Verlustausweis mehr kommt.

Rückstellungen für drohende Verluste aus schwebenden Geschäften sind eigentlich ein **Unterfall der Rückstellungen für ungewisse Verbindlichkeiten**: Auch sie basieren auf Leistungsverpflichtungen gegenüber Dritten. Ihre Besonderheit liegt jedoch darin, dass aufgrund der fehlenden Leistungserbringung noch keine vollständige Passivierung der Verpflichtung resp des Erfüllungsrückstandes vorzunehmen ist, sondern **nur der zukünftige Verlust als Differenzgröße zwischen dem Wert der eigenen Leistung und jenem der zu erhaltenden Gegenleistung rückgestellt** wird.

235 Vgl dazu auch § 201 Abs 2 Z 4 lit b UGB bzw Kap 3.6.2.4. Vorhersehbare Gewinne dürfen umgekehrt jedoch nicht vor ihrer Realisierung berücksichtigt werden (vgl § 201 Abs 2 Z 4 lit a UGB bzw Kap 3.6.2.4.).

Voraussetzungen für den Ansatz von Rückstellungen für drohende Verluste aus schwebenden Geschäften sind die folgenden:

- Es **muss ein schwebendes Geschäft vorliegen.** Im Wesentlichen werden darunter zweiseitig verpflichtende Verträge verstanden, die noch von keiner Vertragsseite erfüllt wurden. Dabei kann es sich insbesondere um Beschaffungs- oder Absatzgeschäfte handeln; der Leistungsgegenstand kann sowohl in einer Sach- als auch in einer Dienstleistung bestehen. Schwebende Geschäfte können nicht nur auf einen einmaligen Leistungsaustausch gerichtet sein, auch Dauerschuldverhältnisse, wie Miet-, Darlehens- oder Arbeitsverhältnisse stellen schwebende Geschäfte dar, solange in der Zukunft noch weiterhin Leistungen zu erbringen sind. Grundsätzlich beginnt der Schwebezustand eines Geschäfts mit dem Vertragsabschluss. Einseitige Willenserklärungen begründen für sich alleine noch kein schwebendes Geschäft; wurde jedoch ein bindendes Vertragsangebot abgegeben und ist dessen Annahme wahrscheinlich, so kann auch dies bereits die Bildung einer Drohverlustrückstellung erfordern. Unerheblich ist die Rechtsnatur der zugrundeliegenden Verträge. Wie bei Rückstellungen für ungewisse Verbindlichkeiten kommt es auch nicht auf ihre Einklagbarkeit an; auch nichtige Verträge sind zu berücksichtigen, wenn sich das Unternehmen ihnen aus wirtschaftlichen Gründen nicht entziehen kann oder will und das Zustandekommen des Geschäfts zu erwarten ist.
- Im Zusammenhang mit dem schwebenden Geschäft **muss ein Verlust drohen.** Ein solcher ist grundsätzlich dann gegeben, wenn ein sog Verpflichtungsüberschuss vorliegt, dh wenn die zu erbringende eigene Leistung wertmäßig die dafür vereinbarte Gegenleistung übersteigt:[236] **Bei schwebenden Beschaffungsgeschäften** entsteht ein Verpflichtungsüberschuss dadurch, dass der laut Vereinbarung zu zahlende Kaufpreis höher ist als der Wert des dafür abzunehmenden Vermögensgegenstandes bzw der in Anspruch zu nehmenden Dienstleistung. Ursache dieser Unausgeglichenheit sind insbesondere seit dem Abschluss des Geschäfts eingetretene Preisänderungen: Die Gegenstände bzw Leistungen könnten nunmehr günstiger beschafft werden bzw Entwicklungen des Absatzmarktes führen dazu, dass bei ihrem Weiterverkauf Verluste entstehen werden. Möglich ist es aber etwa auch, dass sich die Bestellung für den Auftraggeber mittlerweile als unnötig, als Fehlmaßnahme herausstellte (zB eine bestellte Anlage wird nicht mehr gebraucht, eine in Auftrag gegebene Werbekampagne hat sich überholt). **Bei schwebenden Absatzgeschäften** droht ein Verlust grundsätzlich dann, wenn erkennbar ist, dass die zur Erfüllung der eigenen Liefer- oder Leistungsverpflichtung anfallenden Kosten durch den vereinbarten Erlös nicht gedeckt werden können. Auch hierbei können vor allem zwischenzeitige Marktentwicklungen dazu führen, dass die ursprünglich kalkulierten Kosten nicht eingehalten werden. Denkbar ist es zudem auch, dass bspw der Wert der zu erhaltenden Gegenleistung (des Erlöses) etwa infolge von Wechselkursänderungen gesunken ist. **Bei Dauerschuldverhältnissen** ist der drohende Verlust grundsätzlich dadurch festzustellen, dass der Wert der noch zu erbringenden Leistung jenem der noch zu erhaltenden Gegenleistung gegenübergestellt wird (sog Restwertbetrachtung): Bereits abgelaufene Perioden sind – als nicht mehr schwebend – außer Acht zu lassen; eine Rückstellung ist demnach auch dann notwendig, wenn zwar das Dauerschuldverhältnis in seiner

236 Der Bewertung von Leistung und Gegenleistung kommt somit bereits im Zusammenhang mit dem Ansatz derartiger Rückstellungen – und nicht nur in Bezug auf ihre Höhe – wesentliche Bedeutung zu (vgl Kap 3.7.8.3.).

Ganzheitsbetrachtung ausgeglichen ist, für die künftige Dauer jedoch Verluste drohen. Bei der Beurteilung der Verlustträchtigkeit schwebender Geschäfte ist **nicht nur auf die Entwicklung bis zum Abschlussstichtag abzustellen**, sondern es sind auch jene Umstände zu berücksichtigen, die erst danach eingetreten sind bzw noch in der Zukunft zu erwarten sind: Dies gilt insbesondere für erst nach dem Abschlussstichtag eintretende Verluste. Doch auch dann eintretende Umstände, die einen bei einer fiktiven Geschäftsabwicklung am Abschlussstichtag entstehenden Verlust wieder verringern bzw sogar ausgleichen, sollten beachtet werden, um eine willkürliche Rückstellungsbildung zu vermeiden. Entsprechend ist bei schwebenden Anschaffungsgeschäften über Anlagevermögensgegenstände eine Rückstellung nur dann zu bilden, wenn der drohende Verlust auf eine voraussichtlich dauernde Wertminderung zurückzuführen ist.

Beispiele:

Für den Jahresabschluss eines Unternehmens zum 31. 12. X1 liegen folgende Informationen vor:

a) Das Unternehmen bestellte am 1. 10. X1 Rohstoffe zu einem Fixpreis von 100.000,– bei Lieferung im Jahr X2. Am Abschlussstichtag beträgt der Marktpreis für die Rohstoffe 110.000,–, im Jahr X2 sinkt er jedoch auf 80.000,–.

b) Das Unternehmen schloss am 13. 8. X1 einen Vertrag über den Kauf eines Grundstücks für das Anlagevermögen um 2,000.000,– mit Eigentumsübergang am 1. 3. X2. Geänderte Marktverhältnisse verursachten zunächst ein Sinken der ortsüblichen Grundstückspreise, bereits im Laufe des Jahres X2 steigen die Preise jedoch wieder auf das ursprüngliche Niveau.

c) Das Unternehmen mietete vor Jahren eine Lagerhalle. Aufgrund einer Umstellung des Produktionsablaufes wird die Lagerhalle ab X2 nicht mehr benötigt und steht leer; aufgrund der unkündbaren Restlaufzeit des Mietvertrags sind jedoch für X2 und X3 noch jeweils Mietzahlungen in Höhe von 12.000,– zu leisten.

Wie sind diese Sachverhalte im Rahmen der Jahresabschlussaufstellung X1 zu berücksichtigen?

Lösung:

a) Für den drohenden Verlust im Zusammenhang mit dem Rohstoffkauf ist eine Rückstellung zu bilden, obwohl die Wertminderung erst nach dem Abschlussstichtag eintritt.

b) Da die Wertminderung des dem Anlagevermögen zuzuordnenden Grundstücks nicht von Dauer ist, ist keine Rückstellung zu bilden.

c) Für die während der unkündbaren Restlaufzeit noch anfallenden Mieten für die nicht mehr benutzte Lagerhalle ist eine Rückstellung zu passivieren.

Eine Drohverlustrückstellung ist **nur dann ansetzbar, wenn der Verlust wahrscheinlich ist**, dh es müssen Tatsachen oder zumindest Erfahrungswerte aus der Vergangenheit vorliegen, die seinen Eintritt ernsthaft bevorstehend erscheinen lassen; die bloß theoretische Möglichkeit einer Verlustentstehung ist nicht ausreichend. Unerheblich ist jedoch, ob das Verlustgeschäft bewusst eingegangen wurde, weil bspw dadurch andere, außerhalb des schwebenden Geschäfts liegende Vorteile erwartet werden (zB Folgeaufträge). Der Grundsatz der Einzelbewertung und das Verbot, unrealisierte Gewinne zu berücksichtigen, verbieten eine Saldierung negativer und positiver Erfolgskomponenten: Jedes schwebende Geschäft ist grundsätzlich für sich selbst zu beurteilen. Ausnahmen sind lediglich für sog Koppelungsgeschäfte (zB Gewährung eines günstigen Darlehens bei Vereinbarung eines Abnahmevertrages) bzw für Termingeschäfte anzunehmen, für welche Deckungsgeschäfte existieren (zB bei Devisentermingeschäften liegen Ansprüche und Verpflichtungen in derselben Währung (sog geschlossene Positionen) vor, sodass Kursverluste mit Kursgewinnen kompensiert werden können).

Rückstellungen für drohende Verluste aus schwebenden Geschäften sind grundsätzlich **nur dann zu bilden, wenn keine Abschreibungen auf Aktivposten vorgenommen werden können.** Wurden etwa im Zusammenhang mit schwebenden Geschäften bereits Herstellungskosten aktiviert (in den Vorratsposten „unfertige" und „fertige Erzeugnisse" bzw „noch nicht abrechenbare Leistungen") bzw liegen bereits sonstige auftragsbezogene Vorräte auf Lager, sind primär diese im Rahmen der verlustfreien Bewertung abzuwerten.[237] Nur wenn kein Aktivwert (mehr) vorhanden ist, ist eine Rückstellung zu passivieren.

Beispiel:

Ein Unternehmen schloss im Jahr X1 einen Vertrag über die Lieferung von 1.000 Stück eines Produktes ABC zu einem fixen Verkaufspreis von 200,– pro Stück bei Lieferung im März X2.

Eine unvorhergesehene Marktentwicklung verursachte einen Anstieg des Einstandspreises des Produktes ABC: Am Abschlussstichtag 31. 12. X1 liegen für diesen Auftrag 400 Stück des Produktes, erworben zu Anschaffungskosten von 250,– pro Stück auf Lager. Auch die noch fehlenden 600 Stück werden voraussichtlich zu diesem Preis eingekauft werden müssen; zusätzliche Aufwendungen bis zum Verkauf sind nicht zu erwarten.

Wie ist dieser Sachverhalt im Jahresabschluss zum 31. 12. X1 zu berücksichtigen?

Lösung:

Die auf Lager liegenden Vorräte (= 400 Stück) sind abzuwerten:

festgelegter Verkaufspreis	*200*
Anschaffungskosten	*250*
Abwertung pro Stück	*50*

	(5)	*Abschreibungen auf Vorräte*	*20.000*	
an	*(1)*	*Vorräte*		*20.000*

Für die noch nicht beschafften Vorräte (= 600 Stück) ist in Höhe des aus dem Liefervertrag drohenden Verlusts (= 50,– pro Stück) eine Rückstellung zu bilden:

	(7)	*drohende Verluste aus schwebenden Geschäften*	*30.000*	
an	*(3)*	*Rückstellung für drohende Verluste aus schwebenden Geschäften*		*30.000*

Rückstellungen für drohende Verluste aus schwebenden Geschäften kommen **bspw in folgenden Fällen** in Betracht:

- bei Einkaufs- und Verkaufsgeschäften, wenn die Preise fixiert wurden und sich die Marktverhältnisse ändern, dabei insbesondere auch bei langfristigen Fertigungen und Rahmenverträgen;

237 Vgl dazu Kap 3.6.4.1. und 3.6.4.2. sowie Kap 3.7.4.3.

- bei Miet- bzw Leasingverträgen beim Bestandgeber, wenn das vereinbarte Entgelt die anfallenden Aufwendungen nicht deckt; beim Bestandnehmer, wenn das gemietete bzw geleaste Objekt nicht mehr oder nur mehr in vermindertem Umfang genutzt werden kann;
- bei Termin- und Optionsgeschäften insbesondere auch im Zusammenhang mit Devisen.

3.7.8.2.3. Aufwandsrückstellungen

§ 198 Abs 8 Z 2 UGB enthält ein **Bildungswahlrecht für Rückstellungen für Aufwendungen, die**

- ihrer Eigenart nach genau umschrieben sind,
- dem Geschäftsjahr oder einem früheren Geschäftsjahr zuzuordnen sind,
- am Abschlussstichtag wahrscheinlich oder sicher, aber hinsichtlich ihrer Höhe oder des Zeitpunkts ihres Eintritts unbestimmt sind.

Mit diesem Bildungswahlrecht sollen die sog **Aufwandsrückstellungen erfasst** werden.

Eine **Ansatzpflicht ist für derartige Rückstellungen normiert, soweit ihre Bildung den Grundsätzen ordnungsmäßiger Buchführung entspricht.**[238]

In der Literatur ist der Ansatz von Aufwandsrückstellungen umstritten, wobei die Meinungsbreite von einem Passivierungsverbot über ein Passivierungswahlrecht bis zu einer Passivierungspflicht reicht. Die Problematik derartiger Rückstellungen liegt – mangels ihres aktuellen Schuldcharakters – in der Gefahr einer willkürlichen Reservenbildung.

Deshalb wird ihr Ansatz im Wesentlichen an folgende **Voraussetzungen** geknüpft:

- Aufwandsrückstellungen sind nur **für ihrer Eigenart nach genau umschriebene Aufwendungen** zulässig:[239] Zweck und Art der Rückstellung sind genau zu bestimmen, es muss ihnen ein konkret bezeichneter Sachverhalt zugrunde liegen, die späteren Ausgaben müssen sich eindeutig abgrenzen und zuordnen lassen (bei Reparaturrückstellungen ist bspw auf bestimmte Vermögensgegenstände Bezug zu nehmen und auf Reparaturpläne, Serviceanweisungen des Herstellers uÄ abzustellen). Wesentlich ist es auch, dass die **zukünftigen Ausgaben zu keinem aktivierungsfähigen Vermögensgegenstand führen** dürfen (weshalb bspw in diesem Zusammenhang genau zwischen zukünftigem Erhaltungsaufwand und nachträglichen Herstellungskosten[240] zu unterscheiden ist).
- Aufwendungen sind nur dann rückstellbar, wenn sie **dem Geschäftsjahr oder einem früheren Geschäftsjahr zuzuordnen** sind, somit in der Vergangenheit verursacht wurden.

---

238 Nach den EB zu § 198 Abs 8 UGB ist dies gegenwärtig zB für Kulanzrückstellungen der Fall. Diese Rückstellungen werden als Vorsorge für Behebungen von Mängel, für Nachbesserungen etc an gelieferten Produkten oder erbrachten Leistungen gebildet, zu welchen das Unternehmen nicht aufgrund gesetzlicher oder vertraglicher Gegebenheiten (Garantien oder Gewährleistungen) verpflichtet ist. Rückstellungen für derartige Verpflichtungen, welchen sich das Unternehmen aufgrund faktischer Gegebenheiten nicht entziehen kann, sind jedoch den Rückstellungen für ungewisse Verbindlichkeiten zuzuordnen (vgl auch Kap 3.7.8.2.1.).

239 Eine allgemeine Risikovorsorge darf nicht über eine Rückstellungsbildung vorgenommen werden; dies kann lediglich über eine Rücklagenbildung (vgl dazu Kap 3.9.4.2.) erfolgen. Infolge der Schwierigkeit der Abgrenzung stehen Aufwandsrückstellungen jedoch – im Gegensatz zu sonstigen Rückstellungen, die eindeutigen Schuldcharakter haben – zumindest in einem gewissen Naheverhältnis zum Eigenkapital.

240 Vgl dazu Kap 3.6.3.2.1.

Das ist insbesondere dann gegeben, wenn zwar die Ausgaben erst in der Zukunft anfallen, sie jedoch mit Erträgen vergangener Perioden zusammenhängen: So sind bspw die Ausgaben für die Entsorgung einer Maschine aufwandsmäßig den Jahren ihrer Nutzung und den dadurch erzielten Erträgen zuzuordnen. Da es jedoch vielfach schwierig ist, einen derartigen Zusammenhang festzustellen – oder vielleicht auch gar keine Erträge anfallen – kann auch darauf abgestellt werden, dass mittels Aufwandsrückstellungen vor allem eine Ergebnisglättung (Gewinnegalisierung) erreicht werden soll: Unregelmäßig anfallende Ausgaben werden deshalb auf mehrere Perioden verteilt und dazu durch die Bildung von Aufwandsrückstellungen aufwandsmäßig vorverrechnet.

Beispiel:

Bei einer Fertigungsstraße werden im Abstand von jeweils sechs Jahren Generalüberholungen durchgeführt, die dann 30.000,– kosten.

Wie würde sich in diesem Zusammenhang die Bildung einer Aufwandsrückstellung auswirken?

Lösung:

Ohne die Bildung einer Aufwandsrückstellung werden die einzelnen Periodenergebnisse unregelmäßig belastet: Das Ergebnis des sechsten Jahres wird durch die Generalüberholung einmalig stark belastet; in den Jahren davor wird die Ertragslage hingegen zu günstig dargestellt.

Bei Bildung einer Aufwandsrückstellung werden die Aufwendungen für die Generalüberholung periodisiert, indem über die jährliche Buchung „Reparaturaufwand an Aufwandsrückstellung“ in jedem Jahr ein anteiliger Betrag des Generalüberholungsaufwands erfasst wird.

Wird dann im sechsten Jahr die Generalüberholung durchgeführt, ist sie für die vergangenen fünf Jahre durch die – mittlerweile angesammelte – Rückstellung (= 25.000) abgedeckt und somit nicht zur Gänze erst jetzt aufwandswirksam:

	(3)	*Aufwandsrückstellung*	*25.000*	
	(7)	*Reparaturaufwand*	*5.000*	
an	*(2)*	*Bank*		*30.000*

Damit wird der Gewinn der einzelnen Perioden gleichmäßig belastet und die Ertragslage zutreffender dargestellt.

- Um Aufwendungen rückstellen zu können, muss ihr **Anfall am Abschlussstichtag wahrscheinlich oder sicher, aber hinsichtlich der Höhe und des Eintrittszeitpunkts unbestimmt sein.** Obzwar die rückzustellenden Aufwendungen – wie bei allen anderen Rückstellungen auch – ungewiss sind, ist für ihre Passivierung vorauszusetzen, dass sie auch tatsächlich realisiert werden sollen. Wesentlich ist dabei insbesondere auch, dass die Durchführung der sich bedingenden Maßnahmen im Hinblick auf die Unternehmensfortführung geboten ist. Bestehen Zweifel an der Ernsthaftigkeit, ist eine Rückstellungsbildung nicht zulässig (so ist zB keine Rückstellung für zukünftige Großreparaturen anzusetzen, wenn bei vernünftiger kaufmännischer Beurteilung davon auszugehen ist, dass die betreffende Anlage gar nicht mehr bis dahin genutzt werden wird, weil sie bspw schon das Ende ihrer Lebensdauer erreicht hat).

In Negativabgrenzung zu den Rückstellungen für ungewisse Verbindlichkeiten ist für die Qualifikation als Aufwandsrückstellungen notwendig, dass ihnen **keine Verpflichtungen zugrunde liegen**: Hat bspw der Abbruch oder die Entsorgung einer Anlage aufgrund behördlicher Auflage zu erfolgen oder ist die Vornahme von Generalüberholungen oder Großreparaturen aufgrund eines Bestandsvertrages verpflichtend, liegen keine Aufwandsrückstellungen, sondern Rückstellungen für ungewisse Verbindlichkeiten vor.

Als typische **Beispiele** für Aufwandsrückstellungen lassen sich etwa die Folgenden nennen:

- unterlassene Instandhaltungen, Wartungen oder Inspektionen;[241]
- in größeren Zeitabständen vorgenommene Großreparaturen, Renovierungen, Generalüberholungen sowie Sicherheitsinspektionen;
- Abbruch-, Beseitigungs-, Entsorgungs- uä Kosten sowie Rekultivierungen.

Grundsätzlich **keine Rückstellungen** dürfen gebildet werden:

- für allgemeine Risiken, wie Konjunkturrisiken oder zukünftige Umweltrisiken;
- für Maßnahmen, die einem zukünftigen Geschäftsjahr zuzuordnen sind;
- für Aufwendungen, deren Eintritt nicht wahrscheinlich ist.

Erfolgt der Ansatz von Aufwandsrückstellungen, ist zu beachten, dass die Bildung unter das **Stetigkeitsgebot des § 201 Abs 2 Z 1 UGB** fällt:[242] Gleichartige Sachverhalte sind deshalb gleich zu behandeln; nur bei Vorliegen besonderer Umstände und unter Beachtung der Generalnorm des § 195 dritter Satz bzw § 222 Abs 2 erster Satz UGB ist ein Wechsel der Vorgangsweise zulässig.

Da Aufwandsrückstellungen im taxativen Rückstellungskatalog des § 9 Abs 1 EStG nicht enthalten sind, werden sie **steuerlich nicht anerkannt**. Dies macht bei ihrer Bildung im unternehmensrechtlichen Jahresabschluss positive Mehr-Weniger-Rechnungen notwendig. Damit ist der entsprechende Aufwand zwar nicht in der Periode seiner wirtschaftlichen Verursachung steuerwirksam, im Jahr der Ausgabe ist diese jedoch steuerlich abzugsfähig, was deshalb dann eine negative Mehr-Weniger-Rechnung verursacht.

Beispiel:

Aufgrund der starken Nachfrage nach dem auf einer eigenen Fertigungsmaschine erzeugten Produkt mussten im Abschlussjahr X1 die üblicherweise jährlich durchgeführten Inspektions- und Wartungsarbeiten unterbleiben, da dies einen mehrtägigen Stillstand der Maschine notwendig gemacht hätte.

Die Instandhaltungsarbeiten sollen deshalb erst im Laufe des Folgejahres vorgenommen werden. Man rechnet dafür mit Aufwendungen von rund 5.000,– (netto).

Welche Buchungen sind bei Bildung einer Aufwandsrückstellung im Abschlussjahr X1 erforderlich?

---

241 Dabei ist allerdings darauf zu achten, dass die Bildung von Rückstellungen grundsätzlich nicht anstelle von planmäßigen und außerplanmäßigen Abschreibungen (vgl dazu Kap 3.7.2.2. und 3.7.2.3.) erfolgen darf.

242 Vgl Kap 3.6.2.1.

Welche Buchungen sind in der Folge im Jahr X2 erforderlich, wenn dann die unterlassene Instandhaltung der Fertigungsmaschine nachgeholt wird und die dazu einlangende Eingangsrechnung – wie vermutet – auf 5.000,– (netto, 20 % USt) lautet?

Lösung:

Da der Inspektions- und Wartungsaufwand dem Abschlussjahr X1 zuzurechnen ist, kann für dieses Jahr eine Rückstellung eingebucht werden:

	(7)	*Instandhaltungsaufwand*	*5.000*	
an	*(3)*	*Aufwandsrückstellung*		*5.000*

Als reine Aufwandsrückstellung ohne Verpflichtungscharakter gegenüber Dritten wird diese Rückstellung steuerlich nicht anerkannt (vgl auch EStR 2000 Rz 3327), was eine Mehr-Weniger-Rechnung notwendig macht:

MWR + 5.000

Im Jahr X2 belastet die Vornahme der nachgeholten Inspektions- und Wartungsarbeiten den unternehmensrechtlichen Erfolg nicht mehr; vielmehr ist die Rückstellung erfolgsneutral gegen die Eingangsrechnung auszubuchen:

	(3)	*Aufwandsrückstellung*	*5.000*	
	(2)	*Vorsteuer*	*1.000*	
an	*(3)*	*Verbindlichkeiten aus Lieferungen und Leistungen*		*6.000*

Im steuerlichen Sinn existiert jedoch keine Rückstellung; ihre Bildung wurde im Vorjahr nicht berücksichtigt. Deshalb kann sie mit steuerlicher Wirkung auch heuer nicht verwendet werden. Vielmehr fällt für Zwecke der steuerlichen Erfolgsermittlung der Instandhaltungsaufwand erst heuer an, was wieder eine Mehr-Weniger-Rechnung erforderlich macht:

MWR – 5.000

3.7.8.3. Bewertung

3.7.8.3.1. Überblick

Die Bewertung von Rückstellungen ist in § 211 UGB geregelt, wobei für Rückstellungen – sofern es sich nicht um Rückstellungen für Pensionen, Abfertigungsverpflichtungen, Jubiläumsgeldzusagen oder vergleichbare langfristig fällige Verpflichtungen handelt[243] Folgendes gilt:

§ 211 UGB

(1) ... Rückstellungen sind mit dem Erfüllungsbetrag anzusetzen, der bestmöglich zu schätzen ist. ....

(2) Rückstellungen mit einer Restlaufzeit von mehr als einem Jahr sind mit einem marktüblichen Zinssatz abzuzinsen. ...

---

243 Für derartige Rückstellungen enthalten § 211 Abs 1 und 2 UGB spezielle Bestimmungen; vgl dazu Kap 3.7.8.4.

Im Zuge der Jahresabschlussaufstellung ist somit für Rückstellungen

- **in einem ersten Schritt jährlich eine bestmögliche Schätzung des Erfüllungsbetrags** vorzunehmen,
- **in einem zweiten Schritt bei längerfristigen Rückstellungen eine Abzinsung** durchzuführen.

3.7.8.3.2. Wertermittlung im ersten Schritt

Bei der Wertermittlung im ersten Schritt – und noch ohne Berücksichtigung der (Rest-)Laufzeit der Rückstellung[244] – ist **zur bestmöglichen Schätzung des Erfüllungsbetrages bei den einzelnen Rückstellungsarten** Folgendes zu beachten:[245]

Bei Rückstellungen für ungewisse Verbindlichkeiten ist – in Analogie zu den Verbindlichkeiten selbst[246] – einzuschätzen, welcher Rückzahlungsbetrag bzw „Wegschaffungsbetrag" voraussichtlich erforderlich sein wird. Bei dem Grunde nach ungewissen Verpflichtungen ist es idR ausreichend, den Betrag nach der Wahrscheinlichkeit der Inanspruchnahme zu bemessen. Bei zeitlaufbezogenen Verpflichtungen, die erst im Laufe der Jahre entstehen, ist zu berücksichtigen, dass sich auch der Erfüllungsbetrag ratierlich angesammelt.

Beispiel:

Ein Unternehmen ist aufgrund eines Bestandsvertrages verpflichtet, bei einem gemieteten Fertigungskomplex nach jeweils 5.000 Maschinenstunden eine Generalüberholung vornehmen zu lassen. Die dafür von ihm zu tragenden Ausgaben werden auf 15.000,– (netto) geschätzt.

Wie hoch ist der dafür den einzelnen Geschäftsjahren zuzuordnende Erfüllungsbetrag, wenn für die Geschäftsjahre folgende Informationen vorliegen:

Jahr 1: Der Fertigungskomplex arbeitet 700 Maschinenstunden;

Jahr 2: Der Fertigungskomplex arbeitet 1.900 Maschinenstunden?

Lösung:

Da die Generalüberholung von den geleisteten Maschinenstunden abhängt, sammelt sich der Erfüllungsbetrag der Rückstellung gewissermaßen mit der von der Maschine erbrachten Leistung an. Wird für jede gearbeitete Maschinenstunden ein Betrag von 3,– pro Stunde (= 15.000 : 5.000) berücksichtigt, ergibt sich für die einzelnen Jahre Folgendes:

Jahr 1:	*anteiliger Erfüllungsbetrag: 2.100*	*(= 700 Maschinenstunden zu 3,–)*
Jahr 2:	*Erhöhung des anteiligen Erfüllungsbetrages um: 5.700*	*(= 1.900 Maschinenstunden zu 3,–)*

Damit baut sich der Erfüllungsbetrag sukzessive auf.

Bei Rückstellungen für drohende Verluste aus schwebenden Geschäften ist die Höhe des voraussichtlichen Verlusts einzuschätzen; die Bewertung dieser Rückstellungen orientiert sich

244 Vgl dazu das nachfolgende Kap 3.7.8.3.3.
245 Vgl dazu bereits Kap 3.6.5.3.
246 Vgl dazu Kap 3.6.5.1. bzw 3.7.6.2.

damit an der Differenzgröße zwischen dem Wert der eigenen Leistung und jenem der Gegenleistung:[247]

- Bei schwebenden **Beschaffungsgeschäften** erfolgt die Wertermittlung entsprechend dem Abschreibungsbedarf bereits aktivierter Vermögensgegenstände: Die vereinbarte Gegenleistung ist folglich mit ihrem sich aus dem Börsenkurs oder Marktpreis ergebenden Zeitwert bzw mit dem beizulegenden Wert[248] zu veranschlagen. Bei Anschaffungen für das Anlagevermögen ist dabei insbesondere der Wiederbeschaffungswert maßgeblich;[249] beim schwebenden Vorratskauf können sowohl die Verhältnisse am Beschaffungsmarkt als auch jene des Absatzmarktes von Bedeutung sein.[250] Dem Imparitätsprinzip folgend sind dabei jedoch nicht nur die Preisentwicklungen bis zum Abschlussstichtag zu berücksichtigen, sondern auch die danach eingetretenen bzw erst absehbare künftige Veränderungen; nur so ist eine Antizipation des gesamten aus dem schwebenden Geschäft drohenden Verlustes gewährleistet.[251]

  Beispiel:

  Ein Unternehmen schloss in der Abschlussperiode einen Rahmenvertrag über den Kauf von 1.000 Stück einer Ware XY zu einem Fixpreis von 500,– pro Stück, bei Lieferung während des folgenden Jahres.

  Unvorhergesehene Marktentwicklungen verursachten nach dem Vertragsabschluss ein Sinken der von diesem Unternehmen erzielbaren Absatzpreise auf 490,– pro Stück; auf diesen Preis sind noch regelmäßig Nachlässe in Höhe von 5 % zu gewähren; beim Verkauf anfallende und vom Unternehmen zu tragende Verpackungsaufwendungen betragen 15,– pro Stück.

  Wie hoch ist der in diesem Zusammenhang entstehende Betrag für die Bildung einer Rückstellung für drohende Verluste aus schwebenden Geschäften?

  Lösung:

  Der drohende Verlust im Zusammenhang mit diesem Rahmenvertrag ermittelt sich für ein Stück der Ware XY wie folgt:

Wert der eigenen Leistung (= vereinbarter Fixpreis)			*500,00*
Wert der Gegenleistung:			
	Absatzpreis	*490,–*	
–	*Erlösschmälerungen (5 %)*	*<24,50>*	
–	*noch anfallende Aufwendungen*	*<15,–>*	*450,50*
drohender Verlust (pro Stück)			*49,50*

  Insgesamt ergibt sich damit ein Rückstellungsbetrag in Höhe von 49.500 (= 49,50 x 1.000 Stück).

- Bei schwebenden **Absatzgeschäften** erfolgt die Wertbestimmung grundsätzlich durch eine Gegenüberstellung des vereinbarten Verkaufspreises (abzüglich allfälliger Erlösschmälerungen etc) und jener Aufwendungen, die bei Ausführung der geschuldeten Lieferung bzw

247 Vgl dazu bereits Kap 3.7.8.2.2.
248 Vgl dazu Kap 3.6.4.1. bzw 3.6.4.2.
249 Vgl Kap 3.7.1.2. bzw 3.7.2.3.
250 Vgl Kap 3.7.4.3.
251 Vgl dazu auch bereits Kap 3.7.8.2.2.

Leistung entstehen. Auch hierbei sind erst nach dem Abschlussstichtag eingetretene sowie vorhersehbare weitere Preisentwicklungen miteinzubeziehen.

Beispiel:

Ein Unternehmen nahm im Abschlussjahr einen im Folgejahr zu erfüllenden Auftrag zur Fertigung einer Spezialmaschine um einen garantierten Preis in Höhe von 50.000,– an. Mit der Produktion der Maschine soll erst im folgenden Jahr begonnen werden.

Es ist jedoch bereits im Abschlussjahr abzusehen, dass die anfallenden Aufwendungen für die Produktion der Maschine höher sein werden, als ursprünglich kalkuliert und sich voraussichtlich auf 48.000,– belaufen werden. Zudem kann der zugesagte Fertigstellungstermin wahrscheinlich nicht eingehalten werden, sodass mit einer für diesen Fall vorgesehenen Vertragsstrafe in Höhe von 4.000,– zu rechnen ist.

Wie hoch ist der in diesem Zusammenhang entstehende Betrag für die Bildung einer Rückstellung für drohende Verluste aus schwebenden Geschäften?

Lösung:

Der drohende Verlust ermittelt sich wie folgt:

vereinbarter Verkaufspreis		*50.000*
dafür anfallende Aufwendungen:		
Produktion	*48.000*	
Vertragsstrafe	*4.000*	*52.000*
drohender Verlust		*2.000*

Der Rückstellungbetrag beläuft sich auf 2.000.

- Bei schwebenden **Dauerschuldverhältnissen** ergibt sich der Wert für eine Rückstellung für daraus drohende Verluste als Differenzgröße zwischen den Aufwendungen für die noch zu erbringenden Leistungen und dem Wert der ausstehenden Gegenleistung.

Beispiel:

Ein Unternehmen erhält für eine noch drei Jahre lang unkündbar vermietete Halle eine jährliche Miete von 10.000,– (netto).

Die jährlich anfallenden und vom Unternehmen als Vermieter zu tragenden Überlassungs- und Erhaltungsverpflichtungen (Abschreibungen, Ausbesserungsarbeiten etc) sind mit 13.000,– zu bewerten.

Wie hoch ist der in diesem Zusammenhang entstehende Betrag für die Bildung einer Rückstellung für drohende Verluste aus schwebenden Geschäften?

Lösung:

Der drohende Verlust ermittelt sich wie folgt:

vereinbarte Gegenleistung (= Mietzins) pro Jahr:	*10.000*
anfallende Aufwendungen pro Jahr:	*13.000*
drohender Verlust pro Jahr	*3.000*
unkündbare Laufzeit	*3 Jahre*
drohender Verlust insgesamt	*9.000*

Der Rückstellungsbetrag beläuft sich auf 9.000.

Bei der Wertermittlung von **Aufwandsrückstellungen** ist insbesondere zu berücksichtigen, dass sie der Ergebnisglättung bzw der periodengerechten Verteilung unregelmäßig anfallender Ausgaben dienen.[252] Ihre Höhe bestimmt sich grundsätzlich nach dem Verhältnis der bisher verursachten Aufwendungen zu den voraussichtlichen Gesamtaufwendungen. Entsprechend erfolgt eine ratierliche Ansammlung der Rückstellung.

Beispiele:

- *Eine Rückstellung für die Generalüberholung einer Maschine kann leistungsabhängig nach dem jährlichen Output der Maschine ermittelt werden: Wird zB nach jeweils 100.000 auf der Maschine produzierten Stück eine Generalüberholung durchgeführt, ist die jährliche Rückstellungszuführung wie folgt zu errechnen:*

$$\frac{\textit{voraussichtliche Ausgaben für die Generalüberholung}}{\textit{100.000 Stück}} \textit{ x Produktion der Abschlussperiode in Stück} = \ldots\ldots\ldots\ldots$$

  Möglich ist auch eine zeitbezogene Ansammlung nach dem zu erwartenden Zeitraum bis zur Generalüberholung: Wird die Generalüberholung bspw nach jeweils 5 Jahren vorgenommen, ermittelt sich die jährliche Aufstockung der Rückstellung folgendermaßen:

$$\frac{\textit{voraussichtliche Ausgaben für die Generalüberholung}}{5} = \ldots\ldots\ldots\ldots$$

- *Eine Rückstellung für die Rekultivierung eines Steinbruchs kann bspw nach dem Ausmaß des erfolgten Abbaus bemessen werden:*

$$\frac{\textit{voraussichtliche Ausgaben für die Rekultivierung}}{\textit{Gesamtabbau}} \textit{ x Abbau in der Abschlussperiode} = \ldots\ldots\ldots\ldots$$

Für den **Erfüllungsbetrag einer Rückstellung ist jährlich eine Neueinschätzung** vorzunehmen. Dabei sind sämtliche neu hinzugekommenen Informationen über den betreffenden Sachverhalt zu berücksichtigen; den Wert erhöhende Komponenten sind genauso zu beachten wie ihn vermindernde Entwicklungsmöglichkeiten.

Für sämtliche Rückstellungen gilt, dass gebildete Rückstellungen so lange **beizubehalten sind, solange der Grund für ihren Ansatz weiterbesteht. Nicht mehr benötigte Rückstellungen sind hingegen auszuscheiden** und dürfen nicht beibehalten werden. **Veränderungen des geschätzten Erfüllungsbetrages ist durch eine Erhöhung oder eine Verringerung der Rückstellung Rechnung zu tragen.**

Bei den Rückstellungen ergeben sich demzufolge **im Zeitablauf folgende Buchungen**:

- Stellt sich in einer späteren Periode heraus, dass der ursprünglich eingebuchte Rückstellungsbetrag zu gering ist, ist eine **Nachholung der Rückstellung vorzunehmen**, indem sie auf das neu errechnete Ausmaß erhöht wird.

252 Vgl Kap 3.7.8.2.3.

Die daraus resultierenden Aufwendungen sind – da ihre Verursachung entsprechend der Rückstellungsdefinition bereits in einem vorangegangenen Geschäftsjahr liegt – periodenfremd. Die Nachholung von Rückstellungen hat aber dennoch **über jene Aufwandskonten zu erfolgen, die zu bebuchen wären, wenn die Aufwendungen nicht periodenfremd wären.** Um allenfalls nötige Anhangerläuterungen – so für den Fall, dass es durch die nachgeholte Rückstellungszuweisung zu Verzerrungen bei der Darstellung der Ertragslage kommt – zu erleichtern, können **eigene Konten mit dem Zusatz „aus Vorperioden"** (etwa: (7) Prozesskosten aus Vorperioden, (8) Steuern aus Vorperioden) geführt werden.

- Stellt sich im Zuge der Überprüfung bei der Aufstellung des Jahresabschlusses heraus, dass der Rückstellungsgrund entfallen ist (zB Prozess wurde eingestellt) oder dass sich ihre Höhe aufgrund veränderter Verhältnisse oder neuer Erkenntnisse reduziert hat, ist **die (zu hohe) Rückstellung aufzulösen.**

  Eine Verrechnung der Rückstellungsauflösung mit den Aufwandsposten, über die sie ursprünglich gebildet wurde, ist dabei grundsätzlich nicht zulässig. Vielmehr sind derartige **Auflösungen wie folgt zu verbuchen:**

	(3)	Rückstellungen
an		Erträge aus der Auflösung von Rückstellungen[253]

Eine **Ausnahme von diesem Grundsatz besteht jedoch für Erträge aus der Auflösung von Steuerrückstellungen.** Dies ergibt sich aus § 234 UGB:

§ 234 UGB

Im Posten „Steuern vom Einkommen und vom Ertrag" sind die Beträge auszuweisen, die das Unternehmen als Steuerschuldner vom Einkommen und Ertrag zu entrichten hat. Gesellschaften, die nicht klein sind, haben Erträge aus Steuergutschriften und aus der Auflösung von nicht bestimmungsgemäß verwendeten Steuerrückstellungen gesondert auszuweisen, soweit sie wesentlich (§ 189a Z 10) sind.

Diese Vorschrift gestattet somit **für Erträge aus der Auflösung von Steuerrückstellungen eine Saldierung mit dem Periodenaufwand.** Lediglich bei großen und mittelgroßen Gesellschaften ist für wesentliche aus der Auflösung von Steuerrückstellungen stammende Erträge eine offene Darstellung in der Gewinn- und Verlustrechnung – etwa in der Form einer Vorspalte – gefordert:

Steuern vom Einkommen und vom Ertrag	....	
abzüglich Erträge aus der Auflösung von Steuerrückstellungen	....	....

Da die Wesentlichkeit der Rückstellungsauflösung erst am Jahresende feststellbar sein wird, empfiehlt sich in der Buchhaltung keine sofortige Verbuchung in die Steueraufwandskonten, sondern die **Führung eines eigenen Kontos („Erträge aus der Auflösung von Steuerrückstellungen"** in der Kontenklasse 8).

253 Ein entsprechendes Konto in der Kontenklasse (4) ist dabei dann anzusprechen, wenn es sich um Rückstellungen handelt, die Aufwendungen betrafen, welche dem „Betriebsergebnis" zuzuordnen sind (somit in den Kontenklassen (5), (6) oder (7) ausgewiesen sind). Betrifft die Rückstellungsauflösung hingegen den Bereich des „Finanzergebnisses", ist ein Ertragskonto in der Kontenklasse (8), in der auch die entsprechenden Aufwendungen erfasst wurden, zu verwenden.

Im Jahr der Inanspruchnahme der Rückstellung hat ein erfolgsneutraler Verbrauch zu erfolgen. Für die verschiedenen Rückstellungen bedeutet das im Einzelnen Folgendes:

- **Rückstellungen für ungewisse Verbindlichkeiten** werden zu „echten" Verbindlichkeiten, sobald die Ungewissheit sowohl dem Grunde als auch der Höhe nach wegfällt:

	(3)	Rückstellungen
an	(3)	Verbindlichkeiten[254] ...

- **Rückstellungen für drohende Verluste aus schwebenden Geschäften** sind zur Neutralisierung des eingetretenen Verlustes, für den sie gebildet wurden, heranzuziehen, indem sie mit dem (den) entsprechenden Aufwandsposten verrechnet werden.
- **Aufwandsrückstellungen** sind im Jahr der Ausgabe gleichfalls mit dem zugehörigen Aufwandsposten zu verrechnen.

Soweit mittels einer Rückstellung vorgesorgt wurde, darf es somit **bei Konkretisierung der Belastung zu keinem negativem Erfolgsbeitrag** mehr kommen. Lediglich **bei Differenzen zwischen der – geschätzten – Rückstellung und der tatsächlich entstehenden Belastung,** sind die **Differenzen** nach den vorstehenden Darstellungen

entweder als	Erträge aus der Auflösung von Rückstellungen
oder als	Aufwendungen (aus Vorperioden)

zu erfassen.

Bei der in den Folgejahren vorzunehmenden Ausbuchung von Rückstellungen ist somit darauf zu achten, dass **genau zwischen – erfolgsneutralem – bestimmungsgemäßen Verbrauch und erfolgserhöhender Auflösung nicht benötigter Rückstellungen unterschieden wird.** Hinsichtlich zusätzlicher Rückstellungen oder betragsmäßiger Erhöhungen ist darauf zu achten, dass derartige **Zuführungen zu Rückstellungen nicht mit Auflösungen „freigewordener" Rückstellungen verrechnet werden** dürfen.

Beispiel:

Ein Unternehmen weist in seiner Saldenliste eine Rückstellung für Prozesse in Höhe von 30.000,– laut Eröffnungsbilanz aus.

Der ausgewiesene Saldo betrifft einen im Vorjahr gegen dieses Unternehmen angestrengten Schadenersatzprozess wegen Ableitung von Abwässern. Der Betrag setzt sich dabei wie folgt zusammen:

erwartete Ersatzleistung	*25.000,–*
erwartete Rechtsanwalts- und Gerichtskosten	*5.000,–*
	30.000,–

Im Dezember dieses Jahres wurde der Prozess mit einem Schuldspruch des Unternehmens abgeschlossen: Die zu leistenden Ersatzzahlungen wurden mit 24.000,– festgesetzt.

Der betraute Rechtsanwalt legte noch keine Honorar- und Gerichtskostenabrechnung vor; aufgrund der langwierigen Prozessabwicklung ist jedoch eine Steigerung der Kosten auf 7.500,– zu erwarten.

Welche Buchungen sind im Zusammenhang mit den geschilderten Sachverhalten notwendig?

254 Allenfalls kann auch eine unmittelbare Buchung in ein Zahlungsmittelkonto (Kassa, Bank) vorgenommen werden.

Lösung:

Mit Festsetzung der zu leistenden Ersatzzahlungen ist die Rückstellung dafür zu einer Verbindlichkeit geworden. Ihr „Verbrauch" ist erfolgsneutral umzubuchen; die Differenz zur endgültigen Belastung ertragswirksam aufzulösen:

	(3)	*Rückstellung für Prozesse*	*25.000*	
an	*(3)*	*Sonstige Verbindlichkeiten*		*24.000*
an	*(4)*	*Erträge aus der Auflösung von Rückstellungen*		*1.000*

Die Höhe der Rechtsanwalts- und Gerichtskosten ist nach wie vor ungewiss, was ihren weiteren Ausweis als Rückstellung bedeutet. Ihre Steigerung ist wie folgt einzubuchen:

	(7)	*Rechts- und Gerichtsaufwand*	*2.500*	
an	*(3)*	*Rückstellung für Prozesse*		*2.500*

Wollte man für die Rückstellung für Prozesse dieses Unternehmens einen so genannten „Rückstellungsspiegel" erstellen, um ihre Entwicklung während der Abschlussperiode darzustellen, hat dieser folgendes Aussehen:

	Stand 1. 1.	*Verbrauch*	*Auflösung*	*Zuführung*	*Stand 31. 12.*
Rückstellung für Prozesse	*30.000*	*24.000*	*1.000*	*2.500*	*7.500*

Grundsätzlich ist auch bei der Ermittlung von Rückstellungen der **Grundsatz der Einzelbewertung zu beachten.** Für verschiedene Sachverhalte ist es jedoch nicht möglich bzw unwirtschaftlich, individuelle Berechnungen anzustellen; für große Gruppen gleich gelagerter Sachverhalte ist es deshalb **zulässig, sog Sammel- oder Pauschalrückstellungen zu bilden.** So werden bspw insbesondere für Gewährleistungs- oder Garantieverpflichtungen – allenfalls zusätzlich zu bereits bekannt gewordenen Anlassfällen – Rückstellungen für durchschnittlich geschätzte Inanspruchnahmen passiviert, deren Höhe aufgrund von betriebsinternen oder branchenüblichen Erfahrungswerten ermittelt wird.

Beispiel:

Ein neu gegründetes Fertigungsunternehmen gibt auf einige seiner Produkte eine spezielle einjährige Garantie. Aufgrund der Branchenerfahrungen der Vergangenheit soll dafür im Rahmen einer pauschalen Garantierückstellung Vorsorge getroffen werden. Die durchschnittlich auftretenden Garantiefälle (bzw die daraus resultierenden Aufwendungen) wurden mit den Umsätzen in Bezug gesetzt und eine nötige Rückstellungshöhe von 2 % der Umsätze ermittelt.

Welche Buchungen sind erforderlich, wenn der garantiebehaftete Umsatz während der Abschlussperiode 300.000,– betrug?

Lösung:

Die pauschale Garantierückstellung errechnet sich aus dem garantiebehafteten Umsatz:

300.000 x 2 % = 6.000

und ist – da die Zusammensetzung der einzelnen Aufwendungen nicht bekannt ist – wie folgt einzubuchen:

	(7)	*Garantieaufwendungen*	*6.000*	
an	*(3)*	*Garantierückstellung*		*6.000*

Aufgrund der pauschalen Berechnung derartiger Rückstellungen ist es **in der Folge kaum möglich, einen erfolgsneutralen Verbrauch vorzunehmen, indem die tatsächlich anfallenden Gewährleistungs- bzw Garantieaufwendungen dagegen verrechnet werden.** So können im Rahmen der Inanspruchnahmen die verschiedensten Aufwendungen anfallen (Personalaufwendungen für vorzunehmende Reparaturen, Materialaufwendungen für zu ersetzende Teile etc), was eine korrekte Zuordnung der Rückstellungsbeträge unmöglich macht. Deshalb ist es zulässig, derartige Rückstellungen während des Jahres unbebucht zu lassen und ihren **Stand nur jeweils am Abschlussstichtag an die erforderliche Höhe anzupassen.**

Beispiel – Fortsetzung:

Im Folgejahr traten bei dem Fertigungsunternehmen tatsächlich mehrere Garantiefälle auf. Die diesbezüglich anfallenden Kosten in Höhe von insgesamt 7.500,– wurden dabei unterjährig auf den verschiedenen Aufwandskonten (diverse Personalaufwendungen, Materialaufwand, Energieaufwand etc) erfasst.

Zu diesem Abschlussstichtag werden die offenen garantiebehafteten Umsätze beziffert mit:

a) 350.000,–

b) 280.000,–

Der für die Bildung der Garantierückstellung heranzuziehende Prozentsatz ist unverändert mit 2 % der Umsätze zu veranschlagen.

Welche Buchungen sind im Zusammenhang mit der noch mit ihrem Wert laut Eröffnungsbilanz ausgewiesenen Garantierückstellung (6.000,–) erforderlich?

Lösung:

Die laufend verbuchten Aufwendungen für tatsächliche Garantieinanspruchnahmen bleiben auf diesen Konten erfasst.

Die pauschale Garantierückstellung ist für das Abschlussjahr neu zu ermitteln und der vorjährige Stand anzupassen:

a)	*in diesem Jahr notwendige Rückstellung: 350.000 x 2 % =*	*7.000*
	im Vergleich zum ausgewiesenen Buchwert	*6.000*
	Erhöhung	*1.000*

	(7)	*Garantieaufwendungen*	*1.000*	
an	*(3)*	*Garantierückstellung*		*1.000*

b)	*in diesem Jahr notwendige Rückstellung: 280.000 x 2 % =*	*5.600*
	im Vergleich zum ausgewiesenen Buchwert	*6.000*
	Verringerung	*400*

Da diese Verringerung der Rückstellung keine Auflösung einer zu hoch gebildeten Rückstellung darstellt – es fielen ja tatsächlich Aufwendungen für entsprechende Garantieleistungen in der Gesamt-

höhe von 7.500 an – ist ihre Erfassung unter den „Erträgen aus der Auflösung von Rückstellungen“ nicht sachgerecht. Sofern nicht eine Einzelverrechnung mit den verschiedenen entstandenen Aufwendung möglich ist, sollte – gewissermaßen als pauschale Korrektur der verschiedenen Aufwendungen – wie folgt gebucht werden:

	(3)	*Garantierückstellung*	*400*	
an	*(4)*	*übrige sonstige betriebliche Erträge*		*400*

Für Zwecke der **steuerlichen Erfolgsermittlung** ist im Zusammenhang mit der Höhe der grundsätzlich steuerlich zulässigen Rückstellungen für ungewisse Verbindlichkeiten sowie für drohende Verluste aus schwebenden Geschäften die generelle Einschränkung[255] des § 9 Abs 3 EStG zu beachten, nach welcher derartige Rückstellungen **nicht pauschal gebildet** werden dürfen. Folglich sind bei ihrer Einbuchung positive, bei ihrer Verrechnung bzw ertragswirksamen Ausbuchung negative Mehr-Weniger-Rechnungen notwendig. Die Aufwendungen für Sachverhalte, für die unternehmensrechtlich mittels Pauschalrückstellungen vorgesorgt wurde, werden steuerlich somit erst beim Eintritt konkreter Einzelrisiken wirksam. Steuerlich nicht zulässig sind etwa pauschale Rückstellungen für Produkthaftung, Umwelthaftung, Gewährleistung, Garantieverpflichtungen, Kulanzfälle sowie Gestionsrisken. Lassen hingegen konkrete Umstände im jeweiligen Einzelfall Verpflichtungen des Unternehmens erwarten – wie zB Produktmängel eines spezifischen Modells – ist steuerlich der Ansatz einer Rückstellung auch auf der Basis pauschaler Berechnungen anerkannt.

3.7.8.3.3. Wertermittlung im zweiten Schritt – Abzinsung

Für Rückstellungen mit **einer Restlaufzeit von mehr als einem Jahr** sieht § 211 Abs 2 UGB eine Abzinsung vor. Bei derartigen Rückstellung ist somit nicht der in einem ersten Wertermittlungsschritt festgestellte bestmöglich geschätzte Erfüllungsbetrag passiviert, sondern lediglich dieser Betrag nach Abzug einer Abzinsung. Die Abzinsung hat unabhängig davon zu erfolgen um welche Art von Rückstellung es sich handelt: sie ist gleichermaßen für Rückstellungen für ungewisse Verbindlichkeiten und für drohende Verluste aus schwebenden Geschäften wie für Aufwandsrückstellungen vorzunehmen. Ebenfalls unerheblich ist, ob die Rückstellung die Verpflichtung zu einer Geldleistung oder einer Sachleistung verkörpert.

Für Rückstellungen mit **(Rest-)Laufzeiten unter einem Jahr** ist die Abzinsung nicht geboten; eine freiwillige Abzinsung ist allerdings zulässig.

Die **Restlaufzeit** einer Rückstellung bemisst sich an dem Zeitraum zwischen dem Abschlussstichtag und ihrem Fälligwerden. Steht kein exakter Fälligkeitstermin fest – was speziell bei Rückstellungen vielfach der Fall ist – ist zur Laufzeitberechnung auf den Zeitpunkt der voraussichtlichen Inanspruchnahme abzustellen. Ist eine Rückstellung in Teilen zu unterschiedlichen Zeitpunkten fällig, bedarf es ihrer Zerlegung: Für die innerhalb eines Jahres fälligen Rückstellungsteile ist keine Abzinsung erforderlich, die längerfristigen Teile sind – unter Heranziehung der für die jeweiligen Restlaufzeiten maßgeblichen Zinssätze – abzuzinsen. Ist eine Abzinsung erforderlich, hat diese stets unter Berücksichtigung der auf den jeweiligen Abschlussstichtag hin bezogenen Restlaufzeit zu erfolgen; das eine erste Jahr, für welches keine Abzinsung vorgeschrieben ist, darf dabei nicht außer Acht gelassen werden.

255 Zu den speziellen Vorschriften betreffend die Rückstellungen für Abfertigungsvorsorgen, Pensionen und Jubiläumsgelder vgl Kap. 3.7.8.4.

Beispiel:

Für zwei zum 31. 12. X1 zu passivierende Rückstellungen liegen folgende Angaben über ihre (geschätzten) Fälligkeitstermine vor:

Rückstellung A	*Ende X2*
Rückstellung B	*Ende X5*

Auf welche Restlaufzeiten sind die Rückstellungen zum 31. 12. X1 abzuzinsen?

Lösung:

Für die Rückstellung A ist eine Abzinsung nicht zwingend erforderlich, weil ihre Restlaufzeit zum 31. 12. X1 unter einem Jahr liegt.

Für die Rückstellung B ist auf eine Restlaufzeit von 4 Jahren (= von Ende X1 bis Ende X5) abzuzinsen.

Die Abzinsung hat laut Gesetz **mit dem marktüblichen Zinssatz** zu erfolgen. Nach den EB zur RV des RÄG 2014 kann dabei eine Orientierung an den Zinssätzen erfolgen, die laufend von der deutschen Bundesbank aufgrund der sog Rückstellungsabzinsungsverordnung für die Abzinsung der in deutschen Bilanzen auszuweisenden Rückstellungen bekanntgegeben werden.[256] Der Zinssatz ist unter Berücksichtigung der (Rest-)Laufzeit der Rückstellung zum jeweiligen Bewertungsstichtag auszuwählen; bei unterschiedlichen Fälligkeitsterminen ist jeder Rückstellungsteil für sich unter Anwendung des für die Laufzeit maßgeblichen Zinssatzes abzuzinsen.

Beispiel:

Ein Unternehmen durfte bei ihm während des Abschlussjahres X1 angefallenes Aushubmaterial auf einem fremden Nachbargrundstück deponieren. Es musste sich allerdings verpflichten, in den nächsten Jahren auf seine Kosten Bodenproben entnehmen und analysieren zu lassen, um allfällige Kontaminierungen auszuschließen.

Insgesamt sind folgende – aufgrund der Jahreszeiten gewählte – Termine für die Durchführung der Proben– geplant:

1. Probe: Ende September X2
2. Probe: Ende Dezember X3
3. Probe: Ende September X4

Die Kosten für die Proben sind mit jeweils ca 3.000,– zu veranschlagen.

In welcher Höhe ist die Rückstellung für diese Probenahmen zum 31. 12. X1 anzusetzen, wenn für die Abzinsung folgende Zinssätze zur Verfügung stehen:

Zinssatz in % pa bei Restlaufzeiten von .... Jahr(en)			
1	*2*	*3*	*4*
2,43	*2,55*	*2,73*	*2,92*

256 Vgl 367 BlgNR XXV. GP. Zu den von der deutschen Bundesbank bekanntgegebenen Abzinsungszinssätze vgl http://www.bundesbank.de/Navigation/DE/Statistiken/Geld_und_Kapitalmaerkte/Zinssaetze_und_Renditen/Abzinsungssaetze/abzinsungszinssaetze.html.

Lösung:

Die Rückstellung für die Probennahmen errechnet sich für den Stichtag 31. 12. X1 wie folgt:

	Fälligkeitstermin	*Laufzeit ab 31. 12. X1*	*Abzinsungszinssatz pa in %*	*Berechnung*	*Rückstellungsbetrag*
1. Probe	*Ende September X2*	*9 Monate*	*keine Abzinsung erforderlich*	*/*	*3.000,00*
2. Probe	*Ende Dezember X3*	*24 Monate (= 2 Jahre)*	*2,55*	$\frac{3.000}{1,0255^{2}}$	*2.852,66*
3. Probe	*Ende September X4*	*33 Monate (= 2,75 Jahre)*	*2,69*	$\frac{3.000}{1,0269^{2,75}}$	*2.788,81*
					8.641,47

Der Abzinsungszinssatz für die dritte Probe wurde dabei durch eine lineare Interpolation ermittelt:

2,55 % + (2,73 % – 2,55 %) x 9/12 = 2,69 %

Aus Vereinfachungsgründen ist es allerdings auch als zulässig anzusehen, den Zinssatz für jene ganzjährige Restlaufzeit heranzuziehen, welche der tatsächlichen Restlaufzeit der Rückstellung näher liegt (im Beispielfall jener für eine Restlaufzeit von 3 Jahren).

Bei abzuzinsenden Rückstellungen ist nicht nur jährlich eine neue und auf aktuellen Informationen beruhende Einschätzung des Erfüllungsbetrages (Wertermittlung im ersten Schritt) vorzunehmen, sondern es bedarf zudem der **alljährlichen Neuberechnung des abgezinsten Rückstellungswertes** (Wertermittlung im zweiten Schritt). Selbst wenn sich bei einer Rückstellung weder der Erfüllungsbetrag als solcher, noch ihre Fälligkeit – welche, wenn sie nicht feststeht, gleichfalls jährlich neu einzuschätzen ist – ändern, ergibt sich jährlich schon dadurch ein anderer Betrag, weil die Neuberechnung des abgezinsten Betrages jedenfalls unter Heranziehung der aktuellen und zudem um ein Jahr verkürzten Restlaufzeitzinssätze zu erfolgen hat.

Beispiel:

Ein Unternehmen hat ab dem Jahr X1 eine ungewisse Verbindlichkeit rückzustellen. Der Erfüllungsbetrag wird auf 200.000 geschätzt, fällig wird die Verpflichtung vermutlich Ende X5.

Wie hoch ist in den Bilanzen zum 31. 12. X1, X2, X3 und X4 die Rückstellung anzusetzen, wenn für die einzelnen Abschlussstichtage folgende Zinssätze zur Abzinsung gelten:

Stand am Monatsletzten	*Zinssatz in % pa bei Restlaufzeiten von .... Jahr(en)*			
	1	*2*	*3*	*4*
Dezember X1	*3,50*	*3,60*	*3,74*	*3,89*
Dezember X2	*3,15*	*3,24*	*3,40*	*3,57*
Dezember X3	*2,61*	*2,71*	*2,88*	*3,07*
Dezember X4	*2,11*	*2,23*	*2,41*	*2,60*

Lösung:

Für die Rückstellung sind in den Bilanzen folgende Beträge zu passivieren:

Abschluss-stichtag	*geschätzter Erfüllungsbetrag*	*Restlaufzeit ab Abschlussstichtag (t)*	*Abzinsungszinssatz pa in % (i)*	*Rückstellungs-betrag*)*
31. 12. X1	*200.000*	*4 Jahre*	*3,89*	*171.686,05*
31. 12. X2	*200.000*	*3 Jahre*	*3,40*	*180.912,42*
31. 12. X3	*200.000*	*2 Jahre*	*2,71*	*189.585,25*
31. 12. X4	*200.000*	*1 Jahr*	*2,11*	*195.867,20 oder**) 200.000,00*

*) Die Abzinsung wurde wie folgt vorgenommen:
geschätzter Erfüllungsbetrag/$(1 + i)^t$ somit zB zum 31. 12. X1: $200.000/1{,}0389^4$ = 171.686,05

**) Zum 31. 12. X4 ist keine Abzinsung der Rückstellung mehr erforderlich, weil ihre Restlaufzeit unter einem Jahr liegt; es kann somit auch schon der volle Erfüllungsbetrag angesetzt werden.

Die – auch ohne Änderung des Erfüllungsbetrages – über die Jahre erfolgende sukzessive Werterhöhung von abgezinsten Rückstellung hat ihre Ursache in Zinseffekten: Selbst ohne Veränderung der Zinssätze kommt es infolge der im Laufe der Zeit sich verkürzenden Restlaufzeit zu Zinsaufwendungen, die die Rückstellung anwachsen lassen. Entsprechend hat die **Erfassung dieses allmählichen Anstiegs der Rückstellung als „Zinsen und ähnliche Aufwendungen" zu erfolgen.**

Die Tatsache, dass abzuzinsende Rückstellungen durch Zinseffekte beeinflusst werden, sollte **auch im Zusammenhang mit der Einbuchung des Erfüllungsbetrages berücksichtigt werden.** Wird dieser nur mit dem bereits abgezinsten Betrag erfasst (Nettomethode), kommt es – außer es handelt sich bei der Rückstellung um eine solche, die den Bereich des Finanzergebnisses betrifft – zu einer Verschiebung zwischen dem Betriebsergebnis und dem Finanzergebnis. Dies kann vermieden werden, indem der das Betriebsergebnis betreffende Aufbau des Erfüllungsbetrages der Rückstellung ungekürzt – also vor Vornahme einer Abzinsung – über ein entsprechendes Aufwandskonto (in der Klasse 5, 6 oder 7) erfasst und **die aufgrund der Abzinsung erforderliche Reduktion des Erfüllungsbetrages als „sonstige Zinsen und ähnliche Erträge" vorgenommen** wird (Bruttomethode).[257]

Beispiel – Fortsetzung:

Welche Buchungen sind in den Jahren X1, X2, X3, X4 und X5 im Zusammenhang mit der Rückstellung notwendig, wenn sie für eine drohende Ersatzleistung für einen Schaden zu bilden ist, den das Unternehmen bei einer im Jahr X1 erbrachten Dienstleistung verursacht haben soll?

Lösung:

Jahr X1:

Bei Verbuchung nach der Bruttomethode ist der Erfüllungsbetrag im Nominalbetrag zu erfassen, und zwar im Beispielfall als Schadensfall des betrieblichen Bereiches; zur Reduktion der

257 Zur Gesamtauswirkung der Bruttomethode auf die einzelnen Ergebnisbereiche bis zur Ausbuchung (Verwendung) einer langfristigen Rückstellung vgl auch das folgende Beispiel.

Rückstellung auf den abgezinsten Betrag bedarf es ergänzend einer Ertragsbuchung im Finanzergebnis:

	(7)	betriebliche Schadensfälle	200.000,00	
an	(3)	Rückstellung für Schadenersätze		200.000,00

	(3)	Rückstellung für Schadenersätze	28.313,95	
an	(8)	sonstige Zinsen und ähnliche Erträge		28.313,95

Nach der Nettomethode wird nur gebucht:

	(7)	betriebliche Schadensfälle	171.686,05	
an	(3)	Rückstellung für Schadenersätze		171.686,05

Jahre X2 und X3:

Die Rückstellung wird jährlich – über einen Zinsaufwand – auf den neu ermittelten Wert erhöht, so zB für das Jahr X2:

	(8)	Zinsen und ähnliche Aufwendungen	9.226,37	
an	(3)	Rückstellung für Schadenersätze		9.226,37

Jahr X4:

Die Rückstellung wird entweder nur auf den aktuellen abgezinsten Wert erhöht oder bereits auf den vollen Erfüllungsbetrag:

	(8)	Zinsen und ähnliche Aufwendungen	6.281,95 oder 10.414,75	
an	(3)	Rückstellung für Schadenersätze		6.281,95 oder 10.414,75

Jahr X5:

Wird im Jahr X4 die Rückstellung lediglich auf den auf den 31. 12. X4 hin abgezinsten Wert aufgestockt ist der letzte Teil des Zinsaufwandes erst im Jahr X5 zu erfassen, wenn und sobald die Schadenersatzleistung (Annahme: sie beträgt genau 200.000 und wird tatsächlich zum Ende des Jahres X5 fällig) zu erbringen ist:

	(3)	Rückstellung für Schadenersätze	195.867,20	
	(8)	Zinsen und ähnliche Aufwendungen	4.132,80	
an	(3)	sonstige Verbindlichkeiten		200.000,00

Wird im Jahr X4 die Rückstellung auf den vollen Erfüllungsbetrag von 200.000 aufgestockt, ist im Jahr X5 nur mehr eine Umbuchung von der Rückstellung in die Verbindlichkeiten erforderlich.

Soll zur Darstellung der Entwicklung der Rückstellungen während der Abschlussperiode ein „Rückstellungsspiegel" erstellt werden, sind für die Zinseffekte im Zusammenhang mit abzuzinsenden Rückstellungen eigene Spalten zu führen.

Die Schadenersatzrückstellung des Beispiels wäre – bei Ersteinbuchung nach der Bruttomethode – wie folgt in den Rückstellungsspiegeln der einzelnen Abschlussjahre zu erfassen:[258]

Abschlussjahr	*Stand 1. 1.*	*betreffend Erfüllungsbetrag*			*betreffend Zinsen*		*Stand 31. 12.*
		Verbrauch	*Auflösung*	*Zuführung*	*Ertrag*	*Aufwand*	
X1				*200.000,00*	*28.313,95*		*171.686,05*
X2	*171.686,05*					*9.226,37*	*180.912,42*
X3	*180.912,42*					*8,672,83*	*189.585,25*
X4	*189.585,25*					*6.281,95*	*195.867,20*
X5	*195.867,20*	*195.867,20*					*–*

Wird die Rückstellung bereits im Jahr X4 auf den Erfüllungsbetrag angehoben, ändert sich der Rückstellungsspiegel für die Jahren X4 und X5 wie folgt:

Abschlussjahr	*Stand 1. 1.*	*betreffend Erfüllungsbetrag*			*betreffend Zinsen*		*Stand 31. 12.*
		Verbrauch	*Auflösung*	*Zuführung*	*Ertrag*	*Aufwand*	
X4	*189.585,25*					*10.414,75*	*200.000,00*
X5	*200.000,00*	*200.000,00*					*–*

Bei Rückstellungen, deren Aufwendungen nicht in einer einzigen Abschlussperiode entstehen, sondern deren letztendlicher **Erfüllungsbetrag sich über mehrere Perioden verteilt ansammelt**, ist zu beachten, dass während der Aufstockungsphase nicht nur durch die Zinsberücksichtigung bedingte Aufwendungen, sondern auch dadurch verursachte Erträge entstehen. Dies deshalb, weil der jährliche Betrag zur Anhebung des Erfüllungsbetrages nicht im Nominalbetrag in die Rückstellung eingeht, sondern nur mit seinem abgezinsten Betrag und die in den Vorjahren angesammelten Teilbeträge im Zeitablauf mit Näherrücken des Fälligkeitstermins der Rückstellung sukzessive aufzuzinsen sind. Auch in diesen Fällen der Ansammlungs- bzw Verteilungsrückstellungen gewährleistet die Bruttomethode eine bessere Darstellung der verschiedenen Effekte als die Nettomethode.

Beispiel:

Ein Unternehmen hat seit Anfang des Jahres X1 Räumlichkeiten zugemietet; der Mietvertrag läuft bis Ende X5 und soll nicht verlängert werden.

Vom Unternehmen zu Beginn des Mietvertrages vorgenommene Adaptierungen der Räumlichkeiten sind mit Ende des Mietvertrages auf seine Kosten rückgängig zu machen. Eine dafür Ende X1 eingeholte Schätzung auf Basis der Kosten X1 ergibt einen Betrag von 20.000,–, doch ist mit Kostensteigerungen von ca 2 % pro Jahr zu rechnen.

258 Wird die Rückstellung nach der Nettomethode gebucht, hat der Rückstellungsspiegel im Jahr X1 folgendes Aussehen:

Abschlussjahr	Stand 1. 1.	betreffend Erfüllungsbetrag			betreffend Zinsen		Stand 31. 12.
		Verbrauch	Auflösung	Zuführung	Ertrag	Aufwand	
X1				171.686,05			171.686,05

Wie hoch ist in den Bilanzen zum 31. 12. X1, X2, X3 und X4 die infolge der Rückbaumaßnahmen erforderliche Rückstellung anzusetzen, wenn für die einzelnen Abschlussstichtage folgende Zinssätze zur Abzinsung gelten:

Stand am	*Zinssatz in % pa bei Restlaufzeiten von .... Jahr(en)*			
Monatsletzten	*1*	*2*	*3*	*4*
Dezember X1	*3,50*	*3,60*	*3,74*	*3,89*
Dezember X2	*3,15*	*3,24*	*3,40*	*3,57*
Dezember X3	*2,61*	*2,71*	*2,88*	*3,07*
Dezember X4	*2,11*	*2,23*	*2,41*	*2,60*

Eine Veränderung hinsichtlich des geschätzten Erfüllungsbetrages sowie der voraussichtlichen Mietvertragsdauer ergibt sich nicht.

Wie ist die Rückstellung in den einzelnen Jahren im Rückstellungsspiegel zu erfassen?

Lösung:

In einem ersten Schritt ist der Erfüllungsbetrag – unter Einrechnung der vermuteten Kostensteigerungen – zu ermitteln:

20.000 x $1{,}02^4$ = 21.648,64 (gerundet: 21.650)

Der Erfüllungsbetrag ist nicht zur Gänze bereits im Jahr X1 einzubuchen, sondern es hat eine Verteilung des Betrages über die Mietdauer zu erfolgen; der jährliche Aufstockungsbetrag ergibt sich wie folgt:

21.650/5 = 4.330

Im Zeitablauf entwickelt sich die Rückstellung wie folgt:

(1)	*(2)*	*(3)*	*(4)*	*(5)*	*(6)*	*(7)*	*(8)*	*(9)*	*(10)*	*(11)*
Abschluss-jahr	*Restlaufzeit ab Abschlussstich-tag (t)*	*Abzinsungs-zinssatz pa in % (i)*	***Aufwand des Jahres***		***Ab-zinsung***	*Aufwand der Vorjahre*		*Rück-stellung Vorjahr*	***Auf-zinsung***	***Rück-stellung aktuell***
			nominal	*Barwert*		*nominal*	*Barwert*			
X1	*4 Jahre*	*3,89%*	***4.330,00***	*3.717,00*	***– 613,00***	*0,00*	*0,00*	*0,00*	***0,00***	***3.717,00***
X2	*3 Jahre*	*3,40%*	***4.330,00***	*3.916,75*	***– 413,25***	*4.330,00*	*3.916,75*	*3.717,00*	***199,75***	***7.833,50***
X3	*2 Jahre*	*2,71%*	***4.330,00***	*4.104,52*	***– 225,48***	*8.660,00*	*8.209,04*	*7.833,50*	***375,54***	***12.313,56***
X4	*1 Jahr*	*2,11%*	***4.330,00***	*4.240,52*	***– 89,48***	*12.990,00*	*12.721,57*	*12.313,56*	***408,01***	***16.962,09***
X5			*4.330,00*	*4.330,00*	*0,00*	*17.320,00*	*17.320,00*	*16.962,09*	*357,91*	*21.650,00*
			21.650,00		*– 1.341,21*				*1.341,21*	

Es wurde dabei wie folgt gerechnet:

Spalte (5) *„Aufwand des Jahres: Barwert":* *(= aufgrund der jeweiligen Restlaufzeit (Spalte (2)) mit dem maßgeblichen Abzinsungszinssatz (Spalte (3)) abgezinster Aufwand des Jahres im Nominalbetrag (Spalte (4))*

zB für das Jahr X1: 4.330/$1{,}0389^4$ = 3.717,00

Spalte (6) *„Abzinsung":* *(= Differenz zwischen dem Aufwand des Jahres im Nominalbetrag (Spalte (4)) und seinem Barwert (Spalte (5))*

zB für das Jahr X1: 4.330,00 – 3 717,00 = 613,00

Spalte (7)	*„Aufwand der Vorjahre: nominal“:*	*(= Summe der kumulierten in den jeweiligen Vorjahren erfassten Aufwendungen im Nominalwert lt Spalte (4))* *zB für das Jahr X3: 4.330,00 des Jahres X1 + 4.330,00 des Jahres X2 = 8.660,00* *(Dieser Zwischenwert ist erforderlich, weil zu jedem Abschlussstichtag der aus den vergangenen Jahren übernommene angesammelte Erfüllungsbetrag auf Basis der nunmehr verkürzten Restlaufzeit unter Heranziehung des restlaufzeitentsprechenden aktuellen Zinssatzes abzuzinsen ist (vgl Spalte (8)), um im Vergleich zu der in Vorjahr passivierten Rückstellung (vgl Spalte (9)) die notwendige Aufzinsung der Rückstellung (vgl Spalte (10)) zu ermitteln.)*
Spalte (8)	*„Aufwand der Vorjahre: Barwert“:*	*(= aufgrund der jeweiligen (aktuellen) Restlaufzeit (Spalte (2)) mit dem maßgeblichen (aktuellen) Abzinsungszinssatz (Spalte (3)) abgezinster kumulierter Aufwand der Vorjahre im Nominalbetrag (Spalte (7))* *zB für das Jahr X3:* $8.660,00/1,0271^2$ *– 8.209,04*
Spalte (10)	*„Aufzinsung“:*	*(= Differenz zwischen dem mit dem aktuellen Zinssatz auf den aktuellen Abschlussstichtag abgezinsten kumulierten Aufwand der Vorjahre (Spalte (8)) und der Rückstellung des Vorjahres (Spalte (9))* *zB für das Jahr X3: 8.209,04 – 7.833,50 = 375,54*
Spalte (11)	*„Rückstellung aktuell“:*	*(= die zum jeweiligen Bilanzstichtag auszuweisende Rückstellung, die sich wie folgt errechnet:* *Vorjahreswert der Rückstellung (Spalte (11)) + Aufwand des Jahres: nominal (Spalte (4) – Abzinsung (Spalte (6) + Aufzinsung (Spalte (10))* *zB für das Jahr X3: 7.833,50 + 4.330,00 – 225,48 + 375,54 = 12.313,56*

Die in dem Tableau ergänzend eingefügte Zeile für das Jahr X5 soll die Fortentwicklung der Rückstellung bis zur Erreichung des gesamten Erfüllungsbetrages zeigen. Die letzte Zeile des Tableaus verdeutlicht, welche Aufwendungen während der Laufzeit der Rückstellung insgesamt betreffend die Ansammlung des Erfüllungsbetrages erfasst werden (Spalte (4)) und wie hoch in Summe die Zinskomponenten aus der Abzinsung der Rückstellung (Spalte (6)) und ihrer Aufzinsung (Spalte (10)) sind.

Wird im Jahr X4 – da dann die Restlaufzeit schon unter einem Jahr ist – auf die weitere Abzinsung der Rückstellung verzichtet (vgl im unten stehenden Tableau die Spalte (5) und die Spalte (8)), ergeben für das Jahr X4 (und folglich für das Jahr X5) folgende Werte:

(1)	*(2)*	*(3)*	*(4)*	*(5)*	*(6)*	*(7)*	*(8)*	*(9)*	*(10)*	*(11)*
Abschlussjahr	*Restlaufzeit ab Abschlussstichtag (t)*	*Abzinsungszinssatz pa in % (i)*	***Aufwand des Jahres***		***Abzinsung***	*Aufwand der Vorjahre*		*Rückstellung Vorjahr*	***Aufzinsung***	***Rückstellung aktuell***
			nominal	*Barwert*		*nominal*	*Barwert*			
X4	*1 Jahr*	*2,11%*	***4.330,00***	*4.330,00*	*–*	*12.990,00*	*12.990,00*	*12.313,56*	***676,44***	***17.320,00***
X5			***4.330,00***	*4.330,00*	***0,00***	*17.320,00*	*17.320,00*	*16.962,09*	***–***	***21.650,00***
			21.650,00		***– 1.251,73***				***1.251,73***	

Im Zusammenhang mit der Rückstellung ist – nach der Bruttomethode – wie folgt zu buchen:[259]

Jahr X1:

	(7)	*Aufwendungen für zugemietete Räumlichkeiten*	*4.330,00*	
an	*(3)*	*Rückstellung für Rückbaumaßnahmen*		*4.330,00*

	(3)	*Rückstellung für Schadenersätze*	*613,00*	
an	*(8)*	*sonstige Zinsen und ähnliche Erträge*		*613,00*

Jahre X2 und X4:

Nach der Bruttomethode wird die Rückstellung jährlich in dreifacher Hinsicht verändert: Aufstockung des Erfüllungsbetrages im Nominalwert, Abzinsung dieses neu zugeführten Erfüllungsbetrages und Aufzinsung der kumulierten abgezinsten Erfüllungsbeträge der Vorjahre.[260] *So ergeben sich zB für das Jahr X2 folgende Buchungen:*

	(7)	*Aufwendungen für zugemietete Räumlichkeiten*	*4.330,00*	
an	*(3)*	*Rückstellung für Rückbaumaßnahmen*		*4.330,00*

	(3)	*Rückstellung für Rückbaumaßnahmen*	*413,25*	
an	*(8)*	*sonstige Zinsen und ähnliche Erträge*		*413,25*

	(8)	*Zinsen und ähnliche Aufwendungen*	*199,75*	
an	*(3)*	*Rückstellung für Rückbaumaßnahmen*		*199,75*

Wenn im Jahr X4 keine Abzinsung der Rückstellung mehr gemacht werden soll, ist – abgesehen von der Aufstockung des Erfüllungsbetrages um die anteiligen 4.330,00 – anstelle von einerseits „sonstigen Zinsen und ähnliche Erträge" in der Höhe von 89,48 und andererseits „Zinsen und ähnliche Aufwendungen" in der Höhe von 408,01 zu verbuchen, nur die Aufzinsung der aus dem Vorjahr

259 Nach der Nettomethode wird nur gebucht:
(7) Aufwendungen für zugemietete Räumlichkeiten 3.717,00 an (3) Rückstellung für Rückbaumaßnahmen 3.717,00.

260 Nach der Nettomethode werden die ersten beiden Änderungen – und Buchungen – zusammengefasst und lediglich eine um die Abzinsung gekürzte Zuführung zur Rückstellung über die „Aufwendungen für zugemietete Räumlichkeiten" gebucht (vgl dazu bereits die vorangegangene FN).

übernommenen abgezinsten Rückstellung (= 12.313,56) auf den entsprechenden Erfüllungsbetrag im Nominalwert (= 4.330 x 3 Jahre = 12.990) vorzunehmen und somit lediglich ein Betrag von 676,44 als „Zinsen und ähnliche Aufwendungen" zu erfassen.

X5:

Die Buchungen im Zusammenhang mit der Inanspruchnahme der Rückstellung (Annahme: es fallen tatsächlich Kosten in der Höhe von 21.650,– an) differieren je nach ihrem aus dem Jahr X4 übernommenen Betrag:

	(3)	Rückstellung für Rückbaumaßnahmen	16.962,09	
	(8)	Zinsen und ähnliche Aufwendungen	357,91	
	(7)	Aufwendungen für zugemietete Räumlichkeiten	4.330,00	
an	(3)	Verbindlichkeiten		21,650,00

oder

	(3)	Rückstellung für Rückbaumaßnahmen	17.320,00	
	(7)	Aufwendungen für zugemietete Räumlichkeiten	4.330,00	
an	(3)	Verbindlichkeiten		21,650,00

Bei Verwendung der Bruttomethode[261] *ist die Rückstellung des Beispiels wie folgt in den Rückstellungsspiegeln der einzelnen Abschlussjahre zu erfassen:*

Abschlussjahr	Stand 1. 1.	betreffend Erfüllungsbetrag			betreffend Zinsen		Stand 31. 12.
		Verbrauch	Auflösung	Zuführung	Ertrag	Aufwand	
X1				4.330,00	613,00		3.717,00
X2	3.717,00			4.330,00	413,25	199,75	7.833,50
X3	7.833,50			4.330,00	225,18	375,54	12.313,56
X4	12.313,56			4.330,00	89,48	408,01	16.962,09
X5	16.962,09	16.962,09					–

Wird die Rückstellung bereits im Jahr X4 auf den Erfüllungsbetrag angehoben, ändert sich der Rückstellungsspiegel für die Jahren X4 und X5 wie folgt:

Abschlussjahr	Stand 1. 1.	betreffend Erfüllungsbetrag			betreffend Zinsen		Stand 31. 12.
		Verbrauch	Auflösung	Zuführung	Ertrag	Aufwand	
X4	12.313,56			4.330,00		676,44	17.320,00
X5	17.320,00	17.320,00					–

261 Bei der Nettomethode wird die jährliche Zuführung zur Rückstellung unmittelbar um die Zinserträge gekürzt ausgewiesen, somit zB im Jahr X1 nicht mit 4.330,00 sondern nur mit 3.717,00 (= 4.330,00 – 613,00), im Jahr X2 mit 3.916,75 (= 4.330,00 – 413,25) etc. Es scheint demzufolge kein durch die Abzinsung hervorgerufener Zinsertrag auf.

Auch im Zusammenhang mit der – zweifelsohne vielfach komplexen – Vornahme von Rückstellungsabzinsungen werden im Hinblick auf eine wirtschaftliche Gestaltung der Rechnungslegung **Vereinfachungen** anzuerkennen sein, sofern es dadurch nicht zu einer Beeinträchtigung bei der Vermittlung eines getreuen Bildes Vermögens- (Finanz-) und Ertragslage des Unternehmens kommt. So kann – wie bereits dargestellt – bspw bei unterjährigen Fälligkeitsterminen von Rückstellungen dennoch ein näherungsweise ausgewählter Ganzjahreszinssatz zur Abzinsung verwendet werden. Bei in Teilbeträgen fälligen Rückstellungen kann vereinfachend etwa auf den Schwerpunkt der Inanspruchnahme abgezinst werden; auch die Feststellung des gewichteten Mittelwertes der Fälligkeitszeitpunkte (Duration) mit anschließender Abzinsung mit einem einheitlichen Zinssatz kann ausreichend sein. Eine – unter Außerachtlassung des aktuellen Zinsniveaus bzw der restlaufzeitspezifischen Abzinsungsfaktoren erfolgende – unbesehene Übernahme des in § 9 Abs 5 EStG vorgeschriebenen Zinssatzes von 3,5 % ist unzulässig. Ergeben allerdings Vergleichsrechnungen nur unwesentliche Abweichungen, kann eine einheitliche Berechnung nach steuerlichen Vorgaben erfolgen.[262]

Auch das **Steuerrecht** sieht für Rückstellungen, deren Laufzeit am Bilanzstichtag mehr als zwölf Monate beträgt, eine zwingende Abzinsung vor (vgl § 9 Abs 5 EStG). Diese hat jedoch generell mit einem einheitlichen Zinssatz von 3,5 % pa zu erfolgen. Differenzen zwischen dem unternehmensrechtlich passivierten Rückstellungsbetrag und dem nach der steuerlichen Vorschrift errechneten Wert sind über Mehr-Weniger-Rechnungen zu korrigieren.

Exkurs: Übergangsvorschriften des RÄG 2014

Die **durch das RÄG 2014 neu eingeführte Abzinsungsverpflichtung** für Rückstellungen mit einer Restlaufzeit von mehr als einem Jahr gilt ab dem Geschäftsjahr, das nach dem 31. Dezember 2015 beginnt. **Für bereits aus Vorjahren übernommene entsprechende Rückstellungen ist eine Wertanpassung notwendig** und zwar in Differenz zwischen dem Betrag, der sich nach neuem Recht **zu Beginn der erstmaligen Anwendung** – und somit bei Bilanzierung nach dem Kalenderjahr zum 1. Jänner 2016 – ergibt, und dem im vorangegangenen Abschluss ausgewiesenen Betrag. Für diese erforderliche Anpassung – **Abstockung um die Abzinsung**[263] – der Rückstellungen sehen die Übergangsvorschriften des RÄG 2014 einen Zeitraum von „längstens fünf Jahren“ vor (vgl § 906 Abs 34 UGB). Es bestehen dabei **folgende Möglichkeiten** zur Anpassung einer Rückstellung:

Variante 1: Die Abstockung der betreffenden Rückstellung, wird in dem Geschäftsjahr, das nach dem 31. Dezember 2015 beginnt, in vollem Umfang ertragswirksam vorgenommen.

Variante 2: Die ertragswirksame Abstockung der betreffenden Rückstellung erfolgt ratierlich, indem der ermittelte Differenzbetrag ab dem Geschäftsjahr, das nach dem 31. Dezember 2015 beginnt, über längstens fünf Jahre – ein kürzerer Zeitraum ist zuläs-

262 Vgl dazu auch die EB zu § 211 der RV zum RÄG 2014, 367 BlgNR XXV. GP, die es als Möglichkeit sehen, den Durchschnittssteuersatz des § 9 Abs 5 EStG „bei der Bestimmung der Marktüblichkeit des zur Abzinsung gewählten Zinssatzes“ heranzuziehen.

263 Zum gegenteiligen Fall der infolge der Wertanpassung erforderlichen Aufstockung von Rückstellungen vgl Kap 3.7.8.4.

sig – gleichmäßig verteilt ertragswirksam berücksichtigt wird. Bilanztechnisch sind dabei zwei Vorgangsweisen gestattet:

a) Es wird jährlich eine entsprechende Ausbuchung aus dem betreffenden Rückstellungskonto vorgenommen.

b) Es wird im ersten Jahr die vollständige erforderliche Abstockung der betreffenden Rückstellung vorgenommen, indem die Wertdifferenz auf einen passiven Rechnungsabgrenzungsposten umgebucht wird. Dieser Posten ist dann – bereits ab dem Geschäftsjahr, das nach dem 31. Dezember 2015 beginnt – über längstens fünf Jahre verteilt ertragswirksam aufzulösen. In der Bilanz hat ein gesonderter Ausweis unter den passiven Rechnungsabgrenzungsposten zu erfolgen.

Beispiel:

Ein Unternehmen hatte während des Jahres 2015 erstmals und einmalig Geräte vertrieben, für welche eine gesetzliche Rücknahme- und Entsorgungsverpflichtung besteht, wobei die Inanspruchnahme voraussichtlich erst gegen Ende des Jahres 2019 sein wird. Für diese Verpflichtung wird mit einem Erfüllungsbetrages von 100.000,– gerechnet und in dieser Höhe war im Jahresabschluss zum 31. 12. 2015 eine – steuerlich nicht anerkannte – Rückstellung passiviert.

Nach § 211 UGB idF RÄG 2014 waren für diese Rückstellung folgende abgezinste Werte ermittelt worden:

zum 31. 12. 2015	*zum 31. 12. 2016*
90.240	*93.490*

und für diese Veränderung im Jahr 2016 wie folgt gebucht worden:

					MWR
	(8)	*Zinsen und ähnliche Aufwendungen*	*3.250*		
an	*(3)*	*sonstige Rückstellungen*		*3.250*	*+ 3.250*

Zudem wurde im Jahr 2016 bezüglich des zum 1. 1. 2016 bestehenden Unterschiedsbetrags der Rückstellung:

Variante 1: *die vollständige ertragswirksame Auflösung vorgenommen und dazu wie folgt gebucht:*

	(3)	*sonstige Rückstellungen*	*9.760*		
an	*(8)*	*sonstige Zinsen und ähnliche Erträge aus der Wertanpassung von Rückstellungen*		*9.760*	*MWR – 9.760*

Variante 2: *entschieden, eine Verteilung über den längstmöglichen Zeitraum – welcher aufgrund der Laufzeit der konkreten Rückstellung auf vier Jahre (gerechnet ab Anfang 2016 bis Ende 2019) zu verkürzen ist – vorzunehmen und folglich nur mit einem jährlichen Abstockungsbetrag von 2.440 (= 9.760 : 4) zu berücksichtigen, wobei dafür*

a) kein Rechnungsabgrenzungsposten gebildet wurde;

b) gemäß § 906 Abs 34 UGB ein Rechnungsabgrenzungsposten eingestellt und dazu wie folgt gebucht wurde:

	(3)	*sonstige Rückstellungen*	*9.760*	
an	*(8)*	*Passive Rechnungsabgrenzungsposten (gemäß § 906 Abs 34 UGB)*		*9.760*

Wie ist bezüglich dieser Rückstellung in den Jahren ab 2017 vorzugehen?

Lösung:

Bezüglich des zum 1. 1. 2016 bestehenden Unterschiedsbetrags der Rückstellung ist je nach der im Jahr 2016 dafür gewählten Variante in den Jahren ab 2017 wie folgt vorzugehen:

Variante 1: *Wurde die Rückstellung im Jahr 2016 sofort zur Gänze ertragswirksam korrigiert, sind dafür keine weiteren Anpassungsbuchungen mehr erforderlich.*

Variante 2: *Wird die erforderliche Rückstellungsabstockung über den Verteilungszeitraum von vier Jahren vorgenommen und wurde dafür*

a) die Buchungsvariante ohne Rechnungsabgrenzungsposten gewählt, muss in den Jahren 2017 bis 2019 – wie auch schon im Jahr 2016 – jeweils ein Viertel der errechneten Rückstellungsdifferenz ertragswirksam korrigiert werden:

	(3)	*Sonstige Rückstellungen*	*2.440*		
an	*(8)*	*sonstige Zinsen und ähnliche Erträge aus der Wertanpassung von Rückstellungen*		*2.440*	*MWR – 2.440*

b) in Höhe des Differenzbetrages ein passiver Rechnungsabgrenzungsposten eingestellt, ist dieser– bereits beginnend im Jahr 2016 – jährlich wieder mit einem Viertel ertragswirksam auszubuchen:

	(3)	*Passive Rechnungsabgrenzungsposten (gemäß § 906 Abs 34 UGB)*	*2.440*		
an	*(8)*	*sonstige Zinsen und ähnliche Erträge aus der Wertanpassung von Rückstellungen*		*2.440*	*MWR – 2.440*

Unabhängig von der Variante, die zur Abstockung der Rückstellung auf ihren erstmalig abgezinsten Wert gewählt wurde, ist in den Jahren 2017 und 2018 die Anpassung der Rückstellung auf den jeweiligen aktuellen Wert zum 31. 12. – bzw im Jahr 2018 wahlweise auch schon die Aufstockung auf den vollen Erfüllungsbetrag – zu erfassen (mangels steuerlicher Anerkennung der Rückstellung jeweils mit positiver MWR):

	(8)	*Zinsen und ähnliche Aufwendungen*	....	
an	*(3)*	*sonstige Rückstellungen*		....

Die erforderliche Anpassung der Rückstellung für die Geschäftsjahre ab 2016 ergibt sich stets in Differenz zwischen den für den jeweiligen 31. 12. nach § 211 UGB idF RÄG 2014 errechneten Werten unter Wegrechnung von ihrem mithilfe der Übergangsvorschrift des § 906 Abs 34 UGB abgestockten oder auch erst noch abzustockenden Anfangswert (= 90.240). Von diesem Anfangswert für die Neuzuführungen zu der Rückstellung ist selbst dann auszugehen, wenn die Variante 2/a gewählt wurde und der tatsächlich ausgewiesene Rückstellungswert ein anderer ist (vgl dazu bereits die erste Buchung in der Angabe des Beispiels).

Für die **steuerliche Gewinnermittlung** ist die unternehmensrechtliche Übergangsvorschrift des § 906 Abs 34 UGB unbeachtlich. Da das Steuerrecht schon seit Jahren die Abzinsung von Rückstellungen mit Restlaufzeiten von mehr als zwölf Monaten verlangt, entsprechen die steuerlich relevanten Werte derartiger längerfristiger Rückstellungen nicht den dafür bislang in den UGB-Bilanzen passivierten Beträgen. Zudem ist derzeit noch eine steuerrechtliche Übergangsvorschrift im Zusammenhang mit der durch das AbgÄG 2014 erfolgten Veränderung der steuerlichen Abzinsung – von einer laufzeitunabhängigen Pauschalkorrektur um 20 % auf die Abzinsung mit 3,5 % pa – zu beachten. Für längerfristige Rückstellungen werden somit – trotz aller Bestrebungen zur Angleichung der Unternehmensbilanz und der Steuerbilanz[264] – noch jahrelang umfangreiche Parallelrechnungen für unternehmensrechtliche und steuerliche Zwecke erforderlich sein sowie korrigierende Mehr-Weniger-Rechnungen anfallen.

3.7.8.4. Einzelne Posten

Rückstellungen für laufende Pensionen und Anwartschaften auf Pensionen

Wird vom Unternehmen **einem Mitarbeiter eine Pension zugesagt,**[265] **entsteht damit für das Unternehmen eine ungewisse Verbindlichkeit**: Es ist – wenn auch noch nicht mit Sicherheit – davon auszugehen, dass das Unternehmen in der Zukunft Zahlungen zu leisten hat. Ungewiss ist dabei, ob die Pension überhaupt sowie ab welchem Zeitpunkt, in welcher Höhe bzw für welche Dauer sie auszubezahlen ist. Als beeinflussende Faktoren lassen sich etwa anführen: die vorzeitige Beendigung des Dienstverhältnisses, eine Invalidität oder der vorherige Tod des Pensionsanwärters, die Bezugsberechtigung von Hinterbliebenen (Witwe(r), Waisen) sowie die Lebenserwartung dieser Empfänger. Werden Mitarbeitern Pensionen zugesagt, ist zudem zu bedenken, dass darin eine **zusätzliche Vergütung für ihre Leistungen während der aktiven Dienstzeit** zu sehen ist. Deshalb dürfen Pensionen nicht erst in den Geschäftsjahren ihrer Auszahlung aufwandswirksam werden, sondern es ist eine Aufwandsverteilung auf die Aktivzeit der Pensionsberechtigten vorzunehmen.

---

264 Vgl dazu die EB der RV zum RÄG 2014, 367 BlgNR XXV. GP, die unter den Zielen der Rechnungslegungsreform 2014, auch jenes der „Annäherung an die Steuerbilanz" anführen.

265 Derartige „Firmen"- oder „Betriebs"pensionen sind von Pensionen nach dem ASVG (Allgemeinen Sozialversicherungsgesetz) zu unterscheiden, da bei diesen die Sozialversicherungsträger und nicht die Unternehmen auszahlende Stellen sind.

Sowohl aus statischen als auch dynamischen Überlegungen heraus, sind deshalb **für sog Firmen- oder Betriebspensionen bereits ab dem Zeitpunkt der Zusage Rückstellungen zu passivieren.** Entsprechend führt § 198 Abs 8 Z 4 UGB Rückstellungen für laufende Pensionen und Anwartschaften auf Pensionen als insbesondere zu bildende Rückstellungen an. Die Postenbezeichnung lautet entsprechend der Bilanzgliederungsvorschrift des § 224 UGB „Rückstellungen für Pensionen".

Für die **Bewertung von Pensionsrückstellungen** enthält § 211 UGB in Abs 1 eine allgemeine Bestimmung und in Abs 2 eine Regelung zu dem bei der Abzinsung heranzuziehenden Zinssatz:

§ 211 UGB

(1) ... Rückstellungen für Pensionen oder vergleichbare langfristig fällige Verpflichtungen sind mit dem sich nach versicherungsmathematischen Grundsätzen ergebenden Betrag anzusetzen. ...

(2) Rückstellungen mit einer Restlaufzeit von mehr als einem Jahr sind mit einem marktüblichen Zinssatz abzuzinsen. Bei Rückstellungen für ... Pensionen ... oder vergleichbare langfristig fällige Verpflichtungen kann ein durchschnittlicher Marktzinssatz angewendet werden, der sich bei einer angenommenen Restlaufzeit von 15 Jahren ergibt, sofern dagegen im Einzelfall keine erheblichen Bedenken bestehen.

Wurden Pensionszusagen gemacht, sind somit **jährlich im Zuge der Jahresabschlussaufstellung versicherungsmathematische Berechnungen der Höhe der Rückstellung** einzuholen. Das Gesetz bestimmt zwar, dass derartige Rückstellungen nach versicherungsmathematischen Grundsätzen zu ermitteln sind, es lässt aber sowohl das Berechnungsverfahren als auch den Rechnungszinssatz offen. Grundsätzlich ermittelt sich die Höhe der Pensionsrückstellungen als Barwert der künftigen wahrscheinlichen Zahlungen. Zu berücksichtigen sind dabei die Fluktuation, die Risiken des menschlichen Lebens (Invalidität, Tod etc), Änderungen der Gehälter, der Zinsen etc, wobei diese Daten auf Basis statistischer Erhebungen einkalkuliert werden.[266] Grundsätzlich wächst der nötige Rückstellungsbetrag während der Pensionsanwartschaft kontinuierlich an und hat im Zeitpunkt des Pensionsantritts den Barwert der zukünftigen Pensionszahlungen erreicht. Mit Leistung der Zahlungen und zunehmendem Alter des Pensionisten reduziert sich die Rückstellungshöhe dann wieder.

Buchtechnisch wird die Pensionsrückstellung während der **Anwartschaft** jährlich an den stetig ansteigenden Betrag angepasst. Zumeist wird die Aufstockung zur Gänze über den Gewinn- und Verlustrechnungsposten „Aufwendungen für Altersversorgung" gebucht. Im Hinblick darauf, dass es bei der laufenden Veränderung der Pensionsrückstellungen – wie bei anderen langfristigen Rückstellungen – Zinskomponenten infolge der vorzunehmenden Ab- und Aufzinsungen gibt, ist jedoch eine **Trennung in die als Personalaufwand zu erfassenden Beträge einerseits und die dem Finanzergebnis zuzurechnenden Teilbeträge andererseits zu fordern.**[267]

266 Im Juni 2016 wurde von der AFRAC (= Austrian Financial Reporting and Auditing Committee) die Stellungnahme „27 – Personalrückstellungen (UGB)" zu Ansatz und Bewertung von Rückstellungen für Pensions-, Abfertigungs-, Jubiläumsgeld- und vergleichbare langfristig fällige Verpflichtungen veröffentlicht.

267 Vgl Kap 3.7.8.3.3. zu einem vergleichbaren Beispiel einer laufend aufzustockenden langfristigen Rückstellung.

Bei **Anfall der Pensionszahlungen** ist es üblich, diese während des Jahres aufwandswirksam zu verbuchen. Die Pensionsrückstellung bleibt zunächst unbebucht, ihr (Eröffnungsbilanz-)Stand wird erst am Abschlussstichtag an den neu errechneten versicherungsmathematischen Wert angepasst. Ist dieser Wert gesunken, ist – um den erfolgsneutralen Verbrauch der Rückstellung zu gewährleisten – eine Verrechnung mit den „Aufwendungen für Altersversorgung" vorzunehmen.

Nur bei teilweisem oder vollständigem **Wegfall der Pensionsverpflichtung** (zB infolge des Ablebens des Berechtigten) ist die Rückstellung erfolgswirksam über den Gewinn- und Verlustrechnungsposten „Erträge aus der Auflösung von Rückstellungen" auszuscheiden bzw zu reduzieren.

Für Pensionsrückstellungen – sowie für Abfertigungsrückstellungen und Rückstellungen für die Verpflichtung zu einer Zuwendung anlässlich eines Dienstjubiläums – wurde auf der Basis des § 222 Abs 3 UGB[268] eine **Override-Verordnung** erlassen, welche für Jahresabschlüsse von Kapitalgesellschaften sowie diesen gemäß § 221 Abs 5 UGB gleichgestellten Personengesellschaften und grundsätzlich auf Geschäftsjahre, die nach dem 31. Dezember 2017 enden, anzuwenden ist: „Verordnung des Bundesministers für Verfassung, Reformen, Deregulierung und Justiz über die Nichtanwendung einer Rechnungslegungsvorschrift des Unternehmensgesetzbuches (Override-Verordnung)" (BGBl II 2018/283). Unmittelbarer Anlass dafür war, dass die Aktuarvereinigung Österreichs (AVÖ) die für die Ermittlung von Pensionsverpflichtungen heranzuziehenden Sterbetafeln überprüft und als „Pensionstafeln AVÖ 2018-P" neu veröffentlicht hat. Insbesondere der Anstieg der darin angenommenen Lebenserwartung führt zu teilweise deutlichen Erhöhungen der Pensionsverpflichtungen resp der dafür in den Jahresabschlüssen anzusetzenden Rückstellungen. Der aus einer solchen Änderung der biometrischen Rechnungsgrundlagen resultierende übermäßige (Personal-)Aufwand ist periodenfremd und kann eine verzerrte Darstellung der Ertragslage verursachen. Die VO sieht vor, dass anstelle einer durch die Rückstellungsaufstockung entstehenden sofortigen Ergebniswirksamkeit diese gleichmäßig über längstens fünf Jahre zu verteilen ist. Voraussetzung dafür ist allerdings, dass die sofortige Erfassung des gesamten Anpassungsbetrages dazu führt, dass der Jahresabschluss kein möglichst getreues Bild der Vermögens-, Finanz- und Ertragslage zu vermitteln vermag und dies auch nicht mittels zusätzlicher Angaben im Anhang erreicht werden kann. Die Entscheidung, ob dies für das Unternehmen gegeben ist, ist im Einzelfall zu treffen; zweifelsohne wird dabei die Wesentlichkeit iSd § 189a Z 10 UGB einen Maßstab darstellen. Fällt das Unternehmen unter die Verteilungsregelung der VO, ist dies mit einer Ausschüttungssperre verknüpft; auch ist im Anhang anzugeben, für welchen Betrag und welchen Zeitraum von der Verteilung Gebrauch gemacht wurde.

Beispiel:

Eine GmbH wies in ihrer Bilanz zum 31. 12. 2017 Pensionsrückstellungen in der Höhe von 1,384.100,– aus.

268 Nach dieser Vorschrift ist es möglich, dass vom Bundesminister für Justiz im Einvernehmen mit dem Bundesminister für Finanzen eine Verordnung erlassen wird, die es gestattet, von einer im UGB festgelegten Rechnungslegungsvorschrift abzuweichen, wenn deren Anwendung in Ausnahmefällen dazu führt, dass ein möglichst getreues Bild der Vermögens-, Finanz- und Ertragslage des Unternehmens auch mit zusätzlichen Anhangangaben nicht vermittelt werden kann.

Unter Anwendung der im August 2018 veröffentlichten neuen Sterbetafeln wurden für diese Pensionsrückstellungen folgende Werte ermittelt:

31. 12. 2017	*31. 12. 2018*
1,463.300	*1,480.800*

Der Umstieg auf den neu berechneten Rückstellungswert ist folgendermaßen vorzunehmen:

Variante 1: *Grundsätzlich hat im Jahr 2018 eine vollständige ergebniswirksame Aufstockung der Rückstellung zu erfolgen, sodass der Aufwand des Jahres 2018 insgesamt 96.700 beträgt (= Veränderung von 1,384.100 auf 1,480.800).*

Variante 2: *Führt die sofortige vollständige Aufwandserfassung der Rückstellungsveränderung im Jahr 2018 dazu, dass der Abschluss auch mit zusätzlichen Anhangangaben die Generalnorm nicht zu erfüllen vermag, ist die Override-VO anzuwenden und die Anpassung der Rückstellung beginnend mit dem Geschäftsjahr der Änderung gleichmäßig auf längstens fünf Jahre zu verteilen.*

Grundsätzlich ist der diesfalls verteilbare Unterschiedsbetrag als Differenz zwischen dem nach den bisherigen Rechnungsgrundlagen errechneten Rückstellungsbetrag und dem Rückstellungsbetrag auf der Grundlage der geänderten Rechnungsgrundlagen zu errechnen (§ 2 Abs 1 der VO). In der VO nicht festgelegt ist, für welchen Stichtag diese Differenzfeststellung zu erfolgen hat. Nur bei einer Ermittlung für den Beginn des Geschäftsjahres wird allerdings erreicht, dass ausschließlich der auf den Wechsel der Berechnungsgrundlagen zurückzuführende Differenzbetrag in die Verteilungsregelung einfließt:[269]

Rückstellung ALT zum 31. 12. 2017	*1,384.100*
Rückstellung NEU zum 31. 12. 2017	*1,463.300*
Unterschiedsbetrag	*79.200*

Zur Erfassung des Unterschiedsbetrages sieht die VO wahlweise zwei Möglichkeiten vor:

a) Nach § 2 Abs 1 ist der Unterschiedsbetrag beginnend mit dem Geschäftsjahr der Änderung gleichmäßig auf längstens fünf Jahre zu verteilen, was – bei unterstellter Verteilung über den vorgesehenen Maximalzeitraum und demzufolge mit einem Jahresbetrag von 15.840 (= 79.200/5) – in den Jahren 2018 bis 2022 jeweils folgende Buchung erfordert:

	(6)	*Aufwendungen für Altersversorgung (lt Verteilung gem Override-VO)*	*15.840*	
an	*(3)*	*Rückstellung für Pensionen*		*15.840*

b) Nach § 2 Abs 2 kann – anstelle ihrer ratierlichen Aufstockung – die gebotene Rückstellung auch sofort voll in die Bilanz eingestellt und der Unterschiedsbetrag

269 In der Literatur wird es auch als zulässig angesehen, den Unterschiedsbetrag für den ersten Abschlussstichtag, an dem die neue Sterbetafel erstmals faktisch anzuwenden ist, zu ermitteln.

gesondert unter den aktiven Rechnungsabgrenzungsposten ausgewiesen werden, was im Jahr 2018 zunächst durch folgende Buchung geschieht:

	(2)	*Unterschiedsbetrag gem Override-VO*	*79.200*	
an	*(3)*	*Rückstellung für Pensionen*		*79.200*

Der Aktivposten ist sodann über den Verteilungszeitraum von längstens fünf Jahren linear aufzulösen, was – bei unterstellter Verteilung über den vorgesehenen Maximalzeitraum – beginnend ab 2018 bis einschließlich 2022 jährlich folgende Buchung erfordert:

	(6)	*Aufwendungen für Altersversorgung (lt Verteilung gem Override-VO)*	*15.840*	
an	*(2)*	*Unterschiedsbetrag gem Override-VO*		*15.840*

Unabhängig von der gewählten Vorgangsweise a) oder b) ist jährlich die Veränderung der Rückstellung auf den aktuellen Wert zum Abschlussstichtag vorzunehmen.
Im Jahr 2018 ergibt sich deshalb ergänzend noch folgende Aufstockung der Rückstellung:

Rückstellung zum 31. 12. 2018	*1,480.800*
Rückstellung (NEU) zum 31. 12. 2017	*1,463.300*
Zuweisung	*17.500*

	(6)	*Aufwendungen für Altersversorgung bzw*	*17.500*	
	(8)	*Zinsen und ähnliche Aufwendungen*		
an	*(3)*	*Rückstellung für Pensionen*		*17.500*

Hat die Verteilung des Unterschiedsbetrages nach Variante 2 zu erfolgen, ist die in der Override-VO vorgesehene Ausschüttungssperre zu beachten (§ 3). Gewinne dürfen nur ausgeschüttet werden, wenn die danach verbleibenden jederzeit auflösbaren Rücklagen zuzüglich eines Gewinnvortrags und abzüglich eines Verlustvortrags mindestens folgendem Betrag entsprechen:

bei Variante 2 a): *dem gesamten Unterschiedsbetrag abzüglich des bereits in der Rückstellung berücksichtigten Betrags, somit:*

2018:	*63.360*	*(= 79.200 x 4/5)*
2019:	*47.520*	*(= 79.200 x 3/5)*
etc		

bei Variante 2 b): *dem in die aktiven Rechnungsabgrenzungsposten eingestellten Betrag, somit (ident zu Variante 2 a):*

2018:	*63.360*	*(= 79.200 – 15.840)*
2019:	*47.520*	*(= 63.360 – 15.840)*
etc		

Grundsätzlich ist die Override-Verordnung **nicht nur auf die Veränderungen durch die im Jahr 2018 erfolgte Veröffentlichung der neuen Sterbetafeln beschränkt**, sondern stets dann anzuwenden, wenn die den anerkannten Regeln der Versicherungsmathematik entsprechenden biometrischen Rechnungsgrundlagen geändert werden und dies derartige Auswirkungen auf Pensionsrückstellungen, Abfertigungsrückstellungen oder Rückstellungen für die Verpflichtung zu einer Zuwendung anlässlich eines Dienstjubiläums hat, dass dadurch trotz Anhangangaben die Generalnorm gefährdet ist. Nicht nur die infolgedessen erforderliche Zuführung zu den entsprechenden Rückstellungen führt die VO dabei an, sondern ebenso ihre Auflösung, obzwar sich die nachfolgenden Ausführungen der VO zum Ansatz eines aktiven Rechnungsabgrenzungspostens sowie zur Ausschüttungssperre nur auf den Fall der dadurch verursachten Erhöhung der betreffenden Rückstellungen beziehen.

Für Zwecke der **steuerlichen Erfolgsermittlung** ist zu berücksichtigen, dass § 14 EStG eine **Reihe von einschränkenden Bestimmungen zur Bildung und Bewertung von Pensionsrückstellungen** enthält, wie insbesondere, dass

- Pensionsrückstellungen nur für schriftliche, rechtsverbindliche und grundsätzlich unwiderrufliche Pensionszusagen und für direkte Leistungszusagen in Rentenform im Sinne des Betriebspensionsgesetzes gebildet werden dürfen;
- als Berechnungsmethode ausschließlich das Gegenwartswert- oder Ansammlungsverfahren zulässig ist, bei welchem sich der erforderliche Rückstellungsbetrag auf den Zeitraum zwischen Pensionszusage und Pensionsantritt verteilt ansammelt;
- die zugesagte Pension 80 % des letzten laufenden Aktivbezugs nicht übersteigen darf;
- bei der versicherungsmathematischen Berechnung ein Rechnungszinsfuß von 6 % pa zugrunde zu legen ist.

Der **unternehmensrechtlich eingebuchte Rückstellungsbetrag wird deshalb idR steuerlich nicht anerkannt.** Vielmehr ist aufgrund der Bestimmungen des § 14 EStG ein zweiter versicherungsmathematischer Wert zu berechnen und sind die Differenzen mittels Mehr-Weniger-Rechnungen zu berücksichtigen. Auch für den Fall einer Änderung der den anerkannten Regeln der Versicherungsmathematik entsprechenden biometrischen Rechnungsgrundlagen besteht nach § 14 Abs 13 EStG eine gesonderte Regelung: Ein dadurch bedingter Unterschiedsbetrag ist beginnend mit dem Wirtschaftsjahr der Änderung gleichmäßig auf drei Jahre zu verteilen.

§ 14 Abs 7 EStG sieht vor, dass die **Pensionsrückstellung durch Wertpapiere zu decken** ist, dh dass – wenn Pensionsrückstellungen gebildet werden – für das Unternehmen die Verpflichtung besteht, bestimmte Wertpapiere zu halten. Als solche Wertpapiere gelten im Wesentlichen bestimmte auf Inhaber lautende Schuldverschreibungen, Forderungen aus Schuldscheindarlehen sowie Anteilscheine an bestimmten Investmentfonds bzw Immobilienfonds. Dabei müssen am Schluss jedes Wirtschaftsjahres sowie während des gesamten nachfolgenden Jahres grundsätzlich Wertpapiere im Nennbetrag von mindestens 50 % des am Schluss des vorangegangenen Wirtschaftsjahres in der Bilanz ausgewiesenen Rückstellungsbetrages im Betriebsvermögen vorhanden sein. Basis für diese Wertpapierdeckung ist dabei der steuerrechtliche Rückstellungsbetrag; Ansprüche aus Rückdeckungsversicherungen können unter bestimmten Voraussetzungen auf die Wertpapierdeckung angerechnet werden. Beträgt die Wertpapierdeckung im Wirtschaftsjahr auch nur vorübergehend weniger als das erforderliche Ausmaß, ist der Gewinn um 30 % der Wertpapierunterdeckung zu erhöhen; eine zweimonatige Nachbeschaffungsfrist besteht lediglich bei Einlösung der Wertpapiere. Zudem ist zu beachten, dass sich das Deckungserfordernis entsprechend reduziert, wenn die Pensionsansprüche unterjährig absinken. Der Gewinnzuschlag für eine Wertpapierunterdeckung ist mittels einer

Mehr-Weniger-Rechnung zu berücksichtigen; die Rückstellung selbst wird durch die Gewinnerhöhung nicht berührt.

Exkurs: Übergangsvorschriften des RÄG 2014

Die **durch das RÄG 2014 geänderte Bewertung von Rückstellungen für langfristige Verpflichtungen** kann **für bereits aus Vorjahren übernommene Pensionsrückstellungen eine Wertanpassung notwendig** machen, die in einer **Aufstockung der Rückstellung**[270] besteht. Für diese erforderliche Anpassung der Rückstellungen – die bereits **zu Beginn der erstmaligen Anwendung** und somit bei Bilanzierung nach dem Kalenderjahr auf den nach neuem Recht ermittelten Rückstellungsbetrag zum 1. Jänner 2016 zu erfolgen hat – sehen die Übergangsvorschriften des RÄG 2014 einen Zeitraum von „längstens fünf Jahren" vor (vgl § 906 Abs 33 UGB). Es bestehen dabei **folgende Möglichkeiten** zur Anpassung einer Rückstellung:

Variante 1: Die Zuführung der betreffenden Rückstellung, wird in dem Geschäftsjahr, das nach dem 31. Dezember 2015 beginnt, in vollem Umfang aufwandswirksam vorgenommen.

Variante 2: Die aufwandswirksame Aufstockung der betreffenden Rückstellung erfolgt ratierlich, indem der ermittelte Differenzbetrag ab dem Geschäftsjahr, das nach dem 31. Dezember 2015 beginnt, über längstens fünf Jahre – ein kürzerer Zeitraum ist zulässig – gleichmäßig verteilt aufwandswirksam berücksichtigt wird. Bilanztechnisch sind dabei zwei Vorgangsweisen gestattet:

a) Es wird jährlich eine entsprechende Zuführung zum betreffenden Rückstellungskonto vorgenommen.

b) Es wird im ersten Jahr die vollständige erforderliche Aufstockung der betreffenden Rückstellung vorgenommen, indem der Differenzbetrag in einen aktiven Rechnungsabgrenzungsposten eingestellt wird. Dieser Posten ist dann – bereits ab dem Geschäftsjahr, das nach dem 31. Dezember 2015 beginnt – über längstens fünf Jahre verteilt aufwandswirksam aufzulösen. In der Bilanz hat ein gesonderter Ausweis unter den aktiven Rechnungsabgrenzungsposten zu erfolgen.

Beispiel:

Für eine bereits seit mehreren Jahren gebildete – steuerlich nicht anerkannte – Rückstellung für Pensionen, die in der Bilanz zum 31. 12. 2015 in der Höhe von 130.000,– angesetzt war, waren folgende Werte nach § 211 UGB idF RÄG 2014 ermittelt worden:

31. 12. 2015	*31. 12. 2016*
156.000	*170.000*

Entsprechend wurde für diese Veränderung im Jahr 2016 wie folgt gebucht:

					MWR
	(6)	*Aufwendungen für Altersversorgung*	*14.000*		*MWR*
an	*(3)*	*Rückstellung für Pensionen*		*14.000*	*+ 14.000*

270 Zum gegenteiligen Fall der infolge der Wertanpassung erforderlichen Abstockung der Rückstellung vgl Kap 3.7.8.3.3.

Zudem wurde im Jahr 2016 bezüglich des zum 1. 1. 2016 bestehenden Unterschiedsbetrags der Rückstellung:

Variante 1: *die vollständige aufwandswirksame Korrektur vorgenommen und dazu wie folgt gebucht:*

	(6)	*Aufwendungen für Altersversorgung aus der Wertanpassung von Rückstellungen bzw*	*26.000*		
	(8)	*sonstige Zinsen und ähnliche Aufwendungen aus der Wertanpassung von Rückstellungen*			*MWR*
an	*(3)*	*Rückstellungen für Pensionen*		*26.000*	*+ 26.000*

Variante 2: *entschieden, die erforderliche Rückstellungsaufstockung über den längstmöglichen Zeitraum von fünf Jahren und folglich mit einem jährlichen Zuführungsbetrag von 5.200 (= 26.000 : 5) vorzunehmen, und dafür*

a) kein Rechnungsabgrenzungsposten gebildet;

b) gemäß § 906 Abs 33 UGB ein Rechnungsabgrenzungsposten eingestellt und dazu wie folgt gebucht:

	(2)	*Aktive Rechnungsabgrenzungsposten (gemäß § 906 Abs 33 UGB)*	*26.000*	
an	*(3)*	*Rückstellungen für Pensionen*		*26.000*

Wie ist bezüglich dieser Rückstellung bei den Abschlüssen ab 2017 vorzugehen?

Lösung:

Bezüglich des zum 1. 1. 2016 bestehenden Unterschiedsbetrags der Rückstellung ist je nach der im Jahr 2016 dafür gewählten Variante in den Jahren ab 2017 wie folgt vorzugehen:

Variante 1: *Wurde die Rückstellung im Jahr 2016 sofort zur Gänze aufwandswirksam korrigiert, sind dafür keine weiteren Anpassungsbuchungen mehr erforderlich.*

Variante 2: *Wird die erforderliche Rückstellungsanpassung über den Verteilungszeitraum von fünf Jahren vorgenommen und wurde dafür*

a) die Buchungsvariante ohne Rechnungsabgrenzungsposten gewählt, ist in den Jahren 2017 bis 2020 – wie auch schon im Jahr 2016 – jeweils ein Fünftel der errechneten Rückstellungsdifferenz aufwandswirksam zu korrigieren:

	(6)	*Aufwendungen für Altersversorgung aus der Wertanpassung von Rückstellungen bzw*	*5.200*		
	(8)	*sonstige Zinsen und ähnliche Aufwendungen aus der Wertanpassung von Rückstellungen*			*MWR*
an	*(3)*	*Rückstellungen für Pensionen*		*5.200*	*+ 5.200*

b) in Höhe des Differenzbetrages ein aktiver Rechnungsabgrenzungsposten eingestellt, ist dieser – bereits beginnend im Jahr 2016 – jährlich wieder mit einem Fünftel aufwandswirksam auszubuchen:

	(6)	*Aufwendungen für Altersversorgung aus der Wertanpassung von Rückstellungen bzw*	*5.200*		
	(8)	*sonstige Zinsen und ähnliche Aufwendungen aus der Wertanpassung von Rückstellungen*			
an	*(2)*	*Aktive Rechnungsabgrenzungsposten (gemäß § 906 Abs 33 UGB)*		*5.200*	*MWR + 5.200*

Unabhängig von der Variante, die zur Aufstockung der Rückstellung auf ihren erstmalig nach § 211 UGB ermittelten Wert gewählt wurde, ist jährlich die Anpassung der Rückstellung auf den aktuellen Wert zum 31. 12. vorzunehmen. So wie sich die erforderliche Anpassung der Rückstellung für das Geschäftsjahr 2016 in Differenz zwischen dem für den 31. 12. 2016 errechneten Wert (= 170.000) und ihrem mithilfe der Übergangsvorschrift des § 906 Abs 33 UGB aufgestockten oder auch erst noch aufzustockenden Anfangswert (= 156.000) ergibt (vgl dazu den ersten Buchungssatz in der Angabe des Beispiels), ist in den Folgejahren selbst dann von dem gemäß § 211 UGB idF RÄG 2014 ermittelten Vorjahreswert auszugehen, wenn die Variante 2/a gewählt wurde und der tatsächlich ausgewiesene Rückstellungswert ein anderer ist.

Rückstellungen für Anwartschaften auf Abfertigungen

Häufig haben **Arbeitnehmer bei der Auflösung von Dienstverhältnissen Anspruch auf die Auszahlung einer Abfertigung**: Aufgrund verschiedener Gesetze (zB Angestelltengesetz, Arbeiter-Abfertigungsgesetz, Betriebliches Mitarbeiter- und Selbständigenvorsorgegesetz) gebührt sie einem ausscheidenden Mitarbeiter in Abhängigkeit von der vorangegangenen Dauer des Dienstverhältnisses.[271] Kollektivverträge oder Dienstverträge können diesen Anspruch nicht einschränken; für den Arbeitnehmer günstigere Vereinbarungen sind jedoch zulässig.

Trifft die Verpflichtung zur Zahlung der Abfertigung den Arbeitgeber – wie dies bis Ende 2002 grundsätzlich galt – besteht bereits ab Beginn des Dienstverhältnisses bzw ab dem Zeitpunkt der Abfertigungszusage **beim Arbeitgeber eine ungewisse Verbindlichkeit**. Zudem wird iSd dynamischen Bilanzauffassung der **Abfertigungsaufwand bereits während der Dauer des Dienstverhältnisses verursacht** und entsteht nicht erst im Zeitpunkt seiner Auflösung. Deutlich wird dies auch durch die gestaffelte Höhe der Abfertigungen, die ihren Charakter als eine Art „Treueprämie" erkennen lässt. Demzufolge sind **für Abfertigungsansprüche Rückstellungen zu passivieren**. Entsprechend führt § 198 Abs 8 Z 4 UGB Anwartschaften auf Abfertigungen als insbesondere zu bildende Rückstellungen an. Die Postenbezeichnung lautet entsprechend der Bilanzgliederungsvorschrift des § 224 UGB „Rückstellungen für Abfertigungen".

271 So beträgt die zustehende Abfertigung nach dem Angestelltengesetz zB ab dreijähriger Dauer des Dienstverhältnisses zwei Monatsentgelte, ab fünf Jahren drei Monatsentgelte und dann nach je weiteren fünf Jahren das Vier-, Sechs-, Neun- bzw Zwölffache des Monatsentgelts (vgl § 23 Angestelltengesetz). Abfertigungen stehen etwa nur dann nicht zu, wenn der Arbeitnehmer kündigt oder ohne wichtigen Grund austritt oder wenn ihn ein Verschulden an der vorzeitigen Entlassung trifft.

Durch das **Betriebliche Mitarbeitervorsorgegesetz (seit 2007: Betriebliches Mitarbeiter- und Selbständigenvorsorgegesetz – BMSVG) wurde ab dem Jahr 2003 das bis dahin bestehende Abfertigungssystem** – mit der Arbeitgeberpflicht zur Zahlung von Abfertigungen bei Ausscheiden von Mitarbeitern – **umgestellt:** Bei der betrieblichen Mitarbeitervorsorge handelt es sich um ein beitragsorientiertes System. Es sieht vor, dass der Arbeitgeber für seine Mitarbeiter monatlich laufende Beitragszahlungen – in der Höhe von derzeit 1,53 % der Lohnsumme – an eine **Betriebliche Vorsorgekasse (BV-Kasse) leistet, welche ihrerseits die Verpflichtung zur Zahlung von Abfertigungen an die Mitarbeiter hat.** Da diese Form der Beitragszahlung des Arbeitgebers parallel zur Leistungserbringung des Mitarbeiters erfolgt, stellen die für die jeweilige Dienstzeit anfallenden Beiträge Aufwand des betreffenden Geschäftsjahres des Unternehmens dar; eine **Verpflichtung zur Bildung einer Rückstellung für Abfertigungen besteht diesfalls für das Unternehmen nicht.**

Das **neue Mitarbeitervorsorgesystem hat grundsätzliche Gültigkeit für alle Mitarbeiter, die nach dem 31. 12. 2002 neu in ein Unternehmen eintreten.**

Für jene **Arbeitnehmer, mit welchen per 31. 12. 2002 bereits ein Dienstverhältnis bestand,** sehen die Übergangsbestimmungen des BMSVG unterschiedliche Möglichkeiten vor (vgl § 47 BMSVG): Entweder wird zwischen Arbeitnehmer und Arbeitgeber vereinbart, dass das ursprüngliche Abfertigungssystem aufrecht bleibt, sodass dem Arbeitgeber unter unveränderten arbeitsrechtlichen Rahmenbedingungen hinsichtlich der Anspruchsbegründung die Verpflichtungen zur Zahlung von Abfertigungen verbleiben; entsprechend besteht bei ihm weiterhin die Notwendigkeit zur Bildung einer Abfertigungsrückstellung. Oder es erfolgt ein Übertritt des Arbeitnehmers in das neue System, wobei dies entweder mit oder ohne Übertragung der bereits bestehenden Abfertigungsanwartschaften – der sog „Altabfertigungsanwartschaften" – auf eine betriebliche Vorsorgekasse geschehen kann. Werden sämtliche Altabfertigungsanwartschaften auf die Vorsorgekasse übertragen – was auch entsprechende Ausgleichszahlungen an diese Kasse durch den Arbeitgeber erfordert – besteht für das Unternehmen keine weitere Verpflichtung zur Neubildung bzw Fortführung von Abfertigungsrückstellungen; vorhandene Rückstellungen sind gegen den an die Vorsorgekasse zu leistenden Übertragungsbetrag zu verrechnen. Erfolgt keine Übertragung auf eine betriebliche Vorsorgekasse, sondern wird mit dem Arbeitnehmer vereinbart, dass die Altabfertigungsanwartschaften beim Arbeitgeber verbleiben, sind für diese beim Arbeitgeber weiterhin Abfertigungsrückstellungen zu passivieren.

Zusammenfassend besteht somit **auf der Basis der gesetzlichen Bestimmungen ab 1. 1. 2003 in folgenden Fällen für das Unternehmen die Verpflichtung zur Zahlung von Abfertigungen:**

- für Arbeitnehmer, mit welchen bereits zum 31. 12. 2002 ein Dienstverhältnis bestand, und welche (noch) nicht in das neue Abfertigungssystem wechselten;[272]
- für Arbeitnehmer, mit welchen bereits zum 31. 12. 2002 ein Dienstverhältnis bestand, und welche zwar ab einem bestimmten Stichtag in das neue Abfertigungssystem wechselten,

272 Ursprünglich sah § 47 Abs 5 BMSVG vor, dass Übertragungen von Altabfertigungsanwartschaften auf Grund von zum 31. Dezember 2002 bestehenden Arbeitsverhältnissen auf eine Mitarbeitervorsorgekasse nur bis zum 31. Dezember 2012 zulässig sind. Diese Befristung wurde mit dem BGBl I Nr 4/2013 aufgehoben, sodass der Übertritt nunmehr zeitlich unbegrenzt möglich ist.

wobei jedoch vereinbart wurde, dass die bis dahin angesammelten Abfertigungsansprüche weiterhin gegenüber dem Arbeitgeber bestehen bleiben.

Für die **Passivierungspflicht einer Abfertigungsrückstellung** ist es unerheblich, ob die vom Arbeitgeber zu leistende Abfertigung auf den gesetzlichen Vorschriften beruht oder ob sich der Anspruch – ergänzend dazu – aufgrund des Kollektivvertrages, einer Betriebsvereinbarung oder eines Dienstvertrages ergibt. Keine Abfertigungsrückstellung, sondern **den Ansatz einer Verbindlichkeit erfordert es hingegen**, wenn zum Abschlussstichtag bereits gewiss ist, dass ein Arbeitnehmer mit Abfertigungsanspruch gegenüber dem Arbeitgeber ausscheidet; dann existiert ja sowohl dem Grunde als auch der Höhe nach eine feststehende Verpflichtung des Unternehmens.

Die **Bewertungsvorschriften für Abfertigungsrückstellungen** finden sich in § 211 UGB, wobei Abs 1 eine allgemeine Bestimmung enthält und Abs 2 eine Regelung zu dem bei der Abzinsung heranzuziehenden Zinssatz:

§ 211 UGB

(1) ... Rückstellungen für Pensionen oder vergleichbare langfristig fällige Verpflichtungen sind mit dem sich nach versicherungsmathematischen Grundsätzen ergebenden Betrag anzusetzen. Für Rückstellungen für Abfertigungsverpflichtungen, Jubiläumsgeldzusagen oder vergleichbare langfristig fällige Verpflichtungen kann der Betrag auch durch eine finanzmathematische Berechnung ermittelt werden, sofern dagegen im Einzelfall keine erheblichen Bedenken bestehen.

(2) Rückstellungen mit einer Restlaufzeit von mehr als einem Jahr sind mit einem marktüblichen Zinssatz abzuzinsen. Bei Rückstellungen für Abfertigungsverpflichtungen, Pensionen, Jubiläumsgeldzusagen oder vergleichbare langfristig fällige Verpflichtungen kann ein durchschnittlicher Marktzinssatz angewendet werden, der sich bei einer angenommenen Restlaufzeit von 15 Jahren ergibt, sofern dagegen im Einzelfall keine erheblichen Bedenken bestehen.

Abfertigungsrückstellungen sind – ebenso wie Pensionsrückstellungen – **grundsätzlich nach versicherungsmathematischen Methoden zu bewerten.** Die große Zahl von unbekannten Einflussfaktoren erschwert jedoch die Berechnung des Deckungskapitals: So sind etwa die Gründe für das Ausscheiden von Mitarbeitern nicht vorhersehbar, obwohl sie wesentlich sind für die Auszahlung der Abfertigung sowie ihre Höhe (zB steht bei Selbstkündigung keine Abfertigung zu bzw erhalten die gesetzlichen Erben bei Auflösung des Dienstverhältnisses durch den Tod des Arbeitnehmers die Hälfte der Abfertigung). Für verschiedene Wahrscheinlichkeiten liegen derzeit auch keine verlässlichen statistischen Daten vor.

Anstelle der Ermittlung eines versicherungsmathematischen Rückstellungswertes ist auch eine – einfacher durchzuführende – **finanzmathematische Berechnung** möglich. Bei einer finanzmathematischen Berechnung bleiben **Auflösungsgründe** wie bspw das Ausscheiden von Dienstnehmern ohne Abfertigung (Fluktuation) **unberücksichtigt.** Bei einem Unternehmen, das mit hoher Fluktuation zu rechnen hat, ist der finanzmathematisch ermittelte Wert demzufolge um einen **Abschlag** zu kürzen. Ist hingegen in einem Unternehmen in nächster Zeit mit der Kündigung einer größeren Anzahl von Abfertigungsberechtigten durch den Dienstgeber zu rechnen, ist die Rückstellung um geeignete **Zuschläge** zu erhöhen; Gleiches gilt bei gegebener Wahrscheinlichkeit eines vorzeitigen Anfalls der Abfertigung wegen Berufsunfähigkeit oder Invalidität. Derartige Korrekturen müssen entweder individuell für Personen oder Personengruppen ermittelt werden oder bedürfen ausreichend verlässlicher statistischer Informationen.

Es ist zu beachten, dass mit der durch das Anti-Gold-Plating-Gesetz 2019 eingeführten Möglichkeit der finanzmathematischen Berechnung **kein freies Wahlrecht** eingeführt werden sollte: Es dürfen dagegen im Einzelfall keine erhebliche Bedenken bestehen. Solche können bei einer finanzmathematischen Berechnung etwa auftreten, wenn diese aufgrund einer großen Anzahl von Mitarbeitern oder starker Fluktuation bestehende Risken nicht ausreichend berücksichtigt und sich dadurch bei der Bewertung ein wesentlicher Fehlbetrag ergibt; auch macht es der in § 201 Abs 2 Z 7 UGB normierte Grundsatz der bestmöglichen Schätzung notwendig, bereits vorhandene statistische Daten und versicherungsmathematische Kalkulationen weiterhin für die Rückstellungsbewertung heranzuziehen.[273]

Jedenfalls unzulässig ist es, für den unternehmensrechtlichen Jahresabschluss als Alternative zur versicherungsmathematischen bzw finanzmathematischen Berechnung eine **Ermittlung der Abfertigungsrückstellung mit Hilfe eines bestimmten Prozentsatzes der zum jeweiligen Abschlussstichtag bestehenden fiktiven Ansprüche – wie es in den steuerrechtlichen Vorschriften zur Abfertigungsrückstellung vorgesehen ist** – vorzunehmen.

Die buchtechnische Zuführung zu den Abfertigungsrückstellungen wird zumeist zur Gänze über den Gewinn- und Verlustrechnungsposten „Aufwendungen für Abfertigungen" geführt. Im Hinblick darauf, dass die Rückstellungsveränderungen neben dem eigentlichen Personalaufwand **Zinskomponenten** enthalten, ist zu fordern, diese Teile gesondert zu erfassen, um sie in der Gewinn- und Verlustrechnung im Finanzergebnis auszuweisen.[274]

Während des Jahres geleistete **Abfertigungszahlungen** werden regelmäßig zur Gänze als „Aufwendungen für Abfertigungen" verbucht. Der für diese angefallenen Abfertigungen vorhandene Rückstellungsbetrag ist spätestens im Rahmen der Jahresabschlussaufstellung gegen diesen Aufwandsposten zu verrechnen, um einen erfolgsneutralen Verbrauch der Rückstellung vorzunehmen.

Wenn hingegen der **Rückstellungsgrund entfällt**, weil etwa der Arbeitnehmer ohne Abfertigungsanspruch aus dem Unternehmen ausscheidet, ist der entsprechende Teil der Abfertigungsrückstellung erfolgswirksam über den Gewinn- und Verlustrechnungsposten „Erträge aus der Auflösung von Rückstellungen" auszuscheiden.

Beispiel:

Ein Unternehmen weist in seiner Saldenliste für nach dem Angestelltengesetz gebührende Abfertigungen eine Rückstellung für Abfertigungen in Höhe von 90.000,– aus. Dieser Wert entspricht noch jenem laut Eröffnungsbilanz und wurde im Vorjahr wie folgt ermittelt:

anspruchsberechtigte Dienstnehmer	*anteiliger Rückstellungsbetrag*
Albert A.	*25.000,–*
Bernhard B.	*20.000,–*
Sonstige	*45.000,–*
Summe	*90.000,–*

273 Vgl dazu explizit die entsprechenden ErlRV zu § 211 Abs 1 UGB, 508 BlgNR 26. GP 4 f.

274 Vgl Kap 3.7.8.3.3. zu einem vergleichbaren Beispiel einer laufend aufzustockenden langfristigen Rückstellung.

Während des Geschäftsjahres schied Albert A. aus dem Unternehmen aus; die ihm zustehende Abfertigung in Höhe von 53.000,– wurde im Rahmen der Erfassung der laufenden Personalverrechnung zur Gänze über das Konto „Aufwendungen für Abfertigungen" verbucht.

Bernhard B. schied gleichfalls aus; er kündigte selbst und verlor damit seinen Anspruch auf Abfertigung.

Welche Buchungen sind im Zusammenhang mit diesen Personalbewegungen bei der Abfertigungsrückstellung erforderlich?

Lösung:

Der für Albert A. ausgewiesene Rückstellungsbetrag ist gegen den bereits verbuchten Abfertigungsaufwand zu verrechnen:

	(3)	*Rückstellung für Abfertigungen*	*25.000*	
an	*(6)*	*Aufwendungen für Abfertigungen*		*25.000*

Der für Bernhard B. ausgewiesene Rückstellungsbetrag ist ertragswirksam aufzulösen:

	(3)	*Rückstellung für Abfertigungen*	*20.000*	
an	*(4)*	*Erträge aus der Auflösung von Rückstellungen*		*20.000*

Erst die nach diesen Umbuchungen noch vorhandene Rückstellung (= 90.000 – 25.000 – 20.000 = 45.000) ist auf den Wert zum Abschlussstichtag zu erhöhen.

Im Rückstellungsspiegel sind die Personalbewegungen folgendermaßen auszuweisen:

Abschlussjahr	*Stand 1. 1.*	*betreffend Erfüllungsbetrag*			*betreffend Zinsen*		*Stand 31. 12.*
		Verbrauch	*Auflösung*	*Zuführung*	*Ertrag*	*Aufwand*	
20XX	*90.000*	*25.000*	*20.000*	....	....	....	....

Besonderheiten bei der Ermittlung der Abfertigungsrückstellung sind dann zu beachten, wenn Arbeitnehmer, mit welchen per 31. 12. 2002 bereits ein Dienstverhältnis bestand, zwar in das seit 2003 geltende neue Mitarbeitervorsorgesystem umgestiegen sind, ihre Altabfertigungsansprüche jedoch nicht an die betriebliche Vorsorgekasse übertragen wurden, sondern gegenüber dem Arbeitgeber bestehen bleiben. Für diese Altabfertigungsansprüche der Mitarbeiter sind weiterhin Rückstellungen zu passivieren, doch werden die **Ansprüche gewissermaßen „eingefroren"**: Für die Berechnung ist dann zwar stets die aktuelle Höhe der Monatsentgelte heranzuziehen, doch bleibt die für den Abfertigungsanspruch maßgebende Anzahl an Monatsentgelten nach dem Verhältnis zum vereinbarten Stichtag fixiert (vgl dazu auch § 47 Abs 2 BMSVG).

Beispiel:

Mit einem Mitarbeiter, der seit 12 Jahren im Unternehmen beschäftigt ist, wurde ab 1. 1. 2003 für die weitere Dauer des Arbeitsverhältnisses die Geltung des BMSVG anstelle des Angestelltengesetzes vereinbart, wobei die Altabfertigungsanwartschaften bis zu diesem Stichtag jedoch nicht auf eine betriebliche Vorsorgekasse übertragen wurden.

Welche Konsequenzen hat diese Vereinbarung für die weitere Bildung der Abfertigungsrückstellung?

Lösung:

Die Abfertigungsrückstellung ist grundsätzlich fortzuführen.

Bei ihrer laufenden Berechnung ab dem Jahr 2003 ist jeweils das für den letzten Monat des Arbeitsverhältnisses gebührende Entgelt zu Grunde zu legen; Gehaltssteigerungen sind somit zu berücksichtigen. Ab dem Jahr 2003 ist jedoch für das Ausmaß der Abfertigung – und damit auch für ihre Rückstellung – unverändert von der Anzahl der zum Zeitpunkt des vereinbarten Stichtags fiktiv erworbenen Monatsentgelte auszugehen (= laut § 23 AngG ist dies nach 10 Dienstjahren das Vierfache des Monatsentgelts); weitere Anspruchssteigerungen mit zunehmenden Dienstjahren bleiben unberücksichtigt.

Unterschiedlich lässt sich die Frage der **Bewertung der für derartige Altabfertigungsansprüche anzusetzenden Rückstellungen** beantworten: Im Hinblick darauf, dass – mit Ausnahme von zukünftigen Gehaltssteigerungen – bereits der gesamte Anspruch in der Vergangenheit erworben wurde, hat ihre Passivierung stets in voller Höhe dieser Ansprüche – gekürzt um Abzinsungen und gegebenenfalls Fluktuationsabschläge – zu erfolgen; dh Rückstellungssteigerungen sind sofort zur Gänze zu erfassen. Unter Berücksichtigung der Überlegung, dass derartige Ansprüche grundsätzlich während der gesamten Aktivzeit eines Mitarbeiters – als auch noch in der Zeit nach dem vereinbarten Übertritt – angesammelt werden, sind jedoch Steigerungen des Rückstellungsbetrages verteilt über die noch verbleibende Aktivzeit des Mitarbeiters vorzunehmen.

Wie für Pensionsrückstellungen und Rückstellungen für die Verpflichtung zu einer Zuwendung anlässlich eines Dienstjubiläums ist **auch für Abfertigungsrückstellungen die Override-Verordnung anzuwenden**, wenn infolge von Änderungen der den anerkannten Regeln der Versicherungsmathematik entsprechenden biometrischen Rechnungsgrundlagen eine die Generalnorm gefährdende Rückstellungszuführung oder -auflösung notwendig ist.[275] Die Anwendung der im Jahr 2018 veröffentlichten neuen Sterbetafeln „Pensionstafeln AVÖ 2018-P“ hatte bei den Abfertigungsrückstellungen idR jedoch nur geringfügige Auswirkungen.

Für die steuerliche Erfolgsermittlung ist zu berücksichtigen, dass § 14 EStG die **steuerliche Anerkennung von Abfertigungsrückstellungen mehrfach eingeschränkt:**

- Nur gesetzliche und kollektivvertragliche Abfertigungsansprüche berechtigen zur Bildung einer Rückstellung.
- Die Bildung von Abfertigungsrückstellungen ist nicht zwingend, teilweise sogar unzulässig: So konnten in den Jahren 2002 und 2003 – trotz bestehender Verpflichtungen des Unternehmens gegenüber den Arbeitnehmern – die vorhandenen Abfertigungsrückstellungen steuerlich neutral aufgelöst werden; eine Neubildung einer Rückstellung ist diesfalls in der Folge ausgeschlossen.
- Die Abfertigungsrückstellung ist von den zum Abschlussstichtag bestehenden fiktiven Abfertigungsansprüchen abzuleiten: Zur Ermittlung dieser wird unterstellt, dass zum jeweiligen Bewertungsstichtag das Dienstverhältnis mit allen Arbeitnehmern aufgelöst wird. Der derart ermittelte Wert wird zu einem bestimmten gesetzlich vorgeschriebenen Prozentsatz als steuerliche Abfertigungsrückstellung anerkannt. Derzeit dürfen grundsätzlich maximal

275 Vgl dazu im Einzelnen bereits oben unter „Rückstellungen für laufende Pensionen und Anwartschaften auf Pensionen“.

45 % der fiktiven Ansprüche rückgestellt werden. Eine Rückstellung bis zu 60 % der am Bilanzstichtag bestehenden fiktiven Abfertigungsansprüche kann gebildet werden, wenn die Anspruchsberechtigten am Bilanzstichtag das 50. Lebensjahr vollendet haben.[276]

- Der einmal gewählte Prozentsatz ist beizubehalten.

Beispiel:

Ein Unternehmen ermittelt zu einem Abschlussstichtag gemäß dem Angestelltengesetz zustehende fiktive Abfertigungsansprüche in der Höhe von insgesamt 65.000,–. Wie hoch ist der maximal anerkannte Betrag der Abfertigungsrückstellung gemäß § 14 EStG, wenn eine solche seit Jahren im höchstzulässige Ausmaß von 45 % gebildet wird und in diesem Jahr erstmals ein Arbeitnehmer – dem ein fiktiver Abfertigungsanspruch in der Höhe von 15.500,– zuzurechnen ist – das 50. Lebensjahr vollendet hat?

Lösung:

Die steuerliche Abfertigungsrückstellung ist wie folgt zu ermitteln:

Arbeitnehmer	*fiktive Abfertigungsansprüche*	*Prozentsatz*	*steuerliche Abfertigungsrückstellung*
über 50 Jahre	*15.500*	*60 %*	*9.300*
unter 50 Jahre	*50.000*	*45 %*	*22.500*
	65.500		*31.800*

Stets dann, wenn die unternehmensrechtlich ermittelte und passivierte **Abfertigungsrückstellung von den gemäß § 14 EStG errechneten Beträgen abweicht, macht dies Mehr-Weniger-Rechnungen erforderlich.**

Exkurs: Übergangsvorschriften des RÄG 2014

Die **durch das RÄG 2014 geänderte Bewertung von Rückstellungen für langfristige Verpflichtungen generell sowie für Abfertigungsrückstellungen im Besonderen**[277] **kann für bereits aus Vorjahren übernommene Rückstellungen Wertanpassungen notwendig** machen. Für diese erforderliche Anpassung der Rückstellungen sind die Übergangsvorschriften des RÄG 2014 (vgl § 906 Abs 33 und 34 UGB) zu beachten.[278]

Rückstellungen für nicht konsumierten Urlaub

Beansprucht ein Arbeitnehmer die ihm jährlich zustehenden Urlaubstage nicht,[279] so erfordert dies eine Rückstellung. Die Bildung von Rückstellungen für nicht konsumierte Urlaube ergibt sich aus dem Grundsatz einer periodengerechten Gewinnermittlung. Die Grundüberlegung geht davon aus, dass das für den Urlaubszeitraum (dieser wird auch als Nichtleistungs-

276 Zu Besonderheiten dieses erhöhten Ausmaßes vgl EStR 2000 Rz 3342 ff.

277 So wurde die bislang vorgesehene Möglichkeit, die unternehmensrechtlichen Abfertigungsrückstellungen vereinfachend mit einem bestimmten Prozentsatz der fiktiven Ansprüche zum jeweiligen Bilanzstichtag anzusetzen, gestrichen.

278 Vgl dazu Kap 3.7.8.3.3. und Kap 3.7.8.4.

279 Im Normalfall beträgt der Urlaubsanspruch bei einer Dienstzeit bis zu 25 Jahren 30 Werktage (= 25 Arbeitstage), darüber hinaus 36 Werktage (= 30 Arbeitstage).

zeit bezeichnet) zu bezahlende Entgelt in jener Periode erfasst werden soll, in der der aliquote Urlaubsanspruch entstanden ist.

Beispiel:

Ein Arbeitnehmer mit einem Urlaubsanspruch von 25 Arbeitstagen verbraucht bis zum 31. 12. X1 (Urlaubsjahr = Kalenderjahr) 20 Tage. Da der Anspruch für die weiteren 5 Tage bereits in der abgelaufenen Periode X1 entstanden ist, ist auch der Aufwand für das Entgelt dieser Nichtleistungszeit der Periode X1 zuzurechnen und passivisch abzugrenzen.

Tritt der **umgekehrte Fall** ein, dh greift ein Arbeitnehmer auf die in der nächsten Periode entstehenden Urlaubstage vor, ist das in dieser Zeit geleistete Nichtleistungsentgelt als Vorauszahlung zu interpretieren. Es muss im Sinne der periodengerechten Erfolgsermittlung neutralisiert werden und in einen Aktivposten eingestellt werden.

Bei **Ermittlung der offenen Urlaubstage bzw Urlaubsvorgriffe** ist darauf zu achten, ob die Urlaube im betreffenden Unternehmen bzw für die einzelnen Mitarbeiter[280] nach Kalenderjahr oder nach Arbeitsjahr abgerechnet werden: Entsteht der Urlaubsanspruch nach dem Arbeitsjahr – Beginn ist dabei das Datum des Betriebseintritts – ist für die Berechnung der bilanziellen Abgrenzungen die Zahl der zum Abschlussstichtag zuzurechnenden Urlaubstage zu aliquotieren.[281]

Beispiel:

Ein Arbeitnehmer tritt am 1. 9. X1 in das Unternehmen ein; bis zum Jahresende verbraucht er vier Urlaubstage.

Im Jahr X2 ist der Arbeitnehmer 25 Tage im Urlaub.

Wie viele Urlaubstage sind für diesen Arbeitnehmer am 31. 12. X1 bzw am 31. 12. X2 abzugrenzen, wenn er einen Urlaubsanspruch von 30 Werktagen pro Jahr hat und sein Urlaubsjahr dem Arbeitsjahr entspricht?

Lösung:

Zum 31. 12. X1 sind die abzugrenzenden Urlaubstage wie folgt zu errechnen:

$$\frac{\text{30 Tage Gesamtjahresanspruch}}{\text{12 Monate}} = \text{2,5 Tage aliquoter Monatsanspruch}$$

aliquoter Anspruch für X1	*10 Tage*	*(= 2,5 Tage x 4 Monate; vom 1. 9. bis 31. 12.)*
Verbrauch im Jahr X1	*– 4 Tage*	
abzugrenzende Urlaubstage zum 31. 12. X1	*6 Tage*	*(offene Urlaubstage)*

280 Die Umstellung des Urlaubsjahres vom Arbeitsjahr auf das Kalenderjahr kann entweder durch Kollektivvertrag oder Betriebsvereinbarung oder durch Einzelvertrag erfolgen.

281 Beachte: Nach dem Arbeitsrecht entsteht der Urlaubsanspruch – abgesehen vom ersten Halbjahr der Betriebszugehörigkeit – jeweils mit Beginn des Arbeitsjahres bzw Kalenderjahres in voller Höhe; entsprechend werden auch die sog Urlaubskarteien in der Personalverrechnung geführt.

Zum 31. 12. X2 sind die abzugrenzenden Urlaubstage wie folgt zu errechnen:

Urlaubsrest aus dem Jahr X1	*6 Tage*	
aliquoter (Rest-)Anspruch aus dem Jahr X1	*20 Tage*	*(= 30/12 x 8 bzw 30 – 10)*
aliquoter (Neu-)Anspruch für X2	*10 Tage*	*(= 30/12 x 4)*
Verbrauch im Jahr X2	*– 25 Tage*	
abzugrenzende Urlaubstage zum 31. 12. X2	*11 Tage*	*(offene Urlaubstage)*

Die Berechnung kann auch wie folgt vorgenommen werden:[282]

Urlaubstage für das Arbeitsjahr X1	*30 Tage*	
Verbrauch im Jahr X1	*– 4 Tage*	
Urlaubstage für das Arbeitsjahr X2	*30 Tage*	
Verbrauch im Jahr X2	*– 25 Tage*	
Zwischensumme	*31 Tage*	
Rückrechnung des aliquoten auf das Jahr X3 entfallenden Anspruchs	*– 20 Tage*	*(= 30/12 x 8)*
abzugrenzende Urlaubstage zum 31. 12. X2	*11 Tage*	*(offene Urlaubstage)*

Für die Ermittlung der Rückstellung bzw aktiven Rechnungsabgrenzung ist **von dem pro Urlaubstag zustehenden Entgelt auszugehen.** Die Basis ist dabei das **regelmäßig zu zahlende Entgelt,** das der Arbeitgeber zu leisten hätte, wenn der Urlaub nicht angetreten werden würde; es beinhaltet ua aliquote Sonderzahlungen, Überstundenpauschale, Leistungen für regelmäßig erbrachte Überstunden. Hinsichtlich des **Teilers zur Berechnung des Tagesbezuges** gibt es unterschiedliche Ansätze: Herangezogen werden entweder die Werktage (= Montag bis Samstag; Monatsteiler von 26 Tagen pro Monat) oder die Arbeitstage (Monatsteiler von 21,67 (gerundet: 22) Tagen pro Monat) oder aber die effektiven (durchschnittlichen) Anwesenheits-(Produktiv-)tage unter Abzug von Feiertagen und durchschnittlichen Abwesenheitstagen infolge von Krankheit etc (Monatsteiler von 16 bis 18 Tagen pro Monat).

Insgesamt ergibt sich der für die Rückstellung bzw den aktiven Rechnungsabgrenzungsposten maßgebliche **(Brutto-)Entgeltsbetrag** aus folgender Formel:

$$\frac{\text{Entgelt}}{\text{Tage}} \text{ x nicht konsumierte bzw vorweggenommene Urlaubstage}$$

Auf diesen Entgeltsbetrag sind noch **die gesetzlich vorgeschriebenen Sozialabgaben sowie die vom Entgelt abhängigen Abgaben und Pflichtbeiträge** (Dienstgeberanteil zur gesetzlichen Sozialversicherung, Dienstgeberbeitrag zum Familienlastenausgleichsfonds [= DB], Zuschlag zum DB [= DZ], Kommunalsteuer, Beitrag an die betriebliche Vorsorgekasse) aufzuschlagen, wobei idR ein jährlich ermittelter Durchschnittsprozentsatz verwendet wird.

282 Diese Variante der Berechnung hat den Vorteil, dass sie von den Daten ausgehen kann, die in der Urlaubskartei der Personalverrechnung erfasst werden, da nach dieser die Zurechnung des vollen Urlaubsanspruches mit Beginn des Arbeitsjahres (im Beispielfall jeweils mit 1. 9.) erfolgt und deshalb laut Urlaubskartei der Urlaubsanspruch des betreffenden Mitarbeiters zum 31. 12. X2 mit 31 Tagen ausgewiesen sein wird.

Beispiel:

Der Urlaubsanspruch entsteht bei der X-GmbH unabhängig vom Eintrittsdatum jeweils am 1. Jänner eines Jahres und beträgt 25 Arbeitstage pro Jahr. Für die seit Jahren in der X-GmbH beschäftigten Angestellten TIM und PETRI sind der Urlaubskartei folgende Informationen zu entnehmen:

Arbeitnehmer	*Resturlaub aus dem Vorjahr*	*Verbrauch im Abschlussjahr*
TIM	*2*	*31*
PETRI	*22*	*24*

Der laufende Bruttobezug pro Monat (zahlbar 14 x jährlich) beträgt für

TIM	*2.574,–*
PETRI	*3.300,–*

Welche Urlaubsabgrenzungen ergeben sich für diese Mitarbeiter, wenn die X-GmbH von 22 Arbeitstagen pro Monat und von bei der Abgrenzungsberechnung zu berücksichtigenden Personalnebenkosten in der Höhe von 30 % (inkl gerundeten 1,5 % für Beiträge an betriebliche Vorsorgekassen) ausgeht?

Lösung:

Für das Abschlussjahr ergeben sich folgende Tagesanzahlen an Resturlaub (+) bzw Urlaubsvorgriffen (–):

	alter Urlaub	*Urlaubsanspruch*	*Verbrauch*	*Resturlaub/Urlaubsvorgriff*
TIM	*2*	*25*	*31*	*– 4*
PETRI	*22*	*25*	*24*	*+ 23*

Unter Berücksichtigung der Sonderzahlungen sowie von 22 Arbeitstagen pro Monat ergeben sich folgende Tagesbezüge:

TIM	*2.574 x 14/12 : 22 = 136,50*
PETRI	*3.300 x 14/12 : 22 = 175,00*

Die offenen Resturlaubstage bzw Urlaubsvorgriffstage sind mit dem Bezug pro Tag des jeweiligen Arbeitnehmers zu multiplizieren:

	Resturlaub/Urlaubsvorgriff	*Bezug pro Tag*	*Entgelt*
TIM	*– 4*	*136,50*	*– 546*
PETRI	*+ 23*	*175,00*	*4.025*

Die sich für das Abschlussjahr ergebenden Abgrenzungen ermitteln sich wie folgt:

	Entgelt	*Nebenkosten*		*Gesamtbetrag*	*Charakter des Postens*
		1,5 %	*28,5 %*		
TIM	*– 546*	*– 8*	*– 156*	*– 710*	*aktive Rechnungsabgrenzung*
PETRI	*4.025*	*60*	*1.147*	*5.232*	*Rückstellung*

Verschiedentlich wird die Urlaubsabgrenzung für den Personalstand insgesamt vorgenommen: Dh Urlaubsvorgriffe und -rückstände werden gegeneinander aufgerechnet und in der Bilanz wird entweder eine Rückstellung (= passivische Abgrenzung bei Überwiegen der Urlaubsrückstände) oder ein aktiver Rechnungsabgrenzungsposten (= aktivische Abgrenzung bei Überwiegen der Urlaubsvorwegnahmen) ausgewiesen. Diese **Saldierung steht allerdings im Widerspruch zum Verrechnungsverbot** des § 196 Abs 2 UGB und sollte nur in jenen Fällen erfolgen, in welchen die Beträge unwesentlich sind und sich der Verzicht auf eine (gesonderte) Rückstellungsbildung demzufolge aus § 198 Abs 8 Z 3 UGB herleiten lässt.

Bei der **Verbuchung** der Urlaubsrückstellung bzw einer entsprechenden aktiven Rechnungsabgrenzung ist darauf zu achten, dass nach der Gliederungsvorschrift für die Gewinn- und Verlustrechnung gemäß § 231 UGB „Löhne" und „Gehälter"[283] sowie die „Leistungen an betriebliche Mitarbeitervorsorgekassen" und die „Aufwendungen für gesetzlich vorgeschriebene Sozialabgaben sowie vom Entgelt abhängige Abgaben und Pflichtbeiträge"[284] jeweils gesondert auszuweisen sind, sodass die Buchungen wie folgt vorzunehmen sind:

	(6)	Löhne bzw Gehälter
	(6)	Leistungen an betriebliche Mitarbeitervorsorgekassen
	(6)	sonstige Personalnebenkosten
an	(3)	Rückstellungen für nicht konsumierten Urlaub

bzw

	(2)	Aktive Rechnungsabgrenzungsposten
an	(6)	Löhne bzw Gehälter
an	(6)	Leistungen an betriebliche Mitarbeitervorsorgekassen
an	(6)	sonstige Personalnebenkosten

Bei der nachfolgenden **Fortentwicklung** einer vorhandenen Urlaubsrückstellung bzw einer entsprechenden aktiven Rechnungsabgrenzung ist zu beachten, dass während des Jahres keine Buchungen für sie durchgeführt werden. Es wird nur **jeweils im Rahmen der Jahresabschlussarbeiten eine Anpassung an den neu ermittelten Stand vorgenommen**, wobei deren buchmäßige Erfassung je nachdem entweder soll- oder habenseitig über die Personalaufwandskonten erfolgt. Die Notwendigkeit einer Auflösung über das Konto „Erträge aus der Auflösung von Rückstellungen" wird sich im Zusammenhang mit Urlaubsabgrenzungen idR auch gar nicht ergeben, da offene Urlaube entweder verbraucht werden oder aber dafür Urlaubsentschädigungen bzw -abfindungen auszuzahlen sind.[285]

283 Lediglich kleine Gesellschaften dürfen Löhne und Gehälter als Gesamtsumme in ihrer G & V ausweisen sowie die Personalnebenkosten zusammenfassen.

284 Eine Trennung nach Sozialversicherungsbeitrag, DB, DZ etc ist nicht erforderlich.

285 Häufig wird für Urlaubsabgrenzungen auch in Frage gestellt, ob sie überhaupt Rückstellungen darstellen, oder aber ob für sie nicht vielmehr infolge der Gewissheit des Bestehens einer Verpflichtung sowie ihrer exakten Berechnung ein Ausweis unter den Verbindlichkeiten geboten ist.

Beispiel – Fortsetzung:

Welche Buchungen sind erforderlich, wenn die X-GmbH keine Saldierung der Urlaubsabgrenzungen vornimmt und laut vorjähriger Bilanz noch unverändert eine „Rückstellung für nicht konsumierten Urlaub – Angestellte" in der Höhe von 3.870 (inklusive 1,5 % MV-Beitrag und 27,5 % sonstige Personalnebenkosten) ausgewiesen ist?

Lösung:

Bei getrennter Erfassung von Urlaubsrückstellungen einerseits und aktiven Abgrenzungen andererseits ist wie folgt vorzugehen:[286]

	Aktiver Rechnungsabgrenzungsposten				*Rückstellung*			
	Entgelt	*Nebenkosten*		*Gesamtbetrag*	*Entgelt*	*Nebenkosten*		*Gesamtbetrag*
		MVB	*sonstige*			*MVB*	*sonstige*	
aktuell	*546*	*8*	*156*	*710*	*4.025*	*60*	*1.147*	*5.232*
Vorjahr	*–*	*–*	*–*	*–*	*3.000*	*45*	*825*	*3.870*
Änderung	*546*	*8*	*156*	*710*	*1.025*	*15*	*322*	*1.362*

Daraus ergeben sich folgende Buchungen (im vorliegenden Fall handelt es sich ausschließlich um Angestellte):

	(2)	*Aktive Rechnungsabgrenzungsposten*	*710*	
an	*(6)*	*Gehälter*		*546*
an	*(6)*	*Leistungen an betriebliche Mitarbeitervorsorgekassen*		*8*
an	*(6)*	*sonstige Personalnebenkosten*		*156*

	(6)	*Gehälter*	*1.025*	
	(6)	*Leistungen an betriebliche Mitarbeitervorsorgekassen*	*15*	
	(6)	*sonstige Personalnebenkosten*	*322*	
an	*(3)*	*Rückstellungen für nicht konsumierten Urlaub*		*1.362*

Der **unternehmensrechtlich eingebuchte Rückstellungs- bzw Rechnungsabgrenzungsbetrag wird in der Regel auch steuerlich anerkannt**, sodass es diesbezüglich keine Abweichungen gibt.

286 Im Hinblick auf den getrennten G&V-Ausweis ist allenfalls des Weiteren noch nach Lohn- und Gehaltsempfängern zu differenzieren.

3.8. Steuern vom Einkommen und vom Ertrag

3.8.1. Begriff

Die im Jahresabschluss zu erfassenden Steuern vom Einkommen und vom Ertrag betreffen:[287]

- nach derzeit gültigem Steuerrecht die **Körperschaftsteuer**[288] und vergleichbare ausländische Steuern, die das Unternehmen zu tragen hat,
- **latente Steuern** iSd § 198 Abs 9 und 10 UGB.

Die Ermittlung und Erfassung der betrieblichen Ertragsteuern **stellt einen der letzten Schritte im Rahmen der Jahresabschlussaufstellung** dar: Als ergebnisabhängige Größen lassen sie sich erst am Jahresende berechnen;[289] als betriebliche Steuern stellen sie Aufwendungen dar, die das unternehmensrechtliche Ergebnis des Jahres beeinflussen und als solche in der Gewinn- und Verlustrechnung zu berücksichtigen sind.

3.8.2. Körperschaftsteuer

3.8.2.1. Ermittlung

Der Körperschaftsteuer unterliegen Körperschaften[290] und damit insbesondere die juristischen Personen des privaten Rechts wie die Kapitalgesellschaften (§ 1 KStG).

Steuerschuldner ist die Gesellschaft selbst, entsprechend ist die Körperschaftsteuer bei ihr als **unternehmensrechtlicher Aufwand** zu erfassen[291] und schmälert das unternehmensrechtliche Ergebnis. **Steuerlich** stellt die Körperschaftsteuer als Personensteuer hingegen eine **nichtabzugsfähige Ausgabe** dar (§ 12 Abs 1 Z 6 KStG), die somit ihre eigene Berechnungsgrundlage,

287 Die Einkommensteuer der natürlichen Personen wird im unternehmensrechtlichen Jahresabschluss nicht ausgewiesen (vgl zur Verbuchung von Einkommensteuerzahlungen, die über betriebliche Bankkonten beglichen werden, Kap 2.11.3.1.). Sie ist als sog Personensteuer durch personenbezogene Merkmale (wie zB Familienstand, Anzahl der Kinder, Wohnsitz) beeinflusst; zudem werden die Einkünfte aus der unternehmerischen (betrieblichen) Tätigkeit mit sonstigen Einkünften des jeweiligen Steuerpflichtigen (zB aus einer nichtselbständigen Arbeit, aus einer Vermietung und Verpachtung [von Privatvermögen] etc) zusammengezählt bzw saldiert und gemeinsam besteuert. Auch bei einer Personengesellschaft werden in ihrem Jahresabschluss keine Ertragsteuern erfasst, weil sie nicht selbst Ertragsteuersubjekt ist; bei Personengesellschaften erfolgt die Ertragsbesteuerung auf der Basis der einzelnen Gesellschafter und dann eben, je nachdem, ob der Gesellschafter eine natürliche Person oder eine Kapitalgesellschaft ist, mit der Einkommen- oder mit der Körperschaftsteuer.

288 Bis 1993 wurde als weitere betriebliche Ertragsteuer noch die Gewerbesteuer erhoben; diese wäre als Ertragsteuer im Jahresabschluss von Einzelunternehmen und Personengesellschaften zu erfassen gewesen.

289 Während des Jahres sind jedoch vierteljährlich Vorauszahlungen zu entrichten, die auf Basis der Vorjahresergebnisse vom Finanzamt bescheidmäßig vorgeschrieben werden (vgl dazu bereits Kap 2.11.3.2.).

290 Zu den Befreiungen vgl §§ 5 ff KStG.

291 Besonderheiten bestehen bei Vorliegen der ab der Veranlagung für 2005 anwendbaren sog Gruppenbesteuerung gemäß § 9 KStG: Dabei werden die steuerlichen Ergebnisse der Gruppenmitglieder einem Gruppenträger zugerechnet und von ihm gemeinsam versteuert. Zur Kompensation der überwälzten Steuer, aber auch zur Abgeltung von Steuervorteilen – wenn das Gruppenmitglied einen Verlust erzielt, der die Steuerbemessungsgrundlage des Gruppenträgers und damit die Steuerbelastung reduziert –, sind grundsätzlich sog Steuerumlagen durch Ausgleichszahlungen zwischen den Gruppenmitgliedern und dem Gruppenträger vorzunehmen.

den körperschaftsteuerpflichtigen Gewinn, nicht kürzen darf und demzufolge als positive Mehr-Weniger-Rechnung zu berücksichtigen ist.

Die Körperschaftsteuer wird nach dem Einkommen bemessen, welches sich über Verweis des KStG (§ 7 Abs 2 KStG) grundsätzlich nach den Vorschriften des EStG ermittelt. **Grundlage für die Körperschaftsteuer** ist bei Kapitalgesellschaften folglich das Ergebnis des **unternehmensrechtlichen Jahresabschlusses**. Beträge, die in den Jahresabschlüssen nicht den steuerlichen Erfordernissen entsprechen, sind diesen anzupassen (§ 44 Abs 2 EStG), was regelmäßig mittels der sog **Mehr-Weniger-Rechnung** erfolgt.[292]

Sowohl einkommensteuer- als auch spezifisch körperschaftsteuerliche Vorschriften können solche Mehr-Weniger-Rechnungen verursachen. Neben jenen Mehr-Weniger-Rechnungen, die auf unterschiedliche unternehmensrechtliche und steuerliche Ansätze und Werte zurückzuführen sind,[293] ergeben sich Zu- bzw Abschläge beispielsweise aufgrund folgender Vorschriften:

- Für eine Reihe von **Beihilfen aus öffentlichen Mitteln** (§ 3 Abs 1 Z 3 bzw 5 EStG) sowie für derartige Zuwendungen zur Anschaffung oder Herstellung von Anlagevermögen oder zu seiner Instandsetzung (§ 3 Abs 1 Z 6 EStG) existieren Steuerbefreiungen. Werden derartige Beträge im unternehmensrechtlichen Jahresabschluss ertragswirksam erfasst,[294] sind sie deshalb durch negative Mehr-Weniger-Rechnungen zu korrigieren.
- Sog **Investitionsbegünstigungen** gestatten einen vorgezogenen Abzug spezieller Ausgaben im Zusammenhang mit Anlagen (§ 8 Abs 2 EStG: Zehnjahresabschreibung für Anschaffungs- oder Herstellungskosten, die für denkmalgeschützte Betriebsgebäude im Interesse der Denkmalpflege aufgewendet werden; § 13 EStG: Absetzung der Anschaffungs- oder Herstellungskosten von geringwertigen Wirtschaftsgütern des abnutzbaren Anlagevermögens).
- Bei der Ermittlung des Einkommens sind **Einlagen und Beiträge** jeder Art insoweit außer Ansatz zu lassen, als sie von Personen in ihrer Eigenschaft als Gesellschafter, Mitglieder oder in ähnlicher Eigenschaft geleistet werden (§ 8 Abs 1 KStG). Damit werden insbesondere auch sog verdeckte Einlagen erfasst, die dadurch gekennzeichnet sind, dass der Gesellschafter seiner Gesellschaft Zuwendungen macht, die im Gesellschaftsverhältnis begründet sind, jedoch nicht als Einlage in Erscheinung treten, wie bspw die Bezahlung unangemessen hoher Preise für von der Gesellschaft erhaltene Lieferungen oder Leistungen. Die ertragswirksamen Buchungen derartiger Vorgänge sind durch negative Mehr-Weniger-Rechnungen zu korrigieren.
- Für die Ermittlung des Einkommens ist es ohne Bedeutung, ob das Einkommen im Wege offener oder verdeckter **Ausschüttungen** verteilt oder entnommen oder in anderer Weise verwendet wird (§ 8 Abs 2 KStG). Daraus folgt, dass Ausschüttungen den steuerpflichtigen Gewinn nicht mindern. Eine sog verdeckte Gewinnausschüttung liegt vor, wenn die Gesellschaft ihren Gesellschaftern Zuwendungen macht, die im Gesellschaftsverhältnis begründet, jedoch nicht als Ausschüttung erkennbar sind. Die wesentlichen Erscheinungsformen sind auf der einen Seite unangemessen hohe Entgelte, die der Gesellschafter für Lieferungen an bzw Leistungen für seine Gesellschaft erhält; auf der anderen Seite unangemessen

292 Vgl dazu bereits Kap 3.1.3.

293 Vgl dazu im Einzelnen Kap 3.7.

294 Bei Subventionen zu Anschaffungen oder Herstellungen vgl Kap 3.6.3.1.2.

niedrige bzw sogar fehlende Entgelte für Lieferungen bzw Leistungen von der Gesellschaft an den Gesellschafter. Da verdeckte Gewinnausschüttungen wie offene zu behandeln sind, dürfen daraus resultierende überhöhte Aufwendungen der Gesellschaft steuerlich nicht berücksichtigt werden, bei unangemessen niedrigen Entgelten oder einem Ertragsverzicht ist der entgangene Gewinn hinzuzurechnen. Die Korrektur erfolgt jeweils durch positive Mehr-Weniger-Rechnungen. Auch eine **Gewinneinbehaltung** über die – aufwandsmäßige – Zuweisung zu Gewinnrücklagen[295] hat keinen Einfluss auf das körperschaftsteuerpflichtige Einkommen: Die Ermittlung der Körperschaftsteuer hat demnach vor der Verbuchung der Gewinnverwendung zu erfolgen.

- Von der Körperschaftsteuer sind bestimmte **Beteiligungserträge** befreit (§ 10 KStG). Die Befreiung von Beteiligungserträgen ist durch negative Mehr-Weniger-Rechnungen zu berücksichtigen.
- **Aufwendungen nach § 20 Abs 1 Z 2 lit b EStG** stellen insoweit nichtabzugsfähige Aufwendungen dar, **als sie nach allgemeiner Verkehrsauffassung unangemessen hoch sind** (§ 12 Abs 1 Z 2 KStG). Dies gilt für Aufwendungen im Zusammenhang mit Personen- und Kombinationskraftwagen, Personenluftfahrzeugen, Sport- und Luxusbooten, Jagden, geknüpften Teppichen, Tapisserien und Antiquitäten. Bei diesen werden auf der Basis von Richtlinien des BMF Angemessenheitsprüfungen vorgenommen. Der nicht anerkannte Teil unternehmensrechtlich erfasster Aufwendungen erfordert positive Mehr-Weniger-Rechnungen.
- Nichtabzugsfähig sind des Weiteren **Repräsentationsaufwendungen nach § 20 Abs 1 Z 3 EStG** (§ 12 Abs 1 Z 3 KStG). Darunter fallen auch Aufwendungen anlässlich der Bewirtung von Geschäftsfreunden. Wird jedoch nachgewiesen, dass die Bewirtung der Werbung dient und die betriebliche oder berufliche Veranlassung weitaus überwiegt, können derartige Aufwendungen zur Hälfte abgezogen werden. Für die steuerrechtlich nicht abziehbaren Beträge bedarf es positiver Mehr-Weniger-Rechnungen. Eine Ausnahme besteht lediglich für Steuerpflichtige, die Ausfuhrumsätze tätigen: Dafür kann der BMF mit Verordnung Durchschnittssätze für abzugsfähige Aufwendungen festsetzen.
- Nicht abgezogen werden dürfen **bestimmte Strafzahlungen und Zuwendungen** (§ 12 Abs 1 Z 4 KStG). Das sind einerseits Strafen und Geldbußen, die von Gerichten, Verwaltungsbehörden oder den Organen der Europäischen Union verhängt werden, sowie Abgabenerhöhungen nach dem Finanzstrafgesetz. Andererseits fallen darunter Geld- und Sachzuwendungen, deren Gewährung oder Annahme mit gerichtlicher Strafe bedroht ist (zB Bestechungsgelder), weiters Verbandsgeldbußen nach dem Verbandsverantwortlichkeitsgesetz (das sind infolge strafrechtlicher Verantwortung des Verbandes verhängte Strafen im Zusammenhang mit der Begehung einer Straftat durch Entscheidungsträger oder bei Begehung durch Mitarbeiter bei mangelnder Überwachung oder Kontrolle) und Leistungen aus Anlass eines Rücktrittes von der Verfolgung nach der Strafprozessordnung oder dem Verbandsverantwortlichkeitsgesetz (Diversion). Derartige Aufwendungen in der unternehmensrechtlichen Gewinn- und Verlustrechnung sind gleichfalls mit positiven Mehr-Weniger-Rechnungen zu korrigieren.

295 Vgl Kap 3.9.4.2.

- Als nichtabzugsfähige Aufwendungen zu qualifizieren (§ 12 Abs 1 Z 1 sowie Z 5–7 KStG) und gegebenenfalls durch positive Mehr-Weniger-Rechnungen zu berücksichtigen sind auch **folgende Aufwendungen**:

  Aufwendungen für die Erfüllung von Zwecken, die durch Stiftung, Satzung oder sonstige Verfassung vorgeschrieben sind;

  Aufwendungen zu gemeinnützigen, mildtätigen oder kirchlichen Zwecken und andere freiwillige Zuwendungen (Spenden) (mit gewissen Ausnahmen);

  Steuern vom Einkommen und sonstige Personensteuern (das ist die Körperschaftsteuer selbst) und die Umsatzsteuer, die auf nichtabzugsfähige Aufwendungen entfällt;

  die Hälfte der Vergütungen jeder Art, die an Mitglieder des Aufsichtsrates, Verwaltungsrates oder andere mit der Überwachung der Geschäftsführung beauftragte Personen für diese Funktion gewährt werden.[296]

- **Aufwendungen, soweit sie mit nicht steuerpflichtigen Vermögensmehrungen und Einnahmen in unmittelbarem wirtschaftlichen Zusammenhang** stehen, dürfen gleichfalls nicht abgezogen werden (§ 12 Abs 2 KStG). Entsprechend sind bspw für Aufwendungen, soweit dafür steuerfreie Beihilfen geleistet werden, positive Mehr-Weniger-Rechnungen notwendig.

- Bei **Beteiligungen im Sinne des § 10 KStG** bestehen verschiedene Einschränkungen im Zusammenhang mit Abschreibungen auf den niedrigeren Teilwert bzw mit Verlusten anlässlich der Veräußerung oder eines sonstigen Ausscheidens (§ 12 Abs 3 KStG): Zum Teil dürfen diese Beträge steuerrechtlich gar nicht abgezogen werden, zum Teil sind sie im betreffenden Wirtschaftsjahr und in den nachfolgenden sechs Wirtschaftsjahren grundsätzlich nur je zu einem Siebentel zu berücksichtigen.

Beispiel:

In der unternehmensrechtlichen Gewinn- und Verlustrechnung einer AG wurden ua folgende Beträge erfolgswirksam verbucht:

		Soll	*Haben*
(4)	*Beihilfen nach dem Arbeitsmarktförderungsgesetz (gemäß § 3 Abs 1 Z 5 EStG steuerbefreit)*		*3.000*
(6)	*Personalaufwand (im Zusammenhang mit der oben angeführten Beihilfe: in Höhe von 30 % der angefallenen Aufwendungen wurde obige Beihilfe bezogen)*	*10.000*	
(7)	*Aufsichtsratsvergütungen*	*13.000*	
(8)	*Beteiligungserträge gemäß § 10 KStG*		*20.000*
(8)	*Körperschaftsteuer (Vorauszahlungen)*	*16.000*	

Wie hoch ist unter Berücksichtigung dieser Angaben die Mehr-Weniger-Rechnung?

296 Bei monistischen Systemen – wie der Europäischen Aktiengesellschaft – bei welchen die Verwaltungsräte einerseits Aufgaben der Geschäftsleitung wahrnehmen, andererseits aber auch Überwachungsfunktionen haben, besteht das Abzugsverbot für ein Viertel der Vergütungen.

Lösung:

Als Mehr-Weniger-Rechnung sind folgende Beträge zu berücksichtigen:

Beihilfe gemäß § 3 Abs 1 Z 5 EStG	*– 3.000*
Personalaufwendungen, soweit sie mit der nicht steuerpflichtigen Beihilfe in unmittelbarem wirtschaftlichen Zusammenhang stehen	*+ 3.000*
Hälfte der Aufsichtsratsvergütungen	*+ 6.500*
Beteiligungserträge gemäß § 10 KStG	*– 20.000*
Körperschaftsteuer	*+ 16.000*
Mehr-Weniger-Rechnung	*+ 2.500*

Vom steuerpflichtigen Ergebnis, das sich unter Berücksichtigung der gesamten Mehr-Weniger-Rechnung ergibt, sind schließlich der **Verlustabzug** („Verlustvortrag") iSd § 18 Abs 6 EStG als Sonderausgabe[297] abzuziehen (§ 8 Abs 4 Z 2 KStG). Das sind Verluste, die in vorangegangenen Jahren entstanden sind.[298]

Der **Körperschaftsteuersatz beträgt grundsätzlich** 25 % (§ 22 Abs 1 KStG).

Beispiel:

Eine Kapitalgesellschaft weist in ihrer vorläufigen Gewinn- und Verlustrechnung (nach allen Um- und Nachbuchungen, jedoch vor Körperschaftsteuer) einen Gewinn von 50.000,– auf.

Wie hoch ist die Körperschaftsteuer, die sich unter Berücksichtigung einer Mehr-Weniger-Rechnung in Höhe von + 2.500,– sowie eines verrechen- bzw abziehbaren Verlustabzuges aus Vorjahren in Höhe von 7.500,– ergibt?

Lösung:

Der vorläufige unternehmensrechtliche Gewinn ist mittels der Mehr-Weniger-Rechnungen sowie der Sonderausgabe des Verlustabzuges in die Bemessungsgrundlage für die Körperschaftsteuer umzurechnen:

	vorläufiger unternehmensrechtlicher Gewinn	*50.000*
+/–	*Mehr-Weniger-Rechnung*	*+ 2.500*
–	*Sonderausgabe (Verlustabzug)*	*– 7.500*
=	*Bemessungsgrundlage für die Körperschaftsteuer*	*45.000*
x 25 % = Körperschaftsteuer		*11.250*

Unbeschränkt steuerpflichtige Kapitalgesellschaften – somit solche, die ihre Geschäftsleitung oder ihren Sitz im Inland haben (vgl § 1 Abs 2 KStG) – **haben eine Mindeststeuer zu entrichten** (§ 24 Abs 4 KStG), die nach derzeit gültigem Steuerrecht grundsätzlich für jedes volle Kalendervierteljahr des Bestehens der unbeschränkten Steuerpflicht 5 % eines Viertels

297 Weitere Sonderausgaben stellen bspw Renten und dauernde Lasten iSd § 18 Abs 1 Z 1 EStG, Steuerberatungskosten iSd § 18 Abs 1 Z 6 EStG und Zuwendungen iSd § 18 Abs 1 Z 7 EStG dar, soweit diese Beträge nicht bereits als Betriebsausgabe berücksichtigt wurden (§ 8 Abs 4 Z 1 KStG).

298 Ab der Veranlagung für das Jahr 2001 bestehen jedoch Einschränkungen bei der Berücksichtigung von Verlusten. Bei gemeinnützigen Körperschaften gibt es darüber hinaus einen Freibetrag in der Höhe von 10.000 € (§ 23 KStG).

der gesetzlichen Mindesthöhe des Grund- oder Stammkapitals nach § 7 AktG bzw § 6 GmbHG, somit für Aktiengesellschaften pro Jahr Euro 3.500,– und für Gesellschaften mit beschränkter Haftung pro Jahr Euro 1.750,– beträgt.[299] Diese ist auch dann zu entrichten, wenn ein geringerer bzw kein Gewinn oder sogar ein Verlust entstanden ist. Jener Betrag, um den diese Mindeststeuer die tatsächliche Körperschaftsteuer übersteigt, ist jedoch in folgenden Veranlagungszeiträumen auf anfallende Körperschaftsteuerschulden insoweit anzurechnen, als diese die Mindeststeuer übersteigen.

Beispiel:

Für eine während des gesamten Jahres unbeschränkt steuerpflichtige GmbH wird für das Jahr X1 ein steuerlicher Verlust ermittelt; es sind 1.750,– an Mindestkörperschaftsteuer zu entrichten.

X2 ergibt sich für diese GmbH eine Körperschaftsteuerbemessungsgrundlage von 12.000,–; die Körperschaftsteuer beträgt 25 % davon, das sind 3.000,–. Auf diese Schuld kann die Mindeststeuer aus X1 angerechnet werden, sodass wieder nur die Mindestkörperschaftsteuer in Höhe von 1.750,– zu entrichten ist (es erfolgt demnach eine Anrechnung in der Höhe von 1.250 (= 3.000 – 1.750) und es verbleibt ein anrechenbarer Restbetrag in der Höhe von 500,– (= 1.750 – 1.250)).

X3 beträgt die Körperschaftsteuerbemessungsgrundlage der GmbH 20.000,–. Die zu leistende Körperschaftsteuer berechnet sich wie folgt:

20.000 x 25 %	*5.000*
abzüglich Mindeststeuer aus X1 (Rest nach Anrechnung auf die Steuer X2)	*<500>*
	4.500

3.8.2.2. Verbuchung

Die Körperschaftsteuer ist im unternehmensrechtlichen Jahresabschluss **aufwandswirksam zu erfassen**; wurden die Vorauszahlungen erfolgsneutral verbucht,[300] bedarf es einer entsprechenden Korrektur:

	(8)	Körperschaftsteueraufwand
an	(2)	Kontokorrent Finanzamt Körperschaftsteuer

Ergibt die Körperschaftsteuerberechnung am Jahresende im Vergleich zu den geleisteten Vorauszahlungen eine **Restschuld**, so ist diese **als Rückstellung zu erfassen**:

	(8)	Körperschaftsteueraufwand
an	(3)	Steuerrückstellungen

299 Zur Besonderheit für neu gegründete GmbH vgl § 24 Abs 4 Z 3 KStG sowie Kap 2.11.3.2. Zu Besonderheiten für Kreditinstitute oder Versicherungsunternehmen bzw bei Eintritt in die unbeschränkte Steuerpflicht vgl § 24 Abs 4 Z 2 und 3 KStG.

300 Vgl Kap 2.11.3.2.

Wurde mehr als notwendig vorausbezahlt, besteht ein Anspruch auf Gutschrift: Derartige **Überzahlungen stellen eine Forderung gegenüber dem Finanzamt dar**, sodass folgende Buchung durchzuführen ist:

– bei erfolgswirksamer Erfassung der Vorauszahlungen:

	(2)	Sonstige Forderungen
an	(8)	Körperschaftsteueraufwand

– bei erfolgsneutraler Erfassung der Vorauszahlungen:

	(2)	Sonstige Forderungen
an	(2)	Kontokorrent Finanzamt Körperschaftsteuer

Aufwandswirksam verbuchte Körperschaftsteuerbeträge machen steuerlich positive **Mehr-Weniger-Rechnungen** erforderlich. Werden Rückerstattungen ertragswirksam erfasst, sind diese durch negative Mehr-Weniger-Rechnungen zu neutralisieren.

Beispiel:

Ein Unternehmen ermittelt für das Abschlussjahr eine Körperschaftsteuer in Höhe von 9.800,–.

Welche Buchungen sind in diesem Zusammenhang erforderlich, wenn

a) die Körperschaftsteuervorauszahlungen erfolgswirksam verbucht wurden und insgesamt betragen:

aa) 8.000,–

ab) 12.000,–

b) die Körperschaftsteuervorauszahlungen erfolgsneutral über ein Konto (2) „Kontokorrent Finanzamt Körperschaftsteuer" verbucht wurden und insgesamt betragen:

ba) 8.000,–

bb) 12.000,–

Zusatzfrage: *Welche Buchung ist im Folgejahr erforderlich, wenn im Fall aa) laut Körperschaftsteuerbescheid eine Nachzahlung in Höhe von 1.780,– zu leisten ist?*

Lösung:

aa) Bei erfolgswirksamer Verbuchung von Vorauszahlungen in Höhe von 8.000 ist nur mehr die Restschuld (= 9.800 – 8.000) nachzubuchen und in eine Rückstellung einzustellen:

	(8)	*Körperschaftsteueraufwand*	*1.800*	
an	*(3)*	*Steuerrückstellungen*		*1.800*

ab) Bei erfolgswirksamer Verbuchung von Vorauszahlungen in Höhe von 12.000 ist die Überzahlung (= 12.000 – 9.800) aus dem Körperschaftsteueraufwand auszubuchen und als sonstige Forderung zu erfassen:

	(2)	*Sonstige Forderungen*	*2.200*	
an	*(8)*	*Körperschaftsteueraufwand*		*2.200*

ba) Bei erfolgsneutral verbuchten Vorauszahlungen in Höhe von 8.000 ist dieser Betrag in den Körperschaftsteueraufwand umzubuchen und in der Differenz zur ermittelten Gesamtbelastung (= 9.800 – 8.000) eine Rückstellung einzustellen:

	(8)	*Körperschaftsteueraufwand*	*9.800*	
an	*(2)*	*Kontokorrent Finanzamt Körperschaftsteuer*		*8.000*
an	*(3)*	*Steuerrückstellungen*		*1.800*

bb) Bei erfolgsneutral verbuchten Vorauszahlungen in Höhe von 12.000 ist die ermittelte Körperschaftsteuerbelastung in den Körperschaftsteueraufwand umzubuchen und die Überzahlung (= 12.000 – 9.800) als Sonstige Forderung auszuweisen:

	(8)	*Körperschaftsteueraufwand*	*9.800*	
	(2)	*Sonstige Forderungen*	*2.200*	
an	*(2)*	*Kontokorrent Finanzamt Körperschaftsteuer*		*12.000*

Für die Körperschaftsteuer, die erfolgswirksam erfasst wurde, bedarf es einer positiven Mehr-Weniger-Rechnung. Diese entspricht letztlich – unabhängig von der Art der Verbuchung der Vorauszahlungen – dem endgültigen Saldo des Kontos „Körperschaftsteueraufwand“:

MWR + 9.800

Antwort Zusatzfrage:

Im Fall aa) steht im Folgejahr eine Steuerrückstellung für die vorjährige Körperschaftsteuer in Höhe von 1.800,– zu Buche. Beträgt die zu leistende Steuernachzahlung 1.780,– ist mit Einlangen des Bescheids folgende Buchung vorzunehmen:

	(3)	*Steuerrückstellungen*	*1.800*	
an	*(3)*	*Verbindlichkeiten Finanzamt*		*1.780*
an	*(8)*	*Erträge aus der Auflösung von Steuerrückstellungen*[301]		*20*

Für die ertragswirksame Auflösung der Rückstellung bedarf es einer negativen Mehr-Weniger-Rechnung:

MWR – 20

Im Zusammenhang mit der **Verbuchung der Mindestkörperschaftsteuer**, soweit sie die tatsächliche Körperschaftsteuer übersteigt, ist zu beachten, dass diese auf in den Folgejahren entstehende Körperschaftsteuern anzurechnen ist. Insofern stellen solche Mindestkörperschaftsteuern Vorauszahlungen auf künftige Steuern dar, die einen Ausweis als Forderungen rechtfertigen. Dabei bestehen jedoch Unsicherheiten: über die zukünftige Ertragsentwicklung des betreffenden Unternehmens, über die Dauer bis zu einer Anrechnungsmöglichkeit. Deshalb ist eine Aktivierung unter Beachtung des Vorsichtsprinzips nur dann zulässig, wenn sicher scheint, dass in den nächsten Jahren auch Körperschaftsteuerschulden entstehen, die eine Verrechnung ermöglichen. Ist dies nicht mit ausreichender Sicherheit anzunehmen, ist eine aufwandswirksame Verbuchung vorzunehmen.

301 Vgl zur Buchung auch Kap 3.7.8.3.2.

3.8.3. Latente Steuern

3.8.3.1. Begriff

Wird zB einer unternehmensrechtlich vorgenommenen Abschreibung auf einen Vermögensgegenstand bei der steuerlichen Gewinnermittlung nicht gefolgt, entsteht dadurch eine Differenz zwischen dem unternehmensrechtlichen und dem steuerrechtlichen Wertansatz dieses Vermögensgegenstandes. Diese Wertdifferenz baut sich im späteren Zeitablauf idR wieder ab, da dann die unterschiedlichen Höhen der Wertansätze verschieden hohe restliche Abschreibungen mit sich bringen. Diese künftigen Abschreibungsdifferenzen bedingen in den späteren Geschäftsjahren Abweichungen zwischen dem unternehmensrechtlichen und dem steuerpflichtigen Ergebnis und damit auch zukünftige Steuerbelastungen oder Steuerentlastungen. Ihre Ursache haben diese Steuereffekte bereits in jenem – ersten – Jahr, in welchem die Wertdifferenz bei dem Vermögensgegenstand entstanden ist, weil die unternehmensrechtlich vorgenommene Abschreibung steuerrechtlich nicht anerkannt wurde.

Beispiel:

Für eine neu angeschaffte Maschine mit Anschaffungskosten in der Höhe von 150.000,– wird im Jahr 1 entsprechend ihrer Nutzung bzw ihrem tatsächlichen Wertverschleiß und basierend auf folgender Berechnung von arithmetisch-progressiven Abschreibungen über eine Nutzungsdauer von drei Jahren:

Progressionsbetrag = Anschaffungskosten/Summe der Nutzungsjahre = 150.000/(1 + 2 + 3) = 20.000

Jahr	*Abschreibung*
1	*25.000*
2	*50.000*
3	*75.000*
Summe	*150.000*

eine planmäßige Abschreibung in der Höhe von 25.000 vorgenommen:

	(7)	*Planmäßige Abschreibungen*	*25.000*	
an	*(0)*	*technische Anlagen und Maschinen*		*25.000*

Da gemäß § 7 EStG die Anschaffungskosten von abnutzbarem Anlagevermögen gleichmäßig verteilt auf die betriebsgewöhnliche Nutzungsdauer abzusetzen sind und sich damit eine steuerrechtliche Absetzung für Abnutzung von 50.000 pa ergibt, ist für die steuerliche Gewinnermittlung des Jahres 1 folgende Korrektur mittels einer Mehr-Weniger-Rechnung erforderlich:

MWR – 25.000

In der unternehmensrechtlichen Bilanz des Jahres 1 ist die Maschine mit einem Buchwert in der Höhe von 125.000 angesetzt; steuerrechtlich beträgt ihr Wertansatz zum Ende des Jahres 1 jedoch nur mehr 100.000.

Welche Auswirkungen hat diese Differenz der Wertansätze in den Folgejahren? Wie wird dadurch die jährliche Ertragsteuer beeinflusst, wenn von einem gleichbleibenden Steuersatz in der Höhe von 25 % auszugehen ist?

Welche Unterschiede ergeben sich, wenn für die Anlage eine arithmetisch-degressive (digitale) planmäßige Abschreibung vorgenommen wird?

Lösung:

Ein Vergleich der Abschreibungspläne zeigt, dass sich die Differenz zwischen dem zum Ende des Jahres 1 unternehmensrechtlich angesetzten Wert der Maschine (= 125.000) und ihrem steuerrechtlich geltenden Wert (= 100.000) in den späteren Geschäftsjahren durch dann vorzunehmende unterschiedliche Restabschreibungen[302] *abbaut (schlussendlich erreichen beide Abschreibungspläne am Ende der Nutzungsdauer der Maschine einen Wert von 0):*

unternehmensrechtlicher Abschreibungsplan		
Jahr	*planmäßige Abschreibung*	*Restbuchwert*
1	25.000	125.000
2	50.000	75.000
3	75.000	0

Differenz der Wertansätze:
→ 25.000 ←

steuerrechtlicher Abschreibungsplan		
Jahr	*Absetzung für Abnutzung*	*Restbuchwert*
1	50.000	100.000
2	50.000	50.000
3	50.000	0

Abschreibungen der Jahre 2–3: 125.000 → *Differenz der Abschreibungen: 25.000* ← *Abschreibungen der Jahre 2–3: 100.000*

Der geringere steuerrechtliche Wertansatz der Maschine zum Ende des Jahres 1 bedeutet ein geringeres steuerrechtliches Abschreibungsvolumen für die späteren Geschäftsjahre 2 und 3. Das führt dann zu höheren steuerpflichtigen Gewinnen – wobei dies im Beispielfall zur Gänze im Jahr 3 geschieht – was eine höhere Ertragsteuer mit sich bringt. Ein Vergleich der Steuerbelastungen der einzelnen Jahre verdeutlicht, dass es durch die unterschiedlich verlaufenden Abschreibungen zu zeitlichen Steuerverlagerungen kommt:

	Jahr 1	*Jahr 2*	*Jahr 3*
unternehmensrechtliche planmäßige Abschreibung	25.000	50.000	75.000
steuerrechtliche Absetzung für Abnutzung	50.000	50.000	50.000
erforderliche Mehr-Weniger-Rechnung	– 25.000	–	+ 25.000
Steuerersparnis bzw Steuerbelastung	– 6.250 (Steuerersparnis)	0	+ 6.250 (Steuerbelastung)

302 Es ist zu beachten, dass die Restabschreibung bzw sonstige Restaufwendungen betreffend die Maschine auch dann divergiert, wenn in der Folge keine progressive Abschreibung vorgenommen wird, sondern bspw die Maschine noch vor einer weiteren Verwendung bereits zu Beginn des Jahres 2 vollständig abbrennt. Diesfalls wäre unternehmensrechtlich der Restbuchwert von 125.000 auszuscheiden, steuerrechtlich hingegen nur ein solcher von 100.000.

Die Steuerbelastung des Jahres 3 ist darauf zurückgeführt, dass im Jahr 1 der Nutzung der Maschine durch die unterschiedlich hohen Abschreibungen eine Wertdifferenz verursacht wurde, die sich später – durch dann wiederum voneinander abweichende Abschreibungen – abbaut.

Bei Vornahme einer degressiven Abschreibung stellen sich die Beträge wie folgt dar:

	Jahr 1	*Jahr 2*	*Jahr 3*
unternehmensrechtliche planmäßige Abschreibung	*75.000*	*50.000*	*25.000*
steuerrechtliche Absetzung für Abnutzung	*50.000*	*50.000*	*50.000*
Mehr-Weniger-Rechnung	*+ 25.000*	*–*	*– 25.000*
Steuerersparnis bzw Steuerbelastung	*+ 6.250*	*0*	*– 6.250*
	(Steuer-belastung)		*(Steuer-ersparnis)*

In diesem Fall kommt es zu einer zeitlichen Steuerverlagerung mit umgekehrten Vorzeichen: Für das Jahr 3 bedarf es einer geringeren Steuerzahlung; ihre wirtschaftliche Ursache hat diese Steuerentlastung allerdings schon im Jahr 1.

Steuerbelastungen oder Steuerentlastungen, die zwar bereits wirtschaftlich verursacht sind, aber erst in späteren Geschäftsjahren rechtlich entstehen – und erst dann zu effektiven Steuervorschreibungen bzw Steuerreduktionen führen – werden als latente Steuern bezeichnet.

Für latente Steuern sehen § 198 Abs 9 und 10 UGB grundsätzlich Folgendes vor:

§ 198 UGB

(9) Bestehen zwischen den unternehmensrechtlichen und den steuerrechtlichen Wertansätzen von Vermögensgegenständen, Rückstellungen, Verbindlichkeiten und Rechnungsabgrenzungsposten Differenzen, die sich in späteren Geschäftsjahren voraussichtlich abbauen, so ist bei einer sich daraus insgesamt ergebenden Steuerbelastung diese als Rückstellung für passive latente Steuern in der Bilanz anzusetzen. Sollte sich eine Steuerentlastung ergeben, so haben mittelgroße und große Gesellschaften im Sinn des § 189 Abs 1 Z 1 und 2 lit a diese als aktive latente Steuern (§ 224 Abs 2 D) in der Bilanz anzusetzen; kleine Gesellschaften im Sinn des § 189 Abs 1 Z 1 und 2 dürfen dies nur tun, soweit sie die unverrechneten Be- und Entlastungen im Anhang aufschlüsseln. ...

(10) Die Bewertung der Differenzen nach Abs 9 ergibt sich aus der Höhe der voraussichtlichen Steuerbe- und -entlastung nachfolgender Geschäftsjahre; der Betrag ist nicht abzuzinsen. Eine Saldierung aktiver latenter Steuern mit passiven latenten Steuern ist nicht vorzunehmen, soweit eine Aufrechnung der tatsächlichen Steuererstattungsansprüche mit den tatsächlichen Steuerschulden rechtlich nicht möglich ist. ...

... Die ausgewiesenen Posten sind aufzulösen, soweit die Steuerbe- oder -entlastung eintritt oder mit ihr nicht mehr zu rechnen ist. ...

Nach diesen Bestimmungen **sind latente Steuern grundsätzlich zu erfassen, wenn:**[303]

- **bei Vermögensgegenständen, Rückstellungen, Verbindlichkeiten oder einem Rechnungsabgrenzungsposten eine Differenz zwischen dem unternehmensrechtlichen und dem steuerrechtlichen Wertansatz** besteht
- und sich diese **Differenz in späteren Geschäftsjahren voraussichtlich wieder abbaut,**
- **wobei es dann zu einer Steuerbelastung oder einer Steuerentlastung** kommt.

Die **Erfassung der latenten Steuern geschieht dabei durch folgende Maßnahmen:**

- Ist – bedingt durch einen differierenden Wertansatz eines Bilanzpostens – in späteren Geschäftsjahren eine **Steuerbelastung zu erwarten**, erfolgt im Jahr der Entstehung dieser Wertdifferenz die **Bildung einer Rückstellung für passive latente Steuern in Höhe der voraussichtlichen zukünftigen Steuerbelastung.** Wird die Wertdifferenz in der Folge abgebaut und **kommt es entsprechend zur Steuerbelastung,** ist – zur Verrechnung mit dieser Steuerbelastung – **die Rückstellung wieder aufzulösen.** Wie andere Rückstellungen auch, ist die Rückstellung für latente Steuern **zudem aufzulösen, wenn mit der höheren Steuerbelastung nicht mehr zu rechnen** ist.
- Ist – bedingt durch einen differierenden Wertansatz eines Bilanzpostens – in späteren Geschäftsjahren eine **Steuerentlastung zu erwarten,** erfolgt im Jahr der Entstehung dieser Wertdifferenz die **Bildung eines Aktivpostens für latente Steuern in Höhe der voraussichtlichen zukünftigen Steuerentlastung.** Wird die Wertdifferenz in der Folge abgebaut und **kommt es entsprechend zur Steuerentlastung,** ist – zur Verrechnung mit dieser

303 Den Regelungen des § 198 UGB liegt das bilanzorientierte sog „temporary concept" zugrunde. Nach diesem Konzept ergibt sich die Notwendigkeit der Erfassung der latenten Steuern daraus, dass in der Bilanz die Schulden und das Vermögen eines Unternehmens vollständig auszuweisen sind. Deshalb sind einerseits bereits wirtschaftlich verursachte, aber erst in der Zukunft rechtlich entstehende und dann als effektive Steuerzahlungen zu leistende Verpflichtungen als Rückstellungen zu passivieren und andererseits zwar schon verursachte, aber erst in der Zukunft zu echten Steuerentlastungen bzw -guthaben führende Ansprüche gewissermaßen als absehbare Forderungen zu aktivieren. Nach diesem Konzept kommt es nicht darauf an, welche Gründe die nachfolgenden Steuerbe- bzw -entlastungen verursachten, und werden demzufolge latente Steuern auch für solche Differenzen passiviert bzw aktiviert, die erfolgsneutral entstanden sind (vgl dazu im Einzelnen Kap 3.8.3.2.2.).
Nach dem G-V-orientierten „timing concept" bezweckt die Bildung von Abgrenzungsposten für latente Steuern, den Steueraufwand in Entsprechung zum unternehmensrechtlichen Ergebnis auszuweisen. Wird bei der steuerrechtlichen Gewinnermittlung der unternehmensrechtlichen Vorgangsweise nicht gefolgt und entstehen dadurch Unterschiede zwischen dem unternehmensrechtlichen und dem steuerpflichtigen Ergebnis, steht der für die einzelnen Perioden rechtlich geschuldete, effektive Steueraufwand in keiner erklärbaren Beziehung zu dem unternehmensrechtlichen Ergebnis der einzelnen Perioden: Ist das steuerpflichtige Ergebnis einer Periode niedriger als das unternehmensrechtliche, ist der für diese Periode auf Basis dieses Ergebnisses ermittelte Steueraufwand im Verhältnis zum Unternehmensbilanzergebnis zu niedrig. Kehren sich die Ergebnisunterschiede allerdings in späteren Perioden um, ist die dann entstehende Steuerbelastung im Verhältnis zum unternehmensrechtlichen Ergebnis zu hoch. Der umgekehrte Effekt tritt ein, wenn das steuerpflichtige Ergebnis zunächst höher und erst in späteren Perioden niedriger als das unternehmensrechtliche Ergebnis ist. Mittels der Bildung von Aktiv- bzw Passivposten für latente Steuern wird dieses Auseinanderklaffen von unternehmensrechtlichem Ergebnis und effektiver Steuerbelastung ausgeglichen. Nach diesem Konzept werden latente Steuern nur für jene zukünftige Steuerbe- und -entlastungen berücksichtigt, die ergebniswirksam entstanden sind (zB durch nach Unternehmens- und nach Steuerrecht unterschiedlich hohe Abschreibungen eines Vermögensgegenstandes).

Steuerentlastung – der **Aktivposten wieder aufzulösen**. Der Posten ist außerdem aufzulösen, wenn **mit der Steuerentlastung nicht mehr zu rechnen** ist.

Damit werden zeitlich verschobene Steuerbelastungen oder Steuerentlastungen – unter Außerachtlassung der rechtlichen Entstehung der Steuern – **bereits in jenem Jahr als Verpflichtungen bzw als Ansprüche erfasst, in dem sie wirtschaftlich verursacht wurden.** Der für ein Geschäftsjahr ausgewiesene Steueraufwand umfasst dann **neben den effektiv anfallenden Steuern** – im Sinne der für das Geschäftsjahr bezahlten bzw zu zahlenden Steuern – die sog **latenten Steuern.**

Beispiel – Fortsetzung:

Wie erfolgt die Berücksichtigung der latenten Steuern für die im vorangegangenen Beispiel dargestellten Sachverhalte?

Welche Auswirkungen hat die Berücksichtigung der latenten Steuern, wenn das Unternehmen in den Jahren 1 bis 3 jeweils einen unternehmensrechtlichen Gewinn vor Steuern in der Höhe von 100.000,– ausweist?

Lösung:

Im Fall der progressiven Abschreibung ist im Jahr 1 für die infolge des Abbaus der bei der Maschine bestehenden Differenz der Wertansätze laut UGB-Bilanz und laut Steuerrecht (= 125.000 – 100.000 = 25.000) zu erwartende zukünftige Steuerbelastung (= 25.000 x 25 % = 6.250) eine Rückstellung zu bilden.

Wenn im Jahr 3 die erwartete Steuerbelastung eintritt, wird diese Rückstellung – aufwandsverringernd – aufgelöst.

Ausgehend von einem unternehmensrechtlichen Gewinn vor Steuern in der Höhe von 100.000 pro Jahr ergeben sich unter Berücksichtigung der Rückstellung für passive latente Steuern für die einzelnen Jahre folgende Steuerbeträge bzw Ergebnisse nach Steuern:

	Jahr 1		*Jahr 2*		*Jahr 3*	
unternehmensrechtlicher Gewinn vor Steuern		*100.000*		*100.000*		*100.000*
effektive Steuerberechnung:						
unternehmensrechtliches Ergebnis	*100.000*		*100.000*		*100.000*	
+/– Mehr-Weniger-Rechnungen	*– 25.000*		*0*		*+ 25.000*	
steuerrechtliches Ergebnis	*75.000*		*100.000*		*125.000*	
x Steuersatz	*x 25 %*		*x 25 %*		*x 25 %*	
effektive Steuer	*– 18.750*		*– 25.000*		*– 31.250*	
latente Steuer (durch Bildung (–) bzw Verwendung (+) der Rückstellung für passive latente Steuern)	*– 6.250*	*– 25.000*	*0*	*– 25.000*	*+ 6.250*	*25.000*
unternehmensrechtlicher Gewinn nach Steuern		*75.000*		*75.000*		*75.000*

Der derart ermittelte Steuerbetrag – bestehend aus der effektiven und der latenten Steuer – korrespondiert mit dem jährlichen unternehmensrechtlichen Gewinn in der Höhe von 100.000,–.

Im Fall der degressiven Abschreibung ist im Jahr 1 für die infolge des Abbaus der bei der Maschine bestehenden Wertdifferenz (= 100.000 – 125.000 = – 25.000) zu erwartende zukünftige Steuerentlastung (= – 25.000 x 25 % = – 6.250) – aufwandsverringernd – ein Aktivposten zu bilden.

Wenn im Jahr 3 die erwartete Steuerentlastung eintritt, wird dieser Aktivposten – aufwandserhöhend – aufgelöst.

Ausgehend von einem unternehmensrechtlichen Gewinn vor Steuern in der Höhe von 100.000 pro Jahr ergeben sich unter Berücksichtigung des Aktivpostens für latente Steuern für die einzelnen Jahre folgende Steuerbeträge bzw Ergebnisse nach Steuern:

	Jahr 1		*Jahr 2*		*Jahr 3*	
unternehmensrechtlicher Gewinn vor Steuern		*100.000*		*100.000*		*100.000*
effektive Steuerberechnung:						
unternehmensrechtliches Ergebnis	*100.000*		*100.000*		*100.000*	
+/– Mehr-Weniger-Rechnungen	*+ 25.000*		*0*		*– 25.000*	
steuerrechtliches Ergebnis	*125.000*		*100.000*		*75.000*	
x Steuersatz	*x 25 %*		*x 25 %*		*x 25 %*	
effektive Steuer	*– 31.250*		*– 25.000*		*– 18.750*	
latente Steuer (durch Bildung (+) bzw Verwendung (–) des Aktivpostens für latente Steuern)	*+ 6.250*	*– 25.000*	*0*	*– 25.000*	*– 6.250*	*– 25.000*
unternehmensrechtlicher Gewinn nach Steuern		*75.000*		*75.000*		*75.000*

Durch § 198 Abs 9 und 10 UGB wird **nicht jedenfalls eine umfassende Erfassung der Verpflichtungen und Ansprüche aus latenten Steuern** erreicht, da die Gesetzesvorschriften folgende Differenzierung vorsehen:

- für eine insgesamt sich ergebende[304] **Steuerbelastung besteht ein Passivierungsgebot,**
- für eine insgesamt sich ergebende[305] **Steuerentlastung besteht hingegen nur für mittelgroße und große Gesellschaften ein Aktivierungsgebot**, während es **für kleine Gesellschaften diesbezüglich ein Aktivierungswahlrecht** gibt.

Machen kleine Gesellschaften vom Recht auf Aktivierung eines Postens für latente Steuern Gebrauch, **erwächst ihnen daraus die Verpflichtung, die unverrechneten Be- und Entlastungen im Anhang aufzuschlüsseln.**[306] Erfolgt der Ansatz von aktiven latenten Steuern, ist zu beachten, dass die Bildung unter das **Stetigkeitsgebot des § 201 Abs 2 Z 1 UGB** fällt:[307] Gleichartige Sachverhalte sind deshalb gleich zu behandeln; nur bei Vorliegen besonderer Umstände und unter Beachtung der Generalnorm des § 195 dritter Satz bzw § 222 Abs 2 erster Satz UGB ist ein Abweichen zulässig.

304 Vgl zur Berechnung Kap 3.8.3.3.

305 Vgl zur Berechnung Kap 3.8.3.3.

306 Mittelgroße und große Gesellschaften müssen nach § 238 Abs 1 Z 3 UGB diverse Anhangangaben zu latenten Steuern machen.

307 Vgl Kap 3.6.2.1.

Um dem unsicheren Charakter eines rein rechnerisch ermittelten und bloß fiktiven Anspruches aus einer zukünftigen Steuerentlastung Rechnung zu tragen, sieht § 235 Abs 2 UGB **bei Ansatz eines Aktivpostens für latente Steuern eine Ausschüttungssperre** vor:

§ 235 (2) UGB

Bei Aktivierung latenter Steuern gemäß § 198 Abs 9 dürfen außerdem Gewinne nur ausgeschüttet werden, soweit die danach verbleibenden jederzeit auflösbaren Rücklagen zuzüglich eines Gewinnvortrags und abzüglich eines Verlustvortrags dem aktivierten Betrag mindestens entsprechen.

Mit dieser Ausschüttungssperre wird entsprechend dem Vorsichtsprinzip und zum Gläubigerschutz sichergestellt, dass **jene Gewinnerhöhung, die durch die Aktivierung latenter Steuern entstanden ist, den ausschüttbaren Gewinn nicht vergrößert**. Dazu wird gewissermaßen zur Zurückbehaltung von anderenfalls jederzeit ausschüttbaren Eigenkapitalteilen verpflichtet, und zwar bis zu der Höhe, in welcher ein Aktivposten für latente Steuern in der Bilanz angesetzt ist.

3.8.3.2. Bildungsvoraussetzungen

3.8.3.2.1. Betriebliche Ertragsteuer

§ 198 Abs 9 und 10 UGB sprechen im Zusammenhang mit den latenten Steuern von „Steuerbelastung" und „Steuerentlastung", ohne diese Begriffe näher zu definieren. Aus dem Zusammenhang ergibt sich jedoch, dass damit ausschließlich die **ergebnisabhängigen Steuern** erfasst werden.

Obzwar die Gesetzesvorschriften zu den latenten Steuern unter den für alle buchführungspflichtigen Unternehmer geltenden allgemeinen Vorschriften eingereiht sind, sind sie **nach derzeitigem Steuerrecht nur für Kapitalgesellschaften von Bedeutung**. Diese haben für die ihnen in der Zukunft erwachsende Körperschaftsteuer Steuerlatenzposten zu erfassen. Da bei Einzelunternehmen und Personengesellschaften die Ertragsteuern nicht als Aufwand in ihrem Jahresabschluss erfasst werden,[308] bedarf es bei ihnen auch keiner Einbuchung von latenten Steuern.

3.8.3.2.2. Differenzen der Wertansätze von Bilanzposten

Latente Steuern sind nach § 198 Abs 9 UGB zu berücksichtigen, wenn sich ihre Entstehung auf **Differenzen zwischen den unternehmensrechtlichen und den steuerrechtlichen Wertansätzen von Vermögensgegenständen, Rückstellungen, Verbindlichkeiten oder Rechnungsabgrenzungsposten** zurückführen lässt. Dabei zu berücksichtigende Wertdifferenzen sind nicht nur jene, bei welchen sowohl in der UGB-Bilanz als auch nach dem Steuerrecht von einem Bilanzansatz als solchem auszugehen ist und es lediglich in der Höhe dieses aktivierten bzw passivierten Bilanzpostens einen Unterschied gibt. Vielmehr sind bei der Ermittlung der latenten Steuern auch Sachverhalte miteinzubeziehen, bei welchen nach einem der beiden Rechtsbereiche der Ansatz eines Bilanzpostens zur Gänze unterbleibt (so zB bei Aufwandsrückstellungen, die zwar unternehmensrechtlich passiviert werden können, steuerrechtlich aber unzulässig sind, sodass für sie kein steuerlicher Wert existiert, oder zB bei

308 Vgl dazu Kap 3.8.1.

Geldbeschaffungskosten, welche unternehmensrechtlich zur Gänze aufwandswirksam zu erfassen sind, sodass sie zu keinem UGB-Bilanzposten führen, während steuerrechtlich für sie ein Aktivposten anzusetzen ist). In diesen Fällen ergibt sich die Wertdifferenz im Vergleich zwischen dem nach Unternehmensrecht oder aber nach Steuerrecht angesetzten Bilanzposten einerseits und dem Nichtansatz (bzw dem Nullwert) nach dem jeweils anderen Rechtsbereich andererseits.

Bei Ansatzdifferenzen von Bilanzposten ist es unerheblich, ob diese **Differenzen infolge unterschiedlicher unternehmens- und steuerrechtlicher Ansatzvorschriften** (wie zB bei Geldbeschaffungskosten) **oder unterschiedlicher Bewertungsbestimmungen** (wie zB bei Abzinsungen von langfristigen Rückstellungen mit unterschiedlichen Zinssätzen) entstanden sind. Gleichfalls ohne Bedeutung ist, ob die Differenz **durch eine erfolgswirksame Maßnahme verursacht** (wie zB durch eine unterschiedlich hohe Abschreibung eines Vermögensgegenstandes) **oder sie erfolgsneutral entstand.**

Für einzelne Sachverhalte enthält das Gesetz **explizit Ausnahmen bezüglich des Ansatzes latenter Steuern:**

§ 198 UGB

(10) ... Latente Steuern sind nicht zu berücksichtigen, soweit sie entstehen

1. **aus dem erstmaligen Ansatz eines Geschäfts(Firmen)werts; oder**
2. **aus dem erstmaligen Ansatz eines Vermögenswerts oder einer Schuld bei einem Geschäftsvorfall, der**
   a) **keine Umgründung im Sinn des § 202 Abs 2 oder Übernahme im Sinn des § 203 Abs 5 ist, und**
   b) **zum Zeitpunkt des Geschäftsvorfalls weder das bilanzielle Ergebnis vor Steuern noch das zu versteuernde Ergebnis (den steuerlichen Verlust) beeinflusst;**
3. **in Verbindung mit Anteilen an Tochterunternehmen, assoziierten Unternehmen oder Gemeinschaftsunternehmen im Sinn des § 262 Abs 1, wenn das Mutterunternehmen in der Lage ist, den zeitlichen Verlauf der Auflösung der temporären Differenzen zu steuern, und es wahrscheinlich ist, dass sich die temporäre Differenz in absehbarer Zeit nicht auflösen wird.**

...

Aufgrund des in § 198 Abs 9 UGB vorgeschriebenen Abstellens auf Wertdifferenzen bei Bilanzposten sind **keine latenten Steuern zu erfassen**, wenn Abweichungen zwischen dem Unternehmensrecht und dem Steuerrecht **nicht Bilanzposten, sondern Erträge und Aufwendungen** – weil diese zwar unternehmensrechtlich ergebniswirksam erfasst sind, aber steuerfreie Erträge bzw steuerrechtlich nicht abzugsfähige Aufwendungen darstellen (wie zB spezielle Beiträge aus öffentlichen Mitteln oder Repräsentationsaufwendungen[309]) – betreffen. Derartige Unterschiede stellen zudem sog permanente Differenzen dar; es kommt in späteren Geschäftsjahren zu keinem Abbau der Unterschiede.

309 Vgl zu weiteren Beispielen Kap 3.8.2.1.

3.8.3.2.3. Zeitliche Differenzen

Der Ansatz einer Rückstellung bzw eines Aktivpostens für latente Steuern muss bzw darf nur erfolgen, wenn sich die **Differenzen zwischen dem unternehmens- und dem steuerrechtlichen Wertansatz der Bilanzposten in späteren Geschäftsjahren voraussichtlich wieder abbauen und es dadurch zu einer Steuerbelastung oder einer Steuerentlastung kommt.** Es muss sich somit bei den Wertansatzdifferenzen um **sog zeitliche oder temporäre Differenzen** („temporary differences") handeln.

Der erforderliche zukünftige Abbau der Wertdifferenzen mit dadurch bedingten Auswirkungen auf die Steuer ergibt sich, wenn es bei den nachfolgenden Buchungen im Zusammenhang den Bilanzposten – sei es durch ihre Abschreibung, Ausbuchung, Verwendung oder Auflösung – **zu Unterschieden zwischen dem unternehmensrechtlichen und dem steuerpflichtigen Ergebnis kommt, wenn es also dabei sog Mehr-Weniger-Rechnungen gibt.**

Nach der Art der Mehr-Weniger-Rechnungen, die infolge des späteren Abbaus der Wertdifferenzen auftreten, ergeben sich der Charakter der Steuerauswirkung und damit das Wesen des anzusetzenden Bilanzpostens für latente Steuern:

- Kommt es im Zusammenhang mit dem in späteren Geschäftsjahren erfolgenden Abbau einer Wertdifferenz zu **positiven Mehr-Weniger-Rechnungen**, führt dies in der Zukunft zu entsprechend höheren steuerpflichtigen Ergebnissen und damit zu einer zukünftigen **Steuerbelastung**: Der demzufolge bereits im Vorfeld zu bildende Posten ist eine **Rückstellung für passive latente Steuern.**
- Kommt es im Zusammenhang mit dem in späteren Geschäftsjahren erfolgenden Abbau einer Wertdifferenz zu **negativen Mehr-Weniger-Rechnungen**, führt dies in der Zukunft zu entsprechend geringeren steuerpflichtigen Ergebnissen und damit zu einer zukünftigen **Steuerentlastung**: Der demzufolge bereits im Vorfeld zu bildende Posten ist ein **Posten für aktive latente Steuern.**

Für die verschiedenen Wertansatzdifferenzen bei den Aktiva (= Vermögensgegenständen und aktiven Rechnungsabgrenzungsposten) und den Passiva (= Rückstellungen, Verbindlichkeiten und passive Rechnungsabgrenzungsposten) lassen sich aus diesen Überlegungen **die erforderlichen Bilanzposten für latente Steuern wie folgt ableiten:**

Arten der Wertdifferenzen bei den Bilanzposten und daraus resultierende Posten für latente Steuern

Aktiva	Passiva	Aktiva	Passiva
UGB-Wert **höher** als Steuerwert	UGB-Wert **geringer** als Steuerwert	UGB-Wert **geringer** als Steuerwert	UGB-Wert **höher** als Steuerwert

Abbau der Wertdifferenz durch zukünftige MWR + ⇩ künftige Steuerbelastung ⇩ **Rückstellung für passive latente Steuern**	Abbau der Wertdifferenz durch zukünftige MWR – ⇩ künftige Steuerentlastung ⇩ **Posten für aktive latente Steuern**

Beispiele (Rückstellung für passive latente Steuern):

- die Vornahme einer progressiven planmäßigen Abschreibung
- die Vornahme einer zeitanteiligen Abschreibung anstatt einer Abschreibung nach der sog Halb- bzw Ganzjahresregel, wie sie in § 7 EStG vorgesehen ist
- die Inanspruchnahme von steuerrechtlichen Investitionsbegünstigungen
- Verluste bei einer Beteiligung an einer Personengesellschaft, die steuerrechtlich nach der Spiegelbildmethode Berücksichtigung finden, jedoch keine unternehmensrechtliche Abschreibung verursachen

Beispiele (Posten für aktive latente Steuern):

- die Vornahme einer degressiven planmäßigen Abschreibung
- die Zugrundelegung einer Abschreibungsdauer, die kürzer ist als die steuerrechtlich anerkannte (zB bei Gebäuden, PKW)
- die Vornahme steuerrechtlich nicht anerkannter Abschreibungen (zB Bildung einer pauschaler Wertberichtigungen für Forderungen)
- die Nichtaktivierung von Posten, für welche ein steuerrechtliches Aktivierungsgebot besteht (zB Geldbeschaffungskosten)
- die Bildung steuerrechtlich nicht anerkannter Rückstellungen (zB pauschal gebildete Rückstellungen, Rückstellungen für dienstvertraglich zustehende Abfertigungen, Rückstellungen für Zuwendungen anlässlich eines Firmenjubiläums, Aufwandsrückstellungen)
- steuerrechtlich nur in geringerem Ausmaß anerkannte Rückstellungen (zB bei der Abzinsung von längerfristigen Rückstellungen mit einem Zinssatz der unter dem von § 9 Abs 5 EStG vorgegebenen liegt; bei Abfertigungs- und Pensionsrückstellungen infolge der in § 14 vorgesehenen Ermittlungsverfahren bzw Zinssätze)

Unerheblich ist, wann es zum Abbau der Differenz zwischen dem unternehmens- und dem steuerrechtlichen Wertansatz eines Bilanzpostens kommt, selbst wenn dies erst in ferner Zukunft, allenfalls sogar erst bei Liquidation des Unternehmens erfolgt.[310] Demzufolge sind auch sog **„quasi permanente" Differenzen in die Bemessungsgrundlage der Steuerlatenzposten einzurechnen.**

Sollten hingegen bei Bilanzposten Differenzen zwischen den unternehmensrechtlichen und den steuerrechtlichen Wertansätzen auftreten, ohne dass es jemals zu einem späteren steuerwirksamen Abbau dieser Differenzen kommt, sind diese sog **permanente Differenzen („permanent differences") bei der Berechnung der latenten Steuern nicht zu berücksichtigen.**

3.8.3.2.4. Künftige Steuerbe- oder -entlastung

§ 198 Abs 9 und 10 UGB sehen für eine Rückstellung für passive latente Steuern bzw für aktive latente Steuern einen Ansatz in Höhe der voraussichtlichen Steuerbe- oder -entlastung vor. Ob eine Passivierung bzw eine Aktivierung latenter Steuern zu erfolgen hat, ist demzufolge davon abhängig, ob in jenen Geschäftsjahren, in welchen der Abbau der Differenzen zwischen den unternehmensrechtlichen und den steuerrechtlichen Wertansätzen der Bilanzposten erfolgt, überhaupt ein Steueraufwand entsteht und es damit zu zusätzlichen Steuerbelastungen oder Steuerentlastungen kommen kann. Es bedarf somit einer Prognose der zukünftigen Entwicklung des Unternehmens; in Planungsrechnungen sind die voraussichtlichen zukünftigen Ergebnisse zu ermitteln und die dabei getroffenen Annahmen im Zeitablauf jährlich zu überprüfen:

- **Bauen sich die Wertdifferenzen in Gewinnjahren ab**, sind für sie Vorsorgen für die daraus resultierenden latenten Steuern zu passivieren bzw aktivieren. Dies auch dann, wenn die Wertdifferenzen in Verlustjahren entstehen. Bei Aktivierung eines Postens für latente Steuern kann das dazu führen, dass sich ein „negativer" Steueraufwand – iS eines ergebniserhöhenden Betrages – ergibt.
- **Bauen sich die Wertdifferenzen in Verlustjahren ab** und ist infolge anhaltender Verlustsituationen – so zB bei Nonprofit-Unternehmen – mit keinen zukünftigen Steuerbe- oder -entlastungen zu rechnen, darf weder ein Posten für aktive latente Steuern angesetzt werden, noch ist eine Rückstellung zu bilden. Auch bereits in Vorjahren gebildete Aktivposten und Rückstellungen sind diesfalls aufzulösen (vgl jeweils die letzten Sätze des § 198 Abs 9 und 10 UGB).[311]

Bei der Beurteilung der zukünftigen Steuerbe- und -entlastungen ist **auch auf steuerrechtliche Verlustvorträge Bedacht zu nehmen.** Sind aufgrund von Verlustvorträgen keine Steuerbelastungen oder -entlastungen zu erwarten, sind ebenfalls keine Posten für latente Steuern zu bilden bzw bereits vorhandene Posten aufzulösen.

310 Als Beispiele lassen sich dazu steuerlich nicht anerkannte Abschreibungen auf Grundstücke oder Finanzanlagen nennen, bei welchen kein späterer Wertanstieg absehbar ist und deren Veräußerung auch nicht geplant ist.

311 Vgl jedoch zum Aktivierungswahlrecht für Ansprüche aus steuerlichen Verlustvorträgen Kap 3.8.3.4.

3.8.3.3. Berechnung

Die in einem Geschäftsjahr auftretenden Differenzen zwischen den unternehmens- und den steuerrechtlichen Wertansätzen von Bilanzposten können sowohl solche sein, die einen aktivischen, als auch solche, die einen passivischen Steuerlatenzposten bedingen. § 198 Abs 9 UGB geht allerdings von einem einzigen Bilanzposten aus: „... so ist bei einer sich daraus insgesamt ergebenden Steuerbelastung diese als Rückstellung für passive latente Steuern in der Bilanz anzusetzen". **Grundsätzlich hat eine Saldierung aktiver latenter Steuern mit passiven latenten Steuern zu erfolgen.** Sie ist nach § 198 Abs 10 UGB nur dann und insoweit nicht vorzunehmen, als eine Aufrechnung der tatsächlichen Steuererstattungsansprüche mit den tatsächlichen Steuerschulden rechtlich nicht möglich ist; als Beispielfall lassen sich bei verschiedenen Steuerbehörden steuerpflichtige Betriebsstätten eines Unternehmens anführen.

Da **von einer Gesamtbetrachtung auszugehen ist und** alle auf einzelnen Sachverhalten beruhenden zeitlichen Wertansatzdifferenzen zu einer Saldogröße zusammengefasst werden, kann – außer eben bei gegebener rechtlicher Unmöglichkeit der Aufrechnung – **nur entweder ein Aktiv- oder ein Passivposten für die latenten Steuern** verbleiben und in der Bilanz ausgewiesen sein.

Infolge der grundsätzlich vorzunehmenden Gesamtdifferenzenbetrachtung haben auch **kleine Kapitalgesellschaften**, bei welchen ja nur hinsichtlich der Rückstellung für passive latente Steuern eine Ansatzpflicht besteht, während sie bezüglich des Aktivpostens für latente Steuern ein Ansatzwahlrecht haben, **nicht nur Differenzen zu berücksichtigen, die eine Rückstellung bedingen (zukünftige positive Mehr-Weniger-Rechnungen), sondern auch Differenzen, die einen aktiven Steuerlatenzposten verursachen (zukünftige negative Mehr-Weniger-Rechnungen).** Für Letztere besteht Berücksichtigungspflicht, soweit sie durch Differenzen, die zu künftigen Steuerbelastungen führen, kompensiert werden; das Aktivierungswahlrecht besteht erst für den darüber hinausgehenden Betrag.

Nach hM ist die **Saldierung der Differenzen unabhängig von dem Zeitpunkt ihres späteren Abbaus vorzunehmen.** Damit kommt es zur Aufrechnung von zukünftigen Steuerbe- und -entlastungen mit unterschiedlicher Fälligkeit.[312] Sofern betragsmäßig erhebliche Steuerbelastungen zeitlich früher eintreten, sind jedoch zur Darstellung einer sachgerechten Lage des Unternehmens Anhangangaben zu fordern.

Unabhängig vom zeitlichen Anfall der künftigen Steuerbelastungen oder -entlastungen hat **keine Abzinsung zu erfolgen** (vgl den zweiten Teilsatz des ersten Satzes des § 198 Abs 10 UGB). Im Vergleich damit, dass sowohl bei unverzinslichen Forderungen als auch bei sonstigen längerfristigen Rückstellungen Abzinsungen vorzunehmen sind, ist der ungekürzte Ansatz der – allenfalls weit in der Zukunft erst schlagend werdenden – zukünftigen Steuerbe- und -entlasungen zu kritisieren. Das Abzinsungsverbot erleichtert aber – in Verbindung mit der grundsätzlichen Möglichkeit der generellen und nicht auf Fristen achtenden Saldierung der verschiedenen Differenzen, die irgendwann in der Zukunft steuerwirksam werden – zweifelsohne die praktische Ermittlung der latenten Steuern.

312 Vgl jedoch zur Notwendigkeit der Heranziehung des Steuersatzes, der beim Eintritt der zukünftigen Steuerbe- oder -entlastung gilt, und dem daraus resultierenden Erfordernis, eine Differenzierung nach der Fristigkeit vorzunehmen, am Ende dieses Kapitels.

Beispiel:

Ein Unternehmen (AG) ermittelt einen unternehmensrechtlichen Gewinn vor Steuern in der Höhe von 1,000.000,–.

Dabei wurden folgende Beträge ergebniswirksam erfasst:

planmäßige Abschreibung für einer Maschine, die im Dezember des Geschäftsjahres in Betrieb genommen wurde, in der Höhe einer Abschreibung für einen Monat: Anschaffungskosten/Nutzungsdauer x 1/12 = 1,200.000/8 x 1/12 =	*12.500*
Aufsichtsratsvergütungen	*20.000*
Bildung einer Rückstellung für Schadenersatz infolge einer möglichen Patentverletzung (da aufgrund der strittigen Rechtslage eine Einstufung als langfristig (3 Jahre ab Abschlussstichtag) erfolgte, wurde der auf 3,500.000 geschätzte Erfüllungsbetrag abgezinst angesetzt)	*3,246.300*
aufwandsmäßige Verbuchung von Geldbeschaffungskosten für ein zu Beginn dieses Geschäftsjahres aufgenommenes Darlehen mit einer Laufzeit von fünf Jahren	*7.500*

Wie hoch sind in diesem Geschäftsjahr

- *der effektiv entstehende Körperschaftsteueraufwand sowie*
- *der (erstmals erforderliche) Posten für latente Steuern gem § 198 Abs 9 und 10 UGB,*

wenn für beide Berechnungen von einem Steuersatz in der Höhe von 25 %[313] *auszugehen ist?*

Lösung:

Die effektiv entstehende Körperschaftsteuer ist wie folgt zu berechnen:

	vorläufiges unternehmensrechtliches Ergebnis des Geschäftsjahres			*1,000.000*
±	*Mehr-Weniger-Rechnungen:*			
	Differenz zwischen der zeitanteiligen planmäßigen Abschreibung	*12.500*		
	und der Halbjahres-Absetzung für Abnutzung	*75.000*	*– 62.500*	
	Hälfte der Aufsichtsratsvergütungen		*+ 10.000*	
	Differenz zwischen der verbuchten Bildung der Rückstellung für Schadenersatz	*3,246.300*		
	und dem steuerrechtlich zu erfassenden Wert (= 3,500.000/$1{,}035^3$)	*3,156.800*	*+ 89.500*	
	Differenz zwischen der vollständigen aufwandsmäßigen Erfassung der Geldbeschaffungskosten	*7.500*		
	und einer Verteilung über die fünfjährige Laufzeit	*1.500*	*+ 6.000*	
				+ 43.000
=	*steuerpflichtiges Ergebnis des Geschäftsjahres*			*1,043.000*
	x 25 % = Körperschaftsteuer			*260.750*

313 Vgl zur Bemessung des Steuersatzes bei Steuersatzänderungen weiter unten.

Zur Ermittlung der Rückstellung für passive latente Steuern bzw des Aktivpostens für latente Steuern gem § 198 Abs 9 und 10 UGB ist für die bei den Vermögensgegenständen, Rückstellungen, Verbindlichkeiten und Rechnungsabgrenzungsposten zwischen Unternehmensrecht und Steuerrecht bestehenden Wertansatzdifferenzen festzustellen, ob und durch welche Mehr-Weniger-Rechnungen es in der Zukunft zu einem Abbau dieser Wertdifferenzen kommt und welche steuerlichen Auswirkungen – Steuerbelastung oder Steuerentlastung – sich dadurch ergeben werden. Für die divergierenden Bilanzposten des Beispielfalls gilt dabei Folgendes:

- *Die infolge der zeitanteiligen planmäßigen Abschreibung bei der Maschine bestehende Wertdifferenz – wobei ihr UGB-Wert höher ist als der Steuerwert – baut sich bei Ablauf der Nutzungsdauer der Maschine durch eine dann höher vorzunehmende unternehmensrechtliche Restabschreibung bzw bei ihrem vorzeitigen Ausscheiden durch die Ausbuchung eines unternehmensrechtlich höheren Restbuchwertes ab. Durch die demzufolge in späteren Geschäftsjahren notwendigen positiven MWR kommt es zu einer Steuerbelastung.*
- *Die Wertdifferenz bei der langfristigen Rückstellung – wobei ihr UGB-Wert höher ist als der Steuerwert – baut sich bei der Verkürzung der Restlaufzeit der Rückstellung auf ein Jahr, spätestens bei ihrer Wandlung in eine Verbindlichkeit oder aber bei ihrer Auflösung ab. Dabei ergibt sich infolge des geringeren steuerrechtlichen Wertes der Rückstellung eine negative MWR, was dann zu einer Steuerentlastung führt.*
- *Die Wertdifferenz aus der steuerrechtlichen Aktivierung der Geldbeschaffungskosten baut sich während der Laufzeit des Darlehens durch die – ausschließlich – mit steuerlicher Wirkung vorzunehmende Verteilung der Kostenmittel entsprechender jährlicher negativer MWR ab, was dann Steuerentlastungen verursacht.*

Es dürfen zur Berechnung des in der Bilanz anzusetzenden Steuerlatenzpostens nicht nur jene Differenzen herangezogen werden, die zu einer zukünftigen Steuerbelastung führen, sondern auch jene, die eine zukünftige Steuerentlastung verursachen. Mithilfe eines sog Differenzenspiegels lässt sich der Posten für die latenten Steuern basierend auf den zukünftigen Mehr-Weniger-Rechnungen und den daraus resultierenden steuerlichen Auswirkungen folgendermaßen ermitteln:

Bilanzposten mit Differenz bei den Wertansätzen	*unternehmensrechtlicher Wertansatz (UGB-Wert)*	*steuerrechtlicher Wertansatz (Steuerwert)*	*Differenz*) = zukünftiger Wertabbau durch MWR**)*	*zukünftige Steuerauswirkungen*	*Charakter des daraus resultierenden Bilanzpostens für latente Steuern*
Maschine	*1,187.500*	*1,125.000*	*+ 62.500*	*Steuerbelastung*	*=> Rückstellung*
Rückstellung für	*– 3,246.300*	*– 3,156.800*	*– 89.500*	*Steuerentlastung*	*=> Aktivposten*
Geldbeschaffungskosten	*0*	*6.000*	*– 6.000*	*Steuerentlastung*	*=> Aktivposten*
saldierte Bemessungsgrundlage für die latenten Steuern			*– 33.000*	*Überhang der Steuerentlastung*	*=> Aktivposten*
x Steuersatz iHv 25 % = Posten für latente Steuern			*8.250*		*Aktivposten*

**) Die Differenz wird ermittelt als UGB-Wert abzüglich Steuerwert. Werden dabei die Wertansätze der Aktiva (Vermögensgegenstände und aktive Rechnungsabgrenzungsposten) positiv erfasst und die Wertansätze der Passiva (Rückstellungen, Verbindlichkeiten und passive Rechnungsabgrenzungsposten) mit einem negativen Vorzeichen, ergibt sich durch die anschließende Ermittlung dieser Differenz der MWR-Betrag, der zum zukünftigen Abbau der jeweiligen Wertdifferenz führt, mit dem richtigen Vorzeichen.*

***) Sollte sich eine bestehende Differenz zwischen dem unternehmensrechtlichen Wertansatz und dem steuerrechtlichen Wertansatz eines Bilanzpostens in den späteren Geschäftsjahren nicht oder ohne steuerliche Auswirkung – im Sinne einer Steuerbelastung oder Steuerentlastung – abbauen, ist diese Differenz bei der Ermittlung der latenten Steuern auszuklammern.*

Nach Erfassung des Aktivpostens für latente Steuern – eine kleine Kapitalgesellschaft hätte dafür ein Ansatzwahlrecht – stellt sich der Steuerbetrag im Verhältnis zum unternehmensrechtlichen Ergebnis wie folgt dar:

unternehmensrechtlicher Gewinn vor Steuern		*1,000.000*
effektiv entstehende Körperschaftsteuer	*260.750*	
Bildung eines Aktivpostens für latente Steuern	*– 8.250*	*252.500*

Der zusammengefasste Steuerbetrag korrespondiert infolge der permanenten Differenz (= die MWR für die Hälfte der Aufsichtsratsvergütungen in der Höhe von 10.000) nicht vollständig mit dem unternehmensrechtlichen Ergebnis; insofern bleibt – trotz des Ansatzes des Postens für die aktiven Steuern – die Steuer im Vergleich zum unternehmensrechtlichen Gewinn noch immer zu hoch ausgewiesen (= 10.000 x 25 % = 2.500).

Bei der **Berechnung der latenten Steuern im Zeitablauf** sind nicht nur die im jeweiligen Abschlussjahr neu entstehenden Differenzen bei den Wertansätzen der Bilanzposten zu berücksichtigen, sondern auch die Differenzen der Vorjahre weiterzuführen. Dies gilt auch unabhängig davon, ob bei kleinen Kapitalgesellschaften in den Vorjahren ein Aktivposten für latente Steuern angesetzt oder ob darauf verzichtet wurde.

Beispiel – Fortsetzung:

Das Unternehmen (AG) aus dem vorangegangenen Beispiel ermittelt im folgenden Geschäftsjahr einen vorläufigen unternehmensrechtlichen Gewinn vor Steuern in der Höhe von 1,000.000,–, wobei Folgendes berücksichtigt wurde:

- *Die im Vorjahr angeschaffte Maschine ist nach wie vor vorhanden und wurde um 150.000,– planmäßig abgeschrieben.*
- *Die im Vorjahr begonnene Streitsache betreffend die Patentverletzung endete mit einem Vergleich der Parteien; das Unternehmen hatte eine Schadenersatzzahlung in der Höhe von 2,000.000 zu leisten.*
- *Das im Vorjahr aufgenommene Darlehen ist unverändert passiviert; in der diesjährigen Gewinn- und Verlustrechnung wurden lediglich die laufenden Zinszahlungen berücksichtigt.*

Zu weiteren Abweichungen zwischen unternehmens- und steuerrechtlichen Wertansätzen von Bilanzposten liegen keine Informationen vor.

Wie hoch sind in diesem Jahr die effektiv entstehende Körperschaftsteuer sowie der Posten für die latenten Steuern gemäß § 198 Abs 9 und 10 UGB (Körperschaftsteuersatz: 25 %), wenn

- *im Vorjahr – da es sich bei der AG um eine kleine Kapitalgesellschaft handelt – keine Ansatzpflicht für die aktiven latenten Steuern bestand und auch keine wahlweise Aktivierung erfolgte,*
- *im Vorjahr ein Aktivposten für latente Steuern in der Höhe von 8.250,– angesetzt wurde?*

Lösung:

Die effektiv entstehende Körperschaftsteuer ist wie folgt zu berechnen:

	vorläufiges unternehmensrechtliches Ergebnis des Geschäftsjahres		*1,000.000*
±	*Mehr-Weniger-Rechnungen:*		
	Korrektur der im UGB-Jahresabschluss erforderlichen ertragswirksamen Auflösung um den im Vorjahr nicht anerkannten Teil der Rückstellung	*– 89.500*	
	Verteilung der Geldbeschaffungskosten über die fünfjährige Laufzeit des Darlehens	*– 1.500*	*– 91.000*
=	*steuerpflichtiges Ergebnis des Geschäftsjahres*		*909.000*
x 25 % = Körperschaftsteuer			*227.250*

Zur Berechnung des diesjährigen Steuerlatenzpostens sind nicht nur im aktuellen Geschäftsjahr neu entstandene Wertdifferenzen von Bilanzposten, sondern auch die aus den Vorjahren fortgeführten Differenzen zu berücksichtigen und jeweils die (noch offenen) zukünftigen Steuerbe- und -entlastungen zu erfassen. Insgesamt lässt sich der in der diesjährigen Bilanz anzusetzende Posten für die latenten Steuern basierend auf den zukünftigen Mehr-Weniger-Rechnungen und den daraus resultierenden steuerlichen Auswirkungen folgendermaßen ermitteln:

Bilanzposten mit Differenz bei den Wertansätzen	*unternehmensrechtlicher Wertansatz (UGB-Wert)*	*steuerrechtlicher Wertansatz (Steuerwert)*	*Differenz = zukünftiger Wertabbau durch MWR*	*zukünftige Steuerauswirkungen*	*Charakter des daraus resultierenden Bilanzpostens für latente Steuern*
Maschine	*1,037.500*	*975.000*	*+ 62.500*	*Steuerbelastung*	*=> Rückstellung*
Rückstellung für	*0*	*0*	*/*	*/*	*=> /*
Geldbeschaffungskosten	*0*	*4.500*	*– 4.500*	*Steuerentlastung*	*=> Aktivposten*
....					
(Ergänzungen um im laufenden Geschäftsjahr neu hinzukommende Wertdifferenzen)					
saldierte Bemessungsgrundlage für die latenten Steuern			*+ 58.000*	*Überhang der Steuerbelastung*	*=> Rückstellung*
x Steuersatz iHv 25 % = Posten für latente Steuern			*14.500*		*Rückstellung*

Unabhängig vom vorjährigen Ansatz eines Aktivpostens für latente Steuern ist in diesem Geschäftsjahr eine Rückstellung in der Höhe von 14.500 zu passivieren, um damit für den Überhang der künftigen Steuerbelastung, die aus dem Abbau der schon in der Vergangenheit verursachten Wertdifferenzen resultiert (vgl obige Berechnung), vorzusorgen.

Wurde im Vorjahr die latenten Steuern aktiviert, ist zunächst dieser Aktivposten (= 8.250) auszubuchen und sodann die Rückstellung iHv 14.500 einzustellen. Diesfalls kann – da im Beispielfall im Abschlussjahr auch keine permanenten Differenzen entstehen – durch die Erfassung und Verrechnung der latenten Steuern eine vollständige Anpassung des Steueraufwandes an das unternehmensrechtliche Ergebnis erreicht werden:

unternehmensrechtlicher Gewinn vor Steuern		*1,000.000*
effektiv entstehende Körperschaftsteuer	*227.250*	
Verrechnung des Aktivpostens und Bildung einer Rückstellung für latente Steuern	*+ 22.750*	*250.000*

Bei der **Frage nach dem bei der Berechnung der latenten Steuern zu verwendenden Steuersatz** ist grundsätzlich zwischen zwei Methoden zu unterscheiden:

- Die **Abgrenzungsmethode** („deferred method") will ausschließlich den Ausweis des für das einzelne Geschäftsjahr korrekten Steueraufwandes erreichen (dynamische Betrachtungsweise) und nimmt demzufolge die Berechnung der im jeweiligen Geschäftsjahr verursachten latenten Steuern **mit dem aktuellen, für dieses Geschäftsjahr gültigen Steuersatz** vor. Kommt es zu Steuersatzänderungen, werden die in der Vergangenheit gebildeten Steuerlatenzposten auch nicht angepasst.
- Die **Verbindlichkeitsmethode** („liability method") stellt nicht nur auf die richtige Periodisierung des Steueraufwandes ab, sie will zudem einen zutreffenden Vermögens- und Schuldenausweis erreichen (statische Betrachtungsweise). Bei der Berechnung der latenten Steuern sind dazu **jene Steuersätze heranzuziehen, die im Zeitpunkt des steuerwirksamen Abbaus der Differenzen gelten werden.** Es wird die voraussichtliche künftige Steuerbe- oder -entlastung passiviert oder aktiviert. Bei ursprünglich nicht berücksichtigten Steuersatzänderungen werden die in der Vergangenheit gebildeten Bilanzposten für die latenten Steuern korrigiert. Die Problematik dieser Methode liegt nicht nur in der Einschätzung zukünftiger Steuersätze, sondern auch in der Notwendigkeit, den die künftigen Steuern hervorrufenden Abbau der verschiedenen Wertdifferenzen genau zu terminisieren und einzeln fortzuschreiben.

Da § 198 Abs 10 UGB vorsieht, dass sich die die Bewertung der latenten Steuern „aus der Höhe der voraussichtlichen Steuerbe- und -entlastung nachfolgender Geschäftsjahre" ergibt, **impliziert die Gesetzesformulierung die Verbindlichkeitsmethode.** Steuersatzänderungen sind demzufolge zu berücksichtigen, wobei auch der noch nicht ausgeglichene Vorjahresbestand der latenten Steuern anzupassen ist.[314] Geplante Steuersatzänderungen sollten allerdings erst dann berücksichtigt werden, wenn davon auszugehen ist, dass die Änderung mit an Sicherheit grenzender Wahrscheinlichkeit auch tatsächlich beschlossen wird.

3.8.3.4. Ansprüche aus steuerlichen Verlustvorträgen

§ 198 Abs 9 UGB **gestattet auch die Aktivierung von künftigen steuerlichen Ansprüchen aus steuerlichen Verlustvorträgen:**

§ 198 (9) UGB

… Für künftige steuerliche Ansprüche aus steuerlichen Verlustvorträgen können aktive latente Steuern in dem Ausmaß angesetzt werden, in dem ausreichende passive latente Steuern vorhanden sind oder soweit überzeugende substantielle Hinweise vorliegen, dass ein ausreichendes zu versteuerndes Ergebnis in Zukunft zur Verfügung stehen wird; diesfalls sind in die Angabe nach § 238 Abs 1 Z 3 auch die substantiellen Hinweise, die den Ansatz rechtfertigen, aufzunehmen.

Anders als für sonstige aktive latente Steuern sieht das Gesetz bezüglich der Ansprüche aus steuerlichen Verlustvorträgen ein **allgemein geltendes Aktivierungswahlrecht** vor; es besteht gleichermaßen für kleine wie für große und mittelgroße Kapitalgesellschaften.

Der sog **Verlustabzug (bzw Verlustvortrag) des Steuerrechts** (vgl § 8 Abs 4 Z 2 KStG iVm § 18 Abs 6 EStG) ermöglicht, in einem vergangenen Jahr entstandene Verluste von in späteren

314 Vgl dazu das Beispiel am Ende des Kap 3.8.3.5.

Jahren steuerpflichtigen Gewinnen in Abzug zu bringen. Bezüglich der steuerlichen Verlustvorträge ist zu beachten, dass diese nach derzeitiger Rechtslage zeitlich unbegrenzt Berücksichtigung finden können und dazu führen, dass es **in dem Jahr bzw in den Jahren, in welchen der Abzug erfolgt, zu einer Steuerentlastung** kommt.

Dieser zunächst nur fiktiv bestehende Anspruch auf Steuerentlastung darf als aktiver latenter Steuerposten angesetzt werden, wobei die **Aktivierung allerdings nur in zwei Konstellationen zulässig ist:**

- Es gibt **gleichzeitig passive latente Steuern**: Diesfalls dürfen bestehende Verlustvorträge im Rahmen der üblichen Gesamtdifferenzenermittlung der latenten Steuern mit einbezogen werden und reduzieren dann die Höhe der anzusetzenden Rückstellung für passive latente Steuern. Es ist zu beachten, dass die Einrechnung der Verlustvorträge nach dieser ersten Variante ihrer Berücksichtigung **nicht dazu führen darf, dass die Rückstellung für passive latente Steuern überkompensiert wird und es zu einem Übergehen in einen aktiven Posten für latente Steuern kommt.** So gesehen stellt das Wahlrecht zur Berücksichtigung der Verlustvorträge in dieser Variante kein Aktivierungswahlrecht im eigentlichen Sinn dar, sondern lediglich ein Einrechnungswahlrecht bei der Ermittlung der Rückstellung für passive latente Steuern. Nicht eindeutig ist, ob die Einbeziehung der Verlustvorträge erst nach der Verrechnung der Rückstellung mit bestehenden aktiven latenten Steuern, die auf Wertansatzdifferenzen zurückzuführen sind, zu erfolgen hat, oder ob die Verlustvortragsverrechnung bereits vorher vorzunehmen ist, was in der Folge dazu führen kann, dass ein Posten für aktive latente Steuern nach den herkömmlichen Vorschriften des § 198 Abs 9 UGB – also im Zusammenhang mit Wertansatzdifferenzen – zum Ansatz kommt.
- Es kann davon ausgegangen werden, dass **in Zukunft ein ausreichendes zu versteuerndes Ergebnis gegeben sein wird, gegen das die Verlustvorträge verrechnet werden können**: Bei dieser zweiten Variante der Berücksichtigung von Verlustvorträgen dürfen diese **auch zum Ansatz eines Bilanzpostens „Aktive latente Steuern" führen.** Doch sind zur Rechtfertigung einer solchen Aktivierung laut § 198 Abs 9 UGB **„überzeugende substanzielle Hinweise"** darauf notwendig, dass es zu einer zu effektiven Steuerentlastungen führenden Verrechnung der Verlustvorträge kommen wird. Diese Hinweise sind dann auch im Anhang darzulegen.

3.8.3.5. Verbuchung

Für den Bilanzausweis der aktiven latenten Steuern ist ein **eigener Posten mit der Bezeichnung „Aktive latente Steuer"** vorgesehen (§ 224 Abs 2 D UGB). Dieser Posten ist am Ende der Aktivseite als letzter – und gesonderter – Posten nach dem Anlage- und dem Umlaufvermögen und den Rechnungsabgrenzungsposten angereiht. Mit diesem Ausweis wird der Sonderstellung der aktiven latenten Steuern Rechnung getragen: Weder stellen die noch fiktiven Ansprüche auf zukünftige Steuerminderungen Forderungen dar, noch liegt – insbesondere im Hinblick auf das dafür erforderliche Kriterium der „bestimmten Zeit" (vgl § 198 Abs 5 UGB) – ein aktiver Rechnungsabgrenzungsposten vor. Hinsichtlich der Rückstellungen ist nicht explizit ein gesonderter Ausweis, aber doch der **Ansatz „als Rückstellung für passive latente Steuern"** gefordert (§ 198 Abs 9 UGB). Denkbar ist die Einbeziehung in die „Steuerrückstellungen" mit Aufgliederung des Bilanzpostens in die Unterpositionen „Rückstellung für effektive Steuern" und „Rückstellung für passive latente Steuern" oder mit einem Davon-Vermerk; auch die Einfügung eines weiteren – eigenen – Rückstellungspostens mit entsprechender Bezeichnung ist möglich.

Für die Bilanzposten empfiehlt sich im Hinblick auf ihren gesonderten Ausweis im Jahresabschluss bzw zur Erleichterung der dafür erforderlichen Anhangangaben[315] die Führung spezieller Bestandskonten etwa mit folgenden Bezeichnungen:

- „Aktive latente Steuern“
- „Rückstellung für passive latente Steuern“

In der Gewinn- und Verlustrechnung hat der Ausweis der die latenten Steuern betreffenden Aufwendungen und Erträge nach dem letzten Satz des § 198 Abs 10 UGB zu erfolgen:

§ 198 (10) UGB

... Der Aufwand oder Ertrag aus der Veränderung bilanzierter latenter Steuern ist in der Gewinn- und Verlustrechnung gesondert unter dem Posten „Steuern vom Einkommen und vom Ertrag“ auszuweisen.

Somit empfiehlt sich auch bezüglich der latenten Steueraufwendungen und -erträge eine **gesonderte Erfassung auf eigens dafür eingerichteten Konten.**

Grundsätzlich sind dabei alle **Aufwendungen und Erträge zu saldieren.** Ein **differenzierter Ausweis** der latenten Steueraufwendungen und -erträge ist in Anwendung von § 234 UGB zweiter Satz nur bei nicht kleinen Gesellschaften erforderlich für Erträge aus dem Ansatz von aktiven Steuerlatenzposten sowie der Auflösung von Rückstellungen infolge des voraussichtlichen Nichteintritts passivierter Steuerbelastungen, soweit diese Beträge wesentlich sind. Weitere Unterteilungen der Konten können sich im Hinblick auf die von mittelgroßen und großen Gesellschaften zu machenden Anhangangaben zu den latenten Steuern ergeben.[316]

Beispiel – Fortsetzung:

Wie ist der Bilanzposten für die latenten Steuern aus dem vorangegangenen Beispiel (Rückstellung in der Höhe von 14.500,–) zu verbuchen, wenn aus dem Vorjahr ein Posten „Aktive latente Steuern“ in der Höhe von 8.250,– zu Buche steht?

Welche Buchung ist im folgenden Geschäftsjahr vorzunehmen, wenn dann zwar keine neuen zeitlichen Differenzen zwischen unternehmensrechtlichen und steuerrechtlichen Wertansätzen von Bilanzposten auftreten, allerdings in diesem Jahr bekannt wird, dass der Körperschaftsteuersatz ab dem dann zweitfolgenden Jahr auf 20 % gesenkt wird?

Lösung:

Der laut Lösung des vorangegangenen Beispiels ermittelte Rückstellungsbetrag für die latenten Steuern ist unter gleichzeitiger Auflösung des aktiven Postens aus dem Vorjahr wie folgt zu erfassen.

	(8)	*Steueraufwand (latent)*	*22.750*	
an	*(2)*	*Aktive latente Steuern*		*8.250*
an	*(3)*	*Rückstellung für passive latente Steuern*		*14.500*

315 Vgl dazu § 238 Abs 1 Z 3 UGB (für mittelgroße und große Gesellschaften) und § 198 Abs 9 UGB für kleine Gesellschaften.

316 Vgl dazu § 238 Abs 1 Z 3 UGB.

Im folgenden Jahr lässt sich der Posten für die latenten Steuern – unter Fortführung der unternehmens- und steuerrechtlich gleich hohen Maschinenabschreibung von 150.000 sowie der steuerlichen Verteilung der Geldbeschaffungskosten in der Höhe von 1.500 pa – folgendermaßen berechnen:

Bilanzposten mit Differenz bei den Wertansätzen	*unternehmens-rechtlicher Wertansatz (UGB-Wert)*	*steuer-rechtlicher Wertansatz (Steuerwert)*	*Differenz = zukünftiger Wertabbau durch MWR*	*zukünftige Steuer-auswirkungen*	*Charakter des daraus resultierenden Bilanzpostens für latente Steuern*
Maschine	*887.500*	*825.000*	*+ 62.500*	*Steuerbelastung*	*=> Rückstellung*
Geldbeschaffungskosten	*0*	*3.000*	*– 3.000*	*Steuerentlastung*	*=> Aktivposten*
saldierte Bemessungsgrundlage für die latenten Steuern			*+ 59.500*	*Überhang der Steuerbelastung*	*=> Rückstellung*
x Steuersatz iHv 25 % = fortgeführter Posten für latente Steuern			*14.875*		

Fortsetzung des Tableaus zur Differenzierung nach den Steuersätzen:

Bilanzposten mit Differenz bei den Wertansätzen	*Differenz = zukünftiger Wertabbau durch MWR*	*davon Abbau im Zeitraum mit einem Steuersatz von 25 %*	*davon Abbau im Zeitraum mit einem Steuersatz von 20 %*
Maschine	*+ 62.500*	*/*	*+ 62.500*
Geldbeschaffungskosten	*– 3.000*	*– 1.500*	*– 1.500*
saldierte Bemessungsgrundlage für die latenten Steuern	*+ 59.500*	*– 1.500*	*+ 61.000*
x Steuersatz = Posten für latente Steuern	*+ 11.825 (Rückstellung)*	*– 375*	*+ 12.200*
davon im Vorjahr mit abweichendem Steuersatz (= 25 %) angesetzt		*/*	*+ 15.250*
Auswirkungen der Veränderung des Steuersatzes	*– 3.050*	*/*	*– 3.050*

Bei gesonderter Erfassung der Rückstellungsveränderungen – einerseits ihrer Erhöhung um 375 (= von 14.500 lt dem Vorjahr auf 14.875) infolge des Abbaus der Wertdifferenz bei den Geldbeschaffungskosten und andererseits ihrer Reduktion um 3.050 (= von 15.250 auf 12.200) infolge der Steuersatzsenkung – ergibt sich folgende Buchung:

	(8)	*Steueraufwand (latent)*	*375*	
an	*(8)*	*Steueraufwand (latent) – Auflösung von Rückstellungen*		*3.050*
	(3)	*Rückstellung für passive latente Steuern*	*2.675*	

Exkurs: Übergangsvorschriften des RÄG 2014

Die **durch das RÄG 2014 geänderte** Form der Berechnung und Berücksichtigung der latenten Steuern macht **für bereits aus Vorjahren übernommene aktive oder passive Steuer-**

abgrenzungsposten eine Wertanpassung notwendig. Die Wertanpassung kann dabei grundsätzlich in jede Richtung erforderlich sein und gleichermaßen zu aufwandswirksamen (bei einer erforderlichen Herabsetzung eines vorhandenen Abgrenzungspostens auf der Aktivseite oder der Anhebung einer bereits bestehenden entsprechenden Rückstellung) wie zu ertragswirksamen (bei einer notwendigen Ersterfassung eines Aktivpostens für latente Steuern bzw der Erhöhung eines bereits vorhandenen Abgrenzungspostens auf der Aktivseite oder der Reduktion einer bereits bestehenden entsprechenden Rückstellung) Veränderungen führen. Für diese Anpassung sehen die Übergangsvorschriften des RÄG 2014 einen Zeitraum von „längstens fünf Jahren" und mehrere Möglichkeiten der Erfassung vor (vgl § 906 Abs 33 und 34 UGB).[317]

3.9. Eigenkapital sowie Verteilung und Verbuchung des Gewinnes bzw Verlustes

3.9.1. Begriff des Eigenkapitals

Das Eigenkapital stellt grundsätzlich **das von dem/den Eigentümer/n (Gesellschaftern) dem Unternehmen zugeführte bzw in ihm belassene Kapital dar.** Es ist jenes Kapital, das das Risiko einer Aufzehrung durch Verluste trägt, im Konkurs nicht als Forderung geltend gemacht werden kann und bei Liquidation erst nach Befriedigung der Gläubiger ausgeglichen wird.

Das Eigenkapital ist grundsätzlich **auf der Passivseite der Bilanz** – die die sog Mittelherkunft zeigt – ausgewiesen.[318] Da bei der Aufgliederung des Unternehmenskapitals rechtliche Gesichtspunkte im Vordergrund stehen, ergibt sich dessen grundsätzliche Aufteilung in Eigen- und Fremdkapital (= Rückstellungen, Verbindlichkeiten und passive Rechnungsabgrenzungsposten).

Das Eigenkapital **repräsentiert als Saldo aus Vermögen und Schulden den Reinvermögenswert des Unternehmens** zu einem bestimmten Stichtag. Es ist insgesamt eine variable Größe, die sich in den einzelnen Perioden mit dem Umfang und der Bewertung von Vermögen und Schulden ändert; es wird insbesondere durch Gewinne erhöht und durch Verluste verringert.

Das buchmäßige Eigenkapital stellt jedoch eine reine Rechengröße dar und ist – da der Bilanzansatz und die Bewertung von Vermögen und Schulden durch die rechtlichen Vorschriften eingeschränkt werden – **vom tatsächlichen Wert des Unternehmens**, der etwa bei einem Verkauf zu erzielen wäre, **zu unterscheiden.** So entstehen durch das Anschaffungskostenprinzip sog stille Reserven (= Differenz zwischen dem Buchwert und einem höheren tatsächlichen Vermögenswert bzw einem darunter liegenden tatsächlichen Schuldenwert). Sog stille Lasten (= Differenz zwischen dem Buchwert und einem darunter liegenden tatsächlichen Vermögenswert bzw einem höheren tatsächlichen Schuldenwert) treten aufgrund des Vorsichtsprinzips

317 Vgl dazu Kap 3.7.8.4. zum mit derselben Vorschrift (§ 906 Abs 33 UGB) geregelten Fall der – aufwandswirksamen – Erhöhung einer langfristigen Verpflichtung sowie Kap 3.7.8.3.3. zum mit derselben Vorschrift (§ 906 Abs 34 UGB) geregelten Fall der – ertragswirksamen – Herabsetzung einer langfristigen Verpflichtung.

318 Vgl dazu auch später Kap 3.9.2. bzw 3.9.4.1.7.

selten auf, können sich aber – kurzfristig – etwa infolge voraussichtlich nicht dauernder Wertminderungen bei Gegenständen des Anlagevermögens ergeben.

Je nach Rechtsform des Unternehmens ist das Eigenkapital unterschiedlich auszuweisen und zu gliedern. Auch die Erfolgsverteilung und ihre Verbuchung ist abhängig von der Unternehmensrechtsform: Während beim Einzelunternehmer Gewinne und Verluste in voller Höhe den einzigen Eigentümer treffen, Probleme der Ergebnisverteilung also nicht entstehen, bedarf es für die verschiedenen Gesellschaftsformen genauer vertraglicher oder gesetzlicher Regelungen.

3.9.2. Einzelunternehmer

Beim Eigenkapitalkonto des Einzelunternehmers tritt der Saldocharakter dieses Kontos klar hervor. Es wird variabel (beweglich) geführt und in seiner Höhe durch Privateinlagen und -entnahmen sowie Gewinne und Verluste beeinflusst. Insgesamt wirken folgende Veränderungen auf das Eigenkapital ein:

Eigenkapital

	(Anfangsbestand)
Entnahmen	Einlagen
Verlust	Gewinn

Üblicherweise bleibt das **Eigenkapitalkonto während des Jahres unbebucht**: Entnahmen und Einlagen werden über ein Vorkonto, das sogenannte „Privatkonto“ gebucht,[319] welches erst im Zuge der Jahresabschlussaufstellung gegen das Kapitalkonto abgeschlossen wird. Auch Aufwendungen und Erträge stellen eigentlich Vorkonten zum Eigenkapitalkonto dar:[320] Sie erfassen während der Periode auftretende Eigenkapitalverringerungen (= Aufwendungen) und Eigenkapitalerhöhungen (= Erträge), die am Ende der Periode in einer Gewinn- und Verlustrechnung zusammengefasst werden. Erst dessen Saldo (Gewinn oder Verlust) wird dann in das Eigenkapitalkonto umgebucht.

319 Vgl Kap 2.11.2.
320 Vgl Kap 2.6.2.

Die **buchtechnische Vorgangsweise** stellt sich bei Fertigstellung des Jahresabschlusses eines Einzelunternehmers somit wie folgt dar:

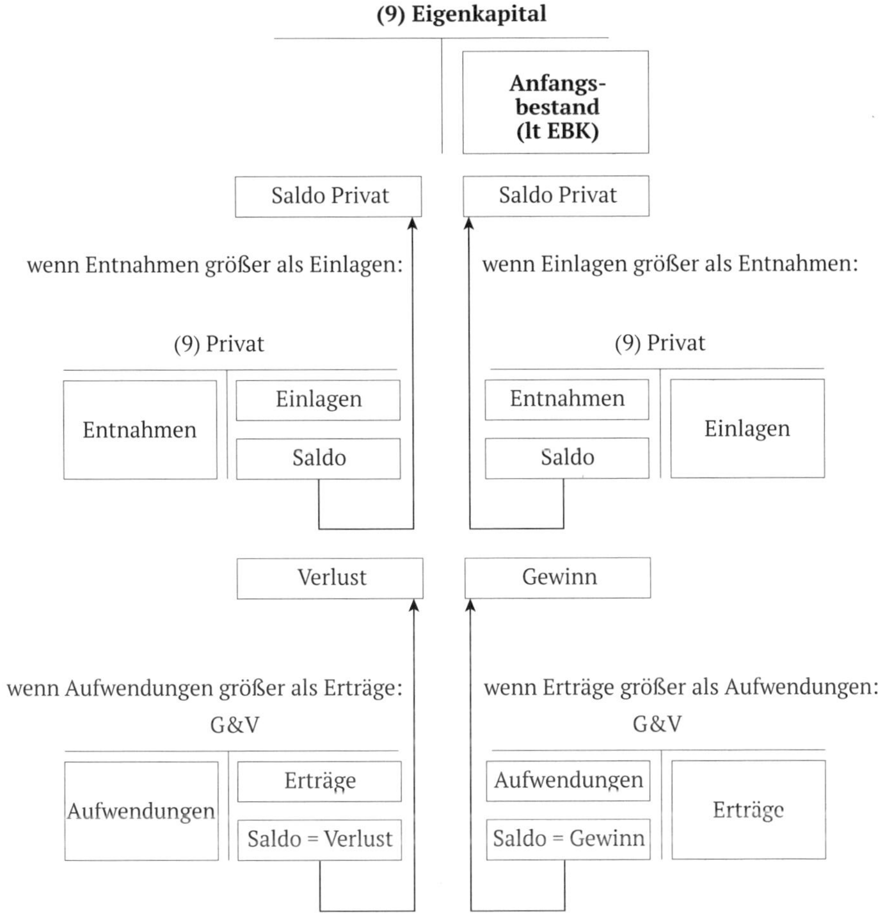

Buchungen:

wenn Entnahmen größer als Einlagen:[321]

	(9)	Eigenkapital
an	(9)	Privat

wenn Verlust:

	(9)	Eigenkapital
an		G&V

wenn Einlagen größer als Entnahmen:

	(9)	Privat
an	(9)	Eigenkapital

wenn Gewinn:

		G&V
an	(9)	Eigenkapital

In der Bilanz wird das Eigenkapital des Einzelunternehmers idR in einem Betrag – dh nach Saldierung mit den Einlagen und Entnahmen sowie unter Einrechnung des Gewinns bzw

321 Häufig werden auch mehrere Privatkonten geführt (zB für die aus der Unternehmenskassa bzw über Unternehmenskonten bezahlten Privatsteuern und die sonstigen Entnahmen und Einlagen gesondert).

Verlusts – ausgewiesen. Doch erscheint es zur Darstellung der Entwicklung des Unternehmens sachgerecht bzw sogar unverzichtbar, dass die während des Abschlussjahres erfolgten Eigenkapitalveränderungen nach ihren verschiedenen Ursachen verdeutlicht werden. Es empfiehlt sich daher die **Eigenkapitalentwicklung bspw in folgender Form darzustellen**:

	Eigenkapital zu Beginn des Geschäftsjahres
+	Einlagen während des Geschäftsjahres
–	Entnahmen während des Geschäftsjahres
+/–	Gewinn/Verlust des Geschäftsjahres
	Eigenkapital am Schluss des Geschäftsjahres

Infolge von Verlusten oder Entnahmen kann das **Eigenkapitalkonto negativ** werden und einen Sollsaldo ausweisen. In Anlehnung an die für Kapitalgesellschaften geltende Vorschrift des § 225 Abs 1 UGB[322] kann dieser Negativposten in der Bilanz passivseitig angesetzt werden.

Beispiel:

Die – zusammengefasste – Saldenliste eines Einzelunternehmens hat folgendes Aussehen (Wert in 1.000,–):

		Soll	Haben
(0)	*Anlagevermögen*	*1.000*	
(1, 2)	*Umlaufvermögen*	*1.800*	
(3)	*Verbindlichkeiten*		*3.000*
(4)	*Erträge*		*22.000*
(5, 6, 7)	*Aufwendungen*	*22.200*	
(8)	*Zinsaufwendungen*	*200*	
(9)	*Eigenkapital*		*300*
(9)	*Privat*	*100*	
Summe		*25.300*	*25.300*

Das Konto „Eigenkapital" weist noch den Wert laut Eröffnungsbilanz auf; auf dem Konto „Privat" sind die während des Abschlussjahres erfolgten Entnahmen und Einlagen erfasst.

Welche Buchungen sind zur Fertigstellung des Jahresabschlusses im Zusammenhang mit dem Eigenkapital erforderlich? Welches Aussehen hat die Bilanz des Einzelunternehmens?

Lösung:

In das Eigenkapitalkonto sind noch der Saldo des Privatkontos (= Buchung 1) sowie der Saldo der Gewinn- und Verlustrechnung (= Buchung 2) abzuschließen, sodass sich der Jahresabschluss (Bilanz und Gewinn- und Verlustrechnung) letztlich wie folgt darstellt:

		Saldenliste		Umbuchungen		Bilanz		G & V	
		Soll	Haben	Soll	Haben	Soll	Haben	Soll	Haben
(0)	*Anlagevermögen*	*1.000*				*1.000*			
(1, 2)	*Umlaufvermögen*	*1.800*				*1.800*			

322 Vgl auch Kap 3.9.4.1.7.

		Saldenliste		Umbuchungen		Bilanz		G & V	
		Soll	Haben	Soll	Haben	Soll	Haben	Soll	Haben
(3)	*Verbindlichkeiten*		*3.000*				*3.000*		
(4)	*Erträge*		*22.000*						*22.000*
(5, 6, 7)	*Aufwendungen*	*22.200*						*22.200*	
(8)	*Zinsaufwendungen*	*200*						*200*	
(9)	*Eigenkapital*		*300*	*(1) 100* *(2) 400*		*200*			
(9)	*Privat*	*100*			*(1) 100*				
	Verlust				*(2) 400*				*400*
	Summe	*25.300*	*25.300*	*500*	*500*	*3.000*	*3.000*	*22.400*	*22.400*

In der Bilanz scheint damit das Eigenkapital wie in obiger Abschlusstabelle als Sollsaldo auf. Möglich ist jedoch auch folgender Bilanzausweis bzw folgende Bezeichnung:

Bilanz

Anlagevermögen	*1.000*	*Negatives Eigenkapital*	*<200>*
Umlaufvermögen	*1.800*	*Verbindlichkeiten*	*3.000*
	2.800		*2.800*

3.9.3. Personengesellschaften

3.9.3.1. Eigenkapitalkonten

Betreffend das Eigenkapital der Personengesellschaften des UGB[323] [324] (Offene Gesellschaft,[325] Kommanditgesellschaft) ist zunächst zu beachten, dass diese Gesellschaften – zwar hinsichtlich vieler Kriterien wesentlich enger mit ihren Gesellschaftern verbunden sind als die Kapitalgesellschaften – aber doch **über eine eigene uneingeschränkte Rechtsfähigkeit verfügen** (vgl § 105 UGB) und insbesondere auch selbst Träger des Gesellschaftsvermögens sind. So ist das Gesellschaftsvermögen grundsätzlich zu unterscheiden vom Privatvermögen der Gesellschafter, und so ist es auch möglich, dass die **Gesellschafter wie Dritte mit ihrer Gesellschaft in Leistungsbeziehungen treten**, so etwa im Rahmen eines Mietverhältnisses, einer Darlehensgewährung oder eines Dienstverhältnisses.

323 Die folgenden Abhandlungen gehen von der Rechtslage nach dem UGB aus, das vor allem im Bereich der Personengesellschaften umfassende Änderungen mit sich brachte, die generell ab 1. 1. 2007 Gültigkeit haben. Insbesondere sei noch einmal darauf hingewiesen (vgl dazu bereits Kap 2.3.1.), dass nach dieser Rechtslage (zu den Übergangsbestimmungen vgl § 907 Abs 16 f UGB) OG und KG grundsätzlich (zur Ausnahme vgl die folgende FN) nur bei Überschreiten einer bestimmten Umsatzgröße nach dem UGB rechnungslegungspflichtig sind (vgl § 189 UGB).

324 Die folgenden Abhandlungen gelten nur eingeschränkt für sog kapitalistische Personengesellschaften sowie für unternehmerisch tätige Personengesellschaften, bei welchen kein unbeschränkt haftender Gesellschafter eine natürliche Person ist (vgl § 189 Abs 1 Z 2 UGB sowie Kap 3.4.2.1). Diese Gesellschaften werden durch § 221 Abs 5 UGB bezüglich der Rechnungslegung den Kapitalgesellschaften gleichgestellt. Vgl zur Darstellung des Eigenkapitals dieser Gesellschaften Kap 3.9.5.

325 Das ist die vormalige Offene Handelsgesellschaft (OHG).

Daraus resultierende Ansprüche und Verpflichtungen der Gesellschaft sind grundsätzlich nicht dem Eigenkapital zuzurechnen, sondern **unter den entsprechenden Posten als Forderungen bzw Verbindlichkeiten zu erfassen.**[326] Eine Zuordnung zu den Forderungen resp Verbindlichkeiten kommt allenfalls auch für sog Verrechnungskonten, auf welchen laufende Ein- und Auszahlungen bzw Zahlungsübernahmen von Gesellschaftern erfasst werden, infrage. Bei der Unterscheidung zwischen Eigenkapitalkonten und schuldrechtlichen Konten ist auf die gesellschaftsvertraglichen Regelungen, die allenfalls auch aus nur mündlichen Absprachen bestehen können, abzustellen; soweit keine klaren Regelungen vorliegen, ist aufgrund der bisherigen Gestion der Parteiwille zu ermitteln; selbstverständlich sind auch Umwidmungen denkbar, so etwa wenn ein Gesellschafter auf die Rückzahlung eines gegebenen Darlehens verzichtet.

Wesentlich ist des Weiteren, dass die **Eigenkapitalkonten der verschiedenen Gesellschafter gesondert geführt** werden und keine Vermischung der von unterschiedlichen Personen getätigten Entnahmen und Einlagen bzw der ihnen zugewiesenen Gewinne oder Verluste erfolgt. Dazu empfiehlt sich die Einrichtung von entsprechend vielen, mit den Namen der einzelnen Gesellschafter versehenen Konten.

Aus der Bestimmung des § 109 Abs 1 UGB, die grundsätzlich gleichermaßen für OG und KG gilt,[327] lässt sich ableiten, dass das Gesetz[328] – wie es auch in der Praxis zumeist üblich ist – die **Führung fester Kapitalkonten** vorsieht:

§ 109 UGB

(1) Soweit die Gesellschafter nichts anderes vereinbart haben, bestimmt sich ihre Beteiligung an der Gesellschaft nach dem Verhältnis des Wertes der vereinbarten Einlagen (Kapitalanteil). Im Zweifel sind die Gesellschafter zu gleichen Teilen beteiligt.

Die festen bzw starren oder fixen (Eigen-)Kapitalkonten nehmen nur die (ursprüngliche) Einlage und allenfalls ihre formelle Vermehrung oder Verminderung auf. Dadurch kann das gesellschaftsvertraglich festgelegte Beteiligungsverhältnis festgehalten werden und etwa auch die Ergebnisverteilung von diesem feststehenden Verhältnis abhängig gemacht werden.[329]

Zu erfassen ist die vereinbarte (bedungene) Einlage. Wird diese nicht zur Gänze geleistet, bedarf es der Einrichtung entsprechender Korrekturkonten, die zumeist als **„Ausstehende Einlage"** bezeichnet werden. Diese ausstehenden Einlagen sind grundsätzlich dem Eigenkapital zuzuordnen und demzufolge in der Bilanz von den sonstigen Eigenkapitalien in Abzug zu brin-

---

326 Diesbezüglich können Abweichungen zur steuerrechtlichen Behandlung bestehen.

327 Vgl dazu den generellen Verweis des § 161 Abs 2 UGB, wonach – soweit in den spezifischen Vorschriften zur KG nichts anderes bestimmt ist – auf die KG die für die OG geltenden Vorschriften Anwendung finden.

328 Die für die Führung der Kapitalkonten maßgebliche Bestimmung des UGB ist zwar dispositives (nachgiebiges) Recht und kann durch andere Regelungen im Gesellschaftsvertrag ersetzt werden, doch entspricht die Verwendung starrer Kapitalkonten den vorherrschenden Gepflogenheiten, sodass diese – durch das UGB eingeführte – Regelung gewissermaßen die ohnehin idR übliche Vorgangsweise festschreibt. Sind abweichend davon bewegliche Kapitalkonten vorgesehen – wie dies auch noch im HGB verankert war –, ist im Prinzip wie bei einem Einzelunternehmer vorzugehen: Für jeden Gesellschafter wird dann im Rahmen der Jahresabschlussaufstellung sein Eigenkapitalkonto mit seinen während des Jahres geführten Privat- bzw Verrechnungskonten saldiert und zudem der ihm zugerechnete Gewinn- bzw Verlustanteil darauf gebucht.

329 Der Kapitalanteil eines Gesellschafters hat nicht nur Bedeutung bei der Verteilung von Gewinn und Verlust, sondern auch für sein Auseinandersetzungsguthaben im Zuge der Liquidation, für sein Abfindungsguthaben im Falle seines Ausscheidens und im Zweifel auch für sein Stimmrecht.

gen. Lediglich wenn für die ausstehende Einlage bereits eine Einforderung erfolgte, ist ein Ausweis unter den Forderungen vorzunehmen.

Beispiel:

Ein Gesellschafter A.B. einer OG verpflichtet sich zu einer Einlage in der Höhe von 10.000,–, zahlt jedoch zunächst nur 8.000,– davon mittels Banküberweisung ein.

Welche Buchungen sind bei der Gesellschaft erforderlich, wenn

a) hinsichtlich der Bezahlung des Restbetrages der Einlage noch nichts vereinbart ist,

b) der Restbetrag der Einlage innerhalb des nächsten halben Jahres einzuzahlen ist?

Lösung:

Ohne Einforderung der ausstehenden Einlage ist zu buchen:

	(2)	*Bank*	*8.000*	
	(9)	*Ausstehende Einlage A.B.*	*2.000*	
an	*(9)*	*Festes Kapital A.B.*		*10.000*

Bei bereits erfolgter Einforderung der ausstehenden Einlage ist zu buchen:

	(2)	*Bank*	*8.000*	
	(2)	*Sonstige Forderungen (Ausstehende Einlage A.B.)*	*2.000*	
an	*(9)*	*Festes Kapital A.B.*		*10.000*

Über die vereinbarte Einlage **hinausgehende Einlagen des Gesellschafters, von ihm vorgenommene Entnahmen sowie seine Gewinn- und Verlustanteile werden ergänzend dazu über zusätzliche Konten geführt.**

Bei der **Bezeichnung der (Eigen-)Kapitalkonten** der Gesellschafter einer Personengesellschaft sowie bei der **Führung der das feste Kapitalkonto ergänzenden Konten** ist danach zu **differenzieren, wie die einzelnen Gesellschafter haften.**

Für die **Eigenkapitalkonten eines unbeschränkt haftenden Gesellschafters** – das sind alle Gesellschafter der OG sowie die Komplementäre der KG[330] – ist Folgendes zu beachten:

- Das Konto, das die **vereinbarte Einlage aufnimmt, wird zumeist als „Festes Kapital" bezeichnet.**
- Nötigenfalls gibt es ergänzend dazu ein Konto **„Ausstehende Einlage"**, das je nach erfolgter Einforderung in der Klasse 2 oder in der Klasse 9 geführt wird.
- Weitere – als Eigenkapitalveränderung zu qualifizierende[331] **Einlagen sowie Entnahmen**[332] des Gesellschafters werden auf zusätzlichen Konten der Klasse 9 erfasst, die zu-

330 Bezüglich der Komplementäre sei dabei generell auf § 161 Abs 2 UGB verwiesen, nach welchem auf die KG die für die OG geltenden Vorschriften Anwendung finden, soweit in den spezifischen Vorschriften für die KG nichts anderes bestimmt ist.

331 Wie bereits ausgeführt, liegt kein Eigenkapital vor, wenn Verrechnungen etwa aus Darlehensverträgen oder Dienstverhältnissen zwischen der Gesellschaft und dem Gesellschafter resultieren; diesfalls sind die Beträge als Forderungen bzw Verbindlichkeiten auszuweisen.

332 Möchte ein Gesellschafter Entnahmen tätigen, die über seinen Gewinnanspruch hinausgehen (siehe dazu die nachfolgenden Abhandlungen), bedarf es der Einwilligung der anderen Gesellschafter (vgl § 122 Abs 2 UGB).

meist „**Privat**“ oder „**(Gesellschafter-)Verrechnung**“ genannt werden, wobei entweder für jeden Gesellschafter nur ein einziges Konto geführt wird oder aber jeweils mehrere Konten eingerichtet werden, zB je ein eigenes Konto für Barentnahmen, für Sachentnahmen, für Geschäftsführervergütungen, für Zahlungen von privaten Steuern etc.

- Dem Gesellschafter zugerechnete **Verlustanteile** werden gleichfalls in der Klasse 9 erfasst; entweder auch auf dem einzigen für ihn geführten **„Privat-“ bzw „Verrechnungskonto“** oder auf einem weiteren diesbezüglichen Detailkonto.
- Im Zusammenhang mit der Erfassung der dem Gesellschafter zugerechneten **Gewinnanteile** ist die Vorschrift über die Gewinnausschüttung bzw Entnahmen des § 122 UGB zu beachten:

  § 122 UGB. (1) **Jeder Gesellschafter hat Anspruch auf Auszahlung seines Gewinnanteils. Der Anspruch kann jedoch nicht geltend gemacht werden, soweit die Auszahlung zum offenbaren Schaden der Gesellschaft gereicht, die Gesellschafter ein anderes beschließen oder der Gesellschafter vereinbarungswidrig seine Einlage nicht geleistet hat.**

  (2) Im Übrigen ist ein Gesellschafter nicht befugt, ohne Einwilligung der anderen Gesellschafter Entnahmen zu tätigen.

Abgesehen von den angeführten Ausnahmen hat der Gesellschafter somit Anspruch darauf, dass ihm sein Gewinnanteil ausbezahlt wird. Ist davon auszugehen, dass er diesen Anspruch auch tatsächlich geltend macht und nicht – wie es ihm natürlich freisteht – auf die Ausschüttung des Gewinns verzichtet, ist es sachgerecht, den Gewinnanteil nicht unter dem Eigenkapital zum Ausweis zu bringen, sondern **in Höhe der voraussichtlichen Gewinnauszahlung den Verbindlichkeiten zuzuordnen**. Dies gilt auch für den Fall, dass der Gesellschafter seine vereinbarte Einlage – vereinbarungsgemäß – noch nicht geleistet hat.

Soll oder kann – aufgrund des Vorliegens einer der gesetzlich vorgesehenen Einschränkungen – der Gewinnausschüttungsanspruch nicht geltend gemacht werden, ist der **nicht zu behebende Gewinnanteil unter dem Eigenkapital auszuweisen**. Besteht eine ausstehende Einlage, die vereinbarungswidrig nicht geleistet wurde, oder liegt ein entsprechender Gesellschafterbeschluss vor, hat dabei eine **Abbuchung vom Konto „ausstehende Einlage“** zu erfolgen; anderenfalls ist der Gewinnanteil auf dem oder auf einem der **„Privat-“ bzw „Verrechnungskonten“** des jeweiligen Gesellschafters zu erfassen.

Beispiel:

Für einen OG-Gesellschafter A.B. weist die Gesellschaft folgende Kontensalden auf:

	Soll	*Haben*
(2) Ausstehende Einlage A.B.	*2.000*	
(9) Festes Kapital A.B.		*10.000*
(9) Privat A.B.		*1.500*

Welche Buchung ist erforderlich, wenn der Gewinnanteil des Gesellschafters A.B. 2.850,– beträgt und zu berücksichtigen ist, dass seine ausstehende Einlage eigentlich schon fällig gewesen wäre und eingezahlt hätte werden müssen, sowie dass die Gesellschafter beschlossen haben, vom Gewinn für jeden von ihnen nur einen Betrag in der Höhe von höchstens 500,– zur Auszahlung zu bringen?

Lösung:

		G & V	*2.850*	
an	*(2)*	*Ausstehende Einlage A.B.*		*2.000*
an	*(9)*	*Privat A.B.*		*350*
an	*(3)*	*Gewinnverrechnung A.B.*		*500*

Für die **Eigenkapitalkonten eines beschränkt haftenden Gesellschafters** – das sind die Kommanditisten der KG – ist Folgendes zu beachten:

- Das Konto, das die **vereinbarte Einlage aufnimmt, wird zumeist als „Bedungene Einlage" bezeichnet**, um damit auch eine begriffliche Differenzierung von den Eigenkapitalkonten der unbeschränkt haftenden Komplementäre zu erreichen.
- Nötigenfalls gibt es auch für den Kommanditisten ergänzend dazu ein Konto **„Ausstehende Einlage"**, das je nach erfolgter Einforderung in der Klasse 2 oder in der Klasse 9 geführt wird.
- Dem Kommanditisten zugerechnete **Verlustanteile** werden in der Klasse 9 erfasst, wobei das Konto üblicherweise als **„Verlustverrechnung"** bezeichnet wird. Durch derartige Verlustzuweisungen kann – per Saldo gesehen – der Kapitalanteil des Kommanditisten auch negativ werden. Eine Auffüllung der Verlustverrechnung durch Einzahlungen des Kommanditisten ist nicht vorgesehen, weder während des Bestandes der Gesellschaft, noch bei Ausscheiden des Gesellschafters oder bei Auflösung der Gesellschaft. Lediglich wenn an den Kommanditisten in späteren Jahren wieder Gewinnzuweisungen erfolgen, sind die ihm zugerechneten Verluste mit diesen Folgegewinnen abzudecken.
- Im Zusammenhang mit der Erfassung der dem Kommanditisten zugerechneten **Gewinnanteile** ist die Vorschrift über die Gewinnausschüttung des § 168 UGB zu beachten:

§ 168 UGB

(1) Der Kommanditist kann die Auszahlung des Gewinnes nicht verlangen, soweit die bedungene Einlage nicht geleistet ist oder durch dem Kommanditisten zugewiesene Verluste oder die Auszahlung des Gewinnes unter den auf sie geleisteten Betrag gemindert würde. Im Übrigen findet § 122 Anwendung.

(2) Der Kommanditist ist nicht verpflichtet, den bezogenen Gewinn wegen späterer Verluste zurückzuzahlen.

Da der Kommanditist weder berechtigt noch verpflichtet ist, über die vereinbarte Einlage hinaus Einzahlungen zu leisten, und ihn auch keine Verpflichtung treffen kann, bezogene Gewinne mit nachfolgenden Verlusten aufzurechnen, sind seine **Gewinnanteile – bei voll geleisteter Einlage – grundsätzlich einem sog „Gewinnverrechnungskonto" zuzubuchen,**[333] welches nicht Eigenkapital, sondern eine Verbindlichkeit der Gesellschaft gegenüber dem Kommanditisten darstellt. Auch wenn sie nicht behoben werden, bleiben behebbare Gewinne des Kommanditisten – anders als beim unbeschränkt haftenden Gesellschafter – Verbindlichkeiten der Gesellschaft.

---

333 Keine Gewinnauszahlung kann der Kommanditist jedoch dann verlangen, wenn diese zum offenbaren Schaden der Gesellschafter gereicht, oder wenn die Gesellschafter beschlossen haben, dass keine solche vorzunehmen ist; insofern ist der Kommanditist dem OG-Gesellschafter sowie dem Komplementär gleichgestellt.

Lediglich in folgenden drei Fällen **kann der Kommanditist die Auszahlung seines Gewinnanteils nicht verlangen:**

- soweit die bedungene Einlage nicht geleistet ist und somit noch eine ausstehende Einlage existiert;
- soweit die bedungene Einlage durch zugewiesene Verluste herabgemindert (oder aufgezehrt oder negativ) wurde und somit aus Vorjahren Verlustverrechnungen vorhanden sind;
- soweit die bedungene Einlage durch Gewinnentnahmen herabgemindert wurde.[334]

Um diese Auszahlungssperren zu berücksichtigen, hat – bevor ein Gewinnanteil eines Kommanditisten seinem „Gewinnverrechnungskonto" zugebucht werden kann – eine **Auffüllung eines allenfalls vorhandenen Verlustverrechnungskontos sowie einer allenfalls noch ausstehenden Einlage** zu erfolgen. Im Ergebnis lässt sich somit festhalten, dass der Kommanditist nur dann Gewinne ausbezahlt erhält, wenn er seine Einlagepflicht voll erfüllt hat und das Einbezahlte nachträglich nicht wieder verringert wurde.

Beispiel:

Für einen Kommanditisten X.Y. weist eine KG folgende Kontensalden auf:

	Soll	*Haben*
(9) Bedungene Einlage X.Y.		*9.000*
(9) Ausstehende Einlage X.Y.	*1.000*	

Welche Buchung ist erforderlich, wenn der Verlustanteil des Kommanditisten X.Y. für das Jahr X1 1.500,– beträgt?

Welche Buchung ist im Folgejahr X2 vorzunehmen, wenn dann dem Kommanditisten X.Y. ein Gewinnanteil in der Höhe von 2.730,– zusteht? (Es wurden zwischenzeitig keine weiteren Einlagen geleistet oder vereinbart.)

Lösung:

Die Verlustzubuchung des Jahres X1 für den Kommanditisten ist wie folgt vorzunehmen:

	(9)	*Verlustverrechnung X.Y.*	*1.500*	
an		*G & V*		*1.500*

Im Folgejahr X2 sind mit dem Gewinnanteil zunächst die Verlustverrechnung auszugleichen sowie die ausstehende Einlage aufzufüllen; erst der darüber hinausgehende Betrag ist dem Gewinnverrechnungskonto gutzuschreiben:

		G & V	*2.730*	
an	*(9)*	*Verlustverrechnung X.Y.*		*1.500*
an	*(9)*	*Ausstehende Einlage X.Y.*		*1.000*
an	*(3)*	*Gewinnverrechnung X.Y.*		*230*

334 Dieser Fall entsteht etwa dadurch, dass der Kommanditist trotz vorhandener ausstehender Einlage oder Verlustverrechnungen Auszahlungen erhält.

In der Bilanz kann das Eigenkapital der Personengesellschaften etwa folgendermaßen dargestellt werden:

Bilanz einer OG

	Eigenkapital: 1. Festkapital 2. abzüglich (nicht eingeforderte) ausstehende Einlagen 3. variables Kapital (ev detailliert in: Einlagen/Entnahmen Gewinne/Verluste etc)

Bilanz einer KG

	Eigenkapital: I. Komplementärkapital 1. Festkapital 2. abzüglich (nicht eingeforderte) ausstehende Einlagen 3. variables Kapital (ev detailliert in: Einlagen/Entnahmen Gewinne/Verluste etc) II. Kommanditkapital 1. Bedungene Einlagen 2. abzüglich (nicht eingeforderte) ausstehende Einlagen 3. abzüglich Verlustverrechnungen

Eine **Trennung der verschiedenen Kapitalien nach den einzelnen Gesellschaftern** erfolgt idR in einer Beilage zur Bilanz. Wie für den Einzelunternehmer wird es auch für Personengesellschaften geboten sein, die Veränderungen des Eigenkapitals nach ihren Ursachen – Einlagen, Entnahmen, Gewinne oder Verluste – darzulegen.

Ergänzend sei noch einmal darauf hingewiesen, dass die **dargestellten Regelungen des UGB abdingbar** sind, dh es können durch den Gesellschaftsvertrag oder durch sonstige Gesellschafterübereinkommen ganz oder teilweise davon abweichende Vereinbarungen getroffen werden.

3.9.3.2. Gewinn- und Verlustverteilung

Regelmäßig ist die **Erfolgsverteilung Gegenstand des Gesellschaftsvertrages.**[335] Nur dann, wenn sich dort keine entsprechenden Bestimmungen finden, ist auf die Vorschriften des UGB zurückzugreifen.

335 Vgl dazu später.

Für die **Offene Gesellschaft (OG)** bestimmt § 120 UGB zunächst, wie die **Ermittlung des Gewinns bzw Verlusts** der Gesellschaft zu erfolgen hat:

Am Schluss jedes Geschäftsjahrs wird aufgrund des Jahresabschlusses oder, wenn nach den Vorschriften des Dritten Buches keine Pflicht zur Rechnungslegung besteht, nach den Ergebnissen einer sonstigen Abrechnung der Gewinn oder der Verlust des Jahres ermittelt und für jeden Gesellschafter sein Anteil daran berechnet.

Demnach erfolgt die Ermittlung des Gewinns bzw Verlusts **bei rechnungslegungspflichtigen OG[336] auf der Grundlage des Jahresabschlusses.**

Der Gewinn bzw Verlust ist nach der gesetzlichen Regelung des § 121 UGB **auf die Gesellschafter einer OG wie folgt zu verteilen:**

§ 121 UGB

(1) Sofern alle Gesellschafter in gleichem Ausmaß zur Mitwirkung verpflichtet sind, wird der Gewinn und Verlust eines Geschäftsjahres den Gesellschaftern im Verhältnis ihrer Kapitalanteile zugewiesen (§ 109 Abs 1). Enthält der Gesellschaftsvertrag eine abweichende Bestimmung nur über den Anteil am Gewinn oder über den Anteil am Verlust, so gilt sie im Zweifel für Gewinn und Verlust.

(2) Sind die Gesellschafter nicht in gleichem Ausmaß zur Mitwirkung verpflichtet, so ist dies bei der Zuweisung des Gewinns angemessen zu berücksichtigen.

(3) Arbeitsgesellschaftern ohne Kapitalanteil ist ein den Umständen nach angemessener Betrag des Jahresgewinns zuzuweisen. Der diesen Betrag übersteigende Teil des Jahresgewinns wird sodann den Gesellschaftern im Verhältnis ihrer Beteiligung zugewiesen.

(4) Die Gesellschafterstellung steht der Vereinbarung eines Entgelts für der Gesellschaft geleistete Dienste nicht entgegen.

Nach dieser Vorschrift hat die **Gewinn- bzw Verlustzuweisung** auf die Gesellschafter einer OG folgendermaßen zu geschehen:

- Grundsätzlich sind die Gesellschafter **nach dem Verhältnis ihrer Kapitalanteile** – somit gemäß ihren festen Kapitalkonten – **am Gewinn und Verlust der Gesellschaft beteiligt.** Doch gilt das **nur für den Fall, dass die Gesellschafter in gleichem Ausmaß zur Mitwirkung in der Gesellschaft verpflichtet sind.** Aus dem Gesetz ergibt sich, dass die Ergebniszuweisung – sowohl eines Gewinns als auch eines Verlusts – dabei unabhängig davon zu erfolgen hat, ob die Einlage bereits voll geleistet ist oder nicht; es sind die vereinbarten und nicht die tatsächlich geleisteten Einlagen maßgeblich.
- Sind **die Gesellschafter in unterschiedlichem Ausmaß zur Mitwirkung verpflichtet, ist dies bei der Zuweisung des Gewinns angemessen zu berücksichtigen.**
- Vorhandenen **reinen Arbeitsgesellschaftern** – also Gesellschaftern, die nicht auch einen Kapitalanteil halten – **ist vorweg ein Betrag des Jahresgewinns zuzuweisen**, wobei dieser Anteil ihrer Arbeitsleistung nach angemessen sein muss. Zumindest diesbezüglich bedarf es einer vertraglichen Konkretisierung oder wenigstens einer sonstigen Einigung zwischen

---

336 Für nicht nach dem UGB rechnungslegungspflichtige Personengesellschaften wird die Berechnung idR aufgrund der Unterlagen erfolgen, die für Zwecke der steuerlichen Gewinnermittlung erstellt werden müssen.

den Gesellschaftern. Zu beachten ist, dass nach dem Gesetzeswortlaut keine Abgeltung der Dienste zu erfolgen hat, wenn kein Gewinn vorliegt und dass der reine Arbeitsgesellschafter nicht am Verlust beteiligt ist.

Ergänzend hält § 121 Abs 4 UGB fest, dass es den Gesellschaftern frei steht – gewissermaßen unabhängig von der Ergebnisverteilung –, **gesonderte Entgelte für die von ihnen an die Gesellschaft erbrachten Leistungen zu vereinbaren.**[337]

Auch bei **Kommanditgesellschaften (KG)** hat – sofern sie rechnungslegungspflichtig sind – die **Gewinn- bzw Verlustberechnung auf der Basis des Jahresabschlusses** zu erfolgen.[338]

Der Gewinn bzw Verlust ist nach der gesetzlichen Regelung des § 167 UGB **auf die Gesellschafter einer KG wie folgt zu verteilen:**

§ 167 UGB

Soweit der Gesellschaftsvertrag nichts anderes vorsieht, ist den unbeschränkt haftenden Gesellschaftern zunächst ein ihrer Haftung angemessener Betrag des Jahresgewinns zuzuweisen. Im Übrigen ist für den diesen Betrag übersteigenden Teil des Jahresgewinns sowie für den Verlust eines Geschäftsjahrs § 121 anzuwenden.

Unter Berücksichtigung dieser Vorschrift hat die **Gewinn- bzw Verlustzuweisung** auf die Gesellschafter einer KG folgendermaßen zu geschehen:

- Vorhandene **Arbeitsgesellschafter** sind wie bei der OG zu behandeln.
- **Den Komplementären ist vorweg eine sog „Haftungsrisikoprämie" in angemessener Höhe zuzurechnen.** Auch dazu wird es dem Gesellschaftsvertrag bzw der Gesellschafterabsprache überlassen, die Form der konkreten Ermittlung festzulegen.
- Darüber hinaus sind Komplementäre und Kommanditisten gleichermaßen – so wie die OG-Gesellschafter – **nach dem Verhältnis ihrer Beteiligung bzw ihres Kapitalanteils** – somit gemäß ihrem festen Kapitalkonto bzw ihrer bedungenen Einlage – **am Gewinn bzw Verlust beteiligt.**

Als Regelungen für das Innenverhältnis enthalten sowohl § 121 als auch § 167 UGB **nachgiebiges Recht**; häufig wird es durch abweichende Vereinbarungen im Gesellschaftsvertrag oder auch durch konkludentes Übereinkommen entsprechend langjähriger Übung ersetzt.

Vielfach wird im Rahmen der Ergebniszuweisung – entsprechend den Regelungen, die das HGB dazu enthielt – **auch eine Kapitalverzinsung vorgenommen.**

Die **Berechnung der Kapitalverzinsung** erfolgt dabei zumeist kontokorrentmäßig unter Berücksichtigung unterjähriger Privatentnahmen und Einlagen. Bei (nach der Höhe und/oder dem Zeitpunkt) unregelmäßig anfallenden Entnahmen und Einlagen bedarf es einer tage- bzw

---

337 Diese gesellschaftsrechtlich vorgesehene Möglichkeit besteht unabhängig von der steuerrechtlichen Behandlung von Vergütungen, die ein Gesellschafter von der Gesellschaft für seine Tätigkeit im Dienste der Gesellschaft erhält.

338 Vgl dazu den generellen Verweis des § 161 Abs 2 UGB, wonach – soweit in den spezifischen Vorschriften zur KG nichts anderes bestimmt ist – auf die KG die für die OG geltenden Vorschriften Anwendung finden.

monatsweisen Zinsberechnung. Bei regelmäßig durchgeführten Entnahmen bzw Einlagen kann die Berechnung mithilfe des „durchschnittlich gebundenen Kapitals“ vorgenommen werden:

$$\frac{\text{zinswirksames}^{339}\text{ Anfangskapital + zinswirksames Endkapital}}{2}$$

Reicht der Jahresgewinn zur eigentlich vorgesehenen Verzinsung nicht aus, ist ein entsprechend niedrigerer Satz zu ermitteln:

$$\frac{\text{Gewinn}}{\text{insgesamt zu verzinsendes Kapital aller Gesellschafter}} \text{ x } 100 = \text{x } \%$$

Beispiel:

Der Gesellschaftsvertrag der Adam A. & Co OG sieht bezüglich der Gewinnverteilung vor, dass zunächst das Kapital, das der Gesellschaft von den Gesellschaftern zur Verfügung gestellt wurde, mit 4 % pa zu verzinsen ist, und ein danach verbleibender Gewinn nach dem Verhältnis der festen Kapitalkonten aufgeteilt wird. Bezüglich der Gewinnverbuchung ist bestimmt, dass diese über die ergänzenden Privatkonten der Gesellschafter zu erfolgen hat.

An der Adam A. & Co OG sind die Gesellschafter Adam A., Benjamin B. und Conrad C. beteiligt. Zum 31. 12. weisen die Konten der Gesellschafter folgende Werte auf:

	Soll	*Haben*
Festes Kapital Adam A.		*30.000*
Festes Kapital Benjamin B.		*50.000*
Festes Kapital Conrad C.		*60.000*
Privat Adam A.		*5.000*
Privat Benjamin B.	*24.000*	
Privat Conrad C.	*20.000*	

Bezüglich der Privatkonten liegen für das Abschlussjahr folgende Informationen vor:

- *Adam A. tätigte am 1. 2. eine Entnahme in der Höhe von 8.000,–, legte am 30. 6. einen Betrag von 15.000,– ein und entnahm am 1. 12. weitere 2.000,–;*
- *Benjamin B. entnahm zu Beginn jedes Monats 2.000,–;*
- *Conrad C. entnahm zum Ende jedes Quartals 5.000,–.*

Wie hoch sind die Gewinnanteile der einzelnen Gesellschafter und welche Buchungen sind erforderlich, wenn ein verteilungsfähiger Gewinn in Höhe von:

a) 22.700,00

b) 2.987,50

vorliegt?

---

339 Dabei ist insbesondere auf Entnahmen bzw Einlagen zu Beginn und zum Ende des Geschäftsjahres zu achten. So mindern bspw (bei Abschlussstichtag 31. 12.) bereits am 1. 1. entnommene Beträge das Kapital sofort und sind deshalb nicht zinswirksam. Erst am 31. 12. durchgeführte Entnahmen haben hingegen keine Auswirkung auf das zinswirksame Kapital.

Lösung:

a) Gewinn = 22.700,00:

Zunächst hat eine kontokorrentmäßige Verzinsung der Kapitalien mit 4 % zu erfolgen, wobei sowohl die Kapitalkonten als auch die Privatkonten der einzelnen Gesellschafter Berücksichtigung finden:

Adam A. entnahm und legte unregelmäßig ein, was folgende Berechnung seines Zinsanteils notwendig macht:

Zeitraum[340]	*vorhandenes Kapital*	*zinswirksames Kapital*[341]	*Zinsanspruch*[342]
1. 1.–31. 1. = 30 Tage	*30.000,00*	*2.500,00*	*100,00*
1. 2.–30. 6. = 150 Tage	*22.000,00*	*9.166,67*	*366,67*
1. 7.–30. 11. = 150 Tage	*37.000,00*	*15.416,67*	*616,67*
1. 12.–31. 12. = 30 Tage	*35.000,00*	*2.916,67*	*116,67*
		30.000,00	*1.200,00*

Benjamin B. tätigte regelmäßige Entnahmen, sodass vereinfacht berechnet werden kann:

$$\frac{\text{zinswirksames Anfangskapital} + \text{zinswirksames Endkapital}}{2} \text{ x } 4\,\% =$$

$$= \frac{48.000 + 26.000}{2} \text{ x } 4\,\% = 37.000 \text{ x } 4\,\% = \underline{\underline{1.480,00}}$$

(Bei Berechnung des zinswirksamen Anfangskapitals ist zu beachten, dass die erste – am 1. 1. erfolgte – Entnahme das Anfangskapital sofort mindert und somit nur der bereits reduzierte Betrag verzinst werden darf.)

Conrad C., der ebenfalls regelmäßige Entnahmen tätigte, hat einen folgendermaßen zu ermittelnden Zinsanspruch:

$$\frac{\text{zinswirksames Anfangskapital} + \text{zitiswirksames Endkapital}}{2} \text{ x } 4\,\% =$$

$$= \frac{60.000 + 45.000}{2} \text{ x } 4\,\% = 52.500 \text{ x } 4\,\% = \underline{\underline{2.100,00}}$$

(Bei Berechnung des zinswirksamen Endkapitals ist zu berücksichtigen, dass die letzte Entnahme erst am 31. 12. erfolgte, bis dahin also der um sie noch nicht reduzierte Betrag zinswirksam war.)

---

340 *Die Berechnung wird hier vereinfachend mit 360 Tagen/Jahr bzw 30 Tagen/Monat vorgenommen.*

341 *Das zinswirksame Kapital ergibt sich unter Berücksichtigung des zinswirksamen Zeitraums: Kapital x Tage/360 bzw Monate/12.*

342 *Der Zinsanspruch ergibt sich letztlich aus einer Multiplikation des Kapitals während des Zeitraums mit dem „Tageszinssatz" bzw „Monatszinssatz": Kapital x Tage x 4 %/360 bzw x Monate x 4 %/12.*

Die Verteilung des Restgewinns ist im Verhältnis der festen Kapitalkonten vorzunehmen:

Gewinn	*22.700*	
abzüglich Verzinsung	*– 4.780*	*(= 1.200 + 1.480 + 2.100)*
Restgewinn	*17.920*	

	Adam A.	*Benjamin B.*	*Conrad C.*	*Summen*
Festes Kapital	*30.000*	*50.000*	*60.000*	*140.000*
anteiliger Restgewinn	*3.840*	*6.400*	*7.680*	*17.920*

Insgesamt ergeben sich folgende Gewinnanteile:

	Adam A.	*Benjamin B.*	*Conrad C.*	*Summen*
Verzinsung	*1.200*	*1.480*	*2.100*	*4.780*
anteiliger Restgewinn	*3.840*	*6.400*	*7.680*	*17.920*
Gewinnanteil	*5.040*	*7.880*	*9.780*	*22.700*

Entsprechend der gesellschaftsvertraglichen Regelung sind die Ergebnisanteile in die Privatkonten einzustellen:

	G & V	*22.700*	
an	*Privat Adam A.*		*5.040*
an	*Privat Benjamin B.*		*7.880*
an	*Privat Conrad C.*		*9.780*

Die Salden der Privatkonten werden dann unmittelbar in die Bilanz abgeschlossen und scheinen dort – neben den festen Kapitalkonten der Gesellschafter – gesondert auf.

b) Gewinn = 2.987,50:

Wird nach Berechnung einer Verzinsung mit 4 % ersichtlich, dass der Jahresgewinn dafür nicht ausreichend ist, ist ein geringerer Zinssatz zu ermitteln und zugrunde zu legen:

$$\frac{\text{Gewinn}}{\text{gesamtes zinswirksames Kapital}} = \frac{2.987,50}{119.500,00} = 2,5\,\%$$

Das gesamte zinswirksame Kapital ergibt sich aus der Summe der zinswirksamen Kapitalien aller Gesellschafter:

Adam A.:	*30.000*
Benjamin B.:	*37.000*
Conrad C.:	*52.500*
	119.500

Legt man nunmehr diesen Zinssatz zugrunde, ergibt sich folgende Gewinnverteilung (ein Restgewinn bleibt natürlich nicht mehr!):

Adam A.:	*30.000 x 2,5 % =*	*750,00*
Benjamin B.:	*37.000 x 2,5 % =*	*925,00*
Conrad C.:	*52.500 x 2,5 % =*	*1.312,50*

Die Verbuchung des Ergebnisses sieht damit folgendermaßen aus:

	G & V	*2.987,50*	
an	*Privat Adam A.*		*750,00*
an	*Privat Benjamin B.*		*925,00*
an	*Privat Conrad C.*		*1.312,50*

Ist im Gesellschaftsvertrag vorgesehen, dass eine Verzinsung der in der Gesellschaft befindlichen Kapitalien der Gesellschafter zu erfolgen hat, ist zu beachten, dass bei der Berechnung des zinsberechtigten Kapitals **ausstehende Einlagen und Verlustverrechnungskonten von den festen Kapitalkonten bzw den bedungenen Einlagen in Abzug zu bringen sind.** Der zur Ausschüttung vorgesehene, aber noch nicht entnommene Gewinn eines OG-Gesellschafters bzw eines Komplementärs stellt hingegen ebenso wenig wie der behebbare, aber noch nicht behobene Gewinn eines Kommanditisten (Konto „Gewinnverrechnung" in der Klasse 3) einen Eigenkapitalbestandteil dar und ist bei der (Eigen-)Kapitalverzinsung demzufolge nicht zu berücksichtigen.[343]

3.9.4. Kapitalgesellschaften

3.9.4.1. Eigenkapitalkonten

3.9.4.1.1. Bestandteile

Kapitalgesellschaften (Aktiengesellschaft, Gesellschaft mit beschränkter Haftung) sind von ihren Mitgliedern losgelöst, sie haben als juristische Person eine eigene Rechtspersönlichkeit. Die Kapitalgesellschaft selbst ist Eigentümerin des Unternehmens; nur sie ist Schuldnerin ihrer Gläubiger. Daraus ergibt sich auch die nötige **spezifische Verbuchung im Bereich des Eigenkapitals.**

Für die **Zuordnung von Beträgen zum Eigenkapital** ist bedeutsam, dass dieses grundsätzlich die Kriterien der Nachrangigkeit (Rückzahlungsanspruch erst nach Befriedigung aller Gläubiger), Erfolgsabhängigkeit der Vergütung (keine fixe Verzinsung) sowie der fehlenden Befristung der Kapitalüberlassung erfüllen muss. Anderenfalls liegt nicht Eigenkapital vor, sondern sind Verbindlichkeiten anzusetzen.

Dies betrifft insbesondere auch **Verrechnungen mit den Gesellschaftern bzw Gesellschafter-Geschäftsführern von Kapitalgesellschaften:** Es ist zu beachten, dass Kapitalgesellschaften – und dies gilt auch für sog Einmanngesellschaften – rechtlich selbständige, von ihren Gesellschaftern differenziert zu sehende juristische Personen darstellen; Gesellschaftsvermögen und Gesellschaftervermögen sind verschiedene Vermögensmassen (sog Trennungsprinzip bzw Prinzip der selbständigen Identität). Die Gesellschafter können gegenüber ihren Gesellschaften Verpflichtungen oder Ansprüche wie Dritte haben – etwa infolge von Darlehensgewährungen oder Tätigkeitsvergütungen –, die bei der Kapitalgesellschaft **als Forderungen bzw Verbindlichkeiten auszuweisen** sind. Unzulässig ist es demzufolge auch, für laufend von den Gesellschaftern für die Gesellschaft geleistete Zahlungen bzw aus ihr entnommene Beträge – wie bei Einzelunternehmen oder Personengesellschaften – Privatkonten in der Klasse 9 zu führen.

343 Natürlich kann es sein, dass diese stehen gelassenen Gewinne einer Verzinsung als Verbindlichkeiten unterliegen.

Die Gesellschaft hat insofern keine Privatsphäre bzw der Gesellschafter ist – abgesehen von ihm zustehenden Gewinnausschüttungen – weder berechtigt, nicht an die Gesellschaft zurückzuzahlende „Entnahmen" zu tätigen (Verbot der Einlagenrückgewähr), noch verpflichtet, über seine gesellschaftsvertraglich fixierte übernommene Einlage hinausgehende „Einlagen" zu leisten.

Das UGB enthält in den ergänzenden Vorschriften für Kapitalgesellschaften folgende **Regelung zur Gliederung** des Eigenkapitals:

§ 224 UGB

(3) Eigenkapital:

I. eingefordertes Nennkapital (Grund-, Stammkapital);

II. Kapitalrücklagen:

1. gebundene;

2. nicht gebundene;

III. Gewinnrücklagen:

1. gesetzliche Rücklage;

2. satzungsmäßige Rücklagen;

3. andere Rücklagen (freie Rücklagen);

IV. Bilanzgewinn (Bilanzverlust), davon Gewinnvortrag/Verlustvortrag.

Aufgrund der Vorschriften der § 229 Abs 1a und 1b und § 225 Abs 5 UGB können sich **weitere Posten** ergeben.[344]

3.9.4.1.2. eingefordertes Nennkapital

Eine **Umschreibung** des eingeforderten Nennkapitals findet sich in § 229 Abs 1 UGB. Danach gilt für das Nennkapital grundsätzlich Folgendes:

§ 229 (1) UGB

Beim eingeforderten Nennkapital sind auch der Betrag der übernommenen Einlagen („Nennkapital") und das einbezahlte Nennkapital anzugeben ... Der eingeforderte, aber noch nicht eingezahlte Betrag ist unter den Forderungen gesondert auszuweisen und entsprechend zu bezeichnen.

In der Hauptspalte der Bilanz ist **auf der Passivseite lediglich das eingeforderte Nennkapital** auszuweisen. Zudem wird bestimmt, dass **eingeforderte, jedoch noch nicht eingezahlte ausstehende Einlagen aktivseitig als Forderungen** auszuweisen sind. Sind von den übernommenen Einlagen (= gezeichnetes Nennkapital) nicht alle Einlagen bereits geleistet oder zumindest eingefordert, ergibt sich somit der in der Hauptspalte der Bilanz anzusetzende Betrag als Differenz zwischen dem Nennbetrag der übernommenen Einlagen (= (gezeichnetes) Nennkapital) und dem Betrag der nicht eingeforderten ausstehenden Einlagen. Der (Nenn-)Betrag der übernommenen Einlagen – das gezeichnete Nennkapital im Nominale – sowie das zum Abschlussstichtag bereits einbezahlte Nennkapital sind ergänzend anzugeben.

344 Vgl dazu Kap 3.9.4.1.2. und 3.9.4.1.6.

Beispiel:

Laut Gesellschaftsvertrag einer neu gegründeten GmbH beträgt das Stammkapital 35.000,–.

Davon wird ein Betrag von 17.500,– sofort auf das Bankkonto der GmbH eingezahlt. Weitere 7.500,– werden zwar sofort eingefordert, sind jedoch erst mit Ablauf des ersten Geschäftsjahres der GmbH einzuzahlen. Der Restbetrag von 10.000,– bleibt uneingefordert.

Wie ist das Nennkapital der GmbH dazustellen?

Lösung:

Das Nennkapital der GmbH ist wie folgt abzubilden:

I.	*(gezeichnetes) Stammkapital*			
	(= übernommene Einlagen)		*35.000*	
	abzüglich			
	nicht eingeforderte ausstehende Einlagen		*– 10.000*	
	eingefordertes Stammkapital			*25.000*
	(davon einbezahltes Stammkapital:	*17.500)*		

Möglich ist auch folgende Darstellung:

I.	*eingefordertes Stammkapital*		*25.000*
	(übernommene Einlagen (Nennkapital)/		
	(„gezeichnetes") Stammkapital:	*35.000;*	
	einbezahltes Stammkapital:	*17.500)*	

In beiden Fällen sind die eingeforderten, aber noch nicht einbezahlten Einlagen (7.500) auf der Aktivseite der Bilanz gesondert unter den Forderungen auszuweisen.

In der Buchhaltung wird das Nennkapital (= übernommene Einlagen im Nennkapital bzw gezeichnetes Kapital) **als starres Konto mit Nominalwertcharakter** geführt. Es ist grundsätzlich in dem Betrag auszuweisen, mit welchem das Grundkapital der AG bzw das Stammkapital der GmbH **am Abschlussstichtag in das Firmenbuch eingetragen** ist.

Keinen Einfluss auf das auszuweisende Nennkapital dürfen die sog **Gründungs- und Eigenkapitalbeschaffungskosten** – wie die Ausfertigung des Gesellschaftsvertrages, die Anmeldung zum Firmenbuch oder die Kosten der Aktienemission – haben: Diese Kosten sind jedenfalls aufwandsmäßig zu erfassen; für sie ist das Bilanzierungsverbot des § 197 Abs 1 UGB zu beachten:

§ 197 (1) UGB

Aufwendungen für die Gründung des Unternehmens und für die Beschaffung des Eigenkapitals dürfen nicht als Aktivposten in die Bilanz eingestellt werden.

Das **Aktivierungsverbot** gilt dabei sowohl für die Kosten der Gründung und erstmaligen Eigenkapitalbeschaffung als auch für Kosten, welche im Zusammenhang mit nachfolgenden Kapitalerhöhungen anfallen, wobei es nicht nur bei Erhöhungen des Nennkapitals selbst zu beachten ist, sondern auch bei sonstigen Erhöhungen des Eigenkapitals wie bspw bei Zuzahlungen von Gesellschaftern, welche in die Kapitalrücklagen einzustellen sind.[345]

345 Vgl dazu unter Kap 3.9.4.1.3.

Die **Höhe des Nennkapitals wird im Zuge der Gründung der Kapitalgesellschaft in deren Satzung bzw Gesellschaftsvertrag festgelegt**. Eine **Änderung** ist nur durch gesellschaftsrechtlich genau festgelegte Maßnahmen, die einer Änderung der Satzung bzw des Gesellschaftsvertrages sowie einer Eintragung in das Firmenbuch bedürfen, möglich:

Kapitalerhöhungen:
- ordentliche (§§ 149 ff AktG bzw §§ 52 f GmbHG)
- bedingte (§§ 159 ff AktG)
- genehmigte (§§ 169 ff AktG)
- nominelle Kapitalerhöhung bzw Kapitalberichtigung (Kapitalberichtigungsgesetz 1967)

Kapitalherabsetzungen:
- ordentliche Kapitalherabsetzung (§§ 175 ff AktG bzw §§ 54 ff GmbHG)
- vereinfachte Kapitalherabsetzung (§§ 182 ff AktG bzw §§ 59 f GmbHG)
- Kapitalherabsetzung durch Einziehung von Aktien bzw Gesellschaftsanteilen (§§ 192 ff AktG bzw § 58 GmbHG)

Für **ausstehende Einlagen** bedarf es gesonderter Konten als Eigenkapitalkorrektur bzw als Forderung.

Beispiel:

Eine GmbH beschließt im September des Geschäftsjahres eine Erhöhung ihres – bereits zur Gänze einbezahlten – Stammkapitals von 300.000,– auf 500.000,–. Bis zur Eintragung der Kapitalerhöhung in das Firmenbuch im November des Jahres wird eine Einlage von 50.000,– durch Banküberweisung auf das Gesellschaftskonto geleistet. Weitere 80.000,– sind zum 31. 12. eingefordert und werden im Jänner des Folgejahres eingezahlt. Der Restbetrag in Höhe von 70.000,– kann nach einer entsprechenden Klausel im Kapitalerhöhungsbeschluss von den Geschäftsführern nach Bedarf eingefordert werden.

Wie ist dieser Sachverhalt in der Bilanz der GmbH zum 31. 12. zu berücksichtigen?

Lösung:

Soweit Einzahlungen auf Kapitalerhöhungen vor deren Eintragung ins Firmenbuch erfolgen, sind sie auf einem gesonderten Konto, etwa mit der nachfolgenden Bezeichnung zu erfassen:

	(2)	*Bank*	*50.000*	
an	*(9)*	*Geleistete Einzahlungen auf beschlossene, aber noch nicht eingetragene Kapitalerhöhungen*		*50.000*

Ab der Eintragung des erhöhten Stammkapitals in das Firmenbuch ist es mit dem erhöhten Betrag anzusetzen; die noch ausstehenden Einlagen sind in Abhängigkeit von ihrer Einforderung zu erfassen:

	(9)	*Geleistete Einzahlungen auf beschlossene, aber noch nicht eingetragene Kapitalerhöhungen*	*50.000*	
	(2)	*Eingeforderte ausstehende Einlagen*	*80.000*	
	(9)	*Nicht eingeforderte ausstehende Einlagen*	*70.000*	
an	*(9)*	*Stammkapital*		*200.000*

In der Bilanz der GmbH zum 31. 12. ist das Nennkapital wie folgt auszuweisen:

I.	*(„gezeichnetes") Stammkapital*	*500.000*	
	abzüglich nicht eingeforderte ausstehende Einlagen	*– 70.000*	
	eingefordertes Stammkapital		*430.000*
	(davon einbezahltes Stammkapital:	*350.000)*	

oder:

I.	*eingefordertes Stammkapital*		*430.000*
	(übernommene Einlagen (Nennkapital)/		
	(„gezeichnetes") Stammkapital:	*500.000;*	
	einbezahltes Stammkapital:	*350.000)*	

Für sog **gründungsprivilegierte GmbH**[346] enthält § 229 Abs 1 UGB eine besondere Regelung:

§ 229 (1) UGB

... Gesellschaften, die eine Gründungsprivilegierung in Anspruch nehmen (§ 10b GmbHG), haben zusätzlich jenen Betrag auszuweisen, den die Gesellschafter nach § 10b Abs 4 GmbHG nicht zu leisten verpflichtet sind. ...

Damit besteht für diese Gesellschaften die Verpflichtung, während der Phase der Gründungsprivilegierung – das sind maximal zehn Jahre ab der Eintragung der Gesellschaft ins Firmenbuch – **durch die Eigenkapitaldarstellung in ihren Bilanzen ersichtlich zu machen, wie viel von den insgesamt übernommenen Stammeinlagen während der Phase der Gründungsprivilegierung nicht eingezahlt werden müssen.**

Beispiel:

Im Gesellschaftsvertrag einer neu gegründeten GmbH ist vorgesehen, dass die Gesellschaft die Gründungsprivilegierung nach § 10b GmbHG in Anspruch nimmt und die Summe der gründungsprivilegierten Stammeinlagen mit 10.000 festsetzt.

Die Gesellschafter leisten die erforderlichen Bareinzahlungen in der Höhe von insgesamt 5.000; die restlichen gründungsprivilegierten Stammeinlagen wurden zunächst nicht eingefordert.

346 Gründungsprivilegierte GmbH sind Gesellschaften mit beschränkter Haftung, die im Rahmen der Gründung – durch entsprechende Vereinbarungen im Gesellschaftsvertrag – in Anspruch nehmen, dass die Summe der Stammeinlagen zunächst nur zumindest 10.000 € beträgt, wovon insgesamt mindestens 5.000 € in bar – Sacheinlagen sind dafür unzulässig – eingezahlt werden müssen (vgl § 10b GmbHG). Die Gründungsprivilegierung endet spätestens nach zehn Jahren ab der Eintragung der Gesellschaft ins Firmenbuch. Bis dahin ist das Stammkapital der Gesellschaft zumindest auf das vorgeschriebene Mindeststammkapital für die GmbH und damit auf 35.000 € zu erhöhen und ist auch die grundsätzlich erforderliche Mindesteinzahlung von 17.500 € zu leisten. Während der aufrechten Gründungsprivilegierung sind die Gesellschafter nur insoweit zu weiteren Einzahlungen auf die von ihnen übernommenen Stammeinlagen verpflichtet, als die bereits geleisteten Einzahlungen hinter den gründungsprivilegierten Stammeinlagen zurückbleiben, wobei dies sogar für den Fall eines während der Gründungsprivilegierung über das Vermögen der Gesellschaft eröffneten Insolvenzverfahrens gilt (vgl § 10b Abs 4 GmbHG). Damit wird in dieser Zeit grundsätzlich von der üblichen – nach § 63 Abs 1 GmbHG bestehenden – Verpflichtung zur Einzahlung der gesamten übernommenen Stammeinlage abgesehen; Einforderungen der Gesellschaft können sich somit auch nur auf allenfalls noch offene gründungsprivilegierte Stammeinlagen beziehen.

Wie ist das Nennkapital der GmbH dazustellen?

Lösung:

Das Eigenkapital der gründungsprivilegierten GmbH kann folgendermaßen abgebildet werden:

I.	*(„gezeichnetes“) Stammkapital*	*35.000*	
	abzüglich nach § 10b GmbHG		
	nicht einforderbare ausstehende Stammeinlagen	*– 25.000*	
	gründungsprivilegierte Stammeinlagen	*10.000*	
	abzüglich sonstige		
	nicht eingeforderte ausstehende Einlagen	*– 5.000*	
	eingefordertes Stammkapital		*5.000*
	(davon einbezahltes Stammkapital:	*5.000)*	

oder:

I.	*(„gezeichnetes“) Stammkapital*	*35.000*	
	abzüglich nicht eingeforderte ausstehende Einlagen	*– 30.000*	
	(davon nach § 10b GmbHG nicht einforderbar: 25.000)		
	eingefordertes Stammkapital		*5.000*
	(davon einbezahltes Stammkapital:	*5.000)*	

oder:

I.	*eingefordertes Stammkapital*		*5.000*
	(übernommene Einlagen (Nennkapital)/		
	(„gezeichnetes“) Stammkapital:	*35.000;*	
	nach § 10b GmbHG nicht zu leistende Einlagen:	*25.000;*	
	einbezahltes Stammkapital:	*5.000)*	

oder:

I.	*eingefordertes und einbezahltes Stammkapital*		*5.000*
	(übernommene Einlagen (Nennkapital)/		
	(„gezeichnetes“) Stammkapital:	*35.000;*	
	nach § 10b GmbHG nicht zu leistende Einlagen:	*25.000)*	

Für den Fall, dass eine **Gesellschaft eigene Anteile in ihrem Besitz** hat,[347] sehen § 229 Abs 1a und 1b UGB Folgendes vor:

§ 229 UGB

(1a) Der Nennbetrag oder, falls ein solcher nicht vorhanden ist, der rechnerische Wert von erworbenen eigenen Anteilen ist in der Vorspalte offen vom Nennkapital abzuziehen. Der Unterschiedsbetrag zwischen dem Nennbetrag oder dem rechnerischen Wert dieser Anteile und ihren Anschaffungskosten ist mit den nicht gebundenen Kapitalrücklagen und den freien Gewinnrücklagen (§ 224 Abs 3 A II Z 2 und III Z 3) zu verrechnen. Aufwendungen,

347 Vgl zur Beschränkung des Erwerbs eigener Aktien insb auch § 65 AktG.

die Anschaffungsnebenkosten sind, sind Aufwand des Geschäftsjahrs. In die gebundenen Rücklagen ist ein Betrag einzustellen, der dem Nennbetrag beziehungsweise dem rechnerischen Wert der erworbenen eigenen Anteile entspricht. § 192 Abs 5 AktG ist anzuwenden.

(1b) Nach der Veräußerung der eigenen Anteile entfällt der Abzug nach Abs 1a erster Satz. Ein den Nennbetrag oder den rechnerischen Wert übersteigender Differenzbetrag aus dem Veräußerungserlös ist bis zur Höhe des mit den frei verfügbaren Rücklagen nach Abs 1a zweiter Satz verrechneten Betrags in die jeweiligen Rücklagen einzustellen. Ein darüber hinausgehender Differenzbetrag ist in die Kapitalrücklage gemäß Abs 2 Z 1 einzustellen. Die Nebenkosten der Veräußerung sind Aufwand des Geschäftsjahrs. Die Rücklage nach Abs 1a vierter Satz ist aufzulösen.

Eigene Anteile sind nach § 229 Abs 1a UGB – unabhängig davon, ob sie längerfristig oder nur kurzfristig gehalten werden sollen –, **nicht als Vermögensgegenstände auf der Aktivseite der Bilanz auszuweisen**, sondern es hat eine Aufsplittung ihrer Anschaffungskosten zu erfolgen und es sind folgende Verrechnungen bzw Erfassungen vorzunehmen:

- Der **Nennbetrag bzw der rechnerische Wert der erworbenen eigenen Anteile** ist offen vom Nennkapital der Gesellschaft abzusetzen.
- Der **Unterschiedsbetrag zwischen dem vom Nennkapital abzusetzenden Betrag und den Anschaffungskosten für die eigenen Anteile** ist mit den nicht gebundenen Kapitalrücklagen und/oder den freien Gewinnrücklagen zu verrechnen. Diese „Verrechnung" kann zu einer Reduktion dieser Rücklagen führen – so dann, wenn die Anschaffungskosten der eigenen Anteile höher sind als der vom Nennkapital abzusetzende Betrag –, es kann sich daraus aber auch eine Erhöhung der Rücklagen ergeben – so, wenn die Anschaffungskosten der eigenen Anteile geringer sind als der vom Nennkapital abzusetzende Betrag. Sind – beim ersten Fall – nicht ausreichend Rücklagen vorhanden, um die den Nennbetrag bzw den rechnerischen Wert übersteigenden Anschaffungskosten aufzunehmen, geht dieser überschüssige Betrag zulasten des Bilanzergebnisses. Die Anschaffungskosten im Zusammenhang mit dieser Verrechnung sind lediglich der Kaufpreis für die Anteile, Anschaffungsnebenkosten sind dabei nicht miteinzubeziehen.
- Die bei anderen Erwerben zu aktivierenden **Anschaffungsnebenkosten** sind im Geschäftsjahr des Erwerbs als Aufwand zu erfassen.

Ergänzend hat bei einem Erwerb von eigenen Anteilen **im Geschäftsjahr des Erwerbes die Bildung einer Rücklage** zu erfolgen, und zwar in Höhe des Nennbetrages bzw des rechnerischen Wertes der Anteile. Zur Bildung dieser Rücklage können nicht gebundene Kapitalrücklagen sowie freie Gewinnrücklagen herangezogen werden. Auch eine Bildung zulasten des Ergebnisses ist möglich und kann allenfalls auch dazu führen, dass ein Bilanzverlust entsteht oder sich vergrößert. Der Ausweis der **zB als „Rücklage wegen eigener Anteile bzw Aktien" zu bezeichnenden Rücklage** hat je nach ihrer Herkunft unter den Kapital- oder den Gewinnrücklagen zu erfolgen. Die Bildung der Rücklage verhindert eine Ausschüttung, die anderenfalls in Höhe des vom Nennkapital abgesetzten Betrages der eigenen Anteile möglich wäre. Die Rücklage ist beizubehalten, solange es die eigenen Anteile gibt.[348]

348 Zum Fall der nachfolgenden Veräußerung der eigenen Anteile vgl später. Der Verweis auf § 192 Abs 5 AktG bezieht sich auf die Kapitalherabsetzung durch Einziehung von Aktien und die Möglichkeit, die Vorschriften über die ordentliche Kapitalherabsetzung nicht befolgen zu müssen, wenn voll eingezahlte Ak-

Beispiel:

Eine AG weist zum Ende eines Geschäftsjahres folgendes – vorläufiges – Eigenkapital aus:

I.	*eingefordertes und einbezahltes Grundkapital (gezeichnetes Grundkapital: 3,000.000)*		*3,000.000*	
II.	*Kapitalrücklagen:*			
	nicht gebundene		*10.000*	
III.	*Gewinnrücklagen:*			
	1. gesetzliche Rücklage	*300.000*		
	2. freie Rücklagen	*7.000*	*307.000*	
IV.	*Bilanzgewinn*		*200.000*	*3.517.000*

Noch nicht berücksichtigt wurde dabei, dass während des Geschäftsjahres um einen Kaufpreis in der Höhe von 70.000,– eigene Aktien im Nennbetrag von 45.000,– gekauft wurden. Die Aktien wurden zunächst mit ihrem Kaufpreis zuzüglich der beim Erwerb angefallenen Anschaffungsnebenkosten von 1.000,– auf einem Konto „ (2) eigene Aktien" erfasst, sodass auf diesem Konto derzeit ein Betrag von 71.000,– aufscheint.

Welche Buchungen sind im Zusammenhang mit diesem Aktienerwerb notwendig und wie stellt sich danach das Eigenkapital der AG dar?

Welche Änderungen ergeben sich, wenn die Aktien im Nennbetrag von 45.000,– um 40.000,– zuzüglich der Nebenkosten von 1.000,– angeschafft wurden und der auf dem Konto „(2) eigene Anteile" ausgewiesene Stand demzufolge 41.000,– beträgt?

Lösung:

Die erworbenen eigenen Aktien sind nicht unter den Vermögensgegenständen auszuweisen; vielmehr sind ihr Anschaffungspreis und die Anschaffungsnebenkosten aufgesplittet wie folgt umzubuchen:

- *Der Nennbetrag der Aktien ist auf einen gesondert zu erfassenden Abzugsposten für das Nennkapital umzubuchen:*

	(9)	*Nennbetrag eigener Aktien*	*45.000*	
an	*(2)*	*eigene Aktien*		*45.000*

- *Der Unterschiedsbetrag zwischen dem Nennbetrag (= 45.000) und den Anschaffungskosten – bzw genau genommen dem Anschaffungspreis – der eigenen Anteile (= 70.000) ist mit den nicht gebundenen Kapitalrücklagen bzw den freien Gewinnrücklagen zu verrechnen. Eine direkte Verrechnung durch Saldierung des Aktivpostens „eigene Anteile" mit den Rücklagen mittels der Buchung „...rücklagen an eigene Anteile", wie dies in der Literatur vertreten wird, hat den Nachteil, dass sie die Ursache der Verringerung der Rücklagen nicht erkennbar macht; bei einer derartigen unmittelbaren Umbuchung ist das durch entsprechende Erläuterung im Anhang zu vermeiden. Wird die „Verrechnung" unter Einhaltung der (Ausweis-)Vorschriften zur Eigenkapitalverwendung gem § 231 Abs 2 Z 22–24 bzw Abs 3 Z 21–23 UGB durchgeführt, ist das*

tien der Gesellschaft unentgeltlich zur Verfügung gestellt oder zulasten des aus der Jahresbilanz sich ergebenden Bilanzgewinns, einer freien Rücklage oder eben einer Rücklage gemäß § 225 Abs 1a vierter Satz UGB eingezogen werden.

zur Ausbuchung des Unterschiedsbetrages zwischen dem Nennbetrag der eigenen Anteile und ihren Anschaffungskosten verwendete Konto „(8) Aufwand infolge des Erwerbs eigener Aktien" in der G&V bei den Rücklagenbewegungen einzuordnen:

	(8)	Aufwand infolge des Erwerbs eigener Aktien	25.000	
an	(2)	eigene Aktien		25.000

	(9)	nicht gebundene Kapitalrücklagen	10.000	
an	(8)	(Erträge aus der) Auflösung von Kapitalrücklagen (infolge des Erwerbs eigener Aktien)		10.000

	(9)	freie Gewinnrücklagen	7.000	
an	(8)	(Erträge aus der) Auflösung von Gewinnrücklagen (infolge des Erwerbs eigener Aktien)		7.000

- *Soweit keine Auflösung von freien Rücklagen erfolgt (erfolgen kann), verbleibt der Unterschiedsbetrag zwischen dem Nennbetrag der eigenen Aktien und dem dafür geleisteten Anschaffungspreis ergebniswirksam, was im Beispielfall einen Aufwand von 8.000 betrifft.*
- *Die Anschaffungsnebenkosten für den Erwerb der eigenen Aktien sind aufwandswirksam zu erfassen:*

	(7)	Spesen infolge des Erwerbs eigener Aktien	1.000	
an	(2)	eigene Aktien		1.000

Ergänzend ist noch in Höhe des Nennbetrages der eigenen Aktien eine Einstellung in die gebundenen Rücklagen vorzunehmen. Da keine dafür grundsätzlich verwendbaren ungebundenen oder freien Rücklagen mehr zur Verfügung stehen, erfolgt die Einstellung zur Gänze zulasten des Bilanzergebnisses:

	(8)	Zuweisung zu Gewinnrücklagen (Rücklage wegen eigener Aktien)	45.000	
an	(9)	Gewinnrücklagen: Rücklage wegen eigener Aktien		45.000

Damit stellt sich das Eigenkapital nach dem Erwerb der eigenen Anteile wie folgt dar:

I.	Grundkapital	3,000.000		
	abzüglich Nennbetrag eigener Aktien	– 45.000	2,955.000 *)	
II.	Gewinnrücklagen:			
	1. gesetzliche Rücklage	300.000		
	2. Rücklage wegen eigener Aktien	45.000	345.000	
III.	Bilanzgewinn**)		146.000	3,446.000

**) Die Zwischensumme nach Abzug des Nennbetrages der eigenen Aktien kann als „ausgegebenes (Grund-)Kapital" bezeichnet werden.*

***) Der Bilanzgewinn ergibt sich ausgehend vom Angabewert unter Berücksichtigung der vorgenommenen ergebniswirksamen Buchungen folgendermaßen:*

200.000 – 25.000 + 10.000 + 7.000 – 1.000 – 45.000 = 146.000

Werden die eigenen Aktien im Nennbetrag von 45.000 um 40.000 zuzüglich 1.000 Anschaffungsnebenkosten erworben, sind folgende Buchungen erforderlich:

- *Der Nennbetrag der Aktien ist auf einen gesondert zu erfassenden Abzugsposten für das Nennkapital umzubuchen:*

	(9)	*Nennbetrag eigener Aktien*	*45.000*	
an	*(2)*	*eigene Aktien*		*45.000*

- *Der Unterschiedsbetrag zwischen dem Nennbetrag (= 45.000) und dem Anschaffungspreis (= 40.000) ist in diesem Fall negativ, was zu einer Erhöhung der nicht gebundenen Kapitalrücklagen bzw der freien Gewinnrücklagen führt. Wird zB der gesamte Unterschiedsbetrag mit den Gewinnrücklagen „verrechnet" (vgl zu dieser Form der „Verrechnung" bereits beim vorstehenden Beispielfall der den Nennbetrag übersteigenden Anschaffungskosten), erfolgt dies mittels folgender Buchungen:*

	(2)	*eigene Aktien*	*5.000*	
an	*(8)*	*Ertrag infolge des Erwerbs eigener Aktien*		*5.000*

	(8)	*Zuweisung zu Gewinnrücklagen (infolge des Erwerbs eigener Aktien)*	*5.000*	
an	*(9)*	*freie Gewinnrücklagen*		*5.000*

- *Die Anschaffungsnebenkosten für den Erwerb der eigenen Aktien sind aufwandswirksam zu erfassen:*

	(7)	*Spesen infolge des Erwerbs eigener Aktien*	*1.000*	
an	*(2)*	*eigene Aktien*		*1.000*

Ergänzend ist noch in Höhe des Nennbetrages der eigenen Aktien (= 45.000) eine Einstellung in die gebundenen Rücklagen vorzunehmen. Dafür können die vorhandene nicht gebundene Kapitalrücklage (= 10.000) sowie die nunmehr aufgestockte freie Gewinnrücklage (= 7.000 + 5.000 = 12.000) verwendet werden; der Restbetrag (= 23.000) verbleibt zulasten des Bilanzergebnisses. Die Umwidmung der vorhandenen Rücklagen kann dabei durch eine direkte Umbuchung erfolgen, jedoch ist danach zu differenzieren, ob die Beträge aus ehemaligen Kapitalrücklagen oder Gewinnrücklagen stammen:

	(9)	*nicht gebundene Kapitalrücklagen*	*10.000*	
	(9)	*freie Gewinnrücklagen*	*12.000*	
	(8)	*Zuweisung zu Rücklagen (Rücklage wegen eigener Aktien)*	*23.000*	
an	*(9)*	*Kapitalrücklagen: Rücklage wegen eigener Aktien*		*10.000*
an	*(9)*	*Gewinnrücklagen: Rücklage wegen eigener Aktien*		*35.000*

Damit stellt sich das Eigenkapital nach dem Erwerb der eigenen Anteile wie folgt dar:

I.	*Grundkapital*	*3,000.000*		
	abzüglich Nennbetrag eigener Aktien	*– 45.000*	*2,955.000*	
II.	*Kapitalrücklagen:*			
	Rücklage wegen eigener Aktien		*10.000*	
III.	*Gewinnrücklagen:*			
	1. gesetzliche Rücklage	*300.000*		
	2. Rücklage wegen eigener Aktien	*35.000*	*335.000*	
IV.	*Bilanzgewinn*)*		*176.000*	*3,476.000*

**) Der Bilanzgewinn ergibt sich ausgehend vom Angabewert unter Berücksichtigung der vorgenommenen ergebniswirksamen Buchungen folgendermaßen:*

200.000 + 5.000 – 5.000 – 1.000 – 45.000 + 10.000 + 12.000 = 176.000

Nach Veräußerung der eigenen Anteile sind folgende Maßnahmen erforderlich:

- Der **Nennbetrag bzw der rechnerische Wert der eigenen Anteile** ist nicht mehr offen vom Nennkapital der Gesellschaft abzusetzen. Vielmehr ist der Betrag wie ein Buchwertabgang eines veraußerten Vermögensgegenstandes auszuscheiden.
- Übersteigt der Veräußerungserlös den Nennbetrag bzw rechnerischen Wert, ist dieser **Differenzbetrag zwischen dem Veräußerungserlös und dem Nennbetrag bzw rechnerischen Wert:**
  - in die frei verfügbaren Rücklagen – somit in die nicht gebundenen Kapitalrücklagen und/oder in die freien Gewinnrücklagen – einzustellen, soweit diese Rücklagen beim Erwerb der eigenen Anteile dazu verwendet wurden, um damit den Unterschiedsbetrag zwischen dem Anschaffungspreis der eigenen Anteile und ihrem Nennbetrag bzw ihrem rechnerischen Wert zu verrechnen;
  - in eine Kapitalrücklage gemäß § 229 Abs 2 Z 1 UGB – und damit in die gebundene Kapitalrücklage – einzustellen, soweit der Veräußerungserlös die seinerzeitigen Anschaffungskosten (ohne Anschaffungsnebenkosten) der Anteile übersteigt.[349]
- Die **„Rücklage wegen eigener Anteile bzw Aktien"** ist aufzulösen.

Sollten bei der Veräußerung der eigenen Anteile **Nebenkosten anfallen**, sind diese im Geschäftsjahr der Veräußerung als Aufwand zu erfassen.

349 Nach dem Wortlaut des § 229 Abs 1b UGB wäre der gesamte Differenzbetrag zwischen dem Veräußerungserlös und dem Nennwert, der nach der Aufstockung der im Zuge des Erwerbs der Anteile reduzierten frei verfügbaren Rücklagen verbleibt, in die (gebundene) Kapitalrücklage gemäß § 229 Abs 2 Z 1 UGB einzustellen. Dies erscheint aber nur sachgerecht, wenn im Zeitpunkt des Erwerbs ausreichend freie Rücklagen zur Verrechnung vorhanden waren. Dann betrifft die Einstellung in die Kapitalrücklagen lediglich den aus der Veräußerung der eigenen Anteile resultierenden Gewinn, nämlich die Differenz zwischen dem Veräußerungserlös und den seinerzeitigen Anschaffungskosten dafür. Waren jedoch beim Erwerb der eigenen Anteile nicht ausreichend Rücklagen zur Verrechnung vorhanden (vgl dazu das vorangegangene Beispiel lt der grundsätzlichen Angabe), ist die Einstellung in die Kapitalrücklage wie oben ausgeführt zu beschränken (vgl dazu das nachfolgende Beispiel).

Beispiel – Fortsetzung:

Wie ist vorzugehen, wenn die um 70.000,– angeschafften eigenen Aktien bereits im nächsten Jahr um 73.000,– veräußert werden und dabei keine Verkaufsspesen anfallen?

Vor der Berücksichtigung dieser Veräußerung setzt sich das Eigenkapital – übernommen aus der vorjährigen Bilanz und noch ohne Berücksichtigung eines Jahresergebnisses – wie folgt zusammen:

I.	*Grundkapital*	*3,000.000*		
	abzüglich Nennbetrag eigener Aktien	*– 45.000*	*2,955.000*	
II.	*Gewinnrücklagen:*			
	1. gesetzliche Rücklage	*300.000*		
	2. Rücklage wegen eigener Aktien	*45.000*	*345.000*	
III.	*Bilanzgewinn*		*146.000*	*3,446.000*

Lösung:

Sollen Saldierungen und unmittelbare Verrechnungen (zB mittels direkter Buchung „Bank bzw sonstige Forderungen an Nennbetrag eigener Anteile") vermieden und die (Ausweis-)Vorschriften zur Eigenkapitalverwendung gem § 231 Abs 2 Z 22–24 bzw Abs 3 Z 21–23 UGB berücksichtigt werden (vgl dazu bereits vorstehend im Zusammenhang mit den Buchungen beim Erwerb der eigenen Anteile), ist der Abgang der eigenen Anteile folgendermaßen abzuwickeln:

Abgesehen von der Erfassung des Veräußerungserlöses:

	(2)	*Bank bzw sonstige Forderungen*	*73.000*	
an	*(8)*	*Erlöse aus der Veräußerung von eigenen Aktien*		*73.000*

sind folgende Buchungen erforderlich:

- *Der Nennbetrag der Aktien ist auszuscheiden:*

	(8)	*Nennbetragsabgang veräußerter eigener Aktien*	*45.000*	
an	*(9)*	*Nennbetrag eigener Aktien*		*45.000*

- *Übersteigt der Veräußerungserlös den Nennbetrag bzw rechnerischen Wert, ist dieser Differenzbetrag zum einen dazu zu verwenden, um – gewissermaßen in einer Rückabwicklung der Vorgänge beim Erwerb der eigenen Aktien – die zur Verrechnung des Unterschiedsbetrages gemäß § 229 Abs 1a UGB verwendeten frei verfügbaren Rücklagen wieder aufzustocken. Es muss somit evident gehalten werden, bei welchen Rücklagen in welcher Höhe Verrechnungen infolge des Erwerbs der eigenen Aktien vorgenommen wurden. Im vorliegenden Beispielfall wurde dazu von den nicht gebundenen Kapitalrücklagen ein Betrag in der Höhe von 10.000 und von den freien Gewinnrücklagen ein Betrag in der Höhe von 7.000 verwendet. Entsprechend ist nunmehr zu buchen:*

	(8)	*Zuweisung zu Kapitalrücklagen (infolge der Veräußerung eigener Aktien)*	*10.000*	
an	*(9)*	*nicht gebundene Kapitalrücklagen*		*10.000*

	(8)	*Zuweisung zu Gewinnrücklagen (infolge der Veräußerung eigener Aktien)*	*7.000*	
an	*(9)*	*freie Gewinnrücklagen*		*7.000*

- *Zum anderen ist der Differenzbetrag zwischen dem Veräußerungserlös und dem Nennbetrag bzw dem rechnerischen Wert dazu zu verwenden, um den aus der Veräußerung der eigenen Aktien entstandenen Gewinn einer (gebundenen) Kapitalrücklage zuzuführen. Der entstandene Gewinn errechnet sich dabei über den Vergleich des nunmehrigen Veräußerungserlöses (= 73.000) mit dem bei der AG für die eigenen Aktien angefallenen Anschaffungspreis (= 70.000):*[350]

	(8)	*Zuweisung zu Kapitalrücklagen (infolge der Veräußerung eigener Aktien)*	*3.000*	
an	*(9)*	*gebundene Kapitalrücklagen*		*3.000*

- *Die „Rücklage wegen eigener Aktien" ist aufzulösen:*

	(9)	*Gewinnrücklagen: Rücklage wegen eigener Aktien*	*45.000*	
an	*(8)*	*(Erträge aus der) Auflösung von Gewinnrücklagen (infolge der Veräußerung eigener Aktien)*		*45.000*

Nach diesen Buchungen stellt sich das Eigenkapital wie folgt dar:

I.	*Grundkapital*		*3,000.000*	
II.	*Kapitalrücklagen:*			
	1. gebundene	*3.000*		
	2. nicht gebundene	*10.000*	*13.000*	
III.	*Gewinnrücklagen:*			
	1. gesetzliche Rücklage	*300.000*		
	2. freie	*7.000*	*307.000*	
IV.	*Bilanzgewinn*)*		*199.000*	*3,519.000*

**) Der Bilanzgewinn ergibt sich ausgehend vom Angabewert unter Berücksichtigung der vorgenommenen ergebniswirksamen Buchungen folgendermaßen:*

- *140.000 + 73.000 – 45.000 – 10.000 – 7.000 – 3.000 + 45.000 = 199.000*

Ein Vergleich mit dem Eigenkapital der AG vor dem Erwerb der eigenen Aktien verdeutlicht, dass es mithilfe der nach § 229 Abs 1b UGB durchgeführten Schritte gelingt, die ursprüngliche Eigenkapitalstruktur mit den entsprechend hohen nicht gebundenen Kapitalrücklagen und freien (Gewinn-) Rücklagen wiederherzustellen. Neu hinzugekommen ist die aus dem Veräußerungsgewinn der eigenen Aktien (= 73.000 – 70.000 = 3.000) resultierende gebundene Kapitalrücklage. (Übrigens differiert in diesem vereinfachten Beispiel, das nur die Geschehnisse um die eigenen Aktien betrachtet,

350 Nach dem genauen Wortlaut des § 229 Abs 1b UGB wäre eine Betrag in der Höhe von 11.000 in die Rücklage gemäß § 229 Abs 2 Z 1 UGB einzustellen. Dieser Betrag ergibt sich – unter Außerachtlassung der Begrenzung auf den aus der Veräußerung der eigenen Aktien resultierenden Gewinn – aus folgender Berechnung:

Veräußerungserlös	73.000
– Nennbetrag bzw rechnerischer Wert	45.000
= Differenzbetrag aus der Veräußerung	28.000
davon in die frei verfügbaren Rücklagen einzustellen, soweit bei ihnen eine Verrechnung nach Abs 1a erfolgte	17.000
darüber hinausgehender Differenzbetrag	11.000

der Bilanzgewinn lediglich um 1.000, und zwar infolge der im Jahr des Erwerbs der eigenen Aktien als Aufwand zu erfassenden Anschaffungsnebenkosten.)

Da das Nennkapital stets in der satzungs-/vertragsmäßigen Höhe auszuweisen ist, sind für Buchungen, die bei Einzelunternehmen oder Personenunternehmensgesellschaften über ein einziges Kapitalkonto geführt werden können, **zwingend entsprechende Ergänzungskonten notwendig.**

3.9.4.1.3. Kapitalrücklagen

Als Kapitalrücklagen sind grundsätzlich jene Mittel zum Ausweis zu bringen, die der Kapitalgesellschaft über den Betrag des Nennkapitals hinaus als Eigenkapital, dh ohne Forderungs- oder Gläubigerrechte, zur Verfügung gestellt werden. Kapitalrücklagen beinhalten der Gesellschaft von außen zugeführte – und nicht von ihr selbst durch Gewinne erwirtschaftete – Beträge; sie stellen eine **Außenfinanzierung** dar.

Eine **Auflistung** der als Kapitalrücklagen auszuweisenden Beträge findet sich in § 229 Abs 2 UGB:

§ 229 UGB

(2) Als Kapitalrücklage sind auszuweisen:

1. **der Betrag, der bei der ersten oder einer späteren Ausgabe von Anteilen für einen höheren Betrag als den Nennbetrag oder den dem anteiligen Betrag des Grundkapitals entsprechenden Betrag über diesen hinaus erzielt wird;**
2. **der Betrag, der bei der Ausgabe von Schuldverschreibungen für Wandlungsrechte und Optionsrechte zum Erwerb von Anteilen erzielt wird;**
3. **der Betrag von Zuzahlungen, die Gesellschafter gegen Gewährung eines Vorzugs für ihre Anteile leisten;**
4. **die Beträge, die bei der Kapitalherabsetzung gemäß den §§ 185, 192 Abs 5 AktG und § 59 GmbHG zu binden sind;**
5. **der Betrag von sonstigen Zuzahlungen, die durch gesellschaftsrechtliche Verbindungen veranlasst sind.**

Im Einzelnen umfassen Kapitalrücklagen folgende **Bestandteile**:

- Einzustellen ist **das bei der Ausgabe von Anteilen entstehende Agio oder Aufgeld** (§ 229 Abs 2 Z 1 UGB). Ein solcher Mehrbetrag ergibt sich durch die Ausgabe von Aktien über deren Nennwert bzw die Gewährung von Geschäftsanteilen gegen Leistung eines über der Stammeinlage liegenden Betrages (Überpari-Emission). Ein Agio kann sowohl bei Bareinlagen als auch bei Sacheinlagen entstehen und sich bei Gründung der Gesellschaft und bei späteren Kapitalerhöhungen, etwa auch im Zuge der Ausgabe von Aktien beim Umtausch von Wandelschuldverschreibungen ergeben. Obzwar das Agio häufig im Hinblick auf die anlässlich der Gründung oder Kapitalerhöhung anfallenden Kosten auftritt, sind diese Beträge nicht von dem in die Kapitalrücklage einzustellenden Betrag abzuziehen, sondern als Aufwendungen zu erfassen.

  In die Kapitalrücklage gemäß Z 1 ist zudem der **Differenzbetrag nach der Veräußerung eigener Anteile** einzustellen (vgl § 229 Abs 1b UGB).
- Einzustellen sind **die bei der Ausgabe von Wandelschuldverschreibungen und Optionsanleihen erzielten Beträge** (§ 229 Abs 2 Z 2 UGB). Diese Beträge können ihre Ursache in

einem Aufgeld oder Agio, also in einem über dem Rückzahlungsbetrag liegenden Einzahlungsbetrag oder in einer unter dem üblichen Kapitalmarktzinssatz liegenden Verzinsung derartiger Schuldverschreibungen haben. Die hM geht davon aus, dass die Beträge auch bei Nichtinanspruchnahme des Wandlungs- oder Optionsrechtes in den Kapitalrücklagen zu belassen sind.

- Einzustellen sind **die von Gesellschaftern zur Gewährung eines Vorzugs für ihre Anteile geleisteten Zuzahlungen** (§ 229 Abs 2 Z 3 UGB). Die für die Anteile gewährten Vorzüge können bei einer AG etwa in einer Vorzugsdividende oder in einem Vorzug bei der Verteilung des Gesellschaftsvermögens bei der Liquidation der Gesellschaft bestehen. Die Zuzahlungen können sowohl durch Barzahlungen als auch durch Sachleistungen erfolgen.
- Einzustellen sind **die bei der vereinfachten Kapitalherabsetzung gemäß § 185 AktG bzw § 59 GmbHG sowie die bei der Kapitalherabsetzung durch vereinfachte Einziehung der Aktien gemäß § 192 Abs 5 AktG zu bindenden Beträge** (§ 229 Abs 2 Z 4 UGB).
- Einzustellen sind **die durch gesellschaftsrechtliche Verbindungen veranlassten sonstigen Zuzahlungen** (§ 229 Abs 2 Z 5 UGB). Die einzustellenden Beträge können auf Leistungen von Gesellschaftern ohne Gewährung von Vorzügen für ihre Anteile, aber auch auf Leistungen von Dritten zurückzuführen sein. Wesentlich ist jedoch das Vorliegen einer gesellschaftsrechtlichen Verbindung, wie sie etwa bei Leistungen innerhalb eines Konzerns – bspw von der Mutter- zur Enkelgesellschaft oder zwischen Schwestergesellschaften – gegeben ist.

Kapitalrücklagen werden **idR erfolgsneutral eingebucht**.

Beispiel:

Eine AG nimmt eine Erhöhung des Grundkapitals von Nominale 1,000.000,– auf Nominale 1,500.000,– vor, wobei die neuen Aktien zum Kurs von 130 % ausgegeben werden.

Wie ist dieser Sachverhalt in den Büchern der AG zu erfassen, wenn die Einlagen durch Bankeinzahlungen erfolgen?

Lösung:

Im Zuge der Verbuchung der Einlagen ist nur der Nennwert der neuen Aktien als Grundkapital zu erfassen; das durch die Ausgabe der Aktien über deren Nennwert entstehende Agio ist gemäß § 229 Abs 2 Z 1 UGB in die Kapitalrücklagen einzustellen.

	(2)	*Bank*	*650.000*	
an	*(9)*	*Grundkapital*		*500.000*
an	*(9)*	*Gebundene[351] Kapitalrücklage*		*150.000*

In Ausnahmefällen[352] erfolgt eine erfolgswirksame Zuführung zu Kapitalrücklagen, wozu es einer Erweiterung der Gewinn- und Verlustrechnung um einen Posten „Zuweisung zu Kapitalrücklagen“ bedarf.

351 Zur Unterscheidung zwischen gebundenen und nicht gebundenen Kapitalrücklagen vgl die folgenden Abhandlungen.

352 Vgl § 185 AktG bei der vereinfachten Kapitalherabsetzung oder § 190 AktG bei der rückwirkenden vereinfachten Kapitalherabsetzung sowie die nach § 229 Abs 1a und 1b UGB erforderlichen Buchungen im Zusammenhang mit dem Erwerb und der Veräußerung von eigenen Anteilen (vgl dazu Kap 3.9.4.1.2.)

Die Bilanzgliederungsvorschrift des § 224 Abs 3 UGB sieht keine Untergliederung der Kapitalrücklagen nach ihrer Entstehung, sondern eine **Aufteilung in die folgenden zwei Posten** vor:

II. Kapitalrücklagen:

1. **gebundene;**
2. **nicht gebundene;**

Die **Unterscheidung in gebundene und nicht gebundene Kapitalrücklagen** ergibt sich aufgrund von § 229 Abs 5 UGB, der gemäß Abs 4 leg cit auf Aktiengesellschaften und auf große Gesellschaften mit beschränkter Haftung anzuwenden ist:

§ 229 UGB

(5) In die gebundene Kapitalrücklage sind die in Abs 2 Z 1 bis 4 genannten Beträge einzustellen. Der Gesamtbetrag der gebundenen Teile der Kapitalrücklage ist in dieser gesondert auszuweisen.

Die **gebundenen Rücklagen** – die neben der gebundenen Kapitalrücklage die gesetzliche Rücklage[353] umfassen – sind zweckgebunden. Eine Auflösung darf nur – muss aber nicht – **zur Verlustabdeckung** erfolgen:

§ 229 UGB

(7) Die gebundenen Rücklagen dürfen nur zum Ausgleich eines ansonsten auszuweisenden Bilanzverlustes aufgelöst werden. ...

Ungebundene Kapitalrücklagen dürfen auch zu anderen Zwecken, insbesondere zur Erhöhung des Gewinnes und folglich der Ausschüttung, aufgelöst werden.

Bei Auflösung von Kapitalrücklagen ist ertragswirksam zu buchen:

	(9)	gebundene bzw nicht gebundene Kapitalrücklage
an	(8)	(Erträge aus der) Auflösung von Kapitalrücklagen

Beispiel:

Eine AG erhielt im Jänner des Geschäftsjahres eine Banküberweisung in der Höhe von 500.000,–.

Inwieweit darf der Betrag zur Abdeckung des derzeit ausgewiesenen Bilanzverlustes in der Höhe von 300.000,– und folglich zum Ausweis eines Bilanzgewinnes verwendet werden, wenn er überwiesen wurde:

a) von einem Aktionär, wofür ihm ein Entsendungsrecht für ein Aufsichtsratsmitglied eingeräumt wurde;

b) von einem Aktionär zum Zwecke der Sanierung und der Verbesserung des Bilanzbildes?

353 Vgl Kap 3.9.4.1.4. bzw Kap 3.9.4.2.

Lösung:

a) In diesem Fall entstand im Zuge der Überweisung eine Kapitalrücklage iSd § 229 Abs 2 Z 3 UGB und entsprechend eine gebundene Kapitalrücklage. Ihre Auflösung darf nur zur Abdeckung des ansonsten auszuweisenden Bilanzverlustes erfolgen:

	(9)	*Gebundene Kapitalrücklage*	*300.000*	
an	*(8)*	*(Erträge aus der) Auflösung von Kapitalrücklagen*		*300.000*

b) In diesem Fall entstand im Zuge der Überweisung eine Kapitalrücklage iSd § 229 Abs 2 Z 5 UGB und entsprechend eine nicht gebundene Kapitalrücklage. Ihre Auflösung darf auch zur Gänze erfolgen:

	(9)	*nicht gebundene Kapitalrücklage*	*500.000*	
an	*(8)*	*(Erträge aus der) Auflösung von Kapitalrücklagen*		*500.000*

Für die **ertragsteuerrechtliche Behandlung** von Beträgen, die in die Kapitalrücklagen eingestellt und in der Folge allenfalls aufgelöst werden, ist § 8 Abs 1 KStG zu beachten: Demnach bleiben bei der Ermittlung des steuerpflichtigen Einkommens Einlagen und Beiträge jeder Art außer Ansatz, als sie von Personen in ihrer Eigenschaft als Gesellschafter, Mitglieder oder ähnlicher Eigenschaft geleistet werden. Die in unter den Kapitalrücklagen auszuweisenden Beträge sind somit grundsätzlich steuerneutral zu behandeln, sodass sie bei der Gesellschaft weder bei ihrer Entstehung noch bei ihrer späteren Auflösung eine Besteuerung auslösen. Bei nicht von Gesellschaftern geleisteten Zuzahlungen ist die Steuerneutralität davon abhängig, ob die Zuzahlung von einer dem Anteilseigner nahestehenden Person geleistet wird. Es wird dann gewissermaßen zunächst eine Zuwendung an den Anteilseigner und in der Folge eine Einlage in die Gesellschaft unterstellt. Ein Naheverhältnis zum leistenden Dritten wird dabei insbesondere auch durch beteiligungsmäßige Verflechtungen begründet und ist entsprechend bei Gesellschaften innerhalb eines Konzerns gegeben. Umstritten ist die steuerliche Behandlung eines in die Kapitalrücklagen einzustellenden Betrages aus der Ausgabe von Wandel- und Optionsanleihen: Zumeist wird davon ausgegangen, dass diese Beträge zwar zunächst steuerneutral sind; wird von dem Umtausch- bzw Optionsrecht jedoch nicht Gebrauch gemacht, entsteht in diesem Zeitpunkt ein steuerpflichtiger Ertrag.

Im Zusammenhang mit § 4 Abs 12 Z 3 EStG können sich für die Kapitalgesellschaft **spezifische steuerrechtliche Aufzeichnungspflichten** ergeben. § 4 Abs 12 EStG regelt die grundsätzliche Steuerneutralität von Einlagenrückzahlungen von Körperschaften beim Anteilsinhaber (Beteiligten). Als entsprechende Einlagen gelten dabei ua das aufgebrachte Grund- und Stammkapital und sonstige Einlagen und Zuwendungen, die als Kapitalrücklage auszuweisen sind. Für die Kapitalgesellschaft besteht die Verpflichtung, die betreffenden Einlagen im Wege eines Evidenzkontos zu erfassen und seine Erhöhungen durch weitere Einlagen und Zuwendungen und Verminderungen durch Ausschüttungen oder sonstige Verwendungen laufend fortzuführen. Das dafür – außerbilanzmäßig – zu führende Evidenzkonto wird idR der Summe aus Nennkapital und Kapitalrücklagen, wie sie in der Bilanz ausgewiesen sind, entsprechen. Abweichungen können jedoch bspw dadurch auftreten, dass Kapitalrücklagen aufgelöst, diese Beträge aber nicht zu Ausschüttungen verwendet werden.

3.9.4.1.4. Gewinnrücklagen

Eine **Umschreibung** der als Gewinnrücklagen auszuweisenden Beträge findet sich in § 229 Abs 3 UGB:

§ 229 UGB

(3) Als Gewinnrücklagen dürfen nur Beträge ausgewiesen werden, die im Geschäftsjahr oder in einem früheren Geschäftsjahr aus dem Jahresüberschuss gebildet worden sind.

Die Gewinnrücklagen stellen im Gegensatz zum Nennkapital und den Kapitalrücklagen, die dem Unternehmen durch Außenfinanzierung zur Verfügung stehen, **Innenfinanzierung** dar: Sie werden vom Unternehmen selbst aus Gewinnen erwirtschaftet und einbehalten (thesauriert).[354]

Die **Buchung** zur Bildung von Gewinnrücklagen lautet wie folgt:

	(8)	Zuweisung zu Gewinnrücklagen
an	(9)	Gewinnrücklagen

Grundsätzlich sind – entsprechend der Gliederungsvorschrift des § 224 Abs 3 UGB – **drei Arten von Gewinnrücklagen zu unterscheiden**, wobei die Unterscheidung in Abhängigkeit von der Grundlage ihrer Bildung erfolgt, die in der Folge auch für ihre Verfügbarkeit von Bedeutung ist:[355]

III. **Gewinnrücklagen:**
  1. **gesetzliche Rücklage;**
  2. **satzungsmäßige Rücklagen;**
  3. **andere Rücklagen (freie Rücklagen).**

Zur Auflösung von Gewinnrücklagen ist ertragswirksam zu buchen:

	(9)	gesetzliche bzw satzungsmäßige bzw freie Gewinnrücklagen
an	(8)	(Erträge aus der) Auflösung von Gewinnrücklagen

Während die Zuweisung zu Gewinnrücklagen den ausgewiesenen Gewinn der Kapitalgesellschaft verringert, erhöht ihn eine Auflösung von Gewinnrücklagen. **Zuweisungen zu und Auflösungen von Gewinnrücklagen stellen Maßnahmen der Gewinnverwendung dar:** Innerhalb der gesetzlichen bzw satzungsmäßigen Rahmenbedingungen können Gewinnrücklagen zur Veränderung des ausgewiesenen Bilanzergebnisses und somit zur Steuerung des Ausschüttungspotenzials herangezogen werden.[356]

Für die Ermittlung des steuerpflichtigen Ergebnisses ist es ohne Bedeutung, wie der Gewinn verwendet wird, ob er ausgeschüttet wird oder nicht.[357] Die Zuweisung zu Gewinnrücklagen ist demzufolge steuerlich kein Aufwand; die Gewinnrücklagen stellen sog versteuerte Rücklagen dar: Rücklagen, die aus dem bereits versteuerten Gewinn gebildet werden. Entsprechend ist auch ihre Auflösung nicht – erneut steuerpflichtig.

---

354 Vgl dazu im Einzelnen Kap 3.9.4.2.
355 Vgl im Einzelnen Kap 3.9.4.2.
356 Vgl Kap 3.9.4.2.
357 Vgl dazu bereits Kap 3.8.2.1.

3.9.4.1.5. Bilanzgewinn/Bilanzverlust

Das nach Zuweisungen zu und Auflösungen von Rücklagen **verbleibende Ergebnis ist in der Bilanz der Kapitalgesellschaft gesondert unter dem Eigenkapitalkosten „Bilanzgewinn/ Bilanzverlust" auszuweisen** und darf nicht wie bei Einzelunternehmen oder Personengesellschaften mit anderen Eigenkapitalkonten saldiert werden.[358]

3.9.4.1.6. Rücklage gemäß § 225 Abs 5 UGB

Einer speziellen Rücklage bedarf es, **wenn eine Gesellschaft Anteile an ihrem Mutterunternehmen besitzt**:[359]

§ 225 UGB

(5) ... In gleicher Höhe ist auf der Passivseite eine Rücklage gesondert auszuweisen. Diese Rücklage darf durch Umwidmung frei verfügbarer Kapital- und Gewinnrücklagen gebildet werden, soweit diese einen Verlustvortrag übersteigen. Sie ist insoweit aufzulösen, als diese Anteile aus dem Vermögen ausgeschieden werden oder für sie ein niedrigerer Betrag angesetzt wird.

Die **Höhe** der Rücklage bestimmt sich nach der Höhe der auf der Aktivseite ausgewiesenen Anteile. Werden Abschreibungen oder Zuschreibungen vorgenommen, wird damit auch die erforderliche Rücklage beeinflusst.

Für die **Bildung** der Rücklage gilt Folgendes:

- Die Bildung darf – muss aber nicht – durch **Umwidmung frei verfügbarer (nicht gebundener) Kapitalrücklagen oder frei verfügbarer (anderer oder freier) Gewinnrücklagen** erfolgen, wobei jedoch darauf zu achten ist, dass die verbleibenden Beträge dieser Rücklagen zumindest der Höhe eines allenfalls ausgewiesenen Verlustvortrages entsprechen. Die Umwidmung der Rücklagen geschieht durch eine direkte Umbuchung zwischen den Bestandskonten.
- Wird keine Umwidmung frei verfügbarer Rücklagen vorgenommen, ist die Rücklage **zulasten des Bilanzergebnisses** zu bilden. Es ist eine entsprechende Zuweisung zu dieser Rücklage vorzunehmen. Die Zuweisung hat dabei stets in der erforderlichen Höhe zu erfolgen und kann dazu führen, dass ein Bilanzverlust entsteht oder vergrößert wird.

Der **Ausweis** der Rücklage hat gesondert zu erfolgen, wobei die EB zum EU-GesRÄG 1996 vorsehen, dass je nach Herkunft der Beträge eine entsprechende Zuordnung unter die Gewinn- oder die Kapitalrücklagen vorzunehmen ist. Dazu wäre die Gliederung der Kapital- und der Gewinnrücklagen jeweils um einen Posten zu erweitern. Denkbar ist es jedoch auch, die Rücklage gemäß § 225 Abs 5 UGB als eigenen Posten in das Eigenkapital einzugliedern und unter diesem Posten eine Aufteilung in Kapital- und Gewinnrücklage vorzunehmen.

Beispiel:

Eine AG weist in ihrer Bilanz in der Höhe von 100.000,– in diesem Geschäftsjahr erworbene Aktien ihres Mutterunternehmens aus.

358 Vgl dazu im Einzelnen Kap 3.9.4.2.
359 Vgl Kap 3.4.3.1.1.

Das Eigenkapital scheint mit folgenden Werten laut Eröffnungsbilanz auf:

I.	*eingefordertes und einbezahltes Grundkapital*		*2,000.000,–*
	((gezeichnetes) Grundkapital: 2,000.000,–)		
II.	*Kapitalrücklagen:*		
	1.	*gebundene*	*150.000,–*
	2.	*nicht gebundene*	*60.000,–*
III.	*Gewinnrücklagen:*		
	1.	*gesetzliche Rücklage*	*50.000,–*
	2.	*freie Rücklagen*	*30.000,–*
IV.	*Verlustvortrag*[360]		*– 9.000,–*
			2,281.000,–

Wie ist die Rücklage gemäß § 225 Abs 5 UGB zu bilden, wenn dies weitgehend durch Umwidmung vorhandener Rücklagen erfolgen soll, und wie ist sie im Jahresabschluss der AG auszuweisen?

Lösung:

Die Rücklage gemäß § 225 Abs 5 UGB kann durch Umgliederung der nicht gebundenen Kapitalrücklage und der freien (Gewinn-)Rücklagen erfolgen, soweit die danach verbleibenden Beträge zumindest dem Verlustvortrag entsprechen:

nicht gebundene Kapitalrücklage	*60.000*
freie (Gewinn-)Rücklagen	*30.000*
abzüglich Verlustvortrag	*– 9.000*
Rücklagen, die umgewidmet werden können	*81.000*

(Ob dabei die Kapital- oder die Gewinnrücklage zur Abdeckung des Verlustvortrages verbleibt, ist nicht geregelt.)

Der Restbetrag der erforderlichen Rücklage gemäß § 225 Abs 5 UGB (= 100.000 – 81.000 = 19.000) wird zulasten des Gewinnes gebildet, sodass sich – bereits unter Trennung nach den Bestandteilen der Rücklage – folgende Buchung ergibt:

	(9)	*nicht gebundene Kapitalrücklage*	*60.000*	
	(9)	*freie (Gewinn-)Rücklagen*	*21.000*	
	(8)	*Zuweisung zu Gewinnrücklagen*	*19.000*	
an	*(9)*	*Kapitalrücklage gemäß § 225 Abs 5 UGB*		*60.000*
an	*(9)*	*Gewinnrücklagen gemäß § 225 Abs 5 UGB*		*40.000*

360 Vgl dazu im Einzelnen Kap 3.9.4.2.

Das Eigenkapital der AG stellt sich wie folgt dar:

I.	*eingefordertes und einbezahltes Grundkapital*			*2,000.000*
	((gezeichnetes) Grundkapital 2,000.000)			
II.	*Kapitalrücklagen:*			
	1.	*gebundene*		*150.000*
	2.	*gemäß § 225 Abs 5 UGB*		*60.000*
III.	*Gewinnrücklagen:*			
	1.	*gesetzliche Rücklage*		*50.000*
	2.	*§ 225 Abs 5 UGB*		*40.000*
	3.	*freie Rücklage*		*9.000*
IV.	*Bilanzgewinn/Bilanzverlust*			*..........*
	davon Verlustvortrag:		*9.000*	

Es ist auch möglich, die Kapitalrücklagen und die Gewinnrücklagen jeweils ohne die Posten Z 2 darzustellen und dafür vor dem Bilanzgewinn/Bilanzverlust einen weiteren Posten einzufügen:

IV.	*Rücklagen gemäß § 225 Abs 5 UGB:*		
	1.	*Kapitalrücklage*	*60.000*
	2.	*Gewinnrücklage*	*40.000*

Die **Aufgabe** der Rücklage für Anteile an Mutterunternehmen besteht darin, zu verhindern, dass durch den entgeltlichen Erwerb der Anteile materiell Einlagen ohne Beachtung der Schutzregelung der Kapitalherabsetzung zurückgewährt werden.

Die Rücklage gemäß § 225 Abs 5 UGB ist insofern zweckgebunden, als ihre **Auflösung** nur in Übereinstimmung mit der Veränderung des Aktivpostens für die Anteile erfolgen darf: Werden diese im Wert vermindert, ist auch die Rücklage zu reduzieren; scheiden die Anteile aus, ist die Rücklage zur Gänze aufzulösen. Die Auflösung der Rücklage ist dabei grundsätzlich durch eine Rückgliederung der entsprechenden Beträge in die Kapital- oder Gewinnrücklagen vorzunehmen. Da sie jedoch ausschließlich aus frei verfügbaren Rücklagen bzw aus dem Bilanzgewinn gebildet wurde, ist auch eine ertragswirksame Auflösung möglich.

3.9.4.1.7. Negatives Eigenkapital

Für den Fall, dass der **Bilanzverlust größer ist als die Summe der sonstigen Posten des Eigenkapitals**, enthält § 225 Abs 1 UGB eine besondere Ausweisvorschrift.

§ 225 UGB

(1) Ist das Eigenkapital durch Verluste aufgebraucht, so lautet dieser Posten „negatives Eigenkapital". ...

Bei der Feststellung, ob die Postenbezeichnung „negatives Eigenkapital" erforderlich ist, ist **lediglich das unter dem entsprechenden Gliederungspunkt in der Bilanz auszuweisende Eigenkapital** heranzuziehen. Auf Eigenkapitalanteile in den unversteuerten Rücklagen oder auf stille Reserven in den Vermögensgegenständen kommt es dabei nicht an.

Liegt eine derart ermittelte bilanzmäßige Überschuldung vor, ist das Eigenkapital nicht nur entsprechend zu bezeichnen, sondern es bedarf auch **Erläuterungen im Anhang:**

§ 225 UGB

(1) ... Im Anhang ist zu erläutern, ob eine Überschuldung im Sinne des Insolvenzrechts vorliegt.

In diesem Zusammenhang ist das **Vorliegen stiller Reserven bzw die Fortführungsprognose des Unternehmens** zu beachten.

3.9.4.2. Gewinnverwendung bzw Verlustverbuchung

Die Vorschriften des AktG bzw GmbHG über die Ergebnisverwendung bzw Verbuchung sind **wesentlich umfassender als jene des UGB** für Personengesellschaften.

3.9.4.2.1. Aktiengesellschaft

Die Aufstellung des Jahresabschlusses einer Aktiengesellschaft erfolgt durch deren Vorstand. Bereits **im Zuge der Jahresabschlussaufstellung hat der Vorstand einen Vorschlag für die Gewinnverwendung auszuarbeiten** und diesen dem Aufsichtsrat vorzulegen (§ 96 Abs 1 AktG).

Der **Gewinn einer Kapitalgesellschaft wird entweder einbehalten oder ausgeschüttet.**

Einbehaltungen sind bereits im Jahresabschluss zu berücksichtigen, indem Zuweisungen zu Gewinnrücklagen vorgenommen werden:[361]

	(8)	Zuweisung zu Gewinnrücklagen
an	(9)	Gewinnrücklagen

Damit verringert sich der ausgewiesene und folglich ausschüttbare Gewinn:[362] **Lediglich der verbleibende Gewinn steht den Aktionären zur Ausschüttung zur Verfügung;** die Hauptversammlung kann nur mehr über dessen Verteilung beschließen (§ 104 Abs 2 Z 2 bzw Abs 4 AktG).

Bei der Bildung der Gewinnrücklagen – sowie bei ihrer späteren Auflösung – ist zwischen drei Arten von Gewinnrücklagen zu unterscheiden:

- Gesetzlich zwingend vorgesehen ist die Bildung der **gesetzlichen Rücklage:**

§ 229 UGB

(6) In die gesetzliche Rücklage ist ein Betrag einzustellen, der mindestens dem zwanzigsten Teil des um einen Verlustvortrag geminderten Jahresüberschusses entspricht, bis der Betrag der gebundenen Rücklagen insgesamt den zehnten oder den in der Satzung bestimmten höheren Teil des Nennkapitals erreicht hat.

361 Vgl zu den Gewinnrücklagen bereits Kap 3.9.4.1.4.

362 Beschränkungen der Ausschüttung können sich allerdings noch durch die in § 235 UGB geregelten Ausschüttungssperren ergeben.

Die für die gesetzliche Rücklage maßgebliche **Berechnungsgrundlage** ergibt sich aus dem „Jahresüberschuss“[363] abzüglich eines „Verlustvortrages“.[364] Nicht zu berücksichtigen sind Zuweisungen zu sonstigen Gewinnrücklagen und Auflösungen von Gewinn- und Kapitalrücklagen. Auch ein Gewinnvortrag erhöht die Berechnungsbasis nicht, da dieser Betrag bereits im Jahr des Entstehens des vorgetragenen Gewinnes in der Bemessungsgrundlage für die gesetzliche Rücklage inkludiert war.

Als **gebundene Rücklagen, die die notwendige Höhe der gesetzlichen Rücklage begrenzen**, ist neben der gesetzlichen Rücklage selbst die gebundene Kapitalrücklage[365] anzusehen:

§ 229 UGB

(4) **Aktiengesellschaften ... haben gemäß den folgenden Abs 5 bis 7 gebundene Rücklagen auszuweisen, die aus der gebundenen Kapitalrücklage und der gesetzlichen Rücklage bestehen.**

Die gesetzliche Rücklage **dient der zwangsweisen Stärkung des Eigenkapitals** des Unternehmens. Ihre Bildung ist auch durch die Satzung nicht auszuschließen; es kann lediglich ein höherer Jahreszuweisungsbetrag und ein höherer Endbetrag angeordnet werden.

Als gebundene Rücklage darf die gesetzliche Rücklage **in der Folge nur zum Ausgleich eines ansonsten auszuweisenden Bilanzverlustes verwendet** werden, wobei ihre Auflösung aber auch dann zulässig ist, wenn noch andere Rücklagen vorhanden sind:

§ 229 UGB

(7) **Die gebundenen Rücklagen dürfen nur zum Ausgleich eines ansonsten auszuweisenden Bilanzverlustes aufgelöst werden. Der Verwendung der gesetzlichen Rücklage steht nicht entgegen, dass freie, zum Ausgleich von Wertminderungen und zur Deckung von sonstigen Verlusten bestimmte Rücklagen vorhanden sind.**

- Die **satzungsmäßigen Rücklagen** stellen Gewinnrücklagen dar, deren Bildungsvoraussetzungen, Ausmaß und allenfalls Zweckwidmung sich aus der Satzung ergeben.
- Neben der gesetzlichen Rücklage und den satzungsmäßigen Rücklagen können weitere Teile bzw auch der gesamte Gewinn einbehalten und in die **anderen (freien) Rücklagen** eingestellt werden. Ihre Bildung und auch ihre Auflösung obliegt grundsätzlich dem den Jahresabschluss beschließenden Organ (idR dem Vorstand unter Billigung des Aufsichtsrats). Regelmäßig geschieht sie in Absprache mit den Hauptaktionären. Dies erfolgt insbesondere im Hinblick darauf, dass über die Bewegung der freien Rücklagen das Ausschüttungspotenzial gesteuert werden kann.

Vorhandene Gewinnrücklagen dürfen somit je nach ihrer Art nur zur Verlustabdeckung oder auch zur Ausschüttung verwendet werden. Bei **Auflösung** ist wie folgt zu buchen:

	(9)	Gewinnrücklagen (gesetzliche, satzungsmäßige oder freie)
an	(8)	(Erträge aus der) Auflösung von Gewinnrücklagen

363 Vgl § 231 Abs 2 Z 22 sowie Abs 3 Z 21 UGB bzw Kap 3.4.3.2.
364 Vgl dazu weiter unten.
365 Vgl Kap 3.9.4.1.3.

Das nach Zuweisung zu und Auflösung von Rücklagen verbleibende Ergebnis ist in der Bilanz gesondert unter dem Posten **Bilanzgewinn (Bilanzverlust)** auszuweisen.[366]

Beispiel:

Die Saldenliste einer AG weist einen vorläufigen Jahresgewinn in der Höhe von 250.000,– auf, der sich wie folgt ableiten lässt:

	Jahresüberschuss	*235.000*
+	*Auflösung von Kapitalrücklagen*	*15.000*
=	*Jahresgewinn*	*250.000*

Die Eigenkapitalkonten stehen noch mit ihren Werten laut Eröffnungsbilanz in folgender Höhe zu Buche:

		Soll	*Haben*
(9)	*Grundkapital*		*2,000.000*
(9)	*Gebundene Kapitalrücklage*		*120.000*
(9)	*Gesetzliche Rücklage*		*30.000*
(9)	*Freie (Gewinn-)Rücklage*		*50.000*

Die Satzung sieht für die gesetzliche Rücklage weder eine höhere Zuweisungsquote noch eine höhere Gesamtquote als jene gemäß § 229 Abs 6 UGB vor.

Es ist beabsichtigt, die freie (Gewinn-)Rücklage auf 120.000,– zu erhöhen.

Welche Buchungen sind im Rahmen der Jahresabschlussaufstellung noch erforderlich? Wie stellt sich das Eigenkapital in der Bilanz der AG dar?

Lösung:

Vor Erhöhung der freien (Gewinn-)Rücklage ist die gesetzliche Rücklage zu erhöhen, da das erforderliche Ausmaß der gebundenen Rücklagen noch nicht erreicht ist:

erforderliches Ausmaß der gebundenen Rücklagen (= Nennkapital x 10 %)			*200.000*
vorhandene gebundene Rücklagen:	*Kapitalrücklage*	*120.000*	
	Gesetzliche Rücklage	*30.000*	*150.000*
noch fehlende gebundene Rücklagen			*50.000*

Das erforderliche Ausmaß der diesjährigen Einstellung in die gesetzliche Rücklage ist wie folgt zu ermitteln:

Jahresüberschuss	*235.000*
davon 1/20 = Zuweisung zur gesetzlichen Rücklage	*11.750*

	(8)	*Zuweisung zu Gewinnrücklagen*	*11.750*	
an	*(9)*	*Gesetzliche Rücklage*		*11.750*

366 Vgl dazu bereits Kap 3.9.4.1.5.

Die weitere Gewinneinbehaltung durch Aufstockung der freien (Gewinn-)Rücklage erfolgt durch folgende Buchung:

	(8)	*Zuweisung zu Gewinnrücklagen*	*70.000*	
an	*(9)*	*Freie (Gewinn-)Rücklage*		*70.000*

Damit verbleibt ein Gewinn in Höhe von 168.250,– (= 250.000 – 11.750 – 70.000), der direkt von der G & V in die Bilanz abgeschlossen wird.

Das Eigenkapital der AG stellt sich damit in ihrer Bilanz wie folgt dar:

I.	*eingefordertes und einbezahltes Grundkapital*		*2,000.000*
	((gezeichnetes) Grundkapital; 2,000.000)		
II.	*Kapitalrücklagen:*		
	gebundene		*120.000*
III.	*Gewinnrücklagen:*		
	1. gesetzliche Rücklage	*41.750*	
	2. freie Rücklagen	*120.000*	*161.750*
IV.	*Bilanzgewinn*		*168.250*

Nachdem der Jahresabschluss vom Vorstand aufgestellt, vom Abschlussprüfer geprüft und vom Aufsichtsrat gebilligt wurde, gilt der Jahresabschluss als festgestellt. Er wird schließlich der Hauptversammlung vorgelegt. Die **Hauptversammlung beschließt über die Verwendung des im festgestellten Jahresabschluss ausgewiesenen Bilanzgewinns** (§ 104 Abs 2 Z 2 und Abs 4). Sie ist dabei an den ausgewiesenen Gewinn gebunden, sie kann ihn insbesondere nicht durch die Auflösung von Rücklagen bzw durch den nachträglichen Verzicht auf Rücklagenzuweisungen erhöhen. Der im Jahresabschluss **ausgewiesene Bilanzgewinn ist grundsätzlich an die Aktionäre auszuschütten**. Eine andere Verwendung des Bilanzgewinns als die Ausschüttung – durch die Bildung von Rücklagen oder durch den Vortrag größerer Beträge in das nächste Jahr – kann die Hauptversammlung nur beschließen, wenn sie aufgrund der Satzung dazu ermächtigt ist.

Die Ausschüttung des Bilanzgewinns erfolgt **üblicherweise in vollen Prozent auf das Nennkapital**. Verbleibende **Spitzenbeträge werden als Gewinnvortrag auf neue Rechnung vorgetragen**.

Beispiel:

Die Gewinn- & Verlustrechnung bzw die Bilanz des Jahres X1 einer AG weist einen Bilanzgewinn in Höhe von 168.250,– aus.

Der Gewinnverteilungsbeschluss der Hauptversammlung sieht eine 8%ige Dividende auf das Grundkapital von 2,000.000,– (= 160.000,–) vor; der Restbetrag des Bilanzgewinns X1 ist auf neue Rechnung vorzutragen.

Welche Buchungen sind nötig?

Lösung:

Der Vortrag von Spitzenbeträgen auf neue Rechnung zur Erreichung eines runden Ausschüttungsbetrages erfordert keine Änderung des Jahresabschlusses X1.

Erst im Jahr X2 hat dies folgende Auswirkung:

Nach erfolgtem Ausschüttungsbeschluss der Hauptversammlung über die 8%ige Dividende (160.000,–) wird die AG buchen:

	(9)	*Bilanzgewinn*[367]	*160.000*	
an	*(3)*	*Dividendenverbindlichkeiten*		*160.000*

Der verbleibende Bilanzgewinn des Jahres X1 in Höhe von 8.250,– bleibt auf dem Konto ausgewiesen und stellt den Gewinnvortrag für das Jahr X2 dar.

Ein **Gewinnvortrag bildet im Folgejahr gemeinsam mit dem dann entstandenen Gewinn den Bilanzgewinn dieses Folgejahres** und kann dann zur Ausschüttung gelangen. Ergibt sich im Folgejahr ein Verlust, mindert der Gewinnvortrag diesen Verlust. Verbleibt insgesamt ein Verlust, bilden **Gewinnvortrag und folgender Verlust gemeinsam den Bilanzverlust.**

Beispiel – Fortsetzung:

Nach Ausschüttung des Bilanzgewinns des Jahres X1 verbleibt bei der AG ein Gewinnvortrag in der Höhe von 8.250,–.

Wie hoch ist der Bilanzgewinn/Bilanzverlust der AG für das Jahr X2, wenn in diesem Jahr

a) ein „Jahresgewinn" in Höhe von 97.460,–

b) ein „Jahresverlust" in Höhe von 10.000,–

entsteht?

Lösung:

Der Gewinnvortrag aus X1 ist mit dem Ergebnis des Jahres X2 zu verrechnen.

a) Entsprechend ergibt sich bei einem folgenden Gewinn:

	Jahresgewinn X2	*97.460*
+	*Gewinnvortrag aus X1*	*8.250*
=	*Bilanzgewinn X2*	*105.710*

(Damit ist X2 eine Dividende von 5 % auf das Grundkapital von 2,000.000 [= 100.000] möglich. Die restlichen 5.710 des Bilanzgewinns X2 werden dann auf neue Rechnung in das Jahr X3 vorgetragen und stellen in diesem Jahr den Gewinnvortrag dar.)

b) Der folgende Verlust wird durch den Gewinnvortrag vermindert:

	Jahresverlust X2	*<10.000>*
+	*Gewinnvortrag aus X1*	*8.250*
=	*Bilanzverlust X2*	*<1.750>*

Einer dem Gewinnvortrag analogen Vorgangsweise bedarf es **im Falle eines Verlustes**: Bereits im Jahre seines Entstehens könnte das negative Jahresergebnis durch die Auflösung von Rücklagen beseitigt werden. Geschieht dies nicht, scheint der **Verlust als Bilanzverlust in der**

367 Da das Konto „Bilanzgewinn" in der Schlussbilanz aufscheint, wird es im nächsten Jahr über das Eröffnungsbilanzkonto als Bestandskonto eröffnet.

hier von der Führung fester Kapitalkonten, welche die ursprünglich vereinbarte Einlage aufnehmen, ausgegangen, doch ist keine weitere Trennung nach den darüber hinaus geleisteten Einlagen bzw getätigten Entnahmen der Gesellschafter sowie den im Laufe der Zeit entstandenen und im Unternehmen belassenen Gewinnen bzw aufgetretenen Verlusten vorgesehen. Zu differenzieren ist aber zwischen dem Komplementär- und dem Kommanditkapital einer Kommanditgesellschaft. Da die UGB-Bestimmungen diesbezüglich nachgiebiges Recht darstellen bzw dies entsprechend auch in der HGB-Fassung vor der Reform durch das HaRÄG vorgesehen war, findet sich durchaus auch die Variante, dass alle Bestandteile der Kapitalien auf einem einzigen Konto saldiert werden.

Eine vom Austrian Financial Reporting and Auditing Committee (AFRAC) herausgegebene Stellungnahme 18 „Eigenkapital bei der GmbH & Co KG (UGB)“ vom Dezember 2015 enthält folgenden **Vorschlag zur Gliederung des Eigenkapitals bei der GmbH & Co KG:**[376]

A.	Eigenkapital			
I.	Komplementärkapital			
	1.	Vereinbarte Einlagen	....	
	2.	abzüglich nicht eingeforderte ausstehende Einlagen/genehmigte Entnahmen	....	
	3.	Verlustanteil aus Vorjahren	....	....
II.	Kommanditkapital			
	1.	Bedungene Einlagen	....	
	2.	abzüglich nicht eingeforderte ausstehende Einlagen/genehmigte Entnahmen	....	
	3.	Verlustanteil aus Vorjahren	....	....
III.	Kapitalrücklagen			....
IV.	Gewinnrücklagen			....
V.	Den Gesellschaftern zuzurechnender Gewinn/Verlust (davon Gewinnvortrag)			....

Hinsichtlich des **Inhaltes der einzelnen Posten** gilt dabei grundsätzlich Folgendes:

zu I. Die im **Komplementärkapital** auszuweisenden **vereinbarten Einlagen** beinhalten die im Gesellschaftsvertrag vorgesehenen festen Kapitalanteile der unbeschränkt haftenden Gesellschafter; für reine Arbeitsgesellschafter, die keine Vermögenseinlage leisten, ist in der Bilanz als Einlage ein Wert von null auszuweisen. **Ausstehende Einlagen, die (noch) nicht eingefordert sind,** sind von den vereinbarten Einlagen offen abzusetzen (eingeforderte ausstehende Einlagen sind als Forderungen auf der Aktivseite der Bilanz auszuweisen). Als genehmigte Entnahmen sind alle Auszahlungen und sonstige Leistungen aus dem Gesellschaftsvermögen zu erfassen, die ohne angemessene Gegenleistung an die Gesellschafter erbracht werden (nicht genehmigte Entnahmen sind als Forderung auf der Aktivseite der Bilanz auszuweisen, da sie einen Erstattungsanspruch der Gesellschaft begründen). Die **Verlustanteile aus Vorjahren** ergeben sich durch die Umgliederung aus dem Posten V.: Nach Feststellung des Jahresabschlusses im

376 Die Stellungnahme ist für Geschäftsjahre beginnend nach dem 31. 12. 2012 verpflichtend anzuwenden; eine frühere Anwendung ist zulässig.

Folgejahr ist ein Verlust, soweit er den Komplementären zuzurechnen ist, innerhalb des Komplementärkapitals gesondert auszuweisen.

zu II. Im **Kommanditkapital** sind die **bedungenen Einlagen**, zu deren Einbringung sich die Kommanditisten gesellschaftsvertraglich verpflichtet haben, in voller Höhe auszuweisen. **Nicht eingeforderte ausstehende Einlagen** sowie durch Gewinngutschriften nicht gedeckte **genehmigte Entnahmen** sind davon offen in Abzug zu bringen, sodass das Ausmaß des zusätzlichen Haftungspotenzials gegenüber den Gläubigern ersichtlich wird. Gleichfalls offen abzuziehen sind die den Kommanditisten anzulastenden **Verlustanteile aus Vorjahren**; damit wird ersichtlich, in welcher Höhe zukünftige Gewinne zur Verlustabdeckung verwendet werden müssen.

zu III. **Kapitalrücklagen** entstehen einerseits dadurch, dass Gesellschafter bei Eintritt in eine bestehende Gesellschaft einen Mehrbetrag (Aufgeld) über den ihnen eingeräumten Kapitalanteil zu leisten haben und keine Aufteilung des Betrages auf die einzelnen Gesellschafter erfolgt. Andererseits sind in den Kapitalrücklagen von Gesellschaftern – aufgrund des Gesellschaftsvertrages oder nach Beschlussfassung bzw Widmung – als Einlage in der Gesellschaft belassene Gewinne sowie sonstige Zuzahlungen zu erfassen. Der Bilanzausweis erfolgt ohne Aufgliederung nach Komplementären und Kommanditisten als Gesamtsumme; wurde im Vertrag oder durch einen Beschluss eine alineare Zuordnung bestimmt, ist die Aufteilung des Gesamtbetrages auf die einzelnen Gesellschafter vorzumerken und die alineare Zuordnung im Anhang zu erläutern.

zu IV. In den **Gewinnrücklagen** sind thesaurierte (Teil-)Ergebnisse auszuweisen. Ihre Bildung kann sich laut Gesellschaftsvertrag ergeben oder auf einem entsprechenden Gesellschafterbeschluss beruhen. Der Bilanzausweis erfolgt ohne Aufgliederung nach Komplementären und Kommanditisten als Gesamtsumme; ist im Vertrag oder durch einen Beschluss eine alineare Zuordnung vorgesehen, ist die Aufteilung des Gesamtbetrages auf die einzelnen Gesellschafter vorzumerken und die alineare Zuordnung im Anhang zu erläutern.

zu V. Im Jahresabschluss ist zunächst der gesamte Gewinn bzw Verlust des Geschäftsjahres unter dem Posten **„den Gesellschaftern zuzurechnender Gewinn/Verlust“** auszuweisen. Da der Gewinnausschüttungsanspruch der Gesellschafter mangels gesellschaftsvertraglicher Regelungen grundsätzlich erst mit der Feststellung des Jahresabschlusses entsteht,[377] ist erst dann eine Aufteilung des Ergebnisses auf die einzelnen Gesellschafter und allenfalls eine Ausbuchung aus dem Eigenkapital der Gesellschaft vorzunehmen. Im Jahresabschluss selbst sind zunächst nur im Anhang Angaben zum Anteil des Gewinnes, der für Wiederauffüllungsverpflichtungen zu verwenden ist, sowie zur Aufteilung eines ausgewiesenen Verlustes auf Komplementäre und Kommanditisten zu machen.

Nach Feststellung des Jahresabschlusses ist der Gewinn/Verlust wie folgt umzugliedern:

- Gewinne sind allenfalls zur Wiederauffüllung von Verlusten oder von genehmigten Entnahmen zu verwenden.
- Auf der Basis einer entsprechenden Regelung im Gesellschaftsvertrag oder eines konkreten Beschlusses kann sich ein **Gewinnvortrag** ergeben, der dann im Folgejahr gesondert als „Davon-Vermerk“ auszuweisen ist.

---

377 Vgl zur Möglichkeit einer phasenkongruenten Gewinnerfassung von Personengesellschaften gemäß § 221 Abs 5 UGB die AFRAC-Stellungnahme 4 „Dividendenaktivierung (UGB)“ vom Dezember 2015.

- An die Gesellschafter auszuschüttende Gewinnanteile sind in die Verbindlichkeiten umzugliedern. Auch nicht entnommene Gewinnanteile von Komplementären führen im Folgejahr nicht zu einer Erhöhung des Kapitalanteils, sondern bleiben grundsätzlich Verbindlichkeiten. Eine Umgliederung von als Verbindlichkeiten erfassten Gewinnanteilen in das Eigenkapital – insb in die Kapitalrücklagen – hat lediglich aufgrund von entsprechenden gesellschaftsvertraglichen Bestimmungen, Gesellschaftsbeschlüssen oder Widmungserklärungen einzelner Gesellschafter zu erfolgen.
- Ein Jahresverlust ist nach Feststellung des Jahresabschlusses im Folgejahr getrennt im Komplementärkapital und Kommanditkapital auszuweisen (vgl die Posten I/3 und II/3).

4. Jahresabschlussanalyse

Die Jahresabschlussanalyse stellt ein Mittel dar, aus dem veröffentlichten Jahresabschluss eines Unternehmens Erkenntnisse über dessen Vermögens-, Finanz- und Ertragslage zu gewinnen. Dabei werden verschiedene Kennzahlen des Unternehmens ermittelt, die über die Möglichkeit zur Erfüllung externer Forderungen sowie zur Erzielung von zukünftigen Gewinnen und Wachstum Auskunft geben sollen.

Einen Einblick in die Lage wollen alle jene haben, die an dem Unternehmen interessiert sind. Diese Gruppe von Interessenten wird auch als Stakeholder bezeichnet. Sie sind die möglichen Adressaten von Jahresabschlussanalysen und umfassen unter anderem Eigentümer, Banken, Lieferanten, Kunden, Arbeitnehmer, Management, Gewerkschaft sowie die Wettbewerber.

4.1. Grundlagen der Kennzahlenanalyse

Als Kerninstrument zur Auswertung der Unternehmensdaten werden häufig Kennzahlen herangezogen. Diese können **absolute Zahlen** (zB Anlagevermögen, Gewinn, Eigenkapital) oder **relative Zahlen** (Verhältniszahlen) sein, bei deren Berechnung zwei absolute Zahlen zueinander in Beziehung gesetzt werden. Dies kann in Form von **Gliederungszahlen** (Verhältnis von Teilgrößen zur Gesamtgröße), von **Beziehungszahlen** (verursachte Größe zu verursachender Größe; zB Rendite) oder **Veränderungszahlen** (gleiche Posten aus verschiedenen Jahren werden zueinander in Beziehung gesetzt) geschehen.

Beispiele:

Absolute Zahlen:

	X0	*X1*	*Veränderung*
Fremdkapital	*400*	*500*	*+ 100*
Eigenkapital	*500*	*400*	*– 100*

Relative Zahlen:

- *Gliederungszahlen:* $\frac{\textit{Inlandsumsatz}}{\textit{Gesamtumsatz}}$
- *Beziehungszahlen:* $\frac{\textit{Gewinn}}{\textit{Gesamtkapital}}$
- *Veränderungszahlen (Index):*

	X0	*X1*	*Veränderung*
Umsatzerlöse	*20.000*	*22.000*	*+ 2.000*
	100 %	*110 %*	*+ 10 %*

Zu beachten ist jedoch bei Indexzahlen, dass die Aussagekraft von der Wahl des **Basiswertes** abhängt. Handelt es sich dabei um ein außergewöhnliches Jahr, so kann die Kennzahl verzerrt werden und dadurch die Folgejahre besser bzw schlechter bewertet werden, als es bei der Wahl eines durchschnittlichen Jahres als Basiswert der Fall wäre.

4.1.1. Vergleichsobjekte

Kennzahlen lassen nur dann eine Beurteilung des Unternehmens zu, wenn sie an gewissen **Vergleichsobjekten** gemessen werden. Diese umfassen:

1. **Normen und Erfahrungen**, die allgemein anerkannt werden:

   zB Kapitalstruktur, Vermögensstruktur, Liquidität

   Beispiel:

   Das Eigenkapital soll mindestens X % des Gesamtkapitals betragen.

2. **Zeit-/Periodenvergleich** (der eigene Betrieb):

   Veränderungen von Kennzahlen im Zeitablauf können auf Ursachen von negativen Entwicklungen im Unternehmen hinweisen.

   Beispiel:

   Ein steigender Lagerbestand kann auf sinkende Umsätze, höhere Produktionskosten oder höhere Einkaufskosten durch schlechte Einkaufspolitik zurückzuführen sein.

3. **Fremdvergleich** (mit anderen Betrieben = Betriebsvergleich, Branchenvergleich):

   Das Ergebnis zeigt allerdings nur neutrale Abweichungen zum Vergleichsobjekt (Kennzahlen eines anderen Betriebes, Branchenkennzahlen). Ob eine Abweichung positiv oder negativ ist, ergibt sich erst nach einer Ursachenforschung und deren Auswirkungen auf die Ziele des Unternehmens.

   Beispiel:

   Höhere Personalkosten (= Abweichung) pro Mitarbeiter bedeuten nicht unbedingt eine schlechtere Rentabilität (= Oberziel). Durch Mitarbeiterfortbildung und höhere Leistungslöhne sowie Motivationsmaßnahmen kann trotz hoher Personalkosten die Rentabilität gesteigert werden.

4. **Soll-Ist-Vergleich**

   Es wird ein Vergleich mit den Zahlen der Unternehmensplanung (Budgetierung) und den tatsächlichen Ergebnissen durchgeführt. Bei Abweichungen wird nach Ursachen geforscht und versucht, Gegenmaßnahmen für die Zukunft einzuleiten.

   Beispiel:

   Als Ziel (= Soll) wurde eine Gesamtrentabilität von 10 % vorgegeben. Bei tatsächlich nur 9 % wird das Management die Gründe dafür erforschen.

Generell werden aufgrund der besseren Vergleichbarkeit meist Verhältniszahlen eingesetzt, da durch die Position im Nenner eine Normierung stattfindet (zB auf Basis einer Gewinngröße oder des Gesamtkapitals). Absolute Zahlen hingegen sind nur bei gleichen Unternehmensgrößen, -strukturen, -typen, -branchen etc vergleichbar.

4.1.2. Vor- und Nachteile

Der Vorteil von Kennzahlen ist, dass sie einfach, schnell und relativ zuverlässig ermittelt werden können (dies gilt zumindest dann, wenn die Berechnung mittels Datenverarbeitung erfolgt). Sie verdichten schwierige Sachverhalte auf einfache Punktgrößen und ermöglichen dadurch den inter- bzw intrabetrieblichen Vergleich über mehrere Perioden.

Daraus ergeben sich jedoch auch Nachteile. Durch die Aggregation können wichtige Details verloren gehen und Zusammenhänge zerrissen werden (Informationsverlust), die im Rahmen der Analyse durch Anwendung vieler Kennzahlen und der Kenntnis der Zusammenhänge wiederhergestellt werden müssen. Folgende Sachverhalte sollten bei der Interpretation von Kennzahlen immer berücksichtigt werden:

Die Ergebnisse der Jahresabschlussrechnung sind in mehrfacher Hinsicht veraltet. Zum einen sind unternehmensrechtliche Bilanzen Abrechnungen über mehrere Perioden und durch einen ausgeprägten Vergangenheitsbezug charakterisiert und zum anderen liegt zwischen Bilanzstichtag und Veröffentlichung des Jahresabschlusses in der Regel ein längerer Zeitraum. Dies führt dazu, dass die berechneten Kennzahlen nie die aktuelle Lage des Unternehmens widerspiegeln. Sie sind sozusagen bereits bei der Berechnung veraltet. Dies gilt insbesondere für die stichtagsbezogenen Kennzahlen zur Vermögens- und Liquiditätslage.

Außerdem gibt die Bilanz zum einen aufgrund von Bilanzierungsverboten (§ 197 UGB) nicht alle Vermögensgegenstände wieder, zum anderen enthält sie auch Nicht-Vermögensgegenstände, sog Bilanzierungshilfen. Dadurch wird im Rahmen der Bilanzpolitik die Aussagefähigkeit der Bilanz eingeschränkt. Durch das RLG sowie das RÄG 2014 sind die Möglichkeiten der Bilanzpolitik aufgrund des Wegfalls vieler Ansatzwahlrechte jedoch eingeschränkt worden. Außerdem enthält § 201 UGB den Grundsatz der Bilanzkontinuität und Bewertungsstetigkeit, wodurch die Vergleichbarkeit der Bilanzen eines Unternehmens im Zeitablauf verbessert wurde.

Schließlich ist auch zu berücksichtigen, dass der Jahresabschluss nicht alle für eine aussagekräftige Analyse eines Unternehmens erforderlichen Informationen enthält. Es fehlen insbesondere nicht quantifizierbare Informationen über Qualität des Managements, Image des Unternehmens und Know-how ebenso wie Informationen zu Auftragsbeständen, Beschäftigungsgraden, Abnahmeverpflichtungen etc.

Kennzahlen als hoch aggregierte Informationen geben ein stark vereinfachtes Bild des Unternehmens wieder. Unterschiede innerhalb der Abschlussposten werden durch das Zusammenfassen zu wenigen Sammelposten verwischt und komplizierte Sachverhalte und Zusammenhänge auf eine Nenner- und Zählergröße sowie auf das Ergebnis der Division reduziert. Es besteht daher die Gefahr, dass wichtige Erkenntnisse, die sich auf Einzelposten beziehen, verloren gehen.

Bei jeder Jahresabschlussanalyse sollten diese Grenzen der Kennzahlenrechnung berücksichtigt werden, denn sonst besteht die Gefahr, dass das scheinbar so leicht zu handhabende Instrumentarium der Jahresabschlussanalyse mittels Kennzahlen nicht zu einer Hilfe wird, sondern zu Fehlbeurteilungen verleitet.

In der Praxis existiert eine Vielzahl an Kennzahlen, die für die Jahresabschlussanalyse verwendet werden können. Im Rahmen des folgenden Kapitels werden hauptsächlich die Kennzahlen aus dem *KFS/BW 3* der Kammer der Steuerberater und Wirtschaftsprüfer (27. 11. 2007, überarbeitet im Jänner 2016) *Empfehlung zur Ausgestaltung finanzieller Leistungsindikatoren im Lagebericht bzw Konzernlagebericht* angeführt und diskutiert.

4.2. Bereinigung und Aufbereitung der Jahresabschlussdaten

Bevor aussagekräftige Kennzahlen ermittelt werden können, muss das vorhandene Informationsmaterial aufbereitet werden. Dieses Erfordernis entsteht vorrangig aus dem den Jahresabschlussdaten zugrunde liegenden Bilanzrecht, welches durch eine Reihe teilweise in Konflikt stehender Funktionen (Information, Erhaltung, Ausschüttungsbemessung, Steuerbemessung) gekennzeichnet ist (vgl oben 3.1.2.). Die Ausgangsdaten des Jahresabschlusses sind demnach nicht ausschließlich auf eine bestmögliche Informationsbereitstellung für Analysten ausgerichtet. Der nötige Anpassungsvorgang geschieht für die Bilanz im Wesentlichen in zwei Arbeitsschritten:

1. *Bilanzbereinigung:*

   Im Zuge der Bilanzbereinigung werden alle Bilanzpositionen, die aus verschiedenen Gründen die betriebswirtschaftliche Aussagekraft der Bilanz und damit auch der Kennzahlen verzerren, beseitigt oder korrigiert. Dabei werden vor allem Bilanzposten, die durch Ausübung eines Bilanzierungswahlrechts entstanden sind, einer kritischen Betrachtung unterzogen. Dies geschieht zum einen, weil diese Posten häufig keine realen Vermögenswerte repräsentieren und damit den tatsächlichen Wert des Unternehmens nach oben hin verzerren, und zum anderen, weil die Ausübung bzw Nichtausübung von Wahlrechten im Rahmen der Bilanzierung die Vergleichbarkeit der Bilanzen vermindert.

2. *Bilanzaufbereitung:*

   Im Anschluss an die Bilanzbereinigung wird die Bilanz aufbereitet, indem die einzelnen Posten nach Fristigkeiten umgegliedert und zusammengefasst werden, bis die Bilanz nur mehr aus folgenden Größen besteht:

Aktiva	Passiva
Bereinigtes Anlagevermögen	Bereinigtes Eigenkapital
Bereinigtes langfristiges Umlaufvermögen	Bereinigtes langfristiges Fremdkapital
Bereinigtes kurzfristiges Umlaufvermögen	Bereinigtes kurzfristiges Fremdkapital

4.2.1. Bereinigung der Bilanz

Im Zuge der Bereinigung einer Bilanz nach § 224 UGB sind insbesondere folgende Positionen zu berücksichtigen:

- Stille Reserven
- Latente Steuern
- Sonstige Rechnungsabgrenzungsposten
- Leasing
- Derivativer Firmenwert
- Aktivierungsverbote

Stille Reserven

Im Zuge der Bereinigung ist die Bilanz auf stille Reserven zu untersuchen. Dies trifft insbesondere auf das Anlagevermögen zu und soweit die entsprechenden stillen Reserven zuverlässig ermittelt werden können, sind sie zu berücksichtigen. Außerdem können Anhangangaben für mittelgroße und große Gesellschaften zu derivativen Finanzinstrumenten die notwendigen Informationen zur Aufdeckung von stillen Reserven enthalten.

Da stille Reserven latente Steuerschulden enthalten, sind sie passivseitig nur zum Teil im Eigenkapital auszuweisen. Die in den stillen Reserven enthaltenen latenten Steuern werden dem Fremdkapital zugerechnet.

Da jedoch oftmals der Fälligkeitszeitpunkt der latenten Steuern – insbesondere im Rahmen der externen Jahresabschlussanalyse – nur schwer festzustellen ist und daher eine realitätsnahe Diskontierung der Steuerschuld kaum möglich ist, werden latente Steuern in den stillen Reserven oftmals vernachlässigt.

Latente Steuern (§ 198 Abs 9 und 10 UGB)

Der Zweck der unternehmensrechtlichen Steuerabgrenzung besteht darin, den im unternehmensrechtlichen Einzelabschluss ausgewiesenen Steueraufwand mit dem unternehmensrechtlichen Ergebnis vor Steuern abzustimmen. Die im Jahresabschluss zu aktivierenden bzw passivierenden latenten Steuern müssen unternehmensrechtlich nach § 198 Abs 10 mit dem vollen Wert ausgewiesen werden. Im Rahmen der Jahresabschlussanalyse sind sie hingegen mit ihrem Barwert anzusetzen. Da in der Regel eine zeitgenaue Diskontierung der Buchwerte nicht möglich sein wird, kann der Barwert näherungsweise mit 50 % des in der Bilanz ausgewiesenen Wertes angesetzt werden. Dies entspricht in etwa einem Barwert bei einer Kapitalisierung mit 8 % für 10 Jahre. Zu beachten ist aber, dass es sich bei dieser Berechnung um einen sehr groben Näherungswert handelt.

Die angepassten Buchwerte der Steuerabgrenzungen sind in der Regel als langfristig einzustufen. Somit sind die passiven latenten Steuerabgrenzungsposten dem langfristigen Fremdkapital zuzurechnen. Die aktiven Steuerabgrenzungsposten werden meistens dem langfristigen Umlaufvermögen zuzuordnen sein.

Zu beachten gilt jedoch, dass die Verpflichtung zur Berücksichtigung von aktiven latenten Steuern nach § 198 Abs 9 UGB grundsätzlich nur für mittelgroße und große Kapitalgesellschaften gilt. Kleine Kapitalgesellschaften haben ein Wahlrecht und dürfen dieses nur dann ausüben, soweit sie die unverrechneten Be- und Entlastungen im Anhang aufschlüsseln.

Sonstige Rechnungsabgrenzung (§ 198 Abs 5 und 6 UGB)

Da für Zwecke der Jahresabschlussanalyse die Bilanz aktivseitig nur aus Anlage- und Umlaufvermögen bestehen soll, ist die ARA in der Regel dem kurzfristigen Umlaufvermögen zuzurechnen. Da in der ARA grundsätzlich sowohl lang- als auch kurzfristige Komponenten enthalten sein können, ist, sofern dies aus den Anhangangaben ersichtlich ist, die ARA jedoch auf das Anlage- und Umlaufvermögen aufzuteilen.

Passivseitig soll die Bilanz nur mehr aus Eigen- und Fremdkapital bestehen. Daher ist der unter PRA ausgewiesene Wert (fremde Vorauszahlungen) dem kurzfristigen Fremdkapital zuzurechnen.

Leasing (§ 238 Abs 1 Z 14 UGB)

Wird im Rahmen des Finanzierungsleasings ein Vermögensgegenstand dem Leasinggeber zugerechnet, scheint dieser nicht in der Bilanz des Leasingnehmers auf. Er stellt aber unter Umständen seinem wirtschaftlichen Gehalt nach einen Vermögensgegenstand dar, dem eine Verbindlichkeit gegenübersteht. Bleiben derartige Leasingverträge im Rahmen der Jahresabschlussanalyse (besonders bei der Finanzierungsanalyse) daher unberücksichtigt, ergibt sich besonders bei hohen Leasingquoten ein verzerrtes Bild der Vermögens- und Kapitalstruktur, da sowohl das Vermögen als auch die Schulden zu niedrig ausgewiesen werden. Die geleasten Vermögensgegenstände sind in diesem Fall im Zuge der Bilanzbereinigung mit dem Barwert zu aktivieren. Passivseitig werden, je nach Laufzeit des Leasingvertrages, die langfristigen bzw kurzfristigen Verbindlichkeiten erhöht.

Einzige Informationsquelle hinsichtlich derartiger Leasinggeschäfte ist für die externe Analyse von mittelgroßen und großen Gesellschaften der Anhang, wo nach § 238 Abs 1 Z 14 UGB Verpflichtungen aus der Nutzung von in der Bilanz nicht ausgewiesenen Sachanlagen mit dem Betrag der Verpflichtungen des folgenden Geschäftsjahres und dem Gesamtbetrag der folgenden 5 Jahre aufgeführt werden müssen. Eine Diskontierung dieser Verpflichtungen auf den Barwert ergibt allerdings nur Näherungswerte, da einerseits die Dauer der Leasingverträge nicht bekannt ist und andererseits neben den Leasingverpflichtungen in den Beträgen auch andere Mietverpflichtungen enthalten sein können. Des Weiteren ist in der Regel der den Leasingverträgen zugrunde liegende Zinssatz nicht bekannt. Man wird also für Zwecke der Diskontierung einen aus dem Kapitalmarkt abgeleiteten Zinssatz heranziehen müssen.

In Summe ergibt also die Barwertermittlung aus externer Sicht ein eher unzureichendes Ergebnis und man wird im Zuge der Bilanzbereinigung Leasingverpflichtungen gemäß § 238 Abs 1 Z 14 UGB vielfach mit den nicht diskontierten Werten berücksichtigen.

Derivativer Firmenwert (§ 203 Abs 5 UGB)

Ein derivativer Geschäfts- oder Firmenwert kann in der UGB-Bilanz primär in bestimmten Fällen des Erwerbs eines (Teil-)Betriebes ausgewiesen werden (Asset Deal). Er ergibt sich als Unterschiedsbetrag zwischen dem geleisteten Kaufpreis und der Summe der beizulegenden Werte der Vermögenswerte abzügl der Schulden (Substanzwert) des übernommenen Betriebes. Im Gegensatz zur Beteiligung (auch als Share Deal bezeichnet), wo kein Zweifel über das Vorliegen eines Vermögensgegenstandes bestehen kann, ist der Firmenwert ein abstrakter Gegenwert für die erwarteten zukünftigen Erträge des übernommenen Betriebes (eingepreist im vereinbarten Kaufpreis). Er ist planmäßig über die voraussichtliche Dauer seiner Nutzung abzuschreiben, um die vorausbezahlten Erträge zu neutralisieren. Dem Firmenwert fehlt jedoch die für bilanzierungsfähige Vermögensgegenstände vorausgesetzte Einzelverkehrsfähigkeit; eine isolierte Veräußerung ist idR nicht möglich. Insb aus Gründen der Vorsicht wäre es daher denkbar, den Firmenwert im Rahmen der Bilanzbereinigung auszuscheiden. Aus Kongruenzgründen wäre in diesem Fall außerdem die GuV um die dazugehörige Firmenwertabschreibung zu bereinigen. Eine einhellige Meinung zur Eliminierung des derivativen Firmenwerts besteht allerdings nicht, da dieser letztlich ein ökonomischer Wertfaktor ist, sodass es gerechtfertigt ist, ihn im Rahmen der Jahresabschlussanalyse in der Bilanz zu belassen.

Aktivierungsverbote

Immaterielle Vermögensgegenstände, die nicht entgeltlich erworben wurden, sind gemäß § 197 Abs 2 nicht aktivierungsfähig und sind demnach im Zuge der Jahresabschlussanalyse zu aktivieren. Eine entsprechende Bereinigung wird jedoch oftmals aufgrund der mangelnden externen Informationen nicht möglich sein.

4.2.2. Bereinigung der Gewinn- und Verlustrechnung

Korrespondierend zu den Bereinigungen der Bestandsgrößen aus der Bilanz ist auch die Gewinn- und Verlustrechnung zu bereinigen, da Veränderungen in den Vermögensbeständen, soweit diese nicht gegen andere Bestandsposten verrechnet werden, zu einer Veränderung der entsprechenden Posten der Gewinn- und Verlustrechnung führen.

Dabei ist zu beachten, dass sich Bilanzbereinigungen auch auf die Gewinn- und Verlustrechnung folgender Jahresabschlüsse auswirken können. Da der Zeitvergleich ein wesentlicher Bestandteil der Jahresabschlussanalyse ist und somit idR die Auswertung mehrerer aufeinanderfolgender Jahresabschlüsse erfolgt, ist darauf zu achten, dass auch die Gewinn- und Verlustrechnungen der Vergleichsjahre entsprechend den Bilanzen bereinigt werden.

Werden also bspw im Zuge der Bilanzbereinigung stille Reserven im abnutzbaren Anlagevermögen aktiviert, ergeben sich daraus im Berichtigungsjahr und in den darauffolgenden Vergleichsjahren zusätzliche Abschreibungen, die in den bereinigten Gewinn- und Verlustrechnungen zu berücksichtigen sind.

4.2.3. Bilanzaufbereitung

Ausgangspunkt für die Aufbereitung bildet die bereinigte Bilanz in der Gliederung gemäß §§ 224 ff UGB. Bevor die Aufbereitung der Bilanz nach Fristigkeiten erfolgt, ist in einem ersten Schritt die Umgliederung der geplanten Gewinnausschüttung vorzunehmen.

Im Posten „Bilanzgewinn" ist nämlich auch jener Betrag enthalten, der im nachfolgenden Bilanzjahr ausgeschüttet wird. Da die Gewinnausschüttung ab dem Beschluss der Jahresabschlussfeststellung und Gewinnverteilung den Eigentümern geschuldet wird, wird sie dem kurzfristigen Fremdkapital zugerechnet. Auch in der Buchhaltung erfolgt häufig eine Umbuchung auf Verbindlichkeiten. Der Bilanzverlust stellt eine Verminderung des Eigenkapitals dar, da in der Regel keine Nachschusspflicht der Gesellschafter zur Abdeckung von Verlusten besteht, die eine Verrechnung gegen Forderungen rechtfertigen würde.

Im letzten Schritt erfolgt die Aufstellung der bereinigten Bilanz, wobei die einzelnen Posten im Zuge der Aufbereitung folgenden Bereichen zugeordnet werden:

Aktiva	Passiva
Bereinigtes Anlagevermögen	Bereinigtes Eigenkapital
Bereinigtes langfristiges Umlaufvermögen	Bereinigtes langfristiges Fremdkapital
Bereinigtes kurzfristiges Umlaufvermögen	Bereinigtes kurzfristiges Fremdkapital

Die Frage der Fristigkeit ist im Einklang mit dem UGB zu lösen, sodass alle Vermögensgegenstände und Schulden, sofern deren Restlaufzeit weniger als ein Jahr beträgt, als kurzfristig einzustufen sind.

Anlagevermögen

Hier kann im Wesentlichen die Gliederung nach § 224 UGB übernommen werden. Die einzelnen bereinigten Posten werden jeweils addiert und ergeben das Anlagevermögen für die Kennzahlenrechnung. Eine Unterscheidung in lang- bzw kurzfristig kann unterbleiben, da das Anlagevermögen per definitionem dazu bestimmt ist, dem Unternehmen langfristig zu dienen (siehe auch § 198 Abs 2 UGB). Soweit stille Reserven bzw Lasten identifiziert wurden, sind diese ebenfalls zu berücksichtigen.

Eine Ausnahme besteht allerdings hinsichtlich Ausleihungen mit einer Restlaufzeit bis zu einem Jahr (Ausweis im Anhang von großen und mittelgroßen Gesellschaften gemäß § 227 UGB). Da die Grenze zwischen lang- und kurzfristigem Vermögen für Zwecke der Jahresabschlussanalyse meist bei einem Jahr gezogen wird, können sie vom Anlagevermögen ins kurzfristige Umlaufvermögen umgruppiert werden (siehe unten).

Umlaufvermögen

Für Zwecke der Jahresabschlussanalyse wird das bereinigte Umlaufvermögen je nach Fristigkeit in lang- und kurzfristiges Umlaufvermögen unterteilt. Das langfristige Umlaufvermögen setzt sich wie folgt zusammen:

	Forderungen aus Lieferungen und Leistungen mit einer Restlaufzeit > 1 Jahr
+	Übrige Forderungen*) mit einer Restlaufzeit > 1 Jahr
+/–	Stille Reserven/Lasten
+	Aktive latente Steuern *(soweit Kriterien aus § 198 Abs 9 erfüllt werden)*
=	**Langfristiges Umlaufvermögen**

*) Sonstige Forderungen, Forderungen gegenüber verbundenen Unternehmen, ...

Im Rahmen der externen Analyse ist die Aufteilung der Vorräte hinsichtlich ihrer Fristigkeit meist nur schwer möglich, da keine Verpflichtung zu entsprechenden Anhangangaben besteht. Sie werden daher zur Gänze dem kurzfristigen Umlaufvermögen zugerechnet (siehe auch § 198 Abs 4 UGB).

Das kurzfristige Umlaufvermögen bildet naturgemäß die Saldogröße aus Umlaufvermögen und langfristigem Umlaufvermögen zuzüglich Ausleihungen mit einer Restlaufzeit von weniger als einem Jahr. Außerdem werden aktive Rechnungsabgrenzungsposten berücksichtigt, sofern diese dem kurzfristigen Umlaufvermögen zugerechnet werden; dies wird in der Regel der Fall sein.

	Umlaufvermögen
–	Langfristiges Umlaufvermögen
+/–	Stille Reserven/Lasten
+	Ausleihungen mit einer Restlaufzeit bis zu einem Jahr
+	Aktive Rechnungsabgrenzungsposten
=	**Kurzfristiges Umlaufvermögen**

Häufig wird zur Kennzahlenberechnung auch das monetäre Umlaufvermögen herangezogen:

	Forderungen und sonstige Vermögensgegenstände
–	Langfristige Forderungen
+	Bereinigte Wertpapiere und Anteile
+	Nicht saldierte liquide Mittel
=	**Monetäres Umlaufvermögen**

Fremdkapital

Die Fristigkeit des Fremdkapitals spielt für die Zahlungsfähigkeit des Unternehmens eine besondere Rolle. Daher wird auch hier zwischen kurz- und langfristigem Fremdkapital unterschieden. Ab einer Restlaufzeit von einem Jahr spricht man von langfristigem Fremdkapital. Allerdings werden im Jahresabschluss nach UGB nur die Verbindlichkeiten entweder in der Bilanz oder im Anhang hinsichtlich ihrer Restlaufzeit aufgeteilt. Zu den Rückstellungen und Rechnungsabgrenzungsposten fehlen meist Angaben zur Fristigkeit. Man geht daher von folgenden Annahmen aus:

a) Die Rückstellungen für Abfertigungen und Pensionen sind in der Regel langfristig.

b) Die Steuerrückstellungen sind grundsätzlich kurzfristig, wobei darin enthaltene latente Steuerrückstellungen nach § 198 Abs 9 UGB dem langfristigen Bereich zugeordnet werden.

c) Die sonstigen Rückstellungen sind, wenn aus den für mittelgroße und große Gesellschaften verpflichtenden Angaben im Anhang (§ 238 Abs 1 Z 15 UGB) keine Fristen abgeleitet werden können, zur Gänze kurzfristig. Jubiläumsgeldrückstellungen sind unabhängig davon jedenfalls langfristig.

d) Passive Rechnungsabgrenzungsposten zählen je nach dem Zeitpunkt der Auflösung der abgegrenzten Erträge zum kurz- oder langfristigen Fremdkapital. Wenn aus den Angaben im Anhang keine Fristen abgeleitet werden können, sind passive Rechnungsabgrenzungen zur Gänze dem kurzfristigen Fremdkapital zuzurechnen.

Aus den Bereinigungen und Umgliederungen ergeben sich die folgenden Fristigkeiten:

a) Der zur Ausschüttung bestimmte Teil des Bilanzgewinns ist zur Gänze kurzfristig.

b) Latente Steuern auf die stillen Reserven sind zur Gänze langfristig.

Somit setzt sich das kurzfristige Fremdkapital wie folgt zusammen:

	Steuerrückstellungen (ohne latente Steuern)
+	sonstige Rückstellungen < 1 Jahr
+	Verbindlichkeiten mit einer Restlaufzeit < 1 Jahr
+	Passive Rechnungsabgrenzungsposten
+	geplante Gewinnausschüttung
=	**kurzfristiges Fremdkapital**

Das langfristige Fremdkapital bildet die Saldogröße aus bereinigtem Fremdkapital und kurzfristigem Fremdkapital und setzt sich wie folgt zusammen:

	Rückstellungen für Abfertigungen, Pensionen und Jubiläumsgelder
+	sonstige Rückstellungen > 1 Jahr
+	Verbindlichkeiten mit einer Restlaufzeit > 1 Jahr
+	latente Steuern
=	**langfristiges Fremdkapital**

Abgesehen von lang- und kurzfristigem Fremdkapital kommt in der Jahresabschlussanalyse auch das verzinsliche Fremdkapital zur Anwendung (siehe Nettoverschuldung, Gearing). Dieses enthält sowohl kurz- als auch langfristige Elemente, da für die Zurechnung das Vorhandensein eines entsprechenden Aufwandspostens für die Nutzung des Kapitals relevant ist. Es setzt sich gemäß KFS/BW 3 wie folgt zusammen:

	Rückstellungen für Abfertigungen, Pensionen und Jubiläumsgelder
+	Verbindlichkeiten gegenüber Kreditinstituten
+	verzinsliche Darlehen, Anleiheverbindlichkeiten
+	sonstige verzinsliche Verbindlichkeiten bzw Rückstellungen[1]
=	**verzinsliches Fremdkapital**

Eigenkapital

Wie beim Anlagevermögen kann bei der Ermittlung des bereinigten Eigenkapitals die Gliederung des § 224 UGB übernommen werden und die einzelnen Posten des Eigenkapitals addiert werden. Zu beachten ist jedoch, dass zur Ausschüttung bestimmte Gewinnanteile im Zuge der Jahresabschlussanalyse dem kurzfristigen Fremdkapital zuzuweisen sind. Des Weiteren sind nicht aktivierte und im Anhang ausgewiesene aktive Steuerabgrenzungen sowie die Eigenkapitalanteile der stillen Reserven bzw Lasten zu berücksichtigen:

	Eigenkapital (laut Bilanz)
+	Nicht aktivierte und im Anhang ausgewiesene aktive Steuerabgrenzung
+/–	Eigenkapitalanteil der stillen Reserven/Lasten
–	geplante Gewinnausschüttungen
=	**Eigenkapital**

Soweit nicht anders betont wird, kommen in der Folge immer die Werte nach Bereinigung und Aufbereitung zur Anwendung.

1 Die Zurechnung zum verzinslichen Fremdkapital wird nur dann erfolgen, wenn die Verzinsung erkennbar und der Zinsbetrag wenigstens annähernd ermittelbar ist.

4.3. Kennzahlen zur Vermögens- und Finanzlage (finanzwirtschaftliche Analyse)

Das Ziel dieser Analyse ist die Gewinnung von Informationen über die Kapital- bzw Mittelverwendung (Investition), Kapital- bzw Mittelaufbringung (Finanzierung) und über die Zusammenhänge zwischen Investition und Finanzierung (Liquidität).

4.3.1. Analyse der Kapitalstruktur

Die Finanzierung des Unternehmens wird unter den Gesichtspunkten zB der Haftung für die Unternehmensschulden und des Gewinnanspruches in Eigen- und Fremdkapital unterteilt. Kennzahlen der Kapitalstruktur sollen über die Quellen und die Zusammensetzung, die Art und Fristigkeit des Kapitals Auskunft geben.

4.3.1.1. Eigenkapitalquote (Equity Ratio)

Die Eigenkapitalquote (Equity Ratio) stellt den Anteil des Eigenkapitals am Gesamtkapital dar:

$$\text{Eigenkapitalquote} = \frac{\text{Eigenkapital}}{\text{Gesamtkapital}}$$

Interpretationshinweise: Eigenkapital steht dem Unternehmen langfristig zur Verfügung und ist vorrangig zur Verlustabdeckung heranzuziehen. Hohes EK vermindert in der Regel die Abhängigkeit von Kreditgebern und verbessert damit die Finanzlage des Unternehmens. Des Weiteren vermittelt Eigenkapital in der Regel keinen unmittelbar vertraglich durchsetzbaren Anspruch auf Zinsen unabhängig von der Gewinnlage und verursacht daher im Vergleich zum Fremdkapital keine „Fixkosten“ und damit gerade in Krisenzeiten keinen Mittelabfluss. Dies gilt jedoch nur für das Nennkapital und die gebundenen Rücklagen (gebundene Kapitalrücklagen und gesetzliche Rücklage). Über den Rest der Rücklagen kann frei disponiert werden. Sie können also auch für zukünftige Ausschüttungen verwendet werden. Aber selbst das gebundene Kapital kann zB durch Kapitalherabsetzungen dem Unternehmen entzogen werden. Herabsetzungen sind daher aus Gläubigerschutzvorschriften nur erschwert durchführbar.

4.3.1.2. Nettoverschuldung (Net Debt)

Die Nettoverschuldung (Net Debt) wird in der Literatur unterschiedlich interpretiert und ergibt sich laut KFS/BW 3 als Saldo des verzinslichen Fremdkapitals und der flüssigen Mittel:

	Verzinsliches Fremdkapital
–	Flüssige Mittel (inkl Wertpapiere des UV)
=	**Nettoverschuldung**

Die flüssigen Mittel bestehen aus dem Bilanzposten „Kassenbestand, Schecks, Guthaben bei Kreditinstituten“ (§ 224 Abs 2 B IV UGB), aus den Wertpapieren des Umlaufvermögens, die jederzeit in Geld umgewandelt werden können und nur einem geringen Wertschwankungsrisiko unterliegen sowie aus sonstigem Finanzvermögen, das in direktem Zusammenhang mit dem verzinslichen Fremdkapital steht.

Interpretationshinweise: Die Nettoverschuldung gibt an, wie hoch die Verschuldung ist, wenn alle flüssigen Mittel zur Fremdkapitalrückzahlung eingesetzt werden. Ist der Wert null oder negativ, ist das Unternehmen praktisch schuldenfrei. In diesem Fall kann außerdem überprüft werden, wie die liquiden Mittel angelegt sind.

4.3.1.3. Nettoverschuldungsgrad (Gearing)

Der Verschuldungs- bzw Nettoverschuldungsgrad entspricht dem Verhältnis des Fremdkapitals bzw der Nettoverschuldung zum Eigenkapital:

$$\text{Verschuldungsgrad} = \frac{\text{Fremdkapital}}{\text{Eigenkapital}}$$

$$\text{Nettoverschuldungsgrad} = \frac{\text{Nettoverschuldung}}{\text{Eigenkapital}}$$

Berücksichtigt man bei der Ermittlung des Verschuldungsgrades anstelle des gesamten Fremdkapitals nur die Nettoverschuldung, erhält man die international üblichere Kennzahl „Gearing“ oder auch „Gearing Ratio“. Die Verwendung der Nettoverschuldung als Vergleichsgröße erhöht die Aussagekraft des Gearing Ratio im Vergleich zum reinen Verschuldungsgrad, da das Fremdkapital laut Bilanz als Stichtagsgröße stark vom Aufbau von Liquiditätsbeständen durch Kreditaufnahmen bzw durch saisonale Schwankungen im Zufluss liquider Mittel sowie durch die Rückstellungspolitik beeinflusst sein kann.

Interpretationshinweise: Der Verschuldungsgrad soll feststellen, ob die Verschuldung im Hinblick auf die Liquidität „optimal“ ist. In der Literatur finden sich unterschiedliche Normvorstellungen über das Verhältnis von Fremdkapital zu Eigenkapital. Sie reichen von nahezu vollständiger Fremdfinanzierung bis vollständiger Eigenfinanzierung. Zur Begründung dienen sowohl quantitative Argumente wie Kosten, als auch qualitative, wie Sicherheit, Stabilität, Prestige, Unabhängigkeit von Fremdkapitalgebern. Im Hinblick auf die Kosten der Finanzierung und auf die Rentabilität des Eigenkapitals gilt, dass die Rentabilität des Eigenkapitals durch den zusätzlichen Einsatz von Fremdkapital so lange verbessert werden kann, als die Kosten des Fremdkapitals geringer sind als die Gesamtrentabilität des eingesetzten Vermögens. Diesen als Leverage-Effekt bezeichneten Zusammenhang kann sich ein Unternehmen zunutze machen, indem durch die Erhöhung der Fremdkapitalquote ceteris paribus die Rentabilität auf das Eigenkapital gesteigert werden kann, solange die Fremdkapitalzinsen unter der Gesamtkapitalrentabilität liegen. Übersteigen hingegen die Fremdkapitalkosten die Gesamtkapitalrentabilität, kehrt sich der Leverage-Effekt um.

4.3.2. Analyse der Vermögensstruktur

Die Analyse der Vermögensstruktur hat die Aufgabe, einen Überblick über die Art und Zusammensetzung des Vermögens und – in einem Zeitvergleich – ein aussagekräftiges Bild über die Entwicklung der Vermögenslage sowie die Dauer der Vermögensbindung zu geben. Bei der Analyse der Vermögensstruktur ist insbesondere zu beachten, dass diese durch den Geschäftszweig sowie die Betriebsgröße bestimmt wird. Bei überbetrieblichen Vergleichen der Vermögensstruktur sind daher immer die spezifischen Gegebenheiten der zu vergleichenden Unternehmen zu berücksichtigen.

4.3.2.1. Anlage- und Lagerintensität

Die Anlage- und Lager- bzw Vorräteintensität ergeben sich aus dem Verhältnis des entsprechenden Bilanzpostens zum Gesamtvermögen:

$$\text{Anlagenintensität} = \frac{\text{Anlagevermögen}}{\text{Gesamtvermögen}}$$

$$\text{Lagerintensität} = \frac{\text{Vorräte}}{\text{Gesamtvermögen}}$$

Interpretationshinweise: Teile des Umlaufvermögens haben oft einen Mindestbestand, der ständig Kapital bindet (zB flüssige Mittel, eiserner Bestand, Forderungen L & L).

„Langfristig gebundenes", nicht betriebsnotwendiges Anlagevermögen kann zur Abdeckung von Liquiditätsengpässen kurzfristig veräußert werden (Wertpapiere, Beteiligungen, unbebaute Grundstücke).

Branchenzugehörigkeit (Bergbau), Produktionsprogramm, Fertigungstiefe, Automatisierungsgrad und Bilanzstichtag (Saisonbetrieb) beeinflussen das Verhältnis zwischen AV und UV. Preissteigerungen wirken sich aufgrund des Anschaffungskostenprinzips und der höheren Umschlagshäufigkeit des UV auf das Verhältnis AV/UV verzerrend aus.

Das Verhältnis AV/UV **steigt** durch:

- Höhere Investitionen
- Abbau des UV durch geringere Auslastung
- Lagerhaltungsrationalisierung
- Factoring (Verkauf von Forderungen)
- Tilgung von Schulden

Das Verhältnis AV/UV **sinkt** durch:

- Leasing von Anlagen
- Geringere Investitionen
- Abwertung der Anlagen aufgrund von technischer Entwertung
- Preissteigerung im Umlaufvermögen

4.3.2.2. Abschreibungsquote und Abnutzungsgrad

Durch die Analyse der Investitions- und Abschreibungspolitik hofft man, Aussagen über die Entwicklung des Unternehmens zu gewinnen. So kann zum Beispiel ein hohes Alter der Anlagen vernachlässigte Investition und Innovation, hohe noch anstehende Ausgaben und ein erhöhtes Ertragsrisiko bedeuten.

Aber nicht nur ein qualitativ hoher Standard, sondern auch quantitatives Wachstum wird als positiver Bestandteil zur Sicherung des Ertrages und Unternehmens gesehen.

Zur Beurteilung der Investitions- und Abschreibungspolitik verwendet man folgende Kennzahlen, wobei hier idR lediglich das **Sachanlagevermögen** untersucht wird. Interessant und aufschlussreich kann auch die Untersuchung jedes einzelnen Postens des Sachanlagevermögens sein.

Kennzahlen:

$$\text{Anlagenabnutzungsgrad (SAV)} = \frac{\text{Kumulierte Abschreibungen SAV}}{\text{Endbestand SAV (hist. Ako/Hko)}}$$

$$\text{Abschreibungsquote (SAV)} = \frac{\text{Jahresabschreibung SAV}}{\text{abnutzbare Sachanlagen zu historischen AK/HK (Endbestand + Abgänge der Periode)}}$$

Geringwertige Vermögensgegenstände, die sofort abgeschrieben werden, sind zwar in den Abschreibungen, nicht aber im Anfangs- bzw Endbestand des Sachanlagevermögens laut Anlagenspiegel enthalten. Dadurch wird die Abschreibungsquote verzerrt.

Das Ergebnis wird des Weiteren dadurch verfälscht, dass auf den Erinnerungswert abgeschriebene Vermögensgegenstände im Nenner enthalten sind und die Quote verringern. Außerdem wird unternehmensrechtlich in der Regel keine genaue zeitanteilige Abschreibung der zugegangenen und abgegangenen Vermögensgegenstände vorgenommen, sondern vereinfachend der steuerrechtlichen Regel entsprechend entweder eine Halbjahres- oder Ganzjahresquote abgeschrieben.

Interpretationshinweise:

Der Sachanlagenabnutzungsgrad gibt an, wie weit das SAV abgeschrieben ist. Ein hoher Wert ist ein Anzeichen für hohes Alter der Anlagen und damit für zukünftig notwendig werdende Investitionen. Dabei ist aber zu berücksichtigen, dass durch die vorsichtige Schätzung einer kurzen Nutzungsdauer und die Wahl zB der degressiven Abschreibungsmethode der Abnutzungsgrad stark verzerrt werden könnte. Ebenso stellt die Kennzahl nur einen Durchschnittswert für das gesamte abnutzbare SAV dar, sodass aus der Kennzahl keine Hinweise auf konkrete Zeitpunkte für Ersatzinvestitionen abgeleitet werden können und daher nur eine tendenzielle Aussage erlauben. Zu beachten ist weiters, dass geleaste Anlagen hier unberücksichtigt bleiben, was die Aussagekraft der Kennzahl uU ebenfalls reduziert.

Erhöht sich die Sachanlagenabschreibungsquote, kann dies ein Hinweis darauf sein, dass durch sehr hohe Abschreibungen stille Reserven gebildet wurden.

4.3.2.3. Nettoumlaufvermögen (Working Capital)

Das Nettoumlaufvermögen (Working Capital) ergibt sich als Differenz aus kurzfristigem Umlaufvermögen und kurzfristigem Fremdkapital und ist die wohl bekannteste kurzfristige Liquiditätskennzahl:

	kurzfristiges Umlaufvermögen
–	kurzfristiges Fremdkapital
=	**Nettoumlaufvermögen**

Interpretationshinweise:

Das Nettoumlaufvermögen ist die als absolute Zahl ausgedrückte Liquidität eines Unternehmens. Es gibt die Fähigkeit des Umlaufvermögens an, laufende Aufwendungen sowie kurzfristige Verbindlichkeiten zu decken. Durch Trendbildung mithilfe von Vergangenheitszahlen ist es möglich, auf den Finanzbedarf des UV in der Zukunft zu schließen.

Es gehört zu den finanzwirtschaftlichen Forderungen, dass das Working Capital nicht negativ sein darf, da andernfalls langfristig gebundenes Vermögen mit kurzfristigen Verbindlichkeiten finanziert wird. Insbesondere im anglo-amerikanischen Raum wird ein hohes Working Capital als positiv angesehen. Man fordert, dass das Umlaufvermögen zumindest den 2-fachen Betrag des kurzfristigen Fremdkapitals ausmachen soll („banker's rule") bzw das Working Capital mindestens dem kurzfristigen FK entsprechen soll.

Da die Kennzahl trotz aller Mängel in der Praxis als Entscheidungshilfe verwendet wird, sollte jedes Unternehmen dieser Kennzahl entsprechend liquide sein. Trifft das nicht zu, stellt sich für Analytiker möglicherweise die Frage, ob es um das Unternehmen so schlecht steht, dass es die geforderten Werte auch mithilfe von Bilanzplanung und -politik nicht erreichen kann.

4.3.3. Vermögensumschlagszahlen

Zu den Umschlagskoeffizienten werden die Umschlagsdauer (UD) und die Umschlagshäufigkeit (UH) gezählt. Die UH gilt als eine der wichtigsten Kennzahlen und zeigt an, wie oft ein Posten in der Periode umgeschlagen wurde, dh wie oft der Posten im Geschäftsjahr zur Gänze ersetzt wurde. Es wird also eine Stromgröße zur entsprechenden Bestandsgröße in Beziehung gesetzt. Die Umschlagsdauer als Kehrwert der UH gibt an, innerhalb welcher Zeit der Posten einmal vollständig ersetzt wurde.

$$\text{Umschlagshäufigkeit (UH)} = \frac{\text{Zu/Abgang der Periode (Stromgröße)}}{\text{Ø Bestand (Bestandsgröße)}}$$

$$\text{Umschlagsdauer (UD) in Tagen} = \frac{365}{\text{UH}}$$

$$\text{Umschlagsdauer (UD) in Monaten} = \frac{12}{\text{UH}}$$

Da nur bei wenigen Vermögenspositionen (beim Anlagevermögen präzise, nur näherungsweise bei den Vorräten) der Abgang der Bilanz entnommen werden kann, treten an die Stelle des Abgangs teilweise die Umsatzerlose.

Kennzahlen:

$$\text{UH der Debitoren} = \frac{\text{Umsatzerlöse (inkl USt)}}{\text{Ø Bestand Forderungen L \& L}}$$

Der durchschnittliche Bestand der jeweiligen Position wird mangels besserer Information mithilfe des Anfangs- und Endbestandes ermittelt:

$$\text{Ø Bestand} = \frac{\text{Anfangsbestand} + \text{Endbestand}}{2}$$

Bei der **Berechnung des Forderungsbestands aus L & L** sind gegebenenfalls folgende Anpassungen vorzunehmen:

Zur Verbesserung der Aussagefähigkeit könnten die im Anhang gemäß § 226 Abs 5 UGB für nicht kleine Gesellschaften gesondert anzugebenden Pauschalwertberichtigungen den Forderungen wieder hinzugerechnet werden, wodurch ein Teil der Abweichungen vom Anschaffungswert der Forderungen rückgängig gemacht werden kann. Damit ist das Ergebnis annähernd bewertungsneutral, wodurch die Vergleichbarkeit und damit die Aussagekraft der Kennzahl steigen. Ein mangels Information im Jahresabschluss im Rahmen der Bilanzanalyse nicht zu lösendes Problem stellen die Forderungsausfälle und die Einzelwertberichtigungen dar, die den Forderungsbestand verringern und damit die Umschlagshäufigkeit rechnerisch erhöhen.

Die Forderungen gegenüber verbundenen Unternehmen und Beteiligungsunternehmen enthalten auch Forderungen aus Lieferungen und Leistungen. Diese sind den Forderungen aus Lieferungen und Leistungen laut Bilanz hinzuzurechnen.

Die in den Forderungen gegenüber verbundenen Unternehmen und Beteiligungsunternehmen enthaltenen Forderungen aus Lieferungen und Leistungen müssen, sofern von Bedeutung, gemäß § 223 Abs 5 UGB entweder im Anhang angegeben oder in der Bilanz bei dem jeweiligen Posten gesondert vermerkt werden.

Die Forderungen aus Lieferungen und Leistungen setzen sich also wie folgt zusammen:

	Forderungen aus L & L laut Bilanz
+	in den Forderungen gegenüber verbundenen Unternehmen und Beteiligungsunternehmen enthaltene Forderungen aus L & L
+	von den Forderungen abgezogene Pauschalwertberichtigungen
=	**Forderungen aus Lieferungen und Leistungen (Debitorenstand)**

Ein weiteres Problem ergibt sich durch die Verbuchung der Forderungen inkl Umsatzsteuer. Da die Umsatzerlöse keine Umsatzsteuer enthalten, ist eine vergleichbare Berechnungsbasis nur nach Bereinigung der Forderungen um die darin enthaltene Umsatzsteuer gegeben.

Da in den Forderungen jedoch Forderungen mit unterschiedlichen Umsatzsteuersätzen bzw Auslandsforderungen enthalten sein können und dazu im Jahresabschluss in der Regel keine Angaben gemacht werden, ist eine Bereinigung aus externer Sicht nicht möglich. Im Fall von großen Kapitalgesellschaften können jedoch zumindest die Inlandsumsätze laut Anhang (§ 240 UGB) herangezogen werden, um die Umsatzerlöse um den darauf entfallenden Umsatzsteuerbetrag zu erhöhen.

Die **Umschlagshäufigkeit der Vorräte** kann grundsätzlich auf die Roh-, Hilfs- und Betriebsstoffe, die unfertigen und fertigen Erzeugnisse und Waren oder auf die gesamten Vorräte bezogen werden. Abgesehen von der Ermittlung der Umschlagshäufigkeit des Warenlagers in einem Handelsbetrieb, die sich aus dem Verhältnis von Materialaufwand gemäß § 231 Abs 2 Z 5 lit a UGB und dem durchschnittlichen Warenlager gemäß § 224 Abs 2 B I UGB ergibt, ist es für den externen Adressatenkreis bei Anwendung des Gesamtkostenverfahrens kaum möglich, eine exakte Umschlagshäufigkeit der Vorratsbestände zu ermitteln, da die Zählergröße, der jeweilige Vorratsverbrauch bzw Vorratseinsatz fehlt. Bei der Ermittlung der Umschlagshäufigkeit der Roh-, Hilfs- und Betriebsstoffe ist die externe Analyse bspw nicht in der Lage, festzustellen, wie weit außer dem Roh-, Hilfs- und Betriebsstoffverbrauch noch andere Materialaufwendungen, etwa Energiekosten, in der Zählergröße Materialaufwand gemäß § 231 Abs 2 Z 5 lit a UGB enthalten sind.

Interpretationshinweise:

Die Umschlagshäufigkeiten geben Hinweise auf die **Bindungsdauern** des Vermögens und somit auf den **Kapitalbedarf**. Hohe Bindungsdauern im UV können auf ein nicht kostenbewusstes Management, mangelndes Mahnwesen oder Ladenhüter hinweisen.

Lange Kundenziele können bedeuten, dass ein Unternehmen Kunden mit schlechter Bonität beliefert und es zu einem Ausfall von Forderungen kommen könnte. Andererseits besteht die Möglichkeit, dass Mittel kurzfristig durch die Gewährung von zusätzlichen Skonti ua in das Unternehmen fließen. Lange Kundenziele können aber auch ein Hinweis auf schlechtes Mahnwesen oder sogar ein bewusstes Element der Absatzpolitik sein.

4.4. Kennzahlen zur Ertragslage (erfolgswirtschaftliche Analyse)

Im Rahmen der erfolgswirtschaftlichen Analyse unterscheidet man zwischen der Ergebnis- und Rentabilitätsanalyse. Bei der Ergebnisanalyse werden die Erfolgsgrößen aus der Gewinn- und Verlustrechnung näher untersucht und aufgeschlüsselt, während im Rahmen der Rentabilitätsanalyse das Ergebnis mittels Beziehungszahlen analysiert wird, bei denen eine Ergebnisgröße (Gewinn usw) zu einer dieses Ergebnis maßgeblichen Verursachungsgröße (Kapital usw) in Beziehung gesetzt wird.

4.4.1. Aufwands- und Ertragskennzahlen (Ergebnisanalyse)

Grundlage der Ergebnisanalyse ist die Gewinn- und Verlustrechnung, auf Basis derer die Entstehung und Zusammensetzung des Gewinnes durch Aufwands- und Ertragsstrukturanalyse bzw durch Erfolgsspaltung analysiert wird.

4.4.1.1. Earnings before Interest and Tax (EBIT)

Das Ergebnis vor Zinsen und Steuern wird allgemein auch als EBIT bezeichnet und entspricht dem um die Finanzierungsaufwendungen korrigierten Ergebnis vor Steuern (Earnings before Tax – EBT).

Bei der Berechnung des EBIT wird der Finanzerfolg in der GuV gemäß § 231 Abs 3 Z 15 bzw § 231 Abs 2 Z 16 UGB in Erträge und Aufwendungen aus Finanzinvestitionen und in Erträge und Aufwendungen aus der Finanzierung des Unternehmens aufgeteilt. Das EBIT erhält man, indem man entweder das Ergebnis aus Finanzinvestitionen zum Betriebserfolg laut GuV addiert oder indem man die Finanzierungsaufwendungen zum Ergebnis vor Steuern addiert:

	Ergebnis vor Steuern
+	Zinsen und ähnliche Aufwendungen
	EBIT

Sind in der Gewinn- und Verlustrechnung gemäß § 237 Abs 1 Z 4 UGB erläuterte Ertrags- oder Aufwandsposten von außerordentlicher Größenordnung oder außerordentlicher Bedeutung enthalten und bewirken diese Beträge eine wesentliche Verzerrung des Ergebnisses, die zukünftig nicht mehr eintreten wird, sind diese Beträge mit Hinweis auf § 237 Abs 1 Z 4 UGB vom Ergebnis vor Zinsen und Steuern abzuziehen oder diesem zuzurechnen.

	Betriebserfolg
+	Erträge aus Finanzinvestitionen
–	Aufwendungen aus Finanzinvestitionen
=	**Ergebnis vor Zinsen = EBIT**
–	Finanzierungsaufwendungen
=	Ergebnis nach Zinsen = Ergebnis vor Steuern

Interpretationshinweise: Das EBIT wird auch als operatives Ergebnis bezeichnet und gehört zu den wichtigsten Kennzahlen der Unternehmensanalyse, weil dieses die Ertragskraft des Unternehmens unabhängig von der Finanzierung darstellt. Aus diesem Grund ist das EBIT für eine Analyse besonders geeignet, da es das Ergebnis des Unternehmens vor Abzug der Fremdfinanzierungskosten und damit ein finanzierungsneutrales Ergebnis zeigt. Diese Kennzahl wird in jedem veröffentlichten Jahresabschluss gezeigt.

4.4.1.2. Earnings before Interest, Taxes, Depreciation and Amortization (EBITDA)

Das Ergebnis vor Abschreibungen, Firmenwertamortisation, Zinsen und Steuern wird allgemein auch als EBITDA bezeichnet und kann entweder ausgehend von den betrieblichen Erträgen oder auch vom EBIT erfolgen:

	betriebliche Erträge (§ 231 Abs 2 Z 1, 2, 3, 4, eventuell abzüglich Zuschreibungen)
–	betriebliche Aufwendungen im Sinne des § 231 Abs 2 Z 5, 6, 8 vor Abschreibungen (AV und Firmenwert)
	EBITDA
ODER	
	EBIT
+	Jahresabschreibung (AV und Firmenwert) (eventuell abzüglich Zuschreibungen)
	EBITDA

Interpretationshinweise: Das EBITDA ist eine vermögensstrukturneutrale Kennzahl und eine der gebräuchlichsten Kennzahlen in veröffentlichten Jahresabschlüssen. Üblicherweise wird das EBITDA als Erfolgskennzahl verwendet, weil sie den Zahlungsüberschuss aus der Geschäftstätigkeit zeigt. Die häufige Verwendung des EBITDA wird üblicherweise damit begründet, dass das EBITDA verzerrte Unternehmensergebnisse, die durch unterschiedliche Abschreibungspolitiken auftreten können, ausgleicht und somit eine erhöhte Vergleichbarkeit ermöglicht.

4.4.2. Kennzahlen zur Rentabilität (Rentabilitätsanalyse)

Unter dem Begriff Rentabilität versteht man die Ertragsfähigkeit des Unternehmens. Sie drückt das Ausmaß aus, in dem sich das Unternehmen seiner Umwelt gegenüber durchsetzen kann. Die Rentabilität wird generell als Relativzahl berechnet, indem eine Erfolgsgröße zu einer diesen Erfolg wesentlich mitbestimmenden Einflussgröße in Beziehung gesetzt wird.

4.4.2.1. Umsatzrentabilität (Return on Sales)

Die Umsatzrentabilität (Return on Sales – ROS) entspricht dem Verhältnis aus EBIT zu den Umsatzerlösen und wird wie folgt ermittelt:

$$\text{Umsatzrentabllität} = \frac{\text{EBIT}}{\text{Umsatzerlöse}}$$

Interpretationshinweise: Die Umsatzrentabilität gibt den je 1 € Umsatz verbleibenden Gewinnbetrag an. Bei der Interpretation der auf diese Weise berechneten Umsatzrentabilität ist allerdings zu beachten, dass hohe Finanzerträge durch ihren Einfluss auf das EBIT eine Ertragsschwäche des Unternehmens im Rahmen seiner Kerntätigkeit verdecken und die Umsatzrentabilität positiver erscheinen lassen, als sie in der Realität ist.

Alternativ kann die Umsatzrentabilität unter Verwendung des Ergebnisses vor Steuern oder dem Betriebserfolg berechnet werden.

4.4.2.2. Eigenkapitalrentabilität (Return on Equity)

Die Eigenkapitalrentabilität (Return on Equity – ROE) ergibt sich aus dem Verhältnis des Ergebnisses vor Steuern zum Eigenkapital:

$$\text{Eigenkapitalrentabilität} = \frac{\text{Ergebnis vor Steuern}}{\text{Ø Eigenkapital}}$$

Interpretationshinweise: Für die Eigenkapitalgeber ist vor allem die Rentabilität ihres eingesetzten Kapitals (Eigenkapitals) von Interesse, um sie mit Erträgen aus anderen alternativen Veranlagungsmöglichkeiten zu vergleichen. Sie wird daher auch Unternehmerrentabilität genannt.

Anstelle des Ergebnisses vor Steuern können auch andere Erfolgsgrößen, wie der Jahresüberschuss, das EBIT oder der Betriebserfolg, verwendet werden. Die jeweiligen Erfolgsgrößen sind je nach Analyseziel vor oder nach Steuern zu verwenden. Eine Vor-Steuer-Größe ist dann sinnvoll, wenn Anlagemöglichkeiten mit unterschiedlichen Steuerbelastungen (Inland – Ausland, unterschiedliche Rechtsformen) verglichen werden sollen und man die Rentabilität ohne Einfluss von Steuern betrachten will.

4.4.2.3. Gesamtkapitalrentabilität (Return on Investment)

Eine besonders in den letzten Jahren und vor allem im anglo-amerikanischen Raum verwendete Rentabilitätskennzahl ist der Return on Investment (ROI), die der Gesamtkapitalrentabilität bei Verwendung des EBIT als Erfolgsgröße entspricht:

$$\text{Gesamtkapitalrentabilität} = \frac{\text{EBIT}}{\text{Ø Gesamtkapital}}$$

Betrachtet man die Fremdkapitalzinsen nicht als normalen betrieblichen Aufwand, sondern als Ertrag der Fremdkapitalgeber und damit als Ergebnis der Leistung des Unternehmens, sind diese bei der Rentabilitätsanalyse des Gesamtkapitals der Erfolgsgröße wieder hinzuzurechnen. Man verwendet daher als Erfolgsgröße nicht das Ergebnis vor Steuern, sondern das EBIT.

Interpretationshinweise: Aus der Sicht aller Kapitalgeber und des Managements ist die Gesamtkapitalrentabilität wichtig, da ihre Berechnung unabhängig von der Finanzierungsart erfolgt und die Verzinsung des gesamten Vermögens (Kapitals) berücksichtigt wird. Die Gesamtkapitalrentabilität wird daher auch **Unternehmensrentabilität** genannt.

Ausgehend von der Gesamtkapitalrentabilität kann man diese in ihre wesentlichen Bestandteile zerlegen, sofern das EBIT als Erfolgsgröße verwendet wird:

$$\text{ROI} = \frac{\text{EBIT}}{\text{Ø Gesamtkapital}}$$

$$\text{ROI} = \frac{\text{EBIT}}{\text{Umsatzerlöse}} * \frac{\text{Umsatzerlöse}}{\text{Ø Gesamtkapital}}$$

$$\text{ROI} = \text{Umsatzrentabilität} * \text{UH des Vermögens}$$

Da das Gesamtkapital dem Gesamtvermögen entspricht, ist es mithilfe des ROI möglich, von der Veränderung einer Vermögensposition (= Änderung des Gesamtvermögens) oder Erfolgsposition (= Änderung des Ergebnisses vor Steuern) auf die Änderung der Rentabilität zu schließen.

Aus dieser Darstellung des ROI ergibt sich, dass die Gesamtkapitalrentabilität bei Abnahme der Umsatzrentabilität unverändert bleibt, wenn Letztere von einer Steigerung der Umschlagshäufigkeit des Vermögens begleitet wird. Diese Erkenntnis bildet häufig die Grundlage einer Unternehmenspolitik, bei der geringe Gewinnspannen mit hohem Warenumschlag kompensiert werden.

4.5. Cashflow-Kennzahlen

Cashflow-Kennzahlen, insbesondere die Aufstellung einer Geldflussrechnung, sind Pflichtbestandteil sowohl des IFRS-Abschlusses als auch des UGB-Konzernabschlusses. Des Weiteren empfiehlt der Fachsenat für Betriebswirtschaft im KFS/BW 3 die Aufnahme einer Geldflussrechnung in den Lagebericht. Entsprechend der AFRAC-Stellungnahme 9 Lageberichterstattung (UGB) (Dezember 2017, Rz 41) ist es aber auch zulässig, Teilergebnisse der Geldflussrechnung oder daraus abgeleitete Cashflow-Kennzahlen nachvollziehbar in den Lagebericht aufzunehmen.

Bei der Definition des Cashflow wird grundsätzlich von zwei unterschiedlichen Konzepten ausgegangen. Einerseits wird versucht, den Zahlungsüberschuss aus der Umsatztätigkeit zu ermitteln, andererseits soll der gesamte periodenbezogene Zahlungsüberschuss errechnet und analysiert werden.

Cashflow-Kennzahlen zählen zur Liquiditätsanalyse. Im Rahmen dieser wird der Zusammenhang zwischen Investition und Finanzierung untersucht. Man versucht dadurch, die Fähigkeit eines Unternehmens, seinen fälligen Zahlungsverpflichtungen nachzukommen (= Liquidität), zu überprüfen. Dazu müssen Informationen über die Fristigkeit der Vermögensbindung und Kapitalaufbringung gesammelt werden. Diese Analyse kann aufgrund von Bestandsgrößen oder Stromgrößen erfolgen. Anzumerken ist, dass die Liquiditätsanalyse nur die zum Bilanzstichtag gegebene Liquidität untersucht, und das zu einem Zeitpunkt, der vielfach mehrere Monate nach dem maßgebenden Bilanzstichtag liegt. Die Liquiditätsanalyse kann daher nur bei Mehrperiodenbetrachtung tendenziell aussagekräftige Informationen liefern.

4.5.1. Cashflow als Umsatzüberschuss

Dieser Cashflow ist definiert als Differenz zwischen zahlungswirksamen Erträgen und zahlungswirksamen Aufwendungen (direkte Berechnung), bezieht sich also auf die Posten der G&V-Rechnung.

	zahlungswirksame Erträge
–	zahlungswirksame Aufwendungen
=	**Cashflow**

Da diese Daten jedoch aus dem Jahresabschluss nicht ersichtlich sind, ermittelt man den CF näherungsweise indirekt, ausgehend von folgendem Zusammenhang:

	Erträge
–	Aufwendungen
–	**Jahresüberschuss**

Die Erträge und Aufwendungen bestehen aus zahlungswirksamen und zahlungsunwirksamen Teilen, sodass obige Berechnung wie folgt zerlegt werden kann:

A	+	zahlungswirksame Erträge
B	+	zahlungsunwirksame Erträge
C	–	zahlungswirksame Aufwendungen
D	–	zahlungsunwirksame Aufwendungen
	=	**Jahresüberschuss**

Die Summe der Elemente A und C bildet den Cashflow, sodass sich durch Umformung folgende indirekte Methode zur Berechnung ergibt.

$$A + C = \textbf{Jahresüberschuss} - (B + D)$$

	Jahresüberschuss
–	zahlungsunwirksame Erträge
+	zahlungsunwirksame Aufwendungen
=	**Cashflow**

Der Cashflow als Umsatzüberschuss soll das Innenfinanzierungspotenzial darstellen, das zB für Investitionen, Schuldentilgungen und Dividenden zur Verfügung steht. Je höher der CF ist, umso positiver fällt grundsätzlich die Einschätzung des Unternehmens aus.

In der Praxis und Wissenschaft haben sich viele Konkretisierungen dieser grundsätzlichen Definition herausgebildet, wobei die **einfachste** folgendermaßen aussieht:

	Jahresüberschuss
+	Abschreibungen des AV
=	**Cashflow als Umsatzüberschuss**

Diese Berechnungsmethode wird besonders im anglo-amerikanischen Bereich angewendet, wobei angemerkt werden soll, dass es dort die Möglichkeiten zur Bildung von (stillen) Rücklagen nicht in dem Maße gibt wie in Österreich. Der im anglo-amerikanischen Bereich verwendete Jahresgewinn ist daher auf österreichische Verhältnisse umgelegt als Jahresüberschuss zu interpretieren.

4.5.2. Cashflow nach der Praktikermethode

In der Praxis wird oft folgende Berechnungsmethode angewendet:

	Jahresüberschuss
+	Abschreibungen vom Anlagevermögen
–	Zuschreibungen zum Anlagevermögen
+	Erhöhung langfristiger Rückstellungen
–	Verminderung langfristiger Rückstellungen
=	**Cashflow (Praktikermethode)**

Der Cashflow nach der sog Praktikermethode unterstellt, dass alle anderen Aufwendungen und Erträge zahlungswirksam sind. Dies trifft jedoch idR nicht zu, sodass auch die Aussagefähigkeit dieses Cashflow stark eingeschränkt ist. Denn die Grundsätze ordnungsmäßiger Buchführung bewirken, dass die Erfolgswirksamkeit von Geschäftsfällen von der Zahlungswirksamkeit unabhängig ist. So entspricht zB die Höhe der Umsatzerlöse idR nicht den durch den Absatz erzielten Einzahlungen, denn der Erlös wird mit der Entstehung des Entgeltanspruchs unabhängig vom Zahlungszeitpunkt eingebucht und realisiert. Durch die mangelnde Einbeziehung von erfolgsneutralen Zahlungsströmen wird daher der Kapitalfluss aus der betrieblichen Tätigkeit nur unvollständig angezeigt, die Aussagefähigkeit des Cashflow als Innenfinanzierungskraft ist nur eingeschränkt gegeben.

Der Cashflow nach der Praktikermethode kann auch nur eingeschränkt als Indikator für die Liquiditätslage dienen, da die Zahlungsströme der Außenfinanzierung (Kreditaufnahmen und -rückzahlungen, Gewinnausschüttungen und Kapitalerhöhungen) vollkommen unberücksichtigt bleiben.

Weiters kann der Cashflow nicht als Gewinngröße des Unternehmens angesehen werden, allenfalls als Indikator für die Ertragskraft. Während die unbaren Abschreibungen dem Gewinn hinzugerechnet werden, werden die Investitionen nicht abgezogen. Der Praktiker-Cashflow als Ertragsindikator fällt daher grundsätzlich, besonders bei anlagenintensiven Betrieben, zu hoch aus. Die Vergleichbarkeit ist auch dann beeinträchtigt, wenn infolge Leasings geringere oder keine Abschreibungen anfallen. Die Leasingraten werden dann als Mietaufwand verbucht. Es wird daher hier der Ansatz der pauschal berechneten Abschreibung auch in der Cashflow-Rechnung empfohlen.

Der Cashflow nach der Praktikermethode stellt jedenfalls nicht den Zahlungsmittelüberschuss am Ende der Periode dar. Vielmehr wurde schon während des Jahres über diese Mittel disponiert (zB für Investitionen). Insbesondere hängt die Höhe des Cashflows wesentlich davon ab, wie weit das Ausscheiden von unbaren Aufwendungen und Erträgen gelingt. Grundsätzlich kann jedoch bei gleicher Berechnungsmethode ein höherer Cashflow als ein Indiz für eine bessere Liquiditätslage herangezogen werden.

4.5.3. Cashflow als periodenbezogener Zahlungsüberschuss

Nach dieser Definition ist der Cashflow der Überschuss der Einzahlungen über die Auszahlungen in einer Periode. Es werden daher im Gegensatz zum Cashflow als Umsatzüberschuss nicht nur die zahlungswirksamen Aufwendungen und Erträge, sondern auch möglichst alle erfolgsneutralen Zahlungen berücksichtigt. Grundlage hierfür bildet nicht die Gewinn- und Verlustrechnung, sondern die Veränderung der Bilanzbestände zwischen zwei Bilanzstichtagen. Man spricht in diesem Zusammenhang auch von Kapitalflussrechnungen.

Die Summe aller positiven und negativen Zahlungsströme des Geschäftsjahres entspricht der Veränderung des Bestandes an liquiden Mitteln zwischen den Bilanzstichtagen. Die Geldflussrechnung bildet also grundsätzlich alle zahlungswirksamen Vorgänge der betrieblichen Tätigkeit während eines Jahres ab. Um die Analyse der Finanzlage mittels Geldflussrechnung zu erleichtern, werden die Zahlungsströme in der Regel in mehrere Aktivitätsbereiche gegliedert, wobei der Saldo jedes Bereichs einem Teil-Cashflow entspricht. Die Summe der Teil-Cashflows ergibt dann natürlich ebenfalls die Veränderung des Bestandes an liquiden Mitteln.

4.5.4. Geldflussrechnung gemäß KFS/BW 2

Die Geldflussrechnung nach dem Fachgutachten der Wirtschaftstreuhänder KFS/BW 2 (27. 5. 2008, überarbeitet im Jänner 2016) wird basierend auf den Aktivitätsbereichen wie folgt analysiert:

	Nettogeldfluss aus der laufenden Geschäftstätigkeit (operating activities)
+	Nettogeldfluss aus der Investitionstätigkeit (investing activities)
+	Nettogeldfluss aus Finanzierungstätigkeit (financing activities)
=	**Zunahme/Abnahme der liquiden Mittel**
+	liquide Mittel zu Jahresbeginn
=	liquide Mittel am Jahresende

Als liquide Mittel definiert das Fachgutachten neben dem Bilanzposten „Kassenbestand, Schecks, Guthaben bei Kreditinstituten“ (§ 224 Abs 2 B IV UGB) auch als Liquiditätsreserve gehaltene Wertpapiere des Umlaufvermögens, dh Wertpapiere, die sofort in Geld umgewandelt werden können und dabei nur einem unwesentlichen Wertschwankungsrisiko unterliegen.

Der **Nettogeldfluss aus laufender Geschäftstätigkeit** ist ein Indikator dafür, wie weit das Unternehmen in der Lage war, Geldmittel zur Aufrechterhaltung der laufenden Geschäftstätigkeit, für Investitionen, Kredittilgungen und Dividendenzahlung ohne Inanspruchnahme aus dem Finanzierungsbereich zu erwirtschaften. Geldflüsse in diesem Bereich resultieren primär aus den mit der Haupttätigkeit des Unternehmens zusammenhängenden Geschäftsfällen.

Im **Nettogeldfluss aus der Investitionstätigkeit** werden die Investitionen gesondert dargestellt, die zukünftige Erträge und Aufwendungen (die dann im Nettogeldfluss aus der laufenden Geschäftstätigkeit erfasst werden) bewirken sollen. Die Investitionstätigkeit umfasst sämtliche Investitionen ins Anlagevermögen (immaterielles Anlagevermögen, Sachanlagen, Finanzanlagen), aber auch Investitionen ins Umlaufvermögen, die weder der laufenden Geschäftstätigkeit zuzuordnen sind, noch Bestandteil des Finanzmittelfonds sind (zB sonstige Wertpapiere des Umlaufvermögens). Zum Investitionsfonds zählen insbesondere auch die Zuflüsse aus dem Abgang von Anlagevermögen.

Im **Nettogeldfluss aus der Finanzierungstätigkeit** werden schließlich alle mit der Außenfinanzierung des Unternehmens zusammenhängenden Zahlungsvorgänge erfasst.

Die Cashflows der einzelnen Aktivitätsbereiche werden wie folgt berechnet:

1		Ergebnis vor Steuern
2	+/–	Abschreibungen/Zuschreibungen auf Vermögensgegenstände des Investitionsbereichs
3	+/–	Verlust/Gewinn aus dem Abgang von Vermögensgegenständen des Investitionsbereichs
4	+/–	Sonstige zahlungsunwirksame Aufwendungen/Erträge
5	=	**Geldfluss aus dem Ergebnis**
6	+/–	Abnahme/Zunahme der Vorräte, Forderungen aus Lieferungen und Leistungen sowie anderer Aktiva
7	+/–	Zunahme/Abnahme der Rückstellungen (ausgenommen Rückstellungen für Ertragsteuern)
8	+/–	Zunahme/Abnahme der Verbindlichkeiten aus Lieferungen und Leistungen sowie anderer Passiva
9	=	**Nettogeldfluss aus dem Ergebnis vor Steuern**

10	–	Zahlungen für Ertragsteuern und sonstige Steuern, soweit nicht unter den Posten 1–19 der GuV enthalten
11	=	**Nettogeldfluss aus laufender Geschäftstätigkeit**

12		Einzahlungen aus dem Anlagenabgang (ohne Finanzanlagen)
13	+	Einzahlungen aus Finanzanlagenabgang und sonstigen Finanzinvestitionen
14	–	Auszahlungen Anlagenzugang (ohne Finanzanlagen)
15	–	Auszahlungen für Finanzanlagenzugang und sonstige Finanzinvestitionen)
16	=	**Nettogeldfluss aus der Investitionstätigkeit**

17		Einzahlungen von Eigenkapital
18	–	Rückzahlungen von Eigenkapital
19	–	Auszahlungen aus der Bedienung des Eigenkapitals
20	+	Einzahlungen aus der Begebung von Anleihen und aus der Aufnahme von Finanzkrediten
21	–	Auszahlungen für die Tilgung von Anleihen und sonstigen Finanzkrediten
22	**=**	**Nettogeldfluss aus Finanzierungstätigkeit**

23		Zahlungswirksame Veränderung des Finanzmittelbestands (Z 11 +16 +22)
24	+/–	Wechselkursbedingte und sonstige Wertänderungen des Finanzmittelbestandes
25	+	Finanzmittelbestand am Beginn der Periode
26	**=**	**Finanzmittelbestand am Ende der Periode**

Erläuterungen zur Ermittlung der einzelnen Positionen:

Nettogeldfluss aus der laufenden Tätigkeit		
	+	Erträge aus dem Abgang von Anlagevermögen (ohne Finanzanlagen)
	+	Erträge aus dem Abgang von Finanzanlagen und sonstigen Finanzinvestitionen
	–	Verluste aus dem Abgang von Anlagevermögen (ohne Finanzanlagen)
	–	Verluste aus dem Abgang von Finanzanlagen und sonstigen Finanzinvestitionen
3	=	**Gewinn/Verlust aus dem Abgang von Vermögensgegenständen des Investitionsbereiches**
	+	Abschreibungen (ohne Finanzanlagen)
	+	Abschreibungen auf Finanzanlagen und sonstige Finanzinvestitionen
	–	Erträge aus der Zuschreibung zum Anlagevermögen (ohne Finanzanlagen)
	–	Erträge aus der Zuschreibung zu Finanzanlagen und sonstigen Finanzinvestitionen
2	=	**Abschreibungen/Zuschreibungen auf Vermögensgegenstände des Investitionsbereiches**
	+/–	Abnahme/Zunahme der Vorräte
	+/–	Abnahme/Zunahme der Forderungen aus Lieferungen und Leistungen
	+/–	Abnahme/Zunahme der Forderungen gegenüber verbundenen Unternehmen
	+/–	Abnahme/Zunahme der Forderungen gegenüber Unternehmen, mit denen ein Beteiligungsverhältnis besteht

	+/–	Abnahme/Zunahme der Sonstigen Forderungen und Vermögensgegenstände
	+/–	Abnahme/Zunahme der Aktiven Rechnungsabgrenzungsposten
6	=	**Abnahme/Zunahme der Vorräte, Forderungen aus Lieferungen und Leistungen sowie anderer Aktiva**

	+/–	Zunahme/Abnahme der Rückstellungen für Abfertigungen und Pensionen
	+/–	Zunahme/Abnahme der Steuerrückstellungen, ausgenommen Ertragsteuern
	+/–	Zunahme/Abnahme der Sonstigen Rückstellungen
7	=	**Zunahme/Abnahme der Rückstellungen, ausgenommen für Ertragsteuern**
	+/–	Zunahme/Abnahme der Erhaltenen Anzahlungen auf Bestellungen
	+/–	Zunahme/Abnahme der Verbindlichkeiten aus Lieferungen und Leistungen
	+/–	Zunahme/Abnahme der Wechselverbindlichkeiten
	+/–	Zunahme/Abnahme der Verbindlichkeiten gegenüber verbundenen Unternehmen
	+/–	Zunahme/Abnahme der Verbindlichkeiten gegenüber Unternehmen, mit denen ein Beteiligungsverhältnis besteht
	+/–	Zunahme/Abnahme der Sonstigen Verbindlichkeiten
	+/–	Zunahme/Abnahme der Passiven Rechnungsabgrenzungsposten
8	=	**Zunahme/Abnahme der Verbindlichkeiten aus Lieferungen und Leistungen sowie anderer Passiva**

	+	Steuern vom Einkommen und vom Ertrag
	+/–	Zunahme/Abnahme der Ertragsteuerrückstellungen
	+/–	Abnahme/Zunahme der sonstigen Forderungen aus Ertragsteuerverrechnung
	+/–	Zunahme/Abnahme der sonstigen Verbindlichkeiten aus Ertragsteuerverrechnung
	+/–	Abnahme/Zunahme der Aktiven Steuerabgrenzung
	+/–	Sonstige Steuern, sofern nicht in Posten 1–19 der GuV enthalten
10	=	**Zahlungen für Ertragsteuern und sonstige Steuern, soweit nicht unter den Posten 1–19 der GuV enthalten**

Nettogeldfluss aus der Investitionstätigkeit		
	+	Erträge aus Anlagenabgang
	+	Abgänge zu Restbuchwerten laut Anlagenspiegel
	–	Verluste aus Anlagenabgang
	+/–	Abnahme/Zunahme der Forderungen aus Anlageverkauf (ohne Finanzanlagen)
12	=	**Einzahlungen aus Anlagenabgang (ohne Finanzanlagen)**

	+	Erträge aus Finanzanlagenabgang und Finanzinvestitionen des Umlaufvermögens
	+	Abgänge zu Buchwerten laut Anlagenspiegel
	+/–	Abnahme/Zunahme der Forderungen aus dem Verkauf von Finanzanlagen
	+	Verminderung von Finanzinvestitionen im Umlaufvermögen
13	=	**Einzahlungen aus Finanzanlagenabgang und sonstigen Finanzinvestitionen**

	+	Zugang lt Anlagenspiegel
	+/–	Zunahme/Abnahme der Verbindlichkeiten für den Erwerb von Anlagevermögen
14	=	**Auszahlungen für Anlagezugang (ohne Finanzanlagen)**
	+	Zugang lt Anlagenspiegel
	+/–	Zunahme/Abnahme der Verbindlichkeiten für den Erwerb von Finanzinvestitionen
	+	Erhöhung von Finanzinvestitionen im Umlaufvermögen
15	=	**Auszahlungen für Finanzanlagenzugänge und sonstige Finanzinvestitionen**

Nettogeldfluss aus der Finanzierungstätigkeit		
	+	Einzahlungen auf das Nennkapital
	+	Einzahlungen auf Kapitalrücklagen
	+	Verminderung eigener Anteile
17	=	**Einzahlung von Eigenkapital**
	–	Rückzahlung von Nennkapital
	–	Erhöhung eigener Anteile
	–	Rückzahlung von Kapitalrücklagen
18	=	**Rückzahlung von Eigenkapital**
	+	Einzahlungen auf Anleihen
	+	Aufnahme von Bankkrediten
	+	Aufnahme sonstiger Finanzkredite
	+	Aufnahme von Finanzkrediten von verbundenen Unternehmen und Unternehmen, mit denen ein Beteiligungsverhältnis besteht
20	=	**Einzahlungen aus der Begebung von Anleihen und der Aufnahme von Finanzkrediten**
	+	Rückzahlung von Anleihen
	+	Rückzahlung von Bankkrediten
	+	Rückzahlung sonstiger Finanzkredite

	+	Rückzahlung von Finanzkrediten gegenüber verbundenen Unternehmen und Unternehmen, mit denen ein Beteiligungsverhältnis besteht
21	=	**Auszahlungen für die Tilgung von Anleihen und der Rückzahlung von Finanzkrediten**

4.6. Unternehmensreorganisationsgesetz

Das Unternehmensreorganisationsgesetz (URG) sieht zwei Kennzahlen vor, mit deren Hilfe ein allfälliger Reorganisationsbedarf des Unternehmens ermittelt werden soll. Diese sind die Eigenmittelquote sowie die fiktive Schuldentilgungsdauer und sind vom Wirtschafts- bzw Buchprüfer im Rahmen von Jahresabschlussprüfungen zwingend zu ermitteln. Die Bedeutung dieser Kennzahlen liegt darin, dass bei Unterschreiten der im Gesetz genannten Grenze von 8 % für die Eigenmittelquote und bei gleichzeitigem Überschreiten einer 15-jährigen fiktiven Schuldentilgungsdauer eine gesetzliche Vermutung des Reorganisationsbedarfs besteht (§ 22 URG), an die unter bestimmten Voraussetzungen eine Haftung der Organe der Gesellschaft anknüpft. Die Kennzahlen des URG werden anhand der Werte des zu prüfenden Jahresabschlusses **vor Bereinigung und Aufbereitung** ermittelt.

Kennzahlen:

$$\text{Eigenmittelquote (§ 23 URG)} = \frac{\text{Eigenkapital}}{\text{Gesamtkapital-Anzahlungen auf Vorräte}}$$

$$\text{fiktive Schuldentilgungsdauer (§ 24 URG)} = \frac{\text{Schulden gem § 24 Abs 1 URG}}{\text{Mittelüberschuss nach § 24 Abs 2 URG}}$$

	Rückstellungen (§ 224 Abs 3 B UGB)
+	Verbindlichkeiten (§ 224 Abs 3 C UGB)
–	Anzahlungen auf Vorräte (§ 225 Abs 6 UGB)
–	Sonstige Wertpapiere und Anteile (§ 224 Abs 2 B III Z 2 UGB)
–	Kassabestand, Schecks, Guthaben bei Kreditinstituten (§ 224 Abs 2 B IV UGB)
=	**Schulden nach § 24 Abs 1 URG**
	Jahresüberschuss/-fehlbetrag
+	Abschreibungen auf das Anlagevermögen
+	Verluste aus dem Abgang von Anlagevermögen
–	Zuschreibungen zum Anlagevermögen
–	Erträge aus dem Abgang von Anlagevermögen
+	Erhöhung langfristiger Rückstellungen
–	Verminderung langfristiger Rückstellungen
=	**Mittelüberschuss nach § 24 Abs 2 URG**

4.7. Beispiel zur Kennzahlenanalyse

Die folgenden Daten sind aus dem Einzelabschluss nach UGB der Platanen-GmbH entnommen und bestehen aus:

- Bilanz
- GuV
- Anlagenspiegel
- Auszüge aus dem Anhang inkl Zusatzinformationen

Die Platanen-GmbH ist im Bereich Produktion tätig und ist nach § 221 UGB als **kleine Kapitalgesellschaft** einzustufen, da zwei der drei Merkmale am Abschlussstichtag von zwei aufeinanderfolgenden Geschäftsjahren (§ 221 Abs 4) nicht überschritten werden:

Merkmal	UGB	X1	X0	
Bilanzsumme < 5 Mio EUR	§ 221 Abs 1 Z 1	5.078.907,99	5.208.333,65	Nicht erfüllt
Umsatzerlöse in 12 Monaten vor dem Bilanzstichtag < 10 Mio EUR	§ 221 Abs 1 Z 2	6.171.054,22	7.281.500	Erfüllt
Jahresdurchschnitt 50 Arbeitnehmer	§ 221 Abs 1 Z 3	26	20	Erfüllt

Die Größenklasse ist insbesondere im Rahmen der Jahresabschlussanalyse von Bedeutung, da abhängig davon gewisse Angaben nicht im Anhang veröffentlicht werden müssen.

4.7.1. Bilanz der Platanen-GmbH

AKTIVA (IN EUR)		31.12.X1	31.12.X0
A.	ANLAGEVERMÖGEN		
I.	Immaterielle Vermögensgegenstände	12.422,50	1.894,88
II.	Sachanlagen	2.085.361,30	2.176.238,77
III.	Finanzanlagen	0,00	0,00
	Summe Anlagevermögen	*2.097.783,80*	*2.178.133,65*
B.	UMLAUFVERMÖGEN		
I.	Vorräte	2.182.564,09	2.034.800,00
II.	Forderungen und sonstige Vermögensgegenstände	781.299,38	970.700,00
III.	Wertpapiere und Anteile	0,00	0,00
IV.	Kassenbestand, Guthaben bei Kreditinstituten	16.646,22	24.600,00
	Summe Umlaufvermögen	***2.980.509,69***	***3.030.100,00***
C.	RECHNUNGSABGRENZUNGSPOSTEN	614,50	100,00
	Summe Aktiva	***5.078.907,99***	***5.208.333,65***

PASSIVA (IN EUR)		31.12.X1	31.12.X0
A.	EIGENKAPITAL		
I.	Grundkapital	35.000,00	35.000,00
II.	Kapitalrücklagen	2.335.534,30	2.335.534,30
III.	Gewinnrücklagen	912.099,35	912.099,35
IV.	Bilanzgewinn	327.263,92	518.900,00
	davon Gewinnvortrag	*418.809,22*	*404.400,00*
	Summe Eigenkapital	***3.609.897,57***	***3.801.533,65***
B.	**RÜCKSTELLUNGEN**	**207.662,42**	**265.200,00**
C.	**VERBINDLICHKEITEN**	**1.261.348,00**	**1.141.600,00**
	Summe Passiva	***5.078.907,99***	***5.208.333,65***

Anmerkung: Aus Vereinfachungsgründen werden die Fristigkeiten erst später im Forderungs- und Verbindlichkeitenspiegel angeführt.

4.7.2. Gewinn- und Verlustrechnung der Platanen-GmbH

GEWINN- UND VERLUSTRECHNUNG (IN EUR)		X1
1.	Umsatzerlöse	6.171.028,83
2.	Bestandsveränderungen fertiger und unfertiger Erzeugnisse	253.064,72
3.	Andere aktivierte Eigenleistungen	826,23
4.	Sonstige betriebliche Erträge	
a)	Erträge aus dem Abgang von Anlagevermögen	–
b)	Erträge aus der Auflösung von Rückstellungen	–
c)	Übrige	67.895,58
5.	Aufwendungen für Material	- 4.303.146,99
6.	Personalaufwand	- 1.272.453,21
7.	Abschreibungen auf immaterielles AV und Sachanlagen	- 165.819,30
8.	Sonstige betriebliche Aufwendungen	- 848.859,52
9.	**Betriebsergebnis**	**- 97.463,66**
10.	Beteiligungserträge	–
11.	Erträge aus anderen Wertpapieren des AV und Ausleihungen	–
12.	Sonstige Zinsen und ähnliche Erträge	144,08
13.	Erträge aus dem Abgang von Finanzanlagevermögen	–
13.	Erträge aus der Zuschreibung zum Finanzanlagevermögen	–
14.	Abschreibungen auf Finanzanlagen	–

GEWINN- UND VERLUSTRECHNUNG (IN EUR)		X1
15.	Zinsen und ähnliche Aufwendungen	- 838,13
16.	**Finanzerfolg**	**- 694,05**
17.	**Ergebnis vor Steuern**	**- 98.157,71**
18.	Steuern vom Einkommen und Ertrag	6.612,42
19.	**Jahresfehlbetrag**	**- 91.545,29**
20.	Zuweisung zu Gewinnrücklagen	-
21.	Gewinnvortrag	418.809,21
22.	**Bilanzgewinn**	327.263,92

4.7.3. Anlagenspiegel der Platanen-GmbH

	AK/HK 31. 12. X0	Zugänge	(davon) Zinsen	Umbuchungen	Abgänge	AK/HK 31. 12. X1	kum. Abschr 31. 12. X0	Zugänge X1	Umbuchungen	Abgänge	kum. Abschr 31. 12. X1.	BW 31. 12. X1	BW 31. 12. X0
I. Immaterielle Vermögensgegenstände													
1. Gewerbliche Schutzrechte und Lizenzen	34.144,81	12.500,00		–	–	46.644,81	32.249,93	1.972,38			34.222,31	12.422,50	1.894,88
	34.144,81	**12.500,00**		–	–	**46.644,81**	32.249,93	**1.972,38**			**34.222,31**	**12.422,50**	**1.894,88**
II. Sachanlagen													
1. Bauten auf fremdem Grund	3.404.821,85	21.298,00		–	–	3.426.119,85	1.674.258,77	72.342,92			1.746.601,69	1.679.518,16	1.730.563,08
2. Technische Anlagen und Maschinen	709.941,73	22.727,70		–	7.247,06	725.422,37	320.028,48	65.538,28		7.247,06	378.319,70	347.102,67	389.913,25
3. Andere Anlage, Betriebs- und Geschäftsausstattung	215.223,68	25.808,34		–	1.421,91	239.610,12	159.461,24	22.830,31		1.421,91	180.869,64	58.740,48	55.762,44
	4.329.987,26	**69.834,04**		–	**8.668,96**	**4.391.152,34**	**2.153.748,49**	**160.711,51**		**8.668,97**	**2.305.791,03**	**2.085.361,31**	**2.176.238,77**
Geringwertige Wirtschaftsgüter	–	3.135,41		–	3.135,41	–	–	3.135,41		3.135,41	–	–	–
	–	**3.135,41**		–	**3.135,41**	–	–	**3.135,41**		3.135,41	–	–	–
Summe	4.364.132,07	85.469,45		–	11.804,37	4.437.797,15	2.185.998,42	165.819,30		11.804,38	2.340.013,34	2.097.783,81	2.178.133,65

Die Platanen-GmbH besitzt keinen Grund und Boden.

4.7.4. Auszüge aus dem Anhang der Platanen-GmbH inkl Zusatzinformationen

Verbindlichkeitenspiegel

	Gesamt		Restlaufzeit bis 1 Jahr		Restlaufzeit über 1 Jahr	
	31. 12. 20X1	31. 12. 20X0	31. 12. 20X1	31. 12. 20X0	31. 12. 20X1	31. 12. 20X0
Verbindlichkeiten Kreditinstitute	192.403,75	147.500,00	192.403,75	147.500,00	0	0
Verbindlichkeiten aus Lieferungen und Leistungen	710.649,62	331.900,00	710.649,62	331.900,00	0	0
Erhaltene Anzahlungen auf Bestellungen	0,00	227.600,00	0,00	227.600,00	0	0
Verbindlichkeiten gegenüber verbundenen Unternehmen	274.600,00	275.700,00	274.600,00	275.700,00	0	0
Sonstige Verbindlichkeiten	83.694,63	158.900,00	83.694,63	158.900,00	0	0
Summe Verbindlichkeiten	**1.261.348,00**	**1.141.600,00**	**1.261.348,00**	**1.141.600,00**	0	0
Ausländische Verbindlichkeiten aus L & L waren im Jahr X1 iHv 90.045 EUR (X0: 95.344 EUR) enthalten.						

Forderungsspiegel

	Gesamt		Restlaufzeit bis 1 Jahr		Restlaufzeit über 1 Jahr	
	31. 12. 20X1	31. 12. 20X0	31. 12. 20X1	31. 12. 20X0	31. 12. 20X1	31. 12. 20X0
Forderungen aus Lieferungen und Leistungen	652.793,19	936.200,00	652.793,19	936.200,00	–	–
Sonstige Forderungen und Vermögensgegenstände	128.506,19	34.500,00	128.506,19	34.500,00	–	–
Summe	**781.299,38**	**970.700,00**	**781.299,38**	**970.700,00**	–	–
An Auslandsforderungen waren im Jahr X1 57.876 (X0: 60.000 EUR) enthalten.						

Entwicklung der Rückstellungen

	31. 12. 20X1	31. 12. 20X0
Pensionen	–	–
Abfertigungen	159.860,44	174.400,00
Steuern	–	–
Sonstige	47.801,98	90.800,00
davon		
für nicht konsumierte Urlaube	*33.693,13*	*31.300,00*
für Jubiläumsgelder	*13.108,85*	*11.800,00*
für Rechts und Beratungskosten	*1.000,00*	*47.700,00*
Summe	**207.662,42**	**265.200,00**

Sonstige Informationen

1. Die Geschäftsführung der Platanen-GmbH schlägt eine Gewinnausschüttung iHv 20.000 EUR vor.

4.7.5. Bereinigung und Aufbereitung der Bilanz

BEREINIGUNG:

Eigenkapital		
Summe Eigenkapital (Bilanz)	3.609.897,57	3.801.533,65
geplante Gewinnausschüttung	– 20.000,00	– 100.090,78
Eigenkapital	**3.589.897,57**	**3.701.442,86**
Fremdkapital		
Rückstellungen (Bilanz)	207.662,42	265.200,00
Verbindlichkeiten (Bilanz)	1.261.348,00	1.141.600,00
geplante Gewinnausschüttung	20.000,00	100.090,78
Fremdkapital	**1.489.010,42**	**1.506.890,78**

AUFBEREITUNG:

Anlagevermögen	X1	X0
Summe Anlagevermögen (Bilanz)	2.097.783,80	2.178.133,65
Anlagevermögen	**2.097.783,80**	**2.178.133,65**

Umlaufvermögen	X1	X0
langfristiges Umlaufvermögen	–	–
kurzfristiges Umlaufvermögen (Bilanz)	2.980.509,69	3.030.100,00
RAP (Bilanz)	614,50	100,00
kurzfristiges Umlaufvermögen	**2.981.124,19**	**3.030.200,00**
gesamtes Umlaufvermögen	**2.981.124,19**	**3.030.200,00**
Gesamtvermögen	**5.078.907,99**	**5.208.333,65**

Eigenkapital	**3.589.897,57**	**3.701.442,86**

langfristiges Kapital	X1	X0
Abfertigungsrückstellungen	159.860,44	174.400,00
Jubiläumsgeldrückstellungen	13.108,85	11.800,00
Verbindlichkeiten ggü KI	–	–
Verbindlichkeiten aus L&L	–	–
Verbindlichkeiten ggü verb Unternehmen	–	–
sonstige Verbindlichkeiten	–	–
Langfristiges Fremdkapital	**172.969,29**	**186.200,00**

kurzfristiges Fremdkapital	X1	X0
geplante Gewinnausschüttung	20.000,00	100.090,78
Steuerrückstellungen	–	–
sonstige kurzfristige Rückstellungen	34.693,13	79.000,00
Verbindlichkeiten ggü KI	192.403,75	147.500,00
Verbindlichkeiten aus L&L	710.649,62	331.900,00
erhaltene Anzahlungen auf Bestellungen	–	227.600,00
Verbindlichkeiten ggü verb Unternehmen	274.600,00	275.700,00
sonstige Verbindlichkeiten	83.694,63	158.900,00
Kurzfristiges Fremdkapital	**1.316.041,13**	**1.320.690,78**
Fremdkapital	**1.489.010,42**	**1.506.890,78**
Gesamtkapital	**5.078.907,99**	**5.208.333,64**

monetäres Umlaufvermögen	X1	X0
Forderungen und sonstige Vermögensgegenstände	781.299,38	970.700,00
– langfristige Forderungen	–	–
bereinigte WP u Anteile	–	–
nicht saldierte liquide Mittel	16.646,22	24.600,00
Summe monetäres Umlaufvermögen	**797.945,60**	**995.300,00**

verzinsliches Fremdkapital	X1	X0
Rückstellungen für Pensionen	–	–
Rückstellungen für Abfertigungen	159.860,44	174.400,00
Rückstellungen für Jubiläumsgelder	13.108,85	11.800,00
Verbindlichkeiten ggü KI	192.403,75	147.500,00
Anleiheverbindlichkeiten, verzinsliche Darlehen	–	–
sonstiges verzinsliches Fremdkapital	–	–
Verzinsliches Fremdkapital	**365.373,04**	**333.700,00**

Da sich aus den Bereinigungen der Bilanz keine Auswirkungen auf die GuV ergeben, ist diese entsprechend nicht zu bereinigen.

4.7.6. Analyse der Kapitalstruktur der Platanen-GmbH

Eigenkapital	3.589.897,57
Gesamtkapital	5.078.907,99
EK-Quote X1	**70,68 %**

	verzinsliches FK	365.373,04
–	liquide Mittel	16.646,22
	Nettoverschuldung	**348.726,82**

Fremdkapital	1.489.010,42
Eigenkapital	3.589.897,57
Verschuldungsgrad	**41 %**

Nettoverschuldung	348.726,82
Eigenkapital	3.589.897,57
Nettoverschuldungsgrad	**10 %**

4.7.7. Analyse der Vermögensstruktur der Platanen-GmbH

	kurzfristiges Umlaufvermögen	2.981.124,19
–	kurzfristiges Fremdkapital	1.316.041,13
	Working Capital X1	**1.665.083,06**

Sachanlagevermögen	2.085.361,30
Gesamtvermögen	5.078.907,99
Anlagenintensität (SAV) X1	**41 %**

Vorräte	2.182.564,09
Gesamtvermögen	5.078.907,99
Lagerintensität	**43 %**

Kumulierte Abschreibungen (SAV)	2.305.791,03
Endbestand SAV (hist Ako/Hko)	4.391.152,34
Abnutzungsgrad (SAV) X1	**53 %**

Planmäßige Abschreibungen des Jahres (SAV)	160.711,51
abnutzbares SAV zu historischen AK/HK (Endbestand + Abgänge)	4.399.821,30
Abschreibungsquote X1	3,65 %

Umsatzerlöse Ausland	57.876,00
Umsatzerlöse Inland (inkl USt)	7.335.783,40
Ø Bestand Forderungen L & L	791.496,60
UH Debitoren	**9,31**
UD Forderungen L & L – Monate (12)	**1,29**
UD Forderungen L & L – Tage (365)	**39,22**

4.7.8. Ergebnisanalyse der Platanen-GmbH

Aufwands- und Ertragskennzahlen

	Ergebnis vor Steuern	- 98.157,71
+	Zinsen und ähnliche Aufwendungen	838,13
	EBIT	**- 97.319,58**

+	Jahresabschreibung	165.819,30
	EBITDA	**68.499,72**

4.7.9. Rentabilitätsanalyse der Platanen-GmbH

Betriebsergebnis	- 97.463,66
Umsatzerlöse	6.171.028,83
Umsatzrentabilität	**negativ**

Ergebnis vor Steuern	- 98.157,71
Ø Eigenkapital	3.645.670,22
Eigenkapitalrentabilität	**negativ**

EBIT	- 97.319,58
Ø Gesamtkapital	5.143.620,82
Gesamtkapitalrentabilität	**negativ**

4.7.10. Cashflow der Platanen-GmbH

1		**Ergebnis vor Steuern**	**- 98.157,71**
2	+/–	Abschreibungen/Zuschreibungen auf Vermögensgegenstände des Investitionsbereichs	165.819,30
3	+/–	Verlust/Gewinn aus dem Abgang von Vermögensgegenständen des Investitionsbereichs	–
4	+/–	Sonstige Zahlungsunwirksame Aufwendungen/Erträge	–
5	=	**Geldfluss aus dem Ergebnis**	**67.661,59**
	+/–	Abnahme/Zunahme der Vorräte	- 147.764,09
	+/–	Abnahme/Zunahme der Forderungen aus L&L	283.406,81
	+/–	Abnahme/Zunahme der sonstigen Forderungen und Vermögensgegenständen	- 94.006,19
	+/–	Abnahme/Zunahme Aktiven Rechnungsabgrenzung	- 514,50

	+/–	Zunahme/Abnahme der RST für Abfertigungen und Pensionen	– 14.539,56
	+/–	Zunahme/Abnahme der SteuerRST	–
	+/–	Zunahme/Abnahme der sonstigen RST	– 42.998,02
	+/–	Zunahme/Abnahme der erhaltenen Anzahlungen auf Bestellungen	– 227.600,00
	+/–	Zunahme/Abnahme der Verbindlichkeiten aus L&L	378.749,62
	+/–	Zunahme/Abnahme der Verbindlichkeiten ggü verb. Unternehmen	– 1.100,00
	+/–	Zunahme/Abnahme der sonstigen Verbindlichkeiten	– 75.205,37
	+/–	Zunahme/Abnahme der Passiven Rechnungsabgrenzung	–
9	=	**Nettogeldfluss aus dem Ergebnis vor Steuern**	**126.090,29**
	+	Rückzahlungen für Ertragsteuern und sonstige Steuern	6.612,42
11	=	**Nettogeldfluss aus laufender Geschäftstätigkeit**	**132.702,71**
	+	Einzahlungen aus dem Anlagenabgang (ohne FA) – Buchwertabgang	0,00
	+	Einzahlungen aus Finanzanlagenabgang und sonstige Finanzinvestitionen – Buchwertabgang	–
	–	Auszahlungen für Anlagenzugang (ohne FA)	– 85.469,45
	–	Auszahlungen aus Finanzanlagenabgang und sonstige Finanzinvestitionen	–
16	=	**Nettogeldfluss aus der Investitionstätigkeit**	**– 85.469,45**
	+	Einzahlungen von Eigenkapital	–
		Auszahlungen von Eigenkapital	–
	–	Auszahlungen aus der Bedienung von Eigenkapital	– 100.090,78
	–	Auszahlungen für die Rückzahlung von Finanzkrediten	–
	+	Einzahlungen aus der Aufnahme von Finanzkrediten	44.903,75
22	=	**Nettogeldfluss aus der Finanzierungstätigkeit**	**– 55.187,03**
		Nettogeldfluss aus laufender Geschäftstätigkeit	132.702,71
		Nettogeldfluss aus der Investitionstätigkeit	– 85.469,46
		Nettogeldfluss aus der Finanzierungstätigkeit	– 55.187,03
23		**Zahlungswirksame Veränderung des Finanzmittelbestandes**	**– 7.953,78**

4.7.11. Unternehmensreorganisationsgesetz – Platanen-GmbH

	Eigenkapital	3.609.898
	Gesamtkapital	5.078.908
–	Anzahlungen	0
	Eigenmittelquote (§ 23 URG) X1	**71,08 %**
	Rückstellungen	207.662
	Verbindlichkeiten	1.261.348
–	Anzahlungen auf Vorräte	0
–	Sonstige WP und Anteile	0
–	liquide Mittel	- 16.646
	Schulden nach § 24 Abs 1 URG	1.452.364
	Ergebnis vor Steuern	- 98.158
	Steuern E&E	6.612
	Abschreibungen (AV)	165.819
	Verluste aus Abgang von AV	0
	Zuschreibungen AV	0
	Erträge aus Anlagenabgang	0
+/–	Veränderung der langfristigen RST	- 13.231
	Mittelüberschuss § 24 Abs 2 URG	**61.042**
	fiktive Schuldentilgungsdauer (§ 24 URG) X1	**23,8 Jahre**

	X1	X0	Δ
Abfertigungsrückstellungen	159.860,44	174.400,00	- 14.539,56
Jubiläumsgeldrückstellungen	13.108,85	11.800,00	1.308,85
Veränderung der langfristigen RST	**172.969,29**	**186.200,00**	**- 13.230,71**

4.8. Kontenrahmen

B. Kontenrahmen

Kontenklasse 0: Anlagevermögen

01	**Immaterielle Vermögensgegenstände**
010	Konzessionen
011	Patentrechte und Lizenzen
012	Datenverarbeitungsprogramme
013	Marken, Warenzeichen und Musterschutzrechte, sonstige Urheberrechte
014	Pacht- und Mietrechte
015	Bezugs- und ähnliche Rechte
016	Geschäfts-/Firmenwert
017	Umgründungsmehrwert
018	Geleistete Anzahlungen auf immaterielle Vermögensgegenstände des Anlagevermögens
019	Kumulierte Abschreibungen zu immateriellen Vermögensgegenständen des Anlagevermögens
02 – 03	**Grundstücke, grundstücksgleiche Rechte und Bauten, einschließlich der Bauten auf fremdem Grund**
020	Unbebaute Grundstücke, soweit nicht landwirtschaftlich genutzt
021	Bebaute Grundstücke (Grundwert)
022	Landwirtschaftlich genutzte Grundstücke
023	Grundstücksgleiche Rechte
030	Betriebs- und Geschäftsgebäude auf eigenem Grund
031	Wohn- und Sozialgebäude auf eigenem Grund
032	Betriebs- und Geschäftsgebäude auf fremdem Grund
033	Wohn- und Sozialgebäude auf fremdem Grund
034	Grundstückseinrichtungen auf eigenem Grund
035	Grundstückseinrichtungen auf fremdem Grund
036	Bauliche Investitionen in fremden Betriebs- und Geschäftsgebäuden
037	Bauliche Investitionen in fremden Wohn- und Sozialgebäuden
039	Kumulierte Abschreibungen zu Grundstücken, grundstücksgleichen Rechten und Bauten einschließlich der Bauten auf fremdem Grund
04 – 05	**Technische Anlagen und Maschinen**
040 – 049	Maschinen und maschinelle Anlagen
050	Maschinenwerkzeuge
051	Allgemeine Werkzeuge und Handwerkzeuge
052	Vorrichtungen, Formen und Modelle
053	Andere Erzeugungshilfsmittel
054	Hebezeuge und Montageanlagen

055	Geringwertige Vermögensgegenstände, soweit im Erzeugungsprozess verwendet
056	Festwerte technische Anlagen und Maschinen
059	Kumulierte Abschreibungen zu technischen Anlagen und Maschinen
06	**Andere Anlagen, Betriebs- und Geschäftsausstattung**
060	Betriebs- und Geschäftsausstattung, soweit nicht gesondert angeführt
061	Andere Anlagen, soweit nicht gesondert angeführt
062	Büromaschinen, EDV-Anlagen
063	PKW und Kombis
064	LKW
065	Andere Beförderungsmittel
066	Gebinde
067	Geringwertige Vermögensgegenstände, soweit nicht im Erzeugungsprozess verwendet
068	Festwerte außer technische Anlagen und Maschinen
069	Kumulierte Abschreibungen zu anderen Anlagen, Betriebs- und Geschäftsausstattung
07	**Geleistete Anzahlungen und Anlagen in Bau**
070	Geleistete Anzahlungen auf Sachanlagen
071	Anlagen in Bau
079	Kumulierte Abschreibungen zu geleisteten Anzahlungen auf Sachanlagen und Anlagen in Bau
08 – 09	**Finanzanlagen**
080	Anteile an verbundenen Unternehmen außer an Mutterunternehmen
081	Beteiligungen an Gemeinschaftsunternehmen
082	Beteiligungen an assoziierten Unternehmen
083	Anteile an Mutterunternehmen
084	Sonstige Beteiligungen
085	Ausleihungen an verbundene Unternehmen
086	Ausleihungen an Unternehmen, mit denen ein Beteiligungsverhältnis besteht
087	Ausleihungen an Gesellschafter
088	Sonstige Ausleihungen
089	Sonstige Anteile an Kapitalgesellschaften ohne Beteiligungscharakter
090	Sonstige Anteile an Personengesellschaften ohne Beteiligungscharakter
091	Sonstige Genossenschaftsanteile ohne Beteiligungscharakter
092	Sonstige Anteile an Investmentfonds
093	Festverzinsliche Wertpapiere des Anlagevermögens
094 – 097	Sonstige Finanzanlagen, Wertrechte

098	Geleistete Anzahlungen auf Finanzanlagen
099	Kumulierte Abschreibungen zu Finanzanlagen

Kontenklasse 1: Vorräte

100 – 109	Bezugsverrechnung für den Produktionsprozess/für Verwaltung und Vertrieb
110 – 119	Rohstoffe
120 – 129	Bezogene Teile
130 – 134	Hilfsstoffe
135 – 139	Betriebsstoffe
140 – 149	Unfertige Erzeugnisse
150 – 159	Fertige Erzeugnisse
160 – 169	Waren
170 – 179	Noch nicht abrechenbare Leistungen
180	Geleistete Anzahlungen auf Vorräte
190 – 199	Wertberichtigungen zu Vorräten

Kontenklasse 2: Sonstiges Umlaufvermögen, aktive Rechnungsabgrenzungsposten, aktive latente Steuern

20 – 21	**Forderungen aus Lieferungen und Leistungen**
200	Forderungen aus Lieferungen und Leistungen Inland (0 % USt, umsatzsteuerfrei)
201	Forderungen aus Lieferungen und Leistungen Inland (10 % USt)
202	Forderungen aus Lieferungen und Leistungen Inland (20 % USt)
203 – 207	Forderungen aus Lieferungen und Leistungen Inland (sonstiger USt-Satz)
208	Einzelwertberichtigungen zu Forderungen aus Lieferungen und Leistungen Inland
209	Pauschalwertberichtigungen zu Forderungen aus Lieferungen und Leistungen Inland
210 – 212	Forderungen aus Lieferungen und Leistungen Ausland (Euro)
213	Einzelwertberichtigungen zu Forderungen aus Lieferungen und Leistungen Ausland (Euro)
214	Pauschalwertberichtigungen zu Forderungen aus Lieferungen und Leistungen Ausland (Euro)
215 – 217	Forderungen aus Lieferungen und Leistungen sonstiges Ausland (Fremdwährungen)
218	Einzelwertberichtigungen zu Forderungen aus Lieferungen und Leistungen sonstiges Ausland (Fremdwährungen)
219	Pauschalwertberichtigungen zu Forderungen aus Lieferungen und Leistungen sonstiges Ausland (Fremdwährungen)
22	**Forderungen gegenüber verbundenen Unternehmen und Unternehmen, mit denen ein Beteiligungsverhältnis besteht**
220 – 221	Forderungen aus Lieferungen und Leistungen gegenüber verbundenen Unternehmen
222	Sonstige Forderungen gegenüber verbundenen Unternehmen
223	Einzelwertberichtigungen zu Forderungen gegenüber verbundenen Unternehmen

224	Pauschalwertberichtigungen zu Forderungen gegenüber verbundenen Unternehmen
225 – 226	Forderungen gegenüber Unternehmen, mit denen ein Beteiligungsverhältnis besteht
227	Einzelwertberichtigungen zu Forderungen gegenüber Unternehmen, mit denen ein Beteiligungsverhältnis besteht
228	Pauschalwertberichtigungen zu Forderungen gegenüber Unternehmen, mit denen ein Beteiligungsverhältnis besteht
23 – 24	**Sonstige Forderungen und Vermögensgegenstände**
230 – 245	Sonstige Forderungen und Vermögensgegenstände (z.B. Darlehensforderungen, soweit nicht Anlagevermögen, z.B. gegenüber Gesellschaftern oder Mitarbeiter(inne)n, Verrechnungskonto Gesellschafter, Forderungen gegenüber Mitgliedern (Verein), Forderungen gegenüber Organmitgliedern, sonstige Forderungen gegenüber Mitarbeiter(inne)n, Kostenvorschüsse, Kautionen, Depotzahlungen, Ansprüche aus Rückdeckungsversicherungen, soweit nicht Anlagevermögen, Ansprüche gegenüber Versicherungsunternehmen aus Schadenersätzen usw.)
246	Eingeforderte, aber noch nicht eingezahlte Einlagen
247	Einzelwertberichtigungen zu sonstigen Forderungen und Vermögensgegenständen
248	Pauschalwertberichtigungen zu sonstigen Forderungen und Vermögensgegenständen
249	Geleistete Anzahlungen (außer auf Anlagen und auf Vorräte)
25	**Forderungen aus der Abgabenverrechnung**
250 – 259	Forderungen aus der Abgabenverrechnung (Vorsteuer, noch nicht verrechenbare Vorsteuer, Vorsteuer aus innergemeinschaftlichen Erwerben, Einfuhrumsatzsteuer, Umsatzsteuer-Evidenzkonto für erhaltene Anzahlungen auf Bestellungen, aktivierte Körperschaftsteuer, aktivierte Kapitalertragsteuer usw.)
26	**Wertpapiere und Anteile**
260	Anteile an verbundenen Unternehmen außer an Mutterunternehmen
261	Anteile an Mutterunternehmen
262 – 264	Sonstige Anteile des Umlaufvermögens
265 – 267	Sonstige Wertpapiere des Umlaufvermögens
268	Besitzwechsel, soweit dem Unternehmen nicht die der Ausstellung zugrunde liegenden Forderungen zustehen
269	Wertberichtigungen zu Wertpapieren und Anteilen (des Umlaufvermögens)
27 – 28	**Kassenbestand, Schecks, Guthaben bei Kreditinstituten**
270 – 273	Kassenbestände in Euro
274	Postwertzeichen
275 – 277	Kassenbestände in Fremdwährungen
278	Schecks in Euro

279	Schecks in Fremdwährungen
280 – 288	Guthaben bei Kreditinstituten
289	Schwebende Geldbewegungen
29	**Aktive Rechnungsabgrenzungsposten, aktive latente Steuern**
290 – 292	Aktive Rechnungsabgrenzungsposten
293	Mietvorauszahlungen
294	Leasing-Vorauszahlungen
295	Disagio
298	Aktive latente Steuern
299	Eventualforderungen (Hilfskonto)

Kontenklasse 3: Rückstellungen, Verbindlichkeiten, passive Rechnungsabgrenzungsposten

30	**Rückstellungen**
300	Rückstellungen für Abfertigungen
301	Rückstellungen für Pensionen
302	Steuerrückstellungen
303	Rückstellungen für latente Steuern
304 – 309	Sonstige Rückstellungen
31	**Anleihen, Verbindlichkeiten gegenüber Kreditinstituten**
310 – 311	Anleihen (einschließlich konvertibler)
312 – 314	Verbindlichkeiten gegenüber Kreditinstituten (kurzfristig, z.B. Überziehungsrahmen)
315 – 319	Verbindlichkeiten gegenüber Kreditinstituten (langfristig, Darlehen oder Kredit)
32	**Erhaltene Anzahlungen auf Bestellungen**
320	Erhaltene Anzahlungen auf Bestellungen
329	Nicht von Vorräten absetzbare Anzahlungen
33	**Verbindlichkeiten aus Lieferungen und Leistungen, Verbindlichkeiten aus der Annahme gezogener und der Ausstellung eigener Wechsel**
330 – 335	Verbindlichkeiten aus Lieferungen und Leistungen Inland
336	Verbindlichkeiten aus Lieferungen und Leistungen Ausland (Euro)
337	Verbindlichkeiten aus Lieferungen und Leistungen sonstiges Ausland (Fremdwährungen)
338	Verbindlichkeiten aus der Annahme gezogener Wechsel und der Ausstellung eigener Wechsel
339	Verrechnungskonto Telebanking

34	**Verbindlichkeiten gegenüber verbundenen Unternehmen, gegenüber Unternehmen, mit denen ein Beteiligungsverhältnis besteht, und gegenüber Gesellschaftern**
340 – 342	Verbindlichkeiten aus Lieferungen und Leistungen gegenüber verbundenen Unternehmen, Verbindlichkeiten aus Lieferungen und Leistungen gegenüber Unternehmen, mit denen ein Beteiligungsverhältnis besteht
343 – 345	sonstige Verbindlichkeiten gegenüber verbundenen Unternehmen, sonstige Verbindlichkeiten gegenüber Unternehmen, mit denen ein Beteiligungsverhältnis besteht
346	Verbindlichkeiten gegenüber Gesellschaftern
347	Einlagen stiller Gesellschafter
35 – 38	**Sonstige Verbindlichkeiten**
350 – 359	Verbindlichkeiten aus Steuern (Umsatzsteuer, noch nicht geschuldete Umsatzsteuer, Umsatzsteuer aus innergemeinschaftlichen Erwerben, Umsatzsteuer-Zahllast, Verbindlichkeiten gegenüber Finanzamt, einbehaltene Kapitalertragsteuer, Verbindlichkeiten gegenüber Gemeinde/Stadtkasse usw.)
360 – 369	Verbindlichkeiten im Rahmen der sozialen Sicherheit (z.B. Verbindlichkeiten gegenüber Krankenkasse)
370 – 389	Übrige sonstige Verbindlichkeiten
39	**Passive Rechnungsabgrenzungsposten**
390 – 398	Passive Rechnungsabgrenzungsposten
399	Eventualverbindlichkeiten (Hilfskonto)

Kontenklasse 4: Betriebliche Erträge

40 – 44	**Umsatzerlöse und Erlösschmälerungen**
400 – 439	Umsatzerlöse (Untergliederung nach USt-Satz, Währung usw.)
440 – 449	Erlösschmälerungen (Untergliederung wie Umsatzerlöse)
45	**Bestandsveränderungen und aktivierte Eigenleistungen**
450 – 457	Veränderungen des Bestandes an fertigen und unfertigen Erzeugnissen sowie an noch nicht abrechenbaren Leistungen
458 – 459	Aktivierte Eigenleistungen
46 – 49	**Sonstige betriebliche Erträge**
460 – 462	Erlöse aus dem Abgang von Anlagevermögen, ausgenommen Finanzanlagen
463 – 465	Erträge aus dem Abgang von Anlagevermögen, ausgenommen Finanzanlagen (Abgänge mit Gewinn)
466 – 467	Erträge aus der Zuschreibung zum Anlagevermögen, ausgenommen Finanzanlagen

470 – 479	Erträge aus der Auflösung von Rückstellungen
480 – 499	Übrige sonstige betriebliche Erträge

Kontenklasse 5: Materialaufwand und sonstige bezogene Herstellungsleistungen

500 – 509	Wareneinsatz
510 – 519	Verbrauch von Rohstoffen
520 – 529	Verbrauch von bezogenen Teilen
530 – 539	Verbrauch von Hilfsstoffen
540 – 549	Verbrauch von Betriebsstoffen
550 – 559	Verbrauch von Werkzeugen und anderen Erzeugungshilfsmitteln
560 – 569	Betriebskosten
570 – 579	Bezogene Herstellungsleistungen
580	Skontoerträge auf Materialaufwand
581	Skontoerträge auf bezogene Herstellungsleistungen
586	Fremdwährungskursdifferenzen (soweit Kontenklasse 5 eindeutig zuordenbar)
590 – 599	Aufwandsstellenrechnung

Kontenklasse 6: Personalaufwand

600 – 619	Löhne
620 – 639	Gehälter
640 – 641	Aufwendungen für Abfertigungen Arbeiter (gesetzliche/freiwillige)
642 – 643	Aufwendungen für Abfertigungen Angestellte (gesetzliche/freiwillige)
644	Aufwendungen für Betriebliche Vorsorgekassen
645 – 649	Aufwendungen für Altersversorgung
650 – 655	Gesetzlicher Sozialaufwand Arbeiter
656 – 659	Gesetzlicher Sozialaufwand Angestellte
660 – 665	Lohnabhängige Abgaben und Pflichtbeiträge
666 – 669	Gehaltsabhängige Abgaben und Pflichtbeiträge
670 – 689	Sonstige Sozialaufwendungen
690 – 699	Aufwandsstellenrechnung

Kontenklasse 7: Abschreibungen und sonstige betriebliche Aufwendungen

70	**Abschreibungen**
700 – 705	Abschreibungen auf das Anlagevermögen, ausgenommen Finanzanlagen
706	Sofortabschreibung geringwertiger Vermögensgegenstände
707	Abschreibungen auf das Umlaufvermögen, soweit sie die im Unternehmen üblichen Abschreibungen übersteigen
709	Aufwandsstellenrechnung

71	**Sonstige Steuern**
710 – 714	Mit den Umsatzerlösen verbundene Steuern
715 – 718	Sonstige Steuern und mit Steuern in Zusammenhang stehende Aufwendungen
719	Aufwandsstellenrechnung
72	**Instandhaltung und Betriebskosten**
720 – 728	Instandhaltung und Betriebskosten, Reinigung durch Dritte, Entsorgung, Strom, Heizung, Gas, Energie
729	Aufwandsstellenrechnung
73	**Transport-, Reise- und Fahrtaufwand, Nachrichtenaufwand**
730 – 731	Transporte durch Dritte
732	Kfz-Aufwand (PKW und Kombis)
733	Kfz-Aufwand (LKW)
734 – 735	Reise- und Fahrtaufwand
736 – 737	Tag- und Nächtigungsgelder
738	Nachrichtenaufwand
739	Aufwandsstellenrechnung
74	**Miet-, Pacht-, Leasing- und Lizenzaufwand**
740 – 743	Miet- und Pachtaufwand
744 – 747	Leasingaufwand
748	Lizenzaufwand
749	Aufwandsstellenrechnung
75	**Aufwand für beigestelltes Personal, Provisionen an Dritte, Aufsichtsratsvergütungen, Geschäftsführerentgelte an Konzerngesellschaften/Komplementär-GmbH**
750 – 753	Aufwand für beigestelltes Personal
754 – 757	Provisionen an Dritte
758	Aufsichtsratsvergütungen, Geschäftsführerentgelte an Konzerngesellschaften/ Komplementär-GmbH
759	Aufwandsstellenrechnung
76	**Büro-, Werbe- und Repräsentationsaufwand**
760	Büromaterial und Drucksorten
761 – 762	Druckerzeugnisse und Vervielfältigungen
763 – 764	Fachliteratur und Zeitungen
765 – 767	Werbung und Repräsentation
768	Spenden und Trinkgelder
769	Aufwandsstellenrechnung

77 – 78	**Versicherungen, übrige Aufwendungen**
770 – 774	Versicherungen
775 – 776	Beratung und Prüfung
777	Aus- und Fortbildung
778	Mitgliedsbeiträge
779	Spesen des Geldverkehrs
780 – 781	Forderungsverluste, Zuführung Wertberichtigungen zu Forderungen, sonstige Schadensfälle
782	Buchwert abgegangener Anlagen, ausgenommen Finanzanlagen
783	Verluste aus dem Abgang von Anlagevermögen, ausgenommen Finanzanlagen
784 – 787	Verschiedene betriebliche Aufwendungen
788	Skontoerträge auf sonstige betriebliche Aufwendungen
789	Aufwandsstellenrechnung

79	**Konten für das Umsatzkostenverfahren**
790	Aufwandsstellenrechnung
791 – 795	Aufwandsstellen der Herstellung
796	Herstellungskosten der zur Erzielung der Umsatzerlöse erbrachten Leistungen
797	Vertriebskosten
798	Verwaltungskosten
799	Sonstige betriebliche Aufwendungen

Kontenklasse 8: **Finanzerträge und Finanzaufwendungen, Steuern vom Einkommen und vom Ertrag, Rücklagenbewegung**

80 – 83	**Finanzerträge und Finanzaufwendungen**
800	Erträge aus Anteilen an verbundenen Unternehmen
801	Erträge aus Beteiligungen
802	Erträge aus anderen Wertpapieren des Anlagevermögens und Ausleihungen (verbundene Unternehmen)
803	Erträge aus anderen Wertpapieren des Anlagevermögens und Ausleihungen (andere)
804	Sonstige Zinsen und ähnliche Erträge aus verbundenen Unternehmen
805	Sonstige Zinsen und ähnliche Erträge (andere)
806	Erlöse aus dem Abgang von Anteilen an verbundenen Unternehmen
807	Erlöse aus dem Abgang von Beteiligungen
808	Erlöse aus dem Abgang von sonstigen Finanzanlagen
809	Erlöse aus dem Abgang von Wertpapieren des Umlaufvermögens
810	Buchwert abgegangener Anteile an verbundenen Unternehmen
811	Buchwert abgegangener Beteiligungen
812	Buchwert abgegangener sonstiger Finanzanlagen
813	Buchwert abgegangener Wertpapiere des Umlaufvermögens

814	Erträge aus dem Abgang von Finanzanlagen und Wertpapieren des Umlaufvermögens (Abgänge mit Gewinn)
815	Erträge aus der Zuschreibung zu Anteilen an verbundenen Unternehmen
816	Erträge aus der Zuschreibung zu Beteiligungen
817	Erträge aus der Zuschreibung zu sonstigen Finanzanlagen
818	Erträge aus der Zuschreibung zu Wertpapieren des Umlaufvermögens
819	Abschreibungen auf Anteile an verbundenen Unternehmen
820	Abschreibungen auf Beteiligungen
821	Verlustabdeckung für verbundene Unternehmen
822	Verlustabdeckung für Beteiligungsunternehmen
823 - 824	Andere Aufwendungen aus Anteilen an verbundenen Unternehmen
825 - 826	Andere Aufwendungen aus Beteiligungen
827	Abschreibungen auf sonstige Finanzanlagen und Wertpapiere des Umlaufvermögens
828 - 829	Andere Aufwendungen aus sonstigen Finanzanlagen und Wertpapieren des Umlaufvermögens
830	Zinsen und ähnliche Aufwendungen aus verbundenen Unternehmen
831 - 832	Zinsen und ähnliche Aufwendungen (andere)
833 - 834	Kursänderungen bei Fremdwährungsforderungen/-verbindlichkeiten
835	Nicht ausgenützte Lieferantenskonti
836	Gewinnüberrechnung verbundener Unternehmen aufgrund von Ergebnisabführungsverträgen
837	Verlustübernahme verbundener Unternehmen aufgrund von Ergebnisabführungsverträgen
84	**Steuern vom Einkommen und vom Ertrag**
840 - 849	Steuern vom Einkommen und vom Ertrag
85 - 89	**Rücklagenbewegung, Ergebnisüberrechnung**
850 - 859	Auflösung von Kapitalrücklagen
860 - 869	Auflösung von Gewinnrücklagen
870 - 889	Zuweisung zu Gewinnrücklagen
890	Gewinnabfuhr bzw. Verlustüberrechnung aus Ergebnisabführungsverträgen (eigene Ergebnisse)

Kontenklasse 9: **Eigenkapital, Einlagen unechter stiller Gesellschafter, Abschluss- und Evidenzkonten**

900 - 918	Gezeichnetes bzw. gewidmetes Kapital (Stammkapital, Grundkapital, ...) Vereinbarte/Bedungene Einlagen (bei Personengesellschaften)
919	Nicht eingeforderte ausstehende Einlagen; genehmigte und berechtigte Entnahmen von Gesellschaftern (bei Personengesellschaften)
920	Eigene Anteile

930 – 939	Kapitalrücklagen
940 – 949	Gewinnrücklagen
950 – 951	Rücklagen für Anteile an Mutterunternehmen und für eigene Anteile
960 – 969	Privat- und Verrechnungskonten (bei Einzelunternehmen und Personengesellschaften)
970 – 979	Einlagen und Verrechnungskonten unechter stiller Gesellschafter
980	Eröffnungsbilanz
988	Gewinn- und Verlustvortrag
989	Jahresergebnis laut Gewinn- und Verlustrechnung
990 – 999	Evidenzkonten

C. Erläuterungen zum Kontenrahmen

Kontenklasse 0: Anlagevermögen

Allgemeines

Kapitalgesellschaften und diesen gleichgestellte Gesellschaften müssen die Entwicklung des Anlagevermögens auf Basis von Anschaffungs-/Herstellungskosten (Anlagenspiegel zu Bruttowerten) darstellen. Für sie ist es daher zweckmäßig, für die Abschreibungen die indirekte Methode anzuwenden und dafür bei jeder Kontengruppe der Klasse 0 ein Konto für die kumulierten Abschreibungen einzurichten.

Aus Verschmelzungen, Umwandlungen, Einbringungen, Zusammenschlüssen, Realteilungen und Spaltungen entstandener Umgründungsmehrwert ist in der Klasse 0 gesondert zu erfassen.

01 Immaterielle Vermögensgegenstände

Erfasst werden dürfen nur entgeltlich erworbene Vermögensgegenstände. Zu den immateriellen Vermögensgegenständen gehört auch ein derivativer Geschäfts-(Firmen)wert.

02 – 03 Grundstücke, grundstücksgleiche Rechte und Bauten, einschließlich der Bauten auf fremdem Grund

Sozialgebäude dienen sozialen Zwecken der Arbeitnehmer. Hiezu gehören beispielsweise Gebäude für Erholungs- und Sportzwecke, Werksküchen und Werksspitäler. Sind derartige Sozialeinrichtungen in Betriebs- und Geschäftsgebäuden untergebracht, kann auf eine Trennung verzichtet werden.

Grundstückseinrichtungen, die nicht den Charakter von Gebäuden haben (z.B. Straßen, Plätze und andere Bodenbefestigungen, Einfriedungen), sind auf den Konten 034 und 035 zu erfassen. Zu den Wohngebäuden gehören Wohnstätten für Arbeitnehmer und an Betriebsfremde vermietete Wohnungen und Wohngebäude.

Zu den baulichen Investitionen in fremden Gebäuden gehören aktivierte Aufwendungen in gemieteten oder gepachteten Gebäuden.

07 Geleistete Anzahlungen und Anlagen in Bau

Aus Gründen der besseren Übersicht sind für geleistete Anzahlungen und für Anlagen in Bau getrennte Konten vorgesehen.

08 – 09 Finanzanlagen

080 – 084 Beteiligungen, Anteile an verbundenen Unternehmen einschließlich Anteilen an Mutterunternehmen

Beteiligungen sind Anteile an anderen Unternehmen (ungeachtet ihrer Rechtsform), die dazu bestimmt sind, dem eigenen Geschäftsbetrieb durch Herstellung einer dauernden Verbindung zu diesen Unternehmen zu dienen. Die Beteiligung als unbeschränkt haftender Gesellschafter an einer Personengesellschaft gilt stets als Beteiligung. Anteile an Gelegenheitsgesellschaften, z.B. im Baugewerbe, kommen nicht als Beteiligung in Frage. Eine Beteiligung wird vermutet, wenn der Anteil am Kapital 20% erreicht oder übersteigt.

Verbundene Unternehmen sind solche Unternehmen, die der Vollkonsolidierung unterliegen, unabhängig davon, ob die Aufstellung eines Konzernabschlusses unterbleibt oder das Tochterunternehmen in diesen nicht einbezogen wird.

Das Konto 083 umfasst zum Anlagevermögen gehörende Anteile, die ein Tochterunternehmen am Mutterunternehmen hält. In gleicher Höhe ist auf der Passivseite eine Rücklage gesondert auszuweisen. Je nach ihrer Zweckbestimmung können Anteile an Mutterunternehmen auf dem Konto 083 oder im Umlaufvermögen (Konto 261) ausgewiesen werden.

085 – 088 Ausleihungen

Forderungen mit einer Gesamtlaufzeit von mindestens fünf Jahren sind jedenfalls Ausleihungen. Bei Forderungen mit einer kürzeren Gesamtlaufzeit entscheidet deren

Zweckbestimmung über die Erfassung in der Klasse 0 (Anlagevermögen) oder in der Klasse 2 (Umlaufvermögen).

089 – 092 Sonstige Anteile an Kapitalgesellschaften, Personengesellschaften, Genossenschaften und Investmentfonds

Hierunter sind jene Anteile zu erfassen, die weder Beteiligungscharakter haben noch verbundene Unternehmen betreffen.

Kontenklasse 1: Vorräte

140 – 159 Unfertige und fertige Erzeugnisse

Für unfertige und fertige Erzeugnisse werden in der Regel keine laufenden Bestandsfortschreibungen vorgenommen. Die Werte der Bestände werden jeweils zu den Abschlussstichtagen aufgrund der Bestandsaufnahmen auf den aktuellen Stand gebracht. Die Gegenbuchung erfolgt bei Anwendung des Gesamtkostenverfahrens auf den Konten 450 – 457 (Veränderungen des Bestandes an fertigen und unfertigen Erzeugnissen sowie an noch nicht abrechenbaren Leistungen) und bei Anwendung des Umsatzkostenverfahrens auf dem Konto 796 (Herstellungskosten der zur Erzielung der Umsatzerlöse erbrachten Leistungen).

170 – 179 Noch nicht abrechenbare Leistungen

Hier werden vor allem Auftragsleistungen der Bauwirtschaft und des Anlagenbaus sowie Dienstleistungen, wie etwa die Bearbeitung beigestellten Materials bzw. beigestellter Teile, noch nicht vollendete Werbe-, Architekten- und Generalunternehmerleistungen, erfasst, und zwar solange, bis die (Teil-)Leistung vertragsgemäß abrechenbar und damit ein Forderungsanspruch entstanden ist.

190 – 199 Wertberichtigungen zu Vorräten

In diesen Konten sind Einzel- und Pauschalwertberichtigungen zu den Vorräten zu verbuchen. Es kann sich als zweckmäßig erweisen, die Wertberichtigungen jeweils am Ende der einzelnen Vorrätegruppe zu erfassen.

Kontenklasse 2: Sonstiges Umlaufvermögen, aktive Rechnungsabgrenzungsposten, aktive latente Steuern

20 – 21 Forderungen aus Lieferungen und Leistungen

Die Konten der Forderungen aus Lieferungen und Leistungen sind in der Regel Sammelkonten der einzeln geführten Personenkonten.

Bei der Abgrenzung gegenüber den sonstigen Forderungen und Vermögensgegenständen (Konten 230 – 245) ist davon auszugehen, dass ein enger sachlicher Zusammenhang zwischen den Umsatzerlösen (Konten 400 – 439) und den Forderungen aus Lieferungen und Leistungen besteht.

Aus Evidenzgründen und im Hinblick auf eventuelle Anhangangaben wird empfohlen, Besitzwechsel, bei denen dem Unternehmen die der Ausstellung zugrunde liegende Forderung zusteht, gesondert in den Kontengruppen 20 – 21 zu erfassen. Für Besitzwechsel, bei denen dem Unternehmen nicht die der Ausstellung zugrunde liegende Forderung zusteht, ist Konto 268 vorgesehen.

22 Forderungen gegenüber verbundenen Unternehmen und Unternehmen, mit denen ein Beteiligungsverhältnis besteht

Zum Begriff Beteiligungen siehe die Erläuterungen zu den Konten 080 – 084.

23 – 24 Sonstige Forderungen und Vermögensgegenstände

Zu erfassen sind sämtliche nicht den Kontengruppen 20 – 22 zugeordnete Forderungen. Dazu gehören auch Forderungen aus sonstigen betrieblichen Erträgen (z.B. Versicherungsentschädigungen oder Verkauf von Anlagevermögen) und Antizipationen (Erträge, die erst nach dem Abschlussstichtag zahlungswirksam werden).

25 Forderungen aus der Abgabenverrechnung

– aus der Umsatzsteuerverrechnung

Auf diesen Konten werden alle (auch noch nicht verrechenbare) Vorsteuern erfasst. Für die einzelnen Vorsteuerarten (Inland, innergemeinschaftlicher Erwerb, Steuerlastumkehr, Einfuhrumsatzsteuer) werden zweckmäßigerweise eigene Konten angelegt.

Vorsteuern, die wegen des Zusammenhangs mit unecht steuerbefreiten Umsätzen teilweise nicht abziehbar sind, werden einfachheitshalber zunächst auf einem eigenen Konto in dieser Kontengruppe erfasst. Die abziehbaren Teile dieser Vorsteuern sind auf das Konto „Verrechenbare Vorsteuern", die nicht abziehbaren Teile auf die entsprechenden Bestands- bzw. Aufwandskonten zu übertragen.

– aus der sonstigen Verrechnung

In der Kontengruppe 25 sind die Quartalsvorauszahlungen für die Körperschaftsteuer zu erfassen. Im Zuge der Jahresabschlusserstellung ist der errechnete Steueraufwand gegenzubuchen. Ein Überschuss der Vorauszahlungen ist auf ein Forderungskonto, ein passiver Saldo auf ein Steuerrückstellungskonto (Konto 302) zu übertragen.

Die von einem Einzelunternehmer bzw. von Gesellschaftern einer Personengesellschaft geleisteten Einkommensteuer(voraus)zahlungen sind auf Privat- bzw. Verrechnungskonten (Konten 960 – 969) zu erfassen.

280 – 288 Guthaben bei Kreditinstituten

Die Untergliederung der Konten 280 - 288 ist nach unternehmensindividuellen Erfordernissen vorzunehmen. Saldodrehungen auf Guthabenskonten sind nicht in die Kontengruppe 31 umzubuchen. Kredite mit Kreditrahmen sind auch dann in der Kontengruppe 31 zu erfassen, wenn die Ausnützung des Kredites zwar nicht laufend, aber doch nicht nur ausnahmsweise erfolgt.

290 – 292 Aktive Rechnungsabgrenzungsposten

Aktive Rechnungsabgrenzungsposten sind Ausgaben vor dem Abschlussstichtag, soweit sie Aufwand für eine bestimmte Zeit nach diesem Tag sind.

Kontenklasse 3: Rückstellungen, Verbindlichkeiten, passive Rechnungsabgrenzungsposten

302 – 303 Steuerrückstellungen

Die Steuerrückstellungen sind nach Bedarf zu untergliedern. Eine sich gemäß § 198 Abs. 9 UGB ergebende Steuerbelastung ist als Rückstellung für passive latente Steuern gesondert zu erfassen (Konto 303).

304 – 309 Sonstige Rückstellungen

Die sonstigen Rückstellungen sind nach Bedarf zu untergliedern.

315 – 319 Verbindlichkeiten gegenüber Kreditinstituten (langfristig, Darlehen oder Kredit)

Es empfiehlt sich, langfristige Kredite gesondert zu erfassen. Gesamtlaufzeiten von mehr als fünf Jahren sind jedenfalls langfristig.

33 Verbindlichkeiten aus Lieferungen und Leistungen, Verbindlichkeiten aus der Annahme gezogener und der Ausstellung eigener Wechsel

Verbindlichkeiten aus der Lieferung von Anlagevermögen sollten gesondert erfasst werden. Wechselbürgschaften zählen zu den auszuweisenden Haftungsverhältnissen.

340 – 345 Verbindlichkeiten gegenüber verbundenen Unternehmen und gegenüber Unternehmen, mit denen ein Beteiligungsverhältnis besteht

Derartige Verbindlichkeiten sind gesondert zu erfassen. Es empfiehlt sich insbesondere für Kapitalgesellschaften, eine weitere Unterteilung nach dem Entstehungsgrund vorzunehmen, um die Angabeverpflichtungen erfüllen zu können.

350 – 359 Verbindlichkeiten aus Steuern

Hiezu gehören sämtliche Steuern und Abgaben, die Gebietskörperschaften geschuldet werden, wie z.B. Körperschaftsteuer und andere Ertragsteuern, Lohnsteuer, Umsatzsteuer, Kommunalsteuer, Gebühren und Verkehrsteuern, Zölle.

Die einzelnen Umsatzsteuerarten (z.B. für Inlandsumsätze, innergemeinschaftlichen Erwerb, Einfuhr aus Drittstaaten) werden zweckmäßigerweise auf eigenen Konten erfasst. Die Salden der verrechenbaren Vorsteuern und der errechneten Umsatzsteuer werden auf das in dieser Gruppe geführte Konto Umsatzsteuer-Zahllast übertragen.

Der Zahlungsverkehr mit dem Finanzamt (Zahlungen und Rückzahlungen) sowie sämtliche Gutschriften und Belastungen durch das Finanzamt werden auf dem Konto Finanzamt gebucht, dessen Saldo mit dem der Buchungsmitteilungen des Finanzamtes übereinstimmen muss.

360 – 369 Verbindlichkeiten im Rahmen der sozialen Sicherheit

Hierzu gehören insbesondere Verbindlichkeiten gegenüber Sozialversicherungsanstalten (Dienstnehmer- und Dienstgeberanteil), Arbeitsstiftungen und Pensions- und Unterstützungskassen sowie Verbindlichkeiten aus betrieblicher Altersversorgung und aus Gruppenversicherungen.

370 – 389 Übrige sonstige Verbindlichkeiten

Zu erfassen sind sämtliche nicht auf den Konten 310 – 369 gebuchten Verbindlichkeiten und Antizipationen.

Nach Beschlussfassung über die Gewinnausschüttung ist der hiefür vorgesehene Betrag vom Konto Bilanzgewinn auf ein Konto unter den übrigen sonstigen Verbindlichkeiten zu übertragen.

390 – 398 Passive Rechnungsabgrenzungsposten

Passive Rechnungsabgrenzungsposten sind Einnahmen vor dem Abschlussstichtag, soweit sie Ertrag für eine bestimmte Zeit nach diesem Tag sind.

In dieser Kontengruppe sind auch erhaltene Investitionszuschüsse, die weder als Anschaffungs- oder Herstellungskostenminderungen behandelt werden noch sofort ertragswirksam sind, zu erfassen und nach Maßgabe der Abschreibung des bezuschussten Anlagegegenstandes zugunsten der sonstigen betrieblichen Erträge (Kontengruppen 46 – 49) aufzulösen.

Kontenklasse 4: Betriebliche Erträge

400 – 449 Umsatzerlöse und Erlösschmälerungen

Umsatzerlöse sind Beträge, die sich aus dem Verkauf von Produkten und der Erbringung von Dienstleistungen nach Abzug von Erlösschmälerungen und der Umsatzsteuer sowie von sonstigen direkt mit dem Umsatz verbundenen Steuern ergeben. Folgende Erlöse, gleichgültig ob aus der gewöhnlichen Geschäftstätigkeit des Unternehmens oder nicht, werden zu den Umsatzerlösen gezählt: Erlöse, die die eigentliche Betriebsleistung des Unternehmens betreffen, Erlöse aus dem Verkauf von Schrott, Abfallprodukten und nicht mehr benötigten Roh-, Hilfs- und Betriebsstoffen, Erlöse aus dem Verkauf von Kuppelprodukten und Zwischenerzeugnissen, Erlöse aus der Vermietung und Verpachtung sowie aus Dienstleistungen (Service, Reparaturen), Patent- und Lizenzeinnahmen, Kantinen- und Küchenerlöse, Erträge aus der Beteiligung an Arbeitsgemeinschaften (z.B. Baugewerbe), Versicherungsentschädigungen für bereits verkaufte Waren und Gestionsgebühren. Erlöse aus dem Verkauf von Anlagevermögen sind nicht unter Umsatzerlösen auszuweisen, sondern (soweit es sich nicht um Finanzanlagen handelt) auf den Konten 460 – 462 zu erfassen.

Die Umsatzerlöse sind um die Erlösschmälerungen zu kürzen. Zu Erlösschmälerungen gehören insbesondere Skonti, Umsatzvergütungen, Mengenrabatte, nachträgliche Bonifikationen, Treueprämien, rückgewährte Entgelte für Retourwaren und Mängel sowie Preisdifferenzen.

Neben der Umsatzsteuer sind mit dem Umsatz direkt verbundene Steuern unmittelbar von diesem abzusetzen. Zu den mit dem Umsatz direkt verbundenen Steuern zählen Verkehr- und Verbrauchsteuern wie z.B. die Alkohol-, Bier-, Schaumwein-, Tabak- und Mineralölsteuer. Bei Verbrauchsteuern, bei denen die Steuerschuld durch die Fertigung des Produkts oder durch die Überführung des Produkts in den steuerrechtlichen freien Verkehr entsteht, weicht der Zeitpunkt des Umsatzakts regelmäßig vom Zeitpunkt der Entstehung der Steuerschuld ab. Da solche Steuern nicht den Absatzvorgang betreffen, sondern die Herstellung der Verkehrsfähigkeit des betroffenen Vermögensgegenstandes, sind sie in der Regel nicht von den Umsatzerlösen in Abzug zu bringen. Falls jedoch der Zeitpunkt der Entstehung der Steuerschuld regelmäßig mit der unternehmensrechtlichen Umsatzrealisierung zusammenfällt, sind Verbrauchsteuern von den Umsatzerlösen abzusetzen. Von den Umsatzerlösen abgesetzte Verkehr- und Verbrauchsteuern werden auf den Konten 710 – 714 erfasst (vgl. dort).

450 – 457 Veränderungen des Bestandes an fertigen und unfertigen Erzeugnissen sowie an noch nicht abrechenbaren Leistungen

Zu erfassen sind alle Bestandsveränderungen, ausgenommen Wertänderungen infolge unüblicher Abschreibungen.

458 – 459 Aktivierte Eigenleistungen

Zu erfassen sind aktivierte Eigenleistungen für selbsterstellte Anlagen.

460 – 462 Erlöse aus dem Abgang von Anlagevermögen, ausgenommen Finanzanlagen

Soweit aus dem Abgang von Anlagevermögen Erlöse erzielt werden, sind sie zunächst auf diesen Konten zu erfassen. Ist der Erlös höher als der auf dem Konto 782 erfasste Buchwert, ist er auf die Konten 463 – 465, im umgekehrten Fall auf das Konto 783 zu übertragen. Bei Abschluss sind die Konten demnach zur Gänze aufgelöst.

463 – 465 Erträge aus dem Abgang von Anlagevermögen, ausgenommen Finanzanlagen (Abgänge mit Gewinn)

Auf diesen Konten werden die Überträge einerseits von den Konten 460 – 462 und andererseits vom Konto 782 erfasst.

470 – 479 Erträge aus der Auflösung von Rückstellungen

Zu erfassen ist die Auflösung nicht verbrauchter Rückstellungen mit Ausnahme von Ertragsteuerrückstellungen. Die Auflösung von Ertragsteuerrückstellungen erfolgt in der Kontengruppe 84.

480 – 499 Übrige sonstige betriebliche Erträge

Zu erfassen sind sämtliche nicht auf den Konten 400 – 479 gebuchte Erträge. Dazu gehören insbesondere Zahlungseingänge aus in früheren Jahren ausgebuchten Forderungen, Fremdwährungskursgewinne, Erträge aus Schadenersatzleistungen, die Ausbuchung unbezahlter und verjährter Verbindlichkeiten, Nachlässe eigener Schulden, Erträge aus der Herabsetzung von Pauschalwertberichtigungen, Rückvergütungen für in den Vorjahren zu hoch bezahlte Sozialabgaben, die Auflösung des Postens Investitionszuschüsse zum Anlagevermögen, soweit die Auflösung nicht über ein gesondertes Konto als Absetzung von den Abschreibungen erfolgt, sowie nicht rückzahlbare Aufwandszuschüsse. Ebenso sind Erträge von außerordentlicher Größenordnung, die nicht einer speziellen Ertragsart zurechenbar sind, auf diesen Konten zu erfassen.

Kontenklasse 5: Materialaufwand und sonstige bezogene Herstellungsleistungen

In der Kontenklasse 5 sind insbesondere solche Aufwendungen für Material und bezogene Leistungen zu erfassen, die dem Herstellungsbereich des Unternehmens zuordenbar sind. Aufwendungen für Material, die nicht dem Herstellungsbereich zuordenbar sind, aber mit den Umsatzerlösen in unmittelbarer Beziehung stehen, wie z.B. der Nahrungsmittelverbrauch der Werksküche, sind ebenfalls hier zu erfassen.

550 – 559 Verbrauch von Werkzeugen und anderen Erzeugungshilfsmitteln

Auf diesen Konten sind die nicht aktivierbaren Aufwendungen für Werkzeuge und andere Erzeugungshilfsmittel wie Verbrauchswerkzeuge, kundenauftragsbezogene Werkzeuge, Vorrichtungen und Formen zu erfassen. Aktivierbare Werkzeuge und andere Erzeugungshilfsmittel (einschließlich geringwertiger, die im Jahr der Anschaffung voll abgeschrieben werden) gehören in die Kontengruppe 04 – 05.

560 – 569 Betriebskosten

Soweit solche Aufwendungen nicht dem Herstellungsbereich zuordenbar sind, ist ihre Erfassung in der Kontengruppe 72 vorgesehen. Für die Zuordnung gilt die überwiegende Verwendung (z.B. Strom als Beleuchtungs- oder als Antriebsenergie). Eine Trennung dieser Aufwendungen ist nicht vorgesehen.

570 – 579 Bezogene Herstellungsleistungen

Zu erfassen sind alle sonstigen bezogenen Herstellungsleistungen wie insbesondere Aufwendungen für Materialbearbeitung, Materialveredelung durch Dritte, andere Werkleistungen und Beistellung von Personal im Herstellungsbereich.

580 – 581 Skontoerträge auf Materialaufwand und auf bezogene Herstellungsleistungen

Da diese Skontoerträge im Jahresabschluss mit den zugehörigen Aufwendungen zu saldieren sind, empfiehlt sich eine kontenmäßige Trennung der Skontoerträge, die die Konten 500 – 569 betreffen, von jenen, die die Konten 570 – 579 betreffen.

Kontenklasse 6: Personalaufwand

600 – 619 Löhne

Zweckmäßigerweise werden die Grundlöhne (Fertigungslöhne, Hilfslöhne, Vergütungen an vorübergehend beschäftigte Arbeitskräfte), Zulagen an Lohnempfänger (Überstundenzuschläge, Urlaubsablösen, Schichtzulagen, Erschwerniszulagen, Prämien und Provisionen) sowie Nichtleistungslöhne (Urlaubslöhne, Feiertagslöhne, Krankenentgelte, sonstige Abwesenheitslöhne, Urlaubs- und Weihnachtsremunerationen und andere Sonderzahlungen) getrennt erfasst.

Das gleiche gilt für Zuwendungen anlässlich von Dienstnehmer- und Dienstgeberjubiläen, für freiwillige Fahrtkosten- und Verpflegungszuschüsse sowie für Sachbezugsleistungen wie freie oder verbilligte Werks- bzw. Dienstwohnungen.

620 – 639 Gehälter

Hier werden Grundgehälter, Mehrarbeitszuschläge, Urlaubsablösen, Prämien und Provisionen, 13. und 14. Gehalt und sonstige Sonderzahlungen erfasst. Das gleiche gilt für Jubiläumszuwendungen, freiwillige Fahrtkosten- und Verpflegungszuschüsse sowie Sachbezugsleistungen.

Nicht zu den Löhnen und Gehältern gehören Reisekostenersätze und Tag- bzw. Nächtigungsgelder, die zum Ausgleich entstandener Aufwendungen des Dienstnehmers auf Dienstreisen bezahlt werden. Diese werden in der Kontengruppe 73 erfasst.

640 – 649 Aufwendungen für Abfertigungen, Aufwendungen für Betriebliche Vorsorgekassen, Aufwendungen für Altersversorgung

In diesen Konten werden sowohl Abfertigungs- und Pensionszahlungen als auch die Veränderungen der Abfertigungs- und Pensionsrückstellungen erfasst. Auch Beiträge an Pensionskassen und sonstige Beiträge für die Altersversorgung der Dienstnehmer finden in dieser Gruppe ihren Niederschlag.

650 – 659 Gesetzlicher Sozialaufwand für Arbeiter und Angestellte

Hier werden alle an die Sozialversicherungsträger abzuführenden Sozialaufwendungen (Arbeitgeberanteile) einschließlich des Beitrages nach dem Entgeltfortzahlungsgesetz und des Wohnbauförderungsbeitrages erfasst.

660 – 669 Lohn- und gehaltsabhängige Abgaben und Pflichtbeiträge

Auf diesen Konten werden alle sonstigen vom Entgelt abhängigen Abgaben und Pflichtbeiträge erfasst. Zu diesen gehören vor allem der Dienstgeberbeitrag zum Ausgleichsfonds für Familienbeihilfen, der Zuschlag zum Dienstgeberbeitrag, die Kommunalsteuer, die Wiener Dienstgeberabgabe (U-Bahn-Abgabe) sowie die Behindertenausgleichstaxe.

Lohnsteuerbeträge, die ausnahmsweise nicht von den Dienstnehmern einbehalten werden (z.B. Nachforderungen anlässlich von Lohnsteuerprüfungen, die nicht auf die Arbeitnehmer überwälzt werden können), sind auf den Konten 600 – 639 zu erfassen.

670 – 689 Sonstige Sozialaufwendungen

Zu diesen zählen freiwillige Sozialaufwendungen, die nicht dem einzelnen Arbeitnehmer als Entgeltsbestandteil zuzurechnen sind, wie Zuwendungen an den Betriebsratsfonds und an Unterstützungskassen (nicht Pensionskassen), Aufwendungen für Betriebsausflüge, für Weihnachtsgeschenke an die Arbeitnehmer und für verschiedene Betriebsveranstaltungen zum Wohle der Belegschaft.

Aufwendungen, die durch Sozialeinrichtungen verursacht werden, sind unter den entsprechenden Aufwandsarten zu erfassen. So werden beispielsweise der Materialverbrauch (Lebensmittelverbrauch) der Werksküche in der Klasse 5, die Personalaufwendungen des Küchenpersonals auf den Konten 600 – 689, die Abschreibungen von den Werkscheneinrichtungen in der Kontengruppe 70 und die Instandhaltung der Küchenräumlichkeiten und -einrichtungen in der Kontengruppe 72 erfasst.

Kontenklasse 7: Abschreibungen und sonstige betriebliche Aufwendungen

70 Abschreibungen

Planmäßige und außerplanmäßige Abschreibungen sind jeweils getrennt zu erfassen.

710 – 714 Mit den Umsatzerlösen verbundene Steuern

Hier werden die mit den Umsatzerlösen verbundenen Verkehr- und Verbrauchsteuern erfasst. Soweit diese nicht in den Umsatzerlösen enthalten sind, sondern von diesen abgesetzt werden (vgl. die Erläuterungen zu den Konten 400 – 449), sind hier auch die mit den Umsatzerlösen direkt verbundenen Steuererträge zu verbuchen, d.h. mit den entsprechenden Steueraufwendungen zu saldieren.

715 – 718 Sonstige Steuern und mit Steuern in Zusammenhang stehende Aufwendungen

Hier werden jene Steuern erfasst, die weder zu den Steuern vom Einkommen und vom Ertrag (Kontengruppe 84) noch zu den entgeltabhängigen Abgaben (Konten 660 – 669) gehören und auch nicht als Anschaffungsnebenkosten zu aktivieren sind, nicht für Kraftfahrzeuge anfallen (Konten 732 – 733) und nicht mit den Umsatzerlösen verbunden sind (Konten 710 – 714). Es sind dies vor allem Gebühren nach dem Gebührengesetz und vermögensabhängige Steuern (z.B. Grundsteuer).

Hier zu erfassen sind auch Aufwendungen, die in Zusammenhang mit Steuern stehen. Dazu gehören vor allem abgabenrechtliche Nebenansprüche (z.B. Verspätungs- oder Säumniszuschläge).

Die von Werbeunternehmen in Rechnung gestellten Anzeigen- und Ankündigungsabgaben sind auf den Konten 765 – 767 zu erfassen.

Gebühren für direkte Gegenleistungen der öffentlichen Hand wie Müllabfuhr- und Kanalgebühren sind nicht unter den sonstigen Steuern zu erfassen.

72 Instandhaltung und Betriebskosten

Instandhaltungen durch Dritte sind, soweit zweckmäßig, nach Anlagengruppen (Gebäude, technische Anlagen, andere Anlagen usw.) zu gliedern. Entgelte für Müllabfuhr und Abwasserbeseitigung sind in dieser Kontengruppe zu erfassen. Stromaufwendungen, die nicht den Konten 560 – 569 zuzuordnen sind, werden hier erfasst (vgl. die Erläuterungen zu den Konten 560 – 569).

730 – 731 Transporte durch Dritte

Transporte durch Dritte für zwischenbetriebliche Frachten, Ausgangsfrachten sowie sonstige Transportaufwendungen gehören auf diese Konten.

Eingangsfrachten gehören grundsätzlich zu den aktivierungspflichtigen Anschaffungsnebenkosten und werden daher nicht hier erfasst.

732 – 733 Kfz-Aufwand

Soweit in einem Unternehmen der Kfz-Aufwand gesammelt nach einzelnen Kraftfahrzeugen erfasst wird, können solche Betriebsaufwandskonten in dieser Kontengruppe geführt werden. Auf diesen Konten werden dann neben den Instandhaltungsaufwendungen der Betriebsstoffverbrauch, Reparatur- und Servicekosten, Versicherungsprämien, Steuern, nicht aber die Kfz-Abschreibungen und Leasingaufwendungen erfasst.

734 – 737 Reise- und Fahrtaufwand, Tag- und Nächtigungsgelder

Diese können nach verschiedenen Kategorien (z.B. Auslands- und Inlandsreisen, Stadtfahrten) unterteilt werden.

Zum Reise- und Fahrtaufwand gehören neben den unmittelbar an die Beförderungsunternehmen bezahlten Aufwendungen auch Reise- und Fahrtkostenvergutungen, soweit sie Ersatz für tatsächliche Aufwendungen darstellen. Hierher gehören auch Kilometergelder.

Pauschalvergütungen in Form von Tag- und Nächtigungsgeldern können auf eigenen Konten (736 – 737) erfasst werden, wobei eine weitere Unterteilung (Taggelder, Nächtigungsgelder) möglich ist.

738 Nachrichtenaufwand

Hierher gehören Porto-, Telegramm-, Telefon-, Internet- und Telefaxaufwendungen. Wegen des wirtschaftlichen Zusammenhanges mit dem sonstigen Nachrichtenaufwand ist es zweckmäßiger, die Miete und Wartung von Telefonanlagen auf diesen Konten und nicht in der Kontengruppe 74 zu erfassen.

74 Miet-, Pacht-, Leasing- und Lizenzaufwand

Die Aufwendungen für die Beheizung, Beleuchtung und Reinigung gemieteter Räume sind nicht hier, sondern in den entsprechenden Kontengruppen zu erfassen.

750 – 758 Aufwand für beigestelltes Personal, Provisionen an Dritte, Aufsichtsratsvergütungen, Geschäftsführerentgelte an Konzerngesellschaften/Komplementär-GmbH

Beigestelltes Personal, das ausschließlich in der Fertigung beschäftigt wird, wird nicht hier, sondern auf den Konten 570 – 579 erfasst.

765 – 767 Werbung und Repräsentation

Zu den Werbeaufwendungen gehören auch die von den Werbeunternehmen in Rechnung gestellten Anzeigen- und Ankündigungsabgaben.

770 – 774 Versicherungen

Hier werden Aufwendungen für Güter- und Personenversicherungen erfasst.

Zu den Güterversicherungen gehören insbesondere die Feuer-, Maschinenbruch-, Betriebsunterbrechungs-, Haftpflicht-, Einbruchdiebstahl-, Kassenbotenberaubungs- und Veruntreuungsversicherungen. Transportversicherungen, soweit sie nicht Anschaffungsnebenkosten sind, und Kfz-Versicherungen, soweit sie nicht auf eigenen Betriebsaufwandskonten für Kfz gebucht werden, werden ebenfalls in dieser Gruppe erfasst.

Zu den Personenversicherungen gehören insbesondere Lebens- und Unfallversicherungen, bei denen im Versicherungsfall das Unternehmen begünstigt ist. Entsteht durch die Prämienzahlung ein Deckungskapital, ist dieses auf den Konten 094 – 097 zu erfassen. Die Erhöhung des Deckungskapitals wird auf den Konten 480 – 499 erfasst.

778 Mitgliedsbeiträge

Dazu gehören vor allem gesetzliche Pflichtbeiträge und freiwillige Beiträge zu Berufsorganisationen. Der Zuschlag zum Dienstgeberbeitrag zum Ausgleichsfonds für Familienbeihilfen ist mit diesem auf den Konten 660 – 669 zu erfassen.

779 Spesen des Geldverkehrs

Zu den Spesen des Geldverkehrs gehören insbesondere Überweisungsspesen und Kontoführungsgebühren (einschl. Depotgebühren und Akkreditivprovisionen), nicht dagegen Aufwendungen in Zusammenhang mit der Kreditgewährung (z.B. Kreditbereitstellungsprovisionen).

780 – 781 Forderungsverluste, Zuführung Wertberichtigungen zu Forderungen, sonstige Schadensfälle

Abschreibungen auf Gegenstände des Umlaufvermögens, soweit sie die im Unternehmen üblichen Abschreibungen überschreiten, sind auf dem Konto 707 zu erfassen.

782 Buchwert abgegangener Anlagen, ausgenommen Finanzanlagen

Die zunächst auf diesem Konto erfassten Buchwerte abgegangener Gegenstände des immateriellen und des Sachanlagevermögens sind bei Überschuss des jeweiligen Erlöses (der jeweiligen Vergütung) über den Buchwert auf die Konten

463 – 465 und bei Überschuss des Buchwertes über den jeweiligen Erlös (die jeweilige Vergütung) auf das Konto 783 umzubuchen.

783 Verluste aus dem Abgang von Anlagevermögen, ausgenommen Finanzanlagen

Auf diesem Konto werden einerseits die betreffenden Überträge von den Konten 460 – 462 und andererseits jene vom Konto 782 erfasst.

784 – 787 Verschiedene betriebliche Aufwendungen

Auf diesen Konten sind jene Aufwendungen zu erfassen, die keinem anderen Aufwandskonto zuordenbar sind.

788 Skontoerträge auf sonstige betriebliche Aufwendungen

Die auf dem Konto 788 erfassten Skontoerträge werden in der Gewinn- und Verlustrechnung mit dem Posten Sonstige betriebliche Aufwendungen verrechnet.

Kontenklasse 8: Finanzerträge und Finanzaufwendungen, Steuern vom Einkommen und vom Ertrag, Rücklagenbewegung

80 – 83 Finanzerträge und Finanzaufwendungen

Soweit sie sich auf verbundene Unternehmen beziehen, sind sie zweckmäßigerweise jeweils auf gesonderten Konten zu erfassen.

800 – 801 Erträge aus Anteilen an verbundenen Unternehmen, Erträge aus Beteiligungen

Zum GuV-Posten Erträge aus Beteiligungen gehören hauptsächlich Gewinnausschüttungen aus Beteiligungen an Kapitalgesellschaften, Gewinnanteile aus Beteiligungen an Personengesellschaften, auch erhaltene Abschlagszahlungen auf den Bilanzgewinn. Soweit es sich dabei um Erträge aus Anteilen an verbundenen Unternehmen handelt, sind sie auf dem Konto 800 zu verbuchen, ansonsten auf dem Konto 801. Gewinnüberrechnungen verbundener Unternehmen aus Ergebnisabführungsverträgen sind auf dem Konto 836 zu erfassen.

802 Erträge aus anderen Wertpapieren des Anlagevermögens und Ausleihungen (verbundene Unternehmen)

Diese betreffen Zinsenerträge aus Ausleihungen und festverzinslichen Wertpapieren des Anlagevermögens sowie Erträge aus Dividendenpapieren und Unternehmensanteilen, soweit deren Erträge nicht als Beteiligungserträge zu erfassen sind. Ebenso werden Zuschreibungen auf Zero-Bonds des Anlagevermögens und Erträge aus Genossenschaftsanteilen, die keine Beteiligungen verkörpern, auf diesen Konten erfasst. Das Gleiche gilt für die unter den Ausleihungen des Anlagevermögens ausgewiesenen unverzinslichen oder niedrig verzinslichen Forderungen.

803 Erträge aus anderen Wertpapieren des Anlagevermögens und Ausleihungen (andere)

Siehe die Erläuterungen zum Konto 802.

804 Sonstige Zinsen und ähnliche Erträge aus verbundenen Unternehmen

Auf diesen Konten werden alle Zinsen und ähnlichen Erträge aus Gegenständen des Umlaufvermögens erfasst. Hierzu gehören Zinsenerträge jeder Art aus Bankguthaben und gewährten Finanzdarlehen, soweit diese nicht zu den Ausleihungen des Finanzanlagevermögens gehören, Zinsenerträge aus Wertpapieren des Umlaufvermögens, weiterverrechnete Diskonte auf Kundenwechsel und den Kunden berechnete Verzugszinsen. Auch Erträge aus dem Agio gewährter Kredite sind hier zu erfassen.

805 Sonstige Zinsen und ähnliche Erträge (andere)

Siehe die Erläuterungen zum Konto 804.

806 – 809 Erlöse aus dem Abgang von Anteilen an verbundenen Unternehmen, von Beteiligungen, von sonstigen Finanzanlagen und von Wertpapieren des Umlaufvermögens

Soweit aus dem Abgang von Finanzanlagen und Wertpapieren des Umlaufvermögens Erlöse erzielt werden, sind sie zunächst auf diesen Konten zu erfassen. Ist der Erlös höher als der auf den Konten 810 – 813 erfasste Buchwert, ist er auf das Konto 814 umzubuchen. Im umgekehrten Fall werden die Konten 819 (Anteile an verbundenen Unternehmen), 820 (sonstige Beteiligungen) bzw. 827 (sonstige Finanzanlagen und Wertpapiere des Umlaufvermögens) belastet (siehe die Erläuterungen zu den Konten 810 – 813). Bei Abschluss sind die Konten demnach zur Gänze aufgelöst.

810 – 813 Buchwerte abgegangener Anteile an verbundenen Unternehmen, abgegangener Beteiligungen, abgegangener sonstiger Finanzanlagen und abgegangener Wertpapiere des Umlaufvermögens

Der Buchwert abgegangener Finanzanlagen und Wertpapiere des Umlaufvermögens ist zunächst auf diesen Konten zu erfassen. Ist der Buchwert niedriger als der erzielte Erlös, ist er auf das Konto 814 Erträge aus dem Abgang von Finanzanlagen und Wertpapieren des Umlaufvermögens umzubuchen, im umgekehrten Fall auf die Konten 819 Abschreibungen auf Anteile an verbundenen Unternehmen, 820

Abschreibungen auf Beteiligungen bzw. 827 Abschreibungen auf sonstige Finanzanlagen und Wertpapiere des Umlaufvermögens. Bei Abschluss sind die Konten demnach zur Gänze aufgelöst.

814 Erträge aus dem Abgang von Finanzanlagen und Wertpapieren des Umlaufvermögens (Abgänge mit Gewinn)

Die Erträge aus dem Abgang von Finanzanlagen und Wertpapieren des Umlaufvermögens ergeben sich aus den Salden der hierher übertragenen Erlöse und Buchwerte.

815 – 818 Erträge aus der Zuschreibung zu Anteilen an verbundenen Unternehmen, zu Beteiligungen, zu sonstigen Finanzanlagen und zu Wertpapieren des Umlaufvermögens

Die auf diesen Konten zu erfassenden Erträge aus Zuschreibungen zu den Finanzanlagen und den Wertpapieren des Umlaufvermögens betreffen die Rückgangigmachung von (außerplanmäßigen) Abschreibungen.

819 Abschreibungen auf Anteile an verbundenen Unternehmen, 820 Abschreibungen auf Beteiligungen, 827 Abschreibungen auf sonstige Finanzanlagen und Wertpapiere des Umlaufvermögens

Hier ist die Abschreibung von Finanzanlagen und Wertpapieren des Umlaufvermögens zu erfassen. Dazu gehören auch allfällige Verluste aus dem Abgang solcher Vermögensgegenstände.

830 – 832 Zinsen und ähnliche Aufwendungen (verbundene Unternehmen und andere)

Dazu gehören Zinsen für Bankkredite, Darlehen, Hypothekarkredite, Zuzählungs- und Bereitstellungsprovisionen für Kredite bzw. Kreditrahmen, Überziehungsprovisionen, Frachtstundungsgebühren, Abschreibungen auf das aktivierte Disagio, Wechseldiskonte (sofern diesen kein verrechenbarer Diskontertrag gegenübersteht), Ausschüttungen auf Genussscheine (wenn nach den Genussscheinbedingungen der Fremdkapitalcharakter im Vordergrund steht),

Gewinnanteile stiller Gesellschafter (wenn die Einlage Fremdkapitalcharakter hat), gesondert in Rechnung gestellte Zinsen auf Lieferantenkredite, die Zinsenkomponente bei Personalrückstellungen, wenn diese gesondert ausgewiesen wird, sowie die Zinsenkomponente bei Rückstellungen mit einer Laufzeit von mehr als einem Jahr.

835 Nicht ausgenützte Lieferantenskonti

Werden Anschaffungen oder Aufwendungen mit dem Kassapreis erfasst, wird der in den Fakturen enthaltene Skonto gesondert auf diesem Konto verbucht. Erfolgt die Bezahlung der Lieferantenrechnung in der Folge unter Abzug des Lieferantenskontos, wird dieser mit den auf diesem Konto verbuchten Lieferantenskontoaufwendungen saldiert. Der verbleibende Saldo auf dem Konto 835 wird in der GuV unter den Zinsen und ähnlichen Aufwendungen (830 – 832) ausgewiesen.

840 – 849 Steuern vom Einkommen und vom Ertrag

Auf diesen Konten dürfen grundsätzlich nur jene gewinnabhängigen Steuern verbucht werden, die das Unternehmen als Steuerschuldner zu entrichten hat. Bei Kapitalgesellschaften ist dies in erster Linie die Körperschaftsteuer. Für die Erfassung auf diesem Konto kommen auch ausländische Steuern, die mit inländischen Steuern vom Einkommen und vom Ertrag vergleichbar sind, wie z.B. nicht anrechenbare ausländische Quellensteuer, ausländische Körperschaftsteuer bei ausländischer Betriebsstätte oder doppelt ansässiger Körperschaft oder die deutsche Gewerbe(ertrag)steuer bei einer deutschen Betriebsstätte, in Frage.

Mitglieder einer Unternehmensgruppe i.S.d. § 9 KStG haben hier die Steuerumlage an den Gruppenträger zu verbuchen. Der Gruppenträger ist abgabenrechtlicher Schuldner der Steuer auf das Gruppenergebnis und hat daher auch die Steuer auf die zugerechneten Ergebnisse der Gruppenmitglieder zu erfassen, ebenso die Steuerumlage von den Gruppenmitgliedern.

Steuernachzahlungen und -gutschriften, die Bildung und Auflösung nicht bestimmungsgemäß verwendeter Ertragsteuerrückstellungen sowie die Bildung und Auflösung latenter Steuern sind auch hier zu erfassen.

Steuern, die für Dritte abgeführt werden (z.B. Lohnsteuer der Dienstnehmer und KESt), sind nicht auf diesen Konten zu erfassen, weil die Steuerschuldnerschaft nicht beim Unternehmen liegt.

Nicht auf diesen Konten zu erfassen sind auch abgabenrechtliche Nebenansprüche wie z.B. Verspätungszuschläge, Beschwerde- und Anspruchszinsen. Derartige Nebenansprüche sind je nach ihrem inhaltlichen Charakter auf den Konten 715 – 718 (Sonstige Steuern und mit Steuern in Zusammenhang stehende Aufwendungen) oder auf den Konten 830 – 832 (Zinsen und ähnliche Aufwendungen) zu erfassen.

Außerordentliche Erträge und Aufwendungen (vormals Kontengruppe 84)

Alle früher im außerordentlichen Bereich ausgewiesenen Erträge und Aufwendungen sind nunmehr je nach ihrer Zugehörigkeit auf die einzelnen Ertrags- und Aufwandskonten aufzuteilen. Es wird empfohlen, innerhalb der jeweiligen Kontenklassen ein besonderes Konto für derartige Sonderfälle vorzubereiten, weil der Betrag und die Wesensart der einzelnen Ertrags- oder Aufwandsposten von außerordentlicher Größenordnung oder von außerordentlicher Bedeutung im Anhang angegeben werden müssen. Sollte eine Zuordnung der Erträge und Aufwendungen außerordentlicher Größenordnung oder außerordentlicher Bedeutung bei der Verbuchung (noch) nicht möglich sein, so sind die Beträge auf den Konten 480 – 499 (Übrige sonstige betriebliche Erträge) bzw. 784 – 787 (Verschiedene betriebliche Aufwendungen) zu erfassen.

Analog zu Erträgen und Aufwendungen von außerordentlicher Größenordnung oder von außerordentlicher Bedeutung wird eine gesonderte Erfassung von Geschäften mit nahe stehenden Unternehmen und Personen empfohlen, um die betreffende Angabepflicht (ab mittelgroßen Gesellschaften) erfüllen zu können.

850 – 869 Auflösung von Kapital- und Gewinnrücklagen

Auf diesen Konten wird die bilanzgewinnerhöhende (bilanzverlustvermindernde) Auflösung der auf den Konten 930 – 939 verbuchten Kapitalrücklagen und der auf den Konten 940 – 949 verbuchten Gewinnrücklagen erfasst.

870 – 889 Zuweisung zu Gewinnrücklagen

Hier ist der Teil des Jahresüberschusses, der auf eine Gewinnrücklage übertragen wird, zu erfassen. Falls für die Bildung der auf den Konten 950 – 951 ausgewiesenen Rücklagen für Anteile an Mutterunternehmen und für eigene Anteile das Jahresergebnis herangezogen wird, so ist hier die entsprechende Zuweisung zu erfassen.

Kontenklasse 9: Eigenkapital, Einlagen unechter stiller Gesellschafter, Abschluss- und Evidenzkonten

900 – 919 Gezeichnetes bzw. gewidmetes Kapital, nicht eingeforderte ausstehende Einlagen

In diesen Kontengruppen wird das jeweils dem Unternehmen gewidmete Kapital erfasst. Dazu gehören auch vereinbarte bzw. bedungene Einlagen bei Personengesellschaften.

Bei diesen Gesellschaften werden in diesen Kontengruppen auch ausstehende Einlagen der persönlich haftenden Gesellschafter, ausstehende Einlagen von Kommanditisten sowie Verlustanteile von persönlich haftenden Gesellschaftern und Kommanditisten erfasst. Gewinne von Kommanditisten, die nicht der Auffüllung oder Wiederauffüllung von Kommanditeinlagen dienen, sind auf den Konten 370 – 389 zu erfassen.

Nicht eingeforderte ausstehende Einlagen bei Kapitalgesellschaften werden auf das Konto 919 verbucht. Wird die ausstehende Einlage eingefordert, ist der eingeforderte Betrag auf das Konto 246 umzubuchen.

920 Eigene Anteile

Zu erfassen ist der Nennbetrag bzw. der rechnerische Wert der erworbenen eigenen Anteile. Das Konto ist hier eingereiht, weil eigene Anteile im Eigenkapital auszuweisen sind (als Abzugsposten). Ein Ausweis eigener Anteile im Anlage- bzw. Umlaufvermögen ist nicht erlaubt.

950 – 951 Rücklagen für Anteile an Mutterunternehmen und für eigene Anteile

Wenn Unternehmen Anteile an Mutterunternehmen oder eigene Anteile besitzen, müssen sie eine Rücklage für Anteile an Mutterunternehmen bzw. eine Rücklage für eigene Anteile bilden und zumindest erstere gesondert ausweisen. Die Höhe der Rücklage für Anteile an Mutterunternehmen entspricht dem Bilanzansatz der auf der Aktivseite ausgewiesenen Anteile an Mutterunternehmen. Die Höhe der Rücklage für eigene Anteile entspricht dem Nennbetrag bzw. dem rechnerischen Wert der erworbenen eigenen Anteile. Diese Rücklagen dürfen durch Umwidmung frei verfügbarer (nicht gebundener) Kapital- und Gewinnrücklagen gebildet werden, soweit diese einen Verlustvortrag übersteigen. Die Bildung der Rücklagen zu Lasten des Jahresergebnisses ist zulässig. Die Rücklagen bleiben bestehen, solange das Unternehmen Anteile an Mutterunternehmen bzw. eigene Anteile besitzt. Wenn die Anteile ausscheiden, ist die betreffende Rücklage zur Gänze aufzulösen, wobei die Auflösung der Rücklage durch eine Rückgliederung der entsprechenden Beträge in die nicht gebundenen Kapital- oder Gewinnrücklagen bzw. in das Jahresergebnis vorzunehmen ist.

970 – 979 Einlagen und Verrechnungskonten unechter stiller Gesellschafter

Diese Kontengruppe umfasst alle mit der stillen Einlage (atypische stille Gesellschaft) zusammenhängenden Konten wie gewidmete Einlagen, ausstehende Einlagen und Verlustverrechnungskonten.

Die Einlagenverrechnung kann analog zu Kommanditisten (vgl. die Konten 900 – 919) erfolgen. Gewinne von stillen Gesellschaftern, die nicht der Auffüllung von Einlagen dienen, sind auf den Konten 370 – 389 zu erfassen.

Erläuterungen zur Anwendung des Umsatzkostenverfahrens

Das Umsatzkostenverfahren unterscheidet sich vom Gesamtkostenverfahren in zwei wesentlichen Punkten:

Die betrieblichen Aufwendungen werden nach den Funktionsbereichen Herstellung, Vertrieb und Verwaltung sowie, soweit diesen nicht zurechenbar, nach sonstigen betrieblichen Aufwendungen aufgeschlüsselt.

Die Veränderung des Bestandes an fertigen und unfertigen Erzeugnissen sowie an noch nicht abrechenbaren Leistungen und die anderen aktivierten Eigenleistungen werden mit den Herstellungsaufwendungen der Periode saldiert, woraus sich die umsatzbezogenen Herstellungskosten ergeben.

Kontenmäßige Erfassung

Die Aufwendungen werden zunächst in gleicher Weise wie beim Gesamtkostenverfahren auf den jeweils vorgesehenen Konten der Klassen 5 bis 7 gebucht. Ihre bereichsweise Zuordnung erfolgt entweder unmittelbar anschließend an ihre Erstverbuchung aufgrund der entsprechend (zweifach) kontierten Aufwandsbelege oder summarisch am Periodenende (monatlich, quartalsweise, halb- oder ganzjährlich).

Die bereichsweise Erfassung der Aufwendungen erfolgt auf den Bereichskonten 791 – 799 im Soll und auf dem zu jedem Aufwandskonto zu führenden Parallelkonto im Haben. Anstelle der individuellen Parallelkonten kann in jeder Aufwandskontenklasse ein einziges Verrechnungskonto (Konten 590, 690 und 790) geführt werden.

Sind die Aufwendungen der Klassen 5 bis 7 am Jahresende vollständig verteilt, saldieren sich die Aufwandskonten und die Parallelkonten bzw. die klassenweisen Verrechnungskonten auf null.

Die in der Klasse 4 erfassten Bestandsveränderungen bei fertigen und unfertigen Erzeugnissen sowie bei noch nicht abrechenbaren Leistungen (Konten 450 – 457) und die anderen aktivierten Eigenleistungen (Konten 458 – 459) sind auf die entsprechenden Konten des Bereiches Herstellung (Konten 791 – 796) zu übertragen, soweit sie nicht bereits dort verbucht worden sind (vgl. die Erläuterungen zu den Konten 140 – 159). Wurden bei den Beständen an noch nicht abrechenbaren Leistungen auch anteilige Kosten der allgemeinen Verwaltung und des Vertriebes aktiviert, ist die Bestandsveränderung anteilsmäßig auf die Bereichskonten für Herstellung, Vertrieb und Verwaltung zu übertragen.

D. Anlage zum Kontenrahmen 2016

0 Anlagevermögen	1 Vorräte	2 Sonstiges Umlaufvermögen, aktive Rechnungsabgrenzungsposten, aktive latente Steuern	3 Rückstellungen, Verbindlichkeiten, passive Rechnungsabgrenzungsposten	4 Betriebliche Erträge	5 Materialaufwand und sonstige bezogene Herstellungsleistungen	6 Personalaufwand	7 Abschreibungen und sonstige betriebliche Aufwendungen	8 Finanzerträge und Finanzaufwendungen, Steuern vom Einkommen und vom Ertrag, Rücklagenbewegung	9 Eigenkapital, Einlagen unechter stiller Gesellschafter, Abschluss- und Evidenzkonten
01 Immaterielle Vermögensgegenstände	10 Bezugsverrechnung	20 21 Forderungen aus Lieferungen und Leistungen	30 Rückstellungen	40 41 42 43 44 Umsatzerlöse und Erlösschmälerungen	50 Wareneinsatz	60 61 Löhne	70 Abschreibungen	80 81 82 83 Finanzerträge und Finanzaufwendungen	90 91 Gezeichnetes bzw. gewidmetes Kapital, nicht eingeforderte ausstehende Einlagen
	11 Rohstoffe		31 Anleihen, Verbindlichkeiten gegenüber Kreditinstituten		51 Verbrauch von Rohstoffen		71 Sonstige Steuern		
02 03 Grundstücke, grundstücksgleiche Rechte und Bauten, einschließlich der Bauten auf fremdem Grund	12 Bezogene Teile	22 Forderungen gegenüber verbundenen Unternehmen und Unternehmen, mit denen ein Beteiligungsverhältnis besteht	32 Erhaltene Anzahlungen auf Bestellungen		52 Verbrauch von bezogenen Teilen	62 63 Gehälter	72 Instandhaltung und Betriebskosten		92 Eigene Anteile
	13 Hilfsstoffe, Betriebsstoffe	23 24 Sonstige Forderungen und Vermögensgegenstände	33 Verbindlichkeiten aus Lieferungen und Leistungen, Verbindlichkeiten aus der Annahme gezogener und der Ausstellung eigener Wechsel		53 Verbrauch von Hilfsstoffen		73 Transport-, Reise- und Fahrtaufwand, Nachrichtenaufwand		93 Kapitalrücklagen
04 05 Technische Anlagen und Maschinen	14 Unfertige Erzeugnisse		34 Verbindlichkeiten gegenüber verbundenen Unternehmen, gegenüber Unternehmen, mit denen ein Beteiligungsverhältnis besteht, und gegenüber Gesellschaftern		54 Verbrauch von Betriebsstoffen	64 Aufwendungen für Abfertigungen, Aufwendungen für Betriebliche Vorsorgekassen, Aufwendungen für Altersversorgung	74 Miet-, Pacht-, Leasing- und Lizenzaufwand	84 Steuern vom Einkommen und vom Ertrag	94 Gewinnrücklagen
	15 Fertige Erzeugnisse	25 Forderungen aus der Abgabenverrechnung	35 Verbindlichkeiten aus Steuern	45 Bestandsveränderungen und aktivierte Eigenleistungen	55 Verbrauch von Werkzeugen und anderen Erzeugungshilfsmitteln	65 Gesetzlicher Sozialaufwand für Arbeiter und Angestellte	75 Aufwand für beigestelltes Personal, Provisionen an Dritte, Aufsichtsratsvergütungen, Geschäftsführerentgelte an Konzerngesellschaften/ Komplementär-GmbH	85 86 87 88 89 Rücklagenbewegung, Ergebnisüberrechnung	95 Rücklagen für Anteile an Mutterunternehmen und für eigene Anteile
06 Andere Anlagen, Betriebs- und Geschäftsausstattung	16 Waren	26 Wertpapiere und Anteile	36 Verbindlichkeiten im Rahmen der sozialen Sicherheit	46 47 48 49 Sonstige betriebliche Erträge	56 Betriebskosten	66 Lohn- und gehaltsabhängige Abgaben und Pflichtbeiträge	76 Büro-, Werbe- und Repräsentationsaufwand		96 Privat- und Verrechnungskonten (bei Einzelunternehmen und Personengesellschaften)
07 Geleistete Anzahlungen und Anlagen in Bau	17 Noch nicht abrechenbare Leistungen	27 28 Kassenbestand, Schecks, Guthaben bei Kreditinstituten	37 38 Übrige sonstige Verbindlichkeiten		57 Bezogene Herstellungsleistungen	67 68 Sonstige Sozialaufwendungen	77 78 Versicherungen, übrige Aufwendungen		97 Einlagen und Verrechnungskonten unechter stiller Gesellschafter
08 09 Finanzanlagen	18 Geleistete Anzahlungen				58 Skontoerträge auf Materialaufwand sowie auf bezogene Herstellungsleistungen, Fremdwährungskursdifferenzen				98 Eröffnungsbilanz, Gewinn- und Verlustvortrag, Jahresergebnis laut Gewinn- und Verlustrechnung
	19 Wertberichtigungen	29 Aktive Rechnungsabgrenzungsposten, aktive latente Steuern	39 Passive Rechnungsabgrenzungsposten		59 Aufwandsstellenrechnung	69 Aufwandsstellenrechnung	79 Konten für das Umsatzkostenverfahren		99 Evidenzkonten

Anlage 1

BGBl. II - Ausgegeben am 15. Dezember 2015 - Nr. 412

Offenzulegender Auszug aus der Bilanz der kleinen GmbH[1)]

Firmenbuchnummer	Firmenbuchgericht	Beginn und Ende des Geschäftsjahrs
Firma:		
Unterzeichner/in(nen) des Jahresabschlusses:		

Aktiva			Passiva		
	Geschäftsjahr[2)]	vorangegangenes Geschäftsjahr[2)]		Geschäftsjahr[2)]	vorangegangenes Geschäftsjahr[2)]
A. Anlagevermögen			**A. Eigenkapital/Negatives Eigenkapital**[3)]		
I. Immaterielle Vermögensgegenstände			I. eingefordertes Stammkapital:		
			Stammkapital		
II. Sachanlagen			abzüglich nach § 10b Abs. 4 GmbHG derzeit nicht einforderbare Einlagen[4)]		
III. Finanzanlagen			abzüglich sonstige nicht eingeforderte ausstehende Einlagen		
B. Umlaufvermögen			davon eingezahlt		
I. Vorräte			II. Kapitalrücklagen		
II. Forderungen und sonstige Vermögensgegenstände			III. Gewinnrücklagen		
davon mit einer Restlaufzeit von mehr als einem Jahr			IV. Bilanzgewinn (Bilanzverlust),		
			davon Gewinnvortrag/Verlustvortrag		
III. Wertpapiere und Anteile			**B. Rückstellungen**		
IV. Kassenbestand, Schecks, Guthaben bei Kreditinstituten			**C. Verbindlichkeiten**		
C. Rechnungsabgrenzungsposten			davon mit einer Restlaufzeit von mehr als einem Jahr		
D. Aktive latente Steuern[5)]			**D. Rechnungsabgrenzungsposten**		
6)			6)		
Bilanzsumme			**Bilanzsumme**		

Die Richtigkeit dieses Auszugs wird bestätigt:[7)]

1) **Achtung:** Besteht nach § 268 UGB Prüfungspflicht, so ist auch der Bestätigungsvermerk offenzulegen.
2) Angabe in vollen 1.000 Euro ausreichend (§§ 223 Abs. 2 und 277 Abs. 3 UGB).
3) Nicht Zutreffendes streichen.
4) Nur bei aufrechter Gründungsprivilegierung.
5) Dieser Posten ist nur fakultativ zu bilden; wenn er aber gebildet wird, so sind die unverrechneten Steuerbe- und entlastungen im Anhang aufzuschlüsseln.
6) Dieses Feld dient der Einfügung weiterer Posten (§ 1 Abs. 3 UGB-Formblatt-V). Dabei ist anzugeben, an welcher Stelle die Posten einzufügen sind; diese können auch gleich an dieser Stelle eingefügt werden.
7) Unterschrift der gesetzlichen Vertreter/innen in vertretungsbefugter Anzahl. Anzugeben sind auch Ort und Datum der Unterschrift.

www.ris.bka.gv.at

Anlage 3

BGBl. II - Ausgegeben am 15. Dezember 2015 - Nr. 412

1 von 1

Offenzulegender Auszug aus der Bilanz der kleinen GmbH & Co KG und sonstiger kleiner kapitalistischer Personengesellschaften (§ 189 Abs. 1 Z 2 UGB)[1]

Firmenbuchnummer	Firmenbuchgericht	Beginn und Ende des Geschäftsjahrs

Firma:

Unterzeichner/in(nen) des Jahresabschlusses:

Aktiva			Passiva		
	Geschäftsjahr[2]	vorangegangenes Geschäftsjahr[2]		Geschäftsjahr[2]	vorangegangenes Geschäftsjahr[2]
A. Anlagevermögen			**A. Eigenkapital / Negatives Eigenkapital**[3]		
I. Immaterielle Vermögensgegenstände			I. Eingefordertes Komplementärkapital / eingeforderte Einlage (OG)[3] [4] [5]		
II. Sachanlagen			II. Kommanditkapital[4] [5]		
III. Finanzanlagen			III. Kapitalrücklagen		
B. Umlaufvermögen			IV. Gewinnrücklagen		
I. Vorräte			V. Den Gesellschaftern zuzurechnender Gewinn / Verlust		
II. Forderungen und sonstige Vermögensgegenstände			davon Gewinnvortrag/Verlustvortrag		
davon mit einer Restlaufzeit von mehr als einem Jahr			**B. Rückstellungen**		
III. Wertpapiere und Anteile			**C. Verbindlichkeiten**		
IV. Kassenbestand, Schecks, Guthaben bei Kreditinstituten			davon mit einer Restlaufzeit von mehr als einem Jahr		
C. Rechnungsabgrenzungsposten			**D. Rechnungsabgrenzungsposten**		
[6]			[6]		
Bilanzsumme			**Bilanzsumme**		

Die Richtigkeit dieses Auszugs wird bestätigt:[7]

1) **Achtung:** Besteht nach § 268 UGB Prüfungspflicht, so ist auch der Bestätigungsvermerk offenzulegen.
2) Angabe in vollen 1.000 Euro ausreichend (§§ 223 Abs. 2 und 277 Abs. 3 UGB).
3) Nicht Zutreffendes streichen.
4) Bei offenen Gesellschaften ist die vereinbarte Einlage in Pkt. I anzugeben, Pkt. II ist zu streichen.
5) Gegebenenfalls nach Abzug der nicht eingeforderten ausstehenden Einlagen.
6) Dieses Feld dient der Einfügung weiterer Posten (§ 1 Abs. 3 UGB-Formblatt-V). Dabei ist anzugeben, an welcher Stelle die Posten einzufügen sind; diese können auch gleich an dieser Stelle eingefügt werden.
7) Unterschrift der gesetzlichen Vertreter/innen in vertretungsbefugter Anzahl. Anzugeben sind auch Ort und Datum der Unterschrift.

www.ris.bka.gv.at

Stichwortverzeichnis